Nr. 47 S. 12729—13016

1956 21. November

Chemisches Zentralblatt

Vollständiges Repertorium für alle Zweige der reinen und angewandten Chemie

1830 gegründet. 1897—1945 von der Deutschen Chemischen Gesellschaft fortgeführt.
Im Auftrage der Deutschen Akademie der Wissenschaften zu Berlin, der Chemischen Gesellschaft in der Deutschen Demokratischen Republik, der Akademie der Wissenschaften zu Göttingen und der Gesellschaft Deutscher Chemiker

herausgegeben von Prof. Dr. Maximilian Pflücke

127. Jahrgang

1956

Chefredakteure: Dr. Eugen Klever und Prof. Dr. Maximilian Pflücke

Akademie-Verlag GmbH., Berlin — Verlag Chemie, GmbH., Weinheim/Bergstr.

Inhalt

Namenregister

Chemisches Zentralblatt

1956 Nr. 47 21. November

Geschichte. Unterricht.

—, *Abram Fedorowitsch Ioffe (zum 75. Geburtstag).* Kurze Biographie von A. F. IOFFE (geb. am 25/10. 1880) u. Würdigung seiner Arbeiten, bes. auf dem Gebiete der Halbleiter. (Журнал Экспериментальной и Теоретической Физики [J. exp. theoret. Physik] **30.** 3—6. Jan. 1956.) E. KLEVER. 1

R. Roßmann, *Prof. Dr. A. Eibner zum Gedächtnis.* Nachruf auf ALEXANDER EIBNER, bis 1935 Leiter der Versuchsanstalt für Maltechnik an der TH München; bahnbrechende Arbeiten über Wand- u. Tafelmalerei, Farben u. Bindemittel. — Bild. (Farbe u. Lack **62.** 15—16. Jan. 1956. München, Doerner-Inst.) W. KUNTZ. 1

Gérard Petiau, *Albert Einstein 1879—1955.* Nachruf. (Rev. gén. Sci. pures appl. Bull. Assoc. Franç. Avancement Sci. **62.** 227—36. Juli/Aug. 1955.) G. HERRMANN. 1

V. Hovorka, *Josef Hanuš.* Nachruf auf den am 24/12. 1955. in Prag verstorbenen tschech. Chemiker J. HANUŠ, der sich auf den Gebieten der analyt. Chemie u. Chemie der Nahrungsmittel große Verdienste erworben hat. Seine Meth. der Best. der JZ. hat eine internationale Bedeutung gewonnen. (Chem. Listy **50.** 333—36. März 1956.) V. HOLEYŠOVSKÝ/Prag. 1

Emanuele Oliveri-Mandalà, *Gedächtnisvorlesung in der großen Aula der Universität von Palermo am 1. Februar 1955.* Nachruf auf GIUSEPPE ODDO (geb. 9/6. 1865, gest. 5/11. 1954) u. Würdigung seiner Verdienste auf den verschiedensten Gebieten der Chemie. — Verzeichnis der Arbeiten. — Bild. (Gazz. chim. ital. **85.** 469—89. Mai/Juni 1955.) H. NÖTH. 1

E. N. da C. Andrade, *Professor Carl Ramsauer.* Nachruf auf den bekannten Physiker C. RAMSAUER (geb. am 6/2. 1879 in Osterburg, gest. am 24/12. 1955 in Berlin). (Nature [London] **177.** 1154. 23/6. 1956.) E. KLEVER. 1

Rudolf Přibil, *Professor Dr. PhMr Oldřich Tomíček.* Nachruf auf O. TOMÍČEK, Professor der analyt. Chemie an der Karls-Universität in Prag, gestorben am 21/10. 1953. (Chem. Listy **47.** 1733—36. Dez. 1953 [Orig.: tschech.]; Collect. czechoslov. chem. Commun. **19.** 405—11. Juni 1954 [Orig.: deutsch].) K. KÁMEN/Prag. 1

Denis I. Duveen und **Herbert S. Klickstein,** *Benjamin Franklin (1706—1790) und Antoine Laurent Lavoisier (1743—1794).* 1. Mitt. *Franklin und die neue Chemie.* Bericht über die Korrespondenz FRANKLINs mit verschied. Gelehrten über chem. Fragen (Verbrennung, Wärme, Licht, Luft u. a.), mit eingehenden Quellenangaben. Während seines Aufenthalts in Paris trat FRANKLIN in freundschaftliche Beziehungen zu LAVOISIER u. teilte PRIESTLEY, einem Anhänger der Phlogistontheorie, dessen Ergebnisse mit. — Bild (von MADAME LAVOISIER) u. Photokopien von Briefen. (Ann. of Sci. **11.** 103—28. Juni 1955. Johns Hopkins Univ.) W. KUNTZ. 1

W. P. Jorissen, *Der Wert des Suchens in altem chemischem Schrifttum.* An Hand mehrerer Beispiele wird gezeigt, daß schon vor vielen Jahrzehnten Beobachtungen gemacht worden sind (O_2-Aktivierung, chem. Gleichgewichte, Entflammbarkeit von S-Metall-Mischungen in Ggw. von O_2), die erst viel später aufgenommen u. in vollem Umfang gedeutet wurden. — 29 Schrifttumhinweise. (Chem. Weekbl. **51.** 678—80. 24/9. 1955. Leiden.) W. WESLY. 2

G. E. Owen, *Die Entdeckung des Elektrons.* Zunächst ohne Zusammenhang mit gelegentlichen in dieselbe Richtung weisenden Äußerungen von WEBER, H. A. LORENTZ, A. SCHUSTER u. a. kam J. J. THOMSON bei Unters. von Kathodenstrahlen u. ihrer Ablenkung im elektrostat. Feld zu der Annahme einer Auflsg. des Atoms in kleinste Korpuskeln (Elektronen) in leeren Räumen. Wörtliche Wiedergabe der entscheidenden Literaturstellen (1897). (Ann. of Sci. **11.** 173—82. Juni 1955. Ohio, Antioch Coll.) W. KUNTZ. 2

Bohdan Oprządek, *Fünfzig Jahre Grignard-Reaktion.* Geschichtliche Darst. u. Würdigung der Bedeutung der GRIGNARD-Reaktion. (Wiadomości chem. **4.** 257—61. Sept./Okt. 1950. Łódz, Univ.) H. FREYTAG. 2

J. C. Bailey, *Die Glasemailzurichtung von Aluminium.* Übersicht über geschichtliche Entw. u. Ausführung der Glasemaillierung des Al u. Eigg. des Emails. — Zahlentafeln. (Light Metal [London] **14.** 647—56. Dez. 1951. Aluminium Development Assoc.) W. WESLY. 2

M. L. Mezquita, *Kurze Geschichte zweier Edelmetalle: Platin und Radium.* Übersicht. (Metalurgia y Electr. **18.** Nr. 199. 76—77. März 1954.) R. K. MÜLLER. 2

E. C. Bain, *Die Erforschung neuer Wege.* Geschichtlicher Überblick über die Entw. der Gewinnung von *Eisen* u. *Stahl* u. der Verdienste von CH. M. SCHWAB auf diesem Gebiet. (Year Book Amer. Iron Steel Inst. **1952.** 119—61. U. S. Steel Co.) W. WESLY. 2

F. W. Gibbs, *Aufstieg der Weißblechindustrie.* 5. Mitt. *Cockshutt über die Weißblechmanufaktur.* (4. vgl. Ann. of Sci. **7.** [1951.] 113.) Abdruck eines vermutlich zwischen 1765 u. 1770 geschriebenen Berichts von JOHN COCKSHUTT, Eisenhüttenbesitzer in Huthwaite, Yorkshire, über das Verf. der Herst. von Weißblech. (Ann. of Sci. **11.** 145—53. Juni 1955.) W. KUNTZ. 2

Maurice Lebrun, *Der Ursprung der autogenen Metallschweißung mit dem Sauerstoff-Acetylen-Brenner und des Schneidbrennens von Eisen mit Sauerstoff.* Übersicht über die geschichtliche Entw. der Verfahren. (Bull. techn. Bureau Veritas **33.** 45—50. März 1951.) W. WESLY. 2

Charles A. Ferguson, *Veränderungen in den Verfahren und Erzeugnissen der Zinnplattierungsindustrie.* Übersicht über die geschichtliche Entw. der Sn-Plattierung. (Year Book Amer. Iron Steel Inst. **1952.** 166—93. Gary, Ind., Gary Sheet & Tin Mill, U. S. Steel Co.) W. WESLY. 2

William P. D. Wightman, *William Cullen und der Chemieunterricht.* Genaue Angaben über die handschriftlichen Quellen zu den chem. Lehrgängen, die der Mediziner u. Dozent der Chemie W. CULLEN (geb. 1710 in Hamilton) 1747—66 in Glasgow u. Edinburgh abhielt. (Ann. of Sci. **11.** 154—65. Juni 1955. Aberdeen, Univ.) W. KUNTZ. 6

Henry Marshall Leicester, The historical background of chemistry. New York: Wiley. 1956. (268 S. m. Abb., Mapp. u. Diagr.) 8°. $ 6,—.

Wilhelm Ganzenmüller, Beiträge zur Geschichte der Technologie und der Alchemie. Weinheim/Bergstr.: Verl. Chemie. 1956. (389 S. m. 26 Abb.) 8°. DM 29,—.

A. Allgemeine, physikalische und anorganische Chemie.

J. Zernike, *Über die Verwendung von matrixähnlichen Anordnungen als chemische Symbole.* An Stelle der alten Schreibweise für Mischkristalle, z. B. $(Mg, Fe)SiO_4$ für Mischkristalle von Mg_2SiO_4 u. Fe_2SiO_4 schlägt Vf. eine neue matrixähnliche Schreibweise vor, die an zahlreichen Beispielen erläutert wird. Von den zahlreichen Beispielen seien nur 2 angeführt, eines für einen bin. Mischkristall u. eines für einen tern. Mischkristall. Mischkristalle zwischen Jodeit $NaAlSi_2O_6$ u. Diopsid $CaMgSi_2O_6$ werden nach dem Vorschlag des Vf. durch die folgende Matrix wiedergegeben $\left|\begin{matrix} Na & Mg \\ Ca & Al \end{matrix}\right| Si_2O_6$. Als Beispiel für tern. Mischkristalle werden u. a. die Mischkristalle zwischen den Verbb. $NaAlSi_2O_6$, $CaMgSi_2O_6$ u. $CaAl_2SiO_6$ angeführt. In ihrer endgültigen Form erhalten die Mischkristalle das Symbol $\left|\begin{matrix} Na & Mg & Al \\ Ca & Al & Si \end{matrix}\right| Si\,O_6$. (Recueil Trav. chim. Pays-Bas **71.** 1201—08. Nov. 1952. Dacca, Univ., Dep. of Chem.) ——————— C. GOTTFRIED. 10

Kurt Walter Geisler, Grundlagen der Chemie für Ingenieure. Mit 230 Versuchsanweisgn. 13. vollst. neu bearb. Aufl. Berlin: Schiele & Schön. 1956. (258 S. m. Abb.) 8°. DM 10,20.

Henry Margenau and George Moseley Murphy, The mathematics of physics and chemistry. 2nd ed. Princeton, N. J.: Van Nostrand. 1956. (616 S. m. Diagr.) 8°, $ 7,95.

Howard Nechamkin, Laboratory problems in general chemistry; 2nd ed. New York: Crowell. 1956. (317 S. m. Diagr.) 8°. $ 2,75.

John Arrend Timm, General chemistry; 3rd ed. New York: McGraw-Hill. 1956. (644 S. m. Abb. u. Diagr.) 8°. $ 6,—.

A_1. Kernphysik und Kernchemie.

R. Gatto, *Der Formalismus der zweiten Quantisierung in der statistischen Quantenmechanik.* Anwendung einer invarianten Formulierung der statist. Quantenmechanik unter Berücksichtigung einheitlicher Transformationen des HILBERT-Raumes. (Nuovo Cimento [10] **2.** 592—604. 1/9. 1955. Roma, Univ., Ist. di Fis., Ist. Naz. di Fis. Nucl.) GERHARD SCHMIDT. 80

Kurt Baumann, *Bericht über die neuere Entwicklung der Quantenelektrodynamik,* 1.—3. Mitt. (Acta physica austriaca **5.** 544—58. **6.** 53—70. 195—208. 1952. Wien, Univ., Inst. für theoret. Phys.) H. LIEPACK. 80

Carlo Castagnoli, Carlo Franzinetti und **Augusta Manfredini,** *Über die mittlere freie Weglänge der bei Kernexplosionen durch Höhenstrahlen ausgesandten ionisierenden Teilchen.* Bei den durch Höhenstrahlen verursachten Kernexplosionen werden ionisierende Teilchen hoher Energie ausgesandt, deren mittlere freie Weglänge λ nach der Emulsionsmeth. ermittelt wird. Es werden unterschieden: 1. schwarze Bahnen, in 65% der Fälle aus Protonen mit Energie bis 30 MeV, in 23% aus Deuteronen (bis 60 MeV) u. in 12% aus Tritonen + α-Teilchen + schweren Fragmenten stammend, spezif. Ionisation $g \geqq 5\,g_{min}$, $\lambda = 50-100\,g/cm^2$; 2. graue Bahnen, zu 70% aus Protonen mit 30 bis 600 MeV, 20% aus Deuteronen mit 60—1000 MeV u. zu 10% aus π-Mesonen mit 5 bis 100 MeV, $5\,g_{min} \geqq g \geqq 1{,}4\,g_{min}$, $\lambda = 104 \pm 16$; 3. Schauerteilchen $\sim$ 80% aus Mesonen, $\sim$ 20% aus Protonen, zu vernachlässigende Menge aus Deuteronen, g (zu Beginn) $< 1{,}4\,g_{min}$, $\lambda = 236 \pm 48\,g/cm^2$. Im 1. Falle hängt λ von der nur annähernd bekannten Verteilungsfunktion der Reichweiten der Teilchen ab. (Ricerca sci. **24.** 792—98. April 1954. Roma, Univ., Ist. di Fis., Ist. naz. fis. nucl. del CNR.) R. K. MÜLLER. 85

M. Ageno, *Über die γ-Strahlung niedriger Energie bei großer Tiefe.* (Vgl. C. **1956.** 5455.) Im Anschluß an die Verss. von MIĘSOWICZ u. Mitarbeiter (C. **1956.** 8527) wird darauf hingewiesen, daß sich bei den in der Höhenstrahlung vorkommenden energiereicheren γ-Strahlen eine ultraweiche Komponente nach dem l. c. beschriebenen Mechanismus ausbildet. Ein analoger Erzeugungsmechanismus ist auch für eine ultraweiche γ-Komponente bei großer Tiefe anzunehmen. (Nuovo Cimento [10] **2.** 160—61. 1/7. 1955. Roma, Ist. Sup. di Sanità, Labor. di Fis.) R. K. MÜLLER. 85

György Marx, *Über die Wechselrichtung der Elementarteilchen.* (Zusammenfassende Übersicht.) Inhaltlich ident. mit der C. **1953.** 8507 referierten Arbeit. (Magyar tudományos Akad., matematikai fizikai Osztályának Közleményei [Ung. Akad. Wiss., Ber. math. physik. Abt.] **2.** 431—44. 1952.) J. PLANK. 90

R. Arnowitt und **S. Deser,** *Energiereiche multiple Photonenerzeugung.* Vff. behandeln die Mehrfacherzeugung von Photonen durch schnelle Elementarteilchen, die stark an das elektromagnet. Feld gekoppelt sind, nach halbklass. Methoden. Es zeigt sich, daß die üblichen elektrodynam. Modelle einschließlich Antiteilchenvernichtung zu wenig Photonen u. zu viele magnet. Monopole liefern, um die beobachteten Multiplizitäten zu erklären. (Nuovo Cimento [10] **2.** 707—18. 1/10. 1955. Princeton, N. J., Inst. for Advanc. Stud.) GERHARD SCHMIDT. 90

R. M. Friedman und **K. M. Crowe,** *Pionenpaarphotoerzeugung.* (Sitzungsbericht.) (Physic. Rev. [2] **100.** 1799. 15/12. 1955. Stanford Univ.) GERHARD SCHMIDT. 90

F. Zachariasen, *Photoerzeugung von π-Mesonenpaaren in Wasserstoff.* (Sitzungsbericht.) (Physic. Rev. [2] **100.** 1809. 15/12. 1955. MIT.) GERHARD SCHMIDT. 90

Robert K. Squire und **Burton J. Moyer,** *Erzeugung neutraler Pionen bei Proton—Proton-Stößen.* (Sitzungsbericht.) (Physic. Rev. [2] **100.** 1798. 15/12. 1955. Berkeley, Calif., Univ. of California.) GERHARD SCHMIDT. 90

Mildred M. Moe und **David S. Saxon,** *Variationsmethoden bei Streuproblemen.* (Sitzungsbericht.) (Physic. Rev. [2] **100.** 1809. 15/12. 1955. Los Angeles, Calif., Univ. of California.) GERHARD SCHMIDT. 90

W. F. Fry, J. Schneps, G. A. Snow und **M. S. Swami,** *Elektronenpaar beim π-μ-Zerfall.* Ein im Bevatron belichteter Filmstapel zeigt die Spuren eines $\pi \rightarrow \mu$-Zerfalls, bei dem 2 Elektronen mit 0,6 MeV u. ein μ-Meson mit 3,7 MeV entstehen. (Physic. Rev. [2] **99.** 1055—56. 1/8. 1955. Madison, Wis., Univ. of Wisconsin, Dep. of Phys.) K.-E. SEYB. 90

Stanislaus Kronenberg, *Streuung schneller Elektronen an leichten Atomkernen.* Vf. zeigt in seiner Rechnung, daß nur die von MCKINLEY u. FESHBACH (C. **1949.** II. 1154) abgeleitete Formel richtig ist u. für alle Winkel gilt. (Acta physica austriaca **5.** 536—43. 1952. Wien, Univ., Inst. für Theoret. Phys.) H. LIEPACK. 90

J. F. Streib, *Elastische Streuung von Elektronen an ^6Li und ^7Li.* (Sitzungsbericht.) (Physic. Rev. [2] **100.** 1797. 15/12. 1955. Stanford Univ.) GERHARD SCHMIDT. 90

K. R. Chapman, E. Matsukawa, P. H. Rose und **E. A. Stewardson,** *Die Absolutmessung differentieller Wirkungsquerschnitte für die Kernstreuung relativistischer Elektronen niedriger Energie.* Die differentiellen Streuquerschnitte für Elektronen von 0,4 u. 0,5 MeV an *Al* werden im Winkelbereich von 100—150° gemessen u. graph. angegeben. (Proc. physic. Soc., Sect. A **68.** 928—29. 1/10. 1955. Leicester, Univ. Coll., Phys. Dep.) F. WEIGEL. 90

Seizaburo Kageyama, Kazuaki Nishimura und **Yoshio Onai,** *Die Streuung schneller Elektronen.* Vff. zeigen, daß die Energieverteilung von 1414 keV-Elektronen nach Streuung an *Al, Cu, In* u. *Pb,* die von der Theorie von LANDAU abweicht, durch die Modifizierung dieser Theorie durch BLUNCK u. LEISEGANG vollständig beschrieben wird. (J. physic.

Soc. Japan **8.** 682—83. Sept./Okt. 1953. Tokyo, Univ. of Educat., Phys. Inst., and Japan Found. for Cancer Res., Radiol. Dep. [Orig.: engl.]) G. HERRMANN. 90

A. Keller, *Phasenverschiebungen bei p–p-Streuung.* Mathemat. Darst. der P-Wellenphasenverschiebungen, die bei der energiearmen p–p-Streuung beobachtet worden sind. (Proc. physic. Soc., Sect. A **68.** 930—32. 1/10. 1955. Manchester, Univ., Physic. Labors.) GERHARD SCHMIDT. 90

D. A. Bromley und **N. S. Wall,** *Elastische Streuung von 5,25 MeV-Protonen an Nickel und Kupfer.* Die elast. Streuung von 5,25 MeV-Protonen an Ni u. Cu wird unter Winkeln von 10—170° verfolgt. Die Winkelabhängigkeiten sind in den beiden Fällen sehr unterschiedlich. (Physic. Rev. [2] **99.** 1029—30. 1/8. 1955. Rochester, N. Y., Univ., Dep. of Phys.) G. HERRMANN. 90

J. Marshall, L. Marshall und **V. A. Nedzel,** *Die differentiellen p–p-Streuquerschnitte bei 419 MeV.* (Vgl. C. **1955.** 973. 4988.) Polarisationskorrektur für l. c. mitgeteilte p–p-Streuquerschnitte. (Physic. Rev. [2] **98.** 1513—14. 1/6. 1955. Chicago, Ill., Inst. for Nucl. Stud.) F. WEIGEL. 90

R. Cester, T. F. Hoang und **A. Kernan,** *p–p-Wechselwirkungen bei 3 GeV.* Vff. beschießen ILFORD G 5-Emulsionen mit dem inneren Protonenbündel (3 GeV) eines Protonensynchrotrons u. untersuchen die in der Emulsion festgehaltenen p–p-Streueffekte an insgesamt 102 Einzelereignissen. Die Kriterien für die Identifizierung einer Bahn als p–p-Streuprozeß werden angegeben. Die beobachteten Streuprozesse werden in solche aufgeteilt, die zur Erzeugung von 1, 2 oder 3 Pionen führen u. die erhaltenen Häufigkeiten mit den Voraussagen des FERMIschen u. des PEASLEEschen Modells verglichen. (Physic. Rev. [2] **100.** 940—42. 1/11. 1955. Rochester, N. Y., Univ., Phys. Dep.) F. WEIGEL. 90

Albert Okazaki, *Streuung von polarisierten Neutronen an schweren Kernen.* (Vgl. C. **1955.** 4988.) Der Streuquerschnitt u. die Winkelverteilung von ^{7}Li(p, n)-Neutronen an *O* wird für Neutronenenergien von 200—700 bzw. 410—493 keV gemessen. Die Polarisation der unter 50° emittierten Neutronen wird zwischen 350 u. 550 keV durch Streuung an O ermittelt. Auf diese Weise polarisierte Neutronen von 380 keV werden an verschied. Elementen zwischen Cu u. U gestreut, die Abhängigkeit der Polarisation vom Kernradius wird ermittelt u. mit den theoret. Werten verglichen. (Physic. Rev. [2] **99.** 55—58. 1/7. 1955. Madison, Wis., Univ. of Wisconsin.) G. HERRMANN. 90

J. M. Robson, *Die Winkelkorrelation beim β-Zerfall des Neutrons.* In einer an eine Experimentieröffnung des Reaktors NRX angebauten, aus einem β-Spektrometer u. einem Protonen-Scintillationszähler bestehenden App. wird der Winkelkorrelationskoeff. zwischen Elektron u. Neutrino beim β-Zerfall des Neutrons untersucht. Gemessen werden Koinzidenzen zwischen β-Spektrometerdetektor u. Protonenzähler als Funktion der Verzögerungszeit. Die Koinzidenzkurve zeigt ein Maximum für eine Verzögerungszeit von 1,0 μsec. Die Auswertung der Ergebnisse liefert einen Elektron–Neutrino-Korrelationskoeff. $= +0{,}089 \pm 0{,}108$, was einer β-Zerfallswechselwrkg. vom ST-Typ mit $g_{T^2}/g_{S^2} = 1{,}49(+1{,}44, -0{,}56)$ entspricht. (Physic. Rev. [2] **100.** 933—35. 1/11. 1955. Chalk River, Ontario, Can., Chalk River Labor., AECL.) F. WEIGEL. 90

Rezsö Gáspár, *Über eine analytische Methode zur Präzisionsbestimmung der Eigenfunktion und Energie der Atomelektronen.* (Magyar tudományos Akad., mat. fiz. Osztályának Közleményei [Ung. Akad. Wiss., Ber. math. physik. Abt.] **2.** 391—406. 1952. — C. **1954.** 3856.) J. PLANK. 95

Alex E. S. Green und **Kiuck Lee,** *Energieeigenwerte für eine sphärische Mulde mit einer exponentiell diffusen Grenze.* Ein Näherungsverf. zur Ermittlung von Eigenwerten wird in einem Bereich von Muldenparametern entwickelt, der zur Unters. des Einteilchenmodells geeignet ist. (Physic. Rev. [2] **99.** 772—77. 1/8. 1955. Tallahassee, Fla., State Univ., Dep. of Phys.) K.-E. SEYB. 95

R. J. Blin-Stoyle, *Spin-Bahnkopplung und die Dichteverteilung in schweren Kernen.* Die Spin–Bahn-Kopplung wird in Ausdrücken eines neutralen Zweikörper-Spin–Bahn-Potentials gedeutet. Für das effektive Spin–Bahn-Potential wird ein Ausdruck der THOMAS-Form erhalten. Es zeigt sich, daß die Spin–Bahn-Aufspaltung bei schweren Kernen befriedigend erklärt werden kann, wenn die Kerndichteverteilung einen endlichen Übergangsbereich an der Oberfläche, u. wenn die Neutronenverteilung einen größeren Radius als die Protonenverteilung hat. (Philos. Mag. [7] **46.** 973—81. Sept. 1955. Oxford, Clarendon Labor.) GERHARD SCHMIDT. 95

J. W. T. Dabbs, L. D. Roberts und **S. Bernstein,** *Direkte Polarisation von ^{115}In-Kernen; J-Wert für die 1,458 eV-Resonanz.* (Sitzungsbericht.) (Physic. Rev. [2] **99.** 1652—53. 1/9. 1955. Oak Ridge Nat. Labor.) GERHARD SCHMIDT. 95

Robert E. Heft und **W. F. Libby**, *Die absoluten Wirkungsquerschnitte für Deuteronen auf Beryllium.* Die absol. Querschnitte für die Rkk. von Deuteronen mit Be, die zu *T* u. ^{10}Be führen, werden bis zu Energien von 17—20 MeV hinauf gemessen. Für die zu ^{10}Be führende Deuteronen-Rkk., die dem Einbau eines Neutrons in den ^{9}Be-Kern entspricht, wächst σ_{total} bei 4 MeV zu einem Maximum von 0,34 barn an, um dann fast linear auf einen Wert von 0,08 barn bei 20 MeV abzusinken. Die Kurve zeigt Anzeichen einer Feinstruktur. Die T-erzeugende Rk. steigt bei 5 MeV zu einem Maximum von $\sim$ 0,23 barn u. fällt bei 13 MeV auf $\sim$ 0,03 barn ab. Der Wert bleibt dann nahezu konstant, um gegen 20 MeV hin ganz schwach wieder anzusteigen. Bei 17,47 MeV setzt eine neue, T-erzeugende Rk. ein, bei der T u. ^{7}Be gleichzeitig entstehen. σ wächst von Null am Schwellenwert linear auf $8 \cdot 10^{-5}$ barn bei 21,5 MeV an. (Physic. Rev. [2] **100.** 799—813. 1/11. 1955. Chicago, Ill., Univ., Dep. of Chem. and Inst. for Nucl. Stud.) F. Weigel. 103

Serge Gorodetzky, Raymond Armbruster, Pierre Chevallier, André Gallmann und **Robert Manquenouille,** *Winkelkorrelation der Elektronenpaare des monopolaren Überganges von* ^{16}O *(6,05 MeV); Energiespektrum dieser Paare.* Vff. beschießen ein CaF_2-Target mit 1050 keV-Protonen. Der monopolare Übergang von ^{16}O rührt vom Durchgang des ersten angeregten Zustandes des 6,05 MeV-Niveaus ($J = 0^+$) zum Grundzustand ($J = 0^+$) her. Mit einem Koinzidenzspektrographen wird für die Winkelkorrelation der Elektronenpaare dieses Überganges der Wert $W(\Theta) = 1 + (0{,}955 \pm 0{,}007) \cdot \cos \Theta$ erhalten, während der theoret. Wert $W(\Theta) = 1 + (0{,}962 \pm 0{,}003) \cdot \cos \Theta$ ist. (C. R. hebd. Séances Acad. Sci. **241.** 698—700. 12/9. 1955.) Gerhard Schmidt. 103

G. K. Farney, H. H. Givin, B. D. Kern und **T. M. Hahn,** *Energiereiche γ-Strahlen beim Protonenbeschuß von Fluor.* Bei der Rk. $^{19}F(p, \gamma)^{20}Ne$ bestimmen Vff. nach der Scintillationsmeth. Resonanzen für γ-Emission oberhalb 8 MeV für Protonenergien von 550—1450 keV unter Verwendung eines dünnen Targets. Resonanzen werden bei 669, 874, 935, 980, 1090, 1280, 1320, 1355, 1380 u. 1430 keV gemessen. Zwei nicht bei obiger Rk. emittierte γ-Strahlen aus dem nahezu gleichzeitigen Nachw. der 6—7 MeV-γ-Strahlen der Rk. $^{19}F(p, \alpha\gamma)^{16}O$ werden gefunden. Die Intensitäten der γ-Strahlen für die beiden Rkk. werden bei jeder Resonanzenergie miteinander verglichen. Die Winkelverteilung der 12 MeV-γ-Strahlen, die bei der 669 keV-(p, γ)-Resonanz emittiert werden, erweist sich innerhalb der Fehlergrenzen (2%) als isotrop. (Physic. Rev. [2] **97.** 720—25. 1/2. 1955. Lexington, Ky., Univ. of Kentucky, Dep. of Phys.) J. Roesmer. 103

C. A. Barnes, *γ-Strahlung bei unelastischer Streuung von Protonen an* ^{19}F. Vf. untersucht mittels unelast. Protonenstreuung die absol. Wirkungsquerschnitte für die Anregung der 109 keV- u. 197 keV-Niveaus von ^{19}F in Abhängigkeit von der Energie der Beschußteilchen durch Messung der hierbei resultierenden γ-Strahlung. Die meisten der beobachteten Resonanzen bei den verschied. Rkk. $^{19}F(p, \alpha)^{16}O$ scheinen Anregungsenergien für ein oder beide dieser tiefliegenden Niveaus zu sein. Eine genaue Unters. der Winkelverteilung der beiden γ-Strahlen zusammen mit der direkten Messung der Lebensdauer dieser Zustände liefert folgende Zuordnung: 109 keV-Niveau $J = 1/2$, ungerade Parität; 197 keV-Niveau $J = 5/2$, gerade Parität. Der Anteil des nicht in Resonanz befindlichen 197 keV-Strahles hat etwa den Betrag, den man bei kleinen Protonenenergien durch Coulomb-Anregung erwarten sollte. Der Anteil des nicht in Resonanz befindlichen 109 keV-γ-Strahls überschreitet dagegen den Betrag der zu erwartenden Coulomb-Anregung. In Verbindung mit Messungen über elast. Protonenstreuung an ^{19}F-Kernen werden nach der Breit-Wignerschen Dispersionformel partielle Halbwertsbreiten bei Resonanz für die verschied. Arten des Zerfalls des ^{20}Ne-Compoundkerns berechnet. (Physic. Rev. [2] **97.** 1226—33. 1/3. 1955. Pasadena, Calif., California Inst. of Technol., Kellogg Radiat. Labor.) J. Roesmer. 103

G. E. Boyd, J. R. Sites, Q. V. Larson und **C. R. Baldock,** *Herstellung und Identifizierung von langlebigen Technetiumisotopen der Massen 97, 98 und 99.* (Vgl. C. **1955.** 8778.) Die Voraussagen des Schalenmodells verlangen für ^{98}Tc entweder eine Halbwertszeit von 10 ± 5 Min. oder eine extrem lange Halbwertszeit. Die Suche nach kurzlebigem ^{98}Tc beim Beschuß von 95,0%ig. ^{98}Mo mit 14 MeV-Deuteronen oder 100 mg $^{99}TcO_2$ mit 80 MeV-Röntgenstrahlung war ohne Ergebnis. Zerfallsmessungen zahlreicher Tc-Präpp. über bis zu 7 Jahre ergaben keinen Hinweis auf eine meßbare Halbwertszeit. Ein Stück Mo-Metall wurde intensiv mit 22 MeV-Protonen beschossen, nach 270 Tagen durch Trennung an Anionenaustauschern auf Tc verarbeitet, auf Ir elektrolyt. abgeschieden u. im H_2-Strom reduziert. Die massenspektrometr. Analyse unter mit ^{99}Tc erprobten Bedingungen ergab die M. 95 ($\sim$ 0,5%), 97 (56,0 ± 0,4%), 98 (17,3 ± 0,2%) u. 99 (26,7 ± 0,2%). ^{100}Tc hat demnach kein langlebiges Isomer. $5 \cdot 10^{-9}$ g Tc sind massenspektrometr. noch nachzuweisen. (Physic. Rev. [2] **99.** 1030—31. 1/8. 1955. Oak Ridge, Tenn., Oak Ridge Nat. Labor.) G. Herrmann. 103

Wayne A. Cassatt jr. und **W. Wayne Meinke,** *Zerfallsschema von* ^{107}*In*. 33 Min.-^{107}In wird durch (d, n)-Rk. aus 19,9%ig. ^{106}*Cd* gewonnen u. chem. gereinigt. Die Strahlungen werden mit einem γ-Scintillationsspektrometer mit Koinzidenzanordnung untersucht. Auf einen β^+-Zerfall mit 2 MeV maximaler Energie folgt lediglich ein γ-Strahl mit 0,22 MeV Energie. (Physic. Rev. [2] **100.** 1372—73. 1/12. 1955. Ann Arbor, Mich., Univ. of Michigan, Dep. of Chem.) G. Herrmann. 103

L. Koerts, P. Macklin, B. Farrelly, R. van Lieshout und **C. S. Wu,** *Die Strahlungen von* ^{126}*J*. (Vgl. C. **1956.** 1215.) Vff. beschießen mit Trockeneis gekühltes KJO_3 mit schnellen Neutronen u. trennen das durch Szilard-Chalmers-Rk. als J^- freigesetzte ^{126}J durch Extraktion mit CCl_4 ab. Nach mehrfacher Reinigung (Red. mit SO_3^{2-}-Lsg. u. Extraktion in die wss. Phase, Oxydation u. Rückextraktion mit frischem CCl_4) wird das ^{126}J durch Zugabe von 5 mg Zn-Staub zur CCl_4-Lsg. als ZnJ_2 abgeschieden u. dieses an Dowex 59-Austauschharz, K-Form in KJ übergeführt. Aus der so entstandenen K^{126}J-Lsg. werden die Zählpräpp. durch Eindampfen auf einem Präparatenschälchen u. Überziehen desselben mit Kollodium ($\sim$ 6 μg/cm^2) hergestellt. An solchen Präpp. wird die Strahlung des ^{126}J mit Hilfe von Magnetspektrometern untersucht u. die folgenden Ergebnisse erhalten: Das β^--Spektr. besitzt 3 Komponenten mit E_{max} = 1,25, 0,865 u. 0,385 MeV u. den relativen Intensitäten 1 : 3 : 0,63. Aus der Gestalt der 1,25 MeV-Komponente ergibt sich, daß der Übergang Grundzustand → Grundzustand in 1. Ordnung verboten ist mit Δ J = 2 u. Paritätswechsel. Die 0,865 MeV-Komponente ist von erlaubter Gestalt. Das β^+-Spektr. (2,8% des β^--Spektr. an Gesamtintensität) zeigt 2 Komponenten mit E_{max} = 1,11 u. 0,46 MeV mit den relativen Intensitäten 3,5 : 1. Der Übergang Grundzustand → Grundzustand ist ebenfalls in 1. Ordnung verboten. Das γ-Spektr. weist 6 Linien auf mit folgenden Energien (in Klammern Intensität in %): 386 ± 2 (33,6 ± 1,6), 480 ± 10 (5,0 ± 0,4), 650 ± 10 (33,0 ± 2,6), 750 ± 20 (3,6 ± 0,4), 860 ± 20 (0,84 ± 0,09) u. 1420 keV (< 0,50). Außerdem werden 3 Röntgenlinien aus dem Elektroneneinfang beobachtet mit E = 730, 1480 u. 2130 keV u. den Intensitäten von 4,0 ± 0,5, 29,7 ± 2,8 u. 22,0 ± 2,0%. Das Zerfallsschema des Syst. ^{126}*Te* ← ^{126}J → ^{126}*Xe* wird aufgestellt u. dem ^{126}J-Grundzustand die Konfiguration 2^- zugeordnet. (Physic. Rev. [2] **98.** 1230—37. 1/6. 1955. New York, N. Y., Columbia Univ., Dep. of Phys.) F. Weigel. 103

M. C. Day jr., G. W. Eakins und **A. F. Voigt,** *Zerfallsschemata der Grundzustände von* ^{127}*Te und* ^{129}*Te*. Mit Hilfe eines Koinzidenz-Scintillationsspektrometers wird der Zerfall des 9,3 Std.-Isomers von ^{127}Te (I) u. des 72 Min.-Isomers von ^{129}Te (II) untersucht. I zerfällt unter Emission eines einzigen β-Teilchens mit E_{max} = 0,683 ± 0,010 MeV. Das β-Spektr. von II besteht aus 2 Komponenten mit $E_{\beta max}$ = 1,46 ± 0,01 u. 1,01 ± 0,02 MeV. Außerdem werden 2 γ-Strahlen mit E_γ = 0,450 ± 0,005 u. 0,035 MeV beobachtet, die in Koinzidenz auftreten. Der 0,450 MeV-γ koinzidiert mit der 1,01 MeV-β-Strahlung, der 35 keV-γ mit der 1,46 MeV-β-Strahlung. Die Ergebnisse stimmen mit Niveauzuordnungen auf Grund des Kernschalenmodells überein. (Physic. Rev. [2] **100.** 796—98. 1/11. 1955. Ames, Io., ISC.) F. Weigel. 103

Benjamin G. Hogg, *Die für den β-Zerfall von* ^{150}*Nd verfügbare Energie*. Auf Grund der Systematik der β-Zerfälle scheint die massenspektroskop. gemessene Massendifferenz ^{150}Nd–^{150}*Sm* von 4,6 ± 0,8 MeV zu hoch u. müßte 4,0 MeV betragen. Bei einer maximalen Zerfallsenergie von 5,3 ± 0,15 MeV für ^{150}*Pm* → ^{150}Sm folgt für ^{150}Nd–^{150}Pm eine Massendifferenz von —1,3 ± 1,0 MeV, ein β^--Zerfall ist danach nicht möglich. (Physic. Rev. [2] **99.** 175. 1/7. 1955. Kingston, Ontario, Can., Roy. Milit. Coll. of Canada, Dep. of Phys.) G. Herrmann. 103

J. D. Knight und **E. W. Baker,** *Radiochemische Untersuchung von* ^{195}*Tl*, ^{197}*Tl und* ^{198m}*Tl*. Hg u. HgO werden mit 20 MeV-Deuteronen beschossen u. Tl durch Extraktion aus 1n HBr abgetrennt. *Au* wird mit α-Teilchen beschossen u. Tl durch $Tl(OH)_3$ oder Au-Lsg. mit SO_2 abgetrennt. ^{195}Tl u. ^{197}Tl werden aus an ^{196}Hg angereicherten Präpp. erhalten u. durch laufende Abtrennung von Hg-Tochtersubstanzen Halbwertszeiten von 1,2 ± 0,1 bzw. 2,8 ± 0,2 Std. ermittelt. Die Anregungskurven der Rkk. ^{197}Au(α, p3n)^{197}Hg u. ^{197}Au(α, 4n)^{197}Tl werden gemessen. Die Strahlungen von ^{197}Tl u. ^{198m}Tl werden mit einem Scintillationsspektrographen u. einem 180^0-β-Spektrographen untersucht u. zahlreiche γ-Linien u. Konversionselektronenlinien gefunden. Beim ^{198m}Tl beträgt das Verhältnis Elektroneneinfang/isomerer Übergang 1—2. (Physic. Rev. [2] **100.** 1334—38. 1/12. 1955. Upton, N. Y., Brookhaven Nat. Labor., Dep. of Chem.) G. Herrmann. 103

C. P. Swann und **F. R. Metzger,** *Erzeugung von* ^{89m}*Y*, ^{137m}*Ba und* ^{199m}*Hg durch unelastische Streuung von Neutronen*. Die Bldg. der drei Isomeren durch Beschuß mit monoenerget. Neutronen wird untersucht u. die Wirkungsquerschnitte in Abhängigkeit von der Neutronenenergie gegeben. Knicke in den Anregungskurven zeigen eine Anzahl angeregter Zustände an. Die Ergebnisse werden mit den Voraussagen der Theorie der starken Wechselwrkg. verglichen. (Physic. Rev. [2] **100.** 1329–33. 1/12. 1955. Swarthmore, Pa., Franklin Inst., Bartol Res. Found.) G. HERRMANN. 103

J. E. Brolley jr., W. C. Dickinson und **R. L. Henkel,** *Winkelabhängigkeit der neutroneninduzierten Spaltprozesse.* 2. Mitt. (1. vgl. C. **1955.** 6449.) Die Winkelabhängigkeit der neutroneninduzierten Spaltung wurde mit einer Doppelspaltkammer, bestehend aus einer Gitterkammer nach FRISCH u. einer n. Parallelplattenkammer in Koinzidenzschaltung u. einem 100-Kanal-Analysator untersucht. Für ^{235}U bei 7,4 MeV u. für ^{237}Np bei 14,3 MeV ist die Änderung des differentiellen Spaltquerschnitts proportional cos α^4, wenn α der Winkel zwischen dem Neutronenbündel u. der Richtung der Spaltprodd. ist. Bei ^{235}U wird eine resonanzartige Abhängigkeit der Anisotropie von der Neutronen. energie gefunden. Bei ^{237}Np wird bei 14,3 MeV beobachtet, daß die leichten u. die schweren Spaltprodd. unterschiedliche Anisotropien aufweisen. (Physic. Rev. [2] **99.** 159–65. 1/7. 1955. Los Alamos, N. Mex., Univ. of California, Los Alamos Scient. Labor.) H. NELKOWSKI. 103

Harry G. Hicks, Peter C. Stevenson, Richard S. Gilbert und **William H. Hutchin.** *Spaltproduktausbeuten in Uran, das mit Deuteronen verschiedener Energie (20–190 MeV) beschossen wurde.* Die Ausbeuten (in mbarn) von ^{89}Sr, ^{97}Zr, ^{109}Pd, ^{112}Pd, ^{111}Ag u. ^{140}Ba beim Beschuß von natürlichem U mit 20–190 MeV-Deuteronen wurden gemessen. Als Wirkungsquerschnittstandard dient die Rk. ^{27}Al(d, αp)^{24}Na in mitbeschossenen Al-Folien. Die Bildungsquerschnitte werden gegen die Deuteronenenergie aufgetragen u. zeigen Maxima bei um so niedrigeren Energien, je höher das Verhältnis Neutronenzahl zur Protonenzahl (N/Z) ist: ^{140}Ba (N/Z = 1,50) bei 60, ^{97}Zr (1,42) 120, ^{89}Sr (1,34) $\sim$ 180, ^{111}Ag (1,36) $>$ 200 MeV. Als Ursache wird die mit der Deuteronenenergie steigende Bldg. von Isobaren mit niedrigem N/Z angenommen. Bei ^{109}Pd (1,37) u. ^{112}Pd (1,44) ist die Ausbeute bis 75 MeV gleich, dagegen liegt der Bildungsquerschnitt für ^{109}Pd bei 190 MeV um 20 mbarn über dem von ^{112}Pd. Korrekturkurven für Selbststreuung, Selbstabsorption u. Rückstreuung werden für die gemessenen Strahler in $SrCO_3$, ZrO_2, Pd-Dimethylglyoxim, Ag-Metall u. $BaCrO_4$ auf Al-Unterlage gegeben, die chem. Trennungen werden beschrieben. (Physic. Rev. [2] **100.** 1284–86. 1/12. 1955. Livermore, Calif., UCRL.) G. HERRMANN. 103

Harry G. Hicks und **Richard S. Gilbert,** *Radiochemische Untersuchungen des Spaltprozesses bei hohen Energien.* (Vgl. vorst. Ref.) Die Bildungsquerschnitte für ^{67}Cu, ^{80}Br, ^{82}Br, ^{83}Br, ^{89}Sr, ^{97}Zr, ^{96}Nb, ^{109}Pd, ^{112}Pd, ^{112}Ag, ^{113}Ag, ^{115}Ag, ^{115}Cd, ^{115m}Cd, ^{136}Cs u. ^{140}Ba beim Beschuß von natürlichem U mit Deuteronen (19–190 MeV), Protonen (70–340 MeV) u. α-Teilchen (50–380 MeV) werden gemessen. Aus den Daten werden die Massenausbeutekurven für verschied. Anregungsenergien erhalten. Sie sind bei niedrigen Energien asymm. u. werden mit steigender Energie in zunehmendem Maße symmetrisch. Die Spaltquerschnitte werden durch Integration unter den Kurven ermittelt. Die Ausbeute von ^{115m}Cd (Spin 11/2) nimmt im Vgl. zur Ausbeute von ^{115}Cd (Spin 1/2) mit steigender Anregungsenergie zu. Kurven zur Korrektur der Selbstabsorption, Selbststreuung u. Rückstreuung werden für die gemessenen Strahler in Cu-Metall, AgBr, Nb_2O_5, CdS u. $CsClO_4$ auf Al-Unterlage gegeben, die chem. Trennverff. werden beschrieben. (Physic. Rev. [2] **100.** 1286–93. 1/12. 1955.) G. HERRMANN. 103

W. Wayne Meinke, *Schnelltrennung von Protactinium- und Uran-Radioisotopen von im Cyclotron beschossenem Thoriumnitrat.* Zur Abtrennung des Pa vom bestrahltem Thoriumnitrat wird dieses in einem großen, mit grobem, nassem Filtrierpapier ausgelegten, unten verschlossenen Trichter gegeben, der mit gleichen Teilen 4n HNO_3 u. einer benzol. Lsg. von Thenoyltrifluoraceton gefüllt ist. Nach 5–10 Sek. dauerndem heftigem Rühren wird der Verschluß entfernt, so daß die saure Flüssigkeitsschicht abläuft, während die benzol. Lsg. im Trichter bleibt u. das Pa enthält. Zur Entfernung von α-Strahlen emittierenden Verunreinigungen wird mit 4n HNO_3 ausgewaschen. Teile der benzol. Lsg. dienen nach Verdampfen u. Abflammen zur Herst. gewichtsloser Proben zur Auszählung. Dauer der Abtrennung ca. 1 Minute. — Zur Abtrennung des U wird das bestrahlte Thoriumnitrat in der gleichen Weise behandelt, nur besteht die Füllung des Trichters aus 3 mol. $Mg(NO_3)_2$-Lsg. in 0,1 n HNO_3 u. Äther. Es wird wie oben verfahren, zum Auswaschen des das U enthaltenden Ae. jedoch NH_4NO_3-Lsg. benutzt, die verhindert, daß in der Ae.-Fraktion nichtflüchtige Stoffe verbleiben, die sonst „dicke" Proben zur Auszählung lieferten. Benötigte Zeit: ca. 1 Minute. Die chem. Ausbeute ist nur 10–20%, dagegen ist die Abtrennung sehr gut: es werden beim U nur 1 Teil Ac in 10^4 Teilen, 1 Teil Pa in 10^5 Teilen, ebenso Th mitgerissen; bei der Pa-Abscheidung werden nur 0,1% Th mitgenommen. (J. chem. Physics **20.** 754. April 1952. Ann Arbor, Mich., Univ. of Michigan, Dep. of Chem.) K. RUMPF. 104

Peter E. Yankwich und **W. R. Cornman jr.**, *Chemische Formen, in denen* ^{14}C *auftritt, der bei der Reaktion* $Be_3N_2(n, p)$ *gebildet wird.* (Vgl. C. **1956.** 2078.) Vff. bestrahlten Be_3N_2 im Reaktor, lösten die bestrahlten Kristalle in verd. H_2SO_4 u. untersuchten die einzelnen aus ^{14}C gebildeten Substanzen. 26% der gesamten Aktivität wurden als Methan gefunden, 19% als Guanidin, 14% als CO_2, 11% als Methylhydrazin, 8% als Ameisensäure, 7% als HCN, 6% als Harnstoff, 5% als Cyanamid, 4% als Methylamin, 2% als Formaldehyd, $<$ 0,2% als Methanol u. $<$ 0,2% als CO. (J. Amer. chem. Soc. **78.** 1560—62. 20/4. 1956. Urbana, Illinois, Univ. of Ill., Noyes Labor. of Chem.)
Max Schmidt. 108

Henry L. Friedman, Richard B. Bernstein und **Harry E. Gunning**, *Bemerkungen zum* ^{13}C*-Isotopieeffekt bei der thermischen Zersetzung von Äthylbromid.* (Vgl. C. **1956.** 2078.) Die bekannten Versuchsergebnisse schließen einen früher angenommenen monomol. Eliminierungsprozeß aus, ermöglichen aber noch keine Entscheidung zwischen den beiden Möglichkeiten eines Radikalkettenmechanismus oder eines kettenfreien Mechanismus. (J. chem. Physics **23.** 1722—23. Sept. 1955. Chicago, Ill., Illinois Inst. of Technol., Dep. of Chem.) Max Schmidt. 108

M. Roos, *Die moderne Industrie des Zirkoniums.* Zr besitzt eine analoge Durchlässigkeit für langsame Neutronen wie Bi, Pb u. Be, jedoch erheblich bessere mechan. Eigenschaften. Deshalb scheint es sich am besten für den Bau von Reaktoren zu eignen. Zur Herst. schmiedbaren Zr techn. Reinheit bedient man sich des Kroll-Prozesses der Red. des Oxyds mit Mg. Der Boer-Prozeß der Dissoziation des Jodids liefert ein reineres Metall hoher Duktilität. Vf. gibt einen Überblick über diese Verff. u. ihre technolog. Durchführung. (Techn. mod. **46.** 217—20. Juni 1954.) D. Bredtschneider. 110

C. J. Strumski, D. I. Cooper, D. H. Frisch und **R. L. Zimmerman**, *Wasserstoffzufuhr und Bündelfokussierung für elektrostatischen Generator.* (Vgl. Cooper u. Mitarbeiter C. **1954.** 10403.) Zur Vervollständigung der Verss. mit einem kleinen Van de Graaff (l. c.) werden 2 Hilfseinrichtungen benutzt, die sich auf die H_2-Zufuhr für die Radiofrequenzionenquelle u. auf die elektrostat. Linse mit wechselndem Gradienten am abgetrennten Masse 1-Bündel beziehen. (Rev. sci. Instruments **25.** 514. Mai 1954. Cambridge, Mass., MIT, Dep. of Phys. and Labor. for Nucl. Sci.) Gerhard Schmidt. 112

Harry G. Heard, *20 kV-Δ-Funktion-Generator.* Vf. entwickelt einen elektron. gesteuerten Impulsgenerator für 20 kV-Impulse mit Anstiegszeiten $<$ 0,6 mμsec. Ausführliche Beschreibung der Anordnung. (Rev. sci. Instruments **25.** 454—58. Mai 1954. Berkeley, Calif., Univ. of California, Dep. of Phys., Radiat. Labor.) Gerhard Schmidt. 112

E. M. Reichrudel und **A. W. Tschernetzki**, *Einige Charakteristika von Ionenquellen durch Gasentladungen.* Vff. beschreiben Ionenquellen, bei denen Glimmentladungen bei Drücken von 10^{-5} bis 10^{-3} mm Ar in einem axialsymm. Magnetfeld durchgeführt werden. Die Röhren enthalten symm. zum Anodenring 2 kalte Kathoden. Die Ionen werden durch ein Loch in einer der Kathoden herausgezogen u. durch eine Kombination elektr. u. magnet. Felder fokussiert. Mit dieser Anordnung können Stromstärken bis zu 15 mA erzielt werden. (Вестник Московского Университета Серия Физико-Математических и Естественных Наук [Nachr. Moskauer Univ.] **9.** Nr. 5. [physik.-math. naturwiss. Ser.] Nr. 3. 47—53. Mai 1954.) M. Wiedemann. 112

Michel-Yves Bernard, *Seitliche Stabilisierung des Ionenbündels in einem Linearbeschleuniger durch elektrostatische Gitterlinsen.* (Vgl. C. **1956.** 331.) Kompensierung der Divergenz des Ionenbündels in Linearbeschleunigern vom Alvarez-Typ durch Einführung von Gitterlinsen. (C. R. hebd. Séances Acad. Sci. **240.** 1636—38. 18/4. 1955.)
Gerhard Schmidt. 112

Byron T. Wright, *Magnetischer Deflektor für das Beratron.* Beschreibung eines magnet. Deflektors, der auf dem Prinzip des kleinen Energieverlustes in einem geeignet eingebrachten Target beruht. Die Wirksamkeit der Anordnung ist $\sim$ 1 in.² bei einem Detektor, der 20 ft vom Kreisstrom angebracht ist. (Rev. sci. Instruments **25.** 429—31. Mai 1954. Berkeley, Calif., Univ. of California, Dep. of Phys., Radiat. Labor.)
Gerhard Schmidt. 112

J. De Pangher und **W. C. Roesch**, *Ein Neutronendosimeter mit gleichförmiger Empfindlichkeit von 0,1—3,0 MeV.* (Sitzungsbericht.) (Physic. Rev. [2] **100.** 1793. 15/12. 1955. General Electric Comp.) Gerhard Schmidt. 112

Daniel Blanc und **René Viste**, *Über den Temperaturkoeffizienten der Geiger-Müller-Zähler mit Außenkathode, die einen organischen Dampf enthalten.* Vff. geben für Tempp. zwischen 20 u. 240° die Änderung der Zählercharakteristik für Füllungen mit Methylal u. Alkohol. Unterhalb einer Temp. t_0 ist der von der Adsorption der polyatomaren Komponente an die Wände herrührende therm. Koeff. proportional seinem Partialdruck.

Er liegt innerhalb der mit Innenkathoden erhaltenen Werte. Oberhalb von t_0 tritt eine sehr schnelle Änderung der Zählercharakteristik auf. (C. R. hebd. Séances Acad. Sci. **240.** 2405—07. 20/6. 1955.) Gerhard Schmidt. 112

Daniel Blanc, *Verhalten von Geiger-Müller-Zählern mit Glasmantel und äußerer Graphitierung gegen intensive γ-Bestrahlung.* (Vgl. C. **1955.** 4032.) Vf. zeigt, daß Zählrohre mit äußerer Graphitkathode auch zur Zählung intensiver γ-Strahlung geeignet sind. Die besten Abmessungen, geeignete Gläser u. Gasfüllungen werden erörtert u. eine Beziehung für die Abhängigkeit der Einsatzspannung des Geiger-Bereichs von diesen Größen gegeben. Der elektr. Widerstand der Gläser wird bei verschied. Tempp. gemessen. (J. Physique Radium **16.** 681—87. Aug./Sept. 1955. Paris, Coll. de France, Labor. de Phys. atom. et moléc.) G. Herrmann. 112

G. Igo und **R. M. Eisberg,** *Verwendung von Proportionalzählern bei der Messung der spezifischen Ionisation geladener Teilchen.* Vff. entwickeln eine Meth. zur genauen Schätzung der mittleren Ionisierung von 31 MeV-Protonen, wobei eine Anordnung mit kleinem Bremsvermögen benutzt wird. Ein Muster der Häufigkeitsverteilung der Energieverluste in jedem der n ident. Proportionalzähler mit einer wasserfreien Mischung von 90% Ar u. 4% CO_2 wird erhalten. Durch Auswahl des kleinsten der n-Impulse u. Verwendung dieses kleinsten Impulses läßt sich die mittlere Ionisation des Teilchens darstellen. Die experimentellen Ergebnisse werden mit der Landauschen Theorie der statist. Schwankungen bei der spezif. Ionisation geladener Teilchen verglichen. (Rev. sci. Instruments **25.** 450—53. Mai 1954. Berkeley, Calif., Univ. of California, Dep. of Phys., Radiat. Labor.) Gerhard Schmidt. 112

C. E. Mandeville und **H. O. Albrecht,** *Kristalle und Geiger-Zähler für die Scintillationszählung.* (Vgl. C. **1953.** 9382.) Vff. untersuchten verschied. Kristalle auf ihre Eignung für Scintillationsbeobachtungen in Verbindung mit lichtempfindlichen Geiger-Zählern. Es handelt sich bis auf eine Ausnahme um Alkalihalogenide mit Ag oder Tl als aktivierendem Zusatz. Die beste Eignung gleichzeitig für α-, β- u. γ-Strahlen zeigte NaCl–Ag. Eine Erhöhung der Empfindlichkeit bringt Unterkühlung auf die Temp. der fl. Luft. Es wird empfohlen, die Zähler zunächst durch eine Entladung zu formieren, sie zeigen dann konstante Zähleigg. bis zu mehr als 500000 Impulsen/Minute. Je dünner der Durchmesser der Kathode des Zählers ist, um so höher ist die Empfindlichkeit. (Physic. Rev. [2] **80.** 299—300. 15/10. 1950. Swarthmore, Pa., Franklin Inst., Bartol Res. Foundat.) W. Reusse. 112

C. E. Mandeville und **H. O. Albrecht,** *Der Nachweis von γ-induzierten Scintillationen von Kristallen durch photoempfindliche Geiger-Zähler.* (Vgl. vorst. Ref.) Mit einem bes. für UV-Strahlung sensibilisierten Geiger-Zähler konnte Vf. nachweisen, daß die γ-Strahlung von ^{46}Sc in NaCl–Ag-Scintillationskristallen Impulse erregt. Der Effekt wurde durch Bestrahlung eines NaCl–Ag-Zylinders von 1,27 cm Durchmesser nachgewiesen, in dessen Innerem koaxial der Photozähler angeordnet war. Die Verbesserung der geometr. Anordnung mit dem Ziel einer Erhöhung der Meßempfindlichkeit wird diskutiert. (Physic. Rev. [2] **80.** 300. 15/10. 1950.) W. Reusse. 112

P. W. Reinhardt und **F. J. Davis,** *Verbesserte Methode zur Hochspannungsstandardisierung für Scintillationsdetektoren.* Entw. eines Hochspannungs-Standardisierungssyst. bei Stromquellen von ~ 10 μA unter Verwendung eines Impulsgenerators mit Quecksilberrelais. (Rev. sci. Instruments **25.** 829—30. Aug. 1954. Oak Ridge, Tenn., Oak Ridge Nat. Labor., Health Phys. Div.) Gerhard Schmidt. 112

R. S. Foote und **H. W. Koch,** *Scintillationsspektrometer zur Messung der Gesamtenergie von Röntgenquanten.* Vff. beschreiben Röntgenspektrometer, die nach dem Prinzip der totalen Absorption der Energie eines einzelnen Röntgenquants in einem Scintillator arbeiten. Verss. mit Scintillatoren aus Xylol mit Terphenyl sowie mit NaJ(Tl)-Kristallen zeigen, daß Nachweiswirksamkeiten > 80% u. Energieauflösungen besser als 10% im Röntgenbereich von 0,5—50 MeV erzielt werden können. (Rev. sci. Instruments **25.** 746—58. Aug. 1954. Washington, D. C., N. B. S, Radiat. Phys. Labors.) Gerhard Schmidt. 112

George M. Ettinger, *Einige Eigenschaften von Lichtleitungen.* Da es bei gewissen Scintillationszählerunterss. nicht prakt. ist, den Scintillationskristall direkt an der Photomultiplierröhre anzubringen, verwendet man sogenannte „Lichtleitungen", die entweder aus *Lucite* (I)- oder *Quarz*-Stäben bestehen. Da diese Leitungen eine beträchtliche Dämpfung verursachen, wird das Verhältnis Signal/Geräusch des Photomultipliers niedrig. Vf. stellte Verss. an mit I-Stäben verschied. Länge, an deren einem Ende der Kristall angebracht ist, während das andere polierte Ende ca. 0,5 cm vor der Photomultiplierröhre endet. Der I-Stab war mit einer Schicht Del-Zement versehen, um den eine Al-Folie angebracht war. Die Lichtdurchlässigkeit eines solchen 1 m langen Stabes betrug nur 7%, die eines 20 cm langen Stabes 60% bei einem Durchmesser des Stabes von ½ inch. (Rev. sci. Instruments **26.** 763—64. Aug. 1955. New York, N. Y., Stand. Electr. Res. Corp.) C. Gottfried. 112

J. Wardley, *Neue Entwicklungen von Rolljalousie-Photomultipliern.* Vf. berichtet über 4 neue Typen von elektrostat. fokussierten Photomultipliern, bei denen die Dynoden in Form von Rolljalousiestäben unter 45° gegen die Flußrichtung des Elektronenstrahles angeordnet sind. Die Elektrodenzuführungen sind in Preßglasfüße eingeschmolzen, die Kühlung mit fl. Luft erlauben. Der Sockel ist aus Polytetrafluoräthylen hergestellt. (Instruments and Measurements Conf. Stockholm, Trans. **1952.** 198—202. Hounslow, Middlesex.) W. Reusse. 112

Pierre Cüer, Jean-Pierre Lonchamp und **Christiane Gegauff,** *Morphologische Untersuchung von ^{12}C-Spuren in Kernemulsionen.* Vff. untersuchen mittels photograph. Methoden die allmähliche Zunahme der Breite von Bahnen von 120 MeV-^{12}C-Kernen in Emulsionen u. geben ihre Ergebnisse in Form eines Histogramms wieder, in welchem mittlere Breite gegen Bahnlänge aufgetragen ist. Bei Verfolgung einer mittleren Bahn beobachteten Vff. zunächst eine starke Zunahme der Breite (bis $\sim 45\,\mu$), danach bis 140 μ eine wesentlich schwächere Zunahme. (C. R. hebd. Séances Acad. Sci. **240.** 856—58. 21/2. 1955.) J. Roesmer. 112

M. Ader, *Beitrag zur Untersuchung der Strahlung, die vom aktiven Niederschlag des Thoriums ausgesandt wird, mit Hilfe von photographischen Emulsionen.* Akt. Nd. des Th wird auf Ag gebracht u. mit Ilford C 2-Kernemulsionen untersucht. Auf 10^6 α-Bahnspuren des ThC′ n. Reichweite kommen 189 Bahnspuren mit 11,7 cm u. 3—4 mit noch größerer Reichweite. (J. Physique Radium **16.** 732—33. Aug./Sept. 1955. Paris, Coll. de France, Labor. de Phys. atom. et moléc.) G. Herrmann. 112

J. H. Roberts, W. O. Solano, D. E. Wood und **H. B. Billington,** *Die Messung der Energie isotroper schneller Neutronen mit ^6Li beladenen Photoplatten.* Ausführliche Darst. der C. **1954.** 2103 referierten Arbeit. (Rev. sci. Instruments **24.** 920—24. Okt. 1953. Evanston, Ill., Northwestern Univ., Phys. Dep.) W. Reusse. 112

G. P. Barnard, Mass Spectrometer Researches, London: H. M. S. O. 1956. 3 s. 6 d.

A$_2$. Optisches Verhalten der Materie.

Mogens Rudkjøbing, *Über die Dichte- und Temperaturabhängigkeit von frei–frei-Übergangswahrscheinlichkeiten bei Wasserstoff.* Es wird der Gaunt-Faktor für die Absorption bei frei–frei-Übergängen in *H* als Funktion von D. u. Temp. für den Grenzfall großer Wellenlängen berechnet. Man findet, daß der Faktor eine Funktion von $T\varrho^{-2/3}$ ist, sein Wert bewegt sich zwischen 0,4 für die Sonne u. 1,6 für Y Cygnus. (Ann. Astrophysique **18.** Nr. 1. 11—14. 1955. Copenhagen, Univ., Observ.) H. Preuss. 113

Giovanni Godoli, *Methoden der quantitativen Analyse der Atmosphären der Sterne der ersten Spektraltypen.* Aus der Gesamtabsorption der Linien des Sternspektr., der Quantenzahl der letzten noch abtrennbaren Linie der Balmer-Serie u. dem aus der Kuiper-Unsöld-Skala erhaltenen Näherungswert der Temp. erhält man: a) die Zahl der Atome jedes Elements auf 1 cm² Photosphäre; b) die Elektronenkonz.; c) den Elektronendruck, d) die Ionisationstemp.; e) die effektive Schwerebeschleunigung. Die zur Ermittlung dieser Parameter angewandten Methoden werden im einzelnen unter Angabe der Gleichungen besprochen. (Ricerca sci. **24.** 799—813. April 1954. Arcetri u. Asiago, Centro di studio per l'astrofis.) R. K. Müller. 113

Egon Richter, *Zur Theorie magnetohydrodynamischer Wellen.* Die von verschied. Autoren angegebenen Lösungsgleichungen für die durch den Verschiebungsstrom ergänzten magnetohydrodynam. Grundgleichungen im eindimensionalen Fall (Abhängigkeit von der Zeit u. einer Ortskoordinate) werden diskutiert, u. die Anwendbarkeit auf das Übergangsgebiet vom Sonneninneren zur Sonnencorona wird betrachtet. (Z. Naturforsch. **11a.** 251. März 1956. München, TH, Inst. für Theoret. Phys.) H. Nelkowski. 113

C. de Jager, *Das ultraviolette- und das Röntgenstrahlenspektrum der Sonne.* Nach einem kurzen zusammenfassenden Überblick über die heutigen Kenntnisse der Struktur der Sonnenatmosphäre bringt der Vf. Berechnungen über die Strahlung in dem UV- u. dem Röntgenstrahlenspektr., welches die Wellenlängenbereiche von $>$1500 Å bis 10 Å umfaßt. Zum Schluß gibt der Vf. versuchsweise ein Spektr. der Sonne für Wellenlängen $<$3000 Å. (Ann. Géophysique **11.** 330—52. 1955. Utrecht, Sterrewacht Sonnenborgh.) C. Gottfried. 113

D. R. Bates, *Theorie des Nordlichtspektrums.* Zusammenfassende Übersicht an Hand der vorliegenden neueren Literatur. — 81 Literaturzitate. (Ann. Géophysique **11.** 253—78. 1955. Belfast, Queen's Univ., Dep. of Appl. Math.) C. Gottfried. 113

Jean Peretti, *Über das Frequenzspektrum eines Kristallgitters. Methode der approximativen Auflösung der Integralgleichung des Frequenzspektrums.* Mathemat. Abhandlung. (C. R. hebd. Séances Acad. Sci. **241.** 544—46. 8/8. 1955.) C. GOTTFRIED. 114

F. Hegemann und **C. von Sybel,** *Die Bestimmung der Temperatur des Kohlelichtbogens aus dem Magnesium-Emissionsspektrum.* In Anlehnung an die Arbeiten von ORNSTEIN u. SMIT wurde aus dem Mg-Emissionsspektr. die Temp. des Analysenbogens bei Verwendung von Kohleelektroden bestimmt. Zur Prüfung der in Frage kommenden *Mg*-Linien auf Selbstabsorption wurde das Intensitätsverhältnis zusammengehöriger Multiplettlinien mit zunehmendem *MgO*-Geh. gemessen u. mit den Summenregeln verglichen. Der Korrekturfaktor zur Berücksichtigung der Wellenlängenabhängigkeit der Photoplatte wurde mit Hilfe des UV-Normals, dessen spektrale Energieverteilung bekannt ist, bestimmt. Die Abhängigkeit des logarithm. Intensitätsverhältnisses Mg 2783,0/3336,7 von der Bogentemp. wurde aus der BOLTZMANN-Formel berechnet u. in einer Kurve graph. dargestellt. An Hand von Fahrspektrogrammen wurde aus dem genannten Intensitätsverhältnis der zeitliche Temperaturverlauf beim Abbrand von Analysenkohlen sowohl mit Bleiglanz als auch mit Quarz unter Zusatz von 10% MgO bei kathod. u. anod. Schaltung der Lochkohle verfolgt. Die Meßergebnisse sind graph. dargestellt u. mit den Zeitintensitätskurven von *Pb* u. *Mg* bzw. *Si* u. *Mg* in Beziehung gebracht. Dabei hat sich ein eindeutiger Zusammenhang zwischen der Substanzkonz. im Bogen u. der Bogentemp. ergeben, u. zwar derart, daß mit zunehmender Konz. die Temp. sinkt u. umgekehrt. (Z. wiss. Photogr., Photophysik Photochem. **50.** II. 463—75. 1955. München, TH, Mineral.-geol. Inst., Forschungsstelle für Geochem.) W. GÜNTHER. 114

Charles L. Beckel, *Lineare Extrapolation der Schwingungsenergieniveaus von Ionenmolekülen.* Vf. berechnet aus Literaturdaten für zweiatomige Ionenmoll. die Dissoziationsenergie $D_i = D_0 + I - E$ (D_0 = Dissoziationsenergie, I = Ionisationsenergie des Kations, E = Elektroaffinität des Anions) u. vergleicht sie mit den durch lineare Extrapolation der Schwingungsenergieniveaus erhaltenen Dissoziationsenergie D_{lin}. Für die Halogenide der Metalle der 3. u. 1. Hauptgruppe wird stets $D_{lin} > D_0$ gefunden, im Gegensatz zu zweiatomigen Moll. mit homöopolarer Bindung. (J. chem. Physics **24.** 923 bis 924. April 1956. Washington, D. C., Georgetown Univ., Dep. of Phys.) H. J. BECHER. 114

Daniel Kivelson und **E. Bright Wilson jr.,** *Angenäherte Behandlung des Einflusses der zentrifugalen Deformation auf die Energieniveaus der Rotation von asymmetrischen Rotatormodellen.* Für die Rotationsenergie eines nichtstarren asymm. Rotators wird in 1. Ordnung abgeleitet $W = W_0 + A_1W_0^2 + A_2W_0J(J+1) + A_3J^2(J+1)^2 + A_4J\cdot(J+1)\langle \mathbf{P}_z^2\rangle + A_5\langle \mathbf{P}_z^4\rangle + A_6W_0\langle \mathbf{P}_z^2\rangle$; die A_i sind Konstanten, unabhängig von den Rotationsquantenzahlen, W_0 ist die Energie des starren Rotators, $\mathbf{P}_z$ der Operator der Drehimpulskomponente parallel zur Quantisierungsachse. (J. chem. Physics **20.** 1575—79. Okt. 1952. Cambridge, Mass., Harvard Univ., Mallinckrodt Chem. Labor.) H. LIEPACK. 114

S. S. Penner, *Näherungsrechnungen für das Emissionsvermögen mehratomiger Moleküle* 1. Mitt. *CO_2*. Für das Emissionsvermögen von CO_2 als Funktion der opt. Dichte bei 300 u. 600° K wurden Näherungsrechnungen ausgeführt, welche auf der für Drucke oberhalb einer Atmosphäre berechtigten Annahme beruhen, daß sich die Rotationslinien weitgehend überlappen. Ein Vgl. dieser aus spektroskop. Daten berechneten Werte mit Tabellenangaben zeigt befriedigende Übereinstimmung u. die Brauchbarkeit der Meth. für techn. Bedürfnisse. (J. appl. Physics **25.** 660—67. Mai 1954. Pasadena, Calif., California Inst. of Technol., Guggenheim Jet Propulsion Center.) H.-J. EICHHOFF. 114

Kuang-tseng Chao (K. T. Chao) und **Chi-hao Cheng,** *Intensitätsverteilung der Hyperfeinstruktur der Resonanzstrahlung von Quecksilber.* (Vorl. Mitt.) Graph. Darst. der Hyperfeinstruktur der Linie *Hg* 2536 Å unter n. u. anomalen Bedingungen im Zusammenhang mit der Häufigkeitsverteilung der Hg-Isotopen 196, 198, 199, 200, 201, 202 u. 204 sowie der theoret. berechneten Intensitäten bei diesen Isotopen. Maximum bei $-178\cdot10^{-3}$ cm^{-1} für ^{202}Hg, Minimum bei +394 für ^{201}Hg (F = $^1/_2$). (Acta physica sinica **11.** 359—62. 1955. [Orig.: chines.]) L. SCHULER. 118

Ikuji Tsujikawa und **Eizô Kanda,** *Fluorescenzspektren von Kupferhalogeniden bei niedrigen Temperaturen.* Es werden die Fluorescenzspektren von *CuCl*, *CuBr* u. *CuJ* spektroskop. bei Elektronenanregung untersucht u. der Farbwechsel von CuCl bei niedrigen Tempp. betrachtet. Die grüne Fluorescenz von CuCl, die bei hohen Tempp. auftritt, verschwindet bei ca. —85° u. unterhalb dieser Temp. erscheint rote Fluorescenz, die bei hohen Tempp. auch existiert, aber von grünen Banden überdeckt wird. In Bromid u. Jodid wird kein Farbwechsel beobachtet, die rote Fluorescenz allein erscheint in einem gewissen Temperaturbereich. (Sci. Rep. Res. Inst. Tôhoku Univ., Ser. A **6.** 220—23. Juni 1954. Sendai, Japan, Tôhoku Univ., Res. Inst. for Iron, Steel and other Metals.) D. HAHN. 118

J. Robin und **S. Robin,** *Das sichtbare und ultraviolette Absorptionsspektrum des bis zu 1500 Atmosphären komprimierten Sauerstoffs.* Aus Messungen der Absorptionsänderung von O_2 mit dem Druck p bis zu 1500 at bzw. mit der Dichte ϱ ergibt sich für die Banden im Sichtbaren 4770, 5773 u. 6299 Å sowie für die UV-Banden 3436, 3607 u. 3803 Å eine Zunahme des maximalen Extinktionskoeff. ε_m weniger schnell mit p^2 u. schneller als mit ϱ^2. Die Lage u. die Form der Absorptionsbanden ändern sich nur wenig mit p. Dagegen verlieren die Tripelbanden um 2700 Å mit zunehmendem p ihre Struktur. Die Ursache für die Abweichung von der theoret. zu erwartenden Zunahme des ε_m mit ϱ^2 wird kurz diskutiert. (J. Physique Radium **15.** 331—34. April 1954. Paris, Sorbonne, Labor. de Phys.-Enseign.; Bellevue, Labor. des Hautes Press.) J. RUDOLPH. 118

Hermann Hartmann und **Hans-Heinrich Kruse,** *Über die Absorptionsspektren der Komplexverbindungen des dreiwertigen Chroms.* Theoret. Betrachtungen, in denen im Rahmen der elektrostat. Theorie die Veränderungen des Cr^{3+}-Ions untersucht werden, die bei dessen Einbau in Komplexionen der Koordinationszahl 6 mit verschied. Symmetrien auftreten. Der Vgl. mit Messungen von LINHARD ergibt gute Übereinstimmung. (Z. physik. Chem., Frankf. Ausg. [N. F.] **5.** 9—19. Sept. 1955. Frankfurt/M., Univ., Inst. für phys. Chem.) G. HEINSOHN. 118

—, *Zur künstlichen „Grünfärbung" der Diamanten.* Gelbgrünfärbung u. bleibende Radioaktivität der Diamanten kann durch Ra (α-Strahlen), olivgrüne Färbungen u. ca. 1 Std. anhaltende starke Radioaktivität durch Deuteronenbeschuß im Cyclotron hervorgerufen werden. Die in der Natur vorkommenden, meist schwach grün gefärbten Diamanten sind nicht radioaktiv. Beim Schleifen können — wahrscheinlich infolge der Schleifwärme — die Farben wieder verschwinden. Bestrahlungen zur dauernden Grünfärbung sollen erst nach dem Schleifen vorgenommen werden. (Dtsch. Goldschmiede-Ztg. **49.** 201—02. Aug. 1951.) M. GEHLEN-KELLER. 119

Chudoba, *Künstlich „grüne Diamanten" durch Elementarteilchenbeschuß.* Da die amerikan. Atomenergiekommission Aufträge für das Färben von Edelsteinen in ihren Atomreaktoren annimmt, behandelt Vf. im Anschluß an die im vorst. Ref. wiedergegebene Arbeit die Methoden zur Feststellung der Herkunft der Färbung (natürliche Färbung, Deuteronen-, Neutronen- oder α-Teilchenbeschuß). Bei künstlichen grünen Diamanten soll eine sehr scharfe Trennungslinie zwischen den grüngefärbten u. den ungefärbt gebliebenen Teilen des Diamanten zu erkennen sein, bes. gut nach Einbettung in Methylenjodid. Neutronen rufen eine durch den ganzen Stein hindurchgehende Färbung ohne Trennlinie hervor, α-Strahlen nur Oberflächenfärbung, die nach einiger Zeit wieder verschwinden kann. (Dtsch. Goldschmiede-Ztg. **54.** 152—53. April 1956.) M. GEHLEN-KELLER. 119

Lucienne Taurel und **Jean Chapelle,** *Untersuchung der Lichtstreuung durch Monoammoniumphosphat.* Messung der Lichtstreuung durch Monoammoniumphosphatkristalle bei Einfall von polarisiertem Licht in Richtung der vier- u. zweizähligen Achse u. bei Einfall von natürlichem Licht in Richtung der vierzähligen Achse bei Tempp. von 20 bis 70° im Vgl. zu Benzol. Der Streulichtfluß zeigt eine lineare Abhängigkeit von der Temperatur. Diskussion der Resulatte. (C. R. hebd. Séances Acad. Sci. **240.** 1985—87. 16/5. 1955.) H.-J. EICHHOFF. 119

A. Charru, *Beschreibung eines Hohlprismas zur Untersuchung der Dispersion des Brechungsindex von Flüssigkeiten mit der Wellenlänge und der Temperatur.* Das beschriebene Hohlprisma zur Aufnahme der zu untersuchenden Fll. oder Schmelzen befindet sich in einem geschlossenen Behälter, der ähnlich einem Flüssigkeitsthermostaten auf gewünschte Temp. geheizt werden kann. (J. Physique Radium **15.** 63 S—64 S. Dez. 1954.) J. RUDOLPH. 119

J. W. Ellis und **R. M. Vanderberg,** *Die Absorption im nahen Ultrarot und die Dispersion von Eis und anderen Kristallen.* Messungen einiger Besonderheiten im polarisierten Ultrarotspektr. kristallwasserhaltiger doppelbrechender Kristalle (kannellierte Spektren wegen der Doppelbrechung, Dispersion bei $CaSO_4 \cdot 2\,H_2O$ u. $Na_2S_2O_3 \cdot 5\,H_2O$) geben Anlaß zu einer Messung an Eiskristallen. An ihnen zeigt sich trotz Doppelbrechung kein Dichroismus. (J. Physique Radium **15.** 612—14. Juli/Sept. 1954. Los Angeles, Calif., Univ. of California.) H. C. WOLF. 119

J. N. Hodgson, *Die Infraroteigenschaften von Wismut.* Vf. mißt mit Hilfe einer Meth., die sich auf Messungen des Reflexionsverhältnisses für parallel u. senkrecht zur Einfallsebene polarisierte Strahlung stützt, die Infraroteigg. von Bi. Der Abstand zwischen dem ersten gefüllten Band u. dem Leitfähigkeitsband von Bi beträgt ca. 0,3 eV, entsprechend dem Absorptionsminimum bei ca. 4 μ. Die Absorption der Strahlung bei Wellenlängen über 4 μ ist Elektronenübergängen innerhalb des Leitfähigkeitsbandes zuzuschreiben. Aus den Infraroteigg. von festem Bi ist zu ersehen, daß der Einfl. der gebundenen Elektronen bei Wellenlängen unter 4 μ vorherrschend ist. Ferner ergeben theoret. Berechnungen für die Zahl der freien Elektronen pro Atom 0,0013. (Proc. physic. Soc., Sect. B **67.** 269—70. 1/3. 1954. Cambridge, Univ., Observat.) E. HAHN. 120

G. Amat, P. Barchewitz und **M. L. Grenier-Besson,** *Untersuchung der Bande $2\nu_3$ des Stickstoffoxyduls bei 2,26 μ.* Es wurde die Rotationsstruktur der Bande $2\nu_3$ des N_2O bei 4417 cm^{-1} untersucht. Mittels der genau beschriebenen Versuchsanordnung beträgt die Reproduzierbarkeit 0,02—0,03 cm^{-1}. Die erhaltenen Wellenzahlen sind tabellar. zusammengestellt. Zum Vgl. sind die von anderen Seiten berechneten Wellenzahlen mit aufgeführt. (J. Physique Radium **15.** 563—67. Juli/Sept. 1954. Paris, Labor. d'Infrarouge du P.C.B.) C. GOTTFRIED. 120

G. Amat und **M.-L. Grenier-Besson,** *Über die Berechnung der Schwingungskonstanten des Stickstoffoxyduls.* Unter Verwendung der von anderen Seiten experimentell bestimmten Wellenzahlen der Resonanzsinguletts, -dubletts u. -tripletts des Typs Σ^+, Π oder Δ des N_2O wurden die Schwingungskonstanten berechnet, wobei die Wechselwrkg. der anharmon. Resonanz vom Typ FERMI-DENNISON berücksichtigt wurden, die zwischen den Niveaus 1 0^0 0 u. 0 2^0 0 besteht. Mit den berechneten Konstanten wurden die Wellenzahlen berechnet u. mit den experimentellen Daten verglichen. Bei diesem Vgl. ergab sich, daß noch mehr experimentelle Ergebnisse notwendig sind u. daß vor allen Dingen die Theorie der anharmon. Resonanzwechselwrkg. erster Ordnung nicht ausreichend ist, um die experimentellen Ergebnisse genügend genau zu deuten. Es dürfte notwendig sein, noch eine anharmon. Resonanz zwischen dem 0 0^0 1-Niveau u. den Niveaus 2 0^0 0, 1 2^0 0 u. 0 4^0 0 zu berücksichtigen. (J. Physique Radium **15.** 591—92. Juli/Sept. 1954. Paris, Labor. d'Infrarouge du P.C.B.) C. GOTTFRIED. 120

A. H. Nielsen, R. D. Shelton und **W. H. Fletcher,** *Das Infrarotspektrum und die Molekularkonstanten von Schwefligsäureanhydrid.* Die Unters. des Infrarotspektr. von SO_2 ergab das Auftreten von 6 Absorptionsbanden, u. zwar ν_1, ν_2, ν_3, $\nu_2 + \nu_3$, $2\nu_1$ u. $\nu_1 + \nu_3$. Die Versuchsergebnisse sind graph. u. tabellar. wiedergegeben. Die Übereinstimmung zwischen beobachteten u. berechneten Wellenzahlen ist gut. Aus den Analysen der Banden wurden die Rotationskonstanten von $^{32}S^{16}O_2$ bestimmt. Mit Hilfe dieser Konstanten u. geeignet reduzierter Massen wurden die Frequenzen nullter Ordnung für das Mol. $^{34}S^{16}O_2$ berechnet. (J. Physique Radium **15.** 604—07. Juli/Sept. 1954. Knoxville, Tenn., Univ.) C. GOTTFRIED. 120

Louis P. Lindeman und **M. Kent Wilson,** *Schwingungsspektren einiger gemischter Halogenide des Bors.* Vff. untersuchen die Infrarotspektren gasförmiger Mischungen von BF_3-BCl_3, BF_3-BBr_3 u. BCl_3-BBr_3 im Frequenzbereich von 300—3000 cm^{-1}. Durch Variation der Partialdrucke u. Kompensationstechnik gelingt es, eine große Zahl der zu den gemischten Halogeniden BFl_2Cl, $BFCl_2$, BF_2Br, $BFBr_2$, BCl_2Br u. BBr_2Cl gehörenden Schwingungsbanden zuzuordnen. Die Unters. wurde auf die Ultrarotspektren von $^{10}BF_3$, $^{10}BCl_3$ u. $^{10}BBr_3$ mit 96% ^{10}B u. ihre Mischungen ausgedehnt. Im Syst. BCl_3-BBr_3 wurden auch die RAMAN-Spektren verschied. Mischungen gemessen. Mit Hilfe einer Normalkoordinatenbehandlung für BCl_3, BF_3 u. BBr_3, für die unter Benutzung der Isotopenaufspaltungen vollständige Sätze von Kraftkonstanten berechnet werden, berechnen Vff. unter Übertragung der Kraftkonstanten die Frequenzen der gemischt substituierten Verbb. u. erzielen gute Übereinstimmung mit der Beobachtung. Im RAMAN-Spektr. von fl. BF_3 bei -120^0 konnten keine Anzeichen für eine Dimerisierung gefunden werden. (J. chem. Physics **24.** 242—49. Febr. 1956. Cambridge, Mass., Harvard Univ., Mallinckrodt Chem. Labor.) H. J. BECHER. 120

Dana W. Mayo, Herman E. Opitz und **John S. Peake,** *Schwingungsspektren von SiH_3Br und SiH_2Br_2.* Im Gebiet zwischen 5000 u. 400 cm^{-1} wurden die Infrarotspektren von SiH_3Br (I) u. SiH_2Br_2 (II) untersucht. Aus der starken Intensität jedes dritten Q-Zweiges der senkrechten Formen ν_5 u. ν_6 folgt, daß **I** eine dreizählige Symmetrieachse besitzt. Tabellar. sind die Frequenzen des ganzen Spektr. u. ihre Bezeichnungen zusammengestellt. Die von **II** beobachteten Frequenzen stehen in Übereinstimmung mit den Daten von FRANCOIS u. BUISSET (vgl. C. **1951.** II. 1091) für das RAMAN-Spektr. des fl. **II.** Die Bezeichnungen des Spektr. von HAWKINS, POLO u. WILSON (vgl. C. **1954.** 4089) konnten bestätigt werden. Die berechneten thermodynam. Funktionen beider Verbb. für verschied. Tempp. zwischen 275—1200^{0}K sind in Tabellenform zusammengefaßt. (J. chem. Physics **23.** 1344—45. Juli 1955. Bloomington, Ind., Univ., Dep. of Chem.) C. GOTTFRIED. 120

Y. P. Varshni und **K. Majumdar,** *Spektroskopische Konstanten von Molekülen.* 4. Mitt. *Ähnlichkeiten in den Grundschwingungsfrequenzen von isoelektronischen Diatomen.* (3. vgl. C. **1956.** 9083.) Im weitesten Sinne bedeuten „isoelektron. Moll." Moll. mit der gleichen Anzahl von Gesamtelektronen, im gewöhnlichen Sinne solche mit der gleichen

Anzahl Valenzelektronen u. gleichzeitig zu der gleichen Molekülperiode gehörend. Vff. untersuchen eine beschränkte Klasse von neutralen Diatomen, d. h. solchen isoelektron. Moll., die zu derselben Molekülgruppe gehören u. „umgekehrte" geschlossene Schalen besitzen, z. B. SiBr u. GeCl mit 49 Gesamtelektronen, die zu der Gruppe 4b—7b des Period. Syst. gehören. An Hand der vorliegenden Literatur vergleichen Vff. die Grundschwingungsfrequenzen einer Anzahl solcher Moleküle. Es sind dies (in Klammern sind jedesmal die Anzahl der Elektronen sowie die Gruppen des Period. Syst. angegeben): *KJ-RbBr* (72; 1a—7b); *CuJ-AgBr* (82; 1b—7b); *BeCl-MgF* (21; 2a—7b); *CaJ-SrBr* (73; 2a—7b); *ZnJ-CdBr* (83; 2b—7b); *BS-AlO* (21; 3b—6b); *BCl-AlF* (22; 3b—7b); *BBr-GaF* (40; 3b—7b); *AlBr-GaCl* (48; 3b—7b); *AlJ-InCl* (66; 3b—7b); *GaJ-InBr* (84; 3b—7b); *CP-SiN* (21; 4b—5b); *CS-SiO* (22; 4b—6b); *CSe-GeO* (40; 4b—6b); *SiSe-GeS* (48; 4b—6b); *SiTe—SnS* (66; 4b—6b); *GeTe-SnS* (84; 4b—6b); *CCl-SiF* (21; 4b—7b); *SiBr-GeCl* (49; 4b—7b) u. *NS-PO* (23; 5b—6b). Der mittlere Unterschied der Frequenzen der jeweiligen obigen Paare beträgt 5,3%. Hieraus geht hervor, daß die l. c. beschriebene Meth. geeignet ist, unbekannte Schwingungsfrequenzen abzuschätzen. Vff. tun dies für eine größere Anzahl von isoelektron. Diatomen, von denen jeweils die Schwingungsfrequenz des einen Diatoms bekannt ist. Tabellar. sind die Ergebnisse zusammengestellt. Es werden die folgenden Paare aufgeführt (das Diatom, für das die Frequenz abgeschätzt ist, ist mit einem Stern bezeichnet): *LiCl*-NaF* (20; 1a—1b); *BeS*-MgO* (20; 2a—6b); *ZnAt*-HgBr* (115; 2b—7b); *CdAt*-HgJ* (133; 2b—7b); *BeSe*-GaO* (39; 3b—6b); *BTe*-InO* (57; 3b—6b); *BJ*-InF* (58; 3b—7b); *BAt*-TlF* (90; 3b—7b); *AlAt*-TlCl* (98; 3b—7b); *GaAt*-TlBr* (116; 3b—7b); *InAt*-TlJ* (134; 3b—7b); *CTe*-SnO* (58; 4b—6b); *CPo*-PbO* (90; 4b—6b); *ScPo*-PbS* (98; 4b—6b); *GePo*-PbS* (116; 4b—6b); *CBr*-GeF* (41; 4b—7b); *CJ*-SnF* (59; 4b—7b); *CAt*-PbF* (91; 4b—7b); *SiJ*-SnCl* (67; 4b—7b); *SiAt*-PbCl* (99; 4b—7b); *GeJ*-SnBr* (85; 4b—7b); *GeAt*-PbBr* (117; 4b—7b); *SnAt*-PbJ* (135; 4b—7b); *NSe*-AsO* (41; 5b—6b); *NTe*-SbO* (59; 5b—6b); *NPo*-BiO* (91; 5b—6b); *PSe*-AsS* (49; 5b—6b); *PTe*-SbS* (67; 5b—6b); *PPo*-BiS* (99; 5b—6b); *AsTe*-SbSe* (85; 5b—6b); *AsPo*-BiSe* (117; 5b—6b); *SbPo*-BiTe* (135; 5b—6b); *NBr-AsF** (42; 5b—7b); *NJ*-SbF* (60; 5b—7b); *NAt*-BiF* (92; 5b—7b); *PJ*-SbCl* (68; 5b—7b); *PAt*-BiCl* (100; 5b—7b); *AsJ*-SbBr* (86; 5b—7b); *AsAt*-BiBr* (118; 5b—7b); *SbAt*-BiJ* (136; 5b—7b); *OBr*-SeF* (43; 6b—7b); *OJ*-TeF* (61; 6b—7b); *MnJ*-MaBr* (78; 7a—7b). (Indian J. Physics Proc. Indian Assoc. Cultivat. Sci. **29/38.** 285—91. Juni 1955. Allahabad, Univ., Dep. of Phys.) C. GOTTFRIED. 120

Llewellyn H. Jones, *Infrarotspektrum von $Ni(CO)_4$-Dampf.* Eine Neuunters. des Infrarotspektr. von $Ni(CO)_4$-Dampf zwischen 270 u. 10000 cm^{-1} macht eine Änderung einiger der Bezeichnungen der Fundamentalfrequenzen von CRAWFORD u. CROSS (J. chem. Physics **6.** [1938.] 525) notwendig. Zunächst wird mitgeteilt, daß zwischen 270 u. 400 cm^{-1} keine Absorption zu beobachten war. Eine sehr starke Bande bei 422 $\pm$ 1 cm^{-1} mit einem Absorptionskoeff. von 0,04 $cm^{-1}p^{-1}$ (p = mm Hg) wird der asymm. Ni—C-Dehnungsschwingung zugeschrieben, die stark infrarotakt. sein sollte. Die Bezeichnung einer bei 459 $\pm$ 1 cm^{-1} auftretenden Bande ist noch nicht sicher. Die in dem Hochfrequenzgebiet des Spektr. von CRAWFORD u. CROSS (vgl. l. c.) mit ν_8 bezeichnete asymm. C—O-Dehnungsschwingung hat P-, Q- u. R-Zweige mit dem Q-Zweigmaximum bei 2057 $\pm$ 1 cm^{-1}. Eine viel schwächere Bande gleicher Struktur tritt bei 2018 $\pm$ 1 cm^{-1} auf. Diese Bande muß die ^{13}C—O-Dehnungsfrequenz von $Ni(^{12}CO)_3(^{13}CO)$ sein, das normalerweise mit etwas mehr als 4% vorhanden ist. Durch eine einfache Rechnung konnte gezeigt werden, daß für ein angenommenes lineares Mol. O—C—Ni—C—O bei Substitution von ^{12}C durch ^{13}C die asymm. Streckungsfrequnez von 2018 gegenüber 2057 um einen Faktor von 0,981 abnehmen sollte, was auch experimentell beobachtet wurde. (J. chem. Physics **23.** 2448. Dez. 1955. Los Alamos, N. Mex., Univ., Los Alamos Sci. Labor.) C. GOTTFRIED. 120

R. W. Johnston und **D. C. Cronemeyer,** *Infrarotabsorption von NiO.* An NiO-Einkristallen (Flammenschmelzmeth.) wird die infrarote Absorption im Gebiet von 1—15 μ gemessen. Es zeigen sich Maxima bei 4 u. 8 μ; ferner werden der Absorptionskoeff. u. der Brechungsindex als Funktion der Photonenenergie dargestellt. (Physic. Rev. [2] **93.** 634—35. 1/2. 1954. Syracuse, N. Y., Gen. Electr. Co., Electronics Labor.) E. HAHN. 120

A. N. Terenin (unter Mitarbeit von **N. G. Jaroslavsky, A. W. Karjakin** und **A. I. Sidorova**), *Infrarotspektroskopie von an porösem Glas adsorbierten Molekülen.* Nach sorgfältiger Befreiung von fremden Moll. durch Ausheizen im Vakuum zeigen *Silicagel* u. dessen glasartige Modifikation scharfe OH-Banden bei 1,365 μ. Bei Adsorption von organ. u. anorgan. Moll. werden diese Banden verändert (H-Bindung), u. man erhält ein schwach (1—2%) modifiziertes Absorptionsspektr. dieser Moleküle. (Mikrochim. Acta [Wien] **1955.** 467—70. Leningrad, Univ., Shdanow-Inst.) H.-J. EICHHOFF. 120

Jean-Paul Mathieu und **Lucienne Couture-Mathieu,** *Unregelmäßigkeiten im Streuspektrum piezoelektrischer Kristalle.* 2. Mitt. *Untersuchungen am Quarz.* (1. vgl. COUTURE-MATHIEU u. Mitarbeiter, C. **1954.** 7119.) Die mit der n. Polarisationstheorie der Kristalle nicht erklärbaren Frequenz- u. Intensitätsänderungen einzelner RAMAN-Linien des *Quarzes* bei Richtungsänderungen lassen sich durch Aufspaltungen der transversalen u. longitudinalen elast. Wellen verstehen (l. c.). (C. R. hebd. Séances Acad. Sci. **234.** 1961—63. 12/5. 1952.) J. GOUBEAU. 120

Jean-Paul Mathieu und **Lucienne Couture-Mathieu,** *Unregelmäßigkeiten im Streuspektrum piezoelektrischer Kristalle.* 3. Mitt. *Lithiumperchlorathydrat.* (2. vgl. vorst. Ref.) Es wurde das RAMAN-Spektr. eines Einkristalls von $LiClO_4 \cdot 3\,H_2O$ in Abhängigkeit von der Kristallorientierung untersucht. Die meisten Linien sowie ihr Polarisationszustand lassen sich theoret. mit Hilfe der bekannten Kristallstruktur erklären. Bei einigen Linien, bes. bei 1122—1150 cm^{-1}, entsprechen die Änderungen der Polarisationsfaktoren wie auch der Frequenzen nicht den theoret. Erwartungen, ähnlich wie bei anderen piezoelektr. Kristallen. (J. Physique Radium **13.** 271—74. Mai 1952. Paris, Sorbonne, Labor. Rech. physiques.) J. GOUBEAU. 120

Lucienne Couture-Mathieu und **Jean-Paul Mathieu,** *Streuspektrum piezoelektrischer Kristalle.* 4. Mitt. *Zinkblende.* (3. vgl. vorst. Ref.) Die dreifach entartete Schwingung von *ZnS* spaltet in Übereinstimmung mit der Theorie in eine longitudinale (349) u. eine transversale (274 cm^{-1}) Schwingung auf. Durch neue Beobachtungen des RAMAN-Spektr. an Einkristallen wird dies gut bestätigt. (C. R. hebd. Séances Acad. Sci. **236.** 371—73. 26/1. 1953.) J. GOUBEAU. 120

Henri Poulet, *Anwendung der makroskopischen Theorie von Ionengittern auf das Streuspektrum der Zinkblende.* (Vgl. vorst. Ref.) Es wird ein auf der makroskop. Gittertheorie beruhendes einfaches Verf. zur Berechnung der Frequenzen der Grundschwingungen von Gittern u. deren Aufspaltung in eine longitudinale u. transversale Schwingung angegeben. Die Anwendung auf *ZnS*, aber auch auf ClO_3^- u. BrO_3^--Ionen ergibt gute Übereinstimmung mit den Messungen. (C. R. hebd. Séances Acad. Sci. **236.** 373—74. 26/1. 1953.) J. GOUBEAU. 120

Marie-Louise Delwaulle, *Raman-Spektren von Thalliumbromid-Lösungen in Alkohol und von wässerigen Lösungen mit Thalliumbromid und einem alkalischen Bromid. Beweis für die Existenz und die Struktur des Ions* $TlBr_4^-$. Lsgg. von $TlBr_3$ in A. u. in W., dem auch Br^- im Überschuß zugefügt war, zeigen immer das gleiche RAMAN-Spektr.: Linien bei 51, 64, 190 (polarisiert) u. 209 cm^{-1}. Vgl. mit dem Spektr. von $SnBr_4$ u. $SnCl_4$ zeigt, daß das beobachtete Spektr. dem tetraedr. $TlBr_4^-$-Ion zuzuordnen ist, das demnach in den Lsgg. allein vorliegt. (C. R. hebd. Séances Acad. Sci. **238.** 2522—24. 28/6. 1954.) H. C. WOLF. 120

A. Dammers-de Klerk, *Fluorescenz und Phosphorescenz.* Übersicht über Luminescenz von festen Stoffen, Elektronenzustände der Emissionsspektren von mehratomigen, in Lsg. befindlichen Moll., Wesen u. Wrkg. von Fluorescenz u. Phosphorescenz u. Auslöschung der Luminescenz. An Hand des Elektronenzustandes des Benzolmol. wird die von LEWIS u. KASBA (J. Amer. chem. Soc. **66.** [1944.] 2100; **67.** [1945.] 994) entwickelte Theorie erörtert. — 36 Schrifttumshinweise. (Chem. Weekbl. **51.** 741—50. 15/10. 1955. Amsterdam, Univ., Labor. voor Analyt. Scheikunde.) W. WESLY. 125

A₃. Elektrizität. Magnetismus. Elektrochemie.

Francis Bitter und **John F. Waymouth,** *Strahlungstemperatur eines Plasmas.* (Sitzungsbericht.) (Physic. Rev. [2] **100.** 1230. 15/11. 1955. Sylvania Electr. Prod., Inc.) H. LIEPACK. 131

H. Schirmer, *Zur Theorie der elektrischen Leitfähigkeit eines Plasmas.* Es wird die Leitfähigkeit eines Plasmas unter konsequenter Beachtung der Tatsache berechnet, daß die Atome, Ionen u. Elektronen als streuende Zentren keine starr elast. Kugeln sind. Die gewonnenen Formeln in Verbindung mit der Messung der Strahldichte- bzw. Leuchtdichteverteilung erlauben die Best. der effektiven Temp. der Xe-Hochdrucksäule (T_{eff} = 7700° K), die durch unabhängige Messungen bestätigt wird. (Z. Physik **142.** 1—13. 1955. Berlin, Osram-Stud.-Ges. für elektr. Beleucht.) GRETCHEN MÜLLER. 131

R. A. Bailey und **K. G. Emeleus,** *Plasmaelektronenschwingungen.* Vff. untersuchten mit einer verschiebbaren Sonde Entladungen in *Hg*-Dampf ($\sim 10^{-3}$ mm Hg) in der Nähe der W- bzw. Oxydkathode. Die Ergebnisse über die Schwingungsverteilungen entsprechen denen von NEILL u. EMELEUS (C. **1951.** I. 2999). Bei kleineren Strömen ist die Grenze zwischen der regulären u. der stark gestörten Bewegung des prim. Elektronenstroms aus der Kathodenschicht einige mm vor der Kathode durch eine abgegrenzte

Plasmaschicht angedeutet. In dieser werden die Primärelektronen seitlich abgelenkt u. in longitudinaler Richtung gestreut. Bei größeren Strömen (>50 mA) wird die Schicht gestört, die HF-Schwingungen werden unübersehbar u. von Niederfrequenzschwingungen begleitet. Die elektron. Hochfrequenz- u. ion. Niederfrequenzschwingungen können auch durch Reflexion eines Primärelektronenstrahls in seiner ursprünglichen Richtung entstehen. Entladungserscheinungen, Amplituden u. Wellenlängen der Schwingungen werden durch die Sonde beeinflußt. Die Reflexion der Primärelektronen von der Röhrenwand ist wahrscheinlich verantwortlich für die Unübersehbarkeit der Schwingungen dicht am Kathodendraht. Durch Anlegen eines Magnetfeldes parallel zum prim. Strahl stellt sich bei hohen Röhrenströmen ein eingeschwungener Zustand ein. (Proc. Roy. Irish Acad., Sect. A **57.** 53—62. Mai 1955. Belfast, Queen's Univ., Phys. Dep.) H. LIEPACK. 131

J. E. Drummond und **L. Wilcox,** *Resonanzenergieübertragung im Innern eines Plasmas in einem magnetischen Feld.* (Sitzungsbericht.) (Physic. Rev. [2] **100.** 1233. 15/11. 1955. Sylvania, Electr. Prod., Inc.) H. LIEPACK. 131

C. D. Maunsell, *Spektren von Glimmentladungen niedriger Stromdichte.* (Sitzungsbericht.) (Physic. Rev. [2] **99.** 1661. 1/9. 1955. Pacific Naval Labor.) H. LIEPACK. 131

J. L. Pack und **A. V. Phelps,** *Driftgeschwindigkeit von Elektronen in Helium und Wasserstoff bei kleinen Feldstärken.* (Sitzungsbericht.) (Physic. Rev. [2] **100.** 1229. 15/11. 1955. Westinghouse Res. Labors.) H. LIEPACK. 131

B. T. McClure, *Überschlagsverzögerung in Edelgasen bei kleinen Überspannungen.* (Sitzungsbericht.) (Physic. Rev. [2] **100.** 1228. 15/11. 1955. Bell. Telephone Labors.) H. LIEPACK. 131

P. J. Nolan und **T. C. O'Connor,** *Größe, Beweglichkeit und Ladung von mehrfach geladenen Ionen.* Die Ionen wurden erzeugt, indem gefilterte Luft aus einer dreieckigen Düse durch dest. W. geblasen wurde. Die Beweglichkeiten der Ionen lagen nach 20 Sek. zwischen 0,05 u. 0,001 $cm^2sec^{-1}V^{-1}$, die Radien zwischen $0{,}7 \cdot 10^{-6}$cm für schnelle u. $2{,}7 \cdot 10^{-6}$ für langsame Ionen. Die Ladung pro Ion änderte sich mit der Beweglichkeit; sie betrug für schnelle Ionen 127 u. für langsame 7 Elektronenladungen, die mittlere Ladung 23. Die Gesamtladung der negativen Ionen lag zwischen der 1,3 u. 1,5fachen Ladung der positiven Ionen. Der negative Überschuß trat nur auf Ionen großer Beweglichkeit auf. Anfänglich waren über 90% der Kerne geladen, bei Anhäufung stimmte die Endverteilung der Ladung mit den Ergebnissen von NOLAN u. KENNAN überein (vgl. C. **1949.** E. 373). Die Beziehung zwischen Beweglichkeit, Diffusionskoeff. u. Ladung pro Ion entsprach nicht der Theorie. (Proc. Roy. Irish Acad., Sect. A **57.** 161—71. Dez. 1955. Dublin, Univ. Coll.) H. LIEPACK. 131

V. Subrahmanyam, *Untersuchungen des Joshi-Effekts in Neon mit nichtentgasten und entgasten Entladungsröhren.* Die Messungen erfolgten in Glasröhren, die nach dem Reinigen bei 200° ausgeheizt u. dann mit reinem Ne (3,22 mm Hg, 29,5°) gefüllt wurden. Wurden die Röhren an laufender Pumpe bei 400° entgast (I), so betrug der relative Effekt — Bestrahlung durch eine 200 W-Lampe — maximal 20,0, bei nicht entgasten Röhren (II) 900. Die Stromänderung bei **II** wird auf eine lichtempfindliche Adsorptionsschicht zurückgeführt, auf den Beschuß dieser Schicht durch Metastabile sowie auf Sekundärelektronen, ausgelöst an der isolierenden Oberfläche durch schnelle Elektronen. In entgasten Röhren ist die lichtempfindliche Schicht durch Ne-Atome ersetzt, die bei Bestrahlung keine Elektronen emittieren. (Naturwissenschaften **43.** 176—77. 2. April-H. 1956. Banaras, Hindu Univ., Phys.-chem. Labors.) H. LIEPACK. 131

Václav Truneček, *Die Strahlung von Ionen im Magnetron.* Im Magnetron wird in Nähe der die Anodensegmente verbindenden Elektrode in bestimmter Richtung u. bei entsprechender Intensität des Magnetfeldes das Auftreten kleiner leuchtender Flecken beobachtet. Die Erscheinung wird auf Rekombination von Ionen zurückgeführt, die sich an isolierten Punkten auswirkt. Die Berechnung für H-Ionen ergibt, daß diese auch bei kleinem Magnetron ellipt. Bahnen beschreiben können. Ionen, die nach der kinet. Gastheorie gleiche wahrscheinliche Geschwindigkeit haben, können auch Ursache der Entstehung eines solchen Leuchtens sein. (Spisy vydávané přírodovědeckou fak. Masarykovy univ. [Publ. Fac. Sci. Univ. Masaryk] **1952.** 309—26. Brno [Brünn], Masaryk. univ., Ústav exp. fys.) R. K. MÜLLER. 131

Geneviève Darmois, *Über die kathodische Zerstäubung von Elektrolytlösungen.* Vf. bezieht sich auf eine Unters. von BARRET (vgl. Colloque d'Électrochimie der C.N.R.S., Mai 1952, 57), der beobachtet hatte, daß beim Überschlagen eines Funkens in Luft zwischen einem Metall als Anode u. einer ausreichend konz. Elektrolytlsg. die Fl. in kleine Tröpfchen zerstäubt wird, die annähernd die gleiche Zus. wie die Lsg. haben. Als Erklärung wurde vorgeschlagen, eine gewisse Konz. freier elektr. Entladungem anzunehmen, die sich an der Einschlagstelle des Funkens in die Lsg. bilden. In einer Diskussionsbemerkung weist DARMOIS (vgl. Colloque d'Électrochimie der C.N.R.S., Mai 1952, 63) auf die Analogie zwischen dieser Zerstäubung u. der an der Metallkathode von GEISSLER-Röhren hin. Er vgl. ferner die Menge p der zerstäubten Lsg. durch eine Elementarladung mit der von p', welche einem Cl^--Ion in HCl entspricht. Aus einer Tabelle, in der für verschied. Konz. C der HCl die Werte p, p', das Verhältnis R = p/p' u. der Quotient R/C angegeben sind, ist ersichtlich, daß sich aus der gleichzeitigen Zunahme von R mit C die Anzahl der dem Cl^- verfügbaren negativen Ladungen beträchtlich vermindert. DARMOIS (vgl. l. c.) schlägt als Erklärung die Bldg. von BJERRUMschen Assoziationen (H^+Cl^-) vor. Vf. zeigt auf rechner. Wege, daß sich beide Hypothesen in Einklang bringen lassen. (C. R. hebd. Séances Acad. Sci. **238.** 89—90. 4/1. 1954.) C. GOTTFRIED. 131

G. Eckart, *Die Ermittlung der Feinstruktur des Verlaufes der Dielektrizitätskonstante in einer schwach inhomogenen Schicht mittels Reflexionsversuch.* (Vgl. C. **1953.** 7026.) Das l. c. mitgeteilte Verf. wird mathemat. durch Aufstellen u. Auflösen einer Integralgleichung diskutiert. (Ann. Univ. Saraviensis **1.** 339—45. 1952.) H. JACOB. 132

J. O. Isard, *Die Orientierung von Fasern in einem elektrischen Felde.* Vf. beschreibt eine Zelle, in der die Bewegungen von ca. 0,3 mm langen Fäden (*Wolle, Nylon, Terylen, Glas*) in einem elektr. Wechselfeld (50—10000 Hz) mkr. beobachtet werden können. Die Fäden sind in einer schlechtleitenden Fl., die die Fäden nicht angreift (Paraffinöl, CCl_4, C_2HCl_5, Anilin, Nitrobenzol oder Mischungen daraus), eingebettet. Das Feld steht senkrecht zur Fokusebene des Mikroskopes; da die Fäden in der Feldrichtung rotieren, lassen sich auch die Faserquerschnitte beobachten. Die Erscheinung wird je nach dem Unterschied der DK. bzw. der Leitfähigkeit von Faden u. Fl. entweder auf einen Polarisations- oder auf einen Leitfähigkeitseffekt zurückgeführt. Die Anordnung eignet sich zur Unters. von Textilien. (Brit. J. appl. Physics **6.** 176—79. Mai 1955. Nottingham, Techn. Coll.) O. FUCHS. 132

Isao Takahashi, Mikio Takeyama, Hideo Seno und **Mitsuo Ōta,** *Neue Methoden der dielektrischen Messung im Zentimeterwellengebiet.* 1. Mitt. (Vgl. C. **1956.** 3490.) Vff. schlagen einige neue Methoden zur Best. von ε^* vor u. berichten über Experimente an $C_{15}H_{31}CH_2OH$ (I). Die Leitfähigkeit von I ändert sich in der Nähe des Schmelzpunktes (ca. 50°) u. des Übergangspunktes (ca. 44°) sehr stark u. wird stark beeinflußt durch Wärmeeinwirkung. Für die DK. finden sie den Wert $\varepsilon' = 2{,}3$ u. für $\mathrm{tg}\,\delta = (10{\sim}25)\cdot 10^{-2}$. Ferner stellt sich heraus, daß die Kurve der stehenden Welle in der Luftsäule vor der Probe nahe E_{max} schärfer wird als in der Nähe von E_{min}. (Bull. Inst. chem. Res., Kyoto Univ. [Kagaku Kenkyusho Hokoku] **32.** 8—18. Jan. 1954. Nozu Labor. [Orig.: engl.]) E. HAHN. 132

Isao Takahashi, Mikio Takeyama, Hideo Seno und **Mitsuo Ōta,** *Neue Methoden der dielektrischen Messung im Zentimeterwellengebiet.* 2. Mitt. (1. vgl. vorst. Ref.) Es werden 7 Methoden zur Best. der DK. von $C_{15}H_{31}CH_2OH$ im Zentimeterwellengebiet angegeben. (Bull. Inst. chem. Res., Kyoto Univ. [Kagaku Kenkyusho Hokoku] **32.** 26—28. Jan. 1954. [Orig.: engl.]) E. HAHN. 132

Conyers Herring, *Theorie der thermoelektrischen Spannung von Halbleitern.* (Vgl. C. **1954.** 7351.) Die Tatsache, daß die Thermokraft bei Abkühlung unterhalb der Zimmertemp. stark zunimmt, erklärt Vf. damit, daß sie sich aus einem Ladungsträgeranteil u. einem Phononenanteil zusammensetzt. Verss. an n- u. p-leitendem Ge scheinen die mit diesem Modell vorhergesagten Effekte zu bestätigen. (Physic. Rev. [2] **96.** 1163—87. 1/12. 1954. Murray Hill, N. J., Bell Telephone Labors.; Princeton, N. J., Inst. for Advanced Study.) D. HAHN. 133

L. Marton, J. Arol Simpson und **T. F. McCraw,** *Die Verteilung von in Festkörpern gestreuten Elektronen.* (Sitzungsbericht.) (Physic. Rev. [2] **99.** 1648. 1/9. 1955. Nat. Bur. of Stand.) H. LIEPACK. 134

Georges Blet, *Über das Ansprechen von Sperrschichtzellen. Eine Theorie, die es gestattet, die Änderungen der von einer Photozelle mit Selensperrschicht gelieferten Spannung in Abhängigkeit von der Belichtung und dem Ladungswiderstand vorauszusagen.* An Hand eines elektr. Ersatzschaltbildes untersucht Vf. theoret. das Verh. einer Se-Sperrschichtzelle u. macht dabei folgende Annahmen: 1. Die Zahl der aus der Se-Schicht herausgelösten Photoelektronen ist proportional der Zahl der einfallenden Photonen. 2. Der Bruchteil der Elektronen, der die Metallelektrode F_e erreicht, ist eine abnehmende Funktion der Potentialdifferenz v zwischen den Elektroden u. 3. die Photoelektronen werden mit einer Raumverteilung gemäß dem LAMBERTschen Gesetz u. einer experimentell bestimmten Geschwindigkeitsverteilung emittiert. Es zeigt sich nun, daß eine einzige Kurve genügt, um das Verh. einer Zelle unter beliebigen Ladungs- u. Belichtungsbedingungen wiederzugeben. (C. R. hebd. Séances Acad. Sci. **234.** 2187—89. 26/5. 1952.) H. SURAWSKI. 134

Werner Kluge und **Suso Weber,** *Über das Verhalten von Vakuumphotozellen bei Bestrahlung mit Lichtimpulsen.* Bei Lichtimpulsen sind die Ausschläge der Vakuumphotozellen mit Kathoden aus Ag–Cs_2O–Cs den Lichtintensitäten proportional. Die Zellen müssen frei von überschüssigem Cs u. gut evakuiert sein. Reversible Ermüdungserscheinungen treten nur bei längerer period. Bestrahlung ein. Sie können durch längere Ruhezeiten u. Ultrarotbestrahlungen behoben werden. Photozellen mit SbCs–Cs-Kathoden sind weniger gut für Impulsbestrahlungen geeignet. (Z. angew. Physik **7.** 126—31. 1955. Stuttgart, TH.) H. MIETHING. 134

J. W. Granville, *Ein lichtaktiviertes Stromkreiselement in zwei Zuständen unter Verwendung von Germanium.* Die Anordnung ist folgende: 2 Stäbchen R_1 u. R_2 (Abmessungen 1,5·0,5·0,5 mm) aus n-Ge sind zwischen den einen Enden leitend miteinander verbunden. Das freie Ende von R_1 liegt am positiven u. das von R_2 am negativen Pol einer Spannungsquelle. Außerdem ist das mit R_1 verbundene Ende von R_2 punktförmig mit dem negativen Pol einer Spannungsquelle, deren positiver Pol über einen regulierbaren Widerstand mit dem negativen Pol der erstgenannten Spannungsquelle in Verb. steht, verbunden. Beim Belichten von R_1 oder R_2 wirkt die Anordnung wie ein Photoumschalter zwischen 2 Zuständen. (Brit. J. appl. Physics **6.** 172—73. Mai 1955. Great Malvern, Worcs., Radar Res. Establ.) O. FUCHS. 134

J. McC. Pollock und **A. R. Ubbelohde,** *Leitfähigkeitsmechanismus in Kristallen, die Wasserstoffbrücken enthalten.* Vff. liefern einen experimentellen Beitrag zu den neueren Theorien über mögliche Mechanismen der Protonenwanderung in Verbindung mit H-Brücken in den Kristallen. Die untersuchten Substanzen, *wasserfreie Oxalsäure* (**I**) sowie deren *Dihydrat* (**II**), *wasserfreie Acetylendicarbonsäure* (**III**) u. ihr *Dihydrat* (**IV**), *Furancarbonsäure* (**V**) u. *Benzoesäure* (**VI**), an denen elektr. Leitfähigkeitsmessungen durchgeführt werden, stellen die häufigsten Strukturtypen mit H-Brücken dar. Die Messungen werden in einer näher beschriebenen App. in Ermangelung von Einkristallen an polykristallinem Pulver durchgeführt. Das elektr. Leitvermögen σ folgt der Gleichung $\sigma = \sigma_0 \cdot \exp(-E_\sigma/RT)$. Die aus dem Temperaturkoeff. berechneten Aktivierungsenergien E_σ für den Leitfähigkeitsprozeß betragen: **I** (40,5 kcal/Mol); **II** (23,5); **III** (12,3); **IV** (6,5); **V** (68,4) u. **VI** (48,9). Aus den Ergebnissen lassen sich Rückschlüsse auf eine Beziehung zwischen der Struktur der H-Brücken in festen Stoffen u. den Leitfähigkeitsparametern ziehen. (Trans. Faraday Soc. **52.** 1112—17. Aug. 1956. London, Imp. Coll., Dep. of Chem. Engng.) W. KRÖNERT. 135

R. H. Kingston, *Durch Wasserdampf erzeugte n-Typ-Oberflächenleitfähigkeit bei p-Typ Germanium.* An einem n–p–n-Transistor wird die n-Leitfähigkeit des p-leitenden Ge als Funktion der relativen Feuchtigkeit, des umgebenden Gases u. der Oberflächenbehandlung gemessen. Aus den Ergebnissen folgt, daß die Leitfähigkeit vom Emitter zum Kollektor auf konstanter Elektronendichte basiert, aber von den erwähnten Parametern abhängt. Die Ge-Oberfläche spricht auf diese demnach mehr an als auf die Donator- u. Acceptordichte im Innern des Ge-Kristalls. (Physic. Rev. [2] **98.** 1766—75. 15/6. 1955. Cambridge, Mass., MIT, Lincoln Labor.) D. HAHN. 135

J. H. Crawford jr., H. C. Schweinler und **D. K. Stevens,** *Magnetische Anzeichen einer elektronischen Struktur des Leitfähigkeitsbandes in Ge.* Cyclotronresonanz-Verss. u. Messungen der magnet. Susceptibilität von Ladungsträgern in Abhängigkeit von der Temp. bestätigen, daß die Energieoberflächen im Leitfähigkeitsband von Ge durch Ellipsoide im k-Raum repräsentiert werden. Vff. glauben auf vierfache räumliche Entartung aus ihren Verss. schließen zu können. (Physic. Rev. [2] **99.** 1330—31. 15/8. 1955. Oak Ridge, Tenn., Oak Ridge Nat. Labor.) D. HAHN. 135

Robert W. Keyes, *Die Wirkung des Druckes auf die elektrische Leitfähigkeit von InSb.* (Vgl. C. **1956.** 7446.) Vf. mißt die elektr. Leitfähigkeit von InSb als Funktion der Temp. von —78 bis +300° u. des Druckes bis 12000 kg/cm² u. findet, daß die Aktivierungsenergie um $15{,}5 \cdot 10^{-6}$ eV/(kg/cm²) zunimmt. Die Elektronenbeweglichkeit ist etwa umgekehrt proportional der Aktivierungsenergie, u. die Löcherbeweglichkeit wird als unabhängig vom Druck gefunden. Eine Prüfung des Druck- u. Temperatureffektes oberhalb 200° zeigt, daß es im Leitfähigkeitsband drei oder vier äquivalente Energieminima gibt. (Physic. Rev. [2] **99.** 490—95. 15/7. 1955. East Pittsburgh, Pa., Westinghouse Res. Labor.) D. HAHN. 135

Masao Tomura, *Kriechphänomene an Selen-Gleichrichtern.* Vf. beobachtet anfängliche Abnahmen großer Ströme u. gleichzeitig Polarisationseffekte in Se-Gleichrichtern. Das Kriechverh. ist in Flußrichtung (Gegen-EMK.) anders als in Sperrichtung. Polarisation u. Uneinheitlichkeit der Sperrschicht werden für den Effekt verantwortlich gemacht. (J. physic. Soc. Japan **6.** 357—61. Sept./Okt. 1951. Kawasaki, Tokyo Shibaura Electric Co. Ltd., Matsuda Res. Labor. [Orig.: engl.]) D. HAHN. 135

Tatsuya Niimi, *Die Temperaturabhängigkeit der Kapazität des Kupferoxydgleichrichters.* Es wird die Temperaturabhängigkeit der Kapazität von der Raumladungsschicht bei einem Metall-Halbleiter-Kontakt untersucht u. mit den experimentellen Daten der Kapazität von Kupferoxydgleichrichtern verglichen. Mit der theoret. Gleichung lassen sich einige Tatsachen erklären u. die Experimente mit der Theorie in Übereinstimmung bringen. (J. physic. Soc. Japan. **10.** 444—53. Juni 1955. Tokyo, Musashino-shi, Electr. Communicat. Labor.) D. HAHN. 135

W. Shockley, *Die Physik des festen Zustandes in der Elektronik und der Metallurgie.* Übersicht über die Transistorelektronik, die Theorie der elektr. Versetzungen u. deren Beziehungen zueinander. — 28 Schrifttumshinweise. (J. Metals **4.** Trans. AIME 829—42. Aug. 1952. Murray Hills, N. J., Bell Telephone Labors.) W. WESLY. 135

Guy Mesnard, *Halbleitungseigenschaften von Thoriumoxyd im Vakuum.* Ident. mit der C. **1955.** 2602 referierten Arbeit. (C. R. hebd. Séances Acad. Sci. **232.** 1744—46. 7/5. 1951.) O. FUCHS. 135

D. B. Rosenblatt, R. Smoluchowski und **G. J. Dienes,** *Durch Strahlung hervorgerufene Änderungen in dem elektrischen Widerstand von α-Messing.* Ausführlichere Wiedergabe des C. **1955.** 3800 referierten Sitzungsberichtes. (J. appl. Physics **26.** 1044—49. Aug. 1955. Philadelphia, Pa., Frankford Arsenal; Pittsburgh, Pa., Carnegie Inst. of Technol.; Upton, N. Y., Brookhaven Nat. Labor.) C. GOTTFRIED. 136

Nikolaus Barth, *Supraleitung und elektrischer Widerstand aufgedampfter Wismutschichten.* In Schichten aus *Bi* mit *Cu* (bis 20 At.-%) oder *LiF* (bis 80 Mol-%) oder *Sb* (bis 70 At.-%) wird der ungeordnete Zustand bis zu höheren Tempp. erhalten als in reinem Bi; die Sprungtemp. wird durch die Zusätze gesenkt. *Mn*, *Cr* u. *Fe* beeinflussen schon in viel kleineren Konzz. die Sprungtemp.; z. B. wird die Supraleitung durch 1 At.-% Mn oder durch 2 At.-% Cr ganz unterdrückt. Der Zusammenhang zwischen Sprungtemp. u. Konz. der Zusätze kann durch Betrachtung der energet. Verhältnisse plausibel gemacht werden. (Z. Physik **142.** 58—69. 1955. Göttingen, Univ., I. Physikal. Inst.) G. KIRSCHSTEIN. 136

Tom S. Teasdale, *Permanente magnetische Momente einer supraleitenden Kugel.* Wenn in einem Supraleiter unterhalb der gewöhnlichen Sprungtemp. durch ein Magnetfeld der n. Zustand aufrechterhalten wird u. dieses Feld dann allmählich oder plötzlich verkleinert wird, so bleibt beim Übergang in den supraleitenden Zustand ein Teil des magnet. Flusses im Metall zurück. Dieser Restfluß ist, wie Verss. mit einer *Sn*-Kugel ergaben, eine eindeutige Funktion der Temp.; dicht unterhalb T_c ist er sehr groß, bei etwas tieferen Tempp. sehr klein, u. bei weiterer Temperatursenkung nimmt er langsam zu. Wenn nach dem Übergang in den supraleitenden Zustand die Temp. noch geändert wird, verringert sich der Restfluß, dessen Richtung stets mit derjenigen zusammenfällt, die der Fluß im n. Zustand hatte. Die Stärke des Restflusses ist durch Gitterfehler bedingt, wie sich aus ihrer Verringerung nach 12tägigem Anlassen bei 170° ergibt. (Physic. Rev. [2] **99.** 1248—51. 15/8. 1955. Houston, Tex., Rice Inst.) G. KIRSCHSTEIN. 137

John Backus, *Eine abweichende Interpretation der magnetischen Kräfte zwischen sich bewegenden Ladungen.* (Sitzungsbericht.) (Physic. Rev. [2] **100.** 1808. 15/12. 1955. Univ. of Southern California.) R. STEIN. 137

Mikio Yamamoto, *Über eine empirische Formel für die ferromagnetische Anisotropiekonstante in kubischen Kristallen.* Vf. hat früher gezeigt, daß die Konstante K_1 der ferromagnet. Kristallanisotropie aus der Sättigungsmagnetisierung J_s u. der Sättigungsfeldstärke H_s zu $|K_1| = J_sH_s/4$ empir. ermittelt werden kann. Er zeigt jetzt, daß diese Beziehung auch theoret. aus der Formel für die Annäherung der Magnetisierung an die Sättigung herleitbar ist. Dieses Ergebnis erhält man jedoch nur, wenn das Glied mit $1/H$ klein gegenüber dem Glied mit $1/H^2$ ist u. wenn bei der Sättigungsfeldstärke H_s für die Magnetisierung J die Beziehung gilt $(J_s-J)/J_s = 1/420$. Letztere Beziehung wurde ballist. für kub. kristallisierende Ferromagnetika ermittelt. (J. physic. Soc. Japan **10.** 725—26. Aug. 1955. Sendai, Tohoku Univ., Res. Inst. for Iron, Steel and Other Metals. [Orig.: engl.]) H. FAHLENBRACH. 137

Ludwig Reimer, *Magnetische Untersuchungen über innere Spannungen in plastisch gedehntem Kohlenstoffstahl.* An einem Stahl mit 1,2% C wird der obere Teil der Hystereseschleife zwischen Remanenz u. Sättigung nach plast. Verformung (bis zum Bruch gereckt) u. nach Glühungen zwischen 300 u. 900° gemessen, wobei die Messungen bei Raumtemp. (Ferrit + Zementit) u. bei 250° (oberhalb des CURIE-Punktes des Zementits) durchgeführt wurden. Die Magnetisierung nach der Verformung ist bei niedrigen u. hohen Feldstärken kleiner als nach der Glühung, nähert sich aber bei mittleren Feldstärken (100—400 Oe) der des geglühten Zustandes u. überschneidet diesen Wert nach Glühungen bis 600 u. 750°. Sieht man von der noch ungeklärten Erniedrigung der Sättigungsmagnetisierung durch die plast. Verformung ab, so entspricht der Kurvenverlauf der theoret. Erwartung für das Auftreten von Druckeigenspannungen des Ferrits unter dem Einfl. des eingelagerten Zementits. Solche Druckspannungen sind schon vorher röntgenograph. zu 45 kg/mm² ermittelt worden. Aus den magnet. Messungen errechnet man unter Zugrundelegung bekannter Magnetostriktionskurven: 40 kg/mm². Beide Meßwerte beziehen sich auf eine Temp. von 250°. (Z. angew. Physik **7.** 282—84. 1955. Münster, Univ., Physikal. Inst.) H. FAHLENBRACH. 137

Ludwig Reimer, *Magnetische Untersuchungen über die Orientierungs- und Amplitudenverteilung innerer Spannungen in plastisch gedehnten Metallen.* (Vgl. vorst. Ref.) Nach der BECKERschen Spannungstheorie ist die Remanenz eines ferromagnet. Metalls von der Richtung u. der Größe der inneren Spannung abhängig. Obwohl in den letzten Jahren gezeigt werden konnte, daß die Spannungstheorie nur eine unvollständige Beschreibung der ferromagnet. Erscheinung gibt, konnte im vorliegenden Fall gezeigt werden, daß sich durch Remanenzmessungen an Nickel u. Eisen nach plast. Zug- u. Druckverformung wertvolle Aussagen über die Eigenspannungen machen lassen. Es verbleiben einachsige Spannungen in der ursprünglichen Beanspruchungsrichtung. Messungen der Remanenzänderung unter Zug an verschied. stark vorgereckten Nickeldrähten lassen sich durch eine rechteckförmige Amplitudenverteilung der inneren Spannungen erklären. Die Hauptspannungsrichtungen weichen dabei höchstens um ca. 10° von der Beanspruchungsrichtung ab. Gebogene Proben liefern eine andere Verteilung der inneren Spannungen, die sich aber durch den Mechanismus der Biegeverformung erklären lassen. (Z. angew. Physik **7.** 332—36. 1955.) H. FAHLENBRACH. 137

J. O. Artman, *Mikrowellenresonanzbeziehungen in anisotropen Ferriteinkristallen.* (Sitzungsbericht.) (Physic. Rev. [2] **100.** 1243. 15/11. 1955. Lincoln Labor.) R. STEIN. 137

Benjamin Lax und **Kenneth J. Button,** *Die Theorie neuer Ferrit-Modulatoren bei rechtwinkliger Wellenführung.* Berechnungen zur Ausbreitung elektr. Höchstfrequenzwellen bei rechtwinkliger Wellenführung unter Verwendung von Ferritplatten, die transversal zu den Seitenwänden magnetisiert wurden. (J. appl. Physics **26.** 1184—85. Sept. 1955. Lexington, Mass., MIT, Lincoln Labor.) H. FAHLENBRACH. 137

Benjamin Lax und **Kenneth J. Button,** *Neue Ferrit-Modulatoren und ihre Anwendungen.* (Vgl. vorst. Ref.) Die Ergebnisse wurden benutzt, um geeignete Ferritplattenanordnungen bei rechteckigen Hochfrequenzwellenführungen anzugeben. (J. appl. Physics **26.** 1186—87. Sept. 1955.) H. FAHLENBRACH. 137

M. Thué, *Die Ferrite bei Hyperfrequenzen.* Gewisse Ferrite mit sehr hohen spezif. elektr. Widerständen, die sich wie reine Dielektrika benehmen, wie die Ni-Zn- u. die Mn-Mg-Ferrite haben in den letzten Jahren in der Elektrotechnik höchster Frequenzen oberhalb GHz zunehmende Anwendung gefunden. Bei diesem neuen Anwendungszweck kommt es weniger auf die rein magnet. Eigg. der Ferrite an, als vielmehr auf die Tatsache, daß die Ferrite auf Grund der gyromagnet. Resonanz oder der ferromagnet. Resonanzabsorption einen starken FARADAY-Effekt besitzen u. daher die Schwingungsebene der elektromagnet. Wellen in Abhängigkeit vom magnet. Feld drehen u. so in der Lage sind, die Wellen zu richten u. ohne große Verluste zu führen. Einige prakt. Anwendungen werden erläutert. (Électronique **1955.** Nr. 101. 9—14. April. Paris, C.N.E.T., Dép. „Transmissions".) H. FAHLENBRACH. 137

Georges Guiot-Guillain und **Xavier Waché,** *Dilatometrische thermische Analyse des Samariumferrits und magnetische Übergänge der Ferrite der Seltenen Erden.* An einer Sm-Ferritprobe der Zus. $Sm_2O_3 \cdot Fe_2O_3$ wird zwischen 0 u. 500° die Wärmeausdehnung gemessen. $Sm_2O_3 \cdot Fe_2O_3$ besitzt 2 CURIE-Punkte $\Theta_1 = 405°$, der dem Fe_2O_3-Untergitter, u. $\Theta_2 = 295°$, der dem Sm_2O_3-Untergitter zugeschrieben wird. Die Dilatometerkurve zeigt nur bei Tempp. etwas oberhalb 400° eine leichte Unstetigkeitsstelle. Θ_2 fällt auf der Dilatometerkurve nicht auf. Bei Θ_2 scheint daher nur die Wechselwrkg. der beiden Untergitter gestört zu werden. Da Θ_1 bei den Ferriten von Dy u. Er nicht beobachtet wird, scheint dort das Untergitter der Fe^{3+}-Ionen nicht die unabhängige Rolle zu spielen. (C. R. hebd. Séances Acad. Sci. **241.** 550—52. 8/8. 1955. Grenoble, Univ., Inst. de Phys.) H. FAHLENBRACH. 137

E. W. Elcock, *Die Temperaturänderung der diamagnetischen Susceptibilität.* Für verschied. Formen der Oberflächen konstanter Energie in der Nähe der FERMI-Oberfläche im K-Raum berechnete der Vf. die Temperaturänderung eines Hauptbeitrages zu der diamagnet. Susceptibilität von Bahnelektronen. Die theoret. Ergebnisse wurden in Zusammenhang mit experimentellen Ergebnissen, u. zwar mit den Susceptibilitätsänderungen von *Bi-Legierungen* mit geringen Konzz. an *Pb* u. *Te,* in Abhängigkeit von der Temp. u. der Konz. diskutiert. (Proc. Roy. Soc. [London], Ser. A **222.** 239—53. 9/3. 1954. Leeds, Univ., Phys. Dep.) C. GOTTFRIED. 137

C. J. Gorter, L. C. Van der Marel und **B. Bölger,** *Über paramagnetische Relaxation im Temperaturbereich des flüssigen Heliums.* Die bisher schwer erklärbaren Erscheinungen können dadurch zustande kommen, daß zwischen einer kleinen Gruppe von Kristalloscillatoren für niedrige Frequenzen u. dem magnet. Spinsyst. einerseits u. dem Temperaturbad andererseits ein Wärmekontakt besteht. (Physica [Utrecht] **21.** 103—09. Febr. 1955. Leiden, Kamerlingh Onnes Labor.) G. KIRSCHSTEIN. 137

A. Abragam, J. Horowitz und **M. H. L. Pryce,** *Über die Hyperfeinstruktur der paramagnetischen Resonanz; der s-Elektroneneffekt.* (Mit einem Anhang von **K. W. Morton.**) Nach einer krit. Zusammenstellung der an den Übergangselementen von Sc bis Cu beobachteten Ergebnisse versuchen Vff. eine Deutung mit Hilfe der Annahme, daß eins der 3s-Elektronen in einen Zustand mit höherer Hauptquantenzahl übergegangen ist u. die so entstandene Konfiguration neben der n. ($1s^2 2s^2 2p^6 3s^2 3p^6 3d^n$) vorliegt. Die auf dieser Grundlage mit HARTREE-FOCK-Wellenfunktionen berechnete Aufspaltung der Resonanzlinie ist jedoch um einen Faktor ca. 10 kleiner als beobachtet. (Proc. Roy. Soc. [London], Ser. A **230.** 169—87. 21/6. 1955. Saclay, Centre d'Études Nucl.; Bristol, H. H. Wills Phys. Labor.) G. KIRSCHSTEIN. 137

N. W. Please, *Bestimmung der Streuung der Werte, welche zur Berechnung der Dissoziationskonstanten benutzt werden.* Es werden Näherungsverff. unter Benutzung orthogonaler Polynome angegeben, deren Hauptfortschritt in vereinfachter Rechnung besteht. (Biochem. J. **56.** 196—98. Febr. 1954. London, Univ. Coll., Dep. of Statistics.) G. ZAESCHMAR. 139

J. H. Kanzelmeyer, Jack Ryan und **Harry Freund,** *Das Verhalten von Niob(V) in salzsaurer Lösung.* Die verschied. in HCl-Lsgg. vorliegenden Nb(V)-Verbb. werden spektrophotometr. u. durch Ionenaustauschexperimente untersucht. Weiterer Aufschluß über die Nb(V)-Komplexe wird durch Variation der H^+-, Cl^-- u. HCl-Konzz. erhalten. Drei lösl. Chloride werden beobachtet: $Nb(OH)_2Cl_4^-$ bei hohen Cl^-- u. H^+-Konzz., $Nb(OH)\cdot Cl_3^+$ bei extrem hohen H^+- u. niedrigen Cl^--Konzz. u. $Nb(OH)_2Cl_3$ bei H^+- u. Cl^--Konzz. von ca. 3 molar. Abnehmende H^+-Konz. bei hohem Cl^--Geh. führt zur Kolloidbildung. Folgender Mechanismus wird angenommen: Sinkt der Cl^--Geh. durch Verringerung der HCl-Konz. auf <12 mol., so findet die Rk. $Nb(OH)_2Cl_4^- \rightarrow Nb(OH)_2Cl_3 + Cl^-$, u. bei gleichzeitig hoher H^+-Konz. $Nb(OH)_2Cl_3 + H^+ \rightarrow Nb(OH)Cl_3^+ + H_2O$ statt. Ein Kolloid des Typs $Nb(OH)_3Cl_2$ entsteht, wenn die N^+-Konz. auf <2 mol. sinkt. (J. Amer. chem. Soc. **78.** 3020—23. 5/7. 1956. Corvallis, Ore., Oregon State Coll., Dep. of Chem.) W. KRÖNERT. 139

George Scatchard und **R. G. Breckenridge,** *Isotonische Lösungen.* 2. Mitt. *Das chemische Potential von Wasser in wässerigen Lösungen von Kalium- und Natriumphosphat und -arsenat bei 25°.* Berichtigungen u. Ergänzungen zu der C. **1955.** 6461 referierten Arbeit. (J. physic. Chem. **59.** 1234. Dez. 1955.) W. NIEMITZ. 139

Hans Holtan jr. und **Jan Krogh-Moe,** *Über die Beziehungen zwischen Thermozellen und isothermischen Zellen.* Die Potentialdifferenz $\Delta V/\Delta t$ der Zelle $Pt(H_2)$ bei t_1^0; wss. HCl; $Pt(H_2)$ bei t_2^0 ergibt sich für $t_1 = 0^0$ u. $t_2 = 25^0$ zu $+0{,}60$ mV/Grad (die Elektrode bei 0^0 ist positiv). $\Delta V/\Delta t$ der Zelle Ag, $AgCl(t_1^0)$; wss. HCl; Ag, $AgCl(t_2^0)$ beträgt nach Literaturdaten $-0{,}08$ mV/Grad. $(\Delta V/\Delta t)_{isoth.}$ der isothermen Zelle Ag, AgCl; wss. HCl; $Pt(H_2)$ berechnet sich daraus zu 0,68, gegen 0,66 gemessen. $\Delta V/\Delta t$ der Zelle Hg, $Hg_2Cl_2(t_1^0)$; wss. MCl; $Hg(t_2^0)$ ergibt sich zu 0,30 u. $(V\Delta/\Delta t)_{isoth.}$ der Zelle Ag, AgCl; wss. HCl; Hg, Hg_2Cl_2 zu 0,34. Die Ergebnisse stehen in Übereinstimmung mit den theoret. Betrachtungen von HOLTAN (vgl. C. **1955.** 8788; **1956.** 7452). (Acta chem. scand. **9.** 1022—24. 1955. Trondheim, Norwegen, Norges Tekn. Hogskole, Inst. for Teoret. Kjemi.) O. FUCHS. 140

B. M. Lapschin, W. A. Ussolzewa und **I. I. Sasslawski,** *Potentialänderungen der PbO_2-Elektrode im System $H_2SO_4 \cdot xSO_3$—HNO_3.* Durch Unters. der Potentialänderung der PbO_2-Elektrode im Syst. $H_2SO_4 \cdot xSO_3$ (I)-HNO_3 (II) wird bestätigt, daß hier die Verbb. $NO_2^+HS_2O_7^-$, $NO_2^+HSO_4^-$, $H_3O^+HSO_4^-$ u. $H_2NO_3^+HSO_4^-$ entstehen. Beginnend mit dem Verhältnis **I**:**II** = 2:1 bleibt das Potential relativ konstant. Im Intervall **I**:**II** = 2:1 u. 1:1 ist der Puffercharakter der Lsg. durch das Gleichgewicht der Ionen NO_2^+, $H_2NO_3^+$ u. H_3O^+ bedingt. Das gleiche gilt für den **II**-Überschuß (90—95 Gew.-%). Beim Verhältnis **I**:**II** = 2:1 u. mehr steigt das Potential an, bedingt durch die Bldg. von $HS_2O_7^-$. Bei **II**:**I** = 1:2 verläuft nachstehende Rk.: $HNO_3 + 2H_2S_2O_7 \rightleftarrows NO_2^+ + H_2SO_7^- + 2H_2SO_4$. (Журнал Прикладной Химий [J. angew. Chem.] **28.** 1009—12. Sept. 1955. Iwanowo, Chem. -technol. Inst.) O. LEBTAG. 140

M. H. Lietzke und **R. W. Stoughton,** *Die Löslichkeit von Silbersulfat in schwefelsauren Medien bei hohen Temperaturen. Einfluß auf die Silber/Silbersulfatelektrode.* (Vgl. C. **1956.** 638.) Die Verwendung der Ag/Ag_2SO_4-Elektrode für thermodynam. Messungen bei höheren Tempp. erfährt dadurch eine Einschränkung, daß bei Annäherung der $Ag_2\cdot SO_4$-Konz. an die H_2SO_4-Konz. beträchtliche Flüssigkeitspotentiale auftreten können. Um den Bereich, in dem die Ag/Ag_2SO_4-Elektrode anwendbar ist, abzugrenzen, wird deshalb eine Unters. der Löslichkeit von Ag_2SO_4 bis oberhalb von 250° in H_2O u. 0,1; 0,5 u. 1,0 mol. H_2SO_4 durchgeführt. Die Meßwerte werden mit Daten verglichen, die sich unter der Annahme, daß für die Aktivitätskoeffizienten ein modifizierter DEBYE-HÜCKEL-Ausdruck gilt, aus der Löslichkeit von Ag_2SO_4 in reinem W. in Verbindung mit der HSO_4^--Säuredissoziationskonstanten errechnen. Es zeigt sich, daß mit steigender H_2SO_4-Konz. u. Temp. die Löslichkeit von Ag_2SO_4 erheblich zunimmt. Bei hoher Temp. arbeitet deshalb die Elektrode nur zuverlässig, wenn die H_2SO_4-Konz. sehr gering ist. Hingegen ist die Elektrode bei n. Temp. auch bei höheren Säurekonzz. anwendbar. (J. Amer. chem. Soc. **78**. 3023—25. 5/7. 1956. Oak Ridge, Tenn., Oak Ridge Nat. Labor.) W. KRÖNERT. 140

Shizuo Ueda, Akira Watanabe und **Fukuju Tsuji**, *Untersuchungen über Oberflächenelektrizität.* 4. Mitt. *Messung des Strömungspotentials durch den U-Effekt.* 1. Mitt. In einer mit Fl. gefüllten Glascapillare mit 2 Pt-Elektroden wurden durch Vibrationen period. Druckschwankungen erzeugt, die wechselnde (mit einem Spitzenvoltmeter gemessene) Spannungen hervorriefen. Die Strömungspotentiale Glas–KCl-Lsg. bei verschied. Konzz. u. Vibrationsamplituden wurden gemessen. (J. electrochem. Soc. Japan **21**. 14—17. Jan. 1953. Osaka, Kyoto Univ. [Orig.: japan., Auszug: engl.]) L. SCHULER. 140

Charles Eyraud und **Pierre Gilly**, *Die elektrolytische Entladung von Anionen durch Gasionen.* Es wurden Elektrolysen in 38%ig. H_2SO_4 bei —68° mit sehr geringen Stromstärken (1—3 mA) einmal mit einer Anode aus ionisiertem Gas (C. **1954**. 6891) u. zum anderen mit einer Pt-Anode durchgeführt. Die Resultate führen zu der Annahme, daß eine Gaselektrode, die als aus chem. inerten Molekülionen bestehend angesehen wird, für die Bldg. von Peroxyden verantwortlich zu machen ist, da diese unter sonst gleichen experimentellen Bedingungen an einer Metallanode nicht entstehen. Der n. Anodenprozeß der Bldg. des Radikals OH aus $H_2O \rightarrow \varepsilon^- + H^+ + OH$ unter O_2-Entw. nach $2\,OH \rightarrow {}^1/_2O_2 + H_2O$ wird teilweise durch die Bldg. von Perschwefelsäure u. gegebenenfalls H_2O_2 verdrängt. Die Analysenergebnisse sprechen fast ausschließlich für die Bldg. von Peroxydischwefelsäure. — Es wird auf die Verschiedenartigkeit des anod. Ladungsaustausches hingewiesen, der einmal in dem relativ gleichförmigen elektr. Feld einer Metallelektrode u. zum anderen in dem lokalen Feld eines Gasions, das auf die Oberfläche des Elektrolyten trifft, stattfindet. (C. R. hebd. Séances Acad. Sci. **234**. 1614—16. 16/4. 1952.) S. LANZ. 141

Jean Papier, *Beitrag zur elektrolytischen Extraktion der Carbide aus einem schnell abgeschreckten Stahl.* Zu den Verss. wurde ein Stahl der folgenden Zus. benutzt: C 0,79(%), W 18,8; Cr 4,36; V 1,90; Si 0,14; Mn 0,2; Ni 0,15; Mo Spur. Zu den Extraktionsverss. wurden Stahlzylinder vom Durchmesser 4 mm benutzt, Elektrolyt-Fl. von 5%ig. HCl, Stromstärke 1 A/dm². Es wird bes. darauf aufmerksam gemacht, daß man stärkere Zylinder u. höhere Stromstärken wegen der inneren Spannungen im Stahl nicht benutzen kann. So schieden sich bei der Elektrolyse eines 6 mm dicken Stahlzylinders u. einer Stromstärke von 5 A/dm² ferromagnet. Teilchen mit ab, die auf Grund der chem. Analyse mit dem untersuchten Stahl ident. waren. Unter den erstgenannten Bedingungen wurden von einem Stahl, der nach kurzem Erhitzen auf 1300° in Öl abgeschreckt worden war, 14 Gew.-% Carbide extrahiert; ihre Zus. war: C 2,5 (%); W 58,0; Fe 29,0; Cr 2,7; V 5,1. Aus dieser Zus. geht hervor, daß der %-Anteil des Cr der Carbide niedriger ist als der des Stahls, der des V sehr viel höher. Was die Natur der extrahierten Carbide anbetrifft, so besteht der größte Teil aus einem Carbid der Zus. M_6C, der Rest aus einem Carbid der Zus. MC. Es wird darauf hingewiesen, daß es notwendig ist, den Elektrolyt-Nd. lange mit NH_4OH zu waschen, u. zwar zur Entfernung eines weißlichen Überzugs, der die Körner bedeckt. Röntgenograph. konnte festgestellt werden, daß dieser Überzug mit einem Überzug ident. ist, den man bei der Elektrolyse eines Ferrowolframs mit 57% W in HCl erhält u. der im wesentlichen aus einer Wolframsäure besteht. (C. R. hebd. Séances Acad. Sci. **235**. 619—21. 2/9. 1952.) C. GOTTFRIED. 141

K. Gumiński, T. Chocianowicz und **W. Ważewska**, *Untersuchungen über die Bildung von Aluminiumsperrschichtanoden.* Es wurde die zeitliche Änderung des Spannungsabfalls zwischen einer Al-Anode u. einer Pt-Kathode bei Polarisation mit konstanten Stromdichten von 8 bzw. 4 mA/cm², in Phosphatpufferlsgg. in Abhängigkeit vom p_H u. in $Na_3[Co(NO)_2]$- bzw. KBF_4-Lsgg. in Abhängigkeit von der Konz. gemessen. Die Endwerte des Spannungsabfalls lagen um so höher u. wurden um so eher erreicht, je größer der p_H der Pufferlsgg. war. Sie betrugen 180—220 bzw. 430 V bei Verss., in denen der Elektrolyt kontinuierlich erneuert u. gerührt wurde. Bei den Verss. mit $Na_3[Co(NO_6]$-Lsgg. der Konz. 0,75—1,33n blieb die Spannung längere Zeit konstant bei niedrigen Werten, um dann steil anzusteigen. Je niedriger die Konz., um so eher setzte der Spannungsanstieg ein. Die in KBF_4-Lsgg. gemessenen Spannungswerte übertrafen die in $Na_3[Co(NO)_6]$-Lsgg. gefundenen um ein Vielfaches. (Bull. int. Acad. polon. Sci. Lettres, Cl. Sci. math. natur., Sér. A **1951.** 335—40. Juli/Dez. Wrocław [Breslau], Univ. and Inst. of Technol., Labor. of Phys. Chem.) H. LÖWE. 142

W. Hans, W. Henne und **E. Meurer,** *Zur Theorie der polarographischen Kurve. 7. Mitt. Diffusionsbedingte polarographische Stromstärke.* (6. vgl. C. **1954.** 251.) Vff. führen die bisher häufig festgestellte Differenz zwischen berechneten u. experimentell bestimmten Stromstärke-Zeit-Kurven auf eine Verarmung des Depolarisators durch Abscheidung am vorhergehenden Tropfen zurück. Durch Verwendung eines automat. Schaltapp. ist es ihnen möglich, die Spannung zu Beginn der Lebensdauer eines Tropfens anzulegen. Hierdurch wird die Stromstärke-Zeit-Kurve unter den der Berechnung zugrunde gelegten Bedingungen $t^* = 0$; $x = 0 : {}^0c = L_c$ aufgenommen u. eine wesentlich bessere Übereinstimmung mit den berechneten Kurven (KOUTECKÝ, KAMBARA u. TACHI) erhalten. Die von MATSUDA unter Berücksichtigung der Abschirmung aufgestellte Gleichung ergibt nur zu Tropfenbeginn eine Verbesserung der Berechnung. Vff. stellen eine Gleichung auf, bei der $A = f(t^*)$ (A = Korrekturfaktor des ersten Korrekturgliedes) angenommen wird. Diese Gleichung erhält die von MATSUDA bzw. von KOUTECKÝ, KAMBARA u. TACHI aufgestellten Gleichungen als Grenzfälle u. zeigt eine gute Übereinstimmung mit den experimentellen Ergebnissen. Hiermit ergibt sich eine weitere Präzisierung der polarograph. Untersuchungsmeth., die in letzter Zeit zur experimentellen Best. von Diffusionskoeffizienten u. Reaktionsgeschwindigkeitskonstanten vor- bzw. nachgelagerter chem. Rkk. eine besondere Bedeutung erhalten hat. (Z. Elektrochem., Ber. Bunsenges. physik. Chem. **58.** 836—49. 1954. Bonn, Univ., Inst. für Physikal. Chem.) G. MAIER. 142

Antonín A. Vlček, *Polarographisches Verhalten des Chlors.* Elementares Chlor wird an der Hg-Tropfelektrode in einer Stufe, deren Potentiale mit den Potentialen der Kalomelelektrode übereinstimmen, reduziert. Diese Stufe schrieb der Vf. der Red. des Kalomels zu, welches an der Elektrodenoberfläche entsteht. Die Halbstufenpotentiale dieser Stufe stimmen mit den Halbstufenpotentialen der anod. Stufe der Cl^--Ionen überein. In Ggw. von Cl^- u. Cl_2 entsteht eine Redoxstufe. (Chem. Listy **48.** 1469—73. Okt. 1954 [Orig.: tschech.]; Collect. czechoslov. chem. Commun. **20.** 662—66. Juni 1955. Praha, Českoslov. akad. věd, Polarograf. ústav. [Orig.: russ.]) P. ZUMAN/Prag. 142

Karel Micka, *Polarographische Halbstufenpotentiale. 6. Mitt. Halbstufenpotentiale des Zinks.* (5. vgl. C. **1956.** 11 906.) Die Halbstufenpotentiale des Zinks wurden in Na- oder K-Chloratlsgg. verschied. Konz., bei verschied. Zn-Konzz. u. in Abhängigkeit von der Tropfdauer bestimmt. Das genaue Halbstufenpotential bei der Ionenstärke Null $(E\,1/2)\mu = 0 = -0{,}985$ V (gegen gesätt. Kalomelelektrode, 25°) stimmt mit dem aus dem Normalpotential u. dem Diffusionskoeff. berechneten Wert $E_{0(l)} = 0{,}983$ V prakt. überein. Dies zeugt für die Reversibilität des Elektrodenvorganges. Der Einfl. der Tropfzeit u. der Ausströmungsgeschwindigkeit auf das Halbstufenpotential u. den Kurvenverlauf wurde studiert. (Chem. Listy **50.** 203—12. Febr. 1956. Praha, Českoslov. akad. věd, Polarograf. ústav.) P. ZUMAN/Prag. 142

Wolfgang Lorenz, *Oscillographische Überspannungsmessungen.* 1. Mitt. Durch oscillograph. Registrierung des Spannungs-Zeit-Verlaufs bei kurzzeitigen Stromimpulsen ist eine Messung des Polarisationswiderstandes u. der Stromspannungskurve der schnellen Elektrodenvorgänge ohne Beeinflussung durch die langsamer anklingende Diffusionspolarisation möglich. In gleicher Weise kann das Anklingen der Diffusionspolarisation untersucht werden. Vff. beschreiben Meßanordnung u. theoret. Grundlagen des Meßverfahrens. Als Untersuchungsbeispiel wird die Kinetik der Metallelektrolyse an festen Cadmiumelektroden behandelt. Die Austauschstromdichte wird nach zwei Methoden, der Durchtrittsfaktor nach drei unabhängigen Methoden bestimmt. Die Übereinstimmung ist befriedigend. Das Anklingen der Diffusionspolarisation liefert Aufschlüsse über die Oberflächenrauhigkeit der Elektrode. Die Tatsache, daß bei Cadmium die Ionenentladung polarisationsbestimmend ist, wird zum Schluß an Hand der Kristallisationstheorie diskutiert. (Z. Elektrochem., Ber. Bunsenges. physik. Chem. **58.** 912—18. 1954. Leipzig, Physikal.-chem. Inst.) G. MAIER. 143

Minko Balkanski, *Überspannung des Kupfers in Lösungen von $Cu_3(PO_4)_2 + H_3PO_4$ in Gegenwart von Polyvinylalkohol.* Für $^1/_{10}$ mol. $Cu_3(PO)_2$ + 2 mol. H_3PO_4-Lsgg. beträgt der Grenzwert der Überspannung des Cu, $\eta_\infty = 60$ mV. Aus einem Vgl. mit den entsprechenden Werten für $^1/_{10}$ mol. $Cu(NO_3)_2$- bzw. $CuSO_4$-Lsgg. ergibt sich, daß die kathod. Überspannung der Cu in einfachen Salzlsgg. nur durch die Aktivität der Cu^{2+} u. nicht durch Einfl. der Anionen bedingt ist. Wird zu der wss. Phosphatlsg. *Polyvinylalkohol* (I) hinzugegeben, so ist eine Verminderung von η_∞ zu beobachten, die der I-Konz. proportional ist. Zwischen 1 u. 3% von I zeigt η_∞ den kleinsten Wert, 20 mV. In einer wss. Cu^{2+}-Salzlsg. mit großem Geh. an H_3PO_4 (2 mol.) sind alle H_2O-Moll. im Feld der vorhandenen Ionen orientiert. Bei der Zugabe von I wird zu dessen Hydratation eine gewisse Anzahl von H_2O-Moll. den hydratisierten Cu^{2+} entzogen. Dadurch wird die Aktivität der Cu^{2+} vergrößert u. die Aktivierungsenergie der Entladung vermindert. (C. R. hebd. Séances Acad. Sci. **236.** 2058—60. 27/5. 1953.) H. PITTACK. 143

J. O'M. Bockris und **A. M. Azzam,** *Die Kinetik der Wasserstoffentwicklungsreaktion bei hohen Stromdichten.* (Vgl. C. **1956.** 5746.) Es wird eine App. zur Messung der Überspannung bei sehr hohen Stromdichten beschrieben. Die gemessenen Überspannungen werden in bezug auf Widerstand u. Konz. korrigiert. Die lineare Abhängigkeit zwischen Potential u. Abstand ändert von einer Entfernung von der Elektrodenoberfläche $> \sim 0{,}05$ cm an sprunghaft ihre Richtung. Messungen der Abhängigkeit der Überspannung von der Stromdichte werden an *Hg-*, *W-*, *Ag-*, *Ni-*, *Pt-* u. *Pd*-Elektroden in 5n wss. HCl-Lsg. bei Stromdichten von 10^{-3} bis zu etwa 100 A/cm² ausgeführt. Die TAFELsche Gleichung gilt im Falle von Hg, W u. Ag innerhalb des gesamten Stromdichtebereichs, im Falle von Ni, Pt u. Pd nur im Gebiet der kleineren Stromdichten. Die Rk. $2H \rightarrow H_2$ ist bei Stromdichten $> \sim 10$ A/cm² nicht geschwindigkeitsbestimmend. An Hg-Elektroden findet langsame Entladung statt, ihr folgt eine rasche elektrochem. Desorption; im Falle des Ni ist die zweite Reaktionsstufe Desorption durch H_2-Bildung. Diese ist auch an Pt u. Pd in genügend reinen Lsgg. bis zu mittleren Stromdichten geschwindigkeitsbestimmend. Die freie Aktivierungsenergie der H_2-Bldg. an Pt ist sehr gering. (Trans. Faraday Soc. **48.** 145—60. Febr. 1952. London, Imp. Coll. of Sci. and Technol., Dep. of Inorg. and Phys. Chem.) H. GEDSCHOLD. 143

Werner Köster, Hrsg., Beiträge zur Theorie des Ferromagnetismus und der Magnetisierungskurve. Berlin, Göttingen, Heidelberg: Springer. 1956. (XII + 189 S. m. 147 Abb.) 8° = Reine u. angewandte Metallkunde in Einzeldarst. 14. DM 24,—.

A₄. Thermodynamik. Thermochemie.

C. A. Hollingsworth, *Lösungen einiger Probleme hinsichtlich langer willkürlicher Spiralbahnen.* Vf. berechnet Wahrscheinlichkeiten für das Vorbeilaufen einer beliebigen Spiralbahn an einem oder mehreren vorgegebenen Punkten innerhalb eines gegebenen Abstandes. (J. chem. Physics **20.** 1580—90. Okt. 1952. Pittsburgh, Pa., Univ., Dep. of Chem.) H. LIEPACK. 146

I. Prigogine, A. Bellemans und **A. Englert-Chwoles,** *Statistische Thermodynamik von Lösungen.* Übertragung der von PRIGOGINE u. Mitarbeitern (vgl. C. **1956.** **8644** u. früher) ausgeführten Berechnung der thermodynam. Statistik von Fll. auf Lösungen. Durch Kombination der Zellenmeth. (vgl. l. c.) u. des Theorems der korrespondierenden Zustände wird eine weitere Näherung erhalten. Die Verteilungsfunktion eines Mol. in der Lsg. wird durch die gleiche Funktion dargestellt wie in der reinen Flüssigkeit. Die Eigg. der Lsg. lassen sich durch Mol.-Parameter ausdrücken, die aus den experimentellen Daten der reinen Verbb. bestimmbar sind. Diese Parameter sind ein Maß für die Wechselwirkungsenergie zwischen den Molekülen. Der Vgl. mit dem Experiment (Literaturdaten für die Paare $CO + CH_4$, Neopentan + Cyclohexan, Neopentan + CCl_4, Cyclohexan + CCl_4) zeigt die Brauchbarkeit u. die Gültigkeitsgrenzen der angestellten Betrachtungen. (J. chem. Physics **24.** 518—27. März 1956. Brüssel, Univ., Fac. of Sci.) O. FUCHS. 146

B. G. Childs, *Die thermische Ausdehnung von anisotropen Metallen.* Vf. gibt einen Überblick über den gegenwärtigen Forschungsstand der therm. Ausdehnung von anisotropen Metallen. Die Zusammenstellung der Ergebnisse der einzelnen Autoren erfolgt nach der HUME-ROTHERY-Klassifikation der Elemente. Es werden theoret. Betrachtungen der experimentellen Daten diskutiert. (Rev. mod. Physics **25.** 665—70. Juli 1953. Harwell, Berksh., AERE.) V. BURBACH. 148

R. B. Russell, *Wärmeausdehnungskoeffizienten für Zirkonium.* Die Ausdehnungskoeffizienten von hexagonalem (α)-Zr werden aus den Gitterparametern sowohl von niedrig als auch hochlegierten *Hf*-Legierungen im Gebiete von 0—600° berechnet. Es wurde dabei gefunden, daß die Koeffizienten geradlinige Funktionen der Temp. sind u. daß der Einfl. von Hf dahin geht, daß die mittleren Koeffizienten um ca. 1% bei Raumtemp. u. um 9% bei 900° gedrückt werden. Die kub. (β)-Form war stabilisiert, so daß ihr Koeff. bei Tempp. von 400—900° bestimmt werden konnte. (J. Metals **6.** Trans. AIME Nr. 9. Sect. 2. 1045—52. Sept. 1954. Cambridge, Mass., Massachusetts Inst. of Technol.) H. HOCHSTEIN. 148

Abraham S. Friedman und **Lester Haar,** *Eine allgemeine Methode zur Berechnung von hermischen Eigenschaften idealer Gase mit Rechenmaschinen hoher Geschwindigkeit.* Vff. entwickeln ein Verf. zur maschinellen Berechnung von Verteilungsfunktionen für nichtstarre, anharmon., rotierende Oscillatoren. Schwingungs-Rotations-koppelnde Terme u. Rotationskorrekturen für tiefe Tempp. werden berücksichtigt. Eine Meth. zur Berechnung der thermodynam. Funktionen idealer Gase u. als Anwendung Tafeln von C_p^0/R, $(H_0 - E_0^0)/RT$, $(E_0^0 - F^0)/RT$ u. S^0/R für H_2O, HDO, D_2O, HTO, DTO u. T_2O in Intervallen von 50—5000° K werden angegeben. Die Resultate für H_2O sind in guter Übereinstimmung mit denen früher aus direkter Summation berechneten. (Physic. Rev. [2] **94.** 1423. 1/6. 1954. Nat. Bur. of Stand.) G. HEINSOHN. 149

John R. Pellam, *Scheibenversuche nach Andronikaschwili in flüssigen ^3He–^4He-Gemischen.* Vorl. Mitt. über Messungen an einer 3,3%ig. Lsg. von ^3He in ^4He zur Best. der D. der „normalen“ Phase als Funktion der Temperatur. (Physic. Rev. [2] **99.** 1327 bis 1328. 15/8. 1955. Pasadena, Calif., California Inst. of Technol.) G. KIRSCHSTEIN. 149

N. G. McCrum und **J. C. Eisenstein,** *Dipolfelder und der Heliumfilm.* Die Schwankungen, die an den Fließgeschwindigkeiten von He-Filmen gewöhnlich beobachtet werden, können nach Ansicht der Vff. durch elektr. Felder bedingt sein, die z. B. an Metalloberflächen durch die Überlappung der Wellenfunktionen der Elektronen zustande kommen. Der Einfl. elektr. Felder sollte an einem He-Film auf $BaTiO_3$ bes. gut zu beobachten sein. (Physic. Rev. [2] **99.** 1326—27. 15/8. 1955. University Park, Pa., Pennsylvania State Univ., Dep. of Phys.) G. KIRSCHSTEIN. 149

A. Michels, T. Wassenaar und **P. Louwerse,** *Isothermen von Xenon bei Temperaturen zwischen 0° und 150° und Dichten bis 515 Amagat (Drücke bis 2800 Atmosphären).* Die PVT-Daten von Xe wurden im Bereich von 0—150° in Intervallen von je 25° gemessen, in der Umgebung des krit. Gebietes auch die 30- u. 40°-Isotherme, u. zwar bis zur Amagat-D. 515, was Drücken zwischen 2000 u. 2800 Atmosphären entspricht. Die Zehlenwerte werden in isothermen Zustandsgleichungen mit je 4 bzw. 9 Virialkoeffizienten dargestellt. Versuchsdaten, ausgeglichene Werte für ganzzahlige Dichten u. die Virialkoeffizienten sind tabelliert. Zu erwähnen ist, daß für 0 u. 13,5° auch Versuchswerte u. Virialkoeffizienten für den fl. Zustand gegeben werden. (Physica **20.** 99—106. Febr. 1954. Amsterdam, Gem. Univ.) F. CRAMER. 149

P. A. K. Clusius, M. Huber, H. Hürzeler und **E. Schumacher,** *Darstellung des seltenen Isotops ^{21}Ne.* Vff. trennten die Ne-Isotope ^{20}Ne, ^{21}Ne u. ^{22}Ne in einem Trennrohr von 23 m Länge. Ausgehend von 60 Litern gewöhnlichem Ne wurden 48 Liter ^{20}Ne isoliert. Es blieben 12 Liter Gas mit 45% ^{22}Ne u. 1,1% ^{21}Ne zurück. Die letztere Mischung wurde wieder in Fraktionen mit 95—98% ^{20}Ne u. mit 1—2% ^{21}Ne zerlegt. Durch weitere Behandlung konnten so einige Liter an 99,7%ig. ^{22}Ne u. 99,8%ig. ^{20}Ne gewonnen werden; die restlichen 110 cm³ ^{21}Ne waren in der Mitte des Trennrohres angereichert. ^{21}Ne wurde weiter konz. durch Zusetzen eines Hilfsgases, wozu verschied. deuteriertes Methan geeignet ist. Es wird dadurch im Trennrohr folgende Verteilung erzielt: („leichte Seite“) CH_4—CH_3D—CH_2D_2—^{20}Ne—CHD_3—^{21}Ne—CD_4—^{22}Ne („schwere Seite“). Obwohl nur 40 cm³ ^{21}Ne mit einer Konz. von 4% ^{21}Ne (93% ^{22}Ne u. 3% ^{20}Ne) eingesetzt wurden, konnte in 175 Tagen über die Hälfte davon bis zu 95% angereichert werden. Ca. 5 cm³ waren 99%ig. rein. Vff. künden die Verwendung der gleichen Meth. zur Isolierung von ^{38}Ar aus ^{36}Ar u. ^{40}Ar unter Verwendung von DCl als Hilfsgas an. Vorläufige Verss. ergaben bereits eine Anreicherung bis zu 90% ^{38}Ar. (J. chem. Physics **24.** 167—68. Jan. 1956. Zürich, Univ., Physikal.-chem. Inst.) MAX SCHMIDT. 149

W. Świętosławski, Güthner, Gruberski, Wołłosiecki und **Małkowska,** *Eine optische Methode zur Untersuchung des vorkritischen Zustandsbereiches von Flüssigkeiten.* 1—3. Mitt. (Bull. int. Acad. polon. Sci. Lettres, Cl. Sci. math. natur., Sér. A **1951.** 69—73. 193—97. 75—79. März/Juni, ausg. 1952. — C. **1954.** 8979 u. 8980.) W. NIEMITZ. 150

Tomislav Pinter, *Über den kleinsten, das Sieden verhindernden Druck.* Dem experimentell erwiesenen Tatbestand, daß „im krit. Punkt das Gleichgewicht des Dampfdruckes mit dem kleinsten, das Sieden verhindernden Druck, auch wenn er noch so hoch ist, unerreichbar ist“, wird eine thermodynam. Interpretation gegeben. Unterhalb der krit. Temp. gilt für die Differenz der freien Energie für fl.-dampfförmig: $(\Delta F)_{T,p} = 0$, im krit. Punkt $(\Delta F)_{T,p} < 0$. Für den kleinsten, das Sieden verhindernden Druck P wird folgende Beziehung gegeben: $P = pe^{-\Delta F/\omega}$, wo ω die freie mol. Oberflächenenergie bedeutet. Bis zum krit. Punkt gilt P = p, da unter gegebenen Bedingungen für p = konst., T = konst. u. $\exp(-\Delta F/\omega) = 1$ ist. Im krit. Punkt tendiert dagegen ω gegen 0 u. infolgedessen p gegen $+\infty$. (Naturwissenschaften **42.** 602. 2. Nov.-H. 1955. Zagreb, Inst. für angew. Chem.) R. BRÜCKNER. 150

Eduard Hála, Vojtěch Fried, Jiří Pick und **Otakar Vilím,** *Gleichgewicht Flüssigkeit—Dampf.* 14. Mitt. *Aktivitätskoeffizienten und physikalische Eigenschaften reiner Kompo-*

nenten. (13. vgl. PICK u. Mitarbeiter, C. **1956.** 7755.) Es wurde eine neue Meth., welche die Berechnung der Aktivitätskoeffizienten in Abhängigkeit von der Zus. der fl. Gemische ermöglicht, vorgeschlagen. Dazu wurden die Parachore der einzelnen Komponenten u. das bekannte Verh. der Standardzweikomponentensysteme angewendet. (Chem. Listy **50.** 343—48. März 1956. Praha, Kat. fys. chem., Vys. škola chem. technol.) V. KAČENA/Prag. 150

Madeleine Aubert-Huetz, *Über die Verwirklichung einer Messung des Verhältnisses der spezifischen Wärmen von Gasen.* Vf. berichtet über eine Meth. zur Messung des Verhältnisses γ der spezif. Wärmen von Gasen. Erzwungene sinusförmige Schwingungen werden auf eine Fl. übertragen, die sich in einem U-Rohr befindet. Dieses Rohr endet in einem mit Gas gefüllten Ballon. Der Meniskus der Trennfläche Fl.–Gas wird auf einem sich stetig horizontal bewegenden Film gleichzeitig mit einer Einheitszeitbasis photograph. aufgezeichnet. Die Schwingungsamplitude erweist sich als eine Funktion der Frequenz u. besitzt ein Maximum, wenn die Frequenz gleich der Eigenschwingungszahl des Syst. ist. Es wird eine Beziehung für Fll. kleiner Viscosität abgeleitet u. gezeigt, daß γ aus der Gleichung $\gamma = (K/P)\cdot[(T_0/T)^2 - 1]$, wo K eine Apparatekonstante u. P der Fülldruck des Syst. ist, berechnet werden kann. T u. T_0 sind die Eigenperioden der Flüssigkeitsschwingungen, wenn der Ballon Luft bzw. das zu untersuchende Gas enthält. Die Meth. hat für CO_2 u. N_2 zu guten Ergebnissen geführt. Bei 125° u. 761 mm Hg-Druck beträgt γ von *Bzl.* 1,07; von *Hexan* 1,13 u. von *Heptan* 1,06. (C. R. hebd. Séances Acad. Sci. **235.** 25—27. 7/7. 1952.) H. SURAWSKI. 151

H. W. Dodgen und **J. L. Ragle,** *Kernspinbeitrag zu den thermodynamischen Eigenschaften von Jod, Brom und Chlor bei tiefen Temperaturen.* Es wird gezeigt, daß genügend Daten für die genaue Berechnung des Kernspinbeitrags zu den thermodynam. Eigg. von Cl_2, Br_2 u. J_2 vorliegen. Eine direkte Berechnung unter Verwendung vorhandener Daten ergibt, daß noch innerhalb des experimentell zugänglichen Gebietes der Kernanteil der Wärmekapazität deren Hauptanteil ausmachen kann. (J. physic. Chem. **60.** 909—10. Juli 1956. Pullman, Wash., State Coll. of Washington, Dep. of Chem.) W. KRÖNERT. 151

E. Glueckauf und **G. P. Kitt,** *Thermodynamische Daten für konzentrierte Schwefelsäurelösungen.* Es wird eine isopiest. Meth. beschrieben, mit der der Dampfdruck von H_2SO_4-Lsgg. bei 25° bestimmt wird. Die Unters. wird im Gebiet sehr geringer H_2O-Aktivitäten durchgeführt u. umfaßt den Konzentrationsbereich 20—65 Mol H_2SO_4 pro 1000 g H_2O. Aus den Freien Energien, zusammen mit den von KUNZLER u. GIAUQUE (C. **1953.** 814) bestimmten spezif. Wärmen u. partiellen Enthalpien, werden die partiellen thermodynam. Größen berechnet u. für Lsgg. bis 76molal tabelliert. (Trans. Faraday Soc. **52.** 1074—79. Aug. 1956. Harwell, Atom. Energy Res. Establ.) W. KRÖNERT. 155

Fritz Maus, *Nomographische Berechnung von Gleichgewichtskonstanten und Grundreaktionsarbeiten.* Zwischen der Gleichgewichtskonstante $K_{p,T}$ (Prod. der Partialdrucke der gasförmigen Endstoffe, geteilt durch das Prod. der Partialdrucke der gasförmigen Ausgangsstoffe in at bei T° K), der stöchiometr. Summe H_{298} der Enthalpien (Endstoffe abzüglich Ausgangsstoffe) in cal bei 298° K, der stöchiometr. Summe S_{298} der Entropien (Endstoffe abzüglich Ausgangsstoffe) in Clausius (Cl) bei 298° K u. der Grundreaktionsarbeit A_T in cal bei T° K gelten die z. B. von ULICH angegebenen Näherungsgleichungen $\lg K_{p,T} = -H_{298}/4{,}57\,T + S_{298}/4{,}57$ u. $A_T = H_{298} - T\,S_{298}$. Für obige Formeln wird ein Nomogramm entwickelt u. mit Zahlenbeispielen erläutert. (Chemie-Ing.-Techn. **24.** 508—10. Sept. 1952. Berlin-Charlottenburg, TU, Techn.-chem. Inst.) H. PAULI. 156

Yves Doucet und **Christian Netzer,** *Messung der Aktivität und der Mischungswärme von KCl-Lösungen in geschmolzenem $LiNO_3$.* Kryoskop. Messungen nach der Gefrierpunktmeth. am Syst. KCl–geschmolzenes $LiNO_3$ [die KCl-Molalität (m) war durch Auswiegen bekannt] führten zu folgenden Ergebnissen: F. von reinem $LiNO_3 = 519 + 0{,}1°$ K. Mol. Schmelzwärme 6107 cal; Differenz der spezif. Molwärmen von festem u. geschmolzenem $LiNO_3$ beim F. 0,2 cal. F. von Gemischen verschied. (m) in °K: m 0 (F. 519,9), 0,6396 (513,15), 0,9315 (509,30), 1,8537 (497,91), 2,9387 (485,91), 3,9556 (477,76), 6,7508 (450,07). Für die Gleichgewichtstemp. (T) u. den Molenbruch des Solvates (N) gilt bei totaler Dissoziation u. idealer Lsg.: $\log N = 2{,}565 - 1330/T$. KCl ist jedoch nicht ganz ideal gelöst u. auch nicht vollkommen dissoziiert. Der Aktivitätskoeff. (a) für verschied. N wurde berechnet: N_{LiNO_3} 0,9016 (a_{LiNO_3} 0,897), 0,8549 (0,853), 0,8035 (0,785), 0,7362 (0,703), 0,6871 (0,641). N_{KCl} 0,0984 (a_{KCl} 0,109), 0,1451 (0,168), 0,1965 (0,241), 0,2638 (0,350), 0,3129 (0,439). Das Syst. gehorcht folgender empir. Formel: $\ln F = -0{,}0355\cdot T + 20{,}73$; $S = 0{,}0355\cdot F$; F freie Energie. Die Lösungsentropie (S) müßte Null sein, wenn ideale Lsg. vorläge. Die Lösungsenthalpie (H) ist die mol. integrale Mischungswärme der 4 Ionen. Bei der eutekt. Konz. ist sie kaum $^1/_3$ der Schmelzwärme. Einige Werte für F, S, H des Syst. werden angegeben. (C. R. hebd. Séances Acad. Sci. **239**. 1208—10. 8/11. 1954.) H. BÜTTNER. 156

O. J. Kleppa, *Eine calorimetrische Untersuchung einiger binärer und ternärer flüssiger zinnreicher Legierungen.* Mit einem Hochtemperaturcalorimeter bestimmt Vf. die Lösungswärmen von *In, Sb, Cu* u. *Au* in fl. Sn bei 450°. Die Ergebnisse werden mit Daten verglichen, die sich aus früheren calorimetr. u. Gleichgewichtsunterss. ergeben haben. Die Bildungswärmen der tern. Legierungen Sn–A–B aus den bin. Legierungen Sn–A (A = Cu, Ag, Au) u. Sn–B (B = Cd, In, Sb) im Sn-reichen Gebiet werden ermittelt. Die Experimente werden unter Konstanthaltung der Sn-Molenbrüche durchgeführt, so daß der gemessene Wärmeeffekt die Enthalpieänderung des quasibin. Mischprozesses darstellt. Es ist möglich, die Ergebnisse durch nur einen Wechselwirkungsparameter, der für das jeweilige quasibin. Syst. charakterist. ist, auszudrücken. In allen untersuchten Fällen ergibt sich für die Parameter ein algebraisch größerer Wert (schwächere Wechselwrkg.) als in den reinen bin. Systemen. (J. physic. Chem. **60**. 842—46. Juli 1956. Chicago, Ill., Univ. of Chicago, Inst. for the Study of Metals.) W. KRÖNERT. 156

O. J. Kleppa, *Bildungswärme von festen und flüssigen Legierungen in den Systemen Silber–Cadmium, Silber–Indium und Silber–Antimon bei 450°.* (Vgl. vorst. Ref.) Die Bildungswärmen der fl. Ag-Legierungen mit Cd u. In werden calorimetr. bei 450° durch Auflösen von Ag in den niedrigschm. fl. Metallen bestimmt. Für die festen Legierungen werden die Bildungswärmen aus den experimentell ermittelten Lösungswärmen der Legierungen in reinem Sn unter Heranziehung der Daten (vgl. vorst. Ref.) für die verd. Lsgg. von Ag, Cd, In u. Sb in *Sn* berechnet. Der Einfl. des Atomgrößenfaktors, der chem. Wechselwrkg. u. der Valenz auf die thermochem. Daten wird diskutiert. Ein Vgl. der experimentellen Ergebnisse mit den theoret. Berechnungen von FRIEDEL (Advances Physics **3**. [1954.] 446) zeigt die teilweise ausgezeichnete Übereinstimmung mit den Voraussagen von FRIEDEL. (J. physic. Chem. **60**. 846—52. Juli 1956.) W. KRÖNERT. 156

O. J. Kleppa, *Bildungswärme der festen und flüssigen binären Legierungen von Kupfer mit Cadmium, Indium, Zinn und Antimon bei 450°.* (Vgl. vorst. Reff.) Die Bildungswärmen der Legierungen Cu–Cd, Cu–In, Cu–Sn u. Cu–Sb werden calorimetr. bestimmt. Die Best. erfolgte für die bei 450° fl. Legierungen durch direkte Vereinigung der Legierungspartner im Calorimeter, für die bei 450° festen Legierungen durch „Sn-Lösungscalorimetrie" (vgl. vorst. Reff.). Die Ergebnisse werden graph. dargestellt u. mit früheren calorimetr. Unterss. u. Gleichgewichtsdaten verglichen. (J. physic. Chem. **60**. 852—58. Juli 1956.) W. KRÖNERT. 156

O. J. Kleppa, *Bildungswärme einiger fester und flüssiger binärer Legierungen von Gold mit Cadmium, Indium, Zinn und Antimon.* (Vgl. vorst. Reff.) Es werden die Lösungswärmen von Au in fl. Cd u. In bei 450° bestimmt. Die Bildungswärmen der festen Legierungen von Au mit Cd, In, Sn u. Sb werden durch Sn-Lösungscalorimetrie (vgl. vorst. Reff.) erhalten. Die thermochem. Eigg. der Legierungen werden diskutiert u. mit den Daten für die *Cu*- u. *Ag*-Legierungen verglichen. (J. physic. Chem. **60**. 858—63. Juli 1956.) W. KRÖNERT. 156

M. Lecamp und **A. Sicard,** *Messung der Verbrennungsgeschwindigkeit nach der Seifenblasenmethode.* Die Verbrennungsgeschwindigkeit brennbarer Gasgemische, die in einer Blase aus einer Fl. mit genügend großer Oberflächenspannung elektr. gezündet werden, wird durch photograph. Registrierung der Vergrößerung des Blasendurchmessers ermittelt. (J. Physique Radium **16**. 69S—70S. Juli 1955. Centre nat. de la Rech. Sci.) J. RUDOLPH. 157

Xavier Duval, *Die Kinetik der Kohleverbrennung bei hohen Temperaturen und niedrigen Drucken.* Die Reaktionsgeschwindigkeit F hängt bei gewöhnlichen Drucken von der Diffusionsgeschwindigkeit des O_2 in den Poren u. zur Oberfläche der Kohle (I) sowie in entgegengesetzter Richtung von denen der Verbrennungsprodd. ab. Diffundieren diese langsam, treten in verstärktem Maße Sekundär-Rkk. auf. Vf. benutzt zur Best. von F eine App., bei der ein O_2-Strom (3,8 Liter/Sek.) unter geringem Druck in ein Gefäß strömt, in dem sich ein auf eine bestimmte Temp. T (1100—2200° K) erhitzter I-Faden befindet. Die Mengen der Reaktionsgase (CO u. CO_2) werden gemessen. Als Maß für F diente das Verhältnis der Menge des in Rk. getretenen O_2 zur Menge des auf die I-Oberfläche getroffenen O_2, d. h. F = Mol/Min./cm² I-Oberfläche. Die I-Oberfläche wurde durch Adsorptionsmessungen mit Äthylen bei —195° bestimmt. Der zur Best. von F benutzte Druckbereich umfaßte $5 \cdot 10^{-5}$ bis $3 \cdot 10^{-3}$ mm Hg. Die Rk. verläuft mit guter Näherung als solche 1. Ordnung. Bis zu 1400° K nimmt F zu, darüber wieder ab u. bleibt ab 1900° K etwa konstant; in diesem Bereich liegt eine Rk. genau 1. Ordnung vor.

Vf. konnte nachweisen, daß früher gefundene zu hohe F-Werte durch elektr. Entladungen, hervorgerufen durch Hg-Dampf, entstehen. Diese druckunabhängigen elektr. Entladungen unterbleiben bei Ausfrieren des Hg vollkommen. Sie entstehen durch Anregung metastabiler Zustände des Hg durch Stoß der aus dem geheizten I-Draht kommenden Elektronen u. erhöhen F wesentlich. Vf. untersuchte den Einfl. der Entladungen auf den Reaktionsmechanismus, ferner den Einfl. von Verunreinigungen von I u. von T u. p auf F. Best. des auf I adsorbierten O_2 (durch Messen der Thermoelektronenemission) zeigte, daß kein chem. gebundener O_2-Film auf I vorhanden ist, zumindest nicht bei den hier benutzten Drucken u. Temperaturen. Die Abnahme von F bei Erhöhung von T über 1400° K wird durch Umordnung des Gitternetzes von I erklärt, die um so schneller verläuft, je höher T liegt. Durch den Angriff des O_2 werden im Gitter weniger festgebundene C-Atome zur Rk. freigesetzt, die entweder mit O_2 reagieren oder zu einer stabileren Stelle des C-Gitters wandern. Unter 1200° K tritt dieser Vorgang prakt. nicht auf, so daß hier F mit der Temp. zunimmt. Über 1900° K verläuft dagegen der Vorgang sehr schnell, so daß der akt. Anteil der Oberfläche konstant bleibt u. hier F temperaturunabhängig ist. Weiter geht Vf. auf einige sehr ausgeprägte Hysteresiseffekte bei der I-Verbrennung ein, die sich dahin auswirken, daß die jeweilig zu Beginn gemessenen F-Werte von der Vorbehandlung der I abhängen. (Ann. Chimie [12] **10.** 903—68. Nov./Dez. 1955.) E. ROEDER. 157

K. Tamm, *Schallabsorption in Wasser und in wässerigen Elektrolytlösungen.* (Vgl. C. **1954.** 1656.) Messung der Schallabsorption in W. u. wss. Elektrolytlsgg. in Abhängigkeit von der Konz. im Frequenzbereich von 8 kHz bis 15 MHz. Von 8—50 kHz wurde ein Resonanzverf., von 50—1000 kHz ein statist. Nachhallverf. u. von 3—15 MHz ein Lichtbeugungsverf. angewandt. Die Absorptionsmessungen werden auf reines W. bezogen. 1—1-wertige Salze zeigen keine, 2—1-wertige nur bei hohen Konzz. u. 2—2-wertige eine erhebliche Elektrolytabsorption. Die Ursache der Absorption wird auf Ionen-Rkk. zurückgeführt. (Kon. vlaamse Acad. Wetensch. Letteren schone Kunsten België, Colloquium ultrasonore Trillingen **1951.** 214—19. Göttingen, III. Phys. Inst.) H. FALKENHAGEN. 159

A. van Itterbeek und **L. Verhaegen,** *Schallabsorption in wässerigen Elektrolytlösungen.* Die Schallabsorption wird mit einer Strahlungsdruckwaage, die ausführlich beschrieben wird, bei 1,5 u. 2,5 MHz als Funktion der Konz. bei Zimmertemp. gemessen. Die benutzten Substanzen sind *W.* u. wss. Lsgg. von *NaCl*, Na_2SO_4, $ZnSO_4$, $CuSO_4$, $MgSO_4$, $CdSO_4$, $NiSO_4$, $KCr(SO_4)_2$, $Pb(C_2H_3O_2)_2$, $Cu(C_2H_3O_2)_2$, $Zn(C_2H_3O_2)_2$. (Kon. vlaamse Acad. Wetensch. Letteren schone Kunsten België, Colloquium ultrasonore Trillingen **1951.** 220—33. Louvain, Univ., Inst. voor Lage Temp. en Techn. Phys.) H. FALKENHAGEN. 159

Harald Goetz, *Die Elektrostriktion in Flüssigkeiten und die Erzeugung von Ultraschall auf elektrostriktivem Wege.* Vf. gibt zunächst eine kurze Zusammenstellung der bisher erschienenen Arbeiten über die elast. Deformation eines Dielektricums im elektr. Gleich- u. Wechselfeld. Weiter wird ein Impulsverf. zur Messung der Elektrostriktion von Fll. beschrieben. Der elektrostriktive Schallgeber besteht aus 2 waagerecht liegenden Elektroden, die in die zu untersuchende Fl. eintauchen; an die Elektroden wird eine Gleich- u. eine Hochfrequenzwechselspannung gelegt; der Abstand zwischen Schallgeber u. Schallempfänger (Quarzkristall) wurde stetig variiert; gemessen wurde die im Empfangsquarz auftretende Wechselspannung Δ u. Ergebnisse (Temp. je 10—11°): *Nitrobenzol* $\Delta u = 814\ \mu V$, *Isobutylalkohol* 310, *Cyclohexanon* 281, *Anilin* 52,4, in Bzl. gesätt. Lsg. von *Phenyldimethylpyrazolon* 42,3, *Zimtaldehyd* ca. 50; das zugehörige Wechseldruckverhältnis $p_{Fl.}/p_{Quarz}$ beträgt 1,78, 0,949, 0,860, 0,115, 0,132 u. ca. 0,11 (je in Einheiten von 10^{-2}). (Z. Physik **141.** 277—93. 1955. München, Univ., I. Physik. Inst.) O. FUCHS. 159

A₅. Kolloidchemie. Grenzschichtforschung.

J. Cano Ruíz und **Douglas M. C. MacEwan,** *Die Natur des Calciumsulfatgels in Äthylenglykol.* Die von GILLE (C. **1953.** 8526) beschriebene Darst. eines *Gips*-Gels in $C_2H_4(OH)_2$ wird wiederholt u. mit Röntgenbeugung untersucht. Die Aufnahmen des Gels zeigen Halos wie von Fll. oder amorphen Substanzen. Durch Waschen mit *Methanol* oder *A.* u. Beseitigung des $C_2H_4(OH)_2$-Überschusses erhält man eine 17 Å-Linie, ein Tropfen *W.* genügt jedoch, um die charakterist. 7 Å-Linie des Gipses wieder zu erzeugen. Glykol scheint H_2O-Moll. zwischen den Gipsschichten ersetzen zu können u. stabil in Ggw. organ. Medien zu sein. (Nature [London] **176.** 1169. 17/12. 1955. Granada, Estacion Exper. del Zaidín.) P. WOLF. 161

M. Ss. Fedotowa und **K. A. Posspelowa,** *Koagulation von Bentonitsuspensionen bei der Verminderung der Wasserdurchlässigkeit von Sand.* Die 3%ig. Suspensionen von

Dshebel-*Bentonit* (I) zeigen bei Zusatz von 0,005% $AlCl_3$ (II) eine Koagulation, die bei 0,015% **II** sehr deutlich wird. Die Konzz. von **II**, $MgCl_2$ u. *NaCl*, die eine gleiche koagulierende Wrkg. auf 3%ig. **I**-Suspension ausüben, verhalten sich wie 1:4:113. Für die Koagulation der **I**-Suspensionen gilt die lyotrope Reihe: Mg < Ca < Ba < Na < K. Die koagulierende Wrkg. von **II** kann durch Zugabe von Na_2CO_3 (**III**) unterdrückt werden, bedingt durch die Bldg. von unlösl. $Al(OH)_3$. Durch gleichzeitige Zugabe von **II** u. **III** zu 1%ig. **I**-Suspension kann die Koagulation auf einen ganz bestimmten Zeitpunkt eingestellt werden. Wird durch eine Sandschicht im geschlossenen Glasrohr eine 1%ig. **I**-Suspension unter Zusatz von 0,01% **II** u. 0,25% **III** filtriert, zusätzlich 0,1%ig. **II** aufgegossen, so werden 50% der **I**-Suspension vom Sand zurückgehalten, entsprechend ca. 0,5% der Sandmenge. Während jedoch sonst die Zurückhaltung von **I** nur bis zu einer Tiefe von ca. 5 cm stattfindet, wird bei dieser Arbeitsweise die Wasserdurchlässigkeit in einer Tiefe von 50 cm auf $^1/_{10}$—$^1/_{100}$ vermindert. (Доклады Академии Наук СССР [Ber. Akad. Wiss. UdSSR] [N. S.] **94.** 1129—32. 21/2. 1954. Moskau, Lomonossow-Univ.) O. LEBTAG. 163

H. E. Schwiete und **L. Žagar,** *Die physikalischen Grundlagen der Tränkungsvorgänge an porösen Systemen.* Es wurde eine Formel entwickelt für die von einem porösen Körper aufgesaugte Flüssigkeitsmenge unter Berücksichtigung der Porosität, Porengröße, Oberflächenenergie der Fl., Viscosität u. Randwinkel. Die Gültigkeit des Gesetzes wurde an *Schamotte*-Körpern mit *W./Glycerin*- u. *W./Butylalkohol*-Mischungen geprüft u. bestätigt. Ferner wurden Verschlackungsverss. an *Magnetitsteinen* unternommen. Es wird darauf hingewiesen, daß bei hohen Tempp. die Zunahme der Porengröße berücksichtigt werden muß. (Naturwissenschaften **42.** 533—34. 1. Okt.-H. 1955. Aachen, Rhein.-Westf. TH, Inst. für Gesteinshüttenkunde.) P. WOLF. 166

C. A. R. Pearce, *Die elektrische Leitfähigkeit und Dielektrizitätskonstante von Mischungen mit spezieller Anwendung auf Emulsionen von Wasser in Brennöl.* Die elektr. Eigg. einer Mischung aus 2 Komponenten hängen außer von dem Mischungsverhältnis u. von den Eigg. der Einzelkomponenten auch von der Art der Teilchengrößenverteilung u. von der Teilchengestalt der Komponenten ab. Leitfähigkeits- u. DK.-Messungen wurden ausgeführt für verschieden zusammengesetzte Emulsionen von Seewasser in Brennöl. Sie zeigen, daß die theoret. abgeleiteten Mischungsregeln im allg. experimentell recht gut bestätigt werden; gleichzeitig ergeben sich daraus auch die Gültigkeitsgrenzen der Formeln, bedingt z. B. durch das Auftreten von Sedimentations- oder Adsorptionsvorgängen sowie durch die kettenförmige Anordnung der emulgierten Teilchen unter dem Einfl. des elektr. Meßfeldes (vgl. hierzu PEARCE, C. **1955.** 1214). (Brit. J. appl. Physics **6.** 113—20. April 1955. Greenwich, London, Fuel Res. Stat.) O. FUCHS. 166

Irving H. Sher und **Harry Sobotka,** *Einwirkung von Serumalbumin auf monomolekulare Fettsäureschichten.* Es wird der Abbau eines oligomol. Films von *Stearinsäure* (**I**)–*Ba-Stearat*, dessen Herst. eingehend beschrieben wird, mit Rinder- bzw. Pferde-Serumalbumin durch Bldg. wasserlösl. Komplexe in Abhängigkeit von Schichtdicke, Albuminkonz., Temp., p_H der Lsg. u. Ggw. von Puffersalzen untersucht. Die stärkste Wrkg. zeigen Phosphatpuffer. In der Reihenfolge Citrat, Äthylendiamintetraacetat, Veronal u. Maleat nimmt der Effekt ab. Durch Ausdehnung der Unterss. auf *Palmitin*- (**II**; F. 64,0°), *Arachidin*- (F. 76,3°), *Behen*- (F. 80,7°), *Lignocerin*- (F. 81,0°), *Elaidin*- (F. 51,5°), *Brassidin*- (F. 61,5), *Isoarachidinsäure*- (F. 75°) u. *Cholesterinfilme* (F. 148,5°) bzw. auf Serumglobulin, Ovalbumin u. Pepsin wird die Spezifität der Rk. für **I** (F. 69,4°), **II** u. Albumin bewiesen. Jodacetat, Acetyltryptophan, Heparin u. Chondroitinschwefelsäure zeigen keinen Einfl., während Na-Caproat, Na-Caprylat, Na-Caprat u. Azorubin den Albumineffekt verringern. Die **I**-Auflsg. individueller Albuminfraktionen läuft ihrer Absorptionsfähigkeit für Methylorange parallel. Beim Abbau des Films wird bevorzugt die freie **I** entfernt. Diese „Skelettisierung" wird durch Wasseraufnahme in die Hohlräume bewiesen u. zur Durchdringungsfähigkeit in Beziehung gesetzt. (J. Colloid Sci. **10.** 125—38. April 1955. New York, N. Y., Mount Sinai Hosp., Dep. of Chem.) R. PASEDAG. 166

Alexander Kolin, *Vergrößerung der Auflösung von elektrophoretischen Trennungsdiagrammen.* Vf. zeigt an Hand eines Beispiels, wie man die Auflsg. von elektrophoret. Trennungsdiagrammen mit Hilfe eines einfachen Kunstgriffes wesentlich erhöhen kann. Bei der Elektrophorese eines Gemisches von *Cytochrom c Hämoglobin* u. *Katalase* erhält man mit einem Strom von 20 mA in einem steilen p_H-Gradienten zwischen Puffern von p_H 2,6 u. 9,6 innerhalb 4 Min. 3 eng beieinanderliegende Streifen der 3 Komponenten. Führt man nach Bldg. der Streifen in den einen Schenkel der Elektrophoresezelle einen Lucitstab mit L-förmigem Querschnitt, dann wird nicht nur die Trennung, sondern auch die Breite der Streifen erhöht. Nach Entfernen des Lucitstabes nehmen die Streifen

wieder ihre ursprüngliche Lage ein, sind jedoch etwas weniger scharf. (Naturwissenschaften **42.** 367—68. 2. Juni-H. 1955. Chicago, Ill., Univ., Div. of Biol. Sciences.)
C. GOTTFRIED. 168

E. W. Gaylord und **W. Forstall,** *Messung des Massentransportes durch eine elektrische Leitfähigkeitsmethode.* Vff. beschreiben eine Anordnung zur Unters. der Diffusion von frischem W. in eine wss. Salzlösung. Die Konzentrationsänderung wird durch Leitfähigkeitsmessung bestimmt. Die Meth. erlaubt ein kontinuierliches u. rasches Arbeiten. Da es sich um eine Relativmeth. handelt, ist eine genaue Best. des Salzgeh. vor der Mischung nicht notwendig. (Brit. J. appl. Physics **6.** 135—38. April 1955. Pittsburgh, Pa., Carnegie Inst. of Technol.)
O. FUCHS. 171

Robert L. Baldwin, Peter J. Dunlop und **Louis J. Gosting,** *Einwirkung von Strömungen bei der Diffusion in Flüssigkeiten: Gleichungen für die Berechnung der Diffusionskoeffizienten aus Momenten der Brechungsindexgradientkurven.* Man definiert das r^te^ Moment der Brechungsindexgradientkurve vermöge der Beziehung $m_r = (1/\Delta n) \cdot \int_{-\infty}^{\infty} x^r (\partial n/\partial x)_t \, dx$ mit $r = 0, 1, 2, \cdots\cdots$. Δn bedeutet die totale Änderung des Brechungsindex n der freien Diffusionsgrenze, t die Zeit. Der Diffusionsfluß ist positiv in Richtung anwachsender x u. bedeutet die Mol-Zahl der Komponente i, welche die Flächeneinheit pro Sek. durchquert. Nach der Theorie von ONSAGER hängt der Fluß jeder Komponente von der Summe jedes Konzentrationsgradienten, multipliziert mit dem Diffusionskoeff., ab. Läßt man den Konzentrationsgradient des Lösungsm. aus, so bestimmen bei einem Syst. von $q + 1$ Komponenten (dabei ist das Lösungsm. mit gezählt) q^2 Diffusionskoeffizienten den gesamten Fluß. Bei einem Dreikomponentensyst. lassen sich die 4 Diffusionskoeffizienten, die in den Flußgleichungen auftreten, durch die eben eingeführten Momente ausdrücken. Es genügen unter gewissen, hier nicht näher zu erörternden Voraussetzungen 2 Diffusionsverss. zur Ermittlung des zweiten ($r = 2$) u. vierten Moments ($r = 4$), wodurch die 4 Diffusionskoeffizienten ermittelt werden können. Über den Verlauf des Brechungsindex werden dabei gewisse Annahmen gemacht. (J. Amer. chem. Soc. **77.** 5235—38. 20/10. 1955. Madison, Wis., Univ. of Wisconsin, Dep. of Chem.)
H. FALKENHAGEN. 171

Peter J. Dunlop und **Louis J. Gosting,** *Einwirkung von Strömungen bei der Diffusion in Flüssigkeiten: Ausdrücke für die Konzentrationskurven des Gelösten bei freier Diffusion und ihre Verwendung bei Deutung von Gouy-Diffusiometerdaten für wässerige Dreikomponentensysteme.* (Vgl. vorst. Ref.) FICKs Gesetz für den Fluß wird im Sinne von ONSAGER auf Dreikomponentensysteme in W. gelöst ausgedehnt. Es ergeben sich Reihen für die Konz. jeder Komponente u. den Brechungsindex als Funktionen der Zeit, des Ortes u. der 4 Diffusionskoeffizienten D_{11}, D_{22}, D_{12} u. D_{21}. Diese Reihen konvergieren sehr rasch, wenn D_{12} oder D_{21} klein sind. In einem GOUY-Diffusiometer werden die genannten Diffusionskoeffizienten bestimmt. Gemessen werden *LiCl–KCl*-Mischungen. Die Messungen stimmen gut überein mit denen, die aus Momenten der Brechungsindexgradientkurven gewonnen werden (l. c.). — Beispielsweise ergibt letztere Meth. bei 25° u. einer mittleren Konz. jeder Lsg. $\bar{C}_{LiCl} = 0{,}25$ (Mol/Liter), $\bar{C}_{KCl} = 0{,}2$, $D_{11} = 1{,}14_5 \cdot 10^{-5}$, $D_{22} = 1{,}81_7 \cdot 10^{-5}$, $D_{21} = 0{,}204 \cdot 10^{-5}$, $D_{12} = -0{,}007 \cdot 10^{-5}$ (in cgs-Einheiten). Auch die Mischung LiCl–*NaCl* wird untersucht. (J. Amer. chem. Soc. **77.** 5238—49. 20/10. 1955.)
H. FALKENHAGEN. 171

Jaroslav Koštál, *Die Berechnung des Viscositätsindex.* Die Berechnung des Viscositätsindex wird an Hand von Beispielen diskutiert. (Paliva **31.** 58—60. März 1951.)
E. UMLAUF. 172

Constantin Salceanu, *Die Viscosität von Metalldrähten.* Unter Bezugnahme auf eine frühere Arbeit (vgl. C. **1948.** E. 869), in der eine neue Meth. zur Messung der Viscosität von Metalldrähten vorgeschlagen worden war, beschreibt Vf. ausführlich einen neu konstruierten App. zur Durchführung der Methode. Messungen wurden durchgeführt an Drähten von *Stahl, Al, Cu, Au, Ag, Pt* u. *Fe,* die Meßergebnisse an Al sind tabellar. zusammengestellt. (C. R. hebd. Séances Acad. Sci. **241.** 734—36. 19/9. 1955.)
C. GOTTFRIED. 172

A. J. Hughes, *Die Einstein-Beziehung zwischen relativer Viscosität und Volumenkonzentration von Suspensionen von Kugeln.* Vf. zeigt an Hand einiger Beispiele, daß die von EINSTEIN (Ann. Physik **34.** [1911.] 591) angegebene Beziehung $\eta_r = 1 + 2{,}5\, c$, wo η_r die relative Viscosität einer sehr verd. Suspension von Kugeln der Volumenkonz. c bedeutet, zu Recht besteht. Die für kugelförmige Hefesuspensionen nach der obigen Gleichung für verschied. Volumenkonzz. berechneten relativen Viscositäten stimmten gut mit den experimentellen Tatsachen überein. Auch die von BINGHAM (vgl. Fluidity and Plasticity, McGraw-Hill, 1922) angegebene Beziehung zwischen der relativen Fluidität von Suspensionen u. der Volumenkonz. fester Teilchen läßt sich auf die obige Gleichung zurückführen, wenn man in der Beziehung von BINGHAM für die Konstante K den Wert 2,5 einsetzt. (Nature [London] **173.** 1089—90. 5/6. 1954. Birmingham, John and E. Sturge, Ltd.) C. GOTTFRIED. 172

Donald R. Oliver und **Stacey G. Ward,** *Die Einstein-Beziehung zwischen relativer Viscosität und Volumenkonzentration von Suspensionen von Kugeln.* Kurze Erwiderung auf die vorst. referierte Arbeit von HUGHES. (Nature [London] **173.** 1090. 5/6. 1954. Birmingham, Univ.) C. GOTTFRIED. 172

Seymour J. Birstein, *Die Rolle der Absorption bei der heterogenen Kernbildung.* 1. Mitt. *Adsorption von Wasserdampf an Silberjodid und Bleijodid.* Zweck der vorliegenden Unters. war, festzustellen, ob eine Beziehung besteht zwischen der Fähigkeit eines Teilchens, W. auf seiner Oberfläche zu adsorbieren u. der Fähigkeit, als Keim zu wirken. Zu diesem Zweck wurde zuerst die Adsorption von Wasserdampf an AgJ-Teilchen mit einem mittleren Durchmesser von ca. 1 μ bei 0, 20, 26 u. -20^0 gemessen. Es wurde gefunden, daß bei 20^0 die Adsorption schnell zuzunehmen beginnt, wenn der Partialdruck P/P_0 des Wasserdampfes 0,60 erreicht. Bei $P/P_0 = 0{,}97$ sind 183 Wasserdampfschichten auf der Oberfläche des AgJ adsorbiert. Diese Adsorption ist temperaturabhängig u. nimmt mit sinkender Temp. zu. Bei 26^0 sind bei $P/P_0 = 0{,}95$ 130 Schichten adsorbiert; dieselbe dicke Wasserschicht wird bei 20^0 u. $P/P_0 = 0{,}92$, bei 0^0 bei $P/P_0 = 0{,}84$ u. bei -20^0 bei $P/P_0 = 0{,}76$ erreicht. Bei den Verss. bei -20^0 wurde beobachtet, daß, wenn Eissättigung erreicht ist, mehr u. mehr Wasserdampf auf der AgJ-Oberfläche adsorbiert wird. Es bildet sich sofort ein Eiskristall, ohne daß vorher eine fl. Phase durchschritten wird. Elektronenmkr. Unters. des Aerosols des 20^0-Vers. ergab eine mittlere Teilchengröße von 0,13 μ; die berechnete Oberfläche beträgt damit 13,1 m^2/g. Unterss. von N_2 an AgJ bei -196^0 wurden nach BRUNAUER, EMMET u. TELLER (vgl. J. Amer. chem. Soc. **60.** [1938.] 309) ausgewertet u. ergaben eine Oberfläche von 12,4 m^2/g. Die Adsorptionswärme wurde zu 10528 cal/Mol berechnet. Die Adsorptionskurven des PbJ_2 sind denen des AgJ sehr ähnlich. Auch hier steigt die Adsorption bei hohen Partialdrucken steil an. Die Adsorptionswärme beträgt 10500 cal/Mol. Aus den Verss. geht hervor, daß Eiskeimbldg. durch unlösl. feste Stoffe von ihrer Fähigkeit abhängt, Wasserdampf aus unterkühlten Wolken zu adsorbieren u. ihn in einer eisähnlichen Struktur zu orientieren. Diese Adsorption setzt sich fort, bis sich genügend orientierte Schichten gebildet haben, um aus ihrem quasi-Eiszustand in einen wahren Eiskristall überzugehen. Wenn dies eintritt, dann erfolgt Eiskeimbldg. in der unterkühlten Wolke. (J. Meteorol. **12.** 324—31. Aug. 1955. Cambridge, Air Force Res. Center.) C. GOTTFRIED. 176

J. D'Ans, E. Blasius, H. Guzatis und **U. Wachtel,** *Die Verwendung von Anionenaustauschern in der analytischen und präparativen Chemie.* Vff. führten zahlreiche Unterss. mit den stark bas. Anionenaustauschern *Permutit ES* u. *Dowex 2* durch. Die App., die Überführung der Cl-Form der Austauscher in die OH-Form u. die Versuchsdurchführung wird mitgeteilt. Eine Analyse der Kationen anorgan. Salze kann in einfacher Weise quantitativ alkalimetr. durchgeführt werden. Viele Salze, deren Best. über die Kationenaustauscher Schwierigkeiten bereitet, können mit Hilfe der Anionenaustauscher analysiert werden. Die Best. von Molybdat, Vanadat u. Thalliumthiosulfat zeigt die vielseitige Anwendungsmöglichkeit. Es ist ferner möglich, CO_2-freie Laugen bestimmter Konz. herzustellen u. störende Anionen aus der Analyse zu entfernen. Eine präparative Anwendungsmöglichkeit ist die Darst. von schwer zugänglichen freien Basen u. Komplexsalzen. Die Darst. von Co-, Cr- u. Cu-Komplexen wird mitgeteilt. — Zur Unters. der Frage, ob u. wieweit ein Ionenaustausch in nichtwss. Lösungsmitteln stattfindet, wurden von Vff. die Lösungsmittel *Methylalkohol, A., n-Propylalkohol, Aceton, Ae., Chlf. Pyridin* u. *Nitrobenzol* herangezogen. Ein quantitativer Austausch konnte in den Lsgg. von Methylalkohol, A. u. Nitrobenzol beobachtet werden, während bei den Lösungsmitteln mit einer kleineren DK. als A. kein quantitativer Austausch mehr stattfindet. Bei Pyridin wird die Austauschfähigkeit der Fähigkeit des Pyridins zur Komplexbldg. zugeschrieben. Die an Kationen- u. Anionenaustauschern durchgeführten Verss. sind tabellar. wiedergegeben; es wurden hauptsächlich Alkalihalogenide verwandt, daneben aber auch einige Schwermetallsalze. Außerdem wurden eine Reihe von Alkaloidsalzen untersucht. Weiterhin wird über die Anwendung von Anionenaustauschern für Mikrobestimmungen berichtet u. die Versuchsapp. u. die Meth. beschrieben. Der Anionenaustauscher Permutit ES wird dazu in die Jodidform übergeführt. Vff. konnten den CO_2-Geh. des W. u. kleine Mengen SO_4^{2-}-Ion schnell u. genau bestimmen. (Chemiker-Ztg. **76.** 811—14. 5/12. 841—43. 20/12. 1952. Berlin-Charlottenburg, TU, Lehrstuhl für allg. u. techn. Chem.) G. WILLE. 177

Anne-Marie Baticle, *Konduktometrische Kontrolle der Trennung von Ionen mittels Ionenaustauscherharzkolonnen.* Durch eine besondere apparative Anordnung kann die Trennung von Ionen mit Hilfe von Austauschersäulen durch konduktometr. Messungen quantitativ verfolgt werden. Zur Leitfähigkeitsbest. wird nur eine sehr kleine Menge (ca. 1 ml) des Eluats benötigt. Ein Quecksilberbad sorgt für die Temperaturkonstanz während der Messungen. Indem die während des Eluat-Durchlaufes sich ändernden Widerstände der Meßzelle gegen die jeweilige Menge an Eluat graph. dargestellt werden, ergeben sich typ. Elutionskurven. Zur Trennung von Na^+, K^+, Rb^+ u. Mg^{2+} wurden die Austauscherharze *Amberlite IR-100* u. *Dowex-50* in einer Korngröße von 0,20 bis 0,10 mm verwendet. Als Elutionsmittel diente HCl verschied. Konzentrationen. Die vorliegenden Ergebnisse zeigen, daß die Analysierung eines chromatograph. Eluats in der beschriebenen Weise viel schneller erfolgen kann, als es mit den bisher üblichen chem. Methoden möglich war. (C. R. hebd. Séances Acad. Sci. **236.** 2055—58. 27/5. 1953.) H. PITTACK. 177

A_6. Strukturforschung.

G. Liebmann, *Eine vereinheitlichte Darstellung der Eigenschaften magnetischer Elektronenlinsen.* (Vgl. C. **1956.** 11637.) Das Verhältnis aus Brennweite u. der Summe aus Spaltweite u. mittlerem Bohrungsdurchmesser hat für alle magnet. Polschuhlinsen prakt. dieselbe Abhängigkeit von der Linsenstärke. Dasselbe gilt außer für die Brennweite auch für die Brennpunktslage u. (mit etwas geringerer Genauigkeit) auch für den Öffnungsfehlerkoeffizienten. (Proc. physic. Soc., Sect. B **68.** 737—45. 1/10. 1955. Aldermaston, Berks., Assoc. Electr. Ind. Ltd.) F. LENZ. 181

L. Marton, J. Arol Simpson und **J. A. Suddeth,** *Ein Elektroneninterferometer.* (Vgl. C. **1956.** 4641 u. früher.) Das mit drei zueinander parallelen, zur Strahlenaufspaltung u. -wiedervereinigung dienenden dünnen Einkristallen arbeitende Dreikristallinterferometer (vgl. C. **1954.** 5245) wird ausführlich mit vielen instrumentellen u. experimentellen Einzelheiten beschrieben. Aus den mit 60 kV-Elektronen gemachten Ergebnissen kann auf eine Kohärenzlänge von mehreren 1000 Wellenlängen geschlossen werden. Eine weitere Verbesserung der Ergebnisse, d. h. ein günstigeres Signal–Stör-Verhältnis in den aufgenommenen period. Mustern von Interferenzstreifen, soll durch verbesserte Methoden der Einkristallherst. u. der Kristalljustierung erzielt werden. (Rev. sci. Instruments **25.** 1099—1104. Nov. 1954. Washington, D. C., Nat. Bur. of Stand., Electron Phys. Sect.) F. LENZ. 181

A. K. Chaudhuri, *Elektronenstreuung und Kontrast auf elektronenmikroskopischen Aufnahmen bedampfter Präparate.* Vf. berechnet die Dicke der Bedampfungsschichten aus *Cr, Ni, Pd, Ag, Pt, Au* u. *U* von Präpp. für die n. Elektronenmikroskopie, die 20% Helligkeitskontrast im Bild bei Verwendung von 50 kV-Elektronen u. n. Apertur hervorrufen. Hierzu berücksichtigt er elast. u. Mehrfachstreuung der Elektronen im Präp., während die unelast. Streuung vernachlässigt werden kann. Experimentelle Nachprüfung an Bakterienaufnahmen zeigen qualitativ die Richtigkeit der abgeleiteten Werte. (Proc. nat. Inst. Sci. India **18.** 585—94. Nov./Dez. 1952. Kharagpur, Indian Inst. of Technol., Dep. of Math.) G. HARTMANN. 181

A. E. Williams, *Die Elektronenbeugung in der Metalluntersuchung.* Übersicht über die Anwendung der Elektronenbeugung zur Metallunters. u. die dazu verwendeten Geräte. (Mining Mag. **87.** 209—14. Okt. 1952.) W. WESLY. 181

Ursula M. Martius, *Röntgenbeugung und röntgenspektrographische Analyse.* Übersicht über die prakt. Anwendung der Röntgenstrahlbeugung u. der Röntgenspektroskopie. Die Arbeitsmeth. zur Aufnahme von DEBYE-Diagrammen u. Röntgenspektren wird in großen Zügen beschrieben, die Anwendung auf Fragen der Materialprüfung an Hand einiger prakt. Beispiele aufgezeigt. (Canad. Metals **18.** Nr. 6. 22—26. Juni 1955. Toronto, Ontario, Can., Ontario Res. Foundat.) F. WEIGEL. 181

Ch. Legrand, *Auseinandernehmbare Röntgenröhre für kristallographische Untersuchungen.* Beschreibung der Röhre. (J. Rech. Centre nat. Rech. sci. **1951.** 31—34.) C. GOTTFRIED. 181

Josef Heinrich Hartmann, *Über die aufnahmetechnischen Probleme des Simultanschichtaufnahmeverfahrens mit Folien und vorteilhafte Mittel zu seiner Verwirklichung.* (Naturwissenschaften **42.** 603. 2. Nov.-H. 1955. Erlangen, Siemens-Reiniger-Werke Akt.-Ges., Entwicklungsabt.) C. GOTTFRIED. 181

H. J. Grenville-Wells, *Photographische Intensitätsskalen zur Verwendung mit dreidimensionalen Daten.* Vf. beschreibt die Herst. u. Verwendung von photograph. Intensitätsskalen zur genauen Messung der Intensitäten auf höheren Schichtlinien von Schwenk-

u. WEISSENBERG-Aufnahmen. (Acta crystallogr. [Copenhagen] **8.** 512—13. 10/8. 1955. London, Univ. Coll., Dep. of Chem. Crystallogr.) C. GOTTFRIED. 181

A. Trost, *Einfluß der geometrischen Größen und der Zeitkonstanten auf die Genauigkeit von Röntgeninterferenzmessungen mit einem Zählrohrgoniometer.* Vf. behandelt nach kurzer Einleitung geometr. die Einfll.: der Zahl reflektierender Kriställchen auf die Intensitätsmessungen, der Breite von Vorderblende u. Zählrohrblende auf Linienschärfe u. -lage, der ausgeleuchteten Präparatbreite auf Linienform u. -lage, der Höhe der Blenden u. des Strahlenbündels am Präp. auf Linienform u. -lage sowie der Abtestgeschwindigkeit u. der Anzeigeträgheit auf Linienform u. -lage. Weiter wird die statist. Schwankung bei Direktanzeige u. feststehendem Zählrohr sowie bei automat. Antrieb diskutiert. (Z. angew. Physik **7.** 469—78. 1955. Wildbad, Labor. Prof. Berthold.) C. GOTTFRIED. 181

Gabrielle Donnay, J. D. H. Donnay und **Vernon J. Hurst,** *Präzessionsgoniometrie zur Identifizierung benachbarter Zwillinge.* Vff. zeigen, daß man die 2 begrenzenden Kreise auf Diagrammen einer Präzessionskamera bei geeigneter Orientierung des zu untersuchenden Kristalls dazu benutzen kann, das Zwillingsgesetz im Falle benachbarter Zwillinge festzulegen. Das Verf. wird an Hand eines Beispiels (Staurolith) genau beschrieben. (Acta crystallogr. [Copenhagen] **8.** 507—09. 10/8. 1955. Washington, D. C., Carnegie Inst., Geophys. Labor.; Baltimore, Md., Johns Hopkins Univ.; Atlanta, Ga., Dep. of Mines and Geol.) C. GOTTFRIED. 181

M. Černohorský, *Die absolute röntgenographische Bestimmung der Gitterkonstanten aus Rückstrahlaufnahmen mittels einer flachen Rückstrahlkamera.* Nach der beschriebenen Meth. können die Gitterkonstanten für die flache Kammer nach Analogie der kon. Kammer ermittelt werden. Es genügen 2 Streuungswerte, z. B. die 2 Linien des K_α-Dubletts. Als Beispiel wird eine Berechnung für die Gitterkonstanten von *Al* behandelt, wobei ungefilterte K-Strahlung von Fe, Co u. Cu verwendet wird. Der Wert $a_{25} = 4{,}0413_7$ kX, mit einer Genauigkeit 10^{-5} bestimmt, entspricht den Literaturwerten. (Spisy vydávané přírodovedeckou Fak. Masarykovy Univ. [Publ. Fac. Sci. Univ. Masaryk] **1952.** 327—54. Brno [Brünn], Masaryk. univ., Ústav exp. fysiky.) R. K. MÜLLER. 181

O. W. Flörke und **H. Saalfeld,** *Ein Verfahren zur Herstellung texturfreier Röntgenpulverpräparate.* Zur Herst. texturfreier Röntgenpulverdiagramme empfehlen Vff. die zu untersuchende Substanz nach geeigneter Zerkleinerung in einer schnelltrocknenden Kunststofflsg. zu suspendieren u. mit einem näher beschriebenen Zerstäuber zu zersprühen. Bei einem richtigen Verhältnis Substanz/Kunststoff/Lösungsm. u. bei genügend langem Flugweg erhält man auf diese Weise kugelige Suspensionströpfchen, die in der Luft erstarren. Die Verss. wurden hauptsächlich mit „*Cellit L 700*" (von BAYER) in Aceton oder von Polystyrol in Bzl. durchgeführt. Einige Beispiele, speziell an Tonmineralien, sind angeführt. (Z. Kristallogr., Kristallgeometrie, Kristallphysik, Kristallchem. **106.** 460—66. Sept. 1955. Würzburg, MPI für Silikatforsch.) C. GOTTFRIED. 181

A. Papoulis, *Methode zur Korrektur des $\alpha_1\alpha_2$-Dubletts in den Röntgenstrahlenbeugungslinien.* Enthält der Röntgenstrahl 2 Frequenzen α_1 u. α_2, dann ist die experimentell erhaltene Linie P $(2\,\vartheta)$ gleich der Summe der Beiträge f $(2\,\vartheta)$ u. K f $(2\,\vartheta - \delta)$ der α_1- u. α_2-Komponenten. Vf. beschreibt eine graph. Meth. zur Best. von f$(2\,\vartheta)$ aus P $(2\,\vartheta)$ unter der Annahme, daß f $(2\,\vartheta)$ symm. ist. (Rev. sci. Instruments **26.** 423—26. Mai 1955. Brooklyn, N. Y., Polytechn. Inst.) C. GOTTFRIED. 181

H. Lipson und **P. R. Pinnock,** *Eine Schablonenmethode zur Berechnung von Strukturfaktoren.* Genaue Beschreibung der Methode. (Acta crystallogr. [Copenhagen] **8.** 172—74. März 1955. Manchester, Coll. of Technol., Phys. Dep.) C. GOTTFRIED. 181

J. Berghuis, IJbertha M. Haanappel, M. Potters, B. O. Loopstra, Caroline H. MacGillavry und **A. L. Veenendaal,** *Neue Berechnungen von Atomstreufaktoren.* Mit Hilfe der HARTREEschen u. HARTREE-FOCKschen radialen Wellenfunktionen wurden die Atomstreufaktoren von *Li, Be, C, N, O, F,* F^-, *Ne, Na,* Mg^{2+}, Al^{3+}, Si^{4+}, Cl^-, *Ar,* K^+, *Ca,* Cr^{2+}, Cu^+, *Zn, Ga, Ge, As* u. Rb^+ für sin ϑ/λ-Werte von 0,00—1,30 neu berechnet. Die erhaltenen Werte sind tabellar. u. graph. wiedergegeben. (Acta crystallogr. [Copenhagen] **8.** 478—83. 10/8. 1955. Amsterdam, Mathemat. Centre, u. Univ., Labor. for Gen. and Inorgan. Chem.) C. GOTTFRIED. 181

Alfred Niggli, *Über die Eigensymmetrien von Tensoren.* Es werden die möglichen Eigensymmetrien von Tensoren allg. betrachtet u. Berechnungen für sämtliche Tensoren 0.—4. Stufe u. für die höchst- u. unsymm. Tensoren 5. u. 6. Stufe zusammengestellt. Der mehrfach untersuchte Einfl. von äußeren, den in symm. Räumen betrachteten Tensoren auferlegten Symmetriebedingungen wird nur gestreift. Einige Anwendungen werden besprochen. (Z. Kristallogr., Kristallgeometrie, Kristallphysik, Kristallchem. **106.**

401—29. Sept. 1955. Uppsala, Univ., Chem. Inst.; Zürich, Univ., u. ETH, Mineralog. Inst.) W. KRÖNERT. 181

Kenneth S. Pitzer, *Beiträge der London-Kräfte zu den Bindungsenergien.* Die Bindungsenergien von F—F, O—O u. N—N sind erheblich niedriger als die der entsprechenden Elemente der nächsten Reihe des Period. Systems. Vf. weist darauf hin, daß dieser Befund durch LONDONsche Anziehungskräfte der nichtbindenden Elektronen erklärt werden könnte, u. gibt überschlägige Berechnungen an. (J. chem. Physics **23.** 1735. Sept. 1955. Berkeley, Calif., Univ. of California, Dep. of Chem. and Chem. Engng.) E. HAHN. 182

A. D. Buckingham, *Zwischenmolekulares Kraftfeld von linearen Molekülen mit Quadrupolmomenten.* Unter Benutzung der Gleichungen von POPLE (C. **1955.** 6923) bestimmt Vf. aus Sublimationswärmen u. 2 Virialkoeffizienten von N_2 u. CO_2 die Parameter der Wechselwirkungsenergie u. die Quadrupolmomente der beiden Moll. (1,20 bzw. 5,20 e. st. E.). (J. chem. Physics **23.** 412. Febr. 1955. Cambridge, Univ., Dep. of Theoret. Chem.) G. KRESZE. 182

P. W. Higgs, *Störungsmethode für die Berechnung von Molekülschwingungsfrequenzen.* 2. Mitt. *Verallgemeinerung der Theorie.* (1. vgl. C. **1954.** 3393.) Die l. c. entwickelte Störungstheorie zur Berechnung der Molekülschwingungsfrequenzen wurde in zweifacher Hinsicht verallgemeinert, u. zwar wurden einerseits die Einfll. der Entartung zwischen den angenäherten Frequenzen u. andererseits die Wechselwirkungskonstanten, welche die 2 Klassen von Schwingungen kuppeln, mit in Betracht gezogen. (J. chem. Physics **23.** 1448—50. Aug. 1955. London, King's Coll., Wheatstone Phys. Labor.) C. GOTTFRIED. 182

P. W. Higgs, *Störungsmethode für die Berechnung von Molekülschwingungsfrequenzen.* 3. Mitt. *Skelettdehnungsschwingungen von normalen Paraffinen.* (2. vgl. vorst. Ref.) Die l. c. entwickelte Störungstheorie wurde auf die Skelettschwingungen der Zickzack-Konfiguration der n. Paraffine angewandt. Vf. zeigt, daß, wenn man die Biegungskonstante für den CCC-Winkel als eine Störung nach der in der 1. Mitt. beschriebenen Meth. behandelt, man einen geschlossenen analyt. Ausdruck für die Korrektur erster Ordnung der CC-Dehnungsfrequenzen für alle Kettenlängen erhält. (J. chem. Physics **23.** 1450—53. Aug. 1955.) C. GOTTFRIED. 182

Kaoru Iguchi, *π-Elektronenstruktur des HCN-Moleküls.* Vf. berechnet die π-Elektronenstruktur des HCN-Mol.; es wird entsprechend dem HÜCKELschen Näherungsverf. als 4-Elektronensyst. behandelt; der Einfl. der übrigen Elektronen wird durch ein entsprechendes Potentialfeld in Rechnung gestellt. Für die Atomzustände werden SLATER-Funktionen mit den effektiven Ladungen $2\,\delta = 3{,}18$ für das C-Atom u. 3,85 für das N-Atom verwendet. Bei der Berechnung der Konfigurationswechselwrkg. werden experimentelle Atomenergiewerte benutzt. Die Berechnung der COULOMB-, Austausch- u. Hybridintegrale erfolgte nach den Methoden von ROOTHAN [1951], RUEDENBERG [1951] sowie BARNETT u. COULSON [1951]. Sowohl nach der einfachen MO-Meth. als auch der HEITLER-LONDON-Meth. ergeben sich unter Berücksichtigung der vollen Konfigurationswechselwrkg. die Energieniveaus ($^1\Sigma^+$ als Grundzustand gleich 0) zu 3,53 ($^3\Sigma^+$), 5,60 ($^1\Sigma^-$), 7,71 ($^3\Delta$), 9,41 ($^3\Sigma^-$), 10,08 ($^1\Delta$), 11,13 ($^5\Sigma^+$), 13,24 ($^3\Delta$), 15,38 ($^1\Gamma$), 15,46 ($^3\Sigma^-$), 18,04 ($^1\Delta$) u. 18,74 eV ($^1\Sigma^+$). (J. chem. Physics **23.** 1983—88. Nov. 1955. Tokyo, Musashino-shi, Electr. Communicat. Labor.) K. FRENKLER. 182

Ryutaro Tsuchida und **Shoichiro Yamada,** *Direkte Wechselwirkung zwischen den Kupferionen in den Molekülen des Kupferacetats und -propionats.* Polarisations–Absorptions-Spektren im Sichtbaren u. nahen UV von *Cu-Acetat* (**I**), *-propionat* (**II**) u. *-formiat* (**III**) wurden gemessen u. der Dichroismus bestimmt. Neben der Bande bei $\nu = 43 \cdot 10^{13}$ ist **I** u. **II** eine Bande bei $\nu = 80 \cdot 10^{13}$ gemeinsam, die bei **III** fehlt. Vff. schließen daraus auf eine Cu—Cu-Bindung in den Moll. **I** u. **II**. (Nature [London] **176.** 1171. 17/12. 1955. Japan, Osaka Univ., Dep. of Chem.) P. WOLF. 182

D. G. Tuck, *Beschießung von Glas mit α-Teilchen.* Vf. bestrahlte Na-Glas u. Pyrexglas mit α-Strahlen (aus $RaCl_2$, Rn u. ^{60}Co) sowohl bei Ggw. als auch bei Abwesenheit von Wasser. In beiden Fällen konnten beim anschließenden Behandeln mit verd. Säure bei 80° feste, weiße, amorphe Ndd. erhalten werden. Die Bldg. des „lösl." SiO_2 wurde quantitativ verfolgt. Nach dem anfänglichen Angriff, der bei Na-Glas nach 7 Std. u. bei Pyrexglas nach 12 Std. beendet ist, nimmt das weitere Auslaugen gleichmäßig, aber für die verschied. Materialien verschieden rasch, zu. Na-Glas ergibt ca. 10mal mehr lösl. SiO_2 als Pyrexglas. Mkr. Unterss. der Oberfläche ergaben, daß nur kleine Flächen angegriffen wurden, woraus Vf. den Schluß zieht, daß die Beschießung mit α-Teilchen ungleichmäßig erfolgte. (Nature [London] **177.** 434—35. 3/3. 1956. Sellafield, Cumberland, U. K. Atom. Energ. Authority, Windscale Works, Chem. Serv. Dep.) MAX SCHMIDT. 188

H. J. de Nordwall und **L. A. K. Staveley,** *Die Kristallisation von glasigem Wasser und schwerem Wasser.* Bei der langsamen Kondensation von H_2O- u. D_2O-Dämpfen an Flächen, die mit fl. Luft oder fl. O_2 gekühlt werden, werden Ndd. von teilweiser glasiger Beschaffenheit erhalten. Es werden Erwärmungskurven aufgenommen u. beobachtet, daß die Abscheidungen von n. H_2O zwischen ca. 105 u. 130° K eine geringere u. zwischen 141 u. 160° K eine größere Wärmemenge abgeben. Die zwischen 141 u. 160° K stattfindende Umwandlung verläuft in mindestens zwei Schritten, d. h. die Entglasung erfolgt stufenweise. Da die Reorientierungsprozesse sowohl in Eis als auch in W. durch jeweils nur eine Relaxationszeit charakterisiert sind, wird vermutet, daß die Kristallisation von teilweise glasigem H_2O neben einer Reorientierung auch eine Veränderung des gegenseitigen Abstandes der Moll. bedingt u. daß beide Prozesse nicht gleichzeitig verlaufen. Die Kristallisation von teilweise glasigem D_2O im Bereich 142—160° K wird von einer ebenfalls in Stufen verlaufenden Wärmeentw. begleitet, jedoch wird bei tieferen Tempp. kein Wärmeumsatz festgestellt, der dem bei H_2O beobachteten Effekt zwischen 105 u. 130° K entsprechen würde. (Trans. Faraday Soc. **52.** 1061—66. Aug. 1956. Oxford, Inorgan. Chem. Labor.) W. KRÖNERT. 190

Wolfgang Jacobi, *Homogene Keimbildung in unterkühltem Wasser.* Es wurde die maximale Unterkühlungstemp. von reinen Wassertropfen mit Radien von 1—500 μ gemessen, die an gekühlten dünnen Kollodiumfilmen kondensiert worden waren. Für Tropfen mit Radien bis 50 μ wurde eine scharf definierte Kristallisationstemp. gemessen, u. zwar hängt dieser E. von dem Tropfenradius ab. Für Tropfen mit Radien $>100\ \mu$ nimmt die Wahrscheinlichkeit der Einw. fremder eisbildender Keime zu, so daß die Streuung der E.-Werte größer wird. Die Keimbildungsgeschwindigkeit ist gegenüber kleinen Änderungen der spezif. freien Grenzflächenenergie σ_{12} zwischen Eis u. W. sehr empfindlich. Da alle Rechnungen mit dieser Größe beträchtlichen Fehlern unterworfen sind, wurde der umgekehrte Weg eingeschlagen u. σ_{12} u. dessen Temperaturabhängigkeit aus den Messungen der EE. hergeleitet. Im Vgl. mit der Theorie erhält man z. B. bei $-35°$ $\sigma_{12} = 16{,}1$ erg·cm^{-2} u. d σ_{12}/d t $= 0{,}20$ erg·cm^{-2}·Grad^{-1}. Die für verschied. Tempp. erhaltenen Werte stimmen mit von anderen Seiten bestimmten Werten gut überein. In dem Temperaturbereich von -30 bis $-40°$ erhält man mit den beiden obigen Werten nach der VOLMERschen Theorie einen krit. Radius des Keims von 10 bis 12 Å. Die Anzahl H_2O-Moll. in dem Eiskeim beträgt 300—400. (J. Meteorol. **12.** 408—09. Aug. 1955. Frankfurt/M., MPI für Biophys.) C. GOTTFRIED. 190

G. W. Kukolew und **Je. N. Lewe,** *Untersuchung des Sinterprozesses von Tonerde in verschiedenen Systemen.* Die Unters. der Sinterung von Al_2O_3 (**I**) in den Systemen CaO-SiO_2 (**II**)-**I**, MgO-**II**-**I**, Na_2O-**II**-**I** u. K_2O-**II**-**I** ergab, daß die beste Kristallisation u. Sinterung solche Gemische aufweisen, deren Zusammensetzungspunkte im Feld der prim. Korundkristallisation liegen. Liegen diese Punkte auf der Grenzlinie Mullit–Korund, so sind Kristallisation u. Sinterung am schlechtesten. Bei gleicher Menge der gebildeten Schmelze ist die Sinterung von **I** verschieden. Sie nimmt in der Reihe CaO–MgO–Na_2O–K_2O ab. Die Sinterung ist abhängig von der beim Brennen entstehenden Schmelzmenge. Am stärksten ist die Sinterung bei 30% Schmelze. Die Na- u. K-Ionen hemmen die Kristallisation u. Sinterung von **I** dadurch, daß die Energie ihrer Rk. mit O sehr gering ist. Obwohl eine geringe Viscosität die Sinterung fördern muß, hängt diese vorwiegend von der Struktur der Schmelze ab. (Журнал Прикладной Химии [J. angew. Chem.] **28.** 807—16. Aug. 1955. Charkow, Polytechn. Lenin-Inst.) O. LEBTAG. 190

G. W. Kukolew und **Je. N. Lewe,** *Einfluß des Gewinnungsverfahrens und des Dispersitätsgrades der Tonerde auf ihre Sinterung in Gegenwart verschiedener Zusätze.* (Vgl. vorst. Ref.) Aus den Unterss. über die Sinterung von zerkleinertem u. nicht zerkleinertem Al_2O_3 (**I**) in Ggw. verschied. Zusätze ergibt sich nach der beschleunigenden Wrkg. auf den Sinterungsprozeß für zerkleinertes **I** folgende Reihe: $TiO_2 > Fe_2O_3 > Mn_2O_3 > CoO > NiO > ZrO_2 > Cr_2O_3 > ZnO > CdO > Al_2O_3 > BeO > PbO > P_2O_5 > SrO > MoO_3 > V_2O_3 > BaO > Na_2O$. Für nicht zerkleinertes **I** gilt die Reihe: $TiO_2 > Fe_2O_3 > Mn_2O_3 > CoO > NiO > ZrO_2 > Cr_2O_3 > ZnO > CdO > BeO > Al_2O_3 > PbO > P_2O_5 > MoO_3 > SrO > V_2O_5 > Na_2O > BaO$. Die **I**-Sinterung ist stark abhängig von der Natur des Ausgangsmaterials. Die beste Sinterung von reinem **I** (ohne Zusatz) beobachtet man, wenn **I** aus Al-Acetat hergestellt wird. Dies erklärt sich aus der Dispersität u. der Störung des Kristallgitters. Eine gute Sinterung erzielt man mit aus $Al(OH)_3$ hergestelltem **I** in Ggw. von Hydroxyden, deren beschleunigende Wrkg. in der Reihe $Ti(OH)_4$–$Fe(OH)_3$–$MnO(OH)_2$–$Cr(OH)_3$ abnimmt. Die beste Sinterung erzielt man bei gemeinsamer Ausfällung der Hydroxyde des Al u. der Zusätze. Dadurch werden die sehr feine Vermahlung u. das Vorbrennen von **I** überflüssig. (Журнал Прикладной Химии [J. angew. Chem.] **28.** 909—15. Sept. 1955.) O. LEBTAG. 190

G. W. Ssamssonow und **W. Ss. Neschpor,** *Preßbarkeit der Pulver von Boriden, Carbiden und Nitriden schwerschmelzender Metalle.* Für WC, TiC, ZrC, TiB_2, ZrB_2, TiN u. ZrN werden Sprödigkeitsfaktor, Mikrohärte, Verhältnis der Durchmesser von Metall- u. Metalloidatom sowie relative Ausdehnung der Elementarzelle bei der Bldg. aus dem Metall bestimmt. Bemerkenswert ist die fehlende Korrelation zwischen Mikrohärte u. Sprödigkeitsfaktor. So ist das härtere TiB_2 (H_m = 3370) weniger spröde als das weniger harte WC (H_m = 1733). Die größte Sprödigkeit zeigt WC, die geringste TiN. Die Abhängigkeit der scheinbaren spezif. elektr. Leitfähigkeit (wichtige Kennzahl der Preßbarkeit) vom Verdichtungsgrad des Briketts bei 35—80 % relativer Dichte Θ wird durch folgende Gleichung beschrieben: $\varkappa = K \cdot \exp(-A/\Theta)$. A u. K sind prakt. von Θ unabhängige Konstanten. Es ist $\Theta = \gamma/d$, wenn γ = scheinbares spezif. Gewicht des Briketts, d = spezif. Gewicht des Pulvermaterials. (Доклады Академии Наук СССР [Ber. Akad. Wiss. UdSSR] **104.** 405—08. 21/9. 1955. Moskau, Kalinin-Inst. für Buntmetalle u. Gold.) O. LEBTAG. 190

Shinzō Okada und **Saburō Magari,** *Untersuchung der Morphologie von Bariumsulfat mit dem Elektronenmikroskop.* (Vgl. C. **1956.** 4354.) Mit der Abdruckmeth. für Pulver untersuchten Vff. elektronenmkr. die Morphologie von *$BaSO_4$*, das bei Zimmertemp. u. nahe den Siedetempp. durch Fällung aus $BaCl_2 + H_2SO_4$ bei verschied. Konzz. erhalten worden war. Die Morphologie der Pulver wird ganz allg. stark durch die Reaktionstemp. u. die Konz. der beiden Reagentien beeinflußt. Je kleiner die Konz. der Reaktionsteilnehmer, um so einfacher ist die Form des Nd., u. je höher die Reaktionstemp., um so größer ist die Wachstumsgeschwindigkeit der Teilchen. Der Nd. hat für jede definierte Konz. u. für jede definierte Temp. eine bestimmte charakterist. Form. Eine größere Anzahl von Photographien ist beigegeben. (Analytic. Chem. **27.** 1481—84. Sept. 1955. Kyoto, Univ., Engng. Res. Inst.) C. GOTTFRIED. 190

G. F. Walker, *Diffusion von Zwischenschichtwasser in Vermiculit.* Vf. beobachtete mkr. die Wiederbewässerung eines *Mg-Vermiculits*, der partiell zu der Phase entwässert worden war, in der die einzelnen Schichten der Zwischenschichtwassermoll. einen Abstand von 11,59 Å hatten. Von den Ecken des Blättchens aus bewegte sich eine dunkle Linie konvergierend nach dem Mittelpunkt zu. Auf diese erste Linie folgte eine zweite, schwächere Linie, die sich langsamer vorwärtsbewegte. Diese Linien stellen die Wellenfronten von Wassermoll. dar, die in den Kristall diffundieren. Die erstere wird durch eine Phasenänderung verursacht, die einer Expansion des Gitters in der c-Richtung von 11,59 Å auf 13,82 Å entspricht; die zweite wird durch eine geringere Gitteraufweitung von 13,82 Å auf 14,36 Å verursacht. Die Diffusionsgeschwindigkeit in der Schichtebene ist für jede Phasenänderung in allen Richtungen gleich. Senkrecht zu dieser Ebene ist die Diffusion prakt. null. Aus Geschwindigkeitsmessungen geht hervor, daß der durchlaufene Weg proportional der Quadratwurzel aus der Zeit ist, in Übereinstimmung mit der Diffusionstheorie. Ein 2 mm^2 großes Blättchen wurde bei 20° u. einer relativen Feuchtigkeit von 50% innerhalb einiger Minuten wieder bewässert. Die Elastizität der Silicatschichten ergibt sich aus der Tatsache, daß sich der Prozeß mehrere Male ohne merkliche Verminderung in der Schärfe der Grenzflächen wiederholen läßt. (Nature [London] **177.** 239—40. 4/2. 1956. Melbourne, Commonwealth Sci. and Ind. Res. Organizat., Div. of Ind. Chem.) C. GOTTFRIED. 190

Erich Lange, *Über die chemischen Potentiale von Gitterbausteinen.* Es wird auf die Notwendigkeit hingewiesen, bei der Verwendung chem. Potentiale von Gitterbausteinen die z. T. erheblichen Energieunterschiede verschied. spezif. Lagen zu beachten, z. B. der Zwischengitterplätze, der Gitterinnenplätze u. der wiederholbaren Ecklagen an der Gitteroberfläche. Am Beispiel eines Atomgitters werden einige μ-Aussagen, Reaktionsarbeiten für Lagenänderungen u. Gleichgewichtskonzz. angegeben. (Z. Elektrochem., Ber. Bunsenges. physik. Chem. **58.** 887—89. 1954. Erlangen, Univ., Inst. für Physikal. Chem.) G. MAIER. 190

Olav Foss und **Olav H. Mörch,** *Röntgenkristallographische Daten von Selenotrithionaten.* Röntgenograph. untersucht wurden das *NH_4* (**I**)-, *K* (**II**)-, *Rb* (**III**)-, *Cs* (**IV**)- u. *Ba-Salz* (**V**) der *Selenotrithionsäure*, $Se(SO_3H)_2$. Die Salze wurden aus Selenacetylacetonat u. den entsprechenden sauren Sulfiten hergestellt. Zur Ermittlung einer etwaigen Isomorphie mit den entsprechenden Trithionaten sind deren Daten mit angegeben. — I krist. monoklin-prismat in Prismen, die nach der c-Achse gestreckt u. nach der b-Achse abgeflacht sind. Die Elementarzelle hat die Dimensionen a = 6,74 Å; b = 8,96 Å; c = 14,00 Å; β = 102°. Raumgruppe ist P 2/c; Z = 4; D. 2,24. Die strukturelle Anordnung ähnelt wahrscheinlich mehr der Raumgruppe C_{2h}^5—P 2_1/c. Das entsprechende Trithionat bildet schlecht entwickelte, wahrscheinlich trikline Prismen, die fast stets verzwillingt sind. Die Identitätsperiode entlang der Prismenachse beträgt 7,63 Å. —

II krist. ebenfalls monoklin-prismat. mit Prismen, die nach der b-Achse gestreckt u. entlang der c-Achse abgeflacht sind. Die Zelle hat a = 9,54 Å; b = 5,97 Å; c = 15,34 Å; β = 110,4°. Raumgruppe ist C_{2h}^5—P 2_1/c; Z = 4; D. 2,57. Das entsprechende Trithionat ist rhomb. bipyramidal mit a = 9,77 Å; b = 13,63 Å; c = 5,76 Å. Raumgruppe ist D_{2h}^{16}—P n a m; Z = 4. — **III** krist. in rhomb.-bipyramidalen flachen Prismen, die nach der b-Achse gestreckt sind. Die Zelle hat a = 9,16 Å; b = 13,97 Å; c = 13,42 Å. Raumgruppe ist D_{2h}^{15}—P b c a; Z = 8. Das entsprechende Trithionat ist isomorph mit dem entsprechenden K-Salz. — **IV** ist isomorph mit **III** u. hat a = 9,21 Å; b = 14,45 Å; c = 14,11 Å; D. 3,53. Das entsprechende Trithionat krist. als Monohydrat oder wasserfrei, in beiden Fällen triklin. — **V** krist. rhomb. mit 2 H_2O in gut entwickelten Prismen u. hat die Elementarkörperdimensionen a = 9,00 Å; b = 17,84 Å; c = 10,74 Å. Wahrscheinlichste Raumgruppe ist D_{2h}^{17}—C m c m; Z = 8; D. 2,96. PATTERSON-Projektionen entlang den 3 Achsen zeigen, daß die 8 Ba-Ionen in den achtzähligen Lagen (f) der Raumgruppe mit x = 0; y = 0,16; z = 0,04 liegen. Aus FOURIER-Projektionen entlang der a- u. c-Achsen kann geschlossen werden, daß die Se- u. S-Atome in zweimal vierzähligen Lagen (c) u. zweimal achtzähligen Lagen (g) liegen. Das Selenotrithionation würde damit die Symmetrie C_{2v} — m m besitzen. Das entsprechende Ba-Trithionatdihydrat, $BaS(SO_3)_2 \cdot 2\,H_2O$, gab nur schlecht entwickelte, stets verzwillingte Kristalle. Eine Isomorphie mit dem entsprechenden Selenosalz ist auch nicht vorhanden. Es wird noch mitgeteilt, daß es nicht gelungen ist, die entsprechenden Te-Verbb. darzustellen. (Acta chem. scand. **8.** 1169—73. 1954. Blindern-Oslo, Univ., Kjemiske Inst.) C. GOTTFRIED. 195

Nicola Fratini, Giovanni Schippa und **Renato Turriziani,** *Röntgenographische Analyse von Calciumsulfoaluminathydraten.* Dargestellt u. röntgenograph. untersucht wurden $3\,CaO \cdot Al_2O_3 \cdot 3\,CaSO_4 \cdot 32\,H_2O$ (I) u. $3\,CaO \cdot Al_2O_3 \cdot CaSO_4 \cdot 12\,H_2O$ (II). I wurde dargestellt nach der Vorschrift von D'ANS u. EICK (vgl. C. **1956.** 2854). Die Pulverdiagramme ergaben in Übereinstimmung mit BANNISTER (vgl. Mines Mag. **24.** [1936.] 324) hexagonale Symmetrie mit a = 11,30 ± 0,05 Å; c = 21,40 ± 0,05 Å sowie Identität mit dem natürlich vorkommenden Ettringit. Zur Darst. von **II** wurden zu 218 cm³ einer Lsg., die 1,067 g/Liter CaO u. 1,440 g/Liter Al_2O_3 enthielt, nacheinander 240 cm³ einer an CaO u. $CaSO_4$ gesätt. Lsg. u. 485 cm³ einer an Kalk gesätt. Lsg. zugegeben. Nach 30tägigem Stehen u. öfterem Rühren wurde der gebildete Bodenkörper unter Vermeidung von Luftzutritt mit Aceton u. Ae. getrocknet. Die Elementarzelle hat a = 8,85 ± 0,05 Å u. c = 9,01 ± 0,03 Å. Mit D. 1,92 erhält man Z = 2. (Ricerca sci. **25.** 57—61. Jan. 1955. Roma, Univ., Ist. di Chim. appl. e ind.) C. GOTTFRIED. 195

Konrad Schubert, Erhard Dörre und **Eberhard Günzel,** *Kristallchemische Ergebnisse an Phasen aus B-Elementen.* Aus Röntgenunterss. an Einkristallen von *InS* ergab sich rhomb. Symmetrie mit der Zelle a = $3{,}93_2$ kX; b = $4{,}43_4$ kX; c = $10{,}62_1$ kX. Raumgruppe ist D_{2h}^{12}—P m n n; Z = 8. Es liegen 4 In in 4 (g) mit y = 0,125 u. z = 0,121 u. 4 S in 4 (g) mit y = — 0,005 u. z = 0,355. Die Struktur ist homöotyp zu HgCl (D 3_1); GeS (B 16); TlJ (B 33). Hieraus ist erkenntlich, daß bei der vorliegenden Struktur Durchdringungsbindung maßgebend ist, d. h., daß bei dem Kation auch noch die d-Elektronen an einer gitterartigen Ortskorrelation beteiligt sind. Um zu einem Symbol für die Ortskorrelation des GeS zu gelangen, halbiert man die Kanten einer a—b-Masche der Elementarzelle u. zieht die beiden Diagonalen jeder Masche sowie deren Parallelen durch die Halbierungspunkte. Alle Schnittpunkte der Diagonalen u. Parallelen miteinander bilden ein quasiquadrat. Netz mit 8 Plätzen je Kristallgittermasche. Stapelt man 10 solcher Elektronenplatznetze je c-Translation in geeigneter Weise übereinander, so gelangt man zu einer A 1-Korrelation, in der sich alle Valenz- u. d-Elektronen des GeS unterbringen lassen. Nimmt man an, daß sich alle Atome des GeS gleichzeitig in Oktaederlücken einer A 1-Konfiguration der genannten Elektronen befinden, so folgt die spezielle Lage der Atome in der Zelle aus dem Ortskorrelationsvorschlag. Über die Beziehung der Atomlagen von InS u. HgCl soll später berichtet werden. Von den folgenden Verbb. werden die Elementarkörperdimensionen mitgeteilt: In_2Se a = 4,065 kX; b = 12,24 kX; c = 15,23 kX; In_2Te a = 4,45 kX; b = 12,59 kX; c = 15,32 kX; *SiAs* a = 21,0 kX; b = 3,7 kX; c = 9,7 kX; β = 45,0°; *GeAs* a = 22,08 kX; b = 3,77 kX; c = 9,43 kX; β = 43,97°; *GaTe* a = 23,76 kX; b = 4,068 kX; c = 10,46 kX; β = 45,4°; $GeAs_2$ a = 3,174 kX; b = 10,10 kX; c = 14,71 kX; In_2Te_5 a = 4,37 kX; b = 16,08 kX; c = 13,34 kX; β = 92,05°; *InSe* (rhomboedr.) a = $4{,}01_5$ kX; c = 25,00 kX; In_4S_5 a = $9{,}08_5$ kX; b = $3{,}87_1$ kX; c = $17{,}65_1$ kX; β = 108,15°. (Naturwissenschaften **41.** 448. Okt. 1954. Stuttgart, MPI für Metallforsch.) C. GOTTFRIED. 195

A. I. Sasslawski, R. A. Swintschuk und **A. G. Tutow,** *Röntgenographische Untersuchung der Polymorphie von Ta_2O_5.* Durch getrennte Zuleitung von $TaCl_5$ in trockener

Luft u. von mit Luft verd. H_2O-Dampf zu einer Pt-Spirale wurden bei 1300—1500° vorwiegend kleine Kristalle (≤0,1 mm) von β-Ta_2O_5 erhalten, daneben größere (≤1 mm) nadelförmige Einkristalle von α-Ta_2O_5. Die β-Form entsteht bei hoher Temp., die α-Form bei tiefer Temperatur. Die Bldg. von 2 Modifikationen u. das ungleichmäßige Wachstum der Kristalle erklären die Vff. mit der Unbeständigkeit der Kristallisationsbedingungen. Beide Modifikationen wurden röntgenograph. eingehend untersucht. (Доклады Академии Наук СССР [Ber. Akad. Wiss. UdSSR] **104.** 409—11. 21/9. 1955. Leningrad, Shdanow-Univ.) O. LEBTAG. 195

Y. Saito, Y. Takeuchi und **R. Pepinsky,** *Die Kristallstruktur von Ammoniumreineckat.* Die Kristallstruktur von REINECKEs-Salz, $NH_4[Cr(SCN)_4(NH_3)_2] \cdot H_2O$ (I), wird röntgenograph. unter Anwendung zwei- u. dreidimensionaler FOURIER-Methoden bestimmt. I krist. kub. in der Raumgruppe O_h^9—I m 3 m mit a = 13,25±0,02 Å; Z = 6. Die ermittelten Atomparameter sind: 6 Cr in 6(b), 0 $^1/_2$ $^1/_2$; 24 N in 24(h), 0 x x, mit x = 0,395; 24 C in 24(h), 0 x x, mit x = 0,334; 24 S in 24(h), 0 x x, mit x = 0,238; 12 $N(NH_3)$ in 12 (e), x 0 0, mit x = 0,338; 6 $N(NH_4^+)$ u. 4 $O(H_2O)$ statist. verteilt auf 2(a), 0 0 0, u. 8(c), $^1/_4$ $^1/_4$ $^1/_4$. Es liegen *Isothiocyanat*-Gruppen vor, deren N-Atome dem Cr zugeordnet sind. Vier lineare —NCS-Gruppen liegen auf den Diagonalen eines Quadrates um Cr, u. die NH_3-Gruppen besetzen die verbleibenden oktaedr. Positionen. Der Komplex besitzt die Symmetrie 4/m m m. Die Atomabstände betragen: Cr—N 2,05 ±0,03; N—C 1,14±0,03; C—S 1,80±0,03; Cr—$N(NH_3)$ 2,15±0,03 Å. Die NH_4-Ionen werden von sechs u. zwölf S-Atomen mit den Abständen 3,35 u. 4,44 Å umgeben. Da die Elementarzelle vier Wassermoll. enthält, lautet die korrekte Formel von I: $NH_4 \cdot [Cr(NCS)_4(NH_3)_2] \cdot {}^2/_3\, H_2O$. (Z. Kristallogr., Kristallgeometrie, Kristallphysik, Kristallchem. **106.** 476—77. Sept. 1955. University Park, Pa., Pennsylvania State Univ., Dep. of Phys.) W. KRÖNERT. 195

Frank C. Wilson und **David P. Shoemaker,** *Röntgenkristallographische Daten für Metallcyclopentadienylcarbonylverbindungen.* Röntgenograph. wurden die folgenden Verbb. untersucht: $(C_5H_5W)_2(CO)_6$ (I), $(C_5H_5Mo)_2(CO)_6$ (II) u. $(C_5H_5Fe)_2(CO)_4$ (III). Alle 3 Verbb. kristallisieren monoklin mit den Elementarzellen für I: a = $10,3_6$ Å; b = $7,9_6$ Å; c = $12,0_6$ Å; β = 125° 40′; D. $2,72_0$; für II: a = $10,3_8$ Å; b = $8,0_4$ Å; c = $12,0_8$ Å; β = 125°30′; D. $1,99_3$; für III: a = $7,0_8$ Å; b = $12,4_9$ Å; c = $8,0_1$ Å; β = 108° 40′; D. $1,75_3$. Raumgruppe für alle 3 Verbb. C_{2h}^5—P 2_1/c; Z = 2. I u. II sind kristallograph. isomorph. Aus PATTERSON-Projektionen ergaben sich als kürzeste Metall–Metall-Abstände 3,24 Å für I u. 3,28 Å für II. FOURIER-Projektionen auf (0 1 0) schließen ein Modell aus, in dem die 6 CO-Gruppen einen ebenen Ring zwischen den 2 Metallatomen bilden, u. beinahe ebenso sicher einen gefalteten Ring, sowie jede Struktur mit CO-Brücken zwischen den Metallatomen. Die FOURIER-Maxima für beide Verbb. lassen sich unter der Annahme erklären, daß jede Hälfte des Mol. 3 CO-Gruppen u. eine Cyclopentadienylgruppe enthält, die roh tetraedr. um das Metallatom angeordnet sind, u. wobei die Achse der Cyclopentadienylgruppe angenähert mit der Achse zusammenfällt, die durch die 3 CO-Gruppen definiert ist, aber mit der Bindung Metall—Metall einen Winkel von 120° bildet. (Naturwissenschaften **43.** 57—58. 1. Febr.-H. 1956. Cambridge, Mass., MIT, Dep. of Chem.) C. GOTTFRIED. 195

K. W. Andrews, *Eine Röntgenuntersuchung von Spinellen in Verbindung mit Chrom-Magnesit-Steinen.* Zur Ermittlung der Konst. von Spinellen führt Vf. Röntgenunterss. an reinen Metalloxyden, Spinellen ($Me^{II}Me_2^{III}O_4$), Mischungen von Spinellen, Cr-Erzen u. Cr–Magnesit-Steinen durch (CoK_α-Strahlung). Bei den reinen Oxyden u. Spinellen stimmen gemessene u. berechnete Gitterparameterwerte innerhalb der Fehlergrenzen gut überein. Danach ist das 2wertige Ion tetraedr. von 4 O-Atomen u. das 3wertige oktaedr. von 6 O-Atomen umgeben. Auf Grund von Intensitätsänderungen u. größeren Gitterparameterunterschieden beim Übergang von einem Spinelltyp zu einem anderen (Cr-, Al- u. Fe-Spinelle) muß jedoch angenommen werden, daß 2 Arten von Spinellen auftreten können: 1. Der Normaltyp AB_2O_4 (A = 2wertiges Metall, B = 3wertiges Metall) u. 2. der Typ $B(AB)O_4$, in dem ein Teil der A-Ionen durch B-Ionen ersetzt ist. Bes. bei Fe-haltigen Cr-Erzen u. unter oxydierenden Bedingungen gebrannten Cr–Magnesit-Steinen tritt der 2. Typ auf [Fe(II) → Fe(III)]. Durch Ggw. von Zn u. Cd, welche die Tendenz zur Ausbldg. von n. Strukturen besitzen, können auch bei Vorhandensein von Fe(III) n. Spinellstrukturen auftreten, im Gegensatz zu dem sonst von Ferriten bevorzugten 2. Spinelltyp. Der Spinelltyp in Cr-Erzen u. Cr–Magnesit-Steinen kann somit als feste Lsg. gewisser reiner Endglieder betrachtet werden. Die Übereinstimmung zwischen berechneten u. gemessenen Gitterdaten ist ausreichend. Unstimmigkeiten (berechnete Werte höher als gemessene) können hinreichend durch die Ggw. geringer Mengen γ-Al_2O_3 erklärt werden. Im allg. tritt bei den Cr–Magnesit-Steinen, die einen

Überschuß an MgO u. ein Verhältnis Fe_2O_3/FeO = 1: 4,5 besitzen, die Normalstruktur auf, was teilweise auf den reduzierenden Einfl. des Bindemittels zurückgeführt werden kann. (Trans. Brit. ceram. Soc. **50.** 47—74. Febr. 1951. Stocksbridge/Sheffield, United Steel Co., Res. and Developm. Dep.) R. LINK. 195

Marcella Federico, *Röntgenographische Untersuchungen an Calciophyllit.* Röntgenograph. Unterss. sowie Unterss. der piezoelektr. Eigg. u. der Ätzfiguren ergaben für Calciophyllit rhomboedr. Symmetrie. Die hexagonale Zelle hat die Dimensionen a = 10,82 Å; c = 57,30 Å; Raumgruppe ist C^1_{3i}; Z = 3 [(2 $Cu_3AsO_4)_2Al_2(SO_4)_3 \cdot 12\ Cu(OH)_2 \cdot$ 36 H_2O]. Auf Grund von PATTERSON-Projektionen werden einige allg. Betrachtungen über die Struktur angestellt. (Periodico Mineralog. **24.** 13—20. 1955. Roma, Univ., Ist. di Mineral. e Petrogr. e Centro di Mineral. e Petrogr. del C.N.R.) C. GOTTFRIED. 195

H. Jagodzinski und **G. Kunze,** *Die Röllchenstruktur des Chrysotils.* 1. Mitt. *Allgemeine Beugungstheorie und Kleinwinkelstreuung.* (Vgl. C. **1954.** 5256.) Vff. behandeln erstmalig mathemat. exakt die Beugungstheorie gerollter Strukturen. Zur Berechnung des Beugungsbildes werden für den physikal. u. den reziproken Raum Zylinderkoordinaten eingeführt. Benutzt wurden idealisierte Gitterkonstanten: a = 5,23 Å, b = 9,10 Å, c = 7,33 Å, β = 93° 16′, indem die verzerrte Struktur auf den Idealkristall extrapoliert wurde. Da der b-Abstand in der Rollrichtung liegt, ist er jedoch nicht eindeutig anzugeben. Die ausgerechnete Streuamplitude für die Röllchen enthält BESSEL-Funktionen, deren Ordnung sich von Schicht zu Schicht, wegen der Stufenversetzungen zwischen den einzelnen Schichten, sprunghaft ändert. Dadurch wird eine Integration mittels einer FOURIER-Entw. sehr erschwert. Die Berechnung läßt sich nur für Röllchen mit wenigen Schichten durchführen. — Die Kleinwinkelstreuung setzt sich zusammen aus der Teilchenstreuung (I_p) u. den äußeren Interferenzen (I_w), die aus der Wechselwrkg. der verschied. Teilchen stammen. Da I_w, über den reziproken Raum integriert, verschwindet, kann I_p durch I_w höchstens verschoben werden. Der Ausdruck für I_p konnte nur näherungsweise berechnet werden. Photometerkurven der Kleinwinkelstreuaufnahmen von *Chrysotil* von Natal (**I**) u. von Quebec (**II**) ergaben die beste Übereinstimmung mit theoret. berechneten Kurven für Außendurchmesser der Röllchen $\overline{r_a}$ = 170 Å u. Innendurchmesser (für **I**) $\overline{r_i}$ = 90 Å, mittlere Schwankungsbreiten $S_{\overline{r_a}} \cong$ 12,6 Å, $S_{\overline{r_i}} \cong$ 8 Å (für **I**). Bei **II** war $\overline{r_i}$ = 130 Å, $S_{\overline{r_i}} \cong$ 40 Å. (Neues Jb. Mineralog., Mh. **1954.** 95—108. Mai. Würzburg, MPI für Silikatforsch.) W. BAUR. 195

Kurt Kohler, *Röntgenographische Untersuchungen an Gerhardtit.* Es wurden röntgenograph. Kriställchen von *Gerhardtit*, $Cu_2[(OH)_3NO_3]$, von Katanga, Belg.-Kongo, untersucht. Drehkristallaufnahmen ergaben rhomb. Symmetrie mit der Elementarzelle a = 5,56 Å; b = 6,07 Å; c = 13,71 Å. Raumgruppe ist D_2^4—P $2_1\ 2_1\ 2_1$; Z = 4; röntgenograph. D. ist 3,43. (Z. Kristallogr., Kristallgeometrie, Kristallphysik, Kristallchem. **106.** 474—75. Sept. 1955. München, TH, Mineralog.-geolog. Inst.) C. GOTTFRIED. 195

P. Kokkoros, *Röntgensymmetrie von Mixit.* Schwenk-, WEISSENBERG- u. Pulveraufnahmen an *Mixit* aus der Erzgrube von Kamareza in Lavrion ergaben hexagonale Symmetrie mit a = 13,62±0,02 Å; c = 5,92±0,02 Å. Mögliche Kristallklassen sind C_{6h}, C_6, C_{3h}, C_{3i} u. C_3. In der Elementarzelle ist 1 Mol. der ungefähren Zus. $Cu_{12}Bi(AsO_4)_6 \cdot (OH)_9 \cdot 9\ H_2O$ enthalten. (Tschermaks mineralog. petrogr. Mitt. [3] **3.** 56—60. 1952. Thessaloniki, Univ., Mineralog. Inst.) C. GOTTFRIED. 195

H. D. Megaw und **C. H. Kelsey,** *Kristallstruktur von Tobermorit.* WEISSENBERG- u. Schwenkaufnahmen an *Tobermorit*, $Ca_5Si_6O_{22}H_{10}$, zeigten z. T. doppelte Interferenzen u. eine diffuse Streuung, die auf strukturelle Fehler hinweisen. Die Struktur ist nahezu rhomb. mit a = 11,3 Å; b = 7,33 Å; c = 26,6 Å u. Z = 4. Aus den beobachteten Auslöschungen muß auf eine kleinere, monokline Elementarzelle mit der c-Achse als möglicher Symmetrierichtung geschlossen werden. Systemat. schwach auftretende Reflexe deuten auf eine große Ähnlichkeit zwischen den 4 Vierteln der pseudorhomb. Zelle hin. Die Elementarzelle enthält 2 ident. komplexe Schichten parallel zu (0 0 1), die in der Projektion auf (0 0 1) relativ zueinander verschoben sind u. von denen jede ein Symmetriezentrum besitzt. Jede Schicht hat 2 zentrale Lagen der Zus. 4 CaO_2, die so angeordnet sind, daß jedes Ca 4 O-Nachbarn in der eigenen Lage u. 2 in der Lage der nächsten Schicht hat. Jedes Paar benachbarter O-Atome bildet eine Ecke eines Tetraeders mit Si im Mittelpunkt. Diese Tetraeder bilden Ketten, die parallel der b-Achse laufen. Das Grundgerüst der Struktur bildet eine komplexe Schicht mit der Zus. 4 ($Ca_2Si_3O_9$). Die Parameter konnten noch nicht bestimmt werden. (Nature [London] **177.** 390—91. 25/2. 1956. Cambridge, Cavendish Labor., Crystallogr. Labor.) C. GOTTFRIED. 195

Hiroshi Watanabe, *Energieanalyse von Elektronenbeugungsdiagrammen.* Mit einem bereits früher von dem Vf. (vgl. C. **1955.** 11145) beschriebenen dreistufigen Elektronenmikroskop mit zusätzlicher Analysatorlinse, das nochmals kurz beschrieben wird, wurden die Energiespektren der Elektronenbeugungsdiagramme von aufgedampfter *Au-Folie*, von *Molybdänit* u. einer *Al-Folie* erhalten. Aus den Aufnahmen geht hervor, daß die unelast. Streuung hauptsächlich in Richtung der gebeugten Strahlen u. in der Richtung des einfallenden Strahls auftritt. Die unelast., in den Richtungen der gebeugten Strahlen gestreuten Elektronen haben mehr als zweimal Streuungen erlitten, zuerst elast. u. dann unelastisch. Bei dem Energiespektr. der Al-Folie wurden 2 Hauptmaxima beobachtet, deren Ursprung jedoch noch nicht bekannt ist. Es wird darauf hingewiesen, daß der Energieverlust der Elektronen, der nach Annahme von anderer Seite durch die Anregung von Plasmaschwingungen verursacht werden soll, von dem Streuwinkel abhängig ist. Die gleichen Hauptmaxima wurden bei dem Energiespektr. einer *Mg-Folie* beobachtet. (J. physic. Soc. Japan **10.** 321—23. April 1955. Tokyo, Hitachi Central Res. Labor. [Orig.: engl.]) C. GOTTFRIED. 196

Florence I. Metz und **Robert A. Lad,** *Die Wirkung der Unterlage auf die Kristallisation von Metallfilmen.* Vff. untersuchten die Oberflächen von Alkalihalogenideinkristallen (*NaCl, KBr*) durch Beobachtung der Kristallisation von im Vakuum aufgedampftem Au, Ag, Zn. Auf frisch mit W. polierten Oberflächen bildet sich ein gleichmäßiger Metallfilm aus kleinen Kristallen, während auf geritzten oder durch Spaltung neu erzeugten Oberflächen auch größere Kristalle beobachtet werden, die sich bevorzugt längs der Linien anordnen. Die Linien außerhalb der Ritzen haben auf der Oberfläche eine bevorzugte Richtung, deren Deutung wegen des Auftretens von Zonen im Kristall, die um einige Grade desorientiert sind, noch nicht möglich ist. Die beobachteten Längen der Linien liegen unterhalb $2 \cdot 10^{-4}$cm, möglicherweise durch eine Mosaikstruktur bedingt. Durch Wärmebehandlung frisch mit W. polierter Oberflächen, durch Röntgenbestrahlung u. durch Anwenden einer Zugspannung parallel zur Oberfläche bilden sich ebenfalls größere Kristalle. Vff. erklären die auftretenden Keime der größeren Metallkristalle durch frei werdende Bindungsenergien in der Kristalloberfläche. Diese anschauliche Untersuchungsmeth. erlaubt jedoch keine Aussagen über die Natur der Störstellen in der Kristalloberfläche. (J. physic. Chem. **60.** 277—80. März 1956. Cleveland, O., Nat. Adv. Comm. for Aeronaut, Lewis Flight Propuls. Labor.) GRETCHEN MÜLLER. 196

T. J. Nurse und **F. Wormwell,** *Isolierung und Untersuchung von Filmen auf Metalloberflächen. Eine verbesserte Technik.* Um Oxydschichten von metall. Oberflächen zu isolieren, wird eine einfache Technik beschrieben, die größere Stücke von Filmen herzustellen gestattet. Die Metalloberfläche wird durch Tauchen in eine meist 0,5%ig. Lsg. eines Kunstharzes („Formar" = Polyvinylformal) mit einem Film von 100—200 Å Dicke überzogen; in manchen Fällen werden noch dünnere Filme hergestellt, um für Elektronenbeugungsaufnahmen die Interferenzen des Kunstharzes (3 diffuse Ringe) vollständig zu eliminieren. Das Lösen der Filme wird nach der schon früher beschriebenen Alkohol–Jod-Meth. (VERNON, WORMWELL u. NURSE [1939 u. 1944]) vorgenommen. Abb. der verwendeten App., einiger Filme u. einer Elektronenbeugungs- u. mkr. Aufnahme. An einigen Beispielen wird die Methodik ausprobiert: Oxydfilme auf Stahloberflächen, Filme auf Metallen der Nichteisengruppe (Cu, Zn, Ti, Al u. Legierungen). (J. appl. Chem. **2.** 550—54. Sept. 1952. Teddington, Middlesex, Dep. of Sci. and Ind. Res., Chem. Res. Labor.) E. JÄGER. 196

Heinz Gerischer und **Ragnar P. Tischer,** *Isotopenaustausch und Umlagerungsvorgänge in Silberoberflächen.* Vff. untersuchten die Aufnahme von radioakt. Ag-Isotopen, die beim Eintauchen eines Ag-Bleches in eine isotopenhaltige Ag-Lsg. erfolgt u. sich auch nach dem ersten Oberflächenaustausch noch fortsetzt. Es konnte eine Abschätzung der Geschwindigkeit des Oberflächenaustausches bei kurzem Eintauchen gewonnen werden. Die bei längerem Verweilen in Ag-Perchloratlsg. bzw. in Ag-Cyanidlsg. nachfolgende Aktivitätszunahme beruht im wesentlichen auf diffusionsartigen Umlagerungsvorgängen der Ag-Atome auf der Metalloberfläche. Der Umbau einer Ag-Oberfläche unter Bedingungen, bei denen jede Lokalelementtätigkeit ausgeschlossen war, wurde auf elektrochem. Wege nachgewiesen u. verfolgt. An Au- u. Pt-Blechen wurden informator. Verss. unternommen, um die Aufnahme von Ag in die Oberflächen von edlen Metallen zu untersuchen. (Z. Elektrochem., Ber. Bunsenges. physik. Chem. **58.** 819—27. 1954. Göttingen, MPI für Phys. Chem.) G. MAIER. 196

Takao Murakawa, *Mikroskopische Untersuchung der Elektrodenoberfläche.* 1. Mitt. *Oxydfilm von Aluminium.* 1. Mitt. Ein Stück eines Barrens aus Al mit einer Reinheit >99,90 % wurde zuerst elektrolyt. in 70%ig. Phosphorsäure poliert u. hierauf 20 Sek. in 25%ig. $CuSO_4$-Lsg. galvan. verkupfert. Die mkr. Unters. ergab, daß sich Cu-Teilchen nur an den Korngrenzen niedergeschlagen hatten, wo wahrscheinlich Verunreinigungen konz. sind. An einem ausgewalzten Al-Block hatten sich die Cu-Teilchen an den deformierten Grenzflächen niedergeschlagen. Auf einer stark ausgewalzten dünnen Platte waren die Cu-Teilchen linienförmig angeordnet; diese Konfiguration änderte sich auch nicht auf einer rekristallisierten Platte. Aus den Verss. geht eindeutig hervor, daß nur die Verunreinigungen den Nd. der Cu-Teilchen bestimmen. (J. electrochem. Assoc. Japan [Denkikwagaku Kyookwai-shi] **23.** 355—59. Juli 1955. Osaka, Univ., Inst. of Polytechn. [Orig.: japan.; Auszug: engl.]) C. GOTTFRIED. 196

Jean-Jacques Trillat, *Neue Untersuchungsmethode des Aluminiums und seiner Legierungen durch Elektronenbeugung.* Die von dem Vf. beschriebene Meth. besteht darin, daß zwischen der zu untersuchenden Probe, die auf beliebige, meßbare Tempp. erhitzt werden kann, u. dem Film eine Metallplatte angebracht ist, die an der Stelle des Durchstoßpunktes einen freien Spalt enthält. Der Film selbst wird mit einer geeigneten Geschwindigkeit unter dem Spalt vorbeigezogen. Die Registrierung der Temp. geschieht einfach durch Belichtung des Films durch den Spalt, z. B. alle 50°. Als Anwendungsbeispiele sind angeführt: Entw. der Verb. $CuAl_2$ aus einer Legierung mit 50% Al u. 50% Cu, Entw. der Verb. CuAl aus einer Legierung mit 60% Cu u. 40% Al, Umwandlung von rhomb. in kristallisiertes Sb, Umwandlung von Al bei geringem O_2-Druck in γ-Al_2O_3, Umwandlung von hexagonalem Zn in ZnO bzw. Co in CoO. Es wird auf die vielseitigen Anwendungsmöglichkeiten der Meth. hingewiesen. (Congr. int. Aluminium **1.** 283—88. 1954. Paris, Sorbonne, Labor. des Rayons **X** du C.N.R.S.) C. GOTTFRIED. 197

Rezsö Gáspár, *Über die Metallbindung des Aluminiums.* (Magyar tudományos Akad., matematikai fizikai Osztályának Közleményei [Ung. Akad. Wiss., Ber. math. physik. Abt.] **2.** 361—72. 1952. — C. **1953.** 5623.) J. PLANK. 197

Yi-huan Liu und **Tsu-tsoong Tao,** *Entwicklung von Substrukturen beim Verformungsvorgang von Aluminiumkristallen.* (1. vorl. Mitt.) Nach Hochtemperaturverformung (12 verschied. Behandlungsfolgen, 480—620°) von *Al*-Ein- u. Mehrkristallen bilden sich stets bis zu den Bedingungen des Bruchs hin Substrukturen. Die Entw. der Substruktur, veranlaßt durch hohe Temp., hat stärkere Wrkg. als Rk. durch Anlassen nach einer Kaltbehandlung. Bei gleichen sonstigen Bedingungen schreitet die Entw. der Substruktur parallel dem Umformungsgrad fort, u. je rascher die Verformung, um so kleiner die substrukturellen Kristalle. (Acta physica sinica **11.** 363—65. 1955. [Orig.: chines.]) L. SCHULER. 197

D. C. Jillson, *Herstellung und Prüfung von Zinkeinkristallen.* Beschreibung von Konstruktion u. Betriebsweise eines Elektroofens mit sehr genauer Temperaturgradientenkontrolle, mit dem die Herst. fehlerfreier Zn-Einkristalle bis 19 in. Länge aus 99,999%ig. Zn gelingt. (J. Metals **188.** Trans. AIME 1005—08. Aug. 1950. Palmerton, Pa., New Jersey Zinc Co.) H. ECKHARD. 197

D. C. Jillson, *Eine experimentelle Überprüfung der Deformations- und Anlaßvorgänge in Zink.* Ein Überblick über die Kristallographie bei Deformation u. Rekristallisation beim Anlassen von Zn-Einkristallen führten zu einem Gleitflächenmodell, mit dem die Beobachtungen erklärt werden können. (J. Metals **188.** Trans. AIME 1009—18. Aug. 1950.) H. ECKHARD. 197

S. C. Carapella jr. und **E. A. Peretti,** *Das ternäre System Indium–Cadmium–Zink.* Aus den bin. Randsystemen u. zusätzlich erschmolzenen 120 tern. Legierungen des Dreistoffsyst. In–Zn–Cd wird dieses Syst. mit Hilfe therm., metallograph., röntgenograph. sowie mit Hilfe von Härtemessungen untersucht. Das Syst. bildet ein tern. Eutektikum mit einem eutekt. Punkt bei $116{,}0 \pm 1{,}0°$ bei der Zus. 74,00 (Gew.-%) In, 24,25 Cd u. 1,75 Zn. Auf der Zn-reichen Seite wie auch auf der Cd-reichen Seite bestehen schmale Einphasengebiete (α- u. β-Phase). Auf der In-reichen Seite besteht dagegen ein ziemlich breites Mischkristallgebiet von Cd in In (γ-Phase), während die Löslichkeit des Zn gering zu sein scheint (5,6 Gew.-% Cd u. 0,2 Gew.-% Zn). Ein Zweiphasengebiet wurde zwischen der Zn-reichen festen Lsg. u. der In-reichen festen Lsg. entdeckt. Die Konzentrationsgrenzen für die α- u. γ-Phase werden für Zimmertemp. u. für die Temp. des tern. Eutektikums angegeben. Es werden einige Angaben über die Härten der Legierungen gemacht. Alle Härten der tern. Legierungen liegen unter denen des Zweistoffsyst. Zn–Cd. (Trans. Amer. Soc. Metals **43.** 853—72. 1951. Notre Dame, Ind., Univ. of Notre Dame.) O. WERNER. 197

A. N. Campbell, R. M. Screaton, T. P. Schaefer und **C. M. Hovey,** *Legierungen des Indiums: Das System Indium–Blei–Zinn.* Die Unters. des tern. Syst. *In–Pb–Sn* ergab, daß ein tern. Eutektikum nicht auftritt; die eutekt. Lücke erstreckt sich von dem Eutektikum des Syst. Pb–Sn bis zu dem Eutektikum des Syst. Sn–In. Röntgenograph. u. mkr. wurden bei Zimmertemp. die Strukturen der vollständig verfestigten Legierungen untersucht. Außerdem wurden die BRINELL- u. VICKERS-Härten einer größeren Anzahl von Legierungen bestimmt. Hierbei wurde gefunden, daß sich ein Einphasengebiet durch das ganze tern. Diagramm erstreckt, u. zwar von den Grenzen der β-Phase in dem Syst. In–Sn bis zu den Grenzen der β-Phase in dem Syst. Pb–In. Hieraus folgt, daß die intermetall. β-Phasen dieser beiden Systeme dieselbe Gitterstruktur besitzen. Durch direkten experimentellen Nachw. konnte eine Heterogenität in dem Syst. Pb–In festgestellt werden. (Canad. J. Chem. **33.** 511–26. März 1955. Winnipeg, Manitoba, Univ., Dep. of Chem.) C. GOTTFRIED. 197

Franz Lihl und **Eva Weisbier,** *Phasengrenzen im System Kobalt–Zink bei 300°.* Nach dem Amalgamverf. wurden Co-Zn-Legierungen hergestellt u. diese einer länger dauernden Wärmebehandlung bei 300° unterworfen. Die Gleichgewichtstemp. beträgt somit 300°. Die röntgenograph. Unters. der Legierungen bestätigte sämtliche bereits bekannten Phasen. Bzgl. der Grenzen ihrer Homogenitätsbereiche wurden jedoch, vor allem im Gebiet der β_1- u. Γ-Phase, recht erhebliche Abweichungen gegenüber dem bisherigen Zustandsbild festgestellt. Diese Abweichungen lassen darauf schließen, daß die Phasengrenzlinien gegen niedrigere Tempp. viel weniger steil verlaufen als in dem von SCHRAMM entwickelten Zustandsbild. Als Beweis für diese Aussage sind auch die Ergebnisse von Wärmebehandlungsverss. anzusehen. (Z. Metallkunde **46.** 579–81. Aug. 1955. Wien, TH, Inst. für anorgan. chem. Technol.) H. HOCHSTEIN. 197

J. J. Connelly jr., O. R. Harris und **J. W. Beams,** *Wirkung eines Zentrifugalfeldes auf die Diffusionsgeschwindigkeit in Metallen.* (Sitzungsbericht.) (Physic. Rev. [2] **99.** 1635. 1/9. 1955. Univ. of Virginia.) R. LEVI. 197

Kehsin Kuo, *Röntgenkristallographische Untersuchung der Carbide im Wolframstahl.* Im Syst. Fe–W–C sind bei W: C $<$ 1 unterhalb A_1 Fe_3C (**I**) u. WC stabil, bei W: C $\geq$ 1 $Fe_{21}W_2C_6$ („M_6C"; **II**) u. WC. Fe_4W_2C („$M_{23}C_6$"; **III**) u. W_2C sind metastabil. Bei direkter Ausscheidung aus Austenit bei 700° entstehen zuerst **I**, **III** oder **II**, je nach W: C-Verhältnis. In allen Stählen bis 10% W bildet sich zuerst **I**, dann scheiden sich (in der Reihenfolge zunehmenden W: C-Verhältnisses) **III**, WC, **II** oder W_2C aus, **III** nach **II** u. **II** nach W_2C. Mit Annäherung an das Gleichgewicht verschwindet **I**; bei W: C $<$ 1 verschwinden auch **II** u. **III**, u. nach Bindung des gesamten verfügbaren W zu WC tritt **I** wieder auf. WC löst kein Fe, **I** löst im Gleichgewicht fast kein W. **III** kann 5–51% W enthalten. Die untere Grenze der Löslichkeit von W in **II** ist ca. 55%. Auf Grund der chem. Zus. der Carbide u. der Kristallstruktur wird eine Deutung des Mechanismus der Carbid-Rkk. gegeben. Zum Vgl. werden auch die Systeme Co–W–C, Fe–Cr–C u. Fe–Mo–C herangezogen. (Jernkontorets Ann. **136.** 156–68. 1952.) R. K. MÜLLER. 197

Kehsin Kuo, *Röntgenkristallographische Untersuchung der Carbide im Molybdänstahl.* (Vgl. vorst. Ref.) In Mo-Stählen mit 1–5% Mo tritt nach längerem Glühen bei 700° ein bisher unbekanntes metastabiles Carbid (M_aC_b) auf, dessen Zus. wahrscheinlich zwischen $Fe_{21}Mo_2C_6$ u. Fe_4Mo_2C liegt. Ebenfalls nach längerem Glühen bei 700° wird bei Mo: C = 0,09–1,7 das dem WC isomorphe MoC gefunden, während Mo_2C bei sehr kleinem Mo-Geh. (0,4%) vorkommt u. langsamer verschwindet als W_2C. MoC löst wenig Fe, Fe_3C löst über 1–2% Mo. $M_{23}C_6$ kann 2–8%, M_6C 50–60% Mo enthalten. Die Carbidphasen im Gleichgewicht u. die Carbid-Rkk. sind prakt. dieselben wie bei W-Stahl; jedoch treten nach Fe_3C mit steigendem Mo: C-Verhältnis nacheinander $M_{23}C_6$, MoC u. Mo_2C auf, M_6C immer nach Mo_2C, u. nach M_6C nicht $M_{23}C_6$, sondern M_aC_b. Die Carbid-Rk. erreicht frühestens nach 5000 Std. Gleichgewicht, vielleicht infolge der hohen Stabilität von Mo_2C. (Jernkontorets Ann. **137.** 141–48. 1953.) R. K. MÜLLER. 197

Kehsin Kuo, *Röntgenographische und chemische Untersuchung der Carbide im Chromstahl.* (Vgl. vorst. Reff.) Vom Syst. Fe–Cr–C unterhalb A_1 mit α-Fe (**I**), Fe_3C (**II**), Cr_7C_3 (**III**) u. $Cr_{23}C_6$ (**IV**) wird das Gleichgewichtsdiagramm untersucht. Cr_3C_2 kommt in Cr-Stählen nicht vor. Fe kann in **II** bis zu 18% durch Cr ersetzt werden. Das Verteilungsverhältnis des Cr zwischen **II** u. **I** beträgt 28: 1. **III** kann im Gleichgewicht mit **I** 30–50% Fe lösen, **IV** höchstens 35%. Bei der Carbid-Rk. **II** $\rightarrow$ **III** wird zuerst Cr in **II** bis zur Sättigung angereichert, dann erst **II** in **III** umgewandelt. **III** entsteht im Gegensatz zu den W- u. Mo-Carbiden durch Rk. von **II** mit der Grundmasse. Auch bei Cr-reichen Stählen tritt bei niedriger Anlaßtemp. **II** auf, bei höherer Anlaßtemp. **III**, schließlich wird über 675° ein stabiler Zustand mit **IV** erreicht. **IV** ist bei hohen Tempp. (z. B. 1100°) weniger stabil als **III**. **IV** löst sich zuerst u. vollständig in Austenit. (Jernkontorets Ann. **137.** 149–56. 1953.) R. K. MÜLLER. 197

T'ing-sui Kê und **Chi-men Wang,** *Mit der spannungsinduzierten Diffusion von Kohlenstoff in flächenzentriert kubische legierte Stähle und Metalle in Zusammenhang stehende Maxima der inneren Reibung.* Durch Messungen mit einem Torsionspendel wurden an einigen flächenzentriert- kub. *Stählen*, u. zwar rostfreien Stählen vom Typ 18/8 u. Stählen mit hohem Mn-Geh., Maxima der inneren Reibung beobachtet u. gemessen,

die mit der Ggw. von C in den Stählen in Zusammenhang gebracht werden. Die Temp. für die maximale innere Reibung lag zwischen 200 u. 300° mit einer Schwingungsfrequenz von 1 Hz. Mit Anwachsen des C-Geh. nimmt die Höhe des Maximums zu, während sich gleichzeitig das Maximum nach tieferen Tempp. zu verschiebt. Wird die Menge des in fester Lsg. vorliegenden C durch Tempern bei erhöhter Temp. red., dann nimmt die Höhe des Maximums ab u. verschiebt sich nach höheren Tempp. zu. Ein Vgl. der nach Methoden der inneren Reibung bestimmten Aktivierungsenergie u. des Diffusionskoeff. mit denen, die nach den üblichen Makrodiffusionsmethoden gemessen worden waren, ergab, daß das beobachtete Maximum der inneren Reibung auf spannungsinduzierte Diffusion des C in diesen Stählen zurückzuführen ist. Ähnliche Maxima der inneren Reibung, die auf spannungsinduzierte Diffusion von C zurückzuführen sind, wurden in einer *Ni–Al-Legierung* u. in reinem *Ni* beobachtet. (Acta physica sinica **11.** 387–402. 1955. Academia Sinica, Inst. of Metal Res. [Orig.: chines.; Auszug: engl.])
C. GOTTFRIED. 197

T'ing-sui Kê, Chih-tsiang Tsien und **Mišek Karel,** *Über das mit der Gegenwart von Kohlenstoff in Nickel in Zusammenhang stehende Maximum der inneren Reibung.* (Vgl. vorst. Ref.) Im Anschluß an frühere Beobachtungen über das Auftreten eines Maximums der inneren Reibung in *Ni* in Ggw. von C beschreiben Vff. neuere Unterss., aus denen eindeutig hervorgeht, daß dieses Maximum nicht mit dem Ferromagnetismus des Ni in Zusammenhang steht, sondern von der Menge C abhängt, der in dem Ni in fester Lsg. enthalten ist. Genauere Bestimmungen der mit diesem Maximum der inneren Reibung in Zusammenhang stehenden Aktivierungsenergie ergaben, daß der Wert dieser Aktivierungsenergie sehr nahe der Aktivierungsenergie für die Diffusion von C in Ni ist. Das neu beobachtete Maximum der inneren Reibung ist demnach einer spannungsinduzierten Mikrodiffusion von C in Ni zuzuschreiben. (Acta physica sinica **11.** 403–10. 1955. [Orig.: chines., Auszug: engl.]) C. GOTTFRIED. 197

M. Hubert, *Die Schwankungen der Eigenschaften von Permalloy aus Invarstahl und Nickelpulver als Funktion der Frittenparameter.* Bei gefrittetem Permalloy sind die elektr. Leitfähigkeit u. der Elastizitätsmodul nach FLORISSON lineare Funktionen des Porositätsgrades. Der Temperaturkoeff. des Widerstandes nimmt mit fallender Porosität zu. Die Beziehung $V = [E/d]^{1/2}$ (E = Elastizitätsmodul, d = D.) kann für die Best. des Elastizitätsmoduls nicht angewandt werden, wenn die Porosität 17% übersteigt. In diesem Falle gestattet die Formel $V = [E/d]^{2/3}$ eine genauere Modulermittlung. Die Einfll. der Faktoren chem. Zus., Korngröße, Kompressionsdruck, Temp. sind hierbei nicht berücksichtigt. (Rev. du Nickel **18.** 79–86. Okt./Dez. 1952.) W. WESLY. 197

Rolf Baukloh, Ottmar Knacke und **Werner Löscher,** *Der Wachstumsdruck des Kohlenstoffs.* Capillaren aus *Stahl* mit 18 (%) Cr u. 8 Ni, *Cu* oder *Quarz* wurden mit Eisenoxyd gefüllt u. bei 500° einem CO-Strom ausgesetzt. Dabei schied sich Spaltungs-C ab, der schließlich die Capillaren zersprengte. Der nachgewiesene C-Druck betrug ca. 2000 kg/cm². Der geschwindigkeitsbestimmende Vorgang der C-Abscheidung in Capillaren oder Poren ist die Gasdiffusion. Das durch die Capillaren hindurchdiffundierte Gas befand sich im BOUDOUARDschen Gleichgewicht u. hatte für 500° eine Konstante von p^2_{CO/CO_2} = 0,00788 ergeben. Für den Wachstumsdruck des Spaltungs-C sind Drucke von 10000 kg/cm² u. mehr zu erwarten. Die kinet. Voraussetzungen für das Zustandekommen des C-Druckes liegen darin, daß die Spaltung des CO nicht an festem C, sondern nur an Katalysatoren stattfindet u. daß sich der Spaltungs-C in einer porigen Form ausscheidet, die eine fortgesetzte Gasdiffusion u. Rk. ermöglicht. (Arch. Eisenhüttenwes. **27.** 95–99. Febr. 1956. Berlin-Charlottenburg, TU.) H. HOCHSTEIN. 200

Ekkehart Kröner, *Die inneren Spannungen und der Inkompatibilitätstensor in der Elastizitätstheorie.* Theoret. Untersuchung. (Z. angew. Physik **7.** 249–57. 1955. Stuttgart, TH, Inst. für theoret. u. angew. Phys., u. MPI für Metallforsch.)
C. GOTTFRIED. 200

N. N. Dawidenkow und **W. A. Jarkow,** *Sprödbruch bei zweiachsiger Kompression.* Gipswürfel werden gleichzeitig horizontal (Druck σ_1) u. vertikal (σ_2) bis zum Bruch komprimiert, wobei σ_1/σ_2 0, 0,33–3,46 beträgt. Wenn σ_1 als Abscisse, σ_2 als Ordinate gewählt wird, liegen die Versuchspunkte auf den Seiten eines Quadrates mit der Mittellinie 7,67 kg/cm². Somit wird bei 2achsiger Kompression von Gips die Theorie der maximalen tangentialen Spannungen bestätigt. (Журнал Технической Физики [J. techn. Physik] **25.** 2200–02. Okt. 1955.) R. K. MÜLLER. 200

G. Lenk, *Die Bedeutung des Tangentenelastizitätsmoduls bei der Berechnung der Knickfestigkeit von Druckstäben, insbesondere aus Leichtmetall.* Der Tangentenmodul (tangent modulus) wird als die Neigung der Belastungsverformungskurve (stress-strain diagram) bei einer bestimmten Belastung definiert. Der Sekantenmodul (secant modulus) ist das Verhältnis von Belastung zu Verformung bei einer bestimmten Belastung oder Verformung, auch Belastungs–Verformungs-Verhältnis (stress-strain ratio) genannt. Weiter werden Definitionen für Druck-, Scher-, Verdrehungs- u. Zugmodul gegeben. Die Verwendung des Tangentenmoduls bei der Berechnung der Knickfestigkeit ist dann wichtig, wenn Belastungen im überelast. Bereich der Belastungs–Verformungs-Kurve auftreten oder wenn der Tangentenmodul vom Sekantenmodul abweicht. Ferner wird eine Definition des Schlankheitsgrades (slenderness ratio) gegeben. (Aluminium **31.** 174—76. April 1955. Osnabrück.) F. VIER. 200

A. Troost, *Ermittlung der Randspannung bei querkraftfreier Biegung mit gemischt elastisch-plastischer Verformung.* (Naturwissenschaften **42.** 364—65. 2. Juni-H. 1955. Aachen, TH, Inst. für Werkstoffkunde.) C. GOTTFRIED. 200

Piero Giorgio Bordoni und **Mario Nuovo,** *Über die elastische Dämpfung in amorphen Substanzen.* An typ. amorphen Stoffen (*Ebonit, Rhodoid, Kolophonium, Bienenwachs, Picein*) in dünnen Stäbchen wird die Fortpflanzungsgeschwindigkeit (FG) u. die Dämpfung der Dehnungsschwingungen im Temperaturgebiet des Übergangs vom pseudofesten zum fl. Zustand untersucht. Die Dämpfung nimmt mit steigender Temp. stark zu, die FG der elast. Wellen deutlich ab, der imaginäre Teil des Zugmoduls zeigt ein ziemlich ausgeprägtes Maximum, das durch eine der Relaxation ähnliche Erscheinung erklärt werden könnte. Theoret. Überlegungen zeigen, daß jede Kraft, die nicht auf gleichmäßigen Zug oder Druck zurückzuführen ist, sondern durch plötzliche Verformung konstanter Breite erzeugt wird, mit der Zeit eine vollständige Relaxation bewirken muß. (Ricerca sci. **24.** 773—81. April 1954. Roma, Ist. Naz. di Ultracust. O. M. Corbino.) R. K. MÜLLER. 200

John S. Rinehart und **John Pearson,** *Konische durch asymmetrische plötzliche Beanspruchung hervorgerufene Bruchflächen.* Inhaltlich ident. mit der C. **1953.** 5785 referierten Arbeit. (J. appl. Physics **23.** 685—87. Juni 1952. China Lake, Calif., Michelson Labor.; Inyokern, U. S. Naval Ordnance Test Stat.) S. HÜTTIG. 200

A_7. Gleichgewichte. Kinetik.

A. F. Kapusstinski, *Bemerkungen zu den Arbeiten von M. Ch. Karapetjanz: „Näherungsmethode zur Berechnung einiger Eigenschaften verschiedener Stoffe" und „Näherungsmethode zur Berechnung der Kristallgitterenergie".* Die von KARAPETJANZ (C. **1955.** 11528) verwendeten Extrapolations- u. Interpolationsverff. werden auf das Gesetz von MENDELEJEW zurückgeführt u. als einfachste mathemat. Folgerungen aus der Regel der thermochem. Logarithmik ohne neuen Inhalt erklärt. (Журнал Физической Химии [J. physik. Chem.] **29.** 1125—26. Juni 1955. Moskau, Chem.-technol. Mendelejew-Inst.) R. K. MÜLLER. 221

M. Ch. Karapetjanz, *Antwort auf die „Bemerkungen" von A. F. Kapusstinski.* Die Angabe von KAPUSSTINSKI (vgl. vorst. Ref.), daß eine vom Vf. in einer früheren Arbeit (C. **1955.** 11528) erwähnte Gleichung einen Sonderfall einer früher von KAPUSSTINSKI (C. **1950.** I. 16) abgeleiteten Gleichung darstelle, wird als unwesentlich erklärt, andere Bemerkungen als unbegründet. (Журнал Физической Химии [J. physik. Chem.] **29.** 1326—27. Juli 1955. Moskau, Chem.-technol. Mendelejew-Inst.) R. K. MÜLLER. 221

W. A. Ssokolow, *Zur Thermodynamik der Phasenübergänge zweiter Art.* Unter Heranziehung früherer Ergebnisse des Vf. (Доклады Академии Наук СССР [Ber. Akad. Wiss. UdSSR] [N. S.] **65.** [1949.] 883) wird durch theoret. Betrachtungen nachgewiesen, daß die Phasenübergänge 2. Art in nonvariante u. monovariante Übergänge eingeteilt werden können. Die Nonvariantübergänge beobachtet man am Übergangspunkt, nachdem der Zustand der einen Phase infolge der Veränderung des zusätzlichen Parameters mit zunehmender Annäherung an diesen Punkt sich verändert hat. Dieser Fall deckt sich mit dem von SSEMENTSCHENKO (C. **1947.** E. 14) eingeführten Begriff des Pseudo-CURIE-Punktes. Der monovariante Übergang ist ein wahrer CURIE-Punkt. (Доклады Академии Наук СССР [Ber. Akad. Wiss. UdSSR] [N. S.] **77.** 843—46. 11/4. 1951.) O. LEBTAG. 221

E. Wanag und **G. Wanag,** *Komplexsalze des N-Oxyphthalonimids mit Polyjodiden.* N-Oxyphthalonimid bildet beim Erwärmen mit wss. Lsg. von Jod in Jodiden Komplexsalze der allg. Formel $(C_9H_5O_4N)_{2n} \cdot 2\,MeJ \cdot J_{n+1}$ (Me = 1 Basenäquivalent). Die Salze der Alkalien u. des Äthylendiamins $(C_9H_5O_4N)_{12} \cdot 2\,NaJ \cdot J_7$, $(C_9H_5O_4N)_{12} \cdot 2\,KJ \cdot J$, $(C_9H_5O_4N)_{12} \cdot 2\,NH_4J \cdot J_7$ u. $(C_9H_5O_4N)_{26} \cdot C_2H_8N_2 \cdot 2\,HJ \cdot J_{14}$, dunkle, metallglänzende Blättchen, sind stabil, während die Salze der Erdalkalimetalle u. des Ni an der Luft 1 Atom Jod verlieren. Untersucht wurden die Salze $(C_9H_5O_4N)_{12} \cdot CaJ_2 \cdot J_7$, $(C_9H_5O_4N)_{12} \cdot BaJ_2 \cdot J_7$, $(C_9H_5O_4N)_{12} \cdot NiJ_2 \cdot J_7$ sowie (nach Stehenlassen) $(C_9H_5O_4N)_{10} \cdot SrJ_2 \cdot J_5$ u. $(C_9H_5O_4N)_{12} \cdot NiJ_2 \cdot J_6$. Außerdem wurden ein Gel der Zus. $(C_9H_5O_4N)_{10} \cdot CaJ_2 \cdot J_4$ u. ein

Salz $(C_9H_5O_4N)_{10}\cdot ZnJ_2\cdot J_4$ erhalten. (Журнал Общей Химии [J. allg. Chem.] **24** (86). 1998—2001. Nov. 1954. Litauische Akad. der Wiss., Chem. Inst.) A. NOWAK. 223

Henry Freiser, *Die Stabilität der Metallchelate in Beziehung zu ihrer analytischen Verwendung.* Vf. bestimmte die Dissoziationskonstanten von *8-Oxychinolin* (I), *8-Oxychinaldin, 8-Oxylepidin, 1-(o-Oxyphenyl)-isochinolin* (II), *2-(o-Oxyphenyl)-chinolin* (III), *1.2.3.4-Tetrahydro-8-oxychinolin* (IV), *o-Aminophenol* (V), *o-Aminothiophenol* (VI), *Dimethylglyoxim* (VII), *O-Monomethylester des* **VII**, *2-(o-Oxyphenyl)-benzoxazol* (**VIII**) u. *2-(o-Oxyphenyl)-benzthiazolin* (**IX**) in 50% ig. wss. Dioxan. In der genannten Reihenfolge fand Vf. folgende pK_{OH} (pK_{NH})-Werte: 11,54 (3,97); 11,69 (4,51); 11,55 (4,59); 11,59 (4,31); 12,77 (<2); 11,73 (4,25); 11,57 (3,75); 7,90 (<2); 12,19 (<2); 12,84 (<2); 11,46 (<2) u. 10,18 (<2). Ebenfalls in 50% ig. wss. Dioxan wurden nach der BJERRUM-CALVIN-Meth. die Komplexbildungskonstanten der Liganden mit Cu, Ni, Co, Zn, Pb, Mg, Cd, La u. Ce^{3+} (Me) gemessen u. auf Grund der erhaltenen Werte Betrachtungen angestellt. Ein Vgl. der Me–Diketon-Komplexe mit denen mit **I, IV, V** u. **VI** zeigte, daß die Komplexe mit letzteren wesentlich stabiler sind. Dies wird auf den Einfl. der aromat. Resonanz, der Basizität u. Elektronegativität der Bindungsatome zurückgeführt. Auf Grund der relativen Stabilität der Komplexe des **I** u. seines 2- u. 4-Methylderiv. kann auf ster. Hinderung bei Substitution in 2-Stellung geschlossen werden. Ein ähnlicher Vgl. von **III** u. **II** erlaubt Rückschlüsse auf die Beziehung zwischen ster. Hinderung u. Ringgröße. **VIII** bildet mit 2wertigem Me, nicht aber mit 3wertigem Me, Komplexe. Außer bei **IX** ist die relative Stabilität der untersuchten Komplexe der Größe des 2. Ionisationspotentials der Me proportional. Zum Schluß wird näher auf die analyt. Verwendung von **VIII**, *2-(o-Oxyphenyl)-benzthiazol* u. *2-(o-Oxyphenyl)-benzimidazol* eingegangen. Für die Stabilität der **VIII**-Me-Komplexe wird die Reihenfolge Cu > Co > Ni > Zn > Pb angegeben. (Analyst **77**. 830—45. Dez. 1952. Pittsburgh, Pa., Univ. of Pennsylvania.) H.-G. PLUST. 223

Paul J. McCarthy, Richard J. Hovey, Keihei Ueno und **A. E. Martell,** *Innerkomplexe Chelate.* 1. Mitt. *Analoge des Bis-acetylacetonäthylendiimins und ihre Metallchelate.* Für Messungen der Dipolmomente u. Infrarotspektren an von natürlichen oder synthet. O-Trägern abgeleiteten Metallchelaten beschreiben Vff. die Darst. einiger 4zähliger Chelate der wahrscheinlichen Struktur **A** mit Cu(II), Ni(II), Co(II), Pd(II), Pt(II) u. die Synthesen der entsprechenen Diiminliganden durch Kondensation von Diaminen

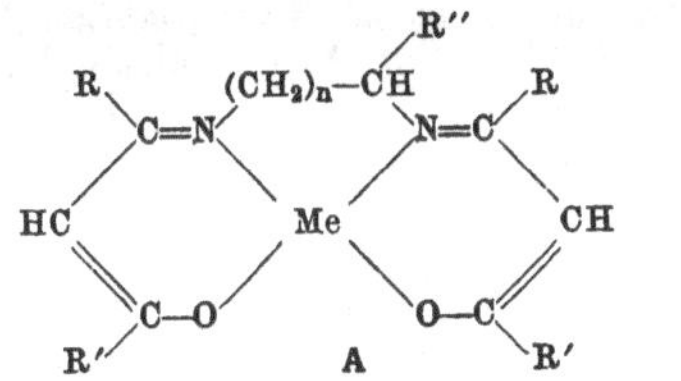

XII CH_3, CH_3, H; Cu
VIIa C_6H_5, CH_3, CH_3; Cu. b Ni. c Co
VIII C_6H_5, CH_3, H; Cu

IVa R = CH_3, R′ = CH_3, R″ = H; Me = Cu
b Me = Ni
c Me = Co
d Me = Pd
e Me = Pt
Va CH_3, CH_3, CH_3; Cu. b Ni
VIa C_6H_5, CH_3, H; Cu. b Ni. c Co
IX CH_3, CF_3, H; Cu
X CH_3, CF_3, CH_3; Cu
XI p-C_6H_4Br, CH_3, CH_3; Cu

mit β-Diketonen. Äthylendiamin bzw. Trimethylendiamin u. Acetylaceton stehen mit den gebildeten SCHIFFschen Basen u. W. im Gleichgewicht, die SCHIFFschen Basen aus 1.3-Diaminopropan scheinen weniger stabil zu sein. Die Bindungen sind am stärksten, wenn sie alle in der Ebene der beiden konjugierten 6-Ringe liegen. Die hohe Löslichkeit der Chelate in unpolaren bzw. schwachpolaren Lösungsmitteln zeigt das Fehlen einer Wechselwrkg. zwischen den Metallen der Chelatmoll. an. Obwohl die SCHIFFschen Basen selbst hydrolyseempfindlich sind, erweisen sich die Chelate mit Cu(II), Ni(II) u. Pd(II) als hydrolysestabil. Im Gegensatz dazu katalysieren bei SCHIFFschen Basen, wie Bis-(2-thiophenal)-äthylendiamin, Cu(II) u. Ni(II) die Hydrolyse (vgl. EICHHORN u. TRACHTENBERG, C. **1955**. 5513). Die hohe Stabilität der hier beschriebenen Chelate beruht wahrscheinlich auf der Polarisation der Ligandenelektronen durch das Metallion u. dessen Teilnahme am π-Bindungssyst. der zwei koordinierten konjugierten Ringe.

Versuche: *Bis-acetylacetonäthylendiimin*, $C_{12}H_{20}O_2N_2$, F. 111—111,5°, aus Äthylendiamin (I; 1 Mol) u. Acetylaceton (2 Mol), krist. aus W.; 60% (Ausbeute). Analog *Bis-acetylacetonpropylendiimin*, $C_{13}H_{22}O_2N_2$, F. 91°, Nadeln aus W.; 60%. *Bis-acetylacetontrimethylendiimin*, Nadeln. *Bis-benzoylacetonäthylendiimin* (II), $C_{22}H_{24}O_2N_2$, F. 180,5°, aus Benzoylaceton (0,5 Mol) u. **I** (0,25 Mol) in heißem A., krist. aus A., unlösl. in W., schwer lösl. in Ae., PAe., Bzl., A. u. Aceton; 70%. Analog *Bis-benzoylacetonpro-*

pylendiimin, $C_{23}H_{26}O_2N_2$, F. 115,5—116°, krist. aus A.; 70%. *Bis-benzoylacetontrimethylendiimin*, $C_{23}H_{26}O_2N_2$, F. 111,5—112°, krist. aus Bzl.–PAe.; 70%. *Bis-trifluoracetylacetonäthylendiimin* (**III**), $C_{12}H_{14}O_2N_2F_6$, F. 157°, aus Trifluoracetylaceton u. **I** bei 0°, Nadeln aus Bzl., unlösl. in W.; 70%. Desgleichen *Bis-trifluoracetylacetonpropylendiimin*, $C_{13}H_{16}O_2N_2F_6$, F. 143,5—144,5°, krist. aus A.; 36%. *p-Brombenzoylaceton*, $C_{10}H_9O_2Br$, F. 92°, aus p-Bromacetophenon (0,05 Mol) u. Äthylacetat (0,10 Mol) mit Na-Draht in Ae., Nadeln aus A., 4,6 g; 38%. *Bis-p-brombenzoylacetonpropylendiimin*, $C_{23}H_{24}O_2N_2Br$, F. 145—146°, aus vorst. Verb., krist. aus A.; 44%. Die Darst. der *Chelate* erfolgte durch Kochen der Liganden mit dem entsprechenden Metallhydroxyd in Aceton am Rückfluß. Alle Komplexe, außer denen von **II** mit Cu(II) u. Ni(II) sowie von **III** mit Cu(II), sind in heißem Aceton gut lösl. u. können so vom unveränderten Metallhydroxyd abfiltriert werden. *Bis-acetylacetonäthylendiiminokupfer(II)* (**IVa**), $C_{12}H_{18}O_2N_2Cu$, F. 141,5°, dunkelrote Krist., unlösl. in W., leichtlösl. in organ. Lösungsmitteln. *Bis-acetylacetonäthylendiiminonickel(II)* (**IVb**), $C_{12}H_{18}O_2N_2Ni$, F. 195—196°, rotbraune Kristalle aus wss. Aceton. *Bis-acetylacetonäthylendiiminocobalt(II)* (**IVc**), Zers. im Lösungsmittel. *Bis-acetylacetonäthylendiiminopalladium(II)* (**IVd**), $C_{12}H_{18}O_2N_2Pd$, F. 228°, aus Bzl. gelbe Kristalle. *Bis-acetylacetonäthylendiimonoplatin(II)* (**IVe**), $C_{12}H_{18}O_2N_2Pt$, F. 247—250°, gelbe Nadeln. *Bis-acetylacetonpropylendiiminocupfer(II)* (**Va**), $C_{13}H_{20}O_2N_2Cu$, F. 121,5 bis 122°, dunkelrote Kristalle aus wss. Aceton, leicht lösl. in organ. Lösungsmitteln. *Bis-acetylacetonpropylendiiminonickel(II)* (**Vb**), $C_{13}H_{20}O_2N_2Ni$, F. 157—157,5°. *Bis-acetylacetontrimethylendiiminokupfer(II)* (**XII**), $C_{13}H_{20}O_2N_2Cu$, F. 119,5—120°, grüne Kristalle aus wss. Aceton, leicht lösl. in organ. Lösungsmitteln. *Bis-benzoylacetonäthylendiiminokupfer(II)* (**VIa**), $C_{22}H_{22}O_2N_2Cu$, Zers. 274°, braunrote Kristalle aus Chlf., unlösl. in W., A., Ae., Aceton. *Bis-benzoylacetonäthylendiiminonickel(II)* (**VIb**), $C_{22}H_{22}O_2N_2Ni$, F. 288 bis 289°, braunrote Nadeln aus Aceton, schwer lösl. in Bzl. u. Ae., unlösl. in A. u. Wasser. *Bis-benzoylacetonäthylendiiminocobalt(II)* (**VIc**), $C_{22}H_{22}O_2N_2Co$, Zers. 265°, orangerote Kristalle aus wss. Aceton. *Bis-benzoylacetonpropylendiiminokupfer(II)* (**VIIa**), $C_{23}H_{24}O_2N_2Cu$, F. 176,5—177°, dunkelgrüne Platten aus Aceton, lösl. in Bzl., Ae., Äthanol. *Bis-benzoylacetonpropylendiiminonickel(II)* (**VIIb**), $C_{23}H_{24}O_2N_2Ni$, F. 175°, hellrote Nadeln aus Aceton. *Bis-benzoylacetonpropylendiiminokobalt(II)* (**VIIc**), $C_{23}H_{24}O_2N_2Co$, Zers. 265°, orangerote Nadeln aus A., leicht lösl. in Bzl. u. Aceton. *Bis-benzoylacetontrimethylendiiminokupfer(II)* (**VIIIa**), $C_{23}H_{24}O_2N_2Cu$, F. 181,5—182,5°, schwarze Kristalle aus Aceton, leicht lösl. in Benzol. *Bis-trifluoracetylacetonäthylendiiminokupfer(II)* (**IX**), $C_{12}H_{12}O_2F_6N_2Cu$, sublimiert bei 220°, rote Nadeln aus Aceton. *Bis-trifluoracetylacetonpropylendiiminokupfer(II)* (**X**), $C_{13}H_{14}O_2F_6N_2Cu$, F. 205°, aus A. rotviolette Kristalle. *Bis-p-brombenzoylacetonpropylendiiminokupfer(II)* (**XI**), $C_{23}H_{22}O_2N_2Br_2Cu$, F. 205,5 bis 207°, braune Kristalle aus Aceton. (J. Amer. chem. Soc. **77.** 5820—24. 20/11. 1955. Worcester, Mass., Clark Univ., Chem. Labors.) G. BANKWITZ. 223

W. A. Nikolajew, *Über die begrenzte Löslichkeit in binären Systemen mit flüchtigen Komponenten.* Erwiderung auf die Kritik von OSTROWSKI (C. **1952.** 5705) an einer früheren Arbeit des Vf. (C. **1952.** 5704) über die Liquation in den Spätstadien der Magmakristallisation. (Известия Академии Наук СССР, Серия Геологическая [Nachr. Akad. Wiss. UdSSR, geol. Ser.] **1952.** 122—31. Jan./Febr.) O. LEBTAG. 224

L. Kosta, *Das Verhalten von Spurenmengen Thorium bei der Mitfällung und Extraktion.* Vf. untersucht die Mitfällung von kleinen Mengen Th an *Ti-Subphosphat* (**I**), Y-Oxalat u. LaF_3 mit UX_1 als Indicator im Hinblick auf die Isolierung von Th aus Mineralien. Die Fällung an **I** wird bevorzugt, da sie in stark saurer Lsg. möglich ist. Der Nd. löst sich leicht in H_3PO_4 oder HF. Th kann z. B. aus H_3PO_4 durch zwei Extraktionen mit Tributylphosphat–Methylacetat in Ggw. von $Al(NO_3)_3$ extrahiert werden. Die organ. Phase kann ohne Verlust an Th mit W. gewaschen werden. Die Extraktion ist für 10^{-3} bis 500 μg Th quantitativ. (Bull. sci. [Yougoslavie] **2.** 45. April 1955. Ljubljana, Acad., J. Stefan Inst. of Phys.) G. HERRMANN. 224

S. Tribalat, *Extraktion einiger Säuren und Salze durch Lösungsmittel, die mit Wasser wenig mischbar sind, im besonderen mit Alkoholen. — Anwendung auf die Darstellung alkalischer Perrhenate, ausgehend von molybdänhaltigen Konzentraten.* Im Hinblick auf die Re-Gewinnung aus Mo-haltigen Konzentraten wird ein einfaches Trennungsverf. entwickelt, daß auf der Extraktion mit Alkoholen beruht. Unter bestimmten Bedingungen kann die Extraktion von Mo auf ein Minimum red. werden. Zur Extraktion der Perrheniumsäure haben sich Butyl- u. Amylalkohole am geeignetsten erwiesen. H^+-Ionen steigern die Extraktion. Bei Anwendung von H_2SO_4 lassen sich die höchsten Extraktionskoeffizienten erreichen, während die Säure selbst nur wenig extrahiert wird. So ist es möglich, eine quantitative Trennung der ReO_4^--Ionen in 6n H_2SO_4 durch eine einzige Extraktion mit Isoamylalkohol zu erreichen. — Zur Verallgemeinerung u. Interpretation der Resultate wurden Parallelverss. mit anderen Säuren (HSCN, HCl, HNO_3 u. $HClO_4$) u. mit einigen Salzen [$KReO_4$ u. $(C_6H_5)_4PCl$] durchgeführt. — Es wurde versucht, das Massenwirkungsgesetz auf die experimentellen Ergebnisse anzuwenden, jedoch konnte nicht in allen Fällen restlose Klarheit erzielt werden. — Es wird ein Verf. zur Darst. von *Re* aus alkal. Lsgg., die Mo enthalten, vorgeschlagen. (Ann. Chimie [12] **8.** 642—56. Juli/Aug. 1953. Paris, Fac. de Sci., Labor. Chim.-Phys. et École Supér. de Phys. et Chim., Labor. Chim. Analyt.) S. LANZ. 224

Je. I. Achumow, *Die Löslichkeit von Nitraten in Salpetersäure.* Die Löslichkeit von Nitraten in wss. Lsgg. von HNO_3 kann nicht nach der NERNSTschen Regel berechnet werden. Vf. betrachtet diese Frage unter Zugrundelegung der Vorstellung von der Löslichkeit eines festen Stoffes (Nitrate) in einem doppelten gemischten Lösungsmittel. Die Löslichkeit des Nitrats ist dann die Summe der partiellen Löslichkeiten des Nitrats in W. u. in HNO_3. Die entwickelten Formeln, die die Isothermen berücksichtigen, werden auf das Syst. KNO_3–HNO_3–H_2O bei den Tempp. von 50, 75 u. 83° angewandt. Die Übereinstimmung ist befriedigend. Berechnet u. angegeben werden die Werte für die partiellen Löslichkeiten von KNO_3 in W. u. in HNO_3 sowie die Gesamtlöslichkeit. (Журнал Прикладной Химии [J. angew. Chem.] **27.** 1324—26. Dez. 1954.) W. OESTREICH. 224

I. M. Korenman, F. Ss. Frum und **A. I. Kudinowa,** *Bestimmung des Löslichkeitsproduktes von Aluminiumhydroxyd.* Aus der Grundgleichung zur Best. des Löslichkeitsprod. Lpr. $= [Al^{3+}]\cdot[OH^-]^3$ folgt, daß zur Best. des Lpr. die Kenntnis der Al-Konz. u. des p_H der Al-Lsg. im Moment des Fällungsbeginns genügt. Durch Titration von Al-Lsgg. wechselnder Konz. mit 0,1n NaOH bei 22 u. 25° wurden Werte zwischen $0{,}10\cdot10^{-30}$ u. $2{,}6\cdot10^{-30}$ — im Mittel $1{,}2\cdot10^{-30}$ — für das Lpr. des $Al(OH)_3$ erhalten. (Сборник Статей по Общей Химии [Samml. Aufsätze allg. Chem.] **1.** 83—85. 1953. Gorki, Univ.) A. v. WILPERT. 224

Karel Micka, *Über Auswertung der Geschwindigkeitskonstanten der konsekutiven Reaktion.* Eine kurze u. genaue Meth. für die Auswertung der Geschwindigkeitskonstanten der konsekutiven Rk. vom Typus $A \rightarrow B \rightarrow C$; $A \rightarrow B \leftarrow C$; $A \rightleftharpoons B$ ist beschrieben. Die Meth. beruht darauf, daß drei Versuchswerte an Stelle von zweien benutzt werden. Die Meth. kann auch zur Best. der Anfangskonz. einer der reagierenden Komponenten benutzt werden. Die Arbeitsweise ist an einem Spezialfall erläutert. (Chem. Listy **48.** 355—59. März 1954. Praha, Karlova univ., Fys.-chem. ústav.) L. MATOUŠEK/Prag. 225

E. Coloccia, R. V. Figini und **H. J. Schumacher,** *Der thermische Zerfall von gasförmigem Chlorheptoxyd.* Es wird der therm. Zerfall des Cl_2O_7 im Gaszustand zwischen 100 u. 120° u. Partialdrucken von 1—80 Torr unter Zusatz von Cl_2, O_2 u. F_2 bis zu 400 Torr in Gefäßen aus Pyrex u. Quarz untersucht. Der Vorgang verläuft als homogene, monomol. Reaktion. Die Geschwindigkeitskonstante bei unendlich hohem Druck (k_∞) beträgt: $k_\infty = 5{,}2\cdot10^{15}\cdot\exp(-33{,}500/RT)\cdot\sec^{-1}$. Unterhalb von 10 Torr fällt k merklich ab. Zur Aktivierung der Moll. tragen alle Freiheitsgrade (20) bei. Der Zerfall erfolgt über Zwischenprodd., etwa nach $Cl_2O_7 \rightarrow ClO_3 + ClO_4$. Für die Spaltungsenergie der zentralen Cl–O-Bindung wird aus der Aktivierungsenergie ein Wert von 48 kcal berechnet. (Angew. Chem. **68.** 492. 7/8. 1956. La Plata, Univ., Fac. de Quim. y Farm., Inst. Sup. de Investigaciones.) W. KRÖNERT. 225

Edward S. Amis, *Geschwindigkeiten, Mechanismen und Lösungsmittel.* Vf. gibt zuerst einen Überblick über die wichtigsten Anwendungen kinet. Methoden in der Analyse: 1. Best. von $[H^+]$ u. $[OH^-]$ aus der Geschwindigkeit säure- oder basenkatalysierter Rkk., 2. kinet. Unters. der Zers. instabiler Komplexe zur Feststellung der Zeitgrenzen für die Gültigkeit eines Testes, u. 3. Best. der Konz. eines Reagenses aus der Geschwindigkeit seiner Umsetzung mit bekannten Mengen anderer Reagentien. Eingehend werden dann die Einfll. von DK. u. Ionenstärke auf die Geschwindigkeit organ. chem. Rkk. behandelt, als Beispiele werden Unterss. beschrieben über die Kinetik von Esterhydrolysen, von Substitutions-Rkk. von Halogenverbb., der Dealdolisierung von *Diacetonalkohol* u. des Ausbleichens von Bromphenolblau in alkal. Lösung. (Analytic. Chem. **27.** 1672—78. Nov. 1955. Fayetteville, Ark., Univ., Chem. Dep.) G. KRESZE. 225

N. Ss. Jenikolopjan und **A. B. Nalbandjan,** *Mechanismus der Tieftemperaturoxydation von Kohlenoxyd.* Die Selbstentzündung stöchiometr. Mischungen von CO u. O_2 wurde ohne katalyt. wirkende Beimischungen u. bei Zugabe von H_2 u. H_2O untersucht. Mit $2\,CO + O_2$ und 1,2 u. 5% H_2 bewegen sich die nadelförmigen Kurven der T-p-Abhängigkeit bei Verringerung des H_2-Geh. von größeren zu kleineren Temperaturen. Bei H_2O-Zugabe verschieben sich dagegen die Kurven vom trockenen Gas bis zu 2% H_2O in entgegengesetzter Richtung. Der Reaktionsmechanismus wird diskutiert u. die

Geschwindigkeitskonstanten der Elementar-Rkk. berechnet u. die gefundenen u. berechneten unteren u. oberen Grenzwerte für die Drucke der Selbstentzündung in Abhängigkeit von der Temp. verglichen. Die photochem. Rk. dieser Mischungen bei Zimmertemp. ergab, daß die Reaktionsgeschwindigkeit nur vom Druck abhängt. Kurven für die Abhängigkeit der Reaktionsgeschwindigkeit vom Druck bei Tempp. zwischen 540 u. 670° werden angegeben. Der Anstieg der Kettenlänge bei steigender Temp. u. die verhältnismäßig kurzen Ketten im Bereich der Selbstentzündung lassen sich auf Grund des abgeleiteten Reaktionsmechanismus quantitativ wiedergeben. (Академия Наук СССР. Институт Химической Физики. Сборник Работ [Akad. Wiss. UdSSR, Inst. chem. Physik, gesammelte Arb.] **1950.** 38—78.) A. HELMS. 225

George E. Challenger und **Burton J. Masters,** *Durch Röntgenstrahlen induzierter Tl^{3+}–Tl^{+}-Austausch in 0,8n H_2SO_4.* Es wird eine Unters. des Isotopenaustausches Tl^{+}–Tl^{3+} in 0,8n H_2SO_4 bei der Einw. von 50 kV-Röntgenstrahlen auf die Lsg. durchgeführt. Im gesamten Meßbereich lassen sich die Ergebnisse durch die empir. Gleichung für die strahlungsinduzierte Austauschgeschwindigkeit $R = k\,[Tl^{3+}]_0^{0,503} \cdot I^{0,670}$ wiedergeben. Die Geschwindigkeit der Rk. ist demnach unabhängig von der Tl^{+}-Konz., während die Ordnung bzgl. der Tl^{3+}-Konz. u. der Strahlungsintensität durch die Exponenten 0,503 u. 0,670 gegeben ist. Der Mechanismus der Rk. läßt sich, zumindest qualitativ, durch die Folge: $Tl^{2+} + Tl^{*+} \rightarrow Tl^{+} + Tl^{*2+}$ (sehr schnell); $Tl^{*2+} + Tl^{3+} \rightarrow Tl^{*3+} + Tl^{2+}$ (langsam, geschwindigkeitsbestimmend); $2\,Tl^{2+} \rightarrow Tl^{+} + Tl^{3+}$ (Kettenabbruch) wiedergeben. Auf chem. Wege wird ein Tl^{+}–Tl^{3+}-Austausch durch $[Fe(CN)_6]^{4-}$ induziert. Es wird angenommen, daß Tl^{2+} eine wichtige Zwischenstufe bei der Tl^{3+}–$[Fe(CN)_6]^{4-}$-Redox-Rk. darstellt. Dem „therm." Elektronenaustausch in den Lsgg. wird bei den Experimenten Rechnung getragen. Die „therm." Geschwindigkeit ist 1. Ordnung sowohl bzgl. $[Tl^{+}]$ als auch bzgl. $[Tl^{3+}]$. Bei 25° wird eine bimol. Geschwindigkeitskonstante von 1,19 Liter·Mol^{-1}·min^{-1} gemessen. Die Aktivierungsenergie beträgt 13,8 kcal·Mol^{-1} u. die Aktivierungsentropie —22 Entropieeinheiten. (J. Amer. chem. Soc. **78.** 3012—18. 5/7. 1956. Los Alamos, N. Mex., Los Alamos Sci. Labor., Univ. of California.) W. KRÖNERT. 226

V. Daneš und **P. Jírů,** *Ein hochaktiver Nickel–Magnesiumoxyd-Mischkontakt.* (Vorl. Mitt.) Vff. beschreiben einen Ni–MgO-Mischkatalysator, welcher auf eine neue Art durch Zers. von Ni–Mg-Mischoxalaten im Hochvakuum bei 430° während 10 Std. hergestellt wurde. Der so hergestellte Kontakt besteht aus einem Gemisch von Ni u. MgO (mit 24% Ni) u. weist eine sehr hohe Aktivität auf. Mit einer Katalysatorenmenge, welche 0,37 g Ni entspricht, wird mit der Durchflußmeth. bei einer Durchflußgeschwindigkeit des H_2–Bzl.-Gemisches (7:1) von 21,34 cm^3/Min. bei Atmosphärendruck u. 54° eine Ausbeute von 93% erreicht. Aus diesen Resultaten ist ersichtlich, daß die Aktivität dieses Kontaktes höher als die Aktivität ähnlicher hochakt. Mischkontakte ist, welche von LANGENBECK u. Mitarbeitern (C. **1956.** 11649) unter anderen Bedingungen im Wasserstoffstrom bei 350° hergestellt wurden. (Chem. Listy **50.** 302—04. Febr. 1956 [Orig.: tschech.]; Collect. czechoslov. chem. Commun. **21.** 765—67. Juni 1956 [Orig.: deutsch]. Praha, Čs. akad. věd., Ústav fys. chem.) V. RŮŽIČKA/Prag. 227

A₈. Präparative anorganische Chemie. Komplexchemie. Metallorganische Verbindungen.

Peter Gray und **A. D. Yoffe,** *Struktur und Reaktionsfähigkeit des Systems Stickstoffdioxyd–Distickstofftetroxyd.* Vff. geben einen Überblick über die Chemie des N_2O_4. Neben kinet. Fragen werden die Thermodynamik, die Rkk. des NO_2 u. N_2O_4 mit organ. u. anorgan. Partnern sowie die Beziehungen zu den anderen Stickstoffoxyden (N_2O, NO, N_2O_3, N_2O_5) besprochen. Die Struktur des N_2O_4 wird an Hand der vorliegenden chem. u. physiko-chem. Versuchsergebnisse diskutiert u. auf die Analogien zu den isoelektron. Verbb. der im Period. Syst. vor u. hinter dem N stehenden Elemente hingewiesen. — 148 Literaturangaben, (Quart. Rev. chem. Soc. [London] **9.** 362—90. 1955. Leeds, Univ., School of Chem.; Cambridge, Univ., Dep. of Phys. Chem.) K. FRENKLER. 243

Robert Klement und **Wolfgang Schmidt,** *Die Bildung von Trithiocarbonat am Anionenaustauscher.* Beim Schütteln eines mit S^{2-}-Ionen beladenen Anionenaustauschers (z. B. *Amberlite IRA 410*) mit etwas W. u. CS_2 löst sich das CS_2 innerhalb ca. 30 Min. vollständig auf, u. der Austauscher färbt sich lachsfarben. Wird der Austauscher nach dem Waschen mit W. mit NaOH eluiert, so läßt sich aus dem gelbgefärbten Eluat nach Zusatz von $BaCl_2$ u. A. das gelbe *Bariumtrithiocarbonat*, $BaCS_3$, analysenrein ausfällen. Bessere Ausbeuten werden durch Eluieren mit 1,5n $BaCl_2$-Lsg. u. anschließende Fällung des Eluats mit A. erzielt. Zur Regenerierung wird der Austauscher mit 2n HCl, dann mit

Lauge u. danach mit Sulfidlsg. behandelt. (Naturwissenschaften **42.** 154. 2. März-H. 1955. Regensburg, Philosoph.-theolog. Hochsch., Inst. für Anorgan. u. Analyt. Chem.) F. UMLAND. 253

N. W. Tideswell und **J. D. McCullough,** *Selenbromide.* 1. Mitt. *Eine spektrophotometrische Untersuchung der Dissoziation von Selentetrabromid und Selendibromid in Tetrachlorkohlenstofflösung.* Lsgg. von $SeBr_4$ in trockenem CCl_4 u. Systeme mit Br/Se-Verhältnissen von 1,000—13,06 in dem gleichen Lösungsm. werden spektrophotometr. bei 25° untersucht. Für alle Lsgg. gilt im Bereich 350—540 mμ das BEERsche Gesetz. Es zeigt sich, daß $SeBr_4$ nur im festen Zustand, nicht aber in Lsgg. beständig ist. Aus der Unters. folgt, daß in CCl_4 nur das eine Gleichgewicht $2\,SeBr_2 \rightleftharpoons Se_2Br_2 + Br_2$ vorliegt. Die Gleichgewichtskonstante $K = (Se_2Br_2)(Br_2)/(SeBr_2)^2$ beträgt bei 25° 0,0252. Das Absorptionsspektr. von $SeBr_2$ wird unter Zuhilfenahme von K indirekt ermittelt. — Beim raschen Abkühlen von gesätt. $SeBr_4$-Lsgg. in CCl_4 wird eine gelb krist. Form von $SeBr_4$ erhalten, die in Lsg. das gleiche Spektr. wie die rotbraune Modifikation aufweist, jedoch ein verschied. Röntgenpulverdiagramm besitzt. (J. Amer. chem. Soc. **78.** 3026 bis 3029. 5/7. 1956. Los Angeles, Calif., Univ. of California, Dep. of Chem.) W. KRÖNERT. 254

Richard Arnold, *Neuere Untersuchungen an Graphit.* Fortschrittsbericht an Hand der vorliegenden neueren Literatur. — 58 Literaturzitate. (Z. angew. Physik **7.** 453—60. 1955. Gießen, Schunk & Ebe G. m. b. H., Phys. Labor.) C. GOTTFRIED. 260

A. G. Bergman, A. K. Nessterowa und **N. A. Bytschkowa,** *Anwendung der visuell-polythermischen Methode zur Untersuchung von Silicatsystemen.* Vff. verwendeten zur Unters. doppelter Silicat- u. Silicat–Salz-Systeme von Alkali- u. Erdalkalimetallen die schon früher (C. **1954.** 8064) bewährte visuell polytherm. Meth., deren Vorzug in ihrer Einfachheit, unkomplizierten App., Schnelligkeit u. hohen Genauigkeit liegt. In einem Doppelsyst. von geschmolzenem Li_2SiO_3–Na_2SiO_3 bildeten sich 2 inkongruente Verbb. der vermutlichen Zus. $Li_2SiO_3 \cdot Na_2SiO_3$ u. $2Li_2SiO_3 \cdot Na_2SiO_3$. Außerdem wurde eine polymorphe Umwandlung des Li-Silicats bei 986° entdeckt, die man dann in einer Reihe reziproker Systeme verfolgte. Die genannten Verbb. haben selbständige Kristallisationsfelder innerhalb des untersuchten reziproken Syst. Li, Na || F, SiO_3. Gegenüber früheren Angaben (WALLACE, Z. anorg. Chem. **63.** [1901.] 1) fand man höhere Werte für die eutekt. Punkte der Doppelsysteme: Li_2SiO_3–$CaSiO_3$, Li_2SiO_3–$BaSiO_3$. Im allg. ergab sich die völlige Anwendbarkeit der Meth. zum Studium von Silicatsystemen, bes. von solchen, die gut kristallisieren. Dagegen ist sie weniger für die Unters. von Systemen geeignet, die widerstandsfähige Gläser ergeben. Doch können mit Hilfe der Meth. leicht die Grenzen für das Gebiet der beständigen, schwer zu behebenden Glasbldg. bestimmt werden. (Доклады Академии Наук СССР [Ber. Akad. Wiss. UdSSR] **101.** 483—86. 21/3. 1955. Rostow, Molotow-Univ.) A. v. KOTZEBUE. 274

D. S. Datar und **Eshwar Raj Saxena,** *Die Gewinnung von Pottasche aus Feldspat.* 3. Mitt. *Der Ablauf der Reaktion von Feldspat mit CaO unter Wasserdampfdruck.* (2. vgl. SAXENA u. DATAR, C. **1954.** 7830.) An Hand von Verss. wird festgestellt, daß mit einer Mischung von Ca: $Ca(NO_3)_2$ im Verhältnis 4: 1 unter Wasserdampfdruck die Ausbeute des aus dem Feldspat erhaltenen KNO_3 sehr gesteigert werden kann. (J. Indian chem. Soc., ind. News Edit. **14.** 167—70. 1951. Hyderabad, Chem. Labor. for Scient. and Ind. Res.) K. SEIDEL. 275

Keiichi Murakami und **Masaji Ochiai,** *Untersuchungen über die Synthese von Gipskristallen.* (Vgl. C. **1956.** 6785.) Gipskristalle können leicht durch Rekristallisation des Halbhydrates, welches bei der Rk. von verd. H_2SO_4 u. gelöschtem Kalk erhalten wurde, hergestellt werden. Jedoch ist die Synth. aus verd. H_2SO_4 u. $CaCO_3$ schwierig, weil daraus Gemenge von Halbhydrat, Dihydrat u. Anhydrit entstehen. Gipskristalle können bei Raumtemp. durch Rk. der Lsgg. von $CaCl_2$ u. Na_2SO_4 erhalten werden, wenn diese Lsgg. gewisse Mengen organ. Salze enthalten, wie Na-Citrat, Na-Tartrat, Na-Maleat u. Pepton. (Gypsum [Tokyo] **1952.** Nr. 4. 179—83. [Orig.: japan.; Auszug: engl.]) K. SEIDEL. 283

H. Nowotny und **K. Bachmayer,** *Die Verbindungen LiMgP, LiZnP und LiZnAs.* Man mischt die Komponenten (bei geringem P-Überschuß) u. erhitzt die LiMgP- u. LiZnP-Proben 8 Std. auf 650°, die LiZnAs-Probe 5 Std. auf 550°. Alle 3 Verbb. sind luftempfindlich. Die beiden Phosphide sind braun, nichtmetall. u. spröde, geben an feuchter Luft PH_3 ab u. reagieren mit viel W. oder Säure explosionsartig. LiZnAs ist spröde u. zeigt Metallglanz. Röntgenunterss. zeigen, daß die Verbb. im C_1-Typ kristallisieren. Die Gitterkonstanten betragen: $6{,}01_1$, $5{,}76_8$ bzw. $5{,}91_2$ kX. Die Verteilung über die Flußspatplätze wird bestimmt. Durch Vgl. ähnlich gebauter Phasen mit gleichen Gitterkonstanten läßt sich der Ionisierungszustand solcher Verbb. annähernd bestimmen. (Mh. Chem. **81.** 488—96. 15/6.; S.-B. österr. Akad. Wiss., math.-naturwiss. Kl., **Abt. IIb. 159.** 488. 1950.) W. WESLY. 288

Rafat Mirza, *Die Ursache der „Induktionsperiode" bei der Darstellung von Lithiumaluminiumhydrid.* Vf. führt auf Grund eigener Verss., die von FINHOLT u. Mitarbeitern (C. **1948.** I. 793) bei der Darst. von $LiAlH_4$ aus LiH u. $AlCl_3$ in Ae. ohne Zusatz von $LiAlH_4$ gelegentlich beobachtete Induktionsperiode (Zeitraum bis zum Wiedereinsetzen bzw. Beginn der Rk.), deren Dauer wenige Min. bis einige Std. betragen kann, auf einen Wassergeh. des verwendeten Ae. zurück. Durch dieses W. wird das LiH-Pulver, vermutlich durch Bldg. eines LiOH-Filmes auf seiner Oberfläche, inaktiv, so daß die Rk. erst in Gang kommt, wenn in der Induktionsperiode der Schutzfilm, sei es chem., sei es mechan., entfernt wurde. Es wird daher empfohlen, der Reaktionsmischung $LiAlH_4$ zuzusetzen, wodurch das W. aus dem Ae. entfernt wird; jedoch auch ohne $LiAlH_4$-Zugabe kann ein glatter Reaktionsverlauf erreicht werden, wenn sorgfältigst getrockneter Ae. verwendet wird. (Nature [London] **170.** 669. 18/10. 1952. Hyderabad, Central Labors.) H. GEDSCHOLD. 294

D. Cozzi und **S. Vivarelli,** *Beitrag zur Chemie des Indiums.* 2. Mitt. (1. vgl. C. **1954.** 2561.) Es wurden mit der polarograph. Meth. die Instabilitätskonstanten der Komplexe 1:1 u. 1:2 des In mit den Chlor-, Brom- u. Jodionen u. des Komplexes 1:3 mit dem Acetation errechnet. Da die Red. des Aquo–Indium-Ions irreversibel erfolgt, wurde sein reversibles Halbwellenpotential mittels Extrapolation gemessen, indem die In–Amalgam-Elektrode für fortschreitend kleinere Konzz. der verschied. komplexbildenden Agentien benutzt wurde. Die Logarithmen der Instabilitätskonstanten sind: $InCl^{2+}$ —4,3 (±0,1); $InCl_2^+$ —6,1 (±0,1); $InBr^{2+}$—3,8 (±0,1); $InBr_2^+$ —4,8 (±0,1); InJ^{2+}—3,1 (0,1); InJ_2^+ —3,8 (±0,1); $In(CH_3COO)_3$ —9,0 (±0,2). Mit der gleichen Meth. wurden die d-Weinsäure-, dl-Weinsäure-, Mesoweinsäure-, dl-Äpfelsäure- u. die Bernsteinsäure–In-Lsgg. untersucht. In den Lsgg. mit niedrigem p_H wurden die folgenden Komplexe identifiziert: $In(C_4H_5O_6)(C_4H_4O_6)$, $In(C_4H_5O_5)(C_4H_4O_5)$, $In(C_4H_5O_4)(C_4H_4O_4)$. Die Logarithmen der Instabilitätskonstanten sind: d-Weinsäure — 6,8 (±0,1); Mesoweinsäure — 7,5 (±0,1); dl-Äpfelsäure — 6,8 (±0,2), Bernsteinsäure — 6,8 (±0,3). Bei p_H über 3 wurden folgende Komplexe identifiziert: $In(OH)(C_4H_4O_6)_2^{2-}$; $In(OH)(C_4H_4O_5)_2^{2-}$; $In(OH)(C_4H_4O_4)_2^{2-}$. Die Logarithmen der Instabilitätskonstanten sind: d-Weinsäure —18,5 (±0,1); Mesoweinsäure —18,9 (±0,1); dl-Äpfelsäure —18,5 (±0,2), Bernsteinsäure —18,5 (±0,3). (Z. Elektrochem., Ber. Bunsenges. physik. Chem. **58.** 907—12. 1954. Florenz, Univ., Inst. für Analyt. Chem.) G. MAIER. 296

B. G. F. Carleson und **H. Irving,** *Die Stabilitätskonstanten der Indiumhalogenide.* (Vgl. IRVING u. Mitarbeiter, C. **1956.** 5492.) Vff. bestimmen die Stabilitätskonstanten in den In^{3+}-Halogenid-Systemen in saurer Lsg. bei 20,0°. Die Komplexe der Form InA^{2+}, InA_2^+, InA_3 wurden aufgefunden (A = Cl^-, Br^- oder J^-). Die Stabilitätskonstanten $\beta_i = [InA_i^{3-i}][In^{3+}][A^-]^i$ (i = 0, 1, ..., n) u. $[InA_0^{3+}] = [In^{3+}]$ wurden für die 3 Stufen berechnet. Die Halogenidkonzz. wurden zwischen 0,009 bis ca. 0,5 Mol/Liter variiert. — Meth.: Reines im Harwel-Pile bestrahltes In (^{114}In-haltig) wurde in 4n $HClO_4$ + H_2O_2 gelöst, H_2O_2 verkocht u. die Lsg. auf 0,691 n $HClO_4$ eingestellt. Diese Lsg. wurde mit 0,691 n Halogenwasserstofflsg. versetzt (Gesamtvol. 15 ml) u. mit 0,5 g Kationenaustauscher AMBERLITE IRA-120 in der H^+-Form 12 Std. geschüttelt. In 10 ml der Lsg. wurde die Radioaktivität gemessen, u. aus den Meßergebnissen wurden die Verteilungs- u. Stabilitätskonstanten berechnet. β_1 = 227 ± 4 für Cl^-; 103 ± 3 für Br^-; 44 ± 5 für J^-. β_2 = 4250 ± 800; 1250 ± 300; 360 ± 175. β_3 = 8950 ± 3000; 1900 ± 700; 300 ± 150. Die Stufenkonstanten ergeben sich nach $K_i = \beta_i/\beta_{i-1}$. Die Stabilitätskonstanten der Halogenide der Metalle (aufgezeigt an 18 Elementen) sind in 2 Gruppen zu unterteilen: 1. Die Konstanten der Halogenide der Komplexe von Cu^+, Ag^+, Cd^{2+}, Hg^{2+} steigen $F^- < Cl^- < Br^- < J^-$; entsprechend steigt K_1/K_2. 2. Die Komplexe der anderen Metallhalogenide zeigen ein umgekehrtes Verh., also die Stabilitätskonstanten sinken in der Reihe $F^- > Cl^- > Br^- > J^-$. Die Ergebnisse werden mit denen anderer Autoren verglichen. (J. chem. Soc. [London] **1954.** 4390—99. Dez. Oxford, Inorg. Chem. Labor.) H.-G. MOSLÉ. 296

Stefan Koncz, Stefan Szántó und **Helene Waldhauser,** *Der Sauerstoffgehalt von Titan-Jodid-Stäben.* Vff. untersuchten an nach dem VAN ARKELschen Verf. hergestellten Ti-Jodid-Stäben die Härte sowie den Wert u. den Temperaturkoeff. der elektr. Leitfähigkeit u. verglichen die erhaltenen Werte mit den an demselben Material gemessenen Gitterkonstanten. Es zeigte sich hierbei, daß mit Kennwerten, die auf einen höheren Reinheitsgrad schließen lassen, eine eindeutige Abnahme des Achsenverhältnisses c/a verbunden ist. Die spektroskop. Analyse ergab bei allen Stäben prakt. dieselben Verunreinigungen. Als Ursache der Abweichungen wurden daher gasförmige Verunreinigungen vermutet. Bringt man in ein Zersetzungsgefäß mehrere, voneinander unabhängige Glühfadensysteme, führt die Abscheidung an einem Faden bis zu Ende durch u. setzt sie dann an einem zweiten Faden fort, dann wird der zuerst abgeschiedene Faden vollständig aufgezehrt, obwohl Rohtitan noch in großem Überschuß vorhanden ist. Von dem zuerst abgeschiedenen Faden bleibt ein locker gebautes Pulverskelett übrig, dessen Durchmesser gleich dem des abgebauten ersten Fadens ist u. das ca. 0,03% von dessen Gewicht hat. Das Aufwachsen des zweiten Fadens geht bedeutend schneller als das des ersten Fadens vor sich. An einem doppelt umgesetzten Faden wurde die Gitterkonstante des α-Ti zu a = 2,9506 Å; c = 4,6788 Å; c/a = 1,585 gemessen. Ein an dem ersten Faden vorhandener Rückstand entsprach jenem Anteil, welcher an dem Transport nicht teilnahm. Die spektroskop Analyse ergab fast keinen Unterschied zwischen diesem Rest u. dem zweiten Faden. Die Strukturbest. ergab außer TiJ_4 metall. Ti mit dem höchst möglichen Geh. an gelöstem O_2: 33 Atom-%, jedoch keinerlei Hinweis auf das Vorhandensein von Ti–O-Verbindungen. Daraus läßt sich schließen, daß beim Jodidverf. mit dem Abbau des mit Gasen verunreinigten Rohmetalls die in fester Lsg. vorliegenden gasförmigen Verunreinigungen zurückbleiben u. sich im Metall bis zur Grenze der Löslichkeit anreichern. (Naturwissenschaften **42.** 368–69. 2. Juni-H. 1955. Budapest, Techn. Univ., Inst. für Mechan. Technol.) C. Gottfried. 321

Stanislas Teichner, *Über die Darstellung und einige Eigenschaften des Titanmethylats.* Zur Darst. von $Ti(OCH_3)_4$ (I) wurde $TiCl_4$ tropfenweise zu auf 0° gehaltenem wasserfreien Methylalkohol gegeben u. unter Vermeidung von Temperaturerhöhung ein Strom von trockenen NH_3 durch die Lsg., u. zwar etwas mehr als 4 Moll. NH_3 pro Mol. $TiCl_4$ eingeleitet. Das gleichzeitig mit dem sehr wenig lösl. I ausgefallene NH_4Cl wird mit kaltem wasserfreien Methylalkohol extrahiert. I wird von Alkohol u. NH_3 durch Behandlung im Vakuum in Ggw. von P_2O_5 befreit. Die Verb. ist ein schwachgelbliches Pulver, das leicht in feuchter Luft hydrolysiert u. F. 209° besitzt. Es wird ausdrücklich darauf hingewiesen, daß bei der Darst. jede Temperaturerhöhung zu vermeiden u. daß zur Extraktion nur kalter Methylalkohol zu verwenden ist. Die Hydrolyse von I in Ggw. von W. führt zu kristallisierten Körpern, deren Röntgenunters. auf die Ggw. von Anatas u. Rutil hindeutet. Um aus I amorphes Hydroxyd oder Oxyd zu erhalten, erhitzt man I auf 100° unter gleichzeitiger Überleitung von Luft mit der relativen Feuchtigkeit von 90%. Das Endprod. entspricht der Formel $TiO_2 \cdot 0{,}69\ H_2O$ u. ist röntgenamorph. Tabellar. sind die Zus. u. die spezif. Oberfläche des Dissoziationsprod. dieses Oxydhydrates für verschied. Tempp. im Vakuum bis zur Erreichung eines konstanten Gewichtes angegeben. Das durch Erhitzen im Vakuum auf 450° erhaltene wasserfreie TiO_2 hat noch eine spezif. Oberfläche von 114 m^2/g. (C. R. hebd. Séances Acad. Sci. **237.** 900–02. 19/10. 1953.)
C. Gottfried. 321

D. C. Bradley, R. Gaze und **W. Wardlaw,** *Die Hydrolyse von Titantetraäthylat.* Es werden Unterss. über die Hydrolyse verd. alkoh. Lsgg. von *Ti-Tetraäthylat* (I) beschrieben u. eingehend unter Berücksichtigung theoret. Gesichtspunkte diskutiert. Bei der Hydrolyse bilden sich komplexe Prodd., darunter ein krist. *Titanyläthylat* (II) von je nach den Bedingungen wechselnder Zus. [25,7–26,1% Ti, 66,3–67,8% C_2H_5O (III)]. Verss. zur Aufklärung der Konst. der Komponenten von II führten zu keinem eindeutigen Ergebnis. Bei einem mol. Verhältnis W.:III = 1:2 bildet sich II in maximaler Ausbeute. Mol.-Gew.-Bestimmungen von II in Bzl. ergaben die Werte 832 (ebullioskop.) oder 1040 (kryoskop.). Als mögliche Komponenten kommen u. a. $Ti_2O(C_2H_5O)_6$, $Ti(C_2H_5O)_3OH$ u. $TiO(C_2H_5O)_2$ (IV) in Frage, deren OH-Gruppen jedoch mit $LiAlH_4$ oder C_2H_5MgJ infolge Neben-Rkk. nicht bestimmt werden konnten. Da II im Vakuum bei 100° u. höheren Tempp. nicht kondensiert, sondern unter Bldg. von I, IV u. sehr wenig A. disproportioniert, schließen Vff., daß der OH-Geh. von I entweder sehr klein (ca. 0,1%) ist oder über die OH-Gruppen keine Kondensation in der Hitze stattfinden kann. Äquimol. Mengen W. u. I in A. ergeben ein harzartiges Prod. der annähernden Zus. von IV (Komplexität in Bzl. 11,4). Eine allmähliche Erhöhung der Menge des W. im Verhältnis zu III von 1,0 auf 2,0 ist mit einer stetigen Erhöhung des Ti-Geh. sowie der Komplexität der Reaktionsprodd. verbunden. Bei einem Verhältnis W.:III $\approx$ 1,75 fällt eine unlösl. feste Verb. der ungefähren Zus. $Ti_2O_3(C_2H_5O)_2$ (V) aus, während sich bei noch höherem Anteil des W. unlösl. koll. Prodd. bilden. IV disproportioniert bei 200° im Vakuum unter Bldg. von I u. einer Verb., deren ungefähre Zus. V entspricht. Bei 250° erfolgt therm. Zersetzung. Verss. zur Darst. von II durch Rk. von I mit harzartigem IV in A. ergaben nur wenig II. Die Rk. von II mit Karl-Fischer-Reagens (VI) deutet auf einen OH-Geh. von 6,75%; dieser Wert steht nicht im Einklang mit OH-Bestimmungen durch andere Methoden. Da I nicht mit VI reagiert, schließen Vff., daß II eine andere reaktionsfähige Gruppe an Stelle von OH enthält. Nach Erhitzen von II unter Bedingungen, die zu keiner Änderung des Ti-Geh. führen, beträgt der scheinbare OH-Geh. bei Bestimmungen mit VI 2,0–2,6%. Daraus schließen Vff., daß die fragliche Gruppe in der Hitze abgespalten wird. Unterss. der Rkk. der Hydrolyseprodd. von **I** mit **VI** zeigen, daß der scheinbare Wassergeh. mit der Dauer des Kochens der Hydrolyseprodd. im Reaktionsmedium sowie mit ansteigenden Werten des Verhältnisses von W.:I abnimmt. Die vorst. experimentellen Ergebnisse werden auf der Basis des Auftretens verschied. Bindungsarten von O (bas. u. saure OH-Gruppen) u. deren Umlagerungen ineinander gedeutet. Einzelheiten vgl. Original.

Versuche: *Ti-Tetraäthylat* **I** $Ti(C_2H_5O)_4$, (vermutlich trimer), $Kp._{0,1}$ 100°, aus 100 g $TiCl_4$ u. 166 g A. in 529 g Bzl. unter Eiskühlung, Einleiten von NH_3 u. Aufarbeitung unter trockenem N_2; 94 g (Ausbeute). **I** erstarrt langsam bei Raumtemp.; Kristalle aus A., die bei ca. 100° langsam erweichen; Mol.-Gew. in Bzl. 674 (ebullioskop.). **II**, Erweichung bei 90—100°, bei 130° fl., durch Zugabe von 0,65 g A. u. 22 g W. zu 27,4 g **I** in 56 g A. u. Aufarbeitung; Kristalle aus A.; 9,5 g; Mol.-Gew. in Bzl. 832 (ebullioskop.), 1040 ((kryoskop.). *Titanyldiäthylat* **IV** $TiO(C_2H_5O)_2$, 1 Mol **I** in 127 g A. wird mit einem Mol W. in 55 g A. umgesetzt u. A. abgedampft. Das nach mehreren Tagen abgeschiedene **II** (0,5 g) wird unter N_2 abgesaugt u. die Mutterlauge im Vakuum zur Trockne eingedampft Das viscose Prod. bildet bei 100°/0,1 mm langsam ein sprödes Harz vom Mol.-Gew. 1730 in Bzl. (ebullioskop.); Kristalle aus Bzl. oder Alkohol. (J. chem. Soc. [London] **1955.** 721—26. März. London, Birkbeck Coll.) H. HOFMANN. 321

John R. Weeks, Dan McLachlan jr. und **John R. Lewis,** *Struktur der gelben Kristalle in der Hochofenauskleidung.* Die von WÖHLER [1850] als $Ti(CN)_2 \cdot 3\,Ti_3N_2$ beschriebenen, in den Zwischenräumen der Hochofenauskleidungen u. -sohlen auftretenden gelben, unschmelzbaren, kub. Kristalle sind eine feste Lsg. von 1 Teil TiC in 4,7 Teilen TiN mit einer Gitterkonstante a = 4,242 Å. (J. Metals **3.** Trans. AIME 393—94. Mai 1951. Salt Lake City, Ut., Univ. of Utah, Dep. of Metallurgy.) K. STEINER. 321

H. Fowler, *Festkörperreaktion im System ZrO_2–Al_2O_3–SiO_2.* Durch Erhitzen verschied. Gemische der Oxyde auf 1650° werden in dem tern. Syst. ZrO_2–Al_2O_3–SiO_2 die Gültigkeit der Zustandsbereiche von ZrO_2–3 $Al_2O_3 \cdot 2\,SiO_2$ u. $ZrO_2 \cdot SiO_2$–3 $Al_2O_3 \cdot 2\,SiO_2$ gefunden u. die Untersysteme ZrO_2–3 $Al_2O_3 \cdot 2\,SiO_2$–Al_2O_3, ZrO_2–$ZrO_2 \cdot SiO_2$–3 $Al_2O_3 \cdot 2\,SiO_2$ u. $ZrO_2 \cdot SiO_2$–SiO_2–3 $Al_2O_3 \cdot 2\,SiO_2$ nachgewiesen. Für $ZrO_2 \cdot SiO_2$–Al_2O_3 wird kein Zustandsbereich gefunden. Gemische von $ZrO_2 \cdot SiO_2$ u. Al_2O_3 entsprechen nach dem Erhitzen dem Bereich ZrO_2–3 $Al_2O_3 \cdot 2\,SiO_2$. In keinem der Systeme konnte die Bldg. einer tern. Verb. beobachtet werden. (Nature [London] **178.** 158—59. 21/7. 1956. New South Wales, Univ. of Technol., School of Chem. Engng.) H. MÜLLER. 322

Herbert H. Anderson, *Triäthylgermaniumhalogenacetate und -halogenpropionate.* Die Hydrolyseempfindlichkeit der Halogene steigt mit zunehmendem Halogengeh., mit steigendem Atomgewicht des Halogens u. in der Reihe $R_3GeOOCCH_2Hal$, $R_3GeOOCCH \cdot HalCH_3$, $R_3GeOOCCH_2CH_2Hal$ an.

Versuche: *Triäthylgermanium-α-chlorpropionat,* $C_9H_{19}O_2ClGe$, Kp. 235°, $D.^{20}_4$ 1,201, n_D^{20} 1,461$_9$, aus Triäthylgermaniumbromid (I) u. Silber-α-chlorpropionat in Chlf. 1 Std. Rückfluß kochen, abfiltrieren des Silbersalzes u. dest. bei 1 Torr, nahezu quantitativ. — *Triäthylgermanium-n-valerat,* $C_{11}H_{24}O_2Ge$, Kp. 230°, $D.^{20}_4$ 1,062, n_D^{20} 1,446$_7$, aus I u. Silber-n-valerat in Chlf., dest. bei 1 Torr, 90%. — *Triäthylgermanium-β-brompropionat,* $C_9H_{19}O_2BrGe$, $Kp._1$ 85—86°, $D.^{20}_4$ 1,376, n_D^{20} 1,483$_2$, aus Triäthylgermaniumacetat (II) u. β-Brompropionsäure, 10 Min. am Rückfluß gekocht u. dest. bei 1 Torr, 90%. — *Triäthylgermanium-β-jodpropionat,* $C_9H_{19}O_2JGe$, $Kp._1$ 94—96°, $D.^{20}_4$ 1,544, n_D^{20} 1,500$_2$, aus **II** u. β-Jodpropionsäure, 95%. — *Triäthylgermaniumcyanoacetat,* $C_9H_{17} \cdot O_2NGe$, $Kp._1$ 98—99°, $D.^{20}_4$ 1,194, n_D^{20} 1,464, aus **II** u. Cyanessigsäure, dest. bei 1 Torr, 90%. — *Triäthylgermaniummonochloracetat,* $C_8H_{17}O_2ClGe$, Kp. 234°, $D.^{20}_4$ 1,243, n_D^{20} 1,467$_2$, aus Bis-[triäthylgermanium]-oxyd (**III**) u. Chloressigsäure, 10 Min. unter Rühren auf 100° erhitzt, abgekühlt, W. abgetrennt, mit Natriumsulfat getrocknet u. destilliert. — *Triäthylgermaniumdichloracetat,* $C_8H_{16}O_2Cl_2Ge$, Kp. 248°, $D.^{20}_4$ 1,304, n_D^{20} 1,467$_2$, aus **III** u. Dichloressigsäure. — *Triäthylgermaniumtrichloracetat,* $C_8H_{15}O_2Cl_3Ge$, $Kp._3$ 125 bis 126°, $D.^{20}_4$ 1,368, n_D^{20} 1,479, aus **III** u. Trichloressigsäure, dest. bei 3 Torr. — *Triäthylgermaniumbromacetat,* $C_8H_{17}O_2BrGe$, Kp. 244°, $D.^{20}_4$ 1,423, n_D^{20} 1,484$_2$, aus **III** u. Bromessigsäure, dest. bei 1 Torr. — *Triäthylgermaniumjodacetat,* $C_8H_{17}O_2JGe$, Kp. 254°, $D.^{20}_4$ 1,593, n_D^{20} 1,511$_2$, aus **III** u. Jodessigsäure, dest. bei 1 Torr. — *Triäthylgermaniumpropionat,* $C_9H_{20}O_2Ge$, Kp. 205°, $D.^{20}_4$ 1,109, n_D^{20} 1,448$_1$, aus **III** u. Propionsäure. — *Triäthylgermanium-n-butyrat,* $C_{10}H_{22}O_2Ge$, Kp. 221°, $D.^{20}_4$ 1,084, n_D^{20} 1,448$_6$, aus **III** u. Buttersäure. (J. org. Chemistry **20.** 900—04. Juli 1955. Philadelphia, Pa., Drexel Inst. of Technol.) A. ZAPPEL. 326

J. C. Platteeuw und **G. Meyer,** *Das System Zinn + Sauerstoff.* Eine experimentelle Unters. des Syst. Sn/O_2 zeigt, daß im Gegensatz zu den Beobachtungen anderer Autoren *SnO* (fest) selbst bei 300° instabil ist, u. in Sn (fl.) u. *SnO_2* (fest) zerfällt. Diese Instabilität

besteht wahrscheinlich für alle Temperaturen. Die Disproportionierung verläuft jedoch bei 300° sehr langsam, so daß röntgenograph. stets noch SnO nachgewiesen werden kann. Eine Umwandlung von SnO in β-SnO findet nicht statt. Als stabile Phasen sind, zumindest im Temperaturbereich 300—1127°, nur fl. Sn, festes SnO_2 u. gasförmiges SnO anzusehen. Der Dampfdruck des gasförmigen SnO in Ggw. eines Sn/SnO_2-Gemisches wird durch log p (mm) = —(13,160/T) + 10,775 beschrieben. Aus den Messungen des Gleichgewichtes zwischen SnO_2, Sn, *CO* u. CO_2 werden die Bildungswärme u. Freie Bildungsenthalpie von SnO_2 (fest) berechnet. Es ergeben sich $\Delta H_{298} = -138{,}7 \pm 0{,}2$ kcal/Mol u. $\Delta G^0_{298} = -123{,}9 \pm 0{,}1$ kcal/Mol. Die Dissoziationswärme von SnO (gasförmig) bei 0° K wird zu D_0(SnO) = 134 ± 2 kcal/Mol abgeschätzt. Die Geschwindigkeiten der Rkk., bei denen SnO (gasförmig) gebildet wird, werden qualitativ verglichen. (Trans. Faraday Soc. **52.** 1066—73. Aug. 1956. Delft, Dep. of Gen. and Inorgan. Chem.)
W. KRÖNERT. 327

Jacques Robin (unter techn. Mitarbeit von **Albert Théolier**), *Herstellung und Eigenschaften von Bleihydroxyd.* 10 g $Pb(NO_3)_2$ werden in ca. 300 ml W. gelöst u. mit 25 ml konz. NH_4OH gefällt. Nach Aufkochen unter Rühren wird abdekantiert u. über aktiviertem Al_2O_3 getrocknet. Dieses noch wasserhaltige Pb-Hydroxyd wird durch Erhitzen bei 280—300° über Nacht in $Pb(OH)_2$ umgewandelt, Gewichtsverlust beim Glühen 7,4%; Pb-Geh. 85,2%. $Pb(OH)_2$ ist stabil bis 400°. Die d-Werte der DEBYE-SCHERRER-Aufnahmen werden mit Intensitäten mitgeteilt. Eine Zuordnung gelang nicht. Die Struktur entspricht nicht dem CdJ_2-Typ, in dem viele 2wertige Hydroxyde kristallisieren. (Bull. Soc. chim. France [5] **1956.** 680—81. April. Lyon, Soc. d'Electrochim.-Ugine, Serv. Gén. des Rech.)
H.-G. MOSLÉ. 328

Harald Schäfer und **Günther Breil**, *Beiträge zur Chemie der Elemente Niob und Tantal.* 8. Mitt. *Über das System Nb_2O_5–Ta_2O_5–NbO_2–TaO_2–H_2O–H_2.* (7. vgl C. **1953.** 7042; vgl. hierzu C. **1955.** 10462.) Die Reduzierbarkeit von Nb_2O_5, von Ta_2O_5 u. von Mischungen der beiden Pentoxyde wurde bei 900° im H_2–H_2O-Strom untersucht. Nb_2O_5 u. Ta_2O_5 sind miteinander vollständig mischbar. Die festen Lsgg. mit >76 ± 3% Nb_2O_5 besitzen das M-Gitter des Nb_2O_5, das T–Ta_2O_5 aufzunehmen vermag, die Nb-ärmeren Mischungen das T-Gitter des Ta_2O_5, das größere Mengen von Nb_2O_5 zu lösen vermag (M = Mittel-, T = Tieftemp.). Ein heterogenes Zwischengebiet mit T- neben M-Phase läßt sich nicht beobachten. In der Pentoxydphase ist der O-Geh. innerhalb gewisser Grenzen variabel. — Bei 900° wird Ta_2O_5 durch H_2 (p = 735 mm)/H_2O (p = 0,035 mm) nicht reduziert. Für einen NbO_2—$NbO_{2,4}$-Bodenkörper stellt sich bei 900° bei p_{H_2} 715 mm u. bei p_{H_2O} 23 ± 1 mm ein Gleichgewicht ein; oberhalb dieses Wasserdampfpartialdruckes erfolgt Oxydation, unterhalb Reduktion des Bodenkörpers. NbO_2 vermag TaO_2 aufzunehmen, es existiert also auch eine Dioxydmischphase. Wirkt feuchtes H_2 auf Pentoxydmischungen ein, so ist der Gleichgewichtsbodenkörper in Abhängigkeit vom vorgegebenen Nb–Ta-Verhältnis u. vom H_2–H_2O-Verhältnis in der Gasphase heterogen oder homogen; entweder liegt eine Pentoxydmischphase neben einer Dioxydmischphase oder nur eine dieser beiden Phasen vor. Die im heterogenen Gebiet vorliegende Zus. der festen Phasen ist bei konst. Temp. u. $p_{H_2} + p_{H_2O} = 1$ at durch den vorgegebenen Wasserdampfdruck bestimmt. Die Ergebnisse werden phasentheoret. gedeutet. (Z. anorg. allg. Chem. **267.** 265—76. Jan. 1952. Stuttgart, MPI für Metallforschung, Inst. für Phys. Chem.)
U. WANNAGAT. 332

Swarup Narain Tewari und **Satyeshwar Ghosh**, *Untersuchungen über Chromoxydhydrat.* 5. Mitt. *Konduktometrische Untersuchung der Fällung von Chromhydroxyd.* (4. vgl. C. **1954.** 5472.) Es wird die Leitfähigkeit von $CrCl_3$-Lsgg. nach Zugabe wechselnder Mengen NaOH in Abhängigkeit von der Temp. untersucht. Die Leitfähigkeit sinkt nach Zugabe kleiner Mengen NaOH stark ab. Dieser Effekt ist auf die Neutralisation der durch Hydrolyse des $CrCl_3$ in Lsg. gebildeten HCl zurückzuführen, also auf den Ersatz von H_3O^+- durch Na^+-Ionen, wobei sich gelöstes bas. Salz bildet. Die Hydrolyse der $CrCl_3$-Lsg. nimmt mit steigender Temp. zu. (Z. anorg. allg. Chem. **279.** 225—28. Juni 1955. Allahabad, Univ., Chem. Abt.)
G. RUBAN. 335

J. W. van Spronsen, *Die zwölf neuen Elemente. Technetium, Promethium, Astat, Francium und Neptunium bis einschließlich Centurium.* Entdeckung, Herst., Verbb., Eigg. u. Stellung im Period. System. — 110 Literaturangaben. — Ergänzungen hierzu vgl. C. **1952.** 7945. (Chem. Weekbl. **47.** 55—60. 27/1. 1951.) M. GEHLEN-KELLER. 341

T. S. Piper und **G. Wilkinson**, *Eisenalkyl- und -arylverbindungen.* Durch Umsetzung a) von π-$C_5H_5Fe(CO)_2J$ mit GRIGNARD-Reagentien oder b) von π-$C_5H_5Fe(CO)_2Na$ (aus π-$C_5H_5Fe(CO)_4Fe$π-C_5H_5 mit Na-Amalgam in Tetrahydrofuran erhalten) mit Alkylhalogeniden stellen Vff. die entsprechende *Methylverb.* (F. 78—82°; wachsartig, karamelfarben [Ausbeute]: nach Verf. a 50%, nach b 70%), *Äthylverb.* (5—10%) u. *Phenylverb.* (F. 26—30°; bernsteingelb, 5—10%) dar, deren Konstitution durch Infrarotspektr. gesichert wird. Die Bldg. dieser Fe-Verbb. mit Metall-C–σ-Bindungen stützt die Ansicht, daß auch in den Verbb. π-$C_5H_5Fe(CO)_2C_5H_5$ u. π-$C_5H_5Cr(NO)_2C_5H_5$ der eine C_5H_5-Ring mit dem Metall durch eine σ-Bindung verbunden ist. Vff. vermuten, daß prinzipiell auch V, Co u. Ni Alkyl- u. Arylderivv. bilden können, vorausgesetzt, daß andere stabilisierende Gruppen, z. B. C_5H_5, NO oder CO, vorhanden sind u. daß gegebenenfalls auch ähnliche Verbb. mit Bindungen zwischen Metall u. P, Si oder O durch Umsetzung geeigneter Halogenide mit den Na-Salzen zugänglich sind. (Naturwissenschaften **43.** 15–16. 1. Jan.-H. 1956. Cambridge, Mass., Harvard Univ., Mallinckrodt Labor.) K. PRCHAL. 354

Leo Parts und **John A. Froemke**, *Die Reaktion von Kaliumcyanoferrat(II) und Eisen(II)-cyanwasserstoffsäure mit den dreifach positiven Ionen des Antimons, Arsens und Phosphors.* Vff. fanden, daß die Zus. des Antimonhexacyanoferrat (II) (I) nicht $Sb_4[Fe(CN)_6]_3 \cdot 25\ H_2O$, sondern $Sb_4[Fe(CN)_6]_3 \cdot 6\ H_2O$ ist. Die I-Darst. gelingt am besten in wss. Lsg. von $SbCl_3/HCl$ mit $H_4[Fe(CN)_6]$ (**II**), wobei die mit ausfallende **II** mit 96%ig. A. entfernt werden kann. Ohne HCl gelingt die I-Darst. auch direkt aus $SbCl_3$ u. II in Alkohol. Es war nicht möglich, dem I entsprechende P- u. As-Hexacyanoferrate (II) zu erhalten. (Proc. South Dakota Acad. Sci. [51] **30.** 85–96. 1/12. 1951. Sioux Falls, Augusta Coll., Dep. of Chem.) H.-G. PLUST. 354

Marc Laffitte, *Ursprung der verschiedenen Zusammensetzung des hexagonalen Nickelsulfids.* Aus dem Vgl. der gemessenen D. von NiS mit der Zus. von $Ni_{1,000}S$ bis $Ni_{0,943}S$ mit den aus röntgenograph. Daten berechneten Werten schließt Vf., daß der Grund für den Fehlbetrag an Ni im Kristallgitter in Ni-Leerstellen zu suchen ist. (C. R. hebd. Séances Acad. Sci. **243.** 58–61. 2/7. 1956.) H. MÜLLER. 356

P. R. Das Gupta, *Mitteilung zur Struktur des Palladiumdiamidoximkomplexes.* Das

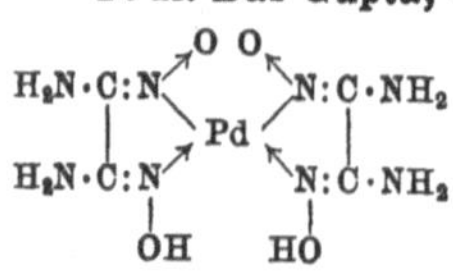

Pd-Salz des *Oxalendiamidooxims* ist ein Dichelatkomplex, dessen cis-Form die nebenst. Formulierung zukommt: Die Isolierung der entsprechenden trans-Form war bisher nicht möglich. Die cis-Konfiguration wird vom Vf. aus der Tatsache geschlossen, daß der Komplex leicht Diäthyljodid- u. Dimethylsulfatderivv. entsprechend den Dimethyljodid- u. Dimethylsulfatderivv. des Ni-Dimethylglyoxims gibt. Vf. verweist auf einige Unklarheiten, die sich aus der obigen Formulierung u. den zum Strukturbeweis angeführten Rkk. ergeben, u. deren Aufklärung das Ziel weiterer Unterss. ist. (J. Indian chem. Soc. **31.** 645–46. Aug. 1954. Calcutta, Presidency Coll., Dep. of Chem.) H. HOFMANN. 365

Karl Andreas Hofmann, Anorganische Chemie. Hrsg. v. **Ulrich Rudolf Hofmann** u. **Walter Rüdorff** 16. Aufl. Braunschweig: Vieweg u. Sohn. 1956. (XI + 870 S. m. 116 Abb. u. 5 Spektraltaf.) 8° DM 28,—.

L. Norcott, Molybdenum. London: Butterworths Scientific. 1956. (XII + 222 S. m. Abb.) 8°. 40 s.

Wolfgang Scharnke, u. a., Anorganische Chemie für Chemiefacharbeiter. 4. Aufl., unveränd. Nachdr. d. 2. Aufl. Ausg. 1953. Berlin: Volk u. Wissen. 1956. (320 S. m. 242 Abb.) 8° = Lehrbücher f. d. Berufsausbildung. DM 5,85.

A₉. Mineralogische und geologische Chemie.

H. v. Philipsborn, *Biokristallographie.* Vf. gibt an Hand der vorliegenden biol., medizin. u. kristallograph. Literatur Beispiele für die Anwendungsbereiche u. die Anwendungsbreite der verschied. Zweige der Biokristallographie, u. zwar der morpholog., physikal., chem., genet., funktionellen, diagnost., patholog. u. therapeut. Biokristallographie. Kurz wird noch auf einige spezielle biokristallograph. Fragestellungen eingegangen. (Bull. Soc. franç. Minéralog. Cristallogr. **78.** 267–74. April/Juni 1955. Bonn, Univ., Mineral. Inst.) C. GOTTFRIED. 372

E. Tröger, *Die petrologische Gliederung der Erdkruste.* Nach der Kondensation der Erdmaterie verblieb als äußerster Saum gegen das Weltall die Pneumatosphäre von pegmatit. Chemismus u. pneumatolyt. Zustände. Die Silicathülle hatte im Ausgangsstadium Gabbroid–Basalt-Chemismus u. der absinkende Olivin kam in einer Tiefe von ca. 60 km hydrostat. zum Schweben. Die granit. Ausscheidungen der später zur Kondensation kommenden Pneumatosphäre bildeten zusammen mit der äußeren Erstarrungshaut der Schmelzhülle die erste feste Erdkruste. Das Ausbluten granit. Restdifferentiate u. die Ausschmelzung granit. Mobilisate aus der prim. Kruste sind 2 Vorgänge, die heute noch andauern. Sie haben dazu geführt, daß unter ca. 20 km kristallinen Schiefern mit eingeschalteten Granitmassen ca. 20 km vorwiegende Gabbrodifferentiate u. darunter ca. 20 km ultrabas. M. anzunehmen sind. Darunter bildet sich ein eklogitartiges Kristallisationsprodukt. (Fortschr. Mineralog. **29/30.** 40–41. 1951. Clausthal.) J.-E. HILLER. 378

H. Straka und **H. L. de Vries**, *Eine Radiocarbondatierung zum Alter der Eifelmaare.* Vff. bestimmten das Alter von Mudde aus Eifelmaaren mit der Radiocarbondatierung zu 10770 ± 250 Jahren. Der Wert stimmt gut überein mit dem nach der pollenanalyt. Datierung gewonnenen von 10500 Jahren u. stützt daher die anderen pollenanalyt. Datierungen ähnlichen Materials. (Naturwissenschaften **43.** 13. 1. Jan.-H. 1956. Kiel, Univ., Botan. Inst.; Groningen, Univ., Natuurkundig. Labor.) MAX SCHMIDT. 378

F. Begemann, H. v. Buttlar, F. G. Houtermans, N. Isaac und **I. Picciotto**, *Anwendung der RaD-Methode bei der Messung des „chemischen" Alters eines Uranminerals.* Die von HOUTERMANS angegebene RaD-Meth. für die Best. des chem. Alters von U-Mineralien besteht in der Messung von Pb/U durch das Verhältnis von RaD/Pb. Dasselbe kann an einer beliebigen Menge des Minerals bestimmt werden, da RaD u. Pb isotop sind. Die Best. kann an außerordentlich kleinen Stoffmengen erfolgen. Die Gültigkeitsbedingungen dieses Verf. u. die Meth. der RaD-Messung werden diskutiert. An 2 Proben einer Pechblende von Shinkolobwe wurde eine Kontrolle des Verf. durchgeführt. Das Verhältnis Pb/U wurde einerseits chem.-analyt., andererseits nach der RaD-Meth. bestimmt. Eingehend wurde ein Verf. beschrieben, den Pb-Geh. durch Extraktion mit Dithizon festzustellen. Gemessen wurde meist die β-Strahlung von RaD–RaE 4—5 Wochen nach der Abtrennung des Pb. Die nach diesen Verff. in Göttingen u. unabhängig davon in Brüssel erhaltenen Ergebnisse stimmen innerhalb der Experimentalfehlergrenze gut überein. Die Vorteile der RaD-Meth. werden zusammengefaßt: 1. Die Gewichtsbest. des U ist nicht nötig. 2. Desgleichen die des Pb; es genügt die Extraktion einer beliebigen Pb-Menge. 3. Die RaD-Meth. arbeitet sehr viel schneller als die chemische. 4. Sie erlaubt die Best. von Pb/U an sehr kleinen Proben. (Geochim. cosmochim. Acta [London] **4.** 21—35. Aug. 1953.) MAX WOLF. 378

Alois Dubanský, *Beiträge zur Erkennung der Geochemie sekundärer Sulfate.* 2. Mitt. *Botryogen aus Smolník.* (1. vgl. SEIDL, C. **1956.** 6618.) Chem. Analyse, Dehydratationskurve, röntgenometr. Angaben sowie kristallograph. Messungen eines in Smolník (Slowakei) gefundenen Botryogen. Es wurde die chem. Formel des Minerals bestimmt u. sein Ursprung besprochen. (Chem. Listy **48.** 1281—86. Sept. 1954. Praha, Vys. škola chem.-technol., Kat. mineral., krystalogr. a nerostných surovin.) V. RŮŽIČKA/Prag. 378

Ss. Je. Kolotuchina, *Über die alluviale Genesis der mächtigen Sandsteine des mittleren Carbons der Randgebiete des Donbass.* Auf Grund der litholog. Beschreibung der Sandsteine der kohleführenden Schicht kommt Vf. zu der Schlußfolgerung, daß die meisten Sandsteine der verschied. Horizonte des mittleren Carbons im nördlichen Donezrandgebiet alluvialen Ursprungs sind u. im Delta eines alten Flußbettes nordwestlicher Richtung abgelagert wurden. (Известия Академии Наук СССР, Серия Геологическая [Nachr. Akad. Wiss. UdSSR, geol. Ser.] **1952.** 75—88. Jan./Febr.) O. LEBTAG. 378

H. P. Schaub, *Physikalische Grenzen der Glaukonitbildung.* Vf. ist der Ansicht, daß der Beginn der Glaukonitbldg. nicht mit dem Cambrium begrenzt werden kann, sondern daß die Glaukonite des Praecambrium nur durch Metamorphose umgelagert wurden. Ein wahrscheinlich praecambr. Vork. findet sich in Grönland. (Bull. Amer. Assoc. Petroleum Geologists **39.** 1878—79. Sept. 1955. Den Haag, Holland.) F. ENSSLIN. 378

Joachim Lietz, *Die Entstehung von Blei–Zink–Eisen-Erzen auf Klüften im Reitbrooker Erdölgebiet.* Auf einer Bohrung wurden zwischen 20 u. 40 m über dem Salzstock Kluftfüllungen mit Erzen erbohrt, die einen ausgesprochenen Teufenunterschied zeigen. In den oberen Teufen findet sich als älteste Bldg. *Bleiglanz*, dann entstanden *Zinkblende* u. zum Schluß *Pyrit*, *Markasit* u. *Melnikovitpyrit*, die nach der Teufe zu mit scharfer Grenze in Bleiglanz mit Zinkblende u. schließlich reinen Bleiglanz übergehen. Es wird angenommen, daß die Schwermetallionen aus konzentrierten, wandernden Laugen des Salzstockes entstammen, wobei die Ausfällung durch Schwefelwasserstoff aus Erdölwasser erfolgte. (Fortschr. Mineralog. **29/30.** 77—78. 1951. Hamburg.) J.-E. HILLER. 378

J. Tokarski, *Die Genesis und systematische Stellung der Bentonite.* Vf. bespricht die Einteilung der Tonmineralien in die Montmorillonit- u. die Kaolinitgruppe. Die Montmorillonitgruppe besteht aus *Montmorillonit*, *Beidellit*, *Nontronit*, *Hectorit* u. *Saponit* als den wichtigsten Gliedern der isomorphen Reihe. Durch Ersatz von Si in den SiO_4-Tetraedern des Pyrophyllites $Al_2O_3 \cdot 4\ SiO_2 \cdot H_2O$ bzw. des Talks $3\ MgO \cdot 4\ SiO_2 \cdot H_2O$ durch Al treten zusätzliche, durch Kationen wie Na^+ bzw. Ca^{2+} austauschbare, besetzbare Stellen im Koordinationssyst. auf. Diese bedingen die interessanten Eigg. der Montmorillonitgruppe. Die Bentonite gehören ihr an u. sind Mg–Al-Montmorillonite. Sie sind an die hydrolyt. Zers. von vulkan. Gläsern von schwach saurem bis bas. Chemismus geknüpft. Bes. treten sie in Tuffen auf, deren Hauptbestandteile glasiger Natur waren. Der Bentonit von

Chmielnik (Karpathen) hat nach Vf. die chem. Formel:

$$\overset{\text{Ca } 0{,}114}{[Al^{3+}_{1,428}\,Fe^{3+}_{0,161}\,Fe^{2+}_{0,017} \uparrow Mg^{2+}_{0,431}]\,[Si^{4+}_{4}]\,O_{10}[OH]_2}$$

u. der von Lwów (UkrSSR)

$$\overset{\text{x } 0{,}095}{[Al^{3+}_{1,708}\,Fe^{3+}_{0,076}\,Fe^{2+}_{0,135}Mg^{2+}_{0,160}]\,[Al^{3+}_{0,313} \uparrow Si^{4+}_{3,687}]O_{10}[OH]_2.}$$

Die koll. Bestandteile aus dem Subkarpatentuff entsprechen der Formel

$$\overset{\text{x } 0{,}084}{[Al^{3+}_{1,380}\,Fe^{3+}_{0,091}\,Fe^{2+}_{0,199} \uparrow Mg^{2+}_{0,248}]\,[Si^{4+}_{4}]O_{10}[OH]_2}$$

u. demzufolge einem Montmorillonit. (Bull. Acad. polon. Sci., Cl. III. **1.** 267—70. 1953.) K. LÖFFLER. 380

Elisabeth Jérémine und **André Sandréa,** *Über die chemische Zusammensetzung des Espichellits und seine Stellung in der Familie der Lamprophyre.* Der Name *Espichellit* wurde von SOUZA BRANDÃO (Ann. sci. Acad. Polytechn. Porto **1.** [1905]) einem gangförmigen Lamprophyr gegeben, der die jurass. u. kretazäischen Kalke von Praiados Degrans, östlich Kap Espichel, Portugal, schneidet. Um seine Stellung in der Familie der Lamprophyre festzulegen, wurden 2 Analysen angefertigt. Eine der Analysen (beide Analysen stimmen nahezu überein) ergab die Werte SiO_2 42,70 (%); Al_2O_3 15,45; Fe_2O_3 5,91; FeO 5,55; MnO 0,12; MgO 8,28; CaO 10,24; Na_2O 2,02; K_2O 2,53; TiO_2 3,53; P_2O_5 0,54; H_2O^+ 2,22; H_2O^- 0,91. Auf Grund der Analysen gehört das Gestein genet. zu der Familie der melanokraten Kersantite u. chem. zur Gruppe der Monzonite. (C. R. hebd. Séances Acad. Sci. **241.** 891—93. 3/10. 1955.) C. GOTTFRIED. 380

P. Ramdohr, *Der „Histrixit" der Curtin-Davis-Mine in North-Dundas, Nordwest-Tasmania.* Vf. untersuchte Histrixit aus Australien. Nachgewiesen wurden Arsenkies, Wismutglanz, Pyrit, Fahlerz, Jamesonit, Kupferkies, Zinkblende, Markasit, Spuren von Magnetkies, gediegenes Wismut, Bournonit u. ein anisotropes reflexpleochroit. Mineral. Aus den Unterss. der einzelnen Bestandteile geht hervor, daß das Mineral Histrixit ein Gemenge von ca. 10 Erzen ist, in denen *Fahlerz, Jamesonit, Pyrit* u. *Wismutglanz* überwiegen. Histrixit ist daher als Mineral zu streichen. (Neues Jb. Mineralog., Mh. **1950.** 139—41. Heidelberg.) E. SCHIEBOLD. 380

Pierre Koch, *Die Pantellarite des Mont Mba Nsché (Kamerun).* Auf der Ostseite des Mont Mba Nsché, der aus *Riebeckit-* u. *Ägirin*-haltigem *Granit* besteht, liegt eine kleine Hügelkette, die aus sauren Laven besteht. Es werden die Analysen zweier charakterist. Proben, u. zwar eines Riebeckit-haltigen Pantellarites u. eines Ägirin-haltigen Pantellarites mitgeteilt. Für das erste Gestein wurde gefunden: SiO_2 72,15 (%); Al_2O_3 7,80; Fe_2O_3 3,85; FeO 4,40; MgO 0,40; CaO 0,55; Na_2O 4,75; K_2O 3,60; TiO_2 0,40; P_2O_5 Spuren; MnO 0,22; S in SO_3 0,39; H_2O^+ 0,90; H_2O^- 0,20. Die zweite Analyse ergab SiO_2 62,20 (%); Al_2O_3 12,10; Fe_2O_3 6,95; FeO 3,90; MgO 0,25; CaO 0,93; Na_2O 4,10; K_2O 6,30; TiO_2 0,70; P_2O_5 0,11; MnO 0,42; S in SO_3 —; H_2O^+ 0,80; H_2O^- 0,70. (C. R. hebd. Séances Acad. Sci. **241.** 893—95. 3/10. 1955.) C. GOTTFRIED. 380

D. P. Sserdjutschenko, *Asbestartiger Phlogopit aus dem südlichen Jakutien.* Im Flußgebiet des Leglier wurde ein feinnadliger asbestartiger *Phlogopit* (**I**) festgestellt, der nach Aussehen u. Struktur an Chrysotil erinnert. Neben dem asbestartigen **I** wurde auch der gewöhnliche **I** gefunden. Es ist anzunehmen, daß im Frühstadium (bei ca. 650°) der pneumatolyt.-fluid. **I**-Bldg. bes. Verhältnisse eintraten, welche die Kristallisation des nadelförmigen **I** begünstigten. Später, nach Senkung der Temp. bis ca. 500° u. niedriger, wurde überall der gewöhnliche **I** gebildet. Für den asbestartigen u. den gewöhnlichen **I** werden folgende Strukturformeln aufgestellt: $(Si_{2,77}Al_{1,23})\{(Al_{0,09}Ti_{0,02}Fe^{3+}_{0,12})^{0,23}(Fe^{2+}_{0,32}\cdot Mg_{2,38})^{2,70}\}^{2,93}(Ba_{0,05}Na_{0,21}K_{0,79})^{1,05}[F_{0,17}Cl_{0,02}(OH)_{0,30}]^{0,49}\ O_{10,75}$ bzw. $(Si_{2,86}Al_{1,14})\cdot\{(Al_{0,02}Ti_{0,01}Fe^{2+}_{0,10})^{0,13}(Fe^{2+}_{0,30}Mg_{2,63})^{2,93}\}^{3,06}(Ca_{0,03}Ba_{0,03}K_{0,70})^{0,76}[F_{0,47}Cl_{0,03}(OH)_{1,44}]^{1,94}\cdot O_{10,03}$. Der asbestartige **I** ist opt. negativ; $2V = 0$ bis 4—5°; deutlicher Pleochroismus: $N_m \leq N_g$ 1,592 ± 0,002; blaugrün; $N_p = 1{,}550 \pm 0{,}002$; fahlgelbgrün. Für den gewöhnlichen **I** gilt: $N_m \leq N_g = 1{,}586 \pm 0{,}002$; $N_p = 1{,}546 \pm 0{,}002$. Die geringeren Brechungszahlen des gewöhnlichen **I** hängen mit dem geringeren Fe-Geh. u. mit dem höheren F-Geh. zusammen. (Доклады Академии Наук СССР [Ber. Akad. Wiss. UdSSR] [N. S.] **97.** 151—53. 1/7. 1954.) O. LEBTAG. 380

Richard T. Moore, *Mineralien und Metalle von wachsender Bedeutung. Seltene und radioaktive Mineralien.* Beschreibung der Vork. der Mineralien des Be, Li, Cs, Rb, Ti, Ga, Ge, In, Tl, Re, Se, Te, Zr, Hf, Nb, Ta, U, Th u. der Seltenen Erden. (Univ. Arizona, Bur. Mines Bull. **24.** Nr. 163. 1—40. Okt. 1953.) F. ENSSLIN. 380

W. R. Van Voorhis, L. E. Andrews jr. und **G. D. Creelman,** *Untersuchungen an den Erzvorkommen von Riddle. Realisierbarkeit der Erzschätzung durch Kombinierung der*

Methoden des Bergwerksingenieurs, des Geologen und der Mathematiker. Die Unterss. ergaben, daß eine Abschätzung des Ni-Geh. der Erze nur durch Kombination von geolog. u. statist. Methoden möglich ist. Beschreibung der Methode. (Mining Congr. J. **41**. Nr. 9. 71—76. Sept. 1955.) T. Oppermann. 380

H. Schumann, *Ein besonderer Fall von Gefügeregelung.* In den Wissenbacher Schiefern des Rammelsberges findet sich ein feinkörniges, stark geschiefertes Gestein, das zu 80% aus hellem *Glimmer* besteht. Im Schliff parallel zur Schieferung erhält man an jeder Stelle die konoskop. Interferenzfigur eines negativ zweiachsigen Minerals senkrecht zur spitzen Bisektrix. Im Schnitt senkrecht zur Schieferung erhält man an jeder Stelle die Interferenzfigur parallel zur Achsenebene zweiachsiger Kristalle. Infolge der extremen Regelung verhält sich das Gestein wie ein einzelner Kristall. (Fortschr. Mineralog. **29/30**. 79. 1951. Göttingen.) J.-E. Hiller. 382

M. S. Hedley, *Geologie und Erzlagerstätten des Sandon-Gebiets, Slocan Bergbaugebiet, British Columbia.* Die Ag–Pb–Zn-Lagerstätten sind an die Intrusivgesteine des Nelson Batholithen gebunden. Das Hauptgestein ist *Quarzdiorit* mit entsprechenden *Lamprophyren* gleicher oder ähnlicher Zusammensetzung. Die Vererzung erfolgte in genau bestimmbaren Gängen. Gangmineralien sind Kalkspat, Eisenspat u. Quarz. (Brit. Columbia Dep. Mines, Bull. Nr. **29**. 1—130. 1952.) F. Ensslin. 382

Giovanni Boato, *Die Bedeutung des Deuteriumüberschusses in Meteoriten.* Vf. kommt nach krit. Unterss. der bekannten experimentellen Ergebnisse zu dem Schluß, daß es bis jetzt unmöglich ist, auf Grund der vorhandenen Daten über chem. Analyse u. Isotopenverhältnis D : H in Meteoren eine Aussage zu machen über die Isotopenzus. des Wasserstoffs am Uranfang. (Nature [London] **177**. 424—25. 3/3. 1956. Genova, Univ., Ist. Fis.) Max Schmidt. 388

S. Deutsch, E. Picciotto und **F. G. Houtermans,** *Radioaktivität von Eisenmeteoriten, bestimmt mit der photographischen Methode.* Vorläufiger Bericht über Verss. der Vff., die Widersprüche in der Literatur bzgl. des Geh. von U u. Th in Meteoriten zu klären. Die Radioaktivität von Meteoriten wird mit Hilfe einer photograph. Meth. bestimmt. Die durch Verunreinigungen bewirkten Ungenauigkeiten ermöglichen noch keine endgültige Auswertung der Meßergebnisse, doch kündigen die Vff. eine weitgehende Eliminierung der störenden Einfll. an. (Nature [London] **177**. 885—86. 12/5. 1956. Bruxelles, Univ., Labor. de Phys. Nucl.; Bern, Univ., Phys. Inst.) Max Schmidt. 388

Marcel Abribat und **Jacques Pouradier,** *Angabe des Gehaltes an künstlichen Radioelementen in der Atmosphäre des Raumes von Paris.* Vff. filtern täglich ein gewisses Luftvol. u. stellen die β-Aktivität des darin enthaltenen Staubes fest. Außerdem untersuchen sie das Regenwasser auf seine β-Aktivität. Sie finden dabei im Staub sowie im Regenwasser eine beträchtliche Zunahme der Aktivität kurze Zeit nach den Atombombenverss. in Nevada (April/Mai u. Aug. 1953). (C. R. hebd. Séances Acad. Sci. **237**. 1233—35. 16/11. 1953.) J. Voitländer. 396

Charles Y. Johnson und **Edith B. Meadows,** *Erste Untersuchung der umgebenden positiven Ionenzusammensetzung bis zu 219 km durch ein in eine Rakete eingebautes Spektrometer.* Vff. berichten über die Zus. der Luft an positiven Ionen zwischen Atommasseneinheiten 8 u. 49 in der oberen Atmosphäre zwischen 93 u. 219 km. In die Rakete war ein Radiofrequenzmassenspektrometer eingebaut. Beim Aufstieg waren zwischen 93 u. 124 km die stärksten Ionenmaxima von den Atommassenzahlen (AMU) 16, 26, 30 u. 32. Schwächere Maxima lagen bei 12, 18, 19, 21, 23, 38 u. 45 AMU. Von 124—219 km wurden nur noch Ionen von 16 u. 32 AMU festgestellt. Beim Abstieg wurden bei 106 km Maxima der AMU 26, 30 u. 32 identifiziert. (Ann. Géophysique **11**. 173. 1955. Washington, D. C., Naval Res. Labor.) C. Gottfried. 396

H. K. Kallmann, *Die kontinuierliche Schichtbildung in der Atmosphäre unter dem Einfluß der Sonnenstrahlung.* Vf. zeigt die Möglichkeiten der kontinuierlichen Bldg. ionisierter Schichten auf, wobei „kontinuierlich" im Sinne einer stetigen Zu- oder Abnahme der Elektronendichte mit der Höhe zu verstehen ist. Es wird angenommen, daß mol. O_2 zwischen 80 u. 100 km Höhe dissoziiert, daß ferner O_2 durch eine Strahlung mit λ 972 Å u. O durch Strahlung von ca. 910 Å ionisiert wird. Es werden ferner die etwas veränderten Verhältnisse bei verstärkter Sonnentätigkeit untersucht. (Physic. Rev. [2] **90**. 153—54. 1/4. 1953. Los Angeles, Calif., Univ. of California.) H. Preuss. 396

Arlette Vassy, *Beziehungen zwischen dem atmosphärischen Ozon und den Gewittern.* Bei einem Vgl. der kontinuierlichen Registrierung des O_3-Geh. in Bodennähe u. einer kontinuierlichen Registrierung von gewittrigen Entladungen ergab sich ein schnelles u. starkes Ansteigen des O_3-Geh. bei aufziehenden Gewittern; diese Zunahme der O_3-Konz. erfolgte im Mittel ca. 3½ Std. vor den ersten Entladungen. Zur Erklärung dieser Beobachtung werden 2 Hypothesen aufgestellt: der O_3 wird durch die Bewegungen herabsinkender Luft vor den Gewitterwolken transportiert oder aber der O_3 wird an Ort u. Stelle infolge eines intensiven elektr. Feldes am Boden bei aufziehenden Gewittern gebildet. (C. R. hebd. Séances Acad. Sci. **239.** 1309—11. 15/11. 1954.) C. Gottfried. 396

Henry G. Houghton, *Über die chemische Zusammensetzung von Nebel und Wolkenwasser.* Es wurden ca. 90 Proben von Nebel u. Wolkenwasser chem. untersucht. Die Nebelproben stammten von 4 Punkten entlang der Nordostküste von Nord-Amerika, die Wolkenproben vom Mount Washington. Es wurde gefunden, daß die akt. Kerne prim. Sulfate u. Chloride sind. Während Chlorid an der Küste vorherrscht, ist Sulfat in allen Proben vorhanden. Der hohe Säuregeh. vieler Proben scheint anzudeuten, daß die Sulfatkerne freie H_2SO_4 sind. (J. Meteorol. **12.** 355—57. Aug. 1955. Cambridge, Mass., Inst. of Technol.) C. Gottfried. 396

E. J. Smith, K. J. Heffernan und **B. K. Seely,** *Die Abnahme der eiskernbildenden Eigenschaften von Silberjodid in der Atmosphäre.* Feinstverteiltes ZnS u. eisbildende Keime in der Form von AgJ-Rauch wurden aus getrennten Generatoren gleichzeitig u. von der gleichen Bodenstation aus in die Luft geschickt. Zur Erzeugung des AgJ-Rauches wurde eine Lsg. von AgJ in Aceton in der Flamme einer großen Petroleumgebläselampe atomisiert. Außer dieser Meth. wurde H_2 anstatt von komprimierter Luft zur Atomisierung der Lsg. benutzt u. die zerstäubte Fl. angezündet. Durch in Flugzeuge eingebaute Apparate wurden in verschied. Höhen die Konzz. der beiden Komponenten gemessen. Beide Komponenten wurden gleichzeitig, in Entfernungen bis zu 56 km windabwärts von den betreffenden Generatoren, entdeckt. Ein Vgl. der Konzz. wurde als ein Maß für die Verschlechterung der eiskeimbildenden Eigg. des AgJ benutzt. Es wurde gefunden, daß die Anzahl der in dem AgJ-Rauch bei -17^0 wirksamen eisbildenden Keime von einem H_2-Brenner nach 8 Min. Verweilen in der freien Atmosphäre um einen Faktor von 10 abnahmen. Die entsprechende Zeit bei Verwendung des anderen Brenners betrug 50 Minuten. Die Geschwindigkeitsabnahme in der Anzahl der Keime wurde durch eine Wolkendecke nicht beeinflußt. (J. Meteorol. **12.** 379—85. Aug. 1955. Australia, Commonwealth Sci. and Ind. Res. Organizat. and New Mexico Inst. of Mining and Technol.) C. Gottfried. 396

B. Allgemeine und theoretische organische Chemie.

B. M. Craig, *Die Brechungsindices einiger gesättigter und einfach ungesättigter Fettsäuren und deren Methylester.* Für eine Anzahl gesätt. u. einfach ungesätt. Fettsäuren u. ihrer Methylester wurden die n-Werte ermittelt. Zu deren Berechnung wurden Gleichungen für beliebige Tempp. entwickelt. Innerhalb einer homologen Reihe u. zwischen den freien Fettsäuren u. ihren Methylestern wurden beträchtliche Abweichungen für die Temperaturkoeffizienten der n-Werte gefunden. Ergebnisse: *Methylester: Ölsäure-*, n_D^{35} 1,44656; *Eikosensäure-*, n_D^{35} 1,44833; *Erucasäure-*, n_D^{35} 1,44977; *Palmitinsäure-*, $n_D^{60,2}$ 1,42549; *Stearinsäure-*, $n_D^{60,2}$ 1,42897; *Arachinsäure-*, $n_D^{60,2}$, 1,43165; *Behensäure-*, $n_D^{60,2}$ 1,43391. — *Ölsäure*, n_D^{35} 1,45442; *Eikosensäure*, n_D^{35} 1,45574; *Erucasäure*, n_D^{35} 1,45674; *Palmitinsäure*, $n_D^{85,6}$ 1,42545; *Stearinsäure*, $n_D^{75,5}$ 1,43202, $n_D^{80,5}$ 1,43012, $n_D^{85,6}$ 1,42830; *Arachinsäure*, $n_D^{80,5}$ 1,43247, $n_D^{85,6}$ 1,43066; *Behensäure*, $n_D^{85,6}$ 1,43257. (Canad. J. Chem. **31.** 499—504. Mai 1953. Saskatoon, Can., Nat. Res. Council, Div. of Appl. Biol., Prairie Reg. Labor.) B. Scheifele. B 119

J. L. H. Allan, G. D. Meakins und **M. C. Whiting,** *Untersuchungen über Acetylenverbindungen.* 50. Mitt. *Die Infrarotabsorption einiger konjugierter Äthylen- und Acetylensysteme.* (49. vgl. C. **1956.** 8059.) Die Unters. der Infrarotspektren von 97 Verbb. mit konjugierten Äthylen- u. Acetylenbindungen aus eigenen u. anderen Unterss. führte zu folgenden allg. Erkenntnissen: Der C≡C-Valenzschwingung in unkonjugierten Acetylenen entsprechen schwache Banden bei 2300—2100 cm^{-1}, die in Konjugation mit anderen Äthylen- u. Acetylengruppen aber intensiver u. gleichzeitig nach niederen Frequenzen verschoben werden. Um eine starke C≡C-Valenzschwingungsbande zu verursachen, sind mindestens 4 konjugierte Acetylengruppen erforderlich. In Konjugation mit COOH u. $COOCH_3$-Gruppen tritt Intensivierung ein, in Ggw. weiterer Acetylengruppen findet Aufspaltung der Bande statt. Die CO-Valenzschwingungsbande wird durch Konjugation mit C≡C- u. C=C-Gruppen nach niedrigeren Frequenzen verschoben, u. zwar bei Konjugation mit einer C≡C- stärker als bei einer C=C-Gruppe. Treten mehrere C≡C-Gruppen in Konjugation zum COOH, so findet wieder eine Erhöhung der Frequenz statt. Dies hängt wahrscheinlich mit der Zunahme der Acidität der Carbonsäuren mit wachsender Zahl von C≡C-Gruppen zusammen. Die Intensität der CO-Bande in Estern variiert mit der Natur der ungesätt. Gruppen u. nimmt in der Reihenfolge trans-

C=C > cis-C=C > C≡C ab. Bei *cis-Hexen-(2)-in-(4)-säuremethylester* treten außerdem 2 CO-Banden auf, die CO-Gruppe liegt demnach in 2 verschied. Zuständen (Rotationsisomerie) vor. — Bei der C=C-Valenzschwingung hängt die Frequenz u. a. von der Symmetrie des Mol. ab: Umwandlung einer $\alpha.\beta$- oder $\gamma.\delta$-C=C-Bindung von trans in cis verursacht eine Verschiebung nach niedrigeren Frequenzen. Die Stereoisomerie beeinflußt auch die Intensitäten, jedoch konnten keine Regelmäßigkeiten festgestellt werden. In Konjugation mit einer COOH oder COOR-Gruppe findet eine Zunahme der Intensität statt. Einige Banden von aus-der-Ebene-Schwingungen konjugierter trans- u. cis-Bindungen sind zusammengestellt. Für das cis-CH=CHCOX-Syst. sind starke Banden bei 820 cm^{-1} charakteristisch. Konjugation der trans-CH=CH-Bindung mit einer COX-Gruppe, anderen trans-Bindungen oder Vinylgruppen verstärkt die Frequenz der Deformationsschwingung, Konjugation mit tri- u. tetrasubstituierten Olefinen u. Acetylenen erniedrigt sie. Verbb. mit der cis-CH_3—CH=CHC≡C-Gruppe absorbieren bei 720 cm^{-1}. Bei α-Substitution von trans-Verbb. [—C≡CCH=CHCX—; X = Cl oder OH] tritt keine Verschiebung ein, bei den cis-Verbb. jedoch eine solche zu höheren Frequenzen. Verbb. mit C≡CCOOR-Gruppen haben charakterist. Banden: für R = H bei 757—742, für R = CH_3 bei 750—740 cm^{-1}. Diese Banden treten bei analogen olefin. Verbb. nicht auf. Die Systeme —C≡CCH_2Cl u. —CH=$CHCH_2Cl$ zeigen Banden bei 1255 u. 700 cm^{-1}, die auch gespalten sein können. Bei Propargylbromiden u. -jodiden wird die Bande bei 1255 cm^{-1} nach niedrigeren Frequenzen verschoben u. die andere verschwindet (rutscht wahrscheinlich unter 650 cm^{-1}). Letztere wird daher als C—Cl-Valenzschwingungsbande angesehen. Tabellar. zusammengestellt sind die Banden der C≡C-, C=O- u. C=C-Valenz- u. der olefin. CH-aus-der-Ebene-Schwingungen von 24 konjugierten Estern u. Säuren, 41 Äthylenverbb., 22 konjugierten acetylen. Estern u. Säuren u. 15 Allyl- u. Propargylhalogeniden. Von Vff. wurden dazu die Spektren folgender Verbb. aufgenommen: *trans.trans-* u. *cis.cis-Decadien-(2.8)-diin-(4.6)*, *trans-* u. *cis-Hexen-(4)-in-(2)-ol*, *trans-Octen-(3)-in-(5)-diol-(1.8)*, *trans-* u. *cis-1-Chlorhexen-(4)-in-(2)*, *trans-Hepten-(5)-in-(3)-säure*, *trans-* u. *cis-1-Methylpenten-(2)-in-(4)-ol*, *trans-1-Chlorpenten-(2)-in-(4)*, *1-Chlorhexen-(2)-in-(4)* (cis–trans-Gemisch), *trans-1-Chlornonen-(2)-in-(4)*, *trans-* u. *cis-5-Chlorhexen-(3)-in-(1)*, *all-trans-Dodecatetraen-(2.4.8.10)-in-(6)*, *5-Phenylpentin-(2)-säure* u. *2-Bromoctin-(3)*. (J. chem. Soc. [London] **1955**. 1874—81. Juni. Manchester, Univ.) H. LEHWALD. B 120

Jean Lecomte, Marie-Louise Josien und **Jean Lascombe,** *Untersuchung der Deformationsschwingungen der Carbonylgruppe in einigen aliphatischen Ketonen mittels Infrarotspektroskopie.* Vff. untersuchen die Infrarotspektren der aliphat. Ketone *Aceton* (I), *Methyläthylketon* (II), *Methyl-n-propylketon*, *Methyl-n-hexylketon*, *Methyl-n-nonylketon*, *Methylisobutylketon*, *Methylisopropylketon* (III), *Methyl-tert.-butylketon* (IV), *Diäthylketon*, *Di-n-propylketon*, *Di-n-butylketon*, *Äthylpropylketon*, *Diisobutylketon* u. *Diisopropylketon* im Bereich von 350—650 cm^{-1}. Die Spektren werden sowohl von den reinen Verbb. als auch in CS_2-Lsg. u. im gasförmigen Zustand aufgenommen; Abweichungen der Spektren voneinander werden nicht beobachtet. Die Symmetrie der Verbb. ist genügend klein, so daß die Frequenzen sowohl im Absorptions- als auch im Streuspektr. auftreten sollten. Tatsächlich ist die gefundene Übereinstimmung gut; das Fehlen einiger Banden kann vielleicht auf deren bes. schwache Intensität zurückgeführt werden. Vergleicht man das Spektr. des **II** mit demjenigen der Verbb. der Form CH_3CH_2—X (X = NH_2, OH, CH_3, CN, SH, Cl, Br, J), so fällt sofort auf, daß deren Spektren die starken Banden des **II** bei 408, 514 u. 586 cm^{-1} nicht aufweisen, diese müssen deshalb der Gruppierung $COCH_3$ zugeordnet werden. Die Bande bei 408 cm^{-1} ist depolarisiert u. entspricht einer Schwingung vom Typ ν_6. Die Bande bei 586 cm^{-1} ist ziemlich polarisiert u. muß einer ν_3-Schwingung zugeordnet werden. Die Bande bei 514 cm^{-1} (im RAMAN-Spektr. nicht beobachtet) entspricht wahrscheinlich der 492 cm^{-1}-Bande des **I**. Die Infrarotspektren der Methylketone mit nichtverzweigter Kette ähneln sehr dem des **II**; beim Vorliegen längerer Ketten wird das Auftreten von zwei oder drei neuen Banden beobachtet, die dem C-Gerüst zuzuschreiben sind. Eine Verzweigung, zumal wenn sie in der Nähe der Carbonylgruppe liegt, verändert das Spektr. beträchtlich. So ist es Vff. nicht möglich gewesen, im Spektr. des **III** u. **IV** die C=O-Deformationsschwingungen zuzuordnen. Bei den symm. Ketonen sind die Absorptionsintensitäten im allg. sehr schwach, bes. für die Bande bei 600 cm^{-1}. Der Einfl. einer Kettenverzweigung ist ähnlich dem bei den Methylketonen. (Bull. Soc. chim. France [5] **1956**. 163—65. Jan. Bordeaux, Fac. des Sci., u. Sorbonne, Labor. de Rech. Phys.) K. FRENKLER. B 120

J. Mason (J. Banus) und **J. Dunderdale,** *Perfluoralkylverbindungen des Stickstoffs. 2. Mitt. Die Schwingungszuordnung beim Trifluornitrosomethan.* (1. vgl. BANUS, C. **1954**. 3906.) Vff. untersuchten das Ultrarotspektr. des gasförmigen *Trifluornitrosomethans* (**I**, CF_3—NO) im Bereich von 3800—420 cm^{-1} u. konnten 8 der beobachteten Banden 10 der möglichen 12 Grundschwingungen zuordnen. Die Frequenz einer weiteren Grundschwingung wurde aus Kombinationsbanden u. Oberschwingungen abgeleitet. Über die Größe der CN-Torsionsschwingung gibt das Spektr. keine Auskunft. — Durch Verbesserung der App. u. Arbeiten ohne Hg wurde die Reaktionszeit bei der Herst. von I wesentlich verkürzt. Die Reinigung erfolgte durch Filtrieren bei der Temp. der fl. Luft u. Entfernung des N_2O durch Gaschromatographie. Die Dampfdruckgleichung von reinem I lautet log p (mm) = 7,690—907,2/T; hieraus folgt Kp. —84,5°, Verdampfungswärme 4133 cal, TROUTONsche Konstante 21,9. Für reines *Heptafluor-1-nitrosopropan* (C_3F_7—NO) gilt log p (mm) = 8,077 — 1364,2/T, Kp. —11,5°, Verdampfungswärme 6225 cal, TROUTONsche Konstante 23,8. (J. chem. Soc. [London] **1956**. 754—59. März. London, Univ. Coll., William Ramsay and Ralph Forster Labors.) E. FORCHE. B 120

J. Mason (J. Banus) und J. Dunderdale, *Perfluoralkylverbindungen des Stickstoffs. 3. Mitt. Die Schwingungszuordnung bei Fluorpikrin, Chlorpikrin und Brompikrin.* (2. vgl. vorst. Ref.) Vff. untersuchten das Ultrarotspektr. von gasförmigem *Fluorpikrin* (I) im Bereich von 300—420 cm^{-1} u. die Spektren von fl. u. gasförmigem *Chlorpikrin* u. *Brompikrin* im Bereich von 1800—450 cm^{-1}. Zehn der gefundenen Banden des I konnten 12 Grundschwingungen zugeordnet werden. Die Frequenz der verbotenen CN-Torsionsschwingung wurde aus Oberschwingungen abgeleitet. (J. chem. Soc. [London] **1956**. 759—66. März.) E. FORCHE. B 120

Marie-Louise Josien und Jeanne-Marie Lebas, *Beitrag zur Untersuchung der Monosubstitutionsderivate des Benzols durch Infrarotspektroskopie.* 1. Mitt. *Experimentelle Ergebnisse.* Vff. untersuchen die Infrarotabsorptionsspektren (in den Bereichen 2830—3220, 1400—1610 u. 667—800 cm^{-1}) von 0,05—0,1 mol. Lsgg. in CS_2 der monosubstituierten Benzolderivv. *Nitrobenzol, Thiophenol, Chlor-, Brombenzol, Benzotrifluorid, Benzoylchlorid, Benzaldehyd, Anisol, Benzonitril, Benzotrichlorid, Benzoesäureamylester, Benzolsulfochlorid, Benzoesäureäthylester, Acetophenon, Jod-, Fluorbenzol, Phenol, Anilin, Benzalchlorid, Benzylchlorid, Benzylbromid, Toluol, Triäthylbenzylsilan* u. *Äthylbenzol.* Zum Vgl. werden die Absorptionsspektren des *Bzl.* u. *Pyridins* aufgenommen. (Bull. Soc. chim. France [5] **1956**. 53—56. Jan. Bordeaux, Fac. des Sci.) K. FRENKLER. B 120

Marie-Louise Josien und Jeanne-Marie Lebas, *Beitrag zur Untersuchung der Monosubstitutionsderivate des Benzols durch Infrarotspektroskopie.* 2. Mitt. *Analyse der Spektrogramme in den Bereichen 2800—3200, 1400—1600 und 700—800 cm^{-1}.* (1. vgl. vorst. Ref.) Die Absorptionsspektren der im vorst. Ref. genannten Monosubstitutionsderivv. des Bzl. werden diskutiert. Im Bereich 1400—1610 cm^{-1} finden sich im einzelnen die Banden von verschied. Substituenten u. Banden, die vom C-Skelett herrühren. Bei den Verbb., deren Substituenten CH, CH_2 u. CH_3 enthalten, liegen die Frequenzen der aliphat. δ-(C—H)-Deformationsschwingungen bei 1450 cm^{-1} in der Nachbarschaft gewisser Frequenzen des Benzolkerns, wodurch die Analyse der Spektren sehr erschwert wird. Abgesehen von den spezif. den Substituenten zuzuschreibenden Banden lassen sich vier Bandensysteme (bei 1450, 1485, 1585 u. 1600 cm^{-1}) erkennen, die dem Benzolkern zugehören u. deren Zugehörigkeit zu den verschied. Schwingungsarten des Bzl. diskutiert wird. Im Bereich 2830—3220 cm^{-1} läßt sich die Hauptabsorption bei 3000 cm^{-1}, die von den „benzoiden Schwingungen" herrührt, leicht erkennen, selbst wenn der Substituent aliphat. CH-Gruppen enthält. Sie besteht aus einer Reihe von Banden, von denen eine, **A**-Bande genannt, in den meisten Fällen durch bes. starke Intensität ausgezeichnet ist. Die Analyse zeigt, daß die Frequenz **A** nicht einer Folge von harmon. oder Kombinationsschwingungen entspricht, sondern einer C—H-Grundschwingung zugeordnet werden muß. Im Bereich 667—800 cm^{-1} stimmen die Ergebnisse mit denen überein, die bereits von anderen Autoren veröffentlicht worden sind. (Bull. Soc. chim. France [5] **1956**. 57—61. Jan.) K. FRENKLER. B 120

Jeanne-Marie Lebas und Marie-Louise Josien, *Beitrag zur Untersuchung der Monosubstitutionsderivate des Benzols durch Infrarotspektroskopie.* 3. Mitt. *Versuch zur Deutung der Variation der C—H-Frequenz mit der Umgebung im Molekül.* (2. vgl. vorst. Ref.) Vff. versuchen eine Deutung der Beziehungen, die zwischen den Eigg. der in vorst. Reff. infrarotspektroskop. untersuchten Monosubstitutionsderivv. des Bzl. u. den Änderungen in den Frequenzen der aromat. C—H-Valenz- u. Deformationsschwingungen offensichtlich existieren. Es werden Diagramme vorgelegt, die die Frequenz **A** der Verbb. C_6H_5—**X** in Abhängigkeit von deren elektr. Moment, der Summe S der Ladungen der nicht substituierten C-Atome des Radikals C_6H_5 sowie der prozentualen meta-Orientierung bei Einführung einer Nitrogruppe zeigen. Im allg. liegen äußerst komplexe Verhältnisse vor, die sich nur teilweise durch die Elektronegativität der Substituenten **X**, sowie durch Mesomerie-, Induktions- u. Hyperkonjugationseffekte deuten lassen. (Bull. Soc. chim. France [5] **1956**. 62—64. Jan.) K. FRENKLER. B 120

Herbert Hoyer, *Die Lage der Wasserstoffbrücke in 1-Oxy-2-nitroanthrachinonen.* Vf. stellte zunächst fest, daß das von FLETT (C. **1948.** E. 1784) angegebene Kriterium für innermol. Wasserstoffbrücken, welches von ihm beim Vgl. der Infrarotspektren von *α-Oxyanthrachinonen* mit den Spektren anderer Anthrachinonderivv. aufgefunden wurde, im allg. auch bei den *Oxynitroanthrachinonen* gültig ist. Aus der Zahl u. Lage der ν(CO)-Banden von *1-Oxy-2-nitroanthrachinonen* ergibt sich, daß die OH-Gruppe durch eine Wasserstoffbrücke mit dem Anthrachinonsauerstoff verbunden ist. Die rotationsisomere Form (OH-Gruppe nach der Nitrogruppe gerichtet) scheint nicht aufzutreten. — Im einzelnen werden die ν(CO)-Banden (in μ) von folgenden *Nitroanthrachinonen* angegeben: *2.3-Dimethoxy-1.4-dinitro-* (5,96), *2-Methoxy-1.3-dinitro-* (5,95), *3-Methoxy-5-nitro-* (5,98), *2-Methoxy-1-nitro-* (5,95), *1-Methoxy-3-nitro-* (5,97), *1-Acetoxy-4-nitro-* (5,96; Acetobande bei 5,65), *1.5-Dimethoxy-4.8-dinitro-* (5,92), *1.8-Dimethoxy-4.5-dinitro-* (5,88), *1.5-Dioxy-4.8-dinitro-2.6-dibrom-* (6,12), *1.8-Dioxy-4-nitro-* (5,97 u. 6,14), *1.8-Dioxy-4.5-dinitro-* (5,95 u. 6,13), *1.2.7-Trioxy-4-nitro-* (6,02 u. 6,08), *1.2.7-Trioxy-3-nitro-* (breites Maximum zwischen 6,03 u. 6,09), *1-Oxy-3-nitro-* (5,96 u. 6,08), *1-Oxy-4-nitro-* (5,97 u. 6,09), *1-Oxy-5-nitro-* (5,96 u. 6,11), *1-Oxy-4-nitro-2-brom-* (5,96 u. 6,12), *1.2-Dioxy-3-nitro-* (5,97 u. 6,08), *1.2-Dioxy-4-nitro-* (5,98 u. 6,08), *1.2-Dioxy-5-nitro-* (5,99 u. 6,12), *1.2-Dioxy-3.4-dinitro-* (5,96 u. 6,08), *1.2-Dioxy-4-nitro-3-brom-* (5,96 u. 6,07) u. *1.2-Dioxy-3-nitro-4-bromanthrachinon* (6,00 u. 6,13), *β-Nitrochinizarin* (6,12), *β-Dinitro-* (6,17—6,19) u. *Tetranitroanthrachryson* (6,21), *Tetranitroanthrarufin* (6,05), *1.4-Dioxy-2-nitro-3-methylanthrachinon* (6,14). Die Infrarotspektren der untersuchten Verbb. im Bereich 5,5—6,75 (bzw. 7,0) werden graph. wiedergegeben. (Z. Elektrochem., Ber. Bunsenges. physik. Chem. **60.** 381—87. 1956. Leverkusen, Farbenfabriken Bayer AG.) U. JOHN. B 120

Roger Adams und **Raymond H. Mattson,** *Behinderte Drehung in Arylaminen.* 16. Mitt. *4-substituierte 1-Amino-2-methylnaphthaline.* (15. vgl. C. **1956.** 63.) Die Halbwertszeiten der Racemisierung der opt.-akt. Formen von *N-Benzolsulfonyl-N-carboxymethyl-1-amino-2-methylnaphthalin* (**I**), des *4-Chlor-* (**II**) u. des *4-Bromderiv.* (**III**) in sd. n-Butanol oder Dimethylformamid bei 118° betragen 4,9, 4,0 bzw. 3,7 Std.; die Halogensubstitution bewirkt demnach, in Übereinstimmung mit den früheren Ergebnissen an anderen Verbb., eine Abnahme der Stabilität der opt.-akt. Formen. — **I** entstand aus 1-Amino-2-methylnaphthalin (**IV**) durch Benzolsulfonierung, anschließende Rk. mit Bromessigsäureäthylester (**VI**) u. Verseifung. **II** u. **III** wurden analog aus 1-Amino-4-chlor- bzw. 1-Amino-4-brom-2-methylnaphthalin dargestellt, die wiederum durch $SnCl_2$-Red. von 2-Methyl-1-nitronaphthalin in äthanol. HCl bzw. durch Bromierung von 1-Acetamido-2-methylnaphthalin u. Hydrolyse erhalten wurden. *1-Amino-2-methyl-4-nitronaphthalin* ließ sich nicht benzolsulfonieren.

Versuche (FF. korr.): *N-Benzolsulfonyl-1-amino-4-chlor-2-methylnaphthalin,* $C_{17}H_{14}O_2NClS$, F. 174—175° (80%ig. Essigsäure), aus 1-Amino-4-chlor-2-methylnaphthalin u. Benzolsulfochlorid in Pyridin, ½ std. Rühren bei 0°; 81% (Ausbeute). — *dl-N-Benzolsulfonyl-N-carbäthoxymethyl-1-amino-4-chlor-2-methylnaphthalin,* $C_{21}H_{20}O_4 \cdot NClS$, F. 135—136° (A.), aus vorst. Verb. u. **VI** in Ggw. von $NaOCH_3$ in CH_3OH, 2½ Std. Kochen; 60%. — *dl-N-Benzolsulfonyl-N-carboxymethyl-1-amino-4-chlor-2-methylnaphthalin* (dl-**II**), $C_{19}H_{16}O_4NClS$, F. 200—202° (Eisessig), durch 2½ std. Kochen vorst. Verb. in Eisessig mit 10%ig. H_2SO_4; 52%. *d-*II*-d-Cinchonin* (**V**)*-Salz*, $C_{19}H_{16}O_4NClS \cdot C_{19}H_{22} \cdot ON_2$, F. 218—219° (Zers.; Äthylacetat–CH_3OH); $[\alpha]_D^{26}$ + 135° (absol. A.). *l-*II*-d-*V, F. 199—201° (Zers.); $[\alpha]_D^{28}$ + 7,5° (l = 2; absol. A.). *d-*II, F. 204—205° (Bzl.–Cyclohexan), $[\alpha]_D^{26}$ + 70° (l = 2; absol. A.); 87%. *l-*II, F. 206—207° (Bzl.–Cyclohexan); $[\alpha]_D^{28}$ — 72° (l = 2; absol. A.); 79%. — *N-Benzolsulfonyl-1-amino-4-brom-2-methylnaphthalin,* $C_{17}H_{14}O_2NBrS$, F. 183,5—184,5° (A.), durch Bromieren von 1-Acetamido-2-methylnaphthalin, Hydrolysieren zu *1-Amino-4-brom-2-methylnaphthalin* u. benzolsulfonieren wie vorst.; 82,4%. — *dl-N-Benzolsulfonyl-N-carbäthoxymethyl-1-amino-4-brom-2-methylnaphthalin,* $C_{21}H_{20}O_4NBrS$, F. 134—135° (A.), aus vorst. Verb. u. **VI**; 86,4%. *dl-N-Benzolsulfonyl-N-carboxymethyl-1-amino-4-brom-2-methylnaphthalin* (*dl-*III), $C_{19}H_{16}O_4NBrS$, F. 191,5—192,5° (80%ig. Essigsäure), analog *dl-*II; 97%. *d-*III*-d-*V, $C_{19}H_{16}O_4NBrS \cdot C_{19}H_{22}ON_2$, F. 227—228° (Zers., Äthylacetat–CH_3OH); $[\alpha]_D^{27}$ + 125° (l = 2; absol. A.). *l-*III-d-**V**, F. 221—223° (Zers.); $[\alpha]_D^{27}$ + 7,3° (l = 1; absol. A.). *d-*III, F. 212—213° (Bzl.–Cyclohexan); $[\alpha]_D^{27}$ + 58° (l = 2; absol. A.); 71,5%. *l-*III, F. 211 bis 212° (Bzl.–Cyclohexan); $[\alpha]_D^{28}$ — 60° (l = 2; absol. A.); 35%. — *N-Benzolsulfonyl-1-amino-2-methylnaphthalin* (**VII**), $C_{17}H_{15}O_2NS$, F. 225° (80%ig. Essigsäure), aus **IV** u. Benzolsulfochlorid; 91%. — *dl-N-Benzolsulfonyl-N-carbäthoxymethyl-1-amino-2-methylnaphthalin,* $C_{21}H_{21}O_4NS$, F. 123—124° (Essigsäure); aus vorst. Verb. u. **VI**; 73%. — *dl-N-Benzolsulfonyl-N-carboxymethyl-1-amino-2-methylnaphthalin* (*dl-*I), $C_{19}H_{17}O_4NS$, F. 219—221° (Eisessig); 69%. — *N-Benzolsulfonyl-1-amino-2-methyl-4-nitronaphthalin,*

$C_{17}H_{14}O_4N_2S$, F. 155—156°, durch Zufügen von **VII** in Eisessig unter Rühren bei 85° zu 70%ig. HNO_3, 20 Min. Stehen bei 65°; gelbe Kristalle aus A.; 58,6%. — *N*[1]*-Benzolsulfonyl-1.4-diamino-2-methylnaphthalin*, $C_{17}H_{16}O_2N_2S$, F. 228—229° (Zers.; A. + NH_4OH), durch Red. vorst. Verb. in A. über RANEY-Ni bei 2 at; 49%. — *N.N'-Dibenzolsulfonyl-1.4-diamino-2-methylnaphthalin*, F. 236—237° (Zers., A.), a) durch Red. von 1-Amino-2-methyl-4-nitronaphthalin in A. wie vorst. u. Behandeln des Prod. (35%) mit Benzolsulfochlorid in Pyridin bei 0°; 73%; b) aus vorst. Verb. wie a). (J. Amer. chem. Soc. **76.** 4925—28. 5/10. 1954. Urbana, Ill., Noyes Chem. Labor.) H. LEHWALD. B 123

Roger Adams und **K. V. Y. Sundstrom**, *Behinderte Drehung in Arylaminen.* 17. Mitt. *Der Einfluß der verschiedenen $C_{(4)}$-Substituenten auf die Stabilität des optisch-aktiven N-Benzolsulfonyl-N-carboxymethyl-1-amino-2-methylnaphthalins.* (16. vgl. vorst. Ref.) Von opt.-akt. 4-substituierten-Derivv. von N-Benzolsulfonyl-N-carboxymethyl-1-amino-2-methylnaphthalin (I) werden für die Racemisierung folgende Halbwertzeiten in Dimethylformamid (DFA) bei 118° gemessen (Werte in Std.): **I** 4,9, *4-Nitro-* 0,42, *4-Chlor-* 3,7, *4-Brom-* 3,8, *4-Jod-* 4,4, *4-Benzolsulfonamido-* 3,8, *4-Acetamido-* 5,0, *4-Benzamido-*5,9, *4-Oxy-* 8,7 u. *4-Aminoderiv.* (**II**) 9,7. Die Unterschiede werden auf die Begünstigung (bei Elektronenacceptorsubstituenten) oder Benachteiligung (bei Elektronendonatoren) von chinoiden Resonanzformen zurückgeführt, bei denen die für die Racemisierung zu überwindende Energieschwelle herabgesetzt ist. — Die obigen Verbb. entstanden aus 2-Methylnaphthalin durch Nitrieren u. Red. zu *1-Amino-2-methylnaphthalin*, Benzolsulfonieren u. Nitrieren zu *N-Benzolsulfonyl-1-amino-4-nitro-2-methylnaphthalin*, Kondensieren mit Bromessigsäureäthylester u. Hydrolysieren zu *N-Benzolsulfonyl-N-carboxymethyl-1-amino-2-methyl-4-nitronaphthalin*, Red. zum *4-Aminoderiv.*, Diazotieren u. Verwandeln durch SANDMEYER-Reaktion.

Versuche (FF. korr.): *N-Benzolsulfonyl-1-amino-2-methyl-4-nitronaphthalin*, F. 155—156° (A.), durch Zutropfen von 70%ig. HNO_3 zu N-Benzolsulfonyl-1-amino-2-methylnaphthalin in Eisessig bei 85—90° u. 1 std. Stehen bei 80°; 46% (Ausbeute). — *N-Benzolsulfonyl-N-carbäthoxymethyl-1-amino-2-methyl-4-nitronaphthalin*, $C_{21}H_{20}O_6N_2S$, F. 98,5—99° (A.), durch 24 std. Kochen vorst. Verb. mit Bromessigsäureäthylester u. $NaOC_2H_5$ in A. u. wenig Piperidin; 73%. — *dl-N-Benzolsulfonyl-N-carboxymethyl-1-amino-2-methyl-4-nitronaphthalin*, $C_{19}H_{16}O_6N_2S$, F. 209,8—210° (Eisessig), durch Verseifen vorst. Verb. mit 10%ig. H_2SO_4 in Eisessig (8 std. Kochen); 95%. *Schwerlösl. Cinchoninsalz*, $C_{38}H_{38}O_7N_4S$, F. 214—214,5° (Äthylacetat); $[\alpha]_D^{30}$ + 108° ($l = 1$; DFA). (+)*-Säure*, F. 216—217°; 87%. — *N*[1]*-Benzolsulfonyl-N*[1]*-carboxymethyl-1.4-diamino-2-methylnaphthalin* (**II**)*-Hydrochlorid*, $C_{19}H_{18}O_4N_2S$, F. 164—165° (5%ig. HCl), durch Zufügen von Na-Acetat zu einer auf 90° erwärmten Suspension vorst. (+)-Säure u. $NaHSO_3$ in 2,5%ig. wss. NaOH u. Ansäuern mit HCl; 70%. *Freie* (+)*-Säure* (**II**), F. 222—223°. *Acetylderiv.*, $C_{21}H_{20}O_5N_2S$, F. 247,5—248° (Eisessig). Hiervon *schwerlösl. Brucinsalz*, $C_{44}H_{46}O_9N_4S$, F. 146—146,5° (A.); $[\alpha]_D$ — 85,5° ($l = 1$; DFA). Hieraus die *opt.-akt. freie Säure*, F. 248—249°. — **II**-*N*[4]*-Benzoylderiv.*, $C_{26}H_{22}O_5N_2S$, F. 172—173° (A.–Aceton); 65%. *Schwerlösl. Cinchonidinsalz*, $C_{45}H_{44}O_6N_4S$, F. 195—195,5° (A.–Aceton); $[\alpha]_D^{30}$ — 53,6° ($l = 1$; DFA). (+)*-Säure*, F. 172—173°. — **II**-*N*[4]*-Benzolsulfonylderiv.*, $C_{25}H_{22}O_6N_2S_2$, F. 258 bis 258,5° (absol. A.), durch 3 std. Stehen von **II** mit Benzolsulfochlorid in Pyridin; 60%. Hiervon *schwerlösl. Cinchoninsalz*, $C_{44}H_{44}O_7N_4S_2$, F. 166,5—167° (wss. A.), $[\alpha]_D$ + 55,2° ($l = 1$; DFA). Hieraus die *opt.-akt. freie Säure* vom F. 263—265°. — *N-Benzolsulfonyl-N-carboxymethyl-1-amino-4-jod-2-methylnaphthalin*, $C_{19}H_{16}O_4NJS$, F. 180—180,5° (Eisessig), aus dem Hydrosulfat von **II** durch Diazotieren in 10%ig. H_2SO_4–Eis, Zers. des überschüssigen $NaNO_2$ mit Sulfaminsäure, Behandeln mit 20%ig. wss. KJ u. 2 std. Stehen; 41%. *Schwerlösl. Cinchoninsalz*, $C_{38}H_{38}O_5N_3JS$, F. 188—188,5° (absol. A.); $[\alpha]_D^{25}$ + 205 ($l = 1$; DFA). Hieraus die *opt.-akt. Säure* vom F. 180—181°. — *N-Benzolsulfonyl-N-carboxymethyl-1-amino-4-oxy-2-methylnaphthalin*, $C_{19}H_{17}O_5NS$, F. 204—205° (wss. A.), wie bei vorst. Verb. aus dem Diazoniumsalz mit sd. 10%ig. H_2SO_4; 32%. *Schwerlösl. Cinchonidinsalz*, $C_{38}H_{39}O_6N_3S$, F. 159,5—160° (absol. A.); $[\alpha]_D^{25}$ — 51,7° ($l = 1$; DFA). *Freie opt.-akt. Säure*, F. 204—205°. — *N-Benzolsulfonyl-N-carboxymethyl-1-amino-4-chlor-2-methylnaphthalin*, F. 201—202° (Eisessig), analog vorst. Verb. mit CuCl; 60%. *Schwerlösl. Cinchoninsalz*, F. 218—219° (Äthylacetat–CH_3OH); $[\alpha]_D^{28}$ + 140° ($l = 1$; DFA). — *N-Benzolsulfonyl-N-carboxymethyl-1-amino-4-brom-2-methylnaphthalin*, F. 191 bis 192°, analog vorst. Verb. mit CuBr; 60%. *Schwerlösl. Cinchoninsalz*, F. 225—227° (Äthylacetat); $[\alpha]_D^{28}$ 126° ($l = 1$; DFA). *Freie opt.-akt. Säure*, F. 193—194°. — *N-Benzolsulfonyl-N-carboxymethyl-1-amino-2-methylnaphthalin* (**I**), F. 220—221°, aus der Diazoniumsalzlsg. von **II** u. NaH_2PO_2; 75%. (J. Amer. chem. Soc. **76.** 5474—77. 5/11. 1954.) H. LEHWALD. B 123

Roger Adams, Dale C. Blomstrom und **K. V. Y. Sundstrom**, *Behinderte Drehung in Arylaminen.* 18. Mitt. *Die Spaltung von N-Carboxymethyl-N-methyl-3-brommesidin.*

(17. vgl. vorst. Ref.) Das aus N-Methyl-3-brommesidin u. Bromessigsäureäthylester u. Verseifung gewonnene *N-Carboxymethyl-N-methyl-3-brommesidin* reagiert mit Cinchonidin zu einem Salz, aus dem durch Zers. die d-Form der Säure isoliert werden kann. Diese wird in sd. Methylacetat mit einer Halbwertzeit von 0,47 Std. racemisiert. — *N-Carboxymethyl-N-methyl-3-brommesidin*, $C_{12}H_{16}O_2NBr$, F. 107—108° (korr.; PAe., Kp. 80—100°), durch 18std. Kochen von N-Methyl-3-brommesidin u. Bromessigsäureäthylester in A., 2½std. Kochen mit NaOH; 92% (Ausbeute). *Cinchonidinsalz*, $C_{12}H_{16}O_2NBr \cdot C_{19}H_{22}ON_2$, F. 158—158,5° (korr.); $[\alpha]_D^{33}$ —58°. *d-Säure*, F. 104,0—104,5° (korr.) $[\alpha]_D^{33}$ +10,8° (Methylacetat). (J. Amer. chem. Soc. **76.** 5478—79. 5/11. 1954.) H. LEHWALD. B 123

Roger Adams und **K. R. Brower**, *Behinderte Drehung in Arylaminen. 18. Mitt. Der Einfluß entfernt liegender Substituenten auf die Stabilität des optisch-aktiven N-Benzolsulfonyl-N-carboxymethyl-3-benzylmesidins* (weitere 18. vgl. vorst. Ref.) Bei der Unters. der Racemisierungsgeschwindigkeiten opt.-akt. N-Benzolsulfonyl-N-carboxymethyl-3-[m-substituierter-benzyl]-mesidine in Dimethylformamid bei 118° wird nur ein geringer Einfl. der m-Substituenten festgestellt. Die Halbwertszeiten betragen: Für *N-Benzyl-N-carboxymethyl-3-benzylmesidin* (I) 11,5 ± 0,2 (Std.), *-3-[m-methylbenzyl]-mesidin* (II) 11,3 ± 0,4, *-3-[m-brombenzyl]-mesidin* (III) 12,8 ± 0,3, *-3-[m-cyanbenzyl]-mesidin* 12,1 ± 0,2 u. *-3-[m-methoxybenzyl]-mesidin* (IV) 12,3 ± 0,2. — **I, II** u. **III** entstanden durch Rk. von Mesitylen mit dem entsprechenden Benzylchlorid, anschließende Nitrierung, Red., Rk. mit Benzolsulfochlorid u. dann mit Bromessigsäureäthylester. Die Nitrierung von m-Nitrobenzylmesitylen ergab eine *Dinitroverb.* mit je einer NO_2-Gruppe in Mesitylen- u. Benzylgruppe. Durch selektive Red. ließ sich die der letzteren in die Aminogruppe verwandeln, die durch Diazotieren, Verkochen u. Methylieren in die Methoxygruppe übergeführt wurde. Durch anschließende Red. der anderen Nitrogruppe u. Rk. wie oben entstand hieraus **IV**. Die NO_2-Gruppe in 3-[m-Cyanbenzyl]-nitromesitylen konnte nicht ohne Veränderung der CN-Gruppe red. werden, letztere mußte daher zunächst in die Carbamylgruppe verwandelt werden.

Versuche: Substituierte Mesitylene, aus Mesitylen u. dem entsprechenden Benzylchlorid nach LOUISE [1895]: *Benzyl-*, Kp.$_1$ 120—130°; 65% (Ausbeute). — *m-Methylbenzyl-*, $C_{17}H_{20}$, Kp.$_1$ 130—136°; 65%. — *m-Brombenzyl-*, $C_{16}H_{17}Br$, Kp.$_1$ 145—153°; 73%. — *m-Cyanbenzyl-*, $C_{17}H_{17}N$, F. 87—88° (CH_3OH), Kp.$_1$ 162—172°; 67%. — *m-Nitrobenzyl-*, $C_{16}H_{17}O_2N$, F. 82,5—83,5° (CH_3OH), Kp.$_1$ 165—175°; 75%. — 3-substituierte Nitromesitylene: durch Zufügen von HNO_3 (D. 1,5) in Essigsäure u. Acetanhydrid unter Rühren zu der entsprechenden vorst. Verb. in Acetanhydrid bei —15° (Ausbeute ca. 50%): *3-Benzyl-*, $C_{16}H_{17}O_2N$, Kp.$_1$ 160—170°. — *3-[m-Methylbenzyl]-*, $C_{17}H_{19}O_2N$, F. 89—90° (CH_3OH), Kp.$_1$ 160—170°. — *3-[m-Brombenzyl]-*, $C_{16}H_{16}O_2NBr$, F. 67—68° (CH_3OH), Kp.$_1$ 175—192°. — *3-[m-Cyanbenzyl]-* (V), $C_{17}H_{16}O_2N_2$, F. 119—120° (CH_3OH). — *3-[m-Nitrobenzyl]-* (VI), $C_{16}H_{16}O_4N_2$, F. 115—116° (CH_3OH). — Die *3-[m-substituierten Benzyl]-mesidine* entstanden aus den vorst. Verbb. durch Red. nach BALCOM u. FURST (C. **1954.** 744); sie wurden ohne Reinigung weiterverarbeitet. — N-Benzolsulfonyl-3-alkylmesidine, durch ½std. Erwärmen vorst. Amine mit Benzolsulfochlorid in 5%ig. wss. $NaHCO_3$ auf 100°: *3-Benzyl-*, $C_{22}H_{23}O_2NS$, F. 148—149° (A.). — *3-[m-Methylbenzyl]-*, $C_{23}H_{25}O_2NS$, F. 154,5 bis 155,5° (A.). — *3-[m-Brombenzyl]-*, $C_{22}H_{22}O_2NBrS$, F. 132—133° (A.). — *3-[m-Methoxybenzyl]-*, $C_{23}H_{25}O_3NS$, F. 142—143° (A.). — *3-[m-Carboxybenzyl]-nitromesitylen*, $C_{17}H_{17}O_4N$, F. 212—213° (CH_3OH), durch 3std. Kochen von 2 g **V** in ca. 8%ig. wss. alkoh. NaOH, Einengen u. Ansäuern; 1,8 g. — *3-[m-Carbamylbenzyl]-mesidin*, $C_{17}H_{20}ON_2$, F. 197—198° (A.), durch Erwärmen von 53 g vorst. Verb. mit PCl_5, Gießen auf Eis, 10 Min. Stehen des isolierten Säurechlorids mit NH_4OH u. Hydrieren des gebildeten rohen *Amids* in CH_3OH über RANEY-Ni; 100%. — *N-Benzolsulfonyl-3-[m-cyanbenzyl]-mesidin*, $C_{23}H_{22}O_2N_2S$, F. 154—155° (A.), aus vorst. Verb. + Benzolsulfochlorid wie oben; 69%. — *3-[m-Aminobenzyl]-nitromesitylen*, $C_{16}H_{18}O_2N_2$, F. 107—108°, durch Hydrieren von **VI** in Bzl. über PtO_2 bei 3 at; gelbe Kristalle aus CH_3OH; 93%. — *3-[m-Methoxybenzyl]-nitromesitylen*, $C_{17}H_{19}O_3N$, F. 51—52°, durch Diazotieren von 50 g vorst. Verb. in 25%ig. H_2SO_4 bei 0° mit $NaNO_2$, Gießen in sd. 10%ig. H_2SO_4, Aufnehmen des Öles in 3%ig. NaOH, Rühren mit $(CH_3)_2SO_4$ bei 40°; 36%. — 3-substituierte N-Benzolsulfonyl-N-carboxymethylmesidine, durch Rk. der entsprechenden 3-substituierten N-Benzolsulfonylmesidine mit Bromessigsäureäthylester u. KOC_2H_5 in absol. A., Abdampfen des A. aus dem Filtrat bis zur beginnenden Trübung, Ansäuern mit HCl u. Rekristallisieren des Nd. aus verd. A. u. dann aus Bzl.-PAe.: *3-Benzyl-* (I), $C_{24}H_{25}O_4NS$, F. 203—204°. *Cinchonidinsalz*, F. 120°; $[\alpha]_D^{20}$ —60,5° (alle Werte in Dimethylformamid). *Opt-akt. Säure*, F. 179—180°; $[\alpha]_D^{26}$ —53,5°. — *3-[m-Methylbenzyl]-* (II), $C_{25}H_{27}O_4NS$, F. 170—173°. *Cinchonidinsalz*, F. 168—170°; $[\alpha]_D^{20}$ —72,5°. *Opt.-akt. Säure*, F. 142—143°; $[\alpha]_D^{20}$ —48,5°. — *3-[m-Brombenzyl]-* (III),

$C_{24}H_{24}O_4NBrS$, F. 173—175°. *Cinchonidinsalz*, F. 179—180°; $[\alpha]_D^{20}$ —72°. *Opt.-akt. Säure*, F. 131—133°; $[\alpha]_D^{20}$ —64,5°. — *3-[m-Cyanbenzyl]-*, $C_{25}H_{24}O_4N_2S$, F. 83—84°. *Cinchonidinsalz*, F. 94°; $[\alpha]_D^{30}$ —71,8°. *Opt.-akt. Säure*, F. 132—134°; $[\alpha]_D^{30}$ —59,5°. — *3-[m-Methoxybenzyl]-* (IV), $C_{25}H_{27}O_5NS$, F. 142—143°. *Cinchonidinsalz*, F. 122°; $[\alpha]_D^{28}$ —62,5°. *Opt.-akt. Säure*, F. 166—167°; $[\alpha]_D^{28}$ —59,5°. (J. Amer. chem. Soc. **78.** 663—66. 5/2. 1956.) H. LEHWALD. B 123

K. Watanabe und **Takeshi Namioka**, *Ionisationspotential von Propin.* Mit Hilfe der Photoionisationsmeth. werden die Ionisationspotentiale U_i von C_2H_2 (I), *Propin* (II) u. *Butin-(1)* (III) neu bestimmt. Die Ionisationsausbeute von II steigt zwischen 1210 u. 1196 Å von 0 auf 38% u. auf 80% bei 1166 Å. Ein Knick in der Kurve bei 1196 Å (10,36 ± 0,01 eV) stellt das erste Ionisationspotential dar. Das Absorptionsspektr. zeigt eine Reihe diffuser Banden zwischen 1600 u. 1200 Å u. prakt. kontinuierliche Absorption unter 1200 Å. Die Grenze der durch Serien darstellbaren Banden entspricht ebenfalls einem Ionisationspotential von 10,36 eV. Für II wird ein U_i von 11,41 ± 0,01 eV, für III ein U_i von 10,18 ± 0,01 eV ermittelt. Die Werte bestätigen die bei neueren Elektronenstoßmessungen erhaltenen Ionisierungsspannungen. (J. chem. Physics **24.** 915. April 1956. Honolulu, Univ. of Hawaii, Dep. of Phys.) J. RUDOLPH. B 131

Tadashi Uchida, Yukio Kurita und **Masaji Kubo**, *Die Dipolmomente und die Strukturen von Polyoxymethylendimethyläthern.* Die Dipolmomente μ von *Dimethoxymethan* (I, $CH_3OCH_2OCH_3$) u. von *1.3-Dimethoxydimethyläther* (II, $CH_3OCH_2OCH_2OCH_3$) wurden in Hexan als Lösungsm. bei 25° zu 0,67 bzw. 1,41 Debye bestimmt. Aus der Abhängigkeit der μ-Werte vom O-Geh. u. aus der von KUBO [1936] gefundenen Zunahme von μ von I mit der Temp. folgt, daß I u. II ein Gemisch aus Rotationsisomeren darstellen (bes. Vorliegen von schraubenförmigen Strukturen). Die Energiedifferenz zwischen dem Minimum der trans-Lage u. dem der verdrehten Lage beträgt 1,74 kcal/Mol. (J. Polymer Sci. **19.** 365—72. Febr. 1956. Nagoya, Japan, Univ., Chem. Dep.) O. FUCHS. B 132

Giorgio Favini und **Sergio Carrà**, *Über die Elektronenstruktur der Nitronaphthaline.* Nach der Meth. der Mol.-Bahnen werden auf Grund der von SIMONETTA u. VACIAGO (Nuovo Cimento [9] **11.** [1954.] 596) ermittelten Parameter die Energieniveaus der einzelnen Mol.-Bahnen u. die Elektronendichten der Atome von α- u. *β-Nitronaphthalin* (I) errechnet (Tabelle). Aus den erhaltenen Werten ergibt sich für das Mesomeriemoment μ u. das Dipolmoment (DM) α-I $\mu = 0{,}692$, DM = 3,33 (Debye); β-I 0,605; 2,93. Die in der Literatur vorliegenden Werte des DM sind: α-I 3,62 u. 3,88; β-I 4,36 u. 4,40, entsprechend einem elektr. Resonanzmoment von 0,38 bzw. 0,90 Debye. Die geringe Übereinstimmung der theoret. u. experimentellen Werte kann vielleicht z. T. darauf beruhen, daß auch die nicht mit NO_2 substituierten C-Atome zu μ beitragen u. dadurch schon kleinste Änderungen der Elektronendichte den Wert des elektr. Moments des Mol. merklich beeinflussen können. (Gazz. chim. ital. **85.** 1029—33. Sept./Okt. 1955. Milano, Univ., Ist. di Chim. ind.) R. K. MÜLLER. B 132

R. J. L. Martin, *Die Dissoziationskonstante des Methylenglykols (Formaldehydhydrat).* Mittels der Zellanordnung Hg/HgCl(fest)/NaCl/CH_2O, NaOH, NaCl/H_2(g)/Pt-Schwarz wird die 1. Dissoziationskonstante des *Methylenglykols* bei 40° bestimmt, u. zwar im Mittel zu $2{,}06 \cdot 10^{-13}$. Bei höheren OH-Konzz. liegen die Werte infolge merklicher Dissoziation der 2. Stufe höher, u. zwar bis zu $2{,}46 \cdot 10^{-13}$. Der Vgl. mit früher, bei anderen Tempp. bestimmten u. nicht ganz eindeutig variablen Konstanten zeigt, daß eine deutlich lineare Abhängigkeit zwischen dem log K_1 u. der reziproken Temp. besteht. (Austral. J. Chem. **7.** 400—05. Nov. 1954. Melbourne, C. S. I. R. O., Div. of Ind. Chem.) W. NIEMITZ. B 139

Kōzō Shirai, *Elektrochemische Reaktionen organischer Verbindungen.* 11. Mitt. *Elektrolytische Reduktion von 2-Amino-4-chlorpyrimidinen.* 4. Mitt. *Elektrolytische Herstellung von 2-Aminopyrimidin.* (10. vgl. J. electrochem. Soc. Japan **20.** [1952.] 28.) Eine Suspension von (z. B.) 6,50 g *2-Amino-4-chlorpyrimidin* in einem Katholyten aus 6,6 g $(NH_4)_2SO_4$ + 50 cm³ absol. Methanol + 50 cm³ W. + 3,3 cm³ 28%ig. NH_4OH (p_H 7,2 bis 7,4) wird an einer Cd-Schwammkathode (zur Vermeidung der Red. des Ringes, statt Zn) bei 73° u. 2,0 A/dm² zu 4,3 g (90,5% Ausbeute) *2-Aminopyrimidin* red., bei einem Verbrauch von 3,38 A/Stunde. Mit Zn-Kathoden kann auch Kernhydrierung eintreten. (J. electrochem. Soc. Japan **21.** 387—90. Aug. 1953. Tokyo, Inst. Technol. [Orig.: japan.; Auszug: engl.]) L. SCHULER. B 141

Ferenc Körösy, *Elektrochemie der Carotinoide.* Aus β-Carotin erzeugtes Diepoxyd u. Aurochrom färben eine mit H_2SO_4 angesäuerte Butanollsg. bläulichgrün. Diese grüne Verb. wandert bei der Elektrolyse zur Kathode, ist also ein positives Ion. Reines Carotin ändert seine Farbe unter gleichen Bedingungen nicht u. ist ungeladen. Die grüne Farbe u. der Ionencharakter sind wahrscheinlich Folge der Ausbldg. der Furanringe an einem oder beiden Enden des Moleküls. Bei der Elektrolyse von α- bzw. β-Carotin in 85% ig. H_2SO_4 wandern die blauen Lsgg. zur Anode. Die chromatograph. getrennten Oxydationsprodd. von β-Carotin wurden einzeln in H_2SO_4 gelöst, die Farbe der Lsgg. ist verschieden, doch wandern alle zur Anode. Die Möglichkeit, daß dies durch Bldg. saurer Schwefelsäureester (durch Addition an die Doppelbindungen) verursacht wird, wird diskutiert. Die oxydierten Carotinfraktionen verhalten sich somit amphoter. Die blaue Farbe ist in 85% ig. H_2SO_4 längere Zeit beständig, mit schwächerer als 72% ig. Säure erscheint die blaue Farbe nicht. Die Konzentrationsgrenzen entsprechen den Zuss. $H_2SO_4 \cdot H_2O$ u. $H_2SO_4 \cdot 2\,H_2O$. (Magyar Kémiai Folyóirat [Ung. Z. Chem.] **61.** 155—58. Mai 1955.) J. PLANK. B 141

N. Tjutjulkow und **St. Budurow,** *Über das polarographische Verhalten der geometrischen syn- und anti-Oximisomeren.* 1. Mitt. Die polarograph. Eigg. der *syn*-(α)- u. *anti*-(β)-Isomeren des *Benzaldoxims* werden untersucht. In 0,1 mol. $(CH_3)_4NJ$-Lsg. gibt die syn-Form 2 Wellen, von denen die erste kinet., die zweite Diffusionscharakter hat; die β-Form gibt nur die Diffusionsstufe. Die Höhe der 1. Stufe der α-Form nimmt mit steigender Temp. stark zu. Eine quantitative Best. beider Formen nebeneinander kann aus der Stufenhöhe der 1. Stufe (Summe der Stufenhöhen von α u. β) u. der Stufenhöhe der 2. Stufe (α, unabhängig von β) erfolgen. (Доклады Болгарской Академии Наук [C. R. Acad. bulgare Sci.] **6.** Nr. 3. 5—8. Okt./Dez. 1953.) R. K. MÜLLER. B 142

H. A. Laitinen und **T. J. Kneip,** *Polarographische und coulometrische Untersuchung von p-Dimethylaminoazobenzol. p-Dimethylaminoazobenzol* (I) gibt in saurer Lsg. (p_H 1,9; $NaHSO_4$–Na_2SO_4-Puffer) eine diffusionsbedingte Reduktionsstufe (n = 4), an die sich eine katalyt. H-Stufe anschließt. Bei p_H 13,5 (0,1 n NaOH) wird I zur Hydrazoverb. red., die sich weiter zu I u. den entsprechenden Aminen disproportioniert. Die Disproportionierung erfolgt derart langsam, daß polarograph. u. coulometr. Messungen eine Red. mit n = 2 ergaben. Bei p_H 9,5 (NH_3–NH_4Cl-Puffer) dagegen ist die Disproportionierungsgeschwindigkeit so groß, daß aus den coulometr. Messungen auf eine Vierelektronenred. zu schließen ist, während sich aus der polarograph. Stufenhöhe eine Rk. mit n etwas über 2 ergibt. Die Stufenhöhen sind bei allen p_H-Werten bei 10^{-4} bis 10^{-3} konzentrationsproportional. In 50% ig. alkoh. Lsg. wurde der Diffusionskoeff. zu $3{,}5 \cdot 10^{-6}\ cm^2 \cdot sec^{-1}$ berechnet. (J. Amer. chem. Soc. **78.** 736—40. 20/2. 1956. Urbana, Ill., Univ., Noyes Chem. Labor.) E. MOISAR. B 142

Troy A. Scott jr., Duncan MacMillan und **Eugene H. Melvin,** *Dampfdrucke und Destillation der Methylester einiger Fettsäuren.* Vff. bestimmen experimentell die Kpp. der *Methylester* von *Capryl-, Caprin-, Laurin-, Myristin-, Palmitin-, Stearin-, Öl-, Linol-* u. *Linolensäure* im Bereich von 0,1—10 mm Hg. Diese Kpp. werden mit denen, die nach der ANTOINEschen Gleichung $\log p = A + B/(t + C)$ berechnet wurden, verglichen. In der obigen Reihenfolge der Ester haben A, B u. C die folgenden Werte: A = 7,9678; B = 2102,6; C = 226. 6,9858; 1704,8; 178. 7,2253; 1921,7; 174. 5,9342; 1350,1; 113. 7,5353; 2285,8; 166. 7,4593; 2313,6; 152. 6,8805; 1963,5; 131. 7,8693; 2589,4; 175. 7,4392; 2298,8; 154. Ferner wurde die erforderliche Bödenzahl für die Trennung von je 2 Methylestern der gesätt. Säuren, die sich um 2 C-Atome unterscheiden, u. von je 2 Methylestern der C_{18}-Säuren berechnet. Brechungsindices u. EE. der Ester der gesätt. Säuren wurden bestimmt. (Ind. Engng. Chem. **44.** 172—75. Jan. 1952. Peoria, Ill., Northern Reg. Res. Labor.) MAX SCHMIDT. B 150

Waldie W. Forrest, Herbert Gutfreund und **Julian M. Sturtevant,** *Die Wirkung der Ionenstärke auf die Hydrolysenwärme von Benzoyl-L-argininamid.* Die Wärme, die bei der trypsinakatalysierten Hydrolyse von *Benzoyl-L-argininamid* zu Benzoyl-L-arginin u. NH_3 in verd. wss. Lsg. auftritt, wurde calorimetr. bei 25° gemessen. Wird die Konz. zugesetzter Salze (NH_4Cl u. Phosphat, auch Tris-[oxymethyl]-aminomethan wurde zugesetzt) verändert, so resultiert eine geringe Änderung dieser Wärmetönung: ΔH fällt von —6100 cal/Mol bei der Ionenstärke $\Gamma/2 = 0$ auf —6700 cal/Mol bei $\Gamma/2 = 0{,}05$ Mol. Oberhalb dieser Konz. wurde keine weitere Änderung beobachtet, wenn man von NH_4Cl absieht, welches einen geringen Anstieg der ΔH bei hohen Konzz. hervorruft, der möglicherweise auf eine Beeinflussung des Gleichgewichts der Rk. zurückzuführen ist. Die Rk. folgt bis hinauf zu Substratkonzz. von 0,06 Mol scheinbar dem Gesetz 1. Ordnung. Das Enzym wird von NH_4Cl schwach inhibiert. (J. Amer. chem. Soc. **78.** 1349—52. 5/4. 1956. New Haven, Conn., Yale Univ., Sterling Chem. Labor.) J. MATTNER. B 156

L. P. Filippow und **N. Ss. Nowosselowa,** *Wärmeleitfähigkeit von Lösungen normaler Flüssigkeiten.* Die Kurven der Abhängigkeit der Wärmeleitfähigkeit von der Zus. werden für folgende bin. Systeme mitgeteilt: *Methylformamid–Bzl.* (**I**), *–Chlf.* (**II**), *–CCl_4* (**III**); *Äthylformiat–Toluol* (**IV**), **-III** (beide bei 15°); **I–III, -IV** (30°); **I**–Ae. (15°); *Chlorbenzol–*

III (30°); II–I, –III, –Ae. (15°). Aus den Wärmeleitfähigkeiten des Gemisches (λ), der schlechter u. der besser leitenden Komponente (λ_1 bzw. λ_2) u. dem Gewichtsanteil der besser leitenden Komponente (p_2) ergibt sich $\lambda = \lambda_2 p_2 + \lambda_1 (1 - p_2) - 0{,}72 (\lambda_2 - \lambda_1) \cdot p_2 (1 - p_2)$ oder $(\lambda - \lambda_1)/(\lambda_2 - \lambda_1) = p_2 - 0{,}72\, p_2 (1 - p_2)$. Die Abweichung von der Additivität ist um so größer, je verschied. λ_1 u. λ_2 sind. (Вестник Московского Университета Серия Физико-Математических и Естественных Наук [Nachr. Moskauer Univ.] **10.** Nr. 3. [physik.-math. naturwiss. Ser.] Nr. 2. 37—40. März 1955. Lehrstuhl für Molekularphysik.) R. K. MÜLLER. B 158

Egon Hiedemann und **Walter Mayer,** *Zur anomalen, nichtlinearen Schalldispersion in den Fettsäuren.* Die Messung der Ultraschalldispersion von *Palmitinsäure* bei 65° im MHz-Gebiet bestätigt die von WADA, SIMBO u. ODA (vgl. C. **1953.** 1940) erhaltenen Ergebnisse. — Ohne Einzeldaten. (Naturwissenschaften **43.** 123. 2. März-H. 1956. East Lansing, Mich., State Univ., Dep. of Phys.) O. FUCHS. B 159

A. A. Mamedow und **G. M. Pantschenkow,** *Temperatur- und Konzentrationsabhängigkeit der Dichte und Viscosität binärer Systeme einiger aromatischer Kohlenwasserstoffe.* Zur Best. der Viscosität benutzen Vff. ein abgeändertes Viscosimeter nach OSTWALD, das näher beschrieben wird. Die D. wurde pyknometr. mit einer Genauigkeit von $\pm 0{,}0002$ g/cm³ bestimmt. Gemessen wurden η u. D. von *Bzl., Toluol, Äthylbenzol, o-Xylol, p-Xylol, Cumol* sowie in Abhängigkeit von der Zus. bei folgenden bin. Flüssigkeitsgemischen: Bzl. mit Toluol, p-Xylol, o-Xylol, Äthylbenzol, Cumol sowie von Toluol mit Äthylbenzol, o-Xylol, p-Xylol u. Cumol bei verschied. Temperaturen. Sämtliche untersuchten bin. Systeme verhielten sich hierbei nahezu wie ideale Mischungen. Die gefundenen Werte der Viscosität sowohl der reinen Fl. als auch der bin. Flüssigkeitsgemische ließen sich gut nach der von PANTSCHENKOW aufgestellten Formel berechnen. (Журнал Физической Химии [J. physik. Chem.] **29.** 1204—20. Juli 1955. Moskau, Lomonossow-Univ.) E. KORDES. B 172

Yatendra Pal Varshni, *Dirigierender Einfluß von Substituenten am Benzolring.* Als neue Regel wurde gefunden: Wenn die Summe der „Gruppennummern" der Atome des ersten Substituenten (H = 1, C = 4, O = 5 usw., aber Alkyl = 1) 1, 7 oder 13 ist, so tritt der zweite Substituent in o- oder p-Stellung, sonst in m-Stellung zum ersten. (J. chem. Educat. **30.** 465—66. Sept. 1953. Allahabad, India, Univ.)
K. BLUMRICH. B 182

A. Mangini und **R. Passerini,** *Muß die Schwefelbrücke als ein Leiter der Konjugation angesehen werden?* Auf Grund eigener spektroskop. Untersuchungsergebnisse sowie der Ergebnisse anderer Autoren an *o-Nitro-p'-amino-* u. *p-Nitro-p'-aminodiphenylsulfid* u. den entsprechenden *Dibenzthiophenderivaten* kommen Vff. zu dem Ergebnis, daß man vom spektroskop. Standpunkt nicht von dem S als einem Leiter der Konjugation sprechen kann. (J. Physique Radium **15.** 625—26. Juli/Sept. 1954. Bologna, Univ., Ist. di Chim. ind.) C. GOTTFRIED. B 182

Robert I. Walter, *Freie Triarylamminiumsalzradikale.* Eine Reihe von *tri-p-substituierten Triphenylaminen* (T) wurde durch ULLMANN-Kondensation in Ggw. von Cu-Pulver u. K_2CO_3 in Nitrobenzol dargestellt, u. zwar entweder durch direkte Kondensation von 2 Mol der entsprechenden p-substituierten Jodbenzole (**J**) mit 1 Mol p-substituiertem Anilin (Verf. A) oder durch Kondensation der **J** mit p-substituiertem Acetanilid zu Diarylacetylaminen, Abspaltung der Acetylgruppe u. Kondensation des Diarylamins mit **J** (Verf. B). Nach Verf. B wurden reinere Präpp. erhalten. In verschied. Fällen erwies sich direktes Zusammenschmelzen der Reaktionspartner mit Cu u. K_2CO_3 bei Badtempp. von 180—200° als günstiger (Verf. C). Die T konnten (mit Ausnahme von *Tris-[p-carbomethoxyphenyl]-* u. *Tris-[p-nitrophenyl]-amin*) durch $AgClO_4 + J_2$ in Ae. [*Tri-p-anisylamin* (**III**) durch Ag^+ allein] zu den freien Triarylamminiumradikalen oxydiert u. unter völligem Feuchtigkeitsausschluß als Perchlorate (P) isoliert werden. Verss. zur Oxydation von *Triphenylamin* verliefen nur unter völligem O_2-Ausschluß erfolgreich (CHU u. WEISSMAN, Privatmitt.). Die gut gereinigten u. trockenen P sind an der Luft längere Zeit stabil; sie bilden mehr oder weniger stabile, tiefindigoblaue (*Tri-p-biphenylylamminiumperchlorat* grüne) Lsgg. in Chlf., Di- u. Tetrachloräthan, $CHBr_3$, A. u. Aceton, die durch Hydrochinon, Fe^{2+} oder Diazomethan zers. werden.

V e r s u c h e: *p-Jodanisol* (**V**), F. 51—52°, *-toluol* (**I**), F. 36—37°, *-biphenyl* (**II**), F. 112—114°, *-fluorbenzol* (**VI**), *-chlorbenzol* (**IV**), F. 57° u. *-benzoesäuremethylester* (**VII**), F. 112—114°, aus den Aminen durch Diazotierung u. Rk. mit KJ; 50—80% (Ausbeute). — *Tri-p-anisylamin* (**III**), F. 94—96° (Bzl.–Hexan); aus Di-p-anisylamin (F. 102,0 bis 102,5°; aus **V** u. N-Acetyl-p-anisidin; 6—14%) u. **V** nach Verf. B; 28%. — *-amminiumperchlorat,* $C_{21}H_{21}O_7NCl$, F. 108—112°, durch Zugabe einer $AgClO_4$-Lsg. in Ae. zu **III**-Lsg. in Chlf.; dunkelblaues, sehr hygroskop. amorphes Pulver; 85—95%. *-amminium-*

pikrat, $C_{27}H_{23}O_{10}N_4$; durch Schütteln von 0,2 g Ag-Pikrat u. 0,2 g Pikrinsäure mit 50 m 95%ig. A. u. Zugabe von 0,2 g **III** in 10 ml Chlf.; grünes, sehr hygroskop. amorphes Pulver. — *Tri-p-tolylamin*, F. 110—117° (Essigsäure), aus p-Toluidin u. **I** nach Verf. A in 22 Std.; 11%. Daneben *Di-p-tolylamin*, F. 83—86°; 10%. *-amminiumperchlorat*, $C_{21}H_{21}O_4NCl$, F. 129—130° (Zers.), durch langsame Zugabe von J_2 in Ae. zu einer mit Trockeneis gekühlten Lsg. von vorst. Verb. u. $AgClO_4$ in Ae.; kleine rotbronzefarbene Kristalle; 90%. — *Tri-p-biphenylylamin*, F. 265 — 266° (Bzl.); aus p-Aminobiphenyl u. **II** nach Verf. A in 24 Std.; 7%. *-amminiumperchlorat*, $C_{36}H_{27}O_4NCl$, F. 240—242° (Zers.); dunkelgrüne Kristalle; 75%. — *Bis-[p-fluorphenyl]-amin*, Kp. 163—166° (Vakuum), aus p-Fluoracetanilid u. **VI** nach Verf. C in 22 Std. bei 200° u. Hydrolyse durch 4std. Kochen mit HCl/A. (1:1); 62%. — *Tris-[p-fluorphenyl]-amin*, $C_{18}H_{12}NF_3$, F. 122—124° (50% Bzl./A. u. Sublimation), aus vorst. Verb. u. **VI** nach Verf. C; 37%. *-amminiumperchlorat*, $C_{18}H_{18}NF_3 \cdot ClO_4$, F. 151—153° (Zers.); rotbronzefarbene Kristalle; 85%. — *Tris-[p-chlorphenyl]-amin*, $C_{18}H_{12}NCl_3$, F. 148—149° (Sublimation), aus **IV** u. p-Chloranilin nach Verf. A; 20%. *-amminiumperchlorat*, $C_{18}H_{12}O_4NCl_4$, F. 155—157° (Zers.); 50—87%. — *Bis-[p-carbomethoxyphenyl]-amin*, $C_{16}H_{15}O_4N$, F. 177—178° (Methanol), aus **VII** u. p-Aminobenzoesäuremethylester nach Verf. C in 27 Std. bei 180—200°; Nadeln; 23%. — *Tris-[p-carbomethoxyphenyl]-amin*, $C_{24}H_{21}O_6N$, F. 138—140° (Methanol), aus vorst. Verb. u. **VII** nach Verf. C in 24 Std. bei 190—200°; Nadeln; 70%. *-amminiumperchlorat*, $C_{24}H_{21}O_{10}NCl$, F. 180—182° (Zers.), das blaugrüne Prod. ist vermutlich eine feste Lsg. des tiefblauen Radikals in farblosem diamagnet. Material. (J. Amer. chem, Soc. **77.** 5999—6002. 20/11. 1955. Rutgers Univ., School of Chem.; Storrs, Conn., Univ., Dep. of Chem.) K. PRCHAL. B 182

I. Tănăsescu und **Cecilia Bălan-Anghel**, *Chemische Beweise für die Existenz und Stabilität von Dioxolankonfigurationen.* (Vgl. C. **1940.** II. 55.) Während Glykol, Äthylenchlorhydrin u. in Pyridinlsg. auch *Glykolmonobenzoat* (**I**) mit Phthalsäureanhydrid u. Triphenylchlormethan (**II**) n. reagieren, bildet **I** mit **II** in neutraler Lsg. (Toluol) nicht das Monotritylderiv.; analog verhält sich gegenüber **II** auch p-Nitrobenzoylglykol, das nur in Pyridinlsg. das *Tritylderiv.*, $C_{28}H_{23}O_5N$, liefert. Glykolmonoacetat reagiert mit Phthalsäureanhydrid nicht, bildet aber mit **II** das *Ditritylderiv.* des *Glykols*, $C_{40}H_{34}O_2$, F. 184 bis 185° (aus A.), sowohl in Pyridin- als auch in Toluollsg.; in diesem Falle ist also die von FISCHER (C. **1920.** III. 823) für die acylierten Polyolderivv. vermutete Dioxolankonfiguration anzunehmen. (Bul. ştiinţific, Ser. Mat., Fizică, Chim. **2.** 67—80. Jan. 1950. Cluj, Univ. V. Babeş, Labor. de Chim. organ.) R. K. MÜLLER. B 182

P. S. Murti, A. Venkataratnam und **C. Venkata Rao**, *Flüssigkeit–Flüssigkeits-Gleichgewichte.* 2. Mitt. (1. vgl. KRISHNAMURTI, J. sci. ind. Res. [New Delhi] **12B.** [1953.] 583.) Untersucht werden die tern. Systeme *Methylacetat–Essigsäure* (**I**)–*W.* (**II**), *n-Propylacetat*–**I**–**II**, *n-Butylacetat* (**III**)–**I**–**II** u. **III**–*Aceton*–**II** bei 30°. Die entsprechenden OTHMER-TOBIS- u. HAND-Gleichungen zur Berechnung der Verbindungslinien des Phasendiagramms werden angegeben. Danach nimmt die Löslichkeit von **I** in der oben eingehaltenen Reihenfolge der Systeme ab. Die Phasendiagramme, Dichten, Brechungsexponenten u. die Kpp. der Ausgangsstoffe werden angegeben. (J. sci. ind. Res. [New Delhi] **13B.** 77—78. Jan. 392—96. Juni 1954. Waltair, Andrha Univ., Dep. of Chem. Technol.) S. v. SCHIESZL. B 221

I. L. Krupatkin, *Über ternäre Systeme mit Entmischung ohne Bildung von chemischen Verbindungen.* Als Beispiele für tern. Systeme mit Entmischung, aber ohne Bldg. einer chem. Verb. im dritten homogenen bin. Syst. werden die Löslichkeitsisothermen folgender Systeme untersucht: **A**) *W.–Isoamylalkohol–tert.-Amylalkohol* (20°; 50°); **B**) *W.–o-Toluidin* (**I**)–*Anilin* (20°, 50°); **C**) *Glycerin* (**II**)–**I**–*Diäthylanilin* (18°); **D**) **II**–*Furfurol–Benzaldehyd.* Dabei werden 3 Typen der Kurven der Löslichkeitsisothermen gefunden (Darst. im Dreiecksdiagramm): Gerade Linien (**B**), Kurven mit positiver Abweichung von der Geraden (**D**) u. solche mit negativer Abweichung (**A**; **C**). Die Abweichungen von der Geraden lassen sich durch Dissoziation assoziierter Moll. der Komponenten in einfache Moll. erklären. (Журнал Общей Химии [J. allg. Chem.] **25** (**87**). 1871—76. Sept. 1955. Tscherkass, Pädagog. Inst.) R. K. MÜLLER. B 221

H. Jigarjian und **A. E. Martell**, *Darstellung und Eigenschaften der Äthylen-bis-oxy-n-propylamin-N.N.N'.N'-tetraessigsäure.* Vff. stellten die zur Chelatbldg. fähige „*Äthylen-bis-oxy-n-propylamin-N.N.N'.N'-tetraessigsäure*" (**I**, *1.2-Bis-[N.N-dicarboxymethyl-γ-aminopropoxy]-äthan*) aus 1.2-Bis-[γ-aminopropoxy]-äthan (**II**) durch Carboxymethylierung mittels Formaldehyd (**III**) u. NaCN nach einer modifizierten Synth. von SMITH, BULLOCK, BERSWORTH u. MARTELL (J. org. Chemistry **14.** [1949.] 355) dar. Durch potentiometr. Titration wurden in **I** zwei stark bas. u. zwei stark saure Gruppen ermittelt; der tert. Ammoniumstickstoff in der zwitterionig vorliegenden Dicarboxymethylamingruppe ruft durch induktiven Effekt auf die in α-Stellung zu ihm stehende Carboxylgruppe die starke Acidität hervor. Die beiden Dicarboxmethylamingruppen üben keinen induktiven Effekt aufeinander aus. Chelate aus **I** mit Ca^{2+} u. Cu^{2+} wurden untersucht, ihre Strukturen auf Grund halbquantitativer potentiometr. Titrationen diskutiert.

Versuche: *1.2-Bis-[N.N-dicarboxymethyl-γ-aminopropoxy]-äthan* (**I**), $C_{16}H_{28}O_{10}N_2$, F. >200° (Zers.), aus **II**, NaCN u. **III** in wss. Lsg. bei Siedetemp., Überführen des Na-Salzes von **I** in die freie Säure durch Kationenaustauscher (Dowex 50), Eluieren desselben mit W. u. Eindampfen; aus W./Aceton **I** in 30% Ausbeute, weiteres Eluieren des Austauschers mit NH_3 gibt das Ammoniumsalz; Gesamtausbeute 60—70%. (J. org. Chemistry **21.** 90—92. Jan. 1956. Worcester, Mass., Clark Univ., Dep. of Chem.)
K. TEICHMANN. B 223

El Sayed Amin und **Erich Hecker,** *Trennung der 4'-Nitroazobenzolcarbonsäure-(4)-ester von Alkoholen durch Verteilung und Chromatographie.* Das Verh. folgender *4'-Nitroazobenzolcarbonsäure-(4)-ester* (vgl. HECKER, C. **1956.** 6374) bei der CRAIG-Verteilung wird untersucht u. die Verteilungskoeffizienten u. Trennfaktoren in verschied. Systemen mitgeteilt: *-äthyl-,-n-butyl-* (**I**), *-n-hexyl-, n-octyl-* (**II**), *-n-dodecyl-* (**III**), *-myristyl-, -cetyl-* u. *-cholesterinester* (**IV**). Die größten Trennfaktoren werden im Syst. Cyclohexan (**V**)/Nitromethan (**VI**) erhalten. Zusätze von Dimethylformamid (**VII**), Xylol oder Chlf. erhöhen die Kapazität des Syst., verkleinern aber die Trennfaktoren. Mit weniger als 30 Schritten lassen sich nur die Ester der niederen Alkohole trennen. — An Hand eines Testgemisches aus **I, II** u. **III** wird ferner die verteilungschromatograph. Trennung der Ester an Kieselgur (**VIII**) mit **V** als mobile u. **VI** als stationäre Phase untersucht. **VII**-Zusätze erhöhen den Trenneffekt, doch sind **II** u. **III** auch im Syst. **V/VI/VII** (150:10:30) nicht völlig trennbar. Ersatz von **V** durch Heptan, Octan oder Nonan (**IX**; Testgemisch **III** u. **IV**) erhöht den Trenneffekt in dieser Reihenfolge; Decan bringt keine Steigerung mehr. Umkehrung der Phasen durch Hydrophobierung des **VIII** (bei 110° getrocknetes **VIII** 3 Tage bei 30° über Dichlordimethylsilan im Exsiccator aufbewahrt, 3mal mit W. behandelt, die auf der Oberfläche schwimmende Substanz mit Methanol neutral gewaschen u. bei 110° getrocknet) erhöht die Trennbarkeit der Ester der höheren Alkohole. Die beste Trennung von **III** u. **IV** wird mit **IX/VI** (30:120) erhalten. (Chem. Ber. **89.** 695—701. 8/3. 1956. Tübingen, MPI für Biochem., u. Univ., Physiol.-Chem. Inst.) K. PRCHAL. B 224

Volker Franzen und **Helmut Krauch,** *Reaktionsmechanismen.* 11. Mitt. *Die Curtius-Reaktion.* (10. vgl. Chemiker-Ztg. **79.** [1955.] 738.) Zusammenfassung vorliegender Ergebnisse über Kinetik u. Mechanismus der katalysierten u. nichtkatalysierten CURTIUS-Rk. mit Überblick über die präparative Anwendung dieser Reaktion. — 16 Literaturzitate. (Chemiker-Ztg. **79.** 772—73. 20/11. 1955. Heidelberg, MPI für Med. Forschung, Inst. für Chem.)
B. GNAUCK. B 225

Charles R. Hauser und **David S. Hoffenberg,** *Syn-anti-Isomerisierung des p-Chlorbenzaldoxims mit Borfluorid. syn-p-Chlorbenzaldoxim* (**I**) kann mit der äquimol. Menge BF_3 in das *anti-p-Chlorbenzaldoxim* (**II**) übergeführt werden. Wahrscheinlich entsteht aus **I** u. BF_3 zuerst der N-Koordinationskomplex p-$ClC_6H_4CHN(OH)\cdot BF_3$ mit syn-Struktur (**III**), der sich bei 25—30° fast quantitativ zum entsprechenden anti-Komplex (**IV**) isomerisiert; aus diesem wird mit $NaHCO_3$ **II** erhalten. Bei 10° ist die Isomerisierung von **III** unvollständig. Das so entstandene Gemisch **III** mit **IV** liefert aber beim Erhitzen auf 135° unter Isomerisierung in fester Phase quantitativ **IV**. In freiem Zustand ist **I** (syn-Form) stabiler als **II** (anti-Form), im Komplex dagegen **IV** (anti-Form) stabiler als **III** (syn-Form), denn **II** wandelt sich beim Umkristallisieren aus Essigsäure in **I** um; ebenso wirken katalyt. Mengen von BF_3 oder HCl. Der Mechanismus der Isomerisierungen wird über Carbeniumgrenzformen erklärt, in denen freie Drehbarkeit um die C=N-Bindung möglich ist.

Versuche: *BF_3-Komplex des anti-p-Chlorbenzaldoxims* (**IV**), F. 150—151° (Zers.), nach HAUSER u. HOFFENBERG, (C. **1956.** 8583) aus **I** in absol. thiophenfreiem Bzl. durch Erhitzen mit BF_3; 95—99% (Ausbeute); *anti-p-Chlorbenzaldoxim* (**II**), F. 142—143° bei schnellem Erhitzen, 129—130° bei langsamem Erhitzen, durch Eintragen von **IV** in 5%ig. $NaHCO_3$-Lsg. u. Absaugen des Nd. (unreines **II**; F. 130—132°); aus dem Filtrat nach einigen Std. reine Kristalle von **II**; 89%. — Konstitutionsbeweis von **I** u. **II** nach HAUSER u. JORDAN (J. Amer. chem. Soc. **58.** [1936.] 1772): Aus dem *Acetylderiv.* von **II**, F. 77—78°, entsteht mit Pyridin in 9 Std. bei Raumtemp. 92% p-Chlorbenzonitril, F. 93—94°. Das *Acetylderiv.* von **I**, F. 67—69°, bleibt unter gleichen Bedingungen zu 87% unverändert. (J. org. Chemistry **20.** 1491—95. Nov. 1955. Durham, N. C., Duke Univ., Dep. of Chem.) H. K. WURZLER. B 225

David S. Hoffenberg und **Charles R. Hauser,** *Wasserabspaltung oder Beckmannsche Umlagerung von Aldoximen mit Borfluorid. Umwandlung von Aldoximen in die entsprechenden Amide.* (Vgl. vorst. Ref.) Die therm. Zers. des festen N-Koordinationskomplexes aus BF_3 u. anti-p-Chlorbenzaldoxim (I) bei 150° (vgl. auch Hauser u. Hoffenberg, C. **1956.** 8583) liefert hauptsächlich p-Chlorbenzonitril (II) u. p-Chlorbenzamid (III) neben wenig p-Chlorformanilid (IV). III kann durch trans-Dehydratation des anti-Oxims zu II u. anschließende Wiederaufnahme von W. oder durch Beckmannsche Umlagerung aus I hervorgegangen sein. Daß die Beckmannsche Umlagerung jedoch bevorzugt zu sein scheint, wird durch einen Blindvers. gezeigt: Mit BF_3 u. W. bleibt II größtenteils unverändert. Schließlich kann IV nur durch Beckmannsche Umlagerung aus dem syn-Komplex entstanden sein, der also bei 150° wahrscheinlich im Gleichgewicht neben dem anti-Komplex vorliegt. — Mit BF_3 in Essigsäure bei 115—120° liefern sowohl syn- als auch anti-p-Chlorbenzaldoxim ausschließlich III, das nicht nur durch Beckmannsche Umlagerung entstanden sein kann, denn als Zwischenprod. läßt sich II nachweisen. Quantitative Aussagen über die Reaktionswege können wegen experimenteller Schwierigkeiten nicht gemacht werden. Analog reagieren andere aromat. syn-Aldoxime sowie Heptanaldoxim mit BF_3 in Essigsäure (10 Min. bei 115—120°). Folgende Aldoxime wurden in die entsprechenden Carbonsäureamide übergeführt: Benzaldoxim in *Benzoesäureamid*, F. 124—127°, 98% (Ausbeute); p-Chlorbenzaldoxim in *p-Chlorbenzoesäureamid*, F. 177—178°; 95—98%; p-Dimethylaminobenzaldoxim in *p-Dimethylaminobenzoesäureamid*, F. 207—208°; 95%; m-Nitrobenzaldoxim in *m-Nitrobenzoesäureamid*, F. 139—140°; 98%; Salicylaldoxim in *Salicylsäureamid*, F. 138—139°; 47%; Anisaldoxim in *Anissäureamid*, F. 152—154°; 70%; Heptanaldoxim in *Heptansäureamid*, F. 92—94°; 74—75%. Piperonaldoxim: Verharzung. (J. org. Chemistry **20.** 1496—1500. Nov. 1955.) H. K. Wurzler. B. 225

Charles R. Hauser und **David S. Hoffenberg,** *β-Eliminierungen beim syn- und anti-O-Acetylpiperonaldoxim mit Kaliumamid in flüssigem Ammoniak.* Bei der Einw. eines Überschusses von KNH_2 auf syn- u. anti-O-Acetylaldoxime $RHCNOCOCH_3$ (I) in fl. NH_3 findet u. a. eine β-Eliminierung statt, die prim. zu dem entsprechenden Nitril RCN (II) führt. Diese Rk. kann durch Neutralisation des KNH_2 mit NH_4Cl abgebrochen werden. Als Neben-Rk. können I u. II Ammonolyse erleiden, wobei aus I freies Aldoxim u. Acetamid, aus II das entsprechende Amidin entsteht. Beträgt der Überschuß an KNH_2 2,5 Äquivalente, so findet bei einer Einwirkungsdauer des KNH_2 von 10 Min. relativ mehr β-Eliminierung statt als bei geringerem Überschuß von KNH_2. Bei einer Einwirkungsdauer von 1 Std. u. 2,5 Äquivalenten KNH_2 erfolgt ausschließlich β-Abspaltung; daraus ist zu schließen, daß die unter milderen Bedingungen beobachtete Ammonolyse von I zumindest teilweise erst nach der Neutralisation des KNH_2 erfolgt. Blindverss. bestätigen den Befund. Mit $NaNH_2$ an Stelle von KNH_2 u. 1 Std. Einwirkungsdauer ist sowohl β-Abspaltung als auch Ammonolyse zu beobachten.

Versuche: *3.4-Methylendioxybenzoesäureamidin* (III), *Pikrat*, F. 255—256° (Zers.), aus anti-O-Acetylpiperonaldoxim (**Ia**) in absol. Ae. bei —35° mit 2,5 Äquivalenten KNH_2 in fl. NH_3. Nach 1 Std. wird die Rk. durch NH_4Cl abgebrochen; 49% (Ausbeute); daneben *3.4-Methylendioxybenzoesäurenitril* (II), F. 89—91°; 47%. Wird nach 10 Min. abgebrochen, resultieren 21% II; 62% III; 16% *anti-Piperonaldoxim* (IV). Blindverss. ohne KNH_2: Zusatz von NH_4Cl nach 10 Min.: 85% IV. — syn-O-Acetylpiperonaldoxim (**Ib**) gibt bei Behandlung wie vorst., Reaktionsdauer 1 Std.: 18% II; 72% III; 0% IV. Reaktionsdauer 10 Min.: 19% II; 61% III; 15% *syn-Piperonaldoxym* (V), F. 110°. Bei Rk. von **Ia** bzw. **Ib** mit 2,5 Äquivalenten $NaNH_2$ wie mit KNH_2 entstanden in 1 Std. aus der anti-Verb. 81% II, 13% IV, fast kein III; aus der syn-Verb. 63% II, 24% V. (J. org. Chemistry **20.** 1535—37. Nov. 1955.) H. K. Wurzler. B 225

D. K. Tolopko, *Kinetik der Autoxydation des Cumols und Besonderheiten der Wirkung von Phenolzusätzen.* Durch 30 g *Cumol* (I) werden bei 105° 12—15 $cm^3 O_2$/Min. durchgeleitet. Dabei bildet sich das *Peroxyd* (II), bis ca. 50 Mol-% erreicht sind, dann erfolgt Zers. des II, u. a. zu *Phenol* (III). Wird von vornherein II zugesetzt, dann setzt die Zers. an derselben Stelle ein, bei der aus reinem I die entsprechende Menge II entstanden ist. Die Oxydation des I hat autokatalyt. Charakter. Zusatz von III vor dem Vers. verzögert die Oxydation stark, weniger wenn schon II entstanden ist. Die Geschwindigkeit des III-Verbrauchs ist der II-Konz. direkt proportional. Bei steigender Menge an III-Zusatz nimmt die Geschwindigkeit der II-Bldg. ab, sie hört völlig auf, wenn die Konzz. an II u. III gleich sind. Anisol bewirkt auch bei 10%ig. Zusatz keine Hemmung der Oxydation des I. Man kann daher für den Mechanismus der Inhibitorwrkg. des III annehmen: $R^\bullet + C_6H_5OH \rightarrow RH + C_6H_5O^\bullet$ oder $RO_2^\bullet + C_6H_5OH \rightarrow ROOH + C_6H_5O^\bullet$. Das Phenoxyradikal ist so wenig akt., daß es kein H-Atom von I entnimmt u. unter oxydierenden Bedingungen in chinoide Verbb. übergeht, wodurch auch die Färbung zu erklären ist, die bei **III**-Zusatz auftritt. (Доклады Академии Наук СССР [Ber. Akad. Wiss. UdSSR] **104**. 101—03. 1/9. 1955. Lwow, Polytechn. Inst.)

R. K. Müller. B 225

M. B. Neiman, W. B. Miller und **Ju. M. Schapowalow,** *Untersuchung des Einflusses der Molekülstruktur auf die Geschwindigkeit von Ionen- und Atomisotopenaustauschreaktionen.* 3. Mitt. *Einfluß der Ansammlung von Halogenatomen am Kohlenstoffatom auf die Geschwindigkeit des Isotopenaustausches von Halogenderivaten des Methans.* (2. vgl. C. **1956.** 10403.) Der Einfl. der Anreicherung an Halogen (X) im Mol. CH_3X auf die Geschwindigkeit des Isotopenaustausches wird am Beispiel von CH_2Br_2, $CHBr_3$, CBr_4, CH_2J_2 u. CHJ_3 untersucht. Dabei wird der Austausch dieser Verbb. mit den Halogenionen von NaBr bzw. NaJ in 90%ig. A. bei verschied. Tempp. untersucht, um die Aktivierungswärmen zu ermitteln. Diese betragen bei CH_2Br_2 26600 (cal/Mol), $CHBr_3$ 28000, CBr_4 20300 (zum Vgl.: CH_3Br 17500), CH_2J_2 21700, CHJ_3 22300 (CH_3J 15400). Daß ein Ionisationsmechanismus vorliegt, wird am deutlichsten bei CBr_4 erkennbar. Die Verlangsamung des Ionenaustausches bei Zunahme der Halogenatome im CH_4-Mol. ist beim Übergang von CH_3X zu CH_2X_2 am größten, bei den J-Derivv. ist die Austauschgeschwindigkeit durchweg größer als bei den Br-Derivaten. (Журнал Физической Химии [J. physik. Chem.] **29.** 1042—49. Juni 1955. Inst. für chem. Physik der Akad. der Wiss. der UdSSR.)

R. K. Müller. B 225

Nathan Kornblum, Robert A. Smiley, Robert K. Blackwood und **Don C. Iffland,** *Der Mechanismus der Reaktion von Silbernitrit mit Alkylhalogeniden. Die gegensätzlichen Reaktionen von Silber- und Alkalimetallsalzen mit Alkylhalogeniden. Die Alkylierung von „ambident"-Anionen.* 9. Mitt. *über die Chemie aliphatischer und alicyclischer Nitroverbindungen.* (8. vgl. C. **1956.** 6624.) Vff. untersuchten die Rk. von $AgNO_2$ mit Alkylhalogeniden u. diskutieren den Mechanismus in Verbindung mit Ergebnissen früherer Arbeiten (l. c.). Die Rk. verläuft über einen Übergangszustand, der sowohl S_N1- als auch S_N2-Charakter besitzt; das Verhältnis beider Reaktionsarten zueinander ist abhängig von der Struktur des Halogenids, wie das Verhältnis der Reaktionsprodd. zueinander zeigt: Je größer der Beitrag eines Carboniumions am Übergangszustand ist, um so größer ist die Ausbeute an Nitritester, um so kleiner die an Nitroparaffin. Das Vorliegen von S_N1-Charakter wird an Hand der Rk. von *n-*, *sek.*- u. *tert.-Butylchlorid* mit $AgNO_2$ gezeigt: Die relativen Geschwindigkeitskonstanten verhalten sich wie 1:4:1500; ferner reagiert *2-Jodbutan* 9mal schneller als *1-Jodbutan*; *2-Jodactan* 10mal so schnell wie *1-Jodoctan.* Auch die kinet. Unters. der Rk. von *p-Nitrobenzyl-*, *Benzyl-*, *p-Methyl-* u. *p-Methoxybenzylbromid* beweist den S_N1-Charakter. Die Halbwertszeiten betragen in vorst. Reihenfolge 180, 16, 1 $\ll$1 (Min.). Das Vorliegen eines S_N2-Prozesses zeigt die Umkehr der Konfiguration bei opt.-akt. Alkylhalogeniden (l. c.) sowie die kinet. Unters. der Reaktivität von *Neopentyljodid.* Bei 0° reagiert es mit $AgNO_2$ in Ae. nach 29 Tagen zu 10%, während die Rk. von *n-Butyljodid* eine Halbwertszeit von 1½ Std. hat. In Acetonitril, in dem im Gegensatz zu Ae. $AgNO_2$ lösl. ist, betragen die Halbwertszeiten bei 0° 1600 Std. bzw. 10 Minuten. Der Einfl. des Lösungsm. auf den Übergangszustand zeigt sich ebenfalls an der Produktausbeute: In Ae. reagiert $AgNO_2$ mit 1-Jodheptan unter Bldg. von 78—82% *1-Nitroheptan* (**I**) u. 7—12% *1-Heptylnitrit* (**II**); in Acetonitril wurden 60—64% **I** u. 23—33% **II** erhalten. Lösungsmittel, die die Ionisation begünstigen, erhöhen also die Ausbeute an Nitritester. Vff. nehmen an, daß die Neigung eines Anions (in diesem Fall NO_2^-) zur Bldg. einer Covalenz zu dem Atom höherer Elektronegativität ganz allg. ist u. die Grundlage der gegensätzlichen Rkk. von Ag- u. Alkalimetallsalzen (z. B. AgCN bzw. NaCN) mit Alkylhalogeniden darstellt. Elektrophiler Angriff durch Ag am Halogen des Alkylhalogenids vergrößert den Beitrag des Carboniumions am Übergangszustand, wodurch die vorzugsweise Covalenzbldg. des elektronegativsten Atoms des Anions hervorgerufen wird. Vff. diskutieren die Verallgemeinerung ihrer Annahme über die Alkylierung von solchen Anionen, die zwei verschied. reaktionsfähige Zentren besitzen („ambident"-Anionen) an einer Reihe von Beispielen: Rk. des Ag-Salzes von α-Oxypyridin mit Äthyljodid, von Ag- u. Alkalimetallsalzen des N-Phenylformamids, von Aryldiazotaten, Alkalimetallcyaniden, des Na-Acetessigesters u. Phenol mit Alkylhalogeniden sowie von Nitroparaffinen mit Diazomethan. Die obige Annahme läßt sich auch anwenden, wenn kein Ag an der Rk. beteiligt ist. In allen Fällen ergibt sich für das bisher ungelöste Problem der C- bzw. O- oder O- bzw. N-Alkylierung: Je größer der S_N1-Charakter des Übergangszustandes ist, um so größer ist die Tendenz zur vorzugsweisen Covalenzbldg. mit dem Atom höherer Elektronegativität u. umgekehrt, je größer der S_N2-Beitrag am Übergangszustand, um so größer die vorzugsweise Bindungsbldg. des Atoms niederer Elektronegativität. Die Tatsache, daß die Rk. von $AgNO_2$ mit Alkylhalogeniden nicht die Summe zweier simultan verlaufender Vorgänge, eines S_N1- u. S_N2-Prozesses, darstellt, sondern daß die Rk. über einen Übergangszustand verläuft, der gleichzeitig S_N1- u. S_N2-Charakter besitzt, ist eine wesentliche Aussage über das Problem der Grenzmechanismen bei Substitutions-Rkk. an einem gesätt. C-Atom.

Versuche: *p-Methoxybenzylnitrit* (**V**), $C_8H_9O_3N$, $Kp._{1,5}$ 71,5°, aus p-Methoxybenzylalkohol (**III**, F. 23–25°) mit NOCl in Pyridin; n_D^{20} 1,5142. — *p-Nitrobenzylnitrit* (**IV**), $C_7H_6O_4N_2$, $Kp._2$ 98°, aus 15,3 g p-Nitrobenzylalkohol (F. 92–93°) mit NOCl in trockenem Bzl. in Ggw. von NaH; n_D^{20} 1,5498; 6,15 g (Ausbeute). — *Verb.* vom F. 105 bis 108°, durch Zers. von **IV** an der Luft bei Zimmertemp., hellgelb. — *Benzylnitrit*, $Kp._8$ 56–56,5°, aus Benzylbromid (n_D^{20} 1,5762) u. $AgNO_2$ in absol. Ae. in Ggw. von CaH_2, 25½ Std. Rühren bei 0°; n_D^{20} 1,5006–1,5008; 28%; daneben *Phenylnitromethan*, $C_7H_7O_2N$, $Kp._1$ 77–79°, n_D^{20} 1,5315; 61%. — *p-Methylbenzylnitrit*, $C_8H_9O_2N$, $Kp._6$ 61°, aus p-Methylbenzylbromid (F. 35–35,5°) u. $AgNO_2$ in Ae., 12 Std. Rühren bei 0°; n_D^{20} 1,4994; 37%; daneben *p-Tolylnitromethan*, $C_8H_9O_2N$, $Kp._3$ 99°, n_D^{20} 1,5278; 45%. — *p-Nitrophenylnitromethan*, $C_7H_6O_4N_2$, F. 89–90,5°, aus p-Nitrobenzylbromid (F. 98,5 bis 99,5°) mit $AgNO_2$ in Ae.; 24 Std. Rühren bei 0°; 75%; daneben **IV**; 5%. — *p-Methoxybenzylbromid*, C_8H_9OBr, aus **III** mit trockenem HBr in absol. Bzl. im Eisbad; n_D^{20} 1,5820; 82%. — *p-Methoxyphenylnitromethan*, $C_8H_9O_3N$, $Kp._{0,6}$ 106–108°, aus vorst. Verb. mit $AgNO_2$ in absol. Ae. bei –10°; n_D^{20} 1,5400, orangefarben; 26%; daneben **V**. $Kp._{0,5}$ 63–65°; 55%. (J. Amer. chem. Soc. **77**. 6269–80. 5/12. 1955. Lafayette, Ind. Purdue Univ., Dep. of Chem.) J. Knaul. B 225

Nathan Kornblum, Mary E. Chalmers und **Ralph Daniels**, *Die Reaktion von Silbernitrit mit α-Halogenestern.* 10. Mitt. *über die Chemie aliphatischer und alicyclischer Nitroverbindungen.* (9. vgl. vorst. Ref.) Vff. untersuchten die Rk. von *Bromessig-* (**I**), *α-Brompropion-* (**II**), *Jodessig-*, *α-Jodpropion-*, *-butter-* u. *-capronsäureäthylester* mit $AgNO_2$. Während bei der Rk. von **I** u. **II** bei Zimmertemp. nach 6½ Tagen nur 12–15% reagierten, führten die Jodester in guter Ausbeute u. befriedigender Reaktionsgeschwindigkeit zu den entsprechenden *α-Nitroestern*. Der l. c. angenommene Mechanismus wird bestätigt, Die Reaktionsgeschwindigkeit der α-Halogenester ist kleiner als die bei den Allylhalogeniden, die Ausbeute an Nitroverbb. wesentlich größer.

Versuche: *α-Nitropropionsäureäthylester*, $C_5H_9O_4N$, $Kp._9$ 75–76°, aus α-Jodpropionsäureäthylester ($Kp._7$ 49°, n_D^{20} 1,4963) mit $AgNO_2$-Suspension in absol. Ae. bei 0°, 48 Std. Rühren bei Zimmertemp.; n_D^{20} 1,4210; 80% (Ausbeute). — *Nitroessigsäureäthylester*, $Kp._3$ 71–72°, aus Jodessigsäureäthylester ($Kp._3$ 60°, n_D^{20} 1,5045) analog, 48 Std. Reaktionszeit; n_D^{20} 1,4245; 77%. — *α-Nitrobuttersäureäthylester*, $C_6H_{11}O_4N$. $Kp._8$ 82–83°, aus α-Jodbuttersäureäthylester ($Kp._1$ 46°, n_D^{20} 1,4923), 54 Std. Reaktionszeit; n_D^{20} 1,4233; 75%. — *α-Nitrocapronsäureäthylester*, $C_8H_{15}O_4N$, $Kp._3$ 80–81°, aus α-Jodcapronsäureäthylester ($Kp._4$ 84°, n_D^{20} 1,4873), 144 Std. Reaktionszeit; n_D^{20} 1,4302; 84%. (J. Amer. chem. Soc. **77**. 6654–55. 20/12. 1955.) J. Knaul. B 225

Pentti Salomaa, *Die Kinetik der Alkoholyse von 1-Halogenäthern.* (Vgl. Leimu u, Salomaa, Acta chem. scand. **1**. [1947.] 353.) Nach einer modifizierten Bisulfitmeth, wurde die Kinetik der Alkoholyse (soweit erforderlich durch Einleiten von Halogenwasserstoff [HHal] katalysiert) von *Methyl-* (**I**) u. *Äthylchlormethyläther* (**II**), *Methylbrommethyläther* (**III**), *Dichlordimethyläther* (**IV**) u. *Methyl-1-chloräthyläther* (**V**) (hierfür keine Daten angegeben) zwischen 5 u. 35° in A., Isopropylalkohol (**VI**), n-Butylalkoho- **VII**) u. Äthylenchlorhydrin (**VIII**) sowie in Methanol (**XI**)–Dioxan (**IX**), A.–**IX**, **VI**-**IX**, **VIII**-**IX**, A.–CCl_4, A.–Bzl. u. **VII**-Bzl. bei verschied. Gehh. an den Alkoholen untersucht. Die Alkoholysen verlaufen nach der 1. Ordnung bzgl. der Konz. an 1-Halogenäther, stets erfolgt ein Teil des Umsatzes durch eine unkatalysierte Reaktion. Bei hohem Geh. an Alkohol im Lösungsm. ist die nichtkatalysierte Rk. z. T. nicht nachweisbar. Meist verliefen die Rkk. vollständig, nur in Alkohol–**IX**-Gemischen bei sehr geringem Alkoholgeh. nahm die Rück-Rk. bedeutenden Umfang an. Die Freisetzung von HHal während der Rk. wirkt geschwindigkeitserhöhend, das Anwachsen der k_1-Werte verläuft etwa linear mit der [HHal]. Diese Beschleunigung ist bes. erheblich bei geringen Konzz. an Alkohol in den bin. Lösungsmittelgemischen, tritt jedoch weniger hervor bei höheren Gehh. an Alkoholen. In reinen Alkoholen tritt keine Wrkg. auf die Reaktionsgeschwindigkeit v auf. Der Effekt von HHal ist in Gemischen mit **IX** bedeutender als in denen mit Bzl. oder CCl_4. Berechnet wurden für sämtliche untersuchten Medien die E- (kcal/Mol), log A-, ΔG^*- (kcal/Mol), ΔH^*- (kcal/Mol) u. ΔS^*-Werte (cal/Mol·Grad) bei u. ohne Ggw. von HCl. Diese Größen betrugen in den reinen Alkoholen für **I**: in A. 14,510, 9,81, 18,6, 13,9, –15,6; in **VI** 14,400, 9,25, 19,2, 13,8, –18,2; in **VII** 14,370, 9,35, 19,1, 13,8, –17,7; in **VIII** 11,340, 8,03, 17,8, 10,8, –23,8; für **IV** in A. 20,310, 10,48, 23,5, 19,7, –12,6. Die E- u. log A-Werte für die Rkk. in den bin. Gemischen nehmen mit dem Alkoholgeh. u. der Konz. an HCl zu, wobei — da die Zunahme von log A überwiegt —

v mit dem Alkoholgeh. größer wird. Ferner wurde gefunden, daß eine lineare Beziehung zwischen den log A- u. den E-Werten bei sämtlichen untersuchten Lösungsmittelgemischen gut erfüllt ist. Stets wies ΔS^* einen negativen Wert auf, trotzdem verlaufen die Rkk. schnell, da ΔH^* nur geringe Werte erreicht. Änderungen in der Konst. der 1-Halogenäther machen sich hauptsächlich in der Größe von E bemerkbar; die k-Werte nahmen in folgender Reihe zu (bzw. die E-Werte ab): **IV** $\ll$ **I** $<$ **II** $\ll$ **III**. Die Alkoholyse von **IV** führt zur Verdrängung beider Cl-Atome, die Substitution des 1. Cl-Atoms ist dabei langsamer als die des zweiten u. also geschwindigkeitsbestimmend; die k-Werte nahmen aus diesem Grunde zum Ende der Rk. um ca. 20% zu. Vf. nimmt an, daß die Rk. nach dem S_N1-Mechanismus verläuft mit der Ionisierung des 1-Halogenäthers als geschwindigkeitsbestimmenden Schritt. Dieser Annahme entsprechen der Einfl. der Konst. sowie die Lösungsmitteleffekte (die k-Werte nehmen mit der Ionisierungskraft des Lösungsm. zu). Die Rk. ist ferner durch einen ungewöhnlich großen positiven Salzeffekt gek. (Zugabe von LiCl, $LiClO_4$ bzw. $HgCl_2$). LiCl u. $LiClO_4$ zeigen eine etwas stärkere beschleunigende Wrkg. als HHal. Dies zeigt an, daß die katalyt. Wrkg. von HHal offenbar nicht als Säurekatalyse anzusehen ist. $HgCl_2$ erhöht ebenfalls v stark; die relativen Geschwindigkeiten der verschied. Chloräther bleiben jedoch unverändert. Geringer Zusatz von W. beschleunigt die Rk. von **I** stark, das Reaktionsprod. ist hierbei jedoch nicht Formaldehyd (**X**), sondern das Formaldehydacetal; dies beweist, daß die Reaktionsprodd. nicht im geschwindigkeitsbestimmenden Schritt gebildet werden. Ferner sind die Bildungsverhältnisse von **X** u. **X**-Acetal bei den Rkk. von **I** u. **III** in den gleichen, wenig W. enthaltenden alkohol. Lösungsmitteln gleich, was mit einem S_N1-Mechanismus in völliger Übereinstimmung ist. Zur Erklärung der Lösungsmitteleinfll. müssen außer der einfachen elektrostat. Theorie noch andere Annahmen herangezogen werden, so werden Solvatationsunterschiede der 1-Halogenäther u. ihrer Übergangszustände vermutet. Die analyt. Meth. wird eingehend an Hand von experimentellen Unterss. besprochen. Angegeben sind die $D.^{20}{}_4$-Werte von 8,09—32,35% **XI** in **IX**, 10—60% *A.* in **IX**, 20—80% **VI** in **IX**, 20 bis 80% **VIII** in **IX**, 5—60% *A.* in CCl_4, 5—60% *A.* in *Bzl.* u. 5—80% **VII** in *Benzol.* — Die 1-Halogenäther wurden durch Sättigen äquimol. Mengen an Paraformaldehyd u. Alkohol mit HHal dargestellt, Nebenprodd. waren die entsprechenden Formaldehydacetale. Verss., Äthoxymethylchlormethyläther darzustellen, schlugen fehl. — **I**, $Kp._{752}$ 59,0°. — **II**, $Kp._{763}$ 82,2—83,0°. — **III**, $Kp._{756}$ 87,4—88,0°. — **V**, $Kp._{759}$ 71,5—72,5°, aus Paraldehyd, **XI** u. HCl nach HENZE u. MURCHISON (J. Amer. chem. Soc. **53.** [1931.] 4077). — **IV**, $Kp._{752}$ 103,3—103,8°, aus Paraformaldehyd u. Chlorsulfonsäure nach STEPHEN u. Mitarbeitern [1920]. (Turun Yliopiston Julkaisuja, Ann. Univ. Turkuensis. Sarja **A 14.** 9—109. 1953. Turku, Univ.) B. GNAUCK. B 225

V. R. Stimson, *Die Kinetik der Alkyl—Sauerstoff-Spaltung bei der Esterhydrolyse. 4. Mitt. Tert.-Butylformiat in wässerigem Aceton.* (3. vgl. C. **1956.** 11389.) Die Säurekatalysierte Hydrolyse von *tert.-Butylformiat* wurde unter verschied. Bedingungen untersucht, die Geschwindigkeit ist der Säure- u. Esterkonz. proportional, die Rk. unterbleibt ohne Katalysator. Ein schwaches Ansteigen von k_1 wird auf Wrkg. der entstandenen HCOOH zurückgeführt. Die Reaktionsgeschwindigkeitskonstante folgt genau der ARRHENIUS-Gleichung: $E = 16{,}3 \pm 0{,}5$ kcal/Mol, $\log A = 9{,}04\ sec^{-1}$, diese Werte sind verschieden von denen früher untersuchter Verbb. (vgl. C. **1955.** 5990, u. l. c.), für die monomol. Rk. angenommen worden war. Der E-Wert liegt jedoch innerhalb des Intervalls, das für Methyl- u. Äthylester aliphat. Säuren gilt, die nach bimol. Mechanismus reagieren. Es wird deshalb für die hier untersuchten Rkk. ein Übergang zwischen den beiden Reaktionsordnungen angenommen. (J. chem. Soc. [London] **1955.** 4020—21. Nov. Armidale, N.S.W. Austr., New England Univ.) P. HOLZLÖHNER. B 225

Roger Perron, *Untersuchung der Veresterung von Fettsäuren durch höhere primäre aliphatische Alkohole bei Gegenwart von p-Toluolsulfonsäure.* (Vgl. PERRON, J. Rech. Centre nat. Rech. sci. **1950.** 186.) Untersucht wurde die Veresterung von *n-Hexadecylalkohol* mit *Stearinsäure* bei Ggw. von p-Toluolsulfonsäure (**I**) bei 125—135° sowie bei 80—85° u. Drucken zwischen 2 u. 28 mm Hg während 10 Min. bis 1 Std. sowie mit u. ohne Zugabe von wenig W. durch Best. der SZ., EZ. u. Hydroxylzahl sowie des S-Geh. nach Abtrennung von **I**. Bei Molverhältnissen V von Alkohol : Fettsäure ≤ 1 ist das Auftreten von *n-Hexadecyl-p-toluolsulfonat* als Zwischenprod. nicht nachweisbar. Ist **V** jedoch > 1, tritt diese Verb. zum Ende der Rk. auf, ihr Erscheinen hängt mit der Verätherung des Alkoholüberschusses zusammen. Diese Rk. verläuft völlig unabhängig von der Veresterung. Durch Zugabe von wenig W. konnte die Verätherung soweit verlangsamt werden, daß prakt. nur die Veresterung abläuft. Diese Rk. erfolgt so gut wie augenblicklich, selbst bei geringer Konz. an **I** oder in inerten Lösungsmitteln. (J. Rech. Centre nat. Rech. sci. **1952.** 141—49. März. Labor. des Corps gras.) B. GNAUCK. B 225

J. F. Bunnett und **R. J. Morath,** *Das durch die Nitrogruppe bedingte ortho:para-Aktivierungsverhältnis bei der aromatischen nucleophilen Substitution.* Vff. bestimmten die Geschwindigkeitskonstanten der Rkk. von o- (**I**) bzw. *p-Chlornitrobenzol* (**II**) mit Piperidin (**III**) in 93% ig. A. (**a**), 75% ig. CH_3OH (**b**) u. 1% ig. Dioxan (**c**) spektrophotometrisch. In **a** u. **b** verlaufen die Rkk. nach der 2. Ordnung; in **c** wird dagegen das gebildete *N Nitrophenylpiperidin* (**IV**) hydrolysiert (Absinken der opt. D. nach einer bestimmten Reaktionszeit), u. außerdem entsteht auch bei Einw. von **III** auf **I** bzw. **II** *Nitrophenol* (**V**). An Hand der beiden Konkurrenz-Rkk. **I**(**II**) $\xrightarrow{k_1}$ **V** u. **I**(**II**) $\xrightarrow{k_2}$ **IV** $\xrightarrow{k_3}$ **V** gelangten Vff. zu der Geschwindigkeitsgleichung $b = a_0k_2/[k_3 - (k_1 + k_2)][e^{-(k_1+k_2)t} - e^{-k_3t}]$ (b = **IV**-Konz. zur Zeit t, a_0 = Anfangskonz. eines Reaktanten). Die Annahme einer Hydrolyse als Konkurrenz-Rk. bestätigte sich insofern, als die k_1-Werte bei gegebener Temp. für **II** beträchtlich größer sind u. **II** auch mit Alkoxyden rascher reagiert. Dagegen ist ungeklärt, warum die k_3-Werte von **I** größer sind. Für 102,0° werden folgende Verhältnisse k_o/k_p, Aktivierungsenergie ΔE (Fehler ca. ± 1 kcal/Mol) u. Aktivierungsentropien ΔS^{+} (± 3 cal/Grad) angegeben: in **c** 1,4; **I** 17,6; −28; **II** 17,9; −28; in **b** 1,7; **I** 17,8; −32; **II** 17,2; −35; in **a** 2,3; **I** 17,7; −33; **II** 15,2; −41. Hieraus u. aus k_o/k_p-Werten anderer Autoren folgt, daß das ortho : para-Verhältnis mit zunehmender Polarität des Lösungsm. abnimmt. Die Änderung dieses Verhältnisses beruht wesentlich auf einer Zunahme von k_p, k_o ändert sich kaum. Als Übergangszustände nehmen Vff. o- bzw. p-semichinonartige Zwitterionen an, deren positive Ladungsschwerpunkte am Nitro- N,Piperidin-N u. an dem Reaktionszentrum, die negativen an den beiden Nitro-O lokalisiert sind. Die vorliegenden Daten zusammen mit Befunden von PEARSON (C. **1953.** 2885) sprechen dafür, daß der **II**-Übergangszustand auf Grund seines stark ion. Charakters beträchtlich solvatisiert ist. Im **I**-Übergangszustand dagegen besteht infolge günstiger räumlicher Anordnung eine elektrostat. Wechselwrkg. zwischen dem negativen Nitro-O u. dem positivierten Piperidin-N, die den Übergangskomplex gegen Solvatisierung abschirmt, wodurch die Reaktionsgeschwindigkeit relativ unabhängig vom Lösungsm. wird. — An Hand der Literatur diskutieren Vff. die Faktoren, die das ortho : para-Verhältnis beeinflussen, u. gelangen für die vorliegenden Rkk. zu dem Ergebnis, daß sich 3 Faktoren überlagern: 1. die der NO_2-Gruppe innewohnende Eig. der o-Aktivierung; 2. die ster. verhinderte koplanare Lage der NO_2-Gruppe im o-Übergangszustand, wodurch o-Substitution verzögert wird; u. 3. die Solvatisierungsabschirmung im o-Übergangszustand, die wiederum bevorzugte o-Substitution bedingt. (J. Amer. chem. Soc. **77.** 5051—55. 5/10. 1955. Chapel Hill, N. C., Univ., Dep. of Chem.) J. RICHTER. B 225

J. F. Bunnett, R. J. Morath und **T. Okamoto,** *Das durch die Carboxylgruppe bedingte ortho: para-Aktivierungsverhältnis bei der aromatischen nucleophilen Substitution.* (Vgl. vorst. Ref.) Vff. bestimmten die Geschwindigkeitskonstanten für die Rkk. von *Na-4-Chlor-3-nitro-* (**I**) u. *Na-2-Chlor-5-nitrobenzoat* (**II**) mit Piperidin (**III**) in 93% ig. A. u. berechneten daraus folgende Werte für 102,0°: **I** [ΔE (kcal)] 18,1 $\pm$ 1,0; [ΔS^{+} (cal/Grad·Mol)] −29 ($\pm$3,0); [k_{COO^-}/k_H (k_H = Geschwindigkeitskonstante des entsprechenden Chlornitrobenzols)] 3,5; **II**: 17,3 $\pm$ 0,1; −29 $\pm$ 0,2; 33,0. In Verbindung mit Ergebnissen von MILLER u. WILLIAMS (C. **1954.** 1211) folgt daraus, daß die p-COO^--Gruppe sowohl für die Rk. mit $NaOCH_3$ wie für die mit **III** mäßig aktivierend wirkt. Dagegen wirkt o-COO^- desaktivierend bei dem Austausch Cl → OCH_3, aber aktivierend bei dem Austausch Cl → Piperidinrest. In Übereinstimmung mit den genannten Autoren schreiben Vff. die desaktivierende Wrkg. der elektrostat. Abstoßung zwischen den negativen O-Atomen der Carboxyl- u. Methoxylgruppe im Übergangszustand zu. Die aktivierende Wrkg. beruht auf Wechselwrkg. zwischen den negativen Carboxyl-O-Atomen u. dem positivierten **III**-N. Hier wie oben ist noch unklar, in welchem Maße eine H-Brückenbindung des **III**-H an der Wechselwrkg. beteiligt ist. Durch die erhebliche Zunahme von ΔS^{+} steigt der k-Wert von **II** trotz beträchtlichen Anstiegs von ΔE auf das 33fache des k-Wertes von p-Chlornitrobenzol; dies spricht für eine Wechselwirkg. im Sinne obiger „Eigensolvatation“ unter verminderter Beteiligung des Lösungsmittels. Die Solvatation der Nitrogruppe bleibt davon unberührt; ihr Einfl. wird aber vermutlich von dem genannten Effekt übertroffen. Ganz allg. kann wahrscheinlich das von der COO^--Gruppe beeinflußte ortho : para-Verhältnis mit < 1 bei anion. Reaktanten, mit > 1 bei neutralen, im Übergangszustand positivierten Moll. angenommen werden. (J. Amer. chem. Soc. **77.** 5055—57. 5/10. 1955.) J. RICHTER. B 225

J. F. Bunnett und **R. J. Morath,** *Die Geschwindigkeiten der Kondensation von Piperidin mit 1-Chlor-2.4-dinitrobenzol in verschiedenen Lösungsmitteln.* (Vgl. vorst. Ref.) Vff. bestimmten die Geschwindigkeitskonstanten der genannten Rk. bei verschied. Tempp. in 50% ig., 60% ig., 75% ig. Dioxan, 93% ig. A., Methanol (**I**) u. 50% ig. **I**/Bzl. u. geben für 30,06° (in obiger Reihenfolge) folgende aus den Versuchsergebnissen berechnete Werte: [ΔE (kcal/Mol) $\pm$0,1] 11,2, [ΔS^{+} (cal/Grad/Mol) $\pm$0,2] −28,0; 10,5, −30,5; 10,2, −31,6; —, —, k 1,54 (Liter/Mol/Min.); 11,6, −30,2; —, —, k 0,932. Unter Annahme eines wie vorst. beschriebenen Übergangszustandes, bei dem sich im vorliegenden Fall eine der positiven Teilladung am Piperidin-N entsprechende negative Ladung auf die beiden Nitrogruppen verteilt u. geometr. das positive Zentrum mit teilweise negativem O der 2-Nitrogruppe in Wechselwrkg. treten kann, spricht die relative Unempfindlichkeit der kinet. Daten mit Wechsel des Lösungsm. für die beschriebene „Eigensolvatation". Die isokinet. Temp. (LEFFLER) der Rkk. liegt bei 280° K (ermittelt aus $\Delta E/\Delta S^{+}$-Diagramm). Verss. bei 0° ergaben tatsächlich Übereinstimmung der Geschwindigkeiten in 2 Lösungsmitteln. In 50% ig. Dioxan (größter k-Wert) ist die Geschwindigkeit etwas niedriger. Das bedeutet eine teilweise Verwirklichung der beim Unterschreiten der isokinet. Temp. zu erwartenden Inversion der relativen Reaktivität. Die Gleichheit der k-Werte in den beiden letzten Lösungsmitteln ist ungeklärt. (J. Amer. chem. Soc. **77.** 5165. 5/10. 1955.) J. RICHTER. B 225

Henry J. Shine und **Carl Niemann,** *Die Wirkung von Saccharosezugabe auf die α-Chymotrypsin-katalysierte Hydrolyse von Chloracetyl-L-tyrosinamid in wässerigen Lösungen bei 25° und* p_H *7,75.* Vff. untersuchten den Einfl. von Saccharose (**I**), Fructose (**II**) u. Glucose auf die α-Chymotrypsin (**III**)-katalysierte Hydrolyse von *Chloracetyl-L-tyrosinamid* in wss. Lsg. bei 25° u. p_H 7,75 (Tris-[oxymethyl]-aminomethan-HCl-Puffer). Während Mengen von 0,1 Mol Zucker keine Wrkg. zeigten, beschleunigten 0,5 mol. **I** u. **II** die Rk. erheblich. Die Erhöhung der Reaktionsgeschwindigkeit ist offenbar unabhängig von der Substratkonz., sie betrug bei **I** 24%; den gleichen Effekt zeigte auch die früher untersuchte Zugabe von 0,1 mol. NaCl (vgl. C. **1956.** 8043). Es wird nachgewiesen, daß der Zerfall (k_3) des Enzym–Substrat-Komplexes ES in Enzym u. Prodd. durch **I** beschleunigt wird, der K_s-Wert ($K_s = [k_2 + k_3]/k_1$; k_1 u. k_2: k-Werte für die Bldg. bzw. Zers. von ES in Enzym u. Substrat) bleibt unverändert. Das steht im Gegensatz zu den Befunden von KAUFMAN u. NEURATH (J. biol. Chemistry **180.** [1949.] 181), die den Einfl. von Methanol (**IV**) auf die **III**-katalysierte Hydrolyse von Acetyl-L-tyrosinamid untersuchten. Hieraus schließen Vff., daß K_s bei Ggw. von **IV** nicht die übliche Bedeutung haben kann, sondern es soll auch ein Verteilungskoeff. eingehen, der die Verteilung des Substrats zwischen den 2 Komponenten des Lösungsmittelsyst. beschreibt. Entsprechend konkurrieren bei Ggw. von **IV** das katalyt. akt. Zentrum des Enzyms u. die nichtwss. Lösungsmittelkomponente miteinander um das spezif. Substrat. Da die bisherigen Behandlungen der enzymat. Rkk. dies nicht berücksichtigt haben u. da weitere Ergebnisse fehlen, kann eine genauere Deutung der Effekte durch Zugabe von Nicht-Elektrolyten noch nicht gegeben werden. (J. Amer. chem. Soc. **78.** 1872—74. 5/5. 1956. Pasadena, Calif., California Inst. of Technol., Gates and Crellin Labors. of Chem.) B. GNAUCK. B 225

Rezsö Bognár, István Farkas und **István Békési,** *Umsetzungen monoarylierter und symmetrisch-diarylierter Harnstoffderivate.* (Vgl. C. **1954.** 9005.) Schm. man p-Aminobenzolsulfonsäureamid in Ggw. von HCl mit Carbamid, so entstehen, von der Dauer der Rk., der Temp. u. dem Mengenverhältnis der Ausgangsstoffe abhängig, *p-Sulfonamidophenylcarbamid* (**I**) u. *N.N'-Bis-[p-sulfonamidophenyl]-carbamid* (**II**) als Hauptprodd. in verschied. Menge. Erhitzt man das monosubstituierte Deriv., geht dieses in guter Ausbeute in das symm. disubstituierte Carbamidderiv. über, u. das letzte, mit Carbamid erwärmt, kann in guter Ausbeute wieder das monosubstituierte Deriv. geben. Die Rk. ist an sich umkehrbar; da jedoch Carbamid bei der Versuchstemp. teilweise zers. wird, kommt die Rück-Rk. nicht voll zur Geltung. Vff. versuchten festzustellen, inwiefern die Lage u. Art der Substituenten die Umsetzung beeinflussen. Substituenten erster Ordnung in p-Stellung führen zu rascher, prakt. vollständiger Umsetzung, Substituenten zweiter Ordnung (SO_2NH_2) in gleicher Stellung wirken schwächer. Substituenten erster u. zweiter Ordnung in m-Stellung u. die Methylgruppe in o-Stellung sind ohne wesentlichen Einfluß. Erhöhung der Carbamidmenge erhöht die Relativausbeute an monosubstituiertem Derivat. Die Rückumwandlung der symm. disubstituierten Carbamidderivv. in monosubstituierte erfolgt in Ggw. von 2 Mol Carbamid bei 190—200°. So konnte z. B. aus **II** bis zu 72% **I** zurückgebildet werden. Entsprechende Umsetzungen mit *Diphenyl-*, *Bis-[m-sulfonamidophenyl]-*, *Di-p-tolyl-*, *Bis-[p-chlorphenyl]-* u. *Bis-[p-nitrophenyl]-harnstoff* sind tabellar. wiedergegeben. Bei diesen Umsetzungen zeigte sich die überraschende Erscheinung, daß die FF. um 15—20° niedriger sind als die Literaturangaben, wahrscheinlich handelt es sich hier um Isocarbamidderivate. Der Mechanismus dieser Umsetzungen wird erörtert u. mit den diesbezüglichen Anschauungen anderer Autoren verglichen. (Magyar Kémiai Folyóirat [Ung. Z. Chem.] **59.** 289—95. Okt. 1953. Debrecen, Ungarn, Univ., Org. Chem. Inst.) J. PLANK. B 225

G. Kresze und **B. Gnauck,** *Die Kinetik der basenkatalysierten Kondensation von optisch-aktiven 3-Methyl-6-benzalcyclohexanonen mit Benzaldehyden.* Polarimetr. verfolgt wurde die Kinetik der durch Methylate (Na-, Li-, Mg- u. Ba-Methylat) katalysierten Kondensation zwischen *opt.-akt. 6-Benzal-* (**I**), *6-[p-Tolual]-*, *6-[p-Anisal]-* bzw. *6-[p-Chlorbenzal]-3-methylcyclohexanon* mit *m-Nitrobenzaldehyd* (**II**) sowie die von **I** mit *Benzaldehyd*, *p-Chlor-* (**III**), *p-Brom-* u. *p-Nitrobenzaldehyd* bei 40° in absol. Methanol, die von **I** mit **II** wurde auch in wasserhaltigem Methanol sowie bei Ggw. von Na-Diglykolat in Dioxan–Diglykol (4 : 1) untersucht. Bei den Kondensationen von **I** mit **II** bzw. **III** dienten auch Piperidin (**IV**) bzw. Piperidinacetat (**V**) als Katalysatoren. Die Reaktionsgeschwindigkeit ist sowohl von der Konz. an Keton als auch von der an Aldehyd abhängig. Die k-Werte 2. Ordnung nahmen jedoch zu Beginn der Rk. ab, was von Vff. auf die Einstellung eines Gleichgewichts einer reversiblen Neben-Rk. (Halbacetalbldg.) des Ketons (u. offenbar in geringerem Umfange auch des Aldehyds) mit dem Lösungsm. zurückgeführt wird. Der Einfl. der Substituenten im Benzaldehyd auf die Reaktionsgeschwindigkeit entsprach der Folge der HAMMETTschen σ-Werte: H < p-Cl < p-Br < m-NO_2 < p-NO_2. Die Variation der Substituenten in der 6-Benzalgruppe der Ketone führte zu geringeren Veränderungen der k-Werte, welche der Folge p-CH_3 < p-OCH_3 < H < p-Cl entsprachen. Das gleiche Verh. zeigte jedoch die Einstellung des Halbacetalgleichgewichts der opt.-akt. Ketone, das gleichfalls polarimetr. bei den Bedingungen der Kondensations-Rk. untersucht wurde. Die Reaktionsgeschwindigkeit ist ferner offenbar der Basenaktivität proportional u. stark abhängig von der Art des Katalysatorkations in der Reihenfolge Na^+, Li^+ < $^1/_2\,Ba^{2+}$ < $^1/_2\,Mg^{2+}$. Zusatz von Neutralsalzen — NaBr bei Ggw. von $Ba(OCH_3)_2$ —, partieller Ersatz von $Ba(OCH_3)_2$ durch eine äquivalente Menge $NaOCH_3$, ebenso Zugabe von W. (bis zu ca. 10%) hatten nur geringen Einfl. auf die k-Werte. Der letzte Befund deutet darauf hin, daß selbst in ca. 90%ig. wss. Methanol das Gleichgewicht $OCH_3^- + H_2O \rightleftharpoons CH_3OH + OH^-$ weit zugunsten der linken Seite liegt. Vff. schließen aus den Ergebnissen, daß weder OCH_3^- (wie bisher meist für Aldolkondensationen angenommen) u. die Metallkationen der bas. Katalysatoren einzeln noch die undissoziierte Verb. allein katalyt. wirksam sein können. Zur Wirksamkeit der Methylate der 2 wertigen Metalle wird vermutet, daß OCH_3^- u. $MeOCH_3^+$ (Me = Metall) z u g l e i c h katalysieren, u. zwar indem sowohl die Aldehyde nach $CH_3OMe^+\cdots\overset{\delta-}{O}-\overset{\delta+}{C}\langle$ als auch die Ketone — entweder nach einem „concerted"-Mechanismus (vgl. SWAIN, C. **1954**. 1684 u. früher) oder gemäß nebenst. Formulierung — aktiviert werden; auch Protonenabzug vom Keton durch OCH_3 allein ist mit den Ergebnissen nicht im Widerspruch. Sichere Aussagen über die Art der Wrkg. von Alkoholaten einwertiger Metalle gestatten die Ergebnisse jedoch nicht. Irreversible Neben-Rkk. traten in erheblichem Umfange bei den angewandten Bedingungen nicht auf, die entstehenden 2.6-Dibenzalverbb. des 3-Methylcyclohexanons konnten in allen Fällen in über 90%ig. Ausbeute isoliert werden. Nach den kinet. Ergebnissen scheinen die Rkk. bei Ggw. von **IV** bzw. **V** nicht oder nicht ausschließlich dem vorgeschlagenen Mechanismus zu folgen, da die Kondensation bei Ggw. dieser Katalysatoren nur sehr langsam ablief. Ausführlich diskutiert werden die möglichen den beobachteten Gang der k-Werte verursachenden Neben-Rkk., beschrieben werden ferner einzelne kinet. Verss. zu ihrer Aufklärung sowie der Gang der Auswertung u. die Berücksichtigung einer reversiblen Neben-Rk. bei der Berechnung der Kinetik einer bimol. Reaktion. Ferner wird der Weg zur Abschätzung der opt. Drehung des durch die reversiblen Neben-Rk. des gebildeten (aber nicht isolierbaren), die Kinetik der Kondensation störenden Nebenprod. beschrieben. Die Rotationsdispersionen obiger opt.-akt. Ketone sowie von *opt.-akt. 2-[m-Nitro-*, *-[p-Nitro-*, *-[p-Brom-*, *-[p-Chlorbenzal]-6-benzal-* (**VI**) u. *2.6-Dibenzal-3-methylcyclohexanon* (**VII**), *2-[m-Nitrobenzal]-6-[p-chlor-*, *-[p-methyl-* u. *-[p-methoxybenzal]-3-methylcyclohexanon* sind bei 40° (**I, VI** u. **VII** auch bei 30°) in absol. Methanol angegeben.

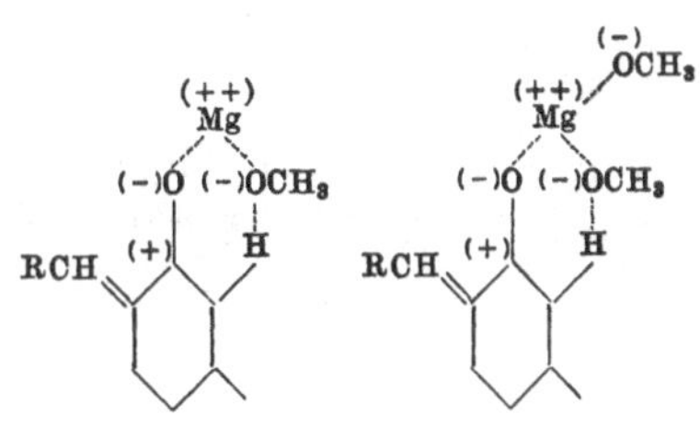

V e r s u c h e: *3-Methyl-6-benzal-2-anisalcyclohexanon*, $C_{22}H_{22}O_2$, gelbe Kristalle, F. 97—98° (Methanol), aus 3-Methyl-6-benzalcyclohexanon u. Anisaldehyd in absol. Methanol bei Ggw. von $Mg(OCH_3)_2$ (6 Std. bei 50—60°), in W. gießen, Benzollsg. an Al_2O_3 (alkalifrei) chromatographieren, mit Bzl.–Chlf. (mit steigendem Chloroformgeh.) eluieren; 50% (Ausbeute); bei Ggw. von $NaOCH_3$ an Stelle von $Mg(OCH_3)_2$ keine Ausbeute. — *2-[α-Oxybenzyl]-cyclohexanon*, F. 101—102° (PAe.), aus Cyclohexanon u. Benzaldehyd bei Ggw. von 0,05 Mol $Mg(OH)_2$ (aus $MgSO_4$ u. NaOH gefällt) in W., mehrtägiges Stehen bei n. Temp.; 61%; bei Ggw. von 10^{-4} Mol/Liter $Mg(OH)_2$ tritt keine Kondensation auf, bei Ggw. von $9\cdot10^{-2}$n NaOH Bldg. von 2-Benzalcyclohexanon (vgl. VORLÄNDER u. KUNZE [1926]). Analog: *2-[α-Oxy-4-methoxybenzyl]-cyclohexanon*, F. 124—125° (PAe.).

(Z. Elektrochem. Ber. Bunsenges. physik. Chem. **60.** 174—85. 1956. Berlin-Charlottenburg, TU, Organ.-chem. Inst.) B. GNAUCK. B 225

C. F. H. Tipper, *Der Einfluß von Wasser auf den Zerfall von Benzoylperoxyd.* In einer nur aus Glas bestehenden App. unter Durchleiten von N_2 oder O_2 durch die Peroxydlsg. wird der Zerfall von Benzoylperoxyd zwischen 70 u. 100° in 4 Lösungsmitteln untersucht. In *Phenol* (**I**) u. **I**-W.-Mischungen verläuft der Bruttozerfall nach 1. Ordnung, wobei die Geschwindigkeitskonstante in dem trockenen Lösungsm. etwas mit der Anfangskonz. ansteigt. O_2 hat keinen Einfl., W. setzt die Zerfallsgeschwindigkeit herab, wobei die Geschwindigkeitskonstante etwa proportional dem Molenbruch von **I** im Lösungsm. ist. Die Aktivierungsenergie des Zerfalls ist in **I** u. in einer Mischung von **I** mit 55 Mol-% W. mit 19,6 bzw. 19,8 kcal/Mol prakt. identisch. In **I** wirkt W. also nur als inertes Verdünnungsmittel, während in den trockenen oder wss. Lösungsmitteln *Benzylalkohol* (**II**), *Essigsäure* (**III**) oder *Pyridin* (**IV**) die Rkk. komplex u. die Ergebnisse schwierig zu diskutieren sind. Unter den meisten Bedingungen ist dabei die Reaktionsordnung höher als 1, wobei die Geschwindigkeit ebenfalls mit wachsender Anfangskonz. zunimmt. Der Zerfall in **II** in inerter Atmosphäre wird durch Wasserzusatz (bis 33 Mol-%) relativ wenig beeinflußt. In Ggw. von O_2 fällt der Peroxydgeh. der Lsg. nur bis auf einen konstanten Wert ab (wahrscheinlich Oxydation des Lösungsm. zu $C_6H_5CH[OH]OOH$). In trockener **III** wird der Zerfall durch O_2 verzögert, wahrscheinlich infolge der Bldg. eines (gelb gefärbten) sek. Reaktionsprod., welches vermutlich Chinoncharakter besitzt u. den induzierten Kettenzerfall zurückdrängt. Die Stabilität dieses Inhibitors scheint bei 100° geringer zu sein als bei 80°. Die Reproduzierbarkeit der Ergebnisse bei Verwendung von Lösungsmittelproben verschied. Herkunft macht im Zusammenhang damit gewisse Schwierigkeiten. Zusatz von W. erhöht die Geschwindigkeit in **III** beträchtlich u. verhütet gleichzeitig die Bldg. des hemmenden Prod. weitgehend. In **IV** sind die Ergebnisse ähnlich wie in **III**. Der Einfl. des W. ist in **III** u. **IV** wahrscheinlich auf 3 Faktoren zurückzuführen, u. zwar außer auf Unterdrückung des Hemmstoffes auf Hydrolyse u. auf Ionenzerfall. Der Anteil des letzten ist allerdings nur gering, wie sich aus dem Einfl. des W. auf die Ausbeute an CO_2 u. nichtflüchtigen Säuren sowie auf die Wirksamkeit des Peroxyds als Polymerisationskatalysators bei gleichzeitiger Ggw. von Acrylnitril schließen läßt. (J. chem. Soc. [London] **1952.** 2966—71. Aug. Edinburgh, King's Buildings.) O. REITZ. B 225

R. J. P. Allan und **P. D. Ritchie,** *Die Pyrolyse von Vinylbenzoat.* Bei der Pyrolyse von *Äthylendibenzoat* bei 360—425° entstehen Vinylbenzoat (**I**), Benzoesäure, CO u. Acetophenon (**II**), wobei die beiden letzten Verbb. als Sekundärprodd. angesehen werden, da **I** bei der Pyrolyse bei 300—550° in Abwesenheit von O_2 CO u. **II** liefert. Es wird angenommen, daß **I** hierbei sich zunächst in Benzoylacetaldehyd umgelagert u. dieser gespalten wird. Es wird somit eine Erklärung gegeben für die früher beschriebene Beobachtung (POHL, C. **1952.** 6067; MARSHALL u. TODD, C. **1954.** 6251), daß es bei der Pyrolyse von Polyäthylenterephthalat zur Bldg. von CO kam, während Vinylester nicht festgestellt wurden. (Chem. and Ind. **1953.** 747. 18/7. Glasgow, Royal Techn. Coll., Techn. Chem. Dep.) I. FESTL. B 225

Robert M. Smith und **Jack G. Calvert,** *Die Dampfphasenphotolyse von Trifluoracetophenon und Gemischen aus Trifluoracetophenon und Trifluoraceton.* Vff. untersuchten die Photolyse von *Trifluoracetophenon* (**I**) bei verschied. Tempp. mit UV-Licht der Wellenlängen 3660 Å u. 3130 Å u. mit ungefiltertem Hg-Licht. Als Prodd. der Zers. wurden $(C_6H_5CO)_2$, C_6H_6, CHF_3, C_2F_6 u. CO gefunden. An den Wänden der Quarzzelle schlägt sich ein Polymerfilm nieder. Die Reaktionsmechanismen werden diskutiert. Ein großer Teil der im Primärprozeß gebildeten CF_3-Radikale erscheint nicht in den gasförmigen Produkten. Vff. nehmen an, daß sich diese Radikale an den aromat. Ring von **I** anlagern u. die Polymerisation einleiten. CHF_3 u. C_2F_6 entstehen durch die homogenen Rkk. $CF_3 + C_6H_5COCF_3 \rightarrow CHF_3 + C_6H_4 + CO + CF_3$ u. $2\,CF_3 \rightarrow C_2F_6$. — Unterss. der Photolyse von Gemischen aus **I** u. *Trifluoraceton* (**II**) bestätigten die Ketten-Rk. des **II** unter Beteiligung von CH_3-haltigen Moll. u. CO (vgl. SIEGER u. CALVERT, C. **1955.** 2169). Jedoch konnte das erwartete CF_3COCF_3 in den Reaktionsprodd. nicht nachgewiesen werden; demnach trifft die in l. c. ausgesprochene Vermutung der Reaktionsfolgen $CF_3 + CF_3COCH_3 \rightleftharpoons (CF_3)_2COCH_3$ u. $(CF_3)_2COCH_3 \rightarrow CH_3 + CF_3COCF_3$ nicht zu. (J. Amer. chem. Soc. **78.** 2345—51. 5/6. 1956. Columbus, O., Ohio State Univ., McPherson Chem. Labor.) E. FORCHE. B 226

Haruo Shingu und **Tatsuya Okazaki,** *Untersuchungen über die katalytische Wirkung von basischen Katalysatoren: Faktoren, welche die Aldolkondensation des Crotonaldehyds beherrschen.* Vff. untersuchen bei der Aldolkondensation von *Crotonaldehyd* (**I**), welche nur bei gleichzeitiger Ggw. von Säuren u. Basen vor sich geht, den Einfl. der Reaktionsbedingungen. Das Ausmaß, in dem die Rk. bereits abgelaufen war, wurde durch Abdest.

des noch nicht umgesetzten I bestimmt. Die katalyt. Aktivität der Acetate cycl. sek. Amine, z. B. des *Piperidins* (II) oder des *α-Pipecolins*, ist viel höher als die der entsprechenden tert.-Amine *Pyridin* (III) u. *α-Picolin* oder der Alkalihydroxyde. Die Anwendung eines mol. Verhältnisses von Säure u. Base, wie z. B. Essigsäure u. **II**, erwies sich für die Kondensation als befriedigend, Überschuß von Base oder Säure wirkte sich auf die Rk. wenig aus. Unter Verwendung von II oder III als bas. Komponente des Katalysators wurden verschied. Säuren untersucht, wobei sich zeigte, daß als saure Komponente Säuren mit einem pK-Wert von 3—5 am geeignetsten sind. Die Kondensationsgeschwindigkeit steigt exponentiell mit steigender Katalysatorkonz. u. mit steigender Temperatur. Bei Verwendung alkoh. Lösungsmittel wird gegenüber der Rk. ohne Lösungsm. keine merkliche Änderung der Reaktionsgeschwindigkeit beobachtet. Durch W. in Ggw. von Methanol wird die Rk. etwas verzögert, durch W. in Ggw. von Butanol dagegen nicht. Die Unters. des Reaktionsprod. erfolgte durch Hydrierung in Ggw. von Ni-Katalysator bei 120° u. ca. 100 at u. fraktionierte Destillation. Der Geh. an Verbb. mit mehr als 12 C-Atomen im Mol. sowie der Geh. an cycl. Verbb. steigt mit zunehmender Katalysatorkonz., zunehmendem Mol-Verhältnis Katalysator : I u. steigender Reaktionstemperatur. (Bull. Inst. chem. Res., Kyoto Univ. [Kagaku Kenkyusho Hokoku] **27.** Nr. 12. 69—70. Dez. 1951. Kodama Labor. [Orig.: engl.]) J. Mattner. B 227

G. Mamedalijew, A. W. Toptschijew, G. M. Mamedalijew und **G. N. Ssuleimanow,** *Isomere Umwandlung der Xylole an Aluminiumsilicaten und ihre Entmethylierung in Gegenwart von Benzol.* Beim Überleiten von o-Xylol mit Bzl. (1 : 2 Mol, Volumengeschwindigkeit 0,5/Vol. I) über synthet. Aluminiumsilicat (I) bei 525° u. 15 at (Dauer 50 Min.) werden 94—95% Katalysat, 1,9—2,2% Koks u. 1,7—2,3% Gas erhalten; das Katalysat enthält 27—28% *Toluol*, die Xylolfraktion 16% *o-*, 38% *m-* u. 23% *p-Xylol* u. 20% *Äthylbenzol* (II). Bei 450° u. 1 at werden 97,5% Katalysat, 0,8—0,9% Koks u. 0,12% Gas erhalten; Xylolfraktion: 22—24% *p-*, 43—48% *m-*, 29—30% *o-Xylol.* Bei 450° u. 50 mm Hg (gleiche Volumengeschwindigkeit u. Dauer) erhält man aus m-Xylol 97,2% Katalysat, das hauptsächlich aus Isomerisat besteht u. 0,6—0,8% Koks; Xylolfraktioen 27,8% *o-*, 50,4% *m-*, 21,8% *p-Xylol.* Beim Überleiten von II oder Isopropylbenzol über I entstehen Xylole in geringer Menge. (Доклады Академии Наук СССР [Ber. Akad. Wiss. UdSSR] **106.** 1027—30. 21/2. 1956. Erdölinst. der Akad. der Wiss. der UdSSR) R. K. Müller. B 227

A. Ja. Jakubowitsch und **G. W. Motzarew,** *Über den Einfluß der Natur des Katalysators auf den Verlauf der destruktiven Halogenierung von Phenylchlorsilanen.* Unter Bezugnahme auf frühere Arbeiten (vgl. C. **1955.** 1256, 1257; **1956.** 410) werden die Bedingungen festgestellt, unter denen bei der katalyt. Halogenierung von Phenylchlorsilanen als Neben-Rk. eine Spaltung der C—Si-Bindung unter Bldg. von halogenaromat., kein Si mehr enthaltenden Verbb. erfolgt. *Phenyltrichlorsilan* (I) ist bei 140—150° gegenüber Br_2 beständig. *Diphenyldichlorsilan* (II) wird durch Cl_2 bei 170—180° nicht angegriffen; ohne Einw. ist auch durch UV-Licht aktiviertes Cl_2 bei 70°. **II** u. *x-Tetrachlordiphenyldichlorsilan* werden durch HCl-Gas bei 100° nicht verändert; selbst bei Verwendung von $SbCl_3$ als Katalysator reagieren Phenyl- u. Chlorphenylchlorsilane nicht mit HCl. Die Chlorierung von I in Ggw. von $SbCl_3$ oder $FeCl_3$ verläuft n.; erst bei 140° wird bei Verwendung von $FeCl_3$ die C—Si-Bindung gelöst; in Ggw. von $AlCl_3$ beginnt die Spaltung schon bei niedriger Temperatur. **II** u. kernchlorierte Diphenyldichlorsilane spalten bei der Chlorierung in Ggw. von $FeCl_3$ u. $SbCl_3$ (aus $SbCl_3$ unter den Bedingungen der Chlorierung) einen, in Ggw. von $AlCl_3$ beide Phenylreste unter relativ milden Bedingungen ab. Als Spaltprodd. werden $SiCl_4$, I u. seine Cl-Derivv. sowie Chlorbenzole gefunden. Diese Spaltungen in Ggw. von Chloriden des Al, Fe u. Sb sind auf die entarylierende Wrkg. der Katalysatoren zurückzuführen, die in der Reihenfolge $AlCl_3 > FeCl_3 \geq SbCl_5$ abnimmt. Die Rk. verläuft über intermediär gebildete metallorgan. Verbb., die unter der Einw. des Halogens in Halogenbenzole u. Metallhalogenid zerfallen; letzteres tritt dann erneut in die Rk. ein. (Журнал Общей Химии [J. allg. Chem.] **25** (**87**). 1748—52. Sept. 1955.) H.-E. Messerknecht. B 227

A. A. Balandin, M. B. Turowa-Poljak und **Ssjui Kan,** *Katalytische Umwandlung von Cyclohexankohlenwasserstoffen am Aluminiumsilicatkatalysator.* Bei der Unters. der Rkk. von *Cyclohexan* (I), *Methyl-* (V), *Äthyl-* (II), *1.4-Dimethyl-* (III), *1.1-Dimethyl-* (IV), *1.3.5-Trimethyl-* u. *Isopropylcyclohexan* bei 540° (Raumgeschwindigkeit 0,29 Liter/Std.) ergibt sich eine Zunahme der Gesamtumwandlung mit der Zahl der CH_3-Gruppen, also mit der Zahl der tert. C-Atome; zugleich nehmen die gebildeten Aromaten zu, die Naphthene ohne Sechsring ab, die Isomerisierung geht also zurück. **IV** reagiertwesentlich schwieriger als die Isomeren **II** u. **III.** Die Länge der Seitenketten hat nur sek. Einfl. auf die Reaktionsfähigkeit. Zusatz von Bzl. oder Toluol drängt die Bldg. von Aromaten mit Kp. >120° etwas zurück. Verlängerung der Berührungszeit erhöht die CH_4-Bldg.

u. vermindert die Menge der gebildeten C_2-KW-stoffe; Erhöhung der Temp. (zwischen 500 u. 566°) bewirkt eine Zunahme der direkten Dehydrierungsprodd., ändert aber die Menge der entstehenden höheren Aromaten fast nicht. Die Aktivierungsenergie beträgt nach der Gasentw. für **I** 39900 (cal/Mol), nach der Umsatzmenge 12500 (**V** 27700 bzw. 14300). (Доклады Академии Наук СССР [Ber. Akad. Wiss. UdSSR] **105.** 716—19. 1/12. 1955.) R. K. MÜLLER. B 227

C. Präparative organische Chemie. Naturstoffe.

David Kritchevsky, R. F. J. McCandless, Joseph E. Knoll und **Maxwell L. Eidinoff**, *³H-Triolein.* *³H-Triolein* wurde durch Einw. von titriumhaltigem W. mit Pt auf Triolein in Ggw. von Alkali hergestellt. Spezif. Aktivität 16,9 μC/g; die nach Verseifung erhaltene *Oleinsäure* zeigte 14,8 μC/g, das Glycerin 0,10 μC/g; 16% der Aktivität gingen bei der Verseifung verloren. Nach der Meth. von SAVARY (C. **1955.** 7993) wurde durch Papierchromatographie nachgewiesen, daß Stearinsäure nicht vorhanden ist; auch war die JZ. des radioakt. Prod. mit der des Ausgangsmaterials identisch.

Versuche: *³H-Triolein:* PtO_2 u. tritiumhaltiges W. wurden im H_2-Strom red. u. mit Triolein u. KOH bei 130° 28 Std. im evakuierten Gefäß geschüttelt; nach Ausäthern wurden saure Anteile durch Ionenaustauscher abgetrennt. Verseifung des ³H-Trioleins durch 5std. Kochen mit konz. alkoh. KOH unter N_2, Ansäuern, Ausäthern, Leiten der äther. Lsg. über einen Ionenaustauscher u. Eluieren der *Ölsäure* mit alkoh. HCl. Das *Glycerin* wird aus der wss. Phase durch Eindampfen u. Ausziehen mit heißem Aceton erhalten. (J. Amer. chem. Soc. **77.** 6655—56. 20/12. 1955. Pearl River, N. Y., American Cyanamid Co., Res. Div., u. New York, N. Y., Sloan-Kettering Inst., Dep. of Phys. and Biophys.) H. STACHE. 480

A. S. Harris, E. N. White und **D. McNeil**, *Verbesserungen in der Darstellung von ¹⁴C₍₉₎-Fluoren und ¹⁴C₍₉₎-Phenanthren.* *$^{14}C_{(9)}$-Fluoren* konnte aus Diphenylyl-(2)-MgJ mit $^{14}CO_2$, Cyclisieren zu *$^{14}C_{(9)}$-Fluorenon* u. WOLFF-KISHNER-Red. in guter Ausbeute dargestellt werden (vgl. RAY u. GEISER, Cancer Res. **10.** [1950.] 616). Die CLEMMENSEN-Red. von Fluorenon (**I**) lieferte je nach den Bedingungen *Fluorenol-(9)* (**II**), *Fluoren*, *9.9'-Bifluorenyl* (**III**), *Bis-diphenylenäthylen* u. *9-Diphenylen-9.10-dihydro-10-oxophenanthren.* *$^{14}C_{(9)}$-Phenanthren* entstand in 58%ig. Ausbeute aus Fluorenyl-Li u. $^{14}CO_2$ u. Umlagern der erhaltenen *$^{14}C_{(9)}$-Fluorencarbonsäure* (vgl. COLLINS, C. **1949.** I. 988).

Versuche: *$^{14}C_{(COOH)}$-Diphenylyl-2-carbonsäure*, F. 103—105°, aus Diphenylyl-MgJ u. $^{14}CO_2$ in Ae. bei −60° u. Beenden der Rk. mit CO_2; 94% (Ausbeute). — *$^{14}C_{(9)}$-Fluorenon*, F. 79—80°, aus vorst. Verb. mit konz. H_2SO_4 bei 80° (20 Min.); 95%. — *$^{14}C_{(9)}$-Fluoren*, F. 112—114°, a) aus vorst. Verb. mit 90%ig. Hydrazinhydrat in sd. Äthylenglykol (5 Std.); 97%. — *$^{14}C_{(COOH)}$-Fluoren-9-carbonsäure*, F. 228—229°, aus Fluorenyl-Li in Ae. mit $^{14}CO_2$ bei −60°; 95%. — *$^{14}C_{(9)}$-Phenanthren*, F. 93—95°, aus vorst. Verb. über *9-Oxymethylfluoren* durch WAGNER-Umlagerung; 89%. — *Fluoren*, F. 114 bis 115°, a) aus 3 g **I** in A. mit amalgamiertem Zn in sd. verd. HCl innerhalb 1 Std., dann noch 5 Std. kochen u. Chromatographie; 2,05 g, daneben 0,5 g *9.9'-Bifluorenyl* (**III**), F. 245—246°; b) aus 2,56 g **I** wie unter a), aber innerhalb ½ Std., dann 1 Std. kochen; 0,7 g, neben 1,7 g *Fluorenol-(9)* (**II**), F. 144—145°; c) aus 4,5 g **I** mit Zn in A. u. konz. HCl (24 Std. kochen); 0,4 g, neben 0,9 g **III** u. 1,6 g nachst. Verb.; d) aus 1 g **II** wie unter c), aber in Ggw. von W. 7 Std. kochen; 0,55 g. — *9-Diphenylen-9.10-dihydro-10-oxophenanthren*, $C_{26}H_{16}O$, F. 261—262° (Chlf.-PAe.), aus 3 g 9.9'-Dioxy-9.9'-bifluorenyl mit Zn in A. u. konz. HCl, a) 24 Std. kochen; Prismen; 2,6 g; b) mit W. 8 Std. kochen; 0,2 g neben 1,3 g **III**. (J. chem. Soc. [London] **1955.** 4216—18. Dez. Leeds, Coal Tar Res. Assoc.) H. GOLD. 480

R. D. H. Heard und **P. Ziegler**, *Steroide.* 9. Mitt. *Eine verbesserte Methode zur Darstellung von $^{14}C_{(4)}$-Cholestenon.* (8. vgl. J. biol. Chemistry **165.** [1946.] 687.) Das Enollacton **I** liefert mit CH_3MgJ *4.5-seco-3.5-Oxido-Δ^5-cholesten-3-ol* (**II**), das durch Behandlung mit Säuren, Alkali oder Piperidin bzw. durch Vakuumdest. zu *Cholestenon* (**III**) cyclisiert wird. Diese zu ca. 70%ig. (Gesamtausbeute) verlaufende Rk. führte bei Verwendung eines 4 Jahre gelagerten ungereinigten $^{14}CH_3J$ zu 45% zu *$^{14}C_{(4)}$*-**III**. **II** wird bei der Vakuumdest. bei niedrigeren Tempp. zu *4.5-seco-Cholestan-3.5-dion* umgelagert, das sich ebenfalls leicht zu **III** cyclisieren läßt.

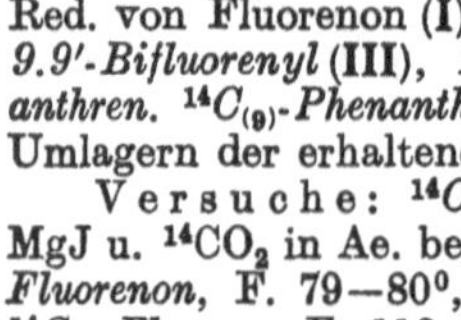

I

Versuche (FF. korr.): *4.5-seco-3.5-Oxido-Δ^5-cholesten-3-ol* (**II**), $C_{27}H_{46}O_2$, F. 164 bis 175° (unscharf), aus **I** in Ae.-Bzl. mit CH_3MgJ in Ae.; aus Ae.-Hexan Nadeln; $[\alpha]_D^{23}$ +10° (Chlf.); 78% (Ausbeute). — *Cholestenon* (**III**), F. 80—81° (Ae.-CH_3OH), a) aus **II** mit sd. 4%ig. methanol. KOH (2 Std.); $[\alpha]_D^{22}$ +83° (Chlf.); 88%; b) aus

50 mg **II** mit konz. HCl in sd. wss. Essigsäure (2 Std.); 30 mg; c) aus 200 mg **II** mit Piperidin (48 Std. stehen); 150 mg (roh); d) aus **II** durch Dest. bei 220—230°/0,1 mm (Bad); e) aus 50 mg nachst. Verb. wie unter a); 42 mg. $^{14}C_{(4)}$-**III**, F. 76—78°, aus **I** mit $^{14}CH_3MgJ$ über $^{14}C_{(4)}$-**II** (F. 160—175°; 52%, daneben *4.5-seco-5-Keto-4-norcholestan-3-säure*, F. 151—154°), analog **III**, a); 45%. — *4.5-seco-Cholestan-3.5-dion*, Öl, aus 200 mg **II** durch Dest. bei 170—180°/0,1 mm; $[\alpha]_D^{59}$ +60° (Chlf.); 190 mg. *Bis-2.4-dinitrophenylhydrazon*, $C_{39}H_{54}O_8N_8$, F. 243—246°; ident. mit dem direkt aus **II** erhaltenen Derivat. — Die UV- u. Infrarotabsorptionsmaxima der Verbb. sind angegeben. (J. Amer. chem. Soc. **73.** 4036—38. Aug. 1951. Montreal, Can., McGill Univ.) W. WUNDERLICH. 480

Nathan Kornblum und **John H. Eicher,** *Eine neue Reaktion von α-Nitroestern.* 11. Mitt. *über die Chemie von aliphatischen und alicyclischen Nitroverbindungen.* (10. vgl. C. **1956.** 12 799.) α-Nitroester reagieren mit $NaNO_2$ in wss. A. bei Zimmertemp. unter Bldg. von 70—78% *α-Oximinoestern.* Nitroessigsäureäthylester (I) ergibt in exothermer Rk. NO, N_2 u. CO_2. α-Nitroester, die kein H-Atom in α-Stellung besitzen, wie α-Nitroisobuttersäure- u. γ-Carboxy-γ-nitropimelinsäurediäthylester, reagieren nicht. Als Reaktionsmechanismus für die Bldg. der α-Oximinoester nehmen Vff. an, daß zunächst Übergang eines Protons vom Nitroester auf das Nitrition unter Bldg. von HNO_2 erfolgt; das hieraus entstehende N_2O_3 nitrosiert das Estercarbanion zu einem carbäthoxysubstituierten Pseudonitrol. In Ggw. von Basen, wie NO_2^-, W. oder A., geht dieses instabile Prod. wegen der drei elektronenanziehenden Gruppen an einem C-Atom unter Abspaltung von NO_2^+ u. Elektronenverschiebung in das resonanzstabilisierte Anion des α-Oximinoesters über. Außerdem entstehen N_2O_4, $[H_2O-NO_2]^+$ bzw. $[C_2H_5OHNO_2]^+$. Der angenommene Mechanismus schließt die durch Isotopenverss. bestätigte Tatsache ein, daß das N-Atom des Oximinoesters vom $NaNO_2$ herrührt.

Versuche (FF. korr.): *Nitroessigsäureäthylester* (**I**), Kp.$_3$ 64—66°, nach RODIONOW (vgl. C. **1948.** E. 888) mit 100% Überschuß an $NaCr_2O_7$; n_D^{20} 1,4244—1,4252; 53% (Ausbeute). — *α-Nitropropionsäureäthylester* (**II**), $C_5H_9O_4N$, Kp.$_6$ 72—73°, aus Methylmalonsäurediäthylester u. rauchender HNO_3 in Ggw. von $NaNO_2$, 2 Std. bei 35—45°, anschließend Decarboxylierung; n_D^{20} 1,4205—1,4210; 15—22%. — *α-Nitrobuttersäureäthylester* (**III**), $C_6H_{11}O_4N$, durch Nitrierung von Äthylmalonsäurediäthylester u. Decarboxylierung; n_D^{20} 1,4238; 18%. — *α-Nitroglutarsäurediäthylester* (**IV**), $C_9H_{15}O_6N$, durch MICHAEL-Kondensation von 0,1 Mol **I** u. 0,1 Mol Acrylsäureäthylester (**V**) in Ggw. von 40%ig. wss. Benzyltrimethylammoniumhydroxyd; n_D^{20} 1,4417—1,4420; 66%. — *γ-Carbäthoxy-γ-nitropimelinsäurediäthylester*, $C_{14}H_{23}O_8N$, wie vorst. aus 0,1 Mol **I** u. 0,2 Mol **V**; n_D^{20} 1,4530—1,4535; 89%. — *α-Oximinopropionsäureäthylester*, F. 95° (PAe., Kp. 30—60°), aus **II** mit $NaNO_2$ in A., 5 Tage bei Zimmertemp.; 78%. — *α-Oximinobuttersäureäthylester*, F. 59—60°; aus **III** mit $NaNO_2$, 10 Tage bei Zimmertemp.; 70%. — *α-Oximinoglutarsäurediäthylester*, F. 60—61° (Pentan), aus **IV**; 75%. — *Äthylnitritoacetat*, $C_4H_7O_4N$, Kp.$_{760}$ 118°, Kp.$_7$ 32—33°, aus Glykolsäureäthylester u. NOCl in Ggw. von wasserfreiem Trimethylamin bei 0° unter Luftausschluß; n_D^{20} 1,4050, $D.^{20}_4$ 1,1148, schwach gelbgrün; 39%. (J. Amer. chem. Soc. **78.** 1494—97. 5/4. 1956. Lafayette, Ind., Purdue Univ., Dep. of Chem.) J. KNAUL. 490

Nathan Kornblum, Harold O. Larson, Robert K. Blackwood, David D. Mooberry, Eugene P. Oliveto und **Galen E. Graham,** *Eine neue Methode für die Synthese von aliphatischen Nitroverbindungen.* 12. Mitt. *über die Chemie aliphatischer und alicyclischer Nitroverbindungen.* (11. vgl. vorst. Ref.) Die Rk. von Alkylhalogeniden mit $NaNO_2$ in Dimethylformamid (**I**) führt in 55—62%ig. Ausbeute zu reinen Nitroverbindungen. Diese einfache neue Synth. ist auf prim. u. sek. Halogenide anwendbar. Die relativ hohe Ausbeute an Nitroverb. wird auf die Löslichkeit von $NaNO_2$ in **I** sowie auf die große Reaktionsgeschwindigkeit in **I**, wodurch Neben-Rkk. (Bldg. von Nitritestern) zurückgedrängt werden, zurückgeführt. Bei der Rk. von sek. Alkylbromiden u. -jodiden führt ein Zusatz von Harnstoff (**II**), der die Löslichkeit von $NaNO_2$ in **I** vergrößert, zu erhöhter Ausbeute; die gleiche Wrkg. haben Zusätze von Phloroglucin (**III**), Brenzcatechin u. Resorcin, die als Nitritester-„Fänger" wirken. Die Rk. von 1- u. 2-Bromoctan mit $NaNO_2$ ist 1. Ordnung in bezug auf das Halogenid u. 1. Ordnung in bezug auf $NaNO_2$. tert.-Butylbromid u. -chlorid, Cyclohexylbromid u. -jodid werden nicht substituiert, sondern spalten Halogenwasserstoff ab unter Bldg. von *Isobutylen* bzw. *Cyclohexen*. Dagegen reagieren Sulfonsäureester mit $NaNO_2$ unter Bldg. von Nitroverbb.; z. B. gibt n-Octyltosylat 43—46% *1-Nitrooctan*.

Versuche: *n-Octyltosylat*, Kp.$_{0,8}$ 170°, aus n-Octylalkohol u. Tosylchlorid nach DRAHOWZAL u. KLAMANN (C. **1955.** 8132), n_D^{20} 1,4946. — *1-Nitrooctan*, Kp.$_1$ 60°, a) aus 1-Bromoctan u. $NaNO_2$ in **I**, 6 Std. Rühren bei Zimmertemp.; n_D^{20} 1,4324; 60% (Ausbeute); daneben *1-Octylnitrit* (**IV**), Kp.$_2$ 37°, n_D^{20} 1,4127; 29%; b) aus 1-Jodoctan analog a); 60%; daneben 31% **IV**; c) aus vorst. Verb. u. $NaNO_2$ in **I**, 8½ Std. Reaktionszeit; 43—46%. — *Phenylnitromethan*, $Kp._2$ 76°, aus Benzylbromid u. $NaNO_2$ in **I** in Ggw. von **II** bei —20 bis —15°, 5 Std. Rühren; n_D^{20} 1,5316; 55%; daneben *Benzylnitrit*, $Kp._5$ 44°, n_D^{20} 1,5010—1,5024; 33%. — *4-Nitroheptan*, $Kp._8$ 59°, a) aus 4-Jodheptan u. $NaNO_2$ in **I** in Ggw. von **II**, 5½ Std. Rühren; n_D^{20} 1,4219; 62%; daneben *4-Heptylnitrit*, $Kp._{18}$ 44°, n_D^{20} 1,4032; 25%; b) aus 4-Bromheptan analog a); 61%. — *2-Nitrooctan*, $Kp._3$ 67°, a) aus 2-Bromoctan u. $NaNO_2$ in **I** in Ggw. von **II** u. **III**, 45 Std. Reaktionszeit; n_D^{20} 1,4280; 58%; daneben *Octanol-(2)*, $Kp._1$ 45°, n_D^{20} 1,4262; 38% (*Phthalsäurehalbester*, F. 55°); b) aus 2-Jodoctan analog a); 60%. — *1-Nitroheptan*, $Kp._2$ 68°, a) aus 1-Bromheptan u. $NaNO_2$ in **I**, 6 Std. Rühren; 60%; daneben *Heptylnitrit* (**V**); 29%; b) aus 1-Jodheptan analog a); 61%; daneben 31% **V**. — *1-Nitrodecan*, $C_{10}H_{21}O_2N$, $Kp._2$ 107°, aus 1-Joddecan; n_D^{20} 1,4391; 57%; daneben *n-Decylnitrit*, $C_{10}H_{21}O_2N$, $Kp._4$ 95°; n_D^{20} 1,4247; 25%. — *1-Jod-3-phenylpropan*, $C_9H_{11}J$, $Kp._3$ 98°; n_D^{20} 1,5850; 73%. — *1-Nitro-3-phenylpropan*, $C_9H_{11}O_2N$, $Kp._4$ 123°, aus vorst. Verb.; n_D^{20} 1,5222; 58%; daneben *γ-Phenyl-n-propylnitrit*, $C_9H_{11}O_2N$, $Kp._1$ 56°, n_D^{20} 1,4979; 26%. — *Nitrocyclopentan*, $Kp._{10}$ 58°, a) aus Bromcyclopentan u. $NaNO_2$ in **I** in Ggw. von **II** u. **III**, 42 Std.; n_D^{20} 1,4540; 57%; b) aus Jodcyclopentan analog a), 5 Std. Reaktionszeit; 55%. — *Cycloheptylbromid*, $C_7H_{13}Br$, $Kp._3$ 50°, aus Cycloheptanol; n_D^{20} 1,5049; 87%. — *Nitrocycloheptan*, $Kp._{1,5}$ 70°, a) aus vorst. Verb. u. $NaNO_2$ in **I** u. Zusatz von **II** u. **III**, 54 Std.; n_D^{20} 1,4723; 55%; b) aus Jodcycloheptan analog a), 6 Std. Reaktionszeit; 58%. — *Cyclohexen*, $Kp._8$ 80—82°, a) aus Cyclohexyljodid u. $NaNO_2$ in **I**; n_D^{20} 1,4456—1,4462; 57%; b) aus Cyclohexylbromid; 12%. — *Isobutylen*, Kp. —6°, a) aus tert.-Butylbromid u. $NaNO_2$ in **I**, 24 Std. bei Zimmertemp.; 73%; b) analog a), 18 Std. bei 0°; 70%; c) aus tert.-Butylchlorid analog a), 6 Std. bei 0°; 65%. (J. Amer. chem. Soc. **78**. 1497—1501. 5/4. 1956.) J. Knaul. 490

Nathan Kornblum, Robert K. Blackwood und **David D. Mooberry**, *Die Reaktion aliphatischer Nitroverbindungen mit Nitritestern. 13. Mitt. über die Chemie von aliphatischen und alicyclischen Nitroverbindungen.* (12. vgl. vorst. Ref.) Obwohl prim. u. sek. Nitroparaffine sowie α-Nitroester mit Alkylnitriten (**A**) nicht reagieren, wird bei gleichzeitiger Einw. von **A** u. $NaNO_2$ die Nitroverb. zers.; so entstehen aus prim. Nitroverbb. *Carbonsäuren*, aus sek. *Ketone* u. aus α-Nitroestern *α-Oximinoester*. tert. Nitroverbb., wie α-Nitroisobuttersäureester, reagieren nicht. Vff. nehmen an, daß in allen Fällen die Rk. über eine nitrosierte Nitroverb. vom Typ $RRC(NO)NO_2$ (**B**) verläuft u. das NO_2^--Ion hierbei die Funktion einer Base ausübt. Ist R = Alkyl, R' = H, so ist **B** das Tautomere einer Nitrolsäure, die instabil ist u. in die entsprechende Carbonsäure übergeht: Aus 1-Nitrooctan (**I**) entsteht *Caprylsäure*. Ist R = R' = Alkyl, so entsteht als Zwischenprod. ein Pseudonitrol, wie sich am Auftreten einer blauen Farbe zeigt: Aus 2-Nitrooctan (**II**) entsteht über das Pseudonitrol *Octanon-(2)*. Der angenommene Mechanismus wird bestätigt durch die Isolierung von Cyclopentylpseudonitrol sowie dadurch, daß Propylpseudonitrol (2-Nitroso-2-nitropropan) mit $NaNO_2$ bei Zimmertemp. in relativ kurzer Zeit in *Aceton* übergeht. Die Basenfunktion des NO_2^--Ions in der ersten Stufe der Rk. wird dadurch wahrscheinlich gemacht, daß eine Base vergleichbarer Stärke, Na-m-Nitrobenzoat (**III**), die gleiche Wrkg. wie das NO_2^--Ion zeigt. Die Unters. der Stöchiometrie der Rk. ergibt, daß **A** als reiner Katalysator wirkt.

Versuche: *Caprylsäure*, $Kp._1$ 85—87°, a) aus **I** [$Kp._1$ 60°, n_D^{20} 1,4324] mit n-Hexylnitrit [$Kp._{76}$ 62°, n_D^{20} 1,3997] u. $NaNO_2$ in Dimethylformamid (**IV**) bei Zimmertemp., 8 Std.; n_D^{20} 1,4288—1,4292; 9—15% (Ausbeute); *p-Bromphenacylester*, F. 67°; daneben *Hexanol-(1)*, $Kp._8$ 60°, n_D^{20} 1,4181; 64—66%; b) aus **I** mit n-Octylnitrit [$Kp._{10}$ 60°, n_D^{20} 1,4127] analog a); 52%; daneben *Octanol-(1)*, $Kp._7$ 79—82°, n_D^{20} 1,4290 bis 1,4296; 74%; *3.5-Dinitrobenzoat*, F. 62°; c) aus **I** mit n-Propylnitrit [**V**, Kp. 50°, n_D^{20} 1,3592] analog a); 16—40%. — *Octanon-(2)*, $Kp._3$ 44°, a) aus **II** [$Kp._3$ 67°, n_D^{20} 1,4280] mit 2-Octylnitrit [$Kp._6$ 44°, n_D^{20} 1,4090] u. $NaNO_2$ in **IV** in Ggw. von Harnstoff (**VI**); n_D^{20} 1,4153; 47%; *2.4-Dinitrophenylhydrazon*, F. 56—57°; daneben *Octanol-(2)*; 67%; *Phthalsäuremonoester*, F. 55—55,5°; b) aus **II** mit **V** analog a); 54—83%. — *α-Oximinopropionsäureäthylester*, F. 94,5° (PAe.), a) aus α-Nitropropionsäureäthylester [**VII**, $Kp._1$ 55°, n_D^{20} 1,4209] mit **V** u. $NaNO_2$ in **IV**; 12—26%; b) aus **VII** mit **V** u. **III** in **IV**; 21%. — *Propylpseudonitrol*, F. 74—75°, aus dem Na-Salz von 2-Nitropropan mit NOCl in Methanol bei —15°; 42%; mit $NaNO_2$ in **IV** in Ggw. von **VI** → *Aceton*; 76%; *2.4-Dinitrophenylhydrazon*, F. 124—125°. — *Cyclopentylpseudonitrol*, $C_5H_8O_3N_2$, F. 89,5 bis 90,5° (Zers.; Ae.), aus Cyclopentylbromid mit $NaNO_2$, 7 Std. Reaktionszeit; 5%; daneben 32% *Nitrocyclopentan* u. 12% *Cyclopentylnitrit*. (J. Amer. chem. Soc. **78**. 1501—04. 5/4. 1956.) J. Knaul. 490

I. N. Nasarow, G. A. Schwechgeimer und **W. A. Rudenko**, *Hydrolyse, Alkoholyse und Hydrierung der β-Cyanäthyläther von Glykolen.* Die Bis-[β-cyanäthyläther] von

Äthylenglykol, Butylenglykol-(1.3) u. -(1.4) u. Diäthylenglykol u. der β-Cyanäthyläther von Äthylencyanhydrin werden hydriert, hydrolysiert u. der Alkoholyse unterworfen. Mit hohen Ausbeuten werden die entsprechenden *Diamine, Dicarbonsäuren* u. ihre *Ester* erhalten. Aus den Diaminen können bei der Polykondensation mit Dicarbonsäuren Polyamidharze mit hydrophilen Eigg. erhalten werden.

Versuche: *Äthylenglykol-bis-[β-cyanäthyläther]* (I), $Kp._2$ 160—169°; man setzt zu 744 g Äthylenglykol u. 75 g 40%ig. KOH unter Rühren u. Kühlen in 6 Std. 1272 g Acrylonitril bei maximal 30° hinzu u. rührt noch 4 Std. bei Zimmertemp.; das Reaktionsprod. wird im Vakuum fraktioniert; n_D^{20} 1,4495; 1957 g (Ausbeute). — *Äthylenglykol-bis-[β-carboxyäthyläther]*, F. 65—66° (Bzl. + Aceton); zu 450 g I werden unter Rühren u. Kühlen in 1 Std. 1000 ml konz. HCl hinzugefügt; dann 3 Std. bei 70—80° u. 40 Min. bei 95—98°; nach Abkühlen wird NH_4Cl abfiltriert, das W. im Vakuum abdest. u. der Rückstand mit warmem Aceton extrahiert; 507 g. — *Äthylenglykol-bis-[γ-aminopropyläther]*, $C_8H_{20}O_2N_2$, $Kp._4$ 113—115°; 250 g I werden in 600 ml mit NH_3 gesätt. Methanol in Ggw. von 15 g RANEY-Ni bei 100—110°/130 at H_2-Anfangsdruck im Drehautoklaven hydriert; die theoret. Menge H_2 wird in 1 Std. aufgenommen; $D.^{20}{}_4$ 0,9835; n_D^{20} 1,4638; 224 g. *Monophenylcarbamidoderiv.*, $C_{15}H_{25}O_3N_3$, F. 146—147° (A.). — *Äthylenglykol-bis-[β-carbomethoxyäthyläther]*, $C_{10}H_{18}O_6$, F. 28,5—29°; $Kp._4$ 136°; aus I durch 12std. Erhitzen mit Methanol + konz. H_2SO_4 auf 80—84°; 56,1 aus 84 g. — *Äthylenglykol-bis-[β-carbäthoxyäthyläther]*, $C_{12}H_{22}O_6$, $Kp._{2,5}$ 135—137°; aus I u. A. + konz. H_2SO_4, 8 Std. bei 94—98°; $D.^{20}{}_4$ 1,0654; n_D^{20} 1,4361; 17,8 g aus 16,8 g. — *Butylenglykol-(1.3)-bis-[β-cyanäthyläther]*, $Kp._{0,3}$ 155—165°; n_D^{20} 1,4467; aus 90 g Butylenglykol-(1.3) werden 182 g erhalten. — *Butylenglykol-(1.3)-bis-[γ-aminopropyläther]*, $C_{10}H_{24}O_2N_2$, $Kp._6$ 136—139°; $D.^{20}{}_4$ 0,9595; n_D^{20} 1,4621; 79%. — *Butylenglykol-(1.3)-bis-[β-carboxyäthyläther]*; Öl; 90%. — *Butylenglykol-(1.3)-bis-[β-carbomethoxyäthyläther]*, $C_{12}H_{22}O_6$, $Kp._{3,5}$ 135—137°; $D.^{20}{}_4$ 1,0662; n_D^{20} 1,4368; 64,5%. — *Butylenglykol-(1.3)-bis-[β-carbäthoxyäthyläther]*, $C_{14}H_{26}O_6$, $Kp._3$ 141—143°; $D.^{20}{}_4$ 1,0292; n_D^{20} 1,4359; 71%. — *Butylenglykol-(1.4)-bis-[β-cyanäthyläther]*, $C_{10}H_{16}O_2N_2$, $Kp._3$ 183—191°; $D.^{20}{}_4$ 1,0289; n_D^{20} 1,4516; aus 222 g Butylenglykol-(1.4) werden 441 g erhalten. — *Butylenglykol-(1.4)-bis-[γ-aminopropyläther]*, $C_{10}H_{24}O_2N_2$, $Kp._4$ 134—137°; $D.^{20}{}_4$ 0,9624; n_D^{20} 1,4619; 90%. — *Butylenglykol-(1.4)-bis-[β-carboxyäthyläther]*, $C_{10}H_{18}O_6$, F. 90° (Bzl.); 95%. — *Butylenglykol-(1.4)-bis-[β-carbomethoxyäthyläther*, $C_{12}H_{22}O_6$, $Kp._4$ 146—148°; $D.^{20}{}_4$ 1,0691; n_D^{20} 1,4389; 64%. — *Butylenglykol-(1.4)-bis-[β-carbäthoxyäthyläther]*, $C_{14}H_{26}O_6$, $Kp._4$ 154—155°; $D.^{20}{}_4$ 1,0329; n_D^{20} 1,4380; 66%. — *Diäthylenglykol-bis-[β-cyanäthyläther]*, $Kp._{0,5}$ 185—189°; n_D^{20} 1,4530; aus 115 g Diäthylenglykol werden 224,5 g erhalten. — *Diäthylenglykol-bis-[γ-aminopropyläther]*, $C_{10}H_{24}O_3N_2$, $Kp._4$ 146—148°; $D.^{20}{}_4$ 1,0107; n_D^{20} 1,4642; 81%. *Monophenylcarbamidoderiv.*, $C_{17}H_{29}O_4N_3$, F. 100—102° (A.). — *Diäthylenglykol-bis-[β-carboxyäthyläther]*; Öl; 90%. — *Diäthylenglykol-bis-[β-carbomethoxyäthyläther]*, $C_{12}H_{22}O_7$, $Kp._3$ 155—157°; $D.^{20}{}_4$ 1,1161; n_D^{20} 1,4429; 72%. — *Diäthylenglykol-bis-[β-carbäthoxyäthyläther]*, $C_{14}H_{26}O_7$, $Kp._4$ 167—169°; $D.^{20}{}_4$ 1,0726; n_D^{20} 1,4395; 72%. — *Di-[β-cyanäthyl]-äther*, $Kp._5$ 167—174°; n_D^{20} 1,4418; aus 915 g Äthylencyanhydrin werden 1476 g erhalten. — *Di-[γ-aminopropyl]-äther*, $Kp._4$ 72°; n_D^{20} 1,4595; 76%. — *Di-[β-carboxyäthyl]-äther*, F. 60,5—61,5° (Ae.); 97%. — *Di-[β-carbomethoxyäthyl]-äther*, $C_8H_{14}O_5$, $Kp._4$ 94—96°; $D.^{20}{}_4$ 1,1127; n_D^{20} 1,4288; 54%. — *Di-[β-carbäthoxyäthyl]-äther*, $C_{10}H_{18}O_5$, $Kp._7$ 124—125°; $D.^{20}{}_4$ 1,0522; n_D^{20} 1,4274; 53%. (Журнал Общей Химии [J. allg. Chem.] **24** (**86**). 329—37. Febr. 1954. Inst. für organ. Chem. der Akad. der Wiss. der UdSSR.) R. KNOBLOCH. 570

Alfred Roedig und **Hans Joachim Becker**, *Notiz über die Reduktion von Perchlorbutanon zu 1-H-Pentachlorbuten-(3)-on-(2)*. Perchlorbutanon (I) wird durch Al-Späne in absol. Ae. nicht in das erwartete Perchlorbutenon (IV) sondern sehr glatt in *1-H-Pentachlorbuten-(3)-on-(2)* (II) übergeführt. Die intermediäre Bldg. einer Al-organ. Verb. $[CCl_3\cdot CCl_2\cdot CO\cdot CCl_2]Al/3$ bzw. $[CCl_2{=}CCl\cdot CO\cdot CCl_2]Al/3$ wird für wahrscheinlich gehalten. Die Umsetzung verläuft nebeneinander über **IV** u. *Heptachlorbutanon-(2)* (**III**).

Versuche: *Perchlorbutanon* (I), C_4OCl_8, $Kp._{13}$ 143°, F. 25,5° (PAe.), aus absol. Methyläthylketon durch Chlorierung in 200 Std.; n_D^{20} 1,5406; 72% (Ausbeute). Als Nebenprod. *Perchloroctandion-(3.6)*, F. 111°. — Red. von I: a) mit Al-Spänen u. wenig $AlCl_3$ in absol. Ae. in 12 Std. zu *1-H-Pentachlorbuten-(3)-on-(2)* (II), C_4HOCl_5, $Kp._{13}$ 99 bis 100°, schwachgelbliches Öl; n_D^{20} 1,5442; 85%; aus 2. Vers. bei Kolonnendest. eine Mittelfraktion ($Kp._{13}$ 127—137°); daraus wurde *1-H-Heptachlorbutanon-(2)* (**III**), C_4HOCl_7, F. 37—38° (PAe.), gewonnen; b) mit Mg-Spänen unter Zusatz von $HgCl_2$ in absol. Ae. in 10 Std. 49% **II** neben viel harzigem Rückstand. — Durch Chlorierung von **II** erhält man wieder **III**, $Kp._{13}$ 123—125°; 88%. — Mit 21,6 g Phenylhydrazin erhält man aus 34,4 g I in Ae. 6 g **III**. — Bei Behandlung von **II** mit 10%ig. NH_4OH bei Zimmertemp. scheidet sich nach 50 Min. *Trichloräthylen* aus; Kp. 87°; n_D^{17} 1,4791; ansäuern der ammoniakal. Lsg. mit H_2SO_4 u. Ausäthern gibt *Dichloressigsäure*, $Kp._{13}$ 85—87°; n_D^{20} 1,4644. (Chem. Ber. **89.** 906—08. 1956. Würzburg, Univ., Chem. Inst.) R. PANKOW. 710

Michel Backès, *Die Aminolyse des Dichlordiacetamids durch primäre und sekundäre Amine.* (Vorl. Mitt. vgl. C. **1954.** 288; vgl. auch C. R. hebd. Séances Acad. Sci. **239.** [1954.] 1520.) Analog den prim. aliphat. Aminen reagieren auch sek. aliphat. Amine mit *Dichlordiacetamid* ($ClCH_2CONHCOCH_2Cl$; **I**) zunächst unter Aminolyse u. Bldg. von *N.N-Dialkylchloracetamiden* u. *Chloracetamid* (**II**); erstere reagieren jedoch mit überschüssigem sek. Amin langsam weiter zu *Dialkylaminoessigsäuredialkylamiden*, während **II** mit sek. Aminen spontan *Dialkylaminoacetamid* liefert. Untersucht werden die Umsetzungen von **I** mit NH_3, Äthyl-, n-Propyl-, Isobutyl- u. Cyclohexylamin, sowie mit 1—5 Molen Diäthylamin (**III**) u. Piperidin. Mit aromat. Aminen (Verss. mit Anilin u. Diphenylamin) reagiert **I** bei 20—80° nicht.

Versuche: *Dichlordiacetamid* (**I**), F. 199,5° (Essigester), durch 1std. Rk. von Chloressigsäureanhydrid mit **II** bei 120° u. Waschen mit Ae.; 65% Ausbeute. — Die Ammonolyse von **I** liefert unter verschied. Bedingungen als einziges Reaktionsprod. **II**. — Bei 24std. Einw. von Äthylamin auf **I** < 30° in Bzl., Einengen u. Zugabe von Cyclohexen krist. **II** (F. 118°); aus der Mutterlauge *N-Äthylchloracetamid*, $Kp._{18}$ 103°, $Kp._{18}$ 96,5°. — Die analoge Aminolyse von 1,7 g **I** mit n-Propylamin in Ae. ergibt 0,6 g **II** u. 1,1 g *N-n-Propylchloracetamid*, $Kp._{21}$ 116,5°, $Kp._{18}$ 114°; daneben 0,3 g nichtumgesetztes **I**. — Aus 3,4 **I** u. Isobutylamin in Ae. nach mehreren Tagen 1,45 g **II** u. 1,6 g *N-Isobutylchloracetamid*, $Kp._{18}$ 117—118°; daneben 0,5 g **I**. — Durch Rk. von 1,7 g **I** mit Cyclohexylamin (ohne Lösungsm.) unter Kühlung u. Trennen der Reaktionsprodd. durch Behandeln mit Bzl. 0,8 g **II** u. 1,5 g *N-Cyclohexylchloracetamid*, F. 105—106°; daneben 0,05 g **I**. — Bei Zugabe von 1 Mol **I** zu 5 Mol **III** in Bzl. < 60° (exotherme Rk.), Abfiltrieren von gebildetem **III**-*Hydrochlorid* (**IIIa**), Einengen u. Dest. bei 110—130°/20 mm wird im Rückstand *Diäthylaminoessigsäureamid* (**IV**, F. 76° [Cyclohexen], $Kp._{14}$ 142 bis 143°; *Pikrat*, F. 160—161°) erhalten. Aus dem Destillat durch Behandeln mit wss. HCl ein öliger Rückstand von *N.N-Diäthylchloracetamid* (**V**, $Kp._{17}$ 115°) u. durch Alkalisieren der salzsauren Lsg. u. Behandeln mit Cyclohexen *Diäthylaminoessigsäurediäthylamid*, $Kp._{17}$ 123°; entsteht auch bei 5—6std. Rk. von **III** mit **V** bei 55°. *Pikrat*, F. 122°. Die Aminolyse von **I** mit 4 Mol **III** ergibt ebenfalls vorst. Verb., **IIIa**, **IV** u. **V**, mit 3 Mol **III** entstehen **IIIa**, **IV** u. **V**, u. mit 1—2 Mol **III** werden **II** u. **V** gebildet. — Durch Zugabe von **I** zu 5 Mol Piperidin in Bzl., mehrtägiges Stehen, Abfiltrieren von *Piperidinhydrochlorid* u. fraktionierte Dest. erhält man *Piperidinoacetamid* (F. 105—106° [W.], $Kp._{19}$ 164 bis 165°; *Pikrat*, F. 140—141° [A.]) u. *Piperidinoessigsäurepiperid*, F. 48—49°, $Kp._{19}$ 172°. *Pikrat*, F. 155,5° (A.). (Bull. Soc. chim. France, Mém. [5] **1955.** 1414—18. Nov./Dez. Paris, École Nat. Sup. de Chim., Labor. de Chim. Organ.) W. HOFFMANN. 810

J. M. Rountree und **J. C. Smith,** *Dodecen-(11)-säure.* Es wird die Darst. von *Dodecen-(11)-säure* (**I**) nach 2 Methoden beschrieben: 1. Aus Undecen-(10)-säure durch Überführung in Undecen-(10)-ol-(1), Bromierung, Überführung des Bromids in 1-Cyanundecen-(10) u. alkal. Hydrolyse, 2. aus Undecen-(10)-oylchlorid über das Diazoketon u. **I**-Äthylester u. alkal. Hydrolyse. Ein reines Präp. wird nach 3maligem Kristallisieren aus Aceton bei —60° erhalten: F. 19,50 ± 0,05°, $Kp._{0,3}$ 125°; $D._4^{20}$ 0,9082; n_D^{20} 1,4511. Die Reinheit des Präp. hängt von den Hydrolysebedingungen ab. Bei 14std. Erhitzen von 1,8 g reinem **I** mit 2 g KOH in 2 cm³ W. u. 50 cm³ A. wurde **I** unverändert zurückerhalten. Ein weiterer Beweis für die Reinheit des Präp. wird durch Hydrobromierung in Ggw. von Perbenzoesäure erbracht, wobei 88 ± 3% *12-Bromdodecansäure* (F. 52,8°) u. 12 ± 3% *11-Bromdodecansäure* (F. 38,2°) erhalten werden. (Chem. and Ind. **1954.** 190—91. 13/2. Oxford, Dyson Perrins Labor.) I. FESTL. 810

B. A. Arbusow und **B. P. Lugowkin,** *Über Taririnsäure.* Durch Behandeln von 6.7-Dibromstearinsäure mit KOH in absol. A. wird *Taririnsäure* (**I**) erhalten. Von dieser wird eine Reihe von Derivv. dargestellt.

Versuche: *6.7-Dibromstearinsäure*, $C_{18}H_{34}O_2Br_2$, F. 37—38° (trockener Ae.), aus 50,7 g Petroselinsäure mit Br_2 in Chlf. unter Kühlung; 77 g (Ausbeute). — *Taririnsäure* (**I**), F. 50,5° (A.), $Kp._4$ 206—207°, man kocht 66 g vorst. Verb. mit 26 g KOH in 150 ml A., gibt nach 5 Std. 24 g KOH hinzu u. kocht noch 5 Std.; 27,3 g; gibt mit Br_2 in Chlf. *6.7-Dibromtaririnsäure*, $C_{18}H_{32}O_2Br_2$, F. 32—33° (Eisessig). **I**-*Chlorid*, $C_{18}H_{31}OCl$, $Kp._5$ 192°, aus **I** durch 15—20 Min. Erhitzen mit PCl_3 auf 65—85°; $D._{20}^{20}$ 0,9344; 72,7%. **I**-*Anhydrid*, $C_{36}H_{62}O_3$, F. 50° (Ae.), aus **I** durch Erhitzen mit $(CH_3CO)_2O$ (1 Std. bei 160—180° u. 6 Std. bei 180—190° im Rohr); 90%; wird durch 40 Min. Erhitzen mit wss. NaOH unter Bldg. von **I** hydrolysiert; gibt mit Br_2 in Chlf. unter Kühlung *6.7-Dibromtaririnsäureanhydrid*, $C_{36}H_{62}O_3Br_4$, F. 33,5° (PAe. u. Eisessig). **I**-*Amid*, $C_{18}H_{33}ON$, F. 86°

(absol. A.), man läßt das Anhydrid unter Kühlung in konz. NH_4OH eintropfen; glänzende Plättchen; 96,7%; gibt mit Br_2/Chlf. *6.7-Dibromtaririnsäureamid*, $C_{18}H_{33}ONBr_2$, F. 80—80,5° (A.). I-*Nitril*, $C_{18}H_{31}N$, Kp.$_3$ 158—159°, aus dem Amid durch Erhitzen mit P_2O_5 unter Abdest. des entstehenden Nitrils; $D.^{20}_{20}$ 0,8799; n_D^{20} 1,4758; 16,6%. I-*Methylester*, $C_{19}H_{34}O_2$, Kp.$_2$ 157—158°, aus I mit methanol. H_2SO_4 (6 Std. Kochen); $D.^{20}_4$ 0,8960; n_D^{20} 1,4560; 92,2%; daraus *6.7-Dibromtaririnsäuremethylester*, $C_{19}H_{34}O_2Br_2$, F. 27—27,5° (Ae.-A.-Gemisch). I-*Äthylester*, $C_{20}H_{36}O_2$, Kp.$_2$ 163—164°, Kp.$_8$ 202—204°, aus I mit alkoh. H_2SO_4; $D.^{20}_4$ 0,8821; n_D^{20} 1,4540; 91,6%; gibt mit Br_2/Chlf. *6.7-Dibromtaririnsäureäthylester*, $C_{20}H_{36}O_2Br_2$, gelbliches Öl; $D.^{20}_{20}$ 1,1320; n_D^{20} 1,4773. I-Äthylester gibt bei 2std. Erhitzen in Eisessig mit J_2 auf 70—80° *6.7-Dijodtaririnsäureäthylester*, $C_{20}H_{36}O_2J_2$, F. 26—26,5° (absol. A.). — *Tarirylalkohol*, $C_{18}H_{34}O$, Kp.$_4$ 183—184°, F. 29—30°, in 20,1 g Taririnsäureäthylester in 100 ml Butylalkohol trägt man 7 g Na ein, erhitzt 15—20 Min. auf dem Wasserbad u. nach Zugabe von 15 ml W. 1 Std. auf 100—120°, salzt aus u. dest. den Butylalkohol ab. Nach mehrfacher Umkristallisation aus Eisessig u. A. erhält man I u. aus den alkoh. Mutterlaugen durch Eindampfen *Tarirylalkohol*; 7,1 g; daraus *6.7-Dibromtarirylalkohol*, $C_{18}H_{34}OBr_2$, Öl. (Сборник Статей по Общей Химии [Samml. Aufsätze allg. Chem.] **1.** 419—24. 1953. Kasan, Uljanow-Lenin-Univ., Wiss.-chem. Butlerow-Forschungsinst.) G. Froelich. 810

J. Kulesza, *Die Herstellung von Thioglykolsäure.* Die in der Literatur beschriebenen Darstellungsmethoden von *Thioglykolsäure* (I) wurden überprüft u. als halbtechn. Verff. ausgearbeitet: a) Aus Na_2S u. $ClCH_2COOH$ (II); 85—87% (Ausbeute); b) durch Red. von Dithioglykolsäure (aus II + Na_2S_x) mit Zn; 76%; c) durch Hydrolyse des Bunte-Salzes (II + $Na_2S_2O_3$) mit H_2SO_4 u. Zn unter Rückfluß; 70—74%; d) durch Ammonolyse von Carboxymethylxanthogenat (II + K-Xanthogenat); 62—65%; e) aus II u. NH_4SCN u. Hydrolyse mit $Ba(OH)_2$; 77—83%; f) aus Thioharnstoff u. II u. Hydrolyse mit NaOH; 76%; letztere Meth. wurde als billigste u. einfachste patentiert (Kulesza, Poln. P. 3 862). Die Isolierung von I aus den verd. wss. Lsgg. der Salze erfolgt stets nach Ansäuern durch Ausäthern. Zur Einsparung von Ae. kann I zunächst als Ba-Salz ausgefällt werden. (Przemysł chem. **10 (33).** 190—94. April 1954. Warszawa, Polit., Zakł. Chem. Organ.) F. Urban. 850

J. A. Hall und **N. Polgar,** *Die Konstitution von Phthiocerol. Phthiocerol* (I) wird auf Grund folgender Rkk. die Struktur des *9.10-Dioxy-4-methoxy-4-methyltritriakontans* zugesprochen: I gibt mit Benzaldehyd ein *Benzylidenderiv.*, F. 34—38°, u. wird von HJO_4 oxydiert, so daß ein α-Glykol vorliegen muß. Beim Behandeln von I mit sd. Acetanhydrid entsteht I-*Diacetat*, das im Vakuum ohne Zers. dest. werden kann. Das Vorliegen einer tert. Hydroxylgruppe ist somit ausgeschlossen. I gibt bei der Oxydation mit CrO_3/Essigsäure anschließend mit Peressigsäure eine *Säure* $C_{11}H_{22}O_3$ (II; *S-Benzylthiuroniumsalz*, F. 137—139°) u. *n-Tetrakosansäure* (F. 76—77°; *Amid*, F. 112—113°), die auch durch Oxydation von I mit $KMnO_4$ erhalten u. durch Vgl. des Infrarotspektr. mit einem authent. Präp. identifiziert wird. Da für das aus I durch Red. erhaltene Phthioceran früher die Struktur eines (±)-4-Methyltritriakontans bestätigt wurde, muß II die Struktur einer x-Methoxy-6-methylnonansäure besitzen. Da bei der zu Phthioceran führenden Red. von I Racemisierung am tert. Kohlenstoffatom von I erfolgt, muß II die Struktur einer *6-Methoxy-6-methylnonansäure* zugesprochen werden. (Chem. and Ind. **1954.** 1293. 16/10. Oxford, Univ., Dyson Perrins Labor.) I. Festl. 850

N. Ss. Koslow und **N. I. Panowa,** *Katalytische Aminierung organischer Verbindungen.* 1. Mitt. *Aminierung aliphatischer Äther.* Bei der katalyt. Aminierung von Dibutyläther in der Gasphase entstehen *prim.*, *sek.* u. *tert. Amine* neben *Butylen* u. *Butylalkohol.* Als Katalysator dienen Al_2O_3 u. ThO_2–Al_2O_3. Weniger akt. sind SiO_2–Al_2O_3 u. SiO_2. Die Aminausbeuten werden in Abhängigkeit von der Temp. (300—420°), vom NH_3-Druck (1—9 at), von der Durchsatzgeschwindigkeit des Äthers (10—20 Tropfen/Min.) u. von der Struktur (Dibutyl- u. Diisobutyläther) untersucht. Die maximale Ausbeute von 81,1% Aminen (bezogen auf umgesetzten Äther) wird bei 370—375°, 9 at NH_3 u. einem Durchsatz von 10 Tropfen/Min. erzielt, wobei 63,7% prim., 27,6% sek. u. 8,7% tert. Amine entstehen. In einem Vers. wurden aus 19 g Dibutyläther 8,5 g *Butylamin* u. 4 g *Dibutylamin* erhalten. Die Dehydratisierung des Äthers zu Butylen nimmt mit der Temp. zu u. mit dem NH_3-Druck ab. Aus Diisobutyläther werden unter analogen Bedingungen 64,4% Amine erhalten, davon 50,51% prim., 31,14% sek. u. 13,35% tert. Amine. (Журнал Общей Химии [J. allg. Chem.] **25 (87).** 183—87. Jan. 1955. Pädagog. Molotow-Inst.) Ch. Weiske. 910

R. A. Rowe und **L. F. Audrieth,** *Darstellung einiger N.N-disubstituierter Hydrazine durch Reaktion von Chloramin mit sekundären Aminen.* Die NH_2Cl–Amin-Rk. wurde auf die Darst. einiger *asymm. N.N-Dialkylhydrazine* ausgedehnt. Die schon früher (vgl. AUDRIETH u. ROWE, C. **1956.** 1828 u. früher) festgestellte Erhöhung des NH_2Cl-Geh. der Lsg. bei Anwendung eines NH_3-Überschusses führte auch hier zu einer wesentlichen Erhöhung der Ausbeute. Bei einem Mol-Verhältnis $NH_3/NaOCl$ = 1 :1, 2 :1 u. 3 : 1 wurden z. B. 48, 57 u. 63% *N.N-Diäthylhydrazin* bzw. 28, 42 u. 51% *N-Aminopiperidin* erhalten.

Versuche: N.N-Dialkylhydrazinhydrogenoxalate, aus dem entsprechenden Amin mit eiskalter NH_2Cl-Lsg. (durch Zugabe von 250 ml 1mol. NaOCl zu 750 ml 1mol. NH_4OH), im Laufe von 4 Std. auf Raumtemp.: *N.N-Dimethyl-*, $(CH_3)_2 \cdot NNH_2 \cdot H_2C_2O_4$, F. 142°; 53,2% (Ausbeute). — *N.N-Diäthyl-*, $C_6H_{14}O_4N_2$, F. 138°; 40,8%. — *N.N-Di-n-propyl-*, $C_8H_{18}O_4N_2$, F. 168°; 40%. — *N.N-Di-n-butyl-*, $C_{10}H_{22}O_4N_2$, F. 170°; 41,7%. — Die Verbb. konnten nach der Meth. von PENNEMAN u. AUDRIETH (C. **1949.** II. 1431) mit J_2 bei p_H 7—7,4 unter N_2 gegen Stärke titriert werden. (J. Amer. chem. Soc. **78.** 563—64. 5/2. 1956. Urbana, Ill., Univ., W. A. Noyes Labor. of Chem.)
K. PRCHAL. 910

Jean-Pierre Guermont, *Über einige tertiäre Diamine und quaternäre Ammoniumverbindungen mit zwei Dreifachbindungen.* Vf. berichtet über die Darst. tert. Basen der allg. Formel $R_2NCH_2C{\equiv}C(CH_2)_nC{\equiv}CCH_2NR_2$ mit R = CH_3 oder C_2H_5 u. n = 3 oder 4 sowie ihrer quaternären *Ammoniumsalze.* — *1.9-Bis-[dimethylamino]-nonadiin-(2.7)*, Kp.$_{0,3}$ 98—99°, n_D^{23} 1,4720; durch Einw. von Formol u. Dimethylamin in Dioxan in Ggw. von Cu-Acetat bei 80—90° auf Heptadiin-(1.6). *Dijodmethylat*, F. 242—243° (W. + A.). — *1.9-Bis-[diäthylamino]-nonadiin-(2.7)*, Kp.$_{0,3}$ 119—120°, n_D^{21} 1,4700, analog vorst. Verb. mit Diäthylamin. *Dijodäthylat*, F. 147° (A. + W.). — *1.10-Bis-[dimethylamino]-decadiin-(2.8)*, Kp.$_{0,4}$ 114°, n_D^{25} 1,4700, analog aus Octadiin-(1.7). *Dijodmethylat*, F. 263° (W. + A.). — *1.10-Bis-[diäthylamino]-decadiin-(2.8)*, Kp.$_{0,4}$ 134—135°, n_D^{21} 1,4700. *Dijodäthylat*, F. 204° (W. + A.). — Die Ausbeute liegt bei allen Basen zwischen 70—75%. Ihre katalyt. Hydrierung in Ggw. von RANEY-Ni bei n. Temp. u. n. Druck führt nach Absorption von 4 Mol H_2 zu den *gesätt. Diaminen.* Zum Vgl. wurden die isosteren *Ammoniumsalze* mit einem O an Stelle einer CH_2-Gruppe aus den entsprechenden Diaminoäthern (vgl. GUERMONT u. MARSZAK, C. R. hebd. Séances Acad. Sci. **235.** [1952.] 252) dargestellt: $[J(CH_3)_3NCH_2C{\equiv}CCH_2]_2O$, F. 212—213° (A. + W.); $[J(C_2H_5)_3NCH_2C{\equiv}CCH_2]_2O$, F. 173—174° (A.); $J(CH_3)_3NCH_2C{\equiv}CCH_2{-}O{-}(CH_2)_2C{\equiv}CCH_2N(CH_3)_3J$, F. 249° (A. + W.); $J(C_2H_5)_3NCH_2C{\equiv}CCH_2{-}O{-}(CH_2)_2C{\equiv}CCH_2N(C_2H_5)_3J$, F. 193 bis 194° (A.); $[J(CH_3)_3N(CH_2)_4]_2O$, F. 170° (Aceton + A. + Ae.); $[J(C_2H_5)_3N(CH_2)_4]_2O$, F. 246—247° (Aceton + A. + Ae.); $J(CH_3)_3N(CH_2)_4{-}O{-}(CH_2)_5N(CH_3)_3J$, F. 178°. (Aceton + A. + Ae.); $J(C_2H_5)_3N(CH_2)_4{-}O{-}(CH_2)_5N(C_2H_5)_3J$, F. 168° (Aceton + A. + Ae.). (C. R. hebd. Séances Acad. Sci. **237.** 1098—1100. 2/11. 1953.) C. GOTTFRIED. 910

Samuel C. Temin, *Darstellung von 2-Oxyäthylammoniumacetat.* Die Rk. zwischen Acetanhydrid u. Äthanolamin (**III**) in CH_3OH führt im Gegensatz zu den Angaben von JONES (J. org. Chemistry **9.** [1944.] 484) nicht nur zu *N-Acetyläthanolamin* (**I**), sondern zu einem äquimol. Gemisch von **I** u. dem tiefersd. *2-Oxyäthylammoniumacetat* (**II**). Durch Erhitzen bildet sich **I** aus **II** unter Bedingungen, bei denen **II** nicht abdest. kann. Vakuumdest. einer äquimol. Mischung aus Essigsäure u. **III** gibt quantitativ **II**. Die von FRANKEL u. CORNELIUS [1918] aus Acetylchlorid u. **III** erhaltene u. als **I** angesehene hygroskop. Verb. mit F. 63—65° wird **II** gewesen sein.

Versuche: Nach 3/4 std. Zugabe von 51 g Acetanhydrid zu 61 g **III** in absol. CH_3OH bei 15—25°, 1 std. Erhitzen bis zu 90—92° Innentemp. u. Kolonnendest. wurde zunächst (Kp.$_2$ 100—110°) *2-Oxyäthylammoniumacetat* (**II**), $C_4H_{11}O_3N$, erhalten; nach Vakuumtrocknung F. 65—66°; rein Kp.$_{0,7}$ 103—104°; 57,5 g (Ausbeute); als weitere Fraktion ging *N-Acetyläthanolamin* (**I**), $C_4H_9O_2N$, über; Kp.$_{0,5}$ 137—138°; 45,5 g. — **I**-*3.5-Dinitrobenzoat*, $C_{11}H_{11}O_7N_3$, F. 164—165°. — **II**-*Pikrat*, F. 158—160°. *Dibenzoat*, F. 88—89°. *p-Bromphenacylester*, F. 84,5—85°. — **II** entsteht quantitativ durch Erhitzen gleichmol. Mengen CH_3COOH u. **III** in CH_3OH; Kp.$_{0,6}$ 103—104°. (J. org. Chemistry **21.** 250—51. 17/2. 1956. Cleveland, O., Industrial Rayon Corp., High Polymer Res. Labor.) I. AHRLÉ. 920

K. D. Gundermann und **G. Holtmann,** *Einfache Synthese der α-Chlor-β-aminopropionsäure.* Die Umsetzung von Phthalimid u. α-Chloracrylonitril (**I**) in Ggw. von $NaOCH_3$ im äquimol. Verhältnis führt zu *α-Chlor-β-[o-carbomethoxybenzamido]-propionitril* (**II**; F. 96—97°), während bei Verwendung eines Überschusses an **I** *α-Chlor-β-phthalimidopropionitril* (**III**; F. 143°) entsteht. **II** oder **III** können mit HCl in 70—80%ig. Ausbeute zu *α-Chlor-β-aminopropionsäurehydrochlorid* hydrolysiert werden. Nach Einw. von $NaOCH_3$ oder NaOH auf letzteres wurden nach Umlagerung *Serin-O-methyläther* bzw. *Serin* isoliert. **III** kann durch Rk. mit Mercaptanen in Ggw. von $(C_2H_5)_3N$ u. anschließende Hydrolyse in *S-Alkylisocysteine* übergeführt werden. (Angew. Chem. **68.** 462. 21/7. 1956. Münster/W., Univ., Organ.-chem. Inst.) R. PASEDAG. 950

Leonhard Birkofer und **Ingeborg Storch,** *β-Aminosäuren.* 2. Mitt. *Hydrolyse von Dihydrouracilderivaten.* (1. vgl. C. **1955.** 6499.) Vff. haben gefunden, daß die schon lange bekannte hydrolyt. Spaltung 4-substituierter Dihydrouracile nicht in allen Fällen zu β-Aminosäuren führt. Die Rk. ist vielmehr von der Art des Substituenten in 4-Stellung abhängig. *4-Isopropyl-* (**I**) u. *4-Benzyldihydrouracil* (**III**) lassen sich zu den entsprechenden β-Aminosäuren [*β-Aminocapronsäure* (**II**) bzw. *β-Amino-γ-phenylbuttersäure*] spalten. *4-Phenyldihydrouracil* (**V**) liefert aber bei der Hydrolyse *1.3-Diphenylbuten-(1)* (**VI**). Die zu erwartende *β-Amino-β-phenylpropionsäure* (**VII**) entsteht wahrscheinlich dabei als Zwischenprod., erleidet aber NH_3-Abspaltung unter Bldg. von *Zimtsäure,* die dann zu **VI** weiterreagiert. Für diesen Reaktionsablauf spricht, daß Vff. unter milderen Bedingungen Zimtsäure isolieren konnten u. andererseits die auf anderem Wege dargestellte **VII** bei den Bedingungen einer HCl-Hydrolyse **VI** liefert. Ganz ähnlich gaben *4-n-Propenyl-, 4-[α-Naphthyl]-* (**IX**), *4-[β-Naphthyl]-* (**IV**) u. *4-[α-Thienyl]-dihydrouracil* (**VIII**) nicht die gewünschten Aminosäuren, sondern undefinierte N-freie Spaltprodukte. *β-Amino-β-[β'-naphthyl]-propionsäure* liefert ähnlich wie oben bei der HCl-Behandlung ein N-freies Zersetzungsprodukt. Bei der Darst. von **IX** entstand *β-[α'-Naphthyl]-acrylsäureamid,* von **IV** die *Verb.* $(C_{12}H_{10})_n$, von **VIII** vermutlich *cis-* u. *trans-β-[α'-Thienyl]-acrylsäureamid* als Nebenprodukt.

V e r s u c h e: *4-Isopropyldihydrouracil* (**I**), $C_7H_{12}O_2N_2$, F. 192—193°, aus γ-Methyl-Δ^{α}-pentensäure durch Verschmelzen mit Harnstoff bei 200—210° (1 Std.); aus A./Bzl. (1 : 10) seidige Nadeln; 98% (Ausbeute). — *β-Aminoisocapronsäure* (*β-Leucin*; **II**), $C_6H_{13}O_2N$, F. 197—197,5°, aus **I** durch 3maliges Erhitzen mit konz. HCl auf 160° (je 15 Std. im Bombenrohr); aus A./W. Prismen; 42,8%. Liefert bei 5minütigem Erhitzen auf 220° **I**. *3.5-Dinitrobenzoat,* $C_{13}H_{15}O_7N_3$, F. 238°, aus A./W. (1 : 4) hellgelbe, derbe Prismen. — *4-Benzyldihydrouracil* (**III**), $C_{11}H_{12}O_2N_2$, F. 227°, aus γ-Phenylcrotonsäure analog **I**; Nadeln nach Sublimation bei 185°/10^{-3} Torr u. Kristallisation aus 30%ig. A.; 10%. — *β-Amino-γ-phenylbuttersäure,* $C_{10}H_{13}O_2N$, F. 226°, aus **III** durch Hydrolyse wie bei **II**; schillernde Blättchen aus A./Ae. (3 : 1); 73%. *3.5-Dinitrobenzoat,* $C_{17}H_{15}O_7N_3$, F. 215°, aus 60%ig. A. hellgelbe Nadeln. — *1.3-Diphenylbuten-(1)* (**VI**), $C_{16}H_{16}$, Kp.$_{10^{-3}}$ 80°, a) aus **V** durch Erhitzen mit konz. HCl auf 160° im Bombenrohr, bis sich beim Öffnen des Rohres nach je 24 Std. kein CO_2 mehr entwickelt (ca. 4 Tage); wasserklares, blau fluorescierendes Öl, b) durch Erhitzen von Zimtsäure mit konz. HCl im Bombenrohr auf 160° (4 Tage) oder 100° (10 Tage); c) durch Behandeln von **VII** mit konz. HCl. — *Zimtsäure,* $C_9H_8O_2$, F. 135°, a) durch Erhitzen von **V** mit konz. HCl im Bombenrohr auf 100° (8 Std.); 95%; b) durch 48std. Kochen von **V** mit NaOH. — *4-n-Propenyldihydrouracil,* $C_7H_{10}O_2N_2$, F. 236° (Zers.), aus Sorbinsäure u. Harnstoff analog **I**; aus A. Blättchen; 7,8%. — *4-[α-Naphthyl]-dihydrouracil* (**IX**), $C_{14}H_{12}O_2N_2$, F. 239°, aus β-[α'-Naphthyl]-acrylsäure; sublimiert bei 220°/10^{-3} Torr; aus A. Nadeln; 10%. Als Nebenprod. bei 150°/10^{-3} Torr *β-[α'-Naphthyl]-acrylsäureamid,* F. 175°. — *4-[β-Naphthyl]-dihydrouracil* (**IV**), $C_{14}H_{12}O_2N_2$, F. 248—249°, aus β-[β'-Naphthyl]-acrylsäure; sublimiert wie vorst.; Nadeln aus A./Ae. (1 : 1). Als Nebenprod. nach Sublimation bei 180°/10^{-3} Torr *Verb.* $(C_{12}H_{10})_n$, F. 184—185°, schillernde Blättchen. — *β-Amino-β-[β'-naphthyl]-propionsäure,* $C_{13}H_{13}O_2N$, F. 230—231° (Zers.), aus β-[β'-Naphthyl]-acrylsäure u. NH_4OH (4½std. Rückflußkochen); aus 50%ig. A. glitzernde Blättchen; 30%. Zers. sich mit konz. HCl im Bombenrohr bei 160° zu einem N-freien Produkt. — *4-[α-Thienyl]-dihydrouracil* (**VIII**), $C_8H_8O_2N_2S$, F. 242—243°, aus β-[α'-Thienyl]-acrylsäure; nach Sublimation bei 220°/10^{-3} Torr u. Kristallisation aus Pyridin Blättchen. Als Nebenprodd. *cis-* u. *trans-β-[α'-Thienyl]-acrylsäureamid,* C_7H_7ONS, F. 155—156° (nach zweimaliger Sublimation Drusen) bzw. F. 225—226° (nach Sublimation bei 210°/10^{-3} Torr Prismen). (Chem. Ber. **86.** 529—34. 30/4. 1953. Heidelberg, MPI für Med. Forsch., Inst. für Chem., u. Stuttgart, TH, Inst. für organ. Chem.) G. MOHR. 950

Leonhard Birkofer und **Ingeborg Storch,** *β-Aminosäuren.* 3. Mitt. *Eine allgemeine Darstellungsweise für β-Aminosäuren.* (2. vgl. vorst. Ref.) In der HCl-katalysierten Umsetzung von β-substituierten γ-Ketosäureestern mit HN_3 bei ca. 0° nach dem Schema $R \cdot CO \cdot CH(R') \cdot CH_2 \cdot COOR'' \xrightarrow[HN_3]{} R \cdot CO \cdot NH \cdot CH(R') \cdot CH_2 \cdot COOR'' \rightarrow R \cdot COOH + H_2N \cdot CH(R') \cdot CH_2 \cdot COOR''$ fanden Vff. eine allg. Darstellungsmeth. für β-Aminosäuren. Aus Cyclopentanon-(2)-ylessigsäureäthylester (**I**) konnte so *β-Aminopimelinsäure,* aus Lävulinsäureäthylester *β-Alanin,* aus β-Methyl- (**II**), β-Äthyl- u. β-Benzyllävulinsäureäthylester *β-Amino-* u. *β-Amino-γ-phenylbuttersäure* gewonnen werden. Bei dem Verf. entstehen zunächst die *Hydrochloride* der *Aminosäuren,* die mit Hilfe von Amberlite-IR-4B in die freien *Aminosäuren* übergeführt werden (vgl. C. **1955.** 6499). Schließlich gelang Vff. die Darst. von *dl-β-Lysin* aus β-Aminopimelinsäure durch Ersatz der ε-Carboxylgruppe durch NH_2 mit Hilfe von HN_3 u. H_2SO_4 als Katalysator.

Versuche: *β-Aminopimelinsäure*, $C_7H_{13}O_4N$, F. 178°, aus I u. HN_3 in Chlf. unter Rühren u. Durchleiten von HCl-Gas bis zur N_2-Entw. (3—5°, ca. 3 Std.); anschließend die Chloroformlsg. mit konz. HCl ausschütteln, den HCl-Extrakt mit W. verdünnen, 3 Std. am Rückfluß kochen u. im Vakuum einengen; das hinterbleibende, sirupöse Hydrochlorid wurde mit Hilfe von Amberlite IR-4B in die freie Aminosäure übergeführt; aus 80%ig. A. Blättchen; 50% (Ausbeute). *3.5-Dinitrobenzoat*, $C_{14}H_{15}O_9N_3$, F. 153°, blaßgelbe Rosetten aus Wasser. — *β-Alanin*, $C_3H_7O_2N$, F. 195°, aus Lävulinsäureäthylester wie vorst., jedoch 9 Std. Reaktionszeit; aus A. Blättchen; 48,5%. *N-α-Naphthylcarbamylderiv.*, $C_{14}H_{14}O_3N_2$, F. 231—233°, aus A. Täfelchen; 31%. — *β-Aminobuttersäure*, $C_4H_9O_2N$, F. 188—189°, aus II wie vorst.; aus A. Prismen; 69,8%. — *β-Benzyllävulinsäureäthylester*, $C_{14}H_{18}O_3$, $Kp._{10^{-3}}$ 100°, aus Na-α-Benzylacetessigsäureäthylester u. Bromessigsäuremethylester (III) mit anschließender HCl-Hydrolyse, Decarboxylierung u. Veresterung des Spaltprod.; 29%. — *β-Amino-γ-phenylbuttersäure*, $C_{10}H_{13}O_2N$, F. 225°, aus vorst. Ester durch Behandlung mit HN_3 wie oben; aus 60%ig. A. Blättchen; 18,9%. — *2-Methyl-3.4-dihydrochinolyl-(3)-essigsäure*, $C_{12}H_{13}O_2N$, F. 79°, aus dem Rückstand des Chloroformextraktes bei vorst. Rk. durch 4std. Kochen mit konz. HCl am Rückfluß; aus A. u. Chlf. Drusen. — *β-Äthyllävulinsäureäthylester*, $C_9H_{16}O_3$, $Kp._{12}$ 103°, aus Na-α-Äthylacetessigester u. III mit anschließender HCl-Hydrolyse, Decarboxylierung u. Veresterung des Spaltprod.; 22%. — *β-Amino-n-valeriansäure*, $C_5H_{11}O_2N$, F. 175°, aus vorst. Ester mit HN_3 wie oben; aus A./Ae. (2:1) Nadeln; 28,6%. *Reineckat*, $C_5H_{11}O_2N \cdot H[Cr(NH_3)_2(SCN)_4]$, Zers. bei 160—172°, granatrote, schimmernde Blättchen. — *dl-β-Lysin*, aus β-Aminopimelinsäure in konz. H_2SO_4 u. HN_3 in Chlf. unter Rühren (42—45°, 3 bis 4 Std.). *Monosulfat*, $C_6H_{14}O_2N_2 \cdot H_2SO_4$, F. 237° (Zers.), aus W./Methanol Nadeln; 54%. *Dipikrat*, $C_6H_{14}O_2N_2 \cdot 2\,C_6H_3O_7N_3$, F. 202—205°. (Chem. Ber. **86**. 749—55. 30/6. 1953.)

G. Mohr. 950

Leonhard Birkofer und **Ingeborg Storch**, *β-Aminosäuren*. 4. Mitt. *β-Methionin und β-Äthionin*. (3. vgl. vorst. Ref.) Aus β-[Methylmercaptomethyl]-lävulinsäureäthylester (I) u. 1,2 Mol oder 2,4 Mol HN_3 haben Vff. *β-Amino-γ-[methylmercapto]-buttersäure* (*β-Methionin*, II) dargestellt. In letzterem Fall entstand nicht das eventuell zu erwartende β-Methioninsulfoxyd. Die freie Säure von I (I a) entsteht aus α-Acetyl-α-[methylmercaptomethyl]-bernsteinsäurediäthylester (III) durch 10std. saure Verseifung neben *CH_3SH* u. 17% eines Gemisches aus *β-Methylenlävulinsäure* u. dem daraus sich ableitenden *β-Acetyl-γ-butyrolacton*. Bei nur 4std. Verseifungsdauer von III konnte hauptsächlich der *α-Monoäthylester* isoliert werden. Mit $Ba(OH)_2$ bildete sich aus III *α-[Methylmercaptomethyl]-bernsteinsäure*. II konnte ferner (in geringerer Ausbeute) ebenso wie *β-Amino-γ-[äthylmercapto]-buttersäure* (*β-Äthionin*) durch Anlagerung von NH_3 an γ-Methylmercapto- bzw. γ-Äthylmercaptocrotonsäure gewonnen werden.

Versuche: *α-Acetyl-α-[methylmercaptomethyl]-bernsteinsäurediäthylester* (III), $C_{12}H_{20}O_5S$, $Kp._3$ 153°, aus Na-α-Acetylbernsteinsäurediäthylester (mit NaH) u. Chlormethylmethylsulfid in sd. Toluol (6 Std.); 70% (Ausbeute). *2.4-Dinitrophenylhydrazon*, $C_{18}H_{24}O_8N_4S$, F. 82—93° (Methanol), gelbe rechteckige Plättchen *Monoäthylester*, $C_{10}H_{16}O_5S$, $Kp._{10^{-3}}$ 115—117°, aus III durch 4std. Kochen mit 18%ig. HCl neben wenig Ia; dickfl. Öl. *2.4-Dinitrophenylhydrazon*, $C_{16}H_{20}O_8N_4S$, F. 169—170° (Methanol), gelbe Tafeln. — *β-[Methylmercaptomethyl]-lävulinsäureäthylester* (I), $C_9H_{16}O_3S$, $Kp._3$ 123°, durch 10std. Kochen von III mit 18%ig. HCl, Extraktion mit Chlf. u. Veresterung der freien Säure I a mit A./HCl; 42,5%. Daneben *CH_3SH*, *β-Acetyl-γ-butyrolacton-2.4-dinitrophenylhydrazon*, $C_{12}H_{12}O_6N_4$, F. 193° (aus Äthylenglykolmonoäthyläther orangefarbene Nadeln), aus der salzsauren Verseifungslsg. durch Behandlung des Ätherextraktionsrückstandes mit 2.4-Dinitrophenylhydrazin u. $NaHCO_3$, u. *β-Methylenlävulinsäure-2.4-dinitrophenylhydrazon*, F. 210° (A.), aus vorst. $NaHCO_3$-Lsg.; gelbe Nadeln. — *α-[Methylmercaptomethyl]-bernsteinsäure*, $C_6H_{10}O_4S$, F. 114—115° (Ae./Bzn. [70—80°]), durch 8std. Schütteln von III mit gesätt. $Ba(OH)_2$; derbe Nadeln; 68%. — *β-Amino-γ-[methylmercapto]-buttersäure* (*β-Methionin*; II), $C_5H_{11}O_2NS$, F. 197—198° (A.), a) aus I u. 1,2 Mol HN_3 in Chlf. unter Einleiten von HCl-Gas bis zum Ende der N_2-Entw. (ca. 6 Std.), dann 4std. Kochen mit konz. HCl u. Filtration des *II-Hydrochlorids* durch eine Amberlite IR-4B-Säule; schimmernde Plättchen; 51,5%; b) analog, jedoch mit 2,4 Mol HN_3; 400 mg rohes II aus 1,1 g I; c) aus γ-Methylmercaptocrotonsäure (aus Methylmercaptoacetaldehyd u. Malonsäure nach Dann (Heidelberg Diplomarbeit [1939]) u. NH_4OH (D. 0,91) im Bombenrohr bei 150—160° (24 Std.); 18%. — *Äthylmercaptoacetaldehyd*, C_4H_8OS, $Kp._{14}$ 45—46°, aus C_2H_5SNa u. Bromacetaldehyddiäthylacetal in absol. A., Stehen über Nacht bei Zimmertemp. u. $^1/_2$std. Kochen des gebildeten *Äthylmercaptoacetaldehyddiäthylacetals* (57%) mit 1%ig. HCl; 45%. *Dimedonderiv.*, F. 93—94°. — *γ-Äthylmercaptocrotonsäure*, $C_6H_{10}O_2S$, $Kp._{10^{-3}}$ 80—90°, durch Eintropfen vorst. Verb. in eine alkoh. Lsg. von Malonsäure wenig Piperidin u. Pyridin bei —5°, 12std. Stehen bei Zimmertemp. u. 3std. Kochen

35%. — *β-Amino-γ-[äthylmercapto]-buttersäure* (*β-Äthionin*), $C_6H_{13}O_2NS$, F. 198° (A./W., 6 :1), aus vorst. Verb. analog **IIc**; schimmernde Plättchen; 26%. *Pikrolonat*, $C_6H_{13}O_2NS$, $C_{10}H_8O_5N_4$, F. 180—183° (Aceton), gelbe Plättchen. (Chem. Ber. **87**. 571—77. 30/4. 1954.) G. MOHR. 950

Leonhard Birkofer und **Ingeborg Hartwig**, *β-Aminosäuren. 5. Mitt. Isomerieerscheinungen der γ-Methylmercaptocrotonsäure; eine vereinfachte Darstellung von β-Methionin.* (4. vgl. vorst. Ref.) Die für die Synth. von *β-Methionin* (**I**) aus γ-Methylmercaptocrotonsäure (**II**) u. NH_3 (vgl. vorst. Ref.) erforderliche u. bisher nur schlecht zugängliche **II** wird nunmehr durch Umsetzung von γ-Bromcrotonsäuremethylester (**III**) mit CH_3SH in Ggw. verschied. tert. Amine mit anschließender Verseifung in guten Ausbeuten erhalten. Mit Na-Methylat als Kondensationsmittel wird dabei neben **II**-Methylester (**II a**) *β.γ-Bis-[methylmercapto]-buttersäuremethylester* gebildet. Beim Verseifen von **II a** entsteht neben **II** durch Isomerisierung *γ-Methylmercaptovinylessigsäure* (**IV**), die teilweise Ringschluß zum *γ-Methylmercapto-γ-butyrolacton* (**V**) erleidet. Für die Formulierung **V** spricht das Ultrarotabsorptionsspektr., das Ergebnis der Lactontitration u. die Rk. mit Phenylhydrazin, wobei *CH_3SH* u. das *Phenylhydrazon* des *β-Formylpropionsäurephenylhydrazids* entsteht. Für die Formulierung **IV** sprechen die gefundenen Werte für die Mol.-Refr. u. die Reversibilität **IV** ⇌ **V** durch Säure- bzw. Alkalieinwirkung. Die Ausbeuten an **I** konnten durch Variation der Versuchsbedingungen (2 Std. Reaktionszeit statt 24) auf 64% gesteigert werden.

Versuche: *γ-Methylmercaptocrotonsäuremethylester* (**II a**), $C_6H_{10}O_2S$, Kp.$_{12}$ 95 bis 97°, a) durch Zutropfen von **III** zu einer lebhaft gerührten, äther. Suspension von CH_3SNa u. Na-Methylat bei —15° bis —10° (1 std. Rühren bei —10° u. Stehen über Nacht bei 0°); 38% (Ausbeute); b) wie vorst., jedoch bei 0° (1 Std. u. dann 4 Std. bei 35°); 21%; c) durch Zutropfen von N-Äthylpiperidin zu einer —10° kalten, lebhaft gerührten äther. Lsg. von **III** u. CH_3SH (2 std. Rühren bei —10°, 4 std. Kochen u. Stehen über Nacht bei 0°); 50%; d) wie bei c), jedoch mit Triäthylamin (1 Std. bei —10° u. 4 std. Kochen); 71%; e) wie bei c), jedoch mit Kollidin (2 Std. bei —10°, 4 Std. bei 35°); 14%. Chinolin, Pyridin u. N.N-Dimethylanilin sind als Kondensationsmittel unwirksam. — *β.γ-Bis-[methylmercapto]-buttersäuremethylester*, $C_7H_{14}O_2S_2$, Kp.$_{12}$ 136—137°, aus vorst. Rkk. a) u. b) als Nebenprod.; *freie Säure*, $C_6H_{12}O_2S_2$, F. 82—84° (Chlf./Bzn.), durch Schütteln mit $Ba(OH)_2$ in der Kälte; 60%. *Disulfon*, $C_6H_{12}O_6S_2$, F. 143—144° (A. + Ae.), mit Peressigsäure; Blättchen. — *γ-Methylmercaptocrotonsäure* (**II**), $C_5H_8O_2S$, F. 65—66° (W.), durch 15 std. Schütteln von **II a** mit $Ba(OH)_2$; rhomb. Plättchen; 92%. *Sulfoxyd*, $C_5H_8O_3S$, F. 79—80° (Chlf.), mit Peressigsäure; zu Büscheln vereinte Prismen. *S-Benzylthiuroniumsalz*, $C_5H_8 \cdot O_2S \cdot C_8H_{10}N_2S$, F. 159—160° (Dioxan); 80%. — *γ-Methylmercapto-γ-butyrolacton* (**V**), $C_5H_8O_2S$, Kp.$_{10^{-3}}$ 45—50°, aus den wss. Mutterlaugen von **II** durch Eindampfen u. Dest.; 4%. — *γ-Methylmercaptovinylessigsäure* (**IV**), $C_5H_8O_2S$, Kp.$_{10^{-3}}$ 56—60°, wie vorst.; 11%. *S-Benzylthiuroniumsalz*, $C_5H_8O_2S \cdot C_8H_{10}N_2S$, F. 136—137° (Dioxan/W.); Plättchen. — *Phenylhydrazon* des *β-Formylpropionsäurephenylhydrazids*, $C_{16}H_{18}ON_4$, F. 188° (A.), aus **V** u. Phenylhydrazin bei 80—110° neben *CH_3SH* (20 Min.); rhomb. Plättchen; 47%. — *β-Methionin*, F. 196° (A.), aus **II** u. NH_4OH (D. 0,91) im Bombenrohr bei 150—160° (2 Std.); 64%. (Chem. Ber. **87**. 1189—96. 30/8. 1954.) G. MOHR. 950

Marvin D. Armstrong, *Eine Beobachtung über die partielle Spaltung von racemischen Verbindungen.* Bei Zugabe der halben theoret. Menge Brucin in absol. A. zu einer wss. Lsg. von 1,5 g S-Carboxymethyl-DL-homocystein (DL-**I**) tritt bei der Abkühlung eine Anreicherung von D-**I** im auskristallisierenden Prod. (0,47 g) auf. Nach Filtration, Lösen in heißem W. u. Reinigung über Kohle erhält man **I** [$C_6H_{11}O_4NS$, F. 227—230° (Zers.; verd. A.); 0,31 g] mit $[\alpha]_D^{25}$ —5,1° (c = 1; n-HCl). Durch Zugabe von n-HCl zum erhitzten ersten Filtrat u. Kühlen auf Raumtemp. erhält man ein **I** [$C_6H_{11}O_4NS$, F. 226—229° (Zers.; verd. A.); 0,65 g] mit $[\alpha]_D^{25}$ +3,5° (c = 1 in n-HCl). Bei einem analogen Vers. mit DL-Phenylalanin u. Camphersulfonsäure (REYCHLER-Säure) tritt im auskristallisierenden Prod. eine Anreicherung der L-Aminosäure auf. Vf. nimmt an, daß die Bldg. von nichtionisierten Salzen in der Lsg. für die Anreicherung einer opt.-akt. Form im auskristallisierenden Material verantwortlich ist. (J. Amer. chem. Soc. **73**. 4456—57. Sept. 1951. Salt Lake City, Ut., Univ., Coll. of Med., Labor. for the Study of Hereditary and Metabol. Disorders.) E. KASPAR. 950

M. Viscontini, K. Adank, N. Merckling, K. Ehrhardt und **P. Karrer**, *Eine Synthese des Pantethins.* Ausführliche Mitt. zu der C. **1955**. 8832 referierten Arbeit. Vff. ist es ferner gelungen, das *dicycl. Diphosphat* des *Panthethins* darzustellen.

Versuche: *Bis-[β-phthalimidoäthyl]-disulfid*, $C_{20}H_{16}O_4N_2S_2$, F. 138° (Eisessig), aus *β*-Bromäthylphthalimid u. $Na_2S_2O_3$ in sd. wss. Methanol (4 Std. Kochen), dann tropfenweise Zugabe von J_2, bis dieses nicht mehr entfärbt wird (4 Std.); 83% (Ausbeute). — *Cystamindihydrobromid*, $C_4H_{14}N_2Br_2S_2$, F. 238—239° (A.), durch 10std. Kochen von vorst. Verb. mit Eisessig/48%ig. HBr; 85%. — *Phthalyl-β-alanin*, F. 152—153° (W.), aus β-Alanin u. Phthalsäureanhydrid (30 Min. bei 160—170°); 91%. — *Bis-[phthalyl-β-alanyl]-cystamin*, $C_{26}H_{26}O_6N_4S_2$, F. 210—212° (50%ig. Essigsäure oder Pyridin/Essigester); die lebhaft turbinierte Mischung aus Cystamindihydrobromid in W., überschüssiger wasserfreier Na_2CO_3 u. Chlf. wird mit Phthalyl-β-alaninchlorid (aus vorst. Verb. u. $SOCl_2$) in Chlf. unter Kühlung mit Eis/Kochsalz tropfenweise versetzt, 1½ Std. gerührt, 3 Std. bei Raumtemp. u. dann über Nacht stehengelassen; 70,6%. — *Bis-[β-alanyl]-cystaminoxalat*, $C_{10}H_{22}O_2N_4S_2 \cdot (COOH)_2$, F. 186° (wss. A.), aus vorst. Verb. u. 50%ig. Hydrazinhydrat in Amylalkohol (30 Min. bei 160° Rühren) u. nachfolgende Behandlung mit äthanol. Oxalsäure; 81%. — *Pantethin*, $C_{22}H_{42}O_8N_4S_2$, aus dem durch Fällen der vorst. Verb. mit $Ba(OH)_2$ erhaltenen freien *Bis-[β-alanyl]-cystamin* u. D-(—)-α.γ-Dioxy-β.β-dimethylbutyro-γ-lacton durch 25minütiges Erhitzen auf 125° (87,3% Rohprod.); anschließend Chromatographie an Cellulose in wassergesätt. Methyläthylketon; hellgelbes Öl, das bei 3tägigem Stehen über P_2O_5 fest wird; $[\alpha]_D^{22}$ +17,7° ± 3,3° (W.). — *Dicycl. Pantethindiphosphat*, $C_{22}H_{40}O_{12}N_4S_2P_2 \cdot 2\,H_2O$, aus 1,6 g Pantethin in eiskaltem Pyridin u. 0,85 g $POCl_3$ bei 0° (½ Std. bei Raumtemp.); Reinigung über das Ba-Salz; 300 mg Ausbeute. (Helv. chim. Acta **37.** 375—77. 1/2. 1954. Zürich, Univ., Chem. Inst.) G. MOHR. 950

Th. Wieland, B. Heinke, Elfriede Niemann und **G. Pfleiderer,** *Aminoacylphosphorsäureverbindungen bei Peptidsynthesen.* (Sitzungsbericht.) Carbobenzoxy (Cbo)-aminosäuren geben mit $POCl_3$ in Tetrahydrofuran bei —15° in Ggw. einer tert. Base *gemischte Anhydride*, Cbo–NH–CH(R)–COO–$POCl_2$, die mit Estern anderer Aminosäuren 70—90% *Cbo-dipeptidester* geben. Dabei tritt keine Racemisierung ein; OH-Gruppen stören nicht, SH-Gruppen werden teilweise verändert. Unter ungünstigen Bedingungen entsteht aus Cbo-glycin als Nebenprod. krist. *Cbo-glycyl-Cbo-glycin*, das mit NH_3 *Cbo-glycinamid* u. *Cbo-glycin* u. mit HBr/Eisessig krist. *Glycyl-Cbo-glycin* liefert. Letzteres gibt mit Alkali *Carbonyl-bis-glycin.* Nach vorst. Meth. wurden 12 *Di-* u. 3 *Tripeptide* dargestellt. — Über die Darst. von *Valinadenylsäureanhydrid* vgl. Angew. Chem. **68.** [1956.] 305.) (Angew. Chem. **68.** 389. 7/6. 1956. Frankfurt/M.) H. ASCHERL. 950

John C. Sheehan, Murray Goodman und **Wallace L. Richardson,** *Das bei der Cyclisierung von Triglycinazid erhaltene Produkt.* Das bei der Cyclisierung von Triglycinazid (vgl. C. **1955.** 4350) erhaltene Prod. erwies sich auf Grund der Molekulargewichtsbest. (isotherme Dest. mit W.) als *Cyclohexaglycyl.* (J. Amer. chem. Soc. **77.** 6391. 5/12. 1955. Cambridge, Mass., Inst. of Technol., Dep. of Chem.) I. AHRLÉ. 950

Kurt C. Frisch und **Robert B. Young,** *Acetylenische Siliciumderivate.* Vff. beschreiben die Herst. acetylen. Siliciumderivv., deren ≡C–Si-Bindungen in Ggw. von W. u. verd. Säuren nicht hydrolysieren. Trimethylchlorsilan (**I**) reagiert mit Acetylen-bis-MgBr (**II**) unter Bldg. von *Bis-[trimethylsilyl]-äthin* (**III**) u. mit 1-Pentinyl-MgBr (**IV**) u. n-Hexin-(1)-yl–MgBr (**V**) unter Bldg. von *n-Pentin-(1)-yl-* (**VI**) u. *n-Hexin-(1)-yltrimethylsilan.* Umsetzungen mit Dimethyldichlorsilan (**VII**) bzw. Methyltrichlorsilan (**VIII**) führen zu acetylen. Chlorsilanen bzw. Dichlorsilanen. **VII** reagiert mit **II** zu *Bis-[dimethylchlorsilyl]-äthin* u. **VIII** mit **IV** u. **V** zu *n-Pentin-(1)-yl-* u. *n-Hexin-(1)-ylmethyldichlorsilan.* Geringe Mengen CuCl verbessern die Ausbeuten beträchtlich. Hydrolyse der vorst. acetylen. Chlorsilane über die Acetoxyverbb. führt zu den Silandiolen oder Disiloxandiolen. Deren Dest. ist schwierig u. führt beim *1.3-Di-[n-hexin-(1)-yl]-1.3-dimethyldisiloxan-1.3-diol* zu einem cycl. Tetrameren, wahrscheinlich *2.4.6.8-Tetra-[n-hexin-(1)-yl]-2.4.6.8-tetramethylcyclotetrasiloxan* (**IX**). Vff. geben die Beständigkeit der acetylen. Siliciumverbb. gegen verd. Säuren u. Alkalien an. Bromierung bzw. Hydrierung von **III** bzw. **VI** führen nur bis zur Olefinstufe.

V e r s u c h e: *Bis-[trimethylsilyl]-äthin* (**III**), $C_8H_{18}Si_2$, Kp. 133—135°, aus **II** in äther. Lsg., CuCl u. **I**; $D.^{25}_4$ 0,763; n_D^{25} 1,4259; 30% (Ausbeute). — *trans (?)-1.2-Dibrom-1.2-bis-[trimethylsilyl]-äthen*, $C_8H_{18}Br_2Si_2$, $Kp._{77}$ 167—168°, F. 41—42°, aus **III** u. Brom in CCl_4-Lsg.; Tafeln aus Alkohol. — *n-Hexin-(1)-yltrimethylsilan*, $C_9H_{18}Si$, Kp. 155°, Darst. analog **III**; $D.^{25}_4$ 0,768; n_D^{25} 1,4318; 46%. — *n-Pentin-(1)-yltrimethylsilan* (**VI**), $C_8H_{16}Si$, Kp. 133—134°; $D.^{25}_4$ 0,765; n_D^{20} 1,4272; 52%. — *n-Penten-(1)-yltrimethylsilan*, $C_8H_{18}Si$, Kp. 133—135°, durch Hydrierung von **VI** mit Platinschwarz im Dekalinlsg. bei Raumtemp.; $D.^{28}_4$ 0,734; n_D^{28} 1,4200. — *n-Pentin-(1)-ylmethyldichlorsilan*, $C_6H_{10}Cl_2Si$, Kp. 168—169°; 52,5%. — *n-Hexin-(1)-ylmethyldichlorsilan*, $C_7H_{12}Cl_2Si$, Kp. 187—188°; 55,5%. Als Nebenprod. entsteht *Di-[n-hexin-(1)-yl]-methylchlorsilan*, $C_{13}H_{21}ClSi$, $Kp._8$ 148—150°. — *Bis-[dimethylchlorsilyl]-äthin*, $C_6H_{12}Cl_2Si_2$, $Kp._{65}$ 113°. — *n-Pentin-(1)-ylmethyldiacetoxysilan*, $C_{10}H_{16}O_4Si$, $Kp._{0,3}$ 96—102°, aus dem entsprechenden Chlorsilan u. Essigsäureanhydrid in Ggw. von Triäthanolamin; 85%. — *n-Hexin-(1)-ylmethyldiacetoxysilan*, $C_{11}H_{18}O_4Si$, Kp.$_{0,3}$ 102—106°, analog; 83%. — *1.3-Dimethyl-1.3-di-[n-pentin-(1)-yl]-disiloxan-1.3-diol*, $C_{12}H_{22}O_3Si_2$, aus dem entsprechenden Chlorsilan oder Acetoxysilan durch Hydrolyse mit gesätt. Salzlösung. — *1.3-Di-[n-hexin-(1)-yl]-1.3-dimethyldisiloxan-1.3-diol*, $C_{14}H_{26}O_3Si_2$. Dest. führt zu einem leicht viscosen Öl, wahrscheinlich **IX**, $C_{28}H_{48}O_4Si_4$. — *Bis-[dimethyloxysilyl]-äthin*, $C_6H_{14}O_2Si_2$, durch Hydrolyse des entsprechenden Chlorsilans mit gesätt. Salzlsg., angenehm riechende Flüssigkeit. (J. Amer. chem. Soc. **74.** 4853—56. 5/10. 1952. General Electric Comp., Chem. Div., New Prod. Developm. Labor.) H. KORBANKA. 980

A. N. Pudowik und **N. P. Denissowa**, *Synthese und Eigenschaften von Vinylphosphonsäureestern.* 3. Mitt. *Synthese von Äthoxy- und Butoxyvinylphosphonsäureestern.* (2. vgl. C. **1955.** 6961.) α.β-Dichlordiäthyläther (I) u. α.β-Dichloräthylbutyläther (II) reagieren mit Na-Dialkylphosphiten oder Trialkylphosphiten unter Bldg. von *α-Äthoxy-* (bzw. *Butoxy*)*-β-chloräthylphosphonsäuredialkylestern*: $CH_2ClCHClOR + P(OR')_3$ oder $NaOP(OR')_2 \rightarrow CH_2ClCH(OR)P(:O)(OR')_2$. Die besten Ausbeuten werden erzielt, wenn Trialkylphosphit im Überschuß eingesetzt wird. Als Nebenprodd. entstehen die entsprechenden *Dialkylphosphite*, vermutlich durch Einw. des während der Rk. entstehenden HCl auf die Phosphorigsäureester. Durch Einw. von alkoh. KOH werden die α-Alkoxy-β-chloräthylphosphonsäuredialkylester zu den entsprechenden *α-Alkoxyvinylphosphonsäuredialkylestern* dehydrochloriert. Verss., an diese Ester Diäthylphosphit oder Dimethylamin anzulagern, mißlangen.

V e r s u c h e: *α-Äthoxy-β-chloräthylphosphonsäurediäthylester*, $C_8H_{18}O_4ClP$, Kp.$_{15}$ 134—136°, a) zu 3 g Na in 100 ml Bzl läßt man 17,3 g Diäthylphosphit in 20 ml Bzl. u. nach Auflsg. des Na 15 g **I** zutropfen, erhitzt 1 Std. auf dem sd. Wasserbad u. läßt über Nacht stehen; 5,35 g (Ausbeute); b) man erhitzt 60 g Triäthylphosphit u. 40 g **I** bis zur Beendigung der Äthylchloridentw. auf 130—140° u. dann kurze Zeit auf 150°; $D.^{20}_4$ 1,1296; n_D^{20} 1,4420; 32,3 g neben 40,6 g *Diäthylphosphit*. — *α-Äthoxyvinylphosphonsäurediäthylester*, $C_8H_{17}O_4P$, Kp.$_{13}$ 128—129°, aus 10 g vorst. Verb. mit absol.-alkoh. KOH (1/2 Std. kochen); $D.^{20}_4$ 1,0802; n_D^{20} 1,4420; 5,25 g. — *α-Äthoxy-β-chloräthylphosphonsäuredibutylester*, $C_{12}H_{26}O_4ClP$, Kp.$_4$ 152—156°, a) aus 54 g Dibutylphosphit u. 40 g **I** in Ggw. von 6,47 g Na in Bzl. analog Vorst. nach a); 8,05 g; b) aus 24 g Tributylphosphit u. 15 g **I** bei 180—190°; $D.^{20}_4$ 1,0400; n_D^{20} 1,4400; 7,56 g. — *α-Butoxy-β-chloräthylphosphonsäurediäthylester*, $C_{10}H_{22}O_4ClP$, Kp.$_3$ 125—126°, aus 59 g Triäthylphosphit u. 35 g **II** bei 140—160°; $D.^{20}_4$ 1,0770; n_D^{20} 1,4400; 28,5 g. — *α-Butoxyvinylphosphonsäurediäthylester*, $C_{10}H_{21}O_4P$, Kp.$_6$ 131,5°, aus 15 g vorst. Verb. mit absol.-alkoh. KOH; $D.^{20}_4$ 1,0263; n_D^{20} 1,4400; 9 g. Bei der $KMnO_4$-Oxydation entsteht *Ameisensäure*. (Сборник Статей по Общей Химии [Samml. Aufsätze allg. Chem.] **1.** 388—92. 1953. Kasan, Uljanow-Lenin-Univ.) G. FROELICH. 980

A. W. Kirssanow und **N. L. Jegorowa**, *Trichlorphosphazosulfonalkyle.* Aus Alkylsulfonsäureamiden u. PCl_5 wird eine Reihe von *Trichlorphosphazosulfonalkylen* dargestellt. Diese Verbb. sind äußerst feuchtigkeitsempfindlich u. reagieren leicht mit akt. Wasserstoff enthaltenden Verbindungen. Sie lassen sich jedoch im Gegensatz zu Trichlorphosphazosulfonarylen im Vakuum ohne Zers. destillieren. — Vgl. C. **1955.** 7191.

V e r s u c h e: Darst. der *Trichlorphosphazosulfonalkyle*, RSO_2NPCl_3: Man erwärmt ein Gemisch des entsprechenden Alkylsulfonsäureamids unter Feuchtigkeitsausschluß mit PCl_5 (5% Überschuß) auf dem Wasserbad, wobei die Rk. bei 45—60° beginnt u. nach 15—25 Min. abklingt. Danach erhitzt man noch 30 Min. auf 100° u. dest. bei 4 bis 5 Torr den Rest PCl_5 ab. $R = CH_3$, $CH_3O_2NCl_3SP$, F. 47—50°; dünne Nadeln; 100% (Ausbeute). $R = C_2H_5$, $C_2H_5O_2NCl_3SP$, F. 18—21°; Nadeln; 93%. $R =$ *Isopropyl*, $C_3H_7 \cdot O_2NCl_3SP$, F. 19—22°; kleine Prismen; 100%. $R =$ *n-Butyl*, $C_4H_9O_2NCl_3SP$, F. 48—51°, Nadeln; 100%. $R =$ *Benzyl*, $C_7H_7O_2NCl_3SP$, F. 80—82° (PAe.); Nadeln; 100%. $R =$ *Cyclohexyl*, $C_6H_{11}O_2NCl_3SP$, F. 39—41° (PAe.); Täfelchen; 100%. (Журнал Общей Химии [J. allg. Chem.] **25 (87).** 187—89. Jan. 1955. Dnjepropetrowsk, Metallurg. Stalin-Inst.) CH. WEISKE. 980

D. A. Fidler, J. R. Jones, S. L. Clark und **Hugo Stange**, *Darstellung und Reaktionen von Methylendimagnesiumdihalogeniden. Methylenmagnesiumdibromid* u. *-dijodid* wurden in ca. 73%ig. Ausbeute erhalten; als Nebenprod. entstand in geringem Maße *Äthylen.* Die Reaktionsfähigkeit der GRIGNARD-Verbb. ist außergewöhnlich gering: Bei mehrstd. Kochen mit Benzaldehyd, Benzoylchlorid oder Acetylchlorid trat keine Rk. ein.

V e r s u c h e: *Methylendimagnesiumdijodid*, durch tropfenweise Zugabe (4 1/2 Std.) von 28 g Methylenjodid in viel Ae. zu Mg in sd. Ae.; 54% des Mg wurden umgesetzt, von denen 73% die GRIGNARD-Verb. u. 27% *Äthylen* bildeten. — *Methylendimagnesiumdibromid*, wie vorst. aus 19 g Methylenbromid in 1/4 Std., nachher 3 std. Kochen; 50% Um-

satz des Mg, davon 58% zur GRIGNARD-Verbindung. (J. Amer. chem. Soc. **77.** 6634. 20/12. 1955. Niagara Falls, N. Y., Olin Mathieson Chem. Corp., Res. Labors.)
I. AHRLÉ. 980

G. Agnini und **L. Casale,** *Über die Bildung eines Isomeren des Pentachlorphenols und über einen spezifischen Unterschied der Wirkung von $AlCl_3$ vom $FeCl_3$ bei der Chlorierung des Phenols.* Wird bei der Darst. des Pentachlorphenols durch Chlorierung von Phenol an Stelle von $FeCl_3$ unter sonst gleichen Bedingungen $AlCl_3$ verwendet, so erhält man das *1.2.4.6.6-Pentachlorcyclohexadien-(1.4)-on-(3),* F. 112—113°. Es ist indifferent gegen n. NaOH, macht aus KJ-Lsg. J_2 frei u. reagiert mit warmer konz. H_2SO_4 unter Bldg. von Chloranil u. Tetrachlorphenol. (Chim. e Ind. [Milano] **33.** 490—91. Aug. 1951. Pieve Vergonte, Labor. Studi e Ric. „Rumianca".)
H. ENDRASS. 1060

Bernard Loev und **Charles R. Dawson,** *Die geometrische Konfiguration der olefinischen Bestandteile von Urushiol aus dem Gift des Efeus. Die Synthese einer Modellsubstanz.* Nachdem früher durch SYMES u. DAWSON (vgl. J. Amer. chem. Soc. **76.** [1954.] 2959) festgestellt worden ist, daß das aus Urushiol (**I**; ein Gemisch verschied. Verbb. gleicher Grundstruktur) gewonnene Hydrourushiol (3-Pentadecylbrenzcatechin) weniger hautätzend wirkt als **I** selbst u. demzufolge der Konfiguration der olefin. Bestanteile in **I** ein physiol. Einfl. zukommt, wird die geometr. Struktur von *3-[cis-Nonadecen-(10')-yl-(1')]-veratrol* (**II**) als konfigurativ eindeutige Modellsubstanz infrarotspektroskop. untersucht. **II** entsteht aus cis-Oleylalkohol (**III**) durch Umwandlung in das *cis-Oleylbromid* (**IV**), Überführung in die GRIGNARD-Verb., anschließende Kondensation mit o-Veratrumaldehyd zu *3-[1'-Oxynonadecen-(10')-yl-(1')]-veratrol* (**V**), Dehydratisieren über $KHSO_4$ zu *3-[Nonadecadien-(1'.10')-yl-(1')]-veratrol* (**VI**) u. Red. mit Na in Butanol. Wie an einer schwachen, für trans-Olefine charakterist. Bande bei 10,4 μ (vgl. auch RASMUSSEN u. Mitarbeiter, C. **1949.** I. 869) erkannt werden konnte, fand lediglich bei der Umwandlung **III** → **IV** geringfügige Isomerisierung zur *trans-Verb.* statt. Wird **VI** katalyt. hydriert, so entsteht *3-Nonadecylveratrol* (**VII**). Die Oxydation von **II** mit OsO_4 führt zu einem *cis-Glykol vom F. 99,8—100,5°,* die mit Perameisensäure zum *diastereoisomeren trans-Glykol vom F. 64,5—65,5°.* Der Vgl. der Spektren mit denen des l. c. dargestellten Dimethylurushenols u. -urushadienols beweist die cis-Konfigurationen dieser Verbb., bei den entsprechenden phenol. Verbb. Urushenol u. Urushadienol kann keine Unterscheidung in dieser Weise getroffen werden, da die freien phenol. OH-Gruppen im Bereich von 10,4 μ absorbieren (Infrarotspektren von **II**—**VI** vgl. Original).

Versuche: *Oleylbromid* (**IV**), $C_{18}H_{35}Br$, $Kp._{1,5}$ 185—187°, aus **III** ($C_{18}H_{36}O$, $Kp._{1,5}$ 182—184°; $n_D^{27,5}$ 1,4582) u. PBr_3 in CCl_4 bei —10°; n_D^{25} 1,4718; 54% (Ausbeute). — *3-[1'-Oxynonadecen-(10')-yl-(1')]-veratrol* (**V**), $C_{27}H_{46}O_3$, $Kp._{0,5}$ 233—235°, durch $^1/_2$std. Kochen der GRIGNARD-Verb. von **IV** mit o-Veratrumaldehyd in Ae., Gießen in NH_4Cl-Lsg., Aufnehmen des abgetrennten Öls in sd. A., Abfiltrieren von *Hexatriakontadien-(9·27)* (?) u. Dest.; n_D^{24} 1,4960; 63%. — *3-[Nonadecadien-(1'.10')-yl-(1')]-veratrol* (**VI**), $C_{27}H_{44}O_2$, $Kp._{0,8}$ 244—247°, durch Erhitzen von **V** mit $KHSO_4$ auf 185—200°, Extrahieren mit A. u. Dest. des in A. unlösl. Rückstandes; n_D^{25} 1,5069; 90%; fluoresciert blau. — *3-Nonadecylveratrol* (**VII**), $C_{27}H_{48}O_2$, F. 47—48° (A.), durch katalyt. Hydrierung von **VI** über 5%ig. Pd-Kohle. — *3-[Nonadecen-(10')-yl-(1')]-veratrol* (**II**), $C_{27}H_{46}O_2$, $Kp._{0,4}$ 222 bis 224°, durch langsames Zufügen von Na zu **VI** in Butanol, Zers. des überschüssigen Na mit W., Aussalzen u. Dest.; n_D^{25} 1,4884; 86%; gibt bei der katalyt. Hydrierung **VII**. — *Nonanaldimedonderiv.*, $C_{25}H_{40}O_4$, F. 80—81°, durch Ozonisieren von **II** in Äthylacetat bei —40°, Reduzieren über 5%ig. Pd-Kohle, Dampfdest. des gebildeten *Nonanals*, Ausäthern, Behandeln von 0,3 g des äther. Rückstandes mit 1,2 g Methon in W. u. A. u. kurzes Kochen; Platten aus wss. CH_3OH. — *trans-Glykol $C_{27}H_{48}O_4$*, F. 64,5—65,5°, durch Zufügen von 37,8%ig. H_2O_2 zu 1 g **II** in Ameisensäure, 4std. Rühren u. Erwärmen auf 40° unter Zufügen von weiterem H_2O_2, Gießen in W. u. Ausäthern, 1std. Erwärmen des äther. Rückstandes mit 3nNaOH u. A., Gießen in verd. HCl, Ausziehen mit Ligroin u. Dest.; wachsartige M. aus PAe.; 1,19 g. — *cis-Glykol, $C_{27}H_{48}O_4$*, F. 99,8—100,5° (Ligroin), durch 24std. Stehen von **II** u. OsO_4 in absol. Ae. u. Pyridin, Schütteln mit 10%ig. KOH u. Mannit bis zur Entfärbung der organ. Schicht u. Dest. der äther. Lsg.; 61,6%; in Ggw. von Piperidin 57%. — *Nonanal-2.4-dinitrophenylhydrazon,* F. 97,5° (A.), durch Spalten vorst. Verb. mit HJO_4, Dampfdest. u. Behandeln mit 2.4-Dinitrophenylhydrazin. — *cis-Glykol $C_{23}H_{40}O_4$*, F. 94—95° (Ligroin), durch Oxydation von Dimethylurushenol mit OsO_4 wie vorst.; gibt bei der HJO_4-Oxydation *Heptaldehyd.* (J. Amer. chem. Soc. **78.** 1180—83. 20/3. 1956. New York, N. Y., Columbia Univ., Dep. of Chem.)
H. LEHWALD. 1060

James S. Parsons und **John H. Yoe,** *Synthese von 1.5-Bis-[1-phenyl-4-sulfonsäure]-carbohydrazid (Na-Salz). 1.5-Bis-[phenyl-4-sulfonsäure]-carbohydrazid* (isoliert als *Na-Salz*) wird analog 1.5-Bis-[naphthyl-(1)-sulfonsäure-(4)]-carbohydrazid (vgl. BUCHERER u. SCHMIDT [1909]) durch Kondensation von Phenylhydrazin-p-sulfonsäure mit Phosgen in Sodalsg. dargestellt.

Versuche: Nach 3—4std. Einleiten von $COCl_2$ in Sodalsg. + Na-Salz der Phenylhydrazin-p-sulfonsäure bei 50°, Einstellen auf p_H 1 mit HCl, Chromatographie des Filtrats an Al_2O_3, Waschen mit W. zur Entfernung von Cl^-, Eluieren mit 0,25nNaOH, Eindampfen des Eluats mit p_H 4—7 bei 50° unter Durchleiten von N_2, Fällen mit A., erneutem Umfällen aus W. mit A. u. Trocknen wird das *Na-Salz* des *1.5-Bis-[phenyl-4-sulfonsäure]-carbohydrazids*, $(NaSO_3 \cdot C_6H_4 \cdot NHNH)_2CO$, erhalten; bei Eluierung mit 0,13 mol. $Ba(OH)_2$ entsteht das *Ba-Salz*, $Ba(SO_3 \cdot C_6H_4 \cdot NHNH)_2CO$; Ausbeuten 10 bis 20%. (J. Amer. chem. Soc. **73**. 5482—83. Nov. 1951. Charlottesville, Va., Univ., Cobb Chem. Labor.) B. KASPAR. 1090

Michel Sy, *Synthese von ω-arylaliphatischen Mono- und Dicarbonsäuren durch desulfurierende Reduktion von Thiophenderivaten.* In den Stufen a) Kondensation von arylaliphat. Carbonsäurechloriden nach FRIEDEL-CRAFTS ($SnCl_4$) mit Thiophen (I) zu *Aralkyl-2-thienylketonen*, b) Red. nach WOLFF-KISHNER zu *2-Aralkylthiophenen* (II), c) Kondensation mit Acetylchlorid (III) nach FRIEDEL-CRAFTS ($SnCl_4$) zu *5-Acetyl-2-aralkylthiophen*, d) Oxydation mit Hypobromit zu den *2-Aralkylthiophen-5-carbonsäuren* (IV) u. e) desulfierende Red. mit RANEY-Legierungen werden um 5 Methylengruppen verlängerte *Aralkylcarbonsäuren* dargestellt. Wird die Acetylierung von **II** in Ggw. von $AlCl_3$ vorgenommen, so entstehen außerdem *p.5-Diacetyl-2-aralkylthiophene*, die zu *2-[p-Carboxyaralkyl]-thiophen-5-carbonsäuren* oxydiert u. zu *p.ω-Aralkyldicarbonsäuren* desulfierend red. werden können.

Versuche: Die *desulfierende Red.* (des. Red.) geschieht durch Zugeben von 100 g RANEY-Legierung in Portionen zur Lsg. von 10 g **IV** in 1000 cm³ 10%ig. NaOH (Schaumverhinderung mit Isoamylalkohol) u. 2std. Erhitzen auf 100°, Eindampfen, Waschen mit 10%ig. NaOH, Ansäuern des Filtrates u. Ausschütteln mit Bzl., Dest. im Vakuum. — *2-β-Phenyläthyl-5-acetylthiophen* (**V**), $C_{14}H_{14}OS$, $Kp._{14}$ 215—216°, n_D^{24} 1,6037, gelbes Öl, aus 45 g 2-β-Phenyläthylthiophen (nach WOLFF-KISHNER aus 2-Phenacetylthiophen) in 500 cm³ CS_2 mit 14 g **III** u. (tropfenweise) 80 g $SnCl_4$; 78% (Ausbeute). *Semicarbazon*, $C_{15}H_{17}ON_3S$, F. 220—221°, aus A. glänzende Nadeln. — *2-β-Phenyläthylthiophen-5-carbonsäure* (**VI**), $C_{13}H_{12}O_2S$, F. 122° (Bzl.), durch Erhitzen von 23 g **V** mit der Lsg. von 35 g NaOH u. 18 cm³ Br_2 in 120 cm³ W.; 68%. — *ω-Phenylheptansäure*, $Kp._{25}$ 215—216°, n_D^{22} 1,5156, gelbes Öl, aus **VI** durch des. Red.; 75%. *Chlorid*, $C_{13}H_{17}OCl$, $Kp._{20}$ 178—179°, gelbes Öl. *Amid*, F. 90° (Methanol). — *2-γ-Phenylpropylthiophen* (**VII**), $C_{13}H_{14}S$, Kp. 288—289°, n_D^{19} 1,5798, gelbes Öl, durch WOLFF-KISHNER-Red. aus 2-γ-Phenylpropionylthiophen. *Azin*, $C_{26}H_{24}N_2S_2$, F. 173°, als erstes Reaktionsprod. bei der vorst. Red.; gelbe glänzende Nadeln aus Aceton. — *2-γ-Phenylpropyl-5-acetylthiophen* (**VIII**), $C_{15}H_{16}OS$, $Kp._{16}$ 226—228°, n_D^{18} 1,5955, neben **IX**, aus **VII** in CS_2 mit 2,5 Mol **III** u. 2 Mol $AlCl_3$, gelbes Öl; 54%. *Semicarbazon*, $C_{16}H_{19}ON_3S$, F. 191°, aus A. Nadeln. — *p.5-Diacetyl-2-γ-phenylpropylthiophen* (**IX**), $C_{17}H_{18}O_2S$, $Kp._{20}$ 292°, neben **VIII**, gelbes Öl; 26%. *Disemicarbazon*, $C_{19}H_{24}O_2N_6S$, F. 266—268°, gelbe Kristalle aus Essigsäure. — *2-γ-Phenylpropylthiophen-5-carbonsäure* (**X**), F. 73° (Bzl.), aus **VIII** mit NaOBr, gelbe Kristalle. — *ω-Phenyloctansäure*, $Kp._{22}$ 218°, aus **X** durch des. Red.; 82%. *Amid*, $C_{14}H_{21}ON$, F. 93°, Nadeln aus Methanol. — *2-δ-Phenylbutyrylthiophen* (**XI**), $Kp._{20}$ 212°, aus γ-Phenylbuttersäurechlorid u. **I** mit $SnCl_4$, 76%. *Semicarbazon*, $C_{15}H_{17}ON_3S$, F. 149°, aus A. perlmutterartige Blättchen. — *2-δ-Phenylbutylthiophen* (**XII**), $C_{14}H_{16}S$, $Kp._{28}$ 189 bis 191°, n_D^{27} 1,5678, aus **XI** nach WOLFF-KISHNER mit Hydrazinhydrat u. KOH. — *2-δ-Phenylbutyl-5-acetylthiophen* (**XIII**), $C_{16}H_{18}OS$, $Kp._{22}$ 240—241°, n_D^{26} 1,5879, gelbes Öl, aus 70 g **XII** in 400 cm³ CS_2 mit 60 g **III** u. 100 g $AlCl_3$ (neben **XIV**), 51 g. *Semicarbazon*, $C_{17}H_{21}ON_3S$, F. 200—201° (A.). — *p.5-Diacetyl-2-δ-phenylbutylthiophen* (**XIV**), $C_{18}H_{20}O_2S$, F. 77° (A.), $Kp._{23}$ 301—303°, neben **XIII**, gelbe glänzende Nadeln, 26%. *Disemicarbazon*, $C_{20}H_{26}O_2N_6S$, F. 229—230°, gelbe Kristalle aus Essigsäure. — *2-δ-Phenylbutylthiophen-5-carbonsäure* (**XV**), $C_{15}H_{16}O_2S$, F. 116—117°, aus **XIII** mit NaOBr, aus verd. A. gelbe Kristalle, 63%. — *ω-Phenylnonansäure*, F. 31°, $Kp._{28}$ 236—238°, aus **XV** durch des. Red.; gelbes Öl, 85%. *Chlorid*, $Kp._{20}$ 190—191°, n_D^{26} 1,5211, gelbes Öl. *Amid*, F. 91—92° (Methanol). — *2-γ-Phenylpropylthiophen-5.p-dicarbonsäure* (**XVI**), $C_{15}H_{14}O_4S$, F. 242° (verd. A.), durch Zugeben von 30 g **IX** in Dioxan zu einer Lsg. von 64 g NaOH u. 33 cm³ Br_2 in 200 cm³ W.; 25 g. — *ω-p-Carboxyphenyloctansäure*, $C_{15}H_{20}O_4$, F. 166° (verd. A.), aus **XVI** durch des. Red.; 79%; wird durch $KMnO_4$ in sd. alkal. Lsg. zu Terephthalsäure oxydiert. — *2-δ-Phenylbutylthiophen-5.p-dicarbonsäure* (**XVII**), $C_{16}H_{16}O_4S$, F. 265°, aus **XIV** mit NaOBr, 74%, aus verd. A. Nadeln. — *ω-p-Carboxyphenylnonansäure*, $C_{16}H_{22}O_4$, F. 179°, gelbe Krist., durch des. Red. von **XVII**, 82%; wird durch $KMnO_4$ zu Terephthalsäure oxydiert. (Bull. Soc. chim. France, Mém. [5] **1955**. 1175—79. Okt. Paris, Univ., Inst. du Radium, Dep. de Chimie organique.) F. J. Meyer. 1210

Harry H. Wasserman, B. Suryanarayana und **David D. Grassetti,** *Die Reaktion von Acrylonitril mit Benzaldehyd unter Bedingungen der Cyanäthylierung.* Es wird gezeigt, daß bei der Rk. von Benzaldehyd (**V**) mit Acrylonitril (**VI**) im Verhältnis 1:2 in tert.-Butylalkohol in Ggw. von Triton B (Benzyltrimethylammoniumhydroxyd) oder KOH als Hauptprodd. *β.β'-Dicyan-β-benzyliden-* (**I**) u. *β.β'-Dicyan-β.β'-dibenzylidendiäthyläther* (**II**) u. als Nebenprodd. *β-Oxy-α-benzylidenpropionitril* (**III**) u. *β-Phenyl-α-formylacrylonitril* (**IV**) entstehen. Die Infrarot- bzw. UV-Spektren zeigen für **I** die Ggw. einer konjugierten u. einer nichtkonjugierten CN-Gruppe, für **II** die Ggw. von nur konjugierten CN-Gruppen an. **I** wird mit äthanol. KOH zu *β-Äthoxypropionsäure* hydrolysiert, **II** zu *Benzoesäure,* nicht aber zu CH_2O ozonisiert. Sowohl die Rk. von **I**, als auch die von **II** mit HBr/Eisessig führt zu *β-Brom-α-benzylidenpropionitril* (**VII**), das im Infrarot eine konjugierte CN-Bande besitzt. **VII** entsteht auch durch Umsetzung von *β*-Oxypropionitril (**VIII**) mit **V** in Ggw. von NaH zu **III** u. dessen Behandlung mit PBr_3. Eine Formulierung von **III** als *β*-Oxy-*β*-phenyl-*α*-methylenpropionitril scheidet 1. auf Grund der UV-Absorption, 2. durch die Tatsache, daß **III** mit MnO_2 zu **IV** oxydiert wird, u. 3. durch die Rk. von **III** mit **VI** in Ggw. von KOH zu **I** aus. Der Vers. einer Synth. von **II** aus **V** u. **I** bzw. *β.β'*-Dicyandiäthyläther in Ggw. verschied. Basen führte unter Eliminierungs-Rkk. nur zu Alkoholen. Lediglich die Rk. von **VII** mit Na- oder K-**III** lieferte wenig **II**. Es wird ein Reaktionsschema diskutiert. Auf Grund der UV-Absorption wird **I**—**IV** die trans-Konst. zugesprochen.

Versuche: Durch 8std. Rühren von **VI** u. 106 g **V** in tert.-Butylalkohol u. 30%ig. methanol. KOH $<30^0$, Ansäuern auf p_H 3 mit 10%ig. HCl, Verdünnen mit Ae. u. Fraktionieren im Vakuum nachst. 4 Verbb.: *β-Phenyl-α-formylacrylonitril* (**IV**), $C_{10}H_7ON$, F. 99—100° (Bzl./PAe.), bei 145—180°; 3,5 g (Ausbeute). *2.4-Dinitrophenylhydrazon,* $C_{16}H_{11}O_4N_5$, F. 274—275° (Eisessig), längliche orangefarbene Platten. — *β-Oxy-α-benzylidenpropionitril* (**III**), $Kp._{0,3}$ 135—145°; 1 g. — *β.β'-Dicyan-β-benzylidendiäthyläther* (**I**), $C_{13}H_{12}ON_2$, $Kp._{0,3}$ 170°, bei 180—210°; hellgelbe Fl.; ~23 g. — *β.β'-Dicyan-β.β'-dibenzylidendiäthyläther* (**II**), $C_{20}H_{16}ON_2$, F. 73° (A.), bei 220—240°; Nadeln; 27,1 g. — *β-Äthoxypropionsäure,* $Kp._{0,5}$ 74°, durch 50std. Kochen von 25 g **I** mit 15%ig. KOH in 80%ig. A., Gießen in W., Ansäuern mit HCl u. Ausäthern; 9 g. *p-Toluidid,* $C_{12}H_{17}O_2N$, F. 59—60° (wss. A.). — *β-Brom-α-benzylidenpropionitril* (**VII**), $C_{10}H_8NBr$, F. 54—55° (PAe.), a) durch 2std. Kochen von 6,75 g **I**, Eisessig u. 48%ig. HBr u. Gießen auf Eis; 2,1 g; b) analog aus 5,5 g **II**; Nadeln; 6,5 g (roh); c) durch 2std. Kochen von 14,3 g **III** u. PBr_3 in CCl_4, Einengen u. Ausäthern; 19 g. — **III**, $C_{10}H_9ON$, $Kp._{0,2}$ 135—140°, durch 4std. Zugeben von NaH zu 212 g **V** u. **VIII** in absol. Dioxan unter N_2, Stehen über Nacht, Zers. mit W. bei 0°, Ansäuern mit 10%ig. HCl u. Ausäthern; 60 g. — Durch 75 Min. Rühren von K u. **III** in Dioxan bei Raumtemp. unter N_2, 2std. Kochen mit **VII**; Heißfiltration, Einengen u. Dest. bei 220—235°/0,5 mm → gelbes Öl, dessen Infrarotspektr. dem von **II** sehr ähnelt. In Bzl. als Lösungsm. → *1.4-Dicyan-1.4-dibenzylidenbutan,* $C_{20}H_{16}N_2$, $Kp._{0,5}$ 220—260°, aus A. Nadeln. — 2std. Rühren von **III** mit MnO_2 u. CCl_4 bei Raumtemp. → 80% **IV**, Nadeln. — 5std. Rühren von **V**, 12,4 g **I** u. tert.-Butylalkohol in methanol. KOH bei 40—50°, Stehen über Nacht, Neutralisieren mit 10%ig. HCl u. Ausäthern → 2 g **III**. — Durch Zutropfen von **VI** zu 1,59 g **III** bei 40° in Ggw. von 20%ig. KOH, 1std. Rühren bei 40—42° 24std. Rühren bei Raumtemp., Neutralisieren u. Ausäthern → 0,55 g **I**. (J. Amer. chem. Soc. **78**. 2808—12. 20/6. 1956. New Haven, Conn., Yale Univ., Sterling Chem. Labor.) R. Pasedag. 1250

R. Stroh, *Über ein neues Verfahren zur Kernalkylierung aromatischer Amine.* (Vortrag.) Beim Erwärmen von Anilin (**I**) mit Al entsteht unter H_2-Entw. *Aluminiumanilid* (**II**). Ca. 2% Al als **II** enthaltendes **I** gibt mit Äthylen bei 300—330° u. 200 at in 85%ig. Ausbeute *2.6-Diäthylanilin* u. als Nebenprod. *2-Äthyl-6-sek.-butylanilin.* Analog entstehen aus o-Toluidin *2-Methyl-6-äthylanilin* u. aus p-Toluidin *2.6-Diäthyl-p-toluidin.* Auch sek. aromat. Amine u. aromat. Diamine lassen sich in Ggw. von **II** äthylieren, z. B. Diphenylamin prakt. 100%ig. zu *2.2'-Diäthyldiphenylamin.* Ebenfalls unter o-Substitution aromat. Amine, jedoch langsamer u. in geringerer Ausbeute reagieren Propylen, Butylen u. Isobutylen. 2.6-Dimethylanilin wird in p-Stellung zu *2.6-Dimethyl-4-äthylanilin* äthyliert. (Angew. Chem. **68**. 387. 7/6. 1956. Leverkusen.) H. Ascherl. 1310

Ernst D. Bergmann und **Michael Bentov,** *Eine verbesserte Darstellungsweise fluorsubstituierter aromatischer Amine. Monoacetylderivv. aromat. m- u. p-Diamine* werden dargestellt u. über die *Diazoniumborfluoride* in die *N-Acetylfluoramine* übergeführt. Bei der Diazotierung von N^1-Acetyl-o-phenylendiaminen entsteht nur ein *Benzotriazol,* dagegen gelingt die Rk. mit den Monophthalylderivaten. Wasserlösl. Diazoniumborfluoride lassen sich in Ggw. von Cu-Pulver zu *Fluorverbb.* zersetzen.

Versuche: *N-Acetyl-p-phenylendiamin* (**I**), F. 161° (A.), a) aus p-Nitroacetanilid in A. mit H_2 bei 3 at über RANEY-Ni (40 Min.); 95—98% (Ausbeute); b) durch 3std. Kochen von p-Phenylendiamin in Eisessig u. 1std. Kochen des Filtrats mit HCl (D. 1,12); 80%. — *N-Acetyl-m-phenylendiamin* (**II**), F. 70° (Bzl.), a) aus m-Nitroacetanilid analog **I**, a); 93—96%; b) aus m-Phenylendiamin analog **I**, b); 80%. — *Monoacetylbenzidin*, F. 199° (verd. A.), aus Benzidin u. $(CH_3CO)_2O$ in Chlf.; 71%. — *Monoacetyl-o-dianisidin*, F. 114° (Chlf.), analog vorst. Verb.; 74%. — *4'-Amino-2-acetamidobiphenyl* (**IV**), $C_{14}H_{14}ON_2$, F. 119°, aus dem 4'-Nitroderiv. mit H_2 über 10%ig. Pd-Kohle in A. (10 Min.); 91%. — 1-Acetamidonaphthaline: *4-Amino-*, F. 212° (verd. A.), aus dem 4-Nitroderiv. analog **IV**; 93%. — *5-Amino-*, F. 62° (verd. A.), analog **IV**; 88%. — *8-Amino-*, $C_{12}H_{12}ON_2$, F. 201—203° (A.), analog **IV**; 86%. *Hydrochlorid*, $C_{12}H_{13}ON_2Cl$, F. 260—261° (Zers.). — *Monoacetyl-o-phenylendiamin* (**V**), F. 131° (verd. A.), analog **I**, a); 96%; b) aus o-Phenylendiamin mit $(CH_3CO)_2O$ in Essigester bei 5° (20 Min.); 80%. — *p-Fluoracetanilid* (**III**), F. 151—152° (Bzl.), aus **I** durch Diazotierung in 2nHCl bei 0°, dann mit 40%ig. HBF_4 u. Cu 3 Std. bei Raumtemp. rühren; 82%. — *m-Fluoracetanilid*, F. 84° (verd. A.), aus **II** durch Diazotieren u. 1/2std. Rühren mit HBF_4, dann Zers. des gebildeten *Diazoniumborfluorids*, Zers. bei 102° (60%), bei 105° bzw. des lösl. Anteils mit Cu; 75%. — *4-Fluor-4'-acetamidobiphenyl*, F. 202° (A.), über das *Diazoniumborfluorid*, Zers. bei 133—135° (77%), durch Zers. bei 140°; 80%. — *4-Fluor-4'-acetamido-2.2'-dimethoxybiphenyl*, $C_{16}H_{16}O_3NF$, F. 73—74°, über das *Diazoniumborfluorid*, Zers. bei 195—200° (67%), durch Zers. bei 200°; rhomb. Tafeln aus PAe.; 55%. — *4'-Fluor-2-acetamidobiphenyl*, $C_{14}H_{12}ONF$, F. 120° (PAe.), über das *Diazoniumborfluorid*, Zers. bei 120° (77%), durch Zers. bei 125°; 78%. — 1-Acetamidonaphthaline: *4-Fluor-*, $C_{12}H_{10}ONF$, F. 170°, über das *Diazoniumborfluorid*, Zers. bei 160—162° (93%), durch Zers. bei 170°; Nadeln aus PAe.; 73%. — *5-Fluor-*, $C_{12}H_{10}ONF$, F. 190 bis 191° (PAe.), analog **III**; 55%. — *N-Phthalyl-2-fluoranilin*, $C_{14}H_8O_2NF$, F. 216° (A.), über das *Diazoniumborfluorid*, Zers. bei 180° (83%); durch Zers. bei 180°; 73%. — *N-Phthalyl-2-fluor-4-methoxyanilin*, $C_{15}H_{10}O_3NF$, F. 57° (A.), Diazotierung mit $NOSO_4H$ bei 0°, dann analog **III**; 36%. — *3.3'-Difluor-4.4'-diphthalimidobiphenyl*, $C_{28}H_{14}O_4N_2F_2$, F. 218° (A.), Diazotierung mit $NOSO_4H$; über das *Diazoniumborfluorid*, Zers. bei 275—280° (60%), durch Zers. bei 280°; 42%. — *N-Acetylbenzotriazol*, F. 48°, aus **V** analog **III**; 84%. — *N-Phthalyl-o-phenylendiamin*, F. 189° (A.), aus N-Phthalyl-o-nitranilin analog **IV**; 93,5%. — *N-Phthalyl-2-fluoranilin*, F. 216° (A.), a) aus vorst. Verb. über das *Diazoniumborfluorid*, Zers. bei 180° (83%), durch Zers. bei 180°; 73%; b) aus nachst. Verb.mit Phthalsäureanhydrid bei 160—170°; 77%. — *2-Fluoranilin*, gelbes Öl, aus vorst. Verb. mit $N_2H_4 \cdot H_2O$ in sd. A.; 77%. *Acetylderiv.*, F. 80°. — *N-Phthalyl-2-nitro-4-methoxyanilin*, $C_{15}H_{10}O_5N_2$, F. 146°, aus 2-Nitro-4-methoxyanilin mit Phthalsäureanhydrid; aus A. braunstichige Tafeln; 73%. — *N'-Phthalyl-4-methoxy-1.2-phenylendiamin*, $C_{15}H_{12}O_3N_2$, F. 288° (Essigester), aus vorst. Verb. analog **IV**; 92,5%. — *3.3'-Dinitrobenzidin*, F. 278—279°, aus dem N.N'-Diacetylderiv. mit konz. H_2SO_4 (30 Min. bei 130—140°); dunkelrot. — *3.3'-Diamino-4.4'-diphthalimidobiphenyl*, $C_{28}H_{18}O_4N_4$, F. 231°, aus 3.3'-Dinitro-4.4'-diphthalimidobenzidin in Dimethylformamid mit H_2 über 10%ig. Pd-Kohle; gelbliches Pulver aus wss. Pyridin; 84,5%. (J. org. Chemistry **19**. 1594—99. Okt. 1954. Tel-Aviv, Israeli Min. of. Def., Sci. Dep.) K. LEHMSTEDT. 1310

Richard C. Mansfield und **Claude J. Schmidle,** *Die Darstellung von 4-Amino-2-phenylbutanol-(2)*. Durch Erhitzen von 6-Methyl-6-phenyltetrahydro-1.3-oxazin (**I**) mit HCl u. überschüssigem CH_3OH entsteht unter Abspaltung von *Methylal 4-Amino-2-phenylbutanol-(2)*, dessen Dehydratisierung mit HCl oder Polyphosphorsäure (**II**) *3-Phenylbuten-(2)-ylamin* liefert. Letzteres wird durch UV- u. Infrarotspektr. sowie durch Hydrierung zu *3-Phenylbutylamin* charakterisiert.

Versuche: *4-Amino-2-phenylbutanol-(2)*, $C_{10}H_{15}ON$, F. 75—77° (Heptan), Kp.$_{1,7}$ 105—115°, Kp.$_{0,65}$ 95—105°, a) durch 6std. Erhitzen von **I**, CH_3OH u. konz. HCl auf 72°, 1std. Erhitzen auf 95° unter CH_3OH-Abdest., Gießen in W., Extrahieren mit Toluol u. Alkalisieren mit 50%ig. NaOH; 82%; b) durch Rühren von NH_4Cl, 37%ig. CH_2O u. α-Methylstyrol bei 60—61° bis zur Beendigung der exothermen Rk., 1/2std. Rühren bis zum Absinken der Temp. auf 40°, 1/2std. Rühren mit CH_3OH, Abdest. des CH_3OH bei 90° u. Wiederholung der Operation; 62%. *Hydrochlorid*, $C_{10}H_{16}ONCl$, F. 142—143° (Aceton–Isopropylalkohol [20:1]). — *3-Phenylbuten-(2)-ylamin*, $C_{10}H_{13}N$, Kp.$_{1,0}$ 80—90°, Kp.$_{1,6}$ 83—93°, a) durch 4std. Rühren vorst. Amins mit 18,5%ig. HCl auf dem Wasserbad, Verdünnen mit W., Alkalisieren mit 50%ig. NaOH u. Extrahieren mit Toluol; 34%; b) durch 15—20 Min. Rühren vorst. Amins mit **II** bei 125—150° u. 1std. Rühren;

23%. *Hydrochlorid*, $C_{10}H_{14}NCl$, F. 204—206° (Aceton–Isopropylalkohol [20:1]). — *3-Phenylbutylamin*, durch Hydrierung vorst. Amins in 95%ig. A. bei n. Druck in Ggw. von Pd–Al_2O_3. *Pikrat*, $C_{16}H_{18}O_7N_4$, F. 137—139°. (J. org. Chemistry **21**. 699—700. Juni 1956. Philadelphia, Pa., Rohm and Haas Comp., Res. Labors.) R. PASEDAG. 1320

Nils Löfgren und **Claës Tegner,** *Untersuchungen an Lokalanästhetica*. 9. Mitt. (8. vgl. EKSTRAND u. LÖFGREN, C. **1953**. 5172.) *N-[Diäthylaminoacetyl]-α-aminophenylessigsäureäthylester* (I) wird durch Kondensieren von α-Aminophenylessigsäureäthylester mit Chloracetylchlorid in Ggw. von Ag_2CO_3 zu *α-Chloracetamidophenylessigsäureäthylester* u. dessen Umsetzung mit Diäthylamin dargestellt. Analog werden *N-[Diäthylaminoacetyl]-α-amino-α-phenyl-* (II) u. *-β-amino-β-phenylpropionsäureäthylester* (III) erhalten. Die pharmakolog. Unters. ergab bei Mäusen (subcutan injiziert) für I, II u. III eine DL_{50} von 2,2, 0,78 bzw. 2,2 g/kg Lebendgewicht. An der Kaninchencorona (in 2%ig. HCl bei p_H 6) besitzen nur II u. III lokalanästhet. Wrkg. (ca. 1/4—1/5 derjenigen von Xylocain; vgl. l. c.). Keine der Verbb. ist spasmolyt. oder histaminolyt. wirksam.

V e r s u c h e: *α-Aminophenylessigsäureäthylester*, $Kp._9$ 129—131°; 61% (Ausbeute). — *α-Chloracetamidophenylessigsäureäthylester*, F. 68—69°, durch Zutropfen von 3,34 g Chloracetylchlorid in absol. Ae. zu 5,3 g vorst. Verb. in absol. Ae. bei 5° unter Rühren, langsames Zufügen von Ag_2CO_3 unter Lichtausschluß, 4std. Rühren, Filtrieren u. Abdampfen; Nadeln aus Di-n-butyläther. — *N-[Diäthylaminoacetyl]-α-aminophenylessigsäureäthylester* (I), $C_{16}H_{24}O_3N_2$, $Kp._{0,8}$ 160—162°, durch 6std. Stehen von 5,85 g $(C_2H_5)_2NH$ u. vorst. Ester in absol. A. bei 70° unter Verschluß, Vakuumabdampfen, Verdünnen mit Ae. u. Dest. des Filtrats; n_D^{20} 1,5015; 57%. *Perchlorat*, $C_{16}H_{25}O_7N_2Cl$, F. 179—181°, aus absol. A. Nadeln. — *α-Amino-α-phenylpropionsäureäthylester*, $Kp._{14}$ 134—136°; 43%. — *N-[Diäthylaminoacetyl]-α-amino-α-phenylpropionsäureäthylester* (II), $C_{17}H_{26}\cdot O_3N_2$, $Kp._{0,1}$ 137—139°, durch Chloracetylierung vorst. Verb. u. Behandeln mit $(C_2H_5)_2\cdot NH$ wie oben; n_D^{20} 1,5017; 58%. — *β-Amino-β-phenylpropionsäureäthylester*, $Kp._9$ 133 bis 134°; n_D^{20} 1,5112; 52%. — *N-[Diäthylaminoacetyl]-β-amino-β-phenylpropionsäureäthylester* (III), $C_{17}H_{26}O_3N_2$, $Kp._{0,08}$ 150—151°, F. 5°; 45%. (Acta chem. scand. **8**. 1802 bis 1805. 1954. Stockholm, Univ., Inst. of organ. Chem. and Biochem.; Lausanne, Univ., School of Pharm.) H. LEHWALD. 1350

Nils Löfgren und **Claës Tegner,** *Untersuchungen an Lokalanästhetica*. 10. Mitt. (9. vgl. vorst. Ref.) Zur Synth. verschied. dem Xylocain verwandter Verbb. wurde 3.5-Dimethylphenol nitrosiert u. mit $(NH_4)_2S$ zu *4-Oxy-2.6-dimethylanilin* reduziert. Die anschließende Rk. mit Chloracetylchlorid in Ggw. von Ag_2CO_3 gab *4-Oxy-2.6-dimethylchloracetanilid*, das mit $(C_2H_5)_2NH$ zu *ω-Diäthylamino-4-oxy-2.6-dimethylacetanilid* (I) umgesetzt wurde. Da die Verätherung von I oder dessen Vorläufer mit CH_2N_2 keinen Erfolg zeigte, wurde *ω-Diäthylamino-4-methoxy-2.6-dimethylacetanilid* (II) aus dem nach SAUNDERS u. WATSON (vgl. C. **1953**. 5357) gewonnenen 4-Methoxy-2.6-dimethylanilin analog I dargestellt. Die Acylierung von I mit n-Butyrylchlorid führte zu *ω-Diäthylamino-4-n-butyroxy-2.6-dimethylacetanilid* (III). *ω-[N-Äthyl-N-carbäthoxymethylamino]-* (IV), *ω-[N-Äthyl-N-carbo-n-propoxymethylamino]-* (V) u. *ω-[N-Äthyl-N-carbo-n-butoxymethylamino]-2.6-dimethylacetanilid* (VI) wurden aus ω-Äthylamino-2.6-dimethylacetanilid u. dem entsprechenden Bromessigsäureester erhalten. Bei den wie l. c. durchgeführten Unterss. auf ihre anästhet. Aktivität erwiesen sich I u. III als unwirksam, II, IV, V u. VI hatten etwa die 0,5-, 0,5-, 2,3- bzw. 2,7fache Wrkg. von der des Xylocains bei der Kaninchencorona, bei subcutaner Injektion im Menschen ruft V starke Schmerzen hervor u. seine Wrkg. klingt nach 12 Min. bereits ab (beim Xylocain nach 4 Std.). Die an Mäusen ermittelte DL_{50} beträgt für I, II u. III 0,7, 0,7 bzw. 0,9 g/kg, für IV—VI <2 g/kg. Keine der Verbb. ist spasmolyt. oder histaminolyt. wirksam.

V e r s u c h e: *4-Oxy-2.6-dimethylanilin*, F. 179—182° (Zers.; W.), durch Nitrosierung von 3.5-Dimethylphenol u. Red. mit $(NH_4)_2S$ nach KREMERS u. Mitarbeitern (Org. Syntheses **1**. [1946.] 511); 22% (Ausbeute). — *ω-Chlor-4-oxy-2.6-dimethylacetanilid*, durch Zufügen von Chloracetylchlorid u. dann wss. Na-Acetat zu vorst. Verb. in verd. HCl unterhalb 17° unter Rühren u. Rekristallisation aus Eisessig; 69%. — *ω-Diäthylamino-4-oxy-2.6-dimethylacetanilid* (I), $C_{14}H_{22}O_2N_2$, F. 181—182° (korr.), durch 5std. Kochen vorst. Verb. u. $(C_2H_5)_2NH$ in Bzl. u. Filtrieren in der Hitze; Nadeln aus Bzl./Methyläthylketon. *Hydrochlorid*, $C_{14}H_{23}O_2N_2Cl$, F. 260—266° (Zers.; korr.); flache Stäbchen aus Propanol/CH_3OH. — *4-Methoxy-2.6-dimethylanilin*, F. 42° (PAe.), $Kp._{15}$ 130—135°, durch langsames Zufügen von $NaHSO_3$ zu einer sd. Lsg. von 4-Methoxy-2.6-dimethylazobenzol in 50%ig. A., Vakuumabdampfen, Alkalisieren u. Ausäthern. — *ω-Chlor-4-methoxy-2.6-dimethylacetanilid*, $C_{11}H_{14}O_2NCl$, F. 179—180° (Toluol), durch Chloracetylieren vorst. Verb. (l. c.); 88%. — *ω-Diäthylamino-4-methoxy-2.6-dimethylacetanilid* (II), $C_{15}H_{24}O_2N_2$, $Kp._{0,02}$ 144—145°, analog I; n_D^{20} 1,5257; 57%. — *4-n-Butoxy-*

2.6-dimethylanilin, $C_{12}H_{19}ON$, F. 208—210° (Zers.; absol. A./Ae.), nach BÜCHI u. Mitarbeitern (C. **1951**. II. 3296). — *ω-Chlor-4-n-butoxy-2.6-dimethylacetanilid*, F. 120—121°, aus vorst. Verb. nach BÜCHI (l. c.). — *ω-Diäthylamino-4-n-butoxy-2.6-dimethylacetanilid*, $C_{18}H_{30}O_2N_2$, F. 37—38° (PAe.), $Kp._{0,03}$ 166—167°; n_D^{20} 1,5137. — *ω-Diäthylamino-4-butyroxy-2.6-dimethylacetanilid* (**III**), *Hydrochlorid*, $C_{18}H_{29}O_3N_2Cl$, F. 103—104°, aus **I** u. Butyrylchlorid (Schütteln u. Stehen in Dioxan u. Verdünnen mit Ae.); 63%. — *ω-[N-Äthyl-N-carbäthoxymethylamino]-2.6-dimethylacetanilid* (**IV**), $C_{16}H_{24}O_3N_2$, $Kp._{0,5}$ 180 bis 181°, durch Zufügen von Bromessigsäureäthylester zu ω-Äthylamino-2.6-dimethylacetanilid in absol. Bzl., 48 std. Stehen bei 50° unter Verschluß u. Dest. des Filtrats; n_D^{20} 1,5162; 54%. — *ω-[N-Äthyl-N-carbo-n-propoxymethylamino]-2.6-dimethylacetanilid* (**V**), $C_{17}H_{26}O_3N_2$, $Kp._{0,05}$ 155—156°, analog vorst. Verb. mit Bromessigsäure-n-propylester; n_D^{20} 1,5109; 94%. *Hydrochlorid*, $C_{17}H_{27}O_3N_2Cl$, F. 151—152°; hygroskop. Kristalle aus Dioxan. — *ω-N-[Äthyl-N-carbo-n-butoxymethylamino]-2.6-dimethylacetanilid* (**VI**), $C_{18}H_{28}O_3N_2$, $Kp._{0,025}$ 151—152°, mit Bromessigsäure-n-butylester; n_D^{20} 1,5081; 83%. *Hydrochlorid*, $C_{18}H_{29}O_3N_2Cl$, F. 133—134° (Dioxan). (Acta chem. scand. **8.** 1806 bis 1812. 1954.) H. LEHWALD. 1350

N. L. Marekow, *Über die Herstellung von β-Aminosäuren aus Hydramiden und dem Na-Salz von α-Chlormagnesylphenylessigsäure.* 2. Mitt. (1. vgl. Доклады Болгарской Академии Наук [C. R. Acad. bulgare Sci.] **5.** Nr. 23. [1952.] 21.) Durch Einw. von Anis- u. Piperonalhydramid auf das Na-Salz (**I**) von α-Chlormagnesylphenylessigsäure werden *2-Phenyl-3-anisyl-3-aminopropionsäure-(1)* u. *2-Phenyl-3-piperonyl-3-aminopropionsäure-(1)* hergestellt. Die β-Stellung der Aminogruppe in beiden Säuren folgt aus der Bldg. von *β-Ureidosäuren*, die beim Erhitzen die entsprechenden *Dihydrouracile* geben.

Versuche: *2-Phenyl-3-anisyl-3-aminopropionsäure-(1)*, $C_{16}H_{17}O_3N$, F. 193° (Zers.); man gibt zu **I** (0,55 g Mg; 1,9 g iso-C_3H_7Cl; 3,8 g $C_6H_5CH_2COONa$) in 30 Min. eine Lsg. von 3,88 g Anishydramid in 100 ml Bzl., erhitzt 8 Std., dest. das Bzl. ab, setzt 20 ml Ae. u. überschüssige 15%ig. HCl hinzu u. behandelt das sich ausscheidende Öl mit CH_3CO_2Na in alkoh. Lsg.; aus A. Nadeln; 1,65 g (Ausbeute). — *2-Phenyl-3-anisyl-3-ureidopropionsäure-(1)*, $C_{17}H_{18}O_4N_2$, F. 145° (Zers.); durch Erwärmen vorst. Verb. mit KCN in Wasser. — *4-Anisyl-5-phenyldihydrouracil*, $C_{17}H_{16}O_3N_2$, F. 259—261° (A.); durch Erhitzen vorst. Verb., 45 Min. auf 150°. — *2-Phenyl-3-piperonyl-3-aminopropionsäure-(1)*, $C_{16}H_{15}O_4N$, F. 202—203° (Zers.); feine Nadeln; 37%. — *2-Phenyl-3-piperonyl-3-ureidopropionsäure-(1)*, $C_{17}H_{16}O_5N_2$, F. 185° (Zers.). — *4-Piperonyl-5-phenyldihydrouracil*, $C_{17}H_{14}O_4N_2$, F. 257° (A.); Kristalle. (Доклады Болгарской Академии Наук [C. R. Acad. bulgare Sci.] **6.** Nr. 3. 29—31. Okt./Dez. 1953. Sofia, Univ., Lehrstuhl für Organ. Chem.) O. POLLAK V. EMHOFEN. 1350

Gjorgje Stefanović und **Milutin Stefanović**, *Reaktionen von Bis-amiden.* 6. Mitt. *Synthese von β-Aryl-α.β-diaminopropionsäuren.* (5. vgl. C. **1954.** 7858.) Aryliden-bis-acetamide kondensieren mit Hippursäure (**II**) in Ggw. von Essigsäureanhydrid u. Eisessig zu 2 stereoisomeren *α.β-Diacylamino-β-arylpropionsäuren*, die leicht zu den freien *α.β-Diamino-β-arylpropionsäuren* hydrolysierbar sind, dem Azlacton der β-Arylacrylsäure, *2-Aryl-4-benzylidenoxazolon-(5)* u. dem *Azlacton der α.β-Diacylamino-β-arylpropionsäure*. Die Konst. der Verbb. wird im Falle der Kondensation von *Benzyliden-bis-acetamid* (**I**) mit **II** durch zahlreiche Rkk. bewiesen, ebenso die Konfiguration der isomeren Säuren (threo- bzw. erythro-racem. Säure) u. ihrer Azlactone. Aus anderen Arylidenverbb. wurden in jedem Falle 2 isomere Säuren u. geringe Mengen der ungesätt. Azlactone erhalten. Nur bei der Kondensation von *2-Methoxybenzyliden-bis-acetamid* konnte dazu noch das gesätt. Azlacton isoliert werden. Von Nitroderivv. kondensieren nicht o- u. p-, sondern nur *m-Nitrobenzyliden-N.N-bis-acetamid* mit **II** unter Bldg. von *α-Benzoylamino-β-[3-nitrophenyl]-acrylsäure* u. wenig Azlacton.

Versuche: *2-Phenyl-4-benzylidenoxazolon-(5)* (**IV**), $C_{16}H_{11}O_2N$, F. 160—163°: Mol. Mengen **I** u. **II** in Ggw. von Eisessig u. Essigsäureanhydrid 75 Min. bei 110° rühren, in Eiswasser gießen u. weiterrühren, bis M. fest ist, 24 Std. in der Kälte stehenlassen u. rohes, gelbbraunes Prod. filtrieren; gelbe Kristalle aus A.; 10% (Ausbeute). Gleiches Prod. mit F. 165—166° aus **I** u. **II** in Ggw. von Essigsäureanhydrid u. wasserfreiem Na-Acetat durch 3 std. Erhitzen auf 120°; Aufarbeitung wie vorst.; aus A. gelbe Kristalle; 62%. — *Azlacton* (**V**) *von α-Benzoylamino-β-acetylamino-β-phenylpropionsäure* (**VI**), $C_{18}H_{16}O_3N_2$, F. 207°, aus vorst. alkoh. Filtrat durch Konz. auf halbes Vol., 48 Std. Stehen bei 0° u. Filtrieren; Kristalle aus A.; 61%. — **VI**, $C_{18}H_{18}O_4N_2$ (wahrscheinlich *erythro-Verb.*), F. 238°, durch weiteres Konz. vorst., von **IV** u. **V** befreiten, alkoh. Lsg., Verreiben des Rückstandes mit W. u. Hydrolysieren des braungelben Prod.; gelbe Ausfällung aus angesäuerter Lsg. aus A. umkrist.; 8%. *Methylester*, $C_{19}H_{20}O_4N_2$, F. 245—246° (verd. A.), aus **VI** u. Diazomethan; 90%. Verseift mit NaOH bei Zimmertemp. zu **VI** u. liefert beim Erhitzen über den F. **IV**. — Isomere *α-Benzoylamino-β-acetylamino-β-phenylpropionsäure* (**VII**), $C_{18}H_{18}O_4N_2$, F. 201° (wahrscheinlich *threo-Verb.*), aus **V** u. wss. NaOH bei Zimmertemp. u. Ansäuern mit verd. HCl bis Kongorot; Kristalle aus A.; 76%. *Methylester*, $C_{19}H_{20}O_4N_2$, mit CH_2N_2; 95%; schm. bei 110—115° u. nach Festwerden erneut unter Zers. bei 234—236°; gibt beim Erhitzen über den F. **IV** u. verseift mit wss. NaOH zu **VII**. — *Azlactone* aus **VI** u. **VII**, $C_{18}H_{16}O_3N_2$: a) **V**, aus **VII** durch Erhitzen mit Essigsäureanhydrid u. nach dessen Entfernung Ausfällung mit W.; 85%. b) **VIII**, F. 191° (A.), wie vorst. aus **VI**; 74%. — *Ungesätt. Azlactone aus* **VI** u. **VII**, $C_{16}H_{11}O_2N$: a) **IV**, aus **VII** durch Erhitzen mit Essigsäureanhydrid u. nach Einengen den wasserunlösl. Rückstand aus A. umkrist.; gelbe ätherlösl. Verb.; daneben als in ätherunlösl. Anteil **V**, b) **IX**, F. 143—145°, wie vorst. aus **VI**; tiefgelbe Substanz aus Bzl.; 14%; daneben aus A. **VIII**; 47%. Durch Erhitzen in pyridinhaltigem A. wird **IX** in **IV** übergeführt. — *α-Benzoylamino-β-acetylamino-β-phenylpropionsäureanilid*, $C_{24}H_{23}O_3N_3$, F. 298—300° (A.), aus **V** bzw. **VIII** u. Anilin durch 2std. Erhitzen auf 190—200° in N_2 u. Ausfällen mit Ae.; 90 bzw. 82%. — *α.β-Diamino-β-phenylpropionsäure* (**III**)-*monohydrochlorid* (**XI**), $C_9H_{13}O_2N_2Cl$, F. 231°, aus **V** bzw. **VIII** durch saure Hydrolyse, Ausäthern gibt *Benzoesäure*; Rückstand aus wss. Extrakt nach Einengen aus verd. A. fällen u. dann aus W. umkrist.; 58 bzw. 54%; oder durch saure Hydrolyse von **VI** bzw. **VII**; 60 bzw. 63%. **III**, $C_9H_{12}O_2N_2$, F. 215—216° (50%ig. A.), aus wss. Lsg. von **XI** u. Ag_2O bzw. Neutralisieren mit äquivalenter Menge verd. NaOH; 79%. — *α-Benzoylamino-β-acetylamino-β-[4-methylphenyl]-propionsäure* (**XII**), $C_{19}H_{20}O_4N_2$, F. 229° (A.), durch Erhitzen von **II** u. 4-Methylbenzyliden-bis-acetamid in Ggw. von Eisessig u. Essigsäureanhydrid, Ausfällung mit W. u. Ausziehen mit Chlf.; 21%; daneben **XIII**; 9,5%. Aus vorst. Chfl.-Extrakt nach Einengen u. anschließender Hydrolyse die *isomere Säure* **XII**, $C_{19}H_{20}O_4N_2$, F. 197° (Essigester); 34%. —*2-Phenyl-4-[4-methylbenzyliden]-oxazolon-(5)* (**XIII**), F. 140—141°, aus vorst. beiden Säuren **XII** durch Erhitzen mit Essigsäureanhydrid; aus A. gelbe Kristalle; 84%. —*α-Benzoylamino-β-acetylamino-β-[3.4-methylendioxyphenyl]-propionsäure* (**XIV**), $C_{19}H_{18}O_6N_2$, F. 232° (A.), wie vorst. aus **II** u.3.4-Methylendioxybenzyliden-bis-acetamid; 28%; daneben **XV**; 5%. Aus Chlf.-Extrakt die *isomere Säure* **XIV**, $C_{19}H_{18}O_6N_2$, F. 220° (A.); 22%. — *2-Phenyl-4-[3.4-methylendioxybenzyliden]-oxazolon-(5)* (**XV**), F. 195—197° (A.), aus vorst. isomeren Säuren **XIV** u. Essigsäureanhydrid; 76 bzw. 63%. — *α-Benzoylamino-β-acetylamino-β-[2-methoxyphenyl]-propionsäure* (**XVI**), $C_{19}H_{20}O_5N_2$, F. 241° (A.), wie vorst. aus **II** u. 2-Methoxybenzyliden-bis-acetamid; 46%; daneben **XVII**, sowie **XVIII**; 14%. Aus vorst. alkoh. Filtrat nach Schütteln mit verd. Ammoniak u. Ansäuern die *isomere Säure* **XVI**, $C_{19}H_{20}O_5N_2$, F. 145° (A.); 11%. — *2-Phenyl-4-[2-methoxybenzyliden]-oxazolon-(5)* (**XVII**), F. 154—156°, aus vorst. isomeren Säuren **XVI** u. Essigsäureanhydrid; aus A. gelbe Kristalle; 64%. — *Azlacton* (**XVIII**), *von α-Benzoylamino-β-acetylamino-β-[2-methoxyphenyl]-propionsäure* (**X**), $C_{19}H_{18}O_4N_2$, F. 185°, durch Erhitzen vorst. isomeren Säure **XVI** (F. 145°) mit Essigsäureanhydrid; 63%. — *α-Benzoylamino-β-acetylamino-β-[4-methoxyphenyl]-propionsäure* (**XIX**), $C_{19}H_{20}O_5N_2$, F. 232° (A.), wie vorst. aus **II** u. 4-Methoxybenzyliden-bis-acetamid; 44%; daneben **XX**, F. 157—158°; gelbe Kristalle aus A.; 11%. Aus alkoh. Filtrat von **XIX** nach längerem Stehen in der Kälte die *isomere Säure* **XIX**, $C_{19}H_{20}O_5N_2$, F. 218°; 15%. — *2-Phenyl-4-[4-methoxybenzyliden]-oxazolon-(5)* (**XX**), F. 157—158° (A.), durch Erhitzen vorst. isomeren Säuren **XIX** mit Essigsäureanhydrid; 83 bzw. 77%. — *α-Benzoylamino-β-[3-nitrophenyl]-acrylsäure*, $C_{16}H_{12}O_5N_2$, F. 218—220° (A.), durch Erhitzen von **II** u. 3-Nitrobenzyliden-bis-acetamid in Ggw. von Eisessig u. Essigsäureanhydrid; $NaHCO_3$-lösl. Anteil mit verd. HCl ausfällen; 48%; daneben *2-Phenyl-4-[3-nitrobenzyliden]-oxazolon-(5)*, F. 174° (A.); 17%; unlösl. in $NaHCO_3$. (J. org. Chemistry **21.** 161—68. 17/2. 1956. Belgrad, Jugoslavien, Univ., Fac. of Sci., Inst. of Chem.)

W. ZIEGLER. 1350

Henry Gilman, Cecil G. Brannen und **Robert K. Ingham,** *Einige funktionelle Gruppen enthaltende Tetraarylsilane.* Die Einführung funktioneller Gruppen in Tetraarylsilane geschieht nach folgender neuartiger Meth.: Triphenyl-p-tolylsilan (**I**) wird mit N-Bromsuccinimid (**II**) zu *p-[Triphenylsilyl]-benzylbromid* (**III**) u. *p-[Triphenylsilyl]-benzalbromid* (**IV**) bromiert. **III** wird zu *p-[Triphenylsilyl]-benzylalkohol* (**V**) hydrolysiert u. weiter zu *p-[Triphenylsilyl]-benzoesäure* (**VI**) oxydiert. Aus **IV** entsteht durch Hydrolyse *p-[Triphenylsilyl]-benzaldehyd* (**VII**), der durch Behandlung mit **II** u. nachfolgender Hydrolyse **VI** liefert. Chromsäureoxydation von **I** führt ebenfalls zu **VI**. Verss. der gleichartigen Bromierung von Trinaphthyl-(1)-p-tolylsilan waren erfolglos.

Versuche: *p-[Triphenylsilyl]-benzylbromid* (**III**), $C_{25}H_{21}BrSi$, F. 175—176°, durch 24std. Kochen mol. Mengen **I** u. **II** in CCl_4 u. UV-Bestrahlung zur Beendigung der

Rk.; 73% (Ausbeute). III reagiert nicht mit Mg in Ggw. von Äther. — *p-[Triphenylsilyl]-benzylalkohol* (V), $C_{25}H_{22}OSi$, F. 54—55°, durch Hydrolyse (½std. Kochen) von III mit wss. $AgNO_3$ in Äthylenglykolmonomethyläther (VIII); 76%. — *p-[Triphenylsilyl]-benzalbromid* (IV), $C_{25}H_{20}Br_2Si$, F. 184—184,5° (aus A.-Äthylacetat), aus I u. II in CCl_4 unter UV-Licht (40 Min. Kochen); 73%. — *p-[Triphenylsilyl]-benzaldehyd* (VII), $C_{25}H_{20}OSi$, F. 110—111°, durch Hydrolyse von IV mit wss. $AgNO_3$ in VIII; 67%. *Oxim*, $C_{25}H_{21}ONSi$, F. 194—195°; 98%. *Thiosemicarbazon*, $C_{26}H_{23}N_3SSi$, F. 234 bis 235°; 62%. — *p-[Triphenylsilyl]-benzoesäure* (VI), $C_{25}H_{20}O_2Si$, F. 213—214° (aus PAe.), aus I u. CrO_3 in Eisessig, Essigsäureanhydrid u. H_2SO_4 bei 17°; 81%, oder aus V u. $KMnO_4$ in Aceton (18 Std. Rückfluß); 12%, oder aus VII u. II, Hydrolyse des bromierten Prod. u. Ansäuern; 19%. Durch Oxydation von VII mit H_2O_2 in alkal. Aceton konnte VI nicht erhalten werden. (J. Amer. chem. Soc. **78.** 1689—92. 20/4. 1956. Ames, Io., Iowa State Coll., Chem. Labor.) L. KLENK. 1380

Rudolf Grewe, Harald Jensen und Margarete Schnoor, *Darstellung und Eigenschaften des Shikimialkohols.* Als Ausgangsmaterial zur Darst. des *Shimikialkohols* (I) geht man vom Isopropylidenshikimisäuremethylester aus. Er wird zum *Isopropylidenshikimialkohol* red. u. dieser durch Einw. von verd. Essigsäure in Ggw. von geringen Mengen Na-Acetat in I übergeführt; Einw. von Mineralsäuren führt nur zum *Benzaldehyd.* Roher I ist auf keine Weise zu reinigen, er dreht die Ebene des polarisierten Lichtes nach links. Vff. beschreiben eine Reihe von I-Derivv. u. beweisen, daß bei deren Herst. keine Umlagerungen eintreten.

Versuche: *Shikimisäuremethylester,* F. 115° (Essigester–CH_3OH, 25:2), aus Shikimisäre u. CH_3OH in Ggw. von 0,5% HCl in 4 Std. am Rückfluß; $[\alpha]_D$ —139° (A.; c = 2); 93% (Ausbeute). — *Isopropylidenshikimisäuremethylester,* $Kp._{0,06}$ 132°, aus vorst. Verb. durch Acetonierung; $[\alpha]_D^{20}$ —33° (A.; c = 2,5); n_D^{20} 1,4936; 88—93%. — *Isopropylidenshikimialkohol* (II), $C_{10}H_{16}O_4$, $Kp._{0,01}$ 141°, aus $LiAlH_4$ in Ae. durch langsame Zugabe von vorst. Verb. in Ae. 6std. Kochen, Zugabe von W. unter Eis–NaCl-Kühlung, Neutralisieren der wss. Schicht durch Einleiten von CO_2, Eindampfen des Filtrats vom $Al(OH)_3$ $<$30° u. Dest. des Rückstandes bei 180° Badtemp./0,005 mm; $[\alpha]_D^{20}$ —86,1° (A.; c = 2,2); 85—90%. — *4.5-Isopropyliden-3.7-diacetylshikimialkohol,* $C_{14}H_{20}O_6$, F. 43—48° (Essigester/Bzn.), aus II in Pyridin mit Acetanhydrid in 24 Std. bei Raumtemp.; nach Eindampfen u. Ausäthern Dest. bei 0,01 Torr u. 140—150° Badtemp.; lange Nadeln; $[\alpha]_D^{19}$ —80,6° (A.; c = 2,0); 95%. — *4.5-Isopropyliden-7-benzoylshikimialkohol,* $C_{17}H_{20}O_5$, F. 78° (PAe./Ae., 2:1), aus II in Pyridin mit Benzoylchlorid; $[\alpha]_D^{25}$ —43° (A.; c = 1,1). — *4.5-Isopropyliden-3-acetylshikimialkohol-7-trityläther,* $C_{31}H_{32}O_5$, F. 173° (A.), aus II u. Triphenylchlormethan in Pyridin in 2 Tagen bei Raumtemp., danach Rk. mit Acetanhydrid in Pyridin; lange Nadeln, $[\alpha]_D^{18}$ —45,2° (Essigester; c = 1,9); 86%. — *Shikimialkohol* (I), aus 5 g II mit 70%ig. Essigsäure u. 3 Mol-% krist. Na-Acetat in 30 Min. bei 80°; Abdampfen der Essigsäure im Vakuum bei 40° Badtemp. u. Reinigen durch mehrmaliges Aufnehmen in A./Bzl.; Sirup; $[\alpha]_D^{22}$ —116,0° (A.; c = 2,4); 4,38 g. — *3.4.5.7-Tetraacetylshikimialkohol,* $C_{15}H_{20}O_8$, aus I mit Pyridin u. Acetanhydrid; nach Eindampfen im Vakuum u. Reinigung der äther. Lsg. Dest. bei 0,01 Torr u. 140° Badtemp.; zähes Öl; $[\alpha]_D^{19}$ —62,6° (A.; c = 2,1); 80%. Umlagerung von I in *Benzaldehyd* durch mehrstd. Stehen mit 2n HCl; aus 1 g I 1,65 g *2.4-Dinitrophenylhydrazon,* F. 234°. — *Shikimialkohol-7-trityläther,* $C_{26}H_{26}O_4$, F. 187° (Bzl. mit 5% CH_3OH), aus II durch Entacetonisierung mit 70%ig. Essigsäure u. Na-Acetat, 2tägiges Stehen mit Pyridin u. Triphenylchlormethan, Eingießen in Eiswasser, Aufnehmen des Sirups in Chlf., Abdampfen im Vakuum; verfilzte Nädelchen; $[\alpha]_D^{18}$ —49,1° (A.; c = 2,3); 78%. — *3.4.5-Triacetylshikimialkohol-7-trityläther,* $C_{32}H_{32}O_7$, F. 177° (Isopropylalkohol), aus vorst. Verb.; schimmernde Blättchen; $[\alpha]_D^{20}$ —116,7° (Essigester; c = 2,0); 81%. — *3.4.5-Triacetylshikimialkohol,* $C_{13}H_{18}O_7$, aus vorst. Verb. in Eisessig bei portionsweiser Zugabe von W.; nach dem Abkühlen Abfiltrieren des *Triphenylcarbinols,* nach Zugabe von weiterem W. ausschütteln mit Chlf., abdampfen im Vakuum u. Dest. bei 0,007 Torr u. 180° Badtemp., zähfl. Destillat, $[\alpha]_D^{21}$ —176,3° (A.; c = 2,25), n_D^{20} 1,4797; 80%. — *3.4.5-Tricaetylshikimylbromid* (IV), $C_{13}H_{17}O_6Br$, aus vorst. Verb. in Chlf. unter Ausschluß von Luftfeuchtigkeit durch tropfenweises Zugeben zu PBr_3 (110 Mol-%), Pyridin (30 Mol-%) u. Chlf., 2 Std. stehenlassen; nach Abdampfen des Chlf. im Vakuum Dest. bei 140—160° Badtemp. u. 0,01 Torr; zähfl. Öl; $[\alpha]_D^{18}$ —165,2° (absol. A.; c = 1,8); n_D^{20} 1,4970; 82,5%. — *N.N-Dimethyl-3.4.5-triacetylshikimylamin,* aus vorst. Verb. u. Dimethylamin unter Eiskühlung in Ae.; Dest. bei 150° Badtemp. u. 0,01 Torr; Öl; $[\alpha]_D^{19}$ —162,1° (A.; c = 1,4); 74%. *Hydrochlorid* (III), $C_{15}H_{23}O_6N \cdot HCl$, F. 206° (Isopropylalkohol), feine Nadeln; $[\alpha]_D^{18}$ —136,2° (A.; c = 1,6). — *3.4.5-Triacetylshikimisäure dimethylamid,* $C_{15}H_{21}O_7N$, aus Triacetylshikimisäurechlorid u. Dimethylamin in Ae.; Dest. bei 180° Badtemp. u. 0,01 Torr; glasartig erstarrende Substanz; $[\alpha]_D^{19}$ —152,8°

(A.; c = 2,3); 91,5%. — *N.N-Dimethylshikimylamin*, aus $LiAlH_4$ u. vorst. Verb. in Ae., 1 Std. kochen, Eis/Kochsalz-Kühlung, Zugabe von W., in die wss. Phase CO_2 einleiten, Filtration, Eindampfen im Vakuum, Extraktion mit absol. A. u. Abdampfen; gelbliches Öl; *Carbonat* der Base; 84%. Überführung in das Amin durch Ionenaustauscher gelingt nicht (starke Braunfärbung der wss. Lsg.); bei 230—250° im Hochvakuum völlige Verharzung. *Hydrochlorid*, F. 215°, aus dem Carbonat in Isopropylalkohol durch Einleiten von HCl; $[\alpha]_D^{18}$ —110,5° (85%ig. A.; c = 1,4); 86%. *Pikrat*, $C_9H_{17}O_3N \cdot C_6H_3O_7N_3$, F. 157° (absol. A), *Triacetylverb* , $Kp._{0,01}$ 150°; davon Hydrochlorid mit **III** identisch. — *trans-4.5-Diacetoxy-Δ²-cyclohexenylidenacetonitril*, $C_{12}H_{13}O_4N$, $Kp._{0,01}$ 110°, aus **IV** u. KCN in absol. CH_3OH durch ½std. Kochen, Abdestillieren des CH_3OH im Vakuum, Zugabe von Pyridin u. Acetanhydrid, 12 Std. Stehen, Eindampfen im Vakuum, Aufnehmen in Ae. u. W.; Rückstand der äther. Schicht mehrmals im Hochvakuum dest.; $[\alpha]_D^{14}$ —212° (A.; c = 2); n_D^{20} 1,5190; λ_{max} 254 mμ (log ε = 4,365). — Quantitative Hydrierungen der Verbb. an PtO_2 wurden durchgeführt; außer vorst. Verb., für die ca. 4 Mol H_2 verbraucht wurden, benötigten sie alle jeweils ca. 1 Mol H_2. (Chem. Ber. **89**. 898—905. 3/4. 1956. Kiel, Univ., Inst. für organ. Chem.) R. BORCHARDT. 1870

Rudolf Grewe, Arno Heinke und **Christian Sommer,** *Darstellung und Konfiguration einiger 3.4-disubstituierter Cyclohexancarbonsäuren.* Bei der Behandlung von Δ^3-Tetrahydrobenzoesäure (**I**) mit verd. $KMnO_4$-Lsg. oder H_2O_2 in Ggw. von OsO_4 in tert.-Butanol wurde die *3.4-Dioxycyclohexancarbonsäure-(1)* (**II**) erhalten, die sich in die *Diacetylverb.* überführen ließ. **II** konnte jedoch nicht lactonisiert werden, was als Beweis für die cis-Ständigkeit der OH-Gruppen untereinander, die sich jedoch trans-ständig zu der Carboxylgruppe befinden, angesehen wird. Aus **I** u. Perameisensäure wurde im Gegensatz dazu hauptsächlich die *Säure* **III** erhalten, die beim Erhitzen das *Lacton* **V** gab, das sich in die entsprechende *Tosylverb.* überführen ließ. Aus **III** ließen sich außerdem die *Diacetylverb.* sowie der *Methylester* darstellen, außerdem durch Red. mit $LiAlH_4$ *3.4-Dioxycyclohexylcarbinol*, dessen prim. OH-Gruppen sich mit p-Toluolsulfochlorid umsetzte. Aus der Mutterlauge von **III** ließ sich durch Erhitzen das Lacton **XIII** erhalten, das bei der alkal. Verseifung die entsprechende *Säure* **IV** gab. Zum Konstitutionsbeweis von **V** u. **XIII** wurden die verschied. Hydrolysegeschwindigkeiten graph. verfolgt, da **V** als δ-Lacton langsamer hydrolysiert als das γ-Lacton **XIII**. Übereinstimmend damit liegt die Carbonylschwingung im Infrarotspektr. von **V** bei kleinerer Wellenzahl als bei **XIII** (Vergleichssubstanzen: cis-3- bzw. cis-4-Oxycyclohexancarbonsäure). Bei vorsichtigem Erwärmen von 3.4-Dibromcyclohexancarbonsäure-(1) in Sodalsg. auf 50° wurde unter WALDENscher Umkehr *3-Oxy-4-bromcyclohexancarbonsäure-(1)* (**XIV**) gebildet, die beim Erhitzen das entsprechende *Lacton* **VI** lieferte, aus dem durch vorsichtige katalyt. Red. in Ggw. von RANEY-Ni u. $(C_2H_5)_2NH$ das Br-Atom unter Bldg. von *3-Oxycyclohexancarbonsäure-(1)-lacton* (**VIII**) abgespalten wurde. **VI** führte bei der Behandlung mit NaOH zu *3-Oxocyclohexancarbonsäure-(1)* (**XII**), ein Beweis dafür, daß das Br-Atom cis-ständig zu der OH-Gruppe in **VI** stehen muß. Bei der Vermeidung der WALDENschen Umkehr durch Lösen von **I** in Sodalsg. u. nachfolgende Bromierung wurde das *Lacton* **VII** erhalten, das bei der sauren Hydrolyse die entsprechende *Säure* **IX** lieferte, die sich in das *Diacetylderiv.* u. den *Methylester* überführen ließ. **VII** gab bei der katalyt. Hydrierung analog **VI** **VIII**, was die γ-Lactonstruktur beweist. Das Br-Atom muß trans-ständig sein, da **VII** nicht ident. mit **VI** ist. Ebenfalls wurde aus **VII** keine Ketosäure erhalten, sondern nur **III**, das durch Herumklappen der Substituenten am $C_{(3)}$ u. $C_{(4)}$ entstanden ist. Die der Bromierung analog verlaufende Jodierung von **I** führte in guter Ausbeute zu *3-Oxy-4-jodcyclohexancarbonsäure-(1)-lacton* (**X**), dessen J-Atom sich beim Behandeln mit RANEY-Ni in absol. Bzl. aus der trans- in die cis-Stellung (**XI**) umlagerte. Red. von **X**

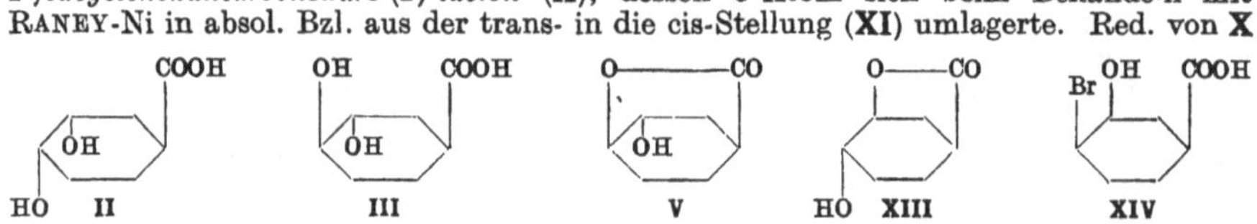

II III V XIII XIV

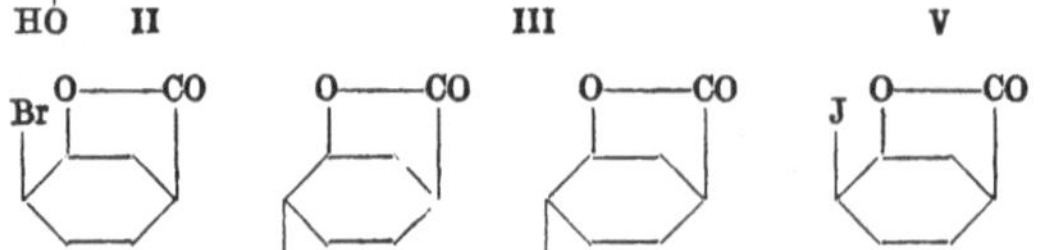

VI VII X XI

bzw. **XI** analog **VI** in Ggw. von $(C_2H_5)_2NH$ u. RANEY-Ni führte dagegen in beiden Fällen zu **VIII**, Alkalibehandlung von **X** lieferte **III**, während **XI** **XII** gab, was mit dem Verh. von cis-Halogenhydrinen im Einklang steht. Somit entstehen aus **I** in schwach alkal. Lsg. bevorzugt γ-Halogenlactone, die eine größere Ringspannung besitzen als die entsprechenden δ-Lactone, die nicht gebildet werden.

V e r s u c h e: *3.4-Dioxycyclohexancarbonsäure-(1)* (**II**), $C_7H_{12}O_4$, F. 187°, a) durch Versetzen von **I** in W. mit n-KOH bis zur klaren Lsg., Zugeben von sehr verd. $KMnO_4$-Lsg. unter Kühlung u. Rühren in 10 Min., in Lsg. bringen des gebildeten MnO_2 unter Einleiten von SO_2, genaues Neutralisieren mit 2n KOH, Einengen, Aufnehmen in Essigester/absol. A. (1:1), Einengen, Aufnehmen in W., Gießen über Amberlite IR-120, Einengen u. Anreiben mit Essigester; 29% (Ausbeute); b) durch Versetzen von **I** unter Eiskühlung mit 7%ig. H_2O_2 in tert.-Butanol u. wenig 0,5%ig. OsO_4 in tert.-Butanol, 3tägiges Stehen unter langsamem Erwärmen auf Raumtemp., Einengen, Aufnehmen in W., Entfernen unumgesetzter **I** durch Ausäthern, Einengen u. Anreiben mit Aceton; 25%. *Diacetylderiv.*, $C_{11}H_{16}O_6$, F. 84° (Chlf./PAe.), $Kp._{0,03}$ 100—110°, durch Stehen von 350 mg **II** mit Acetanhydrid u. Pyridin über Nacht, Einengen, kurzzeitiges Erwärmen in W. + einigen Tropfen Pyridin, Chlf.-Extraktion u. Eindampfen; 430 mg (roh). — **III**, $C_7H_{12}O_4$, F. 135° (Essigester/Methanol), durch Eintropfen von **I** unter Eiskühlung u. energ. Rühren in 30%ig. H_2O_2 u. 85%ig. Ameisensäure in 60 Min., 1std. Erwärmen auf 40°, 24std. Stehen bei Raumtemp., Einengen (Badtemp. $<$40°), Aufnehmen in W., 2std. Kochen, Eindampfen u. Anreiben mit Essigester; 51%. *Diacetylderiv.*, $C_{11}H_{16}O_6$, F. 110° (Essigester/PAe.), $Kp._{0,03}$ 170—180°, durch Stehen von **III** in absol. Pyridin u. Acetanhydrid über Nacht, Einengen, Aufnehmen in Ae. u. Eindampfen; 66%. *Methylester*, $C_8H_{14}O_4$, F. 88° (Essigester/PAe.), durch 3std. Erhitzen von **III** mit 0,5%ig. absol. methanol. HCl u. Einengen; 75%. *Methylesterdiacetylderiv.*, $C_{12}H_{18}O_6$, F. 61° (W.), $Kp._{0,06}$ 130—135°, analog **III**-Diacetylderiv. aus vorst. Methylester in 24 Std. bei Raumtemp.; 73%. — *3.4-Dioxycyclohexancarbonsäure-(1)-lacton-(1.4)* (**V**), $C_7H_{10}O_3$, F. 69° (Essigester/PAe.), $Kp._{0,06}$ 160—180°; durch 20std. Erhitzen von **III** auf 185° unter Abdestillieren des gebildeten W. u. anschließende Dest.; 92%. *Tosylat*, $C_{14}H_{16}O_5S$, F. 108° (Essigester/PAe.), durch Versetzen von **V** in Pyridin unter Eiskühlung mit p-Toluolsulfochlorid in Pyridin, 1tägiges Stehen bei Raumtemp., Einengen, Aufnehmen in Chlf. u. Eindampfen; 62%. — *3.4-Dioxycyclohexylcarbinol*, $Kp._{0,06}$ 160—170°, durch 3std. Kochen von $LiAlH_4$ in absol. Ae. unter Ausschluß der Luftfeuchtigkeit, Eintropfen von absol. äther. **III**-Methylester unter Rühren in 1 Std., 3std. Kochen, Zers. in der Kälte mit W. u. NaOH, Extrahieren des Nd. mit kaltem W. u. Einengen; 84%. *Prim. Tosylat*, $C_{14}H_{20}O_5S$, F. 116—117° (Essigester), durch Vermischen vorst. Verb. in absol. Pyridin mit p-Toluolsulfochlorid in Chlf. bei —40° unter Luftabschluß, 3tägiges Stehen bei —20°, Verdünnen mit Chlf. u. Einengen; glänzende Blättchen; 71%. — *3.4-Dioxycyclohexancarbonsäure-(1)-lacton-(1.3)* (**XIII**), $C_7H_{10}O_3$, F. 172° (Essigester/PAe.), durch Einengen der Mutterlauge von **III** u. Dest. (Fraktion $Kp._{0,06}$ $>$130°); 7%. *Tosylat*, $C_{14}H_{16}O_5S$, F. 103°, analog **V**-Tosylat; weiche fibrige Nadeln; 53%. — *3.4-Dioxycyclohexancarbonsäure-(1)* (**IV**), $C_7H_{12}O_4$, F. 107—108° (Essigester), durch 12std. Stehen von **XIII** in 20%ig. NaOH, Gießen über einen Kationenaustauscher u. Einengen; ~100%. — *3-Oxy-4-bromcyclohexancarbonsäure-(1)* (**XIV**), $C_7H_{11}O_3Br$, F. 153° (50%ig. A.), durch schnelles Zugeben von 3.4-Dibromcyclohexancarbonsäure-(1) unter kräftigem Rühren zu 5%ig. Sodalsg., 2std. Rühren bei 50°, Ae.- (bzw. Chlf.-) Extraktion, Ansäuern der wss. Phase mit verd. HCl u. Einengen; 77%. — *3-Oxy-4-bromcyclohexancarbonsäure-(1)-lacton* (**VI**), $C_7H_9O_2Br$, F. 101° (A.), $Kp._{0,03}$ 140—160°, a) aus der Ae.-Lsg. bei **XIV** durch Einengen; 5,6%; b) durch 25 Min. Erhitzen von **XIV** auf 170—180° unter Wasserabspaltung; 63%. — *3-Acetoxy-4-bromcyclohexancarbonsäure-(1)*, $C_9H_{13}O_4Br$, F. 102° (A.), durch Versetzen von **XIV** in absol. Pyridin mit Acetanhydrid unter Kühlung, 12std. Stehen, Einengen, Ansäuern mit 2n HCl, Chlf.-Extraktion u. Eindampfen; 72%. — *3-Oxycyclohexancarbonsäure-(1)-lacton* (**VIII**), F. u. Misch-F. 120°, durch katalyt. Hydrierung von **VI** in absol. Ae. unter Zusatz von wenig $(C_2H_5)_2NH$ in Ggw. von Raney-Ni bis zur Aufnahme von 1,1 Mol H_2, Filtration, Einengen, Aufnehmen in n-Hexan u. Abkühlen auf —40°; wachsartige Nadeln; 57%. — *3-Oxocyclohexancarbonsäure-(1)* (**XII**), F. u. Misch-F. 73° (Essigsäure/PAe.), durch 2std. Kochen von **VI** in 0,5n NaOH, Ansäuern mit verd. HCl in der Kälte, Sättigen mit $(NH_4)_2SO_4$, Ae.-Extraktion u. Eindampfen; 90% (roh). — **VII**, $C_7H_9O_2Br$, F. 106° (PAe.), durch Eintropfen von **I** in wss. Sodalsg. unter Rühren, Zutropfen von Br_2 unter Eiskühlung u. Rühren, Aufnehmen in Ae. u. Eindampfen; strahlenförmige Büschel; 57%. Gab bei 2std. Kochen in 0,5n NaOH, Ansäuern, Sättigen mit $(NH_4)_2SO_4$ u. Ae.-Extraktion **III**; 20%. Red. von **VII** analog **VIII** lieferte **VIII**; 40%. — *3-Oxy-4-bromcyclohexancarbonsäure-(1)* (**IX**), $C_7H_{11}O_3Br$, F. 166° (Essigester), durch 2std. Erhitzen von **VII** in 0,1n H_2SO_4 auf dem Wasserbad unter Rühren u. 12std. Stehen bei 0°; 88%. Gab beim Erhitzen auf 180° **VII** (60%) zurück. *Acetylderiv.*, $C_9H_{13}O_4Br$, F. 175° (nach Sublimation im Hochvakuum bei 170°), durch 12std. Stehen von **IX** in absol. Pyridin mit Acetanhydrid bei Raumtemp., Einengen, Ansäuern mit 2n HCl u. Ae.-Extraktion; 71%. *Methylester*, $C_8H_{13}O_3Br$, F. 96° (Essigester/PAe.), durch 3std. Kochen von **VII** in 2%ig. methanol. HCl; 77%. *Methylesteracetylderiv.*,

$C_{10}H_{15}O_4Br$, F. 56° (Essigester/PAe.), aus vorst. Methylester analog **II**-Diacetylderiv.; 60%. — *3-Oxy-4-jodcyclohexancarbonsäure-(1)-lacton* (**X**), $C_7H_9O_2J$, F. 134° [Zers.; A./PAe. (1:3)], durch 24std. Stehen von **I** in 0,5n $NaHCO_3$ mit wss. J_2/KJ-Lsg. unter Lichtabschluß, Abfiltrieren des hellbraunen Nd., Lösen in Chlf., Entfärben mit n-$Na_2 \cdot S_2O_3$ u. Einengen; 76% (roh). Gab bei 2std. Erhitzen in 0,5n NaOH, Ansäuern, Einengen u. Ae.-Extraktion **III**; Red. analog **VIII** lieferte **VIII**. — **XI**, $C_7H_9O_2J$, F. 109° (Zers.; Bzl. u. Zugabe von PAe.), durch 15std. Schütteln von **X** in absol. Bzl. mit RANEY-Ni, Filtration u. Einengen; 32%. Gab mit 0,5n NaOH analog **X** 60% **XII**; Red. in Ggw. von RANEY-Ni u. $(C_2H_5)_2NH$ führte zu **VIII**. (Chem. Ber. **89**. 1978—88. 2/8. 1956. Kiel, Univ., Inst. für organ. Chem.) W. GEHRMANN. 2010

Ralph V. White und **Phillip S. Landis**, *cis-Δ^4-Tetrahydrophthalsäuremonoalkylester.* Vff. stellten eine Reihe *cis-Δ^4-Tetrahydrophthalsäuremono-n-alkylester* durch Umsetzung des Säureanhydrids mit prim. Alkoholen (C_1—C_{18}) dar. Die F.-Kurve in Abhängigkeit von der C-Zahl des Alkylrestes verläuft hier gleichmäßiger als bei den entsprechenden Phthalsäureestern.

Versuche: *cis-Δ^4-Tetrahydrophthalsäureanhydrid,* F. 102—103° (PAe.) aus Butadien u. Maleinsäureanhydrid. — cis-Δ^4-Tetrahydrophthalsäuremonoalkylester, durch Erhitzen äquimol. Mengen vorst. Verb. u. prim. Alkohol auf 90° (exotherme Rk., → 116°; 10 Min.),Umkristallisation aus Aceton (FF. korr.): *-methyl-*, F. 81,2—83,1°. *Ba-Salz*, $C_{18}H_{22}O_8Ba$, mit wss. $Ba(OH)_2$ in wss. Aceton. — *-äthyl-*, F. 86,0—86,9°. — *-n-propyl-*, F. 48,2—50,5°. — *-n-butyl-*, F. 52,2—54,2°. — *-n-amyl-*, F. 47,1—49,0°. — *-n-hexyl-*, F. 48,5—49,5°. — *-n-heptyl-*, F. 36,0—37,9°. — *-n-octyl-*, F. 36,5—37,1°. — *-n-nonyl-*, F. 42,9—44,5°. — *-n-decyl-*, F. 51,2—52,1°. — *-n-undecyl-*, F. 50,8—52,0°. — *-n-dodecyl-*, F. 58,0—59,0°. — *-n-tridecyl-*, F. 61,0—61,8°. *Ca-Salz*, $C_{42}H_{70}O_8Ca$, mit NH_4OH in wss. Aceton, dann mit $CaCl_2$. — *-n-tetradecyl-*, F. 65,3—66,0°. *Ba-Salz*, $C_{44}H_{74}O_8Ba$, Gummi. — *-n-pentadecyl-*, F. 66,1—66,8°. — *-n-hexadecyl-*, F. 70,1—70,7°. — *-n-heptadecyl-*, F. 70,0—71,0°. — *-n-octadecyl-*, F. 73,5 bis 74,9°. (J. org. Chemistry **21**. 279—80. März 1956. Paulsboro, N. J., Socony Mobil Labors., Res. and Developm. Dep.) H. ASCHERL. 2020

J. C. Westfahl und **T. L. Gresham**, *Die Struktur der aus Malonitril und Formaldehyd dargestellten Verbindung $C_{11}H_6N_6$.* Vff. untersuchten die bei der Rk. von Malonitril mit Formaldehyd neben *1.1.3.3-Tetracyanpropan* entstandene, ursprünglich als 1.1.3.3.5.5-Hexacyanpentan angesehene *Verb. $C_{11}H_6N_6$* (**I**; vgl. DIELS u. CONN, Ber. dtsch. chem. Ges. **56**. [1923.] 2076). **I** läßt sich jedoch nicht, wie Polyvinylidencyanid (vgl. ARDIS u. Mitarbeiter, C. **1951**. I. 29 u. A. P. 2 535 827; C. **1952**. 4374), therm. zu 1.1-Dicyanäthylen abbauen. Auf Grund des Infrarotspektr. wird für **I** eine cycl. Struktur, *2.2.4.4.6-Pentacyancyclohexanonimin* bzw. das tautomere *Enamin*, vorgeschlagen, mit der auch nachst. Eigg. übereinstimmen. Die in Aceton u. Acetonitril gefundenen zu niedrigen Werte für das Mol.-Gew. werden auf teilweise Dissoziation zurückgeführt. Bei der Hydrolyse von **I** entsteht, wahrscheinlich über verschied. β-Ketosäuren, hauptsächlich *γ-Carboxypimelinsäure*, daneben wenig *Glutarsäure*, *Cyclohexanon-4-carbonsäure* u. 3 nichtidentifizierte *Säuren.*

Versuche: *2.2.4.4.6-Pentacyancyclohexanonimin* (**I**), $C_{11}H_6N_6$, F. 238—240° (Bad auf 220° vorgeheizt; Schmelze gelb; F. abhängig vom Erhitzen), nach DIELS u. CONN, l. c.); Umkristallisation aus mit H_2SO_4 auf p_H 3 angesäuertem Wasser. — *γ-Carboxypimelinsäure*, F. 111—113,5° (Aceton/Chlf.), durch 24std. Kochen von 17,18 g **I** in verd. HCl (1:1); 57,2% (Ausbeute), daneben durch Papierchromatographie mit W./A./28%ig. NH_4OH (15:85:1) *Glutarsäure*, *Cyclohexanon-4-carbonsäure* (*2.4-Dinitrophenylhydrazon*, F. 185—187,5°, aus der wss. Lsg.) u. 3 weitere *Säuren.* (J. org. Chemistry **21**. 319—21. März 1956. Breckville, O., B. F. Goodrich Res. Center.) H. ASCHERL. 2150

S. R. Finn, **J. W. James** und **C. J. S. Standen**, *Phenol–Formaldehyd-Harz-Zwischenprodukte.* Es wurde eine Reihe von Novolaken u. anderen Verbb. synthetisiert, von denen angenommen werden kann, daß sie während der Phenolharzbldg. aus Phenol u. CH_2O als Zwischenprodd. auftreten. Die synthetisierten Verbb. wurden papierchromatograph. aus Bzl.–Essigsäure–W.-Gemischen untersucht, u. es wurden ihre R_F-Werte festgestellt. Folgende dreikernige *Novolake* wurden synthetisiert (in Klammern F. u. R_F-Wert): *1-Oxy-2-[2-oxybenzyl]-6-[4-oxybenzyl]-benzol* (133°; 0,697), aus 4-Oxy-3.5-dibrombenzylbromid + p-Chlorphenol → 2.4'-Dioxy-4-chlor-3'.5'-dibromdiphenylmethan → 3-Oxymethyl-2.4'-dioxy-4-chlor-3'.5'-dibromdiphenylmethan (+p-Chlorphenol) → 2-[2-Oxy-5-chlorbenzyl]-6-[4-oxy-3.5-dibrombenzyl]-1-oxy-4-chlorbenzol u. Dehalogenierung mit Ni–Al-Legierung. — Analog: *1-Oxy-2.6-bis-[2-oxybenzyl]-benzol* (158°; 0,905)- *1-Oxy-2.6-bis-[4-oxybenzyl]-benzol* (171°; 0,496). *1-Oxy-2-[2-oxybenzyl]-*

4-[4-oxybenzyl]-benzol (56°; 0,63). *1-Oxy-2.4-bis-[2-oxybenzyl]-benzol* (118°; 0,735). *1-Oxy-2.6-bis-[4-oxybenzyl]-benzol* (145,5°; 0,258). *1-Oxy-2-[4-oxybenzyl]-4-[2-oxybenzyl]-benzol* (133—134°; 0,378). — Zur Darst. der nachst. zweikernigen Alkohole wurde ein entsprechend substituiertes Brommethylphenol mit Methylsalicylat, 4-Brom-2-carbomethoxyphenol oder 4-Carbomethoxyphenol kondensiert, die erhaltenen Carbomethoxydioxydiphenylmethane zu den entsprechenden Säuren verseift u. diese zu folgenden *Diphenylmethanen* dehalogeniert u. red.: *3-Oxymethyl-2.2'-dioxy-* (121°; 0,665). *3-Oxymethyl-2'.4-dioxy-* (108,5°; 0,245). *3-Oxymethyl-4.4'-dioxy-* (130°; 0,164). *3-Oxymethyl-2.4'-dioxy-* (125°; 0,387). *5-Oxymethyl-2.4'-dioxy-* (151,5; 0,774). *5-Oxymethyl-2.2'-dioxy-* (135°; 0,303). — R_F-Werte wurden von folgenden Verbb. bestimmt: *2.2'-* (0,86); *2.4'-* (0,575); *4.4'-Dioxydiphenylmethan* (0,453); *2-* (0,36) u. *4-Oxy-* (0,122); *2.6-Dioxy-* (0,163) u. *2.4.6-Trioxybenzylalkohol* (0,0224). Die Verss. zeigten, daß die papierchromatograph. Trennung eine gute Meth. zur Unters. des Verlaufs der Phenol-CH_2O-Kondensation ist. (Chem. and Ind. **1954.** 188. 13/2. Slough, Bucks., Vulcan Prod. Ltd., Trading Estate.) I. FESTL. 2260

B. M. Michailow und **K. N. Kurdjumowa,** *Struktur und Eigenschaften der Dimetallverbindungen von Azomethinen.* 1. Mitt. *Struktur der Metallverbindungen von Azomethinen.* Die in äther. Lsg. erhaltene *Dinatriumverb.* von *Benzophenonanil* (**I**) von SCHLENK u. Mitarbeitern (Ber. dtsch. chem. Ges. **47.** [1914.] 473; Liebigs Ann. Chem. **463.** [1928.] 1) wird erneut analysiert mit dem Ergebnis, daß sie 1 Mol Ae. enthält; die fehlerhafte ältere Angabe ist auf Unvollständigkeit der Analyse zurückzuführen. Auch andere, daraufhin untersuchte Vertreter dieser Verbindungsklasse — Dinatrium u. Dilithiumverbb. — enthalten komplex gebundenen Ae., 1 oder 2 Mol, je nach der Verbindung. Die Dialkalimetallverbb. zeigen in äther. Lsg. elektr. Leitfähigkeit, deren Größe — mit Ausnahme der Dinatriumverb. von **I** — derjenigen von Triphenylmethylnatrium nahekommt. Es ist anzunehmen, daß nur 1 Atom des Alkalimetalls ionisiert ist, während das 2. im Anion kovalent gebunden ist. Von den Formulierungen $[(C_6H_5)_2C(M)-NC_6H_5]^- [M \leftarrow O(C_2H_5)_2]^+$ oder $[(C_6H_5)_2C-N(M)C_6H_5]^- [M \leftarrow O(C_2H_5)_2]^+$ (M = Na, Li) wird der ersten der Vorzug gegeben, insofern als N elektronegativer als C ist. — 0,01 Mol des Anils u. 0,03 g-Atom Alkalimetall werden in äther. Lsg. mit Glasperlen in geschlossener Ampulle 50—60 Std. geschüttelt; die Alkaliverbb. fallen als mikrokrist. farbige Ndd. aus; alle Arbeiten werden unter N_2 durchgeführt. Aus Benzophenon u. Anilin, o- u. p-Toluidin werden erhalten: $(C_6H_5)_2C{=}NC_6H_5 \cdot 2Li \cdot C_4H_{10}O$, $(C_6H_5)_2C{=}NC_6H_5 \cdot 2Na \cdot C_4H_{10}O$; $(C_6H_5)_2C{=}NC_6H_4(CH_3\text{-}o) \cdot 2Li \cdot 2C_4H_{10}O$, $(C_6H_5)_2C{=}NC_6H_4(CH_3\text{-}o) \cdot 2Na \cdot C_4H_{10}O$; $(C_6H_5)_2C{=}NC_6H_4(CH_3\text{-}p) \cdot 2Li \cdot C_4H_{10}O$, $(C_6H_5)_2C{=}NC_6H_4(CH_3\text{-}p) \cdot 2Na \cdot C_4H_{10}O$. (Журнал Общей Химии [J. allg. Chem.] **25** (**87**). 1734—37. Sept. 1955.) R. KNOBLOCH. 2360

Philippe Teyssié und **Georges Smets,** *4-Methyl-4-[3.5-dimethylphenyl]-2-methylpenten-(1), ein Zwischenprodukt bei der Synthese von 1.1.3.3.4.6-Hexamethylindan.* Bei der Umsetzung von Methyl-[3.5-dimethylphenyl]-isovalerat mit CH_3MgJ u. folgender Behandlung des entstandenen *Carbinols* mit H_2SO_4 hatten SMITH u. SPILLANE (J. Amer. chem. Soc. **65.** [1943.] 202) *1.1.3.3.4.6-Hexamethylindan* erhalten. Vff. finden jedoch durch spektroskop. Analyse, daß bei der Rk. zunächst *4-Methyl-4-[3.5-dimethylphenyl]-2-methylpenten* (**I**) entsteht, das bei Ggw. von $AlCl_3$ zu Hexamethylindan cyclisiert werden kann.

V e r s u c h e: *1.1.3.3.4.6-Hexamethylindan,* $Kp._{20}$ 125—127°, aus **I** ($n_{D28,5}$ 10,5056) mit $AlCl_3$ bei 20°; $n_{D28,5}$ 1,5101; 81% (Ausbeute). — Die Infrarotspektren der Verbb. sind graph. angegeben. (J. Amer. chem. Soc. **77.** 6695—96. 20/12. 1955. Louvain, Belgium, Univ., Labor. de Chim. Macromol.) G. HOHMANN. 2650

Wyman R. Vaughan und **Randel Q. Little jr.,** *Reaktionen behinderter α-substituierter Bernsteinsäuren.* 4. Mitt. *Weitere Reaktionen, die die Wagner-Meerwein-Umlagerung einschließen.* (3. vgl. C. **1956.** 74.) 2-Bromdibenzobicyclo-[2.2.2]-octadien-cis-2.3-dicarbonsäureanhydrid (**I**) wird in Ggw. von $AgNO_3$ zu *2-Oxy-3.4;7.8-dibenzobicyclo-[3.2.1]-octadien-(3.7)-dicarbonsäure-(1.6)* (**II**) u. *2-Oxydibenzobicyclo-[2.2.2]-octadien-trans-2.3-dicarbonsäure* (**III**) umgelagert, in Ggw. von Ag_2O bildet sich außerdem noch *Dibenzobicyclo-[2.2.2]-octatrien-(2.5.7)-carbonsäure-(2)* (**IV**). Analog entsteht aus 2-Chlor-3-methyldibenzobicyclo-[2.2.2]-octadien-cis-2.3-dicarbonsäureanhydrid (**V**) mit Ag_2O *2-Oxy-6-methyl-3.4;7.8-dibenzobicyclo-[3.2.1]-octadien-(3.7)-dicarbonsäure-(1.6)* (**VI**), *3-Methyl-5.6;7.8-dibenzobicyclo-[2.2.2]-octatrien-(2.5.7)-carbonsäure-(2)* (**VII**) u. *2-Oxy-6-methyl-3.4;7.8-dibenzobicyclo-[3.2.1]-octadien-(3.7)-dicarbonsäure-(1.6)-lacton-(2-6)* (**VIII**). Aus 2-Chlordibenzobicyclo-[2.2.2]-octadien-cis-2.3-dicarbonsäureanhydrid (**IX**) entsteht in Ggw. von Ag_2O vorwiegend **III**, wahrscheinlich auch **II**, ferner **IV** u. *2-Oxy-3.4;7.8-dibenzobicyclo-[3.2.1]-octadien-(3.7)-dicarbonsäure-(1.6)* (**X**). **VI** gibt bei der Oxydation *6-Methyl-2-keto-3.4;7.8-dibenzobicyclo-[3.2.1]-octadien-(3.7)-dicarbonsäure-(trans-1.6)* (**XI**), die sich von der aus **VIII** analog erhaltenen Säure durch ihre trans-Stellung zwischen der COOH-Gruppe an $C_{(1)}$ u. der Ketogruppe unterscheidet. **XI** bildet bei der Oxydation *3.3'-Spirobiphthalid.* Der mögliche Mechanismus der einzelnen Umlagerungen wird erörtert. Demzufolge beruht der Unterschied zwischen der Umlagerung mit Na^+ u. mit Ag^+ lediglich in dem Anteil der Reaktionsprodd., je nachdem bei der betreffenden Ausgangsverb. die enthalogenierende Decarboxylierung oder die n. Halogensubstitution bevorzugt wird. — Das UV-Spektr. von **XI** ist angegeben u. wird diskutiert.

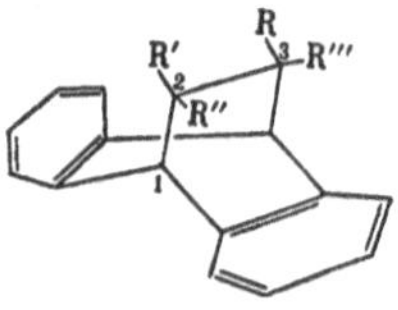

I R''—R''' = —CO·O·CO—; R = H; R' = Br
III R'=R''' = COOH; R = H; R'' = OH
V R''—R''' = —CO·O·CO—; R = CH_3; R' = Cl
IX R''—R''' = —CO·O CO—; R = H; R' = Cl

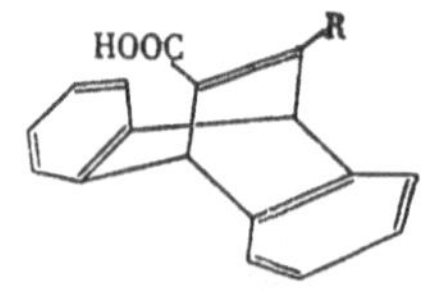

IV R = H **VII** R = CH_3

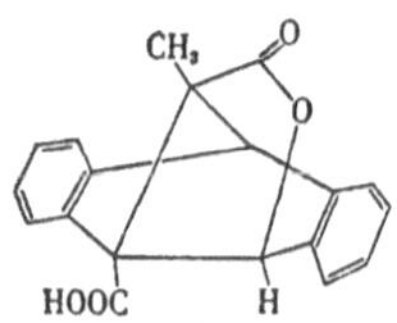

VIII

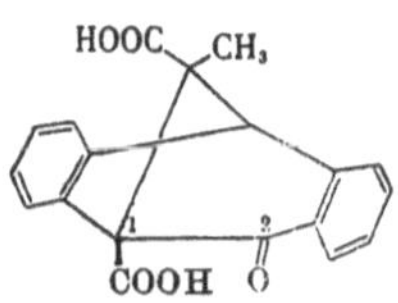

XI

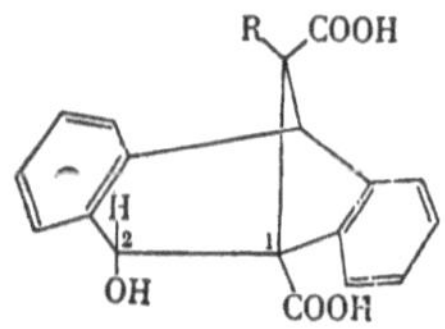

II R = H **VI** R = CH_3

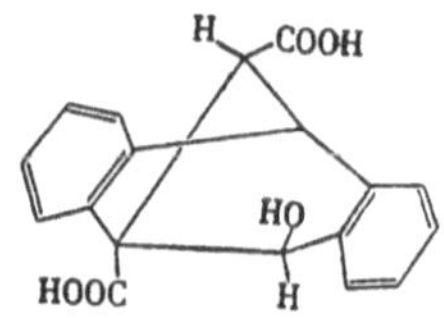

X

V e r s u c h e : *2-Chlor-3-methyldibenzobicyclo-[2.2.2]-octadien-cis-2.3-dicarbonsäureanhydrid* (**V**), $C_{19}H_{13}O_3Cl$, F. 222—222,5° (Nitromethan), aus Chlorcitraconsäureanhydrid u. Anthracen in Xylol (5tägiges Kochen); 68,4% (Ausbeute). — *2-Oxydibenzobicyclo-[2.2.2]-octadien-trans-2.3-dicarbonsäure* (**III**), F. 222—223,5° (Zers.; W.), a) aus **I** u. n-$AgNO_3$ in Aceton (3std. Stehen im Dunkeln, Filtrieren u. Vakuumeinengen); 81,8%; b) aus **I** u. Ag_2O in wss. Dioxan durch 1std. Erwärmen im Dunkeln, Filtrieren, Ausziehen mit Bzl. u. Einengen; 84,8%; c) aus **IX** + Ag_2O in wss. Dioxan wie vorst., Filtrieren u. Aufarbeiten; 75,4%. — *2-Oxy-3.4;7.8-dibenzobicyclo-[3.2.1]-octadien-(3.7)-dicarbonsäure-(1.6)* (**II**), $C_{18}H_{14}O_5$, F. 237—238,5° (Zers.; W.), a) bei vorst. a) aus der Mutterlauge; 11%; b) bei vorst. b). *Dimethylester*, $C_{20}H_{18}O_5$, F. 160,5—161,8° (CH_3OH). — *Dibenzobicyclo-[2.2.2]-octatrien-(2.5.7)-carbonsäure-(2)* (**IV**), F. 245—247,5° (Essigsäure), a) bei **III** nach b) aus dem Benzolextrakt; 5,4%; b) bei **III** nach c) aus dem Benzolextrakt; 11,5%; daneben aus der Mutterlauge wahrscheinlich *2-Oxy-3.4;7.8-dibenzobicyclo-[3.2.1]-octadien-(3.7)-dicarbonsäure-(1.6)* (**X**), F. 175—182°. — *2-Oxy-6-methyl-3.4;7.8-dibenzobicyclo-[3.2.1]-octadien-(3.7)-dicarbonsäure-(1.6)* (**VI**), $C_{19}H_{16}O_5$, F. 200—200,5° (Zers.; Nitromethan), aus **V** mit Ag_2O wie vorst.; 41,8%. *Dimethylester*, $C_{21}H_{20}O_5$, F. 154,5—156° (CH_3OH). — *3-Methyl-5.6;7.8-dibenzobicyclo-[2.2.2]-octatrien-(2.5.7)-carbonsäure-(2)* (**VII**), F. 266,5—267° (Zers.), aus dem Benzolextrakt von **VI**; 19,7%. — *2-Oxy-6-methyl-3.4;7.8-dibenzobicyclo-[3.2.1]-octadien-(3.7)-dicarbonsäure-(1.6)-lacton-(2.6)* (**VIII**), F. 228,5 bis 229,5° (Zers.; Chlorbenzol), aus den wss. Extrakten bei **VI**; 17,9%. — *6-Methyl-2-keto-3.4;7.8-dibenzobicyclo-[3.2.1]-octadien-(3.7)-dicarbonsäure-(trans-1.6)*(**XI**), $C_{19}H_{14}O_5$, F. 268—270° (Zers.; Nitromethan), aus **VI** u. 1%ig. $KMnO_4$ in Ggw. von wenig NaOH; 61,8%. *Dimethylester*, $C_{21}H_{18}O_5$, F. 188—191° (CH_3OH). — *3.3'-Spirobiphthalid*, F. 205,5 bis 207°, aus **XI** durch Oxydation in sd. 70%ig. H_2SO_4. (J. Amer. chem. Soc. **76.** 4130—34. 20/8. 1954. Ann Arbor, Mich., Univ., Dep. of Chem.) H. Lehwald. 2950

Erling Bernatek und **Svein Ramstad,** *Die Reaktion zwischen Acetylaceton und p-Benzochinon.* 3. Mitt. *ω.ω.ω'.ω'-Tetraacetyl-p-xylochinon.* (2. vgl. C. **1955.** 10015.) Wie die nachst. Verss. zeigen, handelt es sich bei dem früher (vgl. C. **1953.** 42) bei der Rk. von Acetylaceton u. p-Benzochinon erhaltenen Chinon $C_{16}H_{16}O_6$ um *ω.ω.ω'.ω'-Tetraacetyl-p-xylochinon* (**I**). **I** bildet bei der Hydrierung über PtO_2 in absol. Ae. *ω.ω.ω'.ω'-Tetraacetyl-p-xylohydrochinon* (**III**), das leicht wieder zu **I** oxydiert werden kann. Bei der Hydrierung von **I** in absol. CH_3OH entsteht dagegen *2.5-Diacetonylhydrochinon* (**II**). **II** u. **III** geben eine positive CHJ_3-Rk., lassen sich in die *Diacetate* verwandeln u. lösen sich in Alkali rot (→ braun) bzw. violett (→ braun). Daneben wurde bei der Darst. von **II** in geringer Menge *Acetaldehyd* nachgewiesen. Beim Kochen von **II** in 2n HCl entsteht *Aceton,* beim Kochen in Acetylchlorid unter Wasserabspaltung u. Ringschluß *5'.5''-Dimethylbenzo-[1.2:2'.3';4.5:2''.3'']-difuran* (**IV**), desgleichen kann aus **III** u. konz. H_2SO_4 *5'.5''-Dimethyl-4'.4''-diacetylbenzo-[1.2:2'.3';4.5:2''3'']-difuran* (**V**) dargestellt werden, von dem ein *Bis-2.4-dinitrophenylhydrazon* gebildet wird. Die in der 2. Mitt. (l. c.) bei der Rk. von Acetylaceton u. p-Benzochinon in Ggw. von $ZnCl_2$ erhaltene Verb. $C_{16}H_{14}O_4$

erwies sich als ident. mit **V**. Bei der PECHMANN-Synth. von Acetessigsäureäthylester u. p-Benzochinon in Ggw. von $ZnCl_2$ entsteht u. a. *5'.5''-Dimethylbenzo-[1.2:2'.3';4.5:2''.3'']-difuran-4'.4''-dicarbonsäurediäthylester* (**VI**), der verseift u. zu **IV** decarboxyliert wird. **V** reagiert mit CH_3MgJ zu *5'.5''-Dimethyl-4'.4''-bis-[2-oxyisopropyl]-benzo-[1.2:2'.3';4.5:2'' 3''] difuran*, aus dem durch Erhitzen W. abgespalten wird. Das entstehende *5'.5''-Dimethyl-4'.4''-dipropenyl-(2)-benzo-[1.2:2'.3';4.5:2''.3'']-difuran* kann auch aus **VI** durch Rk. mit CH_3MgJ u. anschließende H_2O-Abspaltung erhalten werden.

Versuche: *ω.ω.ω'.ω'-Tetraacetyl-p-xylochinon* (**I**), $C_{16}H_{16}O_6$, F. 212—213° (Zers.; A.), durch 4std. Stehen von 2 g p-Benzochinon u. 20 cm³ Acetylaceton mit wenig Pyridin; rote Kristalle aus A.; 0,25 g (Ausbeute). — *ω.ω.ω'.ω'-Tetraacetyl-p-xylohydrochinon* (**III**), $C_{16}H_{18}O_6$, F. 199°, durch 8std. Hydrieren von 1 g **I** in Ae. über PtO_2; Nadeln aus wss. Aceton; 0,88 g; $FeCl_3$-Rk. violett; gibt beim kurzen Kochen mit Benzochinon wieder **I**. *Diacetat*, $C_{20}H_{22}O_8$, F. 220—221°, Platten aus CH_3OH. — *2.5-Diacetonylhydrochinon* (**II**), $C_{12}H_{14}O_4$, F. 193—195° (verd. A.), durch ½std. Hydrieren von 5 g **I** über PtO_2 in absol. CH_3OH; 2,2 g; gibt beim Erhitzen mit 2.4-Dinitrophenylhydrazin u. 2n HCl *Aceton-2.4-dinitrophenylhydrazon*, $C_9H_{10}O_4N_4$, F. 126° (A.). *Diacetat*, $C_{16}H_{18}O_6$, F. 126° (verd. A.). Daneben *Acetaldehyd* [*2.4-Dinitrophenylhydrazon*, $C_8H_8O_4N_4$, F. 165° (Eisessig)]. — *5'.5''-Dimethylbenzo-[1.2:2'.3';4.5:2''.3'']-difuran* (**IV**), $C_{12}H_{10}O_2$, F. 112 bis 113° (verd. CH_3OH), a) durch 1std. Kochen von **II** in Acetylchlorid u. Gießen auf Eis; b) durch Hydrolysieren von **VI** mit 10%ig. alkoh. KOH (2 Std. kochen) u. Dest. des isolierten *Di-K-Salzes*. — *5'.5''-Dimethyl-4'.4''-diacetylbenzo-[1.2:2'.3';4.5:2''.3'']-difuran* (**V**), $C_{16}H_{14}O_4$, F. 247—248° (A.), durch kurzes Stehen von 0,24 g **III** in konz. H_2SO_4 u. Gießen auf Eis; 0,18 g. *Bis-2.4-dinitrophenylhydrazon*, $C_{28}H_{22}O_{10}N_8$, F. 250° (Zers.; Nitrobenzol). — *5'.5''-Dimethyl-4'.4''-bis-[2-oxyisopropyl]-benzo-[1.2:2'.3';4.5:2''.3'']-difuran*, $C_{18}H_{22}O_4$, F. 138—139° (Zers.; CCl), durch GRIGNARD-Rk. von 1,1 g **V** mit CH_3MgJ in Ae., kurzes Kochen, Zers. mit Eis/HCl u. Abdampfen; 1 g. — *5'.5''-Dimethyl-4'.4''-dipropenyl-(2)-benzo-[1.2:2'.3';4.5:2''.3'']-difuran*, $C_{18}H_{18}O_2$, F. 112°, a) durch Sublimieren vorst. Verb. im Vakuum bei 100° (Badtemp.), b) aus **VI** u. CH_3MgJ in Ae. (½std. Kochen, Zers. u. Sublimieren wie vorst.). (Acta chem. scand. **7**. 1351—56. 1953. Oslo, Univ., Kjemiski Inst.) H. LEHWALD. 3061

E. Hardegger und **H. Corrodi**, *Herstellung von 4-Jodoxindol, 4-Jodindol, 4-Jodskatolylaceton und verwandten Verbindungen.* Im Rahmen der Darst. von Halogenindolen, die als Modellsubstanzen zur Synth. von Verbb. der Ergolin-Reihe dienen sollten, stellten Vff. aus 2.6-Dinitrotoluol über *2-Jod-6-nitrotoluol* (**III**) durch Kondensation mit Oxalester zu *2-Jod-6-nitrophenylbrenztraubensäure* (**I**), Abbau zu *2-Jod-6-nitrophenylessigsäure* u. anschließendem Ringschluß *4-Jodoxindol* her; aus **I** entsprechend die *4-Jodindol-2-carbonsäure*, deren Decarboxylierung durch Erhitzen auf 250° in Ggw. von Chinolin, CuJ u. Cu-Pulver *4-Jodindol* (**II**) lieferte. Der Vers. der Darst. von **II** aus dem aus **III** gewonnenen *2-Jod-6-formamidotoluol* mißlang. Die Umsetzung der aus **II** mit Piperidin u. Formaldehyd erhältlichen MANNICH-Base mit Na-Acetessigester u. Dimethylsulfat lieferte rohen *4-Jodskatolylacetessigester*, dessen Verseifung unter Decarboxylierung zu *4-Jodskatolylaceton* führte.

Versuche (FF. korr.): *2-Jod-6-nitrophenylbrenztraubensäure* (**I**), $C_9H_6O_5NJ$, F. 126° (Bzl.), aus 26,3 g **III** (F. 36°), 40 g K u. 14,6 g Oxalester u. Verseifung des *Enolsalzes*; 76,5% (Ausbeute). — *2.Jod-6-nitrophenylessigsäure*, $C_8H_6O_4NJ$, F. 180° (Zers.; Methanol; Sublimation im Hochvakuum bei 150°), aus **I** in 0,5n NaOH u. 15% ig. H_2O_2. — *4-Jodoxindol*, C_8H_6ONJ, F. 217° (Sublimation im Hochvakuum bei 150°), durch Red. vorst. Säure in 15% ig. NH_4OH mit $FeSO_4$ u. NH_4OH. — *2-Jod-6-formamidotoluol*, C_8H_8·ONJ, F. 129° (aus Methanol Nadeln; Sublimation im Hochvakuum bei 120°), durch 2std. Rückflußkochen von 2-Jod-6-aminotoluol mit wasserfreier HCOOH u. Gießen in Wasser. — *4-Jodindol-2-carbonsäure*, $C_9H_6O_2NJ$, F. 265° (Zers.; Methanol; Sublimation im Hochvakuum bei 170°), durch Lösen von **I** in 15% ig. NH_4OH u. Red. mit einer Lsg. von $FeSO_4$ in konz. NH_4OH. *Methylester*, $C_{10}H_8O_2NJ$, F. 159° (Methanol; Sublimation im Hochvakuum bei 140°), Veresterung mit CH_3OH–H_2SO_4. *Äthylester*, $C_{11}H_{10}O_2NJ$, F. 165°, analog. — *4-Jodindol* (**II**), C_8H_6NJ, F. 90° (Ae.-PAe.), 210 g vorst. Säure, 4 g CuJ u. 1 g Cu-Pulver in 15 ml Chinolin 3 Std. zum Sieden erhitzen, die abgekühlte erstarrte M. mit Ae. extrahieren, daraus mit 2n NaOH u. 2n HCl Chinolin entfernen, den Ae. abdampfen u. das zurückbleibende braune Öl (6,5—7 g) im Hochvakuum bei 130° dest.; Kristalle. *Pikrat*, $C_{14}H_9O_7N_4J$, F. 172° (Methanol–W.), orangefarbene Kristalle. — *4-Jod-3-piperidinomethylindol*, $C_{14}H_{17}N_2J$, F. 178° (Zers.), aus **II**, Piperidin u. HCHO in 60% ig. Essigsäure; die Lsg. nach 12 Std. mit K_2CO_3 alkal. machen u. das Prod. aus Methanol umkrist.; glänzende Plättchen. *Pikrat*, $C_{20}H_{20}O_7N_5J$, F. 157—158° (Methanol), gelbe Nadeln. — *4-Jodskatolylaceton*, $C_{12}H_{12}ONJ$, F. 103° (Bzl.-Cyclohexan), durch tropfenweise Zugabe von 1,75 g Dimethylsulfat zu 2,8 g vorst. MANNICH-Base in 10 ml 2,4 g Acetessigester u. 0,22 g Na enthaltenden absol. A. unter Rühren, Abdest. des A., Aufnahme des Rückstandes in Chlf., Waschen der Lsg. mit HCl u. W., Trocknen u. Eindampfen; → 3 g eines braunen Öls, ein Gemisch aus *4-Jodskatolylacetessigester* u. *Acetessigester*; das hieraus nach Verseifung erhaltene Öl krist. u. wurde im Hochvakuum bei 140° sublimiert. (Helv. chim. Acta **39**. 514—17. 15/3. 1956.) W. HUNGER. 3081

Ju. A. Basskakow und **N. N. Melnikow**, *Synthese einiger Indolderivate*. Die WILLGERODT-Rk. ist auf Ketone der Indolreihe, die am N nicht durch Alkyl oder Aryl substituiert sind, nicht anwendbar. So konnte aus 3-Acetylindol nicht Indolyl-(3)-acetamid erhalten werden. Vff. nehmen an, daß 3 Acetylindol unter den Reaktionsbedingungen (alkal. Medium) einer Indolenin-Umgruppierung unterliegt, u. daß die entstehende Form —N=C—C=C< nicht mehr zur WILLGERODT-Rk. befähigt ist. 1-Alkyl-3-acetylindole reagieren dagegen nach WILLGERODT glatt zu *[1-Alkylindolyl-(3)]-acetamiden*. Aus 1-Benzoyl-3-acetylindol konnte das entsprechende Acetamid nicht erhalten werden. Offenbar wird prim. der Benzoylrest abgespalten, u. das entstehende 3-Acetylindol geht in die Indoleninform über.

Versuche: *1-Methyl-3-acetylindol*, $C_{11}H_{11}ON$, F. 95°, zu 14 g 3-Acetylindol u. 30 g NaOH in 300 ml W. gibt man in 1 Std. bei 80—85° 63 g $(CH_3)_2SO_4$, rührt 4 Std. bei dieser Temp., läßt über Nacht stehen u. trennt vom nicht umgesetzten 3-Acetylindol durch Kristallisation aus Bzl.; 95% (Ausbeute). — *1-Äthyl-3-acetylindol*, $C_{12}H_{13}ON$, F. 88°, aus 3-Acetylindol u. $(C_2H_5)_2SO_4$ analog Vorst.; 98%. — *1-Benzoyl-3-acetylindol*, $C_{17}H_{13}$·O_2N, F. 119° (Bzl.), aus 3-Acetylindol u. Benzoylchlorid; 100%. — *[1-Methylindolyl-(3)]-acetamid*, $C_{11}H_{12}ON_2$, F. 181° (W.), durch 4std. Erhitzen von 5 g 1-Methyl-3-acetylindol in 20 ml Dioxan mit 25 ml wss. $(NH_4)_2S_x$-Lsg. auf 165—170° im Rohr, Eindampfen des Reaktionsprod. u. Extrahieren mit W., 33%. Gibt bei 5—6std. Kochen mit 15%ig. KOH *[1-Methylindolyl-(3)]-essigsäure*, $C_{11}H_{11}O_2N$, F. 128°. — *[1-Äthylindolyl-(3)]-acetamid*, $C_{12}H_{14}ON_2$, F. 158° (W.), analog Vorst. aus 1-Äthyl-3-acetylindol; 39,6%. Daraus durch Verseifen mit KOH *[1-Äthylindolyl-(3)]-essigsäure*, $C_{12}H_{13}O_2N$, F. 106°. — *[1-Methylindolyl-(2)]-acetamid*, $C_{11}H_{12}ON_2$, F. 164,5° (W.), analog Vorst. aus 1-Methyl-2-acetylindol; 49%. Daraus *[1-Methylindolyl-(2)]-essigsäure*, $C_{11}H_{11}O_2N$, F. 98,5—99° (Zers.). (Сборник Статей по Общей Химии [Samml. Aufsätze allg. Chem.] **1**. 712—13. 1953. Timirjasew-Inst. für Pflanzenphysiol. der Akad. der Wiss. der UdSSR.)
G. FROELICH. 3081

I. Marquardt, *Verwendung von Ionenaustauschern zur Reinigung des Tryptophans*. Zur Abtrennung von *Tryptophan* (I) aus neutralsalzhaltigen Lsgg. werden Ionenaustauscher vom Typ der E-Harze (Wolfen) vorgeschlagen. I ist von derartigen Austauschersäulen durch 20%ig. Essigsäure eluierbar. (Chem. Techn. **7**. 161—63. März 1955. Halle, Univ., Physiol.-chem. Inst.) E. MOISAR. 3081

Emil Buchta und **Joachim Kranz**, *Über Hexahydro-1.2-diazaazulene*. *2-Acetylcycloheptanon-(1)* [Kp.$_{10}$ 107,5—110°, nach MEERWEIN u. VOSSEN (C. **1935**. I. 1529); 62% (Ausbeute)], 2-Oxymethylencycloheptanon-(1) u. Cycloheptanon-(1)-carbonsäure-(2)-äthylester lassen sich mit $N_2H_4 \cdot H_2O$ zu *3-Methylhexahydro-1.2-diazaazulen*, *Hexahydro-1.2-diazaazulen* [F. 66—67° (nach Hochvakuumdest. aus PAe.); 73,5%] bzw. *3-Oxyhexahydro-1.2-diazaazulen* (aus n-Butanol Kristalle, in Säure u. Lauge unlösl.; 70%) kondensieren. *3.3'-Bis-hexahydro-1.2-diazaazulen* (F. 239—240°, lange Nadeln aus Pyridin/W 1 : 1) wurde aus *2-Cyancycloheptanon-(1)* (I)-*Semicarbazon* durch Erhitzen mit 10%ig. Oxalsäure gewonnen. I wurde nach COOK, PHILIP u. SOMMERVILLE (C. **1948**. II. 1071) dargestellt. (Angew. Chem. **67**. 77. 21/1. 1955. Erlangen, Univ., Inst. für organ. Chem.)
H. CASZEBAUM. 3122

M. Harnik und **E. Margoliash**, *Synthese von $N_{(\alpha)}$-[2.4-Dinitrophenyl]-DL-histidin*. Zum Zwecke des papierchromatograph. Vgl. mit dinitrophenylierten Aminosäuren wurde *$N_{(\alpha)}$-[2.4-Dinitrophenyl]-DL-histidin* (I) dargestellt. *N-[2.4-Dinitrophenyl]-aminomalonsäurediäthylester* gibt mit 4-Chlormethylimidazolhydrochlorid *2-[2.4-Dinitrophenylamino]-2-carbäthoxy-3-imidazolylpropionsäureäthylester*, der zu I decarboxyliert werden konnte.

Versuche: *N-[2.4-Dinitrophenyl]-aminomalonsäurediäthylester*, $C_{13}H_{15}O_8N_3$, F. 102,5—103,5°, durch 1 std. Schütteln von Aminomalonsäurediäthylester u. 2.4-Dinitrofluorbenzol in Ggw. von $NaHCO_3$; aus A. gelbe Nadeln; R_f-Wert 0,95 (Butanol/Ameisensäure/W.); 83% (Ausbeute). — *2-[2.4-Dinitrophenylamino]-2-carbäthoxy-3-imidazolylpropionsäureäthylester*, $C_{17}H_{19}O_8N_5$, F. 138—139° (Zers.), aus vorst. mit Na-Äthylat u. 4-Chlormethylimidazolhydrochlorid; gelbe Prismen aus Xylol oder A.; 35%. *Hydrochlorid*, F. 179—182°; gelbe Prismen; R_f 0,81. — *$N_{(\alpha)}$-[2.4-Dinitrophenyl]-DL-histidin* (I), durch 8std. saure Hydrolyse vorst. Hydrochlorids, Papierchromatographie u. Eluieren mit CH_3COOH; aus W. gelbe Prismen, die bei ca. 250° verkohlen; 43%.

Methylesterhydrochlorid, $C_{13}H_{14}O_6N_5$, F. 195° (Zers.; CH_3OH), mit Methanol u. Acetylchlorid; R_f 0,62. — Die UV-Spektren der Verbb. sind angegeben. (J. org. Chemistry **20.** 1650—53. Dez. 1955. Jerusalem, Israel, Med. School, Dep. of Pharmacol. and exp. Pathol.) W. ZIEGLER. 3122

Stanisław Biniecki, Wanda Modrzejewska und **Eugeniusz Muszyński**, *Darstellung von 2-Benzylimidazolinhydrochlorid.* Benzylchlorid wird mit KCN in *Benzylcyanid* übergeführt, aus dem mit A. + HCl das *Hydrochlorid des Äthyliminoäthers* [98,8% (Ausbeute)] entsteht; dieses kondensiert sich mit Äthylendiamin zu *2-Benzylimidazolinhydrochlorid*, $C_{10}H_{13}N_2Cl$, F. 168°; 76,15%. (Acta polon. pharmac. **12.** 1—4. Jan./März 1955. Warschau [Warszawa], Akad. Med., Zakład Technol., Chem. Środków Leczniczych.) A. RUSS. 3122

Harry H. Wasserman, Frank M. Precopio und **Tien-Chuan Liu**, *Untersuchungen über Mucohalogensäuren. 2. Mitt. Die Synthese von dem Penicillin verwandten γ-Lactamthiazolidinen.* (1. vgl. C. **1955.** 1020.) Die Kondensation von Mucochlor- (**V**) u. Mucobromsäure mit *dl*-Penicillamin (**VI**) u. *dl*-Penicillaminmethylesterhydrochlorid (**VII**) gibt unmittelbar das *γ-Lactam* (**I**) der *β-[4-Carboxy-5.5-dimethylthiazolidinyl-(2)]-α.β-dichloracrylsäure*, dessen *Methylester* (**II**) bzw. das *γ-Lactam* (**III**) der *β-[4-Carbomethoxy-5.5-dimethylthiazolidinyl-(2)]-α.β-dibromacrylsäure*. Mit Mucophenoxychlorsäure wird zunächst *β-[4-Carbomethoxy-5.5-dimethylthiazolidinyl-(2)]-α-phenoxy-β-chloracrylsäure* erhalten, die leicht in das *γ-Lactam* (**IV**) übergeführt werden kann. Die analoge Rk. mit Cysteinhydrochlorid verlief unbefriedigend. (Infrarotspektr. von **II**, **III** u. **IV** vgl. Original.)

Versuche: *dl-Penicillaminmethylesterhydrochlorid* (**VII**), F. 175—176°, durch Einleiten von HCl in eine Lsg. von **VI** in CH_3OH bei 0°, 12 std. Stehen, 2 std. Kochen, Eindampfen u. Aufnehmen in tert.-Butanol; Nadeln; 30% (Ausbeute). — *β-[4-Carboxy-5.5-dimethylthiazolidinyl-(2)]-α.β-dichloracrylsäure-γ-lactam* (**I**), $C_9H_9O_3NCl_2S$, F. 153 bis 154° (Zers.; Bzl.), durch 12 std. Stehen von **V** u. **VI** in A. u. einem Na-Acetatpuffer; 52%; zers. sich bei Raumtemp. langsam unter Grünfärbung. *Methylester* (**II**), $C_{10}H_{11}O_3 \cdot NCl_2S$, F. 99—100°, a) aus 1 g **I** u. CH_2N_2 in Ae.; Prismen; 1 g; b) wie vorst. mit **VII**; 85%. — *β-[4-Carbomethoxy-5.5-dimethylthiazolidinyl-(2)]-α.β-dibromacrylsäure-γ-lactam* (**III**), $C_{10}H_{11}O_3NBr_2S$, F. 96—98° (A.), analog mit **VII** u. Mucobromsäure; 48%; zers. sich langsam. — *β-[4-Carbomethoxy-5.5-dimethylthiazolidinyl-(2)]-α-phenoxy-β-chloracrylsäure*, $C_{16}H_{18}O_5NClS$, F. 95°, aus **VII** u. Mucophenoxychlorsäure; 0,2 g. *γ-Lactam* (**IV**), $C_{16}H_{16}O_4NClS$, F. 90,5—92°, aus vorst. Verb. durch Erwärmen in $NaHCO_3$-Lsg.; 90% (J. Amer. chem. Soc. **74.** 4093—95. 20/8. 1952. New Haven, Conn., Yale Univ., Sterling Chem. Labor., u. Harvard Univ., Converse Mem. Labor.) H. LEHWALD. 3142

A. I. Kiprianow und **I. N. Shmurowa**, *Coplanarität der Nitrogruppe mit dem Benzolring und ihr Einfluß auf die Farbe der Farbstoffe.* An *Cyaninfarbstoffen* der Formel I [R = H, NO_2; R' = H, CH_3, C_2H_5, $(CH_3)_3C$; R'' = CH_3, C_2H_5] u. *Azofarbstoffen* der Formel II (R, R' u. R'' = H, CH_3) wird der Einfl. eines in o-Stellung zur NO_2-Gruppe oder in o-Stellung zur $(CH_3)_2N$-Gruppe befindlichen Alkyls auf die Farbigkeit geprüft u. festgestellt, daß CH_3 u. C_2H_5 die Lichtabsorption wenig verändern, während $(CH_3)_3C$ die auxochrome Wrkg. der NO_2-Gruppe fast völlig vernichtet. Analog einem $(CH_3)_3C$ wirken 2 CH_3 in o.o'-Stellung. — Vgl. C. **1955.** 11 576.

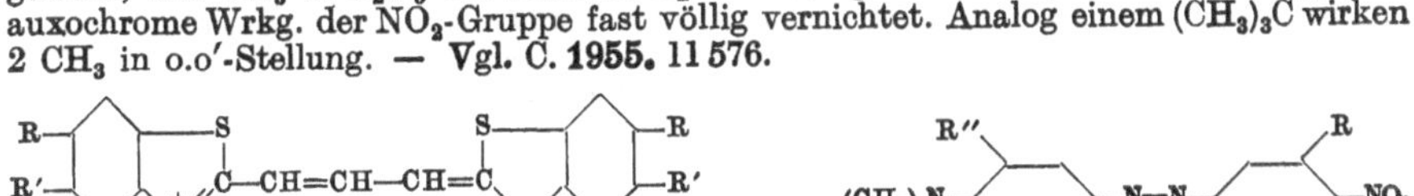

I II

Versuche: *2.2'-Dinitro-4.4'-diäthyldiphenyldisulfid*, 33 g 4-Brom-3-nitro-1-äthylbenzol werden mit 19 g krist. Na_2S + 2,8 g S in A. 2 Std. gekocht; Kristalle; 2,15 g (Ausbeute). — *4-Mercapto-3-amino-1-äthylbenzol*, man red. 21,5 g vorst. Verb. mit 42 g Zn-Staub in einem Gemisch von Eisessig + konz. HCl, filtriert, verd. mit W., sättigt mit CH_3CO_2Na u. erhält einen Nd. (17,5 g) des *Zn-Mercaptids*. — *2-Methyl-5-äthylbenzothiazol* (**III**), $C_{10}H_{11}NS$, durch 2 std. Erhitzen von 17,5 g vorst. Zn-Mercaptids mit überschüssigem $(CH_3CO)_2O$; 10 g. *Pikrat*, $C_{10}H_{11}NS \cdot C_6H_3O_7N_3$, F. 165—167° (korr.), aus A. gelbe Nadeln. *Jodmethylat*, $C_{11}H_{14}NJS$, F. 199—201° (korr.), aus A. Täfelchen. — *6-Nitro-2-methyl-5-äthylbenzothiazol* (**IV**), $C_{10}H_{10}O_2N_2S$, F. 100—102° (korr.), 6 g vorst. Verb. werden tropfenweise unter Rühren zu 4,8 ml HNO_3 (D. 1,4) + 12 ml konz. H_2SO_4 hinzugesetzt, man gießt auf Eis, reinigt das Nitroprod. durch Umfällen aus konz. HCl mit W. u. krist. aus A.; 0,9 g + 0,6 g aus der Mutterlauge; die Stellung der NO_2-Gruppe wird auf Grund der in einer früheren Arbeit (vgl. C. **1955.** 11576) gebrachten Erwägungen angenommen. In der alkoh. Mutterlauge befindet sich ein 2. Nitroprod. (0,6 g), wahrscheinlich *4-Nitro-2-methyl-5-äthylbenzothiazol*, F. 94—96° (korr.). — *Bis-[3-methyl-5-äthyl-*

benzothiazol-(2)]-trimethincyaninjodid, $C_{23}H_{25}N_2JS_2$, F. 280—282° (korr.), aus 0,3 g III-Jodmethylat u. 0,3 g Orthoameisenester in 3 ml Pyridin bei 1/2std. Kochen; grünliche Nadeln; Maximum (Max.) der Lichtabsorption bei 565 mμ; Extinktionskoeff. (ε·10^{-4})15. — *Bis-[6-nitro-3-äthyl-5-methylbenzothiazol-(2)]-trimethincyanin-p-toluolsulfonat*, $C_{30}H_{30}O_7N_4S_3$, F. 267—268° (korr. Zers.), 0,2 g 6-Nitro-2.5-dimethylbenzothiazol (vgl. l. c.) u. 0,2 g p-Toluolsulfonsäureäthylester werden 4 Std. auf 160—170° erhitzt, wobei 0,15 g des entsprechenden quartären Salzes erhalten werden; dieses (0,1 g) wird 20 Min. mit 0,1 g Orthoameisenester in Pyridin gekocht; aus A. grüne, metall. glänzende Täfelchen; Max. bei 582 mμ; ε·10^{-4}16,8. — *Bis-[6-nitro-3-methyl-5-äthylbenzothiazol-(2)]-trimethincyaninmethylsulfat*, $C_{24}H_{26}O_8N_4S_3$, F. >300°, das quartäre Salz aus IV u. $(CH_3)_2SO_4$ wird mit Orthoameisenester in Pyridin gekocht, violette Nadeln; Max. bei 580 mμ; ε·10^{-4} 16,9. — *Bis-[6-nitro-3-äthyl-5-tert.-butylbenzothiazol-(2)]-trimethincyanin-p-toluolsulfonat*, $C_{36}H_{42}O_7N_4S_3$, F. 277° (korr. Zers.;), aus 6-Nitro-2-methyl-5-tert.-butylbenzothiazol (vgl. l. c.) aus A. grüne Nadeln; Max. bei 570 mμ; ε·10^{-4} 16,3; 69%. — *4'-Nitro-4-dimethylamino-3'-methylazobenzol*, $C_{15}H_{16}O_2N_4$, F. 160—162° (korr.), aus diazotiertem 4-Nitro-3-methylanilin durch Kuppeln mit Dimethylanilin in verd. HCl; das Rohprod. (40%) wird nach Chromatographieren in Bzl. an Al_2O_3 krist. erhalten; aus Bzl. braune Nadeln; Max. bei 460 mμ; ε·10^{-4}3,2. — *4'-Nitro-4-dimethylamino-3'.5'-dimethylazobenzol*, $C_{16}H_{18}O_2N_4$, F. 176 bis 178° (korr.), aus diazotiertem 4-Nitro-3.5-dimethylanilin u. Dimethylanilin; aus A. rote Nadeln; Max. bei 443 mμ; ε·10^{-4}3,1; 50%. — *4'-Nitro-4-dimethylamino-3.3'.5'-trimethylazobenzol*, $C_{17}H_{20}O_2N_4$, F. 112—114° (korr.), aus diazotiertem 4-Nitro-3.5-dimethylanilin u. Dimethyl-o-toluidin in wss. A. + CH_3CO_2Na; aus A. orangefarbene Nadeln; Max. bei 418 mμ; ε·10^{-4} 3,5. (Журнал Общей Химии [J. allg. Chem.] **23** (**85**). 874—79. Mai 1953. Inst. für Organ. Chem. der Akad. der Wiss. der UkrSSR.)

R. Knobloch. 3142

Harold L. Rice und **George R. Pettit**, *Ein verbessertes Verfahren zur Herstellung von Alkylderivaten des Saccharins mittels Halogenalkylen.* Während bei früheren Unterss. über die Herst. von N-Alkyl-Derivv. des *Saccharins* (I) durch Umsetzung von *Saccharin-Na* (II) mit Halogenalkylen nur geringe Ausbeuten erzielt wurden, erhielten Vff. bei Verwendung von Dimethylformamid als Lösungsm. Ausbeuten von 52—94%. Die Rk. zwischen II u. den Halogenalkylen wird bei Tempp. von 90—150° ausgeführt u. ist nach 30 Min. beendet. Bei Verwendung von Alkylchloriden vergrößert ein Zusatz von NaJ die Ausbeuten. Keine N-Alkyl-Derivv. des I liefern die Umsetzungen mit tert.-Butylbromid, Cyclohexyljodid, p-Nitrobrombenzol oder N-Bromsuccinimid. Isoamylbromid, n-Hexylbromid, n-Octylbromid u. n-Nonylbromid ergeben I-Derivv., die aus Isopropylalkohol nicht kristallisieren. Längerkettige Halogenide führen zu schwierig zu reinigenden I-Derivaten.

Versuche: Verf. **A**: *N-n-Decylsaccharin*, $C_{17}H_{25}O_3NS$, F. 35—36°, aus II u. n-Decylbromid in Dimethylformamid, 30 Min. auf dem Wasserbad, Verdünnen mit W., Extrahieren mit Chloroform; Kristalle (aus Isopropylalkohol); 59% (Ausbeute). — Verf. **B**: *N-o-Chlorbenzylsaccharin*, $C_{14}H_{10}O_3NSCl$, F. 166—167°, aus II u. o-Chlorbenzylchlorid in Dimethylformamid unter Zugabe von NaJ, 30 Min. auf dem Wasserbad; 94%. — Weniger reaktionsfähige Alkylchloride liefern die besten Ausbeuten bei 150°. — *N-Methylsaccharin*, $C_8H_7O_3NS$, F. 131—132°, 94%. — *N-Äthylsaccharin*, $C_9H_9O_3NS$, F. 93,5—94,5°; 70%. — *N-n-Butylsaccharin*, $C_{11}H_{13}O_3NS$, F. 39—40°; 52%. — *N-sek.-Butylsaccharin*, $C_{11}H_{13}O_3NS$, F. 80—81°; 13%. — *N-n-Heptylsaccharin*, $C_{14}H_{19}O_3NS$, F. 37,5—38,5°; 40%. — *N-n-Undecylsaccharin*, $C_{18}H_{27}O_3NS$, F. 38,5—39,5°; 16%. — *N-n-Dodecylsaccharin*, $C_{19}H_{29}O_3NS$, F. 48—50°; 64%. — *N-n-Tetradecylsaccharin*, $C_{21}H_{33}O_3NS$, F. 52,5 bis 54,5°; 94%. — *N-n-Hexadecylsaccharin*, $C_{23}H_{37}O_3NS$, F. 63—65°; 90%. — *N-n-Octadecylsaccharin*, $C_{25}H_{41}O_3NS$, F. 68—71°; 86%. — *N-β-Phenyläthylsaccharin*, $C_{15}H_{13}O_3NS$, F. 138—139°; 68%. — *N-Allylsaccharin*, $C_{10}H_9O_3NS$, F. 89—90°; 66%. — *N-Benzylsaccharin*, $C_{14}H_{11}O_3NS$, F. 110—111°; 92%. — *N-p-Chlorbenzylsaccharin*, $C_{14}H_{10}O_3NClS$, F. 157—159°; 95%. (J. Amer. chem. Soc. **76**. 302—03. 5/1. 1954. Seattle, Wash., State Coll. of Washington, Fulmer Chem. Labor.)

R. Lorenz. 3142

Frederick Kurzer, *Thiadiazole.* 2. Mitt. *3.5-Diamino-1.2.4-thiadiazol und seine 5-Alkylhomologen.* (1. vgl. C. **1956**. 5275.) Die l. c. beschriebene Meth. zur Darst. von 3.5-Diamino-1.2.4-thiadiazol (I) durch Oxydation von Amidinothioharnstoff wird auf die im Gegensatz zu I alkalibeständigen *5-Alkylamino-3-amino-1.2.4-thiadiazole* angewendet. Als Oxydationsmittel erwies sich H_2O_2 dem J_2 überlegen, da mit letzterem die Rk. reversibel ist. Die Ausgangsverbb., *N-Alkyl-N'-amidinothioharnstoffe*, wurden nach Slotta u. Mitarbeitern (Ber. dtsch. chem. Ges. **63**. [1930.] 208) dargestellt u. als *p-Toluolsulfonate* isoliert. I reagiert mit p-Toluolsulfonsäuremonohydrat (II) zur *3-[p-Toluolsulfonamido]-verb.*, die bei der Red. *N-[p-Toluolsulfonamidino]-thioharnstoff* bildet u. sauer reagiert. Mit 2 Äquivalenten Benzoylchlorid gibt I das *3.5-Dibenzamidoderiv.*, mit größerem

Benzoylchloridüberschuß entsteht ein *Tribenzoylderiv.* ungewisser Struktur. Analog gibt die Acylierung mit Acet- u. Propionanhydrid schwerlösl. *3.5-Diacylaminoderivv.*, im Falle von 3-Amino-5-methylamino-1.2.4-thiadiazol (**III**) aber nur Monoacylderivv., wahrscheinlich *3-Acylaminoderivate.* **III** bildet mit 1 Mol Benzoyl-oder p-Toluolsulfonylchlorid die *3-Acylaminoderivv.*, mit Acylchloridüberschuß die *Di-* u. *Triacylderivv.*, letztere reagieren nicht mehr sauer u. liegen wahrscheinlich als *2.4-Diacyl-3-acylimino-5-methylimino-1.2.4-thiadiazolidine* vor. Aus den Acylierungsverss. wird geschlossen, daß die „HECTOR-Basen", die nur monoacylierbar sind, nicht unbedingt eine Thiadiazolidinstruktur besitzen müssen u. ihre Acylierungsprodd. wahrscheinlich *3-Acylverbb.* sind. **I** wird durch SO_2 wieder zu Amidinothioharnstoff gespalten, seine N-Acylderivv. u. die Alkylderivv. dagegen nicht. Durch alkal. Na_2PbO_2 wird **I** in der Kälte, sein Acylderiv. erst in der Wärme entschwefelt, die Alkylderivv. dagegen gar nicht.

Versuche: *3.5-Diamino-1.2.4-thiadiazol* (**I**), *p-Toluolsulfonat* (**IV**), F. 236 bis 238° (Zers.), aus Amidinothioharnstoff in 2n HCl mit 30%ig. H_2O_2 bei 20°, dann $^1/_2$ Std. bei 35° u. Rk. mit **II**; 80% (Ausbeute). *Tribenzoylderiv.*, $C_{23}H_{16}O_3N_4S$, F. 219—221°, aus A. Prismen. *Pikrat*, $C_8H_7O_7N_7S$, F. 230—232° (Zers.; A.). — *Amidinothioharnstoff, p-Toluolsulfonat*, F. 177—178° (Zers.), aus vorst. Verb. in W. mit SO_2 bei 65° u. Rk. mit **II**; aus A. große Prismen; 91%. *Pikrat*, $C_8H_9O_7N_7S$, F. 208—209° (Zers.; A.). — *Amidinoharnstoff-p-toluolsulfonat*, F. 238—240° (Zers.), a) durch Kochen von **IV** mit 12%ig. NaOH u. Rk. mit **II**; 72%; b) aus **IV** in n-HCl mit 30%ig. H_2O_2 bei 50°, dann $^1/_2$ Std. bei 60—65°; aus 90%ig. A. glänzende Prismen; 52—61%. — *3.5-Bis-[acetamido]-1.2.4-thiadiazol*, $C_6H_8O_2N_4S$, F. 314—316° (Zers.; Sintern bei 305°), aus **IV** in absol. Pyridin mit Essigsäureanhydrid bei 100°; glänzende Nadeln aus Eisessig; 88—95%. — *3.5-Bis-[propionamido]-1.2.4-thiadiazol*, $C_8H_{12}O_2N_4S$, F. 292—293° (Zers.; Braunfärbung bei 280 bis 285°), aus A. Nadeln; 85%. — *3.5-Bis-[benzamido]-1.2.4-thiadiazol*, $C_{16}H_{12}O_2N_4S$, F. 263—265°, aus A. Nadeln; 80%. — *5-Amino-3-[p-toluolsulfonamido]-1.2.4-thiadiazol*, $C_9H_{10}O_2N_4S_2$, F. 231—233° (Zers.; Sintern bei 228°), aus **IV** in Pyridin mit p-Toluolsulfonylchlorid bei 100°; Prismen; 85%. — *5-Amino-3-[m-nitrobenzolsulfonamido]-1.2.4-thiadiazol*, $C_8H_7O_4N_5S_2$, F. 274—276° (Zers.; Sintern bei 270°), analog vorst. Verb.; gelbe Prismen aus sd. Nitrobenzol; 62%. — *N-[p-Toluolsulfonylamidino]-thioharnstoff*, $C_9H_{12}O_2N_4S_2$, F. 201—202° (Zers.), aus vorst. Verb. in A. mit Zn-Folie unter Zutropfen von HCl ($^1/_4$ Std. kochen); aus A. Prismen; 82%. — N-Alkyl-N'-amidinothioharnstoffe, aus Guanidinisothiocyanat u. Alkylisocyanat in sd. alkoh. $NaOC_2H_5$ (1 Std.): *N-Methyl-*, *p-Toluolsulfonat*, $C_{10}H_{16}O_3N_4S_2$, F. 160—162° (Zers.), aus A. dunkle Prismen; 55—65%. *Pikrat*, $C_9H_{11}O_7N_7S$, F. 224—226° (Zers.; A.). — *N-Äthyl-*, *p-Toluolsulfonat*, $C_{11}H_{18}O_3N_4S_2$, F. 139—141° (Zers.), aus A. Prismen; 45—55%. *Pikrat*, $C_{10}H_{13}O_7N_7S$, F. 223—225° (Zers.; A.). — *N-n-Propyl-*, *p-Toluolsulfonat*, $C_{12}H_{20}O_3N_4S_2$, F. 137 bis 139° (Zers.), Prismen; 45%. *Pikrat*, $C_{11}H_{15}O_7N_7S$, F. 218—219° (Zers.; A.). — 3-Amino-5-alkylamino-1.2.4-thiadiazole, aus dem entsprechenden vorst. p-Toluolsulfonat mit 30%ig. H_2O_2 in sd. A.; Isolierung über die p-Toluolsulfonate: *-5-methylamino-* (**III**), $C_3H_6N_4S$, F. 158—159°, aus Ae.-PAe. Nadeln; 75%. *p-Toluolsulfonat* (**V**), $C_{10}H_{14}O_3N_4S_2$, F. 177—179° (Zers.), aus A. Prismen; 75%, daneben *Guanidin-p-toluolsulfonat*, F. 225—228°, aus A. große, glänzende Prismen; 8—13%. *Pikrat*, $C_9H_9O_7N_7S$, F. 227—228° (Zers.; A.-Aceton). *3-Acetamidoverb.*, $C_5H_8ON_4S$, F. 248—251° (Zers.; Sintern bei 240—245°), aus wss. A. Nadeln. *3-Benzamidoverb.*, $C_{10}H_{10}ON_4S$, F. 201—203°, aus A. Prismen. *3-p-Toluolsulfonamidoverb.*, $C_{10}H_{12}O_2N_4S_2$, F. 254—256°, aus Aceton-A. Prismen. — *-5-äthylamino-*, $C_4H_8N_4S$, F. 177—179°, aus A. Prismen; 80%. *p-Toluolsulfonat*, $C_{11}H_{16}O_3N_4S_2$, F. 140—142° (Zers.), aus A.-PAe. Prismen; 65—75%. *Pikrat*, $C_{10}H_{11}O_7N_7S$, F. 169—171° (Zers.; A.-PAe.). — *-5-n-propylamino-*, $C_5H_{10}N_4S$, F. 146 bis 148°, mit 6%ig. H_2O_2 (15 Min.); aus W. prismat. Nadeln; 52%. *p-Toluolsulfonat*, $C_{12}H_{18}O_3N_4S_2$, F. 110—112° (Zers.; A.-PAe.). *Pikrat*, $C_{11}H_{13}O_7N_7S$, F. 171—173° (Zers.; 60%ig. A.). — *2.4-Dibenzoyl-3-benzoylimino-5-methylimino-1.2.4-thiadiazolidin*, $C_{24}H_{18}O_3N_4S$, F. 199—200°, aus **V** mit 8 bzw. 3 Äquivalenten Benzoylchlorid; aus A.-Bzl. Prismen; 85 bzw. 28%, neben 50% *Dibenzoylderiv.*, $C_{17}H_{14}O_2N_4S$, F. 182—185°, aus dem alkoh. Filtrat; aus A.-PAe. Prismen. — *5-Methylimino-3-p-toluolsulfonylimino-2.4-bis-[p-toluolsulfonyl]-1.2.4-thiadiazolidin*, $C_{24}H_{24}O_6N_4S_4$, F. 210—212°, aus **V** mit p-Toluolsulfonylchlorid in Pyridin; Prismen aus A.-Aceton; 15% neben 52% *Bis-p-toluolsulfonylderiv.*, $C_{17}H_{18}O_4N_4S_3$, F. 171—173°, aus A. Plättchen. (J. chem. Soc. [London] **1955.** 2288—95. Juli. London, Univ., Royal Free Hosp., School of Med.) G. GEBHARD. 3173

H. P. Richards und **A. N. Bourns**, *Die Reaktion von 2-Alkyltetrahydropyranen mit Anilin über aktiviertem Aluminiumoxyd.* 2-Äthyltetrahydropyran (**I**) liefert mit Anilin (**II**) über aktiviertem Al_2O_3 bei 300° *1-Phenyl-2-äthylpiperidin* (**III**), *1-Phenyl-2-propylpyrrolidin* (**IV**) u. ein Gemisch von *N-Hepten-(4)-ylanilin* u. *N-Hepten-(5)-ylanilin.* Die Rk. von **I** mit HBr gibt ein Gemisch von *1.4-* u. *1.5-Dibromheptan* (**V**), das mit **II** in **III** u.

IV übergeführt wird. Die analogen Piperidin- u. Pyrrolidinderivv. werden aus 2-Methyltetrahydropyran (VI) erhalten. Der Reaktionsmechanismus wird diskutiert.

Versuche (FF. korr.): *2-Äthyltetrahydropyran* (I), Kp. 126,8—127,1°, nach PAUL [1934]; n_D^{20} 1,4262; 63,4% (Ausbeute). — *Dibromheptan* (V), Kp.$_{12}$ 112—116°, a) durch Zugeben von I zu 48%ig. HBr u. konz. H_2SO_4 u. 3std. Kochen; 66,3%; n_D^{17} 1,5010—1,5025; enthält 70% *1.5-* u. 30% *1.4-Dibromheptan*; b) aus nachst. Verb. u. HBr in Eisessig (120°; 3 Std.); 75%; Kp.$_8$ 108—110°, n_D^{20} 1,5010—1,5015; enthält 83% *1.4-* u. 17% *1.5-Dibromheptan*. — *2-Propyltetrahydrofuran*, Kp. 130—133°, aus Furfurol nach PAUL [1938]; 65%; n_D^{20} 1,4215. — *1-Phenyl-2-äthylpiperidin* (III), $C_{13}H_{19}N$, Kp.$_8$ 126 bis 127°, a) durch Überleiten der Dämpfe von I u. II (60 cm³/Std.) über Al_2O_3 bei 300° neben nachst. Verbb.; 10,1%; n_D^{20} 1,5502; b) aus V nach a) u. II auf dem Wasserbad neben 19% IV; 44%; n_D^{20} 1,5505. *Pikrat*, F. 178,2—178,8°. — *1-Phenyl-2-propylpyrrolidin* (IV), $C_{13}H_{19}N$, Kp.$_8$ 136—137°, a) aus I u. II über Al_2O_3; 15,6%; n_D^{20} 1,5518; b) aus V nach b) u. II auf dem Wasserbad neben 15% III; 73%. *Pikrat*, F. 137,0—137,5°. — Gemisch aus *N-Hepten-(4)-* u. *-(5)-ylanilin*, $C_{13}H_{19}N$, Kp.$_8$ 145—146°, aus I u. II über Al_2O_3; 34,3%; n_D^{20} 1,5364. Gemisch der *N-Benzoylverbb.*, Kp.$_{0,3}$ 163—173°, aus vorst. Gemisch u. Benzoylchlorid in Pyridin (60—70°; ½ Std.); dickes strohgelbes Öl; 78,4%. Liefert mit O_3 in Propionsäure u. Red. des Ozonids mit H_2/Pd–$CaCO_3$ *Propionaldehyd* (*2.4-Dinitrophenylhydrazon*, F. 153,3—154,8°) u. *Acetaldehyd* (*2.4-Dinitrophenylhydrazon*, F. 166—167°). — *N-Heptylanilin*, Kp.$_{24}$ 163—169°, aus N-Hepten-(4)- u. -(5)-ylanilin, H_2 u. RANEY-Ni in A.; 79%; n_D^{20} 1,5188. *p-Brombenzolsulfonylverb.*, F. 117—118°. — *2-Methyltetrahydropyran* (VI), Kp. 101,5—101,8°, Darst. wie I; 76%. — *Dibromhexan*, Kp.$_{12}$ 100,0—102,3°, aus VI wie V (b); 82%; $n_D^{13,5}$ 1,5077; enthält 87% *1.5-* u. 13% *1.4-Dibromhexan*. — *1-Phenyl-2-methylpiperidin*, $C_{12}H_{17}N$, Kp.$_8$ 113—114°, a) aus VI u. II wie III neben nachst. Verbb.; 32%; n_D^{20} 1,5528; b) aus vorst. Dibromid u. II neben nachst. Verb. (12%); 80%; n_D^{13} 1,5560. *Pikrat*, F. 167,4—168,4°. — *1-Phenyl-2-äthylpyrrolidin*, $C_{12}H_{17}N$, Kp.$_8$ 125,5—126,5°, a) aus VI u. II wie IV; 20,5%; n_D^{20} 1,5590; b) aus vorst. Dibromid u. II neben vorst. Verb.; 12%; n_D^{14} 1,5631. *Pikrat*, F. 120,6 bis 121,2°. — Gemisch aus *N-Hexen-(4)-* u. *-(5)-ylanilin*, $C_{12}H_{17}N$, Kp.$_8$ 131,5—132,5°, aus VI u. II wie III; 23,5%; n_D^{20} 1,5412. Gemisch der *N-Acetylverbb.*, Kp.$_{0,5}$ 115—120°, aus vorst. Gemisch u. Acetanhydrid in sd. Piperidin (1½ Std.); 85%; n_D^{21} 1,5223. Die Ozonolyse in Eisessig liefert *Acet-* u. *Formaldehyd*. — *N-Hexylanilin*, Kp.$_{30}$ 163—165°, aus N-Hexen-(4)- u. -(5)-ylanilin, H_2 u. RANEY-Ni in A. bei Zimmertemp. u. 40 lbs./sq.in.; n_D^{20} 1,5230. *m-Nitrobenzolsulfonylverb.*, F. 79,6—80,2°. *p-Tosylverb.*, F. 67—68°. *p-Brombenzolsulfonylverb.*, F. 96,2—97,2°. (Canad. J. Chem. **33**. 1433—41. Sept. 1955. Hamilton, Ontario, McMaster Univ., Dep. of Chem.) E. HANSCHKE. 3211

Raymond Paul und **Serge Tchelitcheff**, *Die Einwirkung von N-Bromsuccinimid auf einige Dihydro-γ-pyranderivate*. 1. Mitt. *Untersuchung der Bromierung des 3-Bromdihydropyrans*. 3-Brom-5.6-dihydro-γ-pyran liefert mit N-Bromsuccinimid ein Gemisch (I) von 20—25% *3.4-Dibrom-5.6-dihydro-γ-pyran* u. 75—80% *2.3-Dibrom-5.6-dihydro-α-pyran*, das wegen der geringen Stabilität dieser Verbb. nicht getrennt werden konnte. Die Rk. von I mit Alkalialkoholat liefert das entsprechende *2-Alkoxy-3-brom-5.6-dihydro-α-pyran*, dessen Struktur durch Hydrolyse zum *2-Brom-5-oxypenten-(2)-al*, Hydrierung zum *2-Alkoxytetrahydropyran* sowie durch Überführung in *Bis-[3-brom-5.6-dihydro-α-pyranyl-(2)]-äther* bestimmt wurde. Die Umsetzung von I mit n-C_4H_9MgCl ergibt ein nicht-trennbares Gemisch von *2-n-Butyl-3-brom-5.6-dihydro-α-pyran* u. *4-n-Butyl-3-brom-5.6-dihydro-γ-pyran*, aus dem durch Rk. mit Na *Nonin-(3)-ol-(1)* (II) u. *3-n-Butylpentin-(4)-ol-(1)* (III) erhalten wird. Die Trennung von II u. III gelingt nach Acetalisierung mit Dihydro-γ-pyran durch Überführung des *2-[3'-n-Butylpentin-(4')-yloxy]-tetrahydropyrans* über die Ag- in die *5'-Jodverb.* u. Abdest. des unveränderten *2-[Nonin-(3')-yloxytetrahydropyrans* (IV). Spektren vgl. Original.

Versuche: Gemisch (I) aus *2.3-Dibrom-5.6-dihydro-α-pyran* u. *3.4-Dibrom-5.6-dihydro-γ-pyran*, aus 16 g 3-Brom-5.6-dihydro-γ-pyran, 18 g N-Bromsuccinimid u. 0,5 g Benzoylperoxyd in 100 cm³ sd. CCl_4 (½ Std.), Abkühlen, Abtrennen des *Succinimids* (F. 125°; 9,8 g [Ausbeute]) u. Abdest. des CCl_4 im Vakuum; rötliches, an der Luft leicht rauchendes, zersetzliches Öl; 25 g. — *2-Methoxy-3-brom-5.6-dihydro-α-pyran* (V), $C_6H_9O_2Br$, Kp.$_{14}$ 92—94°, aus I u. CH_3ONa in sd. Ae.–CH_3OH (½ Std.); D^{27}_4 1,476, n_D^{27} 1,4960; 66%. — *Bis-[3-brom-5.6-dihydro-α-pyranyl-(2)]-äther*, F. 145° (A.), aus V u. 50%ig. H_2SO_4 bei 5° (¼ Std.) u. Gießen auf Eis; 88%. — *2-Brom-5-oxypenten-(2)-al-2.4-dinitrophenylhydrazon*, $C_{11}H_{11}O_5N_4Br$, F. 169°, a) aus vorst. Verb. u. 2.4-Dinitrophenylhydrazin (VI); b) aus 2 g V u. VI in sd. alkoh. HCl; 2,8 g; aus A. orangefarbene Kristalle. — *2-Methoxytetrahydropyran*, $C_6H_{12}O_2$, Kp. 128—129°, aus 39 g V u. H_2 in A. in Ggw. von RANEY-Ni u. KOH (100 at; 20°); $D_4^{21,4}$ 0,963, $n_D^{21,5}$ 1,4243; 15 g. —

5-Oxypentanal-2.4-dinitrophenylhydrazon, F. 112°, aus 1 g vorst. Verb. u. **VI** in sd. alkoh. HCl; gelbe Nadeln; 1,2 g. — *2-Äthoxy-3-brom-5.6-dihydro-α-pyran*, $C_7H_{11}O_2Br$, Kp.$_{20}$ 100 bis 101°, aus **I** u. C_2H_5ONa wie **V**; D.$_4^{21,5}$ 1,405, $n_D^{21,5}$ 1,4903; 60%. — *2-Äthoxytetrahydropyran*, $C_7H_{14}O_2$, Kp.$_{760}$ 145—147°, durch Hydrierung vorst. Verb.; D.$_4^{21,5}$ 0,935, $n_D^{21,5}$ 1,4248; 88%. — Gemisch aus *2-n-Butyl-3-brom-5.6-dihydro-α-pyran* u. *4-n-Butyl-3-brom-5.6-dihydro-γ-pyran*, $C_9H_{15}OBr$, Kp.$_{20}$ 114—116°, durch Zugeben von **I** zu n-C_4H_9·MgCl in Ae.; D.$_4^{22,5}$ 1,259, $n_D^{22,5}$ 1,4922; 57%. Das Verhältnis der Komponenten beträgt 3:1. — Gemisch aus *Nonin-(3)-ol-(1)* (**II**) u. *3-n-Butylpentin-(4)-ol-(1)* (**III**) (82% **II** u. 18% **III**), $C_9H_{16}O$, Kp.$_{20}$ 112—114°, aus vorst. Gemisch u. Na-Pulver in sd. Ae. (16 Std.); D.$_4^{22,5}$ 0,869, $n_D^{22,5}$ 1,4556; 64%. — Gemisch aus *2-[3'-n-Butylpentin-(4')-yloxy]-* u. *2-[Nonin-(3')-yloxy]-tetrahydropyran* (**IV**), Kp.$_2$ 120—125°, durch Zugeben von Dihydro-γ-pyran u. wenig HCl zu vorst. Gemisch unterhalb 45°, Stehen über Nacht u. Behandeln mit KOH-Pulver; 74%. — *2-[3'-Butyl-5'-jodpentin-(4')-yloxy]-tetrahydropyran*, aus vorst. Gemisch (83 g) u. Ag-Benzoat in W., Extrahieren mit PAe., Waschen des Extraktes mit 0,1 n NaOH, Zugeben von J_2 in PAe., Abfiltrieren vom AgJ u. Abdest. des PAe. u. des unveränderten **IV** (Kp.$_3$ 120—130°; 52 g); nicht destillierbar; 12 g. — *2-[3'-Äthylheptyloxy]-tetrahydropyran*, Kp.$_3$ 110—115°, durch Hydrierung vorst. Verb. (12 g) in alkoh. NaOH in Ggw. von RANEY-Ni (75 at; Raumtemp.); 6,8 g. — *3-Äthylheptanol*, Kp.$_{766}$ 206—207°, Kp.$_{20}$ 108—109°, aus vorst. Verb. u. 1 Tropfen konz. H_2SO_4 in sd. CH_3OH (2 Std.); 79%. Die Oxydation mit wss. $KMnO_4$ liefert *3-Äthylheptansäure* (*Amid*, F. 74°). — *2-[Nonin-(3')-yloxy]-tetrahydropyran* (**IV**), $C_{14}H_{24}O_2$, Kp.$_3$ 125—127°, Kp.$_2$ 120—122°, a) durch Dest. der rohen Verb.; 48 g; b) aus **II** u. Dihydro-γ-pyran; D.$_4^{22,5}$ 0,932, $n_D^{22,5}$ 1,4630; 73%. — *2-n-Amyl-3-chlortetrahydrofuran* (**VII**), $C_9H_{17}OCl$, Kp.$_{20}$ 102—115°, aus 2.3-Dichlortetrahydrofuran u. n-$C_5H_{11}MgCl$ in Ae.; D.$_4^{24,5}$ 1,008, $n_D^{24,5}$ 1,4562; 61%. — *Nonin-(3)-ol-(1)* (**II**), $C_9H_{16}O$, Kp.$_{20}$ 112—113°, a) durch langsame Dest. von 45 g **IV** mit einer Spur J_2; 19 g; D.$^{20}_4$ 0,888, n_D^{20} 1,4590; b) aus **VII** u. $NaNH_2$ in fl. NH_3 (7 Std.), Abdampfen des NH_3, Zugeben von Ae. u. Zers. mit wss. NH_4Cl neben *2-n-Amyl-4.5-dihydrofuran* (Kp.$_{20}$ 74—75°; 38%); D.$^{24}_4$ 0,883, n_D^{24} 1,4570; 28%. *α-Naphthylurethan*, $C_{20}H_{23}O_2N$, F. 88° (Cyclohexan). *Allophanat*, $C_{11}H_{18}O_3N_2$, F. 168°. — *Nonanol-(1)*, $C_9H_{20}O$, Kp.$_{760}$ 211°, Kp.$_{20}$ 111—112°, aus 21 g **II** u. H_2 in Ggw. von RANEY-Ni in A. (95 at; 15°); D.$_4^{20,5}$ 0,833, $n_D^{20,5}$ 1,4358; 15,2 g. *Phenylurethan*, $C_{16}H_{25}O_2N$, F. 60°. *α-Naphthylurethan*, $C_{20}H_{27}O_2N$, F. 64°. — *Nonen-(3)-ol-(1)*, $C_9H_{18}O$, Kp.$_{20}$ 107—109°, a) durch Hydrierung von 7 g **II** mit Pd–$BaSO_4$ in Äthylacetat; D.$^{25}_4$ 0,843, n_D^{25} 1,4460; 6,5 g; b) durch Zugeben von **VII** zu K–Na-Legierung (25 : 10) in Ae. (2 Std.); D.$_4^{22,5}$ 0,840, $n_D^{22,5}$ 1,4480; 70%. — *Capronsäure-p-bromphenacylester*, $C_{14}H_{17}O_3Br$, F. 71°, durch Oxydation vorst. Verb. mit $KMnO_4$ in wss. K_2CO_3 u. Rk. des rohen Na-Capronats mit p-Bromphenacylbromid im wss. A.; aus 80%ig. A. Blättchen. (Bull. Soc. chim. France [5] **1956**. 869—75. Juni. Soc. des Usines Chim. Rhône-Poulence, Labor. Rech. de Vitry-sur-Seine.) E. HANSCHKE. 3211

Andrew Beélik und **C. B. Purves**, *Einige neue Reaktionen und Derivate der Kojisäure.* Kojisäure (**I**; 5-Oxy-2-oxymethyl-γ-pyron) wird durch n-NaOH bei 25° nur zu einem sehr kleinen Teil unter Bldg. von HCOOH zers.; eine durch Ringöffnung entstandene Dienolform konnte weder durch Methylierung noch durch Benzoylierung festgestellt werden. Katalyt. Red. liefert undefinierbare Verbb., Red. des **I**-Dibenzoates (**II**) mit Zn-Staub in Eisessig führt zum *Benzoylallomaltol*, Rk. mit NH_2OH·HCl in Pyridin zum *2-Benzoyloxymethyl-5-oxy-γ-pyron.* Durch Semicarbazid-HCl in Pyridin werden aus **II** wahrscheinlich unter Ringöffnung zwei isomere *Disemicarbazone* vom F. 215° (Zers.; **III**) u. F. 172—173° (Zers.) erhalten; **III** gibt mit sd. verd. HCl eine möglicherweise cycl. *Verb. vom F. 244°*, mit HNO_2 zwei *acycl.* (?) *Monosemicarbazone* vom F. 178—179 bzw. 215°. Die Darst. u. Eigg. weiterer **I**-Derivv. wird beschrieben.

V e r s u c h e (FF. korr.): *5-Oxy-2-methoxymethyl-γ-pyron*, $C_7H_8O_4$, F. 75—76° (Toluol–Hexan), a) aus **I** u. $(CH_3)_2SO_4$ in verd. KOH (30°, 3 Std.); 11,2% (Ausbeute); b) aus dem Al-Salz u. verd. H_2SO_4; 63%. *Al-Salz*, $(C_7H_7O_4)_3Al$, F. 270—271° (Zers.), aus vorst. Verb. u. Al_2O_3; aus A. blaßgelbe Kristalle; 4%. — *Kojisäuredimethyläther*, F. 89—90°, aus vorst. Monomethyläther u. CH_2N_2 in Bzl. bei Zimmertemp. (12 Std.); aus Bzl.–Hexan Nadeln; 60,5%. — *Na-Kojattetrahydrat*, $C_6H_5O_4Na \cdot 4\,H_2O$, aus **I** u. verd. NaOH durch Eindampfen im Vakuum; 53%. — *2-Oxymethyl-5-benzoyloxy-γ-pyron* (**IV**), F. 142—143°, a) aus Na-Kojat u. Benzoylchlorid (**V**) in Bzl. bei Zimmertemp. (26 Std.); 79,5%; b) aus 2-Triphenylmethoxymethyl-5-benzoyloxy-γ-pyron (**VI**; F. 213 bis 214° [W.–Dioxan]) u. sd. 80%ig. Essigsäure; 55%; aus Bzl. Nadeln. — *Dibenzoylkojisäure* (**II**), F. 134—135°, a) aus **I** u. **V** in Pyridin neben nachst. Addukt (10%); 70%; b) aus nachst. Monobenzoat u. **V** in Pyridin; 89%; c) aus nachst. Addukt in Aceton durch Verdünnen mit W. neben *Benzoesäure* (F. 122°; 92,5%); 100%; wird durch NH_2OH·HCl oder Na-Acetat in sd. A. nicht verändert. *Benzoesäureaddukt*, $C_{20}H_{14}O_6 \cdot C_7H_6O_2$, F. 120—121°, aus **I** u. **V** in Pyridin neben **IV** (18%); 35,5%; aus Bzl., Toluol oder Eisessig

Nadeln; wird durch Verdünnen der Lsg. in Dioxan oder bei Kristallisation aus A., CH_3OH, Pyridin oder Äthylacetat in **II** u. Benzoesäure zerlegt u. zeigt mit beiden Komponenten F.-Depression. — *2-Benzoyloxymethyl-5-oxy-γ-pyron*, $C_{13}H_{10}O_5$, F. 180—181° (A.), a) aus **II**, $NH_2OH \cdot HCl$ u. Pyridin bei Zimmertemp. (12 Std.); 90%; b) aus **II**, $NH_2OH \cdot HCl$ u. Pyridin oder Na-Acetat in sd. A. (½ Std.); 83%. — *2-Benzoyloxymethyl-5-methoxy-γ-pyron*, $C_{14}H_{12}O_5$, F. 110—111° (Bzl.–Bzn.), a) aus 2-Oxymethyl-5-methoxy-γ-pyron u. **V** in Pyridin; b) aus vorst. Verb. u. CH_2N_2 in Bzl. (6 Std.); 49%. — *2-Acetoxymethyl-5-benzoyloxy-γ-pyron*, $C_{15}H_{12}O_6$, F. 144°, aus **IV** u. Acetanhydrid in Pyridin bei Zimmertemp. u. Stehen über Nacht; aus W.–Aceton Platten; 93%. — *2-Acetoxymethyl-5-oxy-γ-pyron*, F. 134—135°, aus vorst. Verb., $NH_2OH \cdot HCl$ u. Pyridin bei Zimmertemp. (12 Std.); aus Bzl. Nadeln; 83%; $FeCl_3$-Rk. weinrot. Gibt bei der Acetylierung das *5-Acetylderivat*. — *2-Triphenylmethoxymethyl-5-oxy-γ-pyron*, F. 180—182° (CCl_4–Diisopropyläther), aus **VI** u. $NH_2OH \cdot HCl$ in Pyridin wie vorst.; 66%. — *Allomaltol*, F. 150—151° (Äthylacetat–Diisopropyläther), a) nach Yabuta [1924]; b) aus der Benzoylverb. u. $NH_2OH \cdot HCl$ in Pyridin wie vorst.; 71%; $FeCl_3$-Rk. weinrot. *Benzoylverb.*, $C_{13}H_{10}O_4$, F. 126—127°, durch Zugeben von Zn-Staub zu **II** in Eisessig auf dem Wasserbad unter Rühren u. Zufügen von wenig konz. H_2SO_4; flache Nadeln aus Isopropyläther; 45%. — *„Dibenzoylkojisäuredisemicarbazon"* (**III**), $C_{22}H_{22}O_7N_6$, F. 215° (Zers.; Eisessig + W.), a) aus 1 Mol **II**, 3 Mol Semicarbazid·HCl u. 4 Mol Pyridin in sd. verd. A. (50 Min.) u. 6tägiges Stehen; 41,5%; b) aus vorst. Verbb. im Mol-Verhältnis 1 : 2 : 4 neben nachst. Verb.; 24%. Gibt mit 10%ig. KOH *Benzoesäure* (95%). — *Isomeres Disemicarbazon*, $C_{22}H_{22}O_7N_6$, F. 172—172,5° (Zers.; CH_3OH–A.), aus der Mutterlauge von **III** (b); 6%. — *Monosemicarbazon* $C_{21}H_{15}O_5N_3$, F. 244° (Aceton), aus **III** u. sd. 10%ig. HCl (3½ Std.); 9%. — *Benzoylglykolsäure*, $C_9H_8O_4$, F. 111—112° (Bzl.–Hexan), aus **III** u. $KMnO_4$ in verd. Essigsäure bei 90° (½ Std.); 11,5%; daneben *Benzoesäure* (27%). — *„Dibenzoylkojisäure-α-monosemicarbazon"*, $C_{21}H_{19}O_7N_3$, F. 215° (Zers.), durch Zugeben von $NaNO_2$-Lsg. zu **III** in Eisessig bei Zimmertemp. (6 Std.) u. Stehen über Nacht; aus Aceton CH_3OH mikrokristallines Pulver. F.-Depression mit **III**. — *„Dibenzoylkojisäure-β-monosemicarbazon"*, $C_{21}H_{19}O_7N_3$, F. 178—179° (Zers.), aus **III**, $NaNO_2$ u. verd. Essigsäure, aus Bzl.–CH_3OH–Bzn. Mikrokristalle; 69%. Wird durch $NaNO_2$ in Eisessig nicht verändert u. gibt bei Oxydation mit $KMnO_4$ in verd. Essigsäure *Benzoesäure* u. *Benzoylglykolsäure* (19,5%). (Canad. J. Chem. **33**. 1361—74. Aug. 1955. Montreal, Quebec, McGill Univ., Div. of Ind. and Cellulose Chem.; Pulp and Paper Res. Inst. of Canada, Wood Chem. Div.)

E. Hanschke. 3211

E. Ziegler und **H. Junck**, *Zur Chemie des 4-Oxycumarins. 1. Mitt. Eine neue Synthese des 4-Oxycumarins und seiner Derivate.* *4-Oxycumarin* (**I**) wird aus Malonsäurediphenylester (**II**) durch Cyclisierung mit $AlCl_3$ oder BF_3 gewonnen. In einem Falle wurde wahrscheinlich das tautomere *2.4-Dioxochroman* erhalten (nicht reproduzierbar). Ausgehend von im Benzolkern oder am $C_{(2)}$-substituierten Malonsäurediphenylestern entstehen *substituierte 4-Oxycumarine*. An die Stelle der Phenole können Naphthole treten. Der Thiophenolester der Malonsäure gibt *1-Thia-4-oxycumarin*.

Versuche: *2.4-Dioxochroman* (?), $C_9H_6O_3$, F. 207°, aus **II** u. $AlCl_3$ (30 Min. bei 130—170°); aus A. Nadeln. — *4-Oxycumarin* (**I**), $C_9H_6O_3$, F. 206—207°, a) aus **II** u. $AlCl_3$ (25 Min. bei 180—185°; Meth. **a**); aus A. Nadeln; 85% (Ausbeute); b) aus **II** u. BF_3 bei 80—140°; 40%; c) aus Phenol, Malonsäure u. $POCl_3$ (30 Min. auf 100°), dann nach Zusatz von $AlCl_3$ 20 Min. auf 180° (Meth. **b**); 12%. — *2.3.4-Triketochroman-p-nitrophenylhydrazon*, F. 263°, aus 3.3'-Methylen-bis-[4-oxycumarin] durch Kupplung mit p-Nitrophenyldiazotat. — Substituierte 4-Oxycumarine: *6-Methyl-*, $C_{10}H_8O_3$, F. 240°, a) aus Malonsäuredi-p-tolylester nach **a**; aus Eisessig Nadeln; 96%; b) mit p-Kresol nach **b**; 73%. — *8-Methyl-*, $C_{10}H_8O_3$, F. 224°, a) aus Malonsäuredi-o-tolylester nach **a**; aus A. Spieße; 45%; b) mit o-Kresol nach **b**; 50%. — *6.7-Dimethyl-*, $C_{11}H_{10}O_3$, F. 243°, aus Malonsäure-bis-[3.4-dimethylphenyl]-ester nach **a**; aus Essigester Nadeln; 70%. — *6-Phenyl-*, $C_{15}H_{10}O_3$, F. 257°, aus Malonsäure-bis-[p-biphenylyl]-ester nach **a**; aus Eisessig–W. Nadeln; 59%. — *5.6-Benzo-*, $C_{13}H_8O_3$, F. 281°, aus Malonsäure-bis-β-naphthylester nach **a**, aus A. Nadeln; 70%. — *7.8-Benzo-*, $C_{13}H_8O_3$, F. 276—277°, aus Malonsäure-bis-α-naphthylester nach **a**; 57%. — Aus den entsprechenden nachst. Alkylmalonsäurediphenylestern: *3-Methyl-*, F. 226°, nach **a**; aus Eisessig Nadeln; 57%. — *3-Äthyl-*, $C_{11}H_{10}O_3$, F. 154°, aus A. Nadeln; nach **a** 47%; nach **b** 43%. — *3-n-Propyl-*, $C_{12}H_{12}O_3$, F. 139°, aus A. Nadeln; nach **a** 60%; nach **b** 65%. — *3-Butyl-*, $C_{13}H_{14}O_3$, F. 157°, aus Butylmalonsäurediphenylester nach **a**; aus A. Nadeln; 85%, nach **b** 75%. — *3-Amyl-*, $C_{14}H_{16}O_3$, F. 135°, aus Amylmalonsäurediphenylester nach **a**; aus A. Balken; 84%. — *3-Hexyl-*, $C_{15}H_{18}O_3$, F. 150°, aus Hexylmalonsäurediphenylester nach **a**; aus A. viereckige Plättchen. — *3-Phenyl-*, $C_{15}H_{10}O_3$, F. 230°, aus Phenylmalonsäurediphenylester nach **a**; aus A. viereckige Plättchen; 80%. — *Malonsäure-bis-[p-nitrophenyl]-ester*,

$C_{15}H_{10}O_8N_2$, F. 203°, aus p-Nitrophenol, Malonsäure u. $POCl_3$ bei 110°; aus Eisessig Plättchen; 86%; läßt sich nicht cyclisieren. — *Benzylmalonsäure-bis-[p-nitrophenyl]-ester*, $C_{22}H_{16}O_8N_2$, F. 169°, aus p-Nitrophenol, Benzylmalonsäure u. $POCl_3$ (30 Min. auf 120°); aus Eisessig Plättchen, aus Amylacetat Nadeln; 78%. Läßt sich nach **a** nicht cyclisieren; ebenso negativ verliefen analoge Verss. mit Malonsäure-bis-[m-nitrophenyl]- bzw. -[m-methoxyphenyl]- u. -[4-benzylphenyl]-ester, sowie Isopropyl-, tert.-Butyl-, Benzyl-, Cyclopentyl-, Cyclohexyl-, Cycloheptyl- u. Allylmalonsäurediphenylester. — *Malonsäuredi-[thiophenyl]-ester*, F. 94°, aus Thiophenol, Malonsäure u. $POCl_3$ (25 Min. auf 120°); 62%. — *1-Thia-4-oxycumarin*, $C_9H_6O_2S$, F. 211°, aus vorst. Verb. u. $AlCl_3$ (15 Min. auf 190°); 50%; daneben *Thianthren*, F. 157°. — *3.3'-Methylen-bis-[1-thia-4-oxycumarin]*, $C_{19}H_{12}O_4S_2$, F. 305° (Dioxan), aus vorst. Verb. u. Formaldehyd durch 1std. leichtes Erwärmen. — Alkylmalonsäurediphenylester, aus der entsprechenden Alkylmalonsäure u. Phenol mit $POCl_3$ (20 Min. bei 145°): *Methyl-*, $C_{16}H_{14}O_4$, F. 50°, aus A. Nadeln; 60%. — *Äthyl-*, $C_{17}H_{16}O_4$, Kp.$_{16}$ 215°; 71%. — *n-Propyl-*, $C_{18}H_{18}O_4$, Kp.$_{18}$ 213°; 65%. — *Isopropyl-*, $C_{18}H_{18}O_4$, F. 77°, aus A. Plättchen; 74%. Gibt nach **a** nur 10% **I**. (Mh. Chem. **86**. 29—38. 15/2. 1955. Graz, Univ., Inst. für Organ. und Pharmazeut. Chem.) R. GOMPPER. 3211

H. L. Hergert, P. Coad und **A. V. Logan**, *Die Methylierung von Dihydroquercetin*. Die Methylierung von Dihydroquercetin (**I**; 3.3'.4'.5.7-Pentaoxyflavanon) mit Dimethylsulfat (**II**) unter neutralen oder schwach bas. Bedingungen liefert einen *Dimethyläther* u. *Dihydroquercetin-3'.4'.7-trimethyläther*(**III**), während in stark alkal. Medium *2.3'.4.4'.6.α-Hexamethoxychalkon* (**IV**) erhalten wird. Rk. von **I** u. **II** in Ggw. von K_2CO_3 in Aceton führt zu *Dihydroquercetin-3'.4'.5.7-tetramethyläther* (**V**), abwechselnde Zugabe von **II** u. KOH zu **I** in CH_3OH bei p_H ca. 7 liefert ein Gemisch von *2-[3.4-Dimethoxybenzyl]-2-oxy-4.6-dimethoxycumaranon* (**VI**) u. dessen *Methyläther* (**VII**). **VI** gibt ebenso wie **V** mit KOH in sd. A. *2-[3.4-Dimethoxybenzal]-4.6-dimethoxycumaranon*. Die Methylierung der OH-Gruppen erfolgt in der Reihenfolge 3'-, 4'-, 7- u. 5-Stellung. Die Methylierung von **I** mit CH_3J oder CH_2N_2 liefert Gemische von Methyläthern in geringen Ausbeuten. Die Methylierung von Quercetin (**VIII**) erfolgt in der Reihenfolge 3-, 3'-, 4'-, 7- u. 5-Hydroxyd.

Versuche (FF. korr.): *dl-Dihydroquercetin* (**I**), F. 238—240, durch Racemisierung der aus der Rinde der DOUGLAS-Tanne erhaltenen d-Verb. mit konz. HCl. Liefert mit CH_2N_2 ein Gemisch von **III** u. **I**-*Dimethyläther* bzw. mit mehr CH_2N_2 ebenso wie mit CH_3J u. K_2CO_3 in Aceton ein Gemisch aus **III** u. **V** vom F. 165—167°. *Pentaacetylverb.*, F. 151—152°. — *Dihydroquercetin-3'.4'.7-trimethyläther* (**III**), $C_{18}H_{18}O_7$ F. 167—168° (A.), durch abwechselndes Zugeben von KOH in W.-CH_3OH (1 : 1) u. **II** zu **I** in CH_3OH bei p_H 6,5 (0°) u. Stehen über Nacht 55% (Ausbeute), daneben nachst. Verbb.; $FeCl_3$-Rk. in verd. A. rotviolett; gibt mit konz. HNO_3 eine intensiv blaue, mit HCl u. Zn eine dunkelkirschrote Färbung. *Na-Salz*, $C_{18}H_{17}O_7Na$, F. 195° (Zers.), mit 5%ig. Na_2CO_3; Nadeln. — *Dihydroquercetindimethyläther*, $C_{17}H_{16}O_7$, F. 120—125° (CH_3OH), aus der alkoh. Mutterlauge von **III**; $FeCl_3$-Rk. schwarzrot; 25%. — *Eriodictyol-3'.4'-dimethyläther*, F. 204 bis 205° (A.), aus vorst. Dimethyläther mit Zn u. HCl. — *Eriodictyol-3'.4'.7-trimethyläther*, $C_{18}H_{18}O_6$, F. 141—142° (verd. A.), aus 3 g **III** mit Zn u. HCl; $FeCl_3$-Rk. rot; 0,75 g. — *Dihydroquercetin-3'.4'.5.7-tetramethyläther* (**V**), $C_{19}H_{20}O_7$, F. 169—170°, aus **I**, **II** u. K_2CO_3 in sd. Aceton (15 Std.); aus 90%ig. A. Nadeln; mit konz. HNO_3 intensiv blaue, mit Zn u. HCl kirschrote Färbung; 70%. *Acetylverb.*, F. 171—172°, aus CH_3OH Nadeln. — *Quercetin* (**VIII**), F. 313—314°, aus 30 g **I** mit sd. NaOH (1¹/₄ Std.) u. Ansäuern mit H_2SO_4; 1,2 g. — *Quercetin-3'.4'.7-trimethyläther* (**X**), $C_{18}H_{16}O_7$, F. 190—191°, aus 1 g **III** mit sd. n-NaOH (1 Std.); aus A. gelbe Kristalle; 0,3 g. *3.5-Diacetylverb.*, F. 185—186° (A.). — *Quercetin-3.3'.4'.7-tetramethyläther* (**IX**), F. 159°, a) aus der alkoh. Mutterlauge von **III**; b) aus **VIII** u. **II** analog **III**; aus A. hellgelbe Nadeln; 60% (*Acetylverb.*, F. 169°), daneben 10% *Quercetin-3.3'.4'-trimethyläther*, $C_{18}H_{16}O_7$, F. 240—242° (*Acetylverb.*, F. 157°, Nadeln). — *Quercetin-3'.4'.5.7-tetramethyläther*, F. 196°, aus 3 g **V** mit sd. 1%ig. KOH ($^1/_4$ Std.), aus A.-Aceton hellgelbe Kristalle; 0,5 g, neben **VI**. *Acetylverb.*, F. 162°. — *2-[3.4-Dimethoxybenzyl]-2-oxy-4.6-dimethoxycumaranon* (**VI**), $C_{19}H_{20}O_7$, F. 176° (CH_3OH), aus der methanol. Mutterlauge vorst. Verb.; mit konz. HNO_3 hellviolette Färbung; 1,5 g. *Methyläther* (**VII**), $C_{20}H_{22}O_7$, F. 118—119° (A.), a) aus 0,3 g **VI**, **II** u. NaOH in verd. Aceton; 0,28 g; b) aus 0,5 g **V**, **II** u. KOH in CH_3OH (p_H bis 10); 0,3 g; c) durch abwechselndes Zugeben von **II** u. 50%ig. KOH zu. 30 g **I** in CH_3OH bei 0° (2 Std.); 20 g, daneben 5 g **VI**. Gibt mit konz. HNO_3 eine violette Färbung. — *2-[3.4-Dimethoxybenzal]-4.6-dimethoxycumaranon*, $C_{19}H_{18}O_6$, F. 172°, a) aus 2 g **V** u. sd. wss.-alkoh. KOH (1 Std.) 0,5 g, neben **IX**; b) aus **VI** u. sd. wss.-alkoh. KOH; c) durch Lösen von **VI** in konz. H_2SO_4 u. Verdünnen mit W.; aus A. gelbe Prismen; 10%. — *2.3'.4.4'.6.α-Hexamethoxychalkon* (**IV**), $C_{21}H_{24}O_7$, F. 132—133°, a) aus 30 g **I** in Aceton durch abwechselndes Zugeben von 50%ig. KOH

u. **II**, Verdünnen mit W. u. 24std. Stehen bei 0°; 22 g; b) durch Zugeben von 50%ig. KOH u. **II** zu 60 g **I** in sd. CH_3OH (2 Std.), Verdünnen mit W. u. 24std. Stehen bei 0°; aus A. blaßgelbe Prismen; mit konz. HNO_3 schwachbraune, mit alkoh. HCl rosa Färbung; neben 10 g **VI**, 0,75 g **X** u. **VII**. — *Epi-2.3'.4.4'.6.α-hexamethoxychalkon*, $C_{21}H_{24}O_7$, F. 156°, aus 5 g **IV** mit konz. HCl in sd. Aceton (½ Std.); aus A. blaßgelbe Prismen; 3 g. — Die Infrarotspektren der meisten Verbb. sind angegeben. (J. org. Chemistry **21**. 304—10. März 1956. Corvallis, Ore., State Coll., Dep. of Chem., u. Oregon Forest Prod. Labor.) E. HANSCHKE. 3211

Luigi Chierici und **Riccardo Passerini**, *Über die Darstellung einiger Pyridylarylselenide*. (Vgl. C. **1954**. 10199.) Einige 5-Nitro-2-pyridylselenide der aromat. Reihe werden durch Umsetzung von 2-Chlor-5-nitropyridin (**I**) mit Na-Selenophenolat (**II**) u. dessen Methyl-, Halogen- u. Methoxyderivv. in alkoh. Lsgg. dargestellt u. daraus mit Sn + HCl die Aminoderivv. erhalten.

V e r s u c h e: *5-Nitropyridyl-(2)-phenylselenid* aus **I** u. **II** in alkoh. Lsg., $C_{11}H_8O_2N_2Se$, F. 127—128°; analog *o-Methylderiv.*, $C_{12}H_{10}O_2N_2Se$, F. 63—64°, *m-Methylderiv.*, F. 123°, *p-Methylderiv.*, F. 156—157°; *p-Chlorderiv.*, $C_{11}H_7O_2N_2ClSe$, F. 147—148°, *p-Bromderiv.*, F. 137—138°, *p-Methoxyderiv.*, $C_{12}H_{10}O_3N_2Se$, F. 151—152°, *p-Nitroderiv.*, $C_{11}H_7O_4N_3Se$, F. 118—119°. *5-Aminopyridyl-(2)-phenylselenid* durch Red. des Nitroderiv. mit Sn u. HCl, $C_{11}H_{10}N_2Se$, F. 124—125°; analog *Methylderivv.*, $C_{12}H_{12}N_2Se$, *o-*, F. 59—61°, *m-*, F. 62°, *p-*, F. 100—105°; *p-Chlorderiv.*, $C_{11}H_9N_2ClSe$, F. 75—76°, *p-Bromderiv.*, F. 90—92°; *p-Methoxyderiv.*, $C_{12}H_{12}ON_2Se$, F. 65—66°. — *5.5'-Dinitrodipyridyl-(2.2')-diselenid*, aus **I** u. KSeCN in absol. A., $C_{10}H_6O_4N_4Se_2$, F. 161—162°. In einer Tabelle werden die Absorptionsmaxima- u. -minima der Prodd. in alkoh. Lsg. im UV mitgeteilt. (Ricerca sci. **25**. 2316—22. Aug. 1955. Parma u. Sassari, Univ., Ist. di Chim. org.) R. K. MÜLLER. 3231

Richard Kuhn und **Hans R. Hensel**, *Über 2-Azachalkone*. Pyridinaldehyd-(2) (**I**), 6-Methylpyridinaldehyd-(2) (**II**) u. Chinolinaldehyd-(2) kondensieren mit Cl- u. Br-haltigen 2-Oxyacetophenonen in A. mit verd. NaOH zu 2-Azachalkonen; Pyridinaldehyd-(3) u.-(4) reagieren unter gleichen Bedingungen nicht. *2-Aza-2'-oxy-5'-chlorchalkon* (**IV**) addiert Diazomethan zum Pyrazolinderiv. u. veräthert die Oxygruppe nicht, während das N-freie 2.2'-Dioxy-5.5'-dichlordistyrylketon (**V**) sowohl Diazomethan zum Pyrazolinderiv. addiert als auch die Oxygruppen veräthert. **II** kondensiert mit 5-Chlor-2-oxyacetophenon (**III**) zum *Azachalkon* u. *Azaflavon* in gleichen Anteilen. *3-Oxypyridinaldehyd-(2)* wurde nur in geringen Mengen als Oxim erhalten. Die Azachalkone wurden in ihrer bakteriostat. Wrkg. in vitro in Ggw. von Serumglobulinen untersucht.

V e r s u c h e: Darst. der 2-Azachalkone: Äquivalente Mengen Pyridinaldehyd u. Acetophenonderiv. in A. lösen u. im Laufe von 20 Min. verd. NaOH zugeben, Temp. nicht über 35°, wenn nach 12 Std. kein Na-Salz abgeschieden, mit W. verd. u. mit 2n Essigsäure fällen, aus A. umkristallisiert. — *2-Aza-2'-oxy-5'-chlorchalkon*, $C_{14}H_{10}O_2NCl$ (**IV**), F. 108,5—109°, gelbe Prismen, aus 10 g **III** u. 6,3 g **I**, orangerotes Na-Salz 14 g (Ausbeute), löst sich in verd. NaOH u. konz. H_2SO_4 rot, in verd. HCl hellgelb. *Hydrochlorid*, $C_{14}H_{10}O_2NCl \cdot HCl$, F. 165—166°, orangegelbe Prismen; *Perchlorat*, $C_{14}H_{10}O_2NCl \cdot HClO_4$, F. 188 bis 189°, orangerote Prismen; *Ni-Komplex*, $(C_{14}H_9O_2NCl)_2Ni$, tiefweinrote Prismen, sintert ohne zu schm. bei 260°; *Co-Komplex*, $(C_{14}H_9O_2NCl)_2Co$, tiefweinrote Prismen, sintert ohne zu schm. bei 260°. — *3-[2'-Oxy-5'-chlorbenzoyl]-4-α-pyridylpyrazolin*, $C_{15}H_{12}O_2N_3Cl$, F. 189,5° (Zers.) (A.), Prismen, aus 3 g **IV** in Ae. u. Diazomethan in Ae. in 15 Min., quantitative Ausbeute. — *Bis-[2-oxy-5-chlorstyryl]-keton* (**V**), $C_{17}H_{12}O_3Cl_2$ F. 190—191° (Aceton + W.) gelbe Prismen, aus 6,2 g 5-Chlorsalicylaldehyd in A. u. 1,9 cm³ Aceton innerhalb 15 Min. unter Kühlen in 10 g 50%ig. NaOH einrühren, *Na-Salz* krist. tiefrot, malachitgrün schimmernd, löst sich in konz. H_2SO_4 tiefrot. — *1.3-Bis-[4-(2-methoxy-5-chlorphenyl)-pyrazolyl-(3)]-keton*, $C_{21}H_{20}O_3N_4Cl_2$, F. 188,5° (Zers.; verd. A.), gelbe Prismen, aus **V** in Ae. mit überschüssigem Diazomethan. — *2-[2'-Oxy-5'-chlorstyryl]-6-chlorbenzo-α-pyryliumperchlorat*, $C_{17}H_{11}O_2Cl_2ClO_4$, Zers. bei 235—236°, weinrote Tafeln (Eisessig + konz. Ameisensäure). — *2.2-Bis-spiro-[6-chlorbenzopyran]*, $C_{17}H_{10}O_2Cl_2$, F. 169—170°, Tafeln (Cyclohexan), aus 0,5 g vorst. Verb. mit 2 cm³ Diäthylamin in 10 cm³ Bzl.; 0,2 g. — *2-Aza-3-methyl-2'-oxy-5'-chlorchalkon* (**VI**), $C_{15}H_{12}O_2NCl$, F. 130° (A.), gelbe Nadeln, aus 18,5 g **II** u. 24 g **III** in A. u. 80 cm³ 20%ig. NaOH bei 35°, krist. ein Na-Salz, aus dessen Mutterlauge mit Essigsäure das Chalkon ausfällt; UV-Spektr. Maxima: 280 u. 230 mμ. *Pikrat*, $C_{15}H_{12}O_2NCl \cdot C_6H_3O_7N_3$, F. 198—199°; tiefgelbe Prismen (A.). — *6-Chlor-2'-aza-3'-methylflavanon*, $C_{15}H_{12}O_2NCl$, F. 113°, Tafeln (A.) aus dem krist. Na-Salz der vorst. Rk. durch Ansäuern mit Essigsäure, UV-Spektr. Maxima 248 u. 325 mμ in Äthylalkohol. *Pikrat*, $C_{15}H_{12}O_2NCl \cdot C_6H_3O_7N_3$, F. 198—199°, citronengelbe Prismen (A.). *2.4-Dinitrophenylhydr-*

azon, $C_{21}H_{16}O_5N_5Cl$, F. 245—246°, orangegelbe Nadeln. — *3-[2'-Oxy-5'-chlorbenzoyl]-4-[6-methyl-α-pyridyl]-pyrazolin*, $C_{16}H_{14}O_2N_3Cl$, F. 162—163° (A.), aus **VI** mit Diazomethan in Ae., tiefgelbe Prismen. — *2-Aza-2'-oxy-5'-bromchalkon* (**VII**), $C_{14}H_{10}O_2NBr$, F. 147—148° (A.), tiefgelbe Nadeln, aus 10 g 2-Oxy-5-bromacetophenon u. 5 g **I**; 9—10 g. — *2-Aza-2'-acetoxy-5'-bromchalkon*, $C_{16}H_{12}O_3NBr$, F. 87° (A.), blaßgelbe Prismen, aus **VII** u. Acetylchlorid in Pyridin u. Chloroform. — *3-[2'-Oxy-5'-brombenzoyl]-4-α-pyridyl-pyrazolin*, $C_{15}H_{12}O_2N_3Br$, F. 185° (Zers.; A.), aus **VII** u. Diazomethan in Ae., Prismen. — *2-Aza-2'.4'-dioxy-3'.5'-dibromchalkon*, $C_{14}H_9O_3NBr_2$, F. 264—266°, orangerote Nadeln, aus 3 g 3.5-Dibromresacetophenon u. 1 cm³ **I** in 20 cm³ A. mit 50 cm³ 25%ig. NaOH erhält man bei 2—3std. Erwärmen auf 40—50° 1 g tiefgelbe Nadeln des Na-Salzes, das bei 340° sintert, u. durch Umfällen aus Pyridin u. 2n Essigsäure das freie Chalkon. — *2-Aza-3.4-benzo-2'-oxy-5'-chlorchalkon*, $C_{18}H_{12}O_2NCl$, F. 145—146° (Aceton), gelbe Prismen, aus äquivalenten Mengen Chinolinaldehyd-(2) u. **III** in A. mit 20%ig. NaOH, es fällt das purpurrote Na-Salz, das in verd. A. gelöst wird, daraus mit Eisessig das freie Chalkon. — *2.2'-Dioxy-5.5'-dichlorchalkon*, $C_{15}H_{10}O_3Cl_2$, F. 203° (Eisessig), tiefgelbe Prismen, 7,8 g 5-Chlorsalicylaldehyd u. 8,5 g **III** in A. 2 Std. mit 50 g 50%ig. NaOH auf 50—60° erwärmen, mit W. verdünnen u. mit 2n HCl fällen; 13 g; löst sich in verd. NaOH u. konz. H_2SO_4 rot. — *2.2'-Dioxy-5-nitro-5'-chlorchalkon* (**VIII**), $C_{15}H_{10}O_5NCl$, F. 210—211° (A.), tiefgelbe Prismen, 16,7 g 5-Nitrosalicylaldehyd u. 17 g **III** in A. 2 Std. mit 50 cm³ 50%ig. NaOH auf 60° erwärmen, aus dem gefällten Na-Salz durch Ansäuern das freie Chalkon; 18 g. — *2.2'-Dioxy-5-amino-5'-chlorchalkon*, $C_{15}H_{12}O_3NCl$, F. 206—208° (Aceton), tiefgelbe Tafeln, durch Hydrieren von 1,5 g **VIII** in 90 cm³ Dioxan mit 3 g RANEY-Ni als Katalysator. — *α-[2-Oxy-5-aminophenyl]-β-[2'-oxy-5'-chlorbenzoyl]-äthan*, $C_{15}H_{14}O_3NCl$, F. 174,5° (Aceton + W.), Prismen, durch Hydrieren von 4 g **VIII** in 60 cm³ Dioxan mit 3 g RANEY-Ni, nach Aufnahme von 3 Mol H_2 weitere 4 Std. hydrieren. — *2.2'-Dioxy-5-nitro-5'-bromchalkon*, $C_{15}H_{10}O_5NBr$, F. 195° (A.), orangegelbe Prismen, 7,5 g 5-Nitrosalicylaldehyd u. 9,6 g 5-Brom-2-oxyacetophenon in A. 3—4 Std. mit 50%ig. NaOH auf 60° erwärmen. — *2.2'-Dioxy-5.5'-dinitrochalkon*, $C_{15}H_{10}O_7N_2$, F. 227—228° (Aceton + W.), gelbe Nadeln, 1 g 5-Nitrosalicylaldehyd u. 1 g 2-Oxy-5-nitroacetophenon in A. + Dioxan 4 Std. mit 10 cm³ 50%ig. NaOH am Rückfluß erwärmen, 1,2 g ziegelrotes Na-Salz, daraus mit 2n HCl das freie Chalkon. — *2.2'-Dioxy-5-methyl-5'-chlorchalkon*, $C_{16}H_{13}O_3Cl$, F. 185—186° (Aceton), Prismen, Homosalicylaldehyd u. **III** in A. 3 Std. mit 50%ig. NaOH auf 50—60° erwärmen. — *2.2'-Dioxy-5.5'-dimethylchalkon*, $C_{17}H_{16}O_3$, F. 168—169° (A.), tiefgelbe Prismen, Homosalicylaldehyd u. 2-Acetyl-p-kresol in A. 3 Std. mit 50%ig. NaOH auf 50° erwärmen. — *3-Oxy-2-oxymethylpyridinhydrochlorid*, $C_6H_7O_2N \cdot HCl$, F. 206°, 3-Oxypyridin in 10%ig. NaOH 1½ Std. mit 40%ig. Formalin am Rückfluß kochen. — *3-Oxypyridinaldoxim-(2)*, $C_6H_6O_2N_2$, F. 170° (W.), Prismen, 2,7 g der vorst. Verb. in W. lösen, MnO_2 suspendieren u. im Laufe von 2 Std. 6 g konz. H_2SO_4 + 13 cm³ W. zutropfen, mit Natriumacetat puffern u. 1,6 g Hydroxylaminhydrochlorid in W. zugeben. — *3-Oxy-(2.4* oder *2.6)-dioxymethylpyridin*, $C_7H_9O_3N$, F. 137—138° (Aceton), rautenförmige Kristalle, aus 3-Oxypyridin in 10%ig. NaOH mit 40%ig. Formalin, Neutralisation mit Kationenaustauscher Amberlite IRC-50, einengen u. mit Aceton extrahieren. — Kondensationsverss. von **I** mit p-Chloracetophenon, 2-Oxy-5-nitroacetophenon, Bromgallacetophenon u. 4-Brom-2-acetyl-α-naphthol waren erfolglos, bei Zugabe von Piperidin als Katalysator entstanden andere Produkte. — *Verb.* $C_{13}H_{18}O_4NBr$, F. 169—170° (A.), blaßgelbe Prismen, aus einer Lsg. von 1,2 g Bromgallacetophenon u. 2 cm³ Piperidin in A. nach 1 Std., 1 g; ob salzartige Verb. oder Ketonammoniak nicht entschieden. — *Verb.* $C_{13}H_{17}O_3NBr_2$, F. 198,5° (A.), Prismen, fällt aus 0,6 g 3.5-Dibromresacetophenon u. 2 cm³ Piperidin in A. nach 30 Minuten. — *Pyridyl-(2)-piperidylcarbinol*, $C_{11}H_{16}ON_2$, F. 59—60° (Ae.), Tafeln, aus **I** in absol. Ae. u. Piperidin; 80%. *Dihydrochlorid*, $C_{11}H_{16}ON_2 \cdot 2HCl$, F. 239°, Prismen. — *α-Pyridyl-(2)-β-phenyl-β-benzoyläthanol*, $C_{20}H_{17}O_2N$, F. 138—139° (A.), Tafeln, aus **I** u. Desoxybenzoin in absol. A. mit 2 Tropfen Piperidin; 90%. *Hydrochlorid*, $C_{20}H_{17}O_2N \cdot HCl$, F. 193—194° (Zers.). *O-Acetylverb.*, $C_{22}H_{19}O_3N$, F. 103—104° (A.), Prismen. — *α-Pyridyl-(2)-β.β-diacetyläthylen*, $C_{11}H_{11}O_2N$, F. 54—55° (Methanol + W.), Prismen, aus **I**, Acetylaceton u. einigen Tropfen Piperidin; 80%. (Chem. Ber. **86**. 1333—41. 12/11. 1953. Heidelberg, MPI für Med. Forsch., Inst. für Chem.) K. BECKER. 3231

Carl T. Bahner, Marvel Fielden, Lydia Moore Rives und **Madge Deel Pickens**, *Salze substituierter Piperidine und Pyrrolidine.* Zur Unters. auf ihre Wrkg. auf Sarkomzellen stellten Vff. *Hydrohalogenide* von *tert. Aminen der Piperidin- u. Pyrrolidinreihe* u. *quaternäre Salze N-alkylierter Piperidine* dar.

Versuche (FF. unter Zers.): *1-[2-Phenyläthyl]-piperidinhydrojodid*, $C_{13}H_{20}NJ$, F. 197—198° (A.), a) durch 1std. Stehen von 2-Phenyläthyljodid u. Piperidin; 26%

(Ausbeute); b) bei der Rk. von 2-Phenyläthyljodid u. 1-[2-Phenyläthyl]-piperidin (I) durch Erhitzen auf 100°. — *1-Äthyl-1-[2-phenyläthyl]-piperidiniumjodid*, $C_{15}H_{24}NJ$, F. 149 bis 151°, aus I ($Kp._{10}$ 145—150°) u. Äthyljodid durch 12std. Stehen; 55%. — *1-Äthyl-1-[p-chlorphenacyl]-piperidiniumbromid*, $C_{15}H_{21}ONClBr$, F. 190° (A.-Ae.), durch 3wöchiges Stehen von p-Chlorphenacylbromid u. 1-Äthylpiperidin bei Raumtemp. u. Zugabe von Ae.; 58%. — *1-[2-Phenyl-2-oxyäthyl]-pyrrolidin*, $C_{12}H_{17}ON$, F. 58,5—59,5° (Isohexan), durch 5std. Kochen von Phenyläthylenoxyd u. Pyrrolidin u. Dest. im Vakuum ($Kp._{0,8-1,5}$ 107 bis 122°); 63%. — Analog vorst. Verbb. wurden ferner dargestellt: *1.3-Dipiperidinopropanol-(2)-dihydrobromid*, $C_{13}H_{28}ON_2Br_2$, F. 273—274°. — *α-Piperidinoacetophenonhydrobromid*, $C_{13}H_{18}ONBr$, F. 230—231°. — *α-Piperidino-p-phenylacetophenonhydrobromid*, $C_{19}H_{22}$·ONBr, F. 244—246°. — *1-Äthyl-1-phenacylpiperidiniumbromid*, $C_{15}H_{22}ONBr$, F. 191 bis 193°. — *1-Äthyl-1-[p-fluorphenacyl]-piperidiniumbromid*, $C_{15}H_{21}ONBrF$, F. 183°. — *1-Äthyl-1-[p-bromphenacyl]-piperidiniumbromid*, $C_{15}H_{21}ONBr_2$, F. 211°. — *1-Äthyl-1-[p-jodphenacyl]-piperidiniumbromid*, $C_{15}H_{21}ONBrJ$, F. 232—233°. — *1-Äthyl-1-[p-methoxyphenacyl]-piperdiniumbromid*, $C_{16}H_{24}O_2NBr$, F. 166—168°. — *1-Äthyl-1-[thenoyl-(2)-methyl]-piperidiniumbromid*, $C_{13}H_{20}ONBrS$, F. 210—211°. — *1-Methyl-1-[2-phenäthyl]-piperidiniumjodid*, $C_{14}H_{22}NJ$, F. 180—181°. — *1-Methyl-1-[2-phenyl-2-oxyäthyl]-piperidiniumjodid*, $C_{14}H_{22}ONJ$, F. 138—139°. — *1-Phenacyl-1-[2-phenyl-2-oxyäthyl]-piperidiniumbromid*, $C_{21}H_{26}O_2NBr$, F. 230°. — *1-[2-Phenyläthyl]-pyrrolidin, Hydrobromid*, $C_{12}H_{18}NBr$, F. 161°. — *1-[2-Phenyl-2-oxyäthyl]-pyrrolidinmethojodid*, $C_{13}H_{20}ONJ$, F. 130,5 bis 131°. (J. Amer. chem. Soc. **73.** 4455—56. Sept. 1951. Jefferson City, Tenn., Carson-Newman Coll., Chem. Labors.) E. KASPAR. 3231

S. Skidmore und **E. Tidd**, *Additionsreaktionen von Chinaldin.* Es wurden die Rkk. von Chinaldin u. Lepidin mit 2-Styrylchinolin in Ggw. von geringen Mengen anorgan. oder organ. Säuren untersucht. Die Rkk. sind abhängig von der Temp. (meist 130—160°) u. der Stärke der verwendeten Säuren. Bei der Rk. von Chinaldin mit 2-Styrylchinolin in Ggw. von H_2SO_4 wurden 2 Nebenprodd. isoliert: *1.2-Bis-[chinolyl-(2)]-äthan* (I), $C_{20}H_{16}N_2$, F. 163—164°, u. eine *Verb.* $C_{30}H_{19}N_3$ (F. 197—198°; *Jodmethylat*, F. 219—220°), der Vff. die Struktur **II** zuschreiben. Die Struktur von **I** wurde durch Vgl. mit einem aus ω-Bromchinaldin synthetisierten Präp. bewiesen. **I** u. **II** entstehen auch bei der direkten Einw. von H_2SO_4 auf Chinaldin neben einer nicht identifizierten Verbindung. Es wird angenommen, daß **II** durch Anlagerung von Chinaldin an *1.2-Bis-[chinolyl-(2)]-äthylen* (**III**) u. anschließende Dehydrierung durch S entsteht. **III** wird durch Dehydratisierung von 1.2-Bis-[chinolyl-(2)]-äthanol dargestellt. (Chem. and Ind. **1954.** 1295—96. 16/10. Salford, Lancs., Roy. Techn. Coll., Chem. Dep.) I. FESTL. 3231

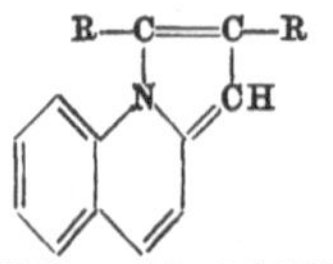

II [R = Chinolyl-(2)]

J. Thesing, H. Ramloch, C. Willersinn und **F. Funk**, *Neue Synthesen in der Indolreihe.* (Sitzungsbericht.) *β-Indolyl-(2)-äthylpyridiniumsalze* entstehen fast quantitativ aus quartären Salzen des Gramins u. N-Phenacylpyridiniumsalzen in alkal. Medium bei Raumtemp. über Salze des *β-Indolyl-(2)-α-pyridiniopropiophenons*, die mit Alkali Säurespaltung erleiden. Durch Hydrierung des Pyridiniumrestes entsteht eine nicht isolierte aldehydammoniakanaloge Verb., die in schwach saurer Lsg. in *1.2.3.4.6.7.12.12b-Oktahydroindolo-[2.3:a]-chinolizin* (I) übergeht. — Aus β-Indolylessigsäure-β′-phenyläthylamid entsteht durch Einw. von Polyphosphorsäure bei 100—140° unter Ringerweiterung *4-[1.2.3.4-Tetrahydroisochinolyl-(1)]-3.4-dihydrocarbostyril.* (Angew. Chem. **68.** 387—88. 7/6. 1956. Darmstadt.) H. ASCHERL. 3231

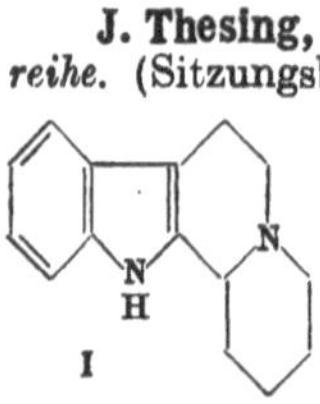

I

Muriel L. Tomlinson, *Versuche zur Darstellung von Indolocarbazolen.* 4. Mitt. *Die Darstellung von Indolo-[3′.2′:1.2]-carbazol.* (3. vgl. CLIFTON u. PLANT, C. **1953.** 7538.) *Bis-cyclohexanon-m-phenylendihydrazon* (I) gibt in CH_3COOH *5.6.7.8.4′.5′.6′.7′-Oktahydroindolo-[3′.2′:1.2]-carbazol* (**II**), das zu *Indolo-[3′.2′:1.2]-carbazol* (**III**) dehydriert wird. Die UV-Spektren von **II** u. **III** sind denen von Carbazol bzw. 1.2.3.4-Tetrahydrocarbazol ähnlich.

Versuche: *Bis-cyclohexanon-m-phenylendihydrazon* (I), $C_{18}H_{26}N_4$, F. 155°, 6 g krist. Na-Acetat u. 6 g Cyclohexanon wird in wss. m-Phenylendihydrazinhydrochloridlsg. eingeschüttelt; orangegelbe Prismen (aus A.; geringe Zers.); 2,5 g (Ausbeute); bildet beim Lagern ein schwarzes Harz. — *5.6.7.8.4′.5′.6′.7′-Oktahydroindolo-[3′.2′:1.2]-carbazol* (**II**), $C_{18}H_{20}N_2$, F. 228°, beim Erhitzen einer Lsg. von 1 g **I** in Eisessig auf dem Dampfbad bis zur Bräunung u. folgendem 24std. Aufbewahren; blaßgraue Prismen (aus Eisessig); 0,4 g roh; in Bzl. schwach graublaue Fluorescenz im UV-Licht; die Lsgg. in Bzl. u. in A. dunkeln schnell. — *Indolo-[3′.2′:1.2]-carbazol* (**III**), $C_{18}H_{12}N_2$, F. 293 bis 300°, beim Erhitzen von **II** mit ½ Vol. Pd-Kohle unter H_2 auf 240° (20 Min.), u. dann auf 320° (30 Min.); sublimiert in H_2 in Tafeln; der Katalysator wird mit Eisessig oder Bzl. extrahiert; fast 100%; löst sich in konz. H_2SO_4 gelb, bei Zusatz von HNO_3 tiefgrün, rotbraun werdend, in HNO_3 grün, in Bzl. mit leuchtend violetter Fluorescenz im UV-Licht; gegen sd. Acetanhydrid beständig. (J. chem. Soc. [London] **1951**. 809—11. März. Oxford, Univ., Dyson Perrins Labor.) K. LEHMSTEDT. 3231

Emilia Menziani, *Über einige Glykosylderivate von Hydrazinophthalazin.* Die Kondensation von 1-Hydrazinophthalazin (I) mit Aldohexosen, Aldopentosen, Ketohexosen u. Desoxyhexosen liefert die entsprechenden *1-[Phthalazinyl-(1)]-2-glykosylhydrazine.* Die Darst. des *Phthalazinylhydrazons von D-Glucuronlacton* wird beschrieben.

Versuche (opt. Drehungen in Pyridin): 1-[Phthalazinyl-(1)]-2-glykosylhydrazine, aus I u. dem entsprechenden Zucker in sd. CH_3OH: *-2-D-glucosyl-*, $C_{14}H_{18}O_5N_4$, F. 150° (Zers.), aus Methanol gelbe Nadeln, $[\alpha]_D^{20}$ —43° (c = 0,93). — *-2-D-galaktosyl-*, $C_{14}H_{18}O_5N_4$, F. 131° (Zers.), aus Methanol strohgelbe Nadeln, $[\alpha]_D^{20}$ —2,7° (c = 1,1). — *-2-D-mannosyl-*, $C_{14}H_{18}O_5N_4$, F. 179° (bei ca. 170° Rotfärbung), Prismen aus Methanol. — *-2-L-rhamnosyl-*, $C_{14}H_{18}O_4N_4$, F. 138°, Prismen aus Methanol, $[\alpha]_D^{20}$ —11,6° (c = 1,03). — *-2-D-xylosyl-*, $C_{13}H_{16}O_4N_4$, F. 186°, aus W. strohgelbe Prismen, $[\alpha]_D^{20}$ —32,2° (c = 1). — *-2-D-ribosyl-*, $C_{13}H_{16}O_4N_4$, F. 138° (W.), $[\alpha]_D^{20}$ —32,2° (c = 0,93). — *-2-L-arabinosyl-*, $C_{13}H_{16}O_4N_4$, F. 143° (Zers.), aus W. Nadeln, $[\alpha]_D^{20}$ —4,8° (c = 1,05) — *-2-D-fructosyl-*, $C_{14}H_{18}O_5N_4$, F. 118° (Zers.), aus Isopropanol gelbe Kristalle, $[\alpha]_D^{20}$ —8,1° (c = 0,98). — *D-Glucuronlactonphthalazinyl-(1)-hydrazon*, $C_{14}H_{14}O_5N_4$, F. 188° (Zers.), aus I u. Glucuronolacton in sd. Methanol (10 Min.) oder CH_3OH—W.; gelbe Nadeln, $[\alpha]_D^{20}$ —131° (c = 1,05). (Boll. sci. Fac. Chim. ind. Bologna **12.** 162—64. 1954. Modena, Univ., Ist. Chim. Farm.) G. PLATZER. 3272

Karl Winterfeld und **Wilhelm Göbel**, *Synthese des 2.4-Dioxo-3-azachinolizidins (2.6-Dioxo-3.4-tetramethylenhexahydropyrimidin).* Bei der Umsetzung von Na-Äthylurethan mit Piperidyl-(2)-essigsäuremethylester (I) treten die Amino- sowie die Äthoxygruppe des Urethans mit der Carbomethoxy- bzw. mit der sek. Aminogruppe von I in Rk.; unter Ringschluß entsteht *2.4-Dioxo-3-azachinolizidin* (II). Durch Erhöhung der Reaktionstemp. durch Ersatz von Ae. durch Bzl. konnte die Ausbeute auf 51% gesteigert werden. II wird in bas. Medium leicht hydrolysiert zu *[N-Carbaminylpiperidyl-(2)]-essigsäure* (III). Beim stärkeren Ansäuern der Lsg. von III tritt wieder Ringschluß zu II unter Wasseraustritt ein. II bildete zwar mit $AgNO_3$ ein *Ag-Salz*, reagiert aber nicht mit Acetanhydrid oder Acetylchlorid. Mit Diazomethan ergibt II *2.4-Dioxo-3-aza-3-methylchinolizidin.* III reagiert mit Diazomethan in äther. Lsg. nicht, dagegen setzt in Ggw. von Methanol die Rk. sofort ein unter Bldg. von III-*Methylester.*

Versuche: *2.4-Dioxo-3-azachinolizidin* (II; *γ.β-Tetramethylen-β-ureidopropionsäurelactam*), $C_8H_{12}O_2N_2$, F. 186—188,5°, aus I [Kp.$_{16}$ 101—103°, aus Pyridyl-(2)-essigsäuremethylester; 82% (Ausbeute); *Pikrat*, F. 130—134° (A.)] u. Na-Äthylurethan in Ae. (4 Std. bei Zimmertemp., weitere 4 Std. beim Kp.) u. dann in Bzl.; feine Nädelchen aus A.; 51,7%. *Ag-Salz*, hygroskop. Substanz, färbt sich am Licht u. beim Erwärmen dunkel. — *2.4-Dioxo-3-aza-3-methylchinolizidin* (*1-Methyl-2.6-dioxo-3.4-tetramethylenhexahydropyrimidin*), $C_9H_{14}O_2N_2$, F. 76—78° (Ae.), aus II u. CH_2N_2 in Ae. unter Zusatz von wenig W.; 78%. — *[N-Carbaminylpiperidyl-(2)]-essigsäuse* (III; *β.γ-Tetramethylen-β-ureidopropionsäure*), $C_8H_{14}O_3N_2$, 20 Min. Erwärmen von II mit 30%ig. KOH auf 70—80° u. Ansäuern mit HCl auf p_H 5—6; 54%. *Methylester*, aus III u. CH_2N_2 in Ae. unter Zusatz von Methanol; schwach bas. reagierendes Öl; *Pikrat*, $C_9H_{16}O_3N_2 \cdot C_6H_3O_7N_3$, F. 103—105° (Methanol). (Chem. Ber. **89.** 1642—45. 1956. Bonn, Univ., Pharmazeut. Inst.) CHI-MING LIU. 3272

W. Pfleiderer, *Über den Abbau der Harnsäure.* (Vortrag.) Durch Erhitzen von Harnsäure (I) mit W. im Bombenrohr auf 190 bzw. 220° wurde neben nicht umgesetztem I ein schwach *blau* (II) bzw. *gelbgrün fluorescierendes Filtrat* (III) erhalten. Aus II wurde *2.4.7-Trioxypteridin* (IV) isoliert, von den in III enthaltenen mindestens 10 fluorescierenden Verbb. wurden *2.4.5.7-Tetraoxypyrimido-[5.4:g]-pteridin* u. *2.4.6-Trioxypteridin* rein sowie *2.4.6.8-Tetraoxypyrimido-[4.5:g]-pteridin* mit *Isomeren* vermischt abgetrennt u. IV u. *2.4.7-Trioxy-6-methylpteridin* nachgewiesen. Das von HOPKINS [1941/42] vermutete Xanthopterin bzw. 7-Methylxanthopterin wurde nicht gefunden. Es wird angenommen, daß zunächst der Imidazolring von I hydrolyt. gespalten wird u. durch Decarboxylierung 4.5-Diaminouracil u. daraus durch Selbstkondensation Pyrimidopterine bzw. durch Kondensation mit seinen Hydrolyseprodd. Pteridinderivv. entstehen. (Angew. Chem. **68.** 386. 7/6. 1956. Stuttgart.) H. ASCHERL. 3272

T. S. Osdene und **G. M. Timmis**, *Neue Ringsysteme von möglicher carcinogener Wirksamkeit.* 1. Mitt. *Derivate von 4.9.10-Triaza-1.2;5.6- und -1.2;7.8-dibenzanthracen.* (Vorl. Mitt. vgl. C. **1956.** 8090.) Die Kondensation von 1-Nitrosonaphthyl-(2)-amin (I) mit 2-Carbomethoxybenzylcyanid (**II**) in Ggw. von Na-Äthylat liefert *3-Oxy-4.9.10-triaza-1.2;7.8-dibenzanthracen* (**III**). Analog entsteht aus 2-Nitrosonaphthyl-(1)-amin (**IV**) *3-Oxy-4.9.10-triaza-1.2;5.6-dibenzanthracen* (**V**). Der Vers., in **III** u. **V** die OH-Gruppen durch Chlorierung u. Red. der Chloride abzuspalten, mißlang. Dagegen konnten die *unsubstituierten Triazadibenzanthracene* (**VI** bzw. **VII**) durch Entschwefeln der aus **III** u. **V** mit P_2S_5 erhaltenen *Mercaptane* mit RANEY-Ni u. anschließende Dehydrierung der *Dihydroverbb.* erhalten werden; *Dihydro*-**VII** liegt in dimerer Form vor. Ein Vers. zur Darst. von **VI** aus 2-Amino-3-phenyl-5.6-benzochinoxalin durch Formylieren u. Ringschluß scheiterte an der Formylierung. Die Darst. der *3-Aminoderivv.* von **VI** u. **VII** gelang aus **I** bzw. **IV** mit 2-Cyanbenzylcyanid (**VIII**). Ferner wird die Darst. der *3-Anilinoderivv.* beschrieben.

V e r s u c h e: *2-Amino-3-phenyl-5.6-benzochinoxalin*, $C_{18}H_{13}N_3$, F. 193° (A.), aus **I** u. Benzylcyanid in sd. Glykolmonoäthyläther mit Na (5 Min.); gelbe Nadeln. — *3-Amino-2-phenyl-5.6-benzochinoxalin*, $C_{18}H_{13}N_3$, F. 180° (A.), aus **IV** u. Benzylcyanid in sd. alkoh. $NaOC_2H_5$; gelbe Nadeln. — *3-Oxy-4.9.10-triaza-1.2;5.6-dibenzanthracen* (**V**), $C_{19}H_{11}ON_3$, F. 308—309° (Eisessig), aus 1,72 g **IV** u. 1,9 g **II** mit Na-Alkoholat in sd. A. (10 Min.); gelbe Nadeln, Fluorescenz der Lsg. im UV gelb; 1,8 g (Ausbeute). — *3-Oxy-4.9.10-triaza-1.2;7.8-dibenzanthracen* (**III**), $C_{19}H_{11}ON_3$, F. 362—363° (Essigsäure), aus **I** u. **II** analog **V**; gelbe Nadeln, blaue Fluorescenz. — *3-Chlor-4.9.10-triaza-1.2;5.6-dibenzanthracen*, $C_{19}H_{10}N_3Cl$, F. 288° (Bzl.), aus 1 g **V** mit PCl_5 in sd. $POCl_3$ (30 Min.); gelbe Nadeln; 1,3 g. — *3-Amino-4.9.10-triaza-1.2;5.6-dibenzanthracen*, $C_{19}H_{12}N_4$, F. 338° (Essigsäure), aus **IV** u. **VIII** analog **V**; gelbe Tafeln; Fluorescenz gelbgrün. — *3-Amino-4.9.10-triaza-1.2;7.8-dibenzanthracen*, $C_{19}H_{12}N_4$, F. >360° (Essigsäure), analog vorst. Verb. mit **I**; gelbe Nadeln, Fluorescenz grün. — *3-Mercapto-4.9.10-triaza-1.2;5.6-dibenzanthracen*, $C_{19}H_{11}N_3S$, F. 352° (Pyridin u. Glykolmonoäthyläther), aus 1,5 g **V** u. P_2S_5 in sd. Pyridin (4 Std.); tiefgelbe Nadeln; 1,5 g. *Methyläther*, $C_{20}H_{13}N_3S$, F. 280° (A.), gelbe Nadeln. — *3-Anilino-4.9.10-triaza-1.2;5.6-dibenzanthracen*, $C_{25}H_{16}N_4$, F. 282 bis 283° (Xylol), aus vorst. Verb. oder vorst. Methyläther in sd. Anilin; gelbe Prismen, Fluorescenz blaugrün. — *Dihydro-4.9.10-triaza-1.2;5.6-dibenzanthracen*, $C_{19}H_{13}N_3$, F. 275° (Butanol), aus vorvorst. Verb. mit RANEY-Ni in sd. Dioxan (6 Std.); orangefarbene Nadeln, Fluorescenz grün. — *4.9.10-Triaza-1.2;5.6-dibenzanthracen* (**VII**), $C_{19}H_{11}N_3$, F. 282—283° (A.), durch Dehydrieren vorst. Verb. a) mit Pd-Kohle bei 280°/0,05 mm; b) mit $NaNO_2$ in sd. Essigsäure; gelbe Nadeln, Fluorescenz blau. — *3-Mercapto-4.9.10-triaza-1.2;7.8-dibenzanthracen*, $C_{19}H_{11}N_3S$, F. 317—318° (Pyridin), aus **III**; orangefarbene Nadeln. — *3-Anilino-4.9.10-triaza-1.2;7.8-dibenzanthracen*, $C_{25}H_{16}N_4$, F. 263° (Bzl.), aus vorst. Verb. mit sd. Anilin. — *Dihydro-4.9.10-triaza-1.2;7.8-dibenzanthracen*, $C_{19}H_{13}N_3$, F. 275° (Butanol), aus vorvorst. Verb., orangegelbe Nadeln, Fluorescenz grün. — *4.9.10-Triaza-1.2;7.8-dibenzanthracen* (**VI**), $C_{19}H_{11}N_3$, F. 293° (Butanol), aus vorst. Verb. analog **VII**, a); hellgelbe Stäbchen, Fluorescenz blau. (J. chem. Soc. [London] **1955**. 4349—54. Dez. London, Royal Cancer Hosp., Chester Beatty Res. Inst., Inst. of Cancer Res.) H. GOLD. 3272

S. Lewin und **Z. Kosinski**, *Die Reaktionen von Glycin und DL-α-Alanin mit D-Glucose.* Vff. untersuchten die Rkk. zwischen *Glycin* bzw. *DL-α-Alanin* u. *D-Glucose* (**I**) unter aeroben u. anaeroben Bedingungen bei Aminosäurekonzz. von $^1/_6$—$^1/_{60}$ mol., **I**-Konzz. von 0,1—1,3 mol., Anfangs-p_H-Werten von 4—9 u. Tempp. von 20—50°. Die p_H-Depression steht im Einklang mit einem Mechanismus, der die Koexistenz von Komplexen eines Aminosäureanions sowohl mit 1 als auch mit 2 **I**-Moll. umfaßt; auch Zwitterionen-**I**-Rkk. scheinen in geringem Umfang abzulaufen. Die Rk. verläuft exotherm, im Gegensatz zu Befunden von KATCHALSKY u. SHARON (C. **1955**. 3835). Die „Bräunungs-Rk." ließ sich in den Aminosäure-**I**-Lsgg. beobachten; die Ergebnisse konnten jedoch im Gegensatz zur Verfärbung von Histidin-**I**-Lsgg. nicht wiederholt reproduziert werden. (Biochem. J. **62**. 24 P. März 1956. London, South-West Essex Techn. Coll., Phys.-Chem. Labor.) E. SCHWERDTFEGER. 3400

Yoshiyuki Inouye, Kônoshin Onodera, Ikuo Karasawa und **Yoshihiko Nishisawa**, *Untersuchungen über die α.β-Umwandlung von Glykosiden.* 8. Mitt. *Synthese von β-D-Glucosidtetraacetaten einiger höherer Alkohole.* (7. vgl. J. agric. chem. Soc. Japan [Nippon Nôgeikagaku Kaishi] **24**. [1951.] 362.) Für die Herst. der *β-Glucoside* höherer Alkohole (**I**) läßt man am besten Acetobromglucose mit **I** in Chlf. in Ggw. von Ag_2O reagieren. — *β-n-Butyl-D-glucosidtetraacetat*, $C_{18}H_{28}O_{10}$, F. 61°; $[\alpha]_D^{21}$ —20,2° (Chlf., c = 2,051). — *β-n-Heptyl-D-glucosidtetraacetat*, $C_{21}H_{34}O_{10}$, F. 62°; $[\alpha]_D^{21}$ —20,3° (Chlf., c = 1,576). — *β-sek.-Octyl-D-glucosidtetraacetat*, $C_{22}H_{36}O_{10}$, F. 68°; $[\alpha]_D^{23}$ —29,4° (Chlf., c = 0,851). (J. agric. chem. Soc. Japan [Nippon Nôgeikagaku Kaishi] **27**. 96—98. März 1953. Kyoto Univ., Agric. Coll., Dep. of agric. Chem., Biochem. Labor. [Orig.: japan.; Auszug: engl.]) L. SCHULER. 3400

R. B. Woodward, *Die Totalsynthese von Strychnin.* (Vortrag.) Experimentelle Grundlagen vgl. C. **1955.** 107. (XIV. int. Kongr. reine angew. Chem., Zürich **1955.** 213—28. Suppl. II zu „Experientia". Cambridge, Mass., Harvard Univ.)
K. ZOPFF. 3500

S. W. Pelletier und **Walter A. Jacobs,** *Veratrumalkaloide.* 37. Mitt. *Die Struktur von Isorubijervin. Umwandlung in Solanidin.* (36. vgl. JACOBS u. PELLETIER, C. **1956.** 11186.) Die früheren Unterss. des aus *Veratrum album* isolierten Isorubijervins (**I**; vgl. l. c. u. früher) ließen auf ein Solanidinderiv. schließen. Nunmehr wurde **I** als *Δ^5-Solaniden-3β.18-diol* erkannt. Der prim. Charakter der $C_{(18)}$-OH-Gruppe folgte aus der Oxydation von 5.6-Dihydroisorubijervin (**II**) zur *Ketosäure $C_{27}H_{41}O_3N$* (**III**), die über den *Methylester* durch $LiAlH_4$-Hydrierung wieder in **II** verwandelt werden konnte. Die Verseifungsschwierigkeiten des Esters ließen die anguläre Lage der CH_3-Gruppe erkennen. **I** lieferte bei der Tosylierung mit äquimol. Mengen p-Toluolsulfochlorid das *Monotosylat* **IV**; die $C_{(3)}$-OH-Gruppe hat hierbei nicht reagiert, wie die Oxydation mit Al–tert.-Butylat zum *Δ^4-3-Keton* **V**, ident. mit dem Tosylierungsprod. von Δ^4-Isorubijervon-(3), zeigte. Bei der Behandlung von **I** oder **IV** mit überschüssigem Tosylchlorid entstand das neutrale *Ditosylat* **VI**. Verss., **IV** mit $LiAlH_4$ zu Solanidin (**VII**; Δ^5-Solaniden-3β-ol) zu red., blieben erfolglos. **IV** wurde daher in das *Monojodid* (**VIII**) verwandelt. Dieses konnte aber weder mit Cu–Zn in A., noch mit Al–Hg über ADAMS-Katalysator, Pd–$CaCO_3$ oder Zn–Essigsäure zu **VII** red. werden. **VI** geht mit NaJ nur in *3-Tosylisorubijervinjodid* über. Alle erwähnten Tosyl- u. Jodidderivv. besitzen eine anomale salzähnliche Struktur.

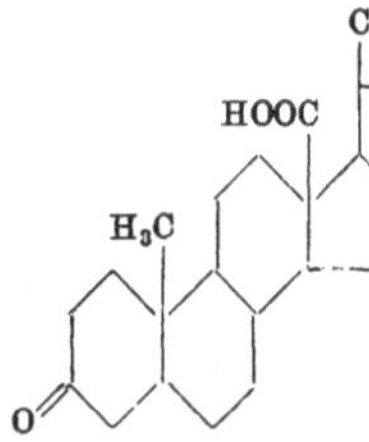

III

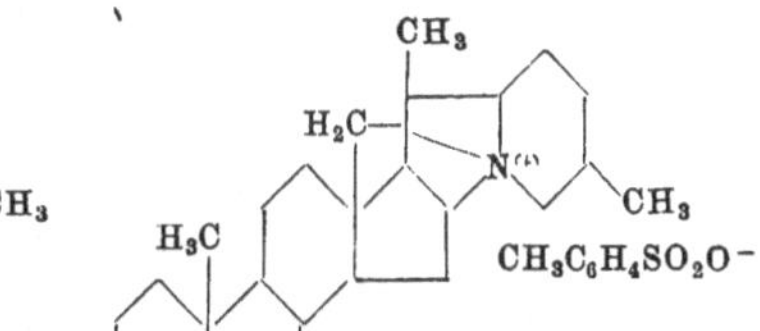

IV R = OH
VI R = $OSO_2C_6H_4CH_3$

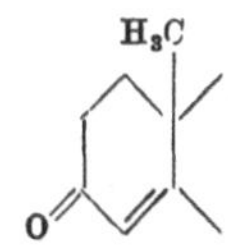

V

Die Umwandlung von **I** in **VII** gelang schließlich durch Kochen von **IV** oder **VIII** mit Na in A., wobei zunächst ein isomeres Basengemisch entstand. Aus diesem konnte durch Chromatographie oder besser durch Trennung mit Digitonin **VII** isoliert werden, da die 2. Komponente, eine bisher nicht bekannte Base, *Pseudosolanidin* (**IX**), kein schwerlösl. Digitonid bildet. **IX** ist nicht ident. mit Δ^5-Solaniden-3β-ol, da das durch Hydrierung erhaltene *Dihydroderiv.* mit einem auf anderem Wege dargestellten *Solanidan-3α-ol* F.-Depression zeigt. **VII** ist also durch Spaltung der $C_{(18)}$-N-Bindung von **IV** oder **VIII** entstanden, **IX** wahrscheinlich durch Spaltung der $C_{(16)}$–N-Bindung (weniger wahrscheinlich durch Spaltung der $C_{(22)}$–N- oder $C_{(26)}$–N-Bindung. (Infrarotspektren vgl. Original.)

Versuche (FF. korr.): *Isorubijervinmonotosylat* (**IV**), $C_{34}H_{49}O_4NS$, F. 276—279° (Zers.), aus 1 g **I** + mol. Mengen Tosylchlorid in Pyridin bei 10°, 3tägiges Stehen bei 0° u. Gießen in gesätt. $NaHCO_3$-Lsg.; Nadeln aus sd. Aceton; $[\alpha]_D^{30}$ —36° (c = 1,5; A.); 830 mg (Ausbeute); krist. aus CH_3OH–Aceton–Ae. mit 1 Mol CH_3OH, verliert dann CH_3OH u. die Doppelbrechung bei 200°, wird bei 230° wieder doppelbrechend u. schm. dann bei 279—281,5° (Zers.); $[\alpha]_D^{27}$ —36,8° (c = 1,85; absol. A.). — *3-Tosylisorubijervintosylat* (**VI**), $C_{41}H_{55}O_6NS_2$, F. 166—169°, a) aus 110 mg **I** + überschüssigem Tosylchlorid wie vorst.; Nadeln aus Aceton; $[\alpha]_D^{26}$ —38,2° (c = 2,1; absol. A.); 80 mg; b) aus 0,1 g **IV** + Tosylchlorid; 46 mg. — *Δ^4-Isorubijervon-(3)-tosylat* (**V**), $C_{34}H_{47}O_4NS$, F. 327—329° (Zers.), a) aus 125 mg **IV** in Bzl. + Al-tert.-Butylat in Bzl. + Aceton durch 7std. Kochen, Stehen, Gießen in wss. $NaHCO_3$ u. Ausziehen mit Chlf.; Nadeln aus Aceton + Ae.; 32 mg; b) aus 110 mg Δ^4-Isorubijervon-(3) durch Tosylierung wie oben; $[\alpha]_D^{29}$ +34,5° (c = 1,02; Chlf.); 110 mg. *Oxim*, $C_{34}H_{48}O_4N_2S$, F. 300—303° (Zers.), Nadeln aus Aceton. — *Isorubijervinmonojodid* (**VIII**), $C_{27}H_{42}ONJ$, F. 307—309,5° (Zers.), a) aus 700 mg **IV** in Acetonitril + NaJ; Nadeln aus CH_3OH–Ae.; $[\alpha]_D^{28}$ —46,5° (c = 1,9; absol. A.); b) aus **IV** + NaJ in Aceton in 20 Std. bei 105—110°. — *3-Tosylisorubijervinjodid*, $C_{34}H_{48}O_3NJS$, F. 180—183° (Zers.; Aceton + Ae.), aus **VI** + NaJ in Acetonitril. — *Solanidin* (**VII**), $C_{27}H_{43}ON$, F. 216,5—218,5 (CH_3OH), aus 170 mg **VIII** durch Red. mit Na in A., Verdünnen, Extrahieren mit Chlf. u. Chromatographie des Gemisches (120 mg) in Bzl. u. PAe. an Al_2O_3; 10 mg; b) durch Rk. wie vorst. u. Trennen der Basen durch Zufügen von 1%ig. Digitoninlsg., Abfiltrieren des Nd., Zers. mit warmem Pyridin u. Fällen mit Ae.; $[\alpha]_D^{28}$ —26,2° (c = 1,74; Chlf.); 52 mg; c) aus 70 mg **IV** durch Red. mit Na in A. u. Trennen wie vorst.; 6 mg. *Acetylderiv.*, F. 206,5—209,5°, aus A. Blättchen. —

Pseudosolanidin (**IX**), $C_{27}H_{43}ON$, F. 236—237,3°, a) wie vorst. a); Nadeln aus CH_3OH; $[\alpha]_D^{26}$ —12° (c = 1,5; Chlf.); 20 mg; b) wie vorst. b); 127 mg; c) wie vorst. c); 24 mg. *Acetylderiv.*, $C_{29}H_{45}O_2N$, F. 149—150° (CH_3OH). — *Dihydropseudosolanidin*, F. 210—211°; aus 22 mg **IX** durch Hydrieren in Essigsäure über PtO_2, Filtrieren, Verdünnen u. Ausziehen mit Chlf.; $[\alpha]_D^{33}$ +33,6° (c = 0,52; Chlf.); 6,5 mg; Misch-F. mit Solanidan-3α-ol 214,5—216°. (J. Amer. chem. Soc. **75**. 4442—46. 20/9. 1953. New York, N. Y., Rockefeller Inst. of Med. Res.) H. LEHWALD. 3500

S. W. Pelletier und **Walter A. Jacobs**, *Veratrumalkaloide.* 38. Mitt. *Das Ringsystem tertiärer Polyoxyveratrinbasen. Oxydative Untersuchungen mit Cevanthridin und Veranthridin.* (37. vgl. vorst. Ref.) Die CrO_3-Oxydation von Cevanthridin (I; vgl. C. **1956**. 5014) in Essigsäure bei 75° bzw. Schütteln von I mit warmer alkoh. $NaOC_2H_5$ an der Luft ergab nach Chromatographie die *Ketobase* **II** [$C_{25}H_{25}ON$, F. 253—255° (korr.), orangefarbene Nadeln aus Chlf.; λ_{max} 277 u. 366 mμ (log ε = 4,90 u. 4,15 in A.)], die durch Red. nach HUANG-MINLON wieder in **I** [$C_{25}H_{27}N$, F. 211,5—213,5° (korr.)] verwandelt wurde. Analog ergab die früher gefundene (l. c.), jetzt *Veranthridin* (**IV**) genannte Base $C_{26}H_{25}N$ bei der Oxydation die *Ketobase* **III** [$C_{26}H_{23}ON$, F. 267—270° (korr.), rotorangefarbene Nadeln; λ_{max} 265, 302 u. 342 mμ (log ε = 4,60 u. 4,89 u. 4,08)], die ebenfalls aus der bas. Fraktion bei der Se-Dehydrierung von Cevin durch Chromatographie erhalten wurde; wahrscheinlich entsteht sie hier bei der Luftoxydation von **IV**. Durch HUANG-MINLON-Red. entsteht aus **III** wieder **IV**. Die leichten Redox-Rkk. bei **I** u. **IV** sind ein Beweis für das Vorhandensein eines Fluorenonringsystems. Demnach hat also auch das nicht N-haltige Ringsyst. des Cevins kein n. steroides Grundgerüst, sondern die C-Nor/D-Homosteroid-Struktur, die von WINTERSTEINER (C. **1955**. 10276) für Jervin u. Veratramin angenommen wurde. (J. Amer. chem. Soc. **76**. 2028—29. 5/4. 1954.) H. LEHWALD. 3500

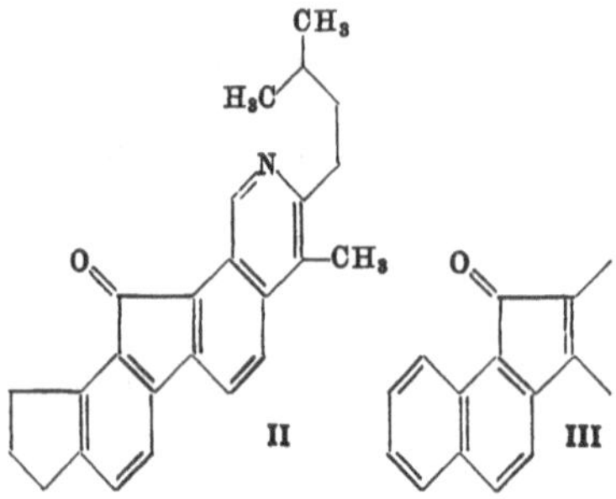

S. William Pelletier und **Walter A. Jacobs**, *Veratrumalkaloide.* 39. Mitt. *Untersuchung einiger Selendehydrierungsprodukte von Cevin.* (38. vgl. vorst. Ref.) Durch Se-Dehydrierung größerer Mengen Cevin u. chromatograph. Trennung der Reaktionsprodd. wird neben *Cevanthridin* (**I**) u. *Veranthridin* (**II**) ein geringer Anteil einer *Base* $C_{20}H_{17}N$ (von CRAIG u. JACOBS, J. biol. Chemistry **139**. [1941.] 263 als $C_{20}H_{19}N$ bezeichnet) erhalten, die wahrscheinlich die Struktur **III** besitzt, da ihr UV-Spektr. fast ident. mit dem von **I** ist u. sie bei der Hydrierung eine *Tetrahydrobase* $C_{20}H_{21}N$ (**IV**) liefert, deren Spektr. fast ident. mit dem von Tetrahydrocevanthridin (**V**) ist. Ferner wird eine *Base* $C_{25}H_{25}N$ mit einem ähnlichen Spektr. wie bei **IV** u. **V** erhalten u. schließlich *Oxoveranthridin* (**VI**), das wahrscheinlich aus **II** durch Luftoxydation entstanden ist, da **VI** auch durch CrO_3-Oxydation von **II** entsteht u. bei der Red. nach HUANG-MINLON wieder in **II** übergeht. Analog entsteht bei der CrO_3-Oxydation von **I** *Oxocevanthridin* (**VII**), das einfacher aus **I** durch Schütteln mit alkoh. $NaOC_2H_5$ in Ggw. von Luft hergestellt werden kann u. bei der Red. wieder **I** liefert. Bei der **I**-Oxydation entsteht ferner eine *Verb. vom F. 248—252°* sowie eine *orangerote Verb. vom F. 325—329°* (Zers.), die in größerer Ausbeute bei Verwendung eines großen Überschusses an CrO_3 gebildet wird. Ihre Bruttoformel, $C_{25}H_{23}O_2N$, deutet auf ein **VII**-N-Oxyd, sie ließ sich aber nicht durch $NaHSO_3$ oder H_2SO_4 in **VII** verwandeln. — Die leichte Umwandlung von **I** u. **II** in **VII** bzw. **VI** u. umgekehrt stützen die Auffassung der Vff. über die in vorst. Ref. erwähnte C-Nor/D-Homosteroidstruktur dieser Verbindungen. UV-Spektren vgl. Original.

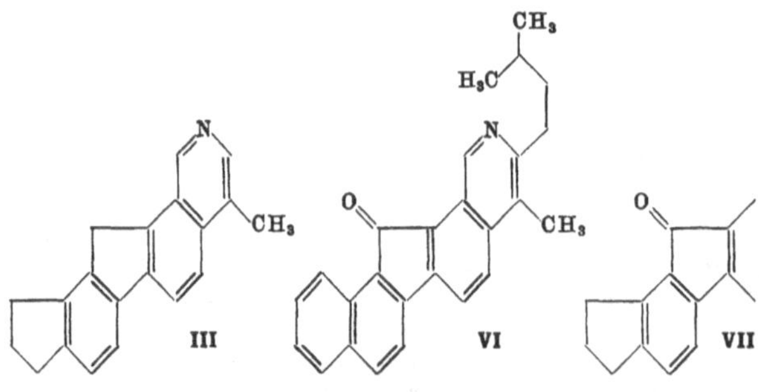

Versuche (FF. korr.): *Cevanthridin* (**I**), $C_{25}H_{27}N$, F. 215—217° (Chlf.), durch 3std. Dehydrieren von 140 g Cevin mit Se bei 340—345°, 3tägiges Ausäthern, Ausziehen des in Bzl. aufgenommenen Rückstandes mit 10% ig. HCl u. der in Chlf. gelösten *Hydrochloride* mit 10% ig. NaOH u. mehrmalige Chromatographie des Rückstandes (33,4 g) in Bzl. an Al_2O_3; 3,4 g (Ausbeute). — *Base* $C_{25}H_{25}N$, F. 186—189°, aus einem 2. Benzoleluat; Blättchen aus Ae. u. dann Bzl.; 0,79 g (roh). — *Veranthridin* (**II**), $C_{26}H_{25}N$, F. 228 bis 230°, aus einem 3. Benzoleluat; orangefarbene Nadeln aus Bzl.–A.; 75 mg. — *Base* $C_{20}H_{17}N$ (**III**), F. 236—239° (Bzl.), aus einem Bzl.–Ae. (1:1)-Eluat u. erneute Chromatographie; 15 mg; wird in Lsg. oder krist. leicht oxydiert. — *Tetrahydrobase* $C_{20}H_{21}N$ (**IV**), F. 213—213,5°, durch Hydrieren von 17,5 mg vorst. Base über ADAMS-Katalysator in Essigsäure; Blättchen aus A.; 13 mg; färbt sich am Licht braun. — *Oxoveranthridin* (**VI**), $C_{26}H_{23}ON$, F. 266—269°, a) aus dem Bzl.–Ae.-Eluat; orangefarbene Nadeln aus Chlf.; 60 mg; b) durch CrO_3-Oxydation von 25 mg **II** in Essigsäure (20 Min. bei 100°), Aufnehmen in Chlf. u. Chromatographie in Bzl.; 13,4 mg; gibt beim 1std. Kochen mit 85% ig. Hydrazinhydrat, Diäthylenglykol u. KOH, Abdest. bis 205°, 2std. Kochen, Verdünnen u. Chromatographieren des Nd. **II**. — *Oxocevanthridin* (**VII**), $C_{25}H_{25}ON$, F. 253—254,5°, a) durch CrO_3-Oxydation von 217 mg **I** u. Chromatographie in Bzl.–Chlf. an Al_2O_3 u. dann an saurem Al_2O_3; orangefarbene Nadeln aus Chlf.; 23 mg; b) durch 3std. Erhitzen von 20 mg **I** u. $NaOC_2H_5$ in A. auf 100° unter Schütteln, Verdünnen, Ausziehen mit Chlf. u. Chromatographieren; 16,7 mg; 27 mg geben bei der Red. wie bei **VI** 7,5 mg **I**. — *Verb. vom F. 248—252°*, aus dem Chromatogramm bei **VII** nach a). — *Verb.* $C_{25}H_{23}O_2N$, F. 325—329° (Zers.), aus dem Chromatogramm bei **VII** nach a) oder besser bei der Ausführung der Oxydation mit großem CrO_3-Überschuß; aus Chlf. orangefarbene Nadeln. (J. Amer. chem. Soc. **78**. 1914—18. 5/5. 1956.) H. LEHWALD. 3500

H. Tuppy und **F. Böhm**, *Synthese des Dictamnins.* (Sitzungsbericht.) Durch kurzes Erhitzen von α-Carbäthoxytetronsäurephenylimid (vgl. BENARY [1912]) in Paraffinöl auf 280° entsteht unter Ringschluß *4.4'-Dioxyfuro-[2'.3':2.3]-chinolin*, aus dem nach Methylierung mit CH_2N_2 durch längeres Erhitzen mit etwas W. enthaltendem $POCl_3$ *3-Chlordictamnin* erhalten wird, das bei der Hydrierung mit Pd/$CaCO_3$ *Dictamnin* liefert. (Angew. Chem. **68**. 388. 7/6. 1956. Wien.) H. ASCHERL. 3500

B. S. Thyagarajan, *Die Emde-Base aus Lycorin.* Für die durch EMDE-Abbau von Lycorin erhaltene EMDE-*Base* (**I**) nimmt Vf. die nebenst. Struktur an. **I**, F. 73°, wurde durch Chromatographie, Sublimation u. Kristallisation aus A. gereinigt; *Pikrat*, F. 198°. **I** zeigt die für die Indolderivv. charakterist. Farb-Rkk.; das Infrarotspektr. weist die für N-Methyl- u. C-Methylgruppen charakterist. Banden auf. (Chem. and Ind. **1954**. 1299. 16/10. Madras, India, Presidency Coll., Dep. of Chem.) I. FESTL. 3500

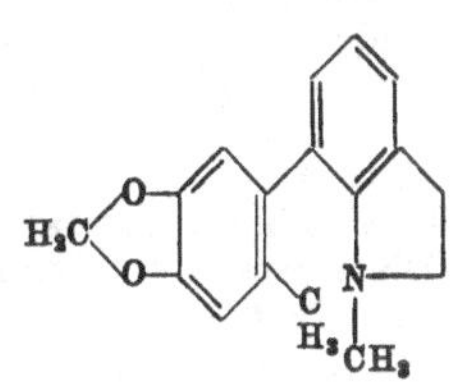

T. R. Govindachari und **B. S. Thyagarajan**, *Alkaloide von Toddalia aculeata: Identität von Toddalin mit Chelerythrin.* Aus der Wurzelrinde von *Toddalia aculeata* (Gruppe der Rutaceae) isolierten Vff. durch Perkolation mit kaltem PAe. u. HCl-Einw. auf den Rückstand der Wasserdampfdest. des extrahierten Öles die *Hydrochloride* von *Toddalin* (**I**) u. *Toddalinin*, die nach Abtrennung von *β-Sitosterin* durch fraktionierte Kristallisation aus Methanol getrennt wurden. Nach der Elementaranalyse von **I** u. seinen Derivv. muß die von DEY u. PILLAY (Arch. Pharmaz. Ber. dtsch. pharmaz. Ges. **271**. [1933.] 477) angegebene Summenformel in $C_{21}H_{19}O_5N$ umgeändert werden. **I** ist quaternär, es blieb bei Einw. von CH_3J unverändert u. die Bldg. des „Hydrochlorids" u. Pikrats erfolgt nach der Analyse offenbar unter Abspaltung eines Mols Wasser. Das UV-Spektr. (angegeben von 240—360 mμ) ähnelt sehr dem von 9.10-Dihydro-7.8.2'.3'-tertamethoxy-10-methyl-1.2-benzophenanthridin von BAILEY u. Mitarbeitern (C. **1951**. I. 2732). Da **I** u. sein Pseudocyanid nicht den F. von Chelerythrin (**II**) bzw. dessen Pseudocyanid herabsetzen, ist **I** offenbar mit **II** identisch. Die Isolierung eines Alkaloides der 1.2-Benzophenanthridinreihe aus einer Pflanze der Rutaceaegruppe stellt eine Unterstützung der Annahme von TURNER u. WOODWARD („The Alkaloids", Academic Press, Vol. III. [1953.] 57) dar, daß Alkaloide des in den Rutaceae auftretenden Berberin- u. des 1.2-Benzophenanthridintyps einen gemeinsamen biogenet. Ursprung haben.

Versuche: *Toddalinin*, F. 185° (Methanol); *Hydrochlorid*, citronengelbe Nadeln, F. 245° (Zers.; Methanol). — *Toddalin* (**I**), $C_{21}H_{19}O_5N$, F. 204—205° (Methanol); *Chlorid*, $C_{21}H_{18}O_4NCl$, goldorangefarbene Nadeln, F. 210° (Zers.; A.); *Pikrat*, $C_{27}H_{20}O_{11}N_4$, F. 238° (Zers.; schwer lösl.); *Pseudocyanid*, $C_{22}H_{18}O_4N_2$, F. 262° (Bzl.); *Phenylhydrazon*, F. 158°, zers. sich schnell. — *Dihydrotoddalin*, $C_{21}H_{19}O_4N$, F. 167° (A.), durch Zugabe von **I**-Hydrochlorid zu $LiAlH_4$ in Ae. oder durch Red. mit Zn-Staub in heißer HCl. — *Oxotoddalin*, $C_{21}H_{17}O_5N$, F. 199° (Methanol), durch Oxydation von **I**-Hydrochlorid mit alkal. Fe(III)-Cyanid nach SPÄTH u. Mitarbeitern (Ber. dtsch. chem. Ges. **70**. [1937.]

1677). (J. chem. Soc. [London] **1956.** 769—71. März. Madras, India, Presidency Coll., Dep. of Chem.) B. GNAUCK. 3500

Marshall Gates und **Gilg Tschudi,** *Die Synthese des Morphins.* Bei der milden Hydrierung von 3.4-Dimethoxy-9.10-dioxo-13-cyanmethyl-5.8.9.10.13.14-hexahydrophenanthren (vgl. C. **1953.** 523) über Cu-Chromit entsteht durch red. Cyclisierung *3.4-Dimethoxy-9-amino-10-oxo-13-carboxymethyl-5.8.9.10.13.14-hexahydrophenanthrenlactam* (**I**). Analog entsteht die entsprechende *6-Chlorverb.* (**II**). Da die Ausbeute an **II** gering war, erübrigten sich weitere Verss., **II** in die entsprechende 6-Oxyverb. zu verwandeln. **I** gibt bei der Red. nach WOLFF-KISHNER bei 150—155° ausschließlich *3.4-Dimethoxy-9-amino-13-carboxymethyl-5.8.9.10.13.14-hexahydrophenanthrenlactam* (**III**), während bei höherer Temp. auch Entmethylierung eintritt. **III** wird mit CH_3J in Ggw. von NaH in das *N-Methylderiv.* u. anschließend durch $LiAlH_4$-Red. in *rac.-β-Δ⁶-Dihydrodesoxycodeinmethyläther* (*rac.*-**IV**) verwandelt, dessen Infrarotspektr. ident. mit dem von aus β-Thebainon (**IX**) gewonnenen natürlichen d-**IV** ist. rac.-**IV** läßt sich mit Dibenzoylweinsäure (**V**) in die opt. Isomeren auftrennen. *d*-**IV**·*L*(+)-**V** u. *l*-**IV**·*D*(−)-**V** sind krist., schwerlösl. Salze, *d*-**IV**·*D*(−)-**V** u. *l*-**IV**·*L*(+)-**V** konnten nicht krist. erhalten werden. *d*-**IV** ist dimorph u. ident. mit der natürlichen Verb.; dies ist zugleich ein Beweis für die Verknüpfung der Äthanaminkette in den Morphinalkaloiden an $C_{(13)}$. Die katalyt. Red. des Perchlorats von trans-**IX** (trans bezogen auf die Lage von Ring B u. C zueinander) über ADAMS-Katalysator gibt neben geringen Mengen *trans-β-Tetrahydrodesoxycodein* (*trans*-**VI**) vorwiegend *trans-β-Dihydrothebainol* (*trans*-**VII**), dessen phenol. OH-Gruppe mit Trimethylphenylammoniumäthylat methyliert wird. Der entstandene *Monomethyläther* kann auch, neben dem *$C_{(6)}$-Epimeren,* durch Red. von β-Dihydrothebainonmethyläther dargestellt werden. Aus dem *p-Toluolsulfonat* entsteht durch Dehydratisierung mit sd. Kollidin ein durch Chromatographie trennbares Gemisch aus *trans-β-Δ⁵-* u. *trans-β-Δ⁶-Dihydrodesoxycodeinmethyläther* (*trans*-**IV**). Beide lassen sich katalyt. zu **VI**-*Methyläther* hydrieren. Analog den vorst. trans-Verbb. wird zum Vgl. aus cis-**VII** *cis-Δ⁵ (oder 6)-Dihydrodesoxycodeinmethyläther* erhalten. Bei der Einw. von Perbenzoesäure auf **IV** entsteht das entsprechende *6.7-Epoxyd,* das aber durch $LiAlH_4$-Red. in *7-Oxy-β-tetrahydrodesoxycodeinmethyläther* (**VIII**) u. durch OsO_4 in *cis-6.7-Dioxy-β-tetrahydrodesoxycodeinmethyläther* verwandelt wird. Verss., hieraus oder aus der entsprechenden *trans-Verb.* (aus trans- **IV** u. Perameisensäure) die 7-Oxygruppe abzuspalten, blieben erfolglos. Dagegen läßt sich durch H_2O-Anlagerung an trans-**IV** mit verd. H_2SO_4 *trans*-**VII**-*Methyläther* neben wenig *trans*-**VIII** gewinnen, analog aus rac.-**IV** der *rac.-trans*-**VII**-*Methyläther.* Die Ätherspaltung von trans-**VII**-Methyläther u. anschließende selektive Remethylierung zu trans-**VII** ließ sich nicht durchführen, da bei der Entmethylierung mit Pyridinhydrochlorid auch Dehydratisierung eintritt, jedoch konnten mit einer Modifikation der WOLFF-KISHNER-Red. 54% *trans*-**VII** erhalten werden. Analog entsteht das *rac.-trans*-**VII**. Die Oxydation von trans-**VII** mit K-tert.-Butylat/Benzophenon liefert *trans-β-Dihydrothebainon* (*trans*-**XI**), aus dem durch Dibromierung u. anschließende Rk. mit 2.4-Dinitrophenylhydrazin (**XIV**) unter Epimerisierung an $C_{(14)}$ das *2.4-Dinitrophenylhydrazon* von *cis-1-Bromthebainon* (**X**) entsteht, das auch aus trans- u. cis-**IX** durch Rk. mit **XIV** u. Bromierung erhalten werden kann. Die anschließende Spaltung mit HCl in Aceton führt zu freiem *cis*-**X**, nachgewiesen durch Hydrierung über Pt zu *cis-1-Bromdihydrothebainon* (*cis*-**XIII**) bzw. über Pd zu *cis*-**XI**. trans-**XI** wird zu einem *Tribromderiv.* mit Br in 5- u. 7-Stellung bromiert. cis-**X** gibt mit Br_2 ein *1.5-* oder *1.14-Dibromthebainon,* dessen Ringschluß zu *1-Bromcodeinon* (**XII**) aber nicht gelang. **XII** konnte schließlich durch Dibromierung von cis-**XIII** oder Tribromierung von cis-**XI** u. Behandlung mit **XIV** über sein *2.4-Dinitrophenylhydrazon* erhalten werden. Aus **XII** entsteht durch $LiAlH_4$-Red. *Codein,* das dann zu *Morphin* gespalten werden kann.

V e r s u c h e (FF. korr.): *3.4-Dimethoxy-9-amino-10-oxo-13-carboxymethyl-5.8.9.10.-13.14-hexahydrophenanthrenlactam* (**I**), $C_{18}H_{19}O_4N$, F. 264—266°, durch 4std. Hydrieren von 3.4-Dimethoxy-9.10-dioxo-13-cyanmethyl-5.8.9.10.13.14-hexahydrophenanthren (F. 238—240°) in absol. A. über Cu-Chromit bei 124—131°/27 at; Prismen aus Bzl.; 50,1% (Ausbeute). — *3.4-Dimethoxy-9-amino-6-chlor-10-oxo-13-carboxymethyl-5.8.9.-10.13.14-hexahydrophenanthrenlactam* (**II**), $C_{18}H_{18}O_4NCl$, F. 268—269°, analog **I** aus 586 mg des entsprechenden 6-Chlorderiv.; 83 mg. — *3.4-Dimethoxy-9-amino-13-carboxymethyl-5.8.9.10.13.14-hexahydrophenanthrenlactam* (**III**), $C_{18}H_{21}O_3N$, F. 208,5—211°, aus **I** mit KOH in Diäthylenglykol u. 100%ig. Hydrazinhydrat bei 155° (1 Std.); Nadeln aus kaltem, Prismen aus sd. Bzl.; 92%. Bei der Durchführung der Rk. bei 200—210° wird ein *Monomethyläther,* $C_{17}H_{19}O_3N$, F. 283—286° (unkorr.) erhalten, der bei der Methylierung mit $(CH_3)_2SO_4$ + Alkali wieder **III** gibt. — *3.4-Dimethoxy-9-methylamino-13-carboxymethyl-5.8.9.10.13.14-hexahydrophenanthrenlactam,* $C_{19}H_{23}O_3N$, F. 227—229°, durch 2¼std. Kochen von 150 mg **III** in Toluol mit NaH, dann 1 Std. mit CH_3J; Nadeln aus Bzl.; 131 mg. — *rac.-β-Δ⁶-Dihydrodesoxycodeinmethyläther* (*rac.*-**IV**), $C_{19}H_{25}O_2N$, F. 84—85°, aus vorst. Verb. mit $LiAlH_4$ in sd. Ae. (48 Std.); Platten aus CH_3OH; 82 bzw. 87,5% (aus **III** ohne Isolierung vorst. Verb.). *Pikrat*, $C_{25}H_{28}O_9N_4$, F. 210—212° (Zers.), gelbe Kristalle aus CH_3OH. *rac.-Dibenzoyltartrat* (*rac.*-**IV**·*rac.*-**V**), $C_{37}H_{39}O_{10}N$, F. 184—184,2° (CH_3OH–Chlf.). *d*-**IV**·*L*(+)-**V**, $C_{37}H_{39}O_{10}N \cdot H_2O$, F. 162—163,5°, $[\alpha]_D^{27}$ + 44,5° (c = 1,53; Chlf.), Prismen aus CH_3OH; 82%. *d*-**IV**, F. 43,5—44,5° (Pentan), $[\alpha]_D^{27}$ + 80° (c = 1,24; A.). *d*-**IV**-*Methojodid*, F. 186,5—188° (CH_3OH–Äthylacetat). *d*-**IV**-*Pikrat*, $C_{25}H_{28}O_9N_4$, F. 230—231,5° (Zers.; CH_3OH). *l*-**IV**·*D*(—)-**V**, *Hydrat*, F. 161,5 bis 162°, aus der Mutterlauge des d-Salzes mit *D*(—)-**V**; $[\alpha]_D^{27}$ — 44° (c = 1,94; Chlf.); Prismen aus CH_3OH; 52 mg. *l*-**IV**, F. 55,5—57° (CH_3OH), $[\alpha]_D^{27}$ — 79° (c = 1,09; A.). *l*-**IV**-*Pikrat*, F. 228,5—230° (CH_3OH). — *trans-β-Dihydrothebainol* (*trans*-**VII**), $C_{18}H_{25}O_3N$, F. 165,5—166° (Äthylacetat), a) durch ³/₄std. Hydrieren von 50 g trans-**IX**-Perchlorat (F. 150—153°) in A. über ADAMS-Katalysator, Ansäuern mit HCl u. weiteres 50—60std. Hydrieren, $[\alpha]_D^{30}$ — 23° (c = 0,920; A.); 60%, neben 2,5 g trans-**VI**; b) aus **VII**-Methyläther (F. 153—154°) in Diäthylenglykol mit N_2H_4 u. KOH (1¹/₄ Std. bei 221—227°); $[\alpha]_D^{28}$ — 25° (c = 1,06; A.); 54%. *Methojodid*, $C_{19}H_{28}O_3NJ$, F. 266—268° (CH_3OH–Äthylacetat). *rac.-trans*-**VII**, $C_{18}H_{25}O_3N$, F. 185—186°, aus rac.-trans-**VII**-Methyläther analog der akt. Verb.; Blättchen. — *trans-β-Tetrahydrodesoxycodein* (*trans*-**VI**), *Semihydrat*, $C_{18}H_{25}O_2N \cdot \frac{1}{2} H_2O$, F. 140—152° (bei 126° Sintern; Äthylacetat), $[\alpha]_D^{29}$ — 40° (c = 1,24; Chlf.). *Hydrojodid*, $C_{18}H_{26}O_2NJ$, F. 259—261° (Zers.; verd. CH_3OH). *Pikrat*, $C_{24}H_{28}O_9N_4$, F. 233—234° (Zers.; Chlf.–CH_3OH). *Methojodid*, $C_{19}H_{28}O_2NJ \cdot H_2O$, F. 160—164° (bei 150° Sintern; CH_3OH–Äthylacetat). — *trans-β-Dihydrothebainonmethyläther*, $C_{19}H_{25}O_3N$, F. 122—123° (Cyclohexan), aus trans-**XI** analog nachst. Verb., b); $[\alpha]_D^{27}$ — 51,4° (c = 2,49; A.); 86%. *Pikrat*, $C_{25}H_{28}O_{10}N_4$, F. 249—250° (Zers.; Chlf.–CH_3OH). *Semicarbazon*, $C_{20}H_{28}O_3N_4 \cdot \frac{1}{2} C_2H_5OH$, F. 202,5—204° (Gasentw.), aus A. wollige Nadeln. — *trans-β-Dihydrothebainolmethyläther*, $C_{19}H_{27}O_3N$, F. 153—155°, a) durch 1std. Red. vorst. Verb. mit $LiAlH_4$ in Ae.; Prismen aus Äthylacetat; 34%, daneben 28% *$C_{(6)}$-Epimeres*, $C_{19}H_{27}O_3N$, Kp.$_{0,01}$ 160—200° (*Pikrat*, $C_{25}H_{30}O_{10}N_4$, F. 224—226° [Zers.], Prismen. *Methojodid*, $C_{20}H_{50}O_3NJ \cdot H_2O$, F. 146—151° [Gasentw.; Äthylacetat–CH_3OH]); b) aus trans-**VII** mit alkoh. Trimethylphenylammoniumäthylat (1½ Std. bei 130°); $[\alpha]_D^{27}$ — 22° (c = 2,5; A.); 76%. *Pikrat*, $C_{25}H_{30}O_{10}N_4$, F. 221—222,5° u. 190—191° (CH_3OH; polymorph, die höherschm. Form ist die beständigere). *Tosylat*, $C_{26}H_{33}O_5NS$, F. 133—133,5°, Nadeln aus Ae.–Äthylacetat. *Methojodid*, $C_{20}H_{30}O_3NJ$, F. 243—245°, Prismen aus Äthylacetat–CH_3OH. — *trans-β-Δ⁶-Dihydrodesoxycodeinmethyläther* (trans-**IV**), $C_{19}H_{25}O_2N$, *labile Form*, F. 43,5—44°, *stabile Form*, F. 57,5—58° (Pentan), durch 2std. Kochen vorst. Tosylats in 2.4.6-Kollidin, Dampfdest., Chromatographie an Al_2O_3 u. Reinigen über das Pikrat; $[\alpha]_D^{27}$ + 80° (c = 1,55; A.); 50% (*Pikrat*, $C_{25}H_{28}O_9N_4$, F. 230—232° [Zers.]), daneben 27%. *Δ⁵-Isomeres*, $C_{19}H_{25}O_2N$, F. 78,5—79°, Prismen aus Pentan (*Pikrat*, $C_{25}H_{28}O_9N_4$, F. 225,5—226,5° [Zers.; CH_3OH]. *L*(+)-*Dibenzoyltartrat*, $C_{37}H_{39}O_{10}N \cdot H_2O$, F. 166—166,5° [$CH_3OH$]. *Methojodid*, $C_{20}H_{28}O_2NJ$, F. 227,5—229°, Platten oder Prismen aus CH_3OH–Äthylacetat). — *β-Tetrahydrodesoxycodeinmethyläther*, $C_{19}H_{27}O_2N$, F. 36,5 bis 37,5° (Pentan), a) durch Hydrieren von 50 mg trans-**IV** über ADAMS-Katalysator in methanol. Essigsäure; $[\alpha]_D^{27}$ — 18° (c = 1,92; A.); 34,5 mg; b) analog aus vorst. Δ⁵-Verbindung. *Pikrat*, $C_{25}H_{30}O_9N_4$, F. 204—206° (Chlf.–CH_3OH). *Methojodid*, $C_{20}H_{30} \cdot O_2NJ$, F. 236—237° (CH_3OH–Äthylacetat). — *cis*-**VII**-*Methyläther*, $C_{19}H_{27}O_3N$, aus 2,11 g cis-**VII** (F. 163—166°) u. CH_2N_2 in absol. A.; $[\alpha]_D^{27}$ — 28,4° (c = 1,52; A.); 1,66 g. *Hydrobromid*, $C_{19}H_{28}O_3NBr$, F. 254,5—255° (Aceton–CH_3OH, $[\alpha]_D^{28}$ + 34° (c = 0,44; A.). *Methojodid*, $C_{20}H_{30}O_3NJ$, F. 279—281°, Nadeln aus CH_3OH. — *cis-Δ⁵ ⁽ᵒᵈᵉʳ ⁶⁾-Dihydrodesoxycodeinmethyläther*, $C_{19}H_{25}O_2N$, aus 0,69 g vorst. Verb. u. Tosylchlorid in Pyridin (4½ Tage Stehen), dann 2½std. Kochen des gebildeten *Tosylats* (*Methojodid*, $C_{27}H_{36}O_5 \cdot NJS$, F. 165—166°, prismat. Nadeln aus Aceton–Äthylacetat) mit Kollidin u. Aufarbeiten über das *Fumarat* ($C_{23}H_{29}O_6N$, F. 233—235° [Gasentw.; CH_3OH–Ae.]; 74 mg); 57 mg aus 92 mg Fumarat. *Methojodid*, $C_{20}H_{28}O_2NJ$, F. 251,5—252,5° (Aceton–Äthylacetat). — *6.7-Epoxytetrahydrodesoxycodeinmethyläther*, $C_{19}H_{25}O_3N$, F. 92—93,4°, durch 3std. Rk. von 0,598 g **IV** mit Benzoesäure u. Benzopersäure in Chlf.; Isolieren über das *Pikrat* ($C_{25}H_{28}O_{10}N_4$, F. 198,5—200°, gelbe Prismen aus Chlf.–CH_3OH; 128 mg); 57 mg (aus 100 mg Pikrat), daneben unreines *Epoxyd-N-oxyd* (?), F. 80—170°; 503 mg. — *7-Oxy-β-tetrahydrodesoxycodeinmethyläther* (**VIII**), $C_{19}H_{27}O_3N$, F. 141—142°, durch 4tägiges Stehen vorst. Verb. (aus 0,2 g **IV**) mit $LiAlH_4$ in Ae.; Reinigung durch Chromatographieren u. über das Pikrat; $[\alpha]_D^{28}$ — 23° (c = 2,78; A.); Prismen aus Äthylacetat; 14,5 mg; entsteht auch neben 28% trans-**VII**-Methyläther beim 5tägigen Erwärmen von trans-**IV** mit 18%ig. H_2SO_4 unter N_2. *Pikrat*, $C_{25}H_{30}O_{10}N_4$, F. 218—219° (Zers.; CH_3OH). *Methojodid*, $C_{20}H_{30}O_3NJ$, F. 262—263,5° (CH_3OH–Äthylacetat). — *cis-6.7-Dioxy-β-tetrahydrodesoxycodeinmethyläther*, $C_{19}H_{27}O_4N$, F. 151—152°, aus 89 mg **IV** mit OsO_4 in Bzl. (1½std.

Stehen) u. Zers. mit Na_2SO_3 + Na_2HPO_4; Platten aus Äthylacetat; 39 mg. *Pikrat*, $C_{25}H_{30}O_{11}N_4$, F. 226—227° (Zers.), gelbe Nadeln aus Chlf.–CH_3OH. *trans-Isomeres*, F. 201—202°, durch 40std. Stehen von 382 mg **IV** mit 98%ig. HCOOH u. 30%ig. H_2O_2; Nadeln aus CH_3OH–Äthylacetat; 71% (*Pikrat*, $C_{25}H_{30}O_{11}N_4$, F. 245—246,5° [Zers.; CH_3OH]. *Monomethyläther* (?), $C_{20}H_{29}O_4N$, F. 174,5—175,5°, als Nebenprod. bei der Hydrierung obigen Epoxyds in CH_3OH; Prismen aus Äthylacetat). — *rac.-trans*-**VII**-*Methyläther*, $C_{19}H_{27}O_3N$, F. 149—150,5°, aus natürlichem oder synthet. (rac.) **IV** mit 18%ig. H_2SO_4 unter N_2 (5 Tage auf dem Dampfbad); Prismen; 28%, daneben *rac.-trans*-**VIII**, $C_{19}H_{27}O_3N$, F. 172,5—173,5°, prismat. Nadeln. — *Verb.* $C_{17}H_{21}O_2N$, F. 258—262° (Zers.), durch 4std. Erwärmen von 204 mg **VII**-Methyläther u. Pyridinhydrochlorid auf 195 bis 200° (Bad); $[\alpha]_D^{28}$ +46° (c = 1,32; Dioxan); 72 mg. — *trans-β-Dihydrothebainon* (*trans*-**XI**), F. 120,5—122° (CH_3OH), durch 2½std. Kochen von 0,4 g trans-**VII** mit Benzophenon u. K-tert.-Butylat in absol. Bzl.; Reinigen über das *Perchlorat* (F. 264 bis 266° [Zers.; A.]; 450 mg); $[\alpha]_D^{26}$ —47° (c = 1,53; A.). *Oxim*, F. 223—226° (Zers.). — *1.x.x-Tribrom-β-dihydrothebainon*, $C_{18}H_{20}O_3NBr_3$, F. 219—221° (Zers.), aus trans-**XI** u. Br_2 in Eisessig + Ae. (22 Std. stehen); Prismen aus Chlf.–A.; $[\alpha]_D^{25}$ —53,2° (c = 3,18; Chlf.). — *cis-1-Brom-β-dihydrothebainon* (*cis*-**XIII**), $C_{18}H_{22}O_3NBr$, F. 172,5—174° (A.), aus vorst. Verb. durch Hydrieren in Essigsäure über ADAMS-Katalysator; $[\alpha]_D^{26}$ —32° (c = 2,03; A.). *Perchlorat*, $C_{18}H_{23}O_7NBrCl$, F. 272—276° (Zers.), $[\alpha]_D^{25}$ —12° (c = 1,25; 50%ig. A.). *2.4-Dinitrophenylhydrazon*, $C_{24}H_{26}O_6N_5Br$, F. 144—148° (Gasentw.; Chlf.–Äthylacetat). — *cis-1-Bromthebainon* (*cis*-**X**), $C_{18}H_{20}O_3NBr$, F. 198,5—199,5°, durch 20 Min. Kochen des Phenylhydrazons mit 12n HCl; $[\alpha]_D^{27}$ —85° (c = 1,54; Chlf.); 60%. *2.4-Dinitrophenylhydrazon*, $C_{24}H_{24}O_6N_5Br$, F. 207—208° (bei 165° Phasenumwandlung im festen Zustand), a) aus trans-**XI** u. Br_2 in Eisessig (24 Std. stehen), dann 5 Min. kochen mit **XIV**; $[\alpha]_D^{27}$ —130,7° (c = 1,63; Chlf.), —109,0° (c = 0,80; Aceton); orangefarbene Platten aus Äthylacetat; 41%; b) durch 20 Min. Erwärmen von 103 mg cis-**IX**-Semihydrat u. **XIV** in Eisessig, Zufügen von Na-Acetat, dann Br_2 in Eisessig; 88 mg; c) analog b) aus 63 mg trans-**IX**; 74 mg. — *1.x-Dibromthebainon*, $C_{18}H_{19}O_3NBr_2$, F. 215 bis 218° (Zers.), durch Bromieren von 298 mg cis-**X**; braune Prismen aus Chlf.–Aceton; 177 mg. — *cis-1-Bromdihydrothebainon*, F. 154—162° (nach vorübergehendem Schmelzen zwischen 99 u. 115°), durch Hydrieren von 174 mg cis-**X** in A. über ADAMS-Katalysator u. Reinigen über das *Hydrojodid* ($C_{18}H_{23}O_3NBrJ$, F. 206,5—208,5° [Zers.]; Nadeln aus W.; 80%); 191 mg. *Hydrobromid*, $C_{18}H_{23}O_3NBr_2 \cdot 2H_2O$, F. 202—206° (unter Verlust von $2H_2O$ bei 140—160°), $[\alpha]_D^{26}$ —48,6° (c = 1,07; A.); 66,5%. — *cis*-**XI**, *Semihydrat*, F. 123 bis 136°, durch Hydrieren von 96 mg cis-**X** über Pd–$BaCO_3$ in A.; 74 mg. *Hydrojodid*, $C_{18}H_{24}O_3NJ$, F. 277—278,5°. *Oxim*, F. 252—253,5°. — *1-Bromcodeinon* (**XII**), $C_{18}H_{18}O_3NBr$, F. 202,5—203,5° (Zers.), a) aus 497 mg cis-**X**-Hydrobromiddihydrat mit Br_2 in Eisessig, dann 1 Std. mit **XIV**, 23 Std. mit Na-Acetat, ½ Std. kochen des Abdampfrückstandes mit Pyridin u. Chromatographie an Al_2O_3; über das *2.4-Dinitrophenylhydrazon* [$C_{24}H_{22}O_6N_5Br$, F. 224—225°; $[\alpha]_D^{27}$ —196,8° (c = 0,064; Chlf.); orangefarbene, prismat. Nadeln aus Äthylacetat; 26%]; $[\alpha]_D^{26}$ —182,7° (c = 1,42; Chlf.); 27%; b) aus 1-Bromcodein durch Oxydation nach HOMEYER u. DELAMATER (A. P. 2 654 756; C. **1955.** 2728); 68,5%. Gibt bei der Hydrierung über ADAMS-Katalysator *1-Bromdihydrocodein*, F. 207,5 bis 208,5° (Äthylacetat). — *Codein*, F. 156,5—158° (CH_3OH); $[\alpha]_D^{27}$ —137° (c = 1,5; A.). *Hydrobromid*, Doppel-F. 148—150 u. 273—278°, durch 46std. Kochen von 0,2 g **XII** mit $LiAlH_4$ in Tetrahydrofuran; 146 mg. — *Morphin*, F. 254—256,4°, durch Entmethylieren vorst. Verb. nach RAPOPORT (C. **1953.** 8872); $[\alpha]_D^{27}$ —126° (c = 2,32; CH_3OH); Nadeln; 34%. — Die UV- u. Infrarotspektren der meisten Verbb. sind angegeben. (J. Amer. chem. Soc. **78.** 1380—93. 5/4. 1956. Rochester, N. Y., Univ., Dep. of Chem.) H. LEHWALD. 3500

T. B. Lee und **G. A. Swan**, *Die Konstitution von Yohimbin und verwandten Alkaloiden.* 9. Mitt. *Synthese von 2-[4.5-Diäthylpyridyl-(2)]-3-äthylindol (Alstyrin oder Corylin) und zwei verwandten Verbindungen.* (8. vgl. ANDERSON u. Mitarbeiter, C. **1956.** 2180.) Synthetisiert wurden *2-[4.5-Diäthylpyridyl-(2)]-3-äthylindol* (**I**) u. *4.5-Diäthylpyridincarbonsäure-(2)*. Nach dem Misch-F. u. den spektroskop. Daten ist **I** mit natürlichem *Alstyrin* identisch. Ferner wurden *3-Äthyl-2-[5-äthylpyridyl-(2)]-5-methoxyindol* (**II**) u. *2-[4.5-Diäthylpyridyl-(2)]-3-äthyl-5-methoxyindol* (**III**) dargestellt. Obgleich beide Verbb. UV-Spektren aufweisen, die dem von GOUTAREL u. Mitarbeitern (C. **1955. 7914**) als **II** bezeichneten u. durch Abbau von Arivin erhaltenen *Prod.* (**IIa**) sehr ähnlich sind, wurden verschied. FF. der Basen u. Pikrate gefunden. **IIa** stellt auch nicht ein Gemisch aus **II** u. **III** dar. **II** u. **IIa** sind also offenbar nicht ident., wie auch durch F.-Vgl. beider Verbb. festgestellt wurde.

Versuche: *5-Äthyl-2-methylpyridin-N-oxyd*, $C_8H_{11}ON$, Kp.$_2$ 124—128°, durch Zugabe von 30%ig. H_2O_2 zu 5-Äthyl-2-methylpyridin in Essigsäure 5 Std. bei 70°, dann erneut 30%ig. H_2O_2 zugeben u. 15 Std. bei 70—80° stehenlassen); *Pikrat*, fahlgelbe Nadeln, F. 107—108° (A.). — *5-Äthyl-2-methyl-4-nitropyridin-N-oxyd*, $C_8H_{10}O_3N_2$, fahlgelbe Nadeln, F. 80° (Aceton), durch Zugabe vorst. Verb. in konz. H_2SO_4 zu konz. H_2SO_4-konz. HNO_3 (D. 1,42) bei n. Temp., 3std. Erhitzen auf 90—100° u. Zutropfen (kalt) zu konz. NH_4OH-Eis. — *4-Brom-5-äthyl-2-methylpyridin*, $C_8H_{10}NBr$, Kp.$_{20}$ 105—110°, durch Zutropfen von PBr_3 zu vorst. Verb. in absol. Bzl. u. 7std. Kochen; *Pikrat*, F. 141 bis 142° (A.); *Methojodid*, F. 167—169° (Aceton–Ae.). — *5-Äthyl-2-methylpyridincarbonsäure-(4)-äthylester*, $C_{11}H_{15}O_2N$, Kp.$_2$ 112—115°, durch Zugabe vorst. Verb. in A. zu CuCN–KCN in W., 40std. Erhitzen im Autoklaven auf 180—200°, Abtrennen von CuCN bei p_H 4, Eindunsten des Filtrats im Vakuum, Sättigen des trockenen Rückstandes in absol. A. mit trockenem HCl-Gas, Stehen über Nacht u. 4std. Kochen; *Pikrat*, F. 129 bis 130° (A.). — *5-Äthyl-2-methylpyridincarbonsäure-(4)*, $C_9H_{11}O_2N$, F. 226—228° (sublimiert bei 140°/0,1 mm), aus vorst. Ester durch 1½std. Kochen mit 20%ig. KOH. — *4-Acetyl-5-äthyl-2-methylpyridin*, $C_{10}H_{13}ON$, Kp.$_{20}$ 114—118°, durch Zugabe vorvorst. Esters in Äthylacetat zu C_2H_5OK-Suspension in absol. Bzl., 12std. Kochen, Zugabe von W., Extraktion des unveränderten Esters mit Ae. u. Erhitzen über Nacht nach Zugabe von konz. HCl auf 100°; *Pikrat*, F. 132—134° (Methanol); *Oxim*, $C_{10}H_{14}ON_2$, F. 107° (Methanol). — *4.5-Diäthyl-2-methylpyridin*, $C_{10}H_{15}N$, Kp.$_{20}$ 88—92°, durch Zugabe vorst. Verb. in 17 % ig. HCl zu frisch amalgamierter Zn-Wolle u. 10std. Kochen, wobei alle 3 Std. konz. HCl zugefügt wird; *Pikrat*, F. 162—164° (Äthylacetat); *Styphnat*, F. 155—156° (Methanol). Nebenprod.: *5-Äthyl-4-[1-oxyäthyl]-2-methylpyridin*, $C_{10}H_{15}ON$, Kp.$_{0,1}$ 100 bis 105°; *Pikrat*, F. 137—139° (A.); ergab nach 6std. Kochen mit HJ u. rotem P das Hauptprodukt. — *4.5-Diäthyl-2-styrylpyridin*, $C_{17}H_{19}N$, Kp.$_{0,1}$ 140—150°, durch 70std. Kochen vorst. Verb. mit Benzaldehyd u. Acetanhydrid in Xylol; *Pikrat*, F. 241—243° (Zers.; Aceton). — *4.5-Diäthylpyridincarbonsäure-(2)*, $C_{10}H_{13}O_2N$, F. 147—148° (Methanol), durch Zugabe von $KMnO_4$-Pulver zu vorst. Verb. in Aceton unter Eiskühlung (1 Std.); λ_{max} 2680 u. 2300 Å (log ε = 3,61 bzw. 3,90), λ_{min} 2520 Å (log ε = 3,44); ergab durch Erhitzen mit frischgefälltem Cu-Pulver *4.5-Diäthylpyridin*, $C_9H_{13}N$, *Pikrat*, F. 138—139° (A.). — *4.5-Diäthylpyridincarbonsäure-(2)-äthylester*, $C_{12}H_{17}O_2N$, Kp.$_3$ 140 bis 145°, aus vorst. Verb. in A. mit HCl-Gas bei 0° u. 2std. Kochen; *Pikrat*, F. 88—90° (A.). — *2-Carbamoyl-4.5-diäthylpyridin*, $C_{10}H_{14}ON_2$, F. 177—178° (sublimiert bei 100 bis 120°/0,1 mm), aus vorst. rohem Ester u. konz. NH_4OH (48 Std. bei n. Temp.), dann 2std. Rühren. — *2-Cyan-4.5-diäthylpyridin*, $C_{10}H_{12}N_2$, Kp.$_{20}$ 150—160°, durch 2std. Kochen vorst. Amids mit $POCl_3$. — *2-Butyryl-4.5-diäthylpyridin* (**IV**), $C_{13}H_{19}ON$, Kp.$_3$ 142—146°, durch Zugabe vorst. Verb. in absol. Ae. zu n-Propyl-MgBr in Ae. u. 3std. Kochen; *Pikrat*, F. 97—98° (A.); *Phenylhydrazonpikrat*, orangefarbene Nadeln, F. 211—212° (A.); *p-Methoxyphenylhydrazonpikrat*, $C_{26}H_{30}O_8N_6$, rot, F. 160—161° (A.). — *2-[4.5-Diäthylpyridyl-(2)]-3-äthylindol* (**I**), $C_{19}H_{22}N_2$, F. 110—111° (Methanol), durch 2std. Erhitzen vorst. Verb. mit Phenylhydrazin im Vakuum auf 100° u. Sättigen in absol. A. mit trockenem HCl unter Eiskühlung, dann 1 Std. bei n. Temp. u. 2std. Kochen → *Hydrochlorid* (gelbe Nadeln, F. 203° [Äthylacetat, Erweichung ab 190°]); das in W. mit gesätt. Na_2CO_3 in die Base übergeführt wird; λ_{max} 3250 Å (log ε = 4,36), λ_{min} 2740 Å (log ε = 3,63); *Pikrat*, F. 218—221° (A.). — *2-Carbamoyl-5-äthylpyridin*, $C_8H_{10}ON_2$, F. 147 bis 148° (W., sublimiert bei 120°/0,05 mm), aus 5-Äthylpyridincarbonsäure-(2)-äthylester u. konz. NH_4OH. — *2-Cyan-5-äthylpyridin*, $C_8H_8N_2$, Kp.$_{20}$ 132°, aus vorst. Amid u. $POCl_3$. — *2-Butyryl-5-äthylpyridin*, $C_{11}H_{15}ON$, Kp.$_{20}$ 120—125°, aus vorst. Verb. u. n-Propyl–MgBr in Ae.; *Pikrat*, F. 118—120° (A.); *Phenylhydrazonpikrat*, orangefarbene Nadeln, F. 178° (A.); *p-Methoxyphenylhydrazonpikrat*, orangefarbene Platten, F. 176 bis 177° (A.). — *3-Äthyl-2-[5-äthylpyridyl-(2)]-5-methoxyindol* (**II**), gelbe Prismen, F. 111 bis 112° (PAe.), aus vorst. Keton u. p-Methoxyphenylhydrazin (**V**) (2 Std. im Vakuum bei 100°); λ_{max} 3320 Å (log ε = 4,49), λ_{min} 2720 Å (log ε = 3,76); *Pikrat*, F. 201—203° (A.). — *2-[4.5-Diäthylpyridyl-(2)]-3-äthyl-5-methoxyindol* (**III**), $C_{20}H_{24}ON_2$, fahlgelbe Nadeln, F. 118° (PAe.), aus **IV** u. **V** analog vorst. Verb.; λ_{max} 3290 Å (log ε = 4,43), λ_{min} 2730 Å (log ε = 3,67); *Pikrat*, F. 225° (Zers.; A.). (J. chem. Soc. [London] **1956**. 771—75. März. Newcastle-upon-Tyne, Univ. of Durham, King's Coll.) B. GNAUCK. 3500

Carl Djerassi, C. R. Smith, A. E. Lippman, S. K. Figdor und **J. Herran**, *Die Strukturen der diterpenoiden Alkaloide Laurifolin und Cuauchichicin. Nomenklaturänderungen.* (Vgl. J. Amer. chem. Soc. **77.** [1955.] 4801.) Im Hinblick auf das früher von TOMITA u. KUSUDA (Pharmac. Bull. [Tokyo] **1.** [1953.] 1) aus *Coccolus laurifolius DC* isolierte aporphinähnliche Alkaloid Laurifolin wird zur Vermeidung von Irrtümern der Name des von Vff. (vgl. l. c.) aus dem mexikan. Baum *Garrya laurifolia Hartw.* isolierten u. *Laurifolin* benannten diterpenoiden Alkaloids in „*Garryfolin*" umgeändert. (J. Amer. chem. Soc. **77.** 6633. 20/12. 1955. Detroit, Mich., Wayne Univ., Dep. of Chem.; Mexico, D. F., Univ., Ist. de Quím.) ANTJE SCHMIDT. 3500

Jen-Hung Chu, *Ein Alkaloid aus dem chinesischen Aconitum A. delavayi French.* Aus den Stengelblättern von Aconitum delavayi French wird ein neues *Alkaloid* (I),

$C_{28}H_{39}O_2N \cdot H_2O$, F. 59—64°, $[\alpha]_D^{17}$ —9,56° (c = 0,7; A.), in 0,43% ig. Ausbeute isoliert u. *Delavaconitin* genannt. I-*Nitrat*, $C_{28}H_{39}O_5N \cdot HNO_3 \cdot H_2O$, F. 151° (Zers.), glänzende Nadeln. I-*Perchlorat*, $C_{28}H_{39}O_5N \cdot HClO_4$, F. 241°, Prismen aus A.-Methanol. I-*Pikrolonat*, $C_{28}H_{39}O_5N \cdot C_{10}H_8O_5N_4$, F. 218°, gelbe Prismen aus Ae.-Methanol. I-*Chloroaurat*, $C_{28}H_{39} \cdot O_5N \cdot HAuCl_4$, F. 215°, aus A. goldgelbe Prismen. I hat schwächere analget. Wrkg. als Morphin. (Acta chim. sinica **21**. 332—35. 1955. Shanghai, Acad. Sinica, Inst. of Materia Med. [Orig.: chines.; Auszug: engl.]) E. MAEKAWA. 3500

H. Gohr, W. Heinen, Th. Görges und **G. Kersten**, *Papierchromatographische Untersuchungen der Gallenfarbstoffe*. Im theoret. Teil wird das chemische Verh. des Hämoglobins u. des Gallenfarbstoffwechsels sowie die Grundlagen der Papierchromatographie besprochen. Im experimentellen Teil wurde zunächst das Verh. der Bilirubinoide in Abhängigkeit von ihrer Strukturformel mit der aufsteigenden Papierchromatographie untersucht. Dabei ergab sich, daß *Bilirubin* u. die Gallenfarbstoffe mit der ms-Methylenbrücke mit Chlf. u. nicht mit Propanol, während Urobilin u. die Gallenfarbstoffe mit der ms-Methinbrücke mit Propanol u. nicht mit Chlf. wandern. Ferner wurde festgestellt, daß die Salze, Säuren u. Ester desselben Gallenfarbstoffes ein verschied. chromatograph. Verh. zeigen können. Als bes. günstig für die Auftrennung der Gallenfarbstoffe erwies sich die Ringchromatographie. Mit dieser Meth. konnten die von SEIDEL isolierten Farbstoffe der GMELIN-Rk. (Bilirubin, *Biliverdin*, *Bilipurpurin*, *Bilicholetatin*) erstmalig papierchromatograph. nachgewiesen u. ihr R_F-Wert bestimmt werden. Die Trennung von *Urobilin*(ogen) u. *Stercobilin*(ogen) wurde über die *Mesobiliviolin*-Rk., die sich nach den vorliegenden Unterss. ebenfalls gut ausführen läßt, durchgeführt. (Z. ges. inn. Med. Grenzgebiete **11**. 310—21. 1/4. 1956. Köln, Univ.-Krankenanst. Lindenberg 1. u. werkärztl. Abt. der Rhein-AG. für Braunkohlenbergbau u. Brikettfabrikat., Abt. Frechener Werke.) H. GOHR. 3550

Louis Schmerling, J. P. Luvisi und **Robert W. Welch**, *Einige Reaktionen von Norbornadien-(2.5)* (*Bicyclo-[2.2.1]-heptadien-[2.5]*). Durch Dechlorierung von 5.6-Dichlornorbornen-(2) mit MgJ_2 in Ae. entsteht *Norbornadien-(2.5)* (I; *Bicyclo-[2.2.1]-heptadien-[2.5]*), das in Ggw. von Pt zu *Bicyclo-[2.2.1]-heptan* (*Norbornan*) hydriert wird. Durch Bromierung von I wird *3.5-Dibromnortricyclen* nach einem diskutierten Reaktionsschema erhalten. Letztere Verb. nimmt H_2 auf unter Bldg. eines Gemisches mit 20% *Dibromnorbornenen*, z. B. *5.7-Dibromnorbornen-(2)*. Die Addition von HCl bei —78° führt hauptsächlich zu *exo-5-Chlornorbornen-(2)* neben ∼ 20% *3-Chlornortricyclen*. Analog wird durch Hydrobromierung von I ein Prod. mit 30% *3-Bromnortricyclen* erhalten. Durch Rk. von I mit 90% ig. HCOOH in Ggw. von BF_3-Ätherat wird neben wenig *Ameisensäurenorbornen-(5)-yl-(2)-ester Ameisensäurenortricyclyl-(3)-ester* dargestellt, der zu *3-Oxynortricyclen* verseift wird. Norbornen-(2) (II) wird analog über das *Formiat* in *exo-Norborneol* (*exo-Bicyclo-[2.2.1]-heptanol-[2]*) übergeführt. Die Konst. der angeführten Verbb. wird durch ihre Infrarotspektren bestätigt.

Versuche: *trans-5.6-Dichlornorbornen-(2)*, $Kp._{760}$ 188—191°, $Kp._{22}$ 83—85°, durch 4½—5std. Erhitzen von trans-Dichloräthylen u. Cyclopentadien oder Dicyclopentadien im Autoklaven bei 30 at auf 180—200°: 30—34% (Ausbeute). — *endo-cis-5.6-Dichlornorbornen-(2)*, F. 74—75°, $Kp._{760}$ 220—225°, $Kp._{18}$ 104—108°, aus cis-Dichloräthylen. — *Norbornadien-(2.5)* (I), C_7H_8, Kp. 90,0°, F. ∼ —25°, durch Zugeben vorst. oder vorvorst. Verb. zu MgJ_2 in sd. Ae., Behandeln mit Eiswasser u. Ausäthern; $D.^{20}_4$ 0,9056, n_D^{20} 1,4699; 51—72%. — *3.5-Dibromnortricyclen*, $C_7H_8Br_2$, $Kp._5$ 99—102°, durch 50 Min. Rühren von I in CCl_4 mit Br_2 bei —8 bis —12°; $D.^{20}_4$ 1,8795, n_D^{20} 1,5795; 66%. — *Gemisch von exo-5-Chlornorbornen-(2) mit 20% 3-Chlornortricyclen*, $Kp._{43}$ 66—68°, durch ½std. Einleiten von HCl in I in n-Pentan bei —78°; n_D^{20} 1,4949; 72%. — *Monobromidgemisch mit 30% 3-Bromnortricyclen*, $Kp._{760}$ 170—173°, $Kp._{19}$ 64—68°, analog mit HBr in 10 Min.; n_D^{20} 1,5282—1,5292; 56%. — *Ameisensäurenortricyclyl-(3)-ester*, $C_8H_{10}O_2$, $Kp._{21}$ 79°, durch 5std. Schütteln von I u. 90% ig. HCOOH in Ggw. von BF_3-Ätherat bei Raumtemp.; $D.^{20}_4$ 1,1103, n_D^{20} 1,4758; 63%. — *3-Oxynortricyclen*, F. 101—102° (Pentan), aus vorst. Verb. mit äthanol. KOH; 75%. *Phenylurethan*, F. 143—144°. — *Ameisensäurenorbornyl-(2)-ester*, $C_8H_{12}O_2$, $Kp._{20}$ 76—77°, durch 1std. Kochen von **II**, 88% ig. HCOOH u. BF_3-Ätherat; n_D^{20} 1,4641; 71%. — *exo-Norborneol*, F. 125° (Pentan); 78%. *Phenylurethan*, F. 144°. (J. Amer. chem. Soc. **78**. 2819—21. 20/6. 1956. Des Plaines, Ill., Universal Oil Prod. Co., Res. and Development Labors.) R. PASEDAG. 3600

J. F. Carson, *Die Hydrierung von Lupulon und Humulon*. Während die Hydrierung in Ggw. von $PdCl_2$ beim *Lupulon* (I) unter Aufnahme von 4 Mol H_2 zu einem substituierten Phloroglucin u. Isopentan führt (WÖLLNER [1925]), erhielt Vf. bei Anwendung von Pd-Kohle bzw. PtO_2 unter Aufnahme von 3 Mol H_2 unter Sättigung der exocycl. Doppelbindungen *Hexahydrolupulon* (**II**). **II** ist stabiler als I u. zeigt bakteriostat. Eigenschaften.

Bei der Hydrierung von *Humulon* (III) in Ggw. von $PdCl_2$ wurde von WIELAND [1925] ein disubstituiertes 1.2.3.5-Tetraoxybenzolderiv. u. Isopentan erhalten. Auch bei Anwendung von Pd-Kohle bzw. PtO_2 durch Vf. trat Abspaltung einer Isopentenylgruppe ein, u. es wurden komplexe Gemische erhalten. Bei der Luftoxydation der Hydrierungsprodd. von **III** fielen geringe Mengen von *Humulochinon* an.

V e r s u c h e: Die Hydrierungen wurden in einer Schüttelapp. in CH_3OH durchgeführt. — *Lupulon* (I), F. 93—94°, wurde mit PtO_2 45 Min. u. mit Pd-Kohle 30 Min. bei 26° u. n. Druck oder 90 Min. bei 25 lbs./sq.in. hydriert; aus den eingeengten Lsgg. erhielt man *Hexahydrolupulon* (II), $C_{26}H_{44}O_4$, F. 140—141° (Hexan, dann Methanol); 78% (Ausbeute). Die Hydrierung mit $PdCl_2$ führte zu denselben Ergebnissen wie bei WÖLLMER (l. c.), Luftoxydation der Reaktionsprodd. in Ggw. von Pb-Acetat ergab dann *Tetrahydrohumulon*, F. 82—83°. — **III** wurde 1 Std. hydriert, nach Stehenlassen an der Luft u. Einengen erhielt man *Humulochinon*, F. 60—61°; 5%. (J. Amer. chem. Soc. **73.** 1850—51. April 1951. Albany, Calif., U. S. Dep. of Agric., Agric. Res. Administr., Bur. of Agric. and Ind. Chem., Western Reg. Res. Labor.) R. KAYSER. 3600

J. A. Henry und **F. S. Spring,** *Die Struktur von Cycloartenol.* Dem *Cycloartenol* wird von den in Frage kommenden Strukturformeln **I—VII** (vgl. auch BENTLEY u. Mitarbeiter, C. **1955.** 4112) auf Grund folgender Verss. die Struktur **V** zugeschrieben. Das

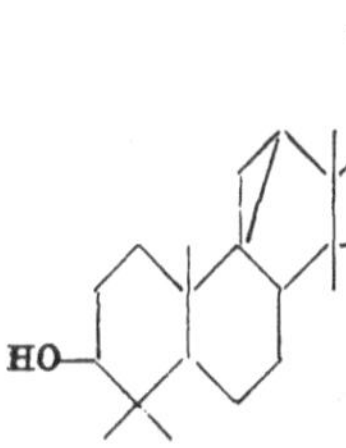
I

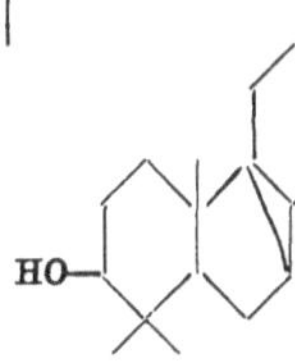
II

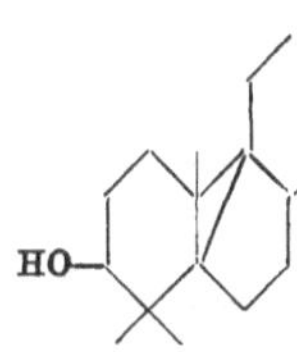
III

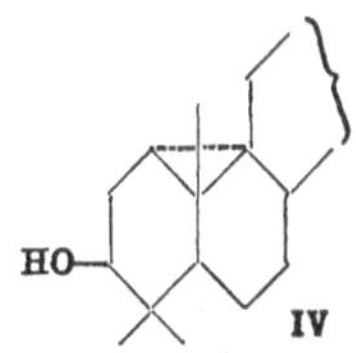
IV

Infrarotspektr. zeigt eine Bande bei 3042 bis 3052 cm^{-1}. Somit liegt im Cyclopropanring eine CH_2-Gruppe vor, u. die Strukturen **II, III** u. **IV** können ausgeschlossen werden. Beim Behandeln von Cycloartenol mit HCl

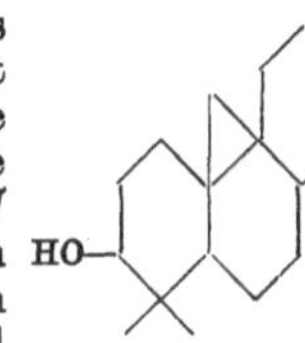
V

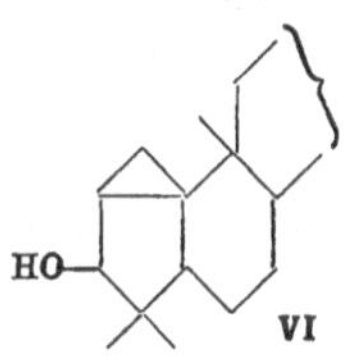
VI

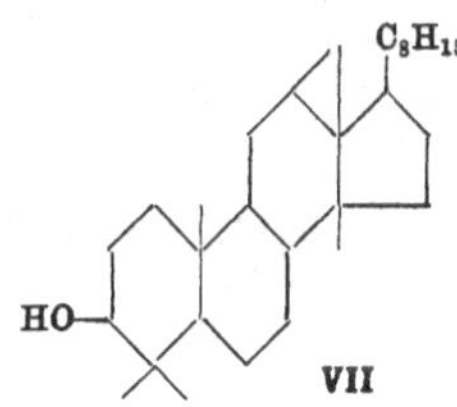
VII

entsteht als Hauptprod. $\Delta^{9,11}$-*Lanostenylacetat* neben dem entsprechenden Δ^8- u./oder Δ^7-Lanostenylacetat. Damit entfällt Struktur **VII.** Da Δ^8-Lanostenylacetat beim Behandeln mit HCl kein $\Delta^{9,11}$-Lanostenylacetat gibt, dürfte auch keine CH_2-Brücke zwischen $C_{(8)}$ u. $C_{(9)}$ vorliegen. Struktur **VI** scheidet aus, weil Cycloartanon im UV nicht die Absorption zeigt, die für eine konjugierte Stellung der Carbonylgruppe zum Cyclopropanring charakterist. ist u. weil es leicht ein *Acetat* [$C_{32}H_{52}O_2$, F. 87°; $[\alpha]_D + 66,5°$ (c = 1,1; Chlf.)] gibt. Beim Behandeln von Cycloartanylacetat mit DCl nach BARTON u. DEMAYO (C. **1955.** 5798) entsteht *x-Deutero-$\Delta^{9,11}$-lanostenylacetat* [F. 173°; $[\alpha]_D + 84°$ (c = 1,2)], das mit CrO_3 zu *x-Deutero-12-oxo-$\Delta^{9,11}$-lanostenylacetat* [F. 183°; $[\alpha]_D + 90°$ (c = 0,7); λ_{max} 2410 Å (ε = 9000)] oxydiert wird. Hätte Cycloartenol die Struktur **I,** müßte bei dieser Rk. 12-Deutero-$\Delta^{9,11}$-lanostenylacetat entstehen, dessen Oxydation zu undeuteriertem 12-Oxo-$\Delta^{9,11}$-lanostenylacetat führen müßte. Struktur **I** ist somit ebenfalls auszuschließen. (Chem. and Ind. **1954.** 189. 13/2. Glasgow, Roy. Techn. Coll.)

I. FESTL. 3600

R. Norman Jones, P. Humphries, F. Herling und **Konrad Dobriner,** *Untersuchungen über den Steroidstoffwechsel.* 10. Mitt. *Der Einfluß der stereochemischen Konfiguration in Stellung 3 und 5 auf das Infrarotspektrum von 3-Acetoxysteroiden.* (9. vgl. J. Amer. chem. Soc. **72.** [1950.] 956.) Steroidacetate zeigen bei 1200—1600 cm^{-1} starke Absorptionsbande. Bei 3-Acetoxysteroiden wird, wenn das H-Atom in 5-Stellung zu dem 3-Substituenten in trans-Stellung steht, nur e i n e Absorptionsbande beobachtet, wenn die 3-Acetatgruppe zu dem in 5-Stellung stehenden H-Atom in cis-Stellung steht, werden in dem genannten Absorptionsbereich 2 oder 3 Banden ermittelt. Diese Beobachtung kann bei der Best. der stereochem Konfiguration der 3-Acetoxysteroide u. zusammen mit der Fällungs-Rk. des 3-Oxysteroids mit Digitonin zur Best. der stereochem. Konfiguration in Stellung 3 u. 5 ausgewertet werden. — Die charakterist. Banden der Acetatgruppierung bei Steroiden mit anderer Stellung dieser Gruppe sind gleichfalls angegeben. Aus der

Unters. der Bandenintensität u. der Beobachtung, daß die Bandenkonturen sich mit der Temp. ändern wird gefolgert, daß bei den 3-Acetaten mit Mehrfachbanden zwischen den labilen Stereoisomeren ein Gleichgewicht besteht. Hierbei kann es sich um Rotationsisomere handeln, die infolge der Rotationshemmung der Acetatgruppe durch die C—O-Bindung entsteht. (J. Amer. chem. Soc. **73.** 3215—20. Juli 1951. New York, N. Y., Sloan-Kettering Inst. for Cancer Res., u. Ottawa, Nat. Res. Council of Canada, Dep. of Chem.) H. P. FIEDLER. 3700

Hans Lettré und **Christoph Scholtissek,** *Über vielwertige quartäre Ammoniumverbindungen.* 4. Mitt. *Derivate der Desoxybiliansäure.* (3. vgl. SCHOLTISSEK, EUDO u. LETTRÉ, C. **1956.** 12009.) Der Trimethylester der durch Oxydation von Desoxycholsäure entstandenen *Desoxybiliansäure* (*3.4-Seco-12-ketocholan-3.4.24-trisäure;* I) wird durch $LiAlH_4$ zu *3.4-Secocholan-3.4.12.24-tetrol* reduziert. I läßt sich mit PCl_5 nicht in das Trisäurechlorid verwandeln, infolgedessen konnte bisher kein Triamid gewonnen werden, jedoch können auf verschied. Wegen Mono- u. Diamide erhalten werden. Die partielle Veresterung mit CH_3OH u. H_2SO_4 führt wahrscheinlich zum *Desoxybiliansäure-3.24-dimethylester,* der über das *Säurechlorid* mit Dimethylamin in *Desoxybiliansäure-3.24-dimethylester-4-dimethylamid* (II) verwandelt wird, das bei der anschließenden $LiAlH_4$-Red. nicht an der Amidgruppe, sondern zu *3.4-Secocholan-3.12.24-triol-4-säuredimethylamid* red. wird. I gibt mit Acetanhydrid das *Desoxybiliansäure-3.4-anhydrid* (III), das mit Dimethylamin *Desoxybiliansäure-3-dimethylamid* bildet, dessen Methylester bei der $LiAlH_4$-Red. ein *3.4-Seco-3-dimethylamincholan-4.12.24-triol* bildet, von dem ein *Trimethylammoniumjodid* erhalten werden kann. III wird mit PCl_5 in *Desoxybiliansäure-3.4-anhydrid-24-chlorid* übergeführt u. reagiert dann mit Dimethylamin zu *3.4-Seco-12-ketocholan-3.4.24-trisäure-3.24-bis-dimethylamid.* Der Methylester hiervon wird durch $LiAlH_4$ zum *3.4-Seco-3.24-dimethylaminocholan-4.12-diol* (IV) red., der mit CH_3J die wasserlösl. 2wertige quartäre *Ammoniumverb.* (V) liefert. V ist 10mal stärker tox. als IV u. wirkt in Dosen von 2,5 mg/kg tödlich bei Mäusen, an *in vitro* gezüchteten Zellen zeigt sich keine Wirkung. Hingegen bewirkt IV bei Zusatz zu Gewebekulturen starke Zellveränderungen, bei zusätzlicher Zugabe von Atmungs- oder Phosphorylierungsgiften kugeln sich langgestreckte Fibroblasten ab u. führen schon nach 1—2 Min. Plasmabewegungen aus. Bei der Mitose geht bereits eingesetzte Plasmaeinschnürung unter der Wrkg. von IV zurück.

Versuche: *3.4-Secocholan-3.4.12.24-tetrol,* $C_{24}H_{44}O_4$, F. 188°, durch Umsetzung von 1 g I mit CH_2N_2 in den *Trimethylester* [F. 119°; 900 mg (Ausbeute)], 3 std. Kochen mit $LiAlH_4$ in Ae., 12std. Stehen u. Ansäuern mit H_2SO_4; Spieße aus wss. CH_3OH; 0,5 g. — *Desoxybiliansäure-3.24-dimethylester,* $C_{26}H_{40}O_7$, F. 172—173°, durch 1std. Kochen von 1 g I mit CH_3OH u. 5%ig. H_2SO_4 u. Eindampfen; Nadeln aus wss. CH_3OH; 1,01 g. — *Desoxybiliansäure-3.24-dimethylester-4-dimethylamid* (II), $C_{28}H_{45}O_6N$, F. 154°, durch 20 Min. langes Schütteln von 0,9 g vorst. Verb. in Ae. mit PCl_5 bei 0°, Abgießen, Vakuumabdampfen u. 1std. Stehen mit Dimethylamin in Ae.; Nadeln aus wss. CH_3OH; 800 mg. — *3.4-Secocholan-3.12.24-triol-4-säuredimethylamid,* $C_{26}H_{47}O_4N$, F. 177°, durch 3std. Rühren von 0,6 g II mit $LiAlH_4$ in Ae. bei 20° u. Ansäuern; Spieße aus wss. CH_3OH; 100%. — *Desoxybiliansäure-3.4-anhydrid* (III), $C_{24}H_{34}O_6$, F. 230—233° (Zers.; Bzl.-PAe.), durch 1std. Kochen von I + Acetanhydrid. — *Desoxybiliansäure-3-dimethylamid,* $C_{26}H_{41}O_6N$, F. 251°, durch 1std. Stehen vorst. Verb. mit Dimethylamin in Ae., Ausschütteln mit W., Ansäuern u. Ausäthern; Nadeln aus wss. CH_3OH; 0,62 g. — *Desoxybiliansäure-3-dimethylamid-4.24-dimethylester,* $C_{28}H_{45}O_6N$, F. 121—122°, aus vorst. Verb. + CH_2N_2 u. Chromatographieren an Al_2O_3; Nadeln aus wss. CH_3OH. — *3.4 Secocholan-4.12.24-triol-3-dimethylamin,* $C_{26}H_{49}O_3N$, F. 189—190°, durch 6std. Kochen von 0,2 g vorst. Verb. in Dioxan-Ae. mit $LiAlH_4$ u. Zufügen von 30%ig. NaOH; Platten aus CH_3OH; 40%. *Methojodid,* $C_{27}H_{52}O_3NJ$, F. 224° (CH_3OH/Aceton). — *Desoxybiliansäure-3.24-bis-[dimethylamid],* $C_{28}H_{46}O_5N_2$, F. 254—255°, durch 2std. Kochen von 12 g I mit Acetanhydrid, Vakuumabdampfen, ½std. Schütteln mit PCl_5 in Bzl. u. Stehen des isolierten Nd. mit Dimethylamin in Ae.; Nadeln aus wss. CH_3OH; 7,7 g. *Methylester,* $C_{29}H_{48}O_5N_2$, F. 133°; Nadeln aus wss. CH_3OH; 100%. — *3.4-Secocholan-4.12-diol-3.24-bis-[dimethylamin]* (IV), *Dihydrochlorid,* $C_{28}H_{56}O_2N_2Cl_2$, F. 274—276° (Zers.), durch 10std. Kochen von 7,8 g vorst. Methylesters mit $LiAlH_4$ in Dioxan-Ae. u. Behandeln des isolierten Öls (6 g) mit methanol. HCl; Nadelrosetten aus CH_3OH. *Bis-methojodid* (V), $C_{30}H_{60}O_2N_2J_2$, F. 270—272° (Zers.); Platten aus wss. CH_3OH. (Liebigs Ann. Chem. **599.** 38—43. 1956. Heidelberg, Univ., Inst. für exp. Krebsforsch.) H. LEHWALD. 3700

Kurt Schubert, *Kristallisiertes Dihydrovitamin D_2 II.* Durch partielle katalyt. Hydrierung in Ggw. von RANEY-Ni von Vitamin D_2 konnte Vf. krist. *Dihydrovitamin D_2 II* [I; F. 103,5—106° (korr.), aus CH_3OH kleine Säulen, $[\alpha]_D^{23}$ + 149° (A.); *3.5-Dinitrobenzoat,* F. 165—166° (korr.), $[\alpha]_D^{22}$ + 138° (Aceton)] herstellen. Die H_2-Aufnahme bei

der katalyt. Hydrierung in Ggw. von Pt in Eisessig entsprach 3 Doppelbindungen. Das UV-Absorptionsspektr. zeigte die für Dihydrotachysterin (**II**) charakterist. Maxima. **I** ist weniger stabil als **II** u. kann bereits unter den Bedingungen der Chromatographie an Al_2O_3 eine Veränderung erfahren, die sich in einer Senkung der Extinktion ausprägt. (Naturwissenschaften **41.** 231. 2. Mai-H. 1954. Jena, Inst. für Mikrobiol. u. Exp. Therapie.)
C. GOTTFRIED. 3800

T. R. Seshadri, *Synthesen unter dem Vorbild biogenetisch möglicher Reaktionswege.* Vortrag. — 43 Literaturangaben. (XIV. int. Kongr. reine angew. Chem., Zürich **1955.** 258 bis 273. Suppl. II zu „Experientia". Delhi, India, Univ., Dep. of Chem.)
K. ZOPFF. 3950

P. Pratesi, *In der Natur vorkommende Verbindungen als Ausgangspunkt für die Synthese von Arzneimitteln.* Übersicht über eine Reihe von synthet. Arzneimitteln, die am Vorbild pharmakol. wirksamer Naturstoffe unter mannigfaltiger Abwandlung der bei diesen vorgefundenen Strukturen entwickelt werden konnten. Mit Beispielen aus den Gebieten der Vitamine, Hormone u. Alkaloide. — 79 Literaturstellen. (XIV. int. Kongr. reine angew. Chem., Zürich **1955.** 194—212. Suppl. II zu „Experientia". 21—27/7. Pavia, Univ., Ist. Chim. Farmac.)
K. ZOPFF. 3950

Gurbakhsh Singh, G. V. Nair und **P. K. Aggarwal,** *Die Struktur von Scoparon.* Für das aus *Artemisia scoparia* isolierte *Scoparon* (**I**) hatten PARIHAR u. DUTT (Proc. Indian Acad. Sci. **25.** [1947.] 153 u. Indian Soap J. **19.** [1953.] 61) die Struktur **A** angenommen. In vorliegender Arbeit wird gezeigt, daß **I** als *6.7-Dimethoxycumarin* anzusehen ist. **I** ($C_{11}H_{10}O_4$, F. 146—147°) wird aus den Blüten u. Samen mit Bzl. extrahiert (2% Ausbeute). Beim Behandeln mit sd. wss. KOH gibt es *trans-2-Oxy-4.5-dimethoxyzimtsäure* (F. 197—198°), die beim Behandeln mit $(CH_3CO)_2O$/CH_3COONa das entsprechende *Acetat* (F. 212—214°) liefert. Die Bromierung von **I** in Bzl. gibt *3-Brom-6.7-dimethoxycumarin* (F. 178—179°), das durch Behandeln mit sd. wss. KOH in *5.6-Dimethoxycumaroncarbonsäure-(2)* (F. 245—246° unter Zers.) übergeführt wird. Durch verd. HJ wird **I** in der Siedehitze unter Bldg. von *Äsculetin* (*6.7-Dioxycumarin*, F. 268—269°) entmethyliert. Zum endgültigen strukturellen Beweis wird **I** durch Rk. von 2-Oxy-4.5-dimethoxybenzaldehyd mit $(CH_3CO)_2$/CH_3COONa (175° im Rohr) synthetisiert. Der Misch-F. mit dem natürlichen **I** zeigt keine Depression. (Chem. and Ind. **1954.** 1294—95. 16/10. New Delhi, India, Nat. Phys. Labor. of India, Div. of Analyt. Chem.)

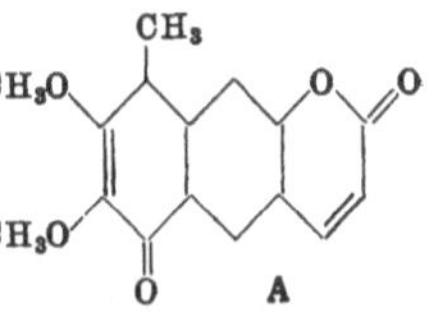

A

I. FESTL. 3950

Bernt Carnmalm, *Die Konstitution von Harzphenolen und ihre biogenetischen Beziehungen.* 17. Mitt. *Untersuchungen über Conidendrin.* [16. (im Original irrtümlich als 15. bezeichnet) vgl. GRIPENBERG u. LINDAHL, C. **1956.** 6130; 15. vgl. LEOPOLD u. MALMSTRÖM, C. **1952.** 7982.] Die bei der NaOBr-Oxydation von α-Conidendrindimethyläther (α-**I**) von HOLMBERG [1927] u. Mitarbeitern erhaltene neutrale Verb. der Bruttoformel $C_{17}H_8O(OCH_3)_4$ wurde als *6.7-Dimethoxy-1-[3'.4'-dimethoxyphenyl]-naphthaldehyd-(2)* (**II**) identifizert. **II** bildet ein *2.4-Dinitrophenylhydrazon* u. ein *Oxim*, das durch Dehydratisierung u. Hydrolyse des erhaltenen *Nitrils* in *6.7-Dimethoxy-1-[3'.4'-dimethoxyphenyl]-2-naphthoesäure* (**III**) übergeführt werden konnte, die auch direkt durch Oxydation von **II** erhältlich ist. Die 2-Stellung der COOH-Gruppe folgt aus der Entmethylierung von **III**, Oxydation mit $KMnO_4$ u. Methylierung mit CH_2N_2 zu *Prehnitsäuretetramethylester.* Bei der NaOBr-Oxydation von β-**I** wird **II** nicht oder nur in Spuren neben etwas *6-Veratroylveratrumsäure* erhalten, ebenso wie bei der Oxydation der aus α-**I** l. c. erhaltenen 6.7-Dimethoxy-1-[3'.4'-dimethoxyphenyl]-1.2.3.4-tetrahydronaphthalin-2.3-dicarbonsäure (**IV**), deren Dimethylester bei der $LiAlH_4$-Red. (+)-*Isolariciresinoldimethyläther* liefert. Demzufolge bleibt die α-**I**-Konfiguration bei der Oxydation zu **IV** erhalten. β-**I** gibt bei der $LiAlH_4$-Red. ein anderes Diol.

Versuche: *6.7-Dimethoxy-1-[3'.4'-dimethoxyphenyl]-naphthaldehyd-(2)* (**II**), $C_{21}H_{20}O_5$, F. 181—183° (A.–Eisessig), durch Oxydation von α-**I** (l. c.). *2.4-Dinitrophenylhydrazon*, $C_{27}H_{24}O_8N_4$, F. 289—291° (Zers.), rote Kristalle aus Eisessig. *Oxim*, $C_{21}H_{21}O_5N$, F. 185—186° (A.). — *6.7-Dimethoxy-1-[3'.4'-dimethoxyphenyl]-2-naphthoesäurenitril*, $C_{21}H_{19}O_4N$, F. 185—186° (A.), aus vorst. Oxim + Acetanhydrid durch 1½ std. Kochen u. ½ std. Erwärmen mit H_2O. — *6.7-Dimethoxy-1-[3'.4'-dimethoxyphenyl]-2-naphthoesäure* (**III**), $C_{21}H_{20}O_6$, F. 202—203° (A.), a) aus vorst. Nitril u. alkoh. KOH (3 Tage kochen); b) durch Oxydation von 3 g **II** in Pyridin + wenig NaOH mit $KMnO_4$; 2,8 g (Ausbeute). *Methylester*, $C_{22}H_{22}O_6$, F. 151,5—152,5° (CH_3OH). — *Benzol-1.2.3.4-tetracarbonsäure*, $C_{10}H_6O_8$, F. 215—225° (Zers.; HCl), aus 1 g **III** + Pyridinhydrochlorid in 2 Std. bei 180°, Gießen in verd. HCl, kontinuierliches Ausäthern, Oxydieren des Abdampfrückstandes mit $KMnO_4$ in KOH (2std. Kochen) u. Chromatographieren durch einen Kationenaustauscher; 0,4 g. *Tetramethylesier*, F. 126—126,5° (CH_3OH). — (+)-*Isolariciresinoldimethyläther*, F. 171—172° (CH_3OH), a) durch $LiAlH_4$-Red. des **IV**-Dimethylesters; $[\alpha]_D^{20}$ + 23° (c = 1,172; Chlf.); b) analog a) aus α-I. — *Diol* $C_{22}H_{28}O_6$, F. 82—84°, nach Erstarren bei 105—110° u. Sintern bei 132°, F. 140—142°; Bzl.) durch $LiAlH_4$-Red. von β-I wie vorst.; $[\alpha]_D^{20}$ + 46,2° (c = 2,33; Chlf.). (Acta chem. scand. **8.** 806—10. 1954. Stockholm, Kungl. Tekniska, Organ.-kem. Inst.) H. LEHWALD. 3950

Bernt Carnmalm, *Die Konstitution von Harzphenolen und ihre biogenetischen Beziehungen.* 18. Mitt. *Die Umwandlung von α-Conidendrin in Galbulin.* (17. vgl. vorst. Ref.) Die Red. der Dimethyläther von α- u. β-Conidendrin mit $LiAlH_4$ ergibt α- u. *β-Dimethylconidendrylalkohol.* Nach Acylierung der Alkohole mit p-Toluolsulfochlorid u. anschließender Red. mit $LiAlH_4$ entstehen α- u. *β-1-[3'.4'-Dimethoxyphenyl]-6.7-dimethoxy-2.3-dimethyltetralin,* die sich durch ihre Konfiguration am $C_{(3)}$ unterscheiden. Die α-Verb. ist ident. mit dem von HUGHES u. RITCHIE (Austral. J. Chem. **7.** [1954.] 104) beschriebenen Galbulin. Die katalyt. Dehydrierung beider Verbb. gibt den *Dimethyläther* der *Dehydroguajaretsäure.*

Versuche: *α-Dimethylconidendrylalkohol-bis-p-toluolsulfonat* (**I**), $C_{36}H_{40}O_{10}S_2$, F. 158,5—159,5° (A.), aus 2 g des Alkohols in Pyridin u. p-Toluolsulfochlorid bei 5—10°, 2std. Stehen, Zutropfen von W. u. Gießen auf Eis–HCl; $[\alpha]_D^{20}$ + 4,1° (c = 1,95; Chlf.), 2,8 g (Ausbeute). — *β-Dimethylconidendrylalkohol-bis-p-toluolsulfonat* (**II**), F. 117,5 bis 118,5° (CH_3OH), analog vorst. Verb.; $[\alpha]_D^{20}$ + 53,8° (c = 1,80; Chlf.); 2,9 g. — *Galbulin* (*α-1-[3'.4'-Dimethoxyphenyl]-6.7-dimethoxy-2.3-dimethyltetralin*), $C_{22}H_{28}O_4$, F. 129,5 bis 130,5° (CH_3OH), aus 1 g **I** u. $LiAlH_4$ in Ae. (3std. Kochen); $[\alpha]_D^{20}$ —7,6° (c = 2,6; Chlf.); 0,45 g. — *β-1-[3'.4'-Dimethoxyphenyl]-6.7-dimethoxy-2.3-dimethyltetralin*, $C_{22}H_{28}O_4$, F. 85 bis 85,5°, aus **II**; $[\alpha]_D$ + 45° (c = 2,0; Chlf.). — *Dehydroguajaretsäuredimethyläther*, F. 176 bis 177° (Eisessig), durch 4std. Kochen von 100 mg Galbulin mit 10%ig. Pd-Kohle in Diäthylenglykol, Filtrieren u. Gießen in W.; 90 mg; entsteht analog aus der β-Verbindung. (Acta chem. scand. **8.** 1827—29. 1954.) H. LEHWALD. 3950

Merle E. Cisney, Wilbur L. Shilling, W. M. Hearon und **David W. Goheen,** *Conidendrin.* 2. Mitt. *Die Stereochemie und Reaktionen des Lactonringes.* (1. vgl. HEARON, LAKEY u. MOYER, C. **1952.** 4939.) Das Anhydrid von Dimethyl-α-conidendreinsäure (**I**); „HOLMBERG"-Säure; vgl. HOLMBERG [1927]) gibt bei der Behandlung mit NH_3 das leicht trennbare Gemisch aus beiden isomeren *Dimethyl-α-conidendreinamidsäure* (**IIa** u. **IIb**). **IIa** wird in den *Methylester* verwandelt, mit $LiAlH_4$ red., hydrolysiert u. zu *Dimethyl-α-retrodendrin* (**III**; *2.3-trans*) lactonisiert. Analog gelingt die Synth. auch bei Verwendung von Dimethylamin. Andere Verss. zur Darst. von **III** verliefen unbefriedigend: Die partielle Red. von **I**-Anhydrid mit $LiAlH_4$ oder Al-Amalgam ergab vorwiegend *Dimethyl-α-conidendrin* (**IV**) u. die Desulfurierung des Thiolhalbesters von **I** mit RANEY-Ni ein Gemisch aus **III** u. **IV**. Die Struktur von **III** folgt aus einer Dehydrierung zu *4-[3'.4'-Dimethoxyphenyl]-6.7-dimethoxy-2-oxymethylnaphthalin-3-carbonsäurelacton*, die Konfiguration aus der Red. mit überschüssigem $LiAlH_4$ zu *Dimethyl-(+)-isolariciresinol* (*2.3-trans-Dimethyl-α-conidendrylalkohol*; **V**; (ebenfalls durch $LiAlH_4$-Red. des **I**-Dimethylesters erhältlich), das durch $KHSO_4$ in *Dimethylanhydro-α-conidendrylalkohol* (*2.3-trans*) verwandelt wird. Die analoge Red. von Dimethyl-β-conidendrin gibt *Dimethyl-β-conidendrylalkohol* (**VII**; *2.3-cis*), von dem ebenfalls eine *Anhydroverb.* hergestellt wird. Der Dimethylester oder das Anhydrid von **I** werden in sd. Acetanhydrid, sd. Pyridin oder sd. $NaOC_2H_5$ nicht epimerisiert, ebensowenig wie **III** in $NaOC_2H_5$. Ungleich Podophyllotoxin besitzt **III** gegenüber dem Mäusesarkom 37 kleine tumorhemmende Wirkung.

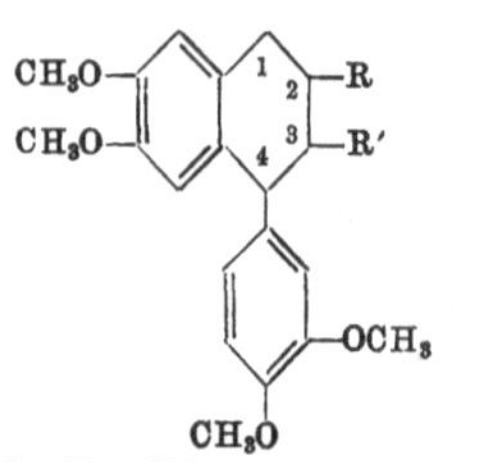

I R = R' = COOH
IIa R = COOH, R' = $CONH_2$
IIb R = $CONH_2$, R' = COOH
III R—R' = —CH_2OCO—
IV R—R' = —$COOCH_2$—
V R = R' = CH_2OH

Versuche: *Dimethyl-α-conidendreinsäure* (**I**), F. 188—189°, durch Oxydation von **IV** mit alkal. NaOBr nach ERDTMAN (Liebigs Ann. Chem. **513.** [1934.] 229), Behandeln des Filtrats mit $NaHSO_3$, Fällen mit verd. H_2SO_4, Aufnehmen des Nd. in sd. Na_2CO_3 u. Ansäuern mit Essigsäure; Nadeln aus Essigsäure; 43% (Ausbeute). Daneben aus der Mutterlauge durch weiteres Ansäuern der Na_2CO_3-Lsg. *o-Veratroylveratrumsäure*, F. 220 bis 222° (Essigsäure); 22,1%. **I**-*Anhydrid*, F. 220—222° (Bzl.; bei 215° Erweichen; abhängig vom Erhitzen); $[\alpha]_D^{25}$ —73° (c = 1,5; Aceton); 65—80% (je nach Dehydratisierungsmittel). — *Dimethyl-α-conidendreinamidsäure* (**IIa**), F. 225—227°, durch Behandeln von **I**-Anhydrid mit konz. NH_4OH–Aceton bei 45°; Nadeln aus verd. Essigsäure; $[\alpha]_D^{26}$ + 50° (c = 0,6; Dioxan); 86,4%. *Methylester*, $C_{23}H_{27}O_7N$, F. 230—231°, aus **IIa**

u. CH_2N_2 in Dioxan/Ae./CH_3OH; $[\alpha]_D^{26}$ + 51° (c = 0,7; Dioxan); Nadeln aus sd. CH_3OH; 68%. *N.N-Dimethylderiv.*, $C_{24}H_{29}O_7N$, F. 167—168,5°, aus I-Anhydrid u. 23,5%ig. Dimethylamidlsg. in Aceton, Aufnahmen des Abdampfrückstandes in 6n H_2SO_4 u. Ausziehen mit Chlf.; Nadeln aus Chlf./Isopropanol; $[\alpha]_D^{26}$ + 27° (c = 5,0; Aceton); 70%; ferner aus der Mutterlauge ein *Isomeres* (wahrscheinlich das *N.N-Dimethylderiv.* von **IIb**) *vom F. 126—129°*; $[\alpha]_D^{26}$ + 61° (c = 3,0; Aceton); Nadeln aus Aceton; beide bilden nichtkristallisierende Methylester. — *Dimethyl-α-retrodendrin* (**III**), $C_{22}H_{24}O_6$, F. 189,5—191,5° (CH_3·OH/Chlf.), aus **IIa**-Methylester oder seinem N.N-Dimethylderiv. u. $LiAlH_4$ in Ae./Dioxan, Zers. mit W., Abdampfen, Alkalisieren, Ausziehen mit Chlf., Ansäuern, 2std. Kochen, Alkalisieren mit $NaHCO_3$ u. Ausziehen mit Chlf.; $[\alpha]_D^{26}$ —58° (c = 2,1; Aceton), —90° (c = 3,1; Chlf.); haarartige Kristalle; 55 bzw. 18%. — *Dimethyl-α-retrodendrinsäure*, F. 185—187°, aus **III** durch vorsichtiges Alkalisieren; Nadeln aus CH_3OH; $[\alpha]_D^{25}$ + 31° (c = 2,6; Aceton), + 35° (c = 2,1; Chlf.). — *4-[3'.4'-Dimethoxyphenyl]-6.7-dimethoxy-3-oxymethylnaphthalin-2-carbonsäurelacton* (**VI**), F. 209—211°, durch ½std. Erhitzen von **IV**, N-Bromsuccinimid u. Benzoylperoxyd in CCl_4 (HBr-Entw.), Filtrieren in der Hitze u. Eindämpfen; Platten aus CH_3OH/Chlf.; 40%. — *4-[3'.4'-Dimethoxyphenyl]-6.7-dimethoxy-2-oxymethyl-3-carbonsäurelacton*, F. 245—249°, durch Rk. von **III** wie vorst.; gelbliche Prismen aus CH_3OH/Chlf.; 23%. — *Dimethyl-α-cinodendrylalkohol* (**V**), F. 168 bis 172° (Äthylenglykoldimethyläther), a) durch Red. von **III** mit $LiAlH_4$ in Ae./Dioxan (90 Min.), Zers., Verdünnen, Ansäuern, Ausziehen mit Chlf. u. Abdampfen; 100%; b) durch analoge Rk. mit dem I-Dimethylester (F. 148—149°). — *Dimethylanhydro-α-conidendrylalkohol*, F. 149—150°, $[\alpha]_D^{25}$ —52° (c = 2,1; Chlf.); 70%. — *Dimethyl-α-conidendrinsäuremethylester*, F. 125—126,5°, aus der Säure (Oxysäure von **IV**) u. CH_2N_2 in Chlf., Äthylacetat u. Ae.; Nadeln aus Bzl./Cyclohexan; $[\alpha]_D^{23}$ + 44° (c = 2,5; Aceton); gibt bei der $LiAlH_4$-Red. **V**. — *Dimethyl-β-conidendrinsäuremethylester*, F. 94 bis 97° (bei 88° Erweichen), aus Dimethyl-β-conidendrinsäure u. CH_2N_2; $[\alpha]_D^{26}$ + 60° (c = 3,5; Aceton); aus verd. CH_3OH Nadeln). — *Dimethyl-β-conidendrylalkohol* (**VII**), $C_{22}H_{28}O_6 \cdot {}^1/_4 C_6H_6$, F. 131—132°, durch Red. von 20 g vorst. Verb. mit $LiAlH_4$ in Ae./Bzl., 12std. Stehen, Zufügen von Äthylacetat u. wss. NH_4Cl, 12std. Stehen, Abdekantieren. Ausziehen mit Äthylacetat bei 40—50° u. Abdampfen; Nadeln aus Bzl.; $[\alpha]_D^{25}$ + 41° (c = 4,0; Chlf.); 8 g. — *2.3-Bis-[oxymethyl]-6.7-dimethoxy-4-[3'.4'-dimethoxyphenyl]-naphthalin*, $C_{22}H_{24}O_6$, F. 188—189°, durch Dehydrieren von **VI** mit $LiAlH_4$ in Ae. (1 Std.); Nadeln aus Chlf./CH_3OH. — *Dimethylanhydro-β-conidendrylalkohol*, $C_{22}H_{26}O_5$, F. 97 bis 98°, aus **VII** u. $KHSO_4$ (½ Std. bei 160°), Digerieren mit sd. W., Abdekantieren u. Ausziehen mit CH_3OH; Nadeln u. pyramidale Kristalle aus Cyclohexan/Bzl., $[\alpha]_D^{26}$ —33° (c = 3,2; Aceton), —29° (c = 2,2; Chlf.); 81%. (J. Amer. chem. Soc. **76**. 5083—87. 20/10. 1954. Camas, Wash., Crown Zellerbach Corp., Central Res. Labor.)

H. LEHWALD. 3950

H. Erdtman, *Die Chemie der Inhaltsstoffe im Kernholz der Coniferen und ihre Bedeutung für die Taxonomie.* Um die Zuordnung zahlreicher morpholog. schwer erfaßbarer Coniferenarten zu fördern, wurde die vergleichende Erfassung der aus dem Kernholz mit Ae. u. Aceton extrahierbaren Stoffe vorgenommen. Bei der Papierchromatographie konnten Flavone, Terpene u. Sesquiterpene in mannigfaltigen Abwandlungen erfaßt werden, die in ihrem Vork. vielfach auf nahe verwandte Coniferengattungen beschränkt sind. Abgehandelt sind die 5 Ordnungen: Pinales, Podocarpales, Araucariales, Cephalotaxales u. Cupressales (Taxodiaceae + Cupressaceae). Die Ordnung Pinales enthält die Gattungen Pinus, Pseudosuga, Picea, Tsuga, Larix u. Cedrus. Bei den Pinusarten findet man *Pinosylvin* (*3.5-Dioxy-trans-stilben*), das sich in saurem Medium leicht mit Lignin kondensiert u. den Sulfitaufschluß dieser Holzarten unmöglich macht. Daneben kommt stets der gleichfalls fungicide u. insekticide *Monomethyläther* vor. Die Unterabteilungen Haploxylon u. Diploxylon unterscheiden sich durch das Auftreten von *Dihydropinosylvin, Chrysin* u. *Pinostrobin*, die den letzteren fehlen. Gemeinsam vertreten sind *Pinocembrin* u. *Pinobanksin*. Eine enzymat. Umwandlung von Pinosylvin in die Flavone gäbe die Erklärung für das gleichzeitige Vorkommen. Die Gattungen Picea enthalten *Conidendrin*, während *Lariciresinol* gemeinsam bei Larix, Pinus u. Picea zu finden ist. Auf die Larixarten u. Pseudosuga beschränkt ist *Taxifolin*. In den Cedernarten finden sich unter den Sesquiterpenanteilen die *Atlantone*. Die nur in der südlichen Hemisphäre wachsenden Podocarpusarten sind unzureichend untersucht. Bis jetzt wurden *Manoolverbb.*, *Ferruginol*, *Totarol* u. *Podocarpsäure* isoliert. Die Dacrydiumarten als nahe Verwandte enthalten die gleichen Inhaltsstoffe. Auch zur Ordnung Araucaria bestehen enge Beziehungen, wie das gemeinsame Vork. von *Phyllocladen*, *Rimunen* u. *Miren* zeigt. Die Ordnung selbst liefert an spezif. Inhaltsstoffen *Agathendisäure* u. *Dundathinsäure*. Bei der Ordnung Cupressales findet man die großen Familien Taxidaceae u. Cupressaceae. Die erstere ist sehr uneinheitlich. Das Kernholz enthält das für die ganze Ordnung spezif. *Cedrol.* Genauer untersucht werden jetzt die Inhaltsstoffe von Sequoia, bis jetzt sind *Pinitol, Sequoitol* u. *Sequoin* isoliert. Die Familie Cupressaceae ist sehr artenreich. Fast durchgehend findet man *Carvacrol, Cedrol,* α-, β- u. γ-*Thujaplicin.* Die beiden artenreichsten Gattungen Juniperus u. Cupressus haben *Nootkatin* gemeinsam. Von den anderen Gattungen, die in letzter Zeit viel bearbeitet werden, seien hier nur die Benennungen u. die isolierten Inhaltsstoffe angeführt. Callitris enthält *Guajol* u. *1-Dihydrogeraniumsäure*; Neocallitropsis *Eudesmol* u. *Dihydrogeraniumsäure-geranylester*; Widdringtonia neben Cedrol *Widdrol* u. seine Derivv.; Tetraclinis *Carvacrol* u. *Thymochinon*; Libocedrus *Carvacrol, Thymochinon, Carvacrol-* u. *Thymoläther,* β- u. γ-*Thujaplicin, Shanansäure* u. *Taxifolin*; Pilgerodendron ist nicht näher untersucht; Biota enthält *Widdren, Cedrol, Taxifolin, Aromadendrin.* Thujopsis enthält α- u. β-*Thujaplicin,* sowie *Thujinsäure.* Chamaecyparis wurde am Inst. des Vf. näher untersucht. Es fanden sich *Chaminsäure, Carvacrolverbb., Nootkatin, Hinokiniverbb., Citronellsäure, Chamenol-* u. *Myrtenol*-Verbindungen. — Formelbilder u. taxonom. Tabelle vgl. Original. (XIV. int. Kongr. reine angew. Chem., Zürich **1955.** 156—80. Suppl. II zu „Experientia". 21–27/7. Stockholm, Königl. TH.) K. Zopff. 3950

Ph. Traynard und **A. M. Ayroud,** *Über die Existenz zuckerartiger Bestandteile im Molekül gewisser Lignine.* Aus chloriertem Pappelholz wurden unter milden Bedingungen bei gewöhnlicher Temp. Chlorlignine isoliert. Um zu vermeiden, daß bei der Isolierung der Lignine freie Polysaccharide mitgerissen werden, wurden die mehrmaligen Reinigungsoperationen mittels wasserfreier Lösungsmittel u. durch Säulenchromatographie an Al_2O_3 durchgeführt. Die gereinigten Chlorlignine waren gegenüber saurer Hydrolyse sehr stabil: Nach einer schwachen Hydrolyse durch 1 std. Kochen mit n-H_2SO_4 konnten anfangs mit Papierchromatographie kein Zucker nachgewiesen werden. Dagegen traten nach einer forcierten Hydrolyse von 4—10 Std. *Xylose, Arabinose* u. eine Hexose (*Galaktose*) auf. Die außerordentliche Beständigkeit des Komplexes weist darauf hin, daß die Monosaccharide integrierende Bestandteile des Ligninmol. u. wahrscheinlich nicht zu einer Polysaccharidkette verknüpft sind. (Bull. Soc. chim. France, **Mém.** [5] 345—47. März **1954.** Grenoble, École Française de Papet.) H. Koblitz. 3950

D. Makromolekulare Chemie.

A. Ss. Kusminski, *Altern der Hochpolymeren.* Übersichtsarbeit. — 91 Literaturhinweise. (Успехи Химии [Fortschr. Chem.] **24.** 842—74. 1955. Moskau.) A. v. Wilpert. 4000

W. A. Kargin und **G. L. Slonimski,** *Über den kristallinen Zustand von Polymeren.* Übersichtsarbeit. — 57 Literaturhinweise. (Успехи Химии [Fortschr. Chem.] **24.** 785—800. 1955.) A. v. Wilpert. 4000

M. M. Koton, *Fortschritte auf dem Gebiet der Herstellung neuer Polymerer.* Übersichtsarbeit. — 355 Literaturhinweise. (Успехи Химии [Fortschr. Chem.] **24.** 901—30. 1955. Leningrad.) A. v. Wilpert. 4000

Frank E. Harris, *Ringbildung und Molekulargewichtsverteilungen in verzweigten Polymerketten.* 1. Mitt. Rein theoret. Arbeit, in der die Mol.-Gew.-Verteilung von verzweigten Polymeren für den Fall, daß sich durch intramol. Rkk. Ringe bilden, behandelt wird. 2 Modelle werden betrachtet. Bei dem ersten wird die ster. Hinderung der Ringbldg. nicht berücksichtigt; hieraus ergibt sich die Bldg. eines unlösl. Gels durch die Ringbildung. Beim 2. Modell wird gezeigt, daß bei Vorliegen einer ster. Hinderung die Ringbldg. gehemmt wird; die Bildungswahrscheinlichkeit ist dann unabhängig vom Mol.-Gew. u. hängt nur von der D. der zugänglichen Endgruppen ab, so daß die bei der Rk. entstehenden neuen Polymeren noch lösl. sein können. Der Einfl. der Mol.-Gew.-Verteilung wird im einzelnen diskutiert. (J. chem. Physics **23.** 1518—25. Aug. 1955. Cambridge, Mass., Harvard Univ., Dep. of Chem.; Schenectady, N. Y., Gen. Electr. Res. Labor.) O. Fuchs. 4000

Atsuo Nishioka und **Ryuzo Koyama,** *Das wahrscheinliche Molekulargewicht von Polytrifluorchloräthylen.* Wegen der Nichtlöslichkeit von *Polytrifluorchloräthylen* (**I**) bei Raumtemp. wird das Mol.-Gew. von **I** aus der Schmelzviscosität bestimmt, z. B. durch die Bruchtemperatur. Ein Streifen bestimmter Abmessungen wird am unteren Ende doppelt eingekerbt u. mit 0,5 g belastet, dann in einem Ofen bei steigender Temp. bis zum Bruch erhitzt. Die Bruchtemp. wird wesentlich durch die Kerbbreite, das Gewicht u. die Erhitzungsgeschwindigkeit, aber kaum durch die Dicke, Ausgangstemp. u. Wartezeit beeinflußt Als Nährungsgleichung wird $T = \text{const.}\ M + \text{const} \cdot \log (A_0\ k/W) + \text{const.}$ aufgestellt, wobei A_0 den anfänglichen Querschnitt, k die Erhitzungsgeschwindigkeit, W die Belastung bedeutet. Sind diese Größen gleichbleibend, dann ist die Bruchtemp. annähernd proportional dem Durchschnittsmol.-Gewicht. (J. Polymer Sci. **19.** 207—10. Jan. 1956. Tokyo, Japan, Kichijoji, Musashino, Nippon Telegraph u. Telephone Public Corporation.) S. Neue. 4010

G. P. Michailow, Ss. P. Kabin und **A. L. Smoljanski,** *Über dielektrische Verluste von Polytetrafluoräthylen.* Messungen der dielektr. Verluste (tg δ) werden an *Polytetrafluoräthylen* mit Elektroden für Kondensatoren der Kapazität 30—50 pF (Einpressen von Ag-Feilspänen in 0,3 mm starke Proben unter 10000 kg/cm) durchgeführt. Bei steigender Frequenz (5 $\rightarrow$ 2200 kHz) verschiebt sich das Maximum von tg δ von $\sim -62^0$ nach $\sim -24^0$ u. nimmt von $\sim 1{,}5 \cdot 10^{-4}$ auf $\sim 3{,}5 \cdot 10^{-4}$ zu. Oberhalb $\sim 20^0$ ist tg δ prakt. konstant, u. zwar um so höher, je größer die Frequenz ist. Aus der Kurve log $f_v = \varphi$ (1/T) wird die Aktivierungsenergie zu 19 kcal/Mol ermittelt. Die dielektr. Verluste stehen in Zusammenhang mit Relaxationsprozessen in den amorphen Gebieten. Bei 20° beträgt die Relaxationszeit $\simeq 10^{-9}$ sec; sie entspricht der Relaxationszeit für mechan. Verluste bei Ultraschallfrequenzen. (Журнал Технической Физики [J. techn. Physik] **25.** 2179—82. Okt. 1955.) R. K. Müller. 4010

Bruno H. Zimm und **John L. Lundberg,** *Sorption von Dämpfen durch Hochpolymere.* Einige theoret. Überlegungen, die sich bei der Behandlung von Daten über Dampfdrucke von an Polymere adsorbierten Fll. als nützlich erwiesen haben, werden wiedergegeben. Sie ergänzen die frühere Theorie von Flory (J. chem. Physics **10.** [1942.] 51) u. Huggins sowie Guggenheim unter Zugrundelegung experimenteller Daten bei den Systemen *W.—Kollagen, Bzl.—Kautschuk* u. *Toluol—Polystyrol.* Das bekannte einfache Modell der Sorptionstheorie ist nur für die KW-stoffsysteme anwendbar, versagt aber beim W.-Kollagen-System. Dagegen gilt die von Vff. entwickelte „Schwarmbildungs"-(clustering) Theorie, die auf der statist. Mechanik von Fluktuationen basiert, bei allen 3 Systemen. Sie sagt jedoch nicht wie die Flory-Huggins-Guggenheim-Theorie Isothermen voraus, dient aber zu ihrer Interpretation in mol. Begriffen. (J. physic. Chem. **60.** 425—28. April 1956. Schenectady, N. Y., Knolls Gen. Electric Res. Labor.; Murray Hills, N. J., Bell Telephone Labor. Inc.) R. Schäff. 4010

J. J. Throssell, S. P. Sood, M. Szwarc und **V. Stannett,** *Die sofortige Polymerisation von Styrol durch Trifluoressigsäure.* Vff. fanden, daß *Trifluoressigsäure* (**I**) ein kräftiger Initiator für Carbeniumionenpolymerisationen ist. Gibt man *Styrol* (**II**) tropfenweise unter Rühren zu einem Überschuß von reinem **I**, so bildet sich bei jedem Tropfen sofort eine weiße, polymere M. von einem Mol.-Gew. von 15000—20000 (Rk. **A**). Das Mol.-Gew. nimmt mit fallender Reaktionstemp. exponentiell zu, entsprechend einer Aktivierungsenergie von —0,3 kcal. Die Ausbeute ist ca. 95%. Fügt man dagegen **I** zu einem Überschuß von **II**, so bildet sich ein niederpolymerer Trifluoressigester des **II** von viel geringerem Mol.-Gew. (Rk. **B**). Diese Rk. wird durch steigende Tempp. begünstigt. Vff. unterscheiden zwei Reaktionstypen: **A** kommt durch Protonenübergang von Carbeniumion zum Anion zustande, bei **B** bildet sich eine neue kovalente Bindung zwischen Carbeniumion u. Anion aus. **A** wird von dem umgebenden Lösungsm. nur wenig beeinflußt, **B** dagegen sehr stark. Das Trifluoracetation wird durch die umgebenden I-Moll. beträchtlich stabilisiert u. ist ein starker Protonendonator. In einer umgebenden KW-stoffhülle ist das gleiche Anion wesentlich weniger stabil u. nur ein schwacher Protonendonator. (J. Amer. chem. Soc. **78.** 1122—25. 20/3. 1956. Syracuse, N. Y., State Univ., Coll. of Forestry, Chem. Dep.) V. Schmidt. 4010

Hitoshi Yamamura und **Kiyoyuki Hamano,** *Adsorption von Wasserdampf durch Polyvinylalkohol— -acetatcopolymere.* Es werden die Adsorptionsisothermen bei 25° von W. an *Polyvinylalkohol-Polyvinylacetat-Copolymere* mit einem Verseifungsgrad von 5 bis 50% aufgestellt. Sie entsprechen bei einer relativen Feuchtigkeit zwischen 0,2 u. 0,8 der Brunauer-Emmett-Teller-Gleichung. Bei einer relativen Feuchtigkeit von 0,34 hat sich in jeder Probe eine unimol. Adsorptionsschicht ausgebildet, wobei ein H_2O-Mol. vier OH-Gruppen besetzt. Bei einer relativen Feuchtigkeit von 0,78 ist pro OH-Gruppe ein H_2O-Mol. vorhanden. Höhere Feuchtigkeitswerte scheinen den Lösungszustand zu bedingen. (J. Sci. Hiroshima Univ., Ser. A **18.** 113—17. Juni 1954. Hiroshima, Univ., Fac. of Sci., Chem. Labor. [Orig.: engl.]) H. Korbanka. 4010

C. Capitani und **P. Imperiale,** *Über die Polymerisation von Vinylacetat. Einfluß von Essigsäure, Wasser, Aceton und Äthylidendiacetat auf die Polymerisationsgeschwindigkeit des Vinylacetats.* Es wurde die Beeinflussung der Polymerisationsgeschwindigkeit von *Vinylacetat* (**I**) durch die Ggw. der im techn. **I** vorkommenden Verunreinigungen, Essigsäure (**II**), W., Aceton (**III**) sowie Äthylidendiacetat untersucht u. gefunden, daß davon nur **II** u. **III**, u. zwar verzögernd, wirksam sind. Die Konz. von **II** u. **III** im techn. **I** ist jedoch meist so gering (unter 5%), daß keine Beeinflussung zustande kommt. Gegebenenfalls kann die verzögernde Wrkg. durch Erhöhung der Konz. des Aktivators (Benzoylperoxyd) ausgeglichen werden. (Chim. e Ind. [Milano] **37.** 622—25. Juli 1955. Novara, Soc. Rhodiatoce, Labor. Ric. „Acetilene e Derivati".) H. REUTHER. 4010

M. F. Schosstakowski und **A. M. Chomutow,** *Untersuchungen auf dem Gebiet der chemischen Umwandlungen von ungesättigten und hochmolekularen Verbindungen.* 1. Mitt. *Copolymerisation von Methacrylsäure mit Vinylalkyläthern.* Es wird die Copolymerisation von *Methacrylsäure* (**I**) mit *Vinyläthyl-* (**II**) u. *Vinyl-n-butyläther* (**III**) in Ggw. von 0,2 Gew.-% Benzoylperoxyd bei 60° u. den mol. Verhältnissen 1:3, 1:1 u. 3:1 untersucht. Es wird gezeigt, daß eine Reihe von Neben-Rkk. auftritt. Bei einem Verhältnis von **I**:**II** (oder **III**) = 1:3 werden Copolymerisate erhalten, die weniger freie Carboxylgruppen enthalten als bei den Verhältnissen 1:1 oder 3:1. Vermutlich erfolgt eine stärkere Anlagerung von **II** (oder **III**) an die Carboxylgruppen unter Bldg. von *Acylalen,* die entweder miteinander oder mit anderen Monomeren weiterreagieren: $CH_2{=}C(CH_3)COOH + CH_2{=}CHOC_4H_9 \rightarrow CH_2{=}C(CH_3)COOCH(CH_3)OC_4H_9$. Der Geh. an Alkoxygruppen ist in den **I**–**II**-Copolymerisaten höher als in den **I**–**III**-Copolymerisaten, so daß **II** reaktionsfähiger als **III** ist. **II** u. **III** werden einzeln unter den gegebenen Bedingungen nicht polymerisiert.

Versuche: *Allg. Meth.*: Man polymerisiert **I** mit **II** (bzw. **III**) bei 60±1° in Glasampullen während 72—80 Std., kühlt auf 0° ab u. reinigt durch Umfällen. Die Best. der Carboxylgruppen erfolgt durch Zugabe eines Überschusses an KOH, 3—4std. Erhitzen u. Rücktitration der nicht verbrauchten KOH. (Известия Академии Наук СССР, Отделение Химических Наук [Nachr. Akad. Wiss. UdSSR, Abt. chem. Wiss.] **1953.** 1048—55. Nov./Dez. Organ.-Chem. Inst. der Akad. der Wiss. der UdSSR.) G. FROELICH. 4010

M. F. Schosstakowski und **A. M. Chomutow,** *Untersuchungen auf dem Gebiet der chemischen Umwandlungen von ungesättigten und hochmolekularen Verbindungen.* 2. Mitt. *Copolymerisation von Methacrylsäuremethylester mit Vinylalkyläthern.* (1. vgl. vorst. Ref.) Es werden *Methacrylsäuremethylester* (**I**), *Vinyläthyläther* (**II**) u. *Vinyl-n-butyläther* (**III**) bei 60° unter der Einw. von 0,2 Gew.-% Benzoylperoxyd polymerisiert. Bei der Copolymerisation von **I** mit **II** oder **III** werden die besten Ausbeuten an Copolymerisat bei einem Ausgangsverhältnis von 3:1 Mol erhalten. Eine Erhöhung der Ausgangskonz. an **II** führt zu einer geringeren Ausbeute an Polymerisat u. zu einer Steigerung des Geh. an **II** im Endprod. von 6 auf 21 Mol-%. Vff. folgern daraus, daß die Start-Rk. der Polymerisation von **I** ausgeht u. **II** sek. angebaut wird. Es wird ungefähr der gleiche Polymerisationsgrad erreicht wie bei der Polymerisation von **I**. (Известия Академии Наук СССР, Отделение Химических Наук [Nachr. Akad. Wiss. UdSSR, Abt. chem. Wiss.] **1954.** 484—90. Mai/Juni) K. HÖRIG. 4010

M. F. Schosstakowski und **A. M. Chomutow,** *Untersuchungen auf dem Gebiet der chemischen Umwandlungen von ungesättigten und hochmolekularen Verbindungen.* 3. Mitt. *Copolymerisation von Methacrylsäure und ihres Methylesters mit Vinylphenyläther.* (2. vgl. vorst. Ref.) *Methacrylsäure* (**I**), *Methacrylsäuremethylester* (**II**) u. *Vinylphenyläther* (**III**) werden mit 0,2 Gew.-% Benzoylperoxyd bei 60° 40—60 Std. polymerisiert. Es werden Copolymerisate von **I**–**III** u. **II**–**III** erhalten, deren Zus. von der eingesetzten **III**-Menge abhängt. Bei einem Verhältnis **II**:**III** = 3:1 oder 1:1 entstehen Copolymerisate mit dem gleichen Polymerisationsgrad wie bei der Polymerisation von **II**. Bei einem Verhältnis 1:3 entstehen niedermol. Polymere. Durch Neben-Rkk. entstehen bei der Polymerisation von **I** mit **III** Methacrylsäure-α-phenoxyäthylester u. Acylale der Struktur $CH_2{=}C(CH_3)COOCH(CH_3)OC_6H_5$. Radikale dieser Nebenprodd. sind an der Copolymerisation beteiligt u. werden als Glieder in das Mol. des Copolymerisats eingebaut. (Известия Академии Наук СССР, Отделение Химических Наук [Nachr. Akad. Wiss. UdSSR, Abt. chem. Wiss.] **1954.** 924—30. Sept./Okt.) K. HÖRIG. 4010

M. F. Schosstakowski und **A. M. Chomutow,** *Untersuchungen auf dem Gebiet der chemischen Umwandlungen von ungesättigten und hochmolekularen Verbindungen.* 4. Mitt. *Copolymerisation einiger Vinylverbindungen mit Äthylenglykolvinyläther.* (3. vgl. vorst. Ref.) *Vinyl-β-oxyäthyläther* (**I**) gibt mit *Methacrylsäure* (**II**) oder *Methacrylsäuremethylester* (**III**) in Ggw. von Benzoylperoxyd bei 60° feste oder hochviscose Copolymerisate, die wahrscheinlich durch Vernetzung von prim. gebildetem Methacrylsäure-β-vinyloxyäthylester (**IV**) u. Divinylverbb. gebildet werden. Bei der Rk. von **I** mit **III** entsteht **IV** durch Alkoholyse von **III**. Die Ausbeute an Copolymerisat verringert sich mit der Erhöhung der **I**-Menge, u. die Löslichkeit der an **I** reicheren Copolymerisate nimmt ab, während Vernetzung u. Kettenlänge wachsen. Aus Styrol u. **I** werden unter diesen Bedingungen keine Copolymerisate erhalten. Es bildet sich *Polystyrol.* Die Variation der Mol-Verhältnisse u. die Zus. der Copolymerisate sind tabellar. aufgeführt. Das Copolymerisat aus **I** u. **II** (1:1) ist ein quellfähiges Gel, unlösl. in CH_3OH, Aufarbeitung mit Äther. Das Copolymerisat aus **I** u. **III** (1:1) ist ein quellfähiges Gel, das teilweise in Ace-

ton lösl. ist. (Известия Академии Наук СССР, Отделение Химических Наук [Nachr. Akad. Wiss. UdSSR, Abt. chem. Wiss.] **1955.** 126—32. Jan./Febr.)
Ch. Weiske. 4010

M. F. Schosstakowski und **A. M. Chomutow,** *Untersuchungen auf dem Gebiet der chemischen Umwandlungen von ungesättigten und hochmolekularen Verbindungen.* 5. Mitt. *Copolymerisation von Acrylsäuremethylester mit Vinyläthern.* (4. vgl. vorst. Ref.) Aus *Acrylsäuremethylester* (**I**) u. *Vinyläthyläther* (**II**), *Vinyl-n-butyläther* (**III**) u. *Vinylphenyläther* (**IV**) werden in Ggw. von Benzoylperoxyd durch Variation der Ausgangskonz. Copolymerisate verschied. Zus. erhalten. Bei höheren Peroxydzusätzen ist die Rk. zu heftig. Die Erhöhung der Ätherkonz. im Ausgangsprod. verringert die Ausbeute an Copolymerisat, während die Zahl der Äthereinheiten im Copolymerisat steigt. **I**-Copolymerisate sind leichter zu erhalten als Methacrylsäuremethylester–Vinyläther-Copolymerisate (**V**), u. im Gegensatz zu **V** lassen sich Estergruppen der **I**-Copolymerisate leicht u. quantitativ verseifen. **I**-Copolymerisate enthalten bei gleichen Ausgangskonzz. mehr Äthereinheiten als **V**. Dadurch ist die Elastizität von **V** geringer als die von **I**-Copolymerisaten. Innerhalb der **I**-Copolymerisate nimmt die Elastizität wie folgt ab: **I–III**-Copolymerisat > **I–II**-Copolymerisat > **I**-Polymerisat > **I–IV**-Copolymerisat. Die Ausbeuten u. die Copolymerisatzuss. werden in Abhängigkeit von den Ausgangskonzz. tabellar. wiedergegeben.

Versuche: *Allg. Darstellungsmeth.*: Man erwärmt in Ampullen bei verschied. Mol-Verhältnissen **I** mit **II** (**III, IV**) in Ggw. von 0,05 Gew.-% Benzoylperoxyd 40 Std. auf 60 ± 1°, kühlt auf 0° ab u. reinigt durch Umfällen u. selektive Extraktion. **I–II**-Copolymerisat (1:3), zähe Konsistenz, lösl. in Methanol. **I–III**-Copolymerisat (1:3), zähe Konsistenz, lösl. in Aceton, aus dem es mit Bzn. (Kp. 70—80°) wieder gefällt wird. **I–IV**-Copolymerisat (1:3), zähe Konsistenz, lösl. in Aceton, aus dem es mit Methanol gefällt wird. (Известия Академии Наук СССР, Отделение Химических Наук [Nachr. Akad. Wiss. UdSSR, Abt. chem. Wiss.] **1955.** 133—39. Jan./Febr.) Ch. Weiske. 4010

Motowo Takayanagi, *Abhängigkeit der Kristallisationsgeschwindigkeit von Polyestern vom Molekulargewicht.* Bei fraktioniertem *Polyäthylensuccinat* (**I**) wurde eine maximale Kristallisationsgeschwindigkeit bei −30° u. eine beträchtliche Abhängigkeit vom Mol.-Gew. gefunden. Der Kristallisationsprozeß wird durch Keimbldg. u. Wachstum bestimmt. Deren Geschwindigkeiten A bzw. G werden durch $A = A_0 \exp(-E_A/kT)$ u. $G = G_0 \exp(-E_D/kT)$ ausgedrückt, worin E_A bzw. E_D die Aktivierungsenergien für Keimbldg. u. Flüssigkeitstransport durch die Grenzfläche darstellen. Für Tempp. (unter 30° für **I**), bei denen die Diffusion die Geschwindigkeit bestimmt, wird die Gleichung $\ln(1/t_h) = C_s - qM^{1/2}$ abgeleitet, in der t_h die Halbwertszeit der Kristallisation, M das Mol.-Gew. u. C_s sowie q von der Temp. abhängige Konstanten sind. Überraschenderweise zeigt sich, daß die Gleichung auch für 50 u. 70° anwendbar ist. (J. Polymer Sci. **19.** 200—05. Jan. 1956. Fukuoka, Japan, Kyushu Univ., Dep. of Appl. Chem.)
S. Neue. 4010

A. Drucker und **H. Morawetz,** *Amphotere Polyelektrolyte.* 3. Mitt. *Copolymerisation von Allylamin und Methacrylsäure.* (2. vgl. Alfrey u. Mitarbeiter, C. **1952.** 5101.) Äquivalente Mengen von *Allylamin* (**I**) u. *Methacrylsäure* (**II**) wurden in methanol. Lsg. unter Verwendung von Azo-bis-isobuttersäurenitril als Katalysator bei 60° K copolymerisiert. Die Polymerisation wurde bei kleinen Umsätzen abgebrochen. Die Polymerisate wurden durch Umfällen gereinigt. Der Dissoziationsgrad α_I von **I** wurde durch Zusatz von wss. NaOH zwischen 0,2 u. 1,0 variiert. Der Geh. an **I** im Copolymeren (bestimmt aus dem N-Geh.) fällt bei steigendem α_I zunächst von 4,12% N bei $\alpha_I = 0,2$ ab bis 0,73% N bei $\alpha_I = 0,5$ u. steigt dann wieder an auf 6,91 bei $\alpha_I = 1,0$. Die Intrinsicviscosität [η], gemessen bei 30° in 2n NaOH, beträgt 1,678 für $\alpha_I = 0,80$ u. 0,660 für $\alpha_I = 1,0$. Bei der Polymerisation in neutraler Phase enthält das Copolymere 15% Lactamringe; der Unterschied zwischen dem Gesamt-N u. dem Amino-N steigt mit wachsendem p_H der Reaktionsmischung sowie bei zunehmendem Verhältnis von **I/II** an. (J. Amer. chem. Soc. **78.** 346—47. 20/1. 1956. Brooklyn, N. Y., Polytechn. Inst., Polymer Res. Inst.) O. Fuchs. 4010

Ralph L. Dannley und **Edward L. Kay,** *Die Einverleibung von Aroyloxyradikalen in Polymermoleküle.* Die Polymerisation von *2-Vinylpyridin* mit N-Nitroso-N-phenyl-m-brombenzamid bzw. N-Nitroso-p-bromacetanilid als Initiatoren ergab Polymere mit 0,06% bzw. 0,52% Bromgehalt. Also besitzt das Aroyloxyradikal nur $^1/_8$ der Affinität des Arylradikals zum Polymerradikal. Es ist bei Verwendung von Nitrosamiden wahrscheinlich, daß Arylradikale ausschließlich als Ketteninitiatoren dienen, während Aroyloxygruppen durch Vorgänge anderer Art in das Mol. eingeführt werden. (J. Polymer Sci. **19.** 87—92. Jan. 1956. Cleveland, O., Western Reserve Univ., Morley Chem. Labor.)
S. Neue. 4010

C. J. Brown, A. Hill und **P. V. Youle,** *Konstitution von aus Nylon 66 isolierten cyclischen Polyamiden.* Aus *Nylon 66* (I) sublimiert beim Erhitzen unter inertem Gas oder Vakuum im Glasgefäß eine kristalline M., ebenso beim Schmelzspinnen: F. 249—251°, D. 1,166, n 1,554. Die Extraktion von I mit kochendem W. ergab zwei lösl. Anteile. Der eine war in Äthylacetat (II) lösl. u. ident. mit dem Sublimat. Der in II unlösl. krist. aus Methylcellosolve in zerbrechlichen Kristallen vom F. 237°. Nach den Mol.-Gew.-Bestimmungen sind die beiden Verbb. wahrscheinlich das cycl. Monomere u. Dimere des Hexamethylenadipinamids. Beim Umfällen von I aus der Lsg. in Ameisensäure durch Eingießen in Methanol erhält man niedermol. Prodd. (enthaltend genannte Verbb.), die in umkehrbarer Rk. (abhängig von der Temp.) aus dem Polymeren beim Erhitzen entstanden sind: 1,9% bei 275°, 4,3% bei 295—300° u. 5,9% bei 310°. (Nature [London] **177.** 128. 21/1. 1956. Blackley, Manchester, Hexagon House, Research Labor. I. C. I. Dyestuffs Division.) S. NEUE. 4010

I. M. Kolthoff und **Allan Kahn,** *Die Adsorption von Gummi der Type GR-S durch Ruß.* 1. Mitt. *Adsorption aus benzolischer Lösung durch Graphonruß.* (Vgl. C. **1952.** 7268.) Vff. untersuchen die Adsorption von Gummi der Type GR-S aus einer Benzollsg. durch Graphonruß. Der Betrag an adsorbiertem Gummi bleibt trotz mehrstd. Schüttelns unverändert, aber die Strukturviscosität der zurückbleibenden Lsg. ändert sich fortlaufend; die Adsorption bei 30° u. die bei 50° sind nicht wesentlich voneinander verschieden. Die Ergebnisse für den Gummi mit einem Umwandlungsgrad von 77% werden durch die Ggw. eines Mikrogels beeinflußt. Ist dieses nicht vorhanden, so findet eine vollständige Adsorption statt. Es dürfte wahrscheinlich sein, daß die niedermol. Fraktionen schneller adsorbiert werden, daß sie jedoch bei längerem Schütteln durch die höhermol. ersetzt werden. Da die Mikrogelfraktion des Gummis kaum oder überhaupt nicht adsorbiert wird, können auf diese Weise Sol u. Gel getrennt werden. (J. physic. Colloid Chem. **54.** 251—56. Febr. 1950. Minneapolis, Minn., School of Chem., Univ.) F. SCHIPKE. 4030

A. Frey-Wyssling, *Über die Kristallstruktur der Cellulose I.* Es wird eine modifizierte Kristallgitterordnung für *Cellulose I* vorgeschlagen, die der submkr., elektronenopt. zu beobachtenden Morphologie der Mikrofibrillen besser gerecht wird als das klass. Modell. Während in diesem H-Brückenbindungen die Celluloseketten der (002)-Ebene zusammenhalten, verbinden diese in dem neuen Modell Ketten der Ebene (101), in geringerem Maße auch der von $(10\bar{1})$, wobei ein fibrillärer, nicht blattartiger Habitus entsteht. (101) ist die Hauptebene des Wachstums der Cellulosekristallite. Die angenommene Änderung verändert die Intensität des (002)-Bereichs im Röntgenbeugungsdiagramm nicht merklich. (Biochim. biophysica Acta [Amsterdam] **18.** 166—68. Sept. 1955. Zürich, Swiss Federal Inst. of Technol., Labor. of General Bot.) K. MAIER. 4050

G. O. Aspinall und **W. B. Fordyce,** *Untersuchungen an abgebauter Esparto-Cellulose. Espartocellulose* (I) wurde nach erschöpfender Extraktion mit verd. Alkali zur Entfernung der Hemicellulosen mit heißer verd. H_2SO_4 hydrolysiert. Dabei wurden Cellulosesole beim wiederholten Waschen (nach der vierten oder fünften Wäsche) neben einem unlösl. Rückstand abgebauter I erhalten. Die koll. Lsgg. fielen bei Zugabe einer kleinen Menge von Elektrolyt aus. Durch Endgruppenbest. mittels Methylierung unter O_2-Ausschluß bestimmten Vff. die Größe der koll. Teilchen zu 77 $\pm$ 3 Glucoseeinheiten. Die durch Perjodatoxydation erzeugte Menge Ameisensäure deutet auf eine mittlere Kettenlänge von 69—72 Glucoseeinheiten hin. Die chem. „Zugänglichkeit" (accessibility) von I vor u. nach dem Abbau wurde durch zwei Methoden bestimmt, erstens durch die Meth. von NICKERSON (Entw. von CO_2 in kochender $FeCl_3$–HCl) u. zweitens durch die Wassersorptionsmeth. (nach HAILWOOD u. HORROBIN). Vff. nehmen an, daß die kolloidlösl. Bestandteile durch die bevorzugte Hydrolyse der amorphen Regionen der Originalcellulose entstehen, halten es aber für unwahrscheinlich, daß sie mit den kristallinen Regionen identifiziert werden können. (J. chem. Soc. [London] **1956.** 683—87. März. Edinburgh, Univ., Dep. of Chem.) A. MÖHRING. 4050

Robert N. Feinstein und **Leo L. Nejelski jr.,** *Alginsäure als Modell zur Prüfung der Wirkungen radiomimetischer Wirkstoffe.* Vff. messen die Viscositätsänderungen von 0,1 bis 1,0%ig. wss. *Na-Alginat* (I)-Lsgg. (Temp. 37°) unter der Einw. von Röntgenbestrahlung (300—100000 R/Min.) u. Zusätzen von radiomimet. Wirkstoffen, wie *Bis-[β-chloräthyl]-sulfid* (II) (2%ig. alkoh. Lsg.), *Methyl-bis-[2-chloräthyl]-aminhydrochlorid* (III; 5%ig. wss. Lsg.) u. FENTONs-Reagens (Fe^{2+}-Salz u. H_2O_2, 10^{-2} bis 10^{-5} mol.). Bei Bestrahlung wird eine Verminderung der Viscosität von I-Lsgg. beobachtet; II u. III erniedrigen die Viscosität bei geringen (ca. 0,1% Zusatz) u. steigern dieselbe bei höheren Konzz., wobei der Gelierungspunkt erreicht werden kann. H_2O_2 oder Fe^{2+}-Salz ($FeSO_4$ oder $FeCl_2$) allein oder FENTONs-Reagens sowie $FeCl_3$ in Ggw. von H_2O_2 erniedrigen die Viscosität in jedem Falle. Das Ausmaß des Viscositätsabfalls hängt von den Konzz. der

zugesetzten Komponenten ab. Die Wrkg. von Fentons-Reagens auf die Viscosität wird verringert, wenn H_2O_2 u. Fe^{2+} vor dem Zusatz zu I-Lsgg. miteinander vermischt werden. Dieser Effekt beruht auf einer geringen Dissoziation von H_2O_2 unter Bldg. von Fe^{3+}-Ionen, die für sich allein keine Viscositätsänderung verursachen. Auch andere Metallsalze (Ni, Co, Cu, Zn, Mg, Mn) wirken kaum auf I-Lsgg. ein. Der p_H-Wert sinkt bei Bestrahlung oder bei Ggw. von Fentons-Reagens von 7,3 auf 6,9 bzw. 6,2 ab. Aus den Verss. geht hervor, daß sich die hydrophile, kolloide, aus β-Anhydro-β-D-mannuronsäure-Einheiten aufgebaute Alginsäure wegen ihrer Empfindlichkeit für Viscositätsänderungen in wss. Lsg. gut als Modellsubstanz für radiomimet. Wirkstoffe eignet. (Radiation Res. **2.** 8—14. Febr. 1955. Chicago, Ill., Univ., USAF Radiation Labor. and Dep. of Biochem.)
P. Fahrnlaender. 4050

Eugenio Gracis, *Das Casein.* 1. Mitt. *Struktur und chemisch-physikalisches Verhalten.* Übersicht an Hand des einschlägigen Schrifttums. Die Vorgänge bei der Auflsg. des Caseins in neutralen, sauren u. alkal. Medien werden ausführlich besprochen. (Ind. Vernice **5.** 73—76. April 1951.) H.-G. Fahrenholz. 4070

G. Stainsby, *Gelatine-Lichtstreuung, nach einer neuen enzymatischen Digestionsmethode.* Die Mol.-Gew.- u. Assymmetriebest. in *Gelatine* (I)-Lsgg. auf Grund der Lichtstreuungsmeth. bringt Ungenauigkeiten mit sich infolge der n. Klärungsmeth. durch Ultrafiltration oder Zentrifugieren. Die zur Ausschaltung dieser Schwierigkeit entwickelte Meth. besteht darin, zunächst die Lichtstreuung einer I-Lsg., die lediglich nach einfacher wirkungsvoller Filtration geklärt ist, zu messen. Danach werden die I-Makromoll. mit Trypsin (II) abgebaut, die verbleibende Streuung ist auf Verunreinigungen u. Lösungsmittel zurückzuführen, während die I-Abbauprodd. u. II nur noch geringfügige Streuung zeigen. Aus der Differenz beider Streuungsdiagramme läßt sich das I-Mol.-Gew. u. die wahre Asymmetrie ermitteln. Diese Meth. ist allg. anwendbar auf makromol. Systeme, bes. in wss. Lösung. (Nature [London] **177.** 745. 21/4. 1956. London, Brit. Gelatine and Glue Res. Assoc.) W. Königsdorf. 4070

Felix Haurowitz, Phyllis Boucher, Martha Dicks und **Donald Therriault,** *Grenzflächendruck von Proteinen.* Die Grenzflächenspannung zwischen p-Xylol (I) u. neutralen oder alkal. Pufferlsgg. wird durch *Rinderserumalbumin* (II), *-γ-globulin, Fibrinogen, Pepsin, Gelatine* u. *Oxyhämoglobin* (III) von 37 auf 15 bis 24 dyn/cm erniedrigt, während *Salmin* bei p_H 6 oder 8 keine Wrkg. zeigte. Die geringe Grenzflächenspannung zwischen I u. II in Phthalatpuffer vom p_H 2,9 (10 dyn/cm) ist nach Ansicht der Vff. auf eine Bindung zwischen II u. dem Phthalatanion zurückzuführen. Zwischen p_H 8 u. 10 senkt *Globin* die Grenzflächenspannung auf ca. 10 dyn/cm. Durch Zugabe von *Hämin* steigt die Spannung auf die für III erhaltenen Werte, woraus Vff. schließen, daß das Häm an unpolare Gruppen des Globinmol. gebunden wird u. so ihre starke Affinität zur Grenzfläche W.–I aufhebt. Aus den Ergebnissen schließen Vff., daß die Serumproteine u. Globin im Bereich hohen Druckes an der Grenzfläche als monomolekulare Schichten globulärer, gefalteter Moll. vorliegen, deren Längsachsen parallel zur Grenzfläche liegen. (Arch. Biochem. Biophysics **59.** 52—60. Nov. 1955. Bloomington, Ind., Univ., Dep. of Chem.)
E. Schwerdtfeger. 4070

G. H. Wolff und **S. Fallab,** *Über das Cu^{2+}-Bindungsvermögen von Proteinen.* Vff. untersuchten colorimetr. das Cu^{2+}-Bindungsvermögen von *Gelatine* (I) u. I–Trypsinhydrolysaten nach der von ihnen entwickelten Meth. (Wolff u. Mitarbeiter, Experientia [Basel] **11.** [1955.] 440), die auf dem Austausch von Cu^{2+} u. Fe^{2+} im Dipyridylkomplex beruht. I besitzt eine höhere Cu^{2+}-Bindungskapazität als eine Glycylglycylglycin (II)-Lsg. gleicher mol. Konz. oder eine II-Lsg. mit gleicher Konz. an freien endständigen NH_2-Gruppen, wenn ein mittleres Mol.-Gew. von 60000 angenommen wird. Verschied. I-Sorten zeigen eine verschied. Cu^{2+}-Bindung. Bei der trypt. Hydrolyse erfolgt zunächst ein starkes Absinken der Cu^{2+}-Bindung, die Vff. als Spaltung von Konfigurationen deuten, die das hohe Cu^{2+}-Bindungsvermögen von I bedingen. Bei weiterer Hydrolyse steigt die Cu^{2+}-Bindung dann wieder an. Unterss. an Plasmaalbumin, Albuminfraktion V, Rinderserumalbumin u. Rinder-γ-globulin ergaben unter den Versuchsbedingungen keine Cu^{2+}-Bindung; Pepton Roche zeigte eine schwache Komplexbildung. Bei Fibrinogen u. Ovalbumin scheint eine hohe Affinität zu Fe^{2+} vorzuliegen. (Helv. chim. Acta **39.** 837 bis 840. 2/5. 1956. Basel, Univ., Anstalt für anorg. Chem.) E. Schwerdtfeger. 4070

J. Bello und **J. R. Vinograd,** *Selektive Acetylierung der Hydroxylgruppen in Gelatine.* Im Rahmen der Unters. der Änderung physikal. Eigg. von *Gelatine* (I) durch chem. Modifikationen wurden die OH-Gruppen nach 2 verschied. Methoden selektiv acetyliert: In heterogenem Reaktionsgemisch (A) mit Essigsäure, Essigsäureanhydrid (II) u. Perchlorsäure, in homogener Rk. (B) mit II u. Trifluoressigsäure. Nach B erhält man weniger abgebaute u. reproduzierbare acetylierte Produkte. In beiden Fällen betrug der Gesamtacetylgeh. 6,0 + 0,2% entsprechend 14,8 ± 0,5 Acetylreste/10^4 g I, verglichen mit dem

Oxyaminosäuregeh. in I von 14,2—15,6 Reste/10^4 g I. Die O-Acetylierung wurde quantitativ durch Aufnahme der Ultrarotspektren verfolgt, da hierbei eine neue Bande bei 1730 cm^{-1} auftritt sowie das Absorptionsmaximum von I bei 1235—1240 cm^{-1} stärker u. die Bande verbreitert wird. Die Selektivität der Acetylierung wurde durch O-Acetyl- u. Amino-N-Best. nach Van Slyke sowie die isoelektr. Punkte (IP) überprüft. Nach A erhielt man ein Prod. mit IP 7,5—8,2 (gegenüber IP 9,2 bei I) bei Acetylierung von 94—98% der OH-Gruppen, nach B mit IP 7,5—8,7 u. 97—100% acetylierter OH-Gruppen. Ein Viscositätsabfall in beiden Fällen weist auf einen Partialabbau. — A: 5 g gefrier- u. vakuumgetrocknete I werden mit einer eisgekühlten Mischung von 150 cm^3 Eisessig, 8 g 60%ig. $HClO_4$ u. 35 cm^3 II 5 Min. gerührt u. bleiben 20 Min. stehen. Das abfiltrierte Prod. wird mit 50 cm^3 Essigsäure, 5 mal mit 100 cm^3 Aceton u. mit 200 cm^3 Ae. gewaschen. Zum vakuumtrockenen Pulver gibt man 150 cm^3 W., die auftretende Acidität wird tropfenweise mit 2n NaOH abgefangen. Das durch kurzes Anwärmen auf 35° gelöste Prod. wird durch Ionenaustauscher bzw. Dialyse salzfrei gemacht. Ausbeute an gefriergetrocknetem Prod. 80%. B: Zu einer auf unter 5° gekühlten Lsg. von 5 g I in 70 cm^3 Trifluoressigsäure gibt man 6,7 cm^3 II u. läßt nach Durchmischung 20 Min. im Eisbad stehen. Der durch Eingießen in 1,5 Liter W. von 0° erhaltene Nd. wird je 3 mal mit je 150 cm^3 Ae. u. Aceton gewaschen. Das vakuumgetrocknete Prod. wird in wss. Suspension mit 2n NaOH neutralisiert u. wie unter A aufgearbeitet; Ausbeute 70%. (J. Amer. chem. Soc. **78.** 1369—72. 5/4. 1956. Pasadena, Calif., California Inst. of Technol., Gates and Crellin Labor. of Chem.) W. Königsdorf. 4070

K. Dornberger Schiff und **L. Süßke,** *Methode zur Züchtung einwandfreier Hämoglobinkristalle.* Es wurde eine Meth. entwickelt, um auch aus Hämoglobinlsg. solcher Tierarten, bei denen dies nicht durch bloße Zugabe von gekühltem A. gelingt, *Hämoglobin* (I)-Kristalle zu züchten. Die starke wss. I-Lsg. bleibt längere Zeit (Wochen) in einer Alkoholatmosphäre stehen. Dabei kondensiert A. in die I-Lsg., u. man erhält Kristallnadeln von mehreren mm Länge u. 0,5 mm Dicke. Am günstigsten ist p_H 7—7,9. Die Röntgeneinkristallaufnahmen ergeben bei Variation des p_H zwischen 6,9 u. 8,7 etwas unterschiedliche Gitterkonstanten; vom Puffer (Veronal u. Phosphat) waren sie unabhängig. Die untersuchten Rinder-I-Kristalle sind rhomb., ihre Gitterkonstanten liegen in den Grenzen $a = 130{,}8 \pm 2{,}5$ Å; $b = 69 \pm 5$ Å; $c = 63 \pm 1$ Å. (Z. physik. Chem. **203.** 307—08. Okt. 1954. Berlin-Buch, Deutsche Akademie der Wissenschaften, Kristallstrukturanalyse.) H. C. Wolf. 4070

E. Douglas Rees und **S. J. Singer,** *Molekulargewicht von Insulin in N.N-Dimethylformamid.* Die bei Unterss. des osmot. Drucks von *Insulin* in 0,2 mol. KJ-Lsg. von wasserfreiem N.N-Dimethylformamid bei 13,8° erhaltenen Meßwerte konnten Vff. auf ein Mol.-Gew. von 6200 ± 300 bei einer Konz. von $C = 0$ extrapolieren. Für das bei höheren Konzz. angenommene monomere–dimere Gleichgewicht wurde eine Assoziationskonstante von $2 \cdot 10^3$ Liter · Mol^{-1} berechnet, die einem $\Delta F^0 = -4{,}4$ kcal/Mol entspricht. Die Messung der Sedimentationskonstanten zeigte, daß die grundlegende Struktur des in N.N-Dimethylformamid gelösten Insulins nicht zerstört wird. (Nature [London] **176.** 1072—73. 3/12. 1955. New Haven, Conn., Yale Univ., Sterling Chem. Labor.) W. Ziegler. 4070

E. P. Geiduschek und **Irving Gray,** *Nichtwässerige Lösungen von Natriumdesoxyribosenucleat.* Durch Dialyse können Lsgg. von *Na-Desoxyribonucleat* (I) in verschied. organ. Lösungsmitteln erhalten werden. Die Dialyse wss. Lsgg. von 2 nach Simmons (Atomic Energy Commission Rep. UCLA 184) hergestellten Kalbsthymus-I-Präpp. (*A* u. *SB 11 B*) gegen steigende Alkoholkonzz. gab stabile Lsgg. in absol. A., deren Lichtstreuungs- u. Sedimentationsverh. auf eine auffallende Veränderung der Konfiguration, bei konstantem Mol.-Gew., hinwies. *A*: Trägheitsradius (Å) 3000 (0,2 mol. NaCl), 980 (absol. A.), Sedimentationskonstante $[S_{20,w}]_{c=0}$ 21 (65 für *SB 11 B*). Der S-Verlauf zeigt, daß die Konfigurationsänderung bei ca. 65% Alkoholgeh. eintritt. Sie ist von keiner Zunahme der UV-Absorption begleitet. Die durch A. ausgelöste Konfigurationsänderung ist hinsichtlich Umfang u. Form prakt. reversibel. Die Konstanz des Mol.-Gew. während der strukturellen Veränderungen spricht gegen die Annahme einer unterbrochenen Kette für die I-Struktur. (J. Amer. chem. Soc. **78.** 879—80. 20/2. 1956. Washington, D. C., Army Med. Serv. Graduate School, Dep. of Biochem.; New Haven, Conn., Yale Univ., Sterling Chem. Labor.) K. Maier. 4090

E. Biologische Chemie. Physiologie. Medizin.

E_1. Allgemeine Biologie und Biochemie.

Caroline Raut und **William L. Simpson,** *Die Wirkung von Röntgenstrahlen und UV-Licht verschiedener Wellenlängen auf die Erzeugung von Cytochrommangelhefe.* Cytochromarme Hefe („petite") erhält man bei Verlust oder bei Inaktivierung der nicht

Gen-gebundenen auto-reproduktiven Zellelemente (I). Während diese „Klein"-Zellen bei Röntgenbestrahlung nur in geringen Mengen gebildet werden, entstehen sie leicht bei UV-Bestrahlung, bes. bei einer Wellenlänge von 2600 Å, welche dem Absorptionsmaximum der *Nucleinsäure* entspricht. Vff. schließen daraus, daß die absorbierte Energie zu einer Veränderung der Pentose- bzw. Desoxypentoseribonucleinsäuren führt, die entweder zur Mutation oder Abtötung der Zelle führt. Beide Vorgänge verändern sich in gleicher Weise bei Änderung der Wellenlänge. (Arch. Biochem. Biophysics **57.** 218—28. Juli 1955. Detroit, Mich., Detroit Inst. of Cancer Res. u. Wayne Univ. Coll. of Med.) B. GÖRLICH. 4130

John W. Littlefield, Elizabeth B. Keller, Jerome Gross und **Paul C. Zamecnik,** *Untersuchungen an Ribonucleoproteidteilchen des Cytoplasmas von Rattenleber.* Aus Suspensionen der Mikrosomenfraktion des Rattenlebercytoplasmas lassen sich bei bestimmten Konzz. von *Na-Desoxycholat* (I) Teilchen isolieren, die fast alle *Ribonucleinsäure* (**II**) der Mikrosomen enthalten u. ein Verhältnis an **II**/Protein von annähernd 1 aufweisen (vgl. STRITTMATTER u. BALL, C. **1952.** 6545). Das Sedimentationsdiagramm der **I**-unlösl. Teilchen zeigt ein einziges Maximum mit einer Sedimentationskonstante von 47 S. Das elektronenmkr. Bild zeigt runde Teilchen von einheitlicher Größe u. Gestalt, deren D. im Zentrum am größten ist; mittlerer Teilchendurchmesser 240 Å. Die Mikrosomenfraktion wird aus Rattenleberhomogenat mit der Ultrazentrifuge bei 105000 g (0°, 45 Min.) dargestellt, nachdem vorher die grobdispersen Anteile bei 18000 g (0°, 10 Min.) abgetrennt worden waren. Der Einfl. steigender Konz. an **I** auf den Geh. des Sediments an **II** u. Protein der Mikrosomensuspension bei 105000 g (3 Std.) wird quantitativ untersucht. Der Proteingeh. des Sediments nimmt bis zu 0,5% **I** stark ab, während **II**-Geh. sich kaum ändert. Ist der **I**-Geh. der Mikrosomensuspension gleich $^3/_4$ des Mikrosomproteins, so sedimentieren Ribonucleoproteinteilchen mit 42—48% an **II**. — Der Einbau von DL- bzw. ^{14}C-L-Leucin (**III**) u. ^{14}C-L-Valin (**IV**) in die beiden Mikrosomkomponenten u. das lösl. Zellprotein der Rattenleber wird in vivo u. im zellfreien Syst. untersucht. Die spezif. Strahlungsaktivität der **I**-unlösl. Komponente mit 46—48% **II** steigt nach intravenöser Injektion von 0,16 μMol/Ratte an **III** rapide an u. sinkt dann ab, während die der **I**-lösl. Komponente (2,1%-Geh. an **II**) langsamer aber über 20 Min. ständig ansteigt. Nach Verabreichung von 100 μMol **III** steigt die Aktivität der **I**-unlösl. Komponente schnell auf einen konstant bleibenden Wert an. Die spez. Aktivität des lösl. Cytoplasmaproteins (1,7 bis 1,9%-Geh. **II**) bleibt dagegen um ein Vielfaches geringer. Unterss. an zellfreiem Leberhomogenat zeigen, daß der Einbau von **III** u. **IV** in das **I**-unlösl. Ribonucleoproteid der Mikrosomen nicht eine einfache reversible Rk. ist (vgl. ZAMECNIK u. KELLER, J. biol. Chemistry **209.** [1954.] 337). (J. biol. Chemistry **217.** 111—23. Nov. 1955. Boston, Mass., Massachusetts General Hosp., Dep. of Med. and Harvard Med. School, R. W. Lovett Memor. Found. for the Stud. of Crippling Disease and Collis P. Huntington Memor. Hosp., Med. Labor.) R. LAFFERENZ. 4150

Christoph Zeller, *Über den Ribonucleinsäurestoffwechsel des Bastardmerogons Triton palmatus* (♀)× *Triton cristatus* (♂). In fixierten Keimen der GLAESNER-Stadien 7—19 der genannten Tiere wurde der Geh. an *Ribonucleinsäure* (I) nach OGUR u. ROSEN in der Modifikation von STEINERT (C. **1952.** 1854) extrahiert, der Extrakt 20 Std. mit 5% $HClO_4$ geschüttelt u. im BEKMAN-Spektrophotometer als Maß für den **I**-Geh. die Extinktionsdifferenz zwischen Extinktionsmaximum (260 mμ) u. Minimum (240 mμ) gewählt. Bei n. entwickelten Keimen hat die Kernzus. einen Einfl. auf den Stoffwechsel von **I**. Anfängliche Unterschiede der **I**-Werte in verschied. Geschwisterreihen beruhen auf Unterschieden im **I**-Geh. der Eier vor der Besamung u. gleichen sich im Verlaufe der Entw. aus. Bei haploiden Keimen ist der **I**-Geh. auf die Hälfte desjenigen der diploiden Kontrollkeime red., weil das Kernmaterial vermindert ist. Beim Bastardmerogen ist der **I**-Stoffwechsel gestört. Er ist gegenüber den Kontrollen vermindert u. wahrscheinlich durch die Kern–Plasma-Disharmonie verursacht. (Zool.-vergleich. anatom. Inst. Univ. Zürich.) (Roux' Arch. Entwicklungsmechan. Organismen **148.** 311—35. 1956. Zürich, Univ., Zool.-vergleich. anatom. Inst.) HEINRICH HERMANN. 4150

Wolfgang Albrecht und **Roland Gädecke,** *Weitere chemische, histochemische und histologische Untersuchungen über Veränderungen in Geweben von Säuglingsmäusen nach Coxsackie-Infektion.* Nach Infektion mit *Coxsackie-Virus* A_1, A_2 u. A_3 sind im morphol. veränderten Skelettmuskel der Säuglingsmaus außer Fe(III) u. Fettstoffen die bei gesunden Tieren sonst nicht erfaßbaren *Ribosepolynucleotide* färber. nachweisbar, auch war in Muskelextrakten eine Erhöhung der Extinktion im Bereich der *Gesamt-Nucleinsäuren* (NS) wie der Eiweißabsorption UV-spektroskop. festzustellen. Die quantitative Analyse nach SCHMIDT u. THANNHAUSER (modifizierte Meth.) ergab keinen signifikanten NS-Anstieg gegenüber Normaltieren. Die photometr. beobachtete NS- u. Eiweißvermehrung ist danach als Folge einer leichteren Extrahierbarkeit zu deuten. — Im gelähmten Muskel war das anorgan. Phosphat signifikant erhöht, Lipid-P u. gesamtsäurelösl. P wiesen keine signifikanten Änderungen auf. — Im Gehirn von B_1-infizierten Säuglingsmäusen blieben die P-Fraktionen unverändert. (Z. Naturforsch. **11 b.** 241—47. Mai 1956. Freiburg i. Br., Univ. Kinderklinik.) Wolfgang Albrecht. 4150

Wolfgang Albrecht, *Änderung des Gehaltes der verschiedenen Phosphatfraktionen in Gehirn und Muskel der Maus während des Wachstums.* Während des Wachstums nimmt im Gehirn der Maus das *anorgan. Phosphat* (I) laufend zu u. erreicht beim ausgewachsenen Tier etwa die Hälfte des ziemlich gleichbleibenden Geh. an *gesamtsäurlösl. P* (II). Der *Lipid-P* (III) steigt im Gehirn langsam an, beim ausgewachsenen Tier ist, gegenüber jüngeren Altersklassen, ein signifikanter III-Anstieg zu beobachten. *Ribonucleinsäure* (RNS) u. *Desoxyribonucleinsäure* (DN) sinken im Verlauf des Wachstums langsam u. gleichmäßig ab. — Im Muskel ist bei zunehmendem Alter eine I-Abnahme bei gleichbleibendem **II** festzustellen, **III** ist bei Säuglingsmäusen u. ausgewachsenen Tieren unverändert. Bei der neugeborenen Maus ist der RNS-Geh. sehr hoch, sinkt bis zum 6. bis 8. Lebenstag um ca. ein Drittel u. dann langsam, etwa im selben Verhältnis wie die DNS, weiter ab. (Z. Naturforsch. **11 b.** 248—52. Mai 1956. Freiburg i. Br., Univ. Kinderklinik.) Wolfgang Albrecht. 4150

Je. M. Kreps und **Je. Ju. Tschenykajewa,** *Untersuchung des Einflusses von Hypoxie auf den Gehalt der Nucleoproteide in den Zellen der Hirnrinde von Ratten mittels Ultraviolettmikroskopie.* Vff. untersuchten Gehirnschnitte von weißen Ratten nach Aufenthalt in O_2-armer Atmosphäre mit Hilfe der UV-Strahlen (I) bei 265 mμ (Absorption durch Nucleinsäuren). Die Tiere wurden 5—6 Min. einem Unterdruck, entsprechend verd. Atmosphäre, 14000 m Höhe oder 2 Std. einem Unterdruck, entsprechend 9500 m, ausgesetzt, anschließend dekapitiert. Bei hoher Hypoxie war die UV-Absorption in der Hirnrinde u. in den Zellen des Ammonshornes stark vermindert, bes. im Cytoplasma u.Kernkörperchen. Die 2std. mäßige Hypoxie ergab eine noch ausgeprägtere Verminderung der UV-Absorption. Eine Bearbeitung der Hirnschnitte mit Ribonuclease setzte die UV-Absorptionsfähigkeit durch die Nervenzellen um 20—25% herab. Vff. nehmen daher eine Verminderung der Ribonucleoproteide in den Hirnzellen unter dem Einfl. der Hypoxie an, was zur Abnahme der UV-Absorption führt. Der verstärkte Zerfall der Nucleoproteide, in erster Linie der cytoplasmat. in kleinere Komponenten, ihr Austritt aus der Zelle u. eine Störung der Nucleinsäuresynth. unter dem Einfl. der Hypoxie wird angenommen. (Доклады Академии Наук СССР [Ber. Akad. Wiss. UdSSR] **104.** 276—79. 11/9. 1955. Pawlow-Inst. für Physiol. der Akad. der Wiss. der UdSSR.) F. du Mans. 4150

Hans Lettré, *Die Bedeutung des Resistenzphänomens für das Krebsproblem.* Vf. erinnert an eigene u. von anderen Autoren beschriebene Verss. über die Resistenzentw. von Tumorzellen (Mäuseleukämie, Ehrlich' Mäuseascitestumor, Walker-Tumor usw.) gegen exogene Faktoren (Antagonisten der Folsäure, Colchicin, 2.4.6-Tris-[äthylenimino]-1.3.5-triazin, Stickstofflost-N-oxyd, Röntgenstrahlen), die über viele Passagen bestehen bleibt u. kommt dadurch zu einer neuen Definition der Tumorzelle. Da die Resistenzentw. durch Selektion von Spontanmutationen entsteht, liegt es nahe, auch eine solche Resistenzentw. gegen das natürliche Hemmsyst. innerhalb des Organismus der Vielzeller anzunehmen. — Diese bereits schon früher vertretene Ansicht schloß noch den Begriff Adaption ein, womit aber eine Reversibilität der Zellveränderung verbunden wäre, die nach der neuen Auffassung nicht zutrifft. (Naturwissenschaften **43.** 162—63. April 1956. Heidelberg, Univ., Inst. f. exp. Krebsforsch.) H. Struck. 4160

John S. Colter, Hilary Koprowski, Harris H. Bird und **Kathryn Pfeister,** *Immunologische Untersuchungen an Proteinfraktionen aus Ehrlich-Ascitescarzinomzellen.* Proteinfraktionen aus Zellen des Ehrlich-Ascitescarcinoms (I) besitzen antigene Eigg., die durch Infektion mit onkolyt. wirkendem Bunyamwera-Virus (II) verändert werden. Aus isolierten Zellkernen von **I** wurde Desoxyribonucleoprotein (DN) durch Schütteln in dest. W. extrahiert u. mit physiol. NaCl-Lsg. gefällt. Ribonucleoprotein (RN) blieb in der ersten Extraktions-Fl. u. wurde daraus nach Mirsky u. Pollister (J. gen. Physiol. **30.** [1946.] 117) dargestellt. Eine dritte Fraktion „lösl. Protein" (l. P.) wurde durch Lyophilisieren nach Dialyse der Extraktions-Fl. nach Entfernen von DN u. RN erhalten. Die gleichen Fraktionen wurden aus **I** von solchen Mäusen isoliert, die 72 Std. vor der Tumorentnahme mit **II** infiziert waren (DN II u. RN II). Mit diesen einzelnen Fraktionen immunisierte Kaninchen lieferten ein Serum, das auf einen Schutzeffekt bei Mäusen nach frischer Tumortransplantation geprüft wurde. Fast ohne Wrkg. war das Serum, das durch Impfung mit l. P u. l. P II entstanden war. Einwandfrei feststellbar war der Schutz durch DN- u. DN II-Serum, wobei die Wrkg. des DN II-Serums die des DN-Serums übertraf. Auch RN- u. RN II-Seren waren wirksam. Transplantatgröße, Serumdosis, Tumorwachstum u. Absterbezeiten der Mäuse fanden bei der Versuchsauswertung entsprechende Berücksichtigung. (Nature [London] **177.** 994—95. 26/5. 1956. Pearl River, N. Y., Amer. Cyanamid Co., Res. Div. Viral Sect.) E. FISCHOEDER. 4160

Christoph Landschütz, *Hemmung der Glykolyse in Zellen des Ehrlich-Ascitestumors durch menschliches Serum.* Gewaschene Tumorzellen des EHRLICH-Ascitestumors zeigten bei Incubation mit menschlichem Serum eine Hemmung der aeroben u. anaeroben Glykolyse, welche unter experimentellen Bedingungen nicht mehr meßbar war. Die Atmung der Zellen blieb unverändert. Die früher bei Mäusen beobachtete Wachstumshemmung der Tumorzellen nach Injektion eines Gemisches von Tumorzellen mit menschlichem Serum wird mit dieser Glykolysehemmung in Zusammenhang gebracht. (Z. Naturforsch. **11 b.** 304. Mai 1956. Tübingen, Max-Planck-Inst. für Virusforschung, Abt. für tierpathogene Virusarten.) WOLFGANG ALBRECHT. 4160

M. J. Lyons, *Untersuchung eines möglichen carcinogenen Kohlenwasserstoffes im Zigarettenrauch.* Es wird eine, den natürlichen Verhältnissen beim Rauchen mehr angepaßte Meth. beschrieben. Die Rauchprodd. wurden in auf -70^0 gekühltem Aceton gesammelt. Ausbeute: 15,0 g aus 500 Zigaretten. Bei allen Unterss. diente *Cyclohexan* als Lösungsmittel. Die gefundene Menge polycycl. KW-stoffe war im wesentlichen die gleiche, wie die von anderen Autoren angegebene, *Pyren* war in der höchsten Konz. anwesend. Zusätzlich wurden andere KW-stoffe entdeckt: *Azulen, 1.2-Benzanthracen* (I) (ca. 1 μg), *3.4-Benzpyren* (II) (7,4 μg). Eine wiederholte Chromatographie der II-Fraktion ergab die Ggw. von zwei weiteren Komponenten in niedriger Konzentration. STEINER zeigte, daß I carcinogene Wrkg. hat. Die gleichzeitige Wrkg. von I, II u. den zwei anderen Verbb. auf den Tierkörper ist schwierig abzuschätzen. Ein breiter Reaktionsbereich von Hemmung über Summation bis zu Synergie ist denkbar. (Nature [London] **177.** 630—31. 31/3. 1956. Glasgow, Cancer Res. Dep., Royal Beatson Memorial Hosp.) H. AMAN. 4160

Bonifaz Flaschenträger und **Emil Lehnartz,** Hrsg., Physiologische Chemie. Ein Lehr- u. Handbuch f. Ärzte, Biologen u. Chemiker. Hervorgegangen aus d. Lehrbuch d. physiologischen Chemie v. **Olof Hammarsten.** Bd. 2. Der Stoffwechsel. T. 2. Bandteil a. Bearb. v. **K. Lohmann** u. a. Berlin, Göttingen, Heidelberg: Springer-Verl. 1956. (IX + 1396 S. m. 70 Textabb.) 4°. DM 186,—.

E₂. Enzymologie. Gärung.

K. V. Giri, *Zonenelektrophorese von Serumproteinen in Agar-Gel.* Für die elektrophoret. Trennung von *Enzymen* u. anderen biol. akt. Proteinen wird die Verwendung von Agar (I)-Gel an Stelle von Papier empfohlen, da I eine Schutzwrkg. gegen Inaktivierung der Enzyme ausübt. Abb. zeigen die erfolgreiche Trennung von n. u. pathol. menschlichen Serum nach 4std. Elektrophorese bei 180—200 V u. 7—9 mA. Das verwendete Gel enthält 1% I u. ist durch Veronalpuffer auf p_H 8,6 u. $\mu = 0,05$ eingestellt. (Naturwissenschaften **43.** 36. Jan. 1956. Bangalore, Ind. Inst. of Science, Dep. of Biochem.) U. FREIMUTH. 4200

István Szabó, *Kritische Zusammenfassung der Ergebnisse der Bodenenzymologie.* Übersicht über die in Böden nachgewiesenen Enzyme, deren Herkunft, Methoden zur Best. der Aktivität u. die Aktivität beeinflussenden Faktoren. — 60 Literaturhinweise. (Agrokémia és Talajtan **4.** 183—90. Juni 1955. Bodenbiolog. Forschungslabor., Sopron.) J. PLANK. 4200

A. G. Schesstakow und **B. P. Pleschkow,** *Stickstoff, Phosphor und Kalium als Regulatoren der fermentativen Prozesse in Pflanzen.* (Vgl. C. **1955.** 5822.) In Gefäßverss. mit Kartoffeln nach dem Schema *NPK, NP, NK, PK* ergab die Blätterunters. nach der modifizierten Vakuuminfiltrationsmeth. eine Intensivierung der Saccharose- u. Stärkesynth. durch K- u. P-Düngung u. einen verstärkten Zerfall dieser Verbb. bei Mangel an P, bes. aber an K. N-Mangel wirkte umgekehrt: die synthet. Aktivität des Fermentationssyst. stand recht hoch, während der Zerfall von Saccharose u. Stärke aufgehalten wurde. K-Mangel bewirkte in den Blättern eine Bldg. von 28,6 mg Monosacchariden auf 1 g Trockensubstanz, N-Mangel dagegen nur 0,1 mg, P-Mangel 3,3 mg. Feldverss. ergaben ein gleiches Resultat. Die Knollen enthielten bei N-Mangel wenig Saccharide, aber viel Stärke, bei K-Mangel umgekehrt. Auf die Eiweißsynth. der Blätter wirkten alle drei Nährstoffe positiv, am stärksten als Volldüngung. Die Eiweißbldg. setzte beim Beginn der Blütenknospenbldg. ein, nahm in der Blütezeit ab u. erlosch beim Absterben der Blätter. (Известия Тимирязевской Сельскохозяйственной Академии [Nachr. Landwirtsch. Timirjasew-Akad.] **1955.** Nr. 3. 139—54.) E. LINTER. 4200

L. Martos, *Veränderungen in der Enzymaktivität der ihrer Kotyledonen beraubten Erbsenkeimlinge.* Von 3 bzw. 6 Tage alten Erbsenkeimlingen wurden die Kotyledonen entfernt u. die *Katalase-* u. *Peroxydase*-Aktivität der Wurzel- u. Sproßteile am 6. u. 10. Tage bestimmt. Obwohl durch die Dekotylisierung die Aktivität beider Enzyme, bezogen auf die Trockensubstanz, sogar zunimmt, ist sie für die einzelnen Organe stark vermindert. (Naturwissenschaften **43.** 204. Mai 1956. Budapest, Gärtnerische Hochschule, Inst. für Pflanzenzüchtung.) A. DILLMANN. 4210

B. A. Rubin und **Je. G. Gudalina,** *Dehydraseaktivität der Gewebe von Äpfeln während der Entwicklung der Früchte.* (Vgl. C. **1956.** 4176.) Der Verderb von Äpfeln wurde bisher auf eine Anhäufung von Acetaldehyd (I) im Gewebe zurückgeführt. I soll den n. Ablauf der Atmung stören. Da die Aktivität der Polyphenoloxydase im Lauf des Reifens u. der Lagerung sich kaum verändert, muß die Ursache in einer Störung der Tätigkeit des *Dehydrase* (II)-Komplexes zu suchen sein. Im zerkleinerten Fruchtfleisch konnte aber trotz Fällung der Gerbstoffe u. Zerschneiden unter KCN-Lsg. keine **II** gefunden werden. Da anscheinend schon das Zerkleinern selbst auf **II** inaktivierend wirkt, wurde die **II**-Aktivität direkt auf dünnen Apfelscheiben gemessen. Als Maß diente die zur Entfärbung von Methylenblau (Verdünnung 1:20000) nötige Zeit in Minuten. Als p_H-Optimum wurde 8,0—9,0, als Temperaturoptimum 37° festgestellt. Bei einer frühen u. bis Mitte September haltbaren Apfelsorte zeigte sich ein sehr rascher Abfall von **II.** Mitte Oktober traten deutliche Zeichen von Verderb auf; zu gleicher Zeit war die **II**-Aktivität gleich Null; der Geh. an I war sehr steil auf 7 mg% angestiegen. Bei einer späten Sorte fiel zwar **II** während des Reifens bis Oktober ebenfalls stark ab, beim Lagern aber nur sehr langsam, so daß sie noch im Februar nachweisbar war. Der Geh. an I stieg beim Lagern von 0 auf 10 mg% an. Die Verminderung der **II**-Aktivität hängt also mit der Anreicherung von I in den Geweben zusammen. Die physiol. Erkrankung des Apfels hängt also nicht allein mit der I-Anreicherung zusammen. Sie ist dadurch bedingt, daß I die n. Tätigkeit der Atmungsfermente stört. (Доклады Академии Наук СССР [Ber. Akad. Wiss. UdSSR] **93.** 127—30. 1/11. 1953.) W. SCHMELZ. 4210

B. A. Rubin, I. A. Tschernawina und **A. W. Michejewa,** *Einfluß des Lichtes auf die Aktivität der Cytochromoxydase.* Im Dunkeln gezogene 6 Tage alte Keimlinge von Sommer- u. Winterweizen werden 9 Std. rotem oder blauem Licht ausgesetzt u. nach 3, 6 u. 9 Std. auf die Aktivität der Cytochromoxydase (I) untersucht. Die etiolierten Blätter zeigen keine I-Aktivität. Das Licht besitzt eine stark aktivierende Wrkg. auf I (stärker bei blauem als bei rotem Licht). (Доклады Академии Наук СССР [Ber. Akad. Wiss. UdSSR] **105.** 1039—41. 11/12. 1955.) REINHARD HÜTTENRAUCH. 4210

Hansjürgen Matthies, *Über eine Aldehydoxydase in roten Blutkörperchen.* Es wird über Beeinflussung des Stoffwechsels durch *Formaldehyd* (I) berichtet. Die Methämoglobinrückbildung wurde durch I mehr als durch Glucose u. Lactat beschleunigt, am stärksten bei einer I-Konz. von $5 \cdot 10^{-3}$ mol.; höhere Konzz. vermindern die Wrkg. bzw. hemmen die spontane Rückbildung. Das I-oxydierende Ferment ist nicht ident. mit *Triosephosphatdehydrogenase,* da es durch Jodessigsäure nicht gehemmt wird, auch nicht durch NaF u. Formiat, wohl aber durch *Tetraäthylthiuramdisulfid* (*Antabus*). Diphosphopyridinnucleotid wird als Co-Ferment benötigt. Außer I werden auch *Acetaldehyd, Propionaldehyd, Benzaldehyd, Anisaldehyd* u. *Vanillin* oxydiert, nicht *Xanthin.* Mit I als Substrat wird Methylenblau in Hämolysaten reduziert. Vielleicht ist die I-Oxydase für die Beseitigung von I bei der Porphyrinsynth. bedeutsam. (Naturwissenschaften **43.** 200—01. Mai 1956. Berlin, Humboldt-Univ., Inst. f. Pharmakol. u. Toxikol.) H. AMAN. 4210

Johan Järnefelt, *Untersuchungen über die enzymatische Synthese und den Abbau von Acetoin im tierischen Organismus.* Es wurden die Bldg. von *Acetoin* (I) aus Brenztraubensäure u. Acetaldehyd, die Stoffwechselbeziehungen von I u. *Diacetyl* (**II**) u. die Verwertung von I im Organismus untersucht. Alle Bestimmungen wurden in vitro unter Verwendung von Gewebeschnitten oder Homogenaten von Leber, Niere, Hirn, Herz u. Skelettmuskulatur (Ratte) durchgeführt. Zur gleichzeitigen Best. von I u. **II** wurde eine Meth. nach der VOGES-PROSKAUER-Rk. entwickelt. Hiernach wird das proteinfreie Destillat mit Kreatin u. α-Naphthol in alkal. Lsg. versetzt u. die entstehende Farbe 10 Min. u. 60 Min. nach Zusatz der Reagentien gemessen. Da sich die Färbung mit **II** rascher als mit I entwickelt, kann man die Konz. von I u. **II** nebeneinander ermitteln. Zur Best. von 2.3-Dioxybutan (**III**) wurde **III** mit Perjodsäure zu Acetaldehyd (**IV**) oxydiert. Dabei wird ein CONWAY-Mikrodiffusionsapp. benutzt, in dessen innere Zelle eine Lsg. von Semicarbazidhydrochlorid u. Perjodsäure pipettiert wird. Die zu untersuchende Probe kommt in die äußere Zelle u. der CONWAY-App. wird in einem Thermostaten von 30° eingehängt. Nach 2 Std. entnimmt man eine Probe u. mißt die Extinktion bei 224 mμ im BECKMANN DU-Spektrophotometer. Die so bestimmte I-Menge setzt sich aus 2 Anteilen zusammen, da sowohl aus **III** u. I mit Perjodsäure **IV** gebildet wird. Durch Subtraktion der nach der Farb-Rk. bestimmten I-Menge, erhält man den **III**-Gehalt. — Organhomogenate können I aus Brenztraubensäure (**V**) u. **IV** bilden. **IV** wird dabei verschied. ausgenutzt; während vom Herzmuskel **IV** prakt. vollständig in I eingebaut wird, ist das bei Skelettmuskeln nur zu 40%, bei Leber u. Niere zu ca. 30% der Fall. Für die **I**-Synth. ist 1 Mol **I** u. 1 Mol **V** nötig, nur im Herzmuskel kann aus **V** allein **I** gebildet werden. **I** kann auch in Organhomogenaten durch Red. von **II** entstehen. In Leberhomogenaten werden 25% von **II** in Abwesenheit u. 60% in Anwesenheit von **IV** in **I** umgewandelt. Die **I**-Bldg. aus **II** in anderen Organhomogenaten ist durch **IV** nicht aktivierbar u. beträgt im Herzmuskel 30% u. Skelettmuskel 20%. Es ist wahrscheinlich, daß in Leberhomogenaten **V** u. **II** sich gegenseitig ersetzen können. Während die **I**-Synth. aus **V** in Leberhomogenaten durch Mg^{2+} oder Mn^{2+} u. Aneurindiphosphat aktivierbar ist, trifft das für die Umwandlung von **II** in **I** nicht zu. In Organschnitten (Leber, Niere, etwas langsamer Herzmuskel) wird **II** in **I** vollständig u. rasch umgewandelt. In Hirnschnitten erfolgt dies viel langsamer. Die Geschwindigkeit dieser Rk. ist bei Leberschnitten unter aeroben u. anaeroben Bedingungen gleich groß. Während Homogenate **I** nicht angreifen, geschieht dies durch Organschnitte. In Leberschnitten verschwindet **I** unter aeroben Bedingungen doppelt so schnell wie unter anaeroben. Dabei entsteht **III**, u. zwar geben 2 Moll. **I** aerob 1 Mol **III**, anaerob 1 Mol **I** 1 Mol **III**. Kaliumcyanid in niedriger Konz. hemmt die **III**-Bldg. aus **I** vollständig. Anaerob hemmt auch **V** die **III**-Bldg. etwas; Malonsäure, Fumarsäure u. Milchsäure sind ohne Einfl. auf dieses Reaktion. **III** wird von Leberschnitten (ebenso Nieren-) aerob langsam abgebaut. Aus den umfangreichen Unterss. wird gefolgert, daß die Rolle von **I** im Stoffwechsel des tier. Organismus sich auf einen Entgiftungsprozeß beschränkt. **I** dürfte weniger giftig als **IV** u. **II** sein. Durch die **I**-Bldg. werden **II** u. **IV** wahrscheinlich in Acetat überführt. Größere Mengen von **I** werden nur unter besonderen Bedingungen (großes Angebot von **IV** oder **II**) im tier. Organismus gebildet. Die Bedeutung von **I** im Stoffwechsel kann noch nicht als geklärt betrachtet werden. (Suomalaisen Tiedeakatemian Toimituksia [Ann. Acad. Sci. fennicae], Sarja A. V. **1955.** Nr. 57, 1—78. Helsinki, Univ., Dep. of Med. Chemistry.) G. FAUST. 4210

E. Racker, *Spektrophotometrische Messung von Bildung und Abbau von Thiolestern und Endiolkomponenten im Stoffwechsel.* Vf. verfolgt die Entstehung u. Hydrolyse von Thiolestern aus Ketonaldehyden u. Glutathion, die von *Glyoxalase* I u. II katalysiert wird. Die Ester zeigen charakterist. Lichtabsorption im niedrigen UV-Bereich u. geben mit Hydroxylamin u. $FeCl_3$ eine typ. Farbreaktion. Mit dieser Meth. wird die Veresterung von Glyoxal, Phenylglyoxal u. *Oxymethylglyoxal* einerseits u. die Hydrolyse der Lactyl-, Glykolyl-, Mandelyl- u. Glycenylglutathionester andrerseits verfolgt. — Es wird ein Hefeenzym beobachtet, das Lactyl- u. Glykolylglutathion oxydiert, die vermutlich im Gleichgewicht mit ihren Endiolkomponenten stehen u. deshalb als Substrat für endioloxydierende Enzyme dienen. Den Oxydationsprodd. fehlt die Lichtabsorptionsfähigkeit der Endiole. Die Aktivität des Enzyms kann durch Fällen mit Ammoniumsulfat u. durch Dialyse zerstört u. durch Zusatz einer aus Kohl gewonnenen hitzebeständigen Substanz regeneriert werden. (Biochim. Biophysica Acta [Amsterdam] **9.** 577—78. Nov. 1952. New York, N. Y., Univ., Coll. of Med., Dep. of Microbiol.) R. LENSCHAU. 4210

H. A. Krebs, *Der Citronensäurecyclus.* Vortrag. (Angew. Chem. **66.** 313—17. 21/6. 1954. Sheffield, Univ., Dep. of Biol. Chem.) K. MAIER. 4210

Ben Bloom, *Abbau von Glucose durch Säugetiergewebe.* Vf. mißt die $^{14}CO_2$-Ausbeuten aus *Glucose-1-*^{14}C (**Ia**) u. *Glucose-6-*^{14}C (**Ib**) (50 μMol) mit denen Gewebepräpp. aus Hirn, Nieren, Herz, Milz, Leber, Knochenmark u. Testis von Kaninchen in Ggw. von Bicarbonatpuffer u. je 50 μMol *Na-Gluconat, -Lactat* u. *-Acetat* 3 Std. bei 37,8° incubiert worden sind. Es wird festgestellt, daß Hirngewebe **Ia** u. **Ib** nach dem EMBDEN-MEYERHOFF-Schema umsetzt, da das Verhältnis der $^{14}CO_2$-Ausbeuten ca. 1 : 1 beträgt. Die übrigen Organpräpp., bes. Testis, Knochenmark u. Leber, liefern $^{14}CO_2$ in ca. 3mal höheren Konzz. aus **Ia** als aus **Ib**. Daraus geht hervor, daß **I** durch diese Organe über die Phosphogluconatoxydation abgebaut wird. (Proc. Soc. exp. Biol. Med. **88.** 317—18. Febr. 1955. Bethesda, Md., U. S. Dep. of Health, Educat. and Welfare, Nat. Inst. of Health, Publ. Health Serv., Nat. Inst. of Arthritis and Metabolic Diseases.) P. FAHRNLAENDER. 4210

Anne Beloff-Chain, R. Catanzaro, E. B. Chain, I. Masi und **F. Pocchiari**, *Das Schicksal von* $^{14}C_{(1-6)}$*-Glucose in Hirnschnittpräparaten.* Vff. incubieren Hirnschnittpräpp. von Ratten mit ^{14}C*-Glucose* (**I**) (Substrat: K^+ 110, Mg^{2+} 20, Ca^{2+} 10, HCO_3^- 40, Cl^- 130 μMol/Liter) u. bestimmen die gebildeten Stoffwechselprodd. auf papierchromatograph. Wege unter Verwendung eines Gemisches von tert.-Butanol, Pikrin- oder Essigsäure (bzw. A. + NH_4OH) u. W. als Lösungsmittel. Es wird festgestellt, daß nach 60 Min. bei einer Temp. von 37° ca. 62% **I** in *Milchsäure* (**II**), 20% in CO_2, 9% in *Glutaminsäure* (**III**), 1,5% in *Alanin*, 3% in γ*-Aminobuttersäure* u. 2,4% in *Asparaginsäure* umgewandelt sind, wobei **III** bereits nach einer Incubationszeit von 3 Min. nachweisbar ist. *Insulin* beeinflußt den **I**-Verbrauch nicht. Unter anaeroben Bedingungen ist der **I**-Stoffwechsel in den Hirn-

schnittpräpp. auf 7% des aeroben erniedrigt, u. es werden nur 80% von I in II umgesetzt, 20% I bleiben unverändert. Die rasche Bldg. von III aus I zeigt die zentrale Stellung dieser Aminosäure im Kohlenhydratstoffwechsel des Gehirns. (Proc. Roy. Soc. [London], Ser. B **144.** 22—28. 16/8. 1955. Rom, Ist. Sup. di Sanità, Labor. di Chim. Biol.)
P. Fahrnlaender. 4210

Milton W. Slein, *Xyloseisomerase aus Pasteurella pestis, Stamm A–1122.* In zellfreien Extrakten von in Ggw. von D-Xylose gewachsenen Pasteurella pestis wurde eine Isomere (I) nachgewiesen, die die Isomerisierung von *D-Xylose* u. *D-Xylulose* (II) bewirkt. Für ihre bei etwa p_H 8 liegende maximale Aktivität scheint I SH-Gruppen u. ein Metallion zu erfordern. In Abwesenheit von Borat wird bei 16% II, bei Ggw. von überschüssigem Borat dagegen bei 60—65% II in der Lsg. das Gleichgewicht erreicht. Die Hälfte der maximalen Wirksamkeit wird bei einer Konz. von $3 \cdot 10^{-3}$ mol. D-Xylose bei p_H 7,5 u. 30° erreicht. I wird in nicht kompetitiver Weise durch Tris-[oxymethyl]-aminomethan gehemmt. Die Rohextrakte aus P. pestis enthalten eine *Xylulokinase,* die II in Ggw. von Adenosintriphosphat zu phosphorylieren vermag, jedoch nicht die Phosphorylierung von D-Xylose katalysiert. (J. Amer. chem. Soc. **77.** 1663—67. 20/3. 1955. Camp. Detrick, Med. Bacteriol. Div.)
A. Hesse. 4210

E. Kolb, *Untersuchungen über das Vorkommen von Amylase im Harn von Haustieren.* Der Geh. an *Amylase* wurde nach der Meth. von Wohlgemuth im Harn verschied. Haustiere bestimmt. Er liegt im Gegensatz zu den Serumwerten nicht beträchtlich höher (Hund) oder sogar niedriger (Schwein, Pferd, Rind) als beim Menschen. Auch die Schwankungsbreite ist in der gleichen Größenordnung. (Naturwissenschaften **43.** 202—03. Mai 1956. Leipzig, Karl-Marx-Univ., Vet.-Physiol.-Chem. Inst.) A. Dillmann. 4210

Egon Stark und **P. A. Tetrault,** *Isolierung eines bakteriellen, zellfreien, stärkeverzuckernden Enzyms aus dem Medium bei 70°.* Aus einer bei 70° gewachsenen Kultur bei Bacillus stearothermophilus, ATCC Nr. 7954, wurde durch Zentrifugieren, Dialysieren der überstehenden Fl., Einengen u. Fällen mit A. ein *Enzympräp.* erhalten, das noch bei 90° bestimmbare Mengen von *Maltose* aus *Stärke* bildet. (J. Bacteriol. **62.** 247—49. Aug. 1951. Lafayette, Ind., Purdue Univ., Dep. of Biol. Sci., Labor. of Bacteriol.)
F. Krusen. 4210

Ss. M. Prokoschew, Je. I. Petrotschenko und **W. A. Passeschnitschenko,** *Tomatinase in den Blättern der Tomaten.* In den Blättern der Tomate wurde ein neues Ferment festgestellt, für welches die Bezeichung *Tomatinase* vorgeschlagen wird. Dieses spaltet vom Mol. des *Tomatins* (I) u. *Demissins* (II) Zucker ab, wirkt aber nicht auf das Solanin (III). Gleiche Voll. Blattsaft, $^1/_{15}$ mol. Phosphatpuffer (p_H 5,9) u. 0,2—0,3%ig. wss. Lsg. von I, II oder III (angesäuert mit Essigsäure) werden unter Zusatz von Toluol 48 Std. auf 36—37° erhitzt. Zur Inaktivierung der Fermente u. Eiweißfällung wird 10%ig. HPO_3 zugesetzt. Im Filtrat werden I, II u. III durch Zusatz von 40%ig. NaOH bis zur alkal. Rk. nach Phenolphthalein gefällt u. in $(NH_4)_2SO_4$ gelöst, 4 Std. auf dem Wasserbad hydrolysiert u. titriert. Der Vgl. der spezif. Wrkg. dieses Ferments auf das Substrat mit derjenigen der Solaninase (vgl. Petrotschenko, C. **1954.** 1748) erlaubt den Schluß, daß die spezif. Wrkg. der Fermente, welche Glykoalkaloide spalten, offenbar durch die Natur der chem. Bindungen in der Glykosidkette der Glykoalkaloide bestimmt wird. Das Maximum der Fermentwrkg. von Tomatenblättern auf Tomatin liegt bei p_H 5,5—6,5. Bei 18—20° u. 36—37° ist die Wrkg. prakt. die gleiche. Die Tomatinzers. durch den Saft der Stengel u. grünen Frucht ist schwächer als durch den Saft der Blätter. Wird aus dem Blattsaft durch Sättigung mit $(NH_4)_2SO_4$ bei −5° das Eiweiß ausgesalzen, dialysiert u. entweder direkt oder nach der lyophilen Trocknung u. Auflsg. im Phosphatpuffer auf die Wrkg. gegenüber I, II u. III geprüft, so wird eine Spaltung von I u. II, nicht jedoch von III beobachtet. (Доклады Академии Наук СССР [Ber. Akad. Wiss. UdSSR] **106.** 313—16. 11/1. 1956. Bach-Inst. für Biochem. der Akad. der Wiss. der UdSSR.)
A. Jacob. 4210

Elizabeth S. Maxwell, *Diphosphopyridinnucleotid, ein Cofaktor der Galakto-Waldenase.* Die Umwandlung von *α-D-Galaktose-1-phosphat* (I) u. *α-D-Glucose-1-phosphat* (II) durch an Galaktose adaptierte Hefe oder durch Säugetiergewebe verläuft über *Uridindiphosphoglucose* (III) u. *Uridindiphosphogalaktose* (IV) nach nebenst. Gleichungen. Rk. 2., die eine Inversion am C-Atom 4 des Monosaccharidteiles ist, wird durch eine *Galakto-Waldenase* (Kalckar u. Mitarbeiter, C. **1955.** 4126) katalysiert, welche 30fach gereinigt wurde. Diese bedarf zu ihrer Wrkg. Diphosphopyridinnucleotid als Cofaktor; offenbar erfolgt bei der Inversion eine Oxydation u. anschließende Red. am C-Atom 4.

1. $I + III \rightleftharpoons IV + II$
2. $IV \rightleftharpoons III$

Summe: $I \rightleftharpoons II$

(J. Amer. chem. Soc. **78.** 1074. 5/3. 1956. Bethesda, Md., Nat. Inst. of Arthritis and Metabolic Dis.)
A. Hesse. 4210

Robert K. Crane, *Die Substratspezifität der Glucose-6-phosphatase der Leber.* Untersucht wird, ob die früher (CRANE u. SOLS, C. **1955.** 10771) beschriebenen Phosphorsäureester von Zuckern u. deren Derivv. die Wrkg. der *Glucose-6-phosphatase* (I) kompetitiv hemmen. Für ein I-Präp., das ohne Wrkg. gegen *Glucose-1-phosphat* war u. eine geringfügige Wrkg. gegen β-Glycerophosphat zeigte, wurden folgende Werte für MICHAELIS-Konstante u. relative Spaltungsgeschwindigkeit (Substratkonz. in Mol pro Liter in Klammern) gefunden: *Glucose-6-phosphat* (II) 0,002; 1 (0,025); *2-Desoxyglucose-6-phosphat* 0,01; 0,013 (nicht bestimmt); *Galaktose-6-phosphat* (III) 0,05; 04 (0,033); *1.5-Sorbitan-6-phosphat* (IV) 0,01; 0,75 (0,025); *Allose-6-phosphat* (V) 0,007; 0,9 (0,033); *Glucosamin-6-phosphat* 0,01 (nicht bestimmt); *Ribose-5-phosphat* 0,005; 0,3 (0,033); *Glucoheptulose-7-phosphat* 0,018 (nicht bestimmt); *Mannose-6-phosphat* 0,02; 05 (0,07); *d-Sorbose-1-phosphat* (VI) 0,008; 0,15 (0,008). — Weiterhin wurde die Hemmung der Spaltung von II, III, V u. VI durch IV zu 11, 45, 30 bzw. 50% gefunden. Hieraus wird geschlossen, daß die Hydrolyse durch ein einziges Enzym erfolgt; die Hemmung steht annähernd in Übereinstimmung mit den K_m-Werten. Offenbar ist II das prim. Substrat u. kann unter physiol. Bedingungen bei Vorliegen verschied. Substrate bevorzugt werden. (Biochim. biophysica Acta [Amsterdam] **17.** 443—44. Juli 1955. Saint Louis, Mo., Washington Univ., School of Med., Dep. of Biol. Chem.) A. HESSE. 4210

M. A. Pressnow, *Glycerophosphataseaktivität von Kernnucleoproteiden.* Die *Kernnucleoproteide* (I) wurden in nativem Zustand aus Kälberthymus nach MIRSKY u. POLLISTER gewonnen, der Gewebebrei zur Entfernung von cytoplasmat. Stoffen aber noch 2mal mit einer Lsg. von 0,13mol. NaCl u. 0,01mol. Na-Citrat u. dann mit einer physiol. NaCl-Lsg. gewaschen. Nach Dialyse gegen dest. W. wurde eine wss. Lsg. von I erhalten. Alle Arbeiten erfolgten bei 0°. Die *Glycerophosphatase* (II)-Aktivität wurde in alkal. Lsg. vom p_H 9,4 (0,5 g Medinal, 0,5 g Na-Glycerophosphat, 100 cm³ dest. W., 2 cm³ 2%ig. $MgSO_4$-Lsg.) u. in saurer Lsg. vom p_H 5,0 (0,5 g Na-Glycerophosphat, 100 cm³ 0,2mol. Acetatpuffer) bei 37° nach 1—17 Std. bestimmt. Die Rk. wurde durch Zugabe von $CCl_3 \cdot COOH$ (Endkonz. 5%) abgebrochen, die II-Aktivität durch den Anstieg des anorgan. P (auf 1 mg trockenes I u. 1 mg N_2 bezogen) gemessen. Im ursprünglichen Extrakt wurden im alkal. Substrat 10,1 γ P/mg I oder 60,0 γ/mg N_2 nach 1 Std. gefunden. Die Aktivität fiel nach den ersten 2 Umfällungen (Eingießen der Salzlsg. in kaltes dest. W.) infolge des Verlustes an wasserlösl. Ferment, stieg dann aber ständig an, um nach der 11. Umfällung 15 bzw. 90 γ P zu erreichen. Im sauren Medium ist die II-Aktivität 17—20mal geringer: erst nach 17 Std. wurden beim Präp. der 11. Umfällung 10,6 γ P/mg I oder 63,7 γ P/mg N_2 gefunden. Da die I ihre II-Aktivität weder nach 3tägigem Dialysieren ihrer Salzlsg. gegen W. noch beim Übergang von wss. Lsg. zu Salzlsg. verlieren, wohl aber nach 15 Min. Erwärmen auf 70° u. nach Zugabe von NaF (0,01mol.) u. außerdem weder in der Kälte noch als Folge einer Hydrolyse von I anorgan. P frei wird, kommt dem I selbst eine II-Aktivität zu. (Доклады Академии Наук СССР [Ber. Akad. Wiss. UdSSR] **93.** 123—26. 1/11. 1953.) W. SCHMELZ. 4210

Cecil Cooper und **Albert L. Lehninger**, *Oxydative Phosphorylierung durch einen Enzymkomplex aus Mitochondrienextrakten.* 1. Mitt. *Der Bereich β-Oxybutyrat–Sauerstoff.* (Vgl. Biochim. biophysica Acta [Amsterdam] **18.** [1955.] 159.) Aus Digitoninextrakten von Rattenlebermitochondrien wurde ein *Multienzymkomplex* (I) relativ niedrigen Teilchengewichtes abgetrennt, der funktionell u. strukturell noch hoch organisiert war. I-Präpp. katalysieren die Oxydation von *D(—)-β-Oxybutyrat* (II) zu *Acetoacetat* über das Cytochromsystem. Die Oxydation ist mit der Phosphorylierung von Adenosindiphosphat (III) zu Adenosintriphosphat gekoppelt (P : O meist 1,5—2,4, maximal 2,8). Die 5'-Diphosphate von Inosin, Uridin, Cytidin, Thymidin u. Guanosin können III nicht als Phosphatacceptor vertreten. Die Phosphorylierung wird durch 2.4-Dinitrophenol, Gramicidin, Methylenblau, Dicumarol, Arsenat u. Pentachlorphenol entkoppelt, durch Ca^{2+} jedoch nicht beeinflußt. Von einer Anzahl untersuchter Stoffwechselintermediärverbb. werden nur II u. Succinat mit merklicher Geschwindigkeit durch I-Präpp. oxydiert. Bei Zusatz chem. red. Diphosphopyridinnucleotids als Substrat erfolgt zwar Oxydation, jedoch ist das P : O-Verhältnis sehr klein. I enthält *Flavinnucleotide, Cytochrom c, a* u. a_3, sowie viel *Phospholipid.* Die I-Präpp. erlauben eine bessere Unters. des enzymat. Mechanismusses der oxydativen Phosphorylierung als sie mit intakten Mitochondrien möglich ist. (J. biol. Chemistry **219.** 489—506. März 1956. Baltimore, Md., Johns Hopkins Univ., School of Med., Dep. of Physiol. Chem.) K. MAIER. 4210

Thomas M. Devlin und **Albert L. Lehninger**, *Oxydative Phosphorylierung durch einen Enzymkomplex aus Mitochondrienextrakten.* 2. Mitt. *Der Bereich β-Oxybutyrat–Cytochrom c* (1. vgl. vorst. Ref.; vgl. Biochim. biophysica Acta [Amsterdam] **18.** [1955.] 159.) Der aus Digitoninextrakten von Rattenlebermitochondrien abgetrennte *Multienzymkomplex* (I) katalysiert die Red. von *Ferricytochrom c* (**IV**) auf Kosten von *D*(—)-*β*-*Oxybutyrat* (**II**). Zur Verhinderung der Ferrocytochrom c-Rückoxydation diente Cyanid. Mit der Redox-Rk. ist die Phosphorylierung von Adenosindiphosphat (**III**) (P : 2e-Verhältnis ca. 1,0) gekoppelt, wobei **III** als Phosphatacceptor spezif. ist, während die 5′-Diphosphate anderer Purin- u. Pyrimidinriboside unwirksam sind. 2.4-Dinitrophenol, Gramicidin, Dicumarol u. Pentachlorphenol bewirken Entkopplung der Phosphorylierung. *Antimycin A* (**V**) hemmt Redox-Rk. u. Phosphorylierung vollständig. Bei Ersatz von **IV** durch Ferricyanid als Elektronenacceptor beträgt P : 2e ebenfalls ca. 1,0. Die Red. wird durch **V** ebenfalls völlig blockiert. Chem. red. Diphosphopyridinnucleotid (**VI**) wird durch Cytochrom c in Ggw. von **I** leicht oxydiert, wobei nur geringe oder keine Phosphorylierung erfolgt u. die Rk. weniger **V**-empfindlich ist. Es wird angenommen, daß bei Zusatz von $\mathbf{VI}_{red}$ als Substrat ein anderer, nichtphosphorylierender Reaktionsmechanismus bevorzugt wird, während die Oxydation des im Enzymkomplex gebunden vorhandenen $\mathbf{VI}_{red}$ (vermutlich durch Wrkg. der gebundenen *β*-Oxybuttersäuredehydrogenase gebildet) von einer Phosphorylierung begleitet ist. Die Red. von zugesetztem **VI** durch **II** in Ggw. von **I** ist nicht mit einer Phosphorylierung verbunden. (J. biol. Chemistry **219.** 507—18. März 1956. Baltimore, Md., Johns Hopkins Univ., School of Med., Dep. of Physiol. Chem.) K. MAIER. 4210

Cecil Cooper und **Albert L. Lehninger,** *Oxydative Phosphorylierung durch einen Enzymkomplex aus Mitochondrienextrakten.* 3. Mitt. *Der Bereich Cytochrom c–Sauerstoff.* (2. vgl. vorst. Ref.) Der aus Rattenlebermitochondrienextrakten abtrennbare *Multienzymkomplex* katalysiert die Oxydation von *Ascorbat* durch mol. O_2, wenn *Cytochrom c* zugesetzt wird. In Ggw. von Orthophosphat u. Adenosindiphosphat als Phosphatacceptor erfolgt gekoppelte Phosphorylierung mit P : O-Verhältnissen bis 0,9. Die 5′-Diphosphate von Uridin, Inosin, Cytidin u. Guanosin sind als Phosphatacceptoren unwirksam. 2.4-Dinitrophenol, Dicumarol, Gramicidin, p-Chlormercuribenzoat, Methylenblau, Arsenat u. Pentachlorphenol bewirkten Entkopplung der Phosphorylierung. Die obere Grenze des P : O-Verhältnisses wird durch die maximale Absolutgeschwindigkeit der Phosphataufnahme festgelegt, die sich selbst wiederum aus der maximalen Aktivität des beim Kopplungvorgang beteiligten phosphatübertragenden Syst. ergibt. Hieraus erklären sich die ziemlich niedrigen P : O-Verhältnisse bei Verwendung von chem. hergestellten Ferrocytochrom c als Substrat, da dieses mit extrem großer Anfangsgeschwindigkeit oxydiert wird, die die Kapazität des phosphatübertragenden Syst. weit überschreitet. (J. biol. Chemistry **219.** 519—29. März 1956. Baltimore, Md., Johns Hopkins Univ., School of Med., Dep. of Physiol. Chem.) K. MAIER. 4210

Lars Ernster und **Hans Löw,** *Nachweis eines thermostabilen Cofaktors der oxydativen Phosphorylierung in Rattenlebermitochondrien.* Unterss. in Mg^{2+}- u. Ca^{2+}-freien Lsgg. gealterter Mitochondriensuspensionen haben gezeigt, daß beim Alterungsvorgang aus den Mitochondrien ein bei der Phosphorylierung beteiligter Faktor (**I**) abgespalten wird. Durch Erhitzen des zentrifugierten Präincubationsmediums (100°, 2 Min.) kann **I** stabilisiert werden. Ferner ist **I** in erhitzten Extrakten frisch hergestellter Mitochondrien nachweisbar. Möglicherweise beruht die früher beobachtete Abnahme der Phosphorylierung auf einer enzymat. Zerstörung von **I.** (Acta chem. scand. **9.** 1043—44. 1955. Stockholm, Wenner-Gren's Inst.) K. MAIER. 4210

Jean Verne, *Die Aktivität alkalischer Phosphatase der neutrophilen Granulocyten. Histochemische Untersuchung an der weißen Ratte.* Die *alkal. Phosphatase* (**I**) ist kein konstanter Bestandteil der neutrophilen Granulocyten des zirkulierenden Blutes. In Schnitten von Lunge, Leber u. Magenfundusschleimhaut, bes. während der Verdauung, ergab der **I**-Nachw. mit der GOMORI-Rk. bei n. Ratten nur wenige schwarze, polynucleäre Leukocyten, während ihre Zahl nach subcutaner Injektion von Histamin, Schlangengift oder Trypanblau u. bes. parallel mit dem Wachstum implantierter Tumoren beträchtlich zunahm (Leukocytose, Leukopedese). In den Mastocyten der Haut wurde keine **I**-Aktivität gefunden. (C. R. Séances Soc. Biol. Filiales **149.** 803—05. April 1955. Paris, Fac. Med., Labor. Biol. med.) H. CARLS. 4210

Otto Walaas und **Eva Walaas,** *Untersuchungen über die Hemmung der d-Aminosäurenoxydase. d-Aminosäurenoxydase* (**I**) wird durch Anionen in der folgenden Reihe gehemmt: J^-, Br^-, NO_3^-, Cl^-, PO_4^{3-}, SO_4^{2-}, CH_3COO^-, F^-. Bei einer Konz. von $1,4 \cdot 10^{-2}$ mol. an **I** tritt durch $8,5 \cdot 10^{-2}$ mol. NaCl 50%ig. Hemmung auf. Die Hemmung ist kompetitiv. *Adenylsäure, ATP* u. *FMN* sind starke Inhibitoren (50% bei ca. $5 \cdot 10^{-4}$ mol.) *DNP* hat eine schwächere Wirkung. *Adenosin, Adenin* u. *Hypoxanthin* haben dieselbe Inhibitorstärke bei ca. $6 \cdot 10^{-3}$ mol.; *Cytosin* u. *Uracil* hemmen wenig, *Riboflavin* besitzt keine Wirkung. (Acta chem. scand. **8.** 1104. 1954. Stockholm, Med. Nobelinst., Biokem. avdeln.) H.-R. SCHÜTTE. 4210

Arthur Kowalsky, C. Wyttenbach, L. Langer und **D. E. Koshland jr.**, *Übertragung von Sauerstoff in die Glutamin-Synthetase-Reaktion.* Ergebnisse über Rk. einer ^{18}O markierten *Glutaminsäure* (I) mit Adenosintriphosphat (ATP) u. entweder Hydroxylamin oder NH_4Cl. ^{18}O-Nachw. im freien Adenosindiphosphat (ADP) negativ. In höheren Werten im anorgan. Phosphat. Ergebnisse zeigten, daß man es mit einer stöchiometr. Übertragung des Sauerstoffes aus der Carboxylgruppe der I auf die terminale Phosphatgruppe des ATP zu tun hat. Indirekte Aktivierung der Carboxylgruppe über Proteinkette ausgeschlossen, da unmarkiertes Phosphat entstehen würde. Zwischen-Rk. des Enzyms mit I unter Bldg. eines Glutamylenzyms nicht möglich. Rk. würde Austausch des Sauerstoffes des W. im Medium u. I zur Folge haben. Carboxylsauerstoff der I mittels Kovalentbindung übertragen. Glutamylphosphat nicht nachweisbar. (J. biol. Chemistry **219.** 719—25. April 1956. Upton, N. Y., Brookhaven Nat. Labor.) H. DÖLLE. 4210

Bruce N. Ames und **B. L. Horecker**, *Die Biosynthese des Histidins: Imidazolacetolphosphattransaminase.* (Vgl. J. biol. Chemistry **212.** [1955.] 687.) *Neurospora crassa*, bes. einige Mutanten, bilden ein Enzym, *Imidazolacetolphosphat* (I)-*Transaminase* (II), das die reversible Bldg. von *L-Histidinolphosphatester* (III) u. *α-Ketoglutarat* (IV) aus I-Ester u. *L-Glutamat* (V) katalysiert. Eine gewisse Wirksamkeit bei der Transaminierung von I zu III zeigen auch *L-α-Aminoadipat* (VI), *L-Arginin* (VII) u. *L-Histidin* (VIII). II katalysiert ferner V–VI, V–VII, V–VIII, VI–VII u. VI–VIII-Transaminierungen. II wurde durch fraktionierte $(NH_4)_2SO_4$-Fällung eines Acetonpulverpufferextraktes (p_H 7,6), fraktionierte Adsorption an $Ca_3(PO_4)_2$Gel u. $(NH_4)_2SO_4$-Fällung des Geleluates 18fach angereichert. Gereinigtes II benötigt als Cofaktor Pyridoxalphosphat (halbmaximale Aktivität mit $1,4 \cdot 10^{-6}$ mol.). *ω-Methylpyridoxalphosphat* aktiviert ebenfalls. Das p_H-Optimum in Pyrophosphatpuffer ist 8,1, die Gleichgewichtskonstante (37°, p_H 8,1) für die III–V-Transaminierung ca. 0,04. Die K_m-Werte sind für III u. IV $1,1 \cdot 10^{-3}$ u. $1,2 \cdot 10^{-3}$.

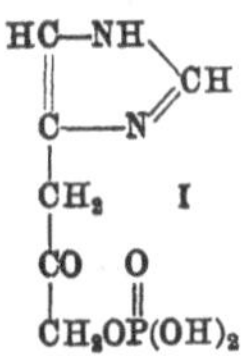

Versuche: *L-Histidinolphosphatmonohydrat*, $C_6H_{12}O_4N_3P \cdot H_2O$, L-Histidinoldihydrochlorid u. Tetraphosphorsäure unter Eiskühlung mischen, nach Wasserzusatz 1 Std. auf dem Dampfbad erhitzen, Isolierung analog wie bei Äthanolaminphosphat, Reinigung des mit A. gefällten sirupösen Phosphatesters durch Fraktionierung an Dowex-1(X8)-Acetat, durch lyophile Trocknung beständiges Pulver. — *Imidazolacetolphosphat* (I) IV u. III in Ggw. von Pyridoxalphosphat 7 Std. mit II-Lsg. bebrüten (Raumtemp.), Eiweiß durch 2 Min. Erhitzen fällen (93%ig. I-Bldg.), Überstand an Dowex-1-Acetat fraktionieren (Elution mit W.–Essigsäure), I lyophil trocknen; hygroskop. Pulver, λ_{max} 282 mμ (NaOH). (J. biol. Chemistry **220.** 113—28. Mai 1956. Bethesda, Md., U. S. Publ. Health Serv., Nat. Inst. of Health, Nat. Inst. of Arthritis and Metabolic Diseases.) K. MAIER. 4210

Peter Reichard, Lloyd H. Smith und **Gunnar Hanshoff**, *Enzymatische Synthese von Ureidobernsteinsäure aus Citrullin über Verbindung X und Carbamylphosphat.* Da aus *Citrullin* (I)-$^{14}C_{ureido}$ u. *Asparaginsäure* in Ggw. von *Acetylglutamat* (III), *Adenosintriphosphat* (IV) u. Mg^{2+} in Rattenlebermitochondrienextrakt *Ureidobernsteinsäure* (V) entsteht, was auf das intermediäre Auftreten von *Verb. X* (GRISOLIA u. COHEN, C. **1955.** 7005) hinweist, wurde die Bldg. radioakt. Zwischenprodd. bei dieser Rk. untersucht. Nach Zusatz von Träger-*Carbamylphosphat* (VI) waren papierelektrophoret. 2 radioakt. Verbb. nachweisbar, eine mit VI zusammenfallend u. beide bei Behandlung mit 0,05n-HCl u. Erwärmen verschwindend. 2 radioakt. Banden traten auch bei Verss., wo *X* aus NH_3, $NaH^{14}CO_3$, IV, Mg^{2+} u. III gebildet wurde, auf. Bei *X*-Bldg. aus ^{14}*C-Carbamylglutamat* (II), $NaHCO_3$, NH_3, IV, Mg^{2+} u. III war nur die rascher wandernde Bande radioaktiv. Die Aktivität verschwand bei HCl-Behandlung nicht. Fraktionierung der radioakt. Verbb. durch Ionenaustauschchromatographie an Dowex-2-Formiat u. stufenweise Eluierung mit NH_4-Formiat, p_H 8, gaben 2 radioakt. Maxima, deren Auftreten wie bei vorst. Verss. von der Ggw. von III im Ansatz abhängig war. Das 1. entsprach VI, das 2. (stärker sauer) war bei Verss. mit ^{14}*C*-II radioaktiv. Beide Verbb. konnten in Ggw. von *Ornithin* I bilden. Die stärker sauere enthielt an III (oder II) gebundene V u. war anscheinend mit *X* identisch. Wahrscheinlich ist *X* die erste akt. Intermediärverb. bei I- u. V-Synth., u. entsteht VI aus X. Das intermediäre Auftreten von VI bei der V-Bldg. wurde durch enzymat. Verss. mit $^{15}NH_4Cl$, IV, $MgCl_2$, III u. ^{14}*C-Asparagat* bestätigt. (Acta chem. scand. **9.** 1010—12. 1955. Stockholm, Karolinska Inst., Biochem. Dep.) K. MAIER. 4210

James B. Walker, *Biosynthese von Canavaninbernsteinsäure aus Canavanin und Fumarat in der Niere.* Vf. erhielt durch $(N_4H)_2SO_4$-Fällung aus einem Extrakt von Schweinenieren-Acetontrockenpulver ein Enzympräp. (I), das die Synth. von *Canavaninbernsteinsäure* (II) aus Canavanin (III) u. Fumarat katalysiert. Arginin (IV) hemmt bei

I konkurrierend die Bldg. von **II** aus **III**, während **III** die Bldg. von **IV**-Succinat (**V**) aus **IV** hemmt. Vf. nimmt an, daß beide Rkk. durch Argininosuccinase katalysiert werden. Die Struktur von **II** konnte durch katalyt. Hydrogenolyse mit H_2 u. Pd-Schwarz gesichert werden, die zu Homoserin u. Guanidinbernsteinsäure (**VI**) führt. Unter den gleichen Bedingungen (neutrale Rk., Zimmertemp., n. Druck) wird **III** durch katalyt. Hydrogenolyse unter Aufnahme von 1 Mol H_2 in Homoserin u. Guanidin (**VII**) gespalten. Auf dem Papierchromatogramm können **II** u. **III** durch alkal. K-Ferricyanid-Nitroprussid-Na-Lsg. blauviolett, **IV**, **V**, **VI** rot, cycl. **V** u. **VI** blau u. **VII** orange angefärbt werden. (Arch. Biochem. Biophysics **59.** 233—45. Nov. 1955. Austin, Tex., Univ., Biochem. Inst. and Clayton Found. for Res.) E. SCHWERDTFEGER. 4210

Sol Sherry, Walter Troll und **Eugene D. Rosenblum**, *„Kollagenase"-Aktivität von Kathepsinen. Kollagen* (**I**) wird bei neutralem p_H nicht von den bekannten Proteinasen angegriffen. Vff. beobachteten, daß die pflanzlichen Kathepsine *Papain* u. *Ficin* u. die tier. Kathepsine **I** im p_H-Bereich von 2—4,5 bei geringer Salzkonz. verdauen. Vff. glauben, daß sich **I** im sauren p_H-Bereich so reversibel verändert, daß proteolyt. Enzyme, die im sauren Bereich akt. sind, **I** verdauen können. (Proc. Soc. exp. Biol. Med. **87.** 125—28. Okt. 1954. Cincinnati, Jewish Hosp. Assoc., May Inst. for Med. Res.) G. BRATFISCH. 4210

I. Rychlik, Ju. Švejcar und **F. Šorm**, *Synthese der Proteasen und Amylase in der Bauchspeicheldrüse der Maus in vitro.* In Verss. mit Pankreas der weißen Maus unter Verwendung von totalem, mit Tryptophan angereichertem oder von enzymat. Teilhydrolysat von Casein wird gezeigt, daß als optimale Konz. der Aminosäuren (**I**) für die Synth. von *Proteasen* (**II**) u. *Amylase* (**III**) in vitro 2—3% anzusehen sind. Die freien **I** sind eine ausreichende Quelle zur Bldg. der Pankreasenzyme. Anaerobe Umgebung u. 2.4-Dinitrophenol unterdrücken vollständig die Synth. von **II** u. **III**; Glucose ist ohne Wirkung. Die Zellen scheinen ausreichende endogene Energiequellen für die Synth. zu besitzen. Die **II**-Synth. findet auch bei fehlender **I**-Zufuhr statt. Die endogene Synth. macht 10—30% der Gesamtsynth. bei optimalen Bedingungen aus. In der anaeroben Umgebung u. durch 2.4-Dinitrophenol wird auch diese vollkommen unterdrückt. Auch in diesem Fall handelt es sich um eine echte Eiweißsynthese. Ob die **I**-Quelle für die endogene **II**- u. **III**-Synth. freie **I** oder ihre Vorstufen sind, konnte nicht entschieden werden. Die maximale Synth. der Pankreas-**II** geht nur in Ggw. von mit Tryptophan angereichertem Caseinhydrolysat vor sich. Azaserin erwies sich als ein starker Inhibitor der Proteinsynth., ebenso Methioninsulfoximin, dagegen nicht dl-Äthionin. D-Chloramphenicol hemmte die Enzymsynth. nur in maximaler Konz. (500 μg/ml); L-Chloramphenicol zeigte die gleiche Wrkg. wie das D-Präparat. (Доклады Академии Наук СССР [Ber. Akad. Wiss. UdSSR] **104.** 283—87. 11/9. 1955.) F. DU MANS. 4210

Oscar D. Ratnoff, *Untersuchungen über ein proteolytisches Enzym im menschlichen Plasma.* 7. Mitt. *Tödlicher hämorrhagischer Zustand mit exzessiver proteolytischer Plasmaaktivität bei einer Operation des Carcinoms des Pankreaskopfes.* (6. vgl. C. **1956.** 3079.) Ein tödlicher Zwischenfall (bei einer Operation einer 42 jährigen Patientin mit Carcinom des Pankreaskopfes) infolge Gerinnungsunfähigkeit des Blutes der Patientin trotz der Ggw. beträchtlicher Mengen von Fibrinogen beruhte auf einer gleichzeitig vorhandenen übermäßigen proteolyt. Wrkg. des Plasmas. (J. clin. Invest. **31.** 521—28. Mai 1952.) G. WELTZIEN. 4210

Oscar D. Ratnoff (unter Mitarbeit von **Velma H. Axelrod** und **Rosemary K. Ashe**), *Untersuchungen über ein proteolytisches Enzym im menschlichen Plasma.* 8. Mitt. *Der Einfluß von Calcium- und Strontium-Ionen auf die Aktivierung des proteolytischen Plasmaenzyms.* (7. vgl. vorst. Ref.) Das proteolyt. Enzym des menschlichen Plasmas, welches *Fibrin, Fibrinogen* u. gewisse andere *Proteine* bei nahezu neutraler Rk. zu hydrolysieren vermag, scheint im zirkulierenden Blut in einer inakt. Vorstufe vorzuliegen. Vf. fand daß Ca- u. Sr-Ionen in rohen Extrakten die Aktivierung dieser Vorstufe beschleunigen. $CaCl_2$ zeigte sich dabei etwas wirksamer als $SrCl_2$. Unwirksam waren K^+, Li^+, Ba^{2+}, Mg^{2+}, Zn^{2+}, Au^{3+}, Cu^{2+}, Hg^{2+} u. Cd^{2+}. Bei Anwendung auf gereinigte Enzympräpp. erwiesen sich auch Ca^{2+} u. Sr^{2+} als unwirksam; es scheint demnach nur ein indirekter Einfl. zu bestehen. Das akt. Enzym u. die Aktivierung durch $CHCl_3$ oder Streptokinase werden durch Ca nicht beeinflußt. Da die Ca-Konz., die sich in den rohen Extrakten als wirksam erwies, mit der im Plasma vorhandenen, vergleichbar ist, ist es möglich, daß der beobachtete Effekt physiol. Bedeutung besitzt. (J. exp. Medicine **96.** 319—29. 1/10. 1952. Cleveland, O., West. Reserve Univ., School of Med., u. Mount Sinai Hosp. of Cleveland.) W. KOCH 4210

Oscar D. Ratnoff (unter techn. Mitwirkung von **Joan Colopy**), *Untersuchungen über ein proteolytisches Enzym in menschlichem Plasma.* 9. Mitt. *Fibrinogen und Fibrin als Substrate für das proteolytische Plasmaenzym.* (8. vgl. vorst. Ref.) Um Fibrin (**I**) durch akt.

bovines proteolyt. Plasmaenzym (**II**) zu verflüssigen bzw. um Fibrinogen (**III**) durch **II** ungerinnbar zu machen, sind ungefähr gleiche Einwirkungszeiten notwendig. Nach Aktivierung von **II** mittels Streptokinase (**IV**) verläuft die **I**-Verflüssigung in humanen Seren rascher, als die Wrkg. auf **III**. Auch im Plasma einiger Cirrhosepatienten vollzieht sich die Fibrinolyse schneller als die Fibrinogenolyse. Daraus schließt Vf., daß die spontane oder durch **IV** bewirkte Aktivierung von **II** durch den Koagulationsvorgang beschleunigt wird. (J. clin. Invest. **32.** 473–79. Juni 1953. Cleveland, O., Western Res. Univ., School of Med., u. Univ. Hosp., Dep. of Med.) H. GOEBEL. 4210

J. T. M. Dingle und **D. P. Page Thomas,** *Nachweis von Serumfibrinolysin durch einen Lochplattentest.* Für den Nachw. von Serum-Fibrinolysin wird ein Agarplattentest (Auxanogramm) beschrieben, der auf den von PERMIN sowie von DINGLE, REID u. SOLOMONS angegebenen Methoden aufbaut. (Nature [London] **175.** 728–29. 23/4. 1955. Bath, Manor Hosp., Central Labor., Rheumatism Res. Unit of South West and Oxford Regions.) H. ZELLER. 4210

Ugo Lombroso, Ludovico Arrigo und **Sandro Pontremoli,** *Über den Mechanismus der Trypsinwirkung als lipotroper Faktor. Enzym oder Hormon?* Ein 72 Std. bei 37° mit NaOH behandeltes *Trypsin* (**I**)-Präp. zeigte in vitro keine proteolyt. Wrkg., obwohl es im Tiervers. reines **I** ersetzte. (Atti Accad. naz. Lincei, Rend., Cl. Sci. fisiche, mat. natur. [8] **10.** 199–203. März 1951.) C. GRIMME. 4210

L.-E. Ericson und **A. E. Harper,** *Wirkung des Futters auf die Betain–Homocystein-Transmethylase der Rattenleber.* 3. Mitt. *B-Vitamine außer Vitamin* B_{12}. (1. u. 2. vgl. C. **1956.** 12299.) Wenn ein Futter mit Mangel an *Thiamin, Riboflavin, Niacin, Pyridoxin, Pantothensäure* oder *Folsäure* an Ratten verfüttert wurde, war die Aktivität der *Betain–Homocystein-Transmethylase* ihrer Lebern höher als bei Lebern von Ratten, die ein vollständiges Futter erhielten. Mangel an *Cholin* oder *Biotin* andererseits verursachte eine leichte Abnahme der Transmethylaseaktivität. – 11 Literaturangaben. (Proc. Soc. exp. Biol. Med. **90.** 298–300. Okt. 1955. Madison, Wis., Univ. of Wisconsin, Coll. of Agric., Dep. of Biochem.) H. PATZSCH. 4210

S. Dagley, *Oxydation von Octansäure durch zellfreie Bakterienextrakte.* Durch zellfreie Extrakte aus einem *Vibrio*-Stamm wurde *Octansäure* (**I**) mit mol. O_2 zu C_2-Bruchstücken oxydiert. Diphosphopyridinnucleotid, Coenzym A u. Mg^{2+} sind Cofaktoren bei der Reaktion. Akkumulierung von Acetat scheint die **I**-Oxydation zurückzudrängen. Weiteroxydation der C_2-Fragmente erfolgt über den Tricarbonsäurecyclus. (Nature [London] **177.** 1131–32. 16/6. 1956. Leeds, Univ., Dep. of Biochem.) H. GOEBEL. 4210

F. L. Crane, S. Mii, Jens G. Hauge, D. E. Green und **Helmut Beinert,** *Über den Dehydrierungsmechanismus der Fettsäureacylderivate von Coenzym A.* 1. Mitt. *Allgemeine Fettsäureacyl–Coenzym A-Dehydrogenase.* Aus Acetontrockenpulver von Schweineleber-mitochondrien wurde ein *gelbes Flavoprotein* (**Y**) isoliert, das die α.β-Dehydrierung von Coenzym A (CoA)-Fettsäureacylderivv. katalysiert. **Y** ist akt. gegen CoA-Fettsäureacylderivv. von C_4–C_{16} u. besitzt ein Affinitätsmaximum gegen Substrate mit 8–12 C-Atomen in der Fettsäurekette, **Y** besitzt ein *Flavoprotein*-Spektr.; als prosthet. Gruppe ist wahrscheinlich Flavinadenindinucleotid vorhanden; auf 6 Flavinmoll. wurde 1 Fe gefunden, die Bedeutung dieses Metalls ist nicht bekannt. Durch Substrate red. **Y** (**Y**-H_2) wird nicht reoxydiert durch die üblichen Elektronenacceptoren (O_2, Ferricyanid, Indophenol, Cytochrom c), Reoxydation tritt durch ein spezif. elektronenübertragendes Flavoprotein (**ETF**) ein. Aus Rinderleber wurde ein **Y**-ähnliches Enzym isoliert. Angaben über die Reinigung von **Y** (Tabellen, Abb. des Absorptionsspektr., Elektrophoresediagramme). **Y**-ähnliche Enzyme wurden allg. „*Acyldehydrogenasen*" benannt. (J. biol. Chemistry **218.** 701–16. Febr. 1956. Madison, Wis., Univ. of Wisconsin, Inst. for Enzyme Res.) H. GOEBEL. 4210

F. L. Crane und **Helmut Beinert,** *Über den Dehydrierungsmechanismus der Fettsäureacylderivate von Coenzym A.* 2. Mitt. *Das elektronenübertragende Flavoprotein.* (1. vgl. vorst. Ref.) Vff. berichten über Isolierung u. Eigg. eines neuen *Flavoproteins* (**ETF**), das spezif. die Oxydation der red. Formen der grünen (Butyl–CoA-Dehydrogenase) u. gelben *Acyldehydrogenasen* (**Y**-H_2) durch Indophenol, Ferricyanid oder Cytochrom c bewirkt. Als prosthet. Gruppe dient wahrscheinlich *Flavinadenindinucleotid, Riboflavin*-Geh. von **ETF** 0,45%; minimales Mol.-Gew. 83500. Tabellen, Abb., Kurven; Diskussion der Ergebnisse. (J. biol. Chemistry **218.** 717–31. Febr. 1956.) H. GOEBEL. 4210

Jens G. Hauge, F. L. Crane und **Helmut Beinert,** *Über den Dehydrierungsmechanismus der Fettsäureacylderivate von Coenzym A.* 3. Mitt. *Palmityl–Coenzym A-Dehydrogenase.* (2. vgl. vorst. Ref.) Es wird über die Reinigung u. Eigg. eines neuen *Flavoproteins* (**Y'**) aus Schweineleber berichtet, das Fettsäureacyl–Coenzym A-Derivv. in α.β-Stellung dehydriert. Y' ist am aktivsten gegen Lauryl-CoA, gegenüber Palmityl-CoA besteht 70% dieser Wirksamkeit. Das Enzym scheint bes. auf Substrate mit langen C-Ketten spezif. zu sein. Als prosthet. Gruppe scheint Flavinadenindinucleotid zu fungieren. Y' enthält kein Fe; es benötigt zur Wrkg. das elektronenübertragende Flavoprotein (**ETF**). Reinigungsschema, Verh. bei Elektrophorese u. Ultrazentrifugation, Absorptionsspektr. (Abb.; Tabellen). (J. biol. Chemistry **219**. 727—33. April 1956. Madison, Wis., Univ. of Wisconsin, Inst. for Enzyme Res.) H. Goebel. 4210

F. H. Mattson und **L. W. Beck**, *Spezifität von Pankreaslipase auf die primären Oxygruppen von Glyceriden.* (Vgl. J. biol. Chemistry **214**. [1955.] 115). 2-Oleoyldipalmitin, 2-Oleoyldistearin, 2-Palmitoyldiolein u. 1-Oleoyldipalmitin wurden in vitro mit *Pankreaslipase* (I) hydrolysiert u. die Spaltprodd. isoliert u. charakterisiert. Es wurde gefunden, daß I spezif. die Estergruppierungen der prim. Oxygruppen in Glyceriden spaltet, u. zwar unabhängig von der Natur der esterbildenden Fettsäure (gesätt. C_{16}- oder C_{18}- oder ungesätt. C_{18}-Säuren). *Triglyceride* werden stufenweise verseift zu *1.2-Diglyceriden* → *2-Monoglyceriden.* Es wird vorgeschlagen, I zur Best. der Stellung von Fettsäuren in Glyceriden zu benutzen. (J. biol. Chemistry **219**. 735—40. April 1956. Cincinnati, O., Procter and Gamble Comp., Res. Div.) H. Goebel. 4210

E. Schilf, *Zur Physiologie und Klinik der Cholinesterase.* Übersichtsbericht im Anschluß an frühere Ausführungen über Physiologie des *Acetylcholins* (C. **1955**. 6551). (Die Medizinische **1955**. 1113—18. 20/8. Berlin, Akad. für Sozialhygiene, Arbeitshygiene u. ärztl. Fortbldg.) A. Hesse. 4210

A. Todrick, *Die Wirksamkeit von Acetyl- und Butyrylcholinesterasen auf einige Säugetiergewebe.* Das Rattenherz enthält *Butyrylcholinesterase* (I), die wahrscheinlich mit dem Enzym der Rattenmucosa ident. ist. Die Cholinesterase des Hundeherzens ist ähnlich aber nicht ident. mit diesen beiden. Das Enzym des Ziegenherzens ist eine *Acetylcholinesterase* (II). Unterss. an verschied. Nervengeweben des Pferdes ergaben: das Sympathicusganglion, der Thoraxsympathicusstrang u. das Trigeminusganglion enthalten ausschließlich II, während in den Ziliarganglien u. -nerven I u. II vorhanden sind. Die absol. Aktivität der beiden zuletzt genannten Gewebe beträgt nur $^1/_{20}$ der des Sympathicusganglions. Als spezif. Inhibitoren dienten für I: Diparcol u. Parpanit, für II: RP 3381 u. RP 3565. (Biochem. J. **52**. XXVIII—XXIX. Dez. 1952. Porton, near Salisbury, Chem. Defence Exp. Establishment.) R. König. 4210

E_3. Mikrobiologie. Bakteriologie. Immunologie.

Jerzy Wolf und **Romuald Kowalik**, *Farbstoffe der Mikroorganismen.* Die von Bakterien u. Schimmelpilzen gebildeten Farbstoffe werden eingehend, auch hinsichtlich ihrer Struktur, besprochen. — 35 Literaturangaben. (Wiadomości chem. **4**. 262—77. Sept./Okt. 1950. Główny Inst. Chem. Przemysłowej.) H. Freytag. 4300

Shozo Tanaka, Yasuo Sawada und **Takuro Yamamoto**, *Untersuchungen über den Kobaltstoffwechsel von Bacillus subtilis durch Verwendung von ^{60}Co.* Bei Aufzucht der Kulturen in Waksmans Medium mit Zusatz von 2 p.p.m. ^{60}Co wurde gefunden, daß der Co-Geh. je Gewichtseinheit der Zellen mit dem Wachstum zunimmt. Im Extrakt mit 75%ig. A. wurde der Maximalwert von ^{60}Co nach 48 Std. erreicht. Der Geh. an Vitamin B_1 nahm gleichfalls mit fortschreitendem Wachstum zu u. wurde bei beginnender Autolyse in das Medium ausgeschieden. Die autolysierten Zellen enthielten noch viel ^{60}Co, dessen anorgan. Natur nachgewiesen wurde. (Bull. Inst. chem. Res., Kyoto Univ. [Kagaku Kenkyusho Hokoku] **30**. 52—53. Sept. 1952. [Orig.: engl.]) J. Schwaibold. 4320

M. W. Fedorow und **T. A. Kalininskaja**, *Die Wirksamkeit der Bindung von Luftstickstoff durch Azotomonas fluorescens auf verschiedenen Kohlenstoffquellen und zu verschiedenen Perioden der Entwicklung der Kultur.* Bei der Unters. der Azotomonas fluorescens auf Luftstickstoffbindung wurden auf N-freiem Nährboden verschied. C-Quellen benutzt. Von diesen hat A. fluorescens Glucose, Fructose, Galaktose, Maltose, Saccharose, Raffinose, Xylose, Arabinose, Dextrin, Stärke, Glycerin, Mannit, Sorbit, A., Propyl-, Butyl-, Isopropylalkohol, Bernstein-, Fumar-, Äpfel-, Wein-, Milch-, Brenztrauben-, Essig-, Propion-, Benzoe-, China-, Glucon-, Citronensäure verwendet, nicht jedoch Ameisen-, Oxal-, Valerian- u. Salicylsäure sowie Lactose u. Inulin. Bei Kohlenhydraten u. mittleren u. höheren Alkoholen war die N-Bindung fast gleich u. betrug 12—14 mg/g des energet. Materials (ausgenommen Pentosen mit nur 5—7 mg). Bezogen auf das C-Radikal (ohne C der Carboxylgruppe) des Stoffes, betrug die fixierte N-Menge 30 mg/g, die chem. Energie des Stoffes ca. 1—2 mg/cal. Diese Produktivität der N-Fixierung blieb während der ganzen Entwicklungsperiode der Mikroben fast die gleiche. Starke Acidität u. starke Alkalität setzen die Fixierung herab; die Leistung auf 1 g der ausgenutzten Glucose bleibt jedoch eine konstante Größe. (Микробиология [Mikrobiologie] **25**.

175—83. März/April 1956. Moskau, Landw. Timirjasew-Akad. u. Mikrobiol. Inst. der Akad. der Wiss. der UdSSR.) E. LINTER. 4320

Je. L. Ruban, *Über die Beziehungen von Nitrosomonas zu organischen Stoffen.* Reinkulturen von *Nitrosomonas*, die in das Nährmedium von WINOGRADSKI, bestehend aus $(NH_4)_2SO_4$, K_2HPO_4, $MgSO_4$, NaCl, $FeSO_4$, $CaCO_3$ u. W. gebracht wurden, haben zugesetzte Glucose, Galaktose, Xylose u. Rhamnose nicht verwertet, auch wenn $(NH_4)_2SO_4$ durch $NaNO_3$ ersetzt wurde. Auch die Salze von Citronen-, Äpfel- u. Milchsäure unterdrückten die Zellenvermehrung u. die Nitrifizierung. Während bei Kontrollverss. mit Pseudomonas Glucose u. Citronensäure restlos verbraucht wurden, ging bei Nitrosomonas die Zellenvermehrung zurück; die Nitrifikation fiel im gleichen Verhältnis. Wurde die Kultur in Fleischpepsinbouillon übertragen u. nach 15—20 Tagen in das Mineralmedium zurückgebracht, aus der die Saccharide ausgewaschen waren, so erfolgte eine intensive Nitrifikation. Bei längerem Verweilen in Bouillon (3—5 Monate) dagegen fiel die Lebensfähigkeit der Zellen; die Nitrifikation ging um das 10—100fache zurück. (Микробиология [Mikrobiologie] **25.** 150—55. März/April 1956. Moskau, Mikrobiol. Inst. der Akad. der Wiss. der UdSSR.) E. LINTER. 4320

S. F. Carson, E. H. Mosbach und **E. F. Phares** (unter techn. Mitarbeit von **M. V. Long** und **B. A. Gwin**), *Biosynthese von Citronensäure.* Die von Aspergillus niger in submerser Kultur in Ggw. von Saccharose, $^{14}C_{(2)}$-Essigsäure (Na-Salz) u. $^{13}CO_2$ gebildete *Citronensäure* (**I**) wurde nach dem von MOSBACH u. Mitarbeitern (Federat. Proc. **10.** [1951.] 226) stufenweise abgebaut. Die Verteilung der ^{14}C-Atome im **I**-Mol. bestätigte das von OGSTON (C. **1949.** II. 1421) aufgestellte Schema für einen mikrobiellen Stoffwechsel. Nach den Ergebnissen läuft bei der **I**-Bldg. ein wesentlicher Teil des C-Stoffwechsels über die C_4- u. C_6-Carbonsäurecyclen. (J. Bacteriol. **62.** 235—38. Aug. 1951. Oak Ridge, Tenn., Nat. Labor., Biol. Div.) F. KRUSEN. 4320

R. Davies, Joan P. Folkes, E. F. Gale und **Lois C. Bigger,** *Die Assimilation von Aminosäuren durch Mikroorganismen.* 16. Mitt. *Die Anhäufung von Glutaminsäure oder Lysin durch Bakterien und Hefe begleitende Veränderungen des Na- und K-Gehaltes.* (15. vgl. GALE u. FOLKES, C. **1955.** 3406.) *Staph. aureus, Strept. faecalis* u. *Saccharomyces fragilis* häufen bei Incubation mit *Glucose* (**I**) u. *Glutaminsäure* (**II**) innerhalb der Zellen freie **II** an, wobei gleichzeitig eine Aufnahme von *K*-Ionen, die 1 g-Atom *K*/Mol angesammelte **II** nicht überstieg. Bei *S. fragilis* findet gleichzeitig eine gewisse *Na*-Aufnahme statt. Bei *St. aureus* stimuliert *K* die **II**-Aufnahme. Beim Fehlen von verfügbarem *K* wird die **II**-Anhäufung eingeschränkt u. gleichzeitig erfolgt *Na*-Aufnahme. Die Ansammlung von *Lysin* (**III**) durch *Str. faecalis* ist innerhalb der Zellen von einer *K*-Zunahme begleitet. Bei *St. aureus* ist die während der **III**-Anhäufung erfolgende Veränderung des *Na*- u. *K*-Geh. geringfügig. Die **III**-Ansammlung durch *S. fragilis* findet in Abwesenheit von **I** nicht statt u. ist von einem *Na*- u. *K*-Verlust der Zellen begleitet. (Biochem. J. **54.** 430—37. Juni 1953. Cambridge, Univ., Biochem. Labor., Med. Res. Council Unit.) K. MAIER. 4320

Pamela J. Samuels, *Die Assimilation von Aminosäuren durch Bakterien.* 17. Mitt. *Die Synthese von Glutathion durch Escherichia coli-Extrakte.* (16. vgl. vorst. Ref.) Zellfreie *E. coli*-Extrakte synthetisieren in Ggw. von *K-Phosphat, Hexosediphosphat, Adenosintriphosphat, Diphosphopyridinnucleotid* u. Mg^{2+}-Ionen aus *Glutaminsäure, Cystein* (**I**) u. *Glycin Glutathion* (**II**), wobei die Menge des gebildeten **II** der Menge des vorhandenen Extrakts proportional ist. Die **II**-Synth. verläuft bei p_H 7,3 u. 37° während der ersten 90 Min. linear. Anschließend nimmt die Geschwindigkeit der **II**-Bldg. immer stärker ab (**I**-Oxydation, p_H-Änderung, Mangel an energiereichem Phosphat?). Die **II**-Synth. erfuhr durch Antibiotica (100 γ/cm³), wie *Penicillin, Bacitracin, Terramycin, Aureomycin, Chloramphenicol, Neomycin, Polymyxin, Streptomycin* oder *Dihydrostreptomycin* keinerlei Beeinflussung. (Biochem. J. **55.** 441—44. Okt. 1953. Cambridge, Univ., Med. Res. Council Unit for Chem. Microbiol., Biochem. Labor.) K. MAIER. 4320

Hayato Kihara, J. M. Prescott und **Esmond E. Snell,** *Die bakterielle Spaltung von Canavanin in Homoserin und Guanidin. Streptococcus faecalis* u. *St. equinus* zerstören *Canavanin* (**I**) während ihres Wachstums. Die Rk., die auch von ruhenden Zellsuspensionen durchgeführt werden kann, hat ein p_H-Optimum von ca. 7,0 u. erfolgt nur in Ggw. einer geeigneten Energiequelle (*Glucose*). Es handelt sich hierbei um eine reduktive Spaltung, bei der *Homoserin* (**II**) u. *Guanidin* entstehen. Da die Reaktionsprodd. für **I**-empfindliche Bakterienstämme ungiftig sind, kann die Rk. als Entgiftungsmechanismus für **I** angesehen werden. Die Ggw. des erforderlichen Enzyms in Stämmen von *Neurospora* u. *Bacillus subtilis* könnte die Gleichwertigkeit von **I** u. **II** für das Wachstum der threoninfreien Mutanten erklären. (J. biol. Chemistry **217.** 497—503. Nov. 1955. Austin, Tex., Univ., and Clayton Foundat. for Res., Biochem. Inst.) E. SCHWERDTFEGER. 4320

D. Murray und **E. A. Dawes,** *Fettsäurenmetabolismus von Sarcina lutea.* Bei Unterss. über den Fettsäurenmetabolismus der aeroben *Sarcina lutea* wurde festgestellt, daß die meisten Fettsäuren (Acetat, Butyrat, Valerat, Caproat, Heptoat, Caprylat, Pelargonat u. Caprat) oxydiert werden; dies ist auch dann der Fall, wenn durch Gefriertrocknung gewonnene Zellen für den Vers. eingesetzt bzw. wenn die Protoplasten dieser Zellen allein mit z. B. Caprylat als Substrat getestet wurden. Dagegen zeigten zellfreie Präpp., die durch Lysozym in hypton. Medium gewonnen wurden, in Ggw. von Fettsäuren nur eine schwache O_2-Aufnahme. Das gleiche war der Fall, wenn die zellfreien Extrakte nach der Meth. von Lamanna u. Mallette (J. Bacteriol. **67.** [1954.] 503) gewonnen wurden. Die Identifizierung der am Fettsäurenabbau beteiligten Enzyme ist noch im Gange. Es konnte jedoch die Anwesenheit von *Aceto-Coenzym A-Kinase* in der nach dem Verf. von Lamanna u. Mallette anfallenden überstehenden Fl. u. ihre Abhängigkeit von Coenzym A u. Adenosintriphosphat sichergestellt werden. Butyrat, Valerat, Caproat, Heptoat u. Caprylat reagierten ebenfalls. Dies Enzym scheint übrigens in der überstehenden Fl., die bei der Gewinnung der Präpp. mittels Lysozym erhalten wird, abwesend zu sein. In diesen Extrakten wurde Butyryl-Coenzym A-Dehydrogenase u. für diese die Notwendigkeit des Vorhandenseins von Coenzym A u. Adenosintriphosphat nachgewiesen. Das Vorhandensein einer Acyl-Coenzym A-Dehydrogenaseaktivität konnte bisher für Caprylat, Caprat u. Laurat ermittelt werden. Die Cytochrompigmente scheinen mit einer besonderen, noch nicht identifizierten Substanz verbunden zu sein. (Biochem. J. **63.** 20 P. Juni 1956. Glasgow, Univ., Dep. of Biochem.) H. P. Fiedler. 4320

H. J. Ferlin, A. T. Ballun und **J. V. Karabinos,** *Tallöluntersuchungen.* 3. Mitt. *Baktericide Wirkung von Polyäthenoxytallat-Ozoniden. Identifizierung des wirksamen Prinzips.* (2. vgl. Karabinos u. Ballun, C. **1955.** 8995.) Unter Hinweis auf frühere Unterss. (l. c.) u. die ermittelte baktericide Wrkg. der Polyäthenoxytallatozonide werden durch Kondensation von Ölsäure mit 13 Moll. Äthylenoxyd u. Behandlung mit Ozon Polyäthenoxyoleatozonide hergestellt; das Prod. besitzt baktericide Wirksamkeit, entsprechend dem Phenolkoeff. 11. Bei der Zers. des Oleatozonides in Eisessiglsg. mit 30%ig. H_2O_2 wird ein wasserlösl. Prod. mit Reinigungswrkg. erhalten, wobei der Phenolkoeff. ansteigt; bei der Wasserdampfdest. wird ein Öl gebildet, das als Pelargonsäure identifiziert wird. Verss. über den baktericiden Effekt von Pelargonsäure in Abhängigkeit vom p_H. Bei der Zers. des Polyäthenoxytallatozonides wird im Wasserdampfdestillat ebenfalls Pelargonsäure erhalten; diese wird als das baktericide Prinzip des Tallatozonidkomplexes hingestellt. (J. Amer. Oil Chemists' Soc. **31.** 103—04. März 1954. Joliet, Ill., Blockson Chemical Comp., Res. Labor.) K. Täufel. 4330

H. J. Ferlin und **J. V. Karabinos,** *Baktericide nichtionische Detergentien.* Die Kondensationsprodd. von *Tallsäure, Abietinsäure* u. *Ölsäure* (1 Teil) mit *Äthylenoxyd* (2 Teile) zu *Polyoxyäthylentallat* (**I**), *-abietat* (**II**) u. *-oleat* (**III**) wurden bis zur Beendigung der Gewichtsaufnahme ozonisiert (15—20 Std.), wobei je ungesätt. Gruppe 3,5, 2,2 bzw. 4,3 O-Atome eintraten. Die aliphat. Ozonide aus **I** u. **III** besaßen gegenüber *Staphylococcus aureus* anfänglich eine große baktericide Wirksamkeit, die rasch auf eine Aktivität der Größenordnung derjenigen von *Pelargonsäure* (**IV**) (vgl. vorst. Ref. u. Karabinos u. Ferlin, C. **1956.** 6425) absank. Das **II**-Ozonid zeigte die hohe Anfangswrkg. nicht, d. h. diese kann weder auf einer einfachen O_3-Addition noch auf **IV** allein, noch auf Abspaltung von nascierendem O_3 beruhen, da ozonisiertes **III** beim Stehen keine Gewichtsabnahme erlitt. Die Polyoxyäthylengruppen sind an der baktericiden Aktivität, wie die Unters. ozonisierter Ölsäure bewies, offensichtlich unbeteiligt. Die beobachtete Wrkg. der Verbb. beruht möglicherweise auf Ozoniden des Typs **V**, aus denen durch Umlagerung die entsprechenden Säuren (**IV**, Azelainsäure) entstehen könnten. (Trans. Illinois State Acad. Sci. **47.** 86—88. April 1955. Joliet, Blockson Chem. Comp.)

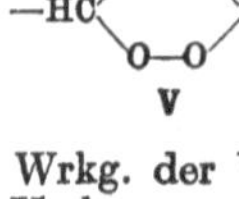

V

K. Maier. 4330

L. M. Kozloff und **K. Henderson,** *Wirkung von Komplexen der Metalle der Zinkgruppe auf das Schwanzprotein des Bakteriophagen T_2r^+.* Zn-Ionen ($^1/_{100}$mol.) allein inaktivieren den Bakteriophagen T_2r^+ nicht; werden jedoch zur Viruslsg. in Ggw. von $Zn(NO_3)_2$ metallkomplexbildende Verbb. zugesetzt, so tritt eine schnelle u. irreversible Inaktivierung ein. Diese Inaktivierung kann z. B. durch Cyanidkomplexe von Zn, Cd u. Hg sowie die Jodidkomplexe von Cd u. Hg ausgelöst werden. T_2r^+ scheint nur durch $Cd(CN)_3^-$, nicht aber durch $Cd(CN)^+$, $Cd(CN)_2$ u. $Cd(CN)_4^{2-}$ inaktiviert zu werden. Elektronenmkr. Unterss. zeigen, daß bei Inaktivierung durch Zn- oder Cd-Cyanid die Distalhälfte des Virusschwanzes verschwindet, während der Kopf stets intakt erscheint u. je nach den p_H-Bedingungen Desoxyribonucleinsäure (**I**) enthält oder nicht. Bei der Einw. auf Zellen von Escherichia coli heftet sich T_2r^+ zunächst mit dem Schwanz an die Wirtszellen, worauf die I des Virus in diese übertritt. Für diesen Schritt ist die Ggw. mehrwertiger Ionen erforderlich, da bei Zusatz von Versene kein I-Übertritt erfolgt. Vff. schließen aus ihren Unterss., daß für die Veränderung des Virusschwanzes u. den I-Übertritt ein Metallkomplex erforderlich ist. (Nature [London] **176.** 1169—71. 17/12. 1955. Chicago, Univ., Dep. of Biochem.) E. SCHWERDTFEGER. 4331

Hideo Katagiri und **Shinzo Kohno,** *Über die antibakteriellen Eigenschaften von Ramieröstbakterien.* Der bei der Fermentierung von Ramiefasermaterial auftretende Bacillus subtilis var. ramie (I) bildet antibiot. Substanzen, wie durch verschied. Methoden mit Staphylococcus aureus u. Escherichia coli gezeigt werden konnte. Zur Ramiefermentierung eignet sich I von allen B. subtilis-Stämmen am besten. (Bull. Inst. chem. Res., Kyoto Univ. [Kagaku Kenkyusho Hokoku] **22.** 95—96. Sept. 1950. [Orig.: engl.]) H. GOEBEL. 4340

Ludwig Popp, *Über eine serologische Methode zum quantitativen Nachweis von Haptensubstanzen der Tuberkelbakterien.* Die Neutralisationskurve der Tuberkuloseantikörper (AK) durch spezif. Antigen verläuft nur im Bereich geringer AK-Konzz. gestreckt. Die vom Vf. entwickelte Hämagglutinations- bzw. Hämolysemeth. dient zum quantitativen Nachw. kleiner Antigenmengen in Körperflüssigkeiten. (Zbl. Bakteriol., Parasitenkunde, Infektionskrankh. Hyg., I. Abt., Orig. **164.** 113—20. Nov. 1955. Braunschweig.) E. FISCHOEDER. 4370

V. N. Krishnamurthy, *Papierelektrophoretische Untersuchungen bei Windpocken.* Bei 40 Windpockenkranken ergab die elektrophoret. Unters. der Serumproteine eine 2—3fache Zunahme des β-Globulins neben einer gewissen Vermehrung des α_2- u. γ-Globulins sowie einer relativen Abnahme des Albumins. Dieser Befund wurde mit solcher Regelmäßigkeit erhoben, daß er einen sicheren differentialdiagnost. Wert bes. gegenüber echten Pocken besitzt. Für die Zunahme des β-Globulins könnte die bei einigen der Windpockenfälle festgestellte Resistenzverminderung der Erythrocyten verantwortlich sein, da hämolyt. Seren ebenfalls infolge eines erhöhten Geh. an Lipoproteinen ein intensives β-Band aufweisen. (Naturwissenschaften **43.** 160. April 1956. Bangalore, Indian, Govt. Vaccine Inst.) E. FISCHOEDER. 4370

M. Stanić, *Die Konzentrierung und Reinigung von Diphtherietoxoid mittels Sulfosalicylsäure für die Herstellung eines Diphtherieimpfstoffs.* Die Diphtherietoxoide wurden auf Trypsin- bzw. Papainverdauungsnährböden oder auf synthet. Nährböden gewonnen. Das durch Zugabe von Sulfosalicylsäure (ca. 2 ml einer 25%ig. Lsg. auf 100 cm^3 Toxoid) bei p_H 4,0 entstandene Präcipitat wurde vorsichtig in einer 2% Ammoniaklsg. gelöst (p_H 7,5—7,8). Die weitere Reinigung dieses ca. 100fachen Konzentrats wurde mit $(NH_4)_2SO_4$ vorgenommen. Die Ausbeute betrug 51—62% des Rohprodukts. An Aluminiumphosphat adsorbiert, ergaben die Impfstoffe mit 304/ml bei Meerschweinchen einen guten Immunisierungseffekt. (Arhiv Kem. **27.** 97—106. 1955. Zagreb, Jugoslawien, Centr. Inst. of Hyg.) E. FISCHOEDER. 4370

Lewis Thomas, Joel Brunson und **Richard T. Smith,** *Untersuchungen über das generalisierte Shwartzman-Phänomen.* 6. Mitt. *Die Entstehung des Phänomens durch Zusammenwirken von Endotoxin und drei synthetischen sauren Polymeren (Polyanetholsulfonatnatrium, Dextransulfat, Polyvinylalkoholsulfonatnatrium).* Bei Kaninchen treten schon nach einer einzigen intravenösen Injektion von Endotoxin gramnegativer Bakterien Veränderungen an den Nierenglomeruli auf, die vom SHWARTZMAN-Phänomen (I) nicht zu unterscheiden sind, sofern gleichzeitig oder spätestens 3—4 Std. danach die in der Überschrift genannten Polymere (II) intravenös verabfolgt werden. Die Injektionsdosen können so klein sein, daß sie für sich allein ohne Wrkg. wären. Große Dosen II rufen allerdings auch ohne Endotoxin Schädigungen der Nierenglomeruli hervor, möglicherweise, weil die Präpp. Spuren Endotoxin enthalten. Heparin wirkt genau wie beim I nach Endotoxin (2mal) allein auch beim kombinierten Verf. hemmend, Stickstofflost u. Cortison dagegen nicht. (J. exp. Medicine **102.** 249—61. 1/9. 1955. Minneapolis, Minn., Univ. of Minnesota, Med. School, Pediatr. Res. Labor. of the Heart Hosp. and Dep. of Pediatr. and Pathol., u. New York, N. Y., Univ.-Bellevue, Med. Center, Dep. of Pathol.) E. FISCHOEDER. 4370

Lewis Thomas, Richard T. Smith und **Richard von Korff,** *Untersuchungen über das generalisierte Shwartzman-Phänomen.* 7. Mitt. *Die Bedeutung des Fibrinogens bei der Fibrinablagerung nach kombinierten Injektionen von Endotoxin und synthetischen sauren Polymeren.* (6. vgl. vorst. Ref.) Injiziert man intravenös bei Kaninchen 2 Std. nach einer Injektion von Endotoxin (I) Polyanetholsulfonatnatrium (Liquoid) (II), verringert sich der Fibrinogengeh. im strömenden Blut um 80% innerhalb von 10 Minuten. Heparin vor II gegeben, verhindert die Fibrinogenabnahme. I oder II allein haben diese Wrkg. auf das Fibrinogen nicht. 1—4 Std. nach einer Injektion von I erscheint im Plasma eine sonst nicht vorhandene Proteinfraktion, deren Auftreten durch Heparinvorbehandlung nicht jedoch durch Stickstofflost oder Cortison verhindert werden kann. Diese Proteinfraktion flockt in vitro bei 4° nach Heparinzusatz (optimal 0,1 mg/cm³) aus, bei 37° löst sie sich meistens wieder. Sie wandert elektrophoret. mit derselben Geschwindigkeit wie Fibrinogen. Da nach der Entfernung der auf Heparinzusatz auftretenden Flocken der Fibrinogengeh. des Plasmas herabgesetzt ist, ist diese Fraktion wahrscheinlich ein Zwischenprod. zwischen Fibrinogen u. Fibrin. (J. exp. Medicine **102.** 263. 1/9. 1955. Minneapolis, Minn., Univ. of Minnesota, Med. School, Pediatr. Res. Labor. of the Heart Hosp., u. New York, N. Y., New York Univ., Bellevue Med. Center, Dep. of Pathol.) E. FISCHOEDER. 4370

Osamu Itikawa, Yukiko Ogura und **Shinya Katada,** *Beschattung von gefärbten Viruskörpern zum Steigern der Sichtbarkeit durch Lichtmikroskopie.* Durch 30 Sek. langes Aufdampfen von *Cr* bei 10^{-4} Torr in einem Winkel von 10—12° ließen sich in gefärbten Ausstrichen u. Schnitten von 0,1—0,05 μ Dicke bei starken Vergrößerungen Viren u. kleine Bakterien deutlich sichtbar machen u. cytochem. nachgewiesene Stoffe lokalisieren. (Stain Technol. **29.** 175—78. Juli 1954. Tokyo, Japan, Exper. Stat. for Animal Hyg.) K. BLUMRICH. 4374

Wilbur Fiske Noyes, *Die Sichtbarmachung des Ägyptischen Virus 101 im Mäusehirn in Kulturen menschlicher Carcinomzellen mit Hilfe fluorescierender Antikörper.* Die durch ½-Sättigung mit $(NH_4)_2SO_4$ gewonnene Fraktion eines spezif. Antiserums vom Kaninchen wurde an Fluorescinisocyanat gebunden u. an getrockneter Mäuseleber adsorbiert. Schnitte von Hirn u. Rückenmark von mit Ägypt. Virus infizierten Mäusen bzw. Anstrichpräpp. infizierter Kulturen von Carcinomzellen wurden mit dem Serum übergossen u. ihre Fluorescenz mkr. untersucht. Das Virus befand sich vorwiegend im Cytoplasma. (J. exp. Medicine **102.** 243—48. 1/9. 1955. New York, N. Y., Sloan Kettering Inst. for Cancer Res., Virus Sect.) E. FISCHOEDER. 4374

C. Hannoun und **S. Brieux,** *Virusinfektion und Zellstoffwechsel.* 1. Mitt. *Absorption und Freisetzung von Aminosäuren durch überlebende Chorioallantoiszellen.* Kleine Stücke der Chorioallantoismembran von Hühnerembryonen wurden in Röhrchen mit Nähr-Fl. gebracht, die Aminosäuren (**I**; Tryptophan oder Histidin oder ein **I**-Gemisch) enthielten. Die Konz. der **I** in den einzeln entnommenen Proben wurden quantitativ mit der Ninhydrinmeth. nach AWAPARA bestimmt. Ein Teil der Röhrchen wurde mit Grippevirus A (PR 8) infiziert. Nichtinfizierte Membranzellen absorbieren einen Teil der **I**, geben aber nach ca. 10 Std. wahrscheinlich infolge einsetzender Autolyse die **I** überschießend wieder ab. In infizierten Zellen erfolgt Aufnahme u. Abgabe der **I** rascher u. intensiver. Qualitative Unterss. der **I** wurden von Vff. nicht ausgeführt. (Ann. Inst. Pasteur **88.** 397—400. März 1955. Paris, Inst. Pasteur, Centr. Nat. de la Grippe.) E. FISCHOEDER. 4374

S. M. Lesley, R. C. French und **A. F. Graham,** *Untersuchungen über das Verhältnis von Virus und Wirt: Darstellung des T 2r⁺-Bakteriophagen mit radioaktivem Phosphor.* Es wird eine Meth. zur Darst. u. Reinigung des Bakteriophagen T 2 r^+ mit Escherichia coli als Wirt beschrieben. Vff. gleichen den Phosphatmangel des Nährbodens durch Zusatz radioakt. markierten anorgan. Phosphats aus. Aus den Analysendaten geht hervor, daß 98% des gesamten Virusphosphors in Nucleinsäuren eingebaut worden sind. Vom gesamten Nucleinsäurephosphor sind 95,5% an Desoxypentosenucleinsäuren u. 4,5% an Pentosenucleinsäuren gebunden. Die Aktivität des gereinigten Präp., die zu 99% in den Nucleinsäuren enthalten ist, wird mit Hilfe des GEIGER-Gerätes zu 50000 Ausschlägen pro Min./μg Phosphor berechnet. Diese Präpp. sind geeignet für Stoffwechselunterss. zwischen Virus u. Wirt, da ein Austausch von ^{32}P zwischen Virus u. anorgan. Phosphat nicht stattfindet. (Canad. J. Res., Sect. E **28.** 281—88. Dez. 1950. Toronto, Can., Univ., Connought Med. Res. Labor.) R. LENSCHAU. 4374

J. Le Clerc, *Wirkung von Ribonuclease auf die Vermehrung des Influenzavirus. Ribonuclease* (**I**) in red. Form verhütet die Synth. des Influenzavirus, vorausgesetzt, daß sie in den ersten 2 Std. der Infektion einwirkt. **I** wirkt nicht direkt auf die Ribonucleinsäure der infektiösen Teilchen, u. sie verhindert nicht ihre Adsorption an u. das Eindringen in Wirtszellen. Gute Korrelation zwischen Infektiosität u. Hämagglutination wurde beobachtet. Der Hämagglutinationswert kann daher als proportional der Zahl der akt. Virusteilchen betrachtet werden. (Nature [London] **177.** 578—79. 24/3. 1956. Bruxelles, Univ., Labor. de Morphologie animale.) R. HÄHNEL. 4374

Peter K. Olitsky und **Johanna M. Lee,** *Biologische Eigenschaften und Änderungen der Reaktion der Encephalomyelitis erzeugenden Agentien des Nervengewebes.* Vff. untersuchen von den WEBSTERschen Stämmen sowohl resistente als auch teilresistente. Die Infektion wird entweder durch homologe bzw. heterologe Gewebe des Zentralnervensyst. vorgenommen oder durch die chem. gewonnenen Proteolipidfraktionen A,

B, C, von denen nur A in Mäusen u. Meerschweinchen akt. ist. Eine künstlich erzeugte Infektion entwickelte sich erst nach Zugabe eines Adjuvans. Vff. beschreiben ein Verf. zur Erzeugung einer Hypersensibilität gegen **I** in Mäusen. (J. Immunology **71.** 419—25. Dez. 1953. New York, N. Y., Labor. of the Rockefeller Inst. for Med. Res.)
R. LENSCHAU. 4374

Margeris A. Jesaitis und **Walther F. Goebel,** *Die chemischen und virushemmenden Eigenschaften des somatischen Antigens aus Shigella sonnei Phase II.* Ein Rohantigen wurde durch Extraktion phenolabgetöteter lyophilisierter Bakterien in warmem dest. W. gewonnen. Ein gereinigtes Antigen (**I**) wurde daraus durch Alkoholfällung erhalten, N 11,7% (von formolabgetöteten Bakterien ausgehend nur 4—5%), P 2%, reduzierende Zucker 8,2%, Lipoide 12,2%, Glucosamin 1,9%. — Durch Pankreatin abgebautes **I** (**II**) enthielt N 5,1%, P 2,8%, reduzierende Zucker 20,6%, Lipoide 23,4%, Glucosamin 5,2% **II**. — Aus **II** wurde mittels 90%ig. Phenollsg. der Glucose, Galaktose, Glucosamin u. eine Aldoheptose enthaltende Lipopolysaccharidkomplex (**III**) abgespalten, N 2,8%, P 3,9%, reduzierende Zucker 29,8%, Lipoide 29,2%, Glucosamin 8,3%. Protein u. **III** bilden im Bakterium ein Makromolekül. **I** hemmt alle 5 T-Dysenterie-Coli-Phagen, **II** wirkt dem T_6 gegenüber schwächer. Von formolabgetöteten stammende entsprechende Antigene hemmen T_2 u. T_6 überhaupt nicht. (J. exp. Medicine **96.** 409—24. 1/11. 1952. Rockefeller Inst. for Med. Res.)
E. FISCHOEDER. 4374

F. S. Cheever, *Vermehrung des Coxsackie-Virus in ausgewachsenen Mäusen, die Röntgenstrahlen ausgesetzt worden waren.* Mäuse wurden 24—120 Std. lang mit Röntgenstrahlen bestrahlt. Anschließend wurden Versuchs- u. Kontrolltieren intraperitoneal Coxsackie-Viren (Stamm Powers) injiziert. In bestimmten Abständen wurden danach Tiere beider Gruppen getötet u. Blut, Knochen, Herz, Hirn, Milz, Leber, Bauchspeicheldrüse auf ihren Virengeh. untersucht. Dabei lag der Virengeh. der bestrahlten Tiere stets höher als der der Kontrolltiere. Eine Erhöhung der Strahlendosis vergrößerte den Virengeh. ohne eine entsprechende Mortalitätszunahme. Verss., bei denen die Bestrahlung 48 Std. nach der Infektion erfolgte, hatten keine Viren-vermehrende Wirkung. Die Annahme einer synergist. Wrkg. bei der Kombination von Vireninfektion u. Röntgenbestrahlung ist nicht ganz sicher. (J. Immunology **71.** 431—35. Dez. 1953. Pittsburgh, Pa., Dep. of Epidem. and Microbiol., Univ. of Pittsburgh, Graduate School of Public Health.)
R. LENSCHAU. 4374

Barry Commoner und **Phyllis M. Dietz,** *Wechsel im Kreislauf des nichtproteinen Stickstoffs während der Biosynthese des Tabakmosaikvirus.* Vff. infizieren einen Teil der in W. aufbewahrten Schnitte von Tabakblättern mit *Tabakmosaikvirus* (**I**) u. bestimmen in regelmäßigen Abständen in den infizierten u. den Kontrollschnitten Ammonium-, Amid- u. Amino-N. Sie finden die größte Differenz zwischen den Schnitten beim Ammonium-N, während der Unterschied beim Amid-N nur ganz gering u. beim Amino-N überhaupt nicht mehr wahrgenommen wird. Allg. ist der Stickstoffanteil bei den Kontrollen höher als bei den infizierten Schnitten, wo er der Virenzunahme umgekehrt proportional ist. Entsprechende Unterss. in Nährlsg. zeigen im gleichen Zeitraum Verdopplung des **I**-Gehalts. Vff. vermuten deshalb, daß der Hauptanteil des Virusproteins aus dem lösl. Anteil der Blätter entstanden ist, so daß als Quelle der Biosynth. des **I** Ammonium-N u. stickstofffreie Kohlenstoffverbb. anzunehmen sind. (J. gen. Physiol. **35.** 847—56. 20/7. 1952. St. Louis, Washington Univ., Henry Shaw School of Botany.)
R. LENSCHAU. 4374

A. A. Soliman, *Über die Beziehungen zwischen Blattrollvirus und Netznekrose bei Kartoffeln.* Vf. befaßt sich mit Fragen der Mischinfektion, der Bedeutung des Infektionszeitpunktes sowie der Auswrkg. einer erneuten Infektion kranker Pflanzen im Hinblick auf die Beziehungen zwischen Blattrollvirus u. Netznekrose. (Amer. Potato J. **30.** 1—5. Jan. 1953. Alexandria, Egypt., Univ., Entomology Dep.) W. SCHUPHAN. 4374

R. D. Brock, *Die Anwendung von Trinatriumphosphat als Inaktivierungsmittel von Pflanzenviren.* 10%ig. Na_3PO_4-Lsg. erwies sich als sicheres u. wirksames Mittel zur Sterilisierung von Geräten u. Händen gegen den Mosaikvirus des Tabaks u. den Virus X der Kartoffel. Formalin u. A. waren unwirksam. (J. Austral. Inst. agric. Sci. **18.** 41—43. März 1952. Canberra, A. C. T., C. S. I. R. O., Div. of Plant Ind.) F. RANG. 4374

J. D. Fulton und **P. T. Grant,** *Der Schwefelbedarf der Erythrocytenform von Plasmodium knowlesi.* Im intracellulären Entwicklungsstadium verwendet das für Rhesusaffen pathogene Plasmodium knowlesi (**I**) zur Synth. des eigenen Proteins die im Globinanteil des Hämoglobins vorhandenen S-haltigen Aminosäuren der Erythrocyten (E.). Anscheinend ist **I** fähig, Globin zu hydrolysieren u. die Abbauprodd. zu verwerten. In den in vivo-Verss. waren die E. durch Vorbehandlung der Tiere mit DL-^{35}S-Methionin bzw. mit DL-^{35}S-Cystein radioakt. markiert. 80% des Methionins im Protein des reifen **I**

stammen aus E.-Globin, 20% werden aus dem Blutplasma als freie Aminosäure aufgenommen. Die Herkunft des Cystin-S im I ist nicht ganz geklärt. Ein Teil (ca. 50%) stammt gewiß aus dem E.-Protein oder dem E.-Glutathion, ca. 30% stammen aus dem Plasma u. ca. 20% vielleicht aus der Umwandlung des Methionins in Cystin. Die Umwandlung konnte in vitro, d. h. in Kulturen aus infiziertem Affenblut mit methioninhaltiger Nährlsg., zuverlässig nachgewiesen werden, in Kulturen wird aber wesentlich mehr ^{35}S-Methionin als ^{35}S-Cystin von I aufgenommen. Der Geh. des E.-Globins an Methionin ist 6mal größer als der des reifen intracellulären I, der Cystingeh. 2,4mal. Die Isolierung des I aus den E. erfolgte nach Saponinhämolyse nach CHRISTOPHERS u. FULTON (Ann. trop. Med. Parasitol. **33.** [1939.] 161), die Gewinnung des E.-Proteins aus dem Hämolysat nach Beseitigung der E.-Membranen mit Trichloressigsäure bei 90° u. ca. 10% konz. Globin wurden nach ANSON u. MIRSKY (J. gen. Physiol. **13.** [1929—30.] 469) abgespalten. Die Aminosäuren wurden nach Säurehydrolyse der Proteine chromatograph. dargestellt u. dann weiter aufgearbeitet u. gereinigt. (Biochem. J. **63.** 274—82. Juni 1956. London, Mill Hill, Nat. Inst. for Med. Res.) E. FISCHOEDER. 4380

Neville F. Stanley, *Biologische Eigenschaften von Polysaccharid- und Lipoidfraktionen aus einem pathogenen Stamm von Aspergillus fumigatus.* Vf. berichtet über durch Zentrifugieren u. durch Extraktion mit verschied. Lösungsmitteln gewonnene Fraktionen, die aus dem Mycel eines pathogenen Stammes von Aspergillus fumigatus (I) isoliert wurden, u. ihre Wrkg. auf Versuchstiere. Die Erkrankung durch I ist charakterisiert durch Monocytose (**IV**), Ataxie (**II**), Verwachsungen in der Bauchhöhle (**III**) u. Tuberkelbldg. (**V**). Durch Rohmycelextrakt, eine reine Polysaccharid- u. eine aceton-ätherlösl. Lipoidfraktion, konnten **II** u. **III** nicht reproduziert werden; die Lipoidfraktion erzeugte **IV** u. **V**. Die Polysaccharidfraktion war schwach tox. u. wirkte als Antigen. Beschreibung der Fraktionierung; Tabellen. (Austral. J. exp. Biol. med. Sci. **28.** 99—108. Jan. 1950. Sydney, Prince Henry Hosp., Inst. of Epid. and Prev. Med.) H. GOEBEL. 4380

B. S. Lulla und **D. S. Johar,** *Die Bildung eines roten Pigmentes durch eine Mutante von Penicillium notatum.* Eine Mutante von P. notatum, CFTRI 1013, bildet bei der Züchtung in einem Dextrose–Pepton-Medium ein *blutrotes Pigment,* dessen Intensität (gemessen mit einem LOVIBONDschen Tintometer) nach 20tägigem Wachstum bei Raumtemp. am stärksten ist. Das rohe Pigment ist lösl. in W., A., Aceton u. Pyridin, dagegen unlösl. in Ae., Bzl. u. Äthylacetat. Säure u. Lauge verändern die Farbe des Pigmentes nicht u. geben auch keine Niederschläge. Das an Kohle adsorbierbare Pigment ist nicht kristallisierbar. (Current Sci. **23.** 123. April 1954. Mysore, Central Food Techn. Res. Inst., Microbiol. and Sanit. Div.) H. ZELLER. 4380

Leonard Machlis, *Wachstum und Ernährung von Wasserkulturen der Unterordnung Euallomyces.* 1. Mitt. *Der Bedarf an Wachstumsfaktoren.* Als bisher unbedingt notwendige Faktoren bei der Kultur von Allomyces javanicus var. macrogynus u. A. arbuscula wurden bisher außer K^+, NH_4^+, Mg^{2+}, SO_4^{2-}, PO_4^{3-}, Cl^- u. einer Reihe von Spurenelementen Thiamin, Methionin, Glutaminsäure u. Glucose angesehen. In der vorliegenden Arbeit wurde nachgewiesen, daß Glutaminsäure entbehrlich ist, wenn der Geh. an Glucose erhöht, SO_4^{2-} fortgelassen u. K^+ erniedrigt wird. (Amer. J. Bot. **40.** 189—95. März 1953. Berkeley, Calif., Univ. of California, Dep. of Botany.) P. LOCH. 4380

Leonard Machlis, *Wachstum und Ernährung von Wasserkulturen der Unterordnung Euallomyces.* 2. Mitt. *Optimale Zusammensetzung des Mineralmediums.* (1. vgl. vorst. Ref.) Unterss. über die Entw. u. Ernährung von *Allomyces javanicus* var. *macrogynus* Stamm Burma 1 Da (I) auf dem Medium nach YAW u. CUTTER (Mycologia **43.** [1951.] 156) zeigten, daß die Beendigung des Wachstums auf dem p_H-Abfall von 7 auf 3,5 beruht u. durch Neutralisation mit NaOH während der Entw. eine Verlängerung des Wachstums u. damit Erhöhung der Ausbeute an I erzielt werden kann. Nachdem Verss., unter Verwendung der Chelate von Äthylendiamintetraessigsäure bei höherem Ausgangs-p_H zu arbeiten, fehlschlugen, konnte auch durch Erhöhung der Konzz. an NH_4^+, PO_3^{3-} u. Ca^{2+} in bestimmten Verhältnissen zueinander eine höhere Ausbeute an I erhalten werden, die jedoch nicht die der auf Hefeextrakten gewachsenen I erreichte. NO_3^- u. SO_4^{2-} konnten nicht für NH_4^+ als N- bzw. Methionin als S-Quelle verwendet werden. (Amer. J. Bot. **40.** 450—59. Juni 1953. Berkeley, Calif., Univ., Dep. of Botany.)
H. FINDEISEN. 4380

Leonard Machlis, *Wachstum und Ernährung von Wasserkulturen der Unterordnung Euallomyces.* 3. Mitt. *Kohlenstoffquellen.* (2. vgl. vorst. Ref.) Eine Anzahl Mono-, Di- u. Polysaccharide, 3—6wertige Alkohole u. 5 Säuren des KREBS-Cyclus wurden auf ihre Eignung als Kohlenstoffquellen für *Allomyces javanicus* var. *mycrogynus* Stamm Burma 1 Da (I) untersucht. Positive Ergebnisse wurden mit Glucose, Maltose, Na-Acetat, Glykogen, Dextrin, Stärke u. Xylan erzielt. Im Gegensatz zu Hefeextrakten als Nähr-

medium, auf dem I auch noch bei p_H 4 wächst, wurde auf künstlichem Medium unterhalb p_H 6,3 kein Wachstum festgestellt. Unterss. über die Eignung von Mannose als C-Quelle an 17 Stämmen von *A. arbuscula* u. *A. javanicus* var. *macrogynus* waren bei einer Anzahl jeder Art positiv. (Amer. J. Bot. **40.** 460—64. Juni 1953.)
H. FINDEISEN. 4380

E_4. Pflanzenchemie. Pflanzenphysiologie. Pflanzenpathologie.

A. M. Kusin, L. Ch. Eiduss und **N. B. Strashewskaja,** *Untersuchung des Einflusses von Röntgenstrahlen auf einige Eigenschaften der Proteine und ihre Synthese mit Hilfe von markierten Verbindungen.* 48 Std. alte Weizenkeimlinge wurden nach 2std. Verweilen in einer Nährlsg. mit ca. 8% D_2O 5 Min. einer Röntgenbestrahlung von 1000 r ausgesetzt u. anschließend in die gleiche Lsg. gesetzt. Die aus den Stengeln u. Wurzeln extrahierten Proteine wurden mit 10%ig. Trichloressigsäure, A. u. Ae. ausgewaschen, so daß die Proteine nur noch das fest gebundene D (Deuterium) enthielten, dessen Konz. die Intensität der Proteinsynth. anzeigte. Die D_2O-Konz. im W., das beim Veraschen der Proteine aus röntgenbestrahlten Pflanzen erhalten wurde, erwies sich zu 15—25% niedriger als bei der Kontrolle. Der höhere D-Geh. im Protein der Stengel im Vgl. zur Wurzel bestätigt, daß das Auftreten von fest gebundenem D auf einer intensiven Neubldg. von Protein beruht. Wurde der Nährlsg. außer D_2O noch Glykokoll zugesetzt, das am C des Carboxyls markiert war, so war die Aktivität der Proteine der bestrahlten Pflanzen nicht nur geringer als bei der Kontrolle, sondern um 40% höher. Durch Spezialverss. wurde festgestellt, daß die verschied. Ergebnisse mit markiertem D_2O oder Glykokoll auf der Adsorption des Glykokolls durch die Eiweißmoll. der Pflanzen beruhen. Vff. empfehlen deshalb Vorsicht gegenüber Versuchsergebnissen über den Einbau von Aminosäuren in die Pflanzenproteine, da die Adsorption der markierten Verbb. durch die Eiweißmoll. in vivo gegebenenfalls nicht berücksichtigt wurde. (Доклады Академии Наук СССР [Ber. Akad. Wiss. UdSSR] **102.** 267—70. 11/5. 1955. Inst. für biol. Physik der Akad. der Wiss. der UdSSR.) O. LEBTAG. 4404

S. M. Sircar und **T. M. Das,** *Untersuchungen über die Physiologie von Reis.* **9.** Mitt. *Auxingehalt der vernalisierten Saat.* (8. vgl. C. **1956.** 1420.) Verschied. Methoden der Extraktion von Auxin (I) aus dem Endosperm von Reis wurden geprüft. Ein Vgl. des I-Geh. verschied. Körner wurde durch den Avena-Test vorgenommen. Der I-Geh. bleibt während der Vernalisation bei niedrigen Tempp. ziemlich gleich u. verschwindet allmählich bei der n. Keimungstemperatur. Das Verschwinden des I wird durch die Tätigkeit des wachsenden Embryo verursacht, da der I-Geh. sich nur wenig verändert, wenn der Embryo herausgeschnitten ist. Auf die Wrkg. niedriger Tempp. auf die Unterbrechung der Hydrolyse einer I-Vorstufe wird hingewiesen. (Proc. nat. Inst. Sci. India **20.** 673—81. Nov./Dez. 1954. Calcutta, Univ., Dep. of Botany.) A. JACOB. 4404

Victor Plouvier, *Über den Sorbit in Rosaceen.* 73 Rosaceenarten wurden auf das Vork. von *Sorbit* (I) geprüft. I wurde nach Extraktion entweder krist. erhalten oder als *Hexaacetylderiv.* identifiziert. Die Blätter der Unterfamilien Spiraeoideae, Pomoideae u. Prunoideae enthielten I, nicht aber die Rosoideae. Nur die Gattungen Rhodotypos, Kerria u. Neviusia, die früher schon zu den Spiraeoideae gezählt wurden, enthielten I. (C. R. hebd. Séances Acad. Sci. **241.** 1220—22. 31/10. 1955.) A. DILLMANN. 4420

Achim Hager, *Chloroplastenfarbstoffe, ihre papierchromatographische Trennung und ihre Veränderungen durch Außenfaktoren.* Mit einer modifizierten aufsteigenden Meth. (Bzn.–Bzl.–Chlf.–Aceton–Isopropanol, 50:35:10:0,5:0,17) stellte Vf. fest, daß der Geh. an *Chlorophyllen* (I) u. *Carotinoiden* durch die Quantität des absorbierten Lichtes u. die Höhe der Tagestemp. qualitativ u. quantitativ beeinflußt wird. Bei Starklicht nehmen I u. *Carotin* ab, *Xanthophylle* zu. (Z. Naturforsch. **10b.** 310—12. Juni 1955. München, Univ., Botan. Inst.) K. HERRMANN. 4420

Petr Zuman, *Polarographisches Verhalten von Juglon und seine Bestimmung in Anwesenheit von Ascorbinsäure in Früchten und grünen Teilen des Nußbaumes (Juglans regia). Juglon (5-Oxynaphthochinon)* zeigt polarograph. eine reversible Stufe, die von einer Adsorptionsvorstufe begleitet ist. Auf Grund der Abhängigkeit der Halbstufenpotentiale von p_H wurden die Dissoziationskonstanten bestimmt. In Ggw. von Borsäure bei $p_H > 6$ kann eine Komplexbldg. nachgewiesen werden. Der Geh. von Juglon u. Ascorbinsäure in verschied. Teilen von Nußbaum während der Vegetationsperiode wurde analyt. untersucht. (Chem. Listy **48.** 524—32. April 1954 [Orig.: tschech.]; Collect. czechoslov. chem. Commun. **19.** 1140—50. Dez. 1954 [Orig.: deutsch], Praha, Českoslov. akad. věd, Polarogr. ústav.) L. MATOUŠEK/Prag. 4420

M. G. Abutalybow, *Wiederholte Ausnutzung von Calcium im pflanzlichen Organismus.* (Vgl. MOSSOLOW u. Mitarbeiter, C. **1955.** 4435.) In den verschied. Teilen von Baumwollpflanzen wird der Geh. an wasserlösl., in 2n $NaNO_3$-Lsg. lösl. (sorbierten), in Essigsäure u. in HCl lösl. Ca-Verbb. untersucht, wobei ein Teil der Pflanzen nach 2 Monaten Zugabe von vollständigem Nährstoffgemisch weiter auf diesem Gemisch verblieb (Kontrolle), der andere Teil dasselbe Gemisch ohne *Ca* erhielt. Bei den Ca-frei ernährten Pflanzen wird eine starke Abnahme der wasserlösl. u. sorbierten Form u. Zunahme der säurelösl. Formen festgestellt, wobei in den unteren Teilen die Zunahme der säurelösl. Formen, in der oberen Zone die Abnahme der akt. Formen überwiegt. Mit radioakt. Ca wird bei Zugabe von $CaCl_2$ zuerst ein basipetaler, nach 11—17 Tagen ein akropetaler Gradient der Ca-Konz. nachgewiesen. Die Unterss. zeigen, daß im pflanzlichen Organismus eine Wiederverwertung des Ca stattfindet, daß aber im Kreislauf dieses Element ständig in passive Formen umgewandelt wird, die sich in den unteren Teilen der Pflanzen ablagern u. damit aus dem Kreislauf ausscheiden. (Доклады Академии Наук СССР [Ber. Akad. Wiss. UdSSR] **105.** 1042—44. 11/12. 1955. Wiss. Forschungsinst. für Ackerbau der Akad. der Wiss. der AserbaidshanSSR.) R. K. MÜLLER. 4450

A. W. Peterburgski und **N. K. Ssidorowa**, *Über die Wanderungen von Calcium und Phosphor in den Pflanzen.* Bei Blattdüngung ist Ca^{2+} nicht fähig, sich von oben nach unten zu bewegen. Beim Auftragen von $^{45}CaCl_2$ auf die Blätter der Kartoffel oder das Edelreis eines gepfropften Apfelbaumsetzlings wird keine Bewegung von Ca in die niedrigeren Teile bzw. die Unterlage beobachtet. Auch aus einem Teil des Wurzelsyst. (Hafer, Erbse, Winterroggen) bewegt sich Ca nicht oder nur wenig in einen anderen Teil. Dagegen zeigt *P* bei Sonnenblume, Erbse, Kartoffel u. Klee sowohl bei Blatt- als auch bei Wurzeldüngung (mit $Na_2H^{32}PO_4$) eine gute Fortbewegung. P-Blattdüngung ist also wirksam, Ca-Blattdüngung oder Ca-Düngung nur einzelner Wurzelteile aber nicht. (Доклады Академии Наук СССР [Ber. Akad. Wiss. UdSSR] **105.** 1049—52. 11/12. 1955. Moskau, Landwirtsch. Timirjasew-Akad.) R. K. MÜLLER. 4450

B. A. Rubin und **N. P. Panassenko**, *Zur Frage der 24-stündigen Dynamik des Gehaltes an Kohlensäure und Sauerstoff in den Blättern der Zuckerrübe.* Der CO_2^--Geh. in den Blättern der Zuckerrübe u. Kartoffel erhöht sich am Tage, erreicht mittags ein Maximum u. erniedrigt sich nachts, wobei das Minimum vor Sonnenaufgang erreicht wird. Für O_2 liegen die Verhältnisse umgekehrt. Bei Verdunklung der Pflanze ist das Bild ähnlich, nur ist der Geh. an O_2 höher, an CO_2 niedriger als bei belichteten Pflanzen. Die Best. des Atmungskoeff. ergab, daß der O_2-Geh. im Inneren der Blätter sich nur unbeträchtlich vom O_2-Geh. der umgebenden Luft unterscheidet. Der CO_2-Geh. im Inneren der Blätter übertraf dagegen bei weitem den CO_2-Geh. der Atmosphäre. Dies wird durch die Prozesse der Atmung u. Photosynth. verursacht. Daneben können auch eine im Dunklen erfolgende CO_2-Bindung, die Bldg. organ. Säuren u. der Eintritt von CO_2 durch die Wurzeln eine Rolle spielen. Den Haupteinfl. übt aber die Atmung aus. Der Temperaturkoeff. Q_{10} der Blattatmung der Zuckerrübe nimmt bei Erhöhung der Temp. von 20 auf 30° von 1,2 auf 2,4 zu. Der Temperaturkoeff. der Photosynth. ist geringer. (Известия Академии Наук СССР, Серия Биологическая [Nachr. Akad. Wiss. UdSSR, biol. Ser.] **1956.** Nr. 1. 55—62. Jan./Febr. Bach-Inst. für Biochem. der Akad. der Wiss. der UdSSR.) A. JACOB. 4460

Je. R. Gjubbenet und **N. W. Bashanowa**, *Tagesdynamik des Chlorophyllgehaltes in den Blättern der Kartoffel.* Die Tagesdynamik des *Chlorophyll* (I)-Geh. wurde im Feldvers. im Verlauf von 2 Jahren untersucht. Der I-Geh. stieg in den Tagesstd. an u. verminderte sich nachts bis 5—7 Uhr morgens. Die Stärke der Blätter zeigte das gleiche Verhalten. Dies bestätigt die Ansicht, daß I bei der Photosynth. gebildet wird u. alsbald im Stoffwechsel die Prodd. der Photosynth. ausscheidet. Die Erhöhung der I-Menge macht ungefähr $^1/_3$ oder $^1/_5$ des maximalen täglichen I-Geh. im Blatte aus. Offenbar erfolgt in den Blättern der Kartoffel die Erneuerung des I innerhalb von 3—5 Tagen. (Доклады Академии Наук СССР [Ber. Akad. Wiss. UdSSR] **105.** 586—87. 21/11. 1955.) A. JACOB. 4460

D. Spencer und **J. G. Wood**, *Die Rolle des Molybdäns bei der Nitratreduktion der höheren Pflanzen.* Zur Best. des *Mo*-Bedarfs bei der Nitratverwertung durch höhere Pflanzen wurden Tomatenpflanzen zunächst in dest. W., dann in Mo-freien Nährlsgg. aufgezogen. Nach 2 Wochen, nachdem bereits typ. Mo-Mangelerscheinungen zu beobachten waren, wurden der Nährlsg. 2 p.p.m. Mo (als $Na_2MoO_4 \cdot 2\,H_2O$) zugefügt u. die Pflanzen in verschied. Abständen danach (jeweils Sproß u. Wurzeln getrennt) auf den Geh. an *Nitrat* (I), *Nitrit* (II), NH_3, *Amide*, *Aminosäuren* u. *Proteine* untersucht. 2 Tage nach der Zugabe von Mo nahm der I-Spiegel merklich ab, während die Gehh. an den anderen N-haltigen Verbb. deutlich anstiegen. Der II- u. NH_3-Geh. in den Sproßspitzen war bereits 4 Std. nach der Mo-Gabe verdoppelt. Die Verss. beweisen, daß Ggw. von Mo für die Red. von I zu II durch die intakten Pflanzen von wesentlicher Bedeutung ist. Austral. J. biol. Sci. **7.** 425—34. Nov. 1954. Canberra, C.S.I.R.O., Div. of Plant Ind., u. Adelaide, Univ., Botany Dep.) G. KLESSE. 4460

L. Hough und **J. B. Pridham,** *Einbau von ^{14}C in den pflanzlichen Polysaccharidkomplex.* Vff. isolieren die durch Photosynth. in Ggw. von $^{14}CO_2$ (aus $Ba^{14}CO_3$, 43,5 μC) in Blättern (a) u. im Fruchtmesocarp (b) des Pflaumenbaums gebildeten (wasserlösl.) *Polysaccharide* (**I**). Nach deren Hydrolyse (n-H_2SO_4, 100°, 16 Std.) wird festgestellt, daß alle Monosaccharidbestandteile radioakt. sind, u. zwar zeigt *Glucose* (aus a-**I**) den höchsten ^{14}C-Geh. neben *Galaktose* (**II**). Auch *Galakturonsäure* (**III**) besitzt eine relativ hohe Aktivität, während *Arabinose* (**IV**), *Xylose* u. *Rhamnose* nur geringe ^{14}C-Mengen enthalten. Der Einbau von ^{14}C in **II**, **III** u. **IV** der b-**I** wird durch Photosynth. bzw. Abwanderung von den Blättern verursacht. Dieses Ergebnis weist auf die Existenz eines dynam. Gleichgewichtes zwischen den **I** u. ihrer Monosaccharidbestandteile hin. (Nature [London] **177.** 1039. 2/6. 1956. Bristol, Univ., Dep. of Organ. Chem.) P. FAHRNLAENDER. 4460

K. Mothes und **A. Romeike,** *Zur Frage der Alkaloidumwandlung im Sproß.* Die Möglichkeit der Alkaloidumwandlung im Sproß wird durch Bepinseln der Blätter von auf Cyphomandra betacea gepfropften Datura ferox mit *Hyoscyamincitrat* u. Nachw. von *Scopolamin* in den Intercostalfeldern, Sproßachsen u. der Nervatur bewiesen. Das Verhältnis Scopolamin:Hyoscyamin beträgt nach 12 Tagen 2:1. (Naturwissenschaften **42.** 631—32. Dez. 1955. Gatersleben, Inst. für Kulturpflanzenforschung.) E. HANSCHKE. 4460

Andrew A. Benson, *Phytosynthese. Erste Reaktionen.* Zusammenfassung von Arbeiten über die Erforschung der Assimilation, bes. durch Einw. von $^{14}CO_2$ auf Chlorophyll enthaltende Pflanzen, zeitlich begrenzte Belichtung, Ausziehen u. papierchromatograph. Trennung der Prodd., Messen der Aktivität der erhaltenen Flecken u. Best. der Stellung der akt. C-Atome. Danach ist *Ribulose-1.5-diphosphat* der Acceptor für CO_2 unter Bldg. von 2 Mol *Phosphoglycerinsäure,* die durch den durch Licht aus W. entstandenen H zu einer *Triose* red. wird. Durch Einw. von Aldolase bzw. Transketolase entstehen *Hexosen, Erythrosen, Seduheptulose* u. schließlich wieder Ribulosediphosphat. (J. chem. Educat. **31.** 484—87. Sept. 1954. Berkeley, Calif., Univ. of California.) K. BLUMRICH. 4460

W. Simonis und **E. Quensell,** *Zur Wirkung von Monojodessigsäure auf die lichtabhängige Phosphorylierung (^{32}P-Einlagerung) bei Helodea crispa.* Der Einbau von $^{32}PO_4^{3-}$ in die verschied. Phosphatfraktionen der Wasserpest (Helodea crispa) wurde nach Behandlung mit *Monojodessigsäure* (**I**) im Dunkeln, bei gleichzeitiger (Induktionsphase) u. bei vorher begonnener Belichtung (stationäre Phase) bestimmt. Im Dunkeln ist der Einbau gegenüber den unbehandelten Kontrollen herabgesetzt, auch in der stationären Phase, bes. das in Trichloressigsäure (**II**) unlösl. organ. Phosphat. In der Induktionsphase ist der Einbau aber mit Ausnahme der in **II** unlösl. Fraktion wesentlich erhöht, bes. das „7 Min."-Phosphat. **I** hemmt also im Licht zuerst den Einbau des ^{32}P in die **II**-unlösl. Fraktion. Gleichzeitig nimmt die CO_2-Assimilation stark ab. (Naturwissenschaften **43.** 204—05. Mai 1956. Hannover, Tierärztl. Hochsch., Botan. Inst.) A. DILLMANN. 4460

A. M. Osol und **A. A. Lasarewa,** *Der gerichtete Umbau der Prozesse der Photosynthese und Atmung bei der Akklimatisierung des Walnußbaumes.* Aus dem umfangreichen Zahlenmaterial über angepaßte u. nichtangepaßte Walnußbaumsorten in der Nähe von Moskau geht hervor, daß die Intensität der Aufnahme u. Ausscheidung von CO_2 je nach der Anpassungsmöglichkeit an die neuen Verhältnisse verschieden ist. Bei den anpassungsfähigen Sorten sind Photosynth. u. Oxydations-Red.-Prozesse im Blattgewebe intensiviert, wodurch auch die CO_2-Aufnahme erhöht ist. Der erhöhte Gasaustausch in den Blättern der frostfesten Bäume im Vgl. zu den frostanfälligen ist von einer erhöhten Aktivität der *Katalase* u. *Peroxydase* begleitet. (Известия Академии Наук Латвийской ССР [Nachr. Akad. Wiss. LettSSR] **1954.** Nr. 8. 27—36.) O. LEBTAG. 4460

A. St. Garay, *Die Rolle von Ergothionein und Katalase bei der Infektion durch Mutterkorn (Claviceps purpurea Tul.).* Zur Unters. des Einfl. von H_2O_2 auf die Keimung von Mutterkornkonidien wurden solche aus einer 3—5 Wochen alten Malzagarkultur im hängenden Tropfen (KH_2PO_4, $MgSO_4$, $CaCl_2$, Asparagin, Saccharose) unter Zusatz von H_2O_2, Ergothionein (**I**) u. den zentrifugierten, konidienfreien Substanzen von „Honigtau"-Keimen gelassen. $5 \cdot 10^{-3}$ mol. H_2O_2 hemmte die Keimung vollständig, $5 \cdot 10^{-3}$ mol. **I** enthemmte. **I** beeinflußte die Keimung selbst nicht. In saprophyt. Konidien war **I** durch die Diazo-Rk. von HUNTER (Canad. J. Res., Sect. E **27.** [1949.] 230. 240) nicht nachweisbar. Da Konidien parasit. Ursprungs („Honigtau") agressiver als saprophyt. wirken, wurde Honigtau von Petkus-Roggen nach Verdünnung mit W. zentrifugiert u. auf I geprüft. Die Konidien waren frei, dagegen enthielten die konidienfreien Substanzen I (Fl. aus 50 Millionen Konidien = ca. 0,1 cm³ Honigtau 0,2–0,5 mg I). Außer I war noch eine andere Verb. mit positiver Diazo-Rk. u. λ_{max} 6300–7000 Å zugegen. Die *Katalase* (II)-Aktivität gewaschener „Honigtau"-Konidien u. saprophyt. Konidien war schwach, die von Honigtau-Fl. hoch. Zusatz der letzteren zu saprophyt. Konidien bewirkte schwache Anregung der Keimung u. starke Anregung des Wachstums. In Ggw. von Honigtausaft war keine tox. H_2O_2-Wrkg. zu beobachten. Honigtau enthält demnach Substanzen, die stimulieren, u. solche, die gegen H_2O_2 schützen, z. B. I u. II. (Nature [London] **177.** 91–92. 14/1. 1956. Budapest, Res. Inst. for Med. Plants.) K. MAIER. 4480

E₅. Tierchemie. Tierphysiologie. Tierpathologie.

K. Slotta und **P. Borchert,** *Histamin und eiweißhaltige Toxine im Bienengift.* Elektrophoret. konnten im Bienengift 5 Proteinfraktionen getrennt werden, von denen 2 eine starke *Histamin* (I)-ähnliche Wrkg. auf die Muskulatur zeigten. Der Geh. an I betrug insgesamt 0,34–0,48%. (Mem. Inst. Butantan **26.** 279–95. Sep. 1954. São Paulo, Ind. Farm., Endochimica S/A, Dep. Cientif.) P. G. SCHEURLEN. 4520

K. Slotta und **P. Borchert,** *Über den hämolytischen Faktor in Schlangengift.* (Vgl. C. **1954.** 4647.) Es wird eine Vorr. zur Isolierung der elektrophoret. getrennten Fraktionen verschied. Schlangengifte beschrieben. Es konnten hiermit aus dem Gift von Crotalus terrificus u. von Trimeresurus flavoviridis unter Lecithin (I)-Zusatz hämolysierende *Lecithinase A* (auch *Phospholipase H* genannt) u. aus Naja naja ein ohne I-Zusatz hämolysierender Faktor nachgewiesen werden. (Mem. Inst. Butantan **26.** 297–303. 1954. Sep. São Paulo, Ind. Farm. Endochimica S/A, Dept. Cientif.) P. G. SCHEURLEN. 4520

H. Lück und **F. J. Joubert,** *Der Einfluß verdünnter H_2O_2-Lösungen auf Molkenproteine.* Während Lsgg. von krist. *β-Lactoglobulin* (I) durch Zusatz von 1% 40%ig. H_2O_2 innerhalb von 7 Tagen bei 4° nur geringfügig verändert werden, zeigen elektrophoret. Unterss. an H_2O_2-behandelter Molke, daß sich die I-Spitze bei Zusatz von 0,25% H_2O_2 verbreiterte u. bei 1% in 2 Komponenten aufspaltet, deren elektrophoret. Beweglichkeiten verringert sind. Die Extinktionen bei 275–280 mμ (Tyrosin- u. Tryptophanmaximum) nehmen nach Zusatz von 1% H_2O_2 nach einem Tag bei 25° zunächst zu u. nach 4–7 Tagen ab, wobei Licht beschleunigend wirkt. Die Unterss. mit der Ultrazentrifuge zeigen, daß I unter dem Einfl. von H_2O_2 dissoziiert, wobei die Sedimentationskonstante von S_{20} = 2,8 auf 1,3 sinkt, während die Werte der Immunglobuline (S_{20} = 6,9) unverändert bleiben. (Biochem. Z. **327.** 221–30. 11/10. 1955. Pretoria, Südafrika, Council for Sci. and Ind. Res., Nat. Chem. Res. Labor.; Windhoek, Dairy Ind. Contr. Board.) E. SCHWERDTFEGER. 4520

Eugene Roberts und **Irene P. Lowe,** *Vorkommen des Phosphorsäurediesters von L-Serin und Äthanolamin in Taubengeweben.* Durch Papierchromatographie konnten Vff. in den alkoh. Extrakten verschied. Gewebe junger Tauben (Pseudemys elegans), bes. in Muskel- u. Herzextrakten, eine unbekannte Ninhydrin-positive Verb. (I) nachweisen, die in größeren Mengen auftritt. Durch präparative Papierchromatographie konnten kleine Mengen I isoliert werden. Der chem. u. enzymat. Abbau von I u. die Identifizierung der Spaltprodd. durch Papierchromatographie u. Papierelektrophorese führen Vff. zu der Annahme, daß I der Phosphorsäurediester von L-Serin u. Äthanolamin ist. In Extrakten aus Mäusetumoren oder Kükenembryos konnte I nicht nachgewiesen werden. Die mögliche biol. Rolle von I wird kurz diskutiert. (J. biol. Chemistry **211.** 1–12. Nov. 1954. St. Louis, Mo., Univ., School of Med., Wernse Labor. of Cancer Res.) E. SCHWERDTFEGER. 4520

Harris H. Tallan, Stanford Moore und **William H. Stein,** *N-Acetyl-L-asparaginsäure im Gehirn.* (Vgl. C. **1956.** 11473.) Im proteinfreien Extrakt aus Katzenhirngewebe werden relativ große Mengen gebundener *Asparaginsäure* (I) beobachtet. Die Verb. wurde mit Hilfe der Ionenaustauschchromatographie isoliert u. durch F., Elementaranalyse, opt. Drehung u. Ultrarotspektr. des Di-p-nitrobenzylesters als *N-Acetyl-L-asparaginsäure* identifiziert. Diese Verb. kommt in einer Menge von ca. 100 mg je 100 g Trockensubstanz im Katzengehirn u. in einer ähnlichen Konz. im Rattengehirn vor. In der Leber, Niere, Muskel oder Urin der Katze werden wesentlich geringere Mengen (1–3 mg) gefunden. (J. biol. Chemistry **219.** 257–64. März 1956. New York, N. Y., Rockefeller Inst. for Med. Res.) K. NEHRING. 4520

O. W. Thiele, *Über den „Waelsch-Effekt" und über die Hemmwirkung von primären Aminen bei der Plasmalbestimmung.* Als „WAELSCH-Effekt" wird die Hemmung der Farbstoffbldg. bei der SCHIFFschen Rk. durch Zusatz gewisser Waschmittel, wie *Rei* oder *Tween*, bezeichnet. Die Verss. des Vf. mit einer ∼0,2%ig. koll. wss. Lsg. eines *Pferdehirnphosphatids* mit 2,78% *Plasmal* ergeben, daß der WAELSCH-Effekt von *Rei* nicht mit der Herabsetzung der Oberflächenspannung zusammenhängt. Auch die Sulfogruppen von *Rei* haben keinen Einfl., wie Verss. mit Sulfonamiden u. anderen S-haltigen Verbb. (Aristamid, Sulfanilamid, Sulfanilsäure, Na-Sulfosalicylat, m-Benzoldisulfonsäure, Saccharin, Thioharnstoff, Taurin, KSCN u. Na_2SO_4) zeigen. Eine Hemmung erfolgt jedoch, wie Verss. mit *Harnstoff, Methylaminhydrochlorid*, *L-Leucin, Glycylglycin, Hippursäure, Histidin, Nicotinsäureamid, Anilinhydrochlorid, α-Naphthylamin, o-, m-* u. *p-Aminobenzoesäure* u. *Benzamid* zeigen, durch Verbb. mit freier NH_2-Gruppe, wobei aromat. Amine wesentlich schneller als aliphat reagieren. Vf. zeigt, daß Plasma durch *prim. Amine* blockiert wird, wobei vermutlich Additionsprodd. bzw. SCHIFFsche Basen entstehen. (Hoppe-Seylers Z. physiol. Chem. **300**. 157—66. 16/5. 1955. Gießen, Justus-Liebig-Hochsch., Med. u. Nervenklin.) E. SCHWERDTFEGER. 4520

E. L. Hess, Mildred Campbell und **Ailene Herranen,** *Die Trennung und Charakterisierung von Serumalbumin aus Extrakten eines lymphatischen Organs.* Vff. gewannen aus dem cytoplasm. Extrakt von Rindermandeln eine Komponente in verhältnismäßig reiner Form, die sie physikal., chem. u. serolog. als Rinderserumalbumin charakterisieren konnten. Diese Komponente macht ca. 5% des Extraktes aus u. stellt eine Hauptkomponente dar. (J. Amer. chem. Soc. **76**. 4035—38. 5/8. 1954. New Brunswick, N. J., Squibb Inst. for med. Res.) K. NEHRING. 4520

Jennie Shatton und **Maxwell Schubert,** *Isolierung eines Mucoproteids aus Knorpel.* Die wss. Extraktion von frischem Rindernasenknorpel bei 1° lieferte ein Prod., das 30% *Protein*, 60% *K-Chondroitinsulfat* u. 10% W. enthielt. Dieses Prod. verhielt sich wie eine Verb. von Protein u. Polysaccharid, wenn es als K-, Ba- oder Luteocobaltisalz gefällt wurde. Durch Proteinfällungsmittel konnte kein freies Protein u. durch Ultrafiltration kein freies Chondroitinsulfat in den ersten Extraktionsprodd. (wohl aber in späteren) nachgewiesen werden. Die Elektrophorese bei p_H 4,62 im 0,1 mol. Acetatpuffer ergab zwei Komponenten mit nur ca. 4% Unterschied in der Beweglichkeit ($13,3$ u. $13,8 \cdot 10^{-5}$ $cm^2/V/sec$). Vff. nehmen an, daß das Material ein oder zwei elektrophoret. ähnliche *Mucoproteide* des nativen Knorpels darstellt. Der Proteinanteil entstammt nicht dem *Kollagen*. (J. biol. Chemistry **211**. 565—73. Dez. 1954. New York, N. Y., Univ., Coll. of Med., Dep. of Chem. and Study group on rheumatic diseases.) K. NEHRING. 4520

Margaret R. Dewar, *Glykogenablagerungen im Zahnfleischgewebe.* Vf. gibt eine vorläufige Mitt. von Unterss. über Ablagerungen von *Glykogen* (**I**) in entzündetem Zahnfleischgewebe. Es wird angenommen, daß die Ursache für die Ablagerung von **I** in der Ggw. überschüssiger *Glucose* (**II**) liegt, welche aus der Gluconeogenesis von Proteinen zerstörter Gewebe stammt u. in das Epithelium eindiffundiert ist. Die Ablagerung von **I** wird als ein Mechanismus zur Beseitigung unerwünschter **II** angesehen. (Science [Washington] **120**. 230. 6/8. 1954. Sidney, Australien, Unites Dental Hosp., Inst. of Dent. Res.) H. LAMP. 4552

E. A. Caspary, *Physikochemische Untersuchung des Mucoids derSpeicheldrüse des Schafes. Mucoid* aus der Schafspeicheldrüse erwies sich bei der Elektrophorese bei p_H 4 u. 8 als homogen. Auch aus den Messungen der Diffusion u. der Sedimentation ergab sich ein einheitlicher Stoff vom Mol.-Gew. 87000 u. dem Achsenverhältnis 1,51. (Biochem. J. **55**. 139—40. Aug. 1953. London, Lister Inst. of Preventive Med.) G. GERBER. 4555

R. R. Ronkin, *Einige physikochemische Eigenschaften von Schleim.* Vf. bestimmte Oberflächenspannung, Viscosität u. Sedimentation von frisch ausgeschiedenem Schleim (Sch) der großen Meeresschnecke, Busycon canaliculatum, als Modell von schleimigen Substanzen. Sch ist oberflächenakt. u. wird im großen Ausmaß nach 10facher Verdünnung an der Oberfläche adsorbiert. Die Viscosität des Sch beträgt ca. 9 cp. Die viscosen Eigg. sind gebunden an Teilchen mit einem Durchmesser von 1000—4000 Å. Diese wahrscheinlichen Aggregate sedimentieren in 90 Min. bei 30200 g. Vf. glaubt, daß die Kenntnis dieser Eigg. wichtig zum Verständnis der biol. Rolle des Schleimes sein kann. (Arch. Biochem. Biophysics **56**. 76—89. Mai 1955. Newark, Del., Univ., Dep. of Biol. Sci.; and Woods Hole, Mass., Marine Biol. Labor.) G. BRATFISCH. 4555

R. Stoll und **R. Maraud,** *Die Wirkung des Testosterons auf die Morphogenese der Epididymis beim Hahn. Die Verbindung der ersten Anlage der Epididymis mit dem Rete testis.* Die Applikation von *Testosteron* beim Hahn beeinflußt nicht merklich den chronolog. Ablauf der Morphogenese der Epididymis. Sie erhöht jedoch die Anzahl der Ductuli efferentes der Epididymis u. die Vasa aberrantia des Rete testis. (C. R. Séances Soc. Biol. Filiales **149**. 370—72. Febr. 1955. Bordeaux, Fac. de Méd., Labor. d'Histol.) H. LAMP. 4559

R. Stoll und **R. Maraud,** *Die Wirkung des Testosterons auf die Morphogenese der Epididymis beim Hahn. Die Entwicklung der mesonephretischen Kanäle.* (Vgl. vorst. Ref.) Die Applikation von *Testosteron* beim Hahn hemmt die n. Rückbldg. der mesonephret. Kanäle u. läßt sie alle an der Morphogenese der Epididymis teilnehmen. (C. R. Séances Soc. Biol. Filiales **149.** 700—03. April 1955.) H. LAMP. 4559

Pierre van Wetter, *Die Wirkung oral verabreichten Testosteronpropionats auf die Leber.* Testosteronpropionat bewirkt bei männlichen Albinoratten eine Abschwächung im Ausfall der GOMORI-Rk. in der Leber. (Ann. d'Endocrinol. **16.** 390—94. 1955. Louvain, Univ., Clin. méd., Labor. de Rech.) H. HERMANN. 4559

J. Marescaux und **M. Deminatti,** *Der Mechanismus der inhibitorischen Wirkung des Testosterons auf das Ovar des Meerschweinchens.* Die Unterss. der Vff. bestätigen die inhibitor. Wrkg. von *Testosteron* (I) auf die Ovarien von Meerschweinchen u. lassen darauf schließen, daß bei örtlicher Applikation von I die Hemmung direkt u. nicht unter Mitwrkg. der Hypophyse erfolgt. (C. R. Séances Soc. Biol. Filiales **149.** 404—07. Febr. 1955.) H. LAMP. 4559

Cl. Aron und **L. Asch,** *Statistische Angaben über die Anzahl der unter physiologischen oder experimentellen Bedingungen gebildeten Gelbkörper beim Meerschweinchen.* Vff. behandeln Meerschweinchen mit Gonadostimulantien (I), die aus dem Harn n. u. schwangerer Frauen sowie aus Hypophysen von Ratten u. Meerschweinchen gewonnen wurden. Die Ergebnisse der Unterss. über die durch I beeinflußte Gelbkörperbldg. werden statist. ausgewertet. (C. R. Séances Soc. Biol. Filiales **149.** 400—04. Febr. 1955.) H. LAMP. 4559

L. Klungsöyr und **K. F. Stöa,** *Die chemische Natur von menschlichem Choriongonadotropin.* Mit Hilfe der Meth. von KATZMANN u. Mitarbeitern (vgl. J. biol. Chemistry **148.** [1943.] 501) werden aus n., männlichem Urin sowie Schwangerenurin Mucoproteine in nahezu gleichen Mengen isoliert, von denen das Präp. aus Schwangerenurin hohe gonadotrop. Wirksamkeit von 5000 I.E./mg Trockensubstanz aufweist. Bei je 3std. Hydrolysieren von Mucoproteinproben beider Urine in 2n H_2SO_4, Neutralisation der Hydrolysate mit $Ba(OH)_2$ u. papierchromatograph. Analyse ergibt sich eine auffallende Ähnlichkeit der Zus. dieser Substanzen, die beide Galaktose, Mannose, Glucosamine u. andere noch nicht identifizierte Zucker enthalten. (Acta endocrinol. [Copenhagen] **18.** 288—90. März 1955. Bergen, Univ., Biochem. Labor. and Clin. Endocrinol. Res. Unit.) ANTJE SCHMIDT. 4559

M. H. Burgos und **M. A. Rufino,** *Die Wirkung der Gonadotropine des Chorions und des Serums auf die Testikel der Kröte.* Das Gonadotropin des Chorions zeigte bei Kröten 2 Wirkungen: eine Wrkg. auf die Samenkanälchen bei der Spermatogenese u. eine Wrkg. auf das interstitielle Gewebe bei der Sekretion. Das Serum-Gonadotropin hat eine vorherrschende Wrkg. auf die Proliferation des interstitiellen Gewebes u. bewirkt eine geringe Stimulierung der Spermatogenese. Eine gleichzeitige Verabreichung beider Hormone erzeugt die genannten Wirkungen auf einmal. (C. R. Séances Soc. Biol. Filiales **147.** 900—02. Mai 1953. Costa Rica, Inst. de Bio. et de Méd. exp.) K. F. MÜLLER. 4560

M. Aron, J. Marescaux, A. Petrovitch und **H. Firket,** *Beobachtungen über die Lokalisierung der gonadostimulierenden Sekretion im Hypophysenvorderlappen.* Implantate der *Pars distalis* u. Injektion von Extrakten aus der Pars distalis haben auf Ovar u. Testikel von Meerschweinchen die gleiche Wrkg.; diese Befunde werden diskutiert. (C. R. Séances Soc. Biol. Filiales **147.** 897—99. Mai 1953.) K. F. MÜLLER. 4560

Stanley Ellis, Grant Noda und **Miriam E. Simpson,** *Über die Stabilität des Wachstumshormons.* Die Beobachtungen von LI u. PAPKOFF (C. **1954.** 2424), daß das *Wachstumshormon* (I) innerhalb 32 Std. bei p_H 9,4 zu 50% in eine, bei der Elektrophorese schnellwandernde Komponente umgewandelt wird u. kein Aktivitätsverlust eintritt, konnte nicht bestätigt werden. Die Verss. an nach 3 verschied. Methoden hergestelltem I ergaben eine maximale Stabilität innerhalb des p_H-Bereichs von 5,0—11,5, u. es trat bei 25° in 24 Std. kein Aktivitätsverlust ein. In Lsgg. mit einem p_H unter 4,0 u. oberhalb 11,5 wird I in eine bei der Elektrophorese schnellwandernde Verb. umgewandelt, deren Konz. proportional der Zeit der Einw. ist. Gleichzeitig beobachtet man eine Abnahme der biol .Aktivität, die bes. schnell in Glycinpuffer bei p_H 2,5 erfolgt. In 0,1n NaOH wird I allmählich in eine neue elektrophoret. Komponente mit höherer Wanderungsgeschwindigkeit übergeführt. (J. biol. Chemistry **218.** 115—22. Jan. 1956. Berkeley, Calif., Univ. of California, Inst. Exp. Biol.) A. EBEN. 4560

Grace E. Pickford, *Vergleich der Reaktionen von gereinigten Fisch- und Rinderwuchshormonen auf hypophysektomierten männlichen Killifisch.* In hypophysektomierten männlichem Killifisch, Fundulus heteroclitus, werden bei 20° 3mal wöchentlich 8 Wochen lang gereinigtes Fischwuchshormon (I; F80GH, Wilhelmi) u. Rinderwuchshormon (II; 508B, Wilhelmi; Organon 66450) in Dosenhöhen von 10 µg/g Gewicht injiziert. Während das erstgenannte nur das Melanophoren konzentrierende Agens enthält, sind im Organon Thyroide in n. Höhe u. Spuren von Gonadotropin vorhanden. Im Endergebnis beträgt der durchschnittliche Gewichts- u. Längenzuwachs der Tiere bei Gaben von I 26,3 u. 4%, bei Gaben von II 39,5 u. 7,3%, die Anzahl der neugebildeten Schuppenringe: 3 mit I u. 6,4 mit II. Die gonosomat. Indices liegen für mit II behandelten Fischen um 0,49% höher, die thyroide Zellhöhe ist 5,5 µ gegenüber 3,9 µ von Tieren mit I. Eine anfängliche Gewichtsabnahme der größtenteils anäm. Fische wird nicht beobachtet; mangelhafte oder fehlende Kalkbldg. in den neugewachsenen Schuppenrändern, die bei mit I behandelten Tieren stärker ausgeprägt ist, steht in Wechselbeziehung zu dem Auftreten von Nierensteinen aus hydratisiertem Carbonatapatit. Das interrenale Gewebe zeigt bei n. Ausbldg. keine Unterschiede. Die geringere Wirksamkeit von I, die nur 55% derjenigen von II beträgt, beruht entweder auf der Anwesenheit einer inakt. Komponente (ca. 25%) oder dem gänzlichen Mangel thyroider Reizung. (Endocrinology **55.** 274—87. Sept. 1954. New Haven, Conn., Univ., Bingham Oceanographic Labor.) ANTJE SCHMIDT. 4560

B. E. Riedel, J. E. Logan, H. A. De Luca und **R. J. Rossiter,** *Der Phosphorstoffwechsel der Nebenniere. Einfluß von Hypophysektomie und Verabreichung von ACTH auf den Einbau von* ^{32}P *in anorganisches Phosphat.* Während bei hypophysektomierten Ratten die Konz. an *anorgan. Phosphat* (I) im Plasma geringer, in Nebenniere u. Leber aber gleich groß ist, verglichen jeweils mit Kontrolltieren, zeigt nach intraperitonealer Gabe von anorgan. ^{32}P-markiertem I die spezif. Aktivität des I des Plasmas eine Steigerung. Im Vgl. zu der Aktivität des Plasma-I ist die des Nebennieren-I niedriger. 20 Std. vor dem Vers. intraperitoneal gegebenes *ACTH* normalisiert die spezif. Aktivitäten des Nebennieren-I. Die Veränderung der spezif. Aktivität des Plasmas wird auf einen Mangel an *Wachstumshormonen,* das Sinken der spezif. Aktivität der Nebennieren auf einen Mangel an ACTH zurückgeführt. (Canad. J. Biochem. Physiol. **32.** 251—60. Mai 1954. London, Ontario, Can., Univ. of Western Ontario.) H.-G. SCHWEIGER. 4561

B. E. Riedel und **R. J. Rossiter,** *Der Phosphorstoffwechsel der Nebenniere. Mechanismus der Veränderungen nach Hypophysektomie.* (Vgl. vorst. Ref.) Bei hypophysektomierten Ratten ist nach Injektion von *anorgan. Phosphat* (I; ^{32}P markiert) die spezif. Aktivität des intracellulären I in der Nebenniere im Vgl. zum Plasma reduziert. Diese Tatsache wird durch einen verringerten Transport von I durch die Zellmembran erklärt. (Canad. J. Biochem. Physiol. **32.** 261—70. Mai 1954.) H.-G. SCHWEIGER. 4561

J. M. Meunier, A. J. Duluc und **G. Mayer,** *Die Wirkung von Cortison auf das hormonelle Gleichgewicht der Progestation und der Gestation.* Die tägliche Applikation von 10 mg *Cortisonacetat* (I) intramuskulär bei Ratten vom Beginn der Schwangerschaft an verursacht im Laufe der Progestation Störungen in der Nidation. Diese werden begleitet von Veränderungen im hormonellen Gleichgewicht. Im Gegensatz dazu bleibt der Verlauf der Gestationsperiode selbst gegenüber stärkeren Dosen von I unbeeinflußt. Vff. diskutieren den Mechanismus der Wrkg. von I. (C. R. Séances Soc. Biol. Filiales **149.** 366—70. Febr. 1955.) H. LAMP. 4561

Philip K. Bondy, Dwight J. Ingle und **Robert C. Meeks,** *Einfluß von adrenalen Rindenhormonen auf den Aminosäurespiegel des Plasmas in ausgeweideten Ratten.* Unter gewissen Bedingungen können adrenale Steroide den Protein- u. Kohlenhydratstoffwechsel in Abwesenheit der Leber verändern, wie an adrenalektomierten, ausgeweideten Ratten bei Injektionen mit adrenalem Rindenextrakt, *Cortison* u. *Hydrocortison* festgestellt wird. Bei gleichzeitiger Adrenalektomie u. Ausweidung tritt nach 6 Std. keine Wrkg., nach 24—48 Std. ein Anstieg des Aminostickstoffs im Plasma u. Verminderung der Glucosetoleranz ein. *Insulin* red. die Konz. von Glucose u. Aminostickstoff. Bei hoher Glucose u. Insulinbelastung wird die Glucosetoleranz durch Cortison gesteigert. (Endocrinology **55.** 354—60. Sept. 1954. New Haven, Conn., Univ., School of Med.; Kalamazoo, Mich., Upjohn Comp.) ANTJE SCHMIDT. 4561

S. A. Benos, *Schutzwirkung des Cortisons auf die bei der adrenalektomierten Ratte durch Dextran ausgelöste Gefäßparalyse.* Unter dem Einfl. von *Dextran* — 3 mg/100 g Körpergewicht, gelöst in 0,5 ml physiol. NaCl — erfolgt nicht nur eine Histaminausschüttung, sondern auch die Bldg. einer vasoparalyt., physiol. nachweisbaren Substanz, deren Wrkg. durch die Injektion von 1,5 mg *Desoxycorticosteronacetat,* in 0,5 ml physiol. NaCl gelöst, aufgehoben wird. (Arch. int. Pharmacodynam. Thérap. **97.** 115—23. 1/2. 1954. Paris, Univ., Clin. Méd. propédeut., Labor. de méd. exper.) H. P. FIEDLER. 4561

Albert B. Eisenstein, *Veränderung von Cortison durch Rattenleberhomogenat.* Vf. ermittelt die Wirkungsmechanismen von Fermenten, die an der Red. der konjugierten ungesätt. Bindungen in Ring A u. dem Abbau der 17.21-Dioxy-20-keto-Seitenkette (I) von *Cortison* (**II**) beteiligt sind. Dazu wurden männliche Ratten decapitiert u. deren Lebern sofort in kalter KREBS-Lsg. (mit PO_4 auf 7,4 gepuffert) homogenisiert. Aliquote Teile von 4,5 ml (entspricht 0,5 g Leber) wurden mit 300 γ **II** (in 0,1 ml absol. Äthanol gelöst) versetzt, bei 37° in verschlossenen Flaschen bebrütet u. nach 1 Std. mit so viel Aceton (**III**) versetzt, daß die Lsg. davon 70%ig war. Nach Stehen über Nacht wird filtriert, die Flasche u. Geweberückstände wiederholt mit 70%ig. **III** gewaschen, die gesamte **III**-Lsg. 3mal mit PAe. extrahiert u. letzterer verworfen. **III** wird bei 45° im Vakuum abdest. u. die zurückbleibende wss. Lsg. 3mal mit Äthylendichlorid (**IV**) extrahiert, diese Fraktion dann über Na_2SO_4 getrocknet u. **IV** unter Vakuum entfernt. Der Rückstand enthält die Steroide. Es wird in $CHCl_3$ gelöst u. an Florisilsäulen adsorbiert. Verschied. Steroidfraktionen wurden chromatograph. gewonnen. Aliquote Teile der **II**-Fraktion wurden im N_2-Strom getrocknet, in Methanol gelöst u. zur Best. des UV-Adsorptionsspektr. im Bereich von 220—260 mμ verwandt. Adsorption bei 238 mμ diente zur quantitativen Best. der ungesätt. Ketonstruktur im Ring A. Diese wurde auch mit der H_2SO_4-Chromogen-Technik bestimmt, dabei liegt das Adsorptionsmaximum der H_2SO_4-Derivv. von **II** zwischen 280 u. 285 mμ. Die Mengenbest. von **I** wurde nach der Phenylhydrazinmeth. bestimmt. Als Kontrollen dienten unbebrütete Gemische von **II** + Leberhomogenaten (**V**) u. **V** allein. Beim Zusatz von: *Na-Citrat* (**VI**), *Isocitronensäure* (**VII**), *DPN*, *Na-Pyruvat*, *Na-Succinat*, *α-Ketoglutarsäure* (**VIII**), *Adenosintriphosphat*, *Adenosin-5-phosphorsäure*, *Malonsäure* u. *Versene* ergaben sich folgende Wirkungen: 1std. Bebrüten von **V** + **II** in physiol. Medium führte zu einem 20%ig. Verlust der konjugierten ungesätt. Bindungen im Ring A u. einem 20%ig. von **I**. War der Bebrütungsansatz dagegen 0,01—0,001 mol. an **VI**, so verdoppelten sich diese Zahlen, war er 0,01 mol. an **VII**, treten ebenfalls starke Verluste auf. Zusatz von 24 μMol. DPN u. 0,001 mol. *Niacinamid* beschleunigt die Sättigung der α.β-ungesätt. Ketone, schwächt aber den Abbau von **I**. DPN allein hat keine Wirkung. 0,01 mol. Konz. der Lsg. an **VIII** führt zu fast völliger Hemmung der Inaktivierung von **II**. Die genannten anderen Verbb. blieben wirkungslos. (J. biol. Chemistry **215**. 585—91. Aug. 1955. St. Louis, Mo., Washington Univ., School of Med., Dep. of Preventive Med., Nutrit. Labor.) H. TÄNZLER. 4561

M. Zacco, E. M. Richardson, J. O. Crittenden, F. C. Dohan und **J. L. Hollander**, *Die Verteilung von intraarticulär injiziertem Hydrocortisonacetat, freiem Hydrocortison und Cortisonacetat bei Arthritis*. (Vgl. C. **1955**. **3417**.) An 23 Patienten mit Arthritis der Kniegelenke wurden nach intraarticulärer Injektion der genannten Verbb. Unterss. über den Verbleib der Hormone durchgeführt. Es wurden Synovial-Fl., deren Zellen (Desintegration durch Ultraschall) u. Synovium getrennt untersucht. Die mit der Zeit stattfindende Konzentrationsabnahme in der Gesamtgelenk-Fl. war bei allen drei Verbb. etwa gleich. Nach längeren Zeiten (24—168 Std.) waren die Konzz. nur noch gering, am höchsten bei *Hydrocortisonacetat* (**I**), das sich in den Zellen anreicherte, während *Cortisonacetat* (**II**) bevorzugt in der fl. Phase verblieb. In einigen Fällen wurde Synovektomie vorgenommen, wobei es sich zeigte, daß die Synovialmembran **I** für einige Tage speicherte. Die Konz. von **II** war hier nur halb so stark u. sank viel schneller ab. — Mit diesen Befunden glauben Vff., die bessere Wirksamkeit von **I** bei der Arthritisbehandlung erklären zu können. (Experientia [Basel] **11**. 279—80. 15/7. 1955. Philadelphia, Pa., Univ. of Pennsylvania, Hosp.) P. LOCH. 4561

Chr. Hansted, M. Sprechler und **E. Thamdrup**, *Die Cortisonbehandlung des adrenogenitalen Syndroms, unter besonderer Berücksichtigung der Steroidausscheidung während der fortgesetzten und nach der unterbrochenen Behandlung*. An 4 kindlichen Patienten mit Nebennierenrindenhyperplasie bewirkt eine tägliche intramuskuläre Injektion von 25 bis 50 mg *Cortison* eine schnelle Hemmung der Rindenfunktion (Absinken der 17-Ketosteroidausscheidung auf die n., dem Alter entsprechenden Werte). Auch 5—12 Monate nach dem Absetzen der Therapie bei den 2 weiblichen Versuchspersonen blieben die Werte prakt. normal. Bei 2 Patienten wurde eine kurzzeitige, allerdings erhebliche Erhöhung der Corticosteroide ohne gleichzeitige Erhöhung der 17-Ketosteroide festgestellt, sowohl während als auch nach dem Absetzen der Therapie, u. als Reiz- u. Regulations-Rk. gedeutet. Vff. glauben, daß das Zusammenspiel zwischen Hypophyse u. Nebennierenrinde erheblich komplizierter ist als bisher angenommen u. daß darin die Störung u. Einstellung eines Gleichgewichtes zwischen den beiden Gruppen der Glucocorticoide u. der androgenen Steroide im Stoffwechsel der Rinde eine wesentliche Rolle spielt. (Acta endocrinol. [Copenhagen] **19**. 101—11. Juni 1955. Copenhagen, Univ.-Hosp. [Rigshosp.], Pediatric Dep.; Statens Seruminst., Hormone Dep.) H. DANNENBAUM. 4561

John Edgar Stevens und **Elam C. Toone jr.**, *Die Entstehung von Leukopenie und Granulocytopenie unter der Behandlung mit Cortison*. Unter der Behandlung mit *Cortisonacetat* entwickelte sich bei einem Patienten mit Rheumatismus eine Hemmung des

Knochenmarks mit Leukopenie. Die Möglichkeit wird erörtert, daß sich unter der Behandlung die Rk. des Patienten geändert u. sich eine Sensibilisierung gegen die im Vehikel vorkommenden Stoffe *Acetylsalicylsäure* oder *Codeinsulfat* gebildet habe. (Southern med. J. **45.** 738—40. Aug. 1952. Richmond, Va.) WOLFGANG ALBRECHT. 4561

Max Lévy, Jean Geissmann und **Pierre Tichit,** *Der Einfluß von Kochsalz und einseitiger Nebennierenentfernung auf die Ausscheidung der 17-Ketosteroide mit dem Harn in der postoperativen Phase.* Ohne u. mit NaCl-Gaben in der postoperativen Phase steigt die Ausscheidung der *17-Ketosteroide* im Harn an. Fehlen einer Nebenniere ändert an diesen Verhältnissen nichts. (Ann. d'Endocrinol. **16.** 423—29. 1955.) H. HERMANN. 4561

J. G. Llauradó und **David Cardús,** *Die Bestimmung von Aldosteron, Halogencorticoiden, Desoxycorticosteronacetat und aldosteronähnlichen Substanzen mit der Flammenspektrophotometrie.* Mit der modifizierten Meth. von SIMPSON u. Mitarbeitern (Endocrinology **50.** [1952.] 150) bestimmten Vff. vier Mineralocorticoide [*Aldosteron* (**I**), *9α-Chlor-* (**II**) u. *9α-Fluorhydrocortisonacetat* (**III**) sowie *Desoxycorticosteronacetat* (**IV**)]. Diese wurden zusammen mit ^{24}Na u. ^{42}K an adrenalektomierte Ratten verabreicht u. im Urin flammenspektrophotometr. die Veränderung des Na/K-Verhältnisses bestimmt. Zwischen dem Logarithmus der Dosis u. der prozentualen Änderung des Na/K-Quotienten bestand eine lineare Beziehung im Bereich von 0,01—0,5 γ für **I**, 0,05—0,5 γ für **II**, 0,05—1 γ für **III** u. 2—20 γ für **IV**. Die Wirksamkeit von **I, II, III** u. **IV** verhielt sich bei diesem Test wie 100 : 35 : 10 : 1. Für die prakt. Verwendung der Meth. wird deren Durchführung mit **I**-Konzentraten aus menschlichem Urin geschildert u. auf deren Wert für die Diagnose des prim. u. des vorübergehenden, postoperativen Aldosteronismus (LLAURADÓ, Lancet **268.** [1955.] 1295) eingegangen. (Med. clin. [Barcelona] **25** (**13**). 151—57. Sept. 1955. Barcelona, Univ., Escuela de Cardioangiolog.; Otago [Nueva Zelanda], Univ., Dep. de Chirurg.) H. IPPEN. 4561

Georg W. Oertel, *Papierchromatographie von Steroiden.* Zur papierchromatograph. Trennung kleinster Steroidmengen, z. B. in Harnextrakten, wird der Trockenextrakt (bei 200 γ) in 0,1—1,0 cm³ CH_3OH–Äthylacetat aufgenommen, nach Zusatz von 1 Tropfen Sudanrot auf einen spitz zulaufenden Konzentrierungsstreifen aufgebracht, nach Konzentrierung des Steroidgemischs in der Zungenspitze des Streifens (ca. 30 Min.) diese nach dem Trocknen in den eigentlichen Streifen an einer Verengung desselben eingesetzt u. entwickelt. Bei absteigender Chromatographie mit Propylenglykol–Bzl.–Cyclohexan, Propylenglykol–Ligroin für C_{19}-Steroide u. Formamid–Chlf., Propylenglykol–Toluol für C_{21}-Steroide erfolgt einwandfreie Trennung. (Naturwissenschaften **43.** 17. Jan. 1956. Konstanz, Byk-Gulden Lomberg, Chem. Fabrik GmbH., Labors.) K. MAIER. 4561

Georg W. Oertel, *Fraktionierte Papierchromatographie von Steroiden.* Durch eine Kombination der vorst. beschriebenen Anordnung zur Trennung kleinster Mengen von Steroidgemischen mit dem Verf. von FISCHBACH u. LEVINE (C. **1956.** 4525) für aufsteigende Durchlaufchromatographie ist eine verbesserte fraktionierte Papierchromatographie komplexer Steroidgemische möglich (Trennung von 50 γ Desoxycorticosteron, 50 γ 17-Oxycorticosteron u. 50 γ Testosteron, 50 γ Dehydroepiandrosteron auf 27,5 cm-Streifen, WHATMAN Nr. 1 mittels Formamid–n-Hexan–Bzl. in 4 Std.). (Naturwissenschaften **43.** 18. Jan. 1956. Konstanz, Byk-Gulden Lomberg, Chem. Fabrik GmbH., Labors.) K. MAIER. 4561

Ellen Eva King und **Amedeo S. Marrazzi,** *Über die durch Adrenalin bedingte Sekretionshemmung des Nebennierenmarkes.* Bei Katzen wird der Nervus splanchnicus mit Hilfe nichtpolarisierbarer Flüssigkeitselektroden submaximal gereizt u. anschließend in das distale Ende der Arteria mesenterica cranialis *Adrenalin* (**I**; 0,1—2,5 μg) injiziert. An der Veränderung des Blutdruckes wird der **I**-Einfl. kontrolliert. In allen Fällen wird die **I**-Sekretion des Nebennierenmarkes gehemmt. Schon kurze Zeit später werden jedoch die Ausgangsblutdruckwerte ermittelt, die bei erneuter **I**-Dosis erneut absinken. Die Ergebnisse sprechen für das Vorliegen eines Mechanismus zur homöostat. Regulierung des Nebennierenmarkes während einer sympath. Reizung u. stimmen überein mit der Vorstellung über die prim. adrenerg. Hemmung aller sympath. ganglionären Synapsen. (Amer. J. Physiol. **171.** 612—23. Dez. 1952. Maryland, Army Chem. Center, Chem. Corps Med. Labor., Clin. Res. Div.) H. P. FIEDLER. 4561

Alan Leslie, William H. Blahd und **William S. Adams,** *Die Wirkung längerer Zufuhr von Epinephrin auf die Nebennierenrindenfunktion und die Epinephrintoleranz bei chronischem Asthma.* Nach Unterss. des Eosinophilen-Rk. auf ACTH sowie der Schweiß-Na-Konz. wird die Nebennierenrindenfunktion bei Asthmapatienten durch lang dauernde *Epinephrin* (**I**)-Behandlung nicht beeinflußt. **I** ruft keine chron., sondern nur eine vorübergehende Stimulierung des Hypothalamus–Hypophyse-Nebennierenrindenmechanismus hervor. Nach dem Absetzen von **I** wird bei der Wiederaufnahme der Behandlung keine erhöhte antiasthmat. Wrkg. festgestellt. Es wurden keine Anzeichen einer I-Toleranz gefunden. (J. Lab. clin. Med. **41.** 865—70. Juni 1953. Los Angeles, Calif., Univ. of California, Med. Center, School of Med., Dep. of Med. u. Veterans Admin. Center.) H.-J. KOCH/Berlin. 4561

R. Perez-Tamayo und **R. Hernandez-Peon,** *Reaktionen der Nierengefäße auf Sympathicusreizung und auf Adrenalin.* Obwohl der Gesamtfluß des Blutes durch die Nieren durch elektr. Reizung der Nierennerven oder durch Gaben von *Adrenalin* (I) nicht verändert wird, treten innerhalb der Glomeruli infolge Gefäßverengung leere Capillarschleifen auf. Die Reizung tritt in steigendem Maße bei den Interlobulararterien, Arterioli afferentes, Glomeruli u. Arterioli efferentes auf. Geringe I-Dosen können eine Erweiterung der intrarenalen Gefäße hervorrufen. (J. Lab. clin. Med. **41.** 871—79. Juni 1953. Mexico City, Univ., Nac. Autonoma de Mexico, Escuela de Med., Labor. de Invest. Med. y Biol. u. Inst. Nac. de Cardiol.) H.-J. KOCH/Berlin. 4561

Cheves McC. Smythe, James F. Nickel und **Stanley E. Bradley,** *Die Wirkung von Epinephrin, l-Epinephrin und l-Norepinephrin auf die glomeruläre Filtrationsrate, den renalen Plasmafluß und die urinäre Ausscheidung von Natrium, Kalium und Wasser bei Gesunden. Epinephrin, l-Epinephrin* u. *l-Norepinephrin* setzen bei n. Menschen die Ausscheidung von *Na, K* u. W. im Urin herab. Da die Filtrationsrate der Glomeruli relativ konstant bleibt trotz erhöhtem arteriellem Druck, intrarenaler Gefäßkontraktion u. renaler Ischämie, muß die Änderung der elektrolyt. Verhältnisse der erhöhten tubulären Reabsorption zugeschrieben werden. Das Ansteigen u. Fallen des Urinflusses im Zusammenhang mit Nebennierenmarkhormonen läßt einen Einfl. dieser Stoffe auf die tubuläre Reabsorption von W. vermuten. (J. clin. Invest. **31.** 499—506. Mai 1952. City of New York, Columbia Univ., Coll. of Phys. and Surg., Dep. of Med.) G. WELTZIEN. 4561

Abraham Dury, Jacob W. Holler, Caleb Smith (unter techn. Mitarbeit von **Thomas N. Johnston**), *Die Veränderung des Kaliumspiegels im Plasma nach Epinephrin bei Gesunden und Epileptikern.* Bei Epileptikern war 20, 60 u. 120 Min. nach intramuskulärer Injektion von 0,4 mg *Epinephrin* der Abfall des K-Geh. im Plasma stärker als bei Gesunden. (J. clin. Invest. **31.** 440—44. Mai 1952. Bradford, Pa., Dorn Labor. for Med. Res.) G. WELTZIEN. 4561

Mary P. Wiedeman und **Paul A. Nicoll,** *Verschiedenes Verhalten der kleinen Gefäße im coecalen Rattenmesenterium zu lokal aufgebrachtem Epinephrin.* Am coecalen Rattenmesenterium wurde der Effekt lokal applizierter *Epinephrin* (I)-Mengen auf die mkr. beobachteten kleinen Gefäße studiert. Dabei wurde auf die Reproduzierbarkeit sichtbarer Schwellenkonzz. (SK) geachtet. Dabei ist die Anlage des Vers. schon mit einer erheblichen Schwankungsbreite der SK behaftet, wobei bes. die Tiefe der Anästhesie von Bedeutung ist, deren fluktuierende Stärke oft diejenigen SK-Werte übertrifft, die von anderen Autoren bei pharmakol. Prüfungen als durch I bedingt erklärt werden. Auch bei wiederholter I-Anwendung ergeben sich verschiedenartige Resultate hinsichtlich der Größe u. der Eintrittsgeschwindigkeit des Gefäßeffektes. Für die Beurteilung von Untersuchungsresultaten mit vasoakt. Substanzen sind diese Ergebnisse von Bedeutung. (Amer. J. Physiol. **172.** 187—94. Jan. 1953. Bloomington, Ind., Indiana Univ., Dep. of Physiol.) H. JORDAN. 4561

A. O. Nawakatikjan, *Veränderung der Empfindlichkeit der Mechanoreceptoren der aortalen reflexogenen Zone gegenüber Adrenalin nach beiderseitiger cervicaler Sympathektomie.* In Verss. an beiderseitig sympathektomierten Kaninchen unter leichter Urethannarkose wurde *Adrenalin* (I) intravenös eingeführt. Der Blutdruck betrug bei den Versuchstieren etwas mehr als bei den n. Kontrollen (120—125 mm Hg). Die intravenöse Zufuhr von 0,1—1,0 mg I rief eine um 10—15 mm stärkere Erhöhung des Blutdruckes als bei n. Tieren hervor. Der Rückgang zur Norm war bei den Versuchstieren langsamer, der anschließende Abfall unter die Norm etwas stärker (30—50 mm). Anschließend stieg der Blutdruck wieder an, erreichte aber manchmal nicht mehr das Ausgangsniveau. Intravenöse Einführung von I ruft eine Veränderung des funktionellen Zustandes von Baroreceptoren (BR) der aortalen reflexogenen Zone hervor, die durch eine direkte Wrkg. des I bedingt ist. Kleine I-Dosen (0,1 mg) rufen bei den Versuchstieren eine erheblich stärkere Erhöhung der Empfindlichkeit der BR hervor als bei den Kontrollen. Große I-Dosen (0,5—1,0 mg) hemmen nach einem Stadium der erhöhten Empfindlichkeit die Funktionen der BR. Die Hemmungsphase ist bei den operierten Tieren schwächer als bei den normalen. (Физиологический Журнал СССР имени И. М. Сеченова [Ssetschenow J. Physiol. UdSSR] **42.** 88—94. Jan. 1956. Moskau, Chirurg. Wischnewski-Inst. der Akad. der Wiss. der UdSSR, Physiol. Labor.) F. DU MANS. 4561

Abraham Mazur, Saul Green und **Ephraim Shorr,** *Die Oxydation von Adrenalin durch Ferritineisen und Wasserstoffsuperoxyd.* Als Beitrag zur Kenntnis der *Adrenalin* (I)-Oxydation in vivo untersuchten Vff. die Rk. von I mit $Fe^{2+} + H_2O_2$. Bei gleichbleibendem Verhältnis des Gemisches Fe^{2+} u. H_2O_2 (FENTONs-Reagens) von 1 : 8090 verliefen die Zeit–Rk.-Kurven geradlinig u. um so steiler, je höher die Konz. des Gemisches war. Bei Anwendung von *Ferritin* (**II**) an Stelle von Fe^{2+} wurden ähnliche Geraden erhalten, wenn der ungeradlinige Anlauf durch Präincubation von **II** in Acetatpuffer, das zur Konstanthaltung des p_H in allen Verss. Verwendung fand, vermieden wurde. Im Gegensatz hierzu wurde mit *Apoferritin* eine gegen die Zeitachse sehr wenig geneigte Gerade erhalten. Durch Vgl. der Versuchsergebnisse mit **II** gegen die mit Fe^{2+} wurde errechnet, daß 3,6% des in **II** enthaltenen Fe in akt. Form vorliegen. In allen Fällen war *Adrenochrom* das hier auftretende Reaktionsprod. von **I**. Sowohl die durch Fe^{2+} als auch die durch **I** katalysierte Rk. zeigten gleiche Abhängigkeit von p_H-Änderung u. gleiche Hemmung durch Äthylendiamintetraessigsäure. Die Aktivierungsnergie betrug für Fe^{2+} 13586 cal u. für **I** 34221 cal. Die Ergebnisse stehen im Einklang mit der Annahme, daß die bei Einw. von Fe^{2+} auf H_2O_2 entstehenden Hydroxylradikale maßgeblich an der **I**-Oxydation beteiligt sind. (J. biol. Chemistry **220.** 227–35. Mai 1956. New York, N. Y., Cornell Univ., Med. Coll., Dep. of Med., and New York Hosp.) H. AMAN. 4561

Saul Green, Abraham Mazur und **Ephraim Shorr,** *Mechanismus der katalytischen Oxydation von Adrenalin durch Ferritin.* (Vgl. vorst. Ref.) Fe^{3+} u. *Adrenalin* (**I**) bilden gefärbte Komplexe ,u. zwar bei p_H 4 hellgrün, schnell in grau übergehend, bei p_H 5 blaugrün 495 $m\mu$ (Absorptionsmaximum), bei p_H 6 dunkelviolett 570 $m\mu$ u. bei p_H 7 rot 575 $m\mu$. Mit Fe^{2+} entwickeln sich die Färbungen langsamer, da sich erst durch Autoxydation Fe^{3+} bilden muß. Die gefärbten Komplexe, zu deren Bldg. mol. O_2 nötig ist, sind nicht stabil u. wandeln sich allmählich in Oxydationsprodd. um. Auch mit *Ferritin* (**II**) an Stelle von Fe^{3+} tritt die Rk. ein, in dem Maße, wie reaktionsfähiges Fe aus **II** zur Verfügung steht. Wie spektrograph. Unterss. zeigen steigt in den ersten 60 Min. die für *Adrenochrom* charakterist. Absorption (480 $m\mu$) an u. fällt dann wieder ab. Es überwiegt dann die sek. Bldg. melaminartiger Verbindungen. Diese wird mit fallendem p_H unterdrückt. Die durch **II** katalysierte Oxydation von **I** wird durch Oxalat > Pyrophosphat > Citrat > Tartrat gehemmt, durch *Äthylendiamintetraessigsäure* (**III**) dagegen gehemmt (Unterdrückung der Fe-bindenden Kapazität des anwesenden Phosphatpuffers). Bei p_H 7,4 scheinen 1,4% des Gesamt-Fe von **II** für die Katalyse zur Verfügung zu stehen. Andere Fe-haltige Proteinkomplexe (Häm, Methämoglobin u. Ferricytochrom c) waren wesentlich aktiver als **II**, dagegen war Ferrocytochrom c völlig unwirksam. Nur **II** ließ sich durch **III** nennenswert (8fach) aktivieren. Die **I**-Oxydation wurde durch zugesetzte Katalase erhöht, was eine Beteiligung von H_2O_2 bei dieser Rk. wahrscheinlich macht. — Bei der Best. der vasoconstrictor. Aktivität (Ratten) war **I** 2½fach stärker als Adrenochrom, jedoch fehlen diesem die sympathicomimet. Wirkungen von **I**; die melaminartigen Oxydationsprodd. waren unwirksam. Diese Ergebnisse werden im Hinblick auf die Bedeutung des zirkulierenden **I** diskutiert. (J. biol. Chemistry **220.** 237–55. Mai 1956. New York, N. Y., Cornell Univ., Med. Coll., Dep. of Med., and New York Hosp.) H. AMAN. 4561

Heinrich Karg, *Versuche mit einem einfachen colorimetrischen Bestimmungsverfahren über das Verhalten von Adrenalin und Vitamin C in der Nebenniere nach Insulingaben.* Es wird über die Anwendung einer mit 2.4-Dinitrophenylhydrazin in Schwefelsäuremilieu durchführbaren colorimetr. Meth. berichtet, mit der in einem Arbeitsgang der *Adrenalin* (**I**)- u. *Ascorbinsäure* (**II**)-Geh. der Rattennebenniere bestimmt werden kann. Hierbei wurde die corticale Insulinwrkg. durch das Verh. der **II** u. die medulläre *Insulin* (**III**)-Wrkg. durch das Verh. des **I** geprüft. Die Versuchsergebnisse bei verschied. **III**-Dosis u. verschied. Dauer der **III**-Wrkg. (Hypoglykämie) sowie der Einfl. des Zusatzes von Glucose, **I** u. Noradrenalin wurde besprochen. (Hoppe-Seyler's Z. physiol. Chem. **304.** 148–56. 1956. München, Univ., Inst. für Physiol. u. Ernähr. der Tiere.) H. GOHR. 4561

G. F. Somers, *Die biologische Prüfung von Adrenalin an einer mit Hexamethonium behandelten Katze.* Zur biol. Prüfung von Adrenalin an der Katze wird diese mit Hexamethonium, einem stark den Blutdruck senkenden Mittel, vorbehandelt. Die Meth. wird genau beschrieben u. die Ergebnisse werden mit denen anderer Methoden verglichen. (Analyst **79.** 627–29. Okt. 1954. London, Univ.) L. LEICHTER. 4561

M. Aron, Ch. Gros, A. Petrovic und **C. Gegauff,** *Einzelheiten über die Fixierung von ^{131}J durch intratesticular implantierte thyreoidale Gewebestücke beim Meerschweinchen.* Vff. implantieren bei Meerschweinchen *thyreoidale* Gewebestücke intratesticular u. beobachten die Fixierung von ^{131}J (**I**) nach subcutaner Injektion, z. T. in Kombination mit *Hypophysenextrakt* (Hy) oder *Thyroxin* (**II**). In allen Fällen hat die Schilddrüse weniger **I** aufgenommen als das Implantat, wobei Hy u. **II** auf Schilddrüse u. Implantat in gleicher Weise einwirken. (C. R. Séances Soc. Biol. Filiales **149.** 407–09. Febr. 1955.) H. LAMP. 4562

Robert O. Scow, *Über die Wirkung von Thyroxin auf Gewicht und Zusammensetzung von Muskel, Fell und anderen Geweben in jungen hypophysektomierten Ratten.* Bei täglichen Gaben von 2,5 μg *Thyroxin* wird die Körpergewichtszunahme bei männlichen hypophysektomierten jungen Ratten verdoppelt, das Körperprotein um 3 g pro Ratte, der Fettgeh. proportional dem Körpergewicht vermehrt. Das Verhältnis vom Lendenmuskelprotein zum Körpergewicht wird um 20%, das vom Fellprotein um 25% gesteigert. Das Herz/Körpergewichts-Verhältnis ist gleichfalls erhöht, das des Hinterbeinknochens u. des Kopfes nimmt ab. Verschied. Stickstofffraktionen aus Muskeln u. Fell sind erhöht, mit Ausnahme einer Verminderung an Muskelkollagen. Thyroxin zeigt keine Wrkg. auf die endokrinen Drüsen, nur das Gewicht der Thymusdrüse ist verdoppelt. (Endocrinology **55.** 344—52. Sept. 1954. Bethesda, Md., Nat. Inst. of Health, Labor. of Biochem. and Nutr.) ANTJE SCHMIDT. 4562

Kenkichi Tomita und **Henry A. Lardy,** *Synthese und biologische Aktivität einiger Trijodanaloger von Thyroxin.* Es wird über die Darst. von *3.5-Dijod-4-(3'-jod-4'-oxyphenoxy)-anilin, 3.5-Dijod-4-(3'.5'-dijod-4'-oxyphenoxy)-anilin, 3.5-Dijod-4-(3'-jod-4'-oxyphenoxy)-phenäthylamin* (I), *3.5-Dijod-4-(4'-methoxyphenoxy)-benzoesäure, 3.5-Dijod-4-(3'-jod-4'-oxyphenoxy)-benzoesäure, β-(4-p-Oxyphenoxy-3.5-dijodphenyl)-propionsäure* u. *β-[4-(3'-Jod-4'-oxyphenoxy)-3.5-dijodphenyl]-propionsäure* berichtet. Die biol. Aktivität der Verbb. u. der analogen Di- u. Tetrajodverbb. wurde mit der von Thyroxin verglichen im Kaulquappenmetamorphosetest, bei der Kropfverhinderung u. Stoffwechselunterss. (Ratte). Am aktivsten im Metamorphosetest war **I** (36fache Wrkg. von L-Thyroxin). Im allg. waren die Trijodverbb. stärker wirksam als die entsprechenden Di- oder Tetrajodverbb., mit Ausnahme von *Tetrajodthyropropionsäure,* die im Metamorphosetest stärker wirkte als die Trijodverbindung.

Versuche: *3.5-Dijod-4-[3'-jod-4'-oxyphenoxy]-anilin, Trijodthyranilin,* $C_{12}H_8$· O_2NJ_3, F. 196—197° (A./W.); aus 1 g Dijodthyranilin (**II**) in A./konz. wss. NH_4OH bei 0—2° mit 4,3 cm³ n-Jodlsg. (1,98 Äquivalente Jod), nach Verschwinden der Jodfarbe im Vakuum eindampfen, in A. mit etwas HCl lösen, mit Kohle filtrieren u. mit NH_4OH alkal. stellen; feine Nadeln; ca. 1 g (Ausbeute). — *3.5-Dijod-4-[3'.5'-dijod-4'-oxyphenoxy]-anilin, Tetrajodthyranilin;* $C_{12}H_7O_2NJ_4$, F. 204—205° (aus angesäuertem A. mit NH_4OH); aus 300 mg **II** wie vorst. mit 4.6-Äquivalenten Jod, Extraktion des Eindampfrückstandes durch Kochen mit 2n HCl, dann Fällung mit konz. NH_4OH; 80 mg. — *3.5-Dijod-4-(3'-jod-4'-oxyphenoxy)-phenäthylamin, Trijodthyronamin* (I), $C_{14}H_{12}O_2NJ_3$, F. 183—184° (A./W.), aus 201,5 mg Dijodthyronamin (Darst. durch Decarboxylierung von Dijodthyronin) durch Jodierung wie oben; lange Prismen; 100 mg. — *3.5-Dijod-4-(4'-methoxyphenoxy)-benzoesäure, O-Methyldijodthyroxylsäure,* $C_{14}H_{10}O_4J_2$, F. 230—232° (CH_3COOH); aus 6,5 g 3.5-Dijod-4-(4'-methoxyphenoxy)-benzaldehyd in eiskaltem trockenem Pyridin mit 30 cm³ 5%ig. $KMnO_4$ (12 Std. Stehen bei 0°, mit W. verdünnen, $KMnO_4$-Überschuß mit H_2S zerstören u. mit konz. HCl kongosauer stellen; 79%. — *3.5-Dijod-4-(3'-jod-4'-oxyphenoxy)-benzoesäure, Trijodhydroxylsäure,* $C_{13}H_7O_4J_3$, F. 244—245°; aus 300 mg Dijodthyroxylsäure durch Jodierung wie oben; Kristalle aus A. durch Fällen mit W.; 300 mg. — *β-(4-p-Oxyphenoxy-3.5-dijodphenyl)-propionsäure, Dijodthyropropionsäure,* F. 248—251°. *Benzoat,* F. 150—152° (A.). — Daraus (150 mg) durch Jodierung wie oben *β-[4-(3'-Jod-4'-oxyphenoxy)-3.5-dijodphenyl]-propionsäure, Trijodthyropropionsäure,* C_{15}· $H_{11}O_4J_3$, F. 200° (absol. A.); 50 mg. (J. biol. Chemistry **219.** 595—604. April 1956. Madison, Wis., Univ. of Wisconsin, Inst. for Enzyme Res. u. Dep. of Biochem.) H. GOEBEL. 4562

J. Reforzo Membrives, C. Dosne de Pasqualini, G. Bur und **R. E. Mancini,** *Die Wirkung von p-Oxypropiophenon auf die Schilddrüse.* Während 21 Tagen wurden täglich 10 oder 40 mg in Sesamöl gelöstes *p-Oxypropiophenon* (I) allein oder in Verbindung mit *Thiouracil* (**II**) subcutan an Ratten verabreicht. Weder **I** noch **II** veränderten das Gewicht der Schilddrüse, der Nebennieren oder der Hypophyse. Dagegen scheint **I**, unabhängig von der Dosis, die Höhe des Schilddrüsenepithels zu vermindern, gleichzeitig mit deutlichen Anzeichen einer östrogenen u. Stresswirkung. (C. R. Séances Soc. Biol. Filiales **147.** 906—10. Mai 1953.) K. F. MÜLLER. 4562

Deborah Doniach, *Behandlung der Thyreotoxikose mit Neomercazole (2-Thiocarbäthoxy-1-methylglyoxalin). Bericht über 120 Fälle.* Kasuistik. (Lancet **264.** 873—79. 2/5. 1953. London, Royal Tree Hosp.) F. GÜNTHER. 4562

W. G. Spesslwzewa, *Die Verwendung von radioaktivem* ^{131}*Jod in der Diagnostik von Schilddrüsenerkrankungen.* ^{131}J wird zu diagnost. Zwecken per os in Dosen von 1—1,5 μC gegeben. Es ist nach 4—5 Min. in der Schilddrüse nachweisbar. Bei Gesunden beträgt der ^{131}J-Geh. nach 2 Std. 9—12%, nach 24 Std. 10—29,5%. Bei Thyreotoxikose ohne vorherige Verabreichung von J oder *Methylthiouracil* (I) beträgt die ^{131}J-Anreicherung in der Schilddrüse 30—85%. Werden J oder I verabreicht, so beträgt der ^{131}J-Geh. 2,1—22%. Bei Myxödem werden Werte von 1,2—3% gefunden, bei euthyreoidem Kropf Werte von 1,6—1,7% ^{131}J, bei Hypothyreose 1,2—3%. (Терапевтический Архив [Therap. Arch.] **27.** Nr. 8. 73—83. 1955. Moskau, 1. Med. Inst., Therap. Klinik.) G. BREHM. 4562

William F. Perry und **John F. S. Hughes,** *Ausscheidung im Urin und Aufnahme in der Thyreoidea von Jod bei Nierenkrankheiten.* Bei Nierenkranken fanden Vff. eine niedrige Ausscheidungsrate u. herabgesetzte renale Clearance von ^{131}J nach 24 Std. Fasten, aber eine größere tubuläre Reabsorptionsrate im Gegensatz zu Cl. Auch die Plasmaclearance für ^{131}J war herabgesetzt in der Schilddrüse. ^{131}J + ^{127}J zusammen ergaben höhere Werte in der Zeiteinheit als bei Gesunden. (J. clin. Invest. **31.** 457—63. Mai 1952. Winnipeg, Can., Univ. of Manitoba, Dep. of Physiol. and Med. Res.) G. WELTZIEN. 4562

Jean Allizon, *Über die Wirkung von Thiouracil auf die Bauchspeicheldrüse kleiner Mäuse.* Verabreichung von *Thiouracil* (I) in 1%ig. wss. Lsg. an eben geborene Mäuse verändert das relative Vol. der LANGERHANSschen Inseln während der postembryonalen Entw. in der Weise, daß es bis zum 7. Lebenstag nach mehr oder weniger regelmäßiger, fortschreitender Verminderung leicht unter dem der Kontrollen liegt, vom 7.—10. Lebenstag bei Stillstand bzw. geringer Vermehrung mit dem der Kontrollen ident. ist u. nach dem 10. Lebenstag seine fortschreitende Abnahme langsamer verläuft als bei den unbehandelten Tieren, so daß zuletzt eine relative Hyperplasie der Inselorgane beobachtet wird. Aus dem Verlauf der postnatalen Entw. ergibt sich scheinbar eine nur nach dem 10. Lebenstage fühlbar werdende Einw. der Schilddrüse, deren Funktion dann durch I blockiert wird. Dafür spricht, daß der %-Satz an mit dem Alter zahlreicher werdenden B-Zellen, deren Differenzierung durch *Thyroxin* beschleunigt wird, am 15. Tag geringer als am 10. Lebenstage ist, da I die Differenzierung herabsetzt. (C. R. Séances Soc. Biol. Filiales **149.** 470—72. März 1955. Paris, Sorbonne, Labor. d'Anatomie et d'Histol. comp.) ANTJE SCHMIDT. 4564

Gunnar Hansen, *Perorale Diabetesbehandlung mit Sulfonamiden.* Vf. berichtet über die Entw., Anwendung u. Wrkg. von *N-Sulfanilyl-N'-butylcarbamid* (*BZ 55, „Invenol"*, HOECHST, *„Nadisan"*, BOEHRINGER). (Arch. Pharmac. og Chem. **63** **(113).** 171—74. 17/3. 1956.) R. K. MÜLLER. 4564

Harry Goldblatt, Hildegard Lamfrom und **Erwin Haas,** *Physiologische Eigenschaften von Renin und Hypertensin.* Für die Verss. werden unbetäubte Hunde benutzt, die im Gegensatz zu betäubten 2½mal sensibler gegen Injektionen von *Renin* (I) sind. Es werden verschied. I-Mengen injiziert, die Erhöhung des Blutdrucks bestimmt u. beides graph. aufgetragen. Dabei ist der Anstieg des Blutdruckes der injizierten I-Menge bis zu 1,2 E. direkt proportional u. kann als Test für I verwandt werden. Werden die Injektionen in so kurzen Intervallen vorgenommen, daß der Blutdruck in der Zwischenzeit nicht wieder den ursprünglichen Wert erreicht, so beobachten Vff. Tachyphylaxie, eine fortschreitende Blutdruckverminderung, bei unveränderter Konz. des *Hypertensinogens* (II). Kontinuierlicher Zusatz geringer I-Mengen (0,5 E./Min.) erzeugt Hypertension bei unveränderter II-Konzentration. Kontinuierlicher Zusatz großer I-Mengen (2,0 E./Min.) bewirkt schnelles Ansteigen des Blutdruckes, der aber nicht die optimale Höhe erreicht, u. Verminderung des Serum-II. Von 250 E. I einer einmaligen Injektion werden nach einer Std. nur noch 3% im Kreislauf gefunden, während im Urin im gleichen Zeitraum kein I nachgewiesen werden kann. — Vff. erklären die Unterschiede in den physiol. Eigg. damit, daß I ein katalyt. wirksames Protein, d. h. Enzym, sei, dagegen Hypertensin das Endprod. der Rk. Serum-II + I, also ein Polypeptid, sei, das durch *Hypertensinase* leicht zerstört werden kann. (Amer. J. Physiol. **175.** 75—83. Okt. 1953. Los Angeles, Calif., Inst. for Med. Res., Cedars of Lebanon Hosp.) R. LENSCHAU. 4569

Ju. A. Sserebrowskaja, *Die Wirkung von Fermentgiften auf die Reaktion zwischen Renin und Hypertensinogen und auf die Aktivität des Hypertensins.* Im Rattenvers. führte die Rk. zwischen *Renin* (I) u. *Hypertensinogen* (II) in Ggw. von *Phenylhydrazin, Semicarbazid, $CdCl_2$* u. *Monojodessigsäure* (III) zu einer schwächeren Blutdrucksteigerung als in deren Abwesenheit. Von den untersuchten Stoffen zeigte nur III eine schwache inaktivierende Wrkg. auf *Hypertensin* (IV). III hemmt nicht die Bldg. von IV, sondern inaktiviert es. *Hydroxylamin* beeinflußt weder die Bldg. noch die Aktivität von IV. *Cystein* ist ohne Einfl. auf die Aktivität von IV, während *Dimercaptopropanol* u. *Thioglykolsäure* in neutraler Lsg. bei Zimmertemp. IV inaktivieren. Ein Zusatz von Cystein zum Gemisch von I u. II ist von keinem Einfl. auf die Bldg. von IV. Bei Zusatz von Cystein zum Gemisch von II u. mit $CdCl_2$ behandeltem I wird die hemmende Wrkg. auf die Rk. zwischen I u. II aufgehoben. (Биохимия [Biochemie] **20.** 679—85. Nov./Dez. 1955. Moskau, Therapeut. Inst. der Akad. der med. Wiss. der UdSSR.) O. LEBTAG. 4569

Eric H. Hultman, *Eine Methode zur Standardisierung von Cholecystokinin in vitro.* Gereinigte *Cholecystokinin* (I)-Präpp. wirken auf den Darm von Meerschweinchen nicht mehr kontrahierend. Bei in vitro-Verss. bewirken Histamin u. Cholinderivv. sowie saure u. alkal. Pufferlsgg. eine Kontraktion des Darmes u. der Gallenblase. — Nach Injektion von I wird an Katzen die Absonderung von grünlichschwarzer Galle beobachtet. (Acta physiol. scand. **33.** 291—95. 1955. Stockholm, Karolinska Inst., Chem. Dep. II.) R. HÄHNEL. 4569

Ernst Florey, *Über die Wirkung von 5-Oxytryptamin (Enteramin) in der Krebsschere.* Die frühere Annahme, daß *Oxytryptamin* die Aktionssubstanz langsamer Neutrone sei, hat sich als falsch erwiesen. In isolierte Scherenarme injiziert, ruft es Muskelaktionspotentiale hervor. Nervenstämme u. Endigungen werden dagegen nicht erregt. Die Frage, ob *Oxytryptamin* als Aktionssubstanz sensibler Neurone in Frage kommt, wird diskutiert. (Z. Naturforsch. **9b.** 540—47. Aug. 1954. Würzburg, Univ., Zoolog. Inst.) G. WELTZIEN. 4569

K. Kowalewski und **S. T. Norvell jr.,** *Beziehungen zwischen Dosis und Wirkung von Histamin auf Plasmapepsinogen bei Hunden.* Vff. untersuchten die Wrkg. verschied. Mengen *Histamindichlorhydrat* (I) auf Plasma-*Pepsinogen* (II) bei Hunden. Die akuten Verss. erfolgten unter *Nembutal* (III; *Na-Pentobarbital*)-Anästhesie; Schutz gegen allg. I-Wrkg. durch das Antihistaminicum *Phenergan* (IV); III-Anästhesie allein oder zusammen mit IV-Verabreichung bewirkten keine Veränderung des Plasma-II. Mit I behandelte Tiere zeigten Zunahme an Plasma-II; hierbei besteht eine Relation zwischen II-Zunahme u. verabreichter I-Dosis. (Canad. J. Biochem. Physiol. **33.** 599—604. Juli 1955. Edmonton. Alberta, Univ., McEachern Cancer Res. Labor. and Dep. of Surg.) G. BRATFISCH. 4569

H. Harris und **F. L. Warren,** *Elektrophoretische Trennung von Wiederkäuer-Hämoglobinen.* Vff. trennten *Hämoglobine* (I) elektrophoret. (185 V, 17 Std., Barbitursäurepuffer p_H 8,6 u. I = 0,05). Unter 26 Ziegen waren 10, die 2 Arten I mit verschied. Beweglichkeit aufwiesen. 16 Tiere hatten nur 1 Art I, die der schnelleren Art der 10 Tiere entsprach. 15 Foeten (50—120 Tage alt) enthielten 1 Art I, schneller als beide Arten des reifen I u. unabhängig davon, ob das mütterliche Blut 1 oder 2 Arten I enthielt. Von 46 Ziegen einer Stammbaumherde waren 8 mit 2 Arten I u. 38 mit dem schnelleren I. Von 66 weiblichen, meist trächtigen Ziegen enthielten die nicht trächtigen sowohl 1 als auch 2 Arten I. Von 12 trächtigen Schafen enthielten: 5 Tiere 2 Arten I, 3 Tiere eine langsamere, 4 eine schnellere Art. 8 Foeten dieser Tiere enthielten 1 Art I, deren Beweglichkeit zwischen denen der langsameren u. schnelleren Art der Muttertiere lag. (Biochem. J. **60.** XXIX. Juli 1955. London, Med. Coll., Hosp.) W. HABERDITZL. 4572

Theodore J. Weiss, Richard Green und **Betty M. Watts,** *Einfluß von Metallionen auf die Bildung von Stickoxydhämoglobin.* Metallkomplexbildner wie Äthylendiamintetraessigsäure verhindern die Bldg. von Stickoxydhämoglobin (I) in Hämoglobin–Ascorbinsäure–Nitrit-Lsg. bei 45°. Cu, Fe u. Zn beschleunigen die Bldg. von I, verzögern also seine Abnahme in solchen Lsgg. unter besonderen Bedingungen der Temp. u. Konzentration. Die Red. von Methämoglobin durch Ascorbinsäure wird durch die Metalle katalysiert. Cu ergibt in Konzz. von 2—5 p.p.m. sofortige Farbbldg. bei allen Tempp. über dem Gefrierpunkt. Zn verzögert sehr gut die Abnahme von I bei Kühltemperatur. Alle 3 Metalle beschleunigen die Farbbldg. u. verzögern die Abnahme von I bei Raumtemperatur. Weder der Komplexbildner noch die Metalle beeinflussen die Farbbldg. beim Gefrieren. (Food Res. **18.** 11—16. Jan./Febr. 1953. Syracuse, N. Y., Univ., Dep. of Foods and Nutr.) PH. FRESENIUS. 4572

Barbara H. Billing und **G. H. Lathe,** *Die Ausscheidung von Bilirubin als Glucuronsäureester mit direkter van den Bergh'scher Reaktion.* *Bilirubin* (I) wird bei seiner Exkretion in eine unstabile Substanz, die als „*Pigment II*" (II) bezeichnet wird, umgewandelt. Sie ist wasserlöslich. I bildet bei seiner Koppelung mit dem Diazoreagens das *Pigment A*, II das *Pigment B*. *A* u. *B* haben ähnliche Absorptionsspektren. Die Extinktion von *B* (auf Gewichtsbasis berechnet) ist jedoch geringer als die von *A*. Alkal. Hydrolyse von *B* führt zum Auftreten von *Pigment A* u. einer reduzierenden Substanz, die sich chromatograph. wie *Glucuronsäure* (III) verhält. *β-Glucuronidase* wandelt Pigment *B* in *A* um. Wegen der Alkalilabilität wird angenommen, daß *B* ein III-Ester von *A* ist. Somit scheint II ein Mono- oder Diglucuronid des I zu sein, das auf diese Weise aus den Organismus ausgeschieden wird. (Biochem. J. **63.** 6p. Mai 1956. London, Univ., Inst. of Obstetrics and Gynaec., und Queen Charlotte's Maternity Hosp., Res. Labor.) W. SCHELER. 4572

F. Stratton und **P. H. Renton,** *Die Wirkung von in Glasflaschen hergestellten Salzlösungen auf rote Blutkörperchen.* Durch Autoklavierung von Salzlsgg. mit nachfolgender Kühlung in Glasflaschen kommt es zur Lsg. von Silicium aus dem Flaschenglas in geringsten Mengen, die jedoch ausreichen, um rote Blutkörperchen, die in diesen Salzlsgg.

suspendiert werden, zu agglutinieren. Es wird daher für solche Zwecke die Verwendung von Kunststoffflaschen empfohlen. (Nature [London] **175.** 727—28. 23/4. 1955. Manchester, Nat. Blood Transfusion Serv.) H. Zeller. 4573

E. Neuzil und **J. C. Breton,** *Hämolyse der mit Ninhydrin behandelten Erythrocyten.* Mit Ninhydrin bei p_H 7 behandelte menschliche Erythrocyten erleiden keine Hämolyse, erlangen vielmehr erhebliche Resistenz gegenüber Hämolyse durch Hypotonie, während sich ihr Verh. gegen oberflächenakt. Stoffe (*Na-Laurylsulfat* u. *β-Phenoxyäthyldimethyldodecylammoniumbromid*; I) nicht oder nur wenig ändert; bei I wird schwache temporäre Resistenz beobachtet. Zur Erklärung wird selektive Wrkg. auf die Thiolgruppen der Blutzellenproteine angenommen. (C. R. Séances Soc. Biol. Filiales **147.** 686—88. April 1953.) Th. Marsson. 4573

Robert Edelberg, *Der Einfluß von Gerbsäure auf die Erythrocytenmembran.* Vf. untersucht den Einfl. von *Gerbsäure* (I) in Konzz. unterhalb der Agglutinationsgrenze auf die Hämolysezeiten u. das osmot. Quellungsvermögen von Erythrocyten, die in $^1/_6$mol. NH_4Cl (p_H 6,3) 0,48% NaCl bzw. in $^1/_9$mol. Na_2SO_4 suspendiert werden. Der Hämolysegrad wird photoelektr. u. die Quellung colorimetr. bestimmt. Lsgg. von I vermindern noch in Konzz. bis zu $1{,}5\cdot10^{-9}$ mol. hinab die Geschwindigkeit der Hämolyse; mit steigender I-Konz. steigt die Hämolysezeit an. Die Wrkg. von I wird durch Zusatz von Gelatine zur Lsg. verhindert; durch nachträgliches mehrfaches Waschen der Erythrocyten mit Alkali (p_H 8,1) kann sie nicht mehr vollständig beseitigt werden. Quantitative Unterss. ergeben, daß die pro Zelloberfläche gebundene Menge I mit steigender Temp. abnimmt. Die Permeabilität der Erythrocytenmembran gegenüber Nichtelektrolyten wird durch I mit Ausnahme der gegen Glycerin kaum beeinflußt. Nur ein geringer Teil der Erythrocytenoberfläche scheint für Anionen permeabel zu sein. (J. cellular comparat. Physiol. **40.** 529—48. Dez. 1952. Philadelphia, Pa., Univ. of Pennsylvania, Dep. of Physiol.; Brooklyn, N. Y., Long Island Univ., Biol. Dep.) R. Lafferenz. 4573

Albert Delaunay, Philippe Daniel, Catherine de Roquefeuil und **Michelle Hénon,** *Wirkungen von Patulin und Patulin–Cystein-Gemischen auf die physiologischen Eigenschaften von Phagocyten.* Beschreibung der Meth., die den Nachw. erbrachte, daß *Patulin* (I) in einem Meerschweinchenserum mit polynucleären Leukocyten (L) u. Makrophagen (M) in den geringen Konzz. von 2—3 μg/ml Hemmung der Phagocytose der L u. M sowie der chemotakt. Empfindlichkeit der L bewirkt, wobei ein Einfl. des benutzten Milieus festzustellen war. Unter I hört nicht nur die Beweglichkeit der L auf, sondern es zeigen sich auch morpholog. irreparable Änderungen. Der Atmungsprozeß der L wird gestört, wenn die Zellen mit I in Kontakt kommen. Die zelltox. I-Wrkg. kann durch Zusatz geeigneter Konzz. von *Cysteinchlorhydrat* neutralisiert werden. Zum Vgl. Angabe der zelltox. Wrkg. von *Actinomycin* u. *$HgCl_2$*. (Ann. Inst. Pasteur **88.** 699—712. Juni 1955. Annexe de Garches, Inst. Pasteur.) H. Dossmann. 4573

M. G. Denissowa, *Die Proteine des Blutserums bei Lebererkrankungen auf Grund von Resultaten der Papierelektrophorese.* Die durch Papierelektrophorese bei p_H 8,6 (Medinal-Veronal-Puffer) festgestellten Veränderungen im quantitativen Verhältnis der einzelnen Proteinfraktionen des Blutserums werden besprochen. Bei akuter Hepatitis u. Cirrhose werden Hypoalbuminämie, Zunahme der β- u. bes. der γ-Globuline u. Verminderung des Albumin–Globulin-Koeff. beobachtet. Noch deutlicher sind diese Veränderungen bei chron. Prozessen. Die Dysproteinämie entspricht der Schwere der Erkrankung. Bei mechan. Ikterus sind β, γ- u. α_2-Globuline erhöht (22,62 bzw. 42,5 bzw. 17,5%); daneben tritt Hypoalbuminämie auf (Abnahme von 46,68 auf 21,48%). (Клиническая Медицина [Klin. Med.] **34** (**37**). Nr. 4. 40—43. April 1956. Kasan, Lenin-Inst. für Ärztefortbldg., Therapeut. Klinik.) H.-E. Messerknecht. 4574

G. Rose und **K.-H. Kludas,** *Untersuchung über das Vorkommen von Peptiden in Seren.* Mit der Ringchromatographie gelingt der Nachw. niedermol. Komponenten in einem Serum ohne Entfernung der Proteine, wenn geeignete Entwickler verwendet werden. Als solche bewährten sich: ein Gemisch von 3 Teilen sek.-Butanol p_H 8,2 u. 2 Teilen Butandiol oder ein Gemisch von n-Butanol, A. u. W. im Verhältnis 5 : 1 : 4. Die Proteine bleiben am Auftragsort sitzen, die Peptide bilden dagegen eine Anzahl von Ringen u. bestehen, wie die nach Säurehydrolyse der einzelnen Eluate ausgeführte Analyse zeigt, aus 6—8 Aminosäuren. Freie Aminosäuren im Serum sind mit dieser Meth. nicht feststellbar. In alten Seren ist die Menge der Peptide größer als in frischen. (Chem. Techn. **7.** 34—35. Jan. 1955. Dessau, Forsch.-Inst. für Impfstoffe, Chem. Abt.) E. Fischoeder. 4574

Paul Kaesberg und **Sidney Shulman,** *Zwischenpolymere bei der Umwandlung von Fibrinogen in Fibrin* (Vgl. C. **1953.** 9211.) Die von Lichtstreuungs- u. anderen Experimenten hergeleitete Existenz von Zwischenpolymeren in Mischungen von Fibrinogen u. Thrombin wurde durch elektronenmkr. Aufnahmen bestätigt. Bilder von Proben aus der verd. Lsg. zeigten zahlreiche Fibrillen, ca. 100Å dick u. 3000—4000 Å lang. Seltener wurden andere Strukturen gefunden, u. a. netzartige Strukturen dickerer Stränge, ähnlich denen in n. Gerinnungen. Folgerungen über Gerinnungsprozesse werden gezogen. (J. appl. Physics **24.** 116. Jan. 1953. Madison, Wis., Univ. of Wisconsin, Dep. of Biometry and Phys., Dep. of Chem.) W. SCHEFFELS. 4574

Ghislaine Duchâteau und **Marcel Florkin,** *Die Koagulation von Arthropodenblut.* 4. Mitt. *Fibrinogen und Muskel-„Koagulin" beim Hummer.* Vff. beschreiben eine Meth. zur Trennung von *Fibrinogen* (I) u. *Plasma* im Hummernblut u. stellen fest, daß elektrophoret. eine homogene I-Lsg. darstellbar ist, während sie durch Ultrazentrifugieren heterogen wird. I ist durch „*Koagulin*" des Hummermuskels in Ggw. von *Ca*-Ionen vollständig koagulierbar. Hummer-I ist löslicher als Rinder-I u. scheint ein niedriges Mol.-Gew. zu haben. *Rinderthrombin* ist gegenüber dem elektrophoret. homogenen Hummer-I in Ggw. u. Abwesenheit von Ca unwirksam. (Bull. Soc. Chim. biol. **36.** 295—305. 1954. Liège, Belgien, Univ., Labor. de Biochim.) H. KOCKERT. 4574

A. Engelund, *Einiges über Transfusionsreaktionen.* Unter den bei Bluttransfusionen vorkommenden Risiken sind solche lebensbedrohender Art (Unverträglichkeit, Serumhepatitis) u. andere, weniger gefährliche: allerg., anaphylakt. u. pyrogene Rkk. u. Venenentzündungen. — 13 Literaturzitate. (Arch. Pharmac. og Chem. **63** (**113**). 64—67. 4/2. 1956.) R. K. MÜLLER. 4576

G. F. Marrian und **W. S. Bauld,** *Die Isolierung eines vierten Kober-Chromogens aus dem Urin schwangerer Frauen.* (Vgl. C. **1955.** 6549.) Aus rohem krist. Östriol (**I**), welches aus der Ae.-lösl., „stark phenol." Fraktion des Säurehydrolysates von menschlichem Schwangerenharn gewonnen wurde, konnte ein neues *Kober-Chromogen* (*KC-4*), F. 277 bis 280° (unkorr.), $[\alpha]_D^{19}$ 85° (A.), in einer Ausbeute von 0,1 mg/Liter Urin isoliert werden. KC-4 gab C- u. H-Werte, die der Formel $C_{18}H_{24}O_3$ entsprachen, u. lieferte ein Triacetat mit dem F. 151—152° (unkorr.). In der KOBER-Rk. ergab KC-4 maximale Farbe mit kürzerer Erwärmung im 1. Stadium der Rk., als für I erforderlich ist. Da I im 1. Stadium der Rk. zu Östron dehydriert werden kann, ergibt sich damit die Möglichkeit, daß KC-4 ein Stereoisomeres von I ist, das der dehydrierenden Wrkg. der H_2SO_4 gegenüber weit empfindlicher als I ist. Durch die Darst. eines Acetonids wurde gezeigt, daß KC-4 eine Glykolgruppe in cis-Stellung enthält. Die Identität des KC-4 mit *Isoöstriol A* (*16-Epi-östriol*) wurde durch Misch-FF. der Triole u. ihrer Triacetate bewiesen. Die Möglichkeit, daß KC-4 eine künstliche, in der Natur nicht vorkommende Substanz ist, wurde nicht widerlegt. (Biochem. J. **58.** XXXVI—XXXVII. Dez. 1954. Edinburgh, Univ.) L. LEICHTER. 4577

Arvid Wretlind, *Die Verwertung der Äthylester der α-Ketoanalogen von Isoleucin, Leucin und Valin für das Wachstum der Ratten.* Vf. untersucht, ob die Äthylester der α-Ketoanalogen der obengenannten Aminosäuren (I) wie die Ketosäuren selbst von Ratten an Stelle der entsprechenden I in ihrem Eiweißstoffwechsel verwertet werden können. Die Verss. ergaben, daß die Ester nicht in der Lage sind, n. Wachstum bei den Ratten aufrechtzuerhalten; die Gewichtsverluste wurden jedoch etwas vermindert. Die Erklärung für die schlechte Wrkg. der Äthylester wird darin gesehen, daß die Tiere nicht in der Lage sind, die Ester zu spalten. Nur ein geringer Teil des Esters (5—7%) wird in die entsprechende I umgewandelt. Andererseits sind die Ester nicht imstande, die n. Proteinsysnth. im Tierkörper zu hemmen. (Acta chem. scand. **8.** 1478—85. 1954. Stockholm, Karolinska Inst., Dep. of Pharmacol.) K. NEHRING. 4584

Fr. E. Koch und **H. Haase,** *Tierexperimentelle Untersuchungen über die Beeinflussung von Kalkmangelzuständen mit natürlichen Kalksubstanzen.* 2. Mitt. (1. vgl. C. **1956.** 10520.) Zur Prüfung der Wrkg. von Knochenmehl bei anderen, durch Ca-Mangel bedingten Krankheitszuständen wurden langdauernde Fütterungsverss. mit der Ca-armen u. vitaminfreien Diät 12 nach KOLLATH mit Ratten durchgeführt. Die mit dieser Nahrung erzeugten Störungen wurden durch Zulagen von Knochenmehl noch verstärkt, ohne daß dieses einen schädigenden Faktor enthielt. Zusätzliche Gaben von Vitamin D bewirkten keine Besserung. Es wird angenommen, daß diese schädliche Wrkg. des Knochenmehls durch Fehlen oder frühzeitigen Verbrauch von Stoffen verursacht wird, die zur Verwertung des Ca notwendig sind. Durch Zulagen von gemahlenen Weizenkeimen oder eines Hefekombinats (BT 8) wurde außer der völligen Verhinderung von Mangelsymptomen eine auffallend günstige Beeinflussung des Allgemeinzustandes erzielt, wahrscheinlich bes. wegen der Wrkg. der darin enthaltenen B-Vitamine. Es wird geschlossen, daß der für einen n. Ca-Stoffwechsel notwendige Komplex der Ergänzungsstoffe wesentlich größer ist, als bisher angenommen wurde. (Arzneimittel-Forsch. **4.** 496—501. Aug. 1954. Köln-Merheim, Biol. Inst. Madaus.) J. SCHWAIBOLD. 4585

George V. Mann, *Experimentelle Arteriosklerose: Schwefel- oder Cholinmangel?* Vf. vergleicht die Versuchsergebnisse von WILGRAM, HARTROFT u. BEST (C. **1956.** 175) mit eigenen u. weist deren Behauptung zurück, er habe bei seinen Verss. an Rollschwanzaffen die Wrkg. des Cholinmangels nicht berücksichtigt. Es wird nachgewiesen, daß bei den Verss. von WILGRAM u. Mitarbeitern an Ratten der Mangel an organ. S ausschlaggebend für das Auftreten atherosklerot. Veränderungen war. (Science [Washington] **120.** 900. 26/11. 1954. Boston, Mass., Havard School of Publ. Health, Dep. of Nutr.) G. WELTZIEN. 4585

K. H. Kimbel und **M. Wigger,** *Die Resorption verschiedener synthetischer Vitamin-A-Präparate.* Es wird die Resorbierbarkeit verschied. synthet. *Vitamin-A* (I)-Präpp. (*Dragées Vitamin-A-Acetat* [II], 3 Jahre gelagert; II, frisch; wasserdispergierbare Tropfenlsg. u. *Vitamin-A-Palmitat* in Kapseln) auf ihre Eignung zur diagnost. I-Belastung geprüft. Bei den Belastungsverss. wird nach oraler Verabreichung von Dosen zwischen 300000 u. 1000000 I.E. an Versuchspersonen in Abständen von 2 Std. über insgesamt 8 Std. der Serum-I-Geh. nach einer von den Vff. ausgearbeiteten Mikrometh. colorimetr. mit Hilfe der CARR-PRICE-Rk. mit $SbCl_3$ bestimmt. Es ergibt sich, daß alle Präpp. beim Nüchternen unvollständig resorbiert werden. Bei n. Ernährung wird nur das wasserdispersible Präp. annähernd konstant, die anderen werden auch vom Gesunden sehr unterschiedlich aufgenommen. Die für eine diagnost. Resorptionsprüfung erforderliche Konstanz wird von keinem der angewandten Präpp. erreicht. Die Ursachen dieses Verh. werden diskutiert. (Arzneimittel-Forsch. **4.** 703—06. Dez. 1954. Erlangen, Univ., Med. Klinik.) ANTJE SCHMIDT. 4587

K. M. Leutski und **Je. N. Ljubowitsch,** *Störung des Cholesterinstoffwechsels bei Vitamin-A-Mangel.* Bei weißen Ratten, die 2,5—4 Monate lang eine Vitamin-A-freie Ernährung erhalten hatten, ging der *Cholesterin* (I)-Geh. (in mg/100 g Gewebe) im Gehirn (702 gegenüber 1431 bei der Kontrolle) in der Leber (288 bzw. 365) u. bes. in den Nebennieren (1797 bzw. 4840) zurück. In den Nieren blieb er gegenüber den Kontrollen fast unverändert (379 bzw. 383). Die Acetylierungsfähigkeit der Gewebe war bei den Versuchstieren gegenüber der Kontrolle stets erhöht. Die I-Ausscheidung mit dem Urin blieb unverändert. Sie war erheblich erhöht mit dem Stuhl. Eine Störung der I-Synth. in den Geweben bei A-Vitaminose wird angenommen. (Доклады Академии Наук СССР [Ber. Akad. Wiss. UdSSR] **104.** 280—82. 11/9. 1955. Tschernowitz, Univ.) F. DU MANS. 4587

V. Orekhovitch, *Über den Einbau von radioaktivem Kohlenstoff in die Gewebeproteine im Verlauf gewisser Avitaminosen.* Gesunde u. Skorbutmeerschweinchen erhielten *$^{14}C_{(1)}$-Glycin.* Die Messung der Aktivität der von Vf. als *Prokollagen* (I) bezeichneten Proteinfraktion der Haut ergab, daß bei gesunden Tieren nach 18—24 Std. ein Maximum der Radioaktivität auftritt, während die Skorbuttiere in der I- sowie in der *Kollagen* (II)-Fraktion prakt. keine Aktivität zeigten. Verss. an Ratten mit *A-Avitaminose* ergaben eine teilweise Hemmung der I-Synth., während die Umwandlung I $\rightarrow$ II in geringerem Umfang gehemmt ist. Der ^{14}C-Einbau in andere Gewebe u. Organe (Leber, Niere, Muskel) wird von der A-Avitaminose wenig beeinflußt. Bei Ratten mit *E-Avitaminose* konnten keine größeren Unterschiede im ^{14}C-Einbau in I oder II beobachtet werden. Nach Ansicht des Vf. ist daher die Hemmung der I-Synth. für die *C-Avitaminose* charakteristisch. (Recueil Trav. chim. Pays-Bas **74.** 389—93. Mai 1955. Moskau, Inst. de Chim. biol. et méd.) E. SCHWERDTFEGER. 4587

Ss. G. Aptekar, *Der Zustand der bedingtreflektorischen Tätigkeit als Kennzeichen eines Thiaminmangels.* Zu den ersten Anzeichen eines Mangels an *Thiamin* (I) gehört, wie im Rattenvers. gezeigt wird, auch die Störung der bedingtreflektor. Tätigkeit. Ein I-Mangel konnte durch I-Gaben schon nach 2—3 Tagen (anfangs 2 mg pro Tier subcutan, dann täglich 100 μg per os) behoben werden. Einfacher in der Durchführung als die Best. der bedingtreflektor. Tätigkeit ist der Nachw. von *Brenztraubensäure* im Harn u. im Blut, wobei mit beständig ansteigenden Werten zu rechnen ist, bevor es zur Ausbldg. reflektor. Abwehr-Rkk. kommt. (Вопросы Питания [Fragen d. Ernähr.] **15.** Nr. 1. 21—28. Jan./Febr. 1956. Moskau, Inst. für Ernährung der Akad. der Wiss. der UdSSR, Labor. für pathol. Physiol.) M. ULMANN. 4587

K. V. Giri und **S. Balakrishnan,** *Zircularpapierchromatographische Methode für die Bestimmung von Thiamin und Riboflavin in Multivitaminpräparaten. Thiamin* (I) u. *Riboflavin* (II) lassen sich bequem nebeneinander nach der Rundfiltertechnik (GIRI u. RAO, C. **1953.** 1064) bestimmen, wenn I nach dem Auftragen in noch feuchtem Zustand durch Bedampfen mit Bromcyan in Thiochrom umgewandelt wird. I erscheint nach der Entw. des Chromatogramms in Butanol–Eisessig–W. (4 : 1 : 5) im UV-Licht als blaue Fluorescenz, II als grüne. Die wss. Lsgg. der eluierten Zonen können fluorometr. bestimmt werden. Analyt. Bestimmungen der Vitamine in Multivitaminzubereitungen nach Eichkurven ergeben bis auf 10% reproduzierbare Werte. (Analytic. Chem. **27.** 1178—80. Juli 1955. Bangalore, Ind., Inst. of Sci., Dep. of Chem.) H. ENDRASS. 4587

Grace A. Goldsmith, *Experimenteller Niacinmangel.* Da sich bei Versuchspersonen alle charakterist. Zeichen von Pellagra (**P.**) durch *Niacin* (**I**)- u. *Tryptophan* (**II**)-Verarmung erzielen ließen, nimmt Vf. an, daß für die Entstehung von **P.** nur ein Mangel **I** (oder **II** als Vorstufe) verantwortlich ist u. nicht ein Mangel an Vitaminen des B-Komplexes. Es konnte eine Beziehung zwischen **I**-Verarmung u. **I**-Aufnahme pro Körpergewichtseinheit oder pro 1000 Nahrungscalorien gefunden werden. Der **II**-Geh. der Nahrung ist für die Entstehung einer **I**-Verarmung von großer Bedeutung. Der tägliche **I**-Minimalbedarf bei **II**-armer Nahrung (mit ca. 3 mg/kg Körpergewicht) beträgt > 0,1mg/kg Körpergewicht. **I**-Mangel kann leichter durch eine Mais- als durch eine Weizendiät herbeigeführt werden u. leichter mit Vollmais als mit entkeimtem Mais. Ob neben den geringen **I**- u. **II**-Konzz. des Maises u. der Unausgeglichenheit der Aminosäurezus. noch Inhibitoren bei der Ausbldg. von **P.** eine Rolle spielen, ist ungeklärt. (J. Amer. dietet. Assoc. **32.** 312—16. April 1956. New Orleans, La., Tulane Univ., School of Med.)

E. SCHWERDTFEGER. 4587

M. M. Eidelman, *Über Veränderungen der Ascorbinsäureaufnahmefähigkeit von Blutkolloiden bei einigen pathologischen Zuständen.* Inhaltlich ident. mit der C. **1955.** 11616 referierten Arbeit. (Вопросы Питания [Fragen d. Ernähr.] **15.** Nr. 1. 32—36. Jan./Febr. 1956. Charkow, Ukrain. Inst. für Endokrinol., Abt. für Biochem.)

M. ULMANN. 4587

G. Mouriquand und **V. Edel,** *Wirkung des Luftkontaktes auf eine Ascorbinsäurelösung. Tiefgreifende Veränderung des vestibulären chronologischen Indexes ohne Veränderung des antiskorbutischen Vermögens.* (Vgl. C. **1954.** 9078.) Unterss. über den Einfl. des Luftkontaktes auf das antiskorbut. Vermögen von *Ascorbinsäure* (**I**)-Lsgg. ergaben, daß dieses dadurch nicht beeinflußt zu werden scheint, wenn auch die Wrkg. auf die vestibuläre Chronaxie umgekehrt wird. Diese ist also kein Maß für das vitaminmäßige Vermögen der **I**. (C. R. Séances Soc. Biol. Filiales **147.** 1802—04. Nov. 1953.)

H. BENISCHKE. 4587

E. M. Cruickshank, E. Kodicek und **P. Armitage,** *Der Vitamin-D-Gehalt in Geweben von Ratten nach Ergocalciferol.* In früheren Verss. fanden Vff. (C. **1954.** 1525) bei rachit. Ratten, denen 1 mg (40000 I.E.) *Ergocalciferol* (**I**) gegeben worden war, nur 6% im Körper wieder. Davon war die Hälfte in der Leber enthalten. Vff. untersuchten auch andere Organe auf ihren *Vitamin-D* (**II**)-Geh. nach **I**-Gaben, da MORGAN u. SHIMOTORI (J. biol. Chemistry **147.** [1943.] 189) aus ihren Verss. auf eine gleichmäßige Verteilung des **II** schlossen. 24 Std. nach der **I**-Gabe enthielten Muskulatur u. Haut zusammen 20% des **II** im gesamten Körper, nach 48 Std. 40% (22—34 I.E./g). Die Nieren enthielten ca. 220 (nach 24 Std.) u. 180 I.E. (nach 48 Std.) bzw. 270 u. 200 I.E./g. Diese Konz. entspricht etwa der der Leber. Es wird angenommen, daß die Nieren **II** aufspeichern, indem sie als Ausscheidungsschranke dienen. In Lunge, Milz u. Nebennieren ist bei einer Konz. von 100 I.E./g der Gesamtgeh. an **II** nur gering. Die restlichen nicht untersuchten Organe scheinen wenig **II** zu enthalten, da die Summe der **II**-Gehh. nach 24 Std. ungefähr mit der **II**-Menge des Gesamtorganismus übereinstimmt. (Biochem. J. **58.** 172—75. Sept. 1954. Cambridge, Univ., Dunn Nutrit. Labor., Med. Res. Council, and London, Univ., London School Hyg. and Trop. Med., Med. Res. Council, Statist. Res. Unit.)

HANS THIELE. 4587

Jack Peter Green und **Henrik Dam,** *Papierchromatographie des Vitamins K und verwandter Verbindungen und einige Beobachtungen über Produkte der Ultraviolettbestrahlung. Vitamin K_1* (**I**) u. verwandte Verbb. wurden auf WHATMAN Nr. 1-Papier, das mit einer DOW CORNING SILICONE Nr. 1107-Lsg. in Cyclohexan oder Chlf. getränkt war, in 3 Lösungsmittelsystemen (**A**, A.–Essigsäure–W., 750:25:225, **B** Isopropanol–Essigsäure–W., 600:25:375, **C** n-Propanol–Essigsäure–W., 600:25:375) chromatographiert. Die R_F stehen zur Länge der 3-Seitenkette in Relation. Auf Grund der Fluorescenz im UV-Licht sind noch 0,5 γ ohne Hilfsmittel erkennbar. Ca. 45—60 Sek. lange UV-Exposition der Flecken bewirkt eine bleibende Fluorescenzänderung der meisten untersuchten Verbb. („Aktivierung"). Besprühen mit alkoh. KOH nach „Aktivierung" ruft weitere Farbänderungen hervor. Zwischen 1,5—50 γ stand der Fluorescenzbezirk zum log Konz. in linearer Beziehung. Die Empfindlichkeit der Bestimmungsmeth. liegt qualitativ bei 0,5 γ, quantitativ bei 1,5 γ. Aus Naphthochinonen mit langen Alkylseitenketten entstehen bei der Bestrahlung u. Chromatographie 2 weitere fluorescierende Flecken (der eine erst nach Aktivierung). Untersuchte Verbb.: *2-Methyl-1.4-naphthochinon,* **A,** R_F 0,71, **B** 0,82, **C** 0,89, Fluorescenzfarbe vor u. nach Aktivierung sowie nach Aktivierung + KOH-Einw., rot, blau, grün; *Dimeres* 0,73, 0,88, 0,97, rot, blau, grün; *Phthiocol* 0,63, 0,72, 0,80, rot, rot, kirschrot; *2-Methyl-3-[3'.7'-dimethyl-octadien-(2'.6')-yl]-1.4-naphthochinon,* 0,55, 0,66, 0,73, rot, grün, orange; *2-Methyl-3-[3'.7'.11'-trimethyldodecatrien-(2'.6'.10')-yl]-1.4-naphthochinon,* 0,49, 0,58, 0,68, rot, grün, orange; *2-Methyl-3-[3'.7'.11'-trimethyldodecen-(2')-yl]-1.4-naphthochinon,* 0,42 0,46, 0,54, rot, grün, orange; *2-Methyl-3-[3'.7'.11'.15'-tetramethylhexadecatetraen-(2'.6', 10'.14')-yl]-1.4-naphthochinon,* 0,31, 0,40, 0,47, rot, grün, orange; **I**, 0,19, 0,28, 0,36. rot, grün, orange; **I**-*2.3-Oxyd,* 0,19, 0,27, 0,38, rot, grün, orange; *2-Methyl-3-[3'.7'.11'. 15'.19'-pentamethyleikosen-(2')-yl]-1.4-naphthochinon,* 0,12, 0,16, 0,26, rot, grün, orange; *Vitamin* K_2, 0,14, 0,18, 0,30, rot, grün, orange. (Acta chem. scand. **8.** 1341—46. 1954. Copenhagen, Polytechn. Inst., Dep. of Biochem. and Nutrit.) K. MAIER. 4587

E₆. Pharmakologie. Therapie. Toxikologie. Hygiene.

Jürgen Schröder, *Ein pharmakologischer Wirkungsnachweis mit Leukocyten.* Es wird eine Meth. beschrieben, mittels der durch Beobachtung der Begünstigung u. Schädigung der Zellaktivität sowie der Beeinflussung eines intracellulären Fermentgeschehens die Wrkg. eines Pharmakons auf überlebende Zellen in vitro qualitativ u. quantitativ gek. u. die individuelle Zelltoleranz sichtbar gemacht werden kann. (Naturwissenschaften **43.** 200. Mai 1956. Hamburg, Univ., Inst. für gerichtl. Med.) H. AMAN. 4600

A. B. French, C. J. Migeon, L. T. Samuels und **J. Z. Bowers,** *Die Wirkungen einer Röntgentotalbestrahlung auf die 17-Oxycorticosteroidschwelle, die Leukocyten und das Erythrocytenvolumen beim Rhesusaffen.* Verschied. Rhesusaffen (Macaca mulatta u. Macaca irus) wurden röntgentotalbestrahlt. Strahlungsdaten: 250 kV, 15 mA, Filter: 0,5 mm Cu + 1,0 mm Al, FHA 100 cm, Dosisleistung 24 r/Min., Gesamtdosis 800 r. Die Unters. verschied. physiol. Auswirkungen des akuten Strahlensyndroms an den bestrahlten Tieren ergab: Der Geh. des Plasmas an *17-Oxycorticosteroiden* steigt unmittelbar nach der Bestrahlung an, erreicht nach 4—8 Std. ein Maximum u. nach ca. 12 Std. wieder den Ausgangswert. Kurz vor dem Exitus tritt nochmals eine Spitze auf. Parallel zum Steroidanstieg werden polymorphonucleare Leukocytose, Eosinopenie u. Lymphopenie beobachtet. Die Eosinopenie ist in ihrer Intensität dosisabhängig. Nach ca. 1 Tag tritt Rückbldg. dieser Blutanomalien ein, anschließend entwickelt sich eine Pancytopenie ca. 15 Tage ansteigend. Während die Anstiegszeit dosisunabhängig ist, ist der erreichte Cytopeniegrad eine Funktion der angewandten Dosis. (Amer. J. Physiol. **182.** 469—76. Sept. 1955. Salt Lake City, Ut., Univ. of Utah, Coll. of Med., Radiobiol. Labor., and Depp. of Biochem. and Med.) W. REUSSE. 4601

Hans-Joachim Maurer, *Zur biologischen und biochemischen Wirkung ionisierender Strahlen.* 2. Mitt. *Zur Frage des Strahlenschutzes durch intravenöse Gaben von Adenosintriphosphorsäure (ATP).* (1. vgl. C. **1956.** 2521.) *ATP* (**I**), das zur Verhinderung bzw. zur Verbesserung der Symptome des traumat. Schocks geeignet ist, wurde auf Strahlenschutzwrkg. hin untersucht. Kaninchenböcken wurden täglich je 1 bzw. 10 mg **I** injiziert. Der vierten Injektion folgte eine Bestrahlung mit 15000 r unter Tiefentherapiebedingungen. Anschließend wurde **I** im Blut nach KIRCHHOFF u. im Urin die Steroide nach STAUDINGER bestimmt. Ein Strahlenschutz konnte durch **I**-Gaben nicht beobachtet werden. (Strahlentherapie **96.** 625—28. April 1955. Erlangen, Univ., Frauenklin., Strahleninst.) D. PÄTZE. 4601

Hans-Joachim Maurer, *Zur biologischen und biochemischen Wirkung ionisierender Strahlen.* 3. Mitt. *Zur Frage des Verhaltens des Serum-Magnesiumspiegels im Verlauf therapeutischer Röntgentiefenbestrahlungen.* (2. vgl. vorst. Ref.) Es scheint kein Zusammenhang zu bestehen zwischen dem Absinken des *ATP*-Spiegels im Blut unter dem Einfl. ionisierender Strahlen u. dem Mg-Serumspiegel. Die Best. des Mg erfolgte nach DENIS colorimetrisch. (Strahlentherapie **96.** 629—31. April 1955. Erlangen, Univ., Frauenklin., Strahleninst.) D. PÄTZE. 4601

Ss. G. Geness und **N. G. Lessnoi,** *Über den Wirkungsmechanismus von Alkohol auf die Absonderung des Magensaftes.* Verss. an 9 Hunden mit Magenfistel unter Verwendung von Atropin, Peroitin, Barbamyl u. Chloralhydrat (mit u. ohne Kastration) machen es wahrscheinlich, daß die magensaftfördernde Wrkg. von *A.* (20 ml 96%ig. in 150 ml W. rectal bzw. 10 ml A. in 10 ml W. intravenös) nicht durch direkte Beeinflussung der Schleimhautdrüsen des Magens, sondern indirekt auf dem Wege über die Großhirnrinde unter Vermittlung des Nervi vagi erfolgt. (Фармакология и Токсикология [Pharmakol. u. Toxikol.] **18.** Nr. 4. 32—36. Juli/Aug. 1955. Ukrain. Inst. für exp. Endokrinol., Pathophysiol. Abt.) E. RENTZ. 4607

Th. Bersin, A. Müller und **E. Strehler,** *Methylmethioninsulfoniumsalze. Therapeutische Versuche und pharmakologische Eigenschaften.* Nach Verss. der Vff. ist Methylmethioninsulfoniumchlorid, das als sogenannter Antiulcusfaktor im Spargel u. Kohlsaft angesehen wird, peroral u. parenteral gut verträglich, beeinflußt günstig die Wundheilung u. spaltet unter den Verhältnissen des Magens Dimethylsulfid ab. Tabellar.

Zusammenstellung des Methylmethioningeh. in einigen Lebensmitteln u. der Toxizität verschied. Salze. (Arzneimittel-Forsch. **6.** 174—76 April 1956. St. Gallen, Schweiz, Hausmann A.-G., Forschungsabt.) W. RAKOW. 4608

Alfred Mugler, *Colchicinwirkung auf die Eosinophilenzahl bei hypophysektomierten Ratten.* Injektion von *Colchicin* (I) in physiol. NaCl-Lsg. (0,2 mg/cm³) ergaben, ausgezählt nach der Meth. von SPEIRS u. MEYER, bei n. Ratten eine Abnahme der zirkulierenden eosinophilen Blutkörperchen um 70%, nach Entfernung der Hypophyse um 50%. Kontrollverss. mit physiol. NaCl-Lsg. zeigten eine Abnahme von 49%, nach Hypophysektomie dagegen eine Zunahme von 81%. Die Eosinopenie als Rk. auf I scheint auf einer direkten adrenalen Stimulation oder auf einer direkten peripheren Wrkg. zu beruhen. (Proc. Soc. exp. Biol. Med. **86.** 471—73. Juli 1954. Los Angeles, Calif., Univ. of Southern California, Dep. of Biochem.) G. WELTZIEN. 4608

N. T. Plischko, *Verhinderung der Giftwirkung von Cicuta virosa auf den tierischen Organismus.* Bei frühzeitiger Anwendung des *Pentothal* (I)-Schlafes ließ sich bei Fröschen durch 0,003 ml/kg der 1%ig. I-Lsg. u. bei Kaninchen durch 0,002—0,003 ml/kg der 2%ig. I-Lsg. die Wrkg. tödlicher Dosen eines Dekokts aus den Wurzelstöcken von Cicuta virosa (0,02 bzw. 0,08—0,09 ml 1:3 pro 1 kg Körpergewicht) aufheben. (Фармакология и Токсикология [Pharmakol. u. Toxikol.] **18.** Nr. 4. 47—48. Juli/Aug. 1955. Belaja Zerkow, Landwirtschaftl. Inst., Lehrstuhl für Pathol. Physiol.) E. RENTZ. 4608

G. Czok und **K. Lang,** *Wirkungsunterschiede zwischen gefiltertem und ungefiltertem Bohnenkaffee.* Gefilterter Bohnenkaffee regt die HCl-Bldg. im Magen stärker an, ungefilterter Kaffee wirkt stärker zentral erregend. (Dtsch. med. Wschr. **80.** 1641—42. 11/11. 1955. Mainz, Univ., Physiol.-chem. Inst.) G. BREHM. 4608

David Gall, *Schlafkrankheitsprophylaxe mit Diamidinen.* Verss. mit *4.4'-Diamidinodiphenoxypentandiisäthionat* (*Pentamidin*) u. *-bis-methylsulfonat* (*Lomidin*) ergaben in einer Dosierung von ca. 4 mg/kg eine Schlafkrankheitsprophylaxe von 6—12 Monaten mit nur leichten Nebenwirkungen in fast 100% der Fälle. (Ann. trop. Med. Parasitol. **48.** 242—58. Sept. 1954. Epidem. Sect. of West Afric. Inst. for Trop. Res.) G. WELTZIEN. 4610

James W. Mankin, *Die Wirkung der Magensäure auf die Resorption von Chinidinsulfat durch den Gastrointestinaltrakt.* Auf Grund der Plasmakonz. nach ½—4 Std. besteht zwischen der Resorption von *Chinidinsulfat* im Gastrointestinaltrakt von n. Personen u. Patienten mit Achlorhydrie kein wesentlicher Unterschied. (J. Lab. clin. Med. **41.** 929—30. Juni 1953. Winsto-Salem, N. C., Wake Forest Coll., Bowman Gray School of Med., Dep. of Int. Med.) H.-J. KOCH/Berlin. 4610

W. Unverricht, A. Koehn, H. D. Renovanz, G. Senft und **K. Schattmann,** *Klinische, papierchromatographische und bakteriologische Untersuchungen mit dem Isoniazid–PAS–Kombinationspräparat „Dipasic".* Mit *Dipasic*, dem *INH*-Salz von p-Aminosalicylsäure, wurden nach verschied. Unterss. der Vff., die diskutiert werden, die gleichen tuberkulostat. Wirkungen erzielt wie mit einem physikal. Mol:Mol-Gemisch aus *INH* u. *PAS*. (Beitr. Klin. Tuberkul. **114.** 528—37. 1955. Berlin, Freie Univ., Med. Poliklin. u. Medizinaluntersuchungsamt II.) H. DOSSMANN. 4610

K. Simon, *Experimentelle Untersuchungen zur toxischen und bakteriostatischen Wirkung von tuberkulostatischen Mischpräparaten.* Die durch *Antibiotica* (I) hervorgerufene Krampfwrkg. bei der Maus kann durch *Pantothensalze* (II) bei *Dihydrostreptomycin* (III) u. *Viomycin* (IV) herabgesetzt werden, geringe Reduzierung durch II bei *Streptomycin* (V), *Neomycin* (VI), *INH*; kein Einfl. von II auf *Cardiazol, Coramin, Novocain.* Reduzierung der akuten *INH*-Toxizität durch III u. V, dagegen Erhöhung bei chem. Bindung an V sowie der V-Toxizität mit IV u. VI. Ferner Besprechung von in vitro-Verss. mit I-Kombinationen. (Beitr. Klin. Tuberkul. **114.** 547—52. 1955. Aprath/Rheinland, Kinderheilstätte.) H. DOSSMANN. 4611

Sv. E. Budolfsen, S. E. Juul Hansen und **Erik Rud,** *Orale Penicillinverabreichung. Eine vergleichende Untersuchung mit Benzathin-Penicillin, Procain-Penicillin und Kalium-Penicillin.* Vgl. der *Penicillin* (I)-Spiegel im Serum nach Verabreichung von $6 \cdot 10^5$ I.E. in Tabletten zu je $2 \cdot 10^5$ E. (LOVENS KEMISKE FABRIK, Copenhagen) von *K*-I, *Procain*-I u. *Benzathin*-I ergab die beste Wrkg. mit *K*-I hinsichtlich schneller Resorption sowie höchster u. am längsten anhaltender I-Spiegel. (Acta pharmacol. toxicol. [Köbenhavn] **11.** 49—54. 1955. Aarhus, Denmark, Marselisborg Hosp.) H. DOSSMANN. 4611

Maxwell Finland, *Behandlung von Virusinfektionen und verwandten Erkrankungen.* 1. Mitt. *Antibiotische Behandlung primärer atypischer Lungenentzündung.* Vf. gibt eine

Übersicht über die zur Bekämpfung der prim. atyp. Lungenentzündung angewandten Methoden. Die verschied. Angaben über die Verwendung von *Penicillin, Sulfonamid, Chlormycetin, Aureomycin, Terramycin* u. *Streptomycin* werden krit. diskutiert. Aureomycin u. Terramycin werden als wirksamste Agentien gegen diese Form der Lungenentzündung empfohlen. — 63 Literaturangaben. (New England J. Med. **247**. 317—25. 28/8. 1952. Thorndike, Mem. Labor., Sec. and Fourth Med. Serv. [Harvard]; Boston, Mass., City Hosp., Harvard Med. School.) R. LENSCHAU. 4611

Maxwell Finland, *Behandlung von Virusinfektionen und verwandten Erkrankungen.* 2. Mitt. *Antibiotische Behandlung bei akuter Erkrankung der Atmungsorgane und Influenza.* (1. vgl. vorst. Ref.) Vf. gibt eine Übersicht über die Verss. zur Bekämpfung gewöhnlicher Erkältungen u. anderer infektiöser Erkrankungen der Atmungsorgane. Die Verwendung von *Sulfonamiden, Penicillin, Aureomycin, Chloromycetin, Streptomycin* u. *Patulin* für Therapie u. Prophylaxe wird diskutiert. Vf. stellt fest, daß keines der angeführten Antibiotica auf die genannten Erkrankungen einen wirklich signifikanten Einfl. habe. Sie können nur zur Vorbeugung u. Verhütung ernsterer Komplikationen empfohlen werden. — 79 Literaturangaben. (New England J. Med. **247**. 557—67. 9/10. 1952.) R. LENSCHAU. 4611

Henry M. Wilson und **Arthur W. Duryea,** *Die Behandlung von Cryptokokkenmeningitis (Torulosis) mit dem neuen Antibioticum Actidion.* Bericht über einen Fall mit Infektion durch Cryptococcus neoformans. Kein Verschwinden der Erreger aus Kulturen des Liquors nach Behandlung mit *Penicillin, Sulfadiazin, Chloramphenicol,* gesätt. KJ-Lösung. Nach wiederholter Verabreichung von *Actidion* (UPJOHN COMP., Kalamazoo, Mich.) auf verschied. Wegen z. T. kombiniert mit *Aureomycin* wurde der Patient nach 20 Monaten symptomfrei; Nebenwirkungen bei intrathecaler Verabreichung. (Arch. Neurol. Psychiatry **66**. 470—80. Okt. 1951. Alexandria, La., Vet. Admin. Hosp.) H. DOSSMANN. 4611

S. K. Gupta, K. Shete und **V. C. Vora,** *Wirkung eines neuen Antibioticums $X_{29}C$ im Vergleich mit bekannten Antibioticis bei der Behandlung experimenteller Ulcera von Kaninchen. Antibioticum $X_{29}C$* (**I**) — isoliert von Penicillium notatum WESTLING — wurde in Salbe an Kaninchen mit experimentellen Ulcera durch Injektion von Staphylococcus aureus u. Bacillus pyocyaneus mit *Flavazol* (BOOTS), *Penicillin(I.C.I.), Terramycin* (PFIZER) u. *Chloromycetin* (PARKE, DAVIS) verglichen. Die Wrkg. von **I** entsprach derjenigen der anderen Antibiotica. (J. sci. ind. Res. [New Dehli], Sect. C **14**. 142—43. Aug. 1955. Lucknow, Central Drug Res. Inst.) H. DOSSMANN. 4611

I. A. Kassirski, G. Je. Waissberg und **U. A. Asskarow,** *Zur Frage der toxallergischen Wirkung der Antibiotica und ihres Einflusses auf das blutbildende System.* Spezif. (organotrope) Nebenwirkungen kommen bei *Penicillin, Streptomycin, Biomycin* (*Aureomycin*) u. *Synthomycin* ziemlich selten (bei hoher Dosierung, sehr lang dauernder Anwendung) vor. Allerg. Erscheinungen sind häufiger. Von 1000 mit Penicillin behandelten Kranken zeigten 8 urticarielle Eruptionen, 4 Gesichts- u. Lidödem, 88 von 300 eine Eosinophilie (von 10—30%), die Mehrzahl Hautjucken. Von 100 Streptomycin-Fällen wiesen nur 6 eine Eosinophilie auf. Nach Globisporin bestand häufig eine Tendenz zur Vermehrung der Basophilen (bei 23 von 32 Kranken). Biomycin (100 Fälle) hatte keinen Einfl. auf das Blutbild. — Die in der Literatur (8 Literaturangaben) beschriebenen Nebenwirkungen werden behandelt. (Клиническая Медицина [Klin. Med.] **33** (**36**). Nr. 7. 8—18. Juli 1955.) K. RINTELEN. 4611

G. Trönnberg, *Hyaluronidase bei der intramuskulären Anwendung von Heparin. Hyaluronidase*-Zusatz verbesserte zwar die Wrkg. intramuskulär verabreichten *Heparins*, aber nicht bis zur Wirksamkeit der intravenösen Darreichung. (Acta chirurg. scand. **108**. 158—61. 20/11. 1954. Stockholm, Karolinska-Inst., Med. School.) H. GIBIAN. 4614

Fritz Hartmann und **Klaus Kellerhoff,** *Der Eiweißstoffwechsel bei fehlendem Pankreas unter Behandlung mit tierischen und pflanzlichen Fermentpräparaten.* Vff. prüften an 12 pankreassektomierten Hunden u. 1 Patientin mit Pankreasinsuffizienz mittels N-Bilanz, refraktometr. Serumeiweißbest. u. Serummikroelektrophorese nach ANTWEILER die Wirksamkeit verschied. pflanzlicher (*Luizym, Dymal, Arbuz*) u. tier. Fermentpräpp. (*Pancreon*) sowie eines kombinierten Präp. (*Combizym*). In der Substitutionstherapie erwiesen sich die tier. Präpp. den pflanzlichen überlegen. Auf die nur bedingte Übertragbarkeit der Ergebnisse auf die Therapie beim Menschen u. auf die speziellen Indikationsgebiete der einzelnen Präpp. wird hingewiesen. (Klin. Wschr. **33**. 896—99. 1/10. 1955. Göttingen, Med. Univ.- u. Poliklinik.) E. SCHWERDTFEGER. 4614

Margarethe Holzbauer und **Marthe Vogt,** *Beeinflussung der Reaktion des Rattenuterus auf Adrenalin durch Arzneimittel.* Folgende Arzneimittel erwiesen sich bei Prüfung verschied. Konzz. als wirkungslos gegenüber dem Hemmeffekt des *Adrenalins* (**I**)

auf durch *Carbachol* ausgelöste Kontraktionen am Rattenuterus: *Diäthylaminomethylbenzodioxan–HCl*; *Piperidylmethylbenzodioxan–HCl*; *1.4-Bis-[1.4-benzodioxanyl-(2)-methyl-piperazin*; *Thymoxyäthyldiäthylamin–HCl*; *Phenindaminhydrogentartrat*; *Chlorprophenpyridaminmaleat*; *(+)-1-[4-Chlorbenzhydryl]-4-methylpiperazin*; *N-[3'-Dimethylaminopropyl]-3-chlorphenothiazin–HCl*; *Yohimbin–HCl*; *2-Benzyl-4.5-imidazolin–HCl*; *2-[N-m-Oxyphenyl-p-toluidinomethyl]-imidazol*; die Veratrumalkaloide *Jervin*, *Pseudojervin* u. *Veratrosin*; *Ephedrin–HCl*, *Eserinsulfat*, *NaF* u. *1-Isonicotinyl-2-isopropylhydrazin*. *Dibenamin–HCl* (**II**), *N-[Fluorenyl-(9)]-N-äthyl-β-chloräthylamin–HCl* (**III**), *N-Benzyl-N-[β-phenoxyisopropyl]-β-chloräthylamin–HCl* (**IV**), *β-Tetrahydronaphthylamincarbonat* (**V**) u. *5-Benzyloxygramin* (**VI**) sensibilisieren den Rattenuterus gegenüber **I**. Während **II**, **III**, **IV** u. **V** gleichzeitig gegen *1-[3.4-Dioxyphenyl]-2-isopropylaminoäthanol* (**VII**) sensibilisieren, zeigt **VI** keinen konstanten sensibilisierten Einfluß. *2-Methyl-3-äthyl-5-dimethylaminoindol* setzt den Schwellenwert sowohl für **I** als auch für **VII** herauf. *Lysergsäurediäthylamid* u. *Dihydroergotaminmethansulfonat* erhöhen lediglich die Schwelle für **I**, während die für **VII** unbeeinflußt bleibt. *Veratramin* vermag nur eine zeitweilige Erhöhung der Schwellendosis für **I** auszulösen, ohne daß Änderungen gegenüber **VII** auftreten. (Brit. J. Pharmacol. Chemotherapy **10**. 186–90. Juni 1955. Edinburgh, Univ., Dep. of Pharmac.)
G. RENTSCH. 4620

A. I. Schumilina, *Charakteristik der bedingtreflektorischen Tätigkeit beim Hunde bei Anwendung von Aminazin*. Mittels der bedingtreflektor. Meth. kommt Vf. an Hand der Verss. an 4 Hunden mit verschied. typolog. Besonderheiten des Zentralnervensyst. zur Erkenntnis, daß *Aminazin* — entgegen der Meinung mancher Autoren — keine hemmende Wrkg. auf die Großhirnrinde ausübt, sondern an den subcorticalen Strukturen, vor allem am Hypothalamus, angreift. Eine gewisse Herabsetzung des Tonus der Großhirnrinde wird als Folge der Hemmung des Subcortex angesehen. (Журнал Невропатологии и Психиатрии имени С. С. Корсакова [Korssakow J. Neuropathol. Psychiatr.] **56**. 116–20. 1956. Moskau, Chir. Wischnewski-Inst. der Akad. der Med. Wiss. der USSR, Physiol. Labor.)
E. RENTZ. 4620

Ss. D. Kaminski und **W. I. Ssawtschuk**, *Über die Wirkung von Aminazin auf die höhere Nerventätigkeit des Hundes*. In 1300 Verss. an 10 Hunden mit ausgebildeten bedingten Reflexen verschied. Art wird festgestellt, daß *Aminazin* (**I**; 1–7 mg/kg intramuskulär) die Erregbarkeit des Zentralnervensyst., in erster Linie der Großhirnrinde, in Abhängigkeit vom Typus desselben u. von der **I**-Dosis durch direkte Wrkg. mehr oder weniger stark herabsetzt. (Журнал Невропатологии и Психиатрии имени С. С. Корсакова [Korssakow J. Neuropathol. Psychiatr.] **56**. 104–15. 1956. Moskau, Wiss. Psychiatr. Forschungs-Inst. des Gesundheitsminist. der RSFSR, Labor. für Pathophysiol. der höheren Nerventätigkeit.)
E. RENTZ. 4620

L. I. Lando, *Über einige biologische Veränderungen bei der Behandlung psychisch Kranker mit Aminazin*. Vorl. Mitt. Unterss. an 55 Patienten während der *Aminazin* (**I**)-Behandlung (50–300 mg täglich per os oder intramuskulär) lassen ein ungünstige Beeinflussung der Leber durch **I** annehmen. Dafür spricht das Absinken des Albumin–Globulin-Koeff. auf Kosten einer relativen Zunahme der Globuline, die Tendenz zum Absinken des Blutzuckerspiegels, die positive TAKATA–ARA-Rk. u. die Entw. einer Hyperbilirubinämie (in 2 Fällen). Zu beachten sind ferner die Abnahme der komplementären Eigg. des Blutes u. die Zunahme der tox. Körnung der Neutrophilen. Eine Adrenalinhyperglykämie wird durch **I** nicht beseitigt. (Журнал Невропатологии и Психиатрии имени С. С. Корсакова [Korssakow J. Neuropathol. Psychiatr.] **56**. 180–86. 1956. Moskau, Wiss. Psychiatr. Forschungs-Inst. des Gesundheitsminist. der RSFSR.)
E. RENTZ. 4620

L. P. Demidowa und **G. K. Tarassow**, *Aminazin*. (Vgl. TARASSOW, C. **1956**. 7015.) Übersicht über die Aminazin-Analoga *Megaphen*, *Chlorpromazin* u. *Largactil* an Hand der nichtsowjet. Literatur (vorwiegend 1954 u. 1955). — 56 Literaturangaben. (Журнал Невропатологии и Психиатрии имени С. С. Корсакова [Korssakow J. Neuropathol. Psychiatr.] **56**. 192–99. 1956.)
E. RENTZ. 4620

D. F. Hawkins, *Bronchoconstrictorische und bronchodilatorische Wirkungen von Antihistaminpräparaten*. Best. der bronchoconstrictor. u. bronchodilator. Wirkungen von *Antihistaminpräpp*. an der isolierten Luftröhre von Meerschweinchen sowie nach intravenöser Injektion bei Katzen, nach Durchschneidung des Rückenmarks, u. Hunden unter *Chloralose*-Anästhesie. Untersucht wurden in verschied. Dosierungen: *Mepyraminsäuremaleat* (*Anthisan*; **I**), *Promethazin* (*Phenergan*; **II**), *Antergan* (**III**; MAY & BAKER), *Tripelenamin* (*Pyribenzamin*; **IV**), *Antazolin* (*Antistin*; **V**; CIBA), *Diphenylhydramin* (*Benadryl*; **VI**; PARKE-DAVIS), **II**–**VI** als Hydrochloride, *Chlorcyclizinmonohydrochlorid* (*Di-Paralen*; **VII**; ABBOTT), *Phenindaminhydrogentartrat* (*Theophorin*; **VIII**; ROCHE), *Chlorpyrilencitrat* (*Chloroten*; **IX**; LEDERLE), *Methaphenilinhydrochlorid* (*Diatrin*; **X**;

WILLIAM WARNER), *Metapyrilenhydrochlorid* (*Histadyl*; **XI**; LILLY), *Chlorprophenpyridaminmaleat* (**XII**; SCHERING). In Konzz. von 10^{-6} bis 10^{-4} bei Prüfung an der isolierten Luftröhre zeigten **I**, **VI**, **XI** sehr hohe, **VII**, **V** nur geringe bronchoconstrictor. Aktivität. Die Wirkungen von **II**, **III**, **IV**, **VIII**, **IX**, **X**, **XII** lagen dazwischen, in Konzz. 10^{-4} wurde Entspannung festgestellt. Kontraktion wurde auch mit *Atropin* nachgewiesen. Den Wirkungen der Präpp. liegt ein *Histamin* auslösender Prozeß zu Grunde. (Brit. J. Pharmacol. Chemotherapy **10.** 230—39. Juni 1955. London, Univ. Coll., Dep. of Pharmacol.) H. DOSSMANN. 4625

G. Everett Gaillard, *Klinische Prüfung eines neuen Antihistaminicums: Buclizinhydrochlorid* (*„Vibazine"*). *Buclizinhydrochlorid* (*„Vibazine"*; PFIZER & CO. *1-p-Chlorbenzhydryl-4-p-tert.-butylbenzylpiperazin*) wurde nach vorherigen Toxizitätsprüfungen (DL_{50} Maus peroral 2,1 g/kg; chron. Toxizität an Ratten u. Hunden) bei 59 Heufieberpatienten geprüft. Bei 80% der Fälle kam es zu deutlicher Besserung, bei 5% wurden Nebenwirkungen (Kopfschmerz, Schläfrigkeit usw.) beobachtet. (J. Allergy **26.** 373 bis 376. Juli 1955. White Plains, N. Y.) H. ZELLER. 4625

Abraham Goldin, Don Dennis, John M. Venditti und **Stewart R. Humphreys,** *Potenzierung der Pentobarbitalnarkose durch Isonicotinsäurehydrazid und verwandte Verbindungen.* Die Wrkg. von *Pentobarbital* (**I**) wird durch *INH* (**II**) verstärkt, umgekehrt werden die Krämpfe nach **II** durch **I** aufgehoben. Eine Verstärkung der narkot. Wrkg. von **I** bewirkten auch *1-Isonicotinoyl-2-isopropylhydrazin* (*Marsilid*), *Isonicotinsäureamid*, *Nicotinsäurehydrazid*, *3-Acetylpyridin*, *Hydrazinhydrat* u. *Glycin*. Es zeigten sich Unterschiede in der Art der Beeinflussung. (Science [Washington] **121.** 364—65. 11/3. 1955. Bethesda, Md., Nat. Inst. of Health, Nat. Cancer Inst., Labor. of Chem. Pharm.) E. CARSTENS. 4627

W. R. Gibson, E. E. Swanson und **W. J. Doran,** *Pharmakologie von kurzwirkenden, schwefelfreien Barbitursäurederivaten. 1-Methyl-5-allyl-5-[1'-methyl-2-pentinyl]-barbitursaures Na* (*Lilly 22451*; **I**) wurde mit *Pentothal* (**II**) u. *Thioseconal* (**III**) bei Ratten, Kaninchen, Hunden u. Affen verglichen. **I** hatte die gleiche therapeut. Breite, war aber bei geringerer Dosierung wirksamer als **II** u. **III**. Die Erholungszeit war bedeutend kürzer, auch nach intermittierenden Gaben über 3 Stunden. Atmung u. Kreislauf wurden nicht mehr als bei anderen Barbitursäuren beeinflußt. Eine tägliche Gabe erhöhte nicht die Toxizität. Die Kumulation bei stündlicher Verabreichung war geringer als bei **II** u. **III**. Lebergeschädigte Tiere zeigten eine verlängerte Wirkung. (Proc. Soc. exp. Biol. Med. **89.** 292—94. Juni 1955. Indianapolis, Ind., Lilly Res. Labor.) E. CARSTENS. 4627

W. N. Ssolowjew, *Einfluß von Novocain und Barbamyl auf den Verlauf von Strychninkrämpfen.* In Verss. an weißen Mäusen u. Kaninchen, welche Krampfdosen von *Strychnin* (**I**) subcutan erhalten hatten (0,2 bzw. 0,5 mg/kg), erwies sich *Novocain* (**II**; 7—20 mg/100 g subcutan, bzw. 5 ml der 1%ig. Lsg. intravenös 1—3 Min. nach Beginn des Krampfanfalles) als wirksames Anticonvulsivum. Prophylakt. wirkt **II** am besten 30 Min. vor der **I**-Applikation, u. zwar bei Mäusen in der Dosis von 12 mg/100 g, bei Ratten 20 mg/100 g u. bei Kaninchen 100 mg/kg subcutan. Die therapeut. **II**-Wrkg erklärt sich gleich der des Barbamyls durch Verstärkung der Schutzhemmung im Zentralnervensystem. (Фармакология и Токсикология [Pharmakol. u. Toxikol.] **19.** Nr. 1. 11—16. Jan./Febr. 1956. Inst. für Pathophysiol. u. exp. Therapie der Akad. der Med. Wiss. der UdSSR, Labor. für exp. Therapie.) E. RENTZ. 4627

J. Heymann, *Klinische Erfahrungen mit einem neuen barbitursäurefreien Einschlafmittel* (*Repocal*). Bericht über Erfahrungen an 250 postoperativen Fällen mit dem Einschlafmittel *Repocal* [**I**; DESITIN-WERK CARL KLINKE, Hamburg; *1-Bromäthinylcyclohexanol-(1)*]. Im Vgl. zu *3-Methylpentin-(1)-ol-(3)* (**II**) u. *Na-Phenyläthylbarbituricum* (**III**) erwies sich **I** halb so wirksam wie **III** u. 1,5mal so wirksam wie **II**. Durchschnittsdosis: 2 Tabletten zu 0,25 g. Wirkungseintritt nach 10—30 Min., keine Nachwirkungen u. Nebenerscheinungen. (Münchener med. Wschr. **98.** 695—96. 11/5. 1956. Hamburg-Wilhelmsburg, Krankenhaus „Groß Sand".) H. DOSSMANN. 4627

Ju. I. Ssyrnewa, *Pharmakologische Eigenschaften von „Novocainamid", einem neuen Mittel für die Behandlung von Herzarrhythmien.* Das synthet., dem Pronestyl entsprechende sowjet. *Novocainamid* (**I**) setzt in Verss. an urethannarkotisierten Katzen (in Dosen von 25—50 mg/kg intravenös) die Erregbarkeit der Herzmuskulatur herab u. hemmt die atrioventriculäre Reizleitung. Die Entw. einer Arrhythmie durch elektr. Reizung des Herzens wird durch **I** verhindert u. die Arrhythmie nach Aconitin (0,1 mg/kg intravenös) beseitigt. DL_{50} für die weiße Maus per os 917 mg/kg, subcutan 445 mg/kg u. intravenös 110 mg/kg (Фармакология и Токсикология [Pharmakol. u. Toxikol.] **18.** Nr. 4. 27—29. Juli/Aug. 1955. Allunions Wiss. Chem.-Pharm. Ordshonikidse-Forschungs-Inst., Pharmakol. Abt.) E. RENTZ. 4627

Franz Brachmann, *Xylestesin, ein schnell wirkendes Anästheticum in der Zahnheilkunde.* Bericht über Erfahrungen mit 2 *Lidocain* (I; *Lignocain; Diäthylaminoacetyl-2.6-xilidin*)-Präpp.: *Xylestesin* (II) u. II-*Spezial*. II ist auch unter den Namen *Xylotox, Xylocain, Lidocaton* im Handel. II enthält neben I zur Gefäßverengung *l-Norepinephrin* (*l-Noradrenalin*) in einer Konz. 1 : 2·10⁴, II-*Spezial l-Epinephrin* (*l-Adrenalin*) 1 : 8·10⁴. Beide Präpp. bewährten sich in der Praxis bei 2000 Injektionen durch rasch einsetzende Wrkg. ohne schädigenden Einfl. auf den Kreislauf. Die Vorteile von I gegenüber *Procain* werden besprochen. (Zahnärztl. Welt **9.** 488—89. 10/9. 1954. München, Univ., Klinik für Zahn-, Mund- u. Kieferkrankheiten.) H. DOSSMANN. 4627

Ssjui Bin, *Die Gewöhnung an Promedol.* In Verss. an Kaninchen wurde die Gewöhnung an die analgesierende Wrkg. von *Promedol* (I) im Vgl. zu *Morphin* (II) u. *Lidol* (III) untersucht. Als Schmerzreiz diente Hitze (Lampe von 1000 Watt). Die Gewöhnung an I trat bei täglichen Dosen von 1 mg/kg nach 10—16 Tagen ein, an II (1,5 mg/kg) nach 8—9 Tagen u. an III (2 mg/kg) nach 7—8 Tagen. Nach Eintritt der Gewöhnung an eines der Analgetica war auch die Wrkg. des übrigen deutlich abgeschwächt, am wenigsten die von I. (Фармакология и Токсикология [Pharmakol. u. Toxikol.] **18.** Nr. 4. 8—12. Juli/Aug. 1955. Leningrad, 1. Med. Pawlow-Inst., Lehrstuhl für Pharmakol.) E. RENTZ. 4627

N. B. Wyssotzkaja, Je. N. Gussewa, G. Ss. Korosa, N. A. Kudrjawina und **M. F. Runowa,** *Zur pharmakoligischen Charakterisierung von Dimedrol.* Mittlere Dosen von *Dimedrol* (I) rufen bei gesunden Versuchstieren keinen Schlaf, sondern nur eine Hemmung der motor. Funktionen hervor. Dosen von 10 mg/kg, über 58 Tage verabreicht, verursachen keine tox. Erscheinungen u. keine Gewöhnung u. haben keinen schädlichen Einfl. auf das periphere Blutbild. Die Antihistamin- u. antianaphylakt. Wrkg. von I ist am Tier deutlich nachweisbar, ebenso eine blutdrucksenkende Wirkung. Bei I-Konzz. von 1 : 100000—1 : 10000 rufen die Interoceptoren der Milz keinerlei reflektor. Rkk. auf Kreislauf u. Atmung hervor, während I-Konzz. von 1 : 1000—1 : 100 pressor. wirken. Das Elektrocardiogramm wird durch I nicht verändert. Die analgesierende Wrkg. von I ist gering. Eine anticonvulsive Wrkg. kommt dem I nicht zu. (Фармакология и Токсикология [Pharmakol. u. Toxikol.] **19.** Nr. 1. 21—24. Jan./Febr. 1956. Inst. für Pharmakol., exp. Chemother. u. Chemoprophylaxe der Akad. der Med. Wiss. der UdSSR, Labor. für allg. Pharmakol.) E. RENTZ. 4627

Je. L. Prawotorowa, *Der Einfluß narkotischer Stoffe und des Antihistaminpräparates Dimedrol auf den Kohlenhydrat–Phosphor-Stoffwechsel bei Fieberzuständen.* Bei Kaninchen läßt sich durch subcutane Injektion eines Bouillonextrakts aus faulendem Fleisch ein Fieberzustand erzeugen, in dessen Verlauf in der Leber u. in der Skelettmuskulatur der Geh. an Glykogen, im Herzen der Geh. an Adenosintriphosphorsäure abnehmen. Die prophylakt. Anwendung von *Nembutal* (I) u. *Noctal* (II) ließ beim Fieberzustand keinen merklichen Einfl. auf die Veränderungen des Kohlenhydrat–P-Umsatzes erkennen, während im Herzen ein Absinken des Glykogengeh. durch die Hypnotica verhindert wurde. Nach *Dimedrol* (III; 1—3 mg/kg) blieben beim Fieber die Energiereserven des Herzens erhalten. Höhere Dosen wirkten toxisch. Auf die Temperatur-Rk. während des Fiebers sind I u. II ohne Einfl., während III die Temperaturkurve erniedrigt, obwohl es am gesunden Tier die Temp. steigert. (Фармакология и Токсикология [Pharmakol. u. Toxikol.] **19.** Nr. 1. 25—31. Jan./Febr. 1956. Inst. für Pharmakol., exp. Chemother. u. Chemoprophylaxe der Akad. der Med. Wiss. der UdSSR, Labor. für allg. Pharmakol.) E. RENTZ. 4627

A. Brobeil, O. Härter und **E. Herrmann,** *Klinische Vergleichsuntersuchungen mit Schlafmitteln. Doriden* (*α-Phenyl-α-äthylglutarsäureimid*; CIBA) ist in den meisten Fällen bei leichten u. mittelschweren Schlafstörungen wirksamer als die Barbiturate. Dosierung: 1—2 Tabletten je 0,25 g. Keine Nebenerscheinungen. (Dtsch. med. Wschr. **80.** 1654—55. 11/11. 1955. Marburg/Lahn, Univ., Psychiatr. u. Nervenklinik.) G. BREHM. 4627

Th. Kirsch, *Stadacain, ein neues Schleimhautoberflächenanästheticum für die Zahnheilkunde.* Der Vgl. des Schleimhautoberflächenanästheticums *Stadacain* (*p-n-Butoxybenzoesäure-β-diäthylaminoäthylesterhydrochlorid*; I; STADA, Standardpräpp. deutscher Apotheker) in 3%ig. Lsg. mit 2%ig. *Pantocain* (II), *Salicain* u. *Psicain-Neu* ergab für die Zwecke der Zahnheilkunde eine Überlegenheit von I. Die anästhet. Wrkg. von II wird von keinem der Präpp. übertroffen. (Zahnärztl. Welt zahnärztl. Reform **11** (**57**). 96—98. 25/5. 1956. Heidelberg, Univ., Klinik u. Poliklinik für Mund-, Zahn- u. Kieferkrankheiten.) H. DOSSMANN. 4627

G. Denk, G. König, I. König und **H. Sighart,** *Fortschritte in der Anästhesie der oberen und unteren Luftwege durch Novesin.* Bericht über Erfahrungen mit dem synthet. Oberflächenanästheticum *Novesin* (I; A. WANDER; *Hydrochlorid des p-Amino-m-butoxybenzoe-*

säurediäthylaminoäthylesters). Bei gleicher Toxizität besitzt I etwa die doppelte anästhet. Wrkg. wie *Tetracain*. Nach Prämedikation von *Alodan* (*Pethidin*) u. *Phenergan* war I den bisherigen Mitteln überlegen; mit 4—5 cm³ einer 1% ig. I-Lsg. ist eine ausgezeichnete Anästhesie zu erzielen. (Münchener med. Wschr. **98.** 792—93. 1/6. 1956. Wien, Lungenheilstätte Baumgartnerhöhe, u. Wiener Allg. Poliklinik.) H. DOSSMANN. 4627

D. v. Keiser und **H.-L. Kölling,** *Wofacain „A" als Oberflächenanästheticum bei der Bronchographie. Wofacain„A"* (I; VEB FARBENFABRIK WOLFEN) = *p-Butylaminosalicylsäure-β-diäthylaminoäthylester* bewährte sich als Oberflächenanästheticum bei der Bronchographie mit wasserlösl. Kontrastmitteln; bei stärkerer Wrkg. ist I weniger tox. als Pantocain. (Dtsch. Gesundheitswes. **10.** 1599—1602. 8/12. 1955. Jena, Univ., Chir. Klinik.) H. DOSSMANN. 4627

David Savage, *Chlorpromazin (Largactil) als Analgeticum bei Wehen. Bericht über 127 kontrollierte Fälle.* 254 Patientinnen mit Wehen erhielten abwechselnd *Chlorpromazine* (I; *Largactil*; MAY & BAKER LTD.) in Kombination mit *Pethidine* (II) bzw. II, *Quinalbarbiton* (*Seconal*) u. *Chloral*. Kein signifikanter Unterschied hinsichtlich der Schmerzlinderung zwischen der I- u. der Kontrollgruppe. (Brit. J. Anaesthesia **27.** 346—53. Juli 1955. Charing Cross Hosp., Obstetric Unit.) H. DOSSMANN. 4627

Ss. Ja. Arbusow, P. K. Djatschenko und **Ju. N. Schanin,** *Die bei operativen Eingriffen unter allgemeiner Hpyothermie angewandten Pharmaka.* Übersicht an Hand der Literatur. — 40 Literaturangaben. (Вестник Хирургии имени И. И. Грекова [Grekow Nachr. Chirurgie] **76.** Nr. 7. 60—73. Aug. 1955. Leningrad, Militärärztl. Kirow-Akad., Lehrstuhl für Pharmakol., u. Klinik für allg. Chirurgie.) K. RINTELEN. 4627

F. Wührmann und **B. Jasinski,** *Toxisch-hämolytische Anämie nach Phenacetin und Phenacetintoxikose. Phenacetin* führt zur Bldg. von Methämoglobin (I) bzw. Verdoglobin im Blut. I spricht auf Ascorbinsäure schlagartig an, Verdoglobin ist irreversibel. Bericht über 35 Fälle. — 16 Literaturangaben. (Dtsch. med. Wschr. **80.** 1632—34. 11/11. 1955. Winterthur, Schweiz, Kantonspital, Med. Klinik.) G. BREHM. 4627

W. D. M. Paton, *Die Grundlagen der Nerv-Muskel-Blockade.* Besprechung der physiol., elektrophysikal. u. pharmakolog. Vorgänge am Nerv-Muskel-Präparat. Überblick über die Wirkungsmechanismen der die beiden Grundtypen der neuromuskulären Blockade (kompetitiver u. Depolarisationsblock) bewirkenden Muskelrelaxantien (*d-Tubocurarin*; I, u. *Dekamethonium*; II) u. ihrer Abkömmlinge (*Gallamin, d-Tubocurarindimethyläther, Mytolon, Laudolissin, Succinylcholin* u. *Acetylcholin*), unter Hinweis auf die grundlegende Bedeutung des vierbindigen Stickstoffs für die pharmakolog. Wirkungsweise. Besprechung der Antagonismen u. Synergismen durch Gegenüberstellung der beiden Grundsubstanzen I u. II. Warnung vor Nebenwirkungen der Mittel. (Anaesthesia **8.** 151—74. Juli 1953. London, Univ. Coll., Hosp. Med. School.) V. SACHS. 4628

Stephen Thesleff und **Klaus R. Unna,** *Unterschiede in der Art der neuromuskulären Blockade bei einer Serie von symmetrischen bis-quartären Ammoniumsalzen.* Am Muskel-Nerv-Präp. von Huhn u. Maus wurden eine Reihe symm.-bis-quartärer Ammoniumverbb. hinsichtlich ihres Wirkungsmechanismus untersucht. Es wurde geprüft, welche Wrkg. die zusätzliche Verabfolgung von Tensilon bzw. Neostigmin hatte (antagonist., synergist., wirkungslos), um sie in die Reihe der depolarisierenden bzw. Depolarisation verhindernden Muskelblocker einzuordnen. — Folgende Verbb. wurden geprüft: *Di-, Tri-, Tetra-, Penta-, Hexa-, Hepta-, Okta-, Nona-* u. *Dekamethylen-bis-[trimethylammoniumbromid], Methylendioxy-bis-[äthyltrimethylammoniumchlorid], Äthylendioxy-bis-[äthyl-trimethylammoniumbromid], Tetramethylendioxy-bis-[äthyltrimethylammoniumjodid], Dicyclohexyl-p.p'-bis-[trimethylammoniumjodid], p.p'-Methylen-* u. *p.p'-Äthylen-bis-[cyclohexyltrimethylammoniumjodid], p.p'-Methylen-, p.p'-Äthylen-* u. *p.p'-Trimethylen-bis-[phenyltrimethylammoniumjodid], Pentamethylen-bis-[triäthylammoniumbromid], Hexamethylen-bis-[dimethyläthylammoniumbromid], -bis-[methyldiäthylammoniumbromid]* u. *-bis-[triäthylammoniumbromid], Heptamethylen-bis-[methyldiäthylammoniumbromid* u. *-bis-[triäthylammoniumbromid], Dekamethylen-bis-[dimethyläthylammoniumbromid], -bis-[methyldiäthylammoniumbromid* u. *-bis-[triäthylammoniumbromid], p.p'-Äthylen-bis-[phenyldimethyläthylammoniumjodid], p-Phenylendioxy-bis-[äthyltrimethylammoniumjodid], -bis-[äthyldimethyläthylammoniumjodid]* u. *-bis-[äthyltriäthylammoniumjodid], Dekamethylen-bis-[dimethylisopropylammoniumjodid], -bis-[tributylammoniumbromid], -dipyridiniumdibromid, -bis-[methylpyrrolidiniumbromid], -bis-[dimethylbenzylammoniumbromid]* u. *-bis-[dimethylnitrobenzylammoniumbromid], p.p'-Methylen-* u. *p.p'-Äthylen-bis-[phenyldimethylbenzylammoniumbromid]*. Die Polymethylen-bis-trimethylammoniumverbb. wirkten depolarisierend mit Ausnahme der Penta- u. Hexamethylenverbindung. Ggw. von Ätherbrücke änderte den Charakter der Wrkg. nicht, sondern nur die Wirkungsstärke. Die

Einführung von Cyclohexangruppen führte zu depolarisationsverhindernden Blockern, während der Wirkungsmechanismus durch Phenylgruppen einen depolarisierenden Charakter erhielt. Pyridinium-, Pyrrolidinium- oder Isopropylammonium-Verbb. führten zu keiner Änderung der Wirkungsweise. Ersatz der Methylgruppen am quartären N durch Äthyl-, Butyl-, Benzyl- oder Nitrobenzylgruppen veränderte die Wrkg. in eine depolarisationverhindernde. (J. Pharmacol. exp. Therapeut. **111.** 99—113. Mai 1954. Chicago, Ill., Univ. of Illinois, Coll. of Med., Dep. of Pharmacol.) H. WUNDERLICH. 4628

John R. Hohmann und **James W. Jones,** *Quartäre Salze der 2.4.6-[Dialkylaminoalkoxy]-1.3.5-triazine und 2.4-[Dialkylaminoalkoxy]-chinazoline als Curaremittel.* Es wurden 3 *2.4.6-Dialkylaminoalkoxy-1.3.5-triazine* (**I**), 2 *2.4-Dialkylaminoalkoxychinazoline* (**II**), 7 tris-quartäre Salze von **I** u. 3 bis-quartäre Salze von **II** dargestellt u. 7 der *quartären Verbb.* (**III**) auf Curarewrkg. geprüft (**A**, Mäuse-„screen-drop"-Test; **B**, Kaninchen-„head-drop"-Test). Beim Küken riefen **III** eine Lähmung, verbunden mit einer Blockierung vom Pachycurare-Typ, hervor. Von den 7 getesteten Verbb. waren 6 erheblich weniger wirksam als *Flaxedil, Tris-[β-triäthylammoniumäthoxy]-benzol-1.2.3-trijodid* (**IV**), während das *Tris-chlorbenzylat* (**V**) von *2.4.6-[β-Diäthylaminoäthoxy]-1.3.5-triazin* bei der Maus etwa doppelt, bei Kaninchen 7fach aktiver als **III** war.

V e r s u c h e : *2.4.6-[Dialkylaminoalkoxy]-1.3.5-triazine* (**I**), 0,5 Mol Aminoalkohol (β-Diäthylaminoäthanol, β-Dimethylaminoäthanol, γ-Diäthylaminopropanol) u. gleiches Vol. trockenes Bzl. mit 6,9 g Na bis zur vollständigen Umsetzung kochen, unter Kühlung langsam 18,4 g Cyanurchlorid in trockenem Bzl. zugeben, 1 Std. kochen, Filtrat destillieren. *2.4.6-[β-Diäthylaminoäthoxy]-1.3.5-triazin,* $Kp._3$ 195—197°; Ausbeute 39%. *Triäthojodid* (**V**), F. 243—244° (Zers.); 76%. *Trimethojodid,* F. 248—250° (Zers.); 81%. *Tris-chlorbenzylat* (**IV**), F. 151—154° (Zers.); 80%. — *2.4.6-[γ-Diäthylaminopropoxy]-1.3.5-triazin,* $Kp._4$ 245°; 36%. *Trimethojodid,* F. 249—250° (Zers.); 86%. *Triäthojodid* (**VI**), F. 251—253° (Zers.); 76%. — *2.4.6-[β-Dimethylaminoäthoxy]-1.3.5-triazin,* $Kp._3$ 183 bis 185°; 27%. *Trimethojodid* (**VII**), F. 296—298° (Zers.); 84%. *Triäthojodid,* F. 271—273° (Zers.); 72%. — *2.4-[Dialkylaminoalkoxy]-chinazoline* (**II**) zu Suspension von Na-Aminoalkoxyd (aus 2,6 g Na u. 0,18 Mol Aminoalkohol) in trockenem Bzl. unter Kühlung 12 g

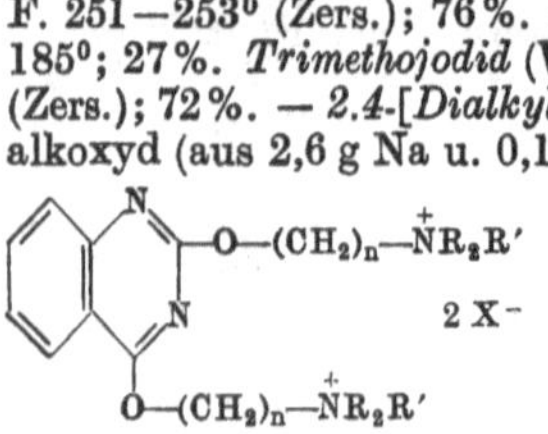

VIII—X

Roh-2.4-Dichlorchinazolin geben, 2 Std. Kochen, nach Waschen mit W. dest. Quaternisierung durch Kochen (2 Std.) mit CH_3J in absol. A., Fällung mit Ae. *2.4-[β-Diäthylaminoäthoxy]-chinazolin,* $Kp._4$ 225—226°; 54%. *Dimethojodid* (**VIII**), F. 247—248° (Zers.); 95%. — *2.4-[β-Dimethylaminoäthoxy]-chinazolin,* $Kp._9$ 234—236°; 35%. *Dimethojodid* (**IX**), F. 299—301° (Zers.); 83%. — *2.4-[γ-Diäthylaminopropoxy]-chinazolin,* $Kp._2$ 230 bis 233°; 40%. *Dimethojodid* (**X**); 62%. — Lähmungsdosis: **V, A** 63,0 mg/kg, **B** 6,29 mg/kg **VI**, 15,61, 6,34; **VII**, 135,9, 58,06; **VIII**, 19,07, 3,17; **IX**, 36,98, 12,36; **X**, 7,42, 2,99; **IV**, 2,12, 0,0552, DL_{50} 5,05 mg/kg; **III**, 4,12, 0,391. (J. Amer. pharmac. Assoc. **43.** 453—56. Aug. 1954. Iowa City, Io., State Univ. of Iowa, Coll. of Pharmacy.) K. MAIER. 4628

Hugh G. Hamilton, Robert S. Higgins und **Webb S. Alsop jr.,** *Eine vergleichende klinische Untersuchung über natürlich vorkommende und synthetische, oxytocisch wirksame Substanzen von Mutterkorn-Charakter. Methergin* (**I**) u. *Ergonovin* (**II**) erweisen sich bei der Kontrolle von Blutungen im 3. Stadium der Geburt als wirksam, wobei **II** infolge Vasomotorenreizung eine stärkere Erhöhung des Blutdrucks als **I** verursacht. (Southern med. J. **45.** 728—32. Aug. 1952. Kansas City, Miss.) WOLFGANG ALBRECHT. 4628

A. Thurnherr und **W. Niederberger,** *Lipoproteidstudien zur Ätiologie und Therapie der Arteriosklerose. Unter besonderer Berücksichtigung der papierelektrophoretischen Lipoproteidbestimmung und der Heparintherapie.* Die Ergebnisse der papierelektrophoret. Unterss. der Vff. zeigen, daß *Lipoproteide* zwar am Entstehen der Arteriosklerose beteiligt sein dürften, daß es jedoch nicht möglich ist, aus dem Geh. des Serums an Lipoproteiden (**I**) eine Diagnose auf Arteriosklerose zu stellen. Durch *Heparin,* als Bestandteil der **I**-Lipase kann eine Anhäufung von **I** im Blut verhindert werden. Hierdurch kann ein Eintritt von **I** in die Intima unterbunden u. bei bereits erfolgter Einlagerung ein Abbau bewirkt werden. — Etwa 150 Literaturangaben. (Bull. schweiz. Akad. med. Wiss. **12.** 1—22. April 1956. Basel, St. Claraspital, Med. Abt.) E. SCHWERDTFEGER. 4630

Edmond A. Murphy und **John Eastwood,** *Hexamethonium in Polyvinylpyrrolidon.* 5 Patienten mit schwerem Hochdruck wurde mit 0,5% Chlorbutol konservierte 20%ig. Lsg. von *Hexamethoniumbromid* (**I**) in Polyvinylpyrrolidinlsg. (**II**) subcutan injiziert u. die Blutdrucksenkung beobachtet. Die Wrkg. dauerte 6—12, manchmal 24 Std., wobei bei mehrfacher Gabe eine leichte Tendenz zur Kumulierung bestand. Somit kann man — wenn auch nicht immer — mit einer morgendlichen Injektion von **I** in **II** für den Tag auskommen. Nachteilig ist dabei allerdings die Entw. einer posturalen Hypotension, die immerhin bei Kombination mit **II** seltener ist. Die sonstigen Nebeneffekte von **I** werden durch **II** nicht vermindert. (Lancet **265.** 804—06. 17/10. 1953. Halifax Gen. Hosp., Yorks.) W. WILLENBERG. 4630

Carlos Monge, A. C. Corcoran, Francesco del Greco und **Irvine H. Page,** *Verteilung von Hexamethonium bei nephrektomierten Hunden.* Bei bilateral nephrektomierten Hunden wird nach der modifizierten Meth. von ZAIMIS *Hexamethonium* (**I**) in den Körper-Fll. bestimmt. Der Geh. entspricht dem von Mannit u. ist geringer als die von Antipyrin. In Spuren scheint **I** auch in der Extracellulär-Fl. verteilt zu sein. (Amer. J. Physiol. **178.** 256—58. Aug. 1954. Cleveland, O., Res. Div. of Cleveland Clin. Found.) G. WELTZIEN. 4630

Ss. Ja. Arbusow, *Zur Pharmakologie des Thiophenatins.* Das synthet. sowjet. *Thiophenatin* (**I**; $C_{15}H_{16}N_2S$, F. 137—139°) ist weniger tox. als *Phenatin* (**II**; DL_{50} für die weiße Maus subcutan 2100 bzw. 1200 mg/kg) u. im Tiervers. (Mäuse, Kaninchen, Katzen) blutdrucksenkend wirksamer als dieses. Nach beiderseitiger Vagotomie u. Denervierung beider Carotissinus bleibt die hypotensive Wrkg. von **I** erhalten. Verss. am isolierten Kaninchenohr u. an der isolierten Darmschlinge bei erhaltener Innervation ließen erkennen, daß **I** nicht nur auf die neuromuskulären Elemente der Gefäßwand, sondern auch reflektor. über das Vasomotoren- u. das Atemzentrum wirkt. Die latente Reflexperiode wird durch **I** verlängert. Im Gegensatz zu **II** war eine regeneriende Wrkg. von **I** im geschädigten Ischiadicusnerv nicht feststellbar. (Фармакология и Токсикология [Pharmakol. u. Toxikol.] **19.** Nr. 1. 16—21. Jan./Febr. 1956. Militärmed. Kirow-Akad., Lehrstuhl für Pharmakol. u. Pharmazie.) E. RENTZ. 4630

M. D. Maschkowski, *Einfluß von Galanthamin auf die Empfindlichkeit der Skelettmuskulatur gegenüber Acetylcholin. Galanthamin* (**I**; vgl. PROSSKURNINA u. JAKOWLEWA, C. **1956.** 1025) erhöht, wie Verss. an Katzen u. am Musculus rectus abdominis des Frosches ergaben, die Empfindlichkeit der Skelettmuskulatur gegenüber *Acetylcholin* (**II**). **I** ist ein Antagonist von Tubocurarin u. Diplazin u. stellt die gestörte myoneurale Leitfähigkeit wieder her. Die curarisierende Wrkg. von Diacetylcholin wird durch **I** verstärkt. Klin. erwies sich **I** (Erwachsene 2,5—10 mg, Kinder 0,25—7 mg 1—2mal täglich subcutan) bei Myasthenie, Myopathie u. anderen mit herabgesetzter **II**-Aktivität einhergehenden Störungen der Nervenmuskeltätigkeit im Vgl. zu Proserin als wirksamer u. besser verträglich. (Фармакология и Токсикология [Pharmakol. u. Toxikol.] **18.** Nr. 4. 21—27. Juli/Aug. 1955. Allunions Wiss. Chem.-Pharm. Ordshonikidse-Forschungs-Inst., Pharmakol. Abt.) E. RENTZ. 4630

S. Janssen und **A. Moench,** *Zur Frage der oralen, enteralen und intramuskulären Wirksamkeit von Adenosin und Adenosintriphosphorsäure.* Verss. ergaben, daß eine linguale, orale oder enterale Darreichung von *Adenosin* oder *Adenosintriphosphorsäure* den bei anderen Verabreichungsarten erzielten Effekt auf den Kreislauf nicht zu liefern vermögen. Das Unwirksamwerden von Adenosinverbb. hat man auf ein Fermentsyst. zurückzuführen. (Verh. dtsch. Ges. Kreislaufforsch. **16.** 261—63. 1950. Freiburg, Pharmakol. Inst.) K. BÖHM. 4630

Je. A. Trutnewa, *Pharmakologische Untersuchung der Gesamtglykoside aus den Blättern des roten Fingerhutes.* Als bestes derzeitiges Präp. aus den Blättern von Digitalis purpurea sieht Vf. das sowjet. *Digipuren* an, welches die Gesamtglykoside (vor allem Digitalin u. Gitolin) 1 : 500—700 in 70%ig. A. enthält u. von dem 1 ml 10,5 Frosch-Einheiten bzw. 1,55 Katzen-Einheiten entspricht. Das Präp. enthält in der Hauptsache *Digitoxin* u. *Gitoxin.* (Фармакология и Токсикология [Pharmakol. u. Toxikol.] **19.** Nr. 1. 36—39. Jan./Febr. 1956. Allunions Wiss. Forschungs-Inst. für Arznei- u. Gewürzpflanzen, Pharmakol. Abt.) E. RENTZ. 4630

A. Loubatières, A. Sassine und **J. Mauche,** *Nachweis der tonodiastolischen Wirkung der Digitalissubstanzen auf die cardialen Fasern des Papillarmuskels in Ruhe.* Verss. an Myocardfasern des Papillarmuskels in der Ruhe bewiesen die direkte tonodiastol. Wrkg. der *Digitalis*-Substanzen. (C. R. Séances Soc. Biol. Filiales **148.** 2059—62. Dez. 1954.) G. WELTZIEN. 4630

Jean La Barre und **Léon Gillo,** *Cardiotonische Eigenschaften von Voacangin und Voacanginin.* Aus Wurzel u. Rinde von Voacanga africana (Apocynaceae) wurden chromatograph. zwei neue Alkaloide isoliert. *Voacangin,* große Kristalle, leicht lösl. in Chlf., Aceton u. Bzl., wenig lösl. in Methanol, Äthanol u. verd. Säuren, schlecht lösl. in PAe., unlösl. in W., F. 136—137°, linksdrehend. *Voacanginin,* kleine weiße Kristalle, leicht lösl. in verd. Säure, Methanol, A., sehr schlecht lösl. in PAe., unlösl. in W., F. 222—23°, $[\alpha]_D$ $-55 \pm 5°$. *Voacangininsulfat,* methanol-, äthanol- u. wasserlösl., unlösl. in Bzl., Chlf. u. Aceton. — Die tödliche Dosis betrug (bei intrajugularer Injektion in 12—15 Min.) für Voacangin 100, für Voacanginin 118, für Voacangininsulfat 348 mg/kg. Weitere pharmakol. Unterss. ergaben eine dem Digitoxin vergleichbare Herzwrkg., bei sehr geringer

Toxizität. Der Wirkungskoeff. von Voacangininsulfat beim Tier war 80mal höher als der von Digitoxin. Hohe Dosen beider Basen wirkten blutdrucksteigernd (periphere Vasoconstriction). (Bull. Acad. roy. Méd. Belgique [6] **20.** 194—217. 1955.)
K. RINTELEN. 4630

Karl Winterfeld und **Mikaela Leiner,** *Über die Zusammensetzung des „Viscotoxins" aus Viscum album L. Viscotoxin* (I) läßt sich in 4 Reinheitsgraden mit steigender Herzwirksamkeit (A_1, A_2, R_1, S_4) aufarbeiten. A_1 u. A_2 wandern bei der Elektrophorese zur Anode u. bilden 3 Gipfel, während R_1 u. S_4 (1. Gipfel; steil) zur Kathode wandern. 17 Aminosäuren (*Asparagin-, Glutaminsäure, Serin, Glycin, Threonin, Alanin, Valin, Leucin, Tyrosin, Prolin, Tryptophan, Arginin, Lysin, Phenylalanin, Histidin, Methionin, Cystein*) sind zu isolieren u. durch zweidimensionale Papierchromatographie (Kollidin–Phenol) zu bestimmen. Geh. an *Glucose, Arabinose* u. *Galaktose* nimmt mit zunehmender Reinheit ab, so daß Vff. I für eine reine *Protein*-Verb. halten. (Naturwissenschaften **42.** 487. 1. Sept.-H. 1955. Bonn, Univ., Pharmazeut. Inst.)
D. ZEMKE. 4630

A. S. Toloknewa, *Die Wirkung verschiedener Arten von Rhododendron auf das Herz.* 10%ig. Infuse u. 10%ig. Tinkturen (mit 70%ig. A.) aus den Blättern von Rhododendron flavum, ponticum u. daturicum wirken am Katzenherzen in situ in gleicher Weise wie die Glykoside der Digitalisgruppe. Während sich jedoch das Infus von Rh. daturicum gleich stark erwies wie die Tinktur, waren die Tinkturen aus Rh. flavum u. ponticum wirksamer als die entsprechenden Infuse. (Фармакология и Токсикология [Pharmakol. u. Toxikol.] **19.** Nr. 1. 39—43. Chabarowsk, Med. Inst., Lehrstuhl für Pharmakol.; Allunions Wiss. Forschungsinst. für Arznei- u. Gewürzpflanzen, Pharmakol. Abt.)
E. RENTZ. 4630

René Hazard, Elisabeth Corteggiani und **Annick Rénier-Cornec,** *Die Wiederumkehrung der Gefäßwirkungen des Adrenalins durch Spartein nach Umkehrung dieser Wirkungen durch Tolazolin* (*Priscol*). (C. R. Séances Soc. Biol. Filiales **149.** 465—67. März 1955.)
H. KOCKERT. 4630

Friedrich Meyer und **Gunder Meyer,** *Die Kreislaufwirkung des Kobalts.* Zur Klärung dieser Frage wurden Verss. mit Katzen durchgeführt, die ergaben, daß *Co*-Zonen im allg. eine Blutdrucksenkung verursachen (Schwellendosis für 10 mm Hg ca. 10 γ Co-Ion/kg Körpergewicht). Komplexe Co-Salze wirken qualitativ ähnlich, quantitativ aber sehr verschieden, in Abhängigkeit der aus ihnen gelieferten freien Co-Ionen (Beziehung zur klin. Verträglichkeit der Handelspräpp.). Der Blutdrucksenkung liegt eine periphere Gefäßlähmung zugrunde. (Arzneimittel-Forsch. **2.** 265—67. Juni 1952. Hamburg, Univ., Pharmakol. Inst.)
J. SCHWAIBOLD. 4630

Delbert D. Blickenstaff, *Wirkung von Meralluride und Quecksilberchlorid auf die Resorption von 0,9%iger NaCl-Lösung im Darm.* Tierverss. ergaben, daß das Epithel des Jejunums in bezug auf leichte Hg-Diuretica (*Methoxymercuripropylsuccinylharnstoff* u. *$HgCl_2$*) ganz ähnlich reagiert wie die Nierentubuli. — Tabellen. (Amer. J. Physiol. **178.** 371—74. Aug. 1954. Portland, Ore., Univ. of Oregon, Dep. of Physiol.)
G. WELTZIEN. 4634

Leo L. Hardt und **Frederick Steigmann,** *Verbesserte antacide Behandlung des Ulcus pepticum.* Vff. besprechen die ca. 97%ig. Erfolge bei der Behandlung von ca. 140 Patienten mit Ulcus pepticum mit dem Antacidum *Trevidal* (ORGANON, INC.). — 8 Literaturangaben. (Amer. J. Digest. Diseases **21.** 353—57. Dez. 1954. Chicago, Ill., Loyola Univ., Stritch School of Med.; Univ. of Illinois, Coll. of Med.; Cook County Graduate School of Med.)
G. WELTZIEN. 4645

E. Görig, *Zur Therapie kolikartiger Schmerzzustände mit Avafortan.* Vermeidung der Nebenwirkungen durch *Opiate* gelingt durch Kombination von *Avacan* mit *Pyrazolon*, bestes Präp.: *Avafortan* (ASTA-WERKE AKT.-GES., CHEM. FABRIK, Brackwede/Westf.), Kombination von *Avapyrazon* (I) mit dem *Na-Salz* der *Phenyldimethylpyrazolonmethylaminomethansulfonsäure.* I ist ein Salz der *Avacanbase* u. der *Phenyldimethylpyrazolonmethylaminomethansulfonsäure* u. besitzt eine stärkere spasmolyt., verbunden mit musculotroper u. anticholinerg. Wrkg. als die Komponenten. (Münchener med. Wschr. **98.** 820—21. 8/6. 1956. Regensburg, Krankenhaus St. Josef.)
H. DOSSMANN. 4645

Je. I. Chomtschenowski, *Die Wirkung von Embichin auf die sekretorische Funktion des Magens.* In 450 Verss. an Hunden mit „kleinem Magen" nach PAWLOW bzw. HEIDENHAIN wird festgestellt, daß *Embichin* (I) in nicht Erbrechen erregenden Dosen (0,1 mg/kg intravenös) die sekretor. Funktionen des Magens nicht beeinflußt. Nach Erbrechen erregenden Dosen hingegen (0,2 mg/kg) kommt es in 1—1½ Std. zu einer Steigerung der Magensekretion mit Zunahme der Acidität u. der Verdauungskraft des Magensaftes. Die I-Wrkg. erfolgt hierbei auf dem Wege über die Nervi vagi u. unterscheidet sich nicht von jener anderer Brechmittel. (Фармакология и Токсикология [Pharmakol. u.

Toxikol.] **19.** Nr. 1. 31—35. Jan./Febr. 1956. Onkol. Inst. der Akad. der Med. Wiss. der UdSSR, Labor. für exp. Krebstherapie; Inst. für exp. Med. der Akad. der Wiss. der UdSSR, Abt. allg. Physiol., Labor. für Verdauung.) E. RENTZ. 4646

G. A. Grigorjan, R. A. Chanbekjan und **A. Ss. Owanessjan,** *Die kombinierte Anwendung von Hexachloräthan und Kohlenstofftetrachlorid bei Fasciolose der Schafe.* In Vorverss. erhielten 8 Lämmer 3mal (jeden 2. Tag) 0,4 g/kg *Hexachloräthan* per os u. 1 ml CCl_4 in den Pansen. Die Tiere zeigten keine wesentlichen tox. Veränderungen (Steigerung des Hämoglobingeh. um 3—5%, Senkung der Eosinophilenzahl um 2—4%, Normalwerte nach 1 Woche). Bei chron. Leberegelseuche wirkte die kombinierte Zufuhr beider Stoffe (volle u. halbe Dosierung) besser helminthocid als jeder Stoff einzeln. Dreimalige Gabe wie in den Vorverss. bei akuter Fasciolose (am 70.—72. Tag nach der Infektion) erzielte 100%ig. helminthocide Wirkung. (Ветеринария [Tierheilkunde] **32.** Nr. 7. 53—56. Juli 1955. Tierzuchtinst. des Min. für Landwirtsch. der ArmenSSR.) K. RINTELEN. 4649

A. I. Krotow, *Die Reaktion der Ascariden auf eine Reihe pharmakologischer Stoffe.* In Verss. an *Ascaris suum* (geschlechtsreife Weibchen, ganze Würmer) prüft Vf. die Wrkg. nachst. Stoffe auf die spontanen Bewegungen u. die elektr. Erregbarkeit: *Chlf., NaBr,* NH_4Br, *Morphin, Cocain, Coffein, Campher,* $BaCl_2$, NH_3, *Strychnin, Codein, Novocain, Acetylcholin, Muscarin, Atropin, Nicotin, Adrenalin, Ephredrin, Ergotamin, Arecolin, Pilocarpin, Proserin.* Die Ascariden zeigen eine hohe Empfindlichkeit gegenüber einer Reihe von diesen Stoffen, vor allem gegenüber jenen, die auf das adrenreaktive bzw. cholinreaktive Syst. anderer Tiere wirken. Dies widerspricht den bisherigen Literaturangaben. Vf. führt diese Unstimmigkeit auf die Tatsache zurück, daß bisher stets nur mit Wurmfragmenten gearbeitet wurde. Die Unterss. über den Mechanismus der Anthelminthicawrkg. darf nicht an Fragmenten der Würmer erfolgen. (Медицинская Паразитология и Паразитарные Болезни [Med. Parasitol. parasit. Krankh.] **25** (**34**). Nr. 1. 60—62. Jan./März 1956. Inst. für Malariaforsch., med. Parasitol u. Helminthol. des Gesundheitsmin. der UdSSR.) F. DU MANS. 4649

H. Strohschneider, *Orale und intraperitoneale Behandlung von Acanthocheilonema (Dipetalonema) perstans mit Diäthylcarbamazin.* Orale Verabreichung von *Diäthylcarbamazin* (I; *1-Diäthylcarbamyl-4-methylpiperazin*; LEDERLE, New York) in Dosen bis zu 450 mg/Tag über 10 Tage reicht zur Heilung von Acanthocheilonema perstans nicht aus; intraperitoneale I-Injektionen sind erfolgreicher. Hinweis auf bessere Erfolge durch Kombination beider Verabreichungsarten. (Amer. J. trop. Med. **5.** 158—62. Jan. 1956. Jinja, Uganda, East Africa, Owen Falls Construction Co.) H. DOSSMANN. 4649

M. L. Tarizzo, *Schistosomiasis in Saudiarabien. Behandlung mit Lucanthonhydrochlorid (Nilodin) und mit Natriumantimonylgluconat (Triostam).* Erprobung von *Lucanthonhydrochlorid* = *Nilodin* (**I**) u. *Na-Antimonylgluconat* = *Triostam* (**II**; beide BURROUGHS WELLCOME & CO.) bei Schistosomiasis. Beim Erreger Schistosoma mansoni war **II** mit einer Gesamtdosis von 13—21,6 mg/kg über 4—12 Tage wirksamer als **I** bei Verabreichung von 55—75 mg/kg über 4—6 Tage. In je 4 Fällen bei Infektion durch S. haematobium wurden mit **II** alle Fälle mit 20—24 mg/kg, mit **I** wurde nur 1 Fall mit 110 mg/kg geheilt. (Amer. J. trop. Med. **5.** 145—49. Jan. 1956. Dhahran, Saudi Arabia, Arabian-American Oil Co., Med. Dep.) H. DOSSMANN. 4649

C. G. Raison und **O. D. Standen,** *Die Wirkung symmetrischer Diaminodiphenoxyalkane auf Schistosomen.* An Maus, Meerschweinchen, Kaninchen als Versuchstier wurde die therapeut. Wrkg. einiger *Bis-[p-Aminophenoxy]-alkane* (I) auf Infektion mit Schistosoma mansoni untersucht. *Bis-[p-Aminophenoxy]-dimethylen* 200 (angewendete Dosis in mg/kg) 100 (% abgetötete Organismen), *-trimethylen* 200; 100, *-tetramethylen* 200; 99, *-pentamethylen* 200; 100, *-hexamethylen* 200; 100, *-heptamethylen* 50; 100, *-oktamethylen* 200; 100, *-nonamethylen* 50; 96, *-dekamethylen* 200; 0, *-undekamethylen* 200; tox. für Wirt, *Bis-[p-methylaminophenoxy]-methylen* 200; 0, *-dimethylen* 200; 51, *-trimethylen* 200; 100, *-tetramethylen* 200; 100, *-pentamethylen* 200; 99, *-hexamethylen* 50; 100, *-heptamethylen* 50; 100, *-oktamethylen* 50; 100, *-nonamethylen* 50; 100, *-dekamethylen* 200; 39, *-undekamethylen* 200; tox. für Wirt, *Bis-[p-äthylaminophenoxy]-dimethylen* 200; 67, *-trimethylen* 200; 100, *-tetramethylen* 50; 100, *-pentamethylen* 200; 100, *-hexamethylen* 50; 100, *-heptamethylen* 50; 100, *-oktamethylen* 50; 99, *-nonamethylen* 50; 95, *-dekamethylen* 200; 94, *-undekamethylen* 200; tox. für Wirt, *Bis-[p-n-propylaminophenoxy]-dimethylen* 200; 0, *-trimethylen* 200; 95, *-tetramethylen* 200; 100, *-pentamethylen* 200; 100, *-hexamethylen* 200; 66, *-heptamethylen* 50; 97, *-oktamethylen* 200; 96, *-nonamethylen* 200; 100, *-dekamethylen* 200; 0, *Bis-[p-isopropylaminophenoxy]-trimethylen* 200; 0, *-tetramethylen* 200; 88, *-pentamethylen* 200; 99, *-hexamethylen* 200; 1, *-heptamethylen* 200; 17, *-oktamethylen* 200; 11, *Bis-[p-allylaminophenoxy]-tetramethylen* 200; 100, *-hexamethylen* 50;

43, *-oktamethylen* 100; 100, *-Bis-[p-n-butylaminophenoxy]-dimethylen* 200; 0, *-trimethylen* 200; 10, *-tetramethylen* 200; 81, *-pentamethylen* 200; 58, *-hexamethylen* 200; 0, *-heptamethylen* 200; 26, *-oktamethylen* 200; 3, *Bis-[p-isobutylaminophenoxy]-trimethylen* 200; 6, *-tetramethylen* 200; 37, *-pentamethylen* 200; 11, *-hexamethylen* 200; 0, *-heptamethylen* 200; 49, *-oktamethylen* 200; 0, *Bis-[p-n-amylaminophenoxy]-tetramethylen* 200; 12, *-hexamethylen* 200; 0, *-heptamethylen* 200; 0, *-oktamethylen* 200; 0, *Bis-[p-dimethylaminophenoxy]-dimethylen* 200; 15, *-trimethylen* 200; 99, *-tetramethylen* 200; 85, *-pentamethylen* 200; 100, *-hexamethylen* 200; 84, *-heptamethylen* 50; 100, *-oktamethylen* 200; 46, *-nonamethylen* 200; 100, *-dekamethylen* 200; 0, *-undekamethylen* 200; tox. für Wirt, *Bis-[p-diäthylaminophenoxy]-dimethylen* 200; 35, *-trimethylen* 200; 100, *-tetramethylen* 200; 100, *-pentamethylen* 200; 98, *-hexamethylen* 200; 100, *-heptamethylen* 200; 100, *-oktamethylen* 200; 87, *-nonamethylen* 200; 94, *-dekamethylen* 200; 64, *Bis-[p-methyläthylaminophenoxy]-trimethylen* 50; 12, *-tetramethylen* 50,; 97, *-pentamethylen* 50; 97, *-hexamethylen* 50; 100, *-heptamethylen* 50; 100, *-oktamethylen* 50; 100, *-nonamethylen* 50; 90, *Bis-[p-di-n-propylaminophenoxy]-trimethylen* 200; 5, *-tetramethylen* 200; 45, *-pentamethylen* 200; 0, *-hexamethylen* 200; 39, *-heptamethylen* 200; 23, *-oktamethylen* 200; 0, *Bis-[p-diallylaminophenoxy]-trimethylen* 200; 0, *-tetramethylen* 200; 52, *-pentamethylen* 200; 45, *-hexamethylen* 200; 0, *-heptamethylen* 200; 7, *-oktamethylen* 200; 0, *Bis-[p-methylisopropylaminophenoxy]-heptamethylen* 200; 92, *Bis-[p-di-n-butylaminophenoxy]-tetramethylen* 200; 0, *-heptamethylen* 200; 0, *-oktamethylen* 200; 0. — Als Vertreter für **I** wurde *Bis-[p-methylaminophenoxy]-heptamethylen* (**IV**) mit *Lucanthon* (*1-[2-Diäthylaminoäthylamino]-4-methylthiaxanthon;* **II**) u. *Brechweinstein* (**III**) verglichen. Es genügen Einzeldosen von 160 mg **IV**/kg, um bei Mäusen alle Würmer zu töten, während dazu 1000 mg **II**/kg nötig waren. **III** konnte nur in einer Einzeldosis von 6000 mg/kg verabreicht werden. Dabei wurden 72% der Würmer getötet. Höhere Dosen **III** hatten den Tod der Mäuse zur Folge. Protrahierte Gaben wiesen ähnliche Ergebnisse auf. Auch wenn Meerschweinchen u. Kaninchen als Versuchstiere verwendet wurden, ergab sich kein abweichender Befund. Ihr Wirkungsmaximum zeigen die prim. Amine bei einer Kettenlänge von 7—8. Die Wirksamkeit der Methylaminoderivv. war stärker. Allg. gilt, daß Dialkylderivv. wirksamer sind als Monoalkylverbindungen. Tert. Amine mit ungerader Kohlenstoffkette sind wirksamer als solche mit gerader Kette. Alle übrigen Mono- u. Dialkylamine zeigen Maxima bei Kettenlängen von 4 u. 7—8 C-Atomen. Einführung längerer Substituenten red. den therapeut. Erfolg. Desgleichen besteht Wirkungsabnahme zwischen n- u. iso-Verbindungen. Voraussetzung für die Wirksamkeit sind die p-ständigen NH_2-Gruppen. Verschiebungen derselben oder Umwandlung in quartäre Ammoniumverbb. hebt die Wirksamkeit auf. Die neuen Substanzen wirken nicht vermicid, sondern begünstigen die Phagocytose. (Brit. J. Pharmacol. Chemotherapy **10.** 191—99. Juni 1955. London, Wellcome Res. Labors., Chem. Div. Beckenham, Wellcome Labors. of Tropical Med.) G. RENTSCH. 4649

Gamal Nor El-Din, *Anwendung von Fumagillin bei der Behandlung von Amoebiasis.* Mit *Fumagillin* (**I**), dessen direkte Wrkg. auf Entamoeba histolytica in vitro festgestellt wurde, in einer Dosierung von 200 mg/Tag über 8—10 Tage verschwanden die Erreger bei akuter Amöbenruhr innerhalb 3—6 Tagen. Nach Vf. ist **I** dem *Oxytetracyclin* (**II**) oder *Chlortetracyclin* unterlegen. Bessere Ergebnisse mit *Fumidil* (**III**; ABBOTT LABORS.), chem. ident. mit **I** in der geringeren Dosis von 60 mg/Tag. Der Unterschied zwischen **I** u. **III** wird auf den Verlust der Wrkg. von **I** durch Lagerung zurückgeführt. *Neomycin* blieb unwirksam. Bessere Erfolge werden mit **I** + **II** erwartet. (Amer. J. trop. Med. **5.** 67—71. Jan. 1956. Cairo, Egypt, Res. Inst. for Tropical Disease.) H. DOSSMANN. 4649

Gamal Nor El-Din, *Erythromycin bei der Behandlung der Amoebiasis.* (Vgl. vorst. Ref.) Mit *Erythromycin* (**I**, *Ilotycin*, LILLY; *Erythrocin*, ABBOTT) in einer Dosierung von 1,2 g/Tag über 5 bzw. 10 Tage wurden bei Amoebiasis ohne Nebenwirkungen gute Erfolge erzielt. **I** wirkt ebenso wie *Fumagillin* direkt auf Entamoeba histolytica u. greift die n. Darmflora nicht an. Ähnliche erfolgversprechende Resultate mit *Carbomycin* als *Magnamycin* (PFIZER). (Amer. J. trop. Med. **5.** 72—75. Jan. 1956. Cairo, Egypt, Res. Inst. for Tropical Disease.) H. DOSSMANN. 4649

Francesco Pontieri, *Undecylensäuretherapie.* Bericht über Erfolge der Behandlung von Hautkrankheiten, Furunkulose u. a. mit *Undecylsäure* [*Δ^9-Decencarbonsäure-(1)* (**I**); F. 25°, Kp.$_{15}$ 165°). **I** geht beim Behandeln mit *HJ* in Undecansäure über u. liefert bei mehrstd. Erhitzen auf 300° *Diundecylensäure* ($CH_2{=}CH\cdot[CH_2]_8\cdot COO\cdot(CH_2)_{10}\cdot COOH$; F. 29°, Kp. 273°) neben *Triundecylensäureanhydrid* (**II**), $C_{33}H_{58}O_5$. **II** gibt bei Oxydation mit rauchender HNO_3 *Sebacinsäure*. (Boll. chim. farmac. **89.** 140—44. April 1950. Milano, Univ., Clin. Pediatrica.) G. PEUKERT. 4661

H. Biecker, *Über experimentelle und klinische Erfahrungen mit Ichthophen zur intravenösen Injektion bei verschiedenen Dermatosen.* Das intravenös injizierte *Ichthophen*

(blutisoton. wss. Lsg. von Ca-Salzen niedrigmol. Sulfonsäuren aus Seefelder Schieferöl; ICHTHYOL-GESELLSCHAFT CORDES, HERMANNI u. CO., Hamburg-Lokstedt) vermindert die Talgsekretionsgeschwindigkeit. Bei Akne vulgaris u. Akne conglobata hat es sich bewährt, ruft keine Nebenerscheinungen hervor u. bewirkt keine Lichtsensibilisierung. (Dermatol. Wschr. **133.** 337—41. 7/4. 1956. Mainz, Univ., Hautklinik.)
P. LOCH. 4661

Joseph E. Tether, *Mestinonbromidbehandlung bei Myasthenia gravis.* Bericht über Behandlung von 165 Fällen mit Myasthenia gravis mit *Mestinonbromid* (I; HOFFMANN-LA ROCHE; *Dimethylcarbamat* von *3-Oxy-1-methylpyridiniumbromid*). Dosierung 200 bis 1400 mg I/Tag bis zu 17 Monaten. Nach Vf. ist I dem *Neostigminbromid* überlegen. (J. Amer. med. Assoc. **160.** 156—58. 21/1. 1956. Indianapolis, Indiana Univ., Med. Center, Dep. of Neurology.)
H. DOSSMANN. 4670

Je. Ss. Krassnitzkaja, *Vergiftungen durch Granosan im Haushalt.* Beschreibung von 3 Hg-Vergiftungen ganzer Familien nach Gebrauch von Mehlprodd. aus Getreide, welches mit *Granosan* (C_2H_5HgCl), einem in der Landwirtschaft häufig als Insektofungicid benutzten Mittel, behandelt worden war. (Гигиена и Санитария [Hyg. u. Sanitätswes.] **21.** Nr. 4. 52—53. April 1956. San.-Epidemiol. Hauptverwaltung beim Gesundheitsminist. der UdSSR.)
E. RENTZ. 4675

Je. B. Demko und **G. I. Uporowa,** *Quecksilbervergiftungen im Haushalt.* (Vgl. vorst. Ref.) Beschreibung eines Falles von Hg-Vergiftung nach Bestreichen eines Ofens mit einer Mischung von Lehm u. *Granosan* (C_2H_5HgCl) zwecks Vertilgung von Wanzen. [Гигиена и Санитария [Hyg. u. Sanitätswes.] **21.** Nr. 4. 53—54. April 1956. Smolensk, San.-Epidemiol. Gebietsstat.)
E. RENTZ. 4675

William Hansel und **Kenneth McEntee,** *Rinderhyperkeratose (X-disease), eine Übersicht.* Die Krankheit wird zurückgeführt auf die Einw. *chlorierter Naphthaline* (I), wie sie als Gleitmittel bei der maschinellen Futterzerkleinerung u. auch bei der Holzkonservierung benutzt werden. Die I rufen einen *Vitamin-A* (II)-Mangel hervor, bei dem die Rinder auf II-Verabreichung nicht ansprechen. — 48 Literaturangaben. (J. Dairy Sci. **38.** 875—82. 8/8. 1955. Ithaca, N. Y., Cornell Univ., Coll. of Agric. and Veterinary Med.)
H. DOSSMANN. 4675

Edward A. Moran, *Cyanbildende Verbindungen in Pflanzen und ihre Bedeutung für die Tierhaltung.* Inhaltlich ident. mit der in C. **1954.** 8395 referierten Arbeit. (Amer. J. veterin. Res. **15.** 171—76. Jan. 1954. Washington, D. C., Bur. of Animal Ind., Pathol. Div.)
P. FAHRNLAENDER. 4675

C. G. Schirren und **H. J. Bandmann,** *Über eine beruflich verursachte epidermale Sensibilisierung durch Isonicotinsäurehydrazid.* Bericht über den Fall einer Krankenschwester, bei der akute Ekzemschübe im Gesicht auftraten. Eine *Streptomycin*-Allergie konnte ausgeschlossen werden, dagegen wurde hochgradige *Neoteben* (I)-Überempfindlichkeit festgestellt. Die Schwester war beim Austeilen der I-Tabletten laufend mit I in Kontakt gekommen. (Münchener med. Wschr. **98.** 159—60. 3/2. 1956. München, Univ., Dermatol. Klinik u. Poliklinik.)
H. DOSSMANN. 4681

D. Schürmann, *Gesundheitsschäden durch neuartige Lacke und Schaumstoffe. Die DD (Desmodur/Desmophen)-Lacke und -Schaumstoffe als Ursache beruflicher Gesundheitsschädigungen.* Bei der Herst. des Schaumstoffes *Moltopren* kommt es öfters zu Erkrankungen der Arbeiter. Bronchialasthma, Herzklopfen, Kopfschmerzen u. Magenschleimhautreizungen werden beobachtet. Bes. gesundheitsschädlich sind die *Desmodur/Desmophen-Lacke* (Isocyanate), bei deren Verwendung Bronchialasthma auftritt. 2 Todesfälle wurden beschrieben. Zur Prophylaxe sind Spezialatemmasken mit besonderen Filtern notwendig zur Absorption der Dämpfe. In geschlossenen Räumen, Tanks, Kellern darf nur mit Frischluftmaske unter ständiger Frischluftzufuhr gearbeitet werden. (Dtsch. med. Wschr. **80.** 1661—63. 11/11. 1955. Hess. Minist. für Arbeit, Wirtschaft u. Verkehr, Dienststelle des Landesgewerbearztes.)
G. BREHM. 4681

J. F. Treon, J. W. Cappel, F. P. Cleveland, E. E. Larson, R. W. Atchley und **R. T. Denham,** *Die Toxizität von Produkten, die bei der Hitzezersetzung bestimmter organischer Substanzen entstehen.* Prüfung der Inhalationstoxizität an Ratten, Meerschweinchen, Kaninchen, Katzen u. Hunden von Nebeln bzw. Dämpfen, die bei der Hitzezers. eines synthet. Schmiermittels entstehen, welches hauptsächlich *Di-2-äthylhexylsebacat* u. geringe Mengen eines Gemisches aus *o-*, *m-* u. *p-Trikresylphosphat* enthält. Auf dieselbe Art wurden auch die Zersetzungsprodd. von *Teflon* u. Kel-*F* (halogenierte KW) geprüft. Auf die sich daraus ergebenden Vorsichtsmaßnahmen wird hingewiesen. (Amer. ind. Hyg. Assoc. Quart. **16.** 187—95. Sept. 1955. Cincinnati, Univ., Kettering Labor., Dep. of Preventive Med. and Ind. Health, Coll. of Med.)
H. ZELLER. 4681

Philip C. Pratt, Donals Bailey, Anthony B. Delahant und **Arthur J. Vorwald,** *Beziehung zwischen den piezoelektrischen Eigenschaften und der fibrogenen Wirkung von Staub.* Die Theorie von VELICOGNA (Med. lavoro **37.** [1946.] 107) u. EVANS (J. Lab. clin. Med. **34.** [1949.] 592 u. früher) über die Beziehung zwischen den piezoelektr. Eigg. u. der fibrogenen Wrkg. von *Mineralstauben* wird nicht bestätigt. Nach intravenöser Zufuhr einer 1 % ig. Suspension der staubfein gemahlenen Mineralien entwickelt sich bei Kaninchen, Meerschweinchen u. Ratten, bes. in den Organen mit großer phagocytot. Aktivität (Milz, Leber, Knochenmark), innerhalb 12—24 Monaten eine Fibrose mit dem piezoelektr. *Quarz* u. *Cristobalit* sowie mit dem nichtpiezoelektr. amorphen *Quarzglas* u. *Tridymit.* Dagegen zeigen sich nach Gaben von piezoelektr. *$AlPO_4$*, *Ba-Titanat, Turmalin* u. *Dickit* (poröses Tonmineral) sowie von nichtpiezoelektr. *Diamant, Hämatit, Mikrolin, Garnet, Muskovit, Olivin, Serpentin, Rhodonit* u. *Fluorit* zwar Ablagerungen in den genannten Organen infolge Phagocytose, dagegen keine fibrot. Gewebereaktionen. Das entsprechende gilt für die Entw. von Silicose nach intratrachealer Zufuhr des Staubes. Der Fehler der früheren Autoren liegt nach Ansicht der Vff. in der zu kurzen Beobachtungszeit (2—3 Monate) bei intraperitonealer Zufuhr sowie in der Verwendung von Ratten als Versuchstiere, die zur Bldg. von nichtspezif. fibrot. Rkk., bes. an der Oberfläche der Serosa, neigen. (A. M. A. Arch. ind. Hyg. occupat. Med. **8.** 109—17. Aug. 1953. Saranac, Lake, N. Y., Saranac Labor.) H.-J. KOCH/Berlin. 4681

F. Pharmazie. Desinfektion.

Ch. Günzel, G. Weidner und **F. Weiss,** *Vorschläge für die Artikel Paraffinum subliquidum und Paraffinum perliquidum im Deutschen Arzneibuch.* (Pharmazie **10.** 633—35. Nov. 1955. Berlin, Humboldt-Univ., Pharmaz. Inst. — C. **1956.** 9799.) PH. FRESENIUS. 4750

Wesley F. Johnson, *Vorschlag für ein neues Sterildispensiergerät.* Zur keimfreien Abfüllung von Augentropfen wird ein mit einer Bakterienfilterkerze ausgestattetes, leicht herstellbares Dispensiergerät vorgeschlagen, welches die Entnahme selbst kleinster Mengen Augentropfen gestattet. (J. Amer. pharmac. Assoc., pract. Pharmacy Edit. **16.** 40—41. Jan. 1955. South. California, Univ.) H. P. FIEDLER. 4758

Henri Pourrat, Jean Le Men und **Nadim Boustany,** *Die Verteilung der Ursolsäure bei den Oleaceen.* 4. Mitt. *über Ursolsäure.* (3. vgl. C. **1955.** 2723.) Bei Unterss. über die in den Blättern der Oleaceen enthaltenen Triterpenverbb. fanden Vff. bei 13 Arten (Chionanthus virginica L.; Forsythia viridissima Lindl.; Fraxinus excelsior L.; Fraxinus Ornus L.; Jasminum fruticans L.; Jasminum officinale L.; Ligustrum japonicum Thunb.; Ligustrum vulgare L.; Osmanthus fragans L.; Phillyrea latifolia L.; Phillyrea angustifolia L.; Syringa persica L.; Syringa vulgaris L.) *Ursolsäure* (I), bei Olea europea L. *Oleanolsäure,* bei Jasminum nudiflorum Lindl. keine Triterpensäuren (II). Aus dem Benzolextrakt der Blätter von Fraxinus Ornus L. wurde nach Abscheidung der I durch Verteilungschromatographie über Al_2O_3 eine weiße krist. Substanz, $C_{30}H_{50}O_2$ oder $C_{30}H_{48}O_2$, mit 2 beweglichen H-Atomen isoliert; nach Sublimation bei 210° (0,01 mm Hg) u. Umkristallisieren aus Hexan feine Nadeln, F 220°, gibt die Farb-Rkk. der **II**, hat aber andere Löslichkeitsverhältnisse. Für sie wird der Name *Ornol* vorgeschlagen, sie ist nach Ansicht der Vff. ein Triterpendiol. (Ann. pharmac. franç. **12.** 59—62. Jan. 1954. Paris, Fac. de Pharmacie, Labor. de Pharm. galen.) F. v. GIZYCKI. 4782

W. C. Evans, *Der Bau der Wurzel, des Wurzelstockes und der Stengelbase von Rauwolfia vomitoria Afz.* Makroskop. u. mkr. Beschreibung der Wurzel, des Wurzelstockes u. der Stengelbase sowie der gepulverten Wurzel von Rauwolfia vomitoria Afz. (J. Pharmacy Pharmacol. **8.** 120—33. Febr. 1956. Nottingham, Univ., Dep. of Pharmacy.) F. NEUWALD. 4782

J. Mauz, *Wasserprobleme in pharmazeutischer Sicht.* Überblick über die Zusammenhänge von W., Klima, u. Gesundheit, die chem. Beschaffenheit des Trinkwassers, biol. Einwirkungen auf das Trinkwasser u. Aqua destillata u. über die Aufbereitung von Trinkwasser. — 10 Literaturangaben. (Dtsch. Apotheker-Ztg. **96.** 411—13. 10/5. 1956. Konstanz, Chem. Untersuchungsamt.) M. NEGWER. 4786

W. J. Campbell, Dean H. M. Burlage und **W. R. Lloyd,** *Methylcellulosedispersionen. Methylcellulose* (I) wird neuerdings gern in Augentropfen, u. a. zur Verbesserung der Haftfähigkeit der Medikamente u. damit zur Steigerung der therapeut. Wrkg., eingesetzt. Die vorliegenden Unterss. zeigen, daß **I** den p_H-Wert der Lsg. nicht beeinflußt, mit zunehmendem p_H-Wert dagegen die Viscosität der Lsg. zunimmt, nach ca. 6monatiger Lagerung aber allmählich wieder abnimmt. Steigende Mengen an Festsubstanzen (NaCl $>$1,4 %) bewirken ebenfalls eine Zunahme der Viscosität, weshalb der Feststoffgeh. möglichst niedrig gehalten werden sollte. Temperaturänderungen können Einfl. auf die Haltbarkeit der mit I versetzten Lsgg. haben. (J. Amer. pharmac. Assoc., pract. Pharmacy Edit. **16.** 38—40. Jan. 1955. Texas, Univ.) H. P. FIEDLER. 4786

Giulio di Bacco, *Zur Bereitung isotonischer Lösungen.* Vf. gibt eine errechnete Tabelle osmot. Drucke (P = 1,0—11,0) mit den nötigen Mol-Mengen von Nichtelektrolyten, bin. u. tern. Elektrolyten sowie NaCl-Zusätzen zwecks Erzielung des gewünschten Druckes. Vf. verwendet diese Tabelle zur Aufstellung von Rezepten für die Bereitung isoton. Lsgg. (verglichen mit Serum bzw. Tränen-Fl.) nebst Angabe des Gefrierpunktes der beschriebenen Lösungen. (Boll. chim. farmac. **89.** 132—39. April 1950.) G. PEUKERT. 4786

Harry Brindle, Gerald Rigby und **Shri Nath Sharma,** *Prüfung von Digitalistinktur und von Glykosiden aus Digitalis purpurea.* (Vgl. C. **1954.** 10770.) 8 Handelsmuster von Digitalistinktur wurden chem. u. biol. mit einer Tinktur aus einem Standardpräp. verglichen. Die Resultate aus den Froschverss. stimmten mit den chem. (Färbung mit 3.5-Dinitrobenzoesäure) nicht überein außer bei Einzelverss. mit den getrennten Bestandteilen. Als neue Meth. zur Entfärbung der Tinkturen bewährte sich die Filtration durch eine Al_2O_3-Säule, wobei die Eluate nach Adsorption der Farbstoffe direkt mit dem KEDDE-Reagens behandelt werden können. Die Entfärbung dauert höchstens 5 Min., u. der Verlust an akt., färbender Substanz liegt unter 10%. 9 so vorbehandelte Tinkturen wurden unter Benutzung von Mehrphasengemischen papierchromatograph. untersucht; neue Glykoside außer den bekannten wurden nicht gefunden. (J. Pharmacy Pharmacol. **6.** 887—93. Nov. 1954. Manchester, Univ., Pharmacy Dep.) W. SCHULENBURG. 4790

Andrew Wilson, *Borsäure und Borax.* Hinweis auf die Giftigkeit von Borsäure, bes. für Säuglinge. Unters. des U. S. DEPARTEMENT OF HEALTH, EDUCATION AND WELFARE ergaben, daß ein 5% Borsäure enthaltender Talkumpuder auch für längere Zeit zum Einpudern der Säuglinge ohne Gefahr einer Giftwrkg. verwendet werden kann. (Pharmac. J. **176** ([4] **122**). 199. 21/4. 1956.) W. SPITALER. 4804

'**A. Ss. Ssadykow** und **E. Ch. Timbekow,** *Zur industriellen Trennung der Alkaloide von Anabasis aphylla L.* (Vgl. C. **1956.** 2179.) Aus den im techn. Maßstabe gewonnenen Petroleumextrakten der Alkaloide kann *Anabasin* (I) als Hydrochlorid von den Begleitalkaloiden abgetrennt werden. Das so erhaltene techn. Hydrochlorid hat einen höheren Geh. an I als techn. Anabasinsulfat. (Журнал Прикладной Химии [J. angew. Chem.] **29.** 148—51. Jan. 1956. Zentralasiat. Lenin-Univ., Lehrstuhl für Pflanzenchem.) R. KNOBLOCH. 4806

Herbert M. Gross, *Bacitracin, Rezeptierung, Verträglichkeit und Stabilität.* Es werden die physikal. u. chem. Eigg. des Antibioticums *Bacitracin* (I) mitgeteilt, die Stoffe aufgeführt, die nach dem Federalregister mit I verträglich sind u. verarbeitet werden dürfen, Hinweise gegeben über die Eigg., Haltbarkeit u. Verwendung von I-Phiolen, über die Herst. u. Prüfung von I-Salben, -Tabletten, -Dragees, von -Augen- u. -Nasensalben, von I-Neomycintabletten u. -salben, von I–Penicillin-Injektionslsgg. u. schließlich diejenigen Stoffe aufgeführt, die mit I verträglich bzw. unverträglich sind. Wiedergegebene Stabilitätsnomogramme gestatten schließlich mit Hilfe eines kurzen Testes die I-Stabilität unter entsprechenden Bedingungen zu überprüfen. (Drug Cosmet. Ind. **76.** 630—32. 686. 703—12. Mai 1955. Terre Haute, Ind., Commercial Solvents Corp.) H. P. FIEDLER. 4810

N. J. Berridge, *Gegenstromverteilung von Nisinen.* (Vgl. HIRSCH, C. **1952.** 72.) Vf. gibt einige Erläuterungen seiner Extraktionsmeth., da diese von einigen Autoren mißverstanden wurde. (Nature [London] **169.** 707—08. 26/4. 1952. Shinfield, Nat. Inst. for Res. in Dairying.) W. KNÖPKE. 4810

Kenneth Bullock und **E. A. Rawlins,** *Baktericide Wirkung flüchtiger Substanzen. 1. Mitt. Desinfektion sporenhaltiger Pulver mit gasförmigem Formaldehyd.* Beschreibung einer App. zur Herst. u. Anwendung strömender Gasgemische (Luft/CH_2O) mit einstellbarem Mischverhältnis u. Unters. der damit erhaltenen Resultate. Prüfung der Faktoren, die die Desinfektion von Pulvern mit Keimen von *B. subtilis* bei Verwendung von CH_2O beeinflussen. Als typ. Pulver wurde Kaolin ± Pepton benutzt. Es wurde gefunden, daß in dem weiten Bereich der Versuchsbedingungen die Abtötung mehr eine Funktion der das Pulver in der Zeiteinheit durchströmenden CH_2O-Menge als dessen Konz. in der Gasphase ist. Die komplexe Rolle von Feuchtigkeit u. Temp. während der Desinfektion wurde untersucht u. die Wirkungsweise der hier mitspielenden Faktoren (Kondensation, Wechsel des Mikroklimas, Permeabilität der Zellwand, Beschleunigung der Baktericidie usw.) erörtert. In den meisten Fällen sinkt die Wrkg. mit der relativen Feuchtigkeit.

Hinweis auf die prakt. Anwendungsmöglichkeit des Verf. zur Prüfung des Verh. anderer Pulver u. desinfizierender Gase. (J. Pharmacy Pharmacol. **6**. 859–76. Nov. 1954. Manchester, Univ., Dep. of Pharmacy.) W. SCHULENBURG. 4832

John B. Lloyd und **Barbara W. Clegg,** *Untersuchung der Pharmakopoemethode zur Herstellung einer Chlorxylenollösung.* Die großen, bei der Herst. üblichen Muster von *Chlorxylenol*-Lsgg. beobachteten Schwankungen der zur Einstellung der Seifenlsg. auf den vorgeschriebenen Endpunkt benötigten Ölsäuremenge sind auf die Unschärfe des Farbumschlags von Bromthymolblau in gelben Lsgg. zurückzuführen. Das Verschwinden der roten Phenolphthaleinfärbung ist viel leichter zu beobachten, u. aus einer Kurve (p_H-Wert/zugesetzte Ölmenge) ist die Berechnung der zum Erreichen des Endpunktes noch nötigen Zusatzmenge leicht möglich. Experimenteller Nachw. der Unzuverlässigkeit von Indicatoren für den p_H-Wert von Seifenlsgg. u. Angabe einer Formel u. Meth. zur Herst. eines Präp. konstanter u. reproduzierbarer Zus., das ohne Minderung seiner Baktericidie weniger alkal., schwächer gefärbt ist u. beim Lagern weniger nachdunkelt. (J. Pharmacy Pharmacol. **6** 797–805. Nov. 1954. Manchester Royal Infirmary.) W. SCHULENBURG. 4832

Kjell Backe-Hansen, *Titration schwacher Säuren in wasserfreiem Milieu.* Zusammenfassende Darst.: Theorie; Entw. der Technik; Titration mit Alkalimethylat in Bzl.-Methanol; Wahl des Lösungsm.; Indicationen u. Elektrodensysteme; Anwendung in der pharmazeut.-chem. Analyse. — 52 Literaturzitate. (Medd. norsk farmac. Selsk. **17.** 282–91. Juni 1955. Oslo, Statens Farmakopélabor.) R. K. MÜLLER. 4880

R. Fischer und **H. Resch,** *Zur Wertbestimmung ätherischer Öle mittels der kritischen Mischungstemperatur.* 1. Mitt. Die Mikrobest. der krit. Mischungstemp. (Mt) hat für die Wertbest. äther. Öle nur dann Zweck, wenn nur 1 oder 2 Hauptbestandteile vorhanden sind u. der verbleibende Rest (Restöl) eine konstante Mt besitzt, die sich nach Möglichkeit von der des Hauptbestandteiles deutlich unterscheiden soll. Im Prinzip wird das zu prüfende Öl (oder die Reinsubstanz + Restöl bei der in jedem Fall aufzustellenden Eichkurve) zusammen mit der Test-Fl., wie Äthylen- oder Propylenglykol oder Paraffinöl, in eine Capillare (0,2–0,3 mm Lumen, 25–30 mm lang) eingeschmolzen u. diese auf dem Mikro-F.-App. nach KOFLER erhitzt. Gewertet wird die Temp., bei welcher der Meniskus zwischen beiden Fll. verschwindet. Je nach der Zus. der Probe (0–100%) erhält man bei ein u. derselben Test-Fl. bei der Eichung verschied. Mt., deren Einzelwerte in einer Kurve niedergelegt werden, so daß an Hand der Kurve bei der gleichen Öltype stets der Geh. an Reinsubstanz ermittelt werden kann. Dauer der Best. 15 Min.; Materialbedarf 5–10 mg, wenigstens 0,10 mg Öl, Fehlergrenze ca. 0,4%. Folgende Öle wurden geprüft: Oleum Menthae piperitae, Oleum Caryophyllorum, Oleum Chenopodii anthelminticum u. Oleum Thymi. (Arzneimittel-Forsch. **5** 137–41. März 1955. Graz, Univ., Pharmakognost. Inst.) H. P. FIEDLER. 4880

Walter Deckenbrock, *Bestimmung flüchtiger Stoffe in Arzneibuchpräparaten.* Vf. empfiehlt die App. nach MORITZ (vgl. KAISER u. LANG, C. **1951.** II. 3489) zur Best. der äther. Öle. Damit kann ebenfalls die Wasserbest. (Siede-Fl. Trichloräthylen) in Drogen, Chemikalien u. Salben vorgenommen werden. (Dtsch. Apotheker-Ztg. **92.** 60–61. 25/1. 1952. Lüdinghausen/Westf.) K. HERRMANN. 4880

Klaus Isecke, *Die Bestimmung des ätherischen Öles in Thymus vulgaris.* Um den Geh. an äther. Öl in Thymus vulgaris genau bestimmen zu können, wird eine App. vorgeschlagen, die grundsätzlich eine möglichst vollständige Erfassung der äther. Öle in Drogen gestattet. Die App. (Abb.) ist auch bei rein chem.-präparativen Arbeiten verwendbar. Die Vorteile der App. werden ausführlich beschrieben. (Arzneimittel-Forsch. **3.** 630–31. Dez. 1953. Kipfenberg, Taeschner & Co.) H. P. FIEDLER. 4880

H.-A. Oelkers, *Wirkungswert und Haltbarkeit von Filixextrakten.* Bei der in vitro-Prüfung der Wirksamkeit von Wurmfarnextrakten auf ihre Enchytraen-abtötende Wrkg. wird in Übereinstimmung mit den Angaben des Schrifttums festgestellt, daß die Wrkg. recht verschieden sein kann, die Haltbarkeit der Extrakte dagegen ist selbst bei längerer Lagerung derselben bei 30° gut. Da gewisse Extrakte eine nur schwache Wrkg. zeigen, wird, da chem. Methoden zur Best. der wurmwirksamen Bestandteile der Filixextrakte bisher unbekannt sind, die biol. Prüfung der Extrakte gefordert, wofür unter Verwendung von Enchytraen als Testwürmer ein einfaches Testverf. beschrieben wird. (Arzneimittel-Forsch. **3.** 623–27. Dez. 1953. Hamburg.) H. P. FIEDLER. 4880

K. E. Schulte und **H. M. Krüger,** *Eine colorimetrische Methode zur Bestimmung von Capsaicin in Drogen.* Capsaicin wird aus span. Pfeffer (Capsicum annuum) oder aus Cayennepfeffer (Chillies, Capsicum frutescens u. a.) aus 1 g unmittelbar auf eine Al_2O_3-Kohle-Säule geschichteter Droge durch Durchsaugen von 250 ml A. extrahiert u. in der Lsg. photometr. bei 4900 Å mit Diazobenzolsulfonsäure bestimmt. Überschüssiges

Diazoniumsalz wird durch Zusatz von NaJ (SANDMEYERsche Rk.) beseitigt. (Z. analyt. Chem. **147.** 266—70. 1955. Berlin, Freie Univ., Pharmazeut. Inst.) PH. FRESENIUS. 4880

A. Morosowa, *Quantitative Bestimmung der Salicylsäure im Pulfrich-Photometer. Salicylsäure* (I) läßt sich mit $FeNH_4(SO_4)_2$ (II) im PULFRICH-Photometer quantitativ bestimmen. Die violette Färbung ist für einen Bereich von 0,20—1,30 mg I/ml proportional der Konzentration. Man löst ca. 0,10 g I in 100 ml W., versetzt 0,5 ml dieser Lsg. mit 3 ml II-Lsg. (0,2 g II + 10 ml 30%ig. Essigsäure in 100 ml), füllt auf 10 ml auf u. photometriert nach 5 Minuten. Genauigkeit ±1%. (Фармация (София) [Pharmazie (Sofia)] **1956.** Nr. 1. 28—29. Jan./Febr.) O. POLLAK V. EMHOFEN. 4880

M. Jureček und **M. Večeřa,** *Beitrag zur Analyse von pharmazeutischen Produkten.* 3. Mitt. *Bestimmung von Verunreinigungen im Antipyrin.* (2. vgl. Collect. Trav. chim. Tchécoslov. **14.** [1949.] 236.) Es handelt sich in der Hauptsache um die Best. von *1-Phenyl-3-methylpyrazolon-(5)* (I). Die Trennung von *Antipyrin* (II) u. I kann durch Extraktion des II mit $CHCl_3$ erfolgen, falls größere Mengen von I vorliegen. II wird sodann jodometr. bestimmt. I kann direkt in Ggw. von II durch Alkalimetrie bestimmt werden. — Ferner beschreibt Vf. eine Farb-Rk. des I mit Chinon, durch die kleinere Mengen nach Extraktion mit $CHCl_3$ im II bestimmt werden können. — *Phenylhydrazin* kann mit SeO_2 u. Naphthylamin nachgewiesen werden; ebenso durch Rk. mit Azofarbstoffen, die eine Carbonylgruppe enthalten. — Für den Nachw. von *Anilin* wird die Rk. mit NaOCl modifiziert. — Insgesamt werden 10 Methoden ausführlich beschrieben. (Collect. Trav. chim. Tchécoslov. **15.** 937—45. 1950. Chem. Listy **45.** 29—32. Jan. 1951. Pardubice-Rybitví, Czechoslovak Chem. Works. [Orig.: tschech.]) V. KLINGMÜLLER. 4880

A. Häussler und **L. Ther,** *Der chemische Nachweis von Hostacain. Hostacain* (I; ω-n-Butylaminoessigsäure-2-methyl-6-chloranilid), ein Lokalanaestheticum der Nirvanin-Reihe, kann nach dem von CRONHEIM u. WARE (C. **1948.** E. 2162) für *Polamidon* (II) entwickelten Verf. colorimetr. bestimmt werden. Bromkresolpurpur bildet mit I wie mit II einen in Chlf. lösl. gefärbten Komplex, der eine colorimetr. I-Best. gestattet. Da die Rk. nicht I-spezif. ist, wird zur I-Identifizierung der Nachw. des I-Pikrates, F. 157—158°, vorgeschlagen. Das colorimetr. Verf. kann zur I-Best. in wss. Lsg. oder in Harn herangezogen werden. — In den Organen wird I durch Peptidasen gespalten. Das Spaltprod., *2-Amino-3-chlortoluol* (III), liegt nicht in freier Form vor, wird jedoch durch Hydrolyse in Freiheit gesetzt. Zur quantitativen Erfassung von III wird eine colorimetr. Best. nach Diazotierung u. Kupplung mit Thiokol vorgeschlagen. — Die Verff. zur I- bzw. II- u. III-Best. werden ausführlich beschrieben. (Arzneimittel-Forsch. **3.** 609—11. Dez. 1953. Höchst a. M., Farbwerke Hoechst A.-G.) H. P. FIEDLER. 4880

J. J. Hejgaard, E. Ratjen und **K. Schulze,** *Eine objektive Methode zur Bestimmung der Suspensionsstabilität von Bariumsuspensionen.* Die von einer $BaSO_4$-Suspension (I) bewirkte Schwärzung eines Röntgenbildes bildet ein quantitatives Maß für die $BaSO_4$-Konz., wenn stets gleichbleibende Bedingungen (Schichtdicke, Filmqualität, Exponierungsverhältnisse, Entwicklungstechnik) vorliegen. Der Schwärzungsgrad läßt sich eindeutig im Densitometer bestimmen. Von der mit I (z. T. mit Zusatz von Magensaft oder eines Peptisators) beschichteten Küvette werden in mehreren Zeitabständen Aufnahmen gemacht, aus deren Schwärzungsgrad sich ein Maß für die Stabilität der Suspension ergibt. (Fortschr. Gebiete Röntgenstrahlen Nuklearmed. **84.** 349—54. März 1956. Århus, Universitätsklinik, röntgendiagnost. Abt., städt. Krankenhaus, Apotheke.) W. SPITALER. 4880

R. Hazard, R. Charonnat und **P. Lechat,** *Kritische Untersuchung über die amtlichen Methoden zur Bestimmung des Digitoxosids.* Vff. vergleichen die von verschied. Pharmakopoen vorgeschriebenen Verff. zur Best. des *Digitoxosids* (*Digitoxin,* I) bzw. der Toxizität u. Wirksamkeit von I u. von galen. Digitalispräpp., u. zwar: die Sinnenprüfung, die Best. der Löslichkeit, die Best. des Drehungsvermögens, des F., die Farb-Rkk. u. ihre colorimetr. Auswertung, die Best. des Trocknungsverlustes u. des Aschegeh., den Nachw. von Digitonosid u. von Gitoxosid, sowie die biol. Prüfung an Taube u. Meerschweinchen, auf Zuverlässigkeit u. Reproduzierbarkeit der Ergebnisse. Sie kommen zu dem Schluß, daß für reines bzw. krist. I nur das Drehungsvermögen u. die Löslichkeit in Chlf. charakterist. u. verläßliche Werte darstellen. Eine biol. Prüfung ist bei I selbst überflüssig; u. auch weder spezif. noch zuverlässig; sie wird lediglich für galen. Präpp. empfohlen, bei denen die chem.-physikal. Methoden nicht anwendbar sind. (Ann. pharmac. franç. **12.** 81—94. Febr. 1954. Paris, Labor. de Pharmacol de la Fac. de Méd. u. Pharm. Centrale des Hôpitaux.) F. V. GIZYCKI. 4880

Ward, Blenkinsop & Co. Ltd., London, England (Erfinder: **Alan August Goldberg**), *p-Aminosalicylhydroxamsäure* erhält man durch Rk. eines p-Nitrosalicylsäurealkylesters (I) mit NH_2OH zu p-Nitrosalicylhydroxamsäure (II) u. katalyt. Hydrierung der letzteren. An Stelle von I kann man auch p-Nitrosalicylsäureamid oder O-Acyl-p-nitrosalicylsäurehalogenide benützen. — Beispiel: Man schüttelt 100 g p-Nitrosalicylsäureäthylester mit 80 g $NH_2OH \cdot HCl$, 380 cm³ 5nNaOH u. 4 Liter Wasser. Nach 20 Std. säuert man an, wodurch 94 g **II**, F. 216—218°, ausfallen. Zur Hydrierung schüttelt man 90 g **II** in 3 Liter CH_3OH bei n. Druck u. 25°, bis 3 Mol H_2 aufgenommen sind. Man erhält 75 g *p-Aminosalicylhydroxamsäure*, F. 186° (Zers.). — *Heilmittel*. (**E. P. 744 307** vom 6/1. 1953, ausg. 1/2. 1956.) O. SCHÖN. 4807

Farbwerke Höchst Akt.-Ges., vormals Meister Lucius & Brüning (Erfinder: **Heinrich Leditschke**, Frankfurt/M., und **Gustav Ehrhart**, Bad Soden), *Herstellung schwefelhaltiger Quecksilberverbindungen* der allg. Formel **III**, in der R_1 einen aromat. oder hydroaromat.

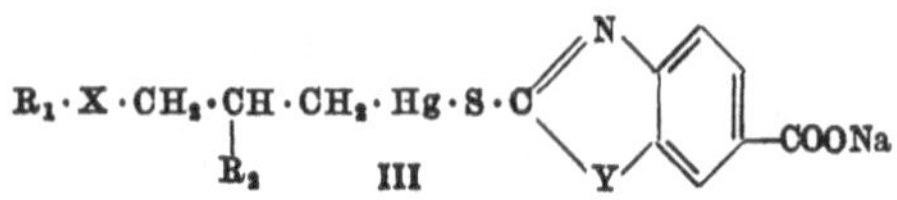

III

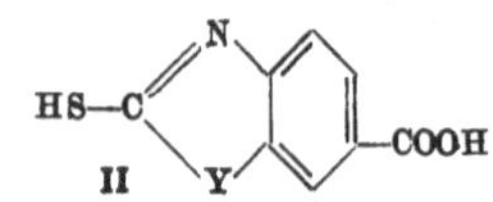

II

Rest mit einer sauren salzbildenden Gruppe, X eine $-SO_2 \cdot NH-$, $-CO \cdot NH-$ oder $-NH \cdot CO \cdot NH$-Gruppe, R_2 eine Hydroxy-, Alkoxy- oder Hydroxyalkoxygruppe u. Y O, S oder eine NH-Gruppe bedeuten, dad. gek., daß man Hg-Verbb. der allg. Formel **I** $R_1 \cdot X \cdot CH_2 \cdot CH(R_2) \cdot CH_2 \cdot HgOH$ in Form ihrer Salze mit Verbb. der allg. Formel **II** oder deren Salzen umsetzt. Als **I** werden angeführt: N-(γ-Hydroxymercuri-β-hydroxypropoxypropyl)-m-sulfonamidobenzoesäure, N-(γ-Hydroxymercuri-β-dihydroxypropoxypropyl)-m-sulfonamidobenzoesäure, 1-(β-Carboxypropionylamino)-phenyl-4-sulfonsäure-(γ-hydrooxymercuri-β-hydroxyäthoxypropyl)-amid, 1-(β-Carboxypropionylamino)-phenyl-4-sulfonsäure-(γ-hydroxymercuri-β-hydroxypropoxypropyl)-amid, 1-(β-Carboxypropionylamino)-phenyl-4-sulfonsäure-[γ-hydroxymercuri-β-(2'.3'-dihydroxypropoxy)-propyl]-amid, 1-(β-Carboxypropionylamino)-phenyl-4-sulfonsäure-[γ-hydroxymercuri-β-(3'-hydroxybutoxy)-propyl]-amid, N-(4-Carboxyphenyl)-N'-(γ-hydroxymercuri-β-methoxypropyl)-harnstoff, N-(4-Carboxyphenyl)-N'-(γ-hydroxymercuri-β-hydroxyäthoxypropyl)-harnstoff, N-(4-Carboxyphenyl)-N'-(γ-hydroxymercuri-β-hydroxypropoxypropyl)-harnstoff, N-(4-Carboxyphenyl)-N'-[γ-hydroxymercuri-(2.3-dihydroxypropoxy)-propyl]-harnstoff, (N-γ-Hydroxymercuri-β-hydroxypropyl)-campheramidsäure, [N-γ-Hydroxymercuri-β-(hydroxyäthoxy)-propyl]-campheramidsäure, [N-γ-Hydroxymercuri-β-(hydroxypropoxy)-propyl]-campheramidsäure. Als Umsetzungskomponenten **II** werden genannt: 2-Mercaptobenzoxazolcarbonsäure-(6), 2-Mercaptobenzimidazolcarbonsäure-(6) u. 2-Mercaptobenzthiazolcarbonsäure-(6). — Beispiele: Man schlämmt 7,8 (Teile) 2-Mercaptobenzoxazol-6-carbonsäure in 20 2nNaOH auf u. setzt die Lsg. von 22,4 1-[N-(γ-Hydroxymercuri-β-methoxypropyl)-carbonamido]-2-phenoxyessigsaurem Na in 40 W. zu. Man filtriert über Aktivkohle u. dampft im Hochvakuum ein, wobei man 17,2 Dinatriumsalz des *1-[o-Carboxymethoxybenzamido]-2-methoxy-3-[6'-carboxybenzoxazolyl-(2')-mercaptomercuri]-propans*, das 3 Mol Kristallwasser enthält, gewinnt, das der Formel **IIIa** entspricht. Analog: N-(4-Carboxyphenyl)-N'-(γ-hydroxymercuri-β-methoxypropyl)-harnstoff + 2-Mercaptobenzoxazol-6-carbonsäure → *1-(p-Carboxyphenylureido)-2-methoxy-3-[6'-carboxybenzoxazolyl-(2')-mercaptomercuri]-propan*; 1-β-Carboxypropionylaminophenyl-4-sulfonsäureallylamid + α-Acetoxymercuri-β-methoxyhydrozimtsäuremethylester → 1-β-Carboxypropionylaminophenyl-4-sulfonsäure-N'-[(γ-hydroxymercuri-β-hydroxy)-propyl]-amid + 2-Mercaptobenzoxazol-6-carbonsäure → *1-(p-β-Carboxypropionylamidobenzolsulfonsäureamido)-3-[6'-carboxybenzoxazolyl-(2')-mercaptomercuri]-propanol-(2)* **III b**; 1-β-Carboxypropionylaminophenyl-4-sulfonsäure-

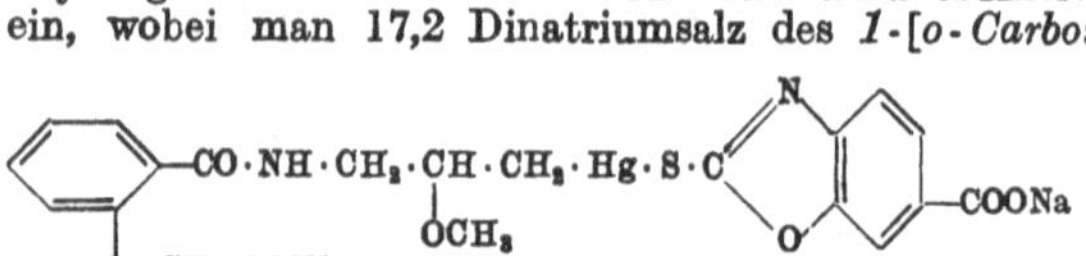

III a

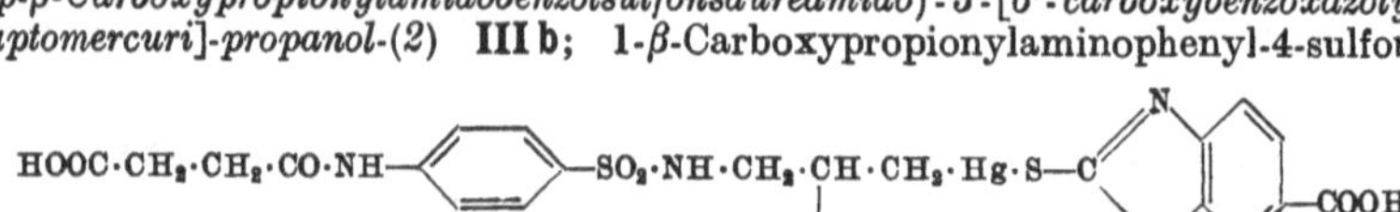

III b

N'-[γ-hydroxymercuri-β-hydroxyäthoxypropyl]-amid + 2-Mercaptobenzoxazol-6-carbonsäure → *1-(p-β-Carboxypropionylamidobenzolsulfonamido)-2-β-hydroxyäthoxy-3-[6'-carboxybenzoxazolyl-(2')-mercaptomercuri]-propan*; N-[γ-Hydroxymercuri-β-hydroxypropoxypropyl]-m-sulfonamidobenzoesäureanhydrid + 2-Mercaptobenzoxazol-6-carbonsäure → *1-(p-Carboxybenzolsulfonamido)-2-β-hydroxypropoxy-3-[6'-carboxybenzoxazolyl-(2')-mercaptomercuri]-propan*; 1-β-Carboxypropionylaminophenyl-4-sulfonsäure-N'-(γ-hydroxymercuri-β-hydroxypropyl)-amid + 2-Mercaptobenzimidazol-6-carbonsäure → *1-(p-β-Carboxypropionylamidobenzolsulfonamido)-3-[6'-carboxybenzimidazolyl-(2')-mercaptomercuri]-propanol-(2).* — Die Di-Na-Salze stellen leicht lösl. u. neutral reagierende *Diuretica* dar. (**D. B. P. 940 896** Kl. 12p vom 22/3. 1952, ausg. 29/3. 1956. Anmeldung bekanntgemacht 6/10. 1955.) O. SCHÖN. 4807

Badische Anilin- & Soda-Fabrik Akt.-Ges., Ludwigshafen/Rh. (Erfinder: **Hans-Ruprecht Hensel** und **Richard Kuhn,** Heidelberg), *Herstellung basischer Verbindungen der Monobenzo- und Dibenzopyranreihe.* Benzopyrylium- bzw. Xanthyliumsalze, die in 2- bzw. 9-Stellung durch eine Alkyl- oder Arylgruppe substituiert sind, werden in Ggw. von organ. Lösungsmitteln u. gegebenenfalls säurebindenden Mitteln mit sek. Aminen umgesetzt. Herst. von *2-Pyrrolidino-(1)-2.3-diphenyl-6.8-dibrombenzopyran* (F. 155°) aus 2.3-Diphenyl-6.8-dibrombenzopyryliumperchlorat u. Pyrrolidin. Weiter werden hergestellt: *1-Methyl-4-chlor-9-phenyl-9-diäthylaminoxanthan,* F. 118—119°; u. *2-Piperidino-(1)-2.3-diphenylbenzopyran,* F. 124°. — Verbb. mit *bakteriostat. Wirksamkeit.* (**D. B.P. 942 511** Kl. 12q vom 10/4. 1954, ausg. 3/5. 1956. Anmeldung bekanntgemacht 10/11. 1955.) K. FABEL. 4807

American Cyanamid Co., N. Y., übert. von: **John Joseph Denton,** Somerville N. J., V. St. A., *Basische tertiäre Alkohole* der Formel Cy—C(OH)(R)—CH_2—CH_2—Am, in der Cy einen cycloaliphat. Rest mit 5—7 C-Atomen, R einen Arylrest (Phenyl, Tolyl, Xylyl), der auch durch Äthyl-, Methoxy-, Hydroxylgruppen, durch Cl oder Br mono- oder disubstituiert sein kann, u. Am eine tert. Aminogruppe $-N\langle^{Alk}_{Alk}$ bedeuten, in der Alk Alkylreste mit 1—4 C-Atomen sind, die auch mit dem N-Atom einen heterocycl. Ring bilden können, der noch weitere Heteroatome enthalten u. auch noch mit weiteren Ringen verknüpft sein kann, erhält man, wenn man ein Aminoketon R—CO—CH_2—CH_2—Am mit Cy—Mg—Br in einem Lösungsm. (Ae.) durch Kochen unter Rückfluß nach GRIGNARD umsetzt. — 261 (Teile) Cyclohexylbromid, 38,8 Mg-Späne u. 700 Vol. absol. Ae. werden mit einer Lsg. von 174 ω-(1-Piperidyl)-propiophenon in 600 Vol. Ae. unter Rückfluß 5 Std. erhitzt. Nach dem Abkühlen wird das Gemisch mit 500 Vol. 2,5n HCl zers. u. mit konz. HCl stark angesäuert. Der Nd. wird abfiltriert u. aus dem Filtrat das rohe *3-(1'-Piperidyl)-1-cyclohexyl-1-phenyl-1-propanol,* F. 114,3—115°, in üblicher Weise gewonnen. *Hydrochlorid,* F. 285,5° (Zers.); Bromäthylat, F. 210—214° (aus A.–Ae.). — Analog: *3-(1'-Piperidyl)-1-cyclopentyl-1-phenyl-1-propanolhydrochlorid.* — *3-(4'-Morpholinyl)-1-cyclohexyl-1-phenyl-1-propanol,* F. 116,3—117°; *Hydrochlorid,* sublimiert oberhalb 225°. — *3-[2'-(1'.2'.3'.4'-Tetrahydroisochinolyl)]-1-cyclohexyl-1-phenyl-1-propanol,* F. 148,8 bis 149,4°; *Hydrochlorid,* F. 219,6—220,4°. — *3-Diäthylamino-1-cyclohexyl-1-phenyl-1-propanolhydrochlorid,* F. 186,9—187,4°; Bromäthylat, F. 181,3—183° (aus A.–Ae.). — *3-Dimethylamino-1-cyclohexyl-1-phenyl-1-propanolhydrochlorid,* F. 210,5—212,5°. — *Spasmolytica* mit überlegener Wrkg. gegenüber „Trasentin" u. Atropin. (**A. P. 2 716 121** vom 3/11. 1949, ausg. 23/8. 1955.) R. LINK. 4807

Burroughs Wellcome & Co., Inc., New York, N. Y., übert. von: **Julio C. Castillo †,** Westchester County, und **Arthur P. Phillips,** New York, N. Y., V. St. A., *N.N'-Bis-(β-piperidinoäthyl)-dicarbonsäureamide,* welche die *Curare*-Wrkg. von Succinylcholin verlängern, erhält man durch Erhitzen von β-Aminoäthylpiperidin u. Dicarbonsäuredimethyl- oder -diäthylestern unter Rückfluß. — Aus Bernsteinsäurediäthylester u. β-Aminoäthylpiperidin → *N.N'-Bis-(β-piperidinoäthyl)-succinamid,* F. (aus Essigester) 150—151°. — Analog: *N.N'-Bis-(β-piperidinoäthyl)-pimelinsäureamid,* F. 120—121°. — *N.N'-Bis-(β-piperidinoäthyl)-glutarsäureamid,* F. 134—135°. — *N.N'-Bis-(β-piperidinoäthyl)-adipinsäureamid,* F. 140—141°. — *N.N'-Bis-(β-piperidinoäthyl)-malonsäureamid,* F. 102—103°. — *N.N'-Bis-(β-piperidinäthyl)-korksäureamid,* F. 138—139°. — *N.N'-Bis-(β-piperidinoäthyl)-azelainsäureamid,* F. 116—117°. (**A. P. 2 723 939** vom 26/1. 1953, ausg. 15/11. 1955.) R. LINK. 4807

Chemische Fabrik Promonta G.m.b.H. (Erfinder: **Wilhelm Alfons Schuler**), Hamburg, *Herstellung von basischen Benzhydryläthern* der allg. Formel **I**, in der R_1 einen Alkylrest mit höchstens 4 C-Atomen oder einen Benzylrest, Alk' u. Alk'' unverzweigte oder verzweigte

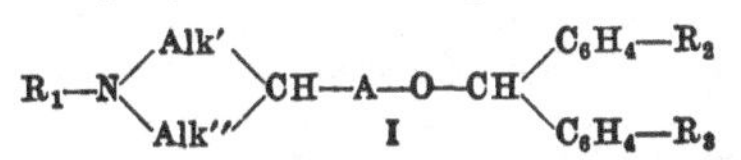
I

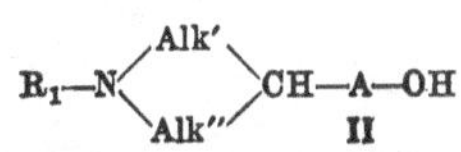
II

Alkylengruppen sind, die in gerader Kette höchstens 3 C-Atome besitzen, A die direkte Verb. zwischen der ringständigen CH-Gruppe u. dem Äthersauerstoffatom oder eine unverzweigte oder verzweigte Alkylengruppe mit höchstens 3 C-Atomen, R_2 u. R_3 H oder Substituenten, wie Cl, CH_3 oder OCH_3 bedeuten, dad. gek., daß man bas. Alkohole der allg. Formel II mit Diphenylmethylhalogeniden der Formel Halogen$-CH\langle^{C_6H_4-R_2}_{C_6H_4-R_3}$, ohne Wärmezufuhr zu quaternären Ammoniumsalzen umsetzt, diese, gegebenenfalls nach Isolierung, durch Erwärmen, bes. in einem inerten Lösungsm., zu den bas. Benzhydryläthern umlagert u. diese gegebenenfalls mit anorgan. Säuren oder organ. sauer reagierenden Verbb., bes. 8-Chlortheophyllin, in Salze umwandelt oder durch Rk. mit Alkyl- oder Aralkylhalogeniden oder Dimethylsulfat in quaternäre Ammoniumsalze überführt. — 104 (g) 1-Methyl-4-oxypiperidin u. 222 Diphenylbrommethan werden in 200 cm^3 Bzl. gelöst, nach mehreren Std. das Bzl. abdest. u. der Rückstand kurz auf 150° erhitzt. Mit Alkali wird der Aminoäther in Freiheit gesetzt. Man erhält in 84%ig. Ausbeute den *N-Methylpiperidyl-(4)-benzhydryläther*, $Kp._2$ 158—160°; *Hydrochlorid*, F. 206°; 8-Chlortheophyllinat, F. 151—152°; Brommethylat. — Analog: *N-Methylpiperidyl-(3)-methylbenzhydryläther*, $Kp._3$ 165—167°. — *N-Äthylpiperidyl-(4)-benzhydryläther*, $Kp._3$ 165 bis 168°. — *N-Methylpiperidyl-(4)-p-methyldiphenylmethyläther*, $Kp._4$ 173—175°. — *N-Methylpiperidyl-(4)-p-chlordiphenylmethyläther*, $Kp._3$ 170—172°. — *N-Methyl-2.6-dimethylpiperidyl-(4)-benzhydryläther*, $Kp._3$ 171—173°. — *N-Methylpyrrolidyl-(3)-benzhydryläther*, $Kp._2$ 153—155°. — *N-Methylpiperidyl-(3)-äthyl-(1')-benzhydryläther*, $Kp._3$ 168 bis 170°. — *Antihistaminica*. (**D. B. P. 934 890** Kl. 12p vom 7/10. 1951, ausg. 10/11. 1955. Anmeldung bekanntgemacht 28/4. 1955.) R. LINK. 4807

Nepera Chemical Co., Inc., Yonkers, übert. von: **John V. Scudi,** New York, N. Y., V. St. A., *Thiosemicarbazone von Pyridylaldehyden und -ketonen* erhält man durch Erhitzen von Pyridylaldehyden oder Pyridylketonen, deren Alkylgruppe 1—6 C-Atome aufweist u. bei denen CHO- oder CO-Gruppe in 2-, 3- oder 4-Stellung sitzt u. der Pyridinkern auch noch NO_2-, NH_2-, Alkylamino-, Acylamino-, Arylamino-, Alkyl-, Halogen-, Cyan-, COOH-, OH-, Alkoxy-, Mercapto-, Alkylmercapto-, HSO_3- oder Alkylsulfongruppen tragen kann, mit Thiosemicarbazid (I), bes. in wss. oder alkoh. Lsg., unter Rückfluß. — I + 2-Acetylpyridin → *2-Acetylpyridinthiosemicarbazon*, glänzende Platten, F. 158—160° (Zers.). — Analog: *3-Acetylpyridinthiosemicarbazon*, Nadeln, F. 217° (Zers.). — *4-Acetylpyridinthiosemicarbazon*, F. 222° (Zers.). — *3-Propionylpyridinthiosemicarbazon*, F. 198° (Zers.). — *3-Butyrylpyridinthiosemicarbazon*, F. 182—183° (Zers.). — *3-Pyridylaldehydthiosemicarbazon*, F. 213° (Zers.). — Die Verbb. sind lösl. in W., Alkoholen, Glycerin u. Glykolen, unlösl. in Bzl., Chlf., Ae., Ligroin, etwas lösl. in Dioxan. Sie besitzen *bakteriostat.* Eigenschaften. (**A. P. 2 723 270** vom 29/3. 1950, ausg. 8/11. 1955.) R. LINK. 4807

Hoffmann-La Roche, Inc., Nutley, N. J., übert. von: **Herman Herbert Fox,** Passaic, N. J., V. St. A., *Isonicotinsäurehydrazone* erhält man, wenn man 2 (Mol) Isonicotinsäurehydrazid mit 1 Glyoxalhydrat, Acetonylaceton oder Diacetyl in niedermol. Alkoholen erhitzt. — *N.N'-(1.4-Dimethyltetramethyleniden)-bis-(isonicotinylhydrazin)*, F. 165,5 bis 167,5°. — *N.N'-Äthyleniden-bis-(isonicotinylhydrazin)*, F. nicht unter 320°. — *N.N'-(1.2-Dimethyldimethyleniden)-bis-(isonicotinylhydrazin)*, F. 280,5—281,5°. — *Antituberkulosemittel*. (**A. P. 2 713 052** vom 7/8. 1953, ausg. 12/7. 1955.) R. LINK. 4807

Olin Mathieson Chemical Corp., Va., übert. von: **Harry Louis Yale** und **Jack Bernstein,** New Brunswick, N. J., V. St. A., *Isonicotinsäurehydrazone von Kohlenhydraten* erhält man durch Kondensation von Isonicotinsäurehydrazid (I) u. carbonylgruppenhaltigen Kohlenhydraten mit höchstens 12 C-Atomen in wss.-alkoh. Lsg. bei Rückfluß. — I u. Glucose → *Glucoseisonicotinylhydrazon*, F. 162—163° (aus wss. A.). — Analog: *d(+)-Galaktoseisonicotinylhydrazon*, F. 161—163° (aus 95%ig. A.). — *Chemotherapeutica* zur Bekämpfung der *Tuberkulose*. (**A. P. 2 726 983** vom 16/1. 1952, ausg. 13/12. 1955.) R. LINK. 4807

Merck & Co., Inc., übert. von: **Robert E. Jones,** Rahway, und **Lewis H. Sarett,** Princeton, N. J., V. St. A., *20-Cyanpregnene* u. *17 (α)-Oxyketopregnane*. 20-Ketopregnane werden mit HCN in die 20-Oxy-20-cyanpregnane übergeführt, daraus entstehen durch Wasserabspaltung Δ^{17}-20-Cyanpregnene, in die durch Behandlung mit Oxydationsmitteln u. anschließende Hydrolyse die Hydroxylgruppe in 17(α)-Stellung eingeführt wird. — Aus 3(α)-Oxy-11.20-diketopregnan u. KCN in A.–Essigsäure entsteht 3(α).20-Dioxy-20-cyan-11-ketopregnan, daraus mit CrO_3 in Essigsäure, 3.11-Diketo-20-oxy-20-cyanpregnan, F. 170—180° (Zers.). Die Wasserabspaltung erfolgt mit $POCl_3$ in Pyridin zu *Δ^{17}-3.11-Diketo-20-cyanpregnen*, F. 222—223°. — 3(α)-Oxy-21-acetoxy-11.20-diketopregnan → 3(α).20-Dioxy-20-cyan-21-acetoxy-11-ketopregnan, F. 175—185° (Zers.), → 3.11-Diketo-20-oxy-20-cyan-21-acetoxypregnan, F. 214—217° (Zers.), → *Δ^{17}-3.11-Diketo-20-cyan-21-acetoxypregnen*, F. 189—190°. Durch Verseifung mit alkoh. K_2CO_3 → → *Δ^{17}-3.11-Diketo-20-cyan-21-oxypregnen*, F. 263—265°. — 3(α)-Acetoxy-20-oxy-20-cyan-11-ketopregnan, F. 221—223° (Zers.), → *Δ^{17}-3(α)-Acetoxy-11-keto-20-cyanpre-*

gnen, F. 194—195°. — 3(α)-Oxy-11.20-diketo-21-acetoxypregnan → 3(α).21-Diacetoxy-11.20-diketopregnan, F. 82—90° (Zers.), → 3(α).21-Diacetoxy-11-keto-20-oxy-20-cyanpregnan, F. 148—160° (Zers.), → *Δ*[17]*-3(α).21-Diacetoxy-11-keto-20-cyanpregnen* → *Δ*[17]*-3(α).21-Dioxy-11-keto-20-cyanpregnen*, F. 256—257°. Die 3-Oxygruppe kann selektiv zur Ketogruppe mit N-Bromacetamid (I) oder N-Succinimid oxydiert werden, ohne daß die 21-Oxygruppe angegriffen wird. — Δ[17]-3.21-Dioxy-11-keto-20-cyanpregnen gibt in tert.-Butanol mit I in Pyridin-W. *Δ*[17]*-3.11-Diketo-20-cyan-21-oxypregnen* in 99% ig. Ausbeute, F. 221—225°; daraus durch Acetylierung *Δ*[17]*-3.11-Diketo-20-cyan-21-acetoxypregnen*, F. 194,2—195,2°. Vgl. A. P. 2 541 105; C. **1952.** I. 107. (**A. PP. 2 558 784** vom 7/10. 1947, **2 558 785** vom 18/2. 1949, **2 558 786** vom 22/9. 1948, alle ausg. 3/7. 1951, **2 571 889** vom 16/9. 1950, ausg. 16/10. 1951 u. **D.B.P. 883 897** Kl. 12o vom 18/5. 1949, ausg. 23/7. 1953. A. Prior. 7/10. 1947.) G. KRAUSS. 4809

Merck & Co., Inc., V. St. A. (Erfinder: **John H. Chemerda** und **William V. Ruyle**), *Herstellung von Cyclopentanopolyhydrophenanthrenderivaten*, die eine Doppelbindung in 7,8 besitzen, dad. gek., daß man Cyclopentanopolyhydrophenanthrene, die 2 konjugierte Doppelbindungen in 5,6 u. 7,8 haben in einem inerten Lösungsm. bei einem H_2-Druck von 1—4 at mit RANEY-Ni hydriert. Vorhandene OH-Gruppen werden durch Acetylierung, —COOH-Gruppen durch Veresterung geschützt. — Beispiel: 17,5 (g) Ergosterylacetat in 550 cm³ Dioxan werden in Ggw. von 4,5 einer Suspension von RANEY-Ni in A. bei 3—4 at u. 20—40° hydriert. Nach ca. 2 Std. wird filtriert, das Lösungsm. im Vakuum abdest., mit Methanol aufgenommen. *Δ*[7.22]*-3-Acetoxyergostadien*, F. 180—183°, α_D 24° (2,16%; Chlf.). — Hydriert wurden ferner: 3-Acetoxy-Δ[5.7]-bis-normethylcholadiensäuremethylester (I) → *3-Acetoxy-Δ*[7]*-bis-normethylallocholensäuremethylester*, F. 150—155°, aus Methanol 156—157°, α_D^{24} 5,5° (0,91%; Chlf.); (I wird hergestellt aus 3-Acetoxy-Δ[5]-bis-normethylcholensäuremethylester, Bromierung in 7 mit Bromsuccinimid, Rk. mit γ-Collidin, chromatograph. Reinigung). 7-Deshydrodiosgeninacetat → *3-Acetyl-7-deshydrotigogenin*, $C_{29}H_{44}O_4$, F. 236—238°, α_D^{24} 76° (1,05%; Chlf.); *3-Acetoxy-Δ*[7]*-allopregnenon-(20)*, $C_{23}H_{34}O_3$, F. 172—175,5°, aus Δ[5]-3-Acetoxypregnenolon-(20). Die 3-Acetoxygruppe kann zur *3-Oxyverb.* hydrolysiert werden, F. 211—215°. (**F. P. 1 056 341** vom 23/2. 1952, ausg. 25/2. 1954. A. Prior. 3/3. 1951.) S. MEIER. 4809

Upjohn Co., Kalamazoo, Mich., V. St. A., *Mittel gegen Magenkrankheiten*, enthaltend 0,01—12% Scopolaminmethyl- bzw. -äthylchlorid. Es können auch die Jodide oder Bromide angewendet werden. Es können Antacida, wie Mg-Trisilicat oder dgl. u. Barbitursäurederivv. zugesetzt werden. Verabreichung in aromatisierten Zuckerlsgg. oder in Tablettenform. (**E. P. 744 223** vom 25/11. 1953, ausg. 1/2. 1956. A. Priorr. 9/12. 1952 u. 12/1. 1953.) K. HEINZE. 4815

Bristol Laboratories, Inc., Syracuse, übert. von: **Frank Harold Buckwalter**, De Witt, N. Y., V. St. A., *Injizierbare Suspension von Wismut-Subsalicylat* in Ölen, wie Erdnußölen oder Fettsäureestern von niedrigen einwertigen Alkoholen, wie Äthyloleat, mit einem Zusatz von 0,1—10% Al-, Zr- oder Ge-Salzen von Fettsäuren mit 12—22 C-Atomen. Die Metallseifen werden durch langsames Erhitzen 2—3° pro Min. auf 100—135° in dem Trägeröl gelöst. (**A. P. 2 713 020** vom 21/10. 1953, ausg. 12/7. 1955.) K. HEINZE. 4815

Dr. Salsbury's Laboratories, Charles City, Io., V. St. A., *Tierarzneimittel*, enthaltend 0,04—5% p-Aminobenzoesäure bzw. ihre Alkali- oder Erdalkalisalze u. für Beifuttermittel geeignete Trägerstoffe. — Gegen *Bronchitis* bei Geflügel. (**E. P. 745 388** vom 20/4. 1953, ausg. 22/2. 1956. A. Prior. 18/4. 1952.) K. HEINZE. 4815

Marc Vermeulen und **Jules Henri Theophile Ledrut**, Brüssel, Belgien, *Mittel gegen Brucella-Infektionen* mit einem Geh. an Antibiotica, wie Aureomycin, Sulfonamiden, wie Sulfadiazin, 1.4-Hydrochinon bzw. seinen Halogen-, Nitro- oder Acylderivv., α-Naphthochinon, 3-Methylnaphthochinon u. Thiosemicarbazonderivv. des Chalkons oder des Patulins. Es werden dem Erzeugnis Kulturen von *Lactobacillus lactis* u. Galaktose zugesetzt. — Verwendung in der *Tierheilkunde* in Form von Salben, Suppositorien, Vaginalstyli, Tabletten u. dergleichen. (**Aust. P. 155 860** vom 15/2. 1951, ausg. 19/4. 1951.) K. HEINZE. 4815

Schering Corp., Bloomfield, N. J., V. St. A., *Herstellung von Röntgenkontrastmitteln* durch Kondensieren von 3-Oxybenzaldehyd mit einer niederen aliphat. Carbonsäure, Hydrieren der aliphat. Doppelbindung der erhaltenen substituierten Zimtsäure u. Einführung von 3 Jodatomen in den Kern. Verbb. der allg. Formel I, wobei R einen Alkylrest mit 1—3 C-Atomen darstellt, z. B. α-Methyl-α-Äthyl- oder α-Isopropyl-β-(2.4.6-trijod-3-oxyphenyl)-propionsäure oder deren Alkali-, Erdalkali- bzw. Aminsalze werden in

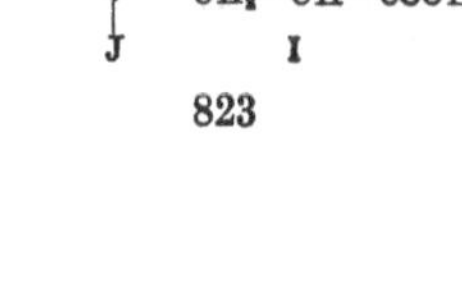

I

Lsg., bes. zur Sichtbarmachung der Gallenblase verwendet. (**E. P. 743 912** vom 23/1. 1953, ausg. 25/1. 1956. A. Prior. 28/1. 1952.) K. Heinze. 4825

Endo Products, Inc., Richmond Hill, übert. von: **Albert Schlesinger, Nathan Weiner** und **Samuel M. Gordon,** New York, N. Y., V. St. A., *Theophyllin-7-essigsäurederivate* der Formel **I** (M = H, Alkali-, Erdalkalimetall. NH_4 Amine; n = 0—2; B·$>$C=CH— oder $>$CH—CH_2—). Theophyllin-7-essigsäure wird mit p-Oxybenzaldehyd in Ggw. von Essigsäureanhydrid nach Perkin 24 Std. auf 110—120° erhitzt nach der Entfernung des Essigsäureanhydrids wird mit 40%ig. NaOH auf 65° erwärmt u. durch Zusatz von konz. HCl *Theophyllin-7-p-oxybenzalessigsäure,* F. 254° aus A., Ausbeute 54 (%) abgeschieden; daraus entsteht mit H_2 in Ggw. von 10%ig. Pd-Kohle u. $NaHCO_3$ in Essigsäure bei 50 lbs./sq. in. *Theophyllin-7-p-oxybenzylessigsäure,* F. 170°; Ausbeute 94. Diese wird in NaOH mit J_2 in Ggw. von KJ zu *Theophyllin-7-p-oxy-3.5-dijodbenzylessigsäure,* $C_{16}H_{14}O_5N_4J_2$, umgesetzt, aus Essigsäure, F. 274°; Ausbeute 86. Daraus mit $NaHCO_3$ in 80%ig. Aceton → *Na-Salz. Piperidinsalz* F. 189°. *Ca-, Mg-, NH_4-, Äthylamin-, Äthanolamin-, Diäthylaminoäthanolsalz.* — *Röntgenkontrastmittel,* bes. für *Cholecystographie.* (**A. P. 2 712 016** vom 6/6. 1952, ausg. 28/6. 1955.)

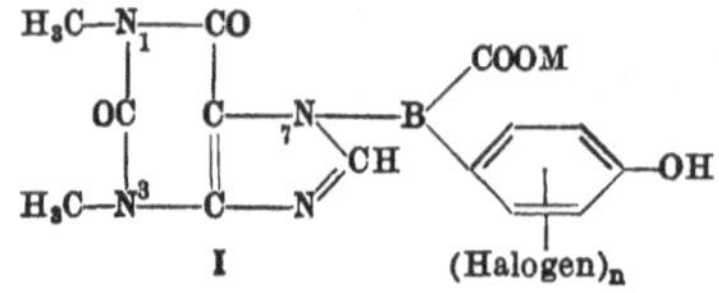

I

G. Krauss. 4825

Rohm & Haas Co., Philadelphia (Erfinder: **Warren Dexter Niederhauser,** Huntingdon Valley), Pa., V. St. A., *Keimtötender Jodkomplex* durch Lösen von 5—25% J_2 in einer 40—55% eines Erdalkali- oder Alkalisalzes eines sulfonierten Naphthalinformaldehydkondensates enthaltenden wss. Lösung. Man rührt 24 Std. bei 20—40° u. filtriert das ungelöste J_2 ab. (**D. B. P. 940 317** Kl. 30i vom 1/6. 1954, ausg. 15/3. 1956. Anmeldung bekanntgemacht 22/9. 1955. A. Prior. 1/6. 1953.) K. Heinze. 4833

Deutsche Katadyn G. m. b. H., München (Erfinder: **Hugo Vogt †,** Berlin), *Wirkungssteigerung von sauerstoffabgebenden Desinfektionsmitteln,* wie Na-Perborat, -Percarbonat, Harnstoffperhydrat u. dgl., durch Zusatz lösl. Salze mindestens zweier Metalle mit kleinem Atomvol., wie Ti, Zn, Cu, Ag. Mindestens eines der Metalle soll oligodynam. wirksam sein. Es können Puffersalze u. Schutzkolloide zugesetzt werden. (**D. B. P. 939 950** Kl. 30i vom 22/8. 1940, ausg. 8/3. 1956. Anmeldung bekanntgemacht 5/3. 1953.) K. Heinze. 4833

Ciba Akt.-Ges., Basel, Schweiz, *Benzyldodecyldi-(β-oxyäthyl)-ammoniumchlorid.* Aus Dodecyldi-(β-oxyäthyl)-amin u. Benzylchlorid, F. 107—109°. — *Desinfektionsmittel.* (**Schwz. P. 306 648** vom 29/7. 1952, ausg. 1/7. 1955.) G. Langer. 4833

Douglas Frederic Hext, Fair View, England, *Desinfektion von Gegenständen* durch Behandlung mit Formaldehyddampf u. anschließende Einw. von NH_3 in der Dampfphase. — Vorrichtung. (**E. P. 737 893** vom 2/12. 1952, ausg. 5/10. 1955.) K. Heinze. 4833

Elfriede Ella Bähr geb. **Schnadt** (Erfinder: **Johann Bähr †**), Herne, *Desinfektionsmittel mit hauthärtender Wirkung,* bestehend aus Kondensationsprodd. von Aldehyden, wie CH_2O, mit Oxyaldehyden, wie Aldol, oder mit Ketonen, wie Diäthylketon. Äußerlich in Salben auf Wunden, Insektenstiche u. Brandblasen, in öliger Lsg. injizierbar. (**D. B. P. 939 949** Kl. 30i vom 2/10. 1948, ausg. 8/3. 1956. Anmeldung bekanntgemacht 5/7. 1951.) K. Heinze. 4833

VEB Chemische Fabrik von Heyden, Radebeul-Dresden (Erfinder: **Erich Haack,** Radebeul, und **Hermann Barth,** Dresden), *Chemische Sterilisation, besonders hitzeempfindlicher Injektionslösungen und pulverförmiger Arzneistoffe.* Man setzt den Stoffen am Kern mono- oder dihalogenierte Salicylsäureamide zu, z. B. 5-Brom-N-isopropylsalicylsäureamid, 0,03% zu fertigen Injektionslsgg. oder 3% zu Pulvergemischen. (**D. P. [DDR] 6 368** Kl. 30i vom 10/2. 1953, ausg. 30/12. 1953 [Wirtschaftspatent].) G. Weltzien. 4833

Pennsylvania Salt Mfg. Co., Philadelphia, Pa., übert. von: **Jack S. Newcomer,** Grand Island, N. Y., V. St. A., *Desinfektionsmittel,* bestehend aus Verbb. der allg. Formel Ar_1—CO—C(**X**)=CH—CO—Ar_2, worin Ar_1 u. Ar_2 Arylreste, wie Phenyl, Biphenyl, Naphthyl oder Terphenylyl u. X ein Halogen bedeuten, z. B. 1.4-Diphenyl-2-chlor-2-buten-1.4-dion. Es werden Netzmittel mitverwendet. (**A. P. 2 731 381** vom 21/5. 1951, ausg. 17/1. 1956.) K. Heinze. 4833

A/S Sadolin & Holmblad, Kopenhagen, übert. von: **Niels K. W. Clauson-Kaas,** Hjortekaer pr., Dänemark, *n-Cetyl-3-hydroxypyridiniumchlorid,* F. 92—93°, erhält man durch Erhitzen von n-Cetylchlorid u. 3-Hydroxypyridin. In entsprechender Weise werden andere höhermol. N-Alkyl-3-hydroxypyridiniumsalze hergestellt, in denen der

Alkylrest 8—18 C-Atome enthält u. der Pyridinrest auch durch Alkyl-, Cycloalkyl-, Aryl- oder Aralkylreste in 2-, 4-, 5- u. 6-Stellung substituiert sein kann. — Geruchlose Verbb. mit *fungiciden* u. *baktericiden* Eigg. zur Behandlung von Gegenständen, Händen, Fußböden u. Wänden. (**A. P. 2 728 775** vom 11/1. 1954, ausg. 27/12. 1955.)
R. LINK. 4833

Riedel-de Haën Akt.-Ges., Seelze, *Desinfektionsmittel* mit fungicider Wrkg. durch Rk. von 5-, 6-, 7- oder 8-Oxychinolin oder seiner Halogenderivv., wie 5-Chlor-8-oxychinolin oder 5-Chlor-7-brom-8-oxychinolin, mit Alkyl- oder Cycloalkyl-Hg-Salzen, wie Phenyl-Hg-Acetat, bzw. -Hydroxyd, 4-Chlorphenyl-Hg-Acetat, 2-Acetoxy-Hg-p-Cymol in organ. Lösungsmitteln oder durch Zusammenschmelzen. Anwendung in organ. Lösungsm. oder als Emulsion. (**E. P. 737 247** vom 6/11. 1953, ausg. 21/9. 1955. D. Prior. 7/11. 1952.) K. HEINZE. 4833

Paul Casparis, Jakob Büchi, Hans Flück, Ernst Kühni, Kurt Münzel, Robert Regamey, Bearb., Kommentar zur Pharmacopoea Helvetica, editio quinta, supplemente I und II. Zürich: Schweizer Apotheker-Verein. 1956. (XII + 316 S.) 8°. Fr. 30,90.

G. Analyse. Laboratorium.

Gustav Rendko, *Vereinfachte Abänderung des Kutscher-Steudelschen Apparates.* Angaben über eine vereinfachte Ausführungsform durch Zusammenstellung üblicher Laboratoriumsgeräte mit Normalschliffen u. glastechn. Adaptierung. (Chem. Zvesti **6.** 299—301. Mai/Juni 1952.) K. STEINER. 5006

Arthur S. Hawkes, Eugene F. Hill und **Marshall Sittig**, *Nützliche Winke für das Handhaben von Natrium im Laboratorium.* Ratschläge für unfallsicheres Arbeiten mit Na: Schneiden, Abwägen, Schmelzen (2 Vorrichtungen), Granulieren u. Emulgieren in KW-stoffen unter Zusatz von Ölsäure (in Kolben mit Spezialrührer); Beseitigen von Na-Abfällen. (J. chem. Educat. **30.** 467—70. Sept. 1953. Detroit, Mich., Ethyl Corp.)
K. BLUMRICH. 5010

J. J. Donoso, *Verbesserter automatischer Rauchprobennehmer.* Theorie u. Konstruktion eines Probenehmers für Staubbest. in Gasen mit besonderer Berücksichtigung der Gewährleistung der richtigen Gasgeschwindigkeiten. (J. Metals **188.** Trans. AIME 610—12. März 1950. Salt Lake City, Ut., American Smelt. and Refining Co.)
H. ECKHARD. 5012

P. H. Kitto und **D. H. Beadle**, *Eine geänderte Form des Thermalpräzipitators.* Nach eingehender Diskussion der an einen Staubprobensammler im afrikan. Bergbaubetrieb zu stellenden Anforderungen beschrieben Vff. den „Thermalpräzipitator" mit mechan. Aspirator, der die für die Lunge gefährlichsten Korngrößen bis 10 μ völlig erfaßt, leicht transportabel, leicht zu bedienen u. widerstandsfähig ist. (J. chem., metallurg. Mining Soc. South Africa **52.** 284—311. Juni 1952. Transvaal Chamb. of Mines Res.)
H. ECKHARD. 5012

L. Matoušek, *Ein neuer Typ der Ultramikrobürette.* Es wurde ein neuer Typ der Ultramikrobürette entwickelt. Vf. geht von der Tatsache aus, daß das Gewicht eines Tropfens der Fl., die aus einer Capillare herausfließt, direkt proportional dem Durchmesser der Capillare u. der Oberflächenspannung der Fl. ist. Für eine gegebene Capillare u. eine gebenene Fl. ist das Gewicht des Tropfens konstant. Das Gerät besteht aus einer Thermometercapillare (Durchmesser 0,05—0,08 mm), aus welcher das Hg in ein mit W. u. Hg gefülltes Gefäß heraustropft. Dieses Gefäß ist mit einer Capillare versehen, die als Reservoir für die Titrations-Fl. dient. Aus dem Rohr wird die Fl. mittels des abtropfenden Hg herausgedrückt. Der Thermometercapillare wird ein Ausgleichsgefäß angeschlossen, durch welches das Tropfen völlig reguliert werden kann. Das Gefäß wird noch mit zwei Hähnen versehen. Der eine dient zum Ansaugen der Titrations-Fl. in die Capillare, der andere zum Ausdrücken. Die Genauigkeit dieser Einrichtung ist besser als $\pm 0,3\%$. Während der Arbeit mit dieser Ultramikrobürette muß die Temp. konstant gehalten werden. (Chem. Listy **47.** 83—84. Jan. 1953. Praha, Ústřední ústav chem., Labor. fys. chem.) K. SETÍNEK/Prag. 5014

A. M. O. Smith und **James S. Murphy**, *Mikromanometer zur Messung von Grenzschichtenprofilen.* Es wird ein Mikromanometer zur Messung von laminaren oder turbulenten Grenzschichtenprofilen bei inkompressiblem Fließen beschrieben. Das Manometer basiert auf dem U-Rohrprinzip u. hat eine Genauigkeit von $\pm 0,0002$ in. W. für Druckunterschiede von $< 0,8$ in. W. u. von $\pm 0,001$ in. W. für Messungen zwischen 0,8 u. 24 in. H_2O. Es wurden eine Reihe von Fll. auf ihre Eignung als Manometer-Fll. untersucht. Die besten Ergebnisse wurden mit DC-200, einer Silicon-Fl., erzielt. Einige Meßergebnisse sind angegeben. (Rev. sci. Instruments **26.** 775—81. Aug. 1955. El Segundo, Calif., Douglas Aircraft Co., El Segundo Div.) C. GOTTFRIED. 5016

Herbert Schlitt, *Empfindlichkeit und Einstellzeit gasgefüllter thermoelektrischer Strahlungsempfänger.* Für ein Gesamtstrahlungspyrometer in gasgefüllter Glasglocke (als Beispiel das Pyrradio der Fa. HARTMANN & BRAUN) wird eine Theorie entwickelt, um die EMK. u. Einstellzeit zu berechnen. Maßgebend dafür sind die vom Strahler u. der Umgebung eingestrahlte, vom Plättchen abgestrahlte u. vom Füllgas u. den Thermoelementdrähten abgeleitete Energie. Der Einfl. der Füllgasart, sein Druck, die Wärmekapazität des Strahlungsempfängers u. andere Kenngrößen werden in die Rechnung mit einbezogen. (Z. angew. Physik **7.** 113–18. 1955. Frankfurt/M., Univ., Inst. für angew. Phys.) H. MIETHING. 5016

L. E. Leake, *Eine Glassolenoidpumpe.* Die Pumpe, die im Prinzip der von LIVINGSTONE (vgl. J. physic. Chem. **33.** [1929.] 955) beschriebenen Pumpe ähnlich ist, dient hauptsächlich dazu, einen kontinuierlichen Gasstrom in einem geschlossenen Syst. aufrechtzuerhalten. (J. sci. Instruments **30.** 434. Nov. 1953. London, Brit. Iron and Steel Res. Assoc., Chem. Dep.) C. GOTTFRIED. 5026

M. Nakayama und **T. Kurihara**, *Automatische Vakuumkontrolle.* Zur automat. Vakuumkontrolle wird eine Anordnung mit einer wechselstrombetriebenen PENNING- oder PHILIPS-Entladungsröhre verwendet, die die vom Vakuum abhängige Wellenform des Stromes zur Steuerung eines Thyratrons ausnützt. Der Druckbereich, für den die Anordnung brauchbar ist, liegt zwischen 10^{-4} u. 10^{-6} mm Hg. (Rev. sci. Instruments **26.** 727–28. Juli 1955. Tokyo, Electr. Communicat. Labor. of Japan.) H. C. WOLF. 5026

J. Sikorski und **H. J. Woods**, *Eine rotierende Vakuumdichtung.* Beschreibung der Dichtung. (J. sci. Instruments **30.** 432. Nov. 1953. Leeds, Univ., Textile Phys. Labor.) C. GOTTFRIED. 5026

Š. Hupka und **Š. Šidlík**, *Gekühlte Laboratoriumszentrifuge aus inländischen Erzeugnissen.* Vff. haben eine Zentrifuge der Firma „CHIRANA" so modifiziert, daß man sie bei Tempp. bis zu -5^0 anwenden kann. Zur Kühlung wurde ein Kompressor mit der Leistung von 230 Cal/Std. angewendet. Die Kühlrohre werden in den Zentrifugenbehälter gelegt u. die ganze Zentrifuge mit Filz isoliert. Sehr wichtig ist auch gute Isolierung des gekühlten Raumes. Auch durch die kleinsten Undichtigkeiten tritt bei den hohen Umdrehungen Ventilation ein, wodurch die Erreichung der niederen Temp. unmöglich gemacht wird. (Chem. Listy **47.** 632–33. April 1953. Bratislava, Onkolog. ústav a Kovoslužba n. p. [Orig.: slow.]) K. SETÍNEK/Prag. 5036

Homer E. Henschen, James W. Edwards und **Herrick L. Johnston**, *Temperaturregelung bei Induktionsheizung.* Das Prinzip des Temperaturreglers beruht darauf, daß gleiche Hochfrequenzheizung gleiche Tempp. erzeugt. (Rev. sci. Instruments **22.** 987–88. Dez. 1951. Columbus, O., Ohio State Univ., Cryogenic Labor., Dep. of Chem.) H. MIETHING. 5046

Aaron Wexler und **William S. Corak**, *Messung und Regelung der Spiegelhöhe von Flüssigkeiten mit niedrigem Siedepunkt.* Der App. beruht auf dem gleichen Prinzip wie das PIRANI-Manometer. Der Spannungsabfall an einem Pt-Draht ist bei gleichem Strom infolge der veränderten Wärmeabgabe im Dampf größer als in der Fl., bei N_2 um das 5fache, bei He um das 500fache. Strom, Spannung u. Widerstand eines Pt-Drahtes in dampfförmigem u. fl. N_2 u. He sowie die Wärmeübertragung für N_2 werden in Kurven veranschaulicht. Sinkt der Flüssigkeitsspiegel u. der Draht kommt in den Dampf, steigt die Spannung hoch genug, um eine Klingel u. ein Relais zu betätigen, das den Strom abschaltet u. damit automat. die Spiegelhöhe regelt. (Rev. sci. Instruments **22.** 941–45. Dez. 1951. East Pittsburgh, Pa., Westinghouse Res. Labor.) H. MIETHING. 5046

F. S. McCarthy und **G. A. Rice**, *Bestimmung des Flüssigkeitsspiegels bei flüssigem Chlor.* Es werden die Typen der Meßinstrumente, welche zur Best. des Flüssigkeitsspiegels von fl. Cl_2 in Lagertanks in der Industrie verwendet werden, sowie ihre Anordnung, Arbeitsweise, Vor- u. Nachteile beschrieben. Ferner wird ein neues derartiges Meßinstrument „Gamma Gauge" besprochen, dessen Arbeitsweise auf der unterschiedlichen Absorption der γ-Strahlung durch fl. u. gasförmiges Cl_2 beruht (Meßgenauigkeit ca. 0,5–1,5 cm). (J. electrochem. Soc. **97.** 249–57. Aug. 1950. Montreal, Can., Canadian Ind. Ltd.) T. OPPERMANN. 5048

A. Simpson und **D. M. W. Blanchard**, *Eine Vakuumzelle zur Verwendung mit einem Lichtmikroskop.* Beschreibung einer mit Rundschnurringen abgedichteten Vakuumkammer aus Metall zur Beobachtung von Objekten in Durchlicht u. Auflicht mit n. 8 mm u. schwächer vergrößernden Objektiven. (Res. Corresp., Suppl. zu: **7.** Nr. 7. S41–42. Juli 1954. Kenley, Surrey, Brit. Paper and Board Ind., Res. Assoc.) H.-J. EICHHOFF. 5056

J. Fajkoš, *Automatisierung der chromatographischen Arbeiten.* Vf. hat einen automat. Fraktionskollektor für die Chromatographie konstruiert. Dieser Kollektor trennt gleiche Voll. der chromatographierten Fl., unabhängig von der Zeit, der D. u. der Viscosität des Lösungsm. ab. Er ermöglicht auch das Abnehmen der Fraktionen in weiten Volumengrenzen (5—500 ml), er arbeitet verläßlich u. wird einfach u. gefahrlos gehandhabt. Die aufgefangenen Fraktionen werden automat. durch Dest. vom Lösungsm. getrennt. Das Gerät besteht aus einer mit Elektromotor angetriebenen, einen drehbaren Glaskolben tragenden Platte, aus einem Kontaxsyphon, einer Destillationskammer u. einem Relaissystem. (Chem. Listy **47.** 630—31. April 1953. Praha, Českoslov. akad. věd, Chem. ústav odd. přirozených látek.) K. Setínek/Prag. 5062

V. Kalous, *Modifikation der Elektrodengefäße für die klassische Elektrophorese.* Den oberen Teil der Küvette bildet eine Platte von Plexiglas. An der unteren Seite der Platte sind zwei rechteckige Öffnungen angebracht, die an den mittleren Teil genau anpassen. Die Platte wird durch Schliffe mit den Elektrodengefäßen verbunden. Die S-förmigen Elektrodengefäße sind genügend groß u. können schnell ohne Gefahr des Bruchs gefüllt u. gereinigt werden. (Chem. Listy. **48.** 771—73. Mai 1954. Praha, Karlova Univ., Fys.-chem. ústav.) L. Matoušek/Prag. 5062

K. Hirschfeld, *Die Bestimmung von Spannungen mit Hilfe optischer Verfahren.* Das beschriebene Verf. beruht darauf, daß ein dem Bauteil geometr. ähnliches Modell aus durchsichtigem Kunststoff nachgebildet u. der Wirklichkeit entsprechend belastet wird. Im unbelasteten Zustand sind die Kunstharze opt. isotrop, im Zustand einer mechan. Belastung dagegen anisotrop. Sie zeigen dann eine Doppelbrechung der sie durchlaufenden Lichtstrahlen, die bei Verwendung von polarisiertem Licht durch Interferenzerscheinungen erkennbar ist. Der durch die Doppelbrechung ausgelöste Gangunterschied ist proportional der Beanspruchung (Hauptschubspannung). Die meist in Form von Linien auftretenden dunklen Stellen sind Linien gleicher Beanspruchung. Die sich ergebenden Bilder veranschaulichen die Spannungsverteilung im Modell. (Industrie-Anz. **73.** 988—91. 9/11. 1951.) W. Wesly. 5063

Milton R. Baker und **Bert L. Vallee**, *Die Cyan–Sauerstoff-Flamme als spektrochemische Lichtquelle.* Es wird eine Lichtquelle, die höhere Niveaus als die der Alkali- u. Alkalierdmetalle anregen kann, gesucht. Die Temp. der $(CN)_2$–O_2-Flamme wurde bei gleichen Mol-Anteilen zu $(4640 \pm 150)^0$ K, der höchsten durch eine chem. Rk. erzielbaren Temp. gefunden, in guter Übereinstimmung mit der zu $(4825 \pm 50)^0$ K berechneten. Es wurde die spektrochem. Analyse folgender Elemente mit hoher Anregungsenergie durchgeführt: *Ca, Co, Cr, Cu, Fe, Mg, Mn, Ni, Pb* u. *Sr*. Die zu untersuchende Substanz wird als feiner Nebel in den Brenner eingeführt. Die Ergebnisse zeigen, daß die $(CN)_2$–O_2-Flamme die empfindliche spektrochem. Best. von auf andere Weise schwer anzuregenden Elementen erlaubt. (J. opt. Soc. America **45.** 773. Sept. 1955. Boston, Mass., Harvard Med. School, Dep. of Med., Biophys. Res. Labor., u. Peter Bent Brigham Hosp.) H. Lindberg. 5063

B. Večerek und **O. Skovroňský**, *Titrationsfluorometer.* Es wurde ein Titrationsfluorometer konstruiert. Das Titrationsgefäß, dessen Inhalt mit einem magnet. Rührer gerührt wird, wird mit UV-Licht belichtet. Die UV-Strahlen gehen durch das Gefäß, dann durch ein Filter u. zuletzt fallen sie auf eine Photozelle. Das Filter u. die Photozelle sind dieselben wie die in dem Lange-Photocolorimeter angewandten. Das Filter wird gemäß der Fluorescenzfarbe gewählt. Man kann nicht das blaue Filter anwenden, da dieses zu viel UV-Strahlen durchläßt. Das minimale Flüssigkeitsvol., das in diesem Gefäß titriert werden kann, ist 30 ml. (Chem. Listy **47.** 272. Febr. 1953. Praha, Karlova Univ., I. ústav pro lékařskou chem.) K. Setínek/Prag. 5063

L. Jenšovský, *Automatisierung der derivierten potentiometrischen Titrationen.* Für die Registrierung des Verlaufes der potentiometr. Titrationen wurde eine Einrichtung, die gewöhnlich beim Polarographen benutzt wird, angewandt. Die Registrierung des Potentials der Indicatorelektrode während der Titration wurde mit Hilfe von zwei Spiegelgalvanometern u. Photopapierstreifen durchgeführt. Das erste Galvanometer zeigt den Verlauf des Potentials, das zweite registriert seine Ableitung. Mit einer solchen Einrichtung ist es möglich, sehr genau die Äquivalenz zu bestimmen. Anstatt der gewöhnlichen Bürette wurde eine Injektionsspritze angewendet. Die Dosierung der Titrations-Fl. aus der Injektionsspritze wurde so vorgenommen, daß nach dem Abmessen eines gewissen kleinen Flüssigkeitsvol. der Polarograph mit einer Lampe belichtet wird u. so die Abszissen auf dem Photopapier registriert werden. Im Falle der Redoxsysteme wurde als Indicatorelektrode eine glänzende Pt-Elektrode angewandt, im Falle der acidimetr. u. alkalimetr. Titrationen wurden Chinhydron- oder Ta-Elektroden benutzt. Auch bei Titrationen, bei welchen der Umkehrpunkt nicht gut sichtbar ist, beträgt der größte Fehler dieser Einrichtung höchstens 0,5%. (Chem. Listy **47.** 334—39. März 1953. Praha, Karlova Univ., Ústav pro anorgan. chem.) K. Setínek/Prag. 5066

Ernest Grunwald, *Berechnung des Endpunktes bei konduktometrischen und photometrischen Titrationen.* Vf. entwickelt eine Meth. zur Berechnung von Äquivalenzpunkten bei konduktometr. u. photometr. Titrationen, bei denen unscharfe Knickpunkte auftreten. Die Meth. benutzt den gekrümmten Teil der Titrationskurve in der Nähe des Äquivalenzpunktes. Endpunktsfehler, die von Änderungen der Äquivalentleitfähigkeit, von Abweichungen vom Beerschen Gesetz u. systemat. experimentellen Fehlern herrühren, werden verringert, ohne daß zusätzliche Meßwerte nötig sind. Der Endpunkt kann bis auf 0,5% genau erhalten werden, selbst wenn nach anderen Bestimmungsmethoden Fehler von 10% auftraten. (Analytic. Chem. **28.** 1112—16. Juli 1956. Rehovoth, Weizmann Inst. of Sci.) H. Müller. 5066

W. A. Sarinski und **D. I. Koschkin,** *Hochfrequenztitration.* 1. Mitt. Es wird eine Versuchsanordnung für Hochfrequenztitrationen beschrieben, bei der die Meßzelle mit 2 Metallstreifen oder mit einer Metallspirale umkleidet ist, durch die der Hochfrequenzstrom geleitet wird, dessen Quelle ein Generator für 4 MHz, stabilisiert mit krist. Quarz, bildete. Gemessen wird die Kapazität oder der Widerstand des Elektrolyten während der Titration, im behandelten Falle jedoch die Stärke des durch die Lsg. hindurchgehenden Hochfrequenzstromes (Mikroamperemeter). An einfachen Beispielen aus der Acidoalkalimetrie, der Oxydoreduktionstitration sowie der Fällung-Rkk. wird die Anwendbarkeit der App. bei Titrationen nachgewiesen. (Журнал Аналитической Химии [J. analyt. Chem.] **9.** 29—36. Jan./Febr. 1954. Moskau, Vernadsky-Inst. für Geochem. u. analyt. Chem. der Akad. der Wiss. der UdSSR.) A. v. Wilpert. 5066

B. Vlček, *Diskontinuierlich rotierende Elektrode.* Für polarograph. Unters. sich folgender Rkk. (hauptsächlich bei der Oxydation organ. Stoffe) wurde eine Pt-Drahtelektrode entwickelt. Diese wird in ruhiger Umgebung als stationäre Elektrode polarisiert; in regelmäßigen Zeitabständen (1—6 Sek.) verschiebt sie sich jedoch sprunghaft in der Lsg. um ca. 2 mm, so daß der Konzentrationsgradient behoben u. der Strom zeitlich unabhängig wird. Immer während der Ruhezeit kann infolge Umschaltung zwischen zwei Potentialen ein Oxydations-Reduktions-Cyclus verlaufen, was an der üblichen Rotations- oder Vibrationselektrode unmöglich ist. (Chem. Listy **47.** 1224—25. Aug. 1953. Praha, Výzk. ústav zvukové, obrazové a reprodukční techn.) K. Setínek/Prag. 5066

L. Šerák, *Polarographische Zelle mit durch Cellophan getrennter Bezugselektrode.* Es wird eine Elektrolysenzelle beschrieben, deren Bezugselektrode durch Cellophan von der Versuchslsg. getrennt ist. (Modifikation der Zelle nach Novák, Collect. Trav. chim. Tchécoslov. **12.** [1947.] 237). Der Widerstand ist sehr klein. (Chem. Listy **47.** 86—87. Jan. 1953 [Orig.: tschech.]; Collect. czechoslov. chem. Commun. **18.** 439—41. Aug. 1953 [Orig.: deutsch]. Praha, Českoslov. akad. věd, Polarograf. ústav.) P. Zuman/Prag. 5066

Alexandr Kočent, *Polarographisches Mikrogefäß mit getrennter unpolarisierbarer Bezugselektrode.* Es wird ein Gefäß mit Hg-Verschluß (Modifikation der Zelle nach Kalousek) beschrieben. Dieses Gefäß ermöglicht eine polarograph. Aufnahme unter O_2-Abschluß u. mit getrennter Gegenelektrode in 20—50 μl Lösung. (Chem. Listy **47.** 174—77. Febr. 1953. Brno, Radiol. ústav.) P. Zuman/Prag. 5066

J. Mojžíš, *Mechanischer Tropfenabreißer in der Polarographie.* Es wurde ein elektron. Stromimpulsgenerator konstruiert, der zur Erzielung geregelten Abtropfens aus einer Capillare oder zur Synchronisierung mehrerer Capillaren benutzt werden kann. (Chem. Listy **50.** 318—19. Febr. 1956. Praha, Výzkumn. ústav pro elektrotechn. fys.) P. Zuman/Prag. 5066

a) Elemente u. anorganische Verbindungen.

Rudolf Přibil, *Neue Möglichkeiten der qualitativen Halbmikroanalyse.* Zur Maskierung störender Elemente u. zum direkten Nachw. einiger Kationen in der qualitativen Halbmikroanalyse, bes. bei Tüpfelanalysen, eignet sich vortrefflich infolge ihres starken Komplexbildungsvermögens die *Äthylendiamintetraessigsäure* (*Komplexon II*), bzw. ihr Dinatriumsalz (*Komplexon III*) (**I**), durch deren Verwendung das halbmikroanalyt. Verf. vereinfacht u. zugleich neue selektive Trennungen ermöglicht werden. Mit einigen dreiwertigen Kationen, z. B. Cr^{3+}, Co^{3+} u. Mn^{3+}, bildet **I** intensiv gefärbte Komplexe, welche von Vf. u. Mitarbeitern bereits zur colorimetr. Best. benutzt u. auch zum Nachw. dieser Elemente verwendet werden konnten. Der größte Vorteil von **I** als Maskierungsreagens besteht in der prakt. augenblicklichen u. stöchiometr. Bldg. von Metallkomplexonaten (mit Ausnahme von Cr); es erübrigt sich daher, das Reagens in großem Überschuß anzuwenden, welcher bei anderen Komplexbildnern (Cyanide, Weinsäure u. a.) unentbehrlich ist. Die Rkk. einzelner Kationen mit den wichtigsten Reagentien verlaufen in

Ggw. von **I** wie folgt: Rkk. mit Cl^-: In Ggw. von **I** werden in essigsaurer Lsg. (e. Lsg.) nur Ag u. Tl gefällt, in ammoniakal. Lsg. (a. Lsg.) findet keine Fällung statt. Rkk. mit J^-: In e. Lsg. werden nur Ag u. Tl, in a. Lsg. nur Ag gefällt, wodurch ein selektiver Nachw. von Ag u. Tl ermöglicht wird. Rkk. mit CrO_4^-: In e. Lsg. werden nur Tl u. Ba ausgeschieden. Rkk. mit SO_4^{2-}: In e. Lsg. werden Erdalkalimetalle gefällt u. können so getrennt werden. Rkk. mit $C_2O_4^{2-}$: In e. Lsg. werden lediglich Ca u. Sr, bzw. auch Ba gefällt. Auch dies kann zur Trennung der Erdalkalien verwendet werden. Rkk. mit NH_3: Mit Ausnahme von Sb(III), Sn(IV), Be, Ti u. U werden die übrigen Kationen nicht gefällt, wodurch eine neue analyt. Gruppe gebildet u. die Trennung vereinfacht wird. Rkk. mit NaOH: Es werden U, Ti, Fe(III), Bi u. Th, bzw. Hf u. Zr gefällt. In einigen Fällen können jedoch Komplikationen entstehen. In sehr stark alkal. Lsgg. tritt in Ggw. von Ag, Hg u. Sb(III) Red. von Ag u. Hg ein, welche zum orientierenden Nachw. dieser drei Elemente ausgenutzt werden kann. Rkk. mit H_2S-W.: In e. Lsg. werden Tl, Ag, Hg, Bi (As, Sb, Sn) sofort, Cu u. Cd nach längerer Zeit, Pb aber nicht gefällt. In schwach alkal. Cyanidlsg. kann z. B. Cd neben Pb u. Cu, bzw. As oder Sn mit H_2S–W. nachgewiesen werden. Rkk. mit $(NH_4)_2S$: Es wird nur die sogenannte 1. analyt. Gruppe nach KŘEPELKA („Die qualitative chem. Analyse“, Prag 1947), jedoch nicht As, Sb, Sn, Fe, Ni, Co, Mn u. Zn gefällt. Hierdurch wird die direkte Trennung der 1. Gruppe mit $(NH_4)_2S$ anstatt H_2S ermöglicht. Rkk. mit Na_2S: Sie sind ähnlich jenen mit $(NH_4)_2S$ mit dem Unterschied, daß mit Na_2S auch Fe u. Zn gefällt werden. Nachteilig ist die koll. Form von FeS. Na_2S kann zum Nachw. von Zn, Ni, Mn u. Co verwandt werden. Rkk. mit *Diphenylthiocarbazon* (*Dithizon*) vgl. VAŠÁK u. ŠEDIVEC (C. **1954.** 384). Rkk. mit *8-Oxychinolin* (*Oxin*): In essigsaurer NH_4-Acetatlsg. kann eine sehr selektive Fällung von Mo oder W neben ca. 25 Elementen durchgeführt werden. Rkk. mit *Mercaptophenylthiothiodiazolon* (*Bismuthiol II, Bismuton*): In a. Lsg. scheidet sich nur Hg, Ag u. Tl aus, wobei die Rk. mit Hg quantitativ ist. Rkk. mit *diäthyldithiocarbaminsaurem Natrium* (*Cupral*): In a. Lsg. werden lediglich Kationen der 1. Gruppe gefällt; dies kann zu ihrer Trennung u. zum Nachw. dienen. Vf. führt zum Schluß eine schemat. Übersicht des Verf. bei Trennung u. Nachw. einiger Kationen durch Tüpfel-Rkk. unter Verwendung von **I** an. (Chem. Listy **45.** 57—62. Febr. 1951 [Orig.: tschech.]; Collect. czechoslov. chem. Commun. **16.** 542—53. 1952 [Orig.: engl.]. Prag, Karls-Univ., Inst. für analyt. Chem.) K. KÁMEN/Prag. 5106

Donald J. Cole und **David W. Wilson,** *Die Entfernung von Phosphat als Zirkoniumphosphat in der qualitativen Analyse.* Auf die Fällung von PO_4^{3-} im Semimikrobereich mit $ZrO(NO_3)_2$ (**I**)-Lsg. hat die Geschwindigkeit der **I**-Zugabe, das Rühren, sowie eine HNO_3-Konz. zwischen 1—8n u. HCl-Konz. unter 1n u. ein Überschuß bis zu 25% **I**-Lsg. keinen Einfluß. — Das Filtrat der H_2S-Gruppe wird auf $<$ 1n an HCl eingestellt, für je 1 ml Lsg. wird 0,2 g NH_4Cl zugegeben. Eine 10%ig. **I**-Lsg. in HNO_3 wird in geringem Überschuß zugefügt, es wird erhitzt, aufgekocht, zentrifugiert, abdekantiert; überschüssiges Zr stört nicht im weiteren Trennungsgang. (Analyst **79.** 174—76. März 1954. London, Menley & James Ltd., Sir John Cass Coll.) H.-G. MOSLÉ. 5106

Charles H. Lueck und **D. F. Boltz,** *Spektrophotometrische Untersuchung der verbesserten Molybdänblaumethode für Phosphor.* Vff. bringen eine systemat. Unters. der quantitativen P-Best. nach der Molybdänblaumethode. PO_4^{3-} wird als *Phosphomolybdänsäure* mit *Isobutanol, n-Butanol* oder anderen nicht mit W. mischbaren Alkoholen extrahiert u. in alkoh. Lsg. mit $SnCl_2$-Lsg. in HCl zum Molybdänblau reduziert. Dessen Absorptionsspektr. in alkoh. Lsg. ist von dem in wss. Lsg. verschieden, die Hauptbanden liegen bei 625 u. 725 mμ. Das Syst. gehorcht im optimalen Konzentrationsbereich von 0,0001—0,0013% P dem BEERschen Gesetz, wenn die Messungen bei 725 mμ u. in 1 cm-Küvetten vorgenommen werden. Vff. geben den Einfl. der Lösungsvariablen, bes. einiger Ionen an. Die Störung durch As u. Ge kann durch Verdampfen derselben als Bromiden beseitigt werden. Die Meth. wird auf verschied. Stahlsorten angewendet u. zeigt bei P-Gehh. von 0,01—0,1% einen Absolutfehler von —0,002%. (Analytic. Chem. **28.** 1168—71. Juli 1956. Detroit, Mich., Wayne State Univ.) H. MÜLLER. G 264

Russell N. Bell, A. R. Wreath und **William T. Curless,** *Bestimmung von Natriumtriphosphat. Verbesserung der Zinktitrationsmethode.* Vff. verbessern die Meth. von BELL (Analytic. Chem. **19.** [1947.] 97) zur Best. von $Na_5P_3O_{10}$ u. $Na_4P_2O_7$ neben Ortho- u. Metaphosphorsäure. 0,5 g Probe wird zuerst mit 1n, dann mit 0,1n HCl genau auf p_H 3,8 eingestellt, auf 100 $\pm$ 2 ml mit W. verd., die Lsg. mit 70 ml 12,5% ig. $ZnSO_4 \cdot 7\,H_2O$-Lsg. versetzt u. unter Verwendung von Bromphenolblau als Indicator in einem mit einer Glaselektrode versehenen p_H-Meter mit 0,1n NaOH bis zum p_H 3,8 titriert. Reaktionstemp. 25 $\pm$ 1°. Der Nd. von $Zn_2P_2O_7$ wird 30—60 Min. stehengelassen, abfiltriert, gewaschen, durch Lösen in HCl, Zugabe von 25 ml $ZnSO_4$-Lsg. u. Einstellen mit 0,1nNaOH auf p_H 3,8 umgefällt, filtriert, bei 900° geglüht u. als $Zn_2P_2O_7$ gewogen. Bei der Berechnung von $Na_5P_3O_{10}$ aus der Titration muß mit dem Faktor 0,0252 multipliziert werden. (Analytic. Chem. **24.** 1997—98. Dez. 1952. Chicago Heights, Victor Chem. Works, Res. Labor.) H.-M. Barchet. G 264

A. Simon und **E. Steger,** *Die mikrochemische Identifizierung der kondensierten Phosphate.* Vff. beschreiben einen mikrochem. Nachw. von *Ortho-* u. *Pyrophosphat* sowie von *Tri-*, *Trimeta-* u. *Tetrametaphosphat* mit Kobalthexamminchlorid. Bringt man ein Körnchen Substanz mit je einem Tropfen verd. Essigsäure u. gesätt. Reagenslsg. auf einen Objektträger, so erhält man von PO_4^{3-}-Rhomboeder, aus verdünnteren Lsgg. auch flächenreichere Formen. $P_2O_7^{4-}$ gibt rhomb. Plättchen, $P_3O_{10}^{5-}$ blattartig-dünne Nadeln, meist verzwillingt, in konzentrierteren Lsgg. zu stacheligen Kugeln vereinigt. Die Fällung des $P_3O_9^{3-}$ erscheint langsam in rechteckigen Säulen, während $P_4O_{12}^{4-}$ dünne Rhomboidblätter bildet, die in Richtung der Diagonalen verwachsen sind. GegenseitigeVerunreinigungen u. Beimengungen geben im allg. gestörte Formen. Nebeneinander lassen sich nur $P_2O_7^{4-}$ u. $P_4O_{12}^{4-}$ nachweisen. Mit Hilfe dieser Meth. fanden die Vff., daß Tetrametaphosphat beim längeren Stehen (18 Monate) in wss. Lsg. sich weitgehend in Trimetaphosphat umwandelt. (Naturwissenschaften **42.** 604—05. 2. Nov.-H. 1955. Dresden, TH, Inst. für Anorgan. u. Anorgan.-techn. Chem.) C. Gottfried. G 264

Frank M. Biffen, *Bestimmung von Calciumhydroxyd und -carbonat in Calciumsilicathydraten mit der Thermowaage.* Mit der Thermowaage nach Chevenard bestimmt Vf. mit guter Genauigkeit $Ca(OH)_2$ u. $CaCO_3$ in einer Anzahl von Calciumsilicathydraten. Die Resultate sind zuverlässiger als die Extraktionsmeth. für $Ca(OH)_2$ u. die CO_2-Entwicklungsmethode. Es können noch Mengen von 1% $Ca(OH)_2$ oder CO_2 in Substanzproben von ca. 0,5 g bestimmt werden. (Analytic. Chem. **28.** 1133—36. Juli 1956. Manville, N. J., Johns-Manville Res. Center.) H. Müller. G 283

R. V. Paulson und **J. F. Murphy,** *Einfache Indicatormethode zur Bestimmung von Aluminium.* Aluminatlsgg. werden bis zum Auftreten von AlO_2^- mit HCl neutralisiert, mit F^- versetzt u. die nach $AlO_2^- + 2\,H_2O + 6\,F^- = AlF_6^{3-} + 4\,OH^-$ entstehenden OH-Ionen ebenfalls mit HCl titriert. Als Indicator dient eine Mischung von 2 Teilen 0,1%ig. *Thymolphthalein-* u. 1 Teil 0,1%ig. *Alizaringelb*-Lsg. in Alkohol. Die HCl wird gegen Reinst-Al eingestellt. Die durchschnittlichen Abweichungen sind bis 10 mg Al $<$0,5%, bei 25 mg Al betragen sie 2%. NH_4^+, Cr^{3+} u. Fe^{3+} werden durch Kochen u. Filtrieren entfernt. (Analytic. Chem. **28.** 1182—84. Juli 1956. Spokane, Wash., Kaiser Aluminium and Chem. Corp.) H. Müller. G 294

Miklós Ferenczy, *Untersuchungen zur Bestimmung des Carbidgehaltes des künstlichen Korunds.* Im künstlichem Korund sind nur sehr geringe Carbidmengen vorhanden, deren gasanalyt. Best. unmöglich ist. Die Verbrennung im Sauerstoffstrom in Ggw. von oxydierenden Stoffen (PbO_2, $PbCrO_4$) u. Wägen des in KOH gebundenen CO_2 ist gangbar, doch ist sehr große Umsicht erforderlich. In dieser Weise kann der C-Geh. als „Kohlenstoffzahl" angegeben werden, deren Größe ca. 0,1 beträgt, d. h. 1 g Korund enthält ca. 4 mg Aluminiumcarbid. (Kohászati Lapok **8** (**86**). Nr. 3. Aluminium **5.** 49—52. März 1953.) J. Plank. G 294

W. A. Zimmergakl und **A. M. Wownenko,** *Polarographisches Verhalten von Gallium.* Es wurde festgestellt, daß die Red. von Ga an der Hg-Tropfelektrode in Ggw. von *KCNS* (**I**) bei einem Potential erfolgt, das um 0,3 V nach der positiven Seite im Vgl. zur Chloridlsg. verschoben ist. Bei 80° beträgt die Halbwelle von Ga in Ggw. von **I** u. NH_4Cl (**II**) —0,80 V, ist also um 0,2 V negativer als bei Zn. Die polarograph. quantitative Best. von Ga in Ggw. von Zn, Fe u. Al ist bei hoher Konz. mit einer Genauigkeit von 5% möglich. Es können 0,03 mg Ga in 10 ml Lsg. bestimmt werden. Nach der durch Ae.-Extraktion aus der HCl-Lsg. erfolgten Ga-Trennung von den übrigen Metallen versetzt man die Lsg. nach der Ae.-Vertreibung mit 1 Tropfen 0,1%ig. Tropäolin-Lsg., neutralisiert vorsichtig mit NH_4OH bis zur Gelbfärbung, versetzt mit 0,5—1,0 ml 0,2n HCl (Rosafärbung, p_H 2—2,5), versetzt im 10 ml-Kolben mit 0,5 g **I** u. 1 g **II** u. füllt bis zur Marke auf. Bei dunkelroter Färbung durch Fe(III) wird auf dem Wasserbad bis zur Entfärbung erhitzt oder in der Kälte mit Hg geschüttelt. Die entfärbte Lsg. wird bei 80° polarographiert. (Украинский Химический Журнал [Ukrain. chem. J.] **20.** 564—72. 1954. Inst. für allg. u. anorgan. Chem. der Akad. der Wiss. der UkrSSR.) O. Lebtag. G 295

Věnceslav Patrovský, *Der Nachweis von Gallium mit Salicyliden-o-aminophenol. Salicyliden-o-aminophenol* reagiert nicht nur mit Al (vgl. Holzbecher, C. **1956.** 1395), sondern auch mit Ga. In verd. essigsaurer Lsg. bei p_H 4,5—5,5 entsteht eine intensiv gelbe Fluorescenz. Im UV-Licht kann man noch 8 γ Ga in 50 ml ganz deutlich nachweisen. Die Rk. wird durch gefärbte Ionen, wie Fe^{3+}, Cu^{2+}, Cr^{3+}, Co^{2+}, CrO_4^{2-}, $FeCN_6^{3-}$, MnO_4

u. hohe Konz. von Zn u. In gestört. Auch den tausendfachen Überschuß von Al maskiert man leicht mit Fluorid oder Fluoroborat. Ähnlich werden noch Be, Zr u. Sc maskiert. (Chem. Listy **48.** 537—38. April 1954. Panenské Břežany, Výzk. ústav kovů.) J. HORÁČEK/Prag. G 295

G. Krjuger und **R. R. Schwangiradse,** *Spektrochemische Bestimmung von Praseodym in Lanthan und von Europium in Samarium mit dem Spektrographen mittlerer Dispersion ISsP-22.* Es wurde nachgewiesen, daß es durchaus möglich ist, mit dem Spektrographen ISsP-22 mittlerer Dispersion kleinere Mengen Pr im La (0,3—10%) u. Eu im Sm (0,02 bis 10%) zu bestimmen. Die Anregung erfolgte durch Wechselstrombogen zwischen Cu-Elektroden (Zündung nach SSWENTITZKI), die Linienmessung mit dem Mikrophotometer MF-2. Ausgewählt wurden die Linienpaare Pr II 3908Å/La II 3936,2 Å sowie Eu 3090, 50 Å/Sm II 3900,9 Å (für Konzz. über 3% Eu: Eu 2814,0 Å/Sm 2796,8 Å). Grundlösungsm. $KHSO_4$ (4 Teile auf 1 Teil Oxyd der Seltenen Erden), organ. Verb. stattdessen nicht anwendbar, da CN-Banden auftreten. Eine Doppelanalyse erfordert nur 16 mg Oxyd der Seltenen Erden. Vergleichsanalysen nach dem Strahlungsverf. (Messung der Aktivität des bei Neutronenbestrahlung gebildeten ^{152}Eu, Halbwertszeit 9,3 Std.) ergab + 8,5% Fehler gegenüber —5,2% beim vorgeschlagenen Verf. mit ISsP-22. Belichtung bei Pr 60, Eu 80 Sekunden. (Журнал Аналитической Химии [J. analyt. Chem.] **9.** 11—22. Jan./Febr. 1954.) A. v. WILPERT. G 309

B. Sarma und **J. Gupta,** *Spektrophotometrische Bestimmung von Tantal.* Reines Ta_2O_5 wird mit der 12fachen Menge $KHSO_4$ im Quarztiegel geschmolzen u. nach dem Abkühlen mit gesätt. NH_4-Oxalat-Lsg. extrahiert. Der Ta-Geh. wird gravimetr. mit Tannin bestimmt. — Von dieser Ausgangslsg. werden Proben für Mikrobest. entnommen. — Absorptionskurven im Bereich 340—480 mμ von *Brenzcatechin* (I) in W., vom Ta-I-Komplex (Absorptionsmaximum bei 395 mμ) in Konzz. 200 p.p.m. Ta = 5 mg/25 ml Lsg. u. von Ti-I-Komplex (2,5 mg Ti/25 ml Lsg.) werden aufgenommen. Nb-I zeigt in dem Bereich keine Absorption. Reine I-Lsg. dunkelt nach, nicht aber Ta-I-Lsg.; mit steigendem I-Geh. nimmt die Absorption zu. — Meth.: Zur Lsg. (1—5 mg Ta enthaltend) werden 5 ml 10%ig. I-Lsg. in W. gegeben, dann 5 ml 1n HCl u. gesätt. NH_4-Oxalat-Lsg. + W., auf 25 ml aufgefüllt. Bei 395 u. 385 mμ wird die Absorption gemessen. Das BEERsche Gesetz wird befolgt. Nb stört nicht, Ti stark, PO_4^{3-}, F^-, Tartrat zerstören den Farbkomplex, $HClO_4$ u. H_2SO_4 fällen Ta_2O_5, HNO_3 oxydiert; nur HCl ist verwendbar. — Der Ta-I-Komplex enthält Ta_2O_5 : I im Verhältnis 1 : 1. (J. Indian chem. Soc. **32.** 285—90. Mai 1955. Poona, Nat. Chem. Labor. of India.) H.-G. MOSLÉ. G 332

W. D. Treadwell, H. Guyer, Renate Hauser und **G. Bischofberger,** *Zur Bestimmung von Niob und Tantal in Columbit und Euxenit.* Es wird ein vollständiges Analysenverf. für Columbit u. Euxenit angegeben unter besonderer Berücksichtigung von Nb u. Ta. 1 g zuvor bei 1000° geglühtes Mineral wird in einem Quarzschiffchen in einem mit LIEBIG-Kühler verbundenen Sublimationsrohr 8 Std. bei 500° mit einem Gemisch von CCl_4 + HCl aufgeschlossen. Dabei bleiben die Chloride der Seltenen Erden u. des Mn im Rückstand, diejenigen von Nb, Ta, U u. Fe sublimieren in das 2. Drittel des Sublimationsrohres, $TiCl_4$ dest. in eine hinter den LIEBIG-Kühler geschaltete Vorlage. Das Chloridsublimat wird mit 10%ig. H_2SO_4 + 3%ig. H_2O_2 aus dem Sublimationsrohr herausgelöst, die Erdsäuren aus der Lsg. durch Einleiten von SO_2 gefällt u. zu den Oxyden verglüht. Im Filtrat werden Fe u. U durch potentiometr. Titration mit $KMnO_4$ simultan bestimmt (nach vorherigem Verkochen von SO_2 u. Red. im Cd-Reduktor). Die Best. des Nb_2O_5-Geh. im Gemisch der Erdsäureoxyde erfolgt nach dem Aufschluß mit HF u. H_2SO_4 bzw. mit $KHSO_4$ in der Weise, daß die Lsg. mit Zn, Cd oder elektrolyt. red. wird u. das hierbei in niedrigere Valenzstufen übergehende Nb potentiometr. mit $KMnO_4$ titriert wird. Als weitere Alternative wird die spektralanalyt. Nb/Ta-Best. vorgeschlagen durch Best. der Intensität von Nb 2927 u. 2176 Å, sowie von Ta 2933 u. 2714 Å. Die Anregung erfolgt im Funken oder im Hochspannungsbogen. Die von verschied. Autoren vorgeschlagenen Verff. für die reduktometr. Nb-Best. werden miteinander verglichen, eine Titrierbirne für die Titration der luftempfindlichen red. Nb-Lsg. wird beschrieben. (Helv. chim. Acta **35.** 2248—59. 1/12. 1952. Zürich, ETH, Labor. für anorgan. Chem.) F. WEIGEL. G 332

M. J. Cabell und **I. Milner,** *Die quantitative Trennung und Bestimmung von Tantal und Niob durch Anionenaustauschchromatographie.* Nb u. Ta können auf einer Säule von „*Deacidite FF*" quantitativ getrennt werden: Man schließt die Probe mit $KHSO_4$ auf, reinigt durch Umfällen u. löst den Nd. in einem Säuregemisch, das 3 mol. an HCl u. 0,1 mol. an HF ist. Dann bringt man die Lsg. auf die Säule u. eluiert das Nb mit dem gleichen Lösungsmittel. Ta wird anschließend mit einer 4 mol. NH_4Cl-1 mol. NH_4F-Lsg. abgelöst. Die Elemente werden als Oxyde bestimmt. An Verunreinigungen begleiten Fe,

Ti u. W z. T. das Nb, Sn das Ta. Ein Möglichkeit zur Trennung Nb–W mit 9mol. HCl–0,1mol. HF-Lsg. wird angeführt. Etwas modifiziert läßt sich die Meth. zur Gewinnung von reinstem Nb in Grammbeträgen verwenden. (Analytica chim. Acta [Amsterdam] **13.** 258–67. Sept. 1955. Harwell, Berks., Atomic Res. Establ., Analyt. Chem. Group.) F. UMLAND. G 332

K. W. Troitzki, *Untersuchung der Extraktion von Chrom als Überchromsäure durch Äther.* Beim Extrahieren von Mikromengen Cr (33,3 γ/ml) mit Ae. in Ggw. von Säure wurden die besten Ergebnisse mit HCl erhalten: 2–0,02%ig. HCl u. H_2O_2 extrahieren 74–98% Cr als Überchromsäure (optimal mit 0,15–0,25%ig. HCl u. H_2O_2); in Ggw. von HNO_3 werden 67–75% Cr durch 2,0–0,04%ig. HNO_3 u. H_2O_2 extrahiert; 0,5–0,05%ig. H_2SO_4 u. H_2O_2 extrahierten 65–77% der Mikro-Cr-Menge; die Extraktion durch H_2SO_4 wird jedoch als ungünstiger im Vgl. mit HNO_3 (u. HCl) bezeichnet. Gesamtvol. Ae./Vol. der Prüflsg. soll 1 : 3 sein. Trocknes K-Chromat u. -Bichromat sowie neutrale u. saure Cr^{3+}- u. Cr^{6+}-Lsgg. werden in Abwesenheit von H_2O_2 nicht extrahiert, d. h. es ist kein Cr^{6+} mit Diphenylcarbazid im Ae.-Extrakt nachweisbar. Überschuß an H_2O_2 zerstört (entfärbt) das Perchromat: 4–8%ig. H_2O_2 gibt zwar Blaufärbung, die jedoch beim Umschütteln verschwindet. Nach der Extraktion wurde eine Probe der Säureschicht mit festem Na_2O_2 eingedampft ($Cr^{3+} \rightarrow Cr_6{}^+$), mit 0,2n HCl angesäuert, 5 Min. umgerührt, 1 ml 0,25%ig. Diphenylcarbazidlsg. zugesetzt u. das (nicht extrahierte) Cr im DUBOSQ colorimetriert; die Best. des Cr^{6+} vor der Extraktion erfolgte gleichfalls mit Diphenylcarbazid. (Журнал Аналитической Химии [J. analyt. Chem.] **9.** 51–55. Jan./Febr. 1954. Moskau, Vernadsky-Inst. für Geochem. u. analyt. Chem. der Akad. der Wiss. der UdSSR.) A. v. WILPERT. G 335

Maximilian Steiner und **Heinrich Kawinski,** *Verbesserung der CrO_3-Oxydationsmethode für analytische Zwecke.* Cr(III) läßt sich bei Red. aus Cr(VI) spektralphotometr. bei 585 mμ bestimmen. Daraus ist die Berechnung oxydierter organ. Substanz möglich. Das Syst. folgt bei der angegebenen Wellenlänge völlig dem LAMBERT-BEERschen Gesetz. Eine Störung durch den violetten Cr(III)-Hydratkomplex wird durch kurzes Aufkochen u. sofortiges Abkühlen vermieden. Als Vergleichslsg. dient bei geringer Cr(III)-Menge eine die eingesetzte Menge Cr(IV) in 50 ml enthaltende Lsg., bei größeren Cr(III)-Mengen Wasser. (Naturwissenschaften **42.** 344. 1. Juni-H. 1955. Bonn, Pharmakognost. Inst.) PH. FRESENIUS. G 335

B. P. Gyani und **S. N. Prasad,** *Reduktion von Kaliumdichromat durch Kaliumjodid in Gegenwart von Schwefel- und Salzsäure.* Vff. untersuchen die jodometr. Best. von $Cr_2O_7{}^{2-}$ im Hinblick auf den Reaktionsmechanismus in Ggw. von HCl u. H_2SO_4 potentiometrisch. In Ggw. von H_2SO_4 verläuft die Rk. langsam nach $K_2O + Cr_2O_3 + 3\,O + 6\,KJ \rightarrow 4\,K_2O + 3\,J_2 + Cr_2O_3$; in Ggw. von HCl nach $K_2O + Cr_2O_3 \cdot 3\,O + 3\,KJ + 3\,HCl \rightarrow 2{,}5\,K_2O + 1{,}5\,H_2O + 3\,JCl + Cr_2O_3$ u. $3\,JCl + 3\,J^- \rightarrow 3\,J_2 + 3\,Cl^-$, diese Rkk. verlaufen schnell. JCl-Verbb. konnten nachgewiesen werden. Vff. empfehlen für Schnellanalysen in n/2 HCl-Lsg. zu arbeiten. (J. Indian chem. Soc. **32.** 313–16. Mai 1955. Patna, Sci. Coll., Chem. Dep.) H.-G. MOSLÉ. G 335

O. A. Ssongina, W. S. Kotljarskaja und **A. P. Wolloschnikowa,** *Über die Reduktion von Molybdat- und Wolframationen an einer Platin-Mikroelektrode sowie über ihre amperometrische Bestimmung.* In amperometr. Verss. mit rotierender Pt-Mikroelektrode wird gezeigt, daß Ag- u. Au-Ionen die Red. der Molybdat- u. Wolframationen begünstigen; Cu-Ionen wirken ähnlich, jedoch schwächer, während die Ionen der Fe-Gruppe u. Hg-Ionen keinen Einfl. auf die Red. der Wolframate u. Molybdate ausüben. Mit $AgNO_3$ lassen sich Molybdate u. Wolframate nicht titrieren (Ergebnisse nicht reproduzierbar). Das Gleichgewichtspotential des Syst. Ag^+/Ag verschiebt sich in Ggw. von Molybdaten u. Wolframaten in Richtung negativerer Werte (um ca. 40 mV). Hingegen lassen sich Wolframate u. Molybdate mit Salzen des Hg^+ gut titrieren; während der Titration bildet sich kein Nd. auf der Elektrode; erst nach Erreichung des Äquivalenzpunktes setzt sich an der Kathode metall. Hg (grau) ab; aus der Lsg. fallen Hg-Wolframat- u. -Molybdat aus (gelbliche Ndd.). (Известия Академии Наук Казахской ССР, Серия Химическая [Nachr. Akad. Wiss. KasachSSR, Ser. Chem.] **1955.** Nr. 8. 77–83.) A. v. WILPERT. G 337

I. M. Korenman und **E. I. Lewina,** *Spezifische Gruppierung von Atomen in Reagentien auf Wolframate.* Aus den bekannten Farb-Rkk. des W mit organ. Verbb. — 5 Derivv. der Salicylsäure — findet Vf. das Vorliegen einer bestimmten Atomgruppierung in allen diesen organ. Verbb.: 1–2 Tropfen 1%ig. W-Lsg. werden mit 1 Tropfen Reagens, 1–2 Tropfen n. NaOH u. 3–4 Tropfen 2n HCl in einer Porzellanschale zur Trockne eingedampft u. die Färbung beobachtet. Zur Prüfung der Richtigkeit der gefundenen Gruppierung wurden neue Verss. mit Alizarin, Tropäolin 0, Aluminon, Oxin, ferner mit Brenzcatechin, α-Benzoinoxim u. Harnsäure (Rkk. mit Curcumin u. Azofarbstoffen, als

Derivv. der letztgenannten 3 Verbb. aufgefaßt) durchgeführt. Die gefundene spezif. Gruppierung ist: $-\underset{\mathrm{HO}}{\mathrm{C}}-\mathrm{C}^*-\underset{\mathrm{X}}{\mathrm{C}}$, wobei X = O oder N sein u. C* fortbleiben kann, ohne daß die Farb-Rk. nicht einträte. Die C-Atome der Gruppierung können zu aliphat. oder cycl. Verbb. gehören; der Chemismus der Farb-Rk. besteht anscheinend in der Bldg. von 5- oder 6gliedrigen heterocycl. Wolframsäureestern (inneren Komplexverbb.). (Журнал Аналитической Химии [J. analyt. Chem.] **9.** 170—74. Mai/Juni 1954. Gorki, Univ.) A. v. WILPERT. G 337

A. A. Smales, *Die Bestimmung geringer Mengen Uran in Gesteinen und Mineralien mittels Radioaktivierung.* Die Best. äußerst kleiner Mengen (einige Mikrogramm) U in Mineralien u. Gesteinen mittels Neutronenbestrahlung u. nachfolgender radiochem. Abtrennung u. Messung des bei der Spaltung entstehenden Ba wird beschrieben. Das Verf. wird bei einer Anzahl von Mineralien verschied. Arten, die nur sehr geringe Mengen U (bis herunter zu 0,0003%) enthalten, angewendet. Die dabei verwendeten Probenmengen betragen $<$ 0,5 g. Die Ergebnisse zeigen gute Übereinstimmung mit den bei den üblichen Analysenmethoden an größeren Versuchsmengen gefundenen Werten. Das Verf. empfiehlt sich bes. für Unterss., bei denen die zur Verfügung stehenden Probenmengen klein sind, z. B. für geolog. Altersbestimmungen an einzelnen, von ihrem Muttergestein getrennten Mineralien. Die Vorzüge des neuen Verf. gegenüber den bekannten Methoden werden erläutert. (Analyst **77.** 778—89. Nov. 1952. Harwell, Didcot, Berks., Atomic Energy Res. Establ.) H. GEDSCHOLD. G 339

Peter Wehber, *Zur maßanalytischen Eisenbestimmung nach vorangegangener Reduktion mit Zinn(II)-chlorid.* Fe(III)-Lsgg. werden mit $SnCl_2$-Lsg. reduziert. Der Überschuß an $SnCl_2$ wird mit $K_2Cr_2O_7$ zunächst gegen Kakothelin oxydiert u. anschließend der Fe-Geh. durch Titration mit Bichromat gegen Diphenylaminsulfonsäure bestimmt. (Angew. Chem. **66.** 271—73. 21/5. 1954. Hamburg-Wilhelmsburg, Unters.-Labor. der Metallhütte Mark.) A.-M. FRETZDORFF. G 354

G. Ss. Goldberg, *Tüpfelreaktion auf Kobalt. Thioharnstoff* **(I)** gibt mit Co eine empfindliche Blaufärbung (verd.: blaugrün bis grün), am empfindlichsten beim Zerreiben des festen Prüfstoffs mit 2—3 Kriställchen **I**: Mindestmenge 0,31 μg Co, Mindestkonz. 1 : 460000; Zusatz eines Tropfens Aceton erhöht ein wenig die Empfindlichkeit. Beim Benetzen von festem **I** mit 1—2 Tropfen Prüflsg. u. Erhitzen sinken die Minima auf 1,25 μg Co u. 1 : 40000. Ist sowohl Prüflsg. als auch **I** in gesätt. Lsg., vermischt man je 1 ml davon, erhitzt zum Sieden, benetzt damit Filtrierpapier u. trocknet, es ergeben sich die Minima 2,5 μg u. 1 : 20000. — Die Rk wird wesentlich nur durch Bi (grell-gelborange Färbung) gestört, unwesentlich durch die Eigenfärbung der Cu^{2+}-,Ni^{2+}- u. Cr^{3-}-Ionen; Cu kann durch **I** als weißer Nd. ausgefällt werden u. stört dann nicht; Ni u. Cr (1 : 20 Teilen Co) vermindern jedoch die Empfindlichkeit der Rk. auf 1,4 μg Co; weitere 26 der verbreitetsten Ionen (darunter auch Rb, Cs, Ce, Zr, Th) stören nicht, unabhängig von deren Menge, senken auch nicht die Empfindlichkeit. (Журнал Аналитической Химии [J. analyt. Chem.] **9.** 56—57. Jan./Febr. 1954. Leningrad, Stomatolog. Med. Inst.) A. v. WILPERT. G 355

S. V. Vaeck, *Quantitative anorganische Papierchromatographie. Direkte Bestimmung des Kobalts durch eine Abtastmethode.* (Vgl. C. **1954.** 3993 u. 6296.) Vf. untersucht Möglichkeit u. Genauigkeit einer direkten quantitativen Papierchromatographie für Ionen mit einem R_f-Wert wesentlich über Null mittels einer direkten photometr. Abtastmeth. am Beispiel des Co. Man mißt im Bereich des Farbflecks die Durchlässigkeit des Papierstreifens bei 422 mμ im Abstand von 1 mm mit einem Photovolt Mod. 525-Densitometer oder dem BECKMAN DU-Spektrophotometer, für das ein Zusatzgerät zur kontinuierlichen Führung des Papierstreifens beschrieben wird. Eine ausreichende Durchlässigkeit besitzt WHATMAN Nr. 1-Papier. Die Extinktionskurven werden aufgezeichnet, die Fläche unter den Maxima planimetriert u. mit Leitchromatogrammen verglichen. Man erhält auf diese Weise im Bereich 0,4—2 γ Co nahezu geradlinige Eichkurven. Vgl. der Höhe der Maxima mit der angewandten Co-Menge ergibt dagegen ungenauere Werte u. gebogene Eichkurven. — Zur Chromatographie verwendet Vf. eine Mischung aus 30 ml n-Butanol, 36 ml Aceton, 12 ml 25%ig. HCl u. 2 ml Acetylaceton. Zur Sichtbarmachung der Flecken dient eine 0,03%ig. Lsg. von Rubeanwasserstoffsäure in A., die 3% konz. NH_3 enthält. Nach der beschriebenen Meth. ist es möglich, Co in Legierungen mit mindestens 0,2% Co auf 5% genau zu bestimmen. (Analytica chim. Acta [Amsterdam] **12.** 443—54. Mai 1955. Bruxelles, Labor. Central du Ministère des Affaires Econom.) F. UMLAND. G 355

Edward Lyons, *β-Mercaptopropionsäure als colorimetrisches Reagens zur Kobaltbestimmung. β-Mercaptopropionsäure* **(I)** gibt mit Co(II)-Salzlsgg. beim Alkalisieren mit NH_4OH eine tiefgrüne Färbung, die zum qualitativen Nachw. u. zur quantitativen Best.

dienen kann (Grenze ca. $< 0{,}25$ mg-%). Die Grünfärbung wird bald dunkel u. schließlich braun. Oxydationsmittel beschleunigen den Vorgang, während in Abwesenheit von Metallionen wie Hg(II) oder Au(III) Zusatz von $Na_2S_2O_4 \cdot 2\,H_2O$ (vor NH_4OH-Zusatz) die Oxydation verlangsamt. Die Rotfärbung bei I-Zusatz in Ggw. von Ni oder der gelbe Nd. in Ggw. von Cu stören nicht, da bei NH_4OH-Zugabe diese Färbung verschwindet u. der Nd. sich farblos löst. (Analytic. Chem. **27.** 1813. Nov. 1955. Gainesville, Fla., Univ. of Florida.) K. Maier. G 355

Rudolf Přibil, Josef Jeník und **Milena Kobrová,** *Colorimetrische Bestimmung von Kobalt mit Natriumdiäthyldithiocarbamat.* Auf Grund der Rk. zwischen *Natriumdiäthyldithiocarbamat* (*Cupral*) (I) u. Co^{2+}, durch welche sich das innerkomplexe *Co-Salz* (**II**) der *Diäthyldithiocarbaminsäure* bildet, wurde eine selektive colorimetr. Meth. zur Best. von Co entwickelt. Im W. ist **II** prakt. unlösl., löst sich aber gut in einigen organ. Lösungsmitteln, mit welchen es aus wss. Medium quantitativ ausgeschüttelt werden kann; dazu ist *Äthylacetat* (**III**) am besten geeignet. Die Lsgg. von **II** in **III** sind intensiv grün gefärbt, u. ihr Absorptionsmaximum liegt bei 410 mμ. Im Gebiet von 0—220 μg Co in 25 ml stimmt die Farbintensität mit dem Lambert-Beerschen Gesetz überein. Die Färbung ist während 15 Std. vollkommen beständig. Die Extraktion des **II** mittels **III** ist in neutralem oder schwach ammoniakal. Medium durchzuführen, da in sauren Lsgg. die Extrakte getrübt sind. Bei der Analyse verfährt man wie folgt: 100 ml Lsg. von 20—200 μg Co werden mit einigen Tropfen konz. NH_3 u. 2 ml 2%ig. I-Lsg. versetzt u. danach mit 10—15 ml **III** 3mal in einem Scheidetrichter extrahiert. Die Extrakte werden mit wenig W. gewaschen, in einen 25 ml-Meßkolben gebracht, mit absol. A. zur Marke verd. u. mit einem Blaufilter ($\lambda = 410$ mμ) colorimetriert. Der Co-Geh. wird mit Hilfe einer Eichkurve ermittelt. Die störende Wrkg. von Fe(III), Al, Cr u. Ti entfernt man durch Maskierung mit *Tiron* (*Brenzcatechin-3.5-disulfonsäure*). Mn wird mit einem Gemisch von Tiron u. Na-Pyrophosphat maskiert; etwaige in **III** übergegangene Menge des rosagefärbten Mn-Komplexes mit **I** wird durch kurzes Erwärmen auf 60° zersetzt. In Ggw. von Cu u. Ni sind die farbigen Verbb. der beiden Kationen mit **I,** welche mit **III** ebenfalls extrahiert werden, durch Schütteln des Extraktes mit verd. Lsg. von KCN, oder besser von $HgCl_2$ zu entfärben. Hierbei bilden sich farblose Komplexcyanide, bzw. werden Cu(Ni) durch Hg verdrängt, dessen Verb. mit **I** farblos ist. Die Meth. hat sich bei Analysen von Erzen, Gesteinen u. Co-Stählen bewährt. (Chem. Listy **46.** 603—07. Okt. 1952 [Orig. tschech.]; Collect. czechoslov. chem. Commun. **19.** 470—76. Juni 1954 [Orig.: engl.]. Praha, Karlova Univ., ústav pro chem. analyt.) K. Kámen/Prag. G 355

M. M. Jean, *Über die Untersuchung von Bädern zur galvanischen Vernickelung.* Die zur spektrophotometr. Best. der Bestandteile von Bädern zur galvan. Vernickelung angewandten Verff. werden zusammengestellt. (Best. von Ni, Cl^-, H_3BO_3, N_2.) Für die Best. von H_3BO_3 u. von N mit Hilfe der Salicyl-Rk. werden genaue Arbeitsvorschriften mitgeteilt; eine angesäuerte Mischung von NH_4^+ u. Na-Salicylat färbt sich mit NaBrO blau. (Rev. du Nickel **18.** 55—70. Juli/Sept. 1952.) W. Wesly. G 356

Philip W. West und **Theo C. McCoy,** *Nachweis von Gold(III) in nichtwässeriger Lösung.* Vff. untersuchen die Rk. von *H[AuCl₄]* mit *Anilin* in W., A., Ae., Bzl., n-Butylalkohol, Aceton, Äthylacetat u. Eisessig. Zum Au-Nachw. ist n-Butanol bes. geeignet, da ein $[AuCl_4]^-$-Komplex aus mit KCl gesätt., wss. Lsg. mit diesem Lösungsm. extrahiert werden kann. Die Unters. der Rkk. von $H[AuCl_4]$ in n-Butanol mit Anilin, *Methylanilin, 1-* u. *2-Naphthylamin* u. *n-Butylamin* ergab optimale Farbentw. mit 1-Naphthylamin. Vff. empfehlen folgende Arbeitsvorschrift zum Au(III)-Nachw.: Einige Tropfen der zu untersuchenden Lsg. werden mit KCl gesätt. u. gegebenenfalls mit verd. HCl angesäuert (p_H 2—6). Extraktion dieser Lsg. mit 1—2 ml n-Butanol u. Entnahme eines Tropfens des Extraktes; auf weißer Unterlage wird 1 Tropfen 1% ig. 1-Naphthylaminlsg. in n-Butanol zugesetzt. Die Entw. einer violetten Farbe innerhalb 2—3 Min. zeigt Ggw. von Au(III) an. Nachweisgrenze: 1 γ. Störung der Rk. durch $Cr_2O_7^{2-}$, Hg_2^{2+} u. CN^-. (Analytic. Chem. **27.** 1820—21. Nov. 1955. Baton Rouge, La., Lousiana State Univ., Coates Chem. Labor.) D. Ertel. G 360

Ferenc Bártfai und **István Harsányi,** *Moderne Untersuchungsverfahren der Edelmetalle.* Überblick über die Entw. der Edelmetallunters., die derzeitige Durchführung der dokimast. Meth., Aufschluß von Edelmetall führenden Erzen im Bombenrohr. Es wird die Trennung der Pt-Metalle geschildert u. schließlich die Unters. der einzelnen Pt-Metalle angegeben. (Kohászati Lapok **8** (**86**). Nr 3. Aluminium **5.** 52—56. März 1953.) J. Plank. G 362

J. J. Kirkland und **John H. Yoe,** *Spektrophotometrische Untersuchung über p-Nitrosodimethylanilin als empfindliches Farbreagens auf Platin.* Die orange-rote Farb-Rk. von Pt mit p-Nitrosodimethylanilin (**I**) gestattet eine Pt-Best., die weit empfindlicher als jede bisher beschriebene ist. Die Empfindlichkeitsgrenze liegt bei 0,015 p.p.m. Pt bei Messung in der 1 cm-Küvette. Die optimalen Konzz. liegen zwischen 0,7 u. 2,4 p.p.m. Das BEERsche Gesetz wird befolgt. Die Farbe ist für mindestens 24 Std. stabil. Fehlergrenze 1,4–3%. Die Umsetzung der Pt-Lsg. erfolgt bei p_H 2–3 mit 1 ml Lsg. von 5 mg I/ml in absol. A. nach Zusatz eines Na-Acetat/HCl-Puffers. Die Lsg. wird dann für 60 Min. auf 85° erwärmt, dann sofort abgekühlt, mit A. aufgefüllt u. gegen eine dest. W. statt Pt-Lsg. enthaltende Vergleichslsg. bei 525 mμ photometriert. Die Erhitzung erfolgt in Borsilicatglas. Statt mit A. kann vor der Erwärmung der Kolbenhals auch mit W. abgespült werden. In diesem Fall wird 20 Min. im sd. Wasserbad erhitzt. Pd, Rh, Ir, Os, Ru geben mit dem Reagens ebenfalls Farb-Rkk., auch andere Ionen können stören. Die Pt-Rk. geht wenigstens z. T. auf einen Pt^{2+}-I-Komplex zurück, der sich nach Red. aus Pt^{4+} bildet. Durch Chromatographie an einer Al_2O_3-Säule wurde aus der Farblsg. ein Komplex von roter Farbe u. der Zus. $C_{32}H_{40}O_4N_8Cl_2Pt$ mit der angenommenen Struktur $Pt[(CH_3)_2N-C_6H_4NO]_4Cl_2$ isoliert. (Analytic. Chem. **26.** 1340–44. Aug. 1954. Charlottesville, Va., Univ. of Virginia, Dep. of Chem.) PH. FRESENIUS. G 368

John H. Yoe und **J. J. Kirkland,** *Trennung von Platin und Palladium und ihre folgende colorimetrische Bestimmung mit p-Nitrosodimethylanilin.* (Vgl. vorst. Ref.) Pt u. Pd können getrennt colorimetr. durch ihre Farb-Rk. mit *p-Nitrosodimethylanilin* (I) mit 1,5 bzw. 1% relativem Fehler durch Absorptionsmessung bei 525 mμ bestimmt werden. Das Verf. ist auf gemeinsame Lsgg. von Pt + Pd von einem Verhältnis Pd : Pt = 10 : 1 bis zu einem Verhältnis Pt : Pd = 60 : 1 anwendbar. Dabei werden Pd u. Pt als H_2PdJ_4 u. H_2PtJ_4 mit Na-Diäthyldithiocarbamat umgesetzt u. durch Ausschütteln mit Chlf. von Ir u. Rh getrennt. Der Abdampfrückstand des Chlf. wird nach der $HNO_3 + H_2O_2$-Meth. verascht u. zuerst Pd mit I bei Zimmertemp., dann Pd + Pt mit I nach Erhitzen auf 100° oder auf 85° bestimmt. Pt wird aus der Differenz errechnet. (Analytic. Chem. **26.** 1335–39. Aug. 1954.) PH. FRESENIUS. G 368

M. L. Moss, *Nichteisenmetallurgie.* Bericht über Forschritte chem. u. physikal. Methoden zur Unters. von Al, Mg, Cu, Zn, Pb, Sn, Ni, Co, Ti, Zr, Nb, Ta, Be, Na, Ca, U, Ag, Au u. Pt in Metallen, Erzen u. Legierungen auf Geh. u. Verunreinigungen. — 201 Literaturangaben. (Analytic. Chem. **27.** 614–23. April 1955. (Part II). New Kensington, Pa., Aluminum Co. of America.) PH. FRESENIUS. 5280

C. Goldberg, *Analyse von Zinn–Bronze-Legierungen.* Beschreibung sehr genauer Methoden zur quantitativen Best. von *Sn, Sb, Cu, Pb, Fe, Ni, Zn, P* u. *S* in Bronzen mit Hinweisen auf mögliche Fehler auch bei der Probenahme. (Iron Age **169.** Nr. 22. 86–87. 29/5. 1952. West Springfield, Mass., New England Smelting Works, Inc.) H. ECKHARD. 5282

Denis Monnier, *Die moderne analytische anorganische Chemie.* Besprechung der Grundlagen der analyt. Chemie, bes. der Methoden der Colorimetrie, Elektrogravimetrie, Coulometrie, Konduktometrie, Potentiometrie u. Polarographie. (Schweiz. techn. Z. **52.** 97–103. 17/2.; 118–22. 24/2. 1955. Genf, Univ.) PH. FRESENIUS. 5290

Jiří Konta, *Quantitative optische Analyse von Gesteinen.* Übersicht. — 15 Literaturangaben. (Stavivo **28.** 309–12. 1950. Praha.) K. STEINER. 5290

J. H. Harris, *Ein Standardlaboratoriumsverfahren zur Wertbestimmung der ostafrikanischen Graphiterze mit besonderer Berücksichtigung von Schuppengraphit für Tiegelguß.* Die Güte eines Graphiterzes wird durch ein genormtes Flotationsverf., das, je nach den Verschiedenheiten der Erze, geringfügig abgewandelt werden kann, bestimmt. Das Verf., sowie ein Verf. zur Best. von C in Graphit werden im einzelnen beschrieben. (Bull. Instn. Mining Metallurgy Nr. **552.** Trans. **62.** 43–53. Nov. 1952; Nr. **555.** Trans. **62.** Nr. 5. 230–35. Febr.; Nr. **558.** Trans. **62.** Nr. 8. 411–13. Mai 1953. Geol. Surv. of Tanganyika.) W. WESLY. 5292

Fr. Hegemann und **Chr. Leybold,** *Eine Methode zur quantitativen spektrochemischen Analyse von Pyrit.* Auf der Grundlage mehrerer Schwärzungs-Zeitkurven wird eine Arbeitsvorschrift für die quantitative spektrochem. Analyse der im Pyrit diadoch oder in Form von Mineraleinschlüssen vorkommenden Neben- u. Spurenelemente unter Anwendung des Gleichstrom-Kohlelichtbogens entwickelt. Die leichtflüchtigen Elemente werden durch den Abbrand einer kathod. geschalteten Lochkohle mit einer Belichtungszeit von 25 Sek. (ab Zündung) bestimmt, wobei sich eine hohe Nachweisempfindlichkeit ergibt. Zur Erfassung der mittelhoch- u. hochsd. Elemente wird die Analysenelektrode anod. geschaltet u. der gesamte Abbrand von 0–80 Sek. aufgenommen. Der Nachw. von *Tl* erfolgt nach einem Sonderverf., indem der Abbrand mit KCl, das zur Analysensubstanz beigemischt wird, zur Vermeidung störender Cyan-Banden gepuffert wird. Die Abbranddaten für die einzelnen Teilverff. werden angegeben. (Z. Erzbergbau Metallhüttenwes. **7.** 108–13. März 1954. München, TH, Mineral.-geol. Inst., Forschungsstelle für Geochemie.) F. MARKHOFF. 5292

F. Hegemann, C. v. Sybel und **G. Wilk,** *Spektralanalyse von Pyrit und Kupferkies.* Der Abbrand zur spektralanalyt. Best. von Pyrit u. Kupferkies wird in Lochkohleelektroden vorgenommen. Zur Best. der mittel- u. schwerflüchtigen Elemente wird die Probekohle anod. geschaltet, zur Best. der leichtflüchtigen katodisch. Nach photometr. Messungen werden Eichkurven aufgestellt. Systemat. Unterss. über das Verh. der Analysenelemente während des Abbrandes der Probekohle u. über die Energieverteilung der emittierten Strahlung längs der Bogenstrecke werden vorgenommen. Daten über die Reproduzierbarkeit u. Nachweisempfindlichkeit werden gebracht. Danach liegen die Nachweisgrenzen im Kupferkies für *Ag* bei 0,0005 (%), für *Te, W* u. *Zn* bei 0,01. (Metall **9.** 991—95. Nov. 1955. München, TH.) F. Vier. 5292

b) Organische Verbindungen.

M. O. Korschun und **M. N. Tschumatschenko,** *Schnellmethoden der Mikroelementaranalyse. Gleichzeitige Bestimmung der Elemente durch Zersetzung der organischen Verbindungen beim Erhitzen mit metallischem Kalium.* (Vgl. C. **1956.** 3958.) Zur gleichzeitigen Best. der Elemente durch Erhitzen mit metall. K wurde eine besonders konstruierte Bombe geschaffen. Die argentometr. Titration von Cl, Br u. J wurde für Cl u. Br durch mercurimetr. u. für J durch jodometr. Titration ersetzt. Für die mercurimetr. Titration liegt der Umschlagspunkt bes. deutlich bei einer Acidität des Mediums, die 0,02n HNO_3 entspricht. Als Indicator wird bei der Best. von Cl u. Br Diphenylcarbazon verwendet. Hierbei kann $AgNO_3$ fortfallen. Enthalten die Substanzen N u. S, so bilden sich neben den Halogensalzen Cyanid u. K_2S, die bei der Titration der Halogene stören. Daher wird ein aliquoter Teil vor der Titration mit $KMnO_4$ oxydiert. Der Überschuß des $KMnO_4$ wird durch H_2O_2 zerstört. Diese Meth. ist in allen Fällen anzuwenden, wenn Cl u. Br bestimmt werden, da auch in der alkal. Schmelze Cyanide vorhanden sind (durch den N der Luft). Bei der jodometr. Best. des J kann die Behandlung mit $KMnO_4$ fortfallen, da bei der Oxydation des J in essigsaurer Lsg. das J bis zu Jodat u. auch die Cyanide, Sulfide u. Phosphide oxydiert werden. Die Chloride u. Bromide oxydieren sich hierbei nicht. Daher können in der alkal. Schmelze J, Cl u. Br gleichzeitig bestimmt werden. Bei der Best. der Halogene in Hg-organ. Verbb. stellten Vff. fest, daß das Hg in kompakten Tropfen erhalten wird. Vf. benutzt dieses zur gleichzeitigen Best. von Hg nebenHalogenen Nach dem Filtrieren der Schmelzlsg. werden im Filtrat die Halogene bestimmt. Das auf dem Glasfilter verbleibende Hg wird in konz. HNO_3 gelöst u. nach Zusatz eines Überschusses an NaCl durch Rücktitrieren des $Hg(NO_3)_2$ bestimmt. Bei Ggw. von S in der Substanz versuchte Vf., es unmittelbar jodometr. zu bestimmen. Es wurden jedoch zu niedrige u. stark schwankende Resultate erhalten (Oxydation des Sulfids durch Luftsauerstoff). Eine 15%ig. Lsg. von KOH eignet sich hierzu gut. N u. Halogene stören die Best. des S nicht u. umgekehrt. Die Resultate decken sich mit den berechneten in den Grenzen von 0,1—0,3%. (Доклады Академии Наук СССР [Ber. Akad. Wiss. UdSSR] [N. S.] **99.** 769—71. 11/12. 1954.) E. Steinberg. 5352

Lawrence M. White und **Marion C. Long,** *Kjeldahl-Mikroaufschlüsse in verschlossenen Rohren bei 470°.* Vff. machen Kjeldahl-Mikroaufschlüsse von heterocycl. N mit konz. H_2SO_4 u. HgO-Katalysator im Carius-Rohr bei 470°. Bei dieser Temp. braucht man für den sicheren Aufschluß von 5—10 mg Substanz nur 15 Minuten. Die Meth. ist genau, da kein N-Verlust durch therm. Zers. von $(NH_4)_2SO_4$ oder durch Stoßen eintreten kann. Sind außer N noch Na, K, P usw. zu bestimmen, so kann der Aufschluß ohne Katalysator innerhalb 30 Min. erfolgen. Zu beachten ist bei dem Verf., daß die Lauge (40%ig. NaOH + 5% $Na_2S_2O_3$) zuerst in den Destillationskolben zu geben ist, da im Gegensatz zum Aufschluß im offenen Kolben CO_2, SO_2 usw. hier noch nicht vertrieben sind. (Analytic. Chem. **23.** 363—65. Febr. 1951. Albany, Calif., Western Reg. Res. Labor.) F. Bruck. 5352

Wolfgang J. Kirsten und **Benjamin W. Grunbaum,** *Bestimmung von Stickstoff nach Dumas im Decimilligramm-Maßstab.* Vf. beschreibt eine Ultramikrobestimmungsmeth. für N in organ. Substanzen. Die Substanz wird bei 1000° verascht u. das entstandene CO über NiO oxydiert. Für apparative Einzelheiten vgl. Original. Die Genauigkeit der Meth. wird hauptsächlich von der Wägegenauigkeit bestimmt; sie ist aber genau so groß wie die der Mikrometh. im 5 mg-Maßstab. Vf. gibt außerdem die Herst. von reinstem CO_2 u. dem notwendigen NiO an. (Analytic. Chem. **27.** 1806—09. Nov. 1955. Uppsala, Univ., Inst. of Med. Chem.) H. Müller. 5352

C. L. Ogg und **C. O. Willits,** *Bericht über die mikroanalytische Bestimmung von Stickstoff. (Für N—N-, NO- und NO_2-Bindungen.)* Bei der Friedrich-(HJ)-Meth. zur Red. von Substanzen mit N—N- oder NO-Bindungen vor dem Kjeldahl-Aufschluß wird bes. Wert darauf gelegt, daß vor Zusatz von K_2SO_4 u. HgO aller HJ entfernt ist. Es wird

nur 0,65 g K_2SO_4 zugegeben. Dabei erhält man für Aceton-2.4-dinitrophenylhydrazon durchschnittlich 0,33% N zu wenig, für Benztriazol 1,63%. (J. Assoc. off. agric. Chemists **35.** 288–91. 15/5. 1952. Philadelphia, Pa., Eastern Reg. Res. Labor.)
PH. FRESENIUS. 5352

H. Hänni, *Colorimetrische Bestimmung kleiner Mengen von Nitrit und Nitrat in eiweißhaltigen Stoffen.* NO_2^- wird nach der Meth. von JENDRASSIK u. FALCSIK-SZABO (Biochem. Z. **261.** [1933.] 110) bestimmt. NaOH u. $Al_2(SO_4)_3$ müssen genau gegeneinander eingestellt sein. Erfassungsgrenze 0,8 γ NO_2^- bei photometr. Best. mit Filter S 53. NO_3^- wird nach Zerstörung von NO_2^- mit NaN_3 u. Enteiweißung mit Trichloressigsäure sowie Entfernung von Cl^- mit Ag_2SO_4 in 75%ig. H_2SO_4 als 6-Nitro-2.4-xylenol (I) photometr. mit Filter S 47 bestimmt. I wird durch Dest. abgetrennt u. in einer mit etwas n-NaOH + Na_2SO_3 beschickten Vorlage aufgefangen. Erfassungsgrenze 4 γ NO_3^-. Voraussetzung für das Gelingen ist die Verwendung von reinstem Xylenol. (Mikrochem. verein. Mikrochim. Acta **36/37.** 912–15. 1951. Bern, Eidg. milchwirtsch. u. bakt. Anstalt Liebefeld.)
PH. FRESENIUS. 5352

Gerald Kainz, *Mikrobestimmung primärer Aminogruppen in aliphatischen und aromatischen Verbindungen, in Aminosäuren und Peptiden sowie in Carbonsäureamiden und Sulfonsäureamiden.* Es wird die Einw. von HNO_2 auf *prim. Amine* im Hinblick auf eine quantitative Best. untersucht u. gezeigt, daß alle prim. Aminogruppen, also auch *Carbonsäureamide, Sulfonsäureamide* u. *aromat. Amine* quantitativ azotometr. bestimmbar sind, wenn man die Rk. nicht nur in der Kälte sondern auch in der Wärme (bei 100°) verfolgt. Hierzu wird eine einfache App. beschrieben, aus der fortlaufend der entwickelte N_2 unter Verwendung von CO_2 als Spülgas in ein Azotometer nach PREGL übergeführt wird. Zur Absorption von NO wird ein Wäscher, der mit $KBrO_3/H_2SO_4$-Lsg. beschickt ist u. zur Br_2-Absorption ein U-Rohr mit Na_2SO_3-Lsg. zwischen Reaktionsgefäß u. Azotometer geschaltet. Durch Erhitzen läßt sich die Reaktionszeit, die bisher sehr verschied. war u. bis zu 8 Std. betragen konnte, einheitlich auf 20–30 Min. reduzieren. Auch die Desaminierung schwerlösl. *Peptide* läßt sich so quantitativ verfolgen. Bes. wird sodann auf die Anomalien eingegangen, die bei der bisherigen VAN SLYKE-Best. eine zusätzliche Gasentw. verursacht haben. Es wird darauf hingewiesen, daß sehr viele Anomalien entweder auf eine prim. vorhandene Isonitrosogruppe oder auf eine intermediär (aus akt. CH_2Gruppen) entstehende Isonitrosoverb. zurückzuführen sind. Damit scheint auch die Anomalie bei *Glycin, Serin* u. *Tryptophan* sowie bei allen Substanzen mit akt. CH_2-Gruppe geklärt. Analyt. wichtig ist, daß sich alle Anomalien, die beobachtet wurden, durch Zusatz von J^- zur Desaminierungslsg. weitgehend ausschalten lassen. (Mikrochim. Acta [Wien] **1953.** 349–65. Wien, Univ., II. Chem. Labor.)
R. LAFFERENZ. 5352

Gerald Kainz und **Ferdinand Schöller,** *Zur Bestimmung des Aminostickstoffs in synthetischen Polypeptiden.* Prim. Aminogruppen in synthet. Polypeptiden werden mit der von KAINZ (vgl. vorst. Ref.) beschriebenen App. durchgeführt. Die Ursachen zu hoher Werte liegen in der Nitrosierung oder Hydrolyse der Peptidbindung u. anomalen Rkk. der Aminosäure des Peptids, diejenigen zu niedriger Werte in der geringen Löslichkeit des Peptids im Desaminierungsgemisch u. in der geringen Rk. vorhandener Säureamidgruppen. Die Überwerte lassen sich durch Verwendung einer verd. Nitritlsg. u. Zugabe von J^- vermeiden, die Unterwerte z. T. durch Erhitzen während der Desaminierung oder durch Umfällung des Peptids zur Erzielung eines feineren Verteilungsgrades. Ein Rückschluß vom Geh. an prim. Amino-N auf das Mol.-Gew. scheint zulässig, wenn je Peptidkette eine einzige prim. Aminogruppe auftritt. (Biochem. Z. **327.** 292–95. 1955.)
PH. FRESENIUS. 5352

D. G. H. Ballard, C. H. Bamford und **F. J. Weymouth,** *Die Titration von N-Carboxy-α-aminosäureanhydriden in nichtwässeriger Lösung.* Das bei der Meth. von BERGER, SELA u. KATCHALSKI (C. **1954.** 6790) als Titriermittel benutzte CH_3ONa beschleunigt, wie Vff. beobachteten, die Polymerisation der *N-Carboxy-α-aminosäureanhydride* (I) sehr stark. Da die Rk. von I mit CH_3ONa nicht unter Bldg. von CH_3OOC–CHR–NH–COONa, sondern unter Abspaltung von CO_2 u. Bldg. eines Polymerisats verläuft, muß bei der Titration ein Verlust an CO_2 vermieden werden. — Z. B. wird 0,2–0,5mMol I in 10 ml trockenem $CH_3COOC_2H_5$, $CHCl_3$, CH_3COCH_3 oder Ae. gelöst u. mit 0,1 mol. CH_3ONa-Lsg. in CH_3OH–Bzl. in Ggw. von Thymolblau in ca. 1 Min. titriert. (Analyst **81.** 305–08. Mai 1956. Maidenhead, Berks., Courtaulds Ltd., Res. Labor.)
H. MÜLLER. 5363

Hans Binder, *Silberkomplexverbindungen als Grundlage einer einfachen maßanalytischen Bestimmungsmethode für primäre aliphatische Mono- und Diamine sowie Aminosäuren.* Ebenso wie NH_3 bilden auch organ. Amine mit lösl. Ag-Salzen Komplexe, wobei

2 Aminogruppen auf ein Mol. Ag-Salz entfallen. Damit sind sie der argentometr. Titration zugängig. Zur Erkennung des Endpunktes der Titration setzt man der Lsg. K_2CrO_4, K_2CO_3 oder NaOH zu. Dieses Prinzip wird zur maßanalyt. Best. von prim. Aminen, vor allem von Diaminen u. Aminosäuren, ausgenutzt. Da bei der Best. von Aminosäuren die Carboxylgruppe genau neutralisiert werden muß, wird mit NaOH u. $AgNO_3$ gleichzeitig titriert. Für die zuletzt genannte Meth. wird eine geeignete Vorr. beschrieben. (Angew. Chem. **66.** 268–71. 21/5. 1954. Rottweil/Neckar, Kunstseidefabrik, Forschungslabor.) A.-M. Fretzdorff. G 950

G. Gorbach, *Zur quantitativen Mikrobestimmung von Aminosäuren in Eiweißkörpern.* N-Best. in Eiweißkörpern erfolgt nach Oxydation mit alkal. $KMnO_4$-Lsg. durch Absaugen des gebildeten NH_3 in die Vorlage. Beschreibung eines Trennungsgangs zur Best. der einzelnen *Aminosäuren* (I) nach Barythydrolyse des Eiweißkörpers. Die bas. I werden mit Phosphorwolframsäure gefällt, aus dem Filtrat werden die aromat. I an Kohle adsorbiert. Das Eluieren erfolgt mit einem Gemisch gleicher Teile Essigsäure u. Essigester. Die Best. der einzelnen I wird nach bekannten Verff. vorgenommen. (Mikrochem. verein. Mikrochim. Acta **36/37.** 902–11. 1951. Graz, TH, Inst. für biochem. Technol. u. Lebensmittelchem.) Ph. Fresenius. G 950

J. Porath und **P. Flodin,** *Eine neue Methode zum Nachweis von Aminosäuren, Peptiden, Proteinen und anderen puffernden Substanzen auf Papier.* Durch Besprühen der getrockneten Papierchromatogramme mit 0,1%ig. alkoh. *Orcin* (I)-Lsg., die 0,004n an H_2SO_4 ist, erfolgt Hydrolyse der Cellulose, die durch die Farb-Rk. des gebildeten Oxymethylfurfurols mit I beim nachfolgenden Trocknen bei 110–120° sichtbar gemacht wird. Die Hydrolyse unterbleibt an denjenigen Stellen des Chromatogrammes, wo puffernde Substanzen (Aminosäuren, Peptide, Proteine, aber auch anorgan. Puffer) adsorbiert sind. Da die nachgewiesenen Verbb. durch das Reagens nicht zerstört werden, ist ihre Elution u. anschließende quantitative Best. nach anderen Methoden möglich. (Nature [London] **168.** 202–03. 4/8. 1951. Uppsala, Univ., Inst. of Biochem.)
E. Moisar. G 4070

c) Bestandteile von Pflanzen und Tieren.

Erhard Geissler, *Über die Unterscheidung lebender und toter Hefezellen durch Fluorochromierung mit Berberinsulfat.* Vf. berichtet über die sichere Unterscheidung lebender u. toter Hefezellen durch Berberinsulfat. Im Gegensatz zu den lebenden Zellen, die sich erst nach einer von der Farbstoffkonz. u. der Suspensionsdichte abhängigen, verschieden langen Zeit mit Berberinsulfat anfärben, zeichnen sich die toten Zellen dadurch aus, daß sie den Farbstoff innerhalb weniger Min. maximal aufnehmen u. dann ausgeprägt leuchtendgelb fluorescieren. Der Effekt verläuft unabhängig von der Hefesuspensionsdichte, unabhängig von der Farbstoffkonz., unabhängig von der Art der Hefeabtötung sowie unabhängig vom p_H u. tritt innerhalb weniger Min. auf. Eine merkliche Verschiebung des Verhältnisses lebender zu toter Zellen war während einer 24std. Speicherungsdauer nicht festzustellen. (Naturwissenschaften **42.** 372. 2. Juni-H. 1955. Berlin, Deutsche Akad. der Wiss., Inst. für Med. u. Biol., Abt. Biol. Krebsforsch.) C. Gottfried. 5661

L. J. Hardin, W. H. MacIntire und **Mary Ellen Tubb,** *Die Verwendung von Kaliumhydroxyd als Schmelzmittel bei der Bestimmung des Fluorgehaltes von Pflanzen.* Bei der Best. des F-Geh. von 7 Pflanzenaschen wurden die Proben mit NaOH bzw. KOH geschmolzen. Die nach beiden Verff. erhaltenen F-Werte stimmen weitgehend überein. Wegen der besseren physikal. Eigg. der mit KOH erhaltenen Schmelze dürfte die Verwendung von KOH als Schmelzmittel vorzuziehen sein. (J. Assoc. off. agric. Chemists **37.** 552–53. 15/5. 1954. Knoxville, Tenn., Univ. of Tennessee, Agric. Exp. Stat.)
F. Rang. 5664

S. Gericke und **B. Kurmies,** *Die colorimetrische Phosphorsäurebestimmung mit Ammonium-Vanadat-Molybdat und ihre Anwendung in der Pflanzenanalyse.* Bei Nachprüfung der Bedingungen, unter denen die colorimetr. P_2O_5-Best. mit V-Molybdat möglich ist, ergab sich, daß auch schon kleinere SiO_2-Mengen die Best. stören. Trotzdem ist bei der Unters. von Pflanzensubstanz die Abscheidung von SiO_2 aus der Pflanzenasche nicht erforderlich, da nur unwesentliche Mengen in die Aschenlsg. gehen. Eine Arbeitsvorschrift für die P_2O_5-Best. nach der genannten Meth. wird mitgeteilt. (Z. Pflanzenernähr., Düng., Bodenkunde **59** (**104**). 235–47. 1952. Essen-Bredeney, Landw. Versuchsanst. der Thomasphosphaterzeuger.) F. Rang. 5664

Eunice J. Heinen, *Bericht über Natrium in Pflanzen.* Literaturbereicht. Bewährt haben sich zur Best. kleinerer Na-Mengen in Pflanzengewebe die Perkin-Elmersche flammenphotometr. Meth. u. die Na-Mg-Uranylacetat-Meth., die letzte bes. bei sehr geringem Na-Gehalt. (J. Assoc. off. agric. Chemists **36.** 392–97. 15/5. 1953. East Lansing, Mich., Agric. Exp. Stat.) C. Grimme. 5664

Howard M. Bauserman und **Rob Roy Cerney jr.**, *Flammenspektrophotometrische Bestimmung von Natrium und Kalium in viscosen Lösungen oder Pflanzenextrakten.* Es wird eine Meth. zur Reihenbest. von *Na* u. *K* in Pflanzenextrakten unter Verwendung des BECKMAN-Spektrophotometers (Modell DU) beschrieben. Unterschiede in den physikal. Eigg. von Lsgg., die durch wechselnde Mengen organ. Begleitsubstanzen bedingt sind, beeinflussen durch Veränderung der Geschwindigkeit, mit der die Probe in die Flamme eingeführt wird, die Flammenintensität. Diese Schwierigkeit wird durch Zusatz einer bekannten *Li*-Menge zu jeder Probe behoben. Die Li-Absorption dient zur Berechnung eines Korrekturfaktors, der zur Best. der wahren *Na*- u. *K*-Konzz. verwendet wird. Die Meth. bewährte sich bei mit Pb-Acetat geklärten, wss. Zuckerrübenextrakten, Diffusionssaft usw. (Analytic. Chem. **25.** 1821—24. Dez. 1953. Rocky Ford, Colo., Amer. Crystal Sugar Co., Res. Labor.) K. MAIER. 5664

Eunice J. Heinen und **Erwin J. Benne**, *Bericht über Zink in Pflanzen.* Die A.O.A.C.-Meth. ist in verschied. Hinsicht abgeändert worden. 2 g feingemahlenes, lufttrockenes Pflanzenmaterial werden in Porzellanschale mit 10 cm^3 n-H_2SO_4 gemischt, auf dem Dampfbad wird das W. verdampft, dann wird bei 105^0 getrocknet. — Veraschen in der Muffel bei 500—550^0. Asche mit W. durchfeuchten u. mit ca. 10 cm^3 n-HCl unter Erwärmen lösen. Nach Verdünnen mit 5 cm^3 heißem W. vom Ungelösten abfiltrieren, Filter säurefrei nachwaschen (Methylorange), mit n-NH_4OH neutralisieren u. mit 3,2 cm^3 n-HCl wieder ansäuern. Auffüllen zur Marke. — Eine ca. 15 γ Zn entsprechende Menge Lsg. im Schütteltrichter mit 10 cm^3 Dithizonreagens (Dithizon A.O.A.C. verd. mit 4 Vol. CCl_4) 1 Min. kräftig schütteln, CCl_4-Schicht ablassen u. nochmals mit 2 cm^3, dann mit 10 cm^3 CCl_4 durchschütteln. Wss. Schicht nacheinander mit 5 cm^3 Carbamatreagens (1,25 g Diäthyldithiocarbamat in 1 Liter) u. 25 cm^3 Dithizonreagens 1 Min. lang durchschütteln. Wss. Lsg. ablassen u. Nd. nochmals mit 50 cm^3 0,01 n NH_4OH durchschütteln. Wss. Lsg. durch Durchblasen von Luft auf 2 cm^3 einengen, Nd. in 25 cm^3-ERLENMEYER überspülen u. Lsg. photoelektr. colorimetrieren. — Die modifizierte Meth. gibt etwas höhere Resultate. (J. Assoc. off. agric. Chemists **34.** 692—97. 15/8. 1951. East Lansing, Mich., Agric. Exp. Stat.) C. GRIMME. 5664

Eunice J. Heinen und **Erwin J. Benne**, *Bericht über Zink in Pflanzen.* (Vgl. vorst. Ref.) Eine krit. Betrachtung der Methoden zur Best. von Zn in pflanzlichen Produkten. Vff. geben der Dithizonatmeth. den Vorzug. (J. Assoc. off. agric. Chemists **36.** 397—400. 15/5. 1953. East Lansing, Mich., Agric. Exp. Stat.) C. GRIMME. 5664

W. A. Forster, *Die Bestimmung von Nickel in Pflanzenmaterial in Gegenwart anderer Metalle.* Es wird eine colorimetr. Meth. zur Best. von *Ni*-Spuren in Pflanzenmaterial beschrieben, bei der *Al, Cd, Co, Cu, Fe, Mn* oder *Zn* nicht stören. — Das getrocknete Pflanzenmaterial wird mit HNO_3 u. $HClO_4$ aufgeschlossen. Ein geeigneter aliquoter Teil der Aufschlußlsg. wird mit 2 ml 10%ig. $NH_2OH \cdot HCl$-Lsg., 5 ml 20%ig. Na-Citratlsg., 3 Tropfen Phenolphthaleinlsg. u. mit konz. NH_4OH bis zur Rosafärbung versetzt. Dann gibt man 4 Tropfen überschüssige NH_4OH-Lsg. u. 2 ml 1%ig. alkoh. Dimethylglyoximlsg. hinzu. Man füllt auf ca. 60 ml auf u. extrahiert 3mal mit je 5 ml Chlf.; bei Ggw. von Cu wird der Chloroformextrakt 1 Min. mit 5 ml verd. NH_4OH-Lsg. (1:50) extrahiert. Die Chloroformlsg. wird nun 1 Min. mit 10 ml, dann mit 5 ml 0,33 n HCl ausgeschüttelt. Die vereinigten Extrakte werden versetzt mit: 2 ml 20%ig. Na-Tartratlsg., 10 ml 4%ig. K-Persulfatlsg., 0,6 ml Dimethylglyoximlsg. (1 g + 5 ml 5 n NaOH, ergänzt mit W. zu 100 ml) u. 2,5 ml 5 n NaOH. Man füllt zu 50 ml auf u. mißt die Extinktion unter Verwendung eines Gelbgrünfilters bei 4 cm Schichtdicke. Die Eichkurve verläuft zwischen 0 u. 50 γ Ni geradlinig. (Analyst **78.** 560—62. Sept. 1953. Bristol, Agric. Res. Council Unit of Plant Nutrit., Long Ashton Res. Stat.) K. F. MÜLLER. 5664

W. A. Forster, *Bestimmung von Kupfer in pflanzlichem Material.* Vf. beschreibt ein Schnellverf. zur colorimetr. Best. von Cu mit dem SPEKKER-Absorptiometer (1cm-Küvette) u. ILFORD-Violettfilter Nr. 601. In Ggw. des NH_4-Salzes der Äthylendiaminotetraessigsäure (EDTA) bildet Cu mit Na-Diäthyldithiocarbamat einen Komplex, der aus dieser Lsg. mit CCl_4 extrahiert wird. Das NH_4-Salz der EDTA hat gegenüber dem Na-Salz den Vorteil, daß es die Lsg. zusätzlich puffert. 0—40 μg Cu können mit einer einzigen CCl_4-Extraktion bestimmt werden; bei größeren Mengen ist mehrmalige Extraktion erforderlich. Störungen durch Al, Co, Fe, Mn, Ni, Zn, Ca, Mg u. P sind nicht zu befürchten. Testanalysen von 24 Pflanzenextrakten nach diesem Verf. u. der Dithizonmeth. nach SANDELL stimmten gut überein. (Analyst **78.** 614—16. Okt. 1953. Bristol, Agric. Res. Council Unit of Plant Nutrit., Long Ashton Res. Stat.) D. ERTEL. 5664

John O. Page, *Bestimmung von Nordihydroguajaretsäure im Kreosotstrauch.* Vf. beschreibt eine verbesserte (vgl. C. **1953.** 4550) Meth. zur gravimetr. Best. von *Nordihydroguajaretsäure* (I), $C_{18}H_{22}O_4$, in frischem Kreosotstrauch (II), die auf der Extraktion mit n-Butyläther (III) u. Reinigung durch Umkristallisieren aus heißem W. u. aus heißer verd. Essigsäure–$NaHSO_3$-Lsg. sowie Filtration durch Adsorptionskohle beruht. In zwei II-Ernten wurde mit dieser Meth. ein I-Geh. von 1,84 u. 1,31% gefunden. — Ausführung: Man extrahiert 1250 g frischen, grünen, maschinengedroschenen II 2mal mit je 12 Liter kaltem peroxydfreiem III, dest. III mit Wasserdampf ab, extrahiert den Kreosotteer bei 100° 10—11mal mit je 3 Liter sd. W., filtriert sd. durch Baumwolle, kühlt die Extrakte ab u. filtriert die rohe I (F. 172—180°) ab. Aus den Filtraten hiervon extrahiert man weitere koll. I 2—3mal mit je 1 Liter III u. gewinnt rohe I wie bei der ersten III-Extraktion. Die vereinigten u. bei 105° getrockneten I-Fraktionen löst man in 16—18 Liter sd., 0,25% Essigsäure u. 0,1% $NaHSO_3$ enthaltendem W., saugt die heiße Lsg. durch Darco G 60-Aktivkohle in einem Büchner-Trichter ab u. läßt die reine I (F. 185—187°) in der Kälte aus dem carbonisierten Filtrat kristallisieren. Die heiße Aktivkohle wäscht man 5—6mal mit je 1 Liter sd. W. I-frei u. sammelt die krist. I. Beide I-Fraktionen wäscht man mit W., trocknet bei 105° u. wägt. — Die so gewonnene I ist sehr rein u. kann durch 4std. Kochen mit überschüssigem Acetylchlorid — aber nicht mit Acetanhydrid — quantitativ in das *Tetraacetat*, $C_{26}H_{30}O_8$, übergeführt werden. (Analytic. Chem. **27.** 1266—68. Aug. 1955. College Station, Tex., Agric. and Mech. Coll. of Texas.) K. Prchal. 5666

d) Medizinische und toxikologische Analyse.

William E. Ricketts, Kenneth Sterling und **Robert S. Levine,** *γ-Globulinbestimmungen. Vergleich der turbidimetrischen und elektrophoretischen Werte.* Vff. prüfen die Übereinstimmung der γ-Globulinwerte, die elektrophoret. u. turbidimetr. (mit Zinksulfat bzw. Ammoniumsulfatchlorid) von 50 Proben erhalten wurden. Bei Gesunden liegt die Übereinstimmung beider Methoden innerhalb von 20%. Bei gewissen Erkrankungen, wie Portal- u. Biliarcirrhose, vergrößern sich jedoch die Unterschiede. (J. Lab. clin. Med. **38.** 153—56. Juli 1951. Chicago, Ill., Univ. of Chicago, Frank Billings Med. Clin., Dep. of Med.) K. Nehring. 5727

W. D. Paul, R. W. Knouse und **J. I. Routh,** *Eine Modifikation der Goldbromidmethode zur Bestimmung von Bromiden in Blut und Spinalflüssigkeit.* Die Goldchloridmeth. von Katzenellenbogen u. Czarski [1934] zur Best. von Bromid in Blut u. Spinal-Fl. wurde modifiziert. Man benötigt nunmehr das halbe Vol. Fl., weniger Zeit u. erspart das Zentrifugieren; die Genauigkeit ist etwa die gleiche. — Ausführung: 1 ml Plasma, Serum oder Spinal-Fl wird mit 2 ml 0,35%ig. NaCl- u. 1 ml 20%ig. Trichloressigsäurelsg. versetzt u. mit einem Glasstab gerührt. Man filtriert durch ein mit 0,75%ig. NaCl-Lsg. angefeuchtetes 5,5 cm-Filter (Whatman Nr. 30) in eine 4 ml-Küvette u. wäscht den Nd. mit 0,35% NaCl u. 5% Trichloressigsäure enthaltender Lsg., bis 4 ml Gesamtfiltrat erhalten werden, u. versetzt dieses mit 0,5 ml 0,5%ig. $AuCl_3$-Lsg.; die Extinktion wird bei 470 mμ gegen einen Blindvers. bestimmt. Die Meth. erfaßt Bromidmengen bis zu 500 mg%. (J. Amer. pharmac. Assoc., sci. Edit. **41.** 205—07. April 1952. Iowa City, State Univ., Dep. of Internal Med. and Dep. of Biochem.) K. F. Müller. 5728

M. Büchner und **W. Schöne,** *Ein Beitrag zur Bestimmung von Magnesium im Serum und anderen Körperflüssigkeiten.* Zur Best. von Mg in Serum wird Ca mit NH_4-Oxalat gefällt u. das Ca-freie Serum mit H_2SO_4 + Perhydrol verascht. Dann wird mit NH_3 gegen Universalindicator neutralisiert, das p_H mit Pufferlsg. auf 8 eingestellt u. Mg mit Komplexon III gegen Eriochromschwarz T titriert. (Pharmazie **10.** 190—92. März 1955. Dresden-Friedrichstadt, Stadtkrankenhaus, 1. Med. Klin.) Ph. Fresenius. 5728

F. A. Pohl und **H. Demmel,** *Die mikrophotometrische Bestimmung von Kobalt im Blutserum und anderen biologischen Substanzen.* Der Co-Geh. des Blutserums wird mit Nitroso-R-Salz (1-Nitroso-2-naphthol-3.6-disulfosaures Natrium, I) unter Bldg. einer roten Komplexverb. photometr. bis zu einer Empfindlichkeit von 0,02 γ/ml bestimmt. 5—10 ml Blutserum bzw. andere biol. Substanzen werden mit H_2SO_4–HNO_3 1:1 u. $HClO_4$ erhitzt, in HCl gelöst, auf p_H 2,5 gebracht, mit Chlf. u. Dithizon das Cu, mit Chlf. u. Oxin (II) das Fe entfernt u. Co über den Diäthyldithiocarbamat- bzw. II-Komplex in den I-Komplex übergeführt. Die photometr. Messung erfolgt in einem Mikrophotometer mit 0,7 ml-Capillarküvetten, einer Lange-Se-Zelle, einer Lichtquelle von 3 V u. 30 W, dem Multiflexgalvanometer MG 2 u. einem Grünfilter. Fehlergrenze: ±0,5%. Die Eichkurve von 0,1—0,3 γ Co ist angegeben. (Analytica chim. Acta [Amsterdam] **10.** 554—61. Juni 1954. Graz, TH, Inst. für Mikrochem.) R. Kiessig. 5728

Frank A. Smith und **Dwight E. Gardner,** *Die Bestimmung von Fluorid im Urin.* Zur quantitativen Best. von *Fluorid* (I) im Urin wird I aus einer Perchlorsäurelsg. des veraschten Urins durch Dest. der flüchtigen H_2SiF_6 abgetrennt. Das im Destillat befindliche I wird mit $Th(NO_3)_4 \cdot 4\,H_2O$ unter Verwendung von Alizarinrot S als Indicator titriert. Die Fehlerbreite der Meth. liegt maximal bei 6%. (Amer. ind. Hyg. Assoc. Quart. **16.** 215—20. Sept. 1955. Rochester, N. Y., Univ. of Rochester, School of Med. and Dent., Dep. of Radiat. Biol.) H. Zeller. 5732

Francisco Moya und **Joan Dewar,** *Eine einfache colorimetrische Methode zur Zuckerbestimmung im Urin.* Vff. beschreiben eine Meth. zur Zuckerbest. im Urin, die auf dessen Rk. mit dem $CuSO_4$-Reagens (I) von Benedict beruht. Zur Durchführung wird die Harnprobe mit der 20fachen Menge I versetzt, 8 Min. auf 100° erhitzt, abgekühlt, auf 25 ml aufgefüllt u. nach Entfernung eines etwa gebildeten Nd. die Intensität des entstandenen blauen Farbtones im Spektrophotometer bei 650 mμ gemessen. Aus der mit bestimmten *Glucose* (II)-Mengen (gelöst in gesätt. Benzoesäurelsg.) aufgenommenen Standardkurve geht hervor, daß zwischen Farbintensität u. II-Konz. bis zu 3,5 g% eine lineare Beziehung besteht. Die minimale Erhitzungsdauer beträgt 6 Minuten. Die große Empfindlichkeit der I-Probe beruht jedoch auf Bldg. eines gelben Nd. bei Abwesenheit von II, der die gleiche Farbe besitzt wie das durch II gebildete Cu_2O: Diese falsche positive Rk. ist aber leicht erkennbar, da der gelbe Nd. flockig ist u. keinen Abfall der opt. Dichte in der überstehenden Fl. hervorruft. Zwischen vorst. u. der Nelson-Meth. zur II-Best. besteht ein durchschnittlicher Unterschied von 0,20 g%. Die I-Probe kann auch zum qualitativen II-Nachw. verwendet werden. (J. Lab. clin. Med. **47.** 314—19. Febr. 1956. Halifax, Nova Scotia, Victoria Gen. Hosp., Dep. of Biochem.) P. Fahrnlaender. 5732

Bengt Borgström, *Untersuchung über die Methoden der Lipidtrennung. Trennung der Phospholipide vom Neutralfett und von den Fettsäuren.* 1. Mitt. Mit dem Ziel, Erfahrungen über die präparative Abtrennung der Phospholipide vom Neutralfett u. von den freien Fettsäuren in Lipidgemischen zu sammeln, werden systemat. Verss. an Hand der üblichen Aceton–$MgCl_2$-Fällungsmeth. für Phosphatide durchgeführt. Abgewogene Mengen eines Rattenfettes (Leber- bzw. Eingeweidefett) werden mit bekannten Mengen von isotop markiertem Neutralfett (Glyceride) bzw. Fettsäuren versetzt; es wird die Aceton–$MgCl_2$-Fällung vorgenommen u. zentrifugiert, die Lsg. auf Phosphatid-P, der Nd. auf die Radioaktivität geprüft. Als Ergebnis ist festzustellen, daß die Aceton–$MgCl_2$-Meth. in den meisten Fällen befriedigende Resultate liefert. Sind im Lipidgemisch freie Fettsäuren, bes. solche hoher Aktivität, zugegen, dann gelangt ein in Betracht kommender Anteil in den Phosphatidniederschlag. Dies kann vermieden werden dadurch, daß man dem Nd. die etwa gleich große Menge Ölsäure hinzufügt, mit 1 ml PAe. versetzt u. erneut mit Aceton fällt. — Die Nachteile der Aceton–$MgCl_2$-Meth. (schwierige Handhabung des Nd., Schwierigkeiten bei der Klärung der Acetonlsg.) veranlaßten weitere Verss., die Trennung der Komponenten auf chromatograph. Wege zu verwirklichen; unter Auswertung der Literatur werden feingepulverte Saccharose (Säule mit 34 mm Durchmesser), MgO u. Kieselsäure (Säule mit 24 mm Durchmesser) als Adsorbentien herangezogen. Saccharose u. MgO (freie Fettsäuren; beginnende Verseifung) erweisen sich nach den Verss. als wenig geeignet, während Kieselsäure sehr befriedigende Resultate liefert. — Beispiel: 750 mg Rattenfett (Lymphe), in 50 ml $CHCl_3$ gelöst, in je 10 ml der Lsg. 14,78 mg Phosphatide enthaltend, werden in 3 SiO_2-Säulen (5 g bei 120° aktiviertes SiO_2) chromatographiert; der Extrakt mit 150 ml $CHCl_3$ liefert das prakt. phosphatidfreie Neutralfett; der anschließend mit je 150 ml Methanol gewonnene Extrakt ergibt 100—101% der Phosphatide, die erzielte Abtrennung von Neutralfett u. von den freien Fettsäuren ist sehr befriedigend u. übertrifft durchgehend die Ergebnisse nach der Aceton–$MgCl_2$-Methode. (Acta physiol. scand. **25.** 101—10. 6/6. 1952. Lund, Univ., Dep. of Physiol. Chem.) K. Täufel. 5756

Svante Odén und **Bengt von Hofsten,** *Entdeckung von Fingerabdrücken durch die Ninhydrinreaktion.* Ein Fingerabdruck enthält 98,5—99,5% W., Restbestandteile sind: Fette, Salze u. Aminosäuren, deshalb läßt sich die *Ninhydrin*-Rk. in der bei der Papierchromatographie geübten Weise zur Identifizierung von Fingerabdrücken verwenden. (Nature [London] **173.** 449—50. 6/3. 1954. Uppsala, Royal Agric. Coll., Inst. of Pedol.; Univ., Inst. of Biochem.) H. Toepsch. 5762

Erhardt Beyer, Physikalisch-chemische Untersuchungsmethoden. Bd. 1. Elektrometrische Meßmethoden. Leipzig: Fachbuchverl. 1956. (XII + 240 S. m. 130 Abb.) 8°. DM 16,—.

Roy Kenneth McAlpine and **Byron A. Soule,** Fundamentals of qualitative chemical analysis; semimicro method; 4th ed. Princeton, N. J.: Van Nostrand. 1956. (347 S. m. Diagr.) 8°. $ 5,—.

H. Angewandte Chemie.

I. Allgemeine chemische Technologie.

G. M. Bartenew, *Die Gasdurchlässigkeit von Gummi und die Abdichtung von Gasbehältern durch Gummi.* Bis zu Kompressionen von 10—20% erfolgt der Gasdurchtritt durch Gummidichtungen vorwiegend an der Kontaktfläche Gummi–Metall, bei höheren Kompressionen u. bei Schmieren der Gummioberfläche mit Vakuumschmiermittel nur durch Diffusion. Maßgebend ist nicht der Zustand der Oberfläche, sondern die Qualität des Dichtungsmaterials. Die Durchtrittsgeschwindigkeit C (cm^3/Std.) ist abhängig von der Gasdurchlässigkeitskonstante P (cm^3/cm·Std.·at) des Materials, dem mittleren Radius R, der Dicke (d_0) u. Breite (b_0) der nichtdeformierten Dichtung (cm), der Dicke λ der deformierten Dichtung (cm) u. der Druckdifferenz des Gases ΔP nach der Gleichung: $C = 2\pi R P d_0 b_0^{-1} \lambda^2 \Delta P$. Die Abnahme von log C bei Änderung von log λ von 0 bis $-0{,}4$ wird für verschied. Materialien (synthet. Kautschuke mit 3 u. 10% S mit u. ohne Füllstoff) durch parallele gerade Linien dargestellt. (Химическая Промышленность [Chem. Ind.] **1955.** Nr. 8. 15—17. Dez.) R. K. MÜLLER. 5810

H. Glaser, *Instationäre Messung der Wärmeübertragung von Raschigringschüttungen.* Regeneratoren werden jeweils mit RASCHIG-Ringen von 16, 8 u. 5 mm angefüllt. Luft von Raumtemp. tritt in den Regenerator I, nimmt von der Speichermasse Wärme auf u. verläßt ihn mit höherer Temp., wird dann im mit Dampf beheizten Raum auf 100° erhitzt u. durch den Regenerator II geleitet. Aus Temperatur- u. Druckmessungen kann die Wärmeübertragung berechnet werden. Mit Pt-Widerstandsthermometern wird der Temperaturverlauf in der Regeneratormitte, am kalten u. warmen Ende sowie die zeitlich veränderliche Gastemp. gemessen. Der Druck wird mit Projektionsmikromanometer nach BETZ, die durchströmende Luftmenge mit Normblende festgestellt. Der Einfl. der Größe der RASCHIG-Ringe u. des Lückenvol. wird beobachtet. Zur dimensionslosen Darst. der Versuchsergebnisse werden NUSSELTsche u. REYNOLDSsche Zahl zueinander in Beziehung gesetzt. (Chemie-Ing.-Techn. **27.** 637—43. Nov. 1955. Göttingen, Max-Planck-Inst. für Strömungsforsch.) H. MIETHING. 5814

G. V. Austerweil, *Neue Bestimmungsmethode der Wirksamkeit (Aktivität ψK) von Ionenaustauschern.* (Vgl. C. **1952.** 649.) Vf. entwickelt durch Anwendung des Massenwirkungsgesetzes auf den Ionenaustausch eine einfache Bestimmungsmeth. für die Aktivität ψK von Ionenaustauschern. (Ind. Plast. mod. **5.** Nr. 10. 32—33. Dez. 1953.) R. SCHÄFF. 5826

W. N. Koslow, W. B. Smolenski und **W. M. Araschkewitsch,** *Die Gewinnung von Flotationsöl aus sauren Rückständen der Rektifikation von Essigsäure.* Hinweis, daß der bei der Essiggewinnung aus Holzessigpulver hinterbleibende saure Rückstand ein wertvoller Rohstoff ist. Die hier vorliegenden Säuren u. Phenole werden in ihre Ca-Salze übergeführt u. diese aus einer Fe-Retorte der Dest. unterworfen. Im Mittel werden 33,5% des sauren Rückstandes an Ölen gewonnen, davon gehen 3,1% unter 105°, 30,1% (*Flotationsöle*) bei höherer Temp. über. Letztere Fraktion kann zur Verbesserung der Schaumwrkg. noch weiter fraktioniert werden. Die Brauchbarkeit des so gewonnenen Flotationsöles wird durch vergleichende Flotation von Cu–Fe-Erzen (*Pyrit, Chalkopyrit, Pyrrhotin* u. *Magnetit*) mit diesem Öl u. Fichtenöl nachgewiesen. (Гидролизная и Лесохимическая Промышленность [Hydrolysen- u. holzchem. Ind.] **9.** Nr. 1. 10—11. 1956. Uraler Zweigstelle der Akad. der Wiss. der UdSSR.) M. ULMANN. 5828

J. G. Robertson, *Kieselgur als Filterhilfe.* Auf Grund seiner Durchlässigkeit u. dabei guten Klärwrkg. wird Kieselgur zum Klären u. Filtrieren in der Technik empfohlen. Beschrieben werden: Aufarbeitung, physikal. Daten der im Handel üblichen Arten, eine Anzahl in der Technik gebräuchlicher u. bewährter Filterarten für absatzweise u. kontinuierliche Filtration u. die Anwendung von Kieselgur in Gemischen mit Aktivkohle u. Al_2O_3. (Chem. Products chem. News [N. S.] **14.** 356—59. Okt. 1951.) H. LEHWALD. 5830

N. Je. Wischnewski, *Über die hydraulischen Arbeitsbedingungen von Autoklaven.* Es werden die hydraul. Arbeitsbedingungen an einem Autoklaven mit Propellerrührwerk untersucht u. die Nachteile eines Autoklaven mit Schaufelrührwerk aufgezeigt. Die Umlaufgeschwindigkeit der Propellerenden soll 10 m/sec u. die REYNOLDS-Zahl der umlaufenden Fl. >40000 betragen. Dadurch wird ein energ. Schäumen erreicht. Bei guter Ausnutzung des Propellerrührwerks wird leicht die maximale Sättigung des Rohstoffes mit dem Gas erreicht, wodurch viele chem. Prozesse schneller verlaufen. Die Unterss. werden mit Spindelöl durchgeführt, dessen Viscosität durch Temperaturänderung abgewandelt wird. Bei den gleichen Propellergeschwindigkeiten hängt der Durchmischungs-

grad gänzlich von der Viscosität ab. (Журнал Прикладной Химии [J. angew. Chem.] **28.** 1071—76. Okt. 1955. Leningrad, Wiss. Forschungsinst. der Erdölaufarbeitung.)
O. POLLAK V. EMHOFEN. 5834

E. S. Green und **J. C. E. Lowcock,** *Nichtkondensierbare Gase in Ammoniakanlagen, ihre Wirkung und Beseitigung.* Vff. zeigen die verschied. Ursachen für das Auftreten von nichtkondensierbaren Gasen in NH_3-Kälteanlagen, bes. von Luft. Der Einfl. auf die Leistung wird untersucht u. Wege zur Vermeidung bzw. Beseitigung werden diskutiert. (Proc. Inst. Refrigerat. **48.** 179—98. 1951/52.) F. CRAMER. 5858

W. L. Badger und **R. A. Lindsay,** *Verdampfung.* (Vgl. C. **1956.** 8183.) Es werden kurz die Arbeiten des Vorjahrs über Verdampferarten, Zubehör, Verdampfungskoeffizienten sowie Kesselstein u. Korrosion besprochen. — 40 Literaturzitate. (Ind. Engng. Chem. **47.** 532—35. März 1955. Ann Arbor; Midland, Mich., Dow Chem. Co.) L. FISCHER. 5864

D. F. Arthur, *Ein Überblick über die Bildung statischer Elektrizität.* Neben einer Übersicht über die elektr. Aufladung fester Körper, einschließlich Textilfasern, Filme von Polymeren u. Staub durch Kontakt, Stoß oder Reibung u. die Bldg. stat. Elektrizität auf Flüssigkeitsoberflächen beim Tropfen, Gefrieren, Filtrieren u. Sprühen sowie entsprechende Meßmethoden wird, basierend auf der FERMI-DIRAC-Funktion, eine kurze Einführung zur Energieverteilung der Elektronenzustände der Festkörper gegeben u. nach ihrem Verh. die Halb- u. Nichtleiter definiert. Weiterhin wird der Ladungsausgleich bzw. Übergang beim Kontakt von Metall–Metall u. Metall–Isolator u. die Veränderungen in der Ladungsverteilung während der Trennung der Oberflächen erklärt. Nach diesen, den Prozeß der Aufladung erläuternden Darlegungen werden die Möglichkeiten u. prakt. Methoden der Entladung aufgezeigt u. die Wirkungsweise antistat. Mittel beschrieben. (J. Textile Inst., Trans. **46.** T 721—34. Dez. 1955.)
I. SCHOENMANN. 5906

Standard Oil Development Co., Elizabeth, N. J., V. St. A. (Erfinder: **Walter Gerald Lowenstein-Lom**), *Emulgierbares Öl.* Dasselbe besteht aus einem Mineral- oder Schmieröl, z. B. Kerosin, u. enthält 0,1—5 Gew.-% eines phosphorsulfurierten KW-stoffes, z. B. eines mit P_2S_5 behandelten Mineralöles. Eine 45%ig. Emulsion in W. ist ebenso beständig wie eine 45%ig. wss. Emulsion eines Kerosins mit dem 20fachen Geh. an Na-Mahoganysulfonaten. *Schmiermittel, Basis für Insekticide u. Agrikultursprühmittel.* (**E. P. 721 318** vom 5/5. 1952, ausg. 5/1. 1955.) E. DREWS. 5825

Standard Oil Co., Cleveland, O., V. St. A. (Erfinder: **Arthur Letcher Jones**), *Kontinuierliche Trennung zweier Fraktionen verschiedener Stoffe in flüssigem Zustand durch Thermodiffusion.* Es wird ein kontinuierlicher vertikaler Strom der Fl. in dünner Schicht zwischen glatten Wänden aus inertem, gut wärmeleitendem Material von gleichem u. geringem Abstand voneinander gebildet u. das zu trennende Flüssigkeitsgemisch (I) diesem Flüssigkeitsstrom kontinuierlich mit einer Geschwindigkeit, die die therm. Zirkulationsgeschwindigkeit übersteigt, an einem Ende zugeführt. Zwischen den gegenüberliegenden Wänden hält man einen Temperaturgradienten aufrecht, der genügt, um an einer Wandseite eine kontinuierlich zirkulierende erste Fraktion zu erhalten, die an einer Komponente (II) des I angereichert ist u. dabei die zweite Fraktion an der anderen Wandseite zu konzentrieren, die an dieser II verarmt. Beide Fraktionen werden getrennt — vom Zugabepunkt des I entfernt — kontinuierlich abgezogen. — Beispiel: *Trennung von Cetan* u. *Monomethylnaphthalin.* — Zeichnung. (**E. P. 726 611** vom 28/5. 1953, ausg. 23/3. 1955.) W. MATTHAES. 5829

Ruhrchemie Akt.-Ges., Oberhausen-Holten, *Verfahren und Vorrichtung zur Behandlung körniger Stoffe mit Flüssigkeiten.* Die körnigen Stoffe (I) werden innerhalb der Fl., deren D. geringer ist als die der I, über mit Öffnungen versehene Flächen (II) abwärtsgeführt u. hierbei von durch die mit Öffnungen versehenen II aufwärtsströmender Fl. durchflossen, deren Geschwindigkeit so hoch bemessen wird, daß die I auf ihrer Unterlage einen verminderten Druck ausüben, ohne aber völlig in den wirbelnden Zustand überzugehen. Die I können gleichzeitig mit Gasen, die in die Fl. eingeblasen werden, behandelt, u. es können schaumfähige Fll. benutzt werden. — *Extraktion körniger Stoffe mit organ. Lösungsmitteln oder wss. Lsgg.*, Waschen von gekörntem Material, hydraul. Trennung von Stoffgemischen, Durchführung chem. Reaktionen. — Zeichnung. (**Schwz. P. 309 914** vom 3/12. 1951, ausg. 1/12. 1955. D. Priorr. 6/12. u. 16/12. 1950.)
W. MATTHAES. 5863

Standard Oil Development Co., Elizabeth, N. J., V. St. A., *Umsetzung von Gasen und Dämpfen unter kurzzeitiger Einwirkung feinverteilter Kontaktstoffe.* Der Gas- oder Dampfstrom strömt kontinuierlich aufwärts durch die Reaktionszone (I), während der Katalysator in freiem Fall durch die I niederregnet u., in der darunterliegenden Abstreifzone von anhaftendem Gas oder Dampf befreit, der I wieder von oben zugeführt wird. Dem oberen Teil der I kann Inertgas zugeführt werden. Der Katalysator kann aus V_2O_5 u. MoO_3 bestehen. *Herst. von z. B. Phthalsäureanhydrid durch Oxydation von Naphthalin, von Maleinsäure aus Methylpentadien, von Propylenoxyd aus Propylen.* — Zeichnung. (**E. P. 665 976** vom 19/12. 1949, ausg. 6/2. 1952.) W. Matthaes. 5897

Badische Anilin- & Soda-Fabrik Akt.-Ges., Ludwigshafen/Rh. (Erfinder: **Hans Klein**, Mannheim), *Gleichmäßige elektrische Erhitzung katalytisch wirksamer Beläge auf nichtleitenden Unterlagen*, dad. gek., daß man die Beläge in einzelne Abschnitte aufteilt, die in sich u. gegeneinander auf eine solche Verteilung des Widerstandes abgestimmt sind, daß jede Flächeneinheit annähernd die gleiche Heizleistung aufnimmt, u. daß man die Abschnitte an zwischen ihren Enden gelegenen Stellen durch Querverbb. mit hoher elektr. Leitfähigkeit parallel schaltet u. an ihren Enden parallel geschaltet mit der Stromquelle verbindet. — Zeichnung. (**D. B. P. 936 330** Kl. 12g vom 7/8. 1953, ausg. 7/12. 1955. Anmeldung bekanntgemacht 16/6. 1955.) W. Matthaes. 5905

III. Elektrotechnik.

Westinghouse Electric Corp., East Pittsburgh, übert. von: **Martin H. Binstock**, Pittsburgh, Pa., V. St. A., *Schaltkontakt.* Der aus 20—50 (Gewichtsteilen) Cu oder Ag, 80—50 Mo oder W u. 0,5—2 Ni gesinterte Kontaktkörper trägt an seiner Rückseite ein Syst. von Kreuzrillen zur Erleichterung der Hartlötverb. mit der Bettung. (**A. P. 2 694 126** vom 28/2. 1952, ausg. 9/11. 1954.) H. Kessel. 5953

Magyar Állam (Erfinder: **József Lukcás**), Budapest, Ungarn, *Plattieren von Aluminiumkontakten* mittels Silberplättchen erfolgt durch Aufpressen der dünnen Silberplättchen mit 10—100 at bei gleichzeitiger Einw. von 1000—10000 A/cm^2 während einiger Sekunden. Man kann auch zwischen der Al-Fläche u. dem Ag-Plättchen eine 0,1—0,6 mm betragende Schicht aus Ag-Pulver zur Erleichterung der Diffusion anbringen. Mittels der Ag-Plättchen kann man auch Metalle mit dem Al verbinden, die ohne dieses Hilfsmittel auf dem Wege der Diffusion nicht verbunden werden können. (**Ung. P. 142 565** vom 3/3. 1952, ausg. 15/3. 1955.) G. König. 5953

E. I. du Pont de Nemours & Co., Wilmington, Del., übert. von: **Lawton A. Burrows**, Mendenhall, Pa., V. St. A., *Elektrisches Isoliermaterial.* Man verwendet zum Isolieren von elektr. Drähten für elektr. Sprengkapseln polymeres Äthylenglykolterephthalat. (**Can. P. 493 860** vom 10/4. 1947, ausg. 23/6. 1953.) M. Pankow. 5957

Erich Frenkel und **Heinrich Frenkel**, Deutschland, *Elektrisches Isoliermaterial.* Man kondensiert eine Mischung aus einem mit Ölen reagierenden Phenolharz u. einem Öl, gegebenenfalls auch einem gekochten Öl u. Asphalt oder Stearinpech bei Tempp. bis 300°, bis man eine oberhalb 70° fl. M. erhält, in welche die zu isolierenden Spulen u. Körper getaucht werden u. die man durch Erhitzen auf 120—175° härtet. Alkyd-, Cumaron-, Phenol-, ölmodifizierte Melamin-, Epoxydharze, Pb-Linoleat oder -Naphthenat, Di- u./oder Polyisocyanate oder Xylenol–CH_2O-Harze können zu der M. zugesetzt werden. — 100 (kg) geblasenes Leinöl u. 100 Alkydharz aus halbtrocknenden Ölen werden bei 170° portionsweise mit 100 mit Ölen reagierendem Phenolharz gemischt, die M. als Tauchbad bei 70—90° verwendet u. nach dem Tauchen bei 120—175° gehärtet. (**F. P. 1 101 084** vom 21/5. 1954, ausg. 27/9. 1955. D. Priorr. 23/5. u. 21/11. 1953.) M. Pankow. 5957

Mareg-Akkumulatoren G. m. b. H., Deutschland, *Stromsammlerelektrode.* Das die akt. M. tragende Bleigitter wird beidflächig mit an den Rändern überstehenden u. unten miteinander verbundenen, porösen, gegebenenfalls gerippten Kunstharzplatten abgedeckt, die miteinander durch das Gitter hindurch derart verstiftet oder durch einen Kunstharzfaden zusammengehalten sind, daß das Gitter sich gegenüber den Platten etwas verschieben kann. Durch diese Gestaltung der Elektrode, die entsprechend auch bei alkal. Sammlern anwendbar ist, wird ein besonderer Separator gespart, das Abfallen von akt. M. umgangen u. der unerwünschte Geh. des Pb an Sb vermeidbar gemacht. — Zeichnungen. (**F. P. 1 093 154** vom 11/2. 1954, ausg. 2/5. 1955. D. Prior. 12/6. 1953.) B. Schmidt. 5971

Badische Anilin- & Soda-Fabrik Akt.-Ges., Deutschland, *Stromsammlerelektrode.* Leichte, poröse, feste, gutleitende Elektrodenkörper, welche die akt. M. aufnehmen, werden erhalten, indem mit feinen Metallteilen gemischte, gegebenenfalls versilberte oder graphitierte keram. oder Kunstharzteilchen auf ein Drahtnetz aufgefrittet werden. — Auf ein Gitter aus feinem, vernickeltem Fe-Draht wird z. B. ein pulveriges Gemisch von 80 (Teilen) Polystyrol mit 5 Ni-Flitter u. 15 Flocken von Carbonyl-Ni unter Druck bei 120° aufgefrittet. (**F. P. 1 097 994** vom 13/4. 1954, ausg. 13/7. 1955. D. Prior. 18/4. 1953.) B. Schmidt. 5971

United States of America, übert. von: **Arthur F. Daniel,** Fair Haven, N. J., V. St. A., *Herstellen von Depolarisationsmassen für Primärelemente.* Die einzelnen sehr feinen Pulverteilchen von MnO_2 (**I**) werden mit einer extrem dünnen Metallschicht, z. B. aus Ag, Au, Ni, Cr, Mn oder Ti, mit Hilfe des Metallspritzverf. überzogen. Beim Pressen von **I** zur Elektrode reißen die Metallschichten, so daß **I** vom Elektrolyten benetzt werden kann. Der Zusatz von Ruß oder Graphit erübrigt sich, da die Stromableitung durch die Teile der Metallschicht erheblich verbessert wird. — Beispiel für andere Depolarisatoren. (**A. P. 2 678 343** vom 5/9. 1951, ausg. 11/5. 1954.) F. Laass. 5971

Standard Telephones & Cables Ltd., London, England, *Elektrode, besonders Gitter, für elektrische Entladungsröhren* aus W oder Mo trägt zur Verhinderung von Elektronenemission eine C-haltige Erdalkalioxydschicht. (**E. P. 677 682** vom 28/7. 1950, ausg. 20/8. 1952. A. Prior. 18/1. 1950.) H. Kessel. 5975

Standard Telephones & Cables Ltd., London, England (Erfinder: **William H. Nickless**), *Oxydkathode für elektrische Entladungsröhren* besteht aus einem Th-haltigen Mo-, Ta- oder Nb-Kern, der oberflächlich carburiert ist u. eine Erdalkalioxydschicht trägt. (**E. P. 663 635** vom 13/8. 1948, ausg. 27/12. 1951. A. Prior. 14/8. 1947.) H. Kessel. 5975

Imre Patai, Washington, D. C., V. St. A., *Oxydkathode.* Eine koll. Dispersion eines Gemisches aus feinstverteiltem Cu-, Ni-, W- oder Co-Oxydpulver (**I**) u. einem Erdalkalicarbonat (**II**) wird kataphoret. auf einem metall. Trägerkern niedergeschlagen, der dann zur Red. von **I** in H_2 u. nach dem Einbau zur Red. von **II** im Vakuum auf ca. 1400° erhitzt wird. (**A. P. 2 506 466** vom 28/8. 1947, ausg. 2/5. 1950.) H. Kessel. 5975

Sylvania Electric Products, Inc., Mass., übert. von: **Harold Jacobs,** St. Albans, N. Y., V. St. A., *Oxydkathode für elektrische Entladungsröhren.* Nach dem Einbau u. der therm. Zers. wird die Oxydmasse bei einem Ar-Druck von $25-80 \cdot 10^{-3}$ Torr mit Hilfe einer Getterpille mit freiem Ba oder Cs bedampft. (**A. P. 2 548 110** vom 16/3. 1949, ausg. 10/4. 1951.) H. Kessel. 5975

Radio Corp. of America, übert. von: **Henry T. Swanson,** Lancaster, Pa., V. St. A., *Oxydkathode.* Das Bindemittel (z. B. ein Nitrocellulosebindemittel) für das Aufbringen der Kathodenmasse erhält einen Weichmacherzusatz von ca. 2% Triäthylenglykoldi-2-äthylbutyrat, der die Zersetzungstemp. des Bindemittels auf ca. 400° erhöht. (**A. P. 2 552 654** vom 30/8. 1948, ausg. 15/5. 1951.) H. Kessel. 5975

Radio Corp. of America, New York, N. Y., V. St. A., *Oxydkathode für elektrische Entladungsröhren.* Die Ausgangsmasse enthält 25—50 (%) $BaCO_3$, 45—70 $SrCO_3$ u. 3—10 $CaCO_3$. (**F. P. 1 029 729** vom 15/12. 1950, ausg. 5/6. 1953. **E. P. 684 059** vom 19/1. 1951, ausg. 10/12. 1952. Beide A. Prior. 26/1. 1950.) H. Kessel. 5975

Mullard Radio Valve Co. Ltd., London, **Frederick Charles Carpenter,** Wallington, Surrey, **Philip Edward Lowering,** London, **George Leslie Sutherland** und **Jan Adolf Maria van Moll,** New Road Mitcham Junction, Surrey, England, *Oxydkathode für elektrische Entladungsröhren.* Zur elektrophoret. Aufbringung der Emissionsmasse (z. B. Al_2O_3, auch mit 5% Si, oder metall. Zr) werden die Teilchen zuvor mit einer die Adsorption von Ionen fördernden Hydratschicht umkleidet u. dann in einem nichtwss. Medium suspendiert. Die Bldg. der Hydratschicht erfolgt z. B. durch Hydrolyse von $AlCl_3$, $Al(NO_3)_3$, Na-Aluminat oder Zirkonylsulfat. (**E. P. 650 753** vom 14/11. 1945, ausg. 7/3. 1951.) H. Kessel. 5975

Laboratoires Electriques, Frankreich, *Oxydkathode für elektrische Entladungsröhren.* Die Oxydschicht, z. B. ThO_2, wird aus einer koll. Suspension unter Zugabe von Mannit als Peptisator elektrophoret. niedergeschlagen. (**F. P. 989 669** vom 25/2. 1944, ausg. 12/9. 1951.) H. Kessel. 5975

N. V. Philips' Gloeilampenfabrieken, Eindhoven, Holland, *Oxydkathode für elektrische Entladungsröhren.* Bei der elektrophoret. Gewinnung einer Oxydschicht, z. B. aus Al_2O_3, wird der Suspension ein organ. Kunstharz als Ionenaustauscher zugesetzt. (**F. P. 1 076 026** vom 21/4. 1953, ausg. 21/10. 1954. E. Priorr. 23/4. 1952 u. 10/2. 1953.) H. Kessel. 5975

N. V. Philips' Gloeilampenfabrieken, Eindhoven, Holland (Erfinder: **E. S. Rittner**), *Oxydkathode für elektrische Entladungsröhren.* Der Tragkörper für die Erdalkalioxyde besteht aus einer Legierung aus Ni, Co, Pt, Ru, Rh, Pa, Os oder Ir, 1—10 (%) W, Mo, Si, Ti oder Al, u. 0,03—0,25 Th, Mg, Be, Hf, Sc, Y, Sm, Nd, Pr oder La. (**Oe. P. 180 996** vom 3/10. 1953, ausg. 10/2. 1955. **Belg. P. 523 271** vom 5/10. 1953, ausg. 6/1. 1956. Beide A. Prior. 6/10. 1952.) H. Kessel. 5975

N. V. Philips' Gloeilampenfabrieken, Eindhoven, Holland, **Philips Electrical Industries,** London, England, und **Hartford National Bank & Trust Co.,** Hartford, Conn.,

V. St. A. (Erfinder: **Hendrikus Johannes Lemmens, Marinus Jacobus Jansen** und **Josephus Arnoldus Bernardus Zaat,** Eindhoven, Holland), *Vorratskathoden für elektrische Entladungsröhren.* Die Wandung der die Erdalkaliverbb. enthaltenden Kammer ist durch einen mit ihr durch Stumpfschweißen verbundenen homogenen porösen Sinterkörper aus mindestens einem der Metalle W, Mo, Ta, Hf u. Nb verschlossen. (**D. B. P. 837 273** Kl. 21g vom 22/10. 1950, ausg. 21/4. 1952. Anmeldung bekanntgemacht 23/8. 1951. **Oe. P. 172 894** vom 23/10. 1950, ausg. 25/10. 1952. **Schwz. P. 292 225** vom 23/10. 1950, ausg. 16/10. 1953. **F. P. 1 026 424** vom 23/10. 1950, ausg. 28/4. 1953. **Belg. P. 498 869** vom 23/10. 1950, ausg. 23/4. 1951. **E. P. 675 456** vom 20/10. 1950, ausg. 9/7. 1952. **A. P. 2 673 277** vom 21/10. 1950, ausg. 23/3. 1954. Alle Holl. Prior. 25/10. 1949.) H. Kessel. 5975

Philips Electrical Industries Ltd., London, England, *Vorratskathode für elektrische Entladungsröhren.* Die mit einem porösen Sinterkörper aus W, Mo, Hf, Ta oder Nb abgeschlossene Kammer enthält Erdalkaliwolframat (I) u. ein Metall (z. B. Ta, Th oder Zr), das I zu freiem Erdalkalimetall reduziert. — Beispiel: Ein aus Th- u. W-Pulver gepreßter u. bei 1300—2000° gesinterter, mit Ba-Wolframat imprägnierter Körper. (**E. P. 739 232** vom 15/1. 1954, ausg. 26/10. 1955. A. Prior. 19/1. 1953.) H. Kessel. 5975

N. V. Philips' Gloeilampenfabrieken, Eindhoven, Holland, und **Philips Electrical Industries Ltd.,** London, England, *Vorratskathode für elektrische Entladungsröhren.* Die Metallwände der Erdalkaliverbb. enthaltenden Kammer werden vor dem Einfügen eines abschließenden porösen Sinterkörpers aus W, Mo, Ta, Hf oder Nb chem. oder elektrochem. gereinigt, gespült u. dann in H_2 bei ca. 1100° ausgeglüht. (**F. P. 1 045 204** vom 16/11. 1951, ausg. 24/11. 1953. **Belg. P. 507 171** vom 16/11. 1951, ausg. 10/4. 1953. **E. P. 691 583** vom 15/11. 1951, ausg. 13/5. 1953. Alle Holl. Prior. 18/11. 1950.) H. Kessel. 5975

Aktiebolaget Svenska Elektronror, übert. von: **Anna Margareta Bergö-Heineman,** Stockholm, Schweden, *Stromzuführung* aus einer Cr–Fe-Legierung, bes. für elektr. *Entladungsröhren.* Die beim Einschmelzen entstandene Cr_2O_3-Oberfläche wird an den Kontaktstellen mit einer Ag_2O in Suspension enthaltenden Lackschicht bedeckt. Beim Erhitzen bildet sich Ag, das die darunterbefindliche Cr_2O_3-Schicht red. u. eine metall. gut leitende gesinterte Ag-Schicht bildet, die als Kontaktfläche dient. (**A. P. 2 560 151** vom 14/2. 1947, ausg. 10/7. 1951. Schwed. Prior. 23/12. 1944.) H. Kessel. 5975

Siemens & Halske Akt.-Ges., Berlin und München, *Vorratskathode für elektrische Entladungsröhren.* Im Innern oder an der Oberfläche des Mantels der Vorratskammer sind Einschlüsse oder Beläge vorgesehen, die Si, Ti, Al, Fe, Mg oder Ca einzeln oder zu mehreren enthalten. Der Mantel selbst kann mit einer C-haltigen Schicht versehen sein oder z. T. oder ganz aus einer C-haltigen M. bestehen. (**Oe. P. 175 317** vom 4/3. 1952, ausg. 25/6. 1953. **F. P. 1 054 597** vom 17/4. 1952, ausg. 11/2. 1954. **E. P. 721 612** vom 17/4. 1952, ausg. 12/1. 1955. Alle D. Prior. 18/4. 1951.) H. Kessel. 5975

Siemens & Halske Akt.-Ges., Berlin und München, *Vorratskathode für elektrische Entladungsröhren.* Als Mantel, an dessen Oberfläche z. B. Th als Emissionsstoff hindurchwandert, dient eine dichte Schicht aus einem carbidbildenden Schwermetall, z. B. Mo. (**Oe. P. 181 333** vom 20/2. 1953, ausg. 10/3. 1955. **F. P. 1 073 208** vom 24/3. 1953, ausg. 21/9. 1954. Beide D. Prior. 24/3. 1952.) H. Kessel. 5975

IV. Wasser. Abwasser.

Carl Christian Emeis, *Über die Bedeutung der Algen bei der biologischen Reinigung des Oberflächenwassers.* Aus Verss. über die Wechselbeziehung zwischen Algenentw. u. Bakteriengeh. wird die Erfahrung bestätigt, daß der bei der Assimilation auftretende Sauerstoff einen keimvermindernden Einfl. ausübt. Entsprechende Verss. unter Lichtabschluß lassen weiter auf die Wrkg. eines zweiten antibakteriellen Prinzips, vermutlich antibiot. Natur, schließen. (Desinfekt. u. Gesundheitswes. **47.** 153—58. Okt. 1955. Hannover, Staatl. Medizinaluntersuchungsamt.) W. Niemitz. 6010

F. W. Gilcreas, *Werker-Leitfaden zur Laboratoriumsüberwachung.* 5. Mitt. *Verfahren zur Wasserfiltration und ihre Erfolge.* (4. vgl. C. **1956.** 12658.) Langsam-, Schnell- u. Druckfilterung durch Sand sowie Kieselgurfilter, ihre Überwachung u. die Prüfung des filtrierten W. auf Trübung, Färbung Alkalinität u. biol. Zustand werden besprochen. Al-Best. kann auf Fehler bei der Ausflockung hinweisen. (Water Works Engng. **109.** 202—05. 237—38. März 1956. Florida, Univ., Sanit. Sci.) H. Mühlmeister. 6016

I. L. Mongait und **Ss. I. Konobejew,** *Die Abwässer der Pyrolyseanlagen für synthetischen Sprit.* Auf Grund von Betriebs- u. Laboratoriumsverss. wird folgendes Reinigungsverf. für Abwässer der synthet. Spritgewinnung vorgeschlagen: Von den Skrubbern kommt das W. in Absetzbecken, wo die Harze ausgeschieden werden. Das überstehende W. wird auf Rieselanlagen gekühlt u. belüftet u. kommt wieder in die Skrubber (Waschen u. Kühlen der Gase). Ein Teil des W. kommt von der Rieselanlage zur Koagulation. Nach der Koagulation enthält das W. 2—5 mg/Liter Harze. Der biol. O_2-Verbrauch beträgt in 5 Min. 40—50 mg/Liter. Dieses W. kann zusammen mit Kloaken biol. gereinigt oder in genügend große Gewässer abgelassen werden. Die Ablauge von der Propanwaschung wird als Reagens für die Koagulation des Abwassers benutzt. Der Schlamm wird entwässert. Die Harze werden weiterverarbeitet. (Водоснабжения и Санитарная Техника [Wasserversorg. sanit. Techn.] **1955.** Nr. 3. 20—22. Juni.) A. v. WILPERT. 6024

Eskel Nordell, *Wasserbehandlung ist ein „Muß" in der zeitgemäßen Nahrungsmittelfabrik.* Überblick über die in der Nahrungsmittelfabrik störenden Bestandteile u. Verunreinigungen des W. u. die Verff. zur Enthärtung durch Ionenaustausch, kaltes Kalk- u. warmes Kalk–Soda-Verf. sowie zur Entfernung von Farbe, Trübungen, Organismen, Geruch u. Gasen u. die dadurch erzielten Verbesserungen in der Fertigung. — 14 Abbildungen. (Food Engng. **27.** Nr. 4. 89—99. April 1955. New York City, Permutit Co.) H. MÜHLMEISTER. 6024

H. Scheller, *Betriebserfahrungen mit der Filter- und Ozonanlage Könizberg der Wasserversorgung Bern.* Vortrag. Die mit der von GUBELMANN, C. **1956.** 6779 beschriebenen Anlage in Filtern, O_3-Erzeugung u. -Verwendung sowie bzgl. der Betriebskosten gemachten Erfahrungen werden beschrieben; nach Abstellung einiger kleiner Mängel arbeitet die Anlage zufriedenstellend. Im Mittel betrug der Energieaufwand für die Ozonisierung je g O_3: Lufttrocknung 21, O_3-Erzeugung 23, Vermischen des O_3 mit dem W. 20 u. Hilfsapp. 2 W, der O_3-Verbrauch je m^3 W. 0,3—0,75, im Mittel 0,5 g. Dabei ist das W. beim Austritt aus der Ozonisierungskammer mit 0,25—0,35 mg O_3/Liter bakteriolog. einwandfrei u. enthält nach 6 Std. beim Austritt aus dem Reservoir kein O_3 mehr. Der hohe Energieverbrauch erklärt sich aus dem Versuchscharakter der Anlage. (Schweiz. Ver. Gas- u. Wasserfachmännern, Monatsbull. **36.** 73—81. April 1956.) H. MÜHLMEISTER. 6026

R. Freier, *Betriebserfahrungen mit chemischen Entgasungsmitteln im Höchstdruckkesselbetrieb.* Es werden nach eingehenden theoret. Besprechungen (gestützt auf Laborverss.) die Betriebserfahrungen im Kraftwerk Wolfsburg beschrieben. In den modernisierten therm. Entgasern kommt man dort auf einen Restsauerstoffgeh. von 10—15 μg. Man setzte als Reduktionsmittel Sulfite ein; bei Hydrazin trat eine merkbare Zers. im Kessel ein. Chem. war O_2 nicht mehr sicher nachzuweisen; elektrochem. (nach TÖDT-FREIER) wurden 1—10 μg O_2 gefunden. Preistabelle der verschied. Reduktionsmittel u. Diskussionen hierüber. Vorteile des Hydrazins: gefahrlose Überdosierung, keine Bldg. von zusätzlichen Salzen. (Vom Wasser **20.** 267—78. 1953.) H. DORSCH. 6030

H. F. Hinst, *Korrosionsprobleme bei kleinen Heizungskesseln.* Überblick über die Besonderheiten der Korrosionsprobleme bei kleinen Heizungskesseln. Hauptsächlich tritt Lochfraßbldg. auf der Wasserseite der Rohre u. Zerstörung durch Verbrennungsgase auf der Innenseite der Rohre auf. Die Lochfraßbldg. wird durch O_2- bzw. Luftgeh. u. CO_2-Geh. begünstigt. Feuchtigkeit u. S-Geh. der Verbrennungsgase begünstigen deren Aggressivität auf die Rohrinnenseite. Vorschläge für den Korrosionsschutz. (J. Amer. Water Works Assoc. **48.** 11—18. Jan. 1956. Alliance, O., Babcock and Wilcox Co., Tubular Products Div.) H. SPINDLER. 6030

B. A. Southgate, *Wasserverschmutzung. Allgemeine Einführung.* Inhaltlich ident. mit der C. **1956.** 4824 referierten Arbeit. — Vortrag. (Chem. and Ind. **1955.** 1194—99. 24/9. Stevenage, Herts., Water Poll. Res. Labor.) H. MÜHLMEISTER. 6036

Jan Wierzbicki, *Die Verdünnung der landwirtschaftlich genutzten Abwässer.* Die Notwendigkeit der Verdünnung der landwirtschaftlich genutzten Abwässer hat folgende Gründe: Sehr stark wechselnder Wasserbedarf der Pflanzen, Gefahr der Endosmose in trockenen Perioden, ungünstiger Einfl. hoher Cl^--Konz., Vermeidung eines Verlustes an N bei Verdünnung wegen der langsameren biol. Oxydation, Förderung der Mineralisation der Bestandteile, bessere Ausnutzung des Düngewertes durch die Pflanzen, gleichmäßigere Dosierung bei der Berieselung der Felder. (Gaz, Woda Techn. sanit. **28.** 329—30. Nov. 1954.) F. URBAN. 6036

Richard D. Hoak und **Henry C. Bramer,** *Die natürliche Ablagerung als ein Faktor bei der Flußverschmutzungskontrolle.* Vff. zeigen, daß durch systemat. Unterss. u. Bestimmungen des Anteils an suspendierten Feststoffen in Flüssen Erfahrungen gewonnen werden, die auf fließende industrielle Abwässer angewandt werden können. — Beispiele, die z. T. mathemat. untermauert sind: Delaware u. Ohio. — 7 Abb. (Kurven), 6 Zahlentafeln. (Sewage ind. Wastes **28.** 311—22. März 1956. Pittsburgh, Pa., Mellon-Inst.) H. ECKSTEIN. 6038

Bernard P. Skulte, *Berieselung mit städtischen Abwässern.* Beschreibung verschied. Berieselungsverff., wie sie bes. in Deutschland seit Jahren üblich sind. — 9 Abb., 10 Literaturnachweise. (Sewage ind. Wastes **28.** 36—43. Jan. 1956. Boston, Mass., Fay, Spofford and Thorndike.) H. ECKSTEIN. 6040

William Seaman, *Die Ermittlung der Durchflußzeit in Absetzbecken mit Hilfe radioaktiver Indicatoren.* Vf. empfiehlt bei Versagen der üblichen Anzeigemittel, wie Farbstoffe oder hohe Salzkonzz., die Verwendung des radioakt. (r.a.) ^{42}K mit der Halbwertszeit von 12,44 Stunden. Es zerfällt unter Aussendung eines γ-Strahls von 1,51 MeV u. zweier β-Strahlen von 3,58 u. 2,04 MeV. Es ist dem ^{24}Na wegen seiner milderen γ-Strahlung überlegen. In den Laborverss. wurde eine 0,2%ig. Lsg. von r.a. K_2CO_3 in dest. W. bzw. im Abwasser mit Hilfe eines GEIGER-Zählers geprüft. Beschreibung von 3 Hauptverss. im Absetzbecken. — 5 Abb. (Kurven), 1 Zahlentafel. (Sewage ind. Wastes **28.** 296—305. März 1956. Bound Brook, N. J., Amer. Cyanamid Co.) H. ECKSTEIN. 6040

Royal E. Rostenbach, *Die Behandlung radioaktiver Abwässer in Hanford.* Nach genauer Beschreibung der Örtlichkeit der Reaktoranlage wird die Aufbereitung folgender radioakt. (r.a.) Abfallstoffe erörtert: 1. Kühlwasser hinter den Kernreaktoren, 2. Gase aus den Reaktoren u. chem. Prozessen, 3. Reaktionswasser u. 4. Feststoffe. — 1. Das in üblicher Weise aufbereitete Kühlwasser (aus dem Columbiafluß) wird beim Durchgang durch die Reaktoren r.a., wird dann in große Rückhaltebecken geleitet, wo bereits der größte Teil der Radioisotopen (R.I.) mit kurzer Halbwertszeit unschädlich wird. Der Rest der R.I. wird durch stufenweise erfolgende u. weitgehende Verdünnung durch Einleiten in Flußwasser so verteilt, daß die Grenzkonz. stets unterhalb des gesundheitsschädlichen Schwellenwertes liegt. — 2. Die gasförmigen Abgänge aus der Pu-Extraktion u. der Rückgewinnung des unverbrauchten U werden nach nicht näher beschriebener chem. Behandlung in die Luft abgeleitet. — 3. Die Reaktionswässer, die langlebige R. I. enthalten, werden in außerordentlich große, tiefe, unterird. Schächte versenkt; diejenigen mit kurzer Halbwertszeit werden unter strenger Kontrolle dem Boden zugeführt. — 4. R.a. Feststoffe werden tief vergraben. — Weitere Angaben über das behördlich vorgeschriebene Warnsystem, Schutzmaßnahmen, Kontrollverff. über das Auftreten β- u. γ-strahlender R.I. — 16 Literaturnachweise, darunter 8 Handbook-Nr. des Nat. Bureau of Standards. (Sewage ind. Wastes **28.** 280—86. März 1956. Richland, Wash., General Electric Co., Hanford Atomic Prod. Operation.) H. ECKSTEIN. 6040

William T. Ingram, *Eine Untersuchung über die Behandlung der Abwässer aus Passagierdampfern.* Die Abwässer vor Anker liegender Schiffe, bes. in kleineren Häfen, sind im Interesse Badender u. zum Schutz der am Boden lagernden Muscheln u. Krebstiere sorgfältig zu reinigen, bevor sie abgelassen werden. Hierfür wird vor allem eine kräftige Cl_2-Zugabe (10 mg/Liter) zum Toilettenwasser empfohlen, wobei der Coligeh. der Faeces in günstigen Fällen von der Größenordnung 10^6 bis 10^9 bis auf 10^3 zurückgeht. Eine Cl_2-Dosierung von 1,5 g je Toilettenabgang scheint nach 20 Min. Verweilzeit eine vollkommene Colifreiheit zu gewährleisten. — 6 Zahlentafeln. (Sewage ind. Wastes **28.** 93—99. Jan. 1956. New York, N. Y., Univ., Coll. of Engng.) H. ECKSTEIN. 6042

A. Y. Hyndshaw, *Einige neue Erfahrungen bei der Beseitigung von Geschmack und Geruch.* Wenn auch Entfernung von Geschmack u. Geruch aus Trinkwasser durch Überdosierung von akt. Kohle in Notfällen gerechtfertigt erscheint, sollte ihre n. Verwendung mit dem Zusatz der übrigen Chemikalien abgestimmt werden, wobei $p_H < 9$ die besten Voraussetzungen liefert. So ergab sich die Erzeugung eines genießbaren W. durch die Behandlung mit akt. Kohle + Alaun vor derjenigen mit Kalk, während es umgekehrt nicht gelang. In einem anderen Falle red. akt. Kohle allein Geruch u. Geschmack ausreichend, der Zusatz von Cl_2 in geringenMengen verschlechterte sie, der Zusatz bis zum Knickpunkt red. sie um 50% u. änderte sie von fischig in holzig, u. erst der Ersatz von Cl_2 durch Chloramin mit nachfolgender Behandlung mit akt. Kohle ergab ein brauchbares Trinkwasser. (Water Sewage Works **103.** 214—16. Mai 1956. Tyrone, Pa., West Virginia Pulp and Paper Co.) H. MÜHLMEISTER. 6042

Richard H. Bogan und **Clair N. Sawyer,** *Biochemischer Abbau synthetischer Reinigungsmittel.* 1. Mitt. *Vorbereitende Untersuchungen.* Mit 36 synthet. Reinigungsmitteln (I) in reinster Form wurde in eingewöhntem Belebtschlamm + häuslichem, durch künstliches Abwasser nach WEINBERGER von 210 mg BSB/Liter laufend angereichertem Abwasser die biochem. Oxydation im WARBURG-App. u. in der Standardverdünnungsmeth. verfolgt. Die Ergebnisse der eingehend beschriebenen Verss. in 2 Tabellen u. 13 Diagrammen zeigen, daß die hauptsächlichsten anion. u. nichtionogenen I in gewissem Grade biol. abgebaut werden, jedoch unter dem Einfl. anscheinend geringer Änderungen ihrer mol. Zus. sehr verschieden empfindlich sind sowohl bei Gliedern desselben Typs als auch verschied. Klassen. Ihr Widerstand ist eine äußerliche Eig. des biol. Mediums, es kann durch eine verhältnismäßig kurze Gewöhnung von 48–60 Std. beeinflußt werden. Gewisse I, bes. Alkylsulfate, sulfonierte Fettsäureamide u. -ester u. einige Derivv. niedrigmol. Polyäthylenglykole (II) werden als Bakteriennahrung schnell aufgezehrt, während Alkylarylsulfonate, Alkylphenoxypolyglykole u. hochmol. II nur in geringem Maße biochem. umgesetzt werden. (Sewage ind. Wastes **26.** 1069–80. Sept. 1954. Cambridge, Mass., Massachusetts Inst. of Technol.) H. Mühlmeister. 6044

Richard H. Bogan und **Clair N. Sawyer,** *Biochemischer Abbau synthetischer Reinigungsmittel.* 2. Mitt. *Untersuchungen über die Beziehung zwischen chemischer Struktur und biochemischer Oxydation.* (1. vgl. vorst. Ref.) Für die wichtigsten Reinigungsmitteltypen u. bestimmte mol. Zus. repräsentative Verbb. wurden mit Belebtschlamm oder häuslichem Abwasser unter den Bedingungen der biol. Prozesse im Abwasser oder Vorfluter belüftet. Die Ergebnisse dieser Verss. in 15 Diagrammen u. 3 Tabellen zeigen, daß unter sonst gleichen Bedingungen die biochem. Oxydation (b.O.) eine Funktion der hydrophoben Alkylgruppe u. der nichtionogenen hydrophilen Polyäthylenglykolgruppe ist. Das Alkylbenzolsulfonatmol. ist gegen b.O. nicht beständig, reines Na-n-Dodecylbenzolsulfonat erwies sich sogar als Bakteriennahrung. Verzweigung der Alkylgruppe red. deutlich die Aufnahmefähigkeit im aeroben Stoffwechsel, ihr ist die biochem. Beständigkeit dieser Prodd. zuzuschreiben. Polyäthylenglykole (I) niedrigen Mol.-Gew. wurden schnell abgebaut, ein Zeichen, daß die Äthoxyesterbindung die b.O. nicht hemmt. Die Beständigkeit der I hohen Mol.-Gew. scheint von ihren physikal. Merkmalen abzuhängen, da die großen Moll. die Enzymzentren der Zelle nicht erreichen können. (Sewage ind. Wastes **27.** 917–28. Aug. 1955.) H. Mühlmeister. 6044

V. Anorganische Industrie.

Marcel Prangé und **Armand Ziegler,** *Anwendungen der Fluidisation: Oxydation und Reduktion in der anorganischen Chemie.* Vff. beschreiben die Red. des durch Glühen aus Sideositen Algeriens erhaltenen Fe_3O_4 durch H_2 unter gleichzeitiger Fluidisation des feinpulverisierten Oxyds. Die Rk. beginnt bei ca. 350°, während oberhalb 500° die Reaktionsgeschwindigkeit sehr klein ist. Das auf diese Weise erhaltene sehr reine Fe besitzt eine sehr große Oberfläche u. kann als Katalysator verwendet werden. Als zweites Anwendungsbeispiel beschreiben die Vff. das sulfatisierende Rösten von ebenfalls in Algerien vorkommendem Chalkopyrit. Endprod. ist $CuSO_4$, das speziell für den nordafrikan. Weinbau Verwendung findet. (Bull. Soc. chim. France, Mém. [5] **1955.** 456–59. März. Alger, Labor. de Rech. de la Soc. Chim. Nord-Africaine.) C. Gottfried. 6076

Marcel Patry, *Wasserstoffherstellung aus Naturgas.* Der aus dem CH_4 des Naturgases gewonnene H_2 wird z. T. durch Dissoziation, in der Hauptsache jedoch durch Konversion mit Wasserdampf über Ni-Katalysatoren hergestellt. — Überblick über Naturgasvorkk. u. -mengen in Frankreich. Die H_2-Produktion durch Dissoziation u. Konversion: Diskontinuierliche Verff.: Kuhlmann-Verf., Generatorverf. u. Verf. nach Karzhavin (Abb.); kontinuierliche Verff.: Verf. der Chem. Construction Corp. (Saint-Marcet), IG-Verf., O.N.I.A.-Verf. in Pierrefitte (Anlage für 1000–1100 m^3/Std. Naturgas, Arbeitstemp. des Ofens unter 800°, des Nachofens 700–950°, bis 0,1% CH_4 im Austrittgas, CO-Wäsche mit Cu-Laugen). — 5 Schemata, 2 photograph. Abbildungen. (Chim. et Ind. **67.** 399–409. März 1952. Office Nat. Ind. de l'Azote, Serv. de Rech.) E. Rotter. H 238

Ss. I. Babkow und **N. M. Shaworonkow,** *Die technische Gewinnung von Konzentraten des schweren Stickstoffisotopes.* Es wird eine Anlage zur Anreicherung von ^{15}N beschrieben, die 2 liegende (schwach geneigte), hintereinandergeschaltete Kolonnen (A) u. eine 12 m hohe stehende Kolonne (B) umfaßt. In A wird HNO_3 u. frische NH_4NO_3-Lsg. (I) eingeführt. Aus der abfließenden I wird durch NaOH NH_3 ausgetrieben u. in A zurückgeleitet. Vom oberen Ende von A wird ständig $^1/_{15}$–$^1/_{10}$ nach B übergeführt u. dort analog behandelt. Auf die Mittelachse von A sind 147 Scheiben aufgesetzt, von denen je 5 zwischen vom Rand hereinragenden feststehenden Scheiben rotieren; dadurch wird eine große Anzahl von Stufen bei verhältnismäßig geringem Widerstand erreicht. Die Anlage leistet jährlich 10 kg NH_4NO_3 mit 50%ig. Konz. an ^{15}N im NH_3-N. Gleichungen zur Berechnung der Anreicherung werden abgeleitet. Schemat. Abb. der Anlage u. der Kolonnen A. (Химическая Промышленность [Chem. Ind.] **1955.** Nr. 7. 4–8. Okt./Nov.) R. K. Müller. H 243

—, *Säurerückgewinnung in einem Lösungsmittelbetrieb.* Beschreibung einer zweistufigen H_2SO_4-Konzentrationsanlage nach dem MANTIUS (Vakuum-)-Verfahren. In der 1. Stufe erfolgt die Konz. satzweise bis zu 80%, in der 2. Stufe kontinuierlich, in vier weiteren Stufen, bis auf 90%. Die Kessel sind aus verbleitem Stahl, die dampfbeheizten Körper aus Ferrosilicium. Heizkörper aus Ta sind wegen besserer Wärmeübertragung u. geringerem Verschleiß nicht kostspieliger, werden aber oberhalb 175° von konz. H_2SO_4 angegriffen. Die Entkohlung der H_2SO_4 kann durch Erhitzen mit HNO_3, Filtration (am besten nach DORR-OLIVER), Ölflotation mit Leichtöl, das den C aufnimmt u. durch Filtration wiedergewonnen werden kann, oder durch einfaches Erhitzen in offenen Gefäßen (1% C red. aber 16% H_2SO_4 zu SO_2) erfolgen. (Chem. Process Engng. **34.** 113—14. April 1953.) K. STEINER. H 253

Valter Harrach, *Die Steigerung der Produktivität von Öfen für die Korundschmelze durch maximale Ausnutzung ihrer elektrischen Leistung.* Aus der Erörterung des Verlaufes des Korundschmelzens ergibt sich, daß möglichst große Blöcke erzeugt werden sollen, da dadurch die für Ofenwechsel, Elektrodenergänzung, Anheizen u. Nachbrennen nötige Zeit verkürzt wird. Steigerung der Stromspannung führt zu minderwertigen Prodd.; als beste Spannung erwies sich eine solche von 130 V. Um die Energieverluste herabzudrücken, ist es ratsam, kurze Elektroden zu verwenden, den Lichtbogen möglichst zu decken u. die Kühlung des Ofens nicht zu übertreiben. (Kohászati Lapok **8** (**86**). Nr. 5. Aluminium **5.** 110—12. Mai 1953.) J. PLANK. H 294

Elisa Bonauguri und **Domenico Cattapan,** *Über die Darstellung von Chromsäureanhydrid im Schmelzfluß.* Auf Grund eines deutschen Verf. zur Darst. von CrO_3 in der Schmelzphase werden untersucht bes. der Einfl. der Dekantation, der Temp. u. der Wechselwirkungen der Reagentien. Resultate: Es bestehen Optimalwerte für die Dekantationstemp. u. die Zus. der Ausgangsstoffe. Die Ausbeute läßt sich steigern durch Mitverwendung von wasserfreiem Dichromat u. Chromsäuremonohydrat. (Chim. e Ind. [Milano] **34.** 82—90. Febr. 1952. Mailand, Univ., Ist. di Chim. Ind.) B. SCHEIFELE. H 335

C. C. Downie, *Die Verwendung von verbrauchten Kupferelektrolyten.* Man reichert den Cu-Geh. von verbrauchten Elektrolytlsgg. an u. gewinnt daraus $CuSO_4$. (Mining Mag. **87.** 334—36. Dez. 1952.) W. WESLY. H 358

Midwest Research Institute, übert. von: **William W. Niven jr.,** Prairie Village, Kansas City, Mo., V. St. A., *Trocknen von feuchtem Salz.* Das Salz wird zwecks Entfernung von anhaftender Feuchtigkeit (absorbiertes H_2O, von einer Umkristallisation herrührende anhaftende Feuchtigkeit, Kristallwasser) kontinuierlich einer ersten Kammer, durch deren porösen Boden heiße Gase mit höherem als Atmosphärendruck eingeführt werden, zugeführt u. dort getrocknet, von wo aus es kontinuierlich in eine zweite Kammer, durch deren ebenfalls porösen Boden ein das heiße Salz kühlendes Gas eingeführt wird, gelangt. Das der Kühlung des getrockneten heißen Salzes dienende, nunmehr erwärmte Gas wird, nachdem es außerhalb der Kühlkammer noch weiter erhitzt wurde, der ersten Trockenkammer zugeführt. (**A. P. 2 715 282** vom 15/4. 1952, ausg. 16/8. 1955.) K. WOLK. H 274

Mines Domaniales de Potasse d'Alsace, übert. von: **Jules Colin** und **Robert Berthon,** Mühlhausen, Frankreich, *Schwimmaufbereitung von Sylvinit zwecks Gewinnung von Kaliumchlorid.* Sylvinit wird in einer an NaCl u. KCl u. einem weniger wertvollen wasserlösl. Salz, bes. $MgCl_2$, gesätt. Lsg. der Schaumflotation unterworfen, wobei KCl aufschwimmt. Zur Herst. der Flotationslauge kann auch vom wss. Auszug des Carnallites ausgegangen werden. Bei Verwendung einer an KCl, NaCl u. $MgCl_2$ gesätt. Flotationslauge verbleiben bei der Flotation im Rückstand geringere KCl-Mengen als bei Verwendung einer nur an KCl u. NaCl gesätt. Lauge. (**A. P. 2 702 121** vom 11/1. 1951, ausg. 15/2. 1955. F. Prior. 11/1. 1950.) K. WOLK. H 275

E. I. du Pont de Nemours & Co. (Erfinder: **Ignace Joseph Krchma**), Wilmington, Del., V. St. A., *Reinigen von Halogeniden,* bes. von ***$MgCl_2$***. Das bei der Red. von $TiCl_4$ mit Mg anfallende verunreinigte $MgCl_2$ wird in geschmolzenem Zustand bei 750—1050° mit gasförmigem Cl_2 behandelt, so daß das als Verunreinigung vorhandene Ti als $TiCl_4$ verdampft u. reines $MgCl_2$ übrigbleibt. — Vgl. auch A. P. 2 668 750; C. **1955.** 2509. (**E. P. 738 721** vom 30/11. 1953, ausg. 19/10. 1955.) H. NEBELSIEK. H 282

International Minerals & Chemical Corp., übert. von: **William E. Burke,** Carson City, Nev., V. St. A., *Herstellung von Magnesiumverbindungen,* bes. ***Epsomit,*** aus Langbeinit. Man läßt Langbeinit mit einer gesätt. $MgSO_4$-Lsg. bei $<$ ca. 61° reagieren, trennt den ausgefällten Leonit von der Mutterlauge ab u. kühlt letztere auf ca. 20—48°. Die ausgefallenen Epsomitkristalle trennt man ab u. verwendet die Restlsg. zu neuem Ansatz. (**A. P. 2 733 132** vom 31/1. 1952, ausg. 31/1. 1956.) H. NEBELSIEK. H 282

United States Atomic Energy Commission, übert. von: **French T. Hagemann,** Chicago, Ill., und **Harry C. Andrews,** Ames, Io., V. St. A., *Trennen von Radium-, Actinium- und Thoriumverbindungen.* Man stellt sich eine ca. 3 n Lsg. dieser Verbb. her u. läßt diese über ein synthet. Kationenaustauscherharz laufen. Die Ac- u. Th-Verbb. werden vollständig adsorbiert, Ra-Verbb. dagegen nur teilweise. Durch Behandlung mit einer 0,1—3 n Säure erhält man zuerst eine Ra-reiche Fraktion, während die Mittelfraktionen Ra- u. Ac-Verbb. enthalten. Nimmt man eine 3 n Säure, so enthält die Endfraktion ausschließlich die Ac-Verbindungen. (**A. P. 2 723 901** vom 7/9. 1950, ausg. 15/11. 1955.) H. Nebelsiek. H 286

Escher Wyss Akt.-Ges., Zürich, Schweiz, *Abtrennung eines Feststoffes aus einer Lösung,* die aus mindestens 2 Medien mit verschied. Kp. besteht, bei welcher der Lsg. Dampf des Mediums mit höherem Kp. zugeführt wird, wobei sich Feststoff abscheidet, dad. gek., daß die Innenwandung eines vertikalen Rohres mit der Lsg. berieselt u. der mit Drall in das Rohr zugeführte Dampf im Gegenstrom geleitet wird. Das Verf. eignet sich bes. zur Ausfällung von in NH_4OH gelöstem $ZnCO_3$. — Zeichnung. (**Schwz. P. 302 140** vom 3/7. 1952, ausg. 16/12. 1954.) A. Heinsen. H 288

Vereinigte Aluminiumwerke Akt.-Ges., Öffentliche Verwaltung der Betriebe Braunau/Inn und Unterlaussa, übert. von: **Otto Albert,** Braunau, und **Herbert Mader,** Ach, Österreich, *Rückgewinnung von Kryolith* aus C-Gefäßen bei der Schmelzelektrolyse. Das C-haltige Bodenfutter der Gefäße behandelt man mit wss. Alkalihydroxydlsg., filtriert vom Unlöslichen ab u. fällt den Kryolith aus dem Filtrat mit CO_2 oder Alkalibicarbonat. Vor der Fällung setzt man der Lsg. noch Fluorid in Form von Waschlaugen zu, die aus der Reinigung der Abgase der Elektrolysezellen stammen. Man verwendet dabei so viel Fluorid, daß ein ca. 30%ig. Überschuß über die stöchiometr. erforderliche Menge vorliegt. (**A. P. 2 714 053** vom 23/11. 1953, ausg. 26/7. 1955. Oe. Prior. 26/11. 1952.) H. Nebelsiek. H 294

Th. Goldschmidt Akt.-Ges. (Erfinder: **Paul Linke,** Essen, und **Heinz Detering,** Bochum), *Herstellung von reinen, bleihaltigen Zwischen-* oder *Fertigprodukten aus unreinem Bleioxychlorid oder Bleicarbonat.* Man setzt das in den unreinen Ausgangsprodd. enthaltene Pb mit solchen Mengen an H_2SO_4 bzw. an H_2SO_4 u. HCl um, daß das Pb in ein Gemisch aus $PbSO_4$ u. $PbCl_2$ übergeführt wird u. die sonstigen Metallverbb. in Form ihrer neutralen Salze in Lsg. gebracht werden. Das von der Fl. abgetrennte Gemisch aus $PbSO_4$ u. $PbCl_2$ wird in Bleicarbonat, Bleioxyd, Mennige, Bleichromat, Bleicyanamid oder in Mennige–Bariumsulfat-Gemische umgewandelt. (**D. B. P. 940 291** Kl. 12n vom 9/3. 1952, ausg. 15/3. 1956. Anmeldung bekanntgemacht 14/1. 1954.) H. Nebelsiek. H 328

Thomas Victor Arden, Francis Hereward Burstall, Reginald Patrick Linstead und **Ronald Alfred Wells,** Teddington, England, *Gewinnung von Uran- und Thoriumverbindungen.* Die Rohstoffe, z. B. Monazitsand, werden mit HNO_3 behandelt, so daß U u. Th als Nitrate vorliegen. Diese werden zuerst mit Ae., welcher 3—5 (%) HNO_3 enthält, behandelt, wobei man eine äther. Uranylnitratlsg. erhält. Extrahiert man die Nitrate anschließend noch mit Ae., der ca. 12,5 HNO_3 enthält, so erhält man eine äther. Thoriumnitratlösung. (**A. P. 2 728 633** vom 18/4. 1949, ausg. 27/12. 1955. E. Prior. 22/4. 1948.) H. Nebelsiek. H 339

VI. Silicatchemie. Baustoffe.

W. L. German, *Einige wissenschaftliche Aussichten bei der Herstellung von Glasuren.* Kurze Bemerkungen über Einstellung der Glasuren u. Emails; koll. Eigg. des Tons; Verwendung von Elektrolyten; Verh. der Glasuren; Bldg. im Brand, Rk. im Brand mit der Tonunterlage; Bldg. des Eutektikums, Blasen, Risse, Verh. während des Abkühlens; Kristallisation. (Ceramics **7.** 425—29. Dez. 1955.) W. Freyer. 6212

M. Mields, *Die Bildung von Siliciummonoxyd beim Porzellanbrand.* Einige betriebliche Beobachtungen bei Verwendung von SiC-Kapseln werden im Sinne der von Eipeltauer gegebenen Erklärung für das Auftreten der schwarzen Verfärbung von Porzellan durch Rk. von SiO_2 u. SiC unter Beteiligung der Ofengase bei steigender oder fallender Temp. u. oxydierender oder red. Atmosphäre diskutiert. (Sprechsaal Keram., Glas, Email **89.** 248—50. 5/6. 1956.) W. Freyer. 6214

N. Ss. Alexejew und **G. P. Kalliga,** *Erhöhung der thermischen Festigkeit keramischer säurefester Massen.* Aus Gemischen von 40—80% Tschasowjar-Ton, 20—60% daraus gebrannter (1250°) Schamotte, sowie 5—24% Talk u. Kaolin wurden Blöcke oder Würfel hergestellt u. bei 1250° gebrannt. Die therm. Festigkeit (t. F.) wurde durch 50maliges

Erhitzen auf 350° u. Abschrecken in W. von 15—20° u. weitere Cyclen (bis 850°) bis zum Verlust von 20% des Gewichts geprüft. — Es zeigte sich, daß die t. F. am stärksten ansteigt, wenn viel (über 18—20%) Talk eingeführt wird. Zusatz von Kaolin steigert ebenfalls die t. F., noch mehr ein Zusatz von Schamotte, bes., wenn sie grobkörnig ist. Gleichzeitig steigen Porosität u. Wasserkapazität an, während die mechan. Festigkeit (Elastizitätsmodul) absinkt. Der Elastizitätsmodul ist ein gewisses Kriterium für die Beurteilung der t. F. Das beste Mittel (hoher Talkzusatz) senkt jedoch die Säurefestigkeit; es bildet sich dabei Klinoenstatit, ab 12% Talk Cordierit. (Стекло и Керамика [Glas u. Keram.] **13.** Nr. 3. 16—19. März 1956.) A. v. WILPERT. 6218

R. Hayden, *Das vom Zement gebundene Wasser.* Vf. gibt ein Verf. an, mit dessen Hilfe das nicht gebundene W. aus hydratisierendem Zement durch Kochen mit A. entfernt werden kann. Damit soll der Stand des Hydratationsvorganges in jedem beliebigen Augenblick fixiert werden können. Es wird an Beispielen gezeigt, daß man mit Hilfe der Meth. für manche Vorgänge zahlenmäßige Angaben machen kann, deren Deutung bisher nur auf Vermutungen beruhte. (Zement-Kalk-Gips **9** (**45**). 120—22. März 1956.) K. SEIDEL. 6222

K. E. Gorjainow, *Untersuchung der Dehydratation beim Erhitzen zur Bestimmung des Charakters der Neubildung von hydratisierten Mineralien des Portlandzements.* Es wurden 6 synthet. Mineralien des Portlandzementklinkers nach 4—6 Monate langer Hydratisierung in zugeschmolzenen Ampullen nach ZWETKOW (vgl. C. **1952.** 2559) untersucht, bei dem 200 mg des Minerals langsam (2,3—3,3°/Min.) bis 1000° erhitzt wurden. C_3S: Temp. der scharfen Kurvenänderung 160°; gebundene Wassermenge 13,25% (vom Gewicht des bei 100° getrockneten Minerals) u. 17,9% (vom Gewicht des bei 1000° geglühten Minerals). C_2S: 100°; 10,0 u. 11,0%. C_3A: 80°; 23 u. 29,4%. C_4AF: 120°; 19—24 u. 12,9—31,9%. C_5A_3: 120°; 23—31,5 u. 31—47%. C_2F: 120°; 19 u. 23,5%. Die Ergebnisse werden mit jenen anderer Forscher verglichen u. diskutiert. (Доклады Академии Наук СССР [Ber. Akad. Wiss. UdSSR] **104.** 452—55. 21/9. 1955.) A. v. WILPERT. 6222

N. Sundius, *Veränderungen von feuerfesten Magnesitsteinen in Zementdrehöfen bei träger Klinkeransatzbildung.* Magnesitsteine in Zementdrehöfen erleiden in der Brennzone im Lauf der Zeit erhebliche chem. Veränderungen. CaO u. SiO_2 werden vom Ofen her aufgenommen, u. es bilden sich unter Mitwrkg. von Fe- u. Cr-Oxyden Schmelzen, welche ins Innere des Steines wandern. Dadurch tritt eine Verarmung der Oberfläche an Silicat ein, was zur Rißbldg. u. Losreißen von Schlacken führt. Im Inneren zeigen die Steine eine silicatreiche, dichte Zone. (Radex-Rdsch. **1956.** 10—13. Febr.) H. SAALFELD. 6222

Ss. A. Mironow und **G. A. Arobelidse,** *Fragen der Technologie von hochfestem, schnellhärtendem Beton.* Hochwertige Zementklinker enthalten 40—60% u. 20—40% Tri- bzw. Dicalciumsilicat (C_3S bzw. C_2S), 3—17% Tricalciumaluminat (C_3A) u. 14—1% Alumoferrit (C_4AF). Das Mischungsverhältnis Zement:Schotter:Flußsand beträgt 1:2:2,5 (Gewichtsteile). Das Zement-W.-Verhältnis soll 2,78, die Fließbarkeit 25—35 Sek. betragen. Zur Herst. von Bauelementen aus Eisenbeton eignen sich für gewöhnliche Dampfbehandlung (bei 80°) Mischungen aus Puzzolanen, Portlandzement (PZ) u. Schlakkenzement, für Behandlung in Autoklaven Si-Zemente. Als Füllstoff dient am besten scharfkantiger Granitschotter der Körnung bis 30 mm. Der „relative Sandgeh." des Füllstoffs (Faktor r) muß 0,28—0,30 betragen. Schiefriges oder söhliges Gestein ist unbedingt zu vermeiden. C_3A-Zemente bedürfen eines Zusatzes von maximal 8% $CaSO_4 \cdot {}^1/_2\,H_2O$. Durch Zusätze von 2% $CaCl_2$ u. Anwendung hochfrequenter Verdichtungsmethoden erreichen solche Zemente bereits in 24 Std. 75% ihrer maximalen Härte. Je konsistenter eine verdichtete M. ist, um so geringer ist der Einsatz an Rohzement; Überhöhungen eines maximalen Einsatzes wirken sich schädlich aus. Die Beachtung obiger Faktoren bietet neben allen wirtschaftlichen Vorteilen eines Schnelltrockenverf. den eines raschen Anstiegs der stat. Festigkeit u. gestattet eine intensive therm. Behandlung der Betonmasse mit schroffem Temperaturwechsel. (Бетон и Железобетон [Beton u. Eisenbeton] **1955.** 137—43. Juli. Moskau, Zentr. Wiss. Forsch.-Inst. für Industriebauwesen.) M. NOETZEL. 6224

Shuyo Ito, Ichiro Teraoka und **Seiichiro Yoshihama,** *Untersuchungen über die Herstellung von kristallisiertem Gips aus den Rückständen der Flußsäuregewinnung.* Gut krist. Gips kann aus den Rückständen der Flußsäuregewinnung erhalten werden, wenn diese gewaschen, geschlämmt, gemahlen u. dann in wss. Lsgg. von Säuren, Alkalien, Sulfaten u. solchen Mischungen bei Raumtemp. gerührt werden. Die Überführung des $CaSO_4$-Rückstandes in Kristallgips ($CaSO_4 \cdot 2\,H_2O$) wird in einer Mischung von K-Aluminat u. NaCl durch dauerndes Rühren erheblich beschleunigt. Aus diesem Kristallgips

($CaSO_4 \cdot 2\,H_2O$) kann Stuckgips ($CaSO_4 \cdot 1^1/_2\,H_2O$) von hoher Qualität gewonnen werden, welcher vielfach in der Zahnmedizin , Architektur u. auf vielen andern Gebieten Anwendung gefunden hat. (Gypsum [Tokyo] **1952.** Nr. 5. 222—24. [Orig.: japan., Auszug: engl.]) K. SEIDEL. 6226

W. L. German, S. W. Ratcliffe und Mitarbeiter, *Untersuchungen zur Trockenmischung eines weißen Ziegelmaterials.* Unterschiede gegenüber denen der Naßmischung werden gezeigt. Ein glasierter Ziegel aus reinem Ton, durch trockene Mischung erhalten, kann sich durch bestimmte Eigg. vorteilhaft auszeichnen, gegenüber denen, die durch Naßmischung entstanden sind. Die Meth. verdient Beachtung für die Produktion unter bestimmten, hier diskutierten Bedingungen. (Trans. Brit. ceram. Soc. **55.** 157—66. Febr. 1956.) W. FREYER. 6228

P. Kunze, *Eine Meßmethode für die Wärmeleitzahl in Faserstoffen.* Zwei Faserstoffplatten ($30 \times 10 \times 1\,cm^3$) für Wärmeisolierzwecke liegen aufeinander zwischen zwei Cu-Platten, ein Heizdraht (0,4 mm stark) mit einem Thermoelement in der Mitte liegt zwischen den Faserplatten. Bei 1—3 A ist die Drahttemp. T_1, die Temp. der Cu-Platten (mit Thermometer gemessen) T_2 u. die gesuchte Wärmeleitzahl $k = R/2\,\pi \cdot \ln(4\,h/\pi r) \cdot J^2/(T_1-T_2)$ [Watt/cm · Grad], worin R der Widerstand je cm Heizdraht, h die Stärke einer Faserplatte, r der Drahtradius. Die Formel ist annähernd wegen des nicht „unendlich langen" Heizdrahtes, das Ergebnis meist 5—10% zu hoch, aber die App. einfach gegenüber den in den Schrifttumsstellen beschriebenen. (Z. angew. Physik **5.** 94. März 1953. Rostock, Univ., Phys. Inst.) H. PAULI. 6228

Hans Lehmann und **Horst Gatzke,** *Dilatometrie und Differentialthermoanalyse zur Beurteilung von Brennprozessen.* Es werden Unterss. mitgeteilt, welche mit einer App. gemessen wurden, die eine Kombination von Differentialthermoanalyse u. Dilatometrie darstellt. Das von STEGER entwickelte Dilatometer in der Bauart Tonindustrie wurde für die gemeinsame Messung der Schwindungs-Dehnungs-Verh. u. die Differentialthermoanalyse eingerichtet. Es werden die DS- u. DTA-Kurven eines süddeutschen Kaolins, eines italien. Schiefertones, eines Zementrohmehles, eines Kalkspats u. eines Zechsteingipses mitgeteilt u. gedeutet. (Tonind.-Ztg. **80.** 7—9. Jan. 1956.) K. SEIDEL. 6248

W. Wittekindt, *Ausländische Normen und deutsche Zemente.* Besprechung der Normen für Zement u. zementähnliche Bindemittel von Frankreich, Italien, Schweden, Dänemark, Norwegen, Türkei u. Kanada. Bekanntgabe der nach diesen Normen an einigen deutschen Zementen ermittelten Festigkeiten. — 18 Zahlentafeln. (Zement–Kalk–Gips **5.** 184—89. Juni 1952. Wiesbaden-Amöneburg.) F. MAUNE. 6252

Farbwerke Hoechst Akt.-Ges., vormals Meister Lucius & Brüning (Erfinder: **Annie Buhmann,** Frankfurt/M., und **Waldemar Kaufmann,** Meitingen), *Herstellen von Kohleformkörpern.* Kohlenhaltige Stoffe, die flüchtige Bestandteile enthalten, wie gemahlener Halbkoks, werden zum Herstellen einer Formmasse mit einer wss. Lsg. oder einem Gel der Alginsäure oder deren Salzen, gegebenenfalls im Gemisch mit einer Bindemittelemulsion, z. B. einer Alginat–Teer-Emulsion, vermischt. Solche Zusätze erleichtern die Formung von Kohlenstoffmassen durch Verbesserung ihrer Gleitfähigkeit. (**D. B. P. 938 899** Kl. 80b vom 12/6. 1953, ausg. 9/2. 1956. Anmeldung bekanntgemacht 18/8. 1955.) F. REINHART. 6207

Rheinelbe Bergbau Akt.-Ges. (Erfinder: **Franz Eisenhut,** Gelsenkirchen, **Karl Meyer,** Wanne-Eickel, **Adolf Siegl,** Essen, und **Viktor Gobiet,** Bottrop), *Calcinieren und Sintern von Hydraten der Erdalkalien oder von Erdalkalioxyden.* Die feuchten oder angefeuchteten pulverförmigen oder körnigen Ausgangsstoffe werden mit einer Dispersion, die aus heißem Steinkohlenteer oder -pech in Verbindung mit einem Kohleaufschluß oder aus einem durch Blasen hergestellten Steinkohlenteerpech einerseits u. in W. dispergierten tonigen Stoffen u. 0,5—4% einer oder mehrerer aromat. Verbb. mit höchstens 3 Ringen, wie Naphthalin, Anthracen, Phenanthren, andererseits hergestellt ist, gemischt, geformt u. gebrannt. Die feuerfesten calcinierten oder bei ca. 1600° gesinterten Prodd. können als Dolomitsteine oder zum Auskleiden der Herde von SIEMENS-MARTIN-Öfen verwendet werden. (**D. B. P. 936 253** Kl. 80b vom 13/9. 1952, ausg. 7/12. 1955. Anmeldung bekanntgemacht 8/6. 1955.) F. REINHART. 6219

Dolomitwerke G. m. b. H., Wülfrath (Erfinder: **Friedrich Buntenbach,** Letmathe), *Brennverfahren für feuerfeste Steine.* Steine, die aus Sinterdolomit ohne jegliche Fl. unter hohem Preßdruck hergestellt sind, werden in einer Ofenatmosphäre, die freien C enthält, derart gebrannt, daß sich die Oberfläche, bes. wenn sie einer Kühlung ausgesetzt ist, mit einer C-Schicht überzieht. Die Kühlung erfolgt in einer Atmosphäre, welche die Erhaltung der C-Schicht bis zum Erkalten gestattet. Die Ofenatmosphäre wird z. B. durch Einblasen von Kohlenstaub, Ruß oder Carburierungsmittel an C angereichert. Durch die C-Schicht soll die Empfindlichkeit der Steine gegen Abkühlung verringert werden. Das Verf. ist auch auf andere feuerfeste Steine, z. B. Silicatsteine, anwendbar. (**D. B. P. 937 636** Kl. 80b vom 5/4. 1953, ausg. 12/1. 1956. Anmeldung bekanntgemacht 21/7. 1955. **Zusatz zu D. B. P. 876 826; C. 1955. 668.**) F. REINHART. 6219

Monsanto Chemicals Ltd., London, England (Erfinder: **Philip Lorraine Bird**), *Herstellen keramischer Röhren und anderer keramischer Hohlkörper*. Feinverteiltes keram. Material, wie Al_2O_3 oder $ZrO_2 \cdot SiO_2$, wird mit hydrolysierbarem Organosilicat, wie Äthylsilicat, in wss. Verteilung zu einem Schlicker gemischt, der in eine Form mit Kern gegossen wird. Nach dem Erstarren des Schlickers zu einem elast. Gel, doch vor völliger Verfestigung wird entformt u. der Formling getrocknet u. gebrannt. *Hochfeuerfeste* Rohre von erheblicher Länge u. geringer Wanddicke. (**E. P. 742 469** vom 14/5. 1952, ausg. 30/12. 1955.) F. REINHART. 6219

Metallgesellschaft Akt.-Ges., Frankfurt/M. (Erfinder: **Helmut Wendeborn**, Bad Homburg v. d. H., **Kurt Meyer**, Frankfurt/M., und **Hans Rausch**, Frankfurt-Fechenheim), *Sinterung von schlammförmigen Stoffen*, wie Zementrohschlamm, Dolomitschlamm, Kalkschlamm, Rohschlamm, schlammförmige Abgänge von Naßaufbereitungsanlagen, bes. der Trümmerverwertung, durch Verblasesintern, bes. Saugzugsintern. Die Abgase der Sinterung werden in 2 Gasströme von ca. 100° u. tiefer einerseits u. 300° u. höher andererseits zerlegt, wobei die heißen Gase zur Trocknung der schlammförmigen Stoffe, bes. des Rohschlamms, verwendet werden. (**D. P. [DDR] 3 806** Kl. 80b vom 8/6. 1950, ausg. 28/9. 1953 [Ausschließungspatent].) H. HEYER. 6229

VII. Agrikulturchemie. Schädlingsbekämpfung.

W. L. Hill, W. H. Armiger und **S. D. Gooch**, *Einige Eigenschaften des Pseudowavellits von Florida*. Der *Pseudowavellit*, ein fluor- u. wasserhaltiges Ca–Al-Phosphat, dessen Phosphatgeh. zu 8% citratlösl. ist, geht beim Glühen bei 800° in ein wasserfreies Prod. über, dessen Phosphatgeh. zu über 80% citratlösl. ist. Unter den im Boden herrschenden Bedingungen geht durch Hydratisierung die citratlösl. P_2O_5 wieder zurück, so daß der Düngeeffekt gegenüber Doppelsuperphosphat nur ca. $^1/_3$ bis $^1/_2$ beträgt. (Mining Engng. **187**. 699—702. Juni 1950.) F. ENSLIN. 6282

L.-E. Andrès, *Ein neuer Fortschritt in der Phosphatdüngerfabrikation*. Beschreibung der chem. theoret. Grundlagen u. der Verss. zur „Stabilisierung" des assimilierbaren (= W.- + citratlösl.) P_2O_5 im Phosphataufschluß durch Zusatz geringer Mengen $MgSO_4 \cdot 7 H_2O$ (30 kg je t P_2O_5) sowie des durch diese Stabilisierung ermöglichten „Nitro-Carbonique"-Verf. (HNO_3-Aufschluß). (Chim. et Ind. **73**. 531—40. März 1955.) H. ECKHARD. 6282

Sven Nordengren, *Zukunft von Phosphatdüngemitteln*. In einem schon 1939 ausgearbeiteten, wegen Ausbruches des Krieges nicht mehr veröffentlichten Bericht werden Betrachtungen über Möglichkeiten, die Phosphordüngemittel von der Knappheit an H_2SO_4 in der Welt unabhängig zu machen, durch Verbesserung der Qualität, Verbesserung der Wirksamkeit im Boden, Verbesserung der Herstellungsverff., Wiedergewinnung des S u. a. angestellt. (Farm Chemicals **115**. Nr. 3. 17—20. März 1952. Landskrona, Schweden.) A. SCHLÄGER. 6282

K. Subba Rao, *Elektrische Dränage bei der Bodenstabilisierung*. Unter elektr. Dränage wird die Anwendung eines elektr. Feldes auf den Boden verstanden, wodurch Elektroosmose bewirkt wird. Sie führt zu einer Veränderung der Plastizität, Schrumpfung u. Schwellung des Bodens. Man hat sie benutzt bei Ausschachtungsarbeiten, zur Entfernung von überschüssigem W. aus Dämmen, zur Festigung von Fundamenten, zur Verhinderung der Frosthebung, zum Austrocknen des Bodens bei Tunnel- u. Schachtarbeiten. (Sci. and Cult. **21**. 12—19. Juli 1955. New Delhi, Defence Science Labor., Ministry of Defence.) A. JACOB. 6302

P. H. Nye, *Studien über die Fruchtbarkeit von Böden der Goldküste*. 2. Mitt. *Der Stickstoffzustand der Böden*. (1. vgl. C. **1952**. 7402.) Gegenüberstellung der mit $(NH_4)_2SO_4$-Düngung (**a**) erzielbaren Erträge u. des C/N-Verhältnisses, der früheren Vegetation, verschied. Zeit u. Höhe der Düngung. Frühere Waldböden sprechen nicht auf **a** an. In der Savannah weisen die seit mehr als 10 Jahren nicht bebauten Böden ein weites C/N-Verhältnis u. in den ersten 3 Erntejahren wenig verfügbaren N auf, es wurden große Ertragssteigerungen durch **a** bei allen Früchten (Mais, Guineakorn, Reis, Sonnenblumen, Cassava, Yamswurzeln, Hirse, Erdnuß) erzielt. Bei häufiger Bebauung (**b**) sprechen Getreide u. Yams mäßig, Erdnüsse negativ auf **a** an. Optimaler Düngungszeitpunkt ist zur Bestellung außer bei **b** im August. Als optimale Düngermenge wird 1 cwt (= 50,8 kg/acre) gefunden (Empire J. exp. Agric. **19**. 275—82. Okt. 1951.) W. SCHULTZE. 6304

C. M. Geraldson, *Lösliche Salze im Boden als Indicator für Menge und Gleichgewicht der Nährstoffe.* Der Gesamtgeh. an lösl. Salzen war ein guter Indicator für die Ernährungsintensität, außer wenn Mangelerscheinungen oder gestörte Gleichgewichte vorlagen. Das Verhältnis von Ca zu den gesamten lösl. Salzen war ein guter Indicator für die Fähigkeit des Bodens, Ca zu liefern. Verschlechterung der Qualität u. Anfälligkeit gegen Krankheiten von Tomaten, Sellerie u. Pfeffer wurden mit Faktoren in Verbindung gebracht, die ein niedriges Verhältnis von Ca zu lösl. Salzen bewirkten. (Commerc. Fertilizer Plant Food Ind. **92.** Nr. 4. 30—32. April 1956. Gulf Coast Exp. Stat.) A. JACOB. 6304

C. H. Long, *Vergleich von Rohphosphat mit Superphosphat in Fruchtfolgen.* Bei Vgll. zwischen Rohphosphat u. konz. Superphosphat ergab sich eine Überlegenheit des letzteren. (Commerc. Fertilizer Plant Food Ind. **92.** Nr. 4. 28—29. April 1956. Univ. of Tennessee, Agricultural Exp. Station.) A. JACOB. 6304

D. D. Dolson und **J. W. Ketcheson,** *Untersuchung der Aufnahme von Boden- und Düngerphosphor auf einem Kalkboden durch Pflanzen mittels radioaktiver Markierung.* Beim Aufbringen von Phosphatdünger zur Saat wird eine Anregungswrkg. („Starter-Effekt") erhalten, da den Wurzeln der jungen Pflanzen zunächst eine P-reiche Zone zugänglich ist. Vff. untersuchten, ob es nötig ist, für das weitere Wachstum die ganze Wurzelzone ebenso zu düngen oder ob dann der Boden den übrigen P-Bedarf liefern kann. In Gewächshausverss. mit Hafer auf 2 kalkreichen Böden, die wenig bzw. mäßig säurelösl. P enthielten, wurde ^{32}P-Monocalciumphosphat (80 p.p.m.) a) mit der Bodenoberschicht von 1 inch (Starterbehandlung) u. b) mit dem gesamten Boden im Topf gemischt. Die günstige Wrkg. bei a auf Trockenmasse u. P-Aufnahme des Hafers wurde jedoch durch Behandlung b übertroffen. Bei zunehmender Tiefe der gedüngten Schicht von $^1/_4$ bis 4 inch trat die Starterwrkg. bzgl. P-Aufnahme zuerst bei 1 inch auf. Mit der Tiefe der gedüngten Schicht nahm die P-Aufnahme zu. — Der Einfl. der P-Düngung auf die Ausnutzung des Boden-P schwankte mit der Behandlung u. dem Entwicklungsstadium. (Canad. J. agric. Sci. **33.** 225—30. Mai/Juni 1953. Guelph, Ontario, Ontario Agricult. College, Dep. of Soils.) EBERHARD MÜLLER. 6304

—, *Düngerversuche bei Erdnüssen in Nordnigeria.* Vom agrikulturchem. u. wirtschaftlichen Standpunkt aus werden die Ergebnisse von Düngerverss. in Erdnußpflanzungen an Hand der Arbeiten von GREENWOOD in Nigeria besprochen u. in ihrer Anwendung auf den Senegal erörtert. Hervorgehoben wird, daß zur optimalen Wrkg. die Phosphatdünger (in Granula oder Pastillen) durch solche in Korngröße von 13 mm zu ersetzen sind; Anwendung von 13,5 kg P_2O_5/1 ha; am besten geeignet das einfache Superphosphat (Steigerung des Ertrages an Futter) durch seinen Geh. an Gips; Hinweis, daß in Nigeria in den Böden Mangel an S besteht; dies dürfte auch für den Senegal zutreffen; deshalb gute Wrkg. von Ammoniumsulfat, das mit dem Na-Nitrat in Relation steht. (Oléagineux **7.** 483—85. Aug./Sept. 1952.) K. TÄUFEL. 6304

Paul F. Smith, *Beziehung des Borspiegels zur Erzeugung der Fruchtqualität von Grapefrucht und Orangen.* Borax wurde in solchen Mengen gegeben, daß verschied. B-Gehh. in den Blättern auf die Dauer mehrerer Jahre eingestellt wurden. Es wurde keine günstige Wrkg. von B auf Wachstum oder Ertrag beobachtet. Die Blattgröße von Grapefrucht nahm mit zunehmender B-Konz. zu. Erhöhter B-Geh. verursachte einige Verschiebungen in den Konzz. von K, Ca u. Mg in den Blättern von Grapefrucht. In den Blättern von Orangen war dies nicht festzustellen. Starke B-Anwendung stand in Verbindung mit vermindertem Mn-Geh. in den Blättern sowohl von Orangen wie Grapefrucht. Citronensäure u. Vitamin C im Saft wurden durch hohe B-Behandlung meist vermindert, der Gesamtgeh. an lösl. Feststoffen wurde durch die Behandlung meist nicht beeinflußt. Das Verhältnis von Feststoffen zu Säuren zeigte häufig eine Neigung zur Erhöhung mit erhöhtem P-Geh., die Unterschiede waren aber prakt. ohne Bedeutung. (Citrus Ind. **37.** Nr. 3. 5—8. 18. März 1956. Orlando, Fla., U. S. Dep. of Agriculture, Horticultural Field Station.) A. JACOB. 6304

A. Finck, *Die Bindungsformen des Mangans im Boden.* Vom Spurenelement Mn befindet sich nur ein kleiner Teil als Ion in der Bodenlösung. Meist liegt das Boden-Mn in weniger dissoziierten u. schwerer lösl. Verbb. vor, vor allem in Form von Mn(II)-Ionen an den Umtauschern, Mn-Aquoxyden, schwerlösl. Mn-Salzen, z. B. Carbonaten, Phosphaten, Silicaten u. Mn in organ. Bindung. — Die Unterss. über die Verteilung der Aquoxyde im Boden ergeben einen hohen Anteil an Schwerkonkretionen in Podsolen. In den untersuchten Braunerden, Marschböden u. a. ist der ermittelte Konkretionsanteil gering. Die Aquoxyde liegen in diesen Böden vorwiegend in feinverteilter Form vor. Größere Mengen an Mn in carbonat. Bindung treten anscheinend nur in kalkreichen Böden auf. (Z. Pflanzenernähr., Düng., Bodenkunde **73 (118).** 59—73. 1956. Kiel, Univ., Inst. für Pflanzenernährg. u. Bodenkunde.) A. JACOB. 6304

E. Kosegarten, *Der Manganhaushalt schleswig-holsteinischer Böden in Abhängigkeit von der Witterung.* Bei der Unters. verschied. Bodentypen (Braunerde, Podsole u. Niedermoore), die als Dauergrünland genutzt waren, zeigte sich, daß der Geh. an akt. (austauschbarem u. leicht reduzierbarem) Mn des Bodens (bestimmt nach JONES u. LEEPER durch 30 Min. Extraktion mit 0,05% Hydrochinonlsg.) sich im Laufe einer Vegetationszeit durch den Wechsel von Trocken- u. Niederschlagsperioden erheblich verändern kann. Das Austausch- u. aktive Mn steigt kurz nach dem Einsetzen von Ndd. an, das leicht reduzierbare Mn fällt ab. In Trockenperioden u. während langer Regenperioden verhalten sich die Gehh. der untersuchten Fraktionen im umgekehrten Sinne. Das Ausmaß der Veränderungen an Austausch-, leicht reduzierbarem u. akt. Mn ist u. a. von p_H, Humusgeh. u. Bodenart (Bodentyp) abhängig. (Z. Pflanzenernähr., Düng., Bodenkunde **73** (**118**). 25–39. 1956. Kiel, Univ., Inst. für Pflanzenernährung u. Bodenkunde.) A. JACOB. 6304

K. Loftus Hills, *Der Gebrauch des Molybdäns in der australischen Landwirtschaft.* Nutzanwendung der Zufallsentdeckung, daß *Mo*-gedüngtes Weideland (30 g *Na-Molybdat*/acre) ertragsteigernd wirkt. Mo katalysiert N_2-Übertragung auf die Knötchenbakterien der Leguminosen (Klee). Auswrkg. auf Pflanze u. Tier werden besprochen. (Alloy Metals Rev. **8.** Nr. 77. 2–7. Sept. 1955.) P. WOLF. 6304

M. Chancogne, *Untersuchung ovicider Wirkungen.* 3. Mitt. *Einfluß von Netzmitteln auf die Giftigkeit von Natriumdinitrokresolat.* Die mit 11 verschied. Netzmitteln durchgeführten Verss. ergaben keine Steigerung der Giftwrkg. von Na-Dinitrokresolat auf die Eier von Ephestia. Sie bewirkten jedoch eine bessere u. längere Haftung der Spritzlsgg. auf den Blättern, wodurch eine gewisse Dauerwrkg. bedingt ist. (Ann. Inst. nat. Rech. agronom., Sér. C **3.** 323–28. Juli/Aug./Sept. 1952. Versailles, Labor. de Phytopharmacie.) C. GRIMME. 6312

M. Raucourt, G. Viel und **M. Chancogne,** *Untersuchung ovicider Wirkungen.* 4. Mitt. *Giftigkeit von Ölen und verschiedenen im Laboratorium verwendeten Substanzen unter verschiedenen Verhältnissen.* (3. vgl. vorst. Ref.) Schieferöle haben etwa die gleiche Wirksamkeit wie Anthracenöle, Petroleum u. Pflanzenöle fallen dagegen ab. Schwefelkalkbrühen haben auch in hoher Konz. nur geringe ovicide Wirkung. Parathion übertraf alle untersuchten Präparate. (Ann. Inst. nat. Rech. agronom., Sér. C **4.** 459–66. Okt./Nov./Dez. 1953.) C. GRIMME. 6312

M. Chancogne, P. Grison und **G. Viel,** *Untersuchung ovicider Wirkungen.* 5. Mitt. *Bestimmung der oviciden Wirkung von Winterspritzmitteln im Obstgarten bei Obstbäumen.* (4. vgl. vorst. Ref.) Die Verss. wurden durchgeführt mit Cheimatobieneiern (**I**) u. Schildläusen (**II**). Es ergab sich eine sehr starke Wirksamkeit von Nitrophenolen in wss. Lsg., Gelböle waren noch wirksamer als wss. Dinitrokresolsalzlösungen. Weißöle eignen sich auch zur Bekämpfung von **I** im letzten Entwicklungsstadium, bei **II** versagten sie, desgleichen auch Anthracenöle. Zusätze von Dinitrophenol zu letzteren wirkten konform der Zusatzkonzentration. Regenfälle waren ohne Einfl. auf den Verlauf der Versuche. – 13 Literaturhinweise. (Ann. Inst. nat. Rech. agronom., Sér. C **4.** 467–77. Okt./Nov./Dez. 1953.) C. GRIMME. 6312

A. M. Saccas, *Die für Sorghum vulgare und Hirse (Pennisetum typhoideum) schädlichen Pilze im französischen Äquatorialafrika.* Vff. beschreiben Biologie, mkr. Charakteristiken, Schadwrkg. u. Bekämpfung einer Reihe von Pilzen an Sorghum vulgare u. Pennisetum typhoideum über deren Bekämpfung kurz zu berichten ist: Sphacelotheca sorghi u. S. cruenta lassen sich durch Beizung des Saatgutes mit Formalin, $CuSO_4$, $CuSO_3$, bas. Cu-Sulfat, S u. verschied. organ. Hg-Verbb. vernichten. Rhizoctonia bataticola, Sorosporium reilianum, Sphaeronaema macrorostratum (an Sorghum) sowie Phyllosticta penicillariae, Placosphaeria sp., Puccinia penniseti, Sclerospora graminicola, Sphacelia sp. u. Tolyposporium penicillariae (an Hirse) können nur durch Kulturmaßnahmen eingedämmt werden. (Agronom. tropicale **9.** 647–86. Nov./Dez. 1954. Boukoko (A.E.F.] Stat. Centrale.) W. KNÖPKE. 6312

L. C. Smith, *Bessere Verwendung von Fungiciden zur Bekämpfung von Apfelschorf.* Kurze Übersicht über Anwendung u. Wrkg. von neueren organ. Fungiciden (TMTD, Ziram, Captan, organ. Hg-Verbb.) gegen Veturia inacqualis. (J. Dep. Agric. South Australia **59.** 56–58. 66. Sept. 1955.) F. RANG. 6312

K. M. Malin, *Chemische Mittel zur Bekämpfung von Pflanzenkrankheiten und -schädlingen.* Allg. über die neueren Insekticide, Fungicide u. chem. Mittel gegen Nagetiere. (Химия в Школе [Chem. Schule] **11.** Nr. 1. 9–16. Jan./Febr. 1956.) O. LEBTAG. 6312

Fritz Müller, *Anwendung der Schädlingsbekämpfungsmittel im Pflanzenschutz.* Aus den in einer Tabelle dargestellten Zusammenhängen zwischen Ausbringungsmenge u.

Tropfengröße bei der Anwendung von fl. Schädlingsbekämpfungsmitteln werden die Forderungen für die zweckmäßigste Anwendung (je nach dem zu bekämpfenden Schädling, der Pflanzenart u. dem Mittel) abgeleitet. — 24 Literaturangaben. (Anz. Schädlingskunde verein. Schädlingsbekämpfung **29.** 24—27. Febr. 1956. Ludwigshafen.) F. RANG. 6312

G. F. H. Buckley und **C. G. Mortimore,** *Vorläufige Mitteilung über den Einfluß von Spritzungen zur Maiszünslerbekämpfung auf die Erträge von Freilandmais.* Durch 2 *Parathion* (I)-Sprays (1,66 lbs. 15% ig. I je 100 gall. W.) wurde eine Ertragssteigerung von 8,9 bushels/acre erhalten. Einzelanwendungen des ebenso wirksamen *DDT* (2 lbs. 50% ig. netzbares DDT/100 gall. W.) ergaben mittlere Steigerungen von 13,9 bzw. 17,1 bushels. Nach den Ergebnissen ist eine Spritzung, 7—10 Tage, nachdem die Zahl der Eiablagen 50 je 100 Pflanzen erreichte, ebenso wirksam wie 2 Spritzungen. (Canad. J. agric. Sci. **33.** 288—90. Mai/Juni 1953. Harrow, Ontario, Can., Dominion Exp. Stat.) EBERHARD MÜLLER. 6312

Fred J. Foote, *Bodendesinfektion bei Citrusbepflanzung.* Ein Bericht über Feldexperimente zeigt, daß die Desinfektion des Bodens vor Bepflanzen mit Orangebäumen vorteilhaft ist. Die Ausführung der Verss. wird genau beschrieben, Wachstum, Ausbeute u. Fruchtqualität von Bäumen in behandelten u. unbehandelten Böden verglichen (Tabelle) u. festgestellt, daß der Ertrag erheblich gesteigert wird, so daß die Unkosten nicht ins Gewicht fallen. Angewandt werden CS_2, Äthylendibromid, als Dowfume W-85 im Handel, u. Gemisch von 2 chlorierten KW-stoffen, als DD, Dowfume N oder Nemafume im Handel. Über ihr Verh. bei solchen Verss. u. die Anwendungsweise werden Ausführungen gemacht. (Calif. Citrograph **37.** 276. 286—88. 7/5. 1952. Santa Paula, Limoneira Co.) A. SCHLÄGER. 6312

L. J. Klotz, *Verhütung von Harzfluß bei Citrusbaumpflanzungen.* Befall durch Phytophthora citrophthora u. P. parasitica soll durch besondere Maßnahmen beim Anpflanzen vermieden werden: nicht tief setzen, nicht zu feucht halten, u. vor allem die Wurzelballen vorher mit Bordeaux oder Zn–Cu–Kalk-Staub oder Lsg. behandeln. Nähere Angaben darüber werden gemacht. (Calif. Citrograph **37.** 300—01. 7/5. 1952. California Citrus Exp. Stat.) A. SCHLÄGER. 6312

Camille Granger und **Jean-Paul Zwilling,** *Trennung und Bestimmung einiger Hexachlorcyclohexanbestandteile durch Adsorptionschromatographie mit Kieselsäure.* Zur Trennung der verschied. Isomeren des *Hexachlorcyclohexans* (I) wird die fraktionierte Adsorptionschromatographie mit SiO_2, die 15—20% W. enthält, angewandt. Die Eluierung mit PAe. gestattet es, mehrere Cyclohexane, darunter γ-**I**, voneinander zu trennen. Durch Eluierung mit CCl_4 wird δ-**I** abgetrennt. (Bull. Soc. chim. France, Mém. [5] **17.** 873—76. Sept./Okt. 1950. Salindras, Comp. de Produits Chim. et Electrométallurg. Alais, Froges et Camargue, Serv. de Rech.) W. WESLY. 6328

Gustavo Dalma und **Edmundo Tapia Garzon,** *Die gravimetrische Bestimmung des γ-Isomeren im Hexachlorcyclohexan.* Aus einer zu untersuchenden Probe u. einer Standardprobe mit bekanntem γ-Geh. werden zunächst durch Isopropanol, der mit α-, β-, γ- u. ε-Isomeren gesätt. ist, jedoch kein δ-Isomeres u. organ. Verunreinigungen enthält, letztere herausgelöst, anschließend wird mit reinem CCl_4 extrahiert. Das γ-Isomere wird auf diese Weise mit geringeren Anteilen der α-, β- u. ε-Isomeren herausgelöst, die in beiden Proben die gleichen sind. Aus dem bekannten γ-Geh. der Standardprobe wird der Geh. der unbekannten Probe errechnet. (An. Asoc. quím. argent. **38.** 164—76. Juni 1950.) E. FÖRSTER. 6328

Lawrence R. Jones und **John A. Riddick,** *Die Abtrennung organischer Insekticide aus pflanzlichen und tierischen Geweben.* Es wird eine einfache Meth. zur Isolierung verschied. organ. Insekticide (I), wie *Dilan* (ein Gemisch aus *2-Nitro-1.1-bis-[p-chlorphenyl]-propan* u. *2-Nitro-1.1-bis-[p-chlorphenyl]-butan*), *Methoxychlor* (*1.1.1-Trichlor-2.2-bis-[p-methoxy-phenyl]-äthan*) *DDT* (*1.1.1-Trichlor-2.2-bis-[p-chlorphenyl]-äthan*), *Chlordan* (*1.2.4.5.6.7.8.8-Oktachlor-2.3.3a.4.7.7a-hexahydro-4.7-methanoinden*), *Lindane* (*γ-1.2.3-4.5.6-Hexachlorcyclohexan*), *Parathion* (*O.O-Diäthyl-O-[p-nitrophenyl]-thiophosphat*), aus Fetten, Wachsen u. anderem biol. Material (Leber, Muskel, Niere) beschrieben, die in einer Extraktion von **I** mit n-Hexan (**II**) u. einer Acetonitrilextraktion von **I** aus dem **II**-Auszug besteht. Zugesetzte **I** werden mit einer Genauigkeit von $\pm 5\%$ u. besser wiedergefunden. (Analytic. Chem. **24.** 569—71. März 1952. Terre Haute, Ind., Commercial Solvents Corp.) K. MAIER. 6328

Administration Séquestre des Röchling'sche Eisen- und Stahlwerke G. m. b. H. (Erfinder: **Hans Zieler** und **Paul Grigel**, Völklingen/Saar), *Nutzbarmachung von Hochofenfilterstaub,* dad. gek., daß der feine Filterstaub unter Wasserzusatz, jedoch unter Umgehung der Schlammstufe, in feste Kugeln übergeführt wird, die zur Erhöhung ihrer

Bruchfestigkeit gegebenenfalls oberflächlich noch angetrocknet werden, worauf aus den bei Wasserzugabe nicht zerfallenen Kugeln das darin enthaltene *KCl* mit W. herausgelöst u. aus der Lauge als *Düngesalz* gewonnen wird. Das im Filterstaub enthaltene Zn wird mit oder ohne vorherige Extraktion des KCl auf naßchem. Wege, z. B. durch Auslaugen mit $(NH_4)_2CO_3$-Lsg., herausgelaugt, worauf die zurückbleibenden Fe-reichen Granalien dem Hochofen zugeführt werden. Aus der Lauge wird durch Erhitzen Zn-Carbonat ausgeschieden u. das ausgetriebene NH_3 dem Laugeprozeß wieder zugeführt. (**D. B. P. 942 268** Kl. 16 vom 28/12. 1952, ausg. 3/5. 1956. Anmeldung bekanntgemacht 15/7. 1954.) H. KARST. 6287

C. d'Asseev, Brüssel, Belgien, *Herstellung von Phosphat-, Stickstoff- und Kalidüngemitteln unter gleichzeitiger Gewinnung von Natrium- und Kaliumhydroxyd, Natrium- und Kaliumcarbonaten.* Natürliches oder aus NaCl u. H_2SO_4 hergestelltes Na_2SO_4 wird in H_2SO_4 gelöst u. die Lsg. zum Aufschluß von Rohphosphaten verwendet. Der nach Abtrennung des gebildeten $CaSO_4$ erhaltenen NaH_2PO_4-Lsg. wird calcinierter Dolomit u. NH_3 zugefügt u. das ausgefällte $CaHPO_4$ u. $MgNH_4PO_4 \cdot 6\,H_2O$ von der Na_2HPO_4-Lsg. getrennt, die mit $Ca(OH)_2$ versetzt wird, worauf das ausgefällte $Ca_3(PO_4)_2$ von der NaOH-Lsg. abgeschieden wird. Ein Teil der letzteren wird mit Na_2HPO_4 zu Na_3PO_4 umgesetzt, während der andere Teil mit CO_2 in Na_2CO_3 oder $NaHCO_3$ umgewandelt wird. Das $Ca_3(PO_4)_2$ wird mit einer Lsg. von Na_2SO_4 in HNO_3 behandelt, das ausgefällte $CaSO_4$ von der H_3PO_4 u. $NaNO_3$ enthaltenden Lsg. abgetrennt, die nach Zusatz von calciniertem Dolomit eine $CaH_4(PO_4)_2$, $NaNO_3$ u. $MgH_4(PO_4)_2$ enthaltende Lsg. ergibt, aus der mit Na_2SO_4 das $CaSO_4$ gefällt u. entfernt wird. Die neue, $MgH_4(PO_4)_2$, $NaNO_3$ u. NaH_2PO_4 enthaltende Lsg. wird mit calciniertem Dolomit u. NH_3 zur Rk. gebracht, aus der das Gemisch aus $CaHPO_4$ u. $MgNH_4PO_4 \cdot 6\,H_2O$ abgeschieden wird. Die Endlsg. wird durch Kristallisation zu festem $NaNO_3$ u. Na_2HPO_4 verarbeitet. Na_2SO_4 kann in dem Kreislaufverf. durch K_2SO_4 unter Gewinnung der entsprechenden K-Salze ersetzt werden. (**Belg. P. 515 595** vom 17/11. 1952, ausg. 20/8. 1954.) H. KARST. 6291

Dow Chemical Co., Midland, Mich. (Erfinder: **Bill Milton Williams**), V. St. A., *Alkylaminsalze von α-2.4.5-Trichlorphenoxypropionsäure* der Formel I,

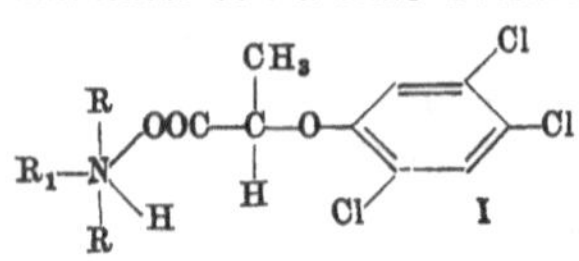

in der R_1 eine Alkylgruppe mit 1—4 C-Atomen u. R = H oder eine Alkylgruppe mit 1—4 C-Atomen bedeuten, erhält man durch Rk. von 1 (Mol) α-2.4.5-Trichlorphenoxypropionsäure mit wenigstens 1, vorzugsweise 2—20, eines Alkylamins $NR_1(R)_2$. — *Dimethylammonium-α-2.4.5-trichlorphenoxypropionat*, F. 113—115°. — *Methylammonium-α-trichlorphenoxypropionat*, F. 198—199°. — *Isopropylammonium-α-trichlorphenoxypropionat*, F. 177,5—179,5°. — *Diisopropylammonium-α-trichlorphenoxypropionat.* — *Trimethylammonium-α-trichlorphenoxypropionat.* — *Butylammonium-α-trichlorphenoxypropionat.* — *Pflanzenwachstumsregulierungsmittel.* (**E. P. 731 902** vom 23/10. 1953, ausg. 15/6. 1955.) R. LINK. 6297

I

Ethyl Corp., New York, N. Y., V. St. A., *α-Cyan-β-(monobromphenyl)-acryl- bzw. thioacrylsäuren und α-Cyan-β-(polychlorphenyl)-acrylsäuren und deren Derivate* der allg.-Formel I (wenn Hal = Br, dann x = 1; Y = O oder S; Z = H oder eine ester- oder salzbildende Gruppe; wenn Hal = Cl, dann x = 2—5; wenn Y = O, Z = H oder ester- oder salzbildende Gruppe; wenn Y = NH, N-Alkyl, N-Aralkyl, dann Z = H oder organ. Rest oder Y = N, dann Z = Rest eines gesätt. heterocycl. Ringes) erhält man durch Kondensation eines Brombenzaldehyds bzw. eines Polychlorbenzaldehyds mit einer Cyanessigsäure der Formel $NCCH_2COYZ$; anschließend können die erhaltenen Verbb. in Ester oder Salze übergeführt werden. — Aus Cyanessigsäure u. p-Brombenzaldehyd in W. in Ggw. von Na_2CO_3 u. NaOH bei 40° → *α-Cyan-β-(p-bromphenyl)-acrylsäure*, $C_{10}H_6O_2NBr$, aus wss. Äthanol, F. 208—210°. *Na-Salz.* — Cyanthioessigsäure → *α-Cyan-β-(p-bromphenyl)-thioacrylsäure*, $C_{10}H_6ONSBr$; *Na-Salz.* — *α-Cyan-β-(o-bromphenyl)-acrylsäure.* — *α-Cyan-β-(m-bromphenyl)-acrylsäure. K-* u. *NH_4-Salze.* Verwendet man als Ausgangsstoffe die entsprechenden Ester, so erhält man z. B. den entsprechenden Äthyl-, Furfuryl-, Cyclohexyl-, Äthylenglykol-, Butoxyäthylester. Von den Metallen Ni, Cr, Cu, Zn, Ag, Hg, Mo, Sb, Bi, Sn, Al, Mn, Fe u. Pb, oder Aminen wie Di-, Triäthanolamin oder Ammonium- bzw. Hydrazoniumsalzen, wie Trimethyl-, Triäthyl-, Phenyl-, Monoäthanol-, Diäthanol-, Triäthanol-, Methyldipropyl-, Tribenzylammonium, oder Organometallverbb., wie Phenyl-Hg können Salze hergestellt werden. — *β-Chloräthyl-α-cyan-β-(p-bromphenyl)-acrylat.* — *Triäthyl-Pb-α-cyan-β-(o-bromphenyl)-acrylat.* — *Dimethylaminophenylmercuri-α-cyan-β-(p-bromphenyl)-acrylat.* — *α-Furfuryl-Sn-α-cyan-β-(m-bromphenyl)-acrylat.* — *β-Dimethylaminoäthyl-α-cyan-β-(p-bromphenyl)-acrylat.* — *2.4-Dichlorphenyl-α-cyan-β-(o-bromphenyl)-acrylat.* — *Äthy-*

lenglykol-bis-[α-cyan-β-(p-bromphenyl)-acrylat]. — *α-Cyan-β-(p-bromphenyl)-acrylsäurebutoxypropoxypropylester*. — *α-Cyan-β-(p-bromphenyl)-acrylsäurevinylester*. — *α-Cyan-β-(p-bromphenyl)-acrylsäurebutylester*. — *Cu-α-Cyan-β-(p-bromphenyl)-acrylat*. — *Tetramethylhydrazonium-α-cyan-β-(p-bromphenyl)-acrylat*. — *β-Thiocyanäthyl-α-cyan-β-(p-bromphenyl)-acrylat*. — *Chlorbenzyl-α-cyan-β-(o-bromphenyl)-thioacrylat*. — *Trichlormethyl-α-cyan-β-(p-bromphenyl)-thioacrylat*. — *Polyäthylenglykol-mono-oxybutyl-mono-[α-cyan-β-(bromphenyl)-acrylat]*. — Aus Chloressigsäure + NaCN in Ggw. von Na_2CO_3 in W. bei 50° → Cyanacetat + 2.4-Dichlorbenzaldehyd in W. in Ggw. von NaOH → *α-Cyan-β-(2.4-dichlorphenyl)-acrylsäure*, $C_{10}H_5O_2NCl_2$, aus wss. Äthanol, F. 189—191°; daraus 2 Isomere mit F. 193—195° (stabile Form) bzw. 147—148°, wird die Schmelze 5 Min. auf 150° gehalten, so erfolgt Verfestigung u. F. steigt auf 192—195°. *Na-Salz. Diäthanolaminsalz*, F. 131,5 bis 132°. *Triäthanolaminsalz*, $C_{16}H_{20}O_5N_2Cl_2$, F. 98—100° (Zers.). *Phenyl-Hg-Salz*, F. 280°. — 3.4-Dichlorbenzaldehyd → *α-Cyan-β-(3.4-dichlorphenyl)-acrylsäure*, F. 168—169°; Ausbeute 90%. *Na-Salz. Diäthanolaminsalz*, F. 137—138°. — 2.4.5-Trichlorbenzaldehyd → *α-Cyan-β-(2.4.5-trichlorphenyl)-acrylsäure*, leicht gelbe Kristalle, F. 191—193°. *Na-Salz*. — 2.3.4.5-Tetrachlorbenzaldehyd → *α-Cyan-β-(2.3.4.5-tetrachlorphenyl)-acrylsäure*. — Pentachlorbenzaldehyd + Cyanessigsäureäthylester → *α-Cyan-β-pentachlorphenylacrylsäureäthylester*, $C_{12}H_6O_2NCl_5$, nadelartige Kristalle, F. 158—161°. — *α-Cyan-β-(2.3-dichlorphenyl)-*; *α-Cyan-β-(3.5-dichlorphenyl)-*; *α-Cyan-β-(2.5-dichlorphenyl)-*; *α-Cyan-β-(2.6-dichlorphenyl)-*; *α-Cyan-β-(2.3.4-trichlorphenyl)-*; *α-Cyan-β-(2.3.6-trichlorphenyl)-*; *α-Cyan-β-(2.4.6-trichlorphenyl)-*; *α-Cyan-β-(2.3.5.6-tetrachlorphenyl)-*; *α-Cyan-β-(2.3.4.6-tetrachlorphenyl)-*; *α-Cyan-β-(pentachlorphenyl)-acrylsäure*. — *α-Cyan-β-(2.3.5.6-tetrachlorphenyl)-acrylsäureäthylester*. — *α-Cyan-β-(2.4-dichlorphenyl)-acrylsäure-β-chloräthylester*. — *Triäthyl-Pb-α-cyan-β-(2.5-dichlorphenyl)-acrylat*. — *Dimethylaminophenylmercuri-α-cyan-β-(2.5-dichlorphenyl)-acrylat*. — *α-Furfuryl-Sn-α-cyan-β-(2.3-dichlorphenyl)-acrylat*. — *β-Dimethylaminoäthyl-α-cyan-β-(2.4.5-trichlorphenyl)-acrylat*. — *α-Cyan-β-(3.4.5-trichlorphenyl)-acrylsäurevinylester*. — *Tetramethylhydrazonium-α-cyan-β-(3.5-dichlorphenyl)-acrylat*. — *β-Thiocyanäthyl-α-cyan-β-(2.4-dichlorphenyl)-acrylat*. — *N-Methyl-α-cyan-β-(2.4.5-trichlorphenyl)-acrylamid*. — *N-(β-Oxyäthyl)-N-benzyl-α-cyan-β-(2.4-dichlorphenyl)-acrylamid*. — *N-(2.4.5-Trichlorphenyl)-α-cyan-β-(3.4-dichlorphenyl)-acrylamid*. — *N-(α-Naphthyl)-α-cyan-β-(pentachlorphenyl)-acrylamid*. — *Pflanzenwuchsregulierungsmittel* (Verss. bei *Tomatenpflanzen*, vgl. Tabellen), *Fungicide, Bakteriostatica, Antiseptica*. (**E. PP. 727 365** vom 6/5. 1953, ausg. 30/3. 1955, u. **737 753** vom 30/4. 1953, ausg. 28/9. 1955. Beide A. Prior. 6/5. 1952.) G. KRAUSS. 6297

Standard Oil Development Co., V. St. A. (Erfinder: **Howard L. Yowell** und **Donald A. Caldwell**), *Beizmittel zum Entfernen von Knospen und Ablegern von Tabakpflanzen*. Man verwendet eine wss. Emulsion von 89—99,75 (Vol.-%) eines von aromat. Verbb. freien hellen Erdöls, D. 0,8—0,885; Kp. 287,5—538°; Viscosität „SSU 80–370" bei 37,7°; 0,2—10 eines öllösl. nichtion. oder anion. Emulgators wie Polyoxyäthylenglykolalkaryläther u. 0,05—1,0 Gew.-% des N-Trichlormethylthioimids einer Dicarbonsäure, wie N-Trichlormethylthiotetrahydrophthalimid, wobei die Emulsion 50—200% W. enthalten kann. (**F. P. 1 091 669** vom 29/5. 1953, ausg. 14/4. 1955. A. Prior. 31/7. 1952.) G. WELTZIEN. 6313

Ethyl Corp., New York, N. Y., V. St. A., *Fungicides Mittel*, bestehend aus einem Chloraryloxy-1.3.5-triazin der allg. Formel I, in der Ar für einen Arylrest steht, n 1 oder 2 u. x = 0—4 bedeutet. — Man stellt z. B. 2.4-Dichlor-6-aryloxytriazin her durch Behandlung einer wss. Suspension von Cyanurchlorid bei ca. 0° mit einer wss. Phenollsg. oder 2-Chlor-4.6-bis-(aryloxy)-triazin durch Behandlung eines Gemisches aus Cyanurchlorid u. wss. Phenollsg. mit einer zweiten äquivalenten Menge eines Phenols in wss. Alkali bei 15—50°. —

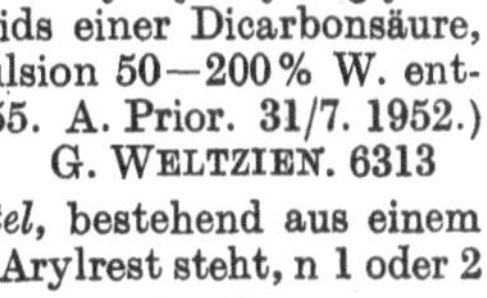

I

Beispiele: 2.4-Dichlor-6-(2.4-dichlorphenoxy)-triazin, F. 117—122°; 2-Chlor-4.6-bis-(2.4-dichlorphenoxy)-triazin, F. 160—170°; 2.4-Dichlor-6-phenoxytriazin, F. 88—109°; 2.4-Dichlor-6-(2.4.5-trichlorphenoxy)-triazin, F. 124—135°; 2.4-Dichlor-6-(β-naphthoxy)-triazin, F. 145—154°. (**E. P. 728 675** vom 27/8. 1952, ausg. 27/4. 1955. A. Prior. 28/3. 1952.) H. NEBELSIEK. 6313

Farbenfabriken Bayer Akt.-Ges. (Erfinder: **Gerhard Schrader**, Opladen, **Hans Geffers**, Leverkusen, und **Heinrich Fischer**, Remscheid), *Bekämpfung von Mückenlarven*. Man läßt Räuchersätze, denen geeignete Insekticide zugesetzt worden sind, unter W. derart abbrennen, daß der verdampfte Wirkstoff auf der Wasseroberfläche in Form einer dünnen Haut niedergeschlagen wird oder sich dicht unter der Wasseroberfläche als schwebende Partikel absetzt. (**D. B. P. 940 498** Kl. 451 vom 30/9. 1952, ausg. 22/3. 1956. Anmeldung bekanntgemacht 22/9. 1955.) H. NEBELSIEK. 6313

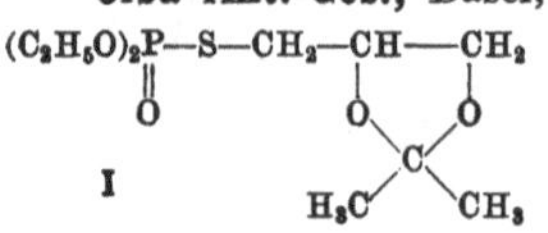

I

Ciba Akt.-Ges., Basel, Schweiz, *Herstellung eines Dioxolanderivats* der Formel I durch Rk. von Diäthylchlorphosphat mit 2.2-Dimethyl-4-mercaptomethyldioxolan, $Kp._{0,25}$ 129—135°. — *Schädlingsbekämpfungsmittel.* (**Schwz. P. 311 474** vom 22/8. 1952, ausg. 31/1. 1956. **Zusatz zu Schwz. P. 308 894; C. 1956. 9017.**) K. FABEL. 6313

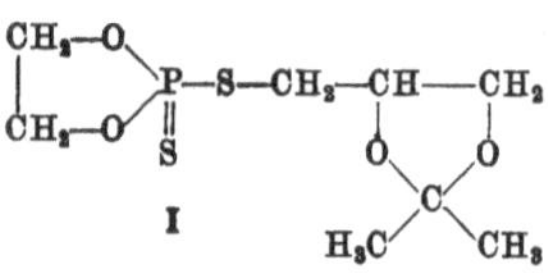

I

Ciba Akt.-Ges., Basel, Schweiz, *Herstellung eines ringförmigen Thiophosphorsäureesters* der Formel I durch Rk. von Äthylenchlorthiophosphat mit (γ-Mercaptopropylen)-isopropylidendioxyd, bes. in Ggw. eines inerten Lösungsmittels. — *Schädlingsbekämpfungsmittel.* (**Schwz. P. 311 477** vom 22/8. 1952, ausg. 31/1. 1956. **Zusatz zu Schwz. P. 308 894; C. 1956. 9017.**) K. FABEL. 6313

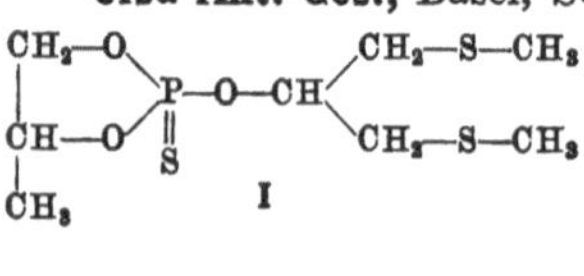

I

Ciba Akt.-Ges., Basel, Schweiz, *Herstellung eines ringförmigen Thiophosphorsäureesters* der Formel I durch Rk. von 1.2-Propylenchlorthiophosphat mit 2-Oxypropandithiol-(1.3)-dimethyläther-(1.3), bes. in Ggw. eines inerten Lösungsmittels. — *Schädlingsbekämpfungsmittel.* (**Schwz. P. 311 478** vom 22/8. 1952, ausg. 31/1. 1956. **Zusatz zu Schwz. P. 308 894; C. 1956. 9017.**) K. FABEL. 6313

VIII. Metallurgie. Metallographie. Metallverarbeitung.

T. R. Naylor, *Der Hydrocyclon in der Mineralaufbereitung.* Beschreibung der Wirkungsweise von Hydrocyclonen u. ihrer Anwendung zur Mineralaufbereitung. — 11 Schrifttumhinweise. (Mining Mag. **91.** 9—15. Juli 1954.) W. WESLY. 6362

H. Parnham, *Neue Entwicklungen bei feuerfesten Stoffen, ihr Einfluß auf die Stahlherstellung.* (Vgl. C. **1956.** 6499.) Besprochen werden die Rohstoffe für die feuerfesten Baustoffe, sowie der neue Silicastein. Anwendung für verschied. Ofenteile. — Diskussion. (J. West Scotland Iron Steel Inst. **62.** 188—218. 1954/55. General Refractories Ltd.) K. STEIN. 6370

F. H. Cass, N. L. Franklin und **A. L. Roberts**, *Feuerfeste Rekuperatoren.* Die Wichtigkeit der wirksamen Temperaturdifferenz zwischen den strömenden Stoffen im Hinblick auf die Ausgangstemperaturverteilung im Rekuperator wird geprüft u. durchgerechnet. Konstruktionsvorschläge, Vergrößerung der Oberflächen durch Rippen für günstigsten Wärmeübergang werden dem keram. Material u. der Verteilung der abwechselnden Gasströme angepaßt. Einfll. von Druckabfall u. Geschwindigkeitsänderung werden erörtert. (J. Inst. Fuel **27.** 319—25. Juni 1954. Leeds Univ.) H. MIETHING. 6370

H. J. Seemann und **H. Staats**, *Grundsätzliches zur Anwendung einer Schwingungsbehandlung in der Metallurgie.* Für die Erstellung leistungsfähiger Anlagen für die Schwingungsbehandlung von Metallschmelzen u. festen metall. Werkstücken ist das elektrodynam. Verf. zugrundezulegen, da die Schwingungen unmittelbar im Behandlungsgut entstehen, das damit selbst als Schallwandler wirkt. Die grundlegenden physikal. Gesichtspunkte werden erörtert. u. die für den Wirkungsgrad des Verf. maßgeblichen Faktoren untersucht. Die sich daraus ergebenden Möglichkeiten für die Konstruktion von Schwingsystemen werden besprochen. Zur rechner. Erfassung des Problems wird von der vereinfachenden Annahme einer rein radialen Schwingungsausbreitung ausgegangen. Ein besonderer Vorteil des elektrodynam. Verf. besteht darin, daß ein Teil der akust. Verlustleistung als Wärmeenergie nutzbar ist. — 17 Schrifttumsstellen. (Metall **9.** 868—77. Okt. 1955. Saarbrücken, Inst. für Metallforschung.) F. VIER. 6380

Göte Lindgren, *Einige Gesichtspunkte zu modernen Sandaufbereitungen.* Vf. erörtert die Anforderungen an aufbereiteten Formsand u. Anordnungen für die Aufbereitung: Kühler, Magnetscheider, Siebe, Mischer, Dosierapp., automat. Wasserzusatzgeräte usw. (Gjuteriet **46.** 33—38. März 1956. Malmö.) R. K. MÜLLER. 6382

H. A. Stephens, *Eine Untersuchung über die A.F.S.-Feinheitsprüfung.* Krit. Behandlung des von der A.F.S. (*American Foundrymen's Society*) aufgestellten Verf. zur Prüfung der Feinheit von Formsand. — Aussprache. (Trans. Amer. Foundrymen's Soc. **60.** 53—67. 1952. Melbourne, Commonwealth Scient. and Ind. Res. Organiz., Div. of Ind. Chem.) W. WESLY. 6382

Reinhart Grochalski, *Aufbau und Eigenschaften natürlicher und synthetischer Gießereisande.* Übersicht über Wesen u. Eigg. der Formsande. (Metallurgie u. Gießereitechn. **2.** 34—37. Febr. 76—80. März 1952. Leipzig, Gießereiforschungsanst.) W. WESLY. 6382

W. H. Sulzer, *Das Wachsausschmelzverfahren.* Übersicht über die Gießtechnik in Formen unter Ausschmelzen der Modellmasse. Anwendung u. Vorteile. (Fonderia [Milano] **4.** 137—44. April 1955.) A. SANDER. 6382

J. S. Abcouwer, *Die praktischen Folgen der Wechselbeziehungen zwischen Raum, Zeit und Temperatur während des Gießens von Metallen.* Für die Temperaturverteilung an der Grenzfläche zwischen Form u. Metall, die Gießdauer u. die Steiger- u. Gießkopfabmessungen werden mathemat. Formeln abgeleitet. — Aussprache. (Trans. Amer. Foundrymen's Soc. **60.** 90—100. 1952. Amsterdam, Werkspoor N. V.) W. WESLY. 6382

D. W. Holmes, *Kunststoff oder Metall? Die Wahl des richtigen Dichtungsmittels beim Imprägnieren von porösen Gußstücken.* Verwendung u. Eigg. von Kunststoff- u. metall. Dichtungsmitteln beim Imprägnieren von porösen Gußstücken (Arbeitsbedingungen u. -stufen) werden beschrieben. (Mod. Metals **11.** Nr. 11. 54. 56. 58. Dez. 1955. Milwaukee, Wis., Tincher Products Co., Div. of Ideal Ind., Inc.) W. WESLY. 6382

J. Short und **A. Muscott,** *Korngrenzeneigenschaften, die den Spaltbruch beeinflussen.* Schrifttumsauswertung. (J. Iron Steel Inst. **178.** 368. Dez. 1954. Poole, Admiralty Materials Labor.) H. HOCHSTEIN. 6388

E. T. Turkdogan, L. S. Davis, L. E. Leake und **C. G. Stevens,** *Die Reaktion von Kohlenstoff und Sauerstoff in geschmolzenem Eisen.* Das C—O-Gleichgewicht wurde in geschmolzenem Eisen unter einem CO-Druck von 1 at bei 1540 u. 1640° sowie bei C-Konzz. bis zu 3,6% untersucht. Die Gleichgewichtskonstante für die C—O-Rk. wird aus verfügbaren Angaben berechnet. Die Aktivierungskoeffizienten von gelöstem C u. O werden durch den C-Geh. des Eisens materiell beeinflußt. Eine Entkohlung von Eisen in Luft u. in einem O/Ar-Gemisch in Al_2O_3-Tiegeln erfordert eine unmeßbar kleine Menge von überschüssigem O. Der Oberflächenzustand des die Schmelze enthaltenden Tiegels hat einen bestimmten Einfl. auf die Entkohlungsgeschwindigkeit. Einer der für die Trägheit der C—O-Rk. im SIEMENS–MARTIN-Ofen verantwortlichen Faktoren ist die Schwierigkeit der Bldg. von CO-Blasen, die nur aus geeigneten Spalten auf dem Herdboden, aus der ungeschmolzenen Charge, aus Poren des zugesetzten Kalks u. dgl. mehr eingeleitet werden kann. (J. Iron Steel Inst. **181.** 123—28. Okt. 1955.) H. HOCHSTEIN. 6390

Edgar Bull Simonsen, *Gase in Gußeisen.* Übersicht: Die verschied. Typen von Roh- u. Gußeisen sind durch Gasgehh. gleicher Größenordnung gek., mit höchstem Gasgeh. im Roheisen. Der Gasgeh. hängt auch vom Schmelzaggregat u. der Schmelzmeth. ab. Überschüssige Gasmengen werden beim Umschmelzen abgegeben. Die Wrkg. der einzelnen Gase wird erörtert. — 22 Literaturzitate. (Tidsskr. Kjemi, Bergves. Metallurgi **15.** 6—13. 1955. Blindern, Oslo, Sentralinst. for ind. forskning.) R. K. MÜLLER. 6402

H. J. Woodman, *In einer CO_2-Sandform erzeugte Gußeisenplatte.* Beschreibung der Herst. einer großen Gußeisenplatte in einer mit CO_2 gehärteten Sandform. (Foundry Trade J. **100.** 91—92. 26/1. 1956.) W. WESLY. 6402

Carlo Longaretti und **Mario Noris,** *Ein neues Verfahren zur industriellen Herstellung von nodularem Gußeisen bei niedrigen Behandlungskosten.* (Trans. Amer. Foundrymen's Soc. **60.** 101—08. 1952. Genua, Ist. Siderug. „Finsider" u. Fonderie Ansaldo. — C. **1954.** 1336.) W. WESLY. 6404

M. M. Turbowski, *Einfluß des Sauerstoffblasens auf die mechanischen Eigenschaften von Tempereisen.* Bericht über die Ergebnisse einer 2 Produktionsjahre eines Kupolofens erfassenden statist. Auswertung der Daten über die laufende Prüfung der chem. Zus. u. mechan. Eigg. des mit u. ohne Sauerstoffblasen erschmolzenem Tempergußeisens für die Verwendung im Landmaschinenbau. Während hinsichtlich der Zus. des weißen Gußeisens (bis auf die etwas niedrigen Werte des C-Geh. beim O_2-Blasen) prakt. kein Unterschied zwischen den nach beiden Verff. hergestellten Schmelzungen besteht, liegen die Werte für Festigkeit u. Dehnung im getemperten Zustand bei dem mit O_2 verblasenem Gußeisen um etwa 10—11% höher als bei dem n. erschmolzenem. Diese Verbesserung der mechan. Eigg. wird mit den metallurg. Vorgängen beim O_2-Blasen (höhere Temp., stärkere Oxydation u. hierdurch Begünstigung der Modifizierung) in Verbindung gebracht. (Литейное Производство [Giessereiwesen] **1955.** Nr. 10. 23—25. Okt.) V. EHMCKE. 6406

Ja. G. Lifschitz, *Zur Theorie der Antifriktionseigenschaften von Tempergußeisen.* Bericht über mit perlit.-ferrit. Tempereisen als Lagermaterial in Zusammenarbeit mit Wellen aus naturhartem oder gehärtetem Stahl gemachten Erfahrungen. Seine Eignung für diesen Zweck im Austausch gegen Bronze u. bes. auch graues Gußeisen, dem es hinsichtlich der Zähigkeitseigg. überlegen ist, ergibt sich auch aus theoret. Überlegungen, wonach gute Antifriktionseigg. in der Regel mit einer inhomogenen Materialstruktur (in weicher Grundmasse gleichmäßig verteilte härtere Bestandteile oder umgekehrt) verbunden sind. Bestens bewährt hat sich normalisiertes Tempereisen mit perlit.-ferrit. Gefüge (35—80% Perlit, Rest Ferrit u. Temperkohle) u. einer BRINELL-Härte von 167—197. (Литейное Производство [Giessereiwesen] **1955.** Nr. 10. 22—23. Okt.) V. EHMCKE. 6406

Zenichirō Takao, Tadao Noda, Kazuo Kunii und **Hisashi Takada,** *Untersuchungen zur Austenitkorngrößenregelung in Eisen und Stahl.* 2. Mitt. *Wirkung von Aluminium auf die Austenitkorngröße bei oberflächenhärtendem Stahl.* Unter Anwendung der Ester–Halogen-Meth. wurde die Beeinflussung der Austenitkorngröße durch Al bei den Stählen *SH 50* u. *SH 85,* die im Vakuum, Hochfrequenzofen u. bas. 10 t-Elektroofen erschmolzen waren, untersucht. (Suiyokwai-Shi [Trans. Mining metallurg. Alumni Assoc.] **13.** 51—55. Nov. 1955. [Orig.: japan., Auszug: engl.]) H. ECKHARD. 6408

Fritz Fischer, Matthias Nacken und **Vincenz Seul,** *Über den Einfluß kleiner Verformungsgrade auf die Streckgrenze kalt gewalzter, tiefziehfähiger Bandstähle mit geringem Kohlenstoffgehalt.* An tiefziehfähigen Bandstählen mit geringem C-Geh. wird der Einfl. kleiner Verformungsgrade auf die Streckgrenze untersucht. Die Stähle unterscheiden sich in der Erschmelzungsart u. chem. Zusammensetzung. Die Unterschiede in der Zus. liegen im Rahmen der bei techn. Stählen gegebenen Möglichkeiten nur im C-Geh., dessen obere u. untere Grenzwerte noch für Tiefziehzwecke zulässig sind. Die Einw. der Kaltverformung im Bereich von 0—3% auf die Streckgrenze (Streckgrenzenwert u. -ausbldg.), Zugfestigkeit, Bruchdehnung, Tiefung u. Härte wurden durch Unterss. an Proben eng zusammenliegender, von 0,0—3,0% sich steigernder Verformungsgrade festgestellt. Bei allen untersuchten Stählen durchläuft mit steigendem Verformungsgrad die Streckgrenze einen Tiefstwert, bei dem die Streckgrenzendehnung verschwindet. Der hierfür notwendige Verformungsgrad ist von Erschmelzungsart u. chem. Zus. abhängig. Der Einfl. einer Wärmebehandlung u. Lagerung auf die technolog. Eigg. nach dem Kaltnachwalzen wurde bestimmt. Die im untersten Bereich des Kaltnachwalzens ermittelten Werte der Zugfestigkeit, Bruchdehnung, Tiefung u. Härte lassen keine eindeutigen Schlüsse zu. Es wurde versucht, die Erscheinungen an der Streckgrenze nach geringen Nachwalzgraden mit der Versetzungstheorie zu erklären. Der Einfl. einer Wärmebehandlung oder einer Lagerung im Anschluß an die Kaltverformung wurde in diese Erklärung einbezogen. — Diskussion. 28 Schrifttumsangaben. (Stahl u. Eisen **76.** 82—93. 26/1. 1956. Aachen bzw. Neuwied.) H. HOCHSTEIN. 6408

A. Fotiadi, *Beziehung zwischen der Ermüdung von Stählen und ihrer plastischen Verformung.* Auf Grund von Verss. an verschieden gehärteten Stählen wurden die auftretenden Verformungen bei stat. und dynam. Biege- u. Verdrehbeanspruchung einander gegenübergestellt u. ihre plast. Verformung in Beziehung zur Ermüdung von Stählen gebracht. (Métaux **27.** 425—45. Nov. 1952.) A. SCHAAL. 6408

Friedrich Bögner, *Untersuchungen über die Einflüsse der Werkstoffkenngrößen auf die Zerspanbarkeit normaler Kohlenstoffstähle mittlerer Festigkeit.* Vf. führte Zerspanbarkeitsunterss. an einem n. C-Stahl mittlerer Festigkeit bei verschied. Tempp. durch u. bestimmte u. a. dabei den spezif. Schnittdruck, Standzeit, Oberflächenbild u. Spanform. Von ca. -60^0 ab tritt eine günstige Versprödung des Stahles auf, die aber zugleich Rißbldg. zeigt. Zur Erzielung eines kurz brechenden, z. B. für Automatenarbeiten geeigneten Spanes wird daher die Bearbeitung des wärmeisolierten Werkstoffes in einem Flüssigkeitsbad von -60^0 vorgeschlagen. Weiterhin werden Arbeitstempp. oberhalb 400^0 (Warmzerspanung) als vorteilhaft befunden. Der Einsatz von Sonderstählen mit günstigen Bearbeitungseigg., die meistens mit ungünstigen Konstruktionseigg. verknüpft sind, kann dadurch vermieden werden. Aus einem Zerreißfestigkeits–Dehnungs-Schaubild konnte die Analogie zwischen Formänderungsarbeit u. Zerspanbarkeit bei n. C-Stahl nachgewiesen werden. (Bergakademie [Freiberg] **4.** 347—54. Sept. 1952. Schwarzheide.) S. HÜTTIG. 6408

N. Je. Protzki und **M. W. Ssoloweitschik,** *Der Einfluß von Schwefel auf die Eigenschaften von gegossenen Lochdornen von Warmlochpressen.* Die Unters. wurde an gegossenen Lochdornen aus im sauren Lichtbogenofen erschmolzenem Stahl mit 0,26 (%) C; 0,41 Mn; 0,38 Si; 1,47 Cr; 2,68 Ni; 0,024 P u. 0,025—0,209 S durchgeführt. Die Beobachtung des Verh. der Dorne im Betrieb, verbunden mit metallograph. Unterss. u. einer solchen durch S-Abzüge nach BAUMANN, führt zu folgenden Feststellungen: Die mittlere Lebensdauer der Lochdorne bleibt bei S-Gehh. bis zu 0,15% prakt. die gleiche; ein noch höherer S-Geh. (bis 0,209%) begünstigt das Auftreten von Oberflächenrissen am Kopfende des Dornes, ohne jedoch die Haltbarkeit derselben wesentlich zu beeinträchtigen. Der schädliche Einfl. des S wird durch Ausseigerung desselben vom Kopfende weg beim Erstarren der stehend vergossenen Dorne u. durch Entschwefelung an der Oberfläche im Warmbetrieb erheblich herabgemindert. Die Ergebnisse berechtigen zu einer Heraufsetzung der bisher vorgeschriebenen Höchstgrenze für S von 0,03 auf 0,06%. (Литейное Производство [Giessereiwesen] **1955.** Nr. 10. 25—26. Okt.) V. EHMCKE. 6410

M. G. Gemmill, *Tendenz und Entwicklung im Gebrauch von kriechfesten Stählen in Dampfkraftwerken.* Untersucht werden ein gewöhnlicher Stahl, ferner legierte Stähle, u. zwar mit 0,5 (%) Mo, mit 1 Cr u. 0,5 Mo, mit 2,25 Cr u. 1 Mo, mit 0,5 Mo–V, mit 18 Cr, 12 Ni u. 1 Nb. Angaben über Kriechgeschwindigkeit, Härte, Festigkeit, Gefüge u. zulässige Betriebsbeanspruchung. — Diskussion. (J. West Scotland Iron Steel Inst. **62.** 154—87. 1954/55. United Steel Comp. Ltd.) K. STEIN. 6410

L. Reeve, *Entwicklung schweißbarer hochfester Baustähle.* (Vgl. C. **1956.** **3143.**) Überblick. (Welder [N. S.] **22.** 40—44. April/Juni 1953. Scunthorpe, Appleby-Frodingham Steel Co.) W. SCHRECKENBERG. 6410

Ake V. Larsson, *Der Einfluß von Aluminium auf die Eigenschaften von Gußbronze und die Beseitigung des Aluminiums mit der Schlacke.* Die Unters. des Einfl. von Al auf die mechan. Eigg. von 83-6-5-6-Bronze zeigt: Bereits ein Geh. von 0,01 % Al verschlechtert die Festigkeit u. Druckdichtigkeit. Diese Eigg. werden zurückgewonnen durch schlackenbildende Stoffe, die das Al aufnehmen (verschied. Mischungen von NaF, CaF_2, Na_3AlF_6, Na_2SO_4 u. Na_2CO_3 oder MnO_2). Die Geschwindigkeit der Raffination hängt ab von der Menge der zugesetzten Schlacke, der Temp. u. der Heftigkeit des Umrührens. SiO_2, die von F-haltigen Schlacken aus SiO_2 enthaltenden Graphittiegeln gelöst wird, wird von Al zu Si reduziert. Das in der Bronze gelöste Si ist weniger schädlich als Al u. kann nach Entfernung des Al durch Behandlung mit neuer Schlacke beseitigt werden. — Aussprache. (Trans. Amer. Foundrymen's Soc. **60.** 75—83. 1952. Västerås, AB Svenska Metallverken, Development Dep.) W. WESLY. 6432

Paul Brenner, *Leichtmetalle im Wettbewerb mit Stahl.* Überblick über die Stellung der Leichtmetalle, bes. von *Al* u. seinen Legierungen, gegenüber Stahl. Ihre Verwendungsgebiete u. ihr Wettbewerb mit anderen Werkstoffen werden mitgeteilt u. die Wechselbeziehungen zwischen Stahl u. Leichtmetallegierungen behandelt. (Stahl u. Eisen **75.** 1364—75. 20/10. 1955. Bonn.) H. HOCHSTEIN. 6442

W. H. Evans, *Leichtmetall im Grubenausbau.* Überblick. (Colliery Guardian **182.** 326. 15/3. 1951.) A. OLBRICH. 6442

Jean Gris, *Einfluß von Zusatzelementen auf das Verhalten von Magnesiumlegierungen in der Wärme.* (Vgl. C. **1956.** 12117.) Unterss. der Eigg. von Mg-Legierungen in Abhängigkeit von Temp. u. Legierungsbestandteilen (3—8,5 [%] *Al,* 0,5—3 *Zn,* 0,2—0,3 *Mn*). (Métaux **27.** 458—62. Nov. 1952.) A. SCHAAL. 6444

R. de Fleury, *Betrachtungen über den Elastizitätsmodul und die Elastizitätsgrenze des Aluminium–Aluminiumoxyd-Komplexes.* (Métaux **28.** 168—70. April 1953. — C. **1953.** 920.) K. RUMPF. 6446

P. Eversheim, *Untersuchungen über die elektrische Leitfähigkeit von Aluminium.* Bei Fe-Gehh. von 0,3—0,4 % liegt die Leitfähigkeit von Al unter den nach deutschen Normen geforderten Sollwerten. Sie können nur bei sehr langen Glühzeiten u. langsamer Abkühlung erreicht werden. Bei 99,7—99,8 %ig. Al können durch entsprechende Kaltbearbeitung die verlangten Festigkeits- u. Leitfähigkeitswerte eingehalten werden, wenn der Si-Geh. 0,10 % nicht überschreitet. Die Herst. eines solchen Materials stellt an die Hütten besondere Anforderungen. (Aluminium **31.** 338—41. Juli/Aug. 1955. Bonn, Vereinigte Aluminium-Werke Akt.-Ges., u. Vereinigte Leichtmetall-Werke G. m. b. H.) F. VIER. 6446

D. Gualandi, *Strukturelle und mechanische Eigenschaften der Aluminiumlegierungen für Gießereien G-AC 4,6 GT.* Zus., Wärmebehandlung, strukturelle, technolog. u. physikal.-chem. Eigg. der Cu-haltigen Al-Legierung G-AC 4,6 CT bzw. „Inafond" der Montecatini. Auf die beim Gießen in Formen zu beachtenden Richtlinien wird hingewiesen. (Ist. Sperim. Metalli leggeri, Mem. Rapp. [6] Nr. **144.** 1—11. Mai 1955. Novara, Ist. sperim. Metalli Legg.) A. SANDER. 6446

R. W. Huber, *Die Herstellung von Prototypen der 81 mm-Granatwerfer-Grundplatten aus Titan.* Es wird die Herst. von 14 verschied. Grundplatten aus *Ti* beschrieben, deren Gewicht bei größerer Festigkeit gegenüber den üblichen Stahlplatten um ½ verringert ist. Mit einer zylindr. aufblasbaren Gummikammer mit Plexiglasdeckel u. Kühlfalle zur Kondensation der Feuchtigkeit für Schweißarbeiten unter *He* wird bekanntgemacht. Das Metall war vakuumdest., geschmolzen, geschmiedet u. gewalzt. Materialprüfergebnisse nur nach militär. Gesichtspunkten. (U. S. Dep. Interior, Bur. Mines, Rep. Invest. **1956.** Nr. 5179. 1—32. März.) P. WOLFF. 6448

N. H. Bacon, *Qualitätskontrolle in Stahlwerken. Aufgaben einer metallurgischen Versuchsanstalt.* Bei der STEEL, PEECH & TOZER wird die Kontrolle der Erzeugnisse in

5 Abteilungen durchgeführt, nämlich 1. dem chem. Labor., das wöchentlich 12000 Analysen fertigt, 2. dem Forschungslabor., in dem S-Unterss., Grobätzung, Ultraschallprüfungen u. Feingefügeaufnahmen angefertigt werden, 3. dem Prüfungsbau, hier werden Zug-, Biege- u. Schlagverss. angestellt, 4. die Inspektionsabteilung zur Überwachung des das Werk verlassenden Materials u. 5. die metallurg. Abteilung zur Beobachtung des gesamten Gieß- u. Walzbetriebs. (Iron Coal Trades Rev. **170.** 1031—35. 6/5. 1955.) W. HAUG. 6480

R. A. Boustred, *Fehler im Stahlguß.* Ursachen u. Arten der Fehler sind sehr verschieden, die hauptsächlichsten sind Gasblasen u. Porenbldg., Schwindung, Sandstellen, Anbacken von Sand, Wärmerisse, nichtmetall. Einschlüsse, Fehler in der Warmbehandlung. Methoden zur Vermeidung dieser Schäden werden erörtert. (Foundry Trade J. **98.** 311—19. 24/3. 1955.) W. HAUG. 6480

F. Börsig, *Bedeutung chemischer Untersuchungen für die Beurteilung von Maschinenschäden.* Überblick. (Maschinenschaden **26.** 79—81. Aug. 1953.) H. HOCHSTEIN. 6480

J. K. Stanley, *Zur Kenntnis der ferromagnetischen Analyse.* Die Bedeutung der vielfach vernachlässigten magnet. Messungen u. ihre Anwendung zur Deutung von metallurg. Vorgängen durch zerstörungsfreie Spannungs- u. Gefügeunterss. werden erörtert. (Steel **127.** Nr. 14. 88—92. 2/10. 1950. East Pittsburgh, Pa., Westinghouse Res. Labors.) W. WESLY. 6480

E. Morlet, *Das Kriechen der Metalle und die Meßmethoden.* Zusammenfassender Bericht. — 17 Literaturhinweise. (Métaux **27.** 107—18. März 1952. Sté Rateau, Labor. de Rech.) M. BLUTH. 6480

Hans Bühler, *Vereinfachte Messung innerer Spannungen in zylindrischen Metallkörpern.* (Vgl. C. **1953.** 8195.) Erörterung der Gleichgewichtsbedingungen für einen Eigenspannungszustand in Metallzylindern. Es wird der Einfl. der Stirnflächen u. der Prüfkörperlänge auf die Größe u. Verteilung der Eigenspannungen bestimmt. Die Ergebnisse von Eigenspannungsbestimmungen nach dem Ausbohrverf. bei verschiedenartiger Messung der Längenänderungen werden mitgeteilt u. vergleichende Unterss. zur Belegung der Brauchbarkeit der Messung der Eigenspannungszustände mit Hilfe einfacher Geräte durchgeführt. (Giesserei, techn.-wiss. Beih. Nr. **12.** 553—56. Okt. 1953.) H. HOCHSTEIN. 6480

Hans Bühler und **Walter Schreiber,** *Verfahren zur Ermittlung von Eigenspannungen in metallischen Hohlzylindern ohne Kenntnis des Elastizitätsmoduls des Werkstoffs.* (Giesserei, techn.-wiss. Beih. Nr. **12.** 557—59. Okt. 1953. Saarbrücken, Inst. für Metallforschung.) H. HOCHSTEIN. 6480

Hans Bühler und **Walter Schreiber,** *Anwendung statistischer Verfahren auf einige Fragen der Zeitschwingfestigkeit.* Die Ursachen für Streuungen der Ergebnisse von Dauerschwingverss. werden erörtert u. Ergebnisse von Verss. an *Al*-Legierungen, *Stahl* u. *Gußeisen* unter Dauerschwingbeanspruchung im Gebiet der Zeitfestigkeit durch statist. Verff. ausgewertet. Eine Streuungsbeurteilung wird durch Berechnung der Mittelwerte der relativen Standardabweichungen der Logarithmen der Bruchlastspielzahlen erhalten. Die Abhängigkeit dieser Streuung von verschied. Einflußgrößen, bes. vom Geh. an nichtmetall. Einschlüssen im Werkstoff, vom Probendurchmesser, von der Oberflächenbeschaffenheit u. der Probenherst. wird behandelt u. auf die Bedeutung der Kerbwrkg. hingewiesen. — 30 Schrifttumsangaben. (Arch. Eisenhüttenwes. **27.** 201—09. März 1956.) H. HOCHSTEIN. 6480

H.-O. Meuth, *Der Einfluß des Spannungsgefälles auf die Dauerschwingfestigkeit.* Bei Schwingungsbeanspruchungen wirkt sich eine Spannungsspitze nicht in voller Höhe aus. Diese Erscheinung (Stützwrkg.) ist abhängig vom Spannungsgefälle, von der Formzahl u. vom Werkstoff, was vom Vf. durch Verss. an *C-Stahl* u. an einer *Al–Mg*-Legierung bestätigt werden konnte. — 15 Schrifttumsstellen. (Metall **9.** 861—67. Okt. 1955. Kaiserslautern.) F. VIER. 6480

B. B. Hundy, *Plastische Verformung im ebenen Spannungssystem.* Erörterung der theoret. Voraussetzungen u. prakt. Versuchsergebnisse. — 43 Schrifttumsangaben. (Metallurgia [Manchester] **49.** 109—18. März 1954. Sheffield, Brit. Iron & Steel Res. Assoc.) K. STEIN. 6480

J. B. Caldwell, *Die Festigkeit von Wellblech für Schiffsschotten.* Verss. über den Einfl. von Biegungsbeanspruchungen auf Wellblech aus *Stahl* oder *Al*-Legierungen zeigen, daß das Verh. den „klass." Theorien der elast. u. unelast. Biegung entspricht; jedoch treten vielfach vorzeitig Biegungsfehler infolge örtlicher Knickung der Bleche auf. Form u. Abmessungen der Wellungen haben großen Einfl. auf die Stabilität des Wellbleches. Aus Verss. zur Zerstörung von Wellblechschotten durch Wasserdruck geht hervor, daß die Nichtknickung nach einer im einzelnen aufgeführten Theorie vorausgesagt werden kann. Al-Legierungen sind als Werkstoff für Schotten geeigneter als Stahl. (Quart. Trans. Instn. Naval Architects **97**. 495—522. Juli 1955.) W. WESLY. 6480

P. M. Cook, *Die Abhängigkeit der Festigkeitseigenschaften von Schmiedestücken von einer lokalen Spannung.* Durch Vergleichsverss. an Schmiedestücken aus *Stahl* mit 0,6% C wurde festgestellt, daß höhere lokale Spannungen eine größere Warmverformbarkeit verursachen. Eine nicht gleichmäßige örtliche Verformung verursacht bei unsachgemäßer Ausschmiedung örtliche Unterschiede in den Festigkeitseigg., auch wenn der Gesamtverschmiedungsgrad konstant ist. (J. Iron Steel Inst. **179**. 250—52. März 1955.) H. HOCHSTEIN. 6490

Andrew E. Rylander, *Neue Entwicklungen in der Kaltverformung.* Überblick. (Western Machinery Steel Wld. **47**. Nr. 3. 85—90. März 1956.) D. BRETSCHNEIDER. 6490

Alan E. Crawford, *Verfahren zum Verzinnen von Aluminium mit Ultraschall.* Ein mit Ultraschall erregter Lötkolben bewirkt ein Abschaben der Oxydschicht durch das fl. Lot. Innige Legierung des Sn–Zn-Weichlotes mit dem Al ist durch Kavitationswrkg. gesichert. Auch Tauchverf. in einem mit Ultraschall erregten Bad sind für Einzeltauchungen u. im Durchlauf anwendbar. (Electronics **25**. Nr. 12. 102—05. Dez. 1952.) W. DEUTSCH. 6504

J. C. Needham und **L. H. Orton,** *Argonlichtbogenschweißung mit weniger als 50 V Wechselstrom.* Die Konstanthaltung des Lichtbogens, der bei Wechselstrom beim Durchgang durch Null leicht zusammenfällt, kann beim Ar-Schweißverf. zwischen W-Stiften dadurch gelöst werden, daß ein Zusatzgerät in bestimmten Zeitabständen eine Überspannung zuführt, die die dauernde Wiederentzündung des Lichtbogens sichert. So ist es möglich, unterhalb 50 V bis herab zu 30 V Leichtmetallschweißungen durchzuführen. (Trans. Inst. Welding **15**. 161—65. Dez. 1952.) H.-J. HEINRICHS. 6506

D. B. Tait, *Die automatische Sigmaschweißung.* Überblick. (Welding Metal Fabricat. **23**. 127—29. April 1955. Quasi-Arc Co., Ltd.) W. WESLY. 6506

J. A. Lucey, *Die automatische Lichtbogenschweißung. Ihr Anwendungsbereich.* Überblick. (Welding Metal Fabricat. **23**. 116—21. April 1955. Fusarc Ltd.) W. WESLY. 6506

Warren Coulter, *Das Schweißen von Kupfer und Kupferlegierungen.* 1. Mitt. Die für Schweißbarkeit u. Schweißverf. wichtigen physikal. u. chem. Eigg. von Cu, dessen Handelsformen u. die beim Schweißen, abweichend von Schmiedeeisen auftretenden Erfordernisse (mehr Wärme, Schutz gegen O_2, H_2, CO, rasche Bewegung der Schweißmulde, Begrenzung der Schweiße) werden beschrieben. (Canad. Metals **16**. Nr. 7. 52—54. Juni 1953. Coulter Copper and Brass Co. Ltd.) W. WESLY. 6506

Francis H. Stevenson, *Anwendungen des Schweißens in der Raketenindustrie.* Überblick über neuere Schweißverff., die für die Verarbeitung der neuen Legierungen, z. B. *17-7 PH, AMC 350, Hastelloy, Haynes Stellit Nr. 25, TiZr, Inconel X* u. C-Stahl AISI 4130, für Raketen anzuwenden sind. (Western Machinery Steel Wld. **47**. Nr. 3. 78—84. März 1956. Sacramento, Calif., Aerojet-General Corp., Liquid Rocket Plant.) D. BREDTSCHNEIDER. 6506

E. W. Ansell, *Gesichtspunkte bei Anwendung des Schweißverfahrens im Schiffbau.* Anordnung der Ausrüstung für das Schweißen. Überwachung der Schweißnähte. (Welding Metal Fabricat. **20**. 213—18. Juni 1952.) W. HAUG. 6506

Robert Jenkins, *Die Kontrolle der Verformung.* Beim Schweißvorgang entstehen durch die partielle Erhitzung innere Spannungen u. daraus Verformungen. Vf. beschreibt die Messung solcher Verformungen in longitudinaler wie transversaler Richtung u. gibt Hinweise, wie man in oft sehr einfacher Weise diesem Verformen begegnen kann. (Trans. Inst. Welding **15**. 151—60. Dez. 1952.) H.-J. HEINRICHS. 6506

I. K. Pochodnja, *Über den Einfluß der Abkühlungsgeschwindigkeit auf die Ausbildung kristalliner Sprünge.* Untersucht wird der Abkühlungsverlauf in der fl. Schweiße sowie der Einfl. der Abkühlungsgeschwindigkeit während der Kristallisation auf die Neigung des aufgetragenen Metalls zur Bldg. von Warmrissen. Bestimmt wird die günstigste Temp. einer Vorerwärmung des zu schweißenden Gegenstandes, durch die die Bldg. der Risse unterbunden wird. Experimentell gefundene Werte der Abkühlungsgeschwindigkeit werden mit rechner. ermittelten Werten verglichen. — 17 Schrifttumsangaben. (Автоматическая Сварка [Automat. Schweissen] **8**. Nr. 6. 64—73. Nov./Dez. 1955.) H. HOCHSTEIN. 6506

C. L. M. Cottrell, *Verzögerter Sprödbruch bei Stahllegierungen durch niedrige Belastung.* Die Wirkungen, die in der hitzebeanspruchten Zone einer Schweißnaht auftreten, wurden an röhrenförmigen Proben von 0,2 in. Länge mit einer ringsherum angebrachten Einkerbung von 0,019 in. Tiefe u. einem Winkel von 45° aus einem niedriglegierten Stahl mit 0,19 (%) C, 1,3 Mn u. 0,25 Mo untersucht. Sie wurden mit H_2 übersätt., schnell auf eine Höchsttemp. von 1250° geheizt u. anschließend abgekühlt. Die Unterss. der Proben erfolgten a) mit Hilfe von Fallzerreißverss. mit einer Fallgeschwindigkeit von 22 ft/sec, b) durch langsame Zerreißverss. mit einer Dehnungsgeschwindigkeit von ca. 0,1 in./Min. u. c) durch *Zerreißverss. unter stat. Belastung.* Mit fallender Beanspruchungsgeschwindigkeit zeigt der niedriglegierte Stahl einen steigenden Einfl. der Wasserstoffbehandlung. Nach a) sind durch die Behandlungen keine Verschlechterungen der Materialeigg. festzustellen. Auch nach b) sind keine Anzeichen für die Bldg. von *Härterißgebieten* vorhanden, obwohl die Widerstandsfähigkeit des Materials durch die Wasserstoffbehandlung erheblich herabgesetzt wird. Nur c) gibt einen deutlichen Hinweis auf die Neigung zur Rißbldg., da nur hier während des Vers. genügend Zeit für die Wasserstoffdiffusion ist. Es können unter diesen Bedingungen reine Sprödbrüche eintreten. (Nature [London] **170.** 1079—80. 20/12. 1952. London, Brit. Welding Res. Assoc.) S. HÜTTIG. 6506

T. v. d. Klis, *Oberflächenbehandlungen für Magnesium.* Übersicht über die Verff. zur Oberflächenbehandlung von Mg: Reinigen (Entfetten), Beizen (CrO_3, H_2SO_4, HNO_3 u. Mischungen, H_3PO_4), Oberflächenschutz ($Na_2Cr_2O_7$ mit u. ohne Zusatz von Fluoriden, elektrochem. Behandlung durch den zwischen Werkstück u. der stählernen Wand des $Na_2Cr_2O_7$-Bades fließenden Strom), besondere (Anodisier-) Behandlungen u. andere. (Metalen **11.** 133—39. 31/3. 1956.) W. WESLY. 6508

J. Steiner, *Elektropolieren mit gleichgerichtetem Strom.* Die Verss. lassen erkennen, daß kleine Welligkeiten sich günstig oder gar nicht auswirken, während größere Welligkeiten unter Umständen einen ungünstigen Einfl. haben. — Schrifttumsangaben. (Metalloberfläche, Ausg. B **6.** 65—69. Mai 1954. Wien, TH, Elektrochem. Inst.) F. VIER. 6514

A. A. Feldmann, *Mikrowellenzubehörteile: Präzisionsguß und galvanische Überzüge.* Beschreibung der Anwendung von Präzisionsguß u. der Erzeugung von galvan. Überzügen zur Herst. von Waveguides. (Materials and Methods **34.** 70—72. Juli 1951. Nat. Bur. of Stand.) W. WESLY. 6514

Allen T. Baldwin, *Elektroplattieren vor dem Feuerverzinken zur Erzielung besserer Resultate.* (Galvano [Paris] **23.** Nr. 215. 25—26. Dez. 1954. — C. **1955.** 5643.) M. GEHLEN-KELLER. 6522

Manuel Romero und **Enrique Labarta,** *Galvanisierung.* 2. Mitt. (1. vgl. LAMARCA, C. **1956.** 2875.) Übersicht über die Vorbereitungsarbeiten bei der Galvanisierung (alkal. Entfettung, Sandstrahlgebläse), den Badansatz mit $ZnCl_2 \cdot 3\,NH_4Cl$, die Überwachung des p_H, die Zweckmäßigkeit von Zusätzen (Pb, Al) u. verschied. Hilfsmaßnahmen. (Ion [Madrid] **13.** 576—82. Okt. 1953.) R. K. MÜLLER. 6522

Herbert H. Uhlig, *Entwicklungen auf dem Korrosionsgebiet während der letzten 50 Jahre, eine kurze Übersicht.* (J. electrochem. Soc. **99.** 275C—276C. Okt. 1952. Cambridge, Mass., MIT, Dep. of Metallurgy, Corrosion Labor.) W. KATZ. 6538

Milton Farber und **Donald M. Ehrenberg,** *Korrosionsgeschwindigkeit verschiedener Metalle bei hoher Temperatur in Schwefelwasserstoff und Schwefeldioxyd.* Die Korrosionsgeschwindigkeit von *Cu, Ag, Ni, Inconel, 18-8 Cr–Ni-Stahl, W, Mo* u. *Ta* wird in H_2S u. SO_2 in Mischung mit He oder Ni, auch mit Zugabe von CO untersucht. Der Vorgang wird bei 800—1300° K an Drähten von 0,01 Zoll Durchmesser, die elektr. geheizt werden, an der Änderung des Widerstandes infolge Querschnittsabnahme verfolgt. Die Ergebnisse werden als Kurven der Widerstandsänderung in Abhängigkeit von der Zeit dargestellt. Gegen H_2S sind W, Mo, Ta u. Cr–Ni-Stähle gut beständig. In oxydierender Umgebung (SO_2) werden diese Metalle schnell angegriffen. Ni u. seine Legierungen sind beständig in SO_2, aber nicht in H_2S. Fe u. Cu werden schnell sowohl in SO_2 als auch in H_2S-Umgebung angegriffen. Carbonylbldg. wird in CO-haltiger Atmosphäre nicht in nennenswerter M. beobachtet. Der Angriff von Ni durch H_2S wird in Ggw. von CO leicht beschleunigt. (J. electrochem. Soc. **99.** 427—34. Okt. 1952. Pasadena, Calif., California Inst. of Technol., Jet Propulsion Labor.) W. KATZ. 6538

W. W. Skortschelletti und **Ss. D. Wassiljew,** *Über das Rosten von Stahlerzeugnissen, in Verbindung mit einem Durchdringen von Wasserdampf, Schwefeldioxyd und Schwefelwasserstoff durch die Schutzschicht von Öl.* In Laboratoriumsverss. wurde nachgewiesen, daß die das Auftreten von Eisenrost verursachenden Gase: Wasserdampf, SO_2 u. H_2S, durchaus in der Lage sind, eine Schutzschicht aus reinem Mineralöl zu durchdringen u. so an die Oberfläche des korrosionsgefährdeten Objekts zu gelangen. Die immerhin vorhandene geringe Schutzwrkg. eines derartigen Öles ist auf die Erschwerung der Entstehung eines für den Rostprozeß erforderlichen Wasserfilms, als Elektrolyt, zurückzuführen. (Журнал Прикладной Химии [J. angew. Chem.] **26.** 1033—38. Okt. 1953.) V. EHMCKE. 6538

H. L. Bennister, *Dampfphaseninhibitoren.* Zusammenfassende Darst. über Dampfphasen–Korrosions-Inhibitoren. — Ihre chem. Zus., Wirkungsmechanismus, Prüfmöglichkeit, prakt. Anwendbarkeit, Wirkungsdauer u. Einw. auf Nichteisenmetalle. (Research **5.** 424—32. Sept. 1952. London, Shell Chem. Ltd.) S. HÜTTIG. 6538

M. J. Pryor und **M. Cohen,** *Mechanismus der Inhibition der Korrosion von Eisen durch Lösungen von Natriumorthophosphat.* Es wird die Korrosion von Fe in Orthophosphatlsgg. verschied. p_H-Werte untersucht. In entlüfteten Lsgg. nimmt der Angriff mit steigenden p_H-Werten ab u. wird ab p_H 9 sehr klein, ist aber in jedem Falle größer als in lufthaltigen Lösungen. Die Abhängigkeit des Angriffs in lufthaltigen Lsgg. ist ähnlich, aber schon ab p_H 7,25 tritt Passivierung ein, für die der gelöste O_2 verantwortlich ist. Durch heterogene Rk. wird an der Oberfläche γ-Fe_2O_3 ähnlich wie in Luft gebildet. Die elektrochem. Rk. läuft in diesem Falle nicht ab. In entlüftetem Mononatriumphosphat, p_H 4,5, wird $Fe_2(PO_4)_2 \cdot 8\,H_2O$ (Vivianit) als Schichtkörper gebildet u. durch Röntgenstrahlenunters. identifiziert. (J. electrochem. Soc. **98.** 263—72. Juli 1951. Philadelphia, Pa., Univ. of Pennsylvania u. Philadelphia Quartz Comp.)
W. KATZ. 6538

B. I. Medowar und **N. A. Langer,** *Zerstörung von Schweißverbindungen von Stählen des Typs 18-8 auf der Verschweißungslinie durch Korrosion.* Die Korrosion der Schweißverbindungen von austenit. nichtrostendem Stahl mit 18 (%) Cr u. 8 Ni stellt sich bei mkr. Unterss. als eine Abart der interkristallinen Korrosion dar. Zur Vermeidung dieser Korrosionserscheinung wird die Verwendung von solchem austenit. Cr–Ni-Stahl empfohlen, der einen erhöhten Geh. an stabilisierenden Elementen, wie Ti oder Nb + Ta, besitzt; auch können 2phasige Austenit–Ferrit-Stähle mit zeilenförmiger Verteilung des Primärferrits verwendet werden. Die Schweißverbindungen werden zweckmäßig einer Stabilisierungsglühung unterworfen. — 19 Schrifttumsangaben. (Автоматическая Сварка [Automat. Schweissen] **8.** Nr. 6. 85—95. Nov./Dez. 1955.) H. HOCHSTEIN. 6538

Milton Stern und **Herbert H. Uhlig,** *Korrosion von Aluminium durch Tetrachlorkohlenstoff.* Rein-Al (99,99%) reagiert erst nach einer Induktionsperiode von 70 Min. mit sd. CCl_4. Es wird $AlCl_3$ u. C_2Cl_6 gebildet. Die Verzögerungsperiode entsteht durch die Oxydhaut des Al u. wird durch H_2O, CS_2 u. O_2, die im CCl_4 gelöst sind, vergrößert. Die Auflösungsgeschwindigkeit ist hoch (4000 g/m²/Tag) u. verdoppelt sich bei Wassersättigung. N_2 u. O_2 üben auf die Korrosion keine Beschleunigung aus. HCl erhöht die Auflsg. um 35%. Der Angriff ist örtlich. Für weniger reines Al (99,4%) u. Al-Legierungen werden die Induktionszeiten 3- bzw. 2fach (1,2% Mn) oder 30fach (2,4% Mg) länger. Die Auflösungsgeschwindigkeit von Al 99,4 vergrößert sich zu 6600 g/m²/Tag wie auch im Anfang für die 1,2% Mn-Legierung, sinkt aber bei der Mg-Legierung auf 120 g/m²/Tag im Anfang bzw. auf 35 g/m²/Tag zur späteren Zeit. (J. electrochem. Soc. **99.** 381—88. Okt. 1952. Cambridge, Mass., MIT, Dep. of Metallurgy, Corrosion Labor.) W. KATZ. 6538

Milton Stern und **Herbert H. Uhlig,** *Die Wirkung von Oxydschichten auf die Reaktion von Aluminium mit Tetrachlorkohlenstoff.* (Vgl. vorst. Ref.) Die Korrosion von Al durch sd. CCl_4 läßt sich auch durch dickere Oxydschichten, die anod. hergestellt sind, bzw. nachgedichtet wurden, nicht unterdrücken. Die Korrosionsgeschwindigkeit bleibt unabhängig von der Schichtdicke, u. sowohl die Induktionsperiode wird nur wenig erhöht als auch die Auflsg. wenig oder nicht herabgesetzt (3060 g/m²/Tag anod. oxydiert in Ammontartrat, 1500 g/m²/Tag anod. oxydiert in 15% H_2SO_4 gegenüber 2700 g/m²/Tag Al 99,99 unbehandelt). Starker örtlicher Angriff. Schichten, die durch Erhitzen in Luft bis 235° erzeugt wurden, verringern den Angriff auf 2200 g/m²/Tag gegenüber 2850 g/m²/Tag ohne Schicht. Am wenigsten wird im Vakuum dest. Al angegriffen. Die Beständigkeit einiger Al-Legierungen wird nicht durch deren Oxydhaut, sondern durch andere Oxydschichten erklärt. (J. electrochem. Soc. **99.** 389—92. Okt. 1952.)
W. KATZ. 6538

J. Fred Hazel und **William Stericker,** *Die Wirkung alkalischer Reinigungsmittel auf Magnesiumgußlegierung.* Es wird der Angriff alkal. Lsgg. vom Standpunkt der alkal. Reinigungsmittel auf die Gußlegierung *AZ 91* bei 90° untersucht. Die Legierung wird durch *NaOH*, Na_2CO_3-Lsg. u. alkal. *Orthophosphaten* u. *Silicaten* nicht angegriffen, ausgenommen in anod. Schaltung. *Tetranatriumpyrophosphat*, *Calgon* u. *Quadrafos* (komplexe Phosphate) greifen an, auch in kathod. Schaltung. Wenn den Pyrophosphatlsgg. *Metasilicate* zugegeben werden, unterbleibt der Angriff. (J. electrochem. Soc. **98.** 273—76. Juli 1951.) W. KATZ. 6538

C. R. Forrester und **K. S. Ketchen,** *Die Widerstandsfähigkeit verschiedener für die Markierung von Plattfisch verwendeter Metalldrähte gegenüber Salzwasserkorrosion.* Die

Verwendbarkeit von verschied. Nägeln aus Ag, Ni u. rostfreiem Stahl für die Markierung von Plattfischen wird im Hinblick auf die Korrosionsfestigkeit gegenüber Seewasser u. den Heilprozeß der Wunden untersucht. Am günstigsten erwies sich rostfreier Stahl. (J. Fisheries Res. Board Canada **12.** 134—42. Jan. 1955. Nanaimo, B. C., Pacific Biol. Stat.) S. HÜTTIG. 6538

Elektrokemisk A/S, Oslo, Norwegen, *Beschicken von elektrothermischen Schmelzöfen mit Bodenelektrode und einer zentral angeordneten oberen Elektrode.* Die Öfen werden an mindestens einer feststehenden Stelle beschickt. Die Beschickung wird dann durch Drehbewegung der Ofenwanne im Ofen verteilt. — Abbildung. (**Schwz. P. 310 634** vom 25/6. 1952, ausg. 14/1. 1956. N. Prior. 27/6. 1951.) F. MARKHOFF. 6371

Oesterreichisch-Amerikanische Magnesit Akt.-Ges., Österreich, *Heizkanäle für Siemens-Martin-Öfen,* dad. gek., daß sie aus Steinen aus Chromit oder Magnesiumchromit mit einem Geh. von 3—5% SiO_2 hergestellt sind. — Beispiel der Zus. eines Steines: 3 (%) SiO_2, 11,9 Fe_2O_3, 10 Al_2O_3, 35,7 Cr_2O_3, 0,6 *CaO* u. 36,8 *MgO*. (**F. P. 1 093 893** vom 25/2. 1954, ausg. 10/5. 1955. Oe. Prior. 2/9. 1949.) G. APEL. 6371

Instituto Nacional de Industria, Spanien, *Kontinuierliche Verarbeitung arsenhaltiger pyritischer Erze,* dad. gek., daß das Ausgangsgut zunächst in Ggw. von SO_2-Gas von As befreit u. der Rückstand geröstet wird. Das zur Entfernung des As erforderliche SO_2-Gas wird dem bei der Röstung entstehenden Gas entnommen. Die Entfernung des As u. das Rösten kann auf übereinander angeordneten Wirbelbetten ausgeführt werden. — Zeichnung. (**F. P. 1 095 724** vom 15/3. 1954, ausg. 6/6. 1955. Span. Prior. 24/3. 1953.) G. APEL. 6379

Nippon Soda Co. Ltd., Japan, *Herstellung fester Metalle aus Pulvern, Spänen und Abfällen von Metallen,* wie *Zn, Ta, Ti, Zr, Cu, Cd, Ni, Fe, Al* oder Legierungen, dad. gek., daß das Material in einem Vakuumgefäß durch das Vakuum entgast, von Verunreinigungen u. unerwünschten flüchtigen Elementen befreit u. dann mittels eines aus allen Richtungen allseitig auftreffenden Vakuumstromes bei einer Temp. behandelt wird, die oberhalb des Erweichungspunktes des Materials liegt. — Zeichnungen. (**F. P. 1 095 981** vom 19/2. 1954, ausg. 8/6. 1955. Japan. Prior. 5/3. 1953.) G. APEL. 6381

Deutsche Gold- & Silberscheideanstalt vormals Roessler, Deutschland, *Herstellung von Metallen durch Reduktion ihrer Verbindungen,* dad. gek., daß dampfförmige Metallverbb., bes. Halogenide, mit einem dampfförmigen Reduktionsmittel unter Vermeidung der Ausbldg. einer fl. Phase in der Reaktionszone in einer Flamme umgesetzt werden. In Frage kommen bes. Halogenide von solchen Metallen, bei denen der Absolutbetrag der Bildungsenthalpie pro Halogenion nicht mehr als 70 kcal/Mol beträgt, wie Halogenide des *Ti* oder *Zr*, als Reduktionsmittel Dämpfe von Alkalimetallen, bes. von Na. Die Abscheidung des bei der Red. entstandenen Metalls erfolgt an in der Reaktionszone angeordneten Flächen, deren Temp. unterhalb des Kp., bes. wenigstens zu Beginn der Rk., dicht am F. des abzuscheidenden Metalls. — Zeichnungen. (**F. P. 1 081 415** vom 17/7. 1953, ausg. 20/12. 1954. D. Prior. 17/7. 1952.) G. APEL. 6381

Franz Alexander Wolf, Neustadt/W., *Formsand* enthält 3—8 (%) zerkleinerten *Torf* mit unter 20, bes. ca. 15 W. u. gegebenenfalls andere C-haltige Zusatzstoffe. (**Oe. P. 183 515** vom 29/10. 1953, ausg. 25/10. 1955. D. Prior. 6/11. 1952.) F. VIER. 6383

Chester W. Fitko, Chicago, Ill., V. St. A., *Sand für die Metallgießerei.* Jedes Korn wird mit einem warmhärtbaren, bei Raumtemp. nichtklebrigen Kunstharz überzogen u. erhält darüber einen Überzug eines Wachses mit einem F. nicht unter dem des Harzes, unlösl. in dem Harz im festen Zustand. Das Harz wird in einer Menge von 2—4 (Gew.-%), bezogen auf Sand, aufgebracht, das Wachs in einer Menge von 0,5—8, bezogen auf das Harz. Es wird auf diese Weise ein frei fließender, nichtbackender Sand erhalten. (**A. P. 2 706 163** vom 5/6. 1953, ausg. 12/4. 1955.) F. VIER. 6383

Mo och Domsjö Aktiebolag, Schweden, *Bindemittel für Kernmassen für die Metallgießerei.* Das Bindemittel besteht aus einem wasserlösl. Cellulosederiv. mit einem Naturharz u. einer plast. Masse. — Beispiel: 5 (Gewichtsteile) teilweise mit Na_2CO_3 verseiftes *Fichtenharzöl* mit einem F. von 75° werden auf 120° erhitzt u. ½ eines *Polyvinylacetats* mit einem F. von 100—110° zugesetzt. Diese Lsg. wird in 4,5 auf 70° erhitzte *Äthylhydroxyäthylcellulose* mit 1,5 A. von 95% eingetragen. Nach Verdampfen des A. u. Erkalten wird die M. gepulvert. Vor dem Mischen mit Kernsand werden 10 der M. mit 30 auf 50—70° erwärmtem W. behandelt. Auf 100 Liter Sand mit einer Feuchtigkeit von 2% kommen 5 Liter des mit W. versetzten Bindemittels. Die so hergestellten Kerne zeichnen sich durch hohe Widerstandsfähigkeit gegen Feuchtigkeit aus u. lassen sich leicht vom Guß entfernen. (**F. P. 1 079 046** vom 19/2. 1953, ausg. 25/11. 1954. Schwed. Prior. 21/2. 1952.) F. VIER. 6383

Wilhelm Schmidt und **Walter Philipp**, Deutschland, *Herstellen von Gießformen oder -kernen aus Sand.* Als Bindemittel werden *Na-* oder *K-Wasserglas* zugesetzt, u. die Härtung wird durch Einleiten von CO_2 vorgenommen. Es können in W. lösl., emulgierbare oder verseifbare Stoffe, wie *Melasse, Dextrin, Stärke, Glycerin, Glykol* oder *Fettsäuren*, zugesetzt werden. (**F. P. 1 078 856** vom 16/6. 1953, ausg. 24/11. 1954. D. Prior. 9/7. 1952.) F. VIER. 6383

Rolls Royce Ltd., Derby, England (Erfinder: **Adam Dunlop** und **Basil James Shaul**), *Herstellen von mehrschichtigen Formen durch Aufbringen von Überzügen auf ein Modell.* Das Modell wird abwechselnd mit einer sauren u. einer alkal. Lsg. von Wasserglas, in der ein feinkörniger, hochhitzebeständiger Stoff suspendiert ist, behandelt. Dabei soll die Alkalität der alkal. Lsg. größer sein als die Acidität der sauren Lösung. Nach jeder Behandlung wird der noch nasse Überzug mit grobkörnigem, hitzebeständigem Material, z. B. *Zirkon, Sillimanit, Zr-* oder *Al-Oxyd*, bestreut. Die Lsg. für den 1. Überzug, der durch Spritzen aufgebracht werden kann, hat z. B. folgende Zus.: 320 (ml) *Seifenlsg.*, 160 *Wasserglas*, 36 *HCl*, 10%ig., u. 1000 mg *Quarzpulver.* — Als Beispiel für eine alkal. Lsg. wird angegeben: 2250 Wasserglas, 250 W., 10 lb (4,54 kg) Quarzpulver. Die Lsg. soll 2,8n sein. (**E. P. 731 445** vom 11/9. 1952, ausg. 8/6. 1955.) F. VIER. 6383

Reymersholms Gamla Industri Aktiebolag, Hälsingborg, Schweden, *Aufbereiten von feinkörnigem Eisenoxydmaterial, z. B. geröstetem Pyrit.* Das Material wird bei 500—1000° bes. 600—800°, mit Cl in der Form von mit Luft oder einem nichtreduzierenden Gas (verd. Cl-Gas) behandelt. Hierbei ist die Cl-Konz. in dem Gasgemisch so niedrig, z. B. 1—10 Vol.-%, daß nur die vorhandenen Verunreinigungen, wie Cu-, Zn-Verbb. oder dgl., in Chloride umgewandelt u. mit dem vorhandenen S als Dampf entfernt werden, während Fe_2O_3 unangegriffen zurückbleibt. (**E. P. 743 224** vom 4/6. 1953, ausg. 11/1. 1956. Schwed. Prior. 9/6. 1952.) F. REINHART. 6391

National Smelting Co. Ltd. (Erfinder: **Leslie Jack Derham**), London, England, *Reinigen von Zink*, das durch As u. Sb verunreinigt ist, durch Behandlung des geschmolzenen Zn mit *Na–Pb-* oder *Na–Zn-Legierung*, indem letztere bei ca. 500° 2—3 Min. in der Schmelze verrührt wird. Die As- u. Sb-Schlacke wird oben von der Schmelze abgeschöpft. (**E. P. 744 408** vom 25/11. 1952, ausg. 8/2. 1956.) H. NEBELSIEK. 6427

Osnabrücker Kupfer- und Drahtwerk, Osnabrück, *Gewinnung von geschmolzenem Kupfer aus Elektrolyt- oder Raffinadekupfer, insbesondere für den Strangguß.* Um ein Cu mit einer Leitfähigkeit zu erhalten, die derjenigen entspricht, die ein vollständig mittels Desoxydationsmitteln entgastes Cu besitzt, werden nach der Desoxydation die Reste des Desoxydationsmittels durch einen verschlackenden Zusatz, der die Entgasung nicht beeinflußt, oder durch ein Oxydationsmittel entfernt. Als solcher Zusatz wird nach Desoxydation mit P pulverförmiger gebrannter Kalk verwendet, dem zur Erhöhung der Dünnflüssigkeit 10—15% CaF_2 zugesetzt werden kann. Als Oxydationsmittel kommt O_2, Luft oder mit O_2 angereicherte Luft in Frage. (**Belg. P. 516 879** vom 13/1. 1953, ausg. 31/1. 1953. D. Priorr. 16/1., 13/3. u. 10/12. 1952.) G. APEL. 6433

National Lead Co., V. St. A. (Erfinder: **Robert Philip Lee** und **Harry Glenn Rodman**), *Entfernen von Verunreinigungen aus hochschmelzenden Metallen*, bes. *Ti*, dad. gek., daß man das Metall mit einer sauren Lsg. behandelt, die ein Reinigungsmittel, wie H_2CrO_4, $K_2Cr_2O_7$, $KMnO_4$, H_2O_2, $NaClO_3$, $NaOCl$, $KBrO_3$, KJO_3, $TiCl_4$, MnO_2, PbO_3, $SnCl_4$, $CuSO_4$, O_2, Cl_2 u. Br_2 in Mengen von mindestens 0,5, bes. von 0,5—20%, enthält. (**F. P. 1 089 488** vom 16/12. 1953, ausg. 17/3. 1955. A. Prior. 16/12. 1952.) G. APEL. 6449

Siemens & Halske Akt.-Ges., Berlin und München (Erfinder: **Günther Ritzau**, Grünheide über Groß Strehlitz, und **Emil Burow**, Berlin), *Kontaktkörper.* Zwischen dem z. B. aus Fe bestehenden Tragkörper u. dem z. B. aus *W* oder einer *W–Ni*-Legierung bestehenden Kontaktkörper liegt eine verbindende Zwischenschicht, z. B. aus *Ni.* Die Herst. erfolgt durch Pressen u. Sintern der übereinander geschichteten Metallpulver. (**D. R. P. 755 482** Kl. 21g vom 2/9. 1939, ausg. 11/1. 1954.) H. KESSEL. 6475

Bristol Aeroplane Co. Ltd. (Erfinder: **Joseph Hinde** und **Jack Curtis**), Bristol, England, *Warmverformen von Gegenständen aus Eisen.* Zum Schmieden von Stahlrohlingen zwecks Herst. von Turbinenschaufeln werden die Rohlinge vor ihrer Anwärmung auf Warmverformungstemp. mit einem Metallanstrich versehen, der in der Hauptsache aus metall. *Al*-Teilchen u. einem Niedertemperaturbinder, z. B. einem *Trockenöl*, besteht. (**E. P. 731 281** vom 21/7. 1952, ausg. 8/6. 1955.) H. HOCHSTEIN. 6491

Deutsche Edelstahlwerke Akt.-Ges. (Erfinder: **Hermann Gumprecht**), Krefeld, *Behandlung von Metallteilen*, bes. von *Stahl-* u. *Eisen*-Teilen, wie benutzten Bohrrohren, durch induktives Erhitzen im Durchlaufverf. zur Beseitigung von Spannungen u. Rissen, dad. gek., daß während der induktiven Erhitzung eine magnetinduktive Prüfung auf dünne Stellen, Risse oder dgl. vorgenommen wird. — Abbildung. (**D. B. P. 939 387** Kl. 18c vom 17/3. 1950, ausg. 23/2. 1956. Anmeldung bekanntgemacht 18/8. 1955.) H. HOCHSTEIN. 6493

Allgemeine Elektricitäts-Gesellschaft (Erfinder: **Karl Schönbacher**), Berlin-Grunewald, *Oberflächenhärtung von Stahlkörpern mit verhältnismäßig großen Oberflächen*, bes. mittels Hochfrequenz, z. B. von Platten, dad. gek., daß nach Erhitzung der Oberfläche auf Härtetemp. die Abschreckung von einer anderen Fläche als der Härteseite vorgenommen wird. Zweckmäßig wird das Abkühlen zeitlich schon vor dem Erhitzen eingeleitet. — Abbildungen. (**D. B. P. 938 378** Kl. 18c vom 19/10. 1940, ausg. 26/1. 1956. Anmeldung bekanntgemacht 23/10. 1952.) H. HOCHSTEIN. 6493

Badische Anilin- & Soda-Fabrik Akt.-Ges. (Erfinder: **Kurt Berger** und **Immanuel Class**), Ludwigshafen/Rh., *Erzeugung von Vorspannungen in Hohlkörpern* durch Abpressen der Hohlkörper mittels Flüssigkeits- oder Gasdruck bis über die Streckgrenze hinaus, dad. gek., daß das Abpressen in der Wärme durchgeführt wird u. hierbei sowie bei der anschließenden Abkühlung der Rohre solche Zeiten eingehalten werden, daß ein wesentlicher Abbau durch Wärmeeinw. der durch die plast. Verformung beim Abpressen erzeugten Reckspannungen vermieden wird. — Abbildungen. (**D. B. P. 939 030** Kl. 18c vom 20/6. 1943, ausg. 16/2. 1956. Anmeldung bekanntgemacht 31/7. 1952.) H. HOCHSTEIN. 6493

Eidgenössische Waffenfabrik, Schweiz, *Nitrieren der Innenwandung von Hohlkörpern aus Stahl.* Im Innern des Nitrierofens läßt man das Nitriergas, welches bei Betriebstemp. den Hohlkörper durchströmt hat, austreten, wobei es als Schutzgas für das Eindringen von Fremdgas in den Ofen dient u. die Außenwandungen der zu behandelnden Stahlgegenstände umspült. Das in den Ofen eingeführte Frischgas wird vor seiner Einleitung in den Hohlkörper durch eine im Ofen angeordnete Vorwärmeeinrichtung geleitet. — Abbildung. (**F. P. 1 093 772** vom 22/2. 1954, ausg. 9/5. 1955.) H. HOCHSTEIN. 6493

Gebr. Böhler & Co. Akt.-Ges., Wien, Österreich, **handelnd durch die Zweigniederlassung Stuttgart-Untertürkheim,** *Vermeidung von Rißbildung und Erhöhung der Verschleißfestigkeit von Auftragsschweißungen mit stickstoffhaltigem, aus einer Eisenlegierung bestehendem Schweißgut*, dad. gek., daß das Schweißgut nach durchgeführter Auftragsschweißung auf die Lösungstemp. des N_2 erwärmt u. durch Abkühlung von dieser Temp. gehärtet wird. (**D. B. P. 939 997** Kl. 18c von 28/9. 1951, ausg. 8/3. 1956. Anmeldung bekanntgemacht 31/7. 1952.) H. HOCHSTEIN. 6493

Fr. Kammerer Akt.-Ges., Pforzheim (Erfinder: **Hans Kretz,** Pforzheim-Arlinger), *Lötfolie zur spannungsfreien Verbindung von Sinterkörpern mit Trägern aus Eisen- oder Nichteisenmetallen oder -legierungen*, bestehend aus einer Bimetallfolie mit beiderseits aufgetragenen dünnen Lotschichten, dad. gek., daß die spezif. Wärmeausdehnung der einen Bimetallkomponente völlig oder nahezu gleich derjenigen des Sinterwerkstoffes, die der anderen Bimetallkomponente völlig oder nahezu gleich derjenigen des Trägerwerkstoffes ist. An Stelle einer Bimetallfolie kann auch eine Mehrschichtmetallfolie mit beiderseits aufgetragenen dünnen Lotschichten verwendet werden, wobei die eine äußere Schicht eine dem Sinterkörper, die andere äußere Schicht eine dem Trägermetall entsprechende Wärmeausdehnung besitzen u. die dazwischenliegenden Schichten einen sukzessiven Übergang bilden. (**D. B. P. 934 736** Kl. 49h vom 3/6. 1953, ausg. 3/11. 1955. Anmeldung bekanntgemacht 12/5. 1955.) G. APEL. 6505

National Lead Co., übert. von: **Otto König,** New York, N. Y., V. St. A., *Lötflußmittel* besteht aus einem Gemisch von *Kolophonium* u. 0,1—5,0% einer bromierten, aliphat. Carboxylsäure mit 8—24 C-Atomen in der Kette, z. B. *α-Brommyristinsäure, α-Bromlaurinsäure, Hexabromstearinsäure* oder *α-Brompalmitinsäure*, u. NH_4- oder *Alkalisalzen* dieser Säuren. Das Flußmittel wirkt nicht korrodierend u. ist nicht toxisch. Bei der Herst. wird dem Kolophonium eine geringe Menge *Terpentin* zugesetzt, um es zu plastifizieren. (**A. P. 2 715 084** vom 7/2. 1952, ausg. 9/8. 1955.) F. VIER. 6505

Telefonaktiebolaget L. M. Ericsson, Schweden, *Hartlöten* von metall. Gegenständen aus *Mo, W, Re* oder anderen schwer lötbaren Metallen oder von mit solchen Metallen überzogenen nichtmetall., z. B. keram., Gegenständen, dad. gek., daß ein Lot verwendet wird, das zu 70—99% aus einem üblichen Hartlot, wie *Ag, Cu, Ni* oder deren Legierungen u. 1—30% eines Übergangsmetalls, wie *Zr, Ti, Nb* u. *V*, besteht, u. die Lötung bei einer Temp. ausgeführt wird, die hoch genug ist, um das Lot zum Schmelzen zu bringen u. die Lötfugen zwischen den zu verbindenden Teilen auszufüllen. Vorzugsweise liegt die Löttemp. 50° oberhalb des F. des Lotes. Das Lot wird in Form einer Paste verwendet, die aus den pulverförmigen Metallen u. einem Bindemittel besteht. Das Verf. findet bes. bei der Herst. von Elektronenröhren oder metallisierten keram. Gegenständen Verwendung. (**F. P. 1 086 609** vom 5/11. 1953, ausg. 15/2. 1955. Schwed. Prior. 5/11. 1952.) G. APEL. 6505

Soc. des Soudures Castolin Soc. An., Lausanne, Schweiz, *Legierung zum Hartlöten* besteht aus 0,2—12(%) *Ag*, 10—50 *Cu*, 9—12 *Ni*, 0,1—1 *Si*, *Mn* oder *P* als desoxydierendes Mittel, Rest *Zn*. — Beispiel: 2 Ag, 43 Cu, 11 Ni, 0,3 Si, Rest Zn. Die Legierung eignet sich bes. zum Hartlöten von Eisen u. Stahl. (**Belg. P. 519 985** vom 15/5. 1953, ausg. 27/5. 1955.) F. VIER. 6505

Hartford National Bank & Trust Co., Hartford, Conn., V. St. A., übert. von: **Paul Christiaan van der Willigen**, Eindhoven, Holland, *Schweißelektrode*. Der Mantel enthält 12(%) CaF_2, 13 $CaCO_3$, 7 *Fe-Legierungen* (z. B. *Fe–Ti*, *Fe–Si*, *Fe–Mn*), 61 *Fe*-Pulver, 7 *Wasserglas* u. *Al-Silicat*. (**A. P. 2 730 465** vom 7/11. 1951, ausg. 10/1. 1956. Holl. Prior. 25/7. 1944.) H. KESSEL. 6507

Murex Welding Processes Ltd., Waltham Cross, England, *Schweißelektrode*. Ein Metallkern wird mit einem Metallpulver–Bindemittel-Gemisch umpreßt u. in nichtoxydierender Atmosphäre auf 600—1300° erhitzt, so daß das Metallpulver zusammensintert. — 3 Beispiele. (**Holl. P. 74 166** vom 28/1. 1947, ausg. 15/3. 1954. E. Prior. 20/5. 1942.) H. KESSEL. 6507

Steatite Research Corp., New Jersey, Del., V. St. A., *Zusammenschweißen von Rohren*. Die Rohre werden beim Schweißen durch einen im Innern angeordneten Keramikring gehalten, der z. B. durch Brennen einer Mischung von 35—45(%) Ton, 7—15 Feldspat, 25—40 Zirkon, 10—20 Mullit u. 3—7 gemahlenem Schamottestein bei SEGER-Kegel 13 oder höher hergestellt sein kann. Es kann auch eine Cordieritmischung mit 30—45 Ton, 20—30 Talk, 3—7 Feldspat, 27—37 Cyanit u. 5—10 Sand oder eine Mischung aus 40—50 Ton, 10—20 gebranntem Ton, 25—45 Tonerde u. 0—5 Feldspat gebrannt werden. (**E. P. 733 047** vom 19/8. 1953, ausg. 6/7. 1955. A. Prior. 21/8. 1952.) F. VIER. 6507

Georg Fischer Akt.-Ges., Schaffhausen, Schweiz, *Oberflächenbehandlung von Leichtmetallwerkstücken* mit Hilfe von Metallteilen, die kinet. Energie besitzen. Die Werkstücke werden statt mit Sand beim Sandstrahlgebläse mit artgleichem Leichtmetallschrot oder -teilchen behandelt. Hierfür eignet sich bes. die Legierung aus 81,4(%) *Al*, 16,5 *Cu*, 0,4 *Mn*, 1,4 *Fe* u. 0,3 *Si*. Beschädigungen u. Verfärbungen der gegossenen Werkstücke werden vermieden. (**Holl. P. 74 517** vom 26/7. 1951, ausg. 15/4. 1954.) W. GRÄGER. 6511

Indiana Steel & Wire Co., Muncie, V. St. A. (Erfinder: **R. H. Burns**), *Elektrolytisches Abscheiden von Überzügen aus Zink, Nickel, Kobalt oder Cadmium aus ammoniakalischen Lösungen*. Als Anodenmaterial wird Magnetit verwendet, von dessen Oberfläche der Fe_2O_3-Film, der hohen elektr. Widerstand aufweist, entfernt ist, z. B. durch Sandstrahlen. (**Belg. P. 517 553** vom 10/2. 1953, ausg. 24/12. 1954. A. Prior. 17/5. 1951.) F. MARKHOFF. 6517

Titangesellschaft m. b. H., Leverkusen, *Herstellung von Titan enthaltenden Überzügen*. Der zu überziehende Gegenstand wird in Ggw. eines Erdalkalititanids erhitzt u. das Titanid therm. zersetzt. Der Gegenstand kann in ein Ti-Halogenid reduzierendes Erdalkalimetall, z. B. Mg, eingebettet werden, u. das nach Einw. eines Ti-Halogenids entstandene Titanid wird zersetzt. Die Rk. kann in Ggw. von C-, N_2- oder O_2-abspaltenden Medien vorgenommen werden. (**Schwz. P. 308 577** vom 18/6. 1951, ausg. 1/10. 1955. D. Prior. 19/2. 1949.) F. VIER. 6517

Babette Strattner, geb. **Schultheiss** (Erfinder: **Eduard Strattner**), Nürnberg, *Verkupfern von Silberspiegeln*, dad. gek., daß das Spiegelglas beiderseits u. auf den Kanten versilbert wird, worauf die Verkupferung in horizontaler Lage unter Stromzuführung über eine metall. leitende, in der Horizontalen beweglichen Unterlage u. einer dazu parallel angeordneten Cu-Elektrode unter Herst. eines homogenen Feldes erfolgt. Der Ag-Belag der nichtverkupferten Unterseite wird alsdann entfernt. Die Cu-Schicht, auf die in üblicher Weise noch eine Lackschicht aufgetragen wird, dient zum Schutz der Ag-Schicht gegen zerstörende Einfll. mechan. u. chem. Art. (**D. B. P. 941 168** Kl. 48a vom 22/7. 1954, ausg. 5/4. 1956. Anmeldung bekanntgemacht 8/9. 1955.) H. HÄNLE. 6517

Standard Telephon und Radio Akt.-Ges., Zürich, *Herstellung von verzinntem Kupferdraht* durch elektrolyt. Niederschlagen von Sn. Danach wird der Draht auf den gewünschten Durchmesser gezogen u. nach dem Ziehen unter Anwendung von Widerstandserhitzung so ausgeglüht, daß der Sn-Überzug nicht beschädigt wird. — Vorrichtung. (**Schwz. P. 310 840** vom 20/9. 1952, ausg. 14/1. 1956. E. Prior. 21/9. 1951.) F. VIER. 6525.

Eisen- und Hüttenwerke Akt.-Ges., Andernach (Erfinder: **Vinzenz Seul** und **Robert Mintrop**), *Thermische Nachbehandlung von elektrolytisch erzeugten Zinnüberzügen auf Eisenbändern oder -blechen.* In einem ersten Arbeitsgang werden die Schichten induktiv oder durch elektr. Widerstandserhitzung bis unterhalb des F. von Sn erhitzt, um Gase u. Fl. aus dem Überzug zu entfernen. In dem zweiten Arbeitsgang wird die Temp. kurzzeitig bis auf den F. der Sn erhitzt. Die Sn-Schichten sind danach hochglänzend u. sehr korrosionsbeständig. — Abbildung. (**E. P. 729 914** vom 4/6. 1951, ausg. 11/5. 1955.) F. MARKHOFF. 6525

Wilhelm Müller, München, *Herstellung von verschleißfesten Schichten auf den Flächen von Arbeits-, Meß- und Prüfgeräten* durch Aufbringen von *Diamant*-Staub, wobei der Staub in eine z. B. galvan. oder durch Sintern aufgebrachte Metallschicht eingebunden ist. Die Lücken zwischen den freien Diamantspitzen werden mit einer weiteren Metallschicht, die durch Aufdampfen aufgebracht sein kann, ausgefüllt, wodurch eine glatte Oberfläche hergestellt wird. Die Bindeschicht kann aus *Hartmetall, Cr–Ni-Stahl,* aus *Metalloxyden* oder *-carbiden,* aber auch aus *keram.* Material bestehen. Die so hergestellte Schicht kann durch Walzen, gegebenenfalls mit nachfolgender Wärmebehandlung geglättet u. verdichtet werden. Der Diamantstaub kann auch unmittelbar in die aufgebrachte Schicht eingewalzt werden. (**E. P. 731 298** vom 1/12. 1952, ausg. 8/6. 1955. D. Priorr. 30/11. 1951 u. 29/5. 1952.) F. VIER. 6529

American Chemical Paint Co., Ambler, Pa., V. St. A., *Erzeugen von Überzügen auf Aluminium.* Die Al-Oberfläche wird mit einer Lsg. behandelt, die neben Cr VI- u. F-Verbb. ein lösl. komplexes Cyanid enthält, z. B. mit einer Lsg. aus 8,75 (g) Na_2SiF_6, 5,35 CrO_3, 0,75 $Al(ONa)_3$, 7,65 $B(OH)_3$, 5 $K_3Fe(CN)_6$ u. so viel *W.*, daß 1 Liter Lsg. entsteht. Nach 3 Min. entsteht ein korrosionsbeständiger Überzug. (**E. P. 735 819** vom 20/7. 1953, ausg. 31/8. 1955. A. Prior. 10/3. 1953.) F. MARKHOFF. 6529

American Chemical Paint Co., Ambler, Pa., V. St. A., *Phosphatierungslösung für Eisen- und Zinkoberflächen* besteht aus einer wss. Lsg. von $Zn(H_2PO_4)_2$ u. den üblichen Zusätzen von z. B. $NiCO_3$ u. HNO_3, der *Milchsäure* oder *Glykokoll* zugesetzt ist. Die Lsg. liefert gleichmäßige Überzüge in Dicke u. Farbe. (**E. P. 731 882** vom 26/5. 1953, ausg. 15/6. 1955. A. Prior. 6/8. 1952.) F. MARKHOFF. 6533

Standard Oil Development Co. (Erfinder: **Charles F. W. Gebelein, Harry W. Rudel** und **Marion Gargisa**), V. St. A., *Rostschutzmittel,* bestehend aus *Erdöldestillaten* mit einem Zusatz von 0,7—70 g u. mehr, bes. von 2,8—14 g, eines NH_4-Salzes einer *Alkylbenzolsulfonsäure,* z. B. einer Tetrapropylbenzolsulfonsäure, zusammen mit dem NH_4-Salz einer Alkylphosphorsäure, z. B. eine Dipropylphosphorsäure. (**F. P. 1 101 073** vom 21/5. 1954, ausg. 27/9. 1955. A. Prior. 28/5. 1953). M. F. MÜLLER. 6539

Cities Service Research & Development Co., New York, N. Y., übert. von: **William B. Hughes,** Bartlesville, Okla., V. St. A., *Korrosionsschutz für Metalle,* die mit korrodierend wirkenden Fll., z. B. aus Ölquellen, in Berührung kommen. Man setzt den Fll. geringe Mengen (0,05‰) einer Verb. der allg. Formel I zu, in der R u. R′ H, eine Alkyl- oder Arylgruppe bedeuten u. R u. R′ zusammen wenigstens 6 C-Atome enthalten. So kann R ein Äthylhexaldehydrest oder C_6H_5 u. R′ ein Ölsäurerest, CH_3 oder C_6H_5 sein. (**A. P. 2 727 003** vom 1/5. 1953, ausg. 13/12. 1955.) W. GRÄGER. 6539

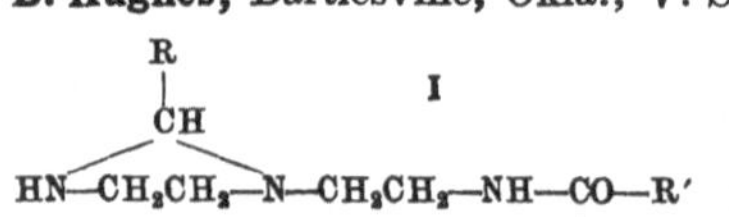

I

J. A. Charles and others, Oxygen in iron and steel making. London: Butterworths Scientific. 1956. (XII + 309 S. m. Abb.) 8°. 41 s.

IX. Organische Industrie.

Ralph Landau, *Direkte Oxydation des Äthylens zu Äthylenoxyd.* Überblick über die direkte Oxydation des Äthylens u. Vgl. des SD-Prozesses der SCIENTIFIC DESIGN CO. INC. mit anderen Verfahren. Angaben über Ausbeute (über 60%), Reinheit, Energiekosten (weniger als 10% der Produktionskosten), Katalysator u. Investierung beim SD-Prozeß. (Ind. Chemist **31.** 233—36. Mai 1955.) S. TODT. H 520

Peter W. Sherwood, *Alkohole aus Äthylen und Propylen.* Vf. bespricht zuerst das Flüssigphaseverf. in seinen 2 Reaktionsstufen: Veresterung der Olefine mit H_2SO_4 u. Hydrolyse des Zwischenprod. zum A. mit verd. H_2SO_4 u. führt als Beispiel die Gewinnung von Äthanol u. Isopropanol an. Sodann wird die Äthylen- u. Propylenumsetzung unter direkter H_2O-Anlagerung in der Dampfphase bei 300° u. 70 at Druck in Ggw. von Katalysatoren besprochen. Gestreift wird das kürzlich von MACE u. BONILLA entwickelte mit Wolframoxyd u. Promotor arbeitende Verfahren. (Erdöl u. Kohle **8.** 465—68. Juli 1955. White Plaines, N. Y.) K. O. MÜLLER. H 560

René Kircher, *Darstellung von Nitrilen aus Fettsäuren durch Fließbarmachung.* Vf. beschreibt eine laboratoriumsmäßige Vorr. zur Darst. von Nitrilen aus Fettsäuren (*Stearin-*, *Laurin-* u. *Palmitinsäure*) durch Durchleiten von einem Gemisch von NH_3 u. Fettsäuredampf durch aktiviertes Al_2O_3 als Katalysator, wobei der Reaktionsraum auf die gewünschte Temp. erhitzt werden konnte. Zur Umsetzung werden pro Mol Fettsäure 2—2,5 Mol NH_3 benötigt; die optimale Temp. liegt bei 360—370°. Die Ausbeuten betragen ca. 95% reines Nitril. Es wird darauf hingewiesen, daß die Darst. des Nitrils auch auf industrieller Basis angelaufen ist. (Bull. Soc. chim. France, Mém. [5] **1955.** 455—56. März. Argentenil, Soc. d'Études Chim. pour l'Ind. et l'Agricult.) C. GOTTFRIED. H 810

Farbenfabriken Bayer Akt.-Ges., Leverkusen, *Herstellung gesättigter (perhalogenierter) Fluorkohlenwasserstoffe.* Man elektrolysiert bei —70 bis +30° eine Mischung aus H_2F_2, einem Leitsalz (z. B. Alkalifluorid) u. einem ungesätt. Halogenkohlenstoff (**I**), wobei dafür gesorgt werden muß, daß die aus Ni oder C bestehende Anode bes. innig mit dem zu fluorierenden Ausgangsstoff in Berührung kommt; hierfür ist es günstig, den **I** z. B. mittels CaF_2 zu emulgieren, eine rotierende Anode oder eine poröse Hohlanode, durch die der **I** eingeführt, zu verwenden. Spannung mindestens 3,2 V u. Stromstärke 1—20 A/dm². — Beispiel: Aus Tetrachloräthylen erhält man in 90%ig. Ausbeute u. mit einem Reinheitsgrad bis >90% $C_2F_2Cl_4$. Die Stromausbeute beträgt 60—90%. — An weiteren Ausgangsstoffen werden genannt: C_2FCl_3, symm. u. asymm. $C_2F_2Cl_2$, C_2F_3Cl, C_2F_4, die entsprechenden Verbb. der C_3- u. C_4-Reihe, $CCl_2{=}CCl{=}CCl{=}CCl_2$ u. Hexachlorbenzol, aus denen z. B. erhalten werden: *1.1.2-Trifluor-1.2.2-trichloräthan, 1.1.2.2-Tetrafluor-1.2-dichloräthan.* — 2 Zeichnungen. (**E. P. 740 723** vom 20/7. 1953, ausg. 16/11. 1955. D. Prior. 5/8. 1952.) O. SCHÖN. H 510

Distillers Co. Ltd., Edinburgh (Erfinder: **Alfred Frank Millidge,** Epsom), England, *Herstellung von 2.3-Epoxybutan,* dad. gek., daß man ein Gemisch von n-Butylenen, das nicht >30% n-Butylen-(1) enthält, in der fl. Phase mit Hilfe von O_2 oder diesen enthaltenden Gasen oxydiert. Die Ggw. von Oxydationskatalysatoren, wie des Co, Mn oder V, ist vorteilhaft. Diese werden zweckmäßig in Gestalt ihrer organ. Salze, z. B. der der Naphthensäuren, angewendet. Es ist vorteilhaft, die bei der Oxydation anfallende Mischung durch eine Zone zu leiten, in welcher gebildete Carbonsäuren, zumindest zum Teil, entfernt werden. Anschließend kann man die derart behandelte Reaktionsmischung in den Kreislauf zurückleiten. — Aus einer Mischung von 73% n-2-Butylen u. 27% n-1-Butylen erhält man in Ggw. von 0,1 Gew.-% Mn-Naphthenat bei 130—140° u. 40—50 at mittels *1.2-Epoxybutan,* Kp. 59—60°, *cis-2.3-Epoxybutan,* Kp. 59,7°, u. *trans-2.3-Epoxybutan,* Kp. 53,5°. (**D. B. P. 942 088** Kl. 12o vom 13/3. 1953, ausg. 26/4. 1956. Anmeldung bekanntgemacht 27/10. 1955. **Belg. P. 518 311** vom 10/3. 1953, ausg. 18/2. 1955. Beide E. Prior. 13/3. 1952.) G. KÖNIG. H 560

Samuel Soloveichik, New York, N. Y., V. St. A., *Alkylsalpetrigsäureester* erhält man beim Erhitzen einer Mischung von aliphat. Alkoholen, B_2O_3 u. HNO_3 unter gleichzeitigen Abdest. des entstandenen Esters. — Isoamylalkohol u. B_2O_3 werden mit wenig HNO_3 bei 123—126° erhitzt u. anschließend tropfenweise 70%ig. HNO_3 zugefügt. Die Rk. verläuft ohne Wärmeeinfuhr weiter u. *Isoamylnitrit* dest. laufend ab. Auf gleiche Weise wird *Butylnitrit* hergestellt. (**A. P. 2 714 606** vom 21/6. 1954, ausg. 2/8. 1955.) G. KÖNIG. H 590

Adolf Marzin, Dessau, *Gewinnung von Seifenfettsäuren, niedermolekularen Fettsäuren und mehrbasischen Carbonsäuren aus Paraffinoxydationsprodukten,* dad. gek., daß man nach Oxydation der Paraffine u. Verseifung den Seifenleim mit einer zur vollständigen Zers. nicht ausreichenden Säuremenge (wss. H_2SO_4) versetzt, die abgeschiedenen *Seifenfettsäuren* abtrennt, durch weiteres Ansäuern die *niederen Fettsäuren* u. *mehrbas. Carbonsäuren* abscheidet u. diese durch fraktionierte Dest. trennt. (**D. P. [DDR] 10 767** Kl. 12o vom 21/7. 1953, ausg. 10/12. 1955 [Wirtschaftspatent].) S. BÖTTCHER. H 800

Hercules Powder Co., Wilmington, Del., V. St. A. (Erfinder: **Arthur Lawrence Glasebrook** und **John Chaplin Snyder**), *Carbonsäuren* erhält man durch Carbonylierung von Alkoholen, Äthern oder Estern oder durch Rk. von CO mit Olefinen in Ggw. von W. u. Elementen der Fe-Gruppe des Period. Syst., wie Ni oder Co, u. Cl_2, Br_2 oder J_2, bei 200—350° u. 2000—15000 lbs./sq.in., in Reaktionsgefäßen aus oder an den Innenwandungen ausgekleidet mit mindestens 90% Ti oder Zr enthaltenden korrosionsfesten Metallegierungen. (**E. P. 743 933** vom 23/6. 1953, ausg. 25/1. 1956.) O. MÜLLER-MEININGEN. H 800

Wacker-Chemie G. m. b. H., München, *Trennung von Vielstoffgemischen*, z. B. 50—70(%) Essigester, 5—20 W. u. 20—30% A., durch Dest., wobei eine Hilfs-Fl. (I), z. B. Xylol oder Dibutyläther, verwendet wird, welche gleichzeitig sowohl eine Extraktion aus dem Dampfgemisch (II) als auch eine azeotrop. Dest. bewirkt, wobei jeweils mit der I mindestens eine Komponente, z. B. Essigester, in den Kolonnensumpf heruntergewaschen wird, während die übrigen z. T. als azeotrop. II überdest., worauf Extrakt u. Destillat aufgearbeitet werden. (**Schwz. P. 306 041** vom 18/4. 1952, ausg. 1/6. 1955. D. Prior. 21/7. 1951.) A. Heinsen. H 810

Hercules Powder Co., Wilmington, Del., übert. von: **Cyrus A. Weisgerber**, Chadds Ford, Pa., V. St. A., *α.β-Ungesättigte Monocarbonsäureamide* erhält man durch Alkoholabspaltung aus Verbb. der Formel I (R_1 = Alkyl mit 1—10 C-Atomen, R_2, R_3, R_4, R_5 u. R_6 = H, Alkyl, Cycloalkyl, Aryl, Aralkyl, die gleich oder verschieden sein können) in der Dampfphase bei ca. 200—300° u. weniger als 100 mm Hg in Ggw. von Alkali- oder Erdalkalioxyden, -hydroxyden, -carbonaten oder deren Mischungen als Katalysatoren, die auch auf einen Träger, wie Silicagel, Al_2O_3, Kieselgur, Bimsstein, Vermiculit, Ton, gesintertem Glas oder Ton u. Infusorienerde, aufgebracht sein können. — Durch ein mit „Dowtherm A" (= eutekt. Mischung aus Diphenyl u. Diphenyloxyd) geheiztes Rohr, das mit auf 600—610° erhitztem CaO (4-Maschensieb) gefüllt ist, leitet man bei 31 mm Hg u. 260° β-Methoxypropionsäureamid innerhalb von 2,6 Min; es entsteht in 81,8% ig. Ausbeute *Acrylsäureamid* (nach Wiedergewinnung des nichtumgesetzten Alkoxyamids). Weitere Ausgangsstoffe sind: β-Methoxy-α-methyl-; β-Methoxy-α-äthyl-; β-Decyl-α-amyl-; N-Methyl-β-methoxy-α-methyl-; N.N-Dimethyl-β-methoxy-α-methylpropionsäureamid. — Zwischenprodukte. (**A. P. 2 702 822** vom 12/6. 1952, ausg. 22/2. 1955.) G. Krauss. H 810

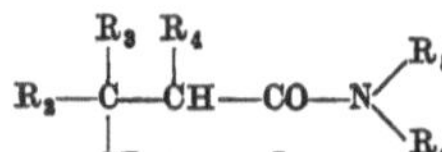

I

Herman Plaut, Los Angeles, Calif., V. St. A., *Acrylsäureamide* der Formel I (x = 1—9; y = 7—15; x + y = 9—16; R = H, Alkoxy, NH_2; R' = H, CH_3) erhält man durch Kondensation eines Acryl- oder Methacrylsäurenitrils mit einer, ungesätt. nicht konjugierte Doppelbindungen enthaltenden Fettsäure, deren Estern oder Amiden, bes. mit 11—22 C-Atomen, oder sek. Oxyfettsäuren, deren sek. OH-Gruppe nicht am α-C-Atom haftet (α-Oxystearin- u. Milchsäure sind nicht brauchbar) in Ggw. von konz. Mineralsäuren (H_2SO_4, H_3PO_4, BF_3). — Aus 18,5 (g) Undecylensäure u. 5,4 Acrylsäurenitril in Ggw. von 25 cm³ konz. H_2SO_4 zuerst bei 20°, dann bei 40° → *10-Acrylamidoundecansäure* (I), aus Bzl. Nadeln, F. 104—105°. — *10-Methacrylamidoundecansäure*, aus Bzl. Nadeln, F. 95—96°. — Ölsäure → *Mischung aus 9- u. 10-Acrylamidostearinsäure*, F. 80—85°. — 12-Oxystearinsäuremethylester → *12-Acrylamidostearinsäuremethylester*, weiches Wachs, F. 50—55°. — N-Phenylundecensäureamid → *10-Acrylamidoundecansäureanilid*, aus Aceton F. 148—151°, das auch aus I + $SOCl_2$ + Anilin in wasserfreiem Pyridin erhalten werden kann. — *10-Acrylamidoundecansäureamid*, F. 151—153°. — *10-Acrylamidoundecansäuremethylester*, F. 63—65°. — 9- u. *10-Acrylamidostearinsäuremethylester*, F. 40°. — *12-Acrylamidostearinsäure*, F. 60°. — 9- u. *10-Methacrylamidostearinsäure*, F. 90—100°. — *10-Methacrylamidoundecansäuremethylester*, F. 65°. — *10-Methacrylamidoundecansäureamid*, F. 132°. — *10-Methacrylamidoundecansäureanilid*, F. 132°. — *Acrylamidofischölfettsäure* (Fettsäure mit 20—22 C-Atomen), ölig, nicht kristallisierbar. — *Methacrylamidofischölfettsäure* (20—22 C-Atome). — Die Amide lassen sich in üblicher Weise *polymerisieren* u. geben Polymere mit höherem F., die zur Herst. von Alkydharzen, Schmierfetten, Stabilisierungsmitteln u. als Zwischenprodd. verwendbar sind. (**A. P. 2 701 809** vom 9/1. 1951, ausg. 8/2. 1955.) G. Krauss. H 810

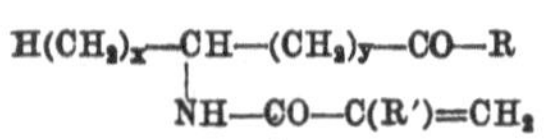

I

E. I. du Pont de Nemours & Co., übert. von: **Robert Steele Emslin**, Wilmington, Del., V. St. A., *Sebacinsäure* (I) erhält man aus unreinen Alkalisebacatlsgg. durch fraktionierte 3stufige Umfällung: 1. Ansäuern auf p_H 6—7,5, Abtrennen der ausgeschiedenen Fettsäuren; 2. Ansäuern des Filtrates auf p_H 4,7—6, Abtrennen der organ. Beimengungen, u. 3. Ansäuern auf ein $p_H < 3$, wobei reine I erhalten wird. (**A. P. 2 731 495** vom 13/8. 1951, ausg. 17/1. 1956.) O. Müller-Meiningen. H 820

E. I. du Pont de Nemours & Co., Wilmington, Del., übert. von: **Alvin B. Stiles**, Charleston, W. Va., V. St. A., *Gewinnung von Blausäure* durch Überleiten eines Gasgemisches aus NH_3, Naturgas u. Luft über einen Porzellankatalysator in granulierter Form aus 97 (%) Al_2O_3 u. 2 ZrO_2, der mit einer Legierung aus 80% Pt u. 20% Rh oder Pd überzogen ist. (**A. P. 2 726 931** vom 1/11. 1951, ausg. 13/12. 1955.) H. Nebelsiek. H 890

Commercial Solvents Corp., übert. von: **Harold I. Yalowitz** und **William J. Bannister**, Terre Haute, Ind., V. St. A., *Trennung von Diisopropylamin* aus Mischungen, die Diisopropylamin (**I**) u. Isopropylalkohol (**II**) enthalten, dad. gek., daß man die Mischung mit W. bei Tempp. zwischen 28 u. 74° wäscht, wobei **II** in die wss. Schicht geht, diese abtrennt u. die ölige Schicht dest., wobei reines **I** erhalten wird. (**A. P. 2 713 597** vom 29/8. 1951, ausg. 19/7. 1955.) G. LANGER. H 910

Wise Potato Chip Co., Berwick, Pa. (Erfinder: **Paul A. Xander**, Nescopeck, Pa.), V. St. A., *Herstellung von Eiweißhydrolysaten aus Kartoffeln und Kartoffelabfällen*, dad. gek., daß man eine wss. Aufschlämmung aus Kartoffelmaterial herstellt, die Feststoffe abfiltriert, das Filtrat mit einem Erdalkalioxyd oder -hydroxyd versetzt, den erhaltenen Nd. abfiltriert, das die Proteine enthaltende Filtrat mit einer Mineralsäure hydrolysiert, das Hydrolysat zunächst durch ein Anionenaustauschharz u. dann durch ein Na-Ionen abgebendes Kationenaustauschharz schickt, die ablaufende Lsg. der Na-Salze der Aminocarbonsäuren auf ca. 5—15% ihres ursprünglichen Vol. unter Bldg. eines eine kleine Menge schwarzes Humin enthaltenen Konzentrates eindampft, das Humin abfiltriert u. das Filtrat zu einer festen Mischung der Na-Salze von Aminocarbonsäuren konz., wobei man als Fällungsmittel vorzugsweise CaO u. als Mineralsäure bes. HCl verwendet. — Bei einem Ausführungsbeispiel unter Verwendung von Florida-Kartoffeln wurden folgende Aminocarbonsäuren erhalten: *Glutaminsäure, Asparaginsäure, Arginin, Glycin, Valin, Alanin, Leucin, Threonin, Lysin, Histidin, Methionin, Phenylalanin* u. *Asparagin*. (**D. B. P. 940 983** Kl. 12 q vom 12/1. 1954, ausg. 29/3. 1956. Anmeldung bekanntgemacht 6/10. 1955.) G. LANGER. H 950

Farbwerke Hoechst Akt.-Ges., vormals Meister Lucius & Brüning, Frankfurt/M. (Erfinder: **Leopold Horner**, Mainz), *Herstellung von Phosphoniumyliden*, dad. gek., daß man Verbb. der allg. Formel $R_1-C(H){=}C(R_2)(R_3)$, wobei R_1 für H, Alkyl, Aralkyl oder Aryl u. R_2 u. R_3 für eine Nitril-, veresterte COOH- oder $CONH_2$-Gruppe stehen, mit tert. Phosphinen der Formel $P(R_4)(R_5)(R_6)$ umsetzt; R_4, R_5 u. R_6 bedeuten einen niederen aliphat. KW-stoffrest. Zweckmäßig erfolgt die Rk. in Lösungsmitteln, wie Bzl. u. Tetrahydrofuran (**I**) u. in einer inerten Gasatmosphäre, z. B. in CO_2 oder N_2. Beim Erwärmen von p-Nitrobenzalmalondinitril (F. 161°) mit $(C_2H_5)_3P$ in **I** erhält man das Phosphoniumylid in orangeroten Kristallen, F. 145°. — Die Prodd. entsprechen der wahrscheinlichen Formel **II**. Unter Verwendung von $(C_2H_5)_3P$ mit folgenden Verbb. erhält man die Ylide: Benzalmalondinitril (**III**) → F. 147°, farblos; p-Methyl-**III** → F. 149°, farblos; p-Cyan-**III** → F. 120—125°, farblos; m-Nitro-**III** → F. 141°, orange; o-Nitro-**III** → F. 92°, ockergelb; p-Chlor-**III** → F. 143°, farblos; m-Chlor-**III** → F. 143°, farblos; o-Chlor-**III** → F. 145°, farblos; p-Acetoxy-**III** → F. 133°, schwachgelb; Methylester von Benzalmalonmononitril → F. 121°, farblos; Benzalmalonsäurediäthylester → F. 76° (unter Gelbfärbung), farblos. Die Prodd. dienen zur Herst. von pharmazeut. Präpp. u. Schädlingsbekämpfungsmitteln. (**D. B. P. 937 587** Kl. 12 o vom 19/9. 1952, ausg. 12/1. 1956. Anmeldung bekanntgemacht 21/7. 1955.) J. MÜHLEISEN. H 980

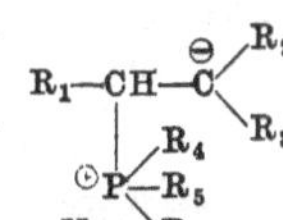

II

Chemische Werke Albert (Erfinder: **Johannes Reese**), Wiesbaden, *Herstellung von Alkylphenolen* durch Erhitzen von Isobutylalkohol oder Isoamylalkohol mit Phenolen mit freier o- oder p-Stellung auf 150—190° in Ggw. geringer Mengen H_2SO_4, Arylsulfonsäuren oder Oxyarylsulfonsäuren, unter kontinuierlicher Entfernung von W. u. Rücklauf der Alkohole. — *p-tert.-Butylphenol*, F. 96—98°. (**D. B. P. 943 707** Kl. 12 q vom 2/6. 1951, ausg. 1/6. 1956. Anmeldung bekanntgemacht 4/9. 1952.) K. FABEL. H 1060

Farbwerke Hoechst Akt.-Ges. vormals Meister Lucius & Brüning (Erfinder: **Roderich Graf**), Frankfurt/M., *Herstellung von Stickstoff und Schwefel enthaltenden Kondensationsprodukten*. Man setzt Verbb. der Formel $R-(-X-CO-NH-SO_2Cl)_n$, wobei R für einen organ. Rest, **X** für O, S oder NH steht u. n eine ganze Zahl ist, mit Verbb., die eine reaktionsfähige Amino- oder OH-Gruppe enthalten, in Ggw. HCl-bindender Stoffe um. — Durch Rk. von Carbaminsäurephenylester-N-sulfochlroid (aus Phenol u. N-Carboxylsulfaminsäurechlorid) mit Anilin in Ggw. von wss. NaOH-Lsg. erhält man *Carbaminsäurephenylester-N-sulfanilid*, $C_6H_5OCONHSO_2NHC_6H_5$, F. 144°. — Ferner werden dargestellt: *Carbaminsäuredodecylester-N-sulfamid*, F. 148—149°; *Carbaminsäureäthylester-N-sulfosäure-p-carbäthoxyanilid*, F. 154—155°; *Carbaminsäuremethylester-N-sulfosäurephenylester*, F. 62—63°; *Carbaminsäuremethylester-N-sulfosäure-p-nitrophenylester*, F. 147 bis 148°; *N-Phenylharnstoff-N'-sulfanilid*, F. 164—165°; *N-4-Äthoxyphenylharnstoff-N'-sulfosäure-4-phenetidid*, F. 190—191°; *N-Cyclohexylharnstoff-N'-sulfosäurecyclohexylamid*, F. 175°; $C_2H_5O-CO-NH-SO_2-NHC_6H_{11}$, F. 172°; $Cl(CH_2)_2O-CO-NH-SO_2-NH-C_6H_5$, F. 140—142°; $(CH_3)_2CH-O-CO-NH-SO_2-NH-C_6H_{11}$, F. 161 bis 162°; $CH_2{=}CH-CH_2O-CO-NH-SO_2-NHC_6H_5$, F. 116—117°; $CH_2{=}CH-CH_2O$

$-CO-NH-SO_2-NHCH_2CH=CH_2$, F. 75—76°; $C_2H_5CH_2CH_2O-CO-NH-SO_2-NH_2$, F. 109—110°; $C_6H_5CH_2O-CO-NH-SO_2-NH-CH_2CH_2CH_3$, F. 144°; $C_6H_5O-CO-NH-SO_2-NH_2$, F. 135; $C_{18}H_{35}OCO-NH-SO_2-NH-CH_2CH_2N(C_2H_5)_2$; $C_{12}H_{25}O-CO-NH-SO_2-NH-C_6H_4COOCH_2CH_2N(C_2H_5)_2$, F. 122—124°. — Textilhilfsmittel, Arzneimittel, Schädlingsbekämpfungsmittel. (**D. B. P. 940 292** Kl. 12o vom 1/7. 1952, ausg. 15/3. 1956. Anmeldung bekanntgemacht 22/9. 1955.)
A. BRÖSAMLE. H 1090

American Cyanamid Co., New York, N. Y., übert. von: **George Washington Anderson,** Darien, und **Richard William Young,** Stamford, Conn., V. St. A., *Trialkylphosphite als Säureacceptoren bei der Synthese von Amiden.* Bei der Amidbldg. unter Abspaltung von Halogenwassertsoff unter wasserfreien Bedingungen werden als Säureacceptoren Trialkyl-, Trialkenyl- u. niedere Alkylalkylenphosphite verwandt. — *Carbobenzyloxyglycyl-DL-phenylalaninäthylester,* man suspendiert Carbobenzyloxyglycin u. *DL*-Phenylalaninäthylesterhydrochlorid in Triäthylphosphit, versetzt mit Dichloräthylphosphit u. erwärmt auf dem Wasserbad. F. 82—91°. — Analog wurden hergestellt: *Phthaloylglycyl-L-leucinäthylester,* F. 141—143°. — *Phthaloylglycylglycinäthylester,* F. 195—197°. — *Carbobenzyloxyglycyl-L-tyrosinäthylester.* — *Phthaloyl-DL-phenylalanylglycinäthylester,* F. 148—152°. — *Phthaloyl-L-phenylalanylglycinäthylester,* F. 159—160°; $[\alpha]_D^{25}$ — 114° (c = 2; A.). — *Carbobenzyloxy-L-leucylglycylglycinäthylester,* F. 104—106°. — *Carbobenzyloxy-DL-phenylalanylglycinäthylester,* F. 97—99°. — *Benzanilid.* — *Acetanilid.* — *Adipinsäuredianilid,* F. 235 bis 240°. — *Benzoyl-1-aminonaphthalin.* — *Benzoylcyclohexylamin.* — *Chloracetyl-p-toluidid.* — *Acetyl-p-nitroanilid.* — *Nicotinsäure-p-toluidid.* — *Benzoyl-2-aminopyridin.* — *Carbobenzyloxy-L-leucin.* (**A. P. 2 722 526** vom 24/9. 1952, ausg. 1/11. 1955.)
G. LANGER. H 1350

E. I. du Pont de Nemours & Co., übert. von: **Harold L. Jackson,** Wilmington, Del., V. St. A., *Organophosphorverbindungen* der allg. Formel R[COO—P(:O)(R'')OR']$_n$, wobei n eine ganze Zahl ist u. R, R', R'' organ., von akt., nach ZEREWITINOFF reagierenden H-Atomen freie Reste sind, erhält man durch Rk. von Carbonsäurehalogeniden mit Monoestern von Monorganophosphonsäuren (**I**) bei 0—25° in Ggw. von tert. Aminen, wobei alle Ausgangsstoffe keine akt. H-Atome enthalten dürfen, mit Ausnahme des H am P-Atom der **I**. — Durch Rk. von Mono-n-butylbenzolphosphonsäure mit Adipinsäurechlorid in Ae. bei Ggw. von Triäthylamin erhält man $C_6H_5(C_4H_9O)P(:O)-O-CO-(CH_2)_4-CO-O-P(:O)(C_6H_5)(OC_4H_9)$ als klare Flüssigkeit. Die Prodd. können als *Acylierungsmittel* für Alkohole u. Amine u. deren höhermol. Derivv. verwendet werden. (**A. P. 2 722 538** vom 1/8. 1951, ausg. 1/11. 1955.) J. MÜHLEISEN. H 1380

National Research Development Corp., London, England (Erfinder: **Maurice Stacey** und **John Colin Tatlow),** *Fluorierte Kohlenwasserstoffe,* die viel F u. wenig Cl im Mol. enthalten, erhält man durch Rk. eines mindestens 2 C-Atome enthaltenden Chlor-KW-stoffes (**I**) in Dampfphase mit einem Metallfluorid, dessen Metall in höchster Wertigkeit vorliegt, wie CoF_3, bei 200—400°, wobei H in **I** durch F ersetzt wird. In den Prodd. kann man durch Rk. mit Reduktionsmitteln die Cl-Atome durch H-Atome ersetzen, ohne daß die F-Atome angegriffen werden. — Durch Rk. von o-Dichlorbenzol mit CoF_3 bei 200 bis 300° erhält man ein Reaktionsgemisch, das bei der Fraktionierung *Monochlorundekafluor-* (**II**), C_6ClF_{11}, Kp. 79—80°, *Dichlordekafluor-*, $C_6Cl_2F_{10}$, Kp. 109—110°, u. *Trichlornonafluorcyclohexan,* $C_6Cl_3F_9$, Kp. 139—140°, liefert. — **II** ergibt bei der Red. mit LiAl-Hydrid in Ae. *Undekafluorcyclohexan,* C_6HF_{11}, Kp. 63,0—63,5°, F. 46—48°. Letzteres gibt bei Rk. mit KOH-Lsg. Perfluorcyclohexen, C_6F_{10}, Kp. 51—53°. (**E. P. 735 104** vom 31/7. 1951, ausg. 17/8. 1955.) J. MÜHLEISEN. H 1810

California Research Corp., San Francisco, übert. von: **Alfred S. Brengle,** El Sobrante, und **Harold R. Stewart,** Point Reyes Station, Calif., V. St. A., *Alkylenoxyde* erhält man bei der Oxydation von reinen Olefinen oder Olefinmischungen mittels Luft, O_2 oder O_3, in Ggw. eines Ag-Katalysators, der neben akt. Ag, gebildet aus einer bei höheren Tempp. zersetzbaren Ag-Verb., noch Alkalimetalloxyde u. gegebenenfalls noch Oxyde, Hydroxyde u. Peroxyde des Ba, Li oder Sr enthält. Als zersetzbare Ag-Verbb. kommen AgO_2, AgO, Ag-Salze organ. Carbonsäuren (Ameisen-, Essig-, Malon-, Maleinsäure) in Betracht. Zersetzungstemp. 300—600° (F). Inerte Gase können während der Zers. der Ag-Verb. angewandt werden. Die Alkalihalogenide werden in Mengen von 0,0001—0,1 Gew.-% angewandt. Die Katalysatoren werden auf einen Träger (Al_2O_3) aufgebracht angewendet. Die Oxydation der Olefine erfolgt bei 300—750° u. n., erhöhten oder erniedrigten Drucken sowie bei einer Raumgeschwindigkeit von 150—3600 Vol. Gasmischung auf 1 des Ag in der Stunde. — C_2H_4 u. Luft bei ca. 475° u. n. Druck über einen Al_2O_3-Trägerkatalysator, enthaltend akt. Ag, BaO_2, geleitet, ergibt. *Äthylenoxyd.* (**A. P. 2 709 173** vom 9/1. 1950, ausg. 24/5. 1955.) G. KÖNIG. H 3030

Phrix-Werke Akt.-Ges. (Erfinder: **Otto Moldenhauer,** Hamburg, **Wilhelm Irion** und **Heinrich Otto Marwitz,** Neumünster), *Herstellung von Furan-2-carbonsäurederivaten* durch Rk. von Brenzschleimsäureestern (I) mit CH_2O in Ggw. von H_2SO_4 bei $<100^0$. Man setzt I durch langsames Eintragen in die im Überschuß vorhandene CH_2O-Lsg. in Ggw. von CH_3COOH bei -10 bis $+30^0$ zu Verbb. der allg. Formel II um ($R = $ KW-stoffrest). Hergestellt wird

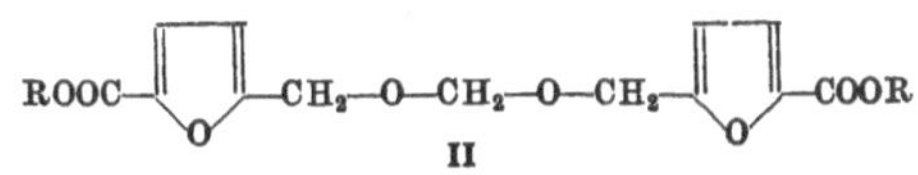

II

Bis-(2-carbomethoxy-5-furfuryloxy)-methan, F. 75°. — Zwischenprodukte. (**D. B. P. 941 062** Kl. 12 q vom 15/6. 1952, ausg. 5/4. 1956. Anmeldung bekanntgemacht 6/10. 1955.) K. FABEL. H 3061

Dow Chemical Co., Midland, Mich., übert. von: **Ted R. Norton,** Concord, Calif., V. St. A., *Acetylierung von Thiophenen* in 2-Stellung mit Acetanhydrid bei 75—125°. Man arbeitet in Ggw. eines feinverteilten, kernsulfonierten Mischpolymerisats aus einer aromat. Monovinyl- u. Polyvinylverb., z. B. aus Styrol, Äthylvinylbenzol u. Divinylbenzol. Beispiele für die Herst. von *2-Acetylthiophen* u. *5-tert.-Butyl-2-acetylthiophen.* (**A. P. 2 711 414** vom 7/9. 1951, ausg. 21/6. 1955.) K. FABEL. H 3071

Farbenfabriken Bayer Akt.-Ges., Leverkusen (Erfinder: **Bruno Puetzer, Leon Katz,** Cincinnati, O., und **Lester Horwitz,** Binghampton, N. Y., V. St. A.), *Herstellung von N-Vinylpyrrolidon-(2),* dad. gek., daß man ein N-(β-Halogenäthyl)-pyrrolidon-(2) in einem inerten organ. Lösungsm. (Bzl.) mit alkal. Mitteln (Alkaliamiden, -hydroxyden oder -alkoholaten, mit Ausnahme von NaOH) behandelt. — *Zwischenprodukt.* (**D. B. P. 941 846** Kl. 12p vom 24/3. 1953, ausg. 19/4. 1956. Anmeldung bekanntgemacht 27/10. 1955. A. Prior. 10/4. 1952.) R. LINK. H 3081

J. R. Geigy Akt.-Ges., Basel, Schweiz (Erfinder: **Erich Ziegler,** Graz, Österreich), *Herstellung von 4-Oxycumarinen und 1-Thio-4-oxycumarinen* der allg. Formel I (Ar = gegebenenfalls durch Halogen u. oder Alkylgruppen substituierter o-Arylenrest; R =H, Alkyl oder gegebenenfalls durch Halogen u./oder Alkylgruppen substituierter Arylrest; X = O oder S). Malonsäurediarylester der allg. Formel II (Ar = Arylreste, die gegebenenfalls durch Halogen u./oder Alkylgruppen substituiert sind, jedoch mindestens eine freie o-Stellung in bezug auf X aufweisen) werden mit $AlCl_3$ auf mindestens 160° erhitzt. —

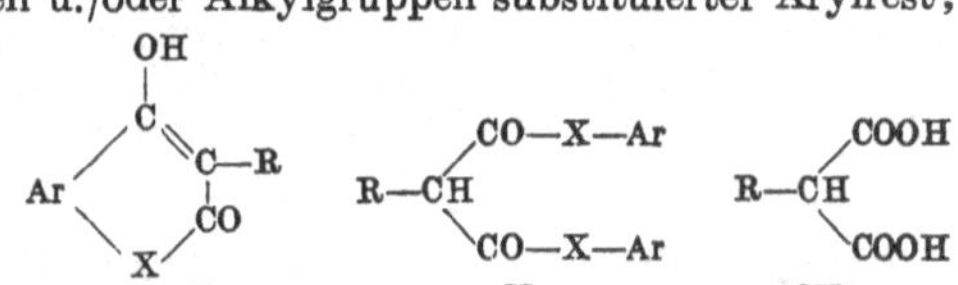

I II III

Z. B. erhitzt man das durch Erhitzen von 1 (Mol) Malonsäure der allg. Formel III mit ca. 2 einer aromat. Oxy- bzw. Mercaptoverb. der allg. Formel Ar—X—H u. mindestens 2 $POCl_3$ nach bekanntem Verff. erhältliche Reaktionsgemisch zusammen mit mindestens 2 $AlCl_3$ kurze Zeit auf mindestens 160°. — Hergestellt werden: *4-Oxycumarin* (**IV**) aus Phenol, Malonsäure u. $POCl_3$ durch Rk. des so erhaltenen Malonsäurediphenylesters mit $AlCl_3$; *6-Methyl-***IV**, F. 240°; *3-Äthyl-***IV**, F. 154°; *1-Thio-***IV**, F. 207—208°; *8-Methyl-***IV**, F. 223°; *6.7-Dimethyl-***IV**, F. 243°; *6-Chlor-8-methyl-***IV**, F. 280°; *6-Chlor-***IV**, F. 264°; *6.7-Dichlor-***IV**, F. 268°; *6-Brom-***IV**, F. 276°; *6-Phenyl-***IV**, F. 257°; *5.6-Benzo-***IV**, F. 281°; *7.8-Benzo-***IV**, F. 276°; *3-Methyl-***IV**, F. 226°; *3-n-Propyl-***IV**, F. 139°; *3-n-Butyl-***IV**, F. 157°; *3-n-Amyl-***IV**, F. 135°; *3-n-Hexyl-***IV**, F. 150°; *3-Phenyl-***IV**, F. 229°. (**D. B. P. 938 847** Kl. 12 q vom 22/7. 1954, ausg. 9/2. 1956. Anmeldung bekanntgemacht 18/8. 1955. Schwz. Prior. 22/7. 1953.) K. FABEL. H 3211

Robert S. Aries, New York, N. Y., V. St. A., *Pyridin und β-Picolin,* welche frei von α-Picolin, γ-Picolin u. 2-Methyl-5-äthylpyridin sind, erhält man durch Rk. von Trioxan oder 37%ig. CH_2O mit Paraldehyd oder Acetaldehyd u. NH_3 bei 350—500° in Ggw. von Al_2O_3 u./oder Silicagel als wasserabspaltendem Katalysator. (**A. P. 2 700 042** vom 30/8. 1952, ausg. 18/1. 1955.) R. LINK. H 3231

Distillers Co. Ltd., Edinburgh, England (Erfinder: **Leslie Stephen Abott** und **Archibald Robert Graham**), *Stickstoffhaltige heterocyclische Verbindungen* erhält man durch Kondensation aliphat. Dialdehyde, deren CO-Gruppen durch 3 C-Atome getrennt sind, u. die durch Alkyl-, Alkoxy- oder Alkoxyalkylgruppen substituiert sind, mit prim. Monoaminen oder mit NH_3. Falls NH_3 als Reaktionskomponente dient, ist während oder nach der Kondensation noch eine zusätzliche Hydrierung mittels katalyt. erregtem H_2 oder HCOOH erforderlich. — Beispiel: Man gibt zu einer Lsg. von 122 (Teilen) Monoäthanolamin in 55 A. 201 2-Methoxymethyl-2.4-dimethylpentandial-(1.5) (I), wobei 30° nicht überschritten werden dürfen. Nach 2std. Erhitzen unter Rückfluß erhält man durch Vakuumdest. *6.7.8.9-Tetrahydro-7-methoxymethyl-5.7-dimethyl-1-oxa-9-azaindan* (**II**),

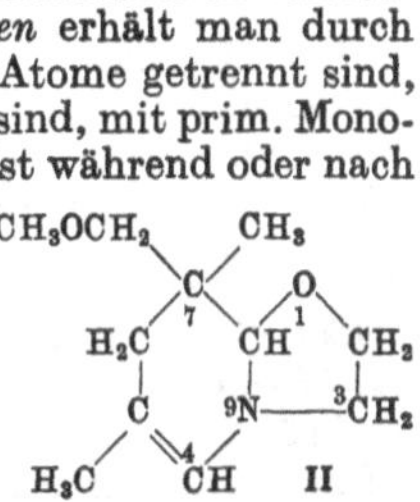

II

Kp.$_{12}$ 118°, n_D^{20} 1,4885. — Aus CH_3NH_2 + I + H_2 → *1.3.5-Trimethyl-3-methoxymethylpiperidin*, Kp.$_{11}$ 75°, n_D^{20} 1,4472. — Analog: NH_3 + I + H_2 → *3.5-Dimethyl-3-methoxymethylpiperidin*, Kp.$_{15}$ 78—82°, n_D^{20} 1,4550. — NH_3 + 3-Methylglutardialdehyd + H_2 → *4-Methylpiperidin*. (**E. P. 742 053** vom 3/4. 1952, ausg. 21/12. 1955.) O. SCHÖN. H 3231

Midland Tar Distillers Ltd., Oldbury, Birmingham, England (Erfinder: **Paul Arnall**), *Abtrennung von Chinaldin von anderen heterocyclischen Basen* (Chinolin, Isochinolin), wie sie als Reaktionsgemisch bei der fraktionierten Dest. von Steinkohlenteer anfallen. Sie gelingt durch Komplexsalzbldg. mit einer wss. Lsg. von Harnstoff oder Thioharnstoff in Ggw. eines inerten organ. Lösungsm. (Toluol, A.) bei ca. 80°, Abtrennen der gebildeten Komplexverb., z. B. der Formel 2 $C_{10}H_9N \cdot 1\ CO(NH_2)_2$, gegebenenfalls Umkristallisieren, Zers. derselben durch Erhitzen, bes. in Ggw. von W. u. einem organ. Lösungsm. (Toluol) unter Rückflußbedingungen u. fraktionierte Dest. der organ. Lösungsmittelschicht. Das abgetrennte Chinaldin besitzt Kp. 247—248° u. F. —4,2°. (**E. P. 736 589** vom 20/11. 1951, ausg. 14/9. 1955.) R. LINK. H 3231

X. Färberei. Organische Farbstoffe.

—, *Neue Farbstoffe, Musterkarten und Textilhilfsmittel.* Prodd. der SANDOZ A.G., Basel: *Telasolrot BLS* färbt Kunstfasern, die aus Lsgg. in organ. Lösungsmitteln versponnen werden, z. B. Acetat- u. Triacetatkunstseide. Der in organ. Lösungsmitteln lösl. Farbstoff eignet sich auch zum Färben von Kunststoffen u. Lacken. Auch zur Herst. von Holzbeizen kann das Prod. verwendet werden. Sehr gute Echtheitseigg., mit Ausnahme der Chlor- u. Chloritbleichechtheit. — *Solarbordeaux FRL/CuprofixbordeauxFRL* färbt reine Farbtöne auf Baumwolle u. Viscosekunstseide von sehr guter Lichtechtheit. Dank der sehr guten Löslichkeit eignet sich das Prod. auch für die Apparatefärberei u. Fouladierung. Es deckt tote Baumwolle u. reserviert Acetatkunstseide. — Prod. der RUDOLF & CO., GMBH., CHEMISCHE FABRIK, Wolfratshausen: *Rucogen HL*, ein nichtionogenes Netzmittel mit geringer Schaumbildung. Sehr gutes Wasch-, Emulgier- u. Dispergiervermögen. Mit ionogenen Hilfsmitteln ist das Prod. kombinierbar. Eine Affinität zur Faser liegt nicht vor. — Prod. der IMPERIAL CHEMICAL INDUSTRIES LTD., DYESTUFFS DIV., Manchester: *QF-Caledondruckgelb 5G-Teig* weist die gleichen Eigg. wie die bereits bekannten QF-Caledondruck-Teig-Marken auf. — Prodd. der BADISCHEN ANILIN- & SODAFABRIK AG., Ludwigshafen/Rh.: *Nekal BXW-Paste* findet Anwendung zur Herst. von verschiedenartigen pulver- u. pastenförmigen Reinigungsmitteln. Ein synthet. Waschrohstoff (Alkylnaphthalinsulfonat) mit guter Netz-, Schaum- u. Dispergierwirkung. — *Soromin HT* ist ein hochtemperaturbeständiges Avivage- u. Weichmachungsmittel, bes. zum Avivieren von Garnen, die der Schnelltrocknung unterworfen werden. Synthet. Fasern, wie Perlon u. Nylon bleibt der Avivageeffekt bei der Thermofixierung erhalten. Das Prod. kann mit anderen Appreturmitteln, wie Kaurit, Fixapret usw., kombiniert werden. Der mit Soromin HT auf Geweben, Garnen u. Gewirken erzielte Griff zeichnet sich durch Glätten u. Fülligkeit aus. — *Ortol-Farbstoffe* sind vier Wollfarbstoffe, die sich durch gute Echtheitseigg. u. brillante Farbtöne auszeichnen. *Ortolgelb F4G*, *Ortolscharlach FG*, *Ortolblau FG* u. *Ortolgrün B* färben in Kombination mit Metallkomplexfarbstoffen (Ortolan-Farbstoffe) lose Wolle, Kammzug, Stranggarn u. Kreuzspulen in klaren Farbtönen. Das Prod. eignet sich auch für den Direktdruck auf Wolle, Naturseide u. Polyamidfasern. Das Wesentliche der Mitverwendung der Ortol-Farbstoffe ist das Erzielen klarerer u. brillanterer Farbtöne. — *Indanthrendruckschwarz LF Suprafix Teig* ist ein Küpenfarbstoff, der sowohl für den Direktdruck nach dem Rongalit-C-Pottasche-Verf. sowie für das Zweiphasendruckverf. geeignet ist. Gute Echtheitseigenschaften. — Prodd. der CHEMISCHE FABRIK GRÜNAU AG.: *Arbyl N*, ein Wasch-, Reinigungs-, Egalisier- u. Emulgiermittel für Textilfasern aller Art wie Baumwolle, Leinen, Wolle, Reyon, Zellwolle, Acetatseide, Perlon usw. Das Prod. ist ein nichtionogener Fettalkoholpolyglykoläther von optimaler Wirkung. — *Egalisal CS* ist ein Wollschutz- u. Egalisiermittel. Das Prod. ist ein abgebautes Eiweiß, eine braune viscose Fl., das die Schädigung u. den Abbau der Wolle weitgehend verhütet. — *Lamephan*, ein kationakt. Weichmacher, vor allem für die Avivage von Reyon-Artikeln, Zellwolle u. Baumwolle. — *Lamephan AW*, ein anionakt. Weichmacher auf Basis von Eiweiß für Baumwolle, Zellwolle, Reyon u. Acetat. — *Molvenin F*, ein Schlichtemittel für Baumwolle, Zellwolle, Reyon, Wolle, Leinen u. Mischgarn. Das gelbliche, feinkörnige Pulver ist in heißem W. leicht lösl. u. weist sehr gute Klebkraft auf. (SVF Fachorgan Textilveredlung **11.** 349—50. Juni 1956.) P. ECKERT. 7018

W. Beal, *Die Klassifikation der Farbstoffe nach ihren charakteristischen Färbeigenschaften.* Die systemat. Darst. der charakterist. Farbstoffeigg. bietet eine geeignete Übersicht bei der Auswahl zum Färben mit Farbstoffkombinationen. Dieses Syst. umfaßt 3 Farbstoffklassen u. 2 Faserarten, es gibt Richtlinien für die Anwendung von Säure- u. Cr-Farbstoffen für Wolle u. von Direktfarbstoffen für Baumwolle in Form einer graph. Darst. über den Verlauf des Aufziehvermögens u. der Migration eines Farbstoffs. Für die Best. des Aufziehvermögens der sauren u. Cr-Farbstoffe, welches in % gegen eine kombinierte Zeit–Temp.-Achse aufgetragen ist, diente eine Reihe von Standardfärbungen, die unter bestimmten Färbebedingungen hergestellt waren, als augenscheinlicher Vergleich. Für die Darst. der Migrationskurven wurde eine Standardfärbung mit dem gleichen Gewicht einer ungefärbten Probe in einem klaren Bad aber mit den gleichen Zusätzen wie zur Best. des Aufziehvermögens gekocht u. der Farbverlust des gefärbten Materials sowie der von der ungefärbten Probe aufgenommene Farbanteil in Abhängigkeit von der Zeit (30, 60 u. 90 Min.) aufgezeichnet. Die in der Durchführung im einzelnen beschriebenen für Direktfarbstoffe gefundenen Testergebnisse, zeigen in graph. Darst. das Aufziehvermögen u. den Grad der Migration der Farbstoffe sowie den zu berücksichtigenden Einfl. folgender Faktoren: Färbezeit u. -temp., Konz. von Na_2SO_4 u. Flüssigkeitsverhältnis. Nach diesen Unterss. werden die direktziehenden Baumwollfarbstoffe in 4 Gruppen eingeordnet: A hohes Absorptions- u. Migrationsvermögen, B geringes Absorptions- u. Migrationsvermögen, C hohes Absorptions- u. geringes Migrationsvermögene, D geringes Absorptions- u. hohes Migrationsvermögen; jede Gruppe erhält wie folgt 4 Untergruppen: 1. nichtkontrollierbar durch Temp. oder Salz; 2. kontrollierbar durch Salz; 3. kontrollierbar durch Temp.; 4. kontrollierbar durch Salz u. Temperatur. (J. Soc. Dyers Colourists **72.** 146–58. April 1956.) I. SCHOENMANN. 7020

N. W. Ssewasstjanow und **Je. T. Usstinowa,** *Färben von Strümpfen und Socken.* Vf. weist auf die Verschiedenartigkeit der Färbemeth. in den einzelnen Textilfabriken hin u. gibt detaillierte Vorschriften zur Erzielung einer einwandfreien Färbung von Strümpfen u. Socken u. eines möglichst geringen Anteiles umzufärbender Ware an. (Легкая Промышленность [Leicht-Ind.] **16.** Nr. 3. 51–54. März 1956.) J. v. SCHROEDER. 7020

John L. Waldo, *Das Färben von Wolle und einige Probleme dazu.* Allg. Färbevorschriften zum Färben von Wolle mit sauren, Schwefel-, neutralen, vormetallisierten Farbstoffen, mit Leukoestern der Küpenfarbstoffe, mit Indigo u. Cr-Farbstoffen. Zu letzteren werden Anweisungen für die 3 möglichen Methoden, des Überchromierens, für den Metachromprozeß u. die Zweibadmeth. des Färbens nach dem Chromieren der Gewebe gegeben. Des weiteren werden die Ursachen genannt, die zu fehlerhaften Färbungen führen (Ungleichheit, Streifen-, Wolken-, Fleckenbldg.) mit Hinweisen, wie sich solche vermeiden lassen. (Dyestuffs **41.** 101–110. März 1956. New York, N. Y., Nat. Aniline Div., Allied Chem. u. Dye Corp.) I. SCHOENMANN. 7020

R. Casty, *Das Färben der Wolle in saurer Flotte mit 2 : 1-Metallkomplex-Farbstoffen.* Es werden Verss. mit einem neuentwickelten Egalisiermittel, „*Cibalan*"*-Salz S* (I), einem Äthylenoxydkondensationsprod. von stärker kationakt. Charakter, beschrieben. Das färber. Verh. von 2 : 1-Metallkomplex-Farbstoffen in sauren Bädern mit Zusatz von I wird an Hand von Ausziehkurven charakterisiert. Die in diesen Flotten egalitätsfördernde Wrkg. von Glaubersalz u. Ammonsulfat wird untersucht u. es zeichnen sich 2 Verfahrensmöglichkeiten ab: das Säure–Glaubersalz-Verf. u. das Ammonsulfat–Säurenachsatz-Verfahren. Vorteile u. Anwendungsgebiete der sauren Färbemeth. im allg. u. der beiden speziellen Verff. werden herausgestellt. (SVF Fachorgan Textilveredlung **11.** 310–19. Juni 1956. Basel, CIBA Akt.-Ges.) H. SONTAG. 7020

W. F. Whitmore und **Samuel Zuckerman,** *Beziehungen zwischen der Konstitution und der Farbe von Monoazofarbstoffen mit einer acetylierten Kupplungskomponente.* Derartige Azofarbstoffe werden vornehmlich für die Tintenfarbstoffe verwendet. Umfangreiche Unterss. bzgl. ihrer Konst. u. ihrer Absorptionsspektren sind angestellt worden u. ergaben folgende allg. Schlüsse: Teilweise Substitution mit Halogenen in der Diazoniumkomponente verschieben das Maximum der Absorption in der Ortho- u. Metastellung nach der violetten Seite des Spektr. (hypsochrom). In der Para-Stellung ergibt sich eine schwache Verschiebung nach der roten Seite (bathochrom), bei Substitution in der Diazoniumkomponente. Bei der Substitution in der Kupplungskomponente ist der Effekt schwach. Methylgruppen wirken durchweg bathochrom, u. zwar stark in der Ortho- u Para-Stellung, schwächer in der Metastellung. Alkoxyde wirken stets kräftig bathochrom, schwach in der Metastellung, stärker in der Ortho-Stellung noch gesteigert in der Parastellung. Naphthylgruppen wirken stets bathochrom, u. zwar in der 1-Stellung ausgeprägter als in der 2-Stellung. Phenylgruppen wirken bathochrom, Nitrogruppen in der Metastellung wirken hypsochrom, jedoch in der Ortho- u. Parastellung bathochrom.

Bei der Kupplungskomponente ergibt sich in der Parastellung ein hypsochromer Effekt. Substitution in der Diazoniumkomponente ist stets effektvoller als in der Kupplungskomponente. Die Absorption liegt zwischen den Wellenlängen 400—500 Millimikrons. (Amer. Ink Maker **34.** Nr. 1. 28—35. Jan. 1956.) O. Treichel. 7052

Imperial Chemical Industries Ltd., England, *Färben von linearen aromatischen Polyestern.* Man klotzt oder bedruckt das Gewebe oder Gewirk, z. B. aus Polyäthylenterephthalat, mit einer wss. Lsg. oder Dispersion eines oder mehrerer Farbstoffe, z. B. mit einer Färbe-Fl., enthaltend 1,7 (Teile) des Farbstoffs p-Nitroanilin → Anilin, 1,1 1.5-Dimethylamino-4.8-dioxyanthrachinon, 1,6 1-Oxy-4-aminoanthrachinon, 25 NH_4-Polymethacrylat-Lsg. u. 2 Oleinsulfonsäure im Liter W., u. behandelt darauf mit Dampf unter erhöhtem Druck, wobei der Farbstoff fixiert u. das Material gleichzeitig „stabilisiert" wird. (**F. P. 1 047 920** vom 24/7. 1951, ausg. 17/12. 1953. E. Prior. 24/7. 1950.) G. Hoppe. 7021

Ciba Soc. An., Schweiz, *Färben von stickstoffhaltigen Fasern* mit metallisierbaren Wollfarbstoffen in Ggw. von Metall, bes. Co abgebenden Mitteln, dad. gek., daß man dem Färbebade Reaktionsprodd. (**I**) von wenigstens 4 Moll. eines α.β-Alkylenoxyds mit 1 Mol einer organ. Verb. zusetzt, die wenigstens eine prim. oder sek. Aminogruppe oder eine tert. Aminogruppe u. eine OH-Gruppe u. außerdem 2 Aminogruppen am gleichen C-Atom enthält, oder Salze, Schwefelsäureester oder quaternäre Ammoniumverbb. von **I**. Man verwendet z. B. **I** von 5—8 Moll. Äthylenoxyd (**II**) mit 1 Mol Dodecyl-, Oleyl- oder Abietylamin oder von 20 Mol **II** mit 1 Mol Triäthylentriamin monoacyliert mit Cocosfettsäure. Die Färbungen werden gegebenenfalls mit Lsgg. von Alkalisalzen von Alkylarylsulfonsäuren, deren Alkylreste 6 u. mehr C-Atome enthalten, nachbehandelt. (**F. P. 1 052 856** vom 30/1. 1952, ausg. 28/1. 1954. Schwz. Priorr. 1/2. 1951 u. 8/1. 1952.) G. Hoppe. 7021

Ciba Ltd., Basel, übert. von: **Max Schmid**, Riehen, und **Eduard Moser**, Basel, Schweiz, *Monoacylacetylverbindungen primärer Amine* dienen als Zwischenprodd. für *Azofarbstoffe.* — Sie entstehen durch Rk. eines cycl. Carbonsäurechlorids bei 0—30° in wss. nicht-saurem Medium mit einer Acetoacetylverb. eines prim. Amins, das mindestens eine wasserlöslichmachende Säuregruppe enthält, u. anschließende alkal. Verseifung der entstandenen Diacetylacylverb. bis zur Abspaltung der Acetylgruppen. — *1-Acetoacetylaminobenzolsulfonsäure-(4)* (**I**), aus sulfanilsaurem Na u. Diketen in Wasser. — *α-Benzoylacetoacetylaminobenzolsulfonsäure-(4)*, aus **I** u. Benzoylchlorid in Natronlauge. Gibt beim Verseifen mit NH_3 bei 40—45° *1-Benzoylacetylaminobenzolsulfonsäure-(4).* — Analog: *1-Benzoylacetylamino-2-methoxybenzolsulfonsäure-(5).* — *Terephthaloyl-α.α'-bis-(acetoacetylaminobenzolsulfonsäure-(4)* → *Terephthaloyl-bis-[acetylaminobenzolsulfonsäure-(4)].* — *4.4'-Bis-(3-nitrobenzoylacetoacetylamino)-stilbendisulfonsäure-(2.2')* → *4.4'-Bis-(3-nitrobenzoylacetylamino)-stilbendisulfonsäure-(2.2').* — *4.4'-Bis-(benzoylacetylamino)-stilbendisulfonsäure-(2.2').* — *4.4'-Bis-(p-nitrobenzoylacetylamino)-stilbendisulfonsäure-(2.2').* — *2-(3-Nitrobenzoylacetoacetylamino)-5-(p-toluolsulfonyloxy)-naphthalinsulfonsäure-(7)* → *2-(3-Nitrobenzoylacetylamino)-5-(p-toluolsulfonyloxy)-naphthalinsulfonsäure-(7).* — *4-(Benzoylacetoacetylamino)-4'-oxyazobenzolcarbonsäure-(3')* — *4-(Benzoylacetylamino)-2'-oxyazobenzolcarbonsäure-(3').* — *4-Benzoylacetylaminoazobenzolsulfonsäure-(4').* — *4-(2-Chlorbenzoylacetylamino)-4'-oxyazobenzolcarbonsäure-(3').* — *2-[4-(α-Furoylacetoacetylamino)-phenyl]-6-methylbenzothiazolsulfonsäure-(x)* → *2-[4-(α-Furoylacetylamino)-phenyl]-6-methylbenzothiazolsulfonsäure-(x).* — Vgl. auch D. B. P. 844 148; C. **1953.** 610. — Vgl. auch E. P. 689977; C. **1955.** 6393. (**A. P. 2 700 037** vom 28/4. 1950, ausg. 18/1. 1955.) G. Langer. 7049

Sandoz Akt.-Ges. (Erfinder: **Piero Maderni** und **Walter Wehrli**), Basel, Schweiz, *Herstellung metallhaltiger Azofarbstoffe*, dad. gek., daß man Monoazoverbb. der allg. Zus. **Ia**

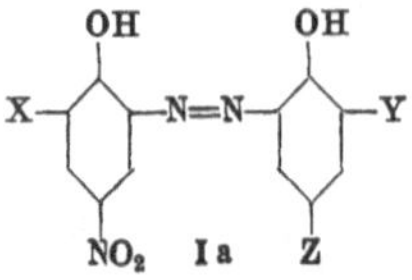

worin X für H, Cl, $-CH_3$, —NH—COH, —NH—CO—alkyl oder —NH—COO—alkyl; Y (wenn X = H oder Cl bedeutet) für H, $-CH_3$, $-O-CH_3$, —NH—COH, —NH—CO—alkyl oder —NH—COO—alkyl, u. (wenn X = $-CH_3$, —NH—COH, —NH—CO—alkyl oder —NH—COO—alkyl bedeutet) für H steht u. Z ein niedermol. Alkyl bedeutet, Co-abgebende Mittel in Abwesenheit aromat. o-Oxycarbonsäuren in der Weise einwirken läßt, daß die entstehenden Co-Komplexverbb. pro Mol Monoazofarbstoff weniger als 1 g-Atom Co in komplexer Bindung enthalten. — 1-Oxy-2-amino-4-nitrobenzol (**I**) → 1-Oxy-2-acetylamino-4-methylbenzol; wird mit $CoSO_4$-Lsg. metallisiert. Wolle (**B**), Seide (**C**) u. Polyamidfasern (**P**) werden rotstichigbraun gefärbt. — **I** → 1-Oxypropionylamino-4-methylbenzol; färbt nach Metallisierung mit $CoSO_4$-Lsg. **B**, **C**, Leder u. **P** rotstichigbraun. — **I** → 1-Oxy-2-acetylamino-4-tert.-butylbenzol; nach Behandlung mit Co-Acetat auf **B, C,** Leder u. **P** rotstichigbraune Färbung. — 1-Oxy-2-amino-4-nitro-6-acetylaminobenzol → 1-Oxy-4-tert.-butylbenzol; färbt mit Co-Acetat metallisiert, **B, C,** Leder u. **P** rötlichbraun. (**D. B. P. 941 745** Kl. 22a vom 22/3. 1953, ausg. 19/4. 1956. Anmeldung bekanntgemacht 20/10. 1955. Schwz. Priorr. 26/3. u. 22/8. 1952.) U. SIEVERS. 7053

Farbenfabriken Bayer Akt.-Ges., Deutschland, *Graue Trisazofarbstoffe.* Zu D. B. P. 931 122; C. **1956.** 5135, ist nachzutragen: An Stelle einer 1-Amino-7-oxynaphthalinsulfonsäure können auch 2-Amino-8-oxynaphthalinsulfonsäuren oder deren Derivv. als Endkomponente verwendet werden. (**F. P. 1 098 872** vom 16/4. 1954, ausg. 23/8. 1955. D. Prior. 18/4. 1953.) G. HOPPE. 7055

General Aniline & Film Corp., New York, N. Y., übert. von: **William W. Williams,** Easton, Pa., und **Albert F. Strobel,** Phillipsburg, N. J., V. St. A., *Herstellung von Methinfarbstoffen* der allg. Formel **I** (R, R_1, R_2 = niedere Alkylreste) durch Erhitzen äquimolarer Mengen eines p-Dialkylaminobenzaldehyds u. eines Cyanessigesters in Ggw. eines alkal. Katalysators in Abwesenheit eines Lösungsmittels. — Man erhitzt z. B. 250 g p-Diäthylaminobenzaldehyd (71%ig.) u. 100 g Cyanessigsäuremethylester auf 70°, setzt innerhalb 1 Std. 4 g Pyridin zu u. erhitzt 3 Std. auf 93°. Das Prod. färbt Celluloseacetat in größeren u. klareren Tönen als ein entsprechend mit Lösungsm. erhaltenes Produkt. (**A. P. 2 649 471** vom 6/11. 1950, ausg. 18/8. 1953. **F. P. 1 054 080** vom 5/11. 1951, ausg. 8/2. 1954. A. Prior. 6/11. 1950.) G. HOPPE. 7065

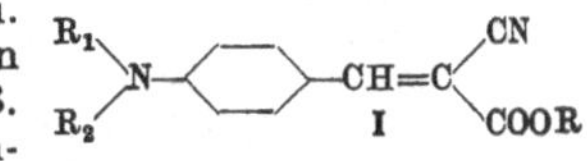

General Aniline & Film Corp., New York, N. Y., übert. von: **David I. Randall,** Easton, Pa., und **Edgar E. Renfrew,** Phillipsburg, N. J., V. St. A., *Anthrachinonwollfarbstoffe* der allg. Zus. **I** (R = H, Halogen, OH, niedrige Alkyl- oder Alkoxygruppen, Carbon- oder Sulfonsäuregruppen, R^1 = H oder R^2, R^2 = CH_2NHCOX u. X = Rest einer aliphat. Dicarbonsäure mit einer freien Carbonsäuregruppe) erhält man durch Umsetzen von 1-Amino-4-bromanthrachinon-2-sulfonsäure (**II**) mit aromat. Aminen, die eine acylierte Aminomethylgruppe enthalten u. durch Red. u. Hydrolyse der in der A. P. 2 652 403 beschriebenen Nitroverbb. erhalten werden, z. B. Red. von N-(5-Nitro-2-methylbenzyl)-succinimid der Zus. **III** zum N-(5-Amino-2-methylbenzyl)-succinimid (**IV**) u. Öffnen des Ringes durch Hydrolyse. — 21,8 (Gewichtsteile) **IV** erhitzt man in 10%ig. NaOH bis zum Auflösen, gibt nach dem Abkühlen verd. HCl bis zur vollständigen Ausfällung hinzu, filtriert, wäscht neutral, rührt den Nd. zusammen mit 24,3 **II** (Na-Salz), 26,5 Na_2CO_3, 2,0 CuCl u. 600 W. 16 Std. bei 80°, gibt dann langsam 200 20%ig. NaCl-Lsg. hinzu u. arbeitet in üblicher Weise auf. Der erhaltene Farbstoff der Zus. **V** färbt als Ammoniumsalz Wolle sehr lichtecht grünstichigblau. (**A. P. 2 722 534** vom 20/12. 1950, ausg. 1/11. 1955.) O. ROICK. 7059

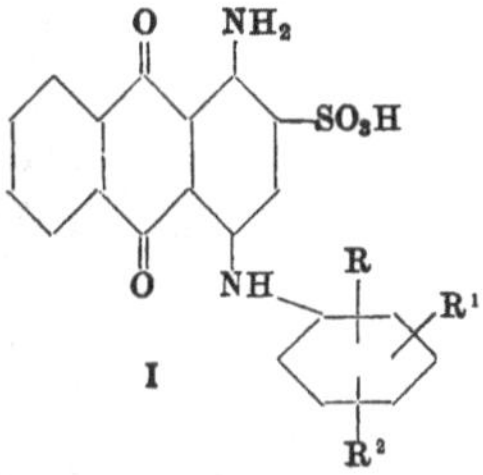

I

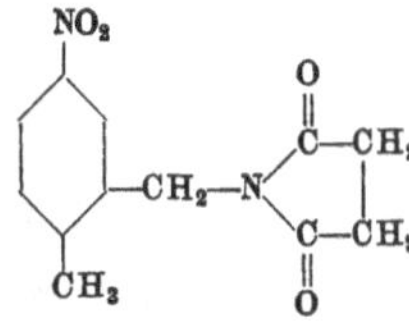

III

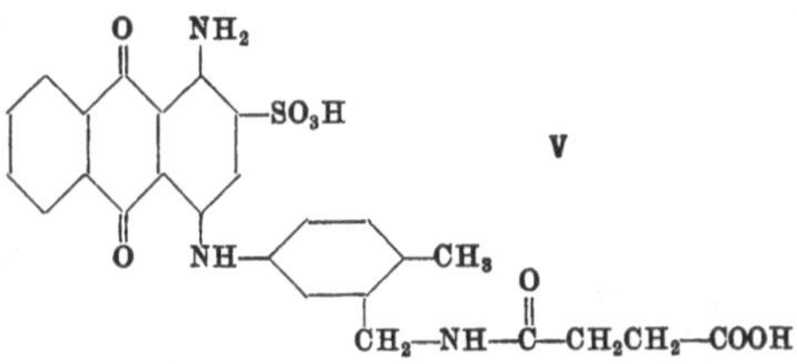

V

General Aniline & Film Corp., New York, N. Y., übert. von: **Milton L. Hoefle, David I. Randall** und **Edgar E. Renfrew,** Easton, Pa., V. St. A., *Anthrachinonfarbstoffe* der allg. Zus. **I** (ein R = OH u. das andere R = NO_2, X = O, S oder NZ, Y = H, $COCH_3$ oder niedrige Alkyl-, Oxalkyl-, Alkoxalkyl-, Oxalkoxyalkyl-, Oxypolyalkoxyalkyl- oder Cyanoalkylreste, Z = H, Alkyl, Oxalkyl oder Cyanoalkyl, n = 1—5 u. m = 1—3), im blauen licht- u. waschechten sowie rauchgasfesten Tönen färbende Farbstoffe für Celluloseacetatkunstseide (**E**), Dacron, Orlon, Acrilan oder Dynel erhält man durch Kondensation der entsprechenden Arylaminoverbb. mit 1,8- bzw. 1,5-Dioxy-4.5- bzw. -4.8-dinitroanthrachinon. — Durch 4std. Erhitzen von 6.6 (Gewichtsteilen) 4.5-Dinitrochrysazin (**II**) u. 7,2 p-Aminoglykolanilid unter Rückfluß in 40 o-Dichlorbenzol erhält man einen Farbstoff, der **E** in tiefen blauen Tönen färbt. — In ähn-

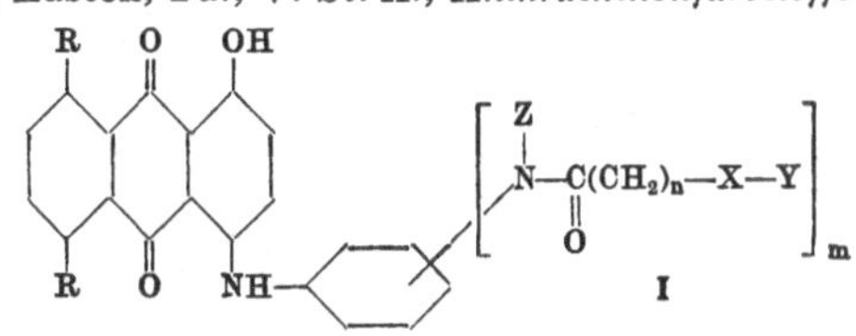

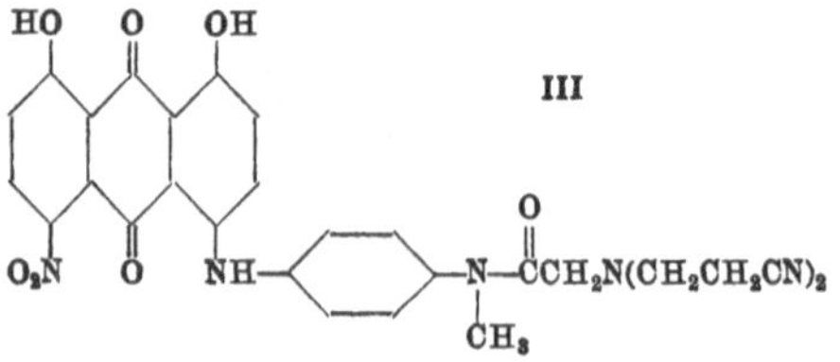

III

licher Weise können weitere Farbstoffe erhalten werden aus: 4.5-Dinitroanthrarufin u. p-Amino-N-methylglykolanilid; II u. p-Aminoglykolanilidacetat (erhältlich durch Red. des durch Einw. von K-Acetat auf p-Nitro-α-chloracetanilid in Eisessig erhältlichen Prod.); II u. p-Amino-α-2-methoxyäthoxyacetanilid. II u. p-Amino-α-mercapto-N-methylacetanilid (erhältlich durch Red. des Kondensationsprod. aus p-Nitro-α-chlor-N-methylacetanilid u. NaHS); II u. p-Amino-α-bis-(2-cyanoäthyl)-amino-N-methylacetanilid, Farbstoff der Zus. III. (A. P. 2 723 279 vom 30/12. 1952, ausg. 8/11. 1955.) O. Roick. 7059

General Aniline & Film Corp., New York, N. Y., übert. von: **Ben H. Kirby**, Westfield, **Walter J. Olenick**, Linden, und **Kenneth P. Smith**, Elizabeth, N. J., V. St. A., *Herstellung von 2.5-Bis-(monoarylamino)-3.6-dichlor-1.4-benzochinonen*, dad. gek., daß man Chloranil (I) mit Anilin (II) oder einem kernsubstituierten II umsetzt, wobei man die Ausgangsverbb. in einer wss. Lsg. von NH_3 oder einem tert. Amin aufschlämmt. — Beispiele für die Umsetzung von I mit II zu *2.5-Dianilino-3.6-dichlor-1.4-benzochinon*. — *Farbstoffzwischenprodukt*. (**A. P. 2733250** vom 22/5. 1952, ausg. 31/1. 1956.) G. Langer. 7059

General Aniline & Film Corp., New York, V. St. A., *4-(x-Sulfamylanilino)-1.x-dioxy-5-(oder 8)-nitroanthrachinone* der allg. Zus. I, worin R u. R' entweder OH oder NO_2 darstellt u. R OH ist, wenn R' NO_2 bedeutet u. umgekehrt, R_1 entweder H oder Oxalkyl mit 2.3-C-Atomen, R_2 ebenfalls Oxalkyl u. R_3 H oder Alkyl mit 1—4 C-Atomen darstellt, Farbstoffe, die nicht nur Celluloseacetat, sondern auch „Dacron" in sehr lichtechten u. rauchgasfesten blauen bis rotstichigblauen Tönen färben, erhält man durch 1—9 std. Verrühren von 4.5-Dinitrochrysazin (II) oder 4.8-Dinitroanthrarufin (III) in Nitrobenzol bei 160 bis 210°. — Farbstoffe können erhalten werden durch Umsetzen von II u. N'.N'-Bis-(2-oxäthyl)-metanilamid (IV); II u. N'-(2-Oxäthyl)-metanilamid; II u. N'.N'-Bis-(2-oxäthyl)-sulfanilamid; III u. IV. — Der Farbstoff I (R = NO_2; R' = OH; $R_1 = R_2 = CH_2CH_2OH$; $R_3 = CH_3$ in p-Stellung zu NH) kann auch dadurch hergestellt werden, daß man durch Einw. von $ClSO_3H$ 1.5-Dioxy-8-nitro-4-p-toluidinoanthrachinon in das entsprechende Sulfonylchlorid überführt u. dieses mit Diäthanolamin umsetzt. — Vgl. auch A. P. 2 704 292; C. **1956**. 5414. (**E. P. 737 986** vom 15/12. 1953, ausg. 5/10. 1955. A. Prior. 30/12. 1952.) O. Roick. 7059

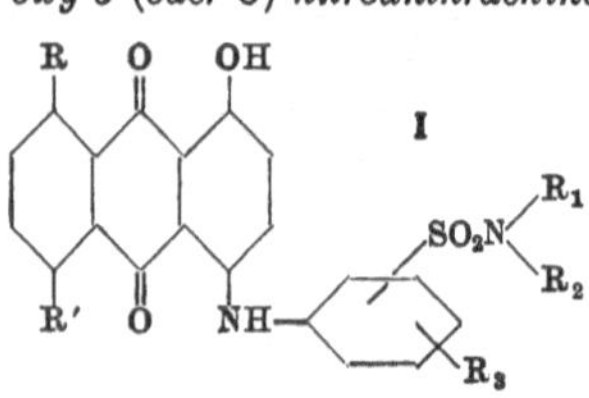

I

Badische Anilin- & Soda-Fabrik Akt.-Ges. (Erfinder: **Erich Jutz**), Ludwigshafen/Rh., *Küpenfarbstoffe der Anthrachinonreihe*, die die pflanzliche Faser aus der Küpe in echten gelben bis orangen Tönen färben, erhält man dadurch, daß man 1-Nitro- oder 1-Amino-2-methylanthrachinon-3-carbonsäurehalogenide, die in 4-Stellung Halogen enthalten können u. in denen ein H-Atom der NH_2-Gruppe durch eine Alkyl-, Aralkyl-, Aryl-, Acyl- oder Sulfonylgruppe ersetzt sein kann, mit verküpbaren Aminen der Anthrachinonreihe umsetzt, in den erhaltenen Farbstoffen etwa vorhandene Nitro- sowie Sulfonylgruppen durch Amino-, Alkylamino-, Aralkylamino- oder Arylaminogruppen ersetzt u. gegebenenfalls freie NH_2-Gruppen acyliert. Befindet sich in den Aminoanthrachinonen in o-Stellung zur NH_2-Gruppe ein Halogenatom, eine weitere NH_2-Gruppe, eine Oxy- oder Mercaptogruppe, so können die erhaltenen Verbb. in bekannter Weise in die Imid-, Ox- oder Thiazole übergeführt werden. — So können Farbstoffe erhalten werden aus: 1-Aminoanthrachinon (I) u. 1-Nitro-2-methylanthrachinon-3-carbonsäurechlorid (II) (erhältlich durch Behandeln der freien Carbonsäure mit PCl_5 in Toluol u. anschließende Fällung mit Ligroin, orangefarbenes Kristallpulver, F. 180°), das erhaltene *1-(1'-Amino-2'-methylanthrachinon-3'-carbonyl)-aminoanthrachinon* färbt Baumwolle (**A**) aus rotbrauner Küpe orange; benzoyliert, gelbes Kristallpulver, färbt **A** rein grünstichiggelb; II u. 1-Amino-5-benzoylaminoanthrachinon, färbt echt gelb; II u. 1-Amino-4-benzoylaminoanthrachinon, rotbraunes Pulver, färbt **A** orangerot, benzoyliert, rote Kristallblättchen, färben **A** aus violettroter Küpe orange; II u. 2-Oxy-3-aminoanthrachinon, nach Ringschluß mit konz. H_2SO_4 oder p-Toluolsulfonsäure u. Red. der Nitrogruppe *2-[1-Amino-2-methylanthrachinonyl-(3)]-[anthrachinon-2'(N)3':4.5-oxazol]*, orangebraunes Pulver, färbt **A** gelb; 1.5-Dinitro-2-methylanthrachinon-3-carbonsäurechlorid u. I u. Benzoylierung des erhaltenen 1-(1'.5'-Diamino-2'-methylanthrachinon-3'-carbonyl)-aminoanthrachinons, orangegelbes Kristallpulver, färbt **A** aus weinroter Küpe rein u. kräftig rotstichiggelb. (**D. B. P. 936 589** Kl. 22b vom 15/10. 1952, ausg. 15/12. 1955. Anmeldung bekanntgemacht 23/6. 1955. **Zusatz zu D. B. P. 883 177; C. 1954. 6350.**) O. Roick. 7059

Badische Anilin- & Soda-Fabrik Akt.-Ges., Ludwigshafen/Rh. (Erfinder: **Wilhelm Ruppel**, Mannheim-Käfertal, und **Willi Braun**, Heidelberg), *Kondensationsprodukte*, verwendbar als *Pigmentfarbstoffe* u. als Zwischenprodd. zur Herst. von Farbstoffen, erhält man durch Umsetzen von aromat. KW-stoffen oder ihren einfachen Substitutionsprodd., wie Alkyl-, Oxy- oder Halogenderivv., mit aromat. Nitroverbb. bei $<100^0$ in Ggw. von $AlCl_3$-Schmelzen, die bei n. Temp. fl. sind u. durch Verschmelzen von wasserfreiem $AlCl_3$ mit Verbb. der allg. Formel X_1-CO-X_2 erhältlich sind, wobei X_1 H, Halogen oder eine Alkyl- oder Aminogruppe u. X_2 eine Amino- oder, falls $X_1 = H$ ist, auch eine O-Metallgruppe bedeutet. — Durch die Verwendung dieser neuartigen $AlCl_3$-Schmelzen kann die Rk. unter sehr milden Bedingungen hinsichtlich der Temp. u. Umsetzungsdauer durchgeführt werden. — In eine aus 300 (Gewichtsteilen) $AlCl_3$ u. 75 Harnstoff (**I**) bereitete Schmelze trägt man unter Rühren bei 25° zunächst 20 Bzl. (**II**) u. dann unter Vermeidung einer wesentlichen Temperaturerhöhung 24 Nitrobenzol (**III**) ein, rührt 2 Std. bei 25—30° weiter, trägt in Eiswasser ein, säuert mit verd. HCl an, saugt ab, wäscht mit W. neutral, trocknet u. extrahiert mit **II**. Gelbbraunes Pulver, in den gebräuchlichen Lösungsmitteln u. starken Säuren unlösl., Konstitution unbekannt. — Trägt man in eine aus 400 $AlCl_3$ u. 100 **I** bereitete Schmelze bei 25° unter Rühren erst 50 **II** u. dann 62,5 1-Nitroanthrachinon-2-carbonsäure (**IV**) ein, rührt 1 Std. bei 25° u. dann 3 Std. bei 40°, trägt in W. ein, säuert an, saugt den Nd. ab, wäscht mit W. neutral, zieht mit verd. heißer NaOH aus, saugt wieder ab, wäscht u. trocknet, so wird ein rotbrauner Pigmentfarbstoff (**V**) erhalten. In ähnlicher Weise können weitere Verbb. erhalten werden durch Einw. einer $AlCl_3$-**I**-Schmelze auf: Naphthalin u. **III**, schwarzbrauner **V**; Fluoren (**VI**) u. **IV**, gelbbrauner **V**; **VI** u. **III**, gelber **V**; Acenaphthen (**VII**) u. **III**, violettstichig braunes Pulver, in konz. H_2SO_4 blaugrün lösl.; **VII** u. **IV**, violettbraunes Pulver; Chrysen (**VIII**) u. **III**, braunes Pulver; **VIII** u. 3-Nitrophthalsäure, rotbraunes Pulver; Anthracen u. **III**, schwarzbrauner **V**; 9-Oxyanthracen u. **III**, schwarzes Pulver, färbt Baumwolle aus olivgrauer Küpe kräftig grauoliv (ohne **III** entsteht kein Küpenfarbstoff, an Stelle der $AlCl_3$–**I**-Schmelze können auch andere in D. B. P. 878647; C. **1955.** 11288) angegebene Schmelzen verwendet werden); 1-Chlornaphthalin u. **III**, braunes Pulver. In ähnlicher Weise aus **VIII** u. **IV** mit einer $AlCl_3$–Dimethylformamid-Schmelze rotbraunes Pulver. (**D. B. P. 936 944** Kl. 22b vom 2/4. 1952, ausg. 22/12. 1955. Anmeldung bekanntgemacht 30/6. 1955.) O. Roick. 7059

XIa. Farben. Anstriche. Lacke. Naturharze.

Ehrhard Hellmig, *Praktische Methoden zur Ermittlung der Remissionsfunktionen von Farben mit vorgegebenen Farbwerten, unter besonderer Berücksichtigung von „Unecht-Schwarz“.* Aus gegebenen Farbwerten läßt sich nach der sogenannten umgekehrten Auswahlkoordinaten- bzw. der umgekehrten Gewichtskoordinatenmeth., die besprochen werden, die Remissionsfunktion rechner. ermitteln, was an Beispielen erläutert wird. (Farbe **4.** 2—14. Mai 1955. Leverkusen.) H. Dossmann. 7090

O. Roder, *Zinkstaub als Schutzpigment.* Überblick über Eigg., Herst. u. Anwendungsmöglichkeiten von hochpigmentierten Zn-Staubfarben mit Polystyrol, isomerisiertem Kautschuk oder Chlorkautschuk. (Farbe u. Lack **62.** 51—58. Febr. 1956. Plön [Holstein].) B. Scheifele. 7092

J. D. von Mikusch, *Konjugation bei trocknenden Ölen.* Überblick über synthet. konjugierte Öle u. Vgl. mit dem natürlich konjugierten Holzöl u. dem isoliert-ungesätt. Leinöl (**I**). Dabei werden die hervorragenden anstrichtechn. Eigg. des isomerisierten Leinöls (**II**) bes. hervorgehoben. **II** trocknet 5—8 mal schneller als **I**. Dabei nimmt **II** (mit 45,7% Konjugation) nur ca. $^1/_2$ so viel O_2 auf wie **I**. Bemerkenswert ist, daß das Filmgewicht bei **I** wieder abnimmt, wenn das Maximum erreicht ist, während es bei **II** längere Zeit konstant bleibt. Zwar ist bei konjugierten Ölen die durch farbige Pigmente (z. B. Zinkgrün) bewirkte Trocknungsverzögerung größer als bei **I**, was durch geeignete Trockenstoffkombinationen jedoch überwunden werden kann. **II** polymerisiert (je nach %-Geh. Konjugation) 10—15 mal schneller als **I**. Dies ist bei der Standölkochung (Anwendung niedrigerer Tempp. helle Farbe, niedrige SZ.) wichtig. Verss. von **I**- u. **II**-Filmen bei mehrtägiger Wasserlagerung zeigen, daß **I**-Filme nach Trocknung bis zum konstanten Gewicht einen bedeutenden Verlust aufweisen, während bei **II**-Filmen das Anfangsgewicht zurückerhalten wird. Bzgl. Haltbarkeit im Außenanstrich sind **II**-Filme deutlich überlegen. (Paint Manufact. **25.** 386—91. Okt. 1955. Harburg, F. Thörl's Vereinigte Harburger Oelfabriken.) E. Preu. 7096

S. Medina-Castellanos, *Synthetische Harze für Firnisse. Die Epoxyharze.* (Vgl. C. **1956.** 5137.) Überblick über Herst., Struktur u. Eigg. der Epoxyharze (z. B. Epikote; Shell; Araldit, Ciba), ihre Modifikation durch andere Harze, die Veresterung, die mit

Aminen u. Säuren modifizierten Typen, das Anwendungsgebiet u. die weiteren Aussichten dieser Harze. (Rev. Plásticos **6.** 171—76. Mai/Juni 1955.) R. K. MÜLLER. 7096

Conrad Röthgen, *Wissenswertes über Alkydharze in Kunstharzlacken.* Überblick über die wichtigsten Alkydharztypen u. ihre Bedeutung als Rohstoff für Lacke. (Ind.-Lackier-Betr. **24.** 61—63. März 1956. Bonn.) M. WINIKER. 7096

R. H. McDowel, *Die Alginate in der Anstrichfarbenindustrie.* Verwendung der Alginate als Stabilisatoren für Pigmentsuspensionen u. Emulsionen. Vorschriften für Anstrichfarben auf Basis von W., trocknenden Ölen u. Kunstharzdispersionen mit Alginatzusatz. (Peintures, Pigments, Vernis **32.** 35—38. Jan. 1956.) B. SCHEIFELE. 7096

Wardley D. McMaster, *Geeignete Löserzusammensetzungen für feinere Lacküberzüge.* Für glatt verlaufende Cellulose- u. Kunstharzlacke von hohem Bindemittelgeh. wurden geeignete Lösergemische entwickelt, z. B. für Celluloselacke Lösergemische aus 14-bis 17 Vol.-% Aceton, 10% Isopropanol, 15% Cellosolveacetat, 15% Toluol, 40—43% aliphat. Naphtha (60—90°), 0—6% Butylcellosolve. Für Kunstharzlackfarben Gemische aus 40—60 Vol.-% Naphtha (90—135°) 0—20% Naphtha (150—200°) 20%aromat. Naphtha (140—180°), 10—20% Xylol, 0—10% Toluol, 0—7% Butanol, 0—3% Cellosolve. (Paint Varnish Product. **46.** Nr. 2. 27—29. 76. Febr. 1956. General Motors Corp. Res. Labors. Div.) B. SCHEIFELE. 7100

L. L. Carrick und **George C. Sun,** *Einfluß von γ-Strahlung auf Zug–Dehnungs-Eigenschaften nasser, nichtpigmentierter Sojaalkydharzfilme.* Nasse Filme von ca. 25 μ Trockenfilmdicke aus Sojaalkydharz (41% Ölgeh.) wurden auf Weißblechunterlage γ-Strahlung von 1000 Curie ^{60}Co im Abstand von 5 cm 2,8—71 Std. ausgesetzt, dann 35 Min. bei 146° eingebrannt u. 3—340 Std. bei 25° u. 50% relativer Luftfeuchtigkeit gealtert. Anschließend wurden die Filme durch Amalgamierung abgelöst u. auf Reißfestigkeit u. Dehnung geprüft. Zum Vgl. wurden lichtbestrahlte u. luftgetrocknete Filme herangezogen. Die γ-Bestrahlung nasser Sojaalkydharzfilme ist nur von geringem Einfl. auf deren physikal. Eigg. u. bewirkt nur eine geringe Verkürzung der Induktionsperiode. Maximalbelastung u. Bruch traten nahezu bei dem gleichen Dehnungswert auf. (Paint Varnish Product. **46.** Nr. 2. 30—33. 91. Febr. 1956. Ann Arbor Mich. Univ. of Michigan.) B. SCHEIFELE. 7106

H. J. Rodewald, *Zum Thema Versiegelung.* Der besondere Vorzug der Versiegelung von Fußböden mit DD-Lacken (hohe Abrieb- u. Verschleißfestigkeit, Ausbesserungsfähigkeit, weitgehende Unabhängigkeit von Klima u. Wetter) werden eingehend betrachtet. Dabei werden Hinweise für Herst. u. Verarbeitung gegeben (Farbe u. Lack **61.** 470—72. Okt. 1955.) E. PREU. 7106

John C. Luckman und **Donald D. Howell,** *Polyvinylacetatemulsionspolymerisation und Anwendung.* Übersicht über die Herst. u. Anwendung von Polyvinylacetatlatices als Basis für Anstrichfarben. (Paint Oil chem. Rev. **118.** Nr. 25. 12—14. 16. 15/12. 1955. Celanese Corp. of America.) R. SCHÄFF. 7106

J. L. Huffman, *Styrol–Butadien-Latexfarben für Außenanstrich von Putzflächen.* Styrol–Butadien-Emulsionsfarben (I) sind für Holzaußenanstrich nicht geeignet, geben jedoch auf Putzflächen gute Außenbeständigkeit. Pigmentierung erfolgt auf 35-bis 40 Vol.-% mit Rutil–TiO_2, ZnO, Glimmer, Kieselgur. Auch Ton, Talkum, anorgan. Buntfarben, Phthalocyanine u. Ni-Azo-Komplexgelb können verwendet werden. Geeignete Dispergiermittel: Tamol, K-tripolyphosphat, Tetra-K-pyrophosphat, Schutzkolloide: Methocel–H. G., Konservierungsmittel: Pentachlorphenol sowie Antischaummittel. I kann gegebenenfalls 20—30% Zusatz von Öl oder Alkydharz erhalten; es ist auch auf feuchtem Putz verwendbar, sowie auf alten Öl-, Zement- u. Kalktünchen, die bei starkem Kreiden mit Holzölfarbe, mit Vinyltoluol modifizierten Ölen usw. vorgestrichen werden müssen. Ferner sind I mit Emulsions- u. Ölfarben überstreichbar. (Amer. Paint. J. **40.** Nr. 20. 78. 84—90. 30/1. 1956. Midland, Mich., Dow Chemical Co.) B. SCHEIFELE. 7106

P. A. Dunn, *Epoxyharzdeckanstriche.* Kurze Angaben über das chem. Verh. der Epoxyharze (I). Als Härtemittel für I werden besprochen: Harnstoffharze, Melaminharze u. Phenolharze. Die Einbrenntempp. u. -zeiten werden angegeben. Durch Veresterung von I mit Fettsäuren werden Harze erhalten, die sich zur Herst. von lufttrocknenden Überzügen eignen. Styrolisierte Harzester u. ebenso eine Kombination mit Alkydharzen ergeben schnelltrocknende Holzlacke. Mit Aminen oder Aminaddukten gehärtete I geben nach kurzem Einbrennen Überzüge, die sich durch hohe Chemikalien- u. Lösungsmittelbeständigkeit auszeichnen. Kombinationen mit linearen Polyamiden haben ähnliche Eigg., sind den vorigen aber hinsichtlich Härte, Biegsamkeit u. Widerstand gegen Anlaufen überlegen. Isocyanate geben mit I Polyurethane. (Austral. Plastics **11.** Nr. 121. 17—23. Aug. 1955.) E. PREU. 7106

H. Kalpers, *Kalthärtende Epikote–Harz-Systeme.* Kurzer Hinweis auf die lacktechn. Bedeutung der Epikoteharze. (Plastverarbeiter **6.** 472. Dez. 1955.) M. WINIKER. 7106

W. N. Komarowski, *Eine Methode zur kontinuierlichen chemischen Einwirkung bei der Harzgewinnung.* Beschreibung einer einfachen, aus einer mit einem unteren Tubus versehenen Flasche bestehenden Anordnung, durch die bestimmte, den Harzfluß stimulierende Fll. auf die Stammwunde gebracht werden können. (Гидролизная и Лесохимическая Промышленность [Hydrolysen- u. holzchem. Ind.] **8.** Nr. 7. 10—11. 1955. Zentr. Wiss. Holzchem. Forschungsinst.) M. ULMANN. 7140

George B. Gibson, *Beurteilung eines Möbelüberzugslackes.* Die speziellen Eigg. von Holz als Anstrichuntergrund erfordern bes. Prüfmethoden. Eine neue Meth. zur Prüfung von Möbelüberzugslacken besteht in einer je 14tägigen Alterung erst bei Zimmertemp. u. dann bei 50—60°, darauf erfolgt ein 30maliger Heiß–Kalt-Cyclus von je 1 Std. bei 50 bis 60° u. bei 20°. Ferner wird noch ein Kurzprüfungs- u. ein Sonnenlichtest beschrieben. (Paint Ind. Mag. **70.** Nr. 11. 11—16. Nov. 1955.) E. PREU. 7158

Heinz Chomse, Berlin-Grünau, **Wolfgang Hoffmann,** Berlin-Lichtenberg, und **Peter Seidel,** Berlin-Tempelhof, *Sichtbarmachung von Wärme und wärmeerzeugender Strahlung.* Als Energieumwandler dienen Organophosphore. Man mischt z. B. Organophosphorpulver (z. B. organ. Aktivatoren, wie Uranin, enthaltendes $B(OH)_3$, HPO_3) in Lackmasse, stellt daraus Folien her u. bringt diese durch Belichten zum Luminescieren. Bei differenzierter Einw. von Ultraschall oder Wärme entstehen auf der Folie dann entsprechende Bilder, die photographiert werden können. Verwendung zum Sehen im Dunkeln oder zur Materialprüfung. (**D. P. [DDR] 10 151** Kl. 57b vom 10/5. 1953, ausg. 30/6. 1956 [Wirtschaftspatent].) M. PANKOW. 7093

Koninklijke Fabrieken Talens & Zoon N. V., Holland, *Zusammenstellung von Palettenmalfarben* für Kunst- u. Dekorationsmalerei. Zur Erzielung einer gleichen, schnellen Trocknung der Farben werden diese nach dem Anrühren mit einem trocknenden oder halbtrocknenden Öl, wie Leinöl oder Mohnöl, angerührt u. durch Zusatz eines die Trocknung beschleunigenden oder verzögernden Stoffes auf eine gleiche Trockenzeit gebracht. Im allg. werden mindestens 6 Farben für die Palette benützt. — Farben gleicher Trockenzeit werden z. B. erhalten bei Verwendung von 18000 (Gewichtsteilen) Ockererde, 13000 Leinöl u. 325 Eugenol — oder 20000 Kobaltviolett, 11000 Leinöl u. 150 Nelkenöl — oder 10000 Preußischblau, 8000 Leinöl u. 160 Eugenol — 10000 gelben Ocker, 3000 Leinöl u. 200 eines Siccativs, welches 1,24% Pb, 0,01% Mn u. 0,004% Co enthält. (**F. P. 1 102 698** vom 17/6. 1954, ausg. 25/10. 1955.) M. F. MÜLLER. 7107

Thiokol Chemical Corp., übert. von: **Franklin O. Davis,** Trenton, N. J., V. St. A., *Monomere Disulfide* der Formel $\underline{S(CH_2)_{1-3}Z(CH_2)_{1-3}S}$ (Z = O; S-; OCH_2O-; $-SCH_2S$-, $-OC_2H_4O$-; $-SC_2H_4S$-; $-CH_2$) erhält man durch Wasserdampfdest. eines polymeren Polyalkylenpolysulfids mit der wiederkehrenden Einheit $-S(CH_2)_{1-3}Z(CH_2)_{1-3}S$- in Ggw. von Alkali- oder Erdalkalihydroxyden. Die Sulfide lassen sich in Ggw. von Alkalialkoholaten, Alkali- oder Erdalkalisulfiden, -hydrosulfiden, -polysulfiden, Alkyl- oder Aralkyl- oder Cycloalkylaminen polymerisieren. — Zu einer Mischung aus $Na_2S_{4,27}$, Na-Butylnaphthalinsulfonat, NaOH u. $MgCl_2 \cdot 6\,H_2O$ (sämtliche in 25%ig. Lsgg.) gibt man bei 140° F $ClC_2H_4OC_2H_4Cl$. Die entstandene Latexmischung wird dann mit Wasserdampf dest., wobei *1.4-Thioxan* erhalten wird, das beim Polymerisieren mit Na-Methylat in Methanol ein *kautschukartiges* zähes *Polymerisat* in exothermer Rk. liefert. — $ClC_2H_4SC_2H_4Cl$ → *Dithiodiäthylsulfid.* — Bis-(β-chloräthylformal), $ClC_2H_4OCH_2OC_2H_4Cl$, → *cycl. Dithiodiäthylthioformal.* Bis-β-chloräthylthioformal, $ClC_2H_4SCH_2SC_2H_4Cl$, → *cycl. Dithiodiäthylthioformal.* — Triglykoldichlorid, $ClC_2H_4OC_2H_4OC_2H_4Cl$, → **I.** — Bis-(β-chloräthylthio)-äthan, $ClC_2H_4SC_2H_4SC_2H_4Cl$, → **II.** — 1.10-Dichlor-4.7-dithiadekan → **III.** — Bis-(β-chloräthyl)-amin → **IV** — *Überzugsmassen.* Vgl. A. P. 2 657 198; C. **1955.** 8984. (**A. P. 2 715 635** vom 2/8. 1952, ausg. 16/8. 1955.) G. KRAUSS. 7107

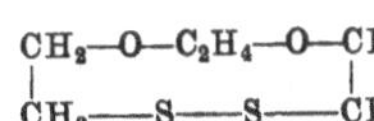

I

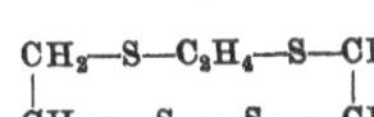

II

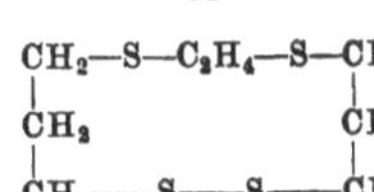

III

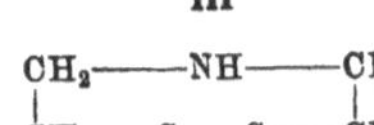

IV

XIb. Plaste (Kunstharze. Plastische Massen).

A. Höchtlen, *Kunststoffrohstoffe.* Übersicht über Herst., Eigg. u. Verwendung der nicht härtbaren Kunststoffe (Polyäthylen, Polystyrol, Polyvinylchlorid, Polyvinylidenchlorid, F-haltige Kunststoffe, Methacrylate, Polyamid, Terephtalsäurepolyester) u. härtbaren u. elast. Kunststoffe (ungesätt. Polyesterharze, Phenolharze, Epoxydharze, Silicone, Polyurethane). — 42 Schrifttumshinweise. (VDI-Z. **98**. 439—42. 1/4. 1956.) W. WESLY. 7170

P. Hoppe, *Kunststoffe.* Übersicht über die im Flugzeugbau angewandten Kunststoffe u. die für die einzelnen Verwendungszwecke dienenden Stoffklassen. — 20 Schrifttumshinweise. (VDI-Z. **98**. 503—05. 11/4. 1956. Leverkusen.) W. WESLY. 7170

R. Anguita, *Die Plastrohre in der Industrie.* Tabellar. Vgl. der Plastrohre mit Rohren aus anderen Werkstoffen, Eigg., Vorteile u. Anwendungsmöglichkeiten der verschied. Typen. (Rev. Plásticos **6**. 316—23. Nov./Dez. 1955.) R. K. MÜLLER. 7170

Gerhard Benthin, *Wirkung von Zusätzen hochschmelzender Paraffine zu Polyäthylen bei der Herstellung von Hohlkörpern.* Die bei FISCHER-TROPSCH-Synth. mit Fe-Katalysatoren unter Druck entstehenden *Hartparaffine* (I) lassen sich in jedem Verhältnis mit Polyäthylen mischen. Ein Zusatz von 10—20% I zu Hochdruckpolyäthylen zeigt günstige Auswirkungen auf die Eigg. daraus hergestellter Flaschen u. ähnlicher Verpackungshohlkörper, nämlich Verbesserung der Härte u. Standfestigkeit, Erhöhung der Dampfdichtigkeit u. Verminderung der Durchlässigkeit für Gase u. Aromastoffe. (Kunststoffe **46**. P 23 bis P 24. März 1956. Wanne-Eickel, Krupp Kohlechemie G. m. b. H., Anwendungstechn. Labor.) M. WINIKER. 7172

Erich Mertes, *Fehlerquellen und ihre Beseitigung bei der Herstellung von Siebdruckschablonen im direkten Photoverfahren mit Polyvinylalkohol.* Zusammenstellung der häufigsten Fehler nebst Hinweisen zu ihrer Vermeidung. (Plastverarbeiter **7**. 98—99. März 1956. Bad Kreuznach.) M. WINIKER. 7172

Daniel Swern, *Epoxydation und Anwendung von Epoxyden in Überzügen.* 1. Mitt. *Darstellung der Epoxyverbindungen.* Neben Epoxyharzen wurden langkettige epoxydierte Ester u. Öle als Stabilisatoren u. Weichmacher für Polyvinylchlorid u. andere Polymere entwickelt. Behandelt wird deren Darst. durch Umsetzung ungesätt. Verbb. mit organ. Persäuren (Perameisensäure, Peressigsäure) sowie die Gewinnung der letzteren. (Paint Varnish Product. **46**. Nr. 5. 27—31. 97. April 1956. Philadelphia, Pa., U. S. Dep. of Agricult., Eastern Reg. Res. Labor.) B. SCHEIFELE. 7176

H. D. Brett, *Polyvinylchlorid-Strangpreßmischungen.* Die Probleme bei der Herst. von Polyvinylchloridmischungen, die sich speziell zur Verarbeitung auf Schneckenstrangpressen eignen, werden aufgezeigt u. erörtert. Ihre richtige Behandlung von seiten des Herstellers u. Verarbeiters der Mischungen ist für einwandfreie Fertigung die erste Voraussetzung. (Plastics **21**. 15—17. Jan. 1956. Vinatex Ltd.) R. SCHÄFF. 7204

T. E. Morrisson, L. J. Zapas und **T. W. DeWitt,** *Apparat zur Messung der dynamischen Eigenschaften von polymeren Systemen bei niedrigen Frequenzen.* Vff. beschreiben einen App. zur Messung der dynam. Eigg. von festen u. fl. Polymeren in dem Frequenzbereich von 0,0003—2 Hz. Es handelt sich bei dem App. in der Hauptsache um eine Modifikation des von KÊ u. ROSS (vgl. Rev. sci. Instruments **20**. [1949.] 795) entwickelten Instrumentes. Mit dem App. wurden Moduln von 10^6—10^{10} Dynen /cm² an Kautschukpolymeren zwischen —80° u. +100° bestimmt. Messungen des Verlustfaktors werden von Werten unterhalb ca. 0,1 ungenau. Mit großem Erfolg wurden die dynam. Eigg. von konz. polymeren Lsgg. bestimmt. Graph. sind die Meßergebnisse des dynam. Moduls u. der dynam. Viscosität einer 7%ig. Lsg. von *Polyisobutylen* in Dekalin wiedergegeben. (Rev. sci. Instruments **26**. 357—60. April 1955. Pittsburgh, Pa., Mellon Inst.) C. GOTTFRIED. 7210

E. I. du Pont de Nemours Co., Wilmington, Del., V. St. A., *Polyaminmischpolymere* erhält man durch Rk. von NH_3 oder Monoaminen (I) mit Epoxymischpolymeren (**II**, die ein Mol.-Gew. von mindestens 800 u. einen Epoxy-O-Geh. von 0,4—8,8, bes. von 0,4 bis 7%, aufweisen. Als I dienen Verbb. der Formel HNR_1R_2, worin R_1 u. R_2 H oder aliphat., gegebenenfalls auch OH-Gruppen enthaltende Reste mit 1—8 C-Atomen, einschließlich cycloaliphat. Reste sind, z. B. Methyl-, Butyl-, Cyclohexyl-, 2-Äthylhexyl-, Allylamin u. Alkanolamine, wie Diäthanolamin. Als **II** werden Mischpolymere eines einfach ungesätt. polymerisierbaren Epoxyminimums, wie bes. Allylglycidyläther (**III**) u. Glycidylmethacrylat, mit einem oder mehreren polymerisierbaren von Epoxygruppen freien Vinylmonomeren, wie Methacryl- u. Acrylsäureester, Styrol, Butadien, Vinylacetat (**IV**), Vinylchlorid, Vinylidenchlorid, Chloropren, Acrylnitril u. Vinyläther verwendet. — 33 (Teile) eines viscosen Mischpolymerisats (erhalten durch Rk. von 30 **III** mit 70 **IV** in 100 Bzl. mit 1 α.α'-Azodiisobutyronitril bei 75° in N-Atmosphäre) werden in Form einer 22%ig. Lsg. in Bzl. mit 5 Diäthanolamin 3 Tage stehengelassen. Das Reaktionsprod. ist in verd. wss. CH_3COOH lösl. u. mit Alkali oder NH_3 fällbar. Es hat einen N-Geh. von 2,3%. Die Prodd. dienen als Überzugs- u. Imprägnierungs-, Kleb- u. Dispergiermittel für Wachse u. Öle sowie als Bindemittel für Tinten u. Farben. (**E. P. 740 720** vom 19/6. 1953, ausg. 16/11. 1955. A. Prior. 23/6. 1952.) J. MÜHLEISEN. 7181

Eastman Kodak Co., übert. von: **Albert C. Smith jr.** und **Cornelius C. Unruh**, Rochester, N. Y., V. St. A., *N-(p-Cinnamoylphenyl)-urethane von OH-Gruppen enthaltenden Polymeren,* welche nachstehende Struktureinheiten I aufweisen, erhält man durch Rk. von Polyvinylalkohol, Polyvinylacetal bzw. -butyral, Celluloseäthyläther u. Cellulosecarboxylester mit p-Isocyanacetophenon (**II**) zu dem p-Acetophenylurethanderiv. des Polymeren u. dessen Rk. mit einem aromat. Aldehyd der Formel **III**, worin n nicht >2 u. R für H, Cl, Br, Alkyl- oder Alkoxy mit 1—4 C-Atomen, Acetamido-, eine $COOR_1$-, eine SO_3R_1- oder eine NR_2R_2-Gruppe steht, R_1 für H bzw. Alkalimetall u. R_2 Alkylreste mit 1—4 C-Atomen bedeuten. Als I dienen z. B.: Benzaldehyd, o-, m- u. p-Toluolaldehyd, 2,5- bzw. 3.5- oder 2.6-Dimethylbenzaldehyd, Furfuraldehyd, Zimtaldehyd, Vanillin, Piperonal, o- u. p-Benzoesäurealdehyd u. deren Alkalisalze, Benzaldehyd-o- bzw. -m-sulfosaure u. deren Alkalisalze, p-Acetaminobenzaldehyd u. p-Dimethyl- oder p-Diäthylaminobenzaldehyd. — Polyvinylbutyral mit 21,9% Vinylalkoholeinheiten wird in Pyridin gelöst u. unter Rückfluß mit **II** 6 Std. erhitzt. Beim Eingießen der Lsg. in W. erhält man eine klebrige M., die wiederholt in Aceton gelöst u. mit W. gefällt wird. Man löst das Prod. in p-Anisaldehyd, gibt dazu eine 10% ig. Lsg. von H_2SO_4 in Essigsäure u. rührt im Dunkeln. Nach 73 Std. gibt man eine Lsg. von Na-Acetat in Essigsäure dazu u. verd. mit Dioxan. Die Lsg. wird mit CH_3OH gefällt u. das Lösen u. Fällen wiederholt. Das Prod. enthält 2,3% N u. 3,2% Methoxygruppen. — Die Prodd. sind lichtempfindlich u. können für *photomechan. Reproduktionszwecke* sowie als *lichthärtende Imprägnierungsmittel* bes. für Faserstoffe verwendet werden. (**A. P. 2 728 745** vom 23/3. 1954, ausg. 27/12. 1955.) J. MÜHLEISEN. 7181

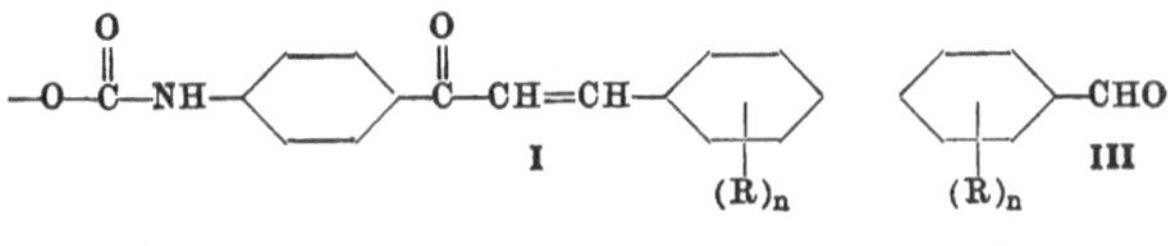

I III

DEHYDAG Deutsche Hydrierwerke G. m. b. H., Düsseldorf (Erfinder: **Winfried Hentrich**, Riehen, Schweiz, und **Rudolf Endres**, Frankfurt/M.), *Lösungs- und Weichmachungsmittel für Cellulosederivate, wie Nitrocellulose,* bestehend aus aliphat. u./oder cycloaliphat. Sulfamiden, die am N wenigstens einen organ. Rest der aliphat., cycloaliphat. oder gemischt aliphat.-cycloaliphat. Reihe substituiert enthalten, z. B. Butylsulfo-N-octadecylamid, Octylsulfo-N-cyclohexylamid, Dodecylsulfo-N-diäthylamid, Cyclohexylsulfo-N-dipropylamid, Chloräthansulfo-N-octadecylamid, Äthylsulfo-N-oleylamid u. dergleichen. (**D. B. P. 936 532** Kl. 39b vom 8/10. 1938, ausg. 15/12. 1955. Anmeldung bekanntgemacht 13/8. 1953.) G. SALZMANN. 7199

René Moreau, Belgien, *Verstärkte Kunstharzplatte.* Man überzieht Metall-, z. B. Stahlgewebe oder -gitter, beidseitig mit Bakelit oder einem entsprechenden Kunstharz, bringt nach Trocknen auf die Oberflächen bakelitimprägniertes Papier auf u. härtet unter Druck. (**F. P. 62 359** vom 5/1. 1952, ausg. 14/6. 1955. **Zusatz zu F. P. 1 009 117; C. 1953. 8224.**) M. PANKOW. 7205

Wilhelm Späth, Beiträge zur Technologie der Hochpolymeren. Gummi und Kunststoffe. Stuttgart: Gentner. 1956. (280 S. m. 100 Abb.) 8°. DM 27,50.

XIII. Ätherische Öle. Parfümerie. Kosmetik.

Nicolas Nicolov, *Die bulgarischen ätherischen Öle und ihre Fabrikation.* Der Einfl. des Klimas, der Erntebedingungen, der Lagerung u. der Behandlung der Blüten auf die Qualität des bulgar. Rosenöles wird ausführlich erörtert. Die gleichen Faktoren beeinflussen die physikal.-chem. Eigg. von Krauseminzöl u. Geraniumöl. Man beginnt in Bulgarien auch Essenzen aus Kamille, Lavendel, Tabak u. Knoblauch herzustellen. (Ind. Parfumerie **10.** 189—94. Mai 1955. Sofia, Chem. Labor. des staatl. Unternehmens „Bulgarska Rosa".) F. GROH. 7262

Michel Gordon, *Beschreibung der hauptsächlichsten Eucalyptusöle.* Eine Übersicht über die verschied. Eucalyptusarten wird gegeben. Die physikal. Eigg. der daraus durch Dest. gewonnenen Öle werden beschrieben. Ihre hauptsächlichsten chem. Bestandteile sind: Isovaleraldehyd, Pinen, Cineol, Phellandren, Terpineol, Citronellol, Geranylacetat, Eudesmol, Eudesmylacetat u. Piperiton. Die Anwendung der Öle in der Pharmazie u. Parfümerie wird erörtert. Verschied. Analysenmethoden, namentlich die Best. des Cineols, werden verglichen. (Ind. Parfumerie **10.** 154—56. April. 184—87. Mai 1955.) F. GROH. 7262

Joseph Kalish, *Flüssiges Rouge.* Winke für die Zus. u. Herst. von Rouge in fl. bis Pastenkonsistenz u. die Auswahl der Rohstoffe werden gegeben. Benetzende u. dispergierende Agentien sollen das Absetzen u. Zusammenbacken der Pigmente verhindern. (Drug Cosmet. Ind. **78.** 176—77. 274—75. Febr. 1956.) H. MÜHLMEISTER. 7284

G. Barnett und **D. H. Powers,** *Messen der Wirkung von Schampoos.* Das von den Vff. hergestellte *Latherometer* (Schaummesser), ein in u. über der Schampoolsg. in einem Meßzylinder mit 38 Hüben/Min. auf u. nieder bewegtes Sieb von 20 Maschen, ermöglichte durch Best. von Menge u. Beständigkeit des erzeugten Schaumes den genauen Vgl. verschied. Schampoos u. Reinigungsmittel u. die Feststellung des Einfl. von Wasserhärte Hauttalg, Schweiß, Lanolin, Mineralölen u. Frisiermitteln. Ergebnisse in 6 Tabellen. (Drug Cosmet. Ind. **78.** 174—75. 267—73. Febr. 1956. Warner Lambert Pharmac. Co., Inc.) H. MÜHLMEISTER. 7294

Midland Silicones Ltd., London, England, *Hautbehandlungsmittel* durch Emulgieren von 5—15% Siliconen, die 2—3 KW-stoffreste pro Mol. tragen, z. B. Dimethylpolysiloxan, in W. mit Fettsäurepartialestern von Glykol oder Glycerin oder Polyäthylenglykol oder dgl. als Emulgiermittel. Es können Therapeutica u./oder Pigmente zugesetzt werden. Auch als *Hautschutzmittel.* — Vgl. auch F. P. 1 078 892; C. **1956. 3437.** (**E. P. 737 134** vom 8/5. 1953, ausg. 21/9. 1955. A. Prior. 23/6. 1952.) K. HEINZE. 7285

Institutum Divi Thomae Foundation, übert. von: **Elton S. Cook** und **Cornelius W. Kreke,** Cincinatti, O., V. St. A., *Hautbehandlungsmittel,* gek. durch einen Geh. an Ca-, Mg-, Mn-, Fe-, Zn-, Li- K- oder Cu-Salzen der Citronen-, Wein- oder cis-Aconitsäure. Einarbeitung der Salze in Salben, Emulsionen u. dergleichen. (**A. P. 2 719 811** vom 1/10. 1945, ausg. 4/10. 1955.) K. HEINZE. 7285

American Cholesterol Products, Inc., Miltown, übert. von: **Lester I. Conrad,** Highland Park, und **Kalmen Motiuk,** New Brunswick, N. J., V. St. A., *Lanolin* wird in seinen Eigg. modifiziert durch partielle oder totale Veresterung seiner OH-Gruppen mit Essig- oder Benzoesäureanhydrid oder Ricinolsäure. Man erhält ein in Mineralöl bis zu 10—25% lösl. farbloses Prod., das zur *Hautpflege* dient. (**A. P. 2 725 334** vom 20/11. 1951, ausg. 29/11. 1955.) O. MÜLLER-MEININGEN. 7285

André Albert Samuel, Frankreich, *Elastisches kosmetisches Fixierungsmittel,* bes. zum Festlegen von Haaren, bestehend aus einer 0,5—8,0%ig. Auflsg. einer elastomeren Verb., wie Kautschuklatex oder Polyisobutylen, in Vaselinöl oder Dioxan. (**F. P. 1 102 563** vom 7/4. 1954, ausg. 24/10. 1955.) M. F. MÜLLER. 7285

Gillette Co., Boston, Mass., V. St. A., *Dauerwellverfahren.* Das gewickelte Haar wird mit einer Kaltwellsg., z. B. einer 0,55n Lsg. von NH_4-Thioglykolat in W., die 1,6 Mol/Liter $(NH_4)_2CO_3$ enthält u. die mit NH_4OH auf p_H 8,65 eingestellt ist, ca. 25 Min. behandelt. Die Lsg. wird dann im gewickelten Haar soweit verd., daß sie prakt. nicht mehr wirkt. Man setzt darauf das gewickelte Haar mit der verd. Lsg. längere Zeit der Luft aus, bis das Haar oxydiert u. die Dauerwelle entwickelt ist; anschließend wird das Haar abgewickelt u. gegebenenfalls noch mit einem Oxydationsmittel behandelt. — Weitere geeignete Kaltwellsgg. sind z. B. 1. 0,5n Lsg. von Cystein·HCl, die 2,5 Mol/Liter Harnstoff enthält, deren p_H-Wert mit NH_4OH auf 9,35 eingestellt ist. 2. 0,6n Lsg. von NH_4-Mercaptoäthansulfonat (p_H mit NH_4OH auf 9,3 eingestellt). (**E. P. 735 308** vom 2/5. 1952, ausg. 17/8. 1955. A. Prior. 20/11. 1951.) E. PETERSEN. 7285

Bubal Soc. An., Basel, Schweiz, *Verfestigen des Haares nach vorausgegangener Behandlung mit einem bleichenden Oxydationsmittel.* Das Haar wird außer mit eiweißverfestigenden Substanzen, wie Sulfosalicylsäure, auch mit einem Stoff behandelt, der auf Bleichmittel reduzierend wirkt, bes. Dithioniten, Thiosulfaten, Ascorbinsäure, Hypophosphiten, gegebenenfalls unter Mitverwendung von Katalysatoren, z. B. Mn-Salzen. (**Schwz. P. 309 459** vom 13/11. 1950, ausg. 1/11. 1955. D. Prior. 9/12. 1949.) E. PETERSEN. 7285

Ethicon Co., vormals Ethicon Suture Laboratories Co., New Brunswick, N. J., V. St. A., *Haarentfernungsmittel* auf der Grundlage von Thioglykolat (I), das in einem wss. Gel, das keine freie Säuregruppe enthält u. gegen Alkali beständig ist, z. B. Methylcellulose (II), u. das mit I, z. B. Ca-Thioglykolat, gesätt. ist, außerdem noch einen Überschuß an I in koll. Form u. gegebenenfalls noch ein Desinfektionsmittel, z. B. ein Diphenylmethanderiv., enthält. — Beispiel: 2,25 g II (4000 Centipoises bei 20° für eine 2%ig. Lsg.), 3,00 I, 3,20 $Ca(OH)_2$, 0,50 2,2'-Di-3.5.6—3'.5'.6'-hexachlordiphenylmethan 2,00 p-Diisobutylphenoxypolyäthoxyäthanol, 5,00 Parfüm, 5,00 Sorbitan, W. auf 1000. (**E. P. 733 113** vom 5/6. 1953, ausg. 6/7. 1955. A. Prior. 6/6. 1952.) E. PETERSEN. 7285

XIV. Zucker. Kohlenhydrate. Stärke.

Henry B. Hass, *Die Zukunft des Zuckers als Rohstoff.* Erzeugnisse der Zuckerindustrie können in vielen Fällen Prodd. ersetzen, die üblicherweise auf Kohle- oder Erdölbasis hergestellt werden. Es werden aufgeführt: oberflächenakt. Stoffe, Furfurol (für Nylon), 2-Methylpiperazin (durch katalyt. Hydrierung von Zucker in NH_3-Ggw. zur Herst. von

Fasern) u. die Gewinnung von N-haltigem Viehfutter durch NH_3-Behandlung von Rübenschnitzeln oder Melasse. (Z. Zuckerind. 6 (81). 135—37. 20/3. 1956. New York, N. Y., Inst. für Zuckerforsch.) M. REIHER. 7400

George E. Rush und **Don L. Oldemeyer,** *Gute Aussichten für Zuckerrübensamen mit einem Keim.* Durch systemat. Rückkreuzung mit bestem handelsüblichen Sorten mit mehreren Keimen läßt sich Saatgut mit nur einem Keim erhalten, aus dem Rüben gezogen werden können, die hinsichtlich Zuckergeh. u. Ertrag den bisher bekannten nicht nachstehen. Auf die Schwierigkeiten beim Anbau (kleiner Samen!) wird hingewiesen. (Sugar **51.** Nr. 2. 36. Febr. 1956.) M. REIHER. 7406

S. Di Caro, *Kupferoxychloride bei der Bekämpfung von Cerospora beticola.* Bericht über die Wrkg. verschied. Cu-Oxychloridpräpp. bei Verss. in den Jahren 1951—1953. Generell wurden der Geh. an Zucker u. der Ertrag gesteigert. (Coltivatore Giorn. vinicolo ital. [N. S.] **101.** Nr. 6. 22—23. Juni 1955.) C. GRIMME. 7406

Wolfgang Maurer, *Eine neue Möglichkeit zur Abtrennung der Stärke von ihren Begleitstoffen bei der Weizenstärkegewinnung.* Durch Zugabe von H_2O_2 zu Weizenstärkesuspensionen läßt sich eine Aufteilung der nach der Auswaschung anfallenden unreinen Weizenstärke in reine Stärke u. Fremdstoffe, bes. Proteine, erzielen. Die Rk. gelingt nur bei Einhaltung feststehender optimaler Bedingungen: Verwendung von frischer Stärkemilch; p_H 6,3; Temp. 10—15°; D. 1,020—1,025 (1,030); 2 cm^3 30%ig. H_2O_2 auf 1000 cm^3 Stärkemilch. Die Verss. wurden laboratoriumsmäßig u. unter Betriebsbedingungen mit 15 m^3 Stärkemilch durchgeführt. (Stärke **8.** 6—11. 1956.) H. ROSSOW. 7448

E. J. Roberts und **L. F. Martin,** *Quantitative Aminosäurebestimmung im Zuckerrohrsaft.* Zusammenfassender Überblick mit 20 Literaturzitaten. (Sugar **51.** Nr. 1. 32—33. Jan. 1956. New Orleans, La., Southern Reg. Res. Labor.) M. REIHER. 7474

A. Ciferri, G. B. Gechele, E. Mariani und **G. Torraca,** *Quantitative chromatographische Bestimmung von Aminosäuren in Melassen.* Vff. beschreiben eine Meth., um Aminosäuren von Zuckermelassen zu bestimmen. Als Adsorbens verwenden sie Dowex 50-x4-Harz, das sauer behandelt u. als Na-Salz angewendet wird. Elutionsgeschwindigkeit 4 ml/Std., Kolonnenhöhe 110 cm. Für die Best. von bas. Aminosäuren u. γ-Aminobuttersäure wird mit 4,5 ml/Std. u. 20 cm Kolonnenhöhe gearbeitet. Bei verschied. Puffern werden die Eluate in Fraktionen von 1 ml gesammelt. Die colorimetr. Best. wird je Fraktion mit 1 ml 1%ig. Ninhydrinlsg. durchgeführt. Mit einer Menge von 65 mg Zuckerrübenmelasse können mit Ausnahme von *Phenylalanin* (0,11), *Methionin* (0,21) u. *Threonin* (**I**; 0,17) folgende Aminosäuren bestimmt werden (mg/g Melasse): *Asparaginsäure* (**II**; 1,91), *Serin* (**V**; 0,46), *Glutaminsäure* (**III**; 4,99), *Glycin* (**IV**; 1,14), *Alanin* (5,64), *Valin* (1,79), *Isoleucin* (3,19), *Leucin* (2,79), *Tyrosin* (4,73), *γ-Aminobuttersäure* (0,16), *Lysin* (0,52) u. *Arginin* (0,26). Die Best. von Prolin wird durch **IV** gestört. Die Maxima von **III** u. **II** liegen hier an anderen Stellen. Es wird vermutet, daß Änderungen durch andere Ninhydrin-positive Verbb. in der Melasse hervorgerufen werden. Gegenüber Rübenzuckermelasse ist Rohrzuckermelasse in ähnlicher Konz. aminosäurenärmer, wobei **I, II** u. **V** hauptsächlich vertreten sind. Alle anderen sind in viel geringerer Konz. enthalten. (Int. Sugar J. **57.** 99—102. April 1955. Rom, Inst. für angew. u. ind. Chem. der Ingenieur-Fakultät.) J. MILLER. 7476

Jan Szulc, *Anwendung der polarographischen Methode zur Kontrolle der Zuckerfabrikation.* Die vom Vf. ausgearbeitete polarograph. Meth. zur Reinheitsbest. von Zucker ist genauer als die colorimetrische. Sie beruht auf der Abhängigkeit der Höhe des O_2-Maximums von dem Geh. an oberflächenakt. Stoffen (**I**) des Weißzuckers. Es besteht angenäherte Proportionalität zwischen Aschegeh. u. **I**. Vergleichssubstanz ist chem. reine Saccharose. (Gaz. Cukrownicza **57.** 184—86. 1955.) F. URBAN. 7488

H. E. Duintjer, *Eine neue Methode zur Bestimmung der Feinheit von Kartoffelreibsel.* Zur Kontrolle der Arbeit von Kartoffel- u. Pülpereiben, d. h. zur Kontrolle der Feinheit des Kartoffelreibsels, wird vom Vf. ein schnell arbeitendes Verf. angegeben u. eine entsprechende App. beschrieben, die eine Fraktionierung durch Sedimentation der Teilchen erlaubt. Der App. entspricht der von KOPECKY für Bodenanalysen angegebenen Anordnung. Es genügen im Falle der Reibselunters. 3 Röhren von 40, 63 u. 93 mm Innendurchmesser, durch die der zu fraktionierende Stoff durch einen Wasserstrom hindurchgeführt wird. Da die groben, einen höheren Stärkegeh. besitzenden Faserteilchen eine höhere Ablagerungsgeschwindigkeit als feinere Teilchen besitzen, kann aus der Größe der Fraktion auf das Arbeiten der Reiben u. die Feinheit des Reibsels zurückgeschlossen werden. (Stärke **7.** 116—19. 1955. Veendam/Holland.) M. ULMANN. 7490

W. A. C. Campen und **H. Geerling,** *Ein einfaches Gerät, um Zucker von Stärke und Dextrin durch Extraktion mit warmem Alkohol zu trennen.* Man befeuchtet ein in einen

Glastiegel mit Sinterboden eingelegtes, stärkefreies Filtrierpapier mit 90% ig. A., bringt 2 g der Probe auf das Filtrierpapier, hängt den Tiegel an einen durch einen Rückflußkühler laufenden Stab, schließt an den Kühler einen Weithalskolben (Abb.) mit 55 cm^3 90 % ig. A. an, extrahiert 3 Std., läßt abkühlen, wäscht die Kolbenwand mit 45 cm^3 W. u. extrahiert nochmals 3 Stunden. Die Lsg. wird auf Zucker, der Rückstand auf Stärke untersucht. (Chem. Weekbl. **49.** 416—17. 13/6. 1953. Maastricht, Rijkslandbouwproefstat.) W. WESLY. 7490

— (Erfinder: **Wilhelm Heck,** Magdeburg), *Gewinnung des Zuckersaftes aus Rübenschnitzeln durch stetige Auslaugung.* Die Schnitzel werden durch einen Förderer in offener Lagerung in einer Rinne im Gegenstrom zur Auslaugungs-Fl. fortbewegt u. die letztere in einzelnen Teilkreisläufen im Querstrom durch den Schnitzelstrang geführt. — Vorrichtung. (**D. P. [DDR] 6 987** Kl. 89c vom 15/2. 1944, ausg. 12/4. 1954 [Ausschließungspatent].) T. OPPERMANN. 7413

Pfeifer & Langen, Köln, und **Braunschweigische Maschinenbauanstalt** (Erfinder: **Eugen Langen**), Braunschweig, *Kontinuierliche Turmextraktion von Zuckerrübenschnitzeln,* dad. gek., daß vor Einführung der Schnitzel in den Turm der Transportsaft abgetrennt u. im Umfang des Frischsaftabzuges zum Vorwärmen des zu extrahierenden Gutes u. anschließend als Nutzsaft verwendet wird, während der restliche Teil des abgetrennten Transportsaftes zusammen mit dem Frischsaft zum Einmachen weiterer Schnitzel dient. — Zeichnung. (**D. B. P. 943 519** Kl. 89c vom 8/1. 1952, ausg. 24/5. 1956. Anmeldung bekanntgemacht 3/11. 1955.) A. GRADL. 7413

Max Stuntz, Magdeburg, *Verfahren zum Verdampfen für die Zuckerindustrie,* dad. gek., daß der zusätzliche Frischdampf zur Verdampfanlage für die Krafterzeugung mitbenutzt wird u. der Abdampf unter einem nicht üblichen Druck von z. B. über 4 at zur Brüdenrücknahme in der Verdampfanlage durch einen oder mehrere Dampfstrahlverdichter verwendet wird. Hierbei kann die Verdampferanlage je nach der Heizflächengröße aus einem Verdampfer oder mehreren gleichgeschalteten Verdampfern bestehen. — Vorrichtung. (**D. P. [DDR] 6 986** Kl. 89d vom 22/7. 1944, ausg. 14/5. 1954 [Ausschließungspatent].) T. OPPERMANN. 7415

Blattmann & Co. (Erfinder: **M. Stärkle, E. Meier** und **C. Christoffel**), Wädensil, Schweiz, *Herstellung von Abbauprodukten von verätherten oder veresterten polymeren Kohlenhydraten* (I), z. B. *Tapiokastärke,* dad. gek., daß man die I unter Vakuum einer teilweisen Entwässerung unterwirft u. dann, gegebenenfalls nach einem therm. Abbau unter Ausschluß von O_2, Verätherungs- oder Veresterungsmittel unter Vakuum einwirken läßt u. einen therm. Abbau vornimmt u. schließlich im Vakuum kühlt. — Die Verätherungs- oder Veresterungsmittel können auch zuerst zugegeben werden u. die Entwässerung unter gleichzeitiger Zugabe weiterer solcher Mittel zeitweilig unterbrochen werden. — Vgl. auch D. B. P. 933 147; C. **1956.** 3705. (**Schwz. PP. 307 521** vom 18/3. 1952 u. **307 522** vom 16/3. 1953, beide ausg. 1/8. 1955. **Zusatz zu Schwz. P. 289 057; C. 1954. 5926.**) G. SALZMANN. 7449

Universal Oil Products Co., Chicago, übert. von: **George L. Hervert,** Downers Grove, Ill., V. St. A., *Wäschestärke,* bestehend aus Glanzstärke u. 0,01—10% eines in W. dispergierbaren Antischmutzmittels; letzteres ist ein substituiertes einkerniges Phenol, enthaltend 1—2 OH-Gruppen pro Mol. u. 1—3 Alkylgruppen mit je $\leqq$5 C-Atomen. — Beispiel: 2.4-Dimethyl-6-tert.-butylphenol. (**A. P. 2 728 683** vom 9/9. 1952, ausg. 27/12. 1955.) A. GRADL. 7449

Heinz Ludewig, Max Nacke, Alfred Rau und **Theodor Anacker,** Dresden, *Gewinnung der Gesamtstärke, insbesondere Weizenstärke, aus Mehl,* dad. gek., daß die Rohstärkemilch mit trockenem Stärkepuder zu einem trockenen, bröckeligen Teig verarbeitet oder in Granuliervorrichtungen entsprechend aufgeteilt u. dann auf übliche Weise schonend getrocknet u. anschließend gemahlen wird. (**D. P. [DDR] 8 880** Kl. 89k vom 22/10. 1953, ausg. 20/12. 1954 [Wirtschaftspatent].) T. OPPERMANN. 7449

Hoffmann's Stärkefabriken Akt.-Ges. (Erfinder: **Hans Ritter**), Bad Salzuflen, *Verfahren zur Gewinnung von Roggenstärke.* Inhaltlich ident. mit D. B. P. 918 440; C.**1955.** 8988. (**D. P. [DDR] 3 991** Kl. 89k vom 8/10. 1941, ausg. 14/12. 1953 [Ausschließungspatent].) T. OPPERMAEN. 7449

Stamicarbon N. V., Heerlen (Erfinder: **Pieter Willem Hage,** Koog aan de Zaan), Holland, *Trennung von Stärke und Eiweiß* durch kombiniertes Hydrozyklon- u. Flotationsverf., wobei die Stärke–Eiweiß-Suspension mit der Luft dem Hydrozyklon gemeinsam zugeführt werden. (**D. B. P. 939 140** Kl. 89k vom 17/7. 1954, ausg. 16/2. 1956. Anmeldung bekanntgemacht 18/8. 1955. Holl. Prior. 17/7. 1953.) A. GRADL. 7449

Soc. Delmousée & Cie., Frankreich, *Gewinnung von Traubenzucker aus Traubensaft.* Dieser wird zunächst unter Durchleiten durch einen Kationenaustauscher u. anschließend durch einen Anionenaustauscher gereinigt u. gleichzeitig entfärbt. Der gereinigte Traubensaft wird zu einem Sirup eingedampft oder durch Zerstäuben eingetrocknet. Das gewonnene Prod. wird z. B. einem zuckerarmen oder sauren Traubensaft zugesetzt, um daraus einen alkoholreichen Wein herzustellen. (**F. P. 1 102 258** vom 10/6. 1954, ausg. 18/10. 1955.) M. F. MÜLLER. 7461

XV. Gärungsindustrie.

Grete Møller Christensen, *Anwendung von Natriumacetat bei Wildhefeuntersuchungen.* In Verss. mit mehreren verschied. Hefen wird gezeigt, daß die Sporenbldg. kräftig angeregt wird, wenn man den Nd. nach 24 std. Incubation der gehopften Würze bei 25° auf Filterpapier bringt, das mit 0,5%ig. Na-Acetatlsg. befeuchtet ist u. weiter damit befeuchtet gehalten wird. Nach erneuter 48 std. Incubation bei 25° wird in steriles W. abgeschlämmt u. in einer THOMAS-Zählkammer auf sporenbildende Zellen geprüft, wobei mit Kontrollen verglichen wird, die entsprechend mit sterilem W. befeuchtet gehalten wurden. In den untersuchten Hefen beträgt das Verhältnis zwischen den sporulierenden Zellen in Probe u. Kontrolle ~2—2,5. Auf diesem Wege ist der Nachw. von Wildhefeinfektion in Kulturhefen wesentlich vereinfacht u. eine Kontrolle durch mkr. Unters. möglich. (Brygmesteren **12.** 305—12. Nov. 1955. København, A. Jørgensens gaeringsfysiol. Labor.) R. K. MÜLLER. 7506

Winkler und **Grünewald,** *Erste Mälzungsergebnisse von Gersten der Ernte 1953.* (Brauwelt, Ausg. B **1953.** 1045. 2/10. — C. **1953.** 9015.) M. WINIKER. 7540

Peter R. Motley, *Einige Gesichtspunkte skandinavischer Brauereipraxis.* Einrichtungen u. Methoden bes. dän. u. schwed. Brauereien werden mit engl. Verhältnissen verglichen. Zwischen Infusions- u. Dekoktionsbieren konnten keine Geschmacksunterschiede festgestellt werden. (Brewers' Guild J. **40.** 553—70. Nov. 1954.) H. G. SCHULTZE-BERNDT. 7550

F. B. Strandskov und **J. B. Bockelmann,** *Antibiotica als Inhibitoren von mikrobiologischen Schädigungen im Bier.* Inhaltlich ident. mit der C. **1956.** 7379 referierten Arbeit. (Wallerstein Lab. Commun. **17.** 25—33. März 1954.) H. HAEVECKER. 7550

J. Spaepen, *Die notwendige Vereinheitlichung bezüglich der Einteilung der zur Alkoholbestimmung verwendeten Aräometer.* (Vgl. C. **1955.** 2964.) Auf Grund der Verschiedenheit der in den zahlreichen Ländern verwendeten, im einzelnen beschriebenen Aräometer wird die einheitliche Verwendung von Aräometern empfohlen, die in g/cm³ eingeteilt sind u. 20° als Bezugstemp. zeigen. (Fermentatio [Gand] **1955.** 279—99. 1955. Brüssel, Minist. van Economische Zaken.) W. WESLY. 7590

L.-R. Bishop, *Vergleichende Studien der Verfahren der Hopfenanalyse.* Bericht des Analysenausschusses des Europäischen Brauereikonvents umfaßt ca. 1000 Bestimmungen des Feuchtigkeitsgeh. von Hopfen in 40 Labors. in 10 verschied. Staaten. In Trockenschränken bei 98 u. 106° verdampfen äther. Öle u. oxydieren sich andere Bestandteile. Nach dem vorläufigen Verf. der Übereinkunft wird im Exsiccator über P_2O_5 auf Glaswolle (5—10 ml/g Hopfen) 4 Wochen lang getrocknet oder mittels wassergesätt. organ. Fl. (Methylcyclohexan oder n-Heptan) im App. nach DEAN-STARK aus Pyrex das W. abdestilliert. — 9 Tabellen u. 1 Diagramm. (Brasserie **10.** 195—202. Okt. 1955.) H. GUDE. 7598

Malvin J. Mayer, Jerome W. Morton und **Stephen Laufer,** *Statistische Qualitätskontrolle, angewandt auf Brauereiausbeuten.* Inhaltlich ident. mit der C. **1954.** 3826 referierten Arbeit. (J. agric. Food Chem. **1.** 404—08. 27/5. 1953.) G. TREWENDT. 7600

M. Laupheimer, *Zur Vorausbestimmung der Haltbarkeit des Bieres.* Mit dem Photometer EPPENDORF wurden Ammonsulfat-Fällungsgrenze (**I**) u. -Fällungslinie (**II**) bestimmt; **I** wird durch direkte Titration gemessen u. gibt die voraussichtliche Haltbarkeitszeit an, **II** die zu erwartende Trübungsstärke. Zur Best. von **II** gibt man zu 10 ml Bier steigende Mengen Ammonsulfat u. mißt die Trübung nach 30 Min. photometrisch. Die photometr. gemessene Trübung stimmt mit der visuell empfundenen nicht immer überein. **II** zeigt deutliche Knickpunkte; sie eignet sich besser zur Beurteilung als die „Trübungsstärke" nach HARTONG, ENDERS u. SAJI (Wschr. Brauerei **56.** [1939.] 153. 329). Bes. zur Voraussage der Kältestabilität wird **I** mit ESBACHs Reagens verwendet. Die Best. von **II** mit ESBACHs Reagens ist weniger geeignet. (Brauwissenschaft **1954.** 264—66. Dez., Beilage zu: Brauwelt, Ausg. B. Braunschweig, I. A. Schmalbach, Betriebslabor.) H. G. SCHULTZE-BERNDT. 7600

Joseph L. Owades und **Earl D. Stewart,** *Eine Schnellmethode zur Bestimmung von Calcium im Bier.* Vff. wenden eine spektrophotometr. Meth. auf Bier an, dessen Farbe,

Trübung u. Inhaltsstoffe die Ca-Best. nicht stören. Reagentien: Standard-Ca-Lsg. (I; 1 ml = 0,1 mg Ca): 250 mg $CaCO_3$ + 1 ml HCl mit W. zum Liter aufgefüllt. EDTA-Lsg. (II; 1 ml = 0,2 mg Ca): 1,819 g Dinatriumdihydrogenäthylendiamintetraacetat in 1 Liter W. gelöst. 0,2%ig. Ammoniumpurpuratlsg. (III): 10 mg des Indicators in 5 ml W. gelöst. Die lichtempfindliche Lsg. muß wöchentlich frisch bereitet werden. 9n NaOH: 36 g NaOH in W. auf 100 ml aufgefüllt. Zur Standardprüfung werden zu 25 ml **I** 1 ml 9n NaOH u. 3–4 Tropfen **III** gegeben u. mit **II** bis zum Umschlag nach Purpur titriert. Zur Best. im n. Bier (20–100 mg Ca/Liter) werden 5 ml Bier, 5 ml W., 0,2 ml 9n NaOH u. 1 Tropfen **III** in eine Küvette gegeben. Die Vergleichsküvette wird mit 10 ml W. u. sonst in gleicher Weise beschickt. Die Titration mit **II** erfolgt bei 620 mμ. Der Ca-Geh. wird durch graph. Auswertung ermittelt. (Amer. Brewer **87**. Nr. 8. 42–43. Aug. 1954. Mount Vernon, N. Y., Schwarz Labors., Inc.) H. G. SCHULTZE-BERNDT. 7600

E. Kielhöfer und **H. Aumann**, *Zwei neuere Süßstoffe und ihr Nachweis im Wein.* Der Zusatz von *1-n-Propoxy-2-amino-4-nitrobenzol* (*Ultrasüß*) zum Wein wird nach Extrahieren mit Octylalkohol durch Diazotierung u. Kupplung mit α-Naphthol (Rotfärbung) nachgewiesen; Nachweisgrenze 0,25 γ Süßstoff im ml Wein. *Natriumcyclohexylsulfamat* (*Sucaryl*) wird nach vorheriger Oxydation des im Wein enthaltenen SO_2 durch H_2O_2 u. Ausfällung der Sulfate als $BaSO_4$ durch Abspaltung der Sulfongruppe mittels Na-Nitrit u. Überführung in $BaSO_4$ nachgewiesen u. auch bestimmt. Nachweisgrenze 40 γ Süßstoff je ml. (Dtsch. Weinbau, wiss. Beih. **9.** Nr. 6. 1–5. Dez. 1955. Trier, Weinforschungsinst.) E. KIELHÖFER. 7606

I. A. Jegorow und **N. B. Borissowa**, *Trennung und quantitative Bestimmung von Ketosäuren im Wein nach der Methode der Verteilungschromatographie auf Papier.* Zur Trennung u. Best. werden die Ketosäuren in die Hydrazone übergeführt. 10 ml Wein werden im Scheidetrichter mit 1 ml einer 0,4%ig. Lsg. von 2.4-Dinitrophenylhydrazin (**I**) in 2n HCl versetzt, gut vermischt u. 45 Min. stehengelassen. Anschließend wird 5 mal mit Ae. (5 ml) ausgeschüttelt u. jeweils noch mit 5 ml Ae. nachgewaschen. Die vereinigten Ae.-Auszüge werden nun im Vakuum bis zur Trockene eingedampft, der Rückstand in 3 ml 2n NH_3 gelöst. Zur Entfernung von überschüssigem **I** wird mit Ae. so lange behandelt, bis der Ae. nicht mehr gefärbt ist. Zur Trennung werden 0,1 ml auf Papierstreifen aufgebracht. Fließmittel Butanol–A.–W. (40 : 10 : 50). Die quantitative Best. der getrennten Säuren (Ketoglutarsäure u. Brenztraubensäure) erfolgt nach Elution der Flecken mit 4 ml 1n NaOH (20 Min. Zentrifugieren bei 3000 U/Min.) nach 45 Min. mit Hilfe eines photoelektr. Colorimeters (Blaufilter, Schichtdicke 3 mm). (Доклады Академии Наук СССР [Ber. Akad. Wiss. UdSSR] **104.** 433–35. 21/9. 1955. Bach-Inst. für Biochem. der Akad. der Wiss. der UdSSR.) R. WITTWER. 7606

Emil Bergander, Berlin-Friedrichshagen, *Herstellung eines zur Weiterverarbeitung auf Mikrobennährböden geeigneten Hefextraktes.* Hefe, z. B. sogenannte Bodensatzhefe von Melassebrennereien, wird in Melassedickmaischen bei Tempp. bis 38° mit ausschließlich organ. N-Nahrung 26–28 Std. prakt. infektionsfrei gezüchtet, der aus der vergorenen Würze durch Separieren gewonnene Hefebrei steril enzymat./hydrolyt. autolysiert, der z. B. durch Separieren von den Zellhäuten befreite Autolysatdünnsaft in N_2-Atmosphäre schonend vorverdickt, im Vakuum durch Zerstäubung getrocknet u. als Pulver luftdicht abgefüllt. (**D. P. [DDR] 8 707** Kl. 30h vom 20/11. 1953, ausg. 13/12. 1954 [Wirtschaftspatent].) G. WELTZIEN. 7507

VEB Farbenfabrik Wolfen, Wolfen, Krs. Bitterfeld (Erfinder: **Gustav Butschek**, Dessau-Haideburg, **Günter Hilgetag** und **Alfred Rieche**, Wolfen, Krs. Bitterfeld), *Züchtung eines an Fett und Kohlenhydraten reichen Eiweißpilzes* aus Zellstoffablaugen, dad. gek., daß die nach bekannten Verff. submers gezüchteten fettarmen, aber eiweißreichen Pilze, vorzugsweise Torulopsis-, Candida-, Oosporahefen, in der kohlehydrathaltigen Zellstoffablauge ohne Zusatz von N_2-Verbb., jedoch nach Zugabe der notwendigen Nährsalze, bes. von H_3PO_4-Salzen, unter Luftzuführung derart behandelt werden, daß für eine wiederholte oder ständige Erneuerung der verbrauchten Nährlsg. gesorgt wird. Hierbei wird die Hefekonz. möglichst konstant, vorzugsweise zwischen 5 u. 15% Preßhefe, gehalten. Die Arbeitstemp. beträgt vorzugsweise 5–20°. (**D. P. [DDR] 6 551** Kl. 6b vom 2/9. 1942, ausg. 4/3. 1954 [Wirtschaftspatent].) T. OPPERMANN. 7507

VEB Farbenfabrik Wolfen (Erfinder: **Gustav Butschek, Günter Hilgetag** und **Alfred Rieche**), Wolfen, *Züchtung von Pilzen in Sulfitablaugen und Schlempen.* Die Sulfitablaugen werden vor dem Zulaufen zum Züchtungsgefäß auf ein p_H von vorzugsweise 8 eingestellt oder Schlempen entsprechend mit weniger Säure oder sauren Salzen versetzt, oder während der Züchtung wird laufend ein alkal. Mittel zur Aufrechterhaltung des genannten p_H zugegeben. (**D. P. [DDR] 6 612** Kl. 6a vom 15/5. 1943, ausg. 1/3. 1954 [Wirtschaftspatent].) G. WELTZIEN. 7507

Reinhard Thomas, Guben, *Herstellung von hochwertigem Primasprit* aus Melasse, Hefelüftung- u. Laugenrohsprit sowie anderen Rohspriten, dad. gek., daß leichtsd. Alkohole, Aldehyde u. Ester aus im Gleichstrom geschalteten Kondensatoren einer Vorreinigungs- u. Vorlaufkolonne ununterbrochen aus dem Destillationsprozeß ausgeschieden u. in einer Aldehydkolonne zu einem hochkonz. Endprod. mit mindestens 93 Gew.-% aufgearbeitet werden. — Vorrichtung. (**D. P. [DDR] 9 006** Kl. 6b vom 10/3. 1953, ausg. 14/1. 1955 [Wirtschaftspatent].) T. OPPERMANN. 7537

Brüder Reininghaus Brauerei Akt.-Ges., Graz, *Herstellung von Grünmalz*, bes. Malz nach Pilsener Art, durch Wanderhaufenmälzerei unter einzelner oder gruppenweiser Belüftung der Tagesabschnitte des Keimbeetes, dad. gek., daß bei Anwendung des an sich bekannten Rückluftsyst., bei dem eine von mehreren Tagesabschnitten abgeleitete Rückluft aufeinanderfolgenden Tagesabschnitten in Form von Mischluft mit abnehmenden Frischluftanteilen zugeführt wird, in den letzten Tagesabschnitten des Keimbeetes zur Belüftung des Althaufens unvermischte Rückluft verwendet wird, die derart konditioniert ist, daß die Temp. des Althaufens 18° nicht übersteigt. (**Oe. P. 183 724** vom 10/11. 1953, ausg. 10/11. 1955.) T. OPPERMANN. 7541

Československé pivovary, lihovary akonservarny (Erfinder: **Václav Salač**), Prag, *Hopfenverarbeitung durch autokatalytische Isomerisation von Humulon.* Der Hopfenauszug wird bei einem Bereich von p_H 6,2—7,5 ca. 10—120 Min. gekocht. — Z. B. wird bei einem p_H-Wert von unter 7 weniger als 90 Min. unter einem Druck von weniger als 10 at gekocht. (**D. P. [DDR] 8 977** Kl. 6a vom 23/5. 1951, ausg. 5/1. 1955 [Ausschließungspatent].) M. F. MÜLLER. 7541

Wallerstein Co., Inc., New York, übert. von: **Philip P. Gray**, Forest Hills, N. Y. V. St. A., *Malzgetränke.* Zur Vermeidung des Überschäumens (Wildwerdens) wird dem Getränk das Na-Salz der Äthylendiamintetraessigsäure in einer Menge zugesetzt, die ausreicht, um im wesentlichen alle im nichtionisierten Zustand vorhandenen Schwermetallionen abzubinden. (**A. P. 2 711 963** vom 13/7. 1949, ausg. 28/6. 1955.) J. KETTNER. 7541

M. Töpfer G. m. b. H., Dietmannsried b. Kempten/Allgäu (Erfinder: **Adam**, Erlangen), *Säuglingsnahrung durch enzymatischen Abbau von Mehlen und Stärke.* Mehl. oder Stärke werden durch arteigene Diastasen abgebaut, deren Maltose erzeugende Komponente durch 30 Min. langes Erhitzen inaktiviert wird. — Mehl oder Stärke wird durch Kochen mit W. verkleistert, auf 70° abgekühlt, der entsprechende Malzauszug zugesetzt u. die M. 30 Min. bei 70° gerührt, aufgekocht u. durch ein feines Sieb getrieben. (**D. P. [DDR] 7 346** Kl. 53k vom 29/12. 1950, ausg. 14/6. 1954 [Ausschließungspatent].) G. WELTZIEN. 7671

XVI. Nahrungs-, Genuß- und Futtermittel.

Olavi E. Nikkilä, *Über die Entwicklung der Sterilisierverfahren bei eingedosten Lebensmitteln.* Übersichtsarbeit, in der bes. Erwähnung finden: Schüttelsterilisation, Heißluftverf., „Hoch-kurz"-Behandlung (HVF-Syst., AVOSET-Verf. u. SMITH-BALL-Verf.), Hochfrequenzerhitzung, Strahlungssterilisierung (Röntgen- u. Kathodenstrahlen) u. Verwendung von Antibioticis. — 20 Literaturangaben. (Maataloustieteellinen Aikakauskirja [J. sci. agric. Soc. Finland] **27.** 234—47. 1955. Turku, Finnland, Univ. [Orig.: deutsch].) F. GÜNTHER. 7634

S. A. Goldblith und **B. E. Proctor**, *Angabe der Sterilisationswirksamkeit von Nahrungsmitteln.* Vff. bestimmen die optimalen Bedingungen für die Bestrahlung von Nahrungsmitteln mit energiereichen Kathodenstrahlen. Mit einem 3 MeV-Bündel von 4 mA Stromstärke u. einem Wirkungsgrad von 0,65 wird der Probe eine Leistung von 7800 W oder 7800 Joule/sec übertragen. (Nucleonics **10.** Nr. 9. 28—29. Sept. 1952. Cambridge, Mass., MIT, Dep. of Food Technol.) GERHARD SCHMIDT. 7634

L. Leon Campbell jr. und **R. T. O'Brien**, *Antibiotica bei der Lebensmittelhaltbarmachung.* Übersicht über den Stand der Verwendung der Antibiotica zur Haltbarmachung von Lebensmitteln. — 75 Literaturangaben. (Food Technol. **9.** 461—65. Sept. 1955. Pullman, Wash., State Coll. of Washington.) PH. FRESENIUS. 7634

Ss. N. Matzko, *Das Problem der Vitaminisierung der Nahrung.* Ein Zusatz von Vitamin A (**I**) zu Fett u. Öl beeinflußt Geruch, Geschmack u. Farbe der Gerichte nicht. Bei der Zubereitung werden jedoch über 50% zerstört. Ein Zusatz von 0,25 mg% Tocopherol stabilisiert **I**; beim Erhitzen bleiben 70—80% **I** erhalten. Vitamin C (**II**) wird

1 %ig dem Speisesalz beigemengt. Vor Feuchtigkeit geschützt, ist es längere Zeit haltbar. Der Geh. kann beim Erwärmen auf 44% sinken. Geeigneter ist ein II-Zusatz zu Zucker. Der tägliche Bedarf wird in 40 g verteilt. Voraussetzung, für die Haltbarkeit ist trockene Aufbewahrung. Der Vitamin-B-Bedarf wird durch Brot gedeckt; B_2 wird beim Backen zerstört. Vitamin D setzt man der Milch zu. **II** verursacht in Milch kein Gerinnen beim Erhitzen. (Природа [Natur] **44.** Nr. 12. 104–06. Dez. 1955. Inst. für Vitaminkunde des Gesundheitsmin. der UdSSR.) REINHARD HÜTTENRAUCH. 7642

R. H. Harris, L. D. Sibbitt und **G. M. Scott,** *Die Teilchengröße von Weizengrieß in Beziehung zu Qualität und Weizenvarietät.* Die Eigg. von Weizengrieß werden durch die Dauer der Reinigung u. durch die Körnung beeinflußt. So nimmt der Protein- u. der Aschegeh. mit der Länge der Reinigung ab. Die Makkaronifarbe wird durch geringere Reinigung sehr verbessert. Die Farbe von Grieß u. von Makkaroni geht mit der Teilchengröße merklich zurück. Bei Vermahlung von unter vergleichbaren Bedingungen gewachsenen Sorten Hartweizen zeigt sich, daß die Verteilung der Grießteilchengröße durch die Varietät ähnlich beeinflußt wird wie bei Mehl. (Food Technol. **9.** 449–52. Sept. 1955. Fargo, N. D., North Dakota Agric. Exp. Stat.) PH. FRESENIUS. 7670

—, *Kontinuierliches Stärkegelverfahren.* Für Überzüge auf Gebäck dient eine Stärke-Zucker-Gallerte, die kontinuierlich hergestellt wird in einer wärmeisolierten 3 Zylinderanlage (Votator mixer-heaterchanger) für Kochung u. Abkühlung von 2500 lbs./Std. Stärkezuckerlösung. Letztere wird im Mischtank zuerst auf 165° F erhitzt, darauf durch Wärmeaustauscher gepumpt, darauf auf 285° erhitzt u. anschließend rasch auf 205° F abgekühlt, nachdem es zuvor mit Geschmacks- u. Farbstoff versetzt wurde. Die Gallerte besitzt zuletzt 20% Wasser. (Food Engng. **24.** 93. Juni 1952.) B. SCHEIFELE. 7674

Carl E. Hendel, Vernon G. Silveira und **W. O. Harrington,** *Der Grad des nichtenzymatischen Bräunens weißer Kartoffeln während der Trocknung.* In Verss. mit in Würfeln geschnittenen Kartoffeln wird gezeigt, daß die nichtenzymat. Bräunung bes. rasch vor sich geht bei einem Wassergeh. von 15–20% im Trockengut. Bei Proben, deren Trocknung unter üblichen Bedingungen erfolgt, tritt kein solches Maximum auf. Die Bräunung geht mit steigender Temp. immer rascher vor sich. 10° Temperaturerhöhung bedingen eine 3–6,5fache Geschwindigkeit der Bräunung bei konstanter Feuchtigkeit zwischen 40 u. 100°. Vakuumtrocknung verringert die Bräunung bei hochwasserhaltigem Material auf $^1/_4$, bei Material unter 15% bleibt sie ohne besonderen Einfluß. Der Grad der Bräunung wird photometr. nach Extraktion mit A. u. Acetonbehandlung bei 420 mμ gemessen. (Food Technol. **9.** 433–38. Sept. 1955. Albany, Calif., U. S. Dep. of Agric., Western Utilization Res. Branch.) PH. FRESENIUS. 7678

Carlos Lopez Bustos, *Beitrag zur chemischen Untersuchung des Maismehles.* 2. Mitt. (Vgl. C. **1956.** 10351.) Mittels Ae. oder Bzl. werden 2,7–2,8% Lipoide extrahiert, mit A. 4,25% Fett u. 12,5% Phosphatide, die 3,4% P enthalten. Das Fett hat 12,34% Unverseifbares mit 52,8% eines kristallisierbaren Sterins, F. 127–130°. Die Phosphatide bestehen aus 77,4% Lecithinen u. 22,6% Cephalin. In den Albuminen wurden gefunden: 3,5 (%) Histidin, 3,4 Arginin, 1,6 Lysin. — 79 Literaturhinweise. (Farmac. nueva **17.** 9–18. Jan. 1952.) J. ALTPETER. 7684

W. A. Huelsen und **W. P. Bemis,** *Wiederherstellung der Feuchtigkeit in übertrocknetem Puffmais durch Mischen mit feuchtem Puffmais.* Puffmais (**I**) kann trotz seiner Härte u. seiner mangelnden Permeabilität Feuchtigkeit aus der Dampfphase sehr schnell absorbieren. Der Übergang der Feuchtigkeit aus feuchtem **I** auf trockenen **I** erfolgt durch direkten Kontakt u. über die Dampfphase. Bei Blähung eines Gemischs aus feuchtem u. übertrocknetem **I** tritt allmählich maximale Ausdehnung u. Ausgleich der Feuchtigkeit auf. (Food Technol. **9.** 426–30. Sept. 1955. Univ. of Illinois, Dep. of Horticult.) PH. FRESENIUS. 7686

Arthur P. Sidwell und **Robert F. Cain,** *Der Einfluß von Pektin mit niedrigem Methoxylgehalt und von Calciumsalzen auf das Ablaufgewicht und den Calciumgehalt bearbeiteter Himbeeren.* Das Ablaufgewicht eingedoster u. gefrorener Himbeeren wird allg. durch Ca-Salze verringert u. durch Pektin mit niedrigem Methoxylgeh. erhöht. Der Ca-Geh. der Trockenmasse war abhängig von der Art des Ca-Salzes (Chlorid, Lactat, Citrat) u. bei $CaCl_2$ wesentlich erhöht. Es war jedoch gleichgültig, ob die Früchte in die Salzlsg. getaucht wurden oder ob das Salz zu den Früchten gegeben wurde. (Food Technol. **9.** 438–41. Sept. 1955. Corvallis, Ore., Oregon State Coll., Dep. of Food Technol.) PH. FRESENIUS. 7688

W. V. Cruess, *Verwendung von Früchten zu Lebensmittelerzeugnissen.* Zusammenstellung über Erfahrungen bei der Trocknung von Pflaumen, der Verarbeitung grüner u. reifer Oliven, bei der Herst. von span. „Flor"-Sherry, u. Bericht über Neuentw. von verschied. Lebensmitteln auf Fruchtbasis. — 58 Literaturangaben. (Food Technol. **9.** 419—26. Sept. 1955. Berkeley, Calif., Univ. of California.) PH. FRESENIUS. 7688

E. E. Anderson, R. A. Lampi und **W. B. Esselen,** *Die Stabilität von Gurkenperoxydase bei Salz-Pickles während Fermentation, Einlegen, Lagerung und Verpackung.* In Pickles nimmt die Peroxydase (I) unter den üblichen Bedingungen in den ersten 20 Wochen der Bearbeitung u. Lagerung dauernd u. ziemlich rasch ab. In weiteren 23 Wochen bleibt sie dann stabil. Wenn I als Ursache für eine Qualitätsabnahme von Pickles in Frage kommt, dann übt sie diesen Einfl. in den Salz- u. Behandlungstanks aus. (Food Technol. **9.** 442—44. Sept. 1955. Amherst, Mass., Univ. of Massachusetts. Dep. of Food Technol.) PH. FRESENIUS. 7690

D. W. Riester und **T. B. Ayres,** *Verpackung von gefrorenen Citruskonzentraten.* Darst. der Entw. einer innen emaillierten Blechdose zur Aufbewahrung von Citrussäften, die an Apfelsinen-, Tangerinen-, Pampelmusen-, Citronen- u. Limonensäften erprobt wurde (Food Technol. **9.** 456—58. Sept. 1955. Tampa, Fla., u. Los Angeles, Calif., American Can Co.) PH. FRESENIUS. 7706

Marvel-Dare Nutting, Jean G. Harris, I. C. Feustel und **H. S. Olcott,** *Die Stabilität von Tomatensaft und Konzentraten bei Aufbewahrung bei erhöhten Temperaturen.* Lagerungsverss. von Tomatenerzeugnissen über 3 Jahre bei Tempp. zwischen 37 u. 100° F zeigten, daß bei erhöhter Temp. solche mit weniger Trockenmasse (5,6—8,8%) sich besser hielten als solche mit mehr Trockenmasse (21—38,4%). Wie Aroma u. Farbe war auch die Erhaltung der Ascorbinsäure in den weniger konz. Prodd. besser. (Food Technol. **9.** 466—70. Sept. 1955. Albany, Calif., U. S. Dep. of Agric., Western Utilization Res. Branch.) PH. FRESENIUS. 7706

Yoshinori Takino, Hiroshi Imagawa und **Hiroyuki Yoshida,** *Untersuchung über die Anthoxanthine in Teeblättern.* 2. Mitt. *Isolierung der Anthoxanthine aus Teeblättern zu verschiedenen Jahreszeiten.* (1. vgl. C. **1955.** 10646.) Bei der Isolierung der wasserlösl. *Anthoxanthine* aus den Blättern von Ybukitatee zu verschied. Jahreszeiten wird außer *Rutin* (I) u. den Pigmenten B u. C noch die Ggw. von 2 weiteren Pigmenten D u. E papierchromatograph. nachgewiesen; die R_F-Werte in Butanol–Essigsäure–W. (4:1:5) u. in mit W. gesätt. Phenol sind 0,58 u. 0,67 für D u. 0,44 bzw. 0,74 für E. Die Hydrolyseprodd. aller Pigmente, außer E, deuten auf Glycoside von Kämpferol oder Quercetin je mit Glucose u. Rhamnose. Die Hauptpigmente sind I, B u. C. B ist am stärksten im Frühling u. Sommer in wachsenden Blättern vertreten, I ist in erhärteten Blättern im Spätherbst u. Winter angereichert; der C-Geh. wies während der verschied. Wachstumsperioden nur geringe Schwankungen auf. — 4 Papyrogramme. (J. agric. chem. Soc., Japan [Nippon Nôgeikagaku Kaishi] **28.** 182—85. März 1954. Tokyo. Pädagog. Univ. [Orig.: japan., Auszug: engl.]) L. SCHULER. 7724

D. J. S. Gray, F. W. Hougen, L. Novellie, H. H. Sephton, C. J. P. Spruit, V. Tarica und **O. B. Volckmann,** *Aufarbeitung von Walen.* 1. Mitt. *Die Zusammensetzung der Produkte, die beim Konzentrieren und Zerstäubungstrocknen des Leimwassers erhalten werden.* Das beim Auskochen der Fettgewebe mit Dampf im Autoklaven unter einem Druck bis zu 3,4 at erhaltene leimartige W. wurde näher untersucht. Es enthält 10 bis 15% Trockensubstanz, die zum größten Teil aus stark abgebauten Eiweißstoffen besteht. Aus diesem Grund sind die wichtigsten Aminosäuren mit Ausnahme des Cystins als Bausteine aufzufinden. An Vitaminen war B_{12}, nicht aber B_1 nachzuweisen. In der Asche fanden sich Ca'' u. PO_4''' in geringem Ausmaß. Zur Zerstäubungstrocknung war eine Vorkonzentrierung des Leimwassers auf 25—30% Trockensubstanz notwendig. Das erhaltene Sprühpulver (2—3% W.) eignet sich als Zusatz zu Tierfutter u. dient den Tieren als zusätzliche Eiweißquelle. Zu Klebzwecken ist das Prod. wegen des weitgehenden Abbaus der Eiweißstoffe nicht geeignet. (J. Sci. Food. Agric. **2.** 450—54. Okt. 1951. Pretoria, Nat. Chem. Res. Labor.) K. ZOPFF. 7752

D. J. S. Gray, L. Novellie, H. H. Sephton und **R. G. Shuttleworth,** *Aufarbeitung von Walen.* 2. Mitt. *Die Zusammensetzung einiger Walleberextrakte.* (1. vgl. vorst. Ref.) Die Lebern von verschied. Walarten im Gewicht von 100—200 kg wurden gleich nach dem Fang in Stücke von 5 kg zerteilt u. eingefroren. Zur eigentlichen Aufarbeitung dienten nach feiner Zerkleinerung mit Dampf geheizte Gefäße, in denen das Auslaugen mit W. erfolgte. Der Extrakt wurde nach dem Absetzen der festen Stoffe filtriert u. mit Toluol konserviert. Die Analyse ergab p_H 5,8—6,9 u. 1,4—4,5% Trockensubstanz. In dieser fanden sich neben den aus den wichtigsten Aminosäuren aufgebauten Eiweißstoffen u. Mineralsalzen größere Mengen an Vitaminen, wie B_1, Riboflavin, Nicotinsäureamid, Pantothensäure, Pyridoxin u. das zur Bekämpfung der perniciösen Anämie wichtige Vitamin B_{12}. Auch Methionin u. Cholin waren in bemerkenswerter Menge vorhanden. (J. Sci. Food. Agric. **2.** 454—56. Okt. 1951.) K. ZOPFF. 7752

Walther Kundrat, *Über die Keimauslese in Milch bei den verschiedenen Erhitzungsverfahren. (Eine Literaturstudie.)* Vf. befaßt sich in einer Literaturübersicht mit den Keimarten in pasteurisierter Milch u. der Abtötung der Keime bei den verschied. Pasteurisierungsverff. unter besonderer Berücksichtigung der pathogenen Keime u. der Frage der Hitzeresistenz. — 155 Literaturangaben. (Milchwissenschaft **10.** 79—84. März 1955. Weihenstephan.) F. GÜNTHER. 7756

Th. E. Galesloot, *Der Einfluß der Pasteurisierungstemperatur auf die Haltbarkeit von pasteurisierter Milch.* Verss. über den Einfl. der Pasteurisierungstemp. auf die Haltbarkeit von Milch, die nach dem Pasteurisieren mit verschied. Bakterien versetzt worden ist, zeigen: Gerade bis zur negativen Phosphatase-Rk. pasteurisierte u. bei höheren Tempp. pasteurisierte, nicht mit Bakterien nachverschmutzte Milch ist haltbarer als Milch, die auf dazwischenliegende Tempp. erhitzt worden ist. Bis zur negativen Phosphatase-Rk. pasteurisierte, mit Bakterien nachverschmutzte u. bei Zimmertemp. bis zur Säurebldg. aufbewahrte Milch ist haltbarer als Milch, die bis zur negativen Peroxydase-Rk. oder höher pasteurisiert worden ist. Wird die Milch bei niedriger Temp. aufbewahrt, so daß sie nicht infolge von Säurebldg., sondern von Geschmacksverschlechterungen unverwendbar wird, dann hat die Temp. meist nur geringen Einfl. auf die Haltbarkeit. Die den Verderb verursachenden Bakterien wachsen in der bis zur negativen Phosphatase-Rk. erhitzten Milch meist fast ebenso schnell wie in höher erhitzter Milch. (Nederl. Melk- en Zuiveltijdschr. **9.** 237—48. Okt./Dez. 1955. Ede, Ned. Inst. voor Zuivelonderzoek.) W. WESLY. 7756

H. A. Harland, S. T. Coulter, V. H. Townley und **R. Jenness,** *Eine quantitative Auswertung der Veränderungen, die während der Hitzebehandlung von Magermilch bei Temperaturen von 170—300° F (76,7—148,9° C) auftreten.* Frühere Versuchsergebnisse (bei 62,8—79,4°C) zeigten stets eine lineare halblogarithm. Beziehung zwischen Temp. u. Zeit zu jeglichem Zeitpunkt der Serumproteindenaturierung („Z"-Wert 13,5). Vff. zeigen, daß diese Beziehung im Bereich von 79,4—90°C) bei einem „Z"-Wert von 19 kurvenlinear verläuft. Das war infolge der Vielfalt an Proteinen im Serum u. der Möglichkeit unterschiedlicher Rkk. in verschied. Temperaturbereichen zu erwarten. Bei höheren Tempp. war die zur Erzielung eines bestimmten Denaturierungseffektes erforderliche Zeit länger, als nach Extrapolation aus den bei niederen Tempp. gewonnenen Ergebnissen zu erwarten war. Mit den Ergebnissen stimmen die von HETRICK u. TRACY an *Globulin* u. *Albumin* erhaltenen nicht völlig überein. Die zur Erzielung eines Maximums an freien SH-Gruppen in der Magermilch erforderliche Temp. wurde bestimmt. Diese Ergebnisse sind wegen der Beständigkeit gegenüber Oxydation für die Trockenmilchproduktion von Bedeutung. Die bei einer gegebenen Temp. zur Produktion einer meßbaren Zucker–Protein-Rk. (Bldg. Ferricyanid reduzierender Verbb. **I**) erforderliche Zeit ist der zur Erzielung eines Maximums an SH-Gruppen vergleichbar. Die bei logarithm. Auftragung von Zeit u. Temp. abwärts gekrümmte Kurve spricht für eine eventuelle „autokatalyt." Beeinflussung dieser Rk. oder dafür, daß mit höheren Tempp. andere Rkk. wirksam werden. Fast maximale SH-Aktivität kann bei Bldg. nur geringer Mengen von **I** erreicht werden. Weitere Hitzebehandlung bedingt starken Anstieg der **I** bei geringer Zunahme an SH-Gruppen. Für den Backvorgang ist von Bedeutung, daß der das Vol. der Brote vermindernde Faktor (**II**) der Magermilch durch Kurzzeithocherhitzung inaktiviert werden kann. Die erforderliche Heißhaltezeit nimmt mit steigender Temp. ab. Zur Inaktivierung des **II** u. damit zur Erzielung guter Backwaren reicht eine 80—85% Proteindenaturierung aus. (J. Dairy Sci. **38.** 1199—1207. Nov. 1955. St. Paul, Minn., Univ. of Minnesota, Dep. of Dairy Husbandry and Agric. Biochem.) HANS THIELE. 7756

R. R. Riel und **H. H. Sommer,** *Isolierung und Charakterisierung einiger Oxydationsprodukte, die mit dem Oxydationsgeschmack zusammen vorkommen.* Die *Phosphorlipoide* (**I**) der Milch wurden aus getrockneter Buttermilch durch A.–Äther-Extraktion gewonnen u. durch fraktionierte Fällung mit Aceton gereinigt. Begrenzte Oxydation der **I** ergab Verbb., die den typ. Oxydationsgeschmack der Milch hervorriefen. Die Isolierung u. Charakterisierung der Hauptverbb. zeigte, daß es sich vorwiegend um Carbonylverbb. handelt. 5 dieser Verbb. wurden durch Chromatographie getrennt. Für 3 davon wurden die empir. Formeln $C_{15}H_{26}O_3$, $C_{11}H_{22}O$, $C_{22}H_{38}N_5O_2$ (als Bis-hydrazon) u. $C_{10}H_{18}N_2O$ (als Monohydrazon) berechnet. Bei dem C_{15} handelt es sich wahrscheinlich um ein doppelt ungesätt. Keton ohne Konjugation, C_{11} war vermutlich *Undecanal.* (J. Dairy Sci. **38.** 1215—24. Nov. 1955. Madison, Wis., Univ. of Wisconsin, Dep. of Dairy and Food Ind.) HANS THIELE. 7756

K.-H. Wagner, *Die Vitaminisierung von Milch, Milchprodukten, Margarine und Fetten mit den Vitaminen A und D.* Vf. behandelt in einer allg. Darst. das Vork. der Vitamine, die Umwandlung von Carotin in Vitamin A, die Vitaminisierung der Lebensmittel (bes. der Milch u. Margarine), das Färbeproblem (mittels β-Carotin) u. Vitamin D u. UV-Bestrahlung von Lebensmitteln. (Fette, Seifen, Anstrichmittel **56**. 681—87. Sept. 1954. Gießen, Inst. für Ernährungswissenschaft.) F. GÜNTHER. 7756

J. W. Pette, *Die Bildung von Schwefelwasserstoff in Goudakäse, verursacht durch Milchsäurebakterien.* In Goudakäse entwickelt sich manchmal H_2S, dessen Entstehung auf der Einw. von Bakterien beruht. Mit Hilfe einer wss. 3%ig. Pepton–WITTE-Nährlsg. lassen sich diese Bakterien als eine Varietät von S. faecalis, für die die Bezeichung S. faecalis var. malodoratus (Sfm) vorgeschlagen wird, isolieren. Sfm u. H_2S treten nur bei hohem p_H u. (wahrscheinlich) niedrigem NaCl-Geh. des Käses auf. Durch saure Herst. des Käses, d. h. Anwendung von weniger W. beim Nacherwärmen, lassen sich die geschilderten Mängel verhüten. (Nederl. Melk- en Zuiveltijdschr. **9**. 291—302. Okt./Dez. 1955. Ede, Ned. Inst. voor Zuivelonderzoek.) W. WESLY. 7760

J. F. Sykes, H. T. Converse und **L. A. Moore,** *Vergleich von Luzerneheu und Luzernesilage als Grobfutter für Färsen in einem begrenzten Milch- und Getreidefütterungssystem.* Vff. zeigten, daß Verfütterung von Luzerneheu (I) bester Qualität als einzigem Futtermittel an Färsen im Rahmen eines begrenzten Milch- u. Getreidefütterungssyst. gutes Wachstum bedingt. Nach ihren Ergebnissen reichen 400 lbs. (für Holsteinfärsen) bzw. 500 lbs. (für Jerseyfärsen) Konzentrat (Maismehl 300, Leinsamenölmehl 250, Sojabohnenölmehl 250, Weizenkleie 200 u. Salz 10 lbs.) für die Zeit von der Geburt bis zum Alter von 8 Monaten hierbei aus. Für die Zeit von 8 Monaten bis zur 1. Kalbung wurde kein Konzentrat, sondern nur **I** als einziges Futtermittel gegeben. Wurde **I** durch Luzernesilage (**II**) von guter Qualität (ohne Konservierungsmittelzusatz) ersetzt, so wurde die Wachstumsgeschwindigkeit merklich herabgesetzt. Ein kleiner **I**-Zusatz bewirkte eine gewisse Verbesserung. Die unbefriedigende Gewichtszunahme bei **II**-Verfütterung wird weniger auf zu geringen Nährwert als vielmehr auf verminderten Appetit bes. während der ersten 12 Lebensmonate zurückgeführt. **II** kann aber bei Zufütterung anderer Futtermittel oder größerer Konzentratmengen trotzdem an Färsen verfüttert werden. Die hierzu erforderlichen Mengen wurden nicht bestimmt. Färsen im Alter von über 1 Jahr können vermutlich mit **II** als einzigem Futtermittel auskommen. (J. Dairy Sci. **38**. 1246—56. Nov. 1955. Beltsville, Md., USDA, Dairy Husbandry Res. Branch.) HANS THIELE. 7782

A. R. Jones, L. M. Bezeau, B. D. Owen und **F. Whiting,** *Der Einfluß von Schimmelpilzwachstum auf die Verdaulichkeit und den Futterwert von Getreiden für Schweine und Schafe.* An Schweinen u. Lämmern, die sich im Wachstum u. in Mast befanden, wurden Verss. über die Verdaulichkeit u. den relativen Futterwert von verschimmeltem u. nichtverschimmeltem Hafer u. Weizen durchgeführt. Schimmelwachstum setzte die Verdaulichkeit von Hafer für Schweine u. Lämmer signifikant herab im Gegensatz zu Weizen, der dadurch für Schweine besser verdaulich wurde. Wenn verschimmelter Hafer zu 25% im n. u. zu 36% im Mastfutter vorhanden war, ergab sich bei Schweinen kein Unterschied in Wachstumsgeschwindigkeit u. Mastwrkg. zu den mit n. Hafer ernährten Tieren. Ebenfalls bestand kein Unterschied in der täglichen Gewichtszunahme u. Mastwrkg. bei Schweinen, die mit verschimmeltem u. nichtverschimmeltem Weizen gefüttert wurden. Lämmer, die Getreidefutter mit 50, 75 oder 100% verschimmeltem Hafer erhielten, nahmen langsamer u. in geringerem Maße an Gewicht zu als solche, denen n. Hafer oder solcher mit nur 25% Zusatz verschimmelten Hafers gegeben wurde. Verschimmeltes Getreide wurde in allen Fällen von Schweinen u. Schafen gefressen. (Canad. J. agric. Sci. **35**. 525—32. Nov./Dez. 1955. Beaverlodge and Lethbridge, Alberta, Canada Dep. of Agric.) HANS THIELE. 7786

N. D. Dijkstra und **J. Dammers,** *Konservierungsversuche mit Rübenmus.* Bei der Konservierung von Rübenmus u. einer Mischung von gleichen Teilen Rübenmus u. gedämpften Kartoffeln in Betonsilos treten Verluste, bes. an verdaulichen Kohlenhydraten, auf, so daß diese Aufbewahrung von Rübenmus nicht empfohlen werden kann, zumal sich auch noch A. entwickelt. (Landbouwvoorlichting **11**. 377—79. Aug. 1954. Sep. Hoorn, Rijkslandbouwproefstat.) W. WESLY. 7786

P. D. Clausen, *Über die Verwendung milchfremder Fette in der Jungtieraufzucht.* Vf. schlägt vor, die in den Sommermonaten anfallende, überschüssige Magermilch durch Trocknung zu konservieren u. für die Jungtieraufzucht als Futtermittel durch Zusatz von Fremdfetten u. Vitaminen (bes. A u. D) geeignet zu machen. Der Fettgeh. in den ersten Lebenswochen ist höher einzustellen als in den späteren. Der Fettbedarf in der Mast erwies sich als doppelt so hoch wie in der Aufzucht. (Fette, Seifen, Anstrichmittel **56**. 688—89. Sept. 1954. Lippstadt.) F. GÜNTHER. 7786

Howard R. Smith, *Bewertung der Qualität bearbeiteter Lebensmittel.* Gegenüberstellung des Wertes der organolept. u. der objektiven Meth. der Qualitätsbewertung von

Lebensmitteln. (Food Technol. **9.** 453—55. Sept. 1955. Washington, D. C., Nat. Canners Assoc., Washington Res. Labor.) PH. FRESENIUS. 7788

Reuben Pomerantz, Samuel A. Goldblith und **Bernard E. Proctor,** *Mögliche Anwendung des Schnellprüfungs-Spektrophotometers zur objektiven Bestimmung der Farbe von Lebensmitteln.* Bericht über die Anwendung des Schnellprüfungsspektrophotometers zur Farbmessung von Lebensmitteln, wie Olivenöl u. Ahornsirup, durch Best. der Lichttransmission u. wie Tomatencatchup, Pfirsichen u. Wurstwaren durch Reflexionsmessung. (Food Technol. **9.** 478—82. Sept. 1955. Cambridge, Mass., Massachusetts Inst. of Technol.) PH. FRESENIUS. 7788

Bernard E. Proctor, Sol Davison, George J. Malecki und **May Welch,** *Ein registrierender Gebiß-Zartheitsmesser für Lebensmittel.* 1. Mitt. *Bewertung des Instruments und erste Versuche.* Beschreibung eines elektron. gesteuerten künstlichen Gebisses mit gekuppelter photograph. Registriereinrichtung, das auf Grund von Widerstandsänderungen im elektr. Syst. die Prüfung der Konsistenz von Lebensmitteln gestattet, wobei das künstliche Gebiß natürliche Kaubewegungen ausführt. (Food Technol., **9.** 471—77. Sept. 1955. Cambridge, Mass., Massachusetts Inst. of Technol.) PH. FRESENIUS. 7788

R. F. Dale, Joseph Amsz jr., C. H. Keipper, E. J. Cooper und **H. J. Peppler,** *Eine Untersuchung der Faktoren, die die Bestimmung der Trockenmasse in Hefepreßkuchen beeinflussen.* Die A.O.A.C.-Meth. u. das U.S.D.A.-Verf. zur Best. der Trockenmasse in Hefepreßkuchen, die beide unter Verwendung von A. arbeiten, ergeben zu hohe Werte. Der A. wird entweder adsorbiert oder bildet mit Hefebestandteilen nichtflüchtige Verbindungen. Es werden 3 andere Verff. vorgeschlagen, bei denen statt A. dest. W. verwendet wird. (Food Technol. **9.** 458—60. Sept. 1955. Milwaukee, Wis., Red Star Yeat & Prod. Co.) PH. FRESENIUS. 7792

K. M. Clegg, *Eine Methode zur Bestimmung von Stärke und Zuckern in Getreide unter Verwendung von Anthronreagens.* Vf. extrahiert die *Zucker* (**I**) aus Getreideproben mit 80%ig. A. u. bringt die im Rückstand enthaltene *Stärke* (**II**) durch Behandlung mit 52%ig. $HClO_4$ in Lösung. Nach Entfernung des A. werden die **I**- u. **II**-Fraktionen auf gleiche Weise verarbeitet, auf ca. 100 μg **I** pro ml verd. u. nach Behandlung mit *Anthron*-Reagens bei 620 mμ unter Verwendung einer *Glucose*-Standardlsg. (100 μg) colorimetriert. Für **II** muß ein Umwandlungsfaktor (0,9) berücksichtigt werden. Die mittlere Fehlergrenze der **II**-Best. von Getreide u. -prodd. beträgt 2,2%. Die Meth. ist auch anwendbar zur **I**- u. **II**-Best. in Geflügelmischfutter, wobei die nicht aus Getreide bestehende Substanz keine Störungen verursacht. (Biochem. J. **61.** XVII. Nov. 1955. Buchsburn, Aberdeenshire, Rowett Res. Inst.) P. FAHRNLAENDER. 7796

George P. Touey, *Die Gasphase des Zigarettenrauches. Isolierung und Bestimmung der Gesamtaldehyde.* Beschreibung einer einfachen Vorr. zur Abtrennung der Rauchgase von den fl. u. festen Komponenten beim maschinellen Rauchen von Zigaretten durch Einschaltung eines speziell entwickelten Cambridge-Filters (weiches Papierfilter mit Asbestfaserimprägnierung, Zurückhaltung von 0,1—1,0 μ-Teilchen bei extrem niedrigen Drucken). Das Filter hält $>$99% der fl.-festen Phase des Rauches zurück. Zur Gesamtaldehydbest. werden die Gase in einer Absorptionsflasche mit Dimedon zur Rk. gebracht (Nd.). Der „scheinbare Acetaldehyd"-Geh. der Rauchgase von 4 Zigarettenmarken betrug 8—9 mg/10 Stück bzw. 1,9—2,2 mg/Liter Gas. (Analytic. Chem. **27.** 1788—90. Nov. 1955. Kingsport, Tenn., Eastman Co.) K. MAIER. 7836

O. Dannhofer, *Die Bedeutung der Laboratoriumskontrolle im milchverarbeitenden Großbetrieb.* Kurze Zusammenstellung der chem. u. mikrobiol. Untersuchungsverfahren. (Fette, Seifen, Anstrichmittel **56.** 709—10. Sept. 1954. Ravensburg, Labor. der Omira-Oberlandmilchverwertung.) F. GÜNTHER. 7856

Th. E. Galesloot, *Der Nachweis der Nachverschmutzung bei der Gewinnung von pasteurisierter Milch.* Als empfindlichste Verff. zum Nachw. einer Nachverschmutzung von pasteurisierter Milch erwiesen sich die Ermittlung der Keimzahlzunahme nach 24std. Stehenlassen bei 15° u. die Best. des Säuregrades nach 48 (24)std. Aufbewahrung bei 20 (27)°. Unter Anwendung des ersten Verf. kann man die Nachverschmutzung mit gramnegativen nichtsporenbildenden Bakterien nachweisen. Das 2. Verf. reagiert auf die Ggw. nicht wärmefester Streptokokken. Zwischen den Ergebnissen der beiden Verff. besteht ein gewisser Zusammenhang. Die Anwendung des 2. Verf. wird empfohlen. (Nederl. Melk- en Zuiveltijdschr. **9.** 227—36. Okt./Dez. 1955. Ede, Ned. Inst. voor Zuivelonderzoek.) W. WESLY. 7856

Karl Lang, *Eine über längere Zeit haltbare Guajakreaktion zur Prüfung der Milch auf Hocherhitzung.* Vf. beschreibt zur Verbesserung des Peroxydasenachw. in Milch eine *Guajak-Tropfbild*-Reaktion. Dies ist eine Tüpfel-Rk. auf bes. saugfähigem Papier. (Milchwissenschaft **10.** 128—29. April 1955. Gießen, Justus-Liebig-Hochschule, Inst. für Tierärztliche Nahrungsmittelkunde.) F. GÜNTHER. 7856

Raffaele Tentoni und **Giorgio Donnini,** *Reduktaseprobe zur Qualitätsbestimmung von Milch.* 1. Mitt. *Allgemeines über Prinzip, Technik und Genauigkeit der Methode.* Sammelbericht unter Benutzung des vorliegenden Schrifttums. — 217 Literaturhinweise. (Giorn. Batteriol. Immunol. **47.** 406—38. März/April 1955. Turin, Univ., Ist. di Igiene e Microbiologia.) C. GRIMME. 7856

Fritz J. Förg, *Bacto-strip-Verfahren.* Ein in einer Kunststoffhülle befindlicher Papierstreifen, der mit einem bestimmten Nährmedium getränkt ist, besitzt eine genau abgegrenzte Saugkapazität von 1 bzw. 0,1 ml u. kann unter sterilen Bedingungen in die Untersuchungslsg. eingetaucht werden. Die Hülle kann mit oder ohne Einschluß von Luft mittels Streichholz verschweißt werden. Bebrütung gegebenenfalls bei Körpertemperatur. Die auf dem Streifen erscheinenden roten Punkte entsprechen der Anzahl der Keime. Vielseitige Anwendungsmöglichkeiten dieses sehr prakt. Untersuchungsverf. für die Betriebskontrolle u. in der medizin. Praxis. (Milchwiss. Ber. **5.** 262—67. 1955.) F. GÜNTHER. 7856

K. Schwarz, *Über eine Verbesserung der Soxhlet-Extraktionsapparatur.* Die von MOHR u. KOENEN (vgl. C. **1955.** 6642) angegebene modifizierte SOXHLET-App. wird vereinfacht u. verbessert, indem in das Rücklaufrohr des Mittelstücks einer gewöhnlichen SOXHLET-App. ein Verschlußhahn eingebaut wird. Der Extraktionskolben kann nun bei geschlossenem Hahn unter Vermeidung von Verlusten an Lösungsmitteln gewechselt werden. (Z. Lebensmittel-Unters. u. -Forsch. **9.** 464—67. Dez. 1954.) PH. FRESENIUS. 7856

W. Ritter, *Der Nachweis der flüchtigen Fettsäuren.* In einer Übersichtsarbeit bespricht Vf. die Bedeutung der Erfassung flüchtiger Fettsäuren für die Beurteilung milchwirtschaftlicher Prodd. u. von Bakterienkulturen u. die dafür anwendbaren Verff.: DU-CLAUX-Dest., fraktionierte Dest., Extraktionsmeth., Gegenstromverteilung, Verteilungschromatographie u. Papierchromatographie. — 8 Tabellen bzw. graph. Darstellungen. — 26 Literaturstellen. (Milchwissenschaft **10.** 122—27. April 1955. Liebefeld-Bern, Eidgenöss. Milchwirtschaftl. Versuchsanstalt.) F. GÜNTHER. 7856

N. D. Dijkstra und **D. van der Schaaf,** *Untersuchung über den Nährwert von erhitztem Heu.* Aus der chem. Zus. von Heu, das auf wechselnde Tempp. erhitzt worden ist u. dem an Hämmeln ermittelten Nährwert (Zahlentafeln) werden Beziehungen u. Formeln abgeleitet, die die Berechnung des verdaulichen Roheiweiß aus dem Roheiweiß u. (angenähert) des Stärkeäquivalentes aus dem Geh. an Rohzellstoff gestatten, sofern es sich um Heu handelt, das prakt. nicht erhitzt worden ist. (Versl. landbouwkund. Onderz. **1955.** Nr. 61. 15. 1—33. Hoorn, Rijkslandbouwproefstat.; Wageningen, Centr. Inst. voor Landbouwk. Onderzoek.) W. WESLY. 7866

Yehudith Birk und **A. Bondi,** *Trennung und Bestimmung von Essig- und Milchsäure durch Verteilungspapierchromatographie und ihre Anwendung auf Silagen.* Es wird eine einfache Meth. zur papierchromatograph. Best. von Essig- u. Milchsäure beschrieben, die für die Best. dieser Säure in Silofutter als hinreichend genau angesehen wird. Es werden Flecke der NH_4-Salze dieser Säuren auf 2 Papierstreifen aufgetragen. Der eine Streifen wird sofort chromatographiert, die erhaltenen Flecke kommen den flüchtigen Fettsäuren u. der Summe von Essig- u. Milchsäure zu. Unter Nutzung der leichten Verdampfbarkeit der NH_4-Salze der flüchtigen Fettsäuren wird der 2. Streifen bei Raumtemp. (26—30°) für 5—7 Std. hängen gelassen u. dann erst chromatographiert. Der nach dem Besprühen mit Indicatorlsg. sichtbare Fleck zeigt die allein noch vorhandene Milchsäure an. (Analyst **80.** 454—56. Juni 1955. Rehovot, Israel, Agricult. Res. Stat., Animal Nutrit. Labor.) H. ENDRASS. 7866

XVII. Fette. Seifen. Wasch- u. Reinigungsmittel. Wachse. Bohnermassen usw.

W. Diemair und **C. Boresch,** *Ein Beitrag zur biologischen Fettsynthese.* 1. Mitt. In Ansätzen bis zu 20 Liter wurden in submerser Kultur Mycelpilze gezüchtet u. unter bestimmten Bedingungen ein Mycel erzielt, das bis zu 40% Fett (**I**) enthält. Der *ökonom. Koeff.* (Trockenmycel/100 Teile verbrauchten Zucker) betrug über 30, der *Fettkoeff.* (**I**/100 Teile verbrauchten Zucker) 12—13. Im Liter werden 8—12 g Mycel, entsprechend 3—5 g **I**, gebildet. Bei Ggw. von viel assimilierbarem N (N:C = 1:20) entstehen bis zu 45% Rohprotein (**II**), bei N:C = 1:40 sinkt der **II**-Geh. stark ab u. erreicht bei N:C = 1:200 10%. Der **I**-Geh. verhält sich umgekehrt: er ist bei Ggw. von viel N niedrig, bei wenig N hoch. Die absol. Ausbeuten von **I** u. **II** steigen mit der Versuchsdauer. (Z. Lebensmittel-Unters. u -Forsch. **90.** 14—26. Jan. 1950. Frankfurt/M., Univ., Inst. für Lebensmittelchem.) K. MAIER. 7872

H. Hennecke, *Beiträge zur Qualitätssteigerung unserer Lebensmittel.* 2. Mitt. *Die Anwendung von Antioxydantien in Ölen und Fetten, insbesondere Margarine.* Es werden die bisher verwendeten Antioxydantien aufgezählt u. ihre Wrkg. kurz beschrieben. Ausführlich wird auf die Anwendung von Citraconsäure eingegangen, die physiol. unbedenklich ist u. eine außerordentlich gute Wrkg. in bezug auf Fettstabilisierung hat. (Fette Seifen einschl. Anstrichmittel **53.** 636—40. Okt. 1951. Ingelheim/Rh., C. H. Boehringer Sohn.) F. ROSENDAHL. 7878

C. R. Mitra und **M. M. Chakrabarty,** *Untersuchungen über fette Öle aus einigen indischen Hülsenfrüchten.* 1. Mitt. *Die Fettsäurekomponente von Cajans Cajans.* Hülsenfrüchte der Art N. O. Leguminosca gehören zur ind. Grundnahrung, doch liegen kaum Unterlagen vor über die Zus. der Öle aus denselben. In vorliegender Arbeit wurde das Öl von *Cajans Cajans,* das mittels PAe. extrahiert worden war, untersucht. Ölausbeute 1,4%, Brechungsindex 40° 1,4745, VZ. 318,3, JZ. 103,6, freie Fettsäuren 0,2%, Unverseifbares 6,1%. Das Fettsäuregemisch des Öles nach dessen Verseifung u. Extraktion mit Ae. u. nach Entfernung von Unverseiftem u. Unverseifbarem hatte JZ. 114,2 u. VZ. 277,0. Zur Best. der ungesätt. Säuren mittels spektrophotometr. Meth. von HILDITSCH, MORTON, RILEY u. HILDITSCH, PATEL u. RILEY wurde das Fettsäuregemisch analysiert. Ergebnis: JZ. 114,2, $E^{1\%}_{1\,cm}$ bei 234 mμ (unisomerisiert) 14,1, $E^{1\%}_{1\,cm}$ bei 268 mμ (unisomerisiert) 3,5, $E^{1\%}_{1\,cm}$ bei 170°/15 Min. u. 268 mμ 30,8, $E^{1\%}_{1\,cm}$ bei 180°/60 Min. u. 234 mμ, 506,0. Zus. der Fettsäuren in %: Linolensäure 5,56, Linolsäure 51,41, Ölsäure 6,33, gesätt. Fettsäuren 36,70. (Indian Soap J. **21.** 143—44. Jan. 1956. Calcutta, Univ. Dep. of Applied Chem.) J. BÖSS. 7894

Daniel Swern und **Winfred E. Parker,** *Anwendung von Harnstoffaddukten bei der Reinigung von Fettsäuren, Estern und Alkoholen.* 3. Mitt. *Konzentrate von natürlicher Linol- und Linolensäure.* (2. vgl. C. **1954.** 2521.) Hinweis, daß die Darst. natürlicher Linolsäure (cis.cis-Form) nach der Meth. der Bromierung/Entbromierung unsicher ist, weil dabei mit Isomerisierung zu rechnen ist; zuverlässiger, aber umständlich u. zeitraubend sind die Verff. der fraktionierten Tieftemperaturkristallisation sowie adsorptiven Trennung an Kieselsäure. Verss., unter Anlehnung an das Schrifttum die Darst. von Linol- u. Linolensäure mittels der Harnstoffadduktbldg. zu verwirklichen; zur Unters. werden die Gesamtfettsäuren (Schnellverseifung in N_2-Atmosphäre) von Maiskeim-, Lein-, Perillöl herangezogen. Linolsäurekonzentrat aus Maiskeimfettsäuren: 1 kg der frisch im Vakuum dest. Säuren (62% Linol-, 38% Öl- u. gesätt. Säuren) werden zu einer heißen Lsg. von 1,31 kg Harnstoff u. 3,27 Liter Methanol zugegeben (erwärmt bis klare Lsg. eingetreten ist). Beim Abkühlen auf Zimmertemp. entsteht ein Nd., der abfiltriert wird (1,2 kg; JZ. 30,6); Filtrat bei 50° eindampfen, bis weiterer Nd. gebildet wird (Vol. 2,5 Liter); Zugabe von 0,265 kg Harnstoff u. Erhitzung; beim Wiederabkühlen wird ein Nd. von 0,63 kg (JZ. 33,8) erhalten; Filtrat auf 1,5 Liter eingedampft; Zugabe von 0,2 kg Harnstoff in der Hitze; Wiederabkühlen liefert 0,431 kg Nd. (JZ. 45,8). Filtrat zur Trockne verdampft, Zugabe von warmem W., Extraktion der Fettsäuren mit PAe., Auswaschen wiederholt mit Wasser. Es hinterbleiben 0,39 kg Säuren (JZ. 168,9), die im Vakuum dest. werden u. 3 Fraktionen liefern (JZ. 173,9 bzw. 176,2 bzw. 171,4); Fraktion II 95% Linol- u. 5% Ölsäure. Analoge Behandlung der Perillöl- sowie Leinölfettsäuren vgl. Original. Bei Perillöl wird eine Fraktion mit 87% Linolen-, 6% Linol-, 5% Öl- u. 2% gesätt. Säuren erhalten, bei Leinöl eine solche von 66% Linolen-, 20% Linol-, 12% Öl- u. 2% gesätt. Säuren. Diskussion der Ergebnisse. Aus Maiskeimölfettsäuren ist die Linolsäure (85—95%ig) in einer Ausbeute von 50—72% darstellbar, aus Perillölfettsäuren die Linolensäure (87—89%ig) in einer Ausbeute von 55—61%; bei Leinölfettsäuren wird ein Konzentrat an Linolensäure von nur 66—70% Reinheit erhalten. (J. Amer. Oil Chemists' Soc. **30.** 5—7. Jan. 1953. Philadelphia, Pa., Eastern Regional Res. Labor.) K. TÄUFEL. 7894

Metallgesellschaft Akt.-Ges., Frankfurt/M., *Waschpulver,* bestehend aus Waschrohstoff u. einem prim. u./oder sek. Ester der o-Phosphorsäure oder dessen Salz mit einem organ. Rest mit mindestens 8 C-Atomen, bes. dem Na-Salz des Diesters von Isooctylkresol u. Polyglykol. — Vgl. auch Belg. P. 498 264; C. **1956.** 2052. (**E. P. 728 582** vom 5/7. 1950, ausg. 20/4. 1955. **Schwz. P. 307 603** vom 30/6. 1950, ausg. 16/8. 1955. Beide D. Priorr. 30/3. 1949 u. 23/2. 1950.) C. LÜTTGEN. 7913

Colgate-Palmolive-Peet Co. (Erfinder: **Joseph A. V. Turck**), V. St. A., *Seifenfreies festes organisches Reinigungsmittel,* bestehend aus den wasserlösl. festen Salzen von schwefelsäureveresterten oder sulfonierten organ. Verbb., welche einen Alkylrest mit wenigstens 8 C-Atomen enthalten. Solche Verbb. sind z. B. die Schwefelsäureestersalze von höhermol. Fettalkoholen, von schwefelsäureveresterten oder sulfonierten Monoglyceriden, z. B. von Glycerinmonolaurinsäureester, ferner die Alkalisalze von H_2SO_4-Estern von höhermol. Oxyfettsäuren, von sulfonierten Fettsäureestern höhermol. Alkohole,

z. B. des sulfonierten Bernsteinsäuredioctylesters u. andere. Als Zusatzmittel wird ein in W. schwer oder unlösl. organ. Plastizierungsmittel, welches nicht flüchtig u. bei gewöhnlicher Temp. fest, halbfest oder fl. ist, zugegeben u. bei erhöhter Temp. verrührt, z. B. bei 40—80°, u. danach zu Riegeln oder Stücken gepreßt. Als Plastizierungsmittel, wovon ca. 20% der Gesamtmasse zugesetzt werden, dienen z. B. ein mit einer höheren Fettsäure partiell veresterter mehrwertiger Alkohol, wie der Monostearinsäureester des Diäthylenglykols. — Man verwendet z. B. 78 (Gewichtsteile) des Na-Salzes des sulfonierten Cocosfettölsäuremonoglycerinesters, 15 Zn-Stearat, 6 Diäthylenglykolmonostearinsäureesters, 0,5 TiO_2 u. 0,5 Geruchstoff. Die auf 55—60° erwärmte M. wird gepreßt u. zu Toiletteseifenstücken verformt. (**F. P. 991 938** vom 4/8. 1949, ausg. 11/10. 1951. A. Prior. 4/8. 1948.) M. F. MÜLLER. 7913

Esso Research & Engineering Co., Elizabeth, N. J., V. St. A., *Phenolsalze mit hohem Bariumgehalt.* Man läßt eine Phenolverb. (**I**) mit einer bas. Ba-Verb. (**II**) in Ggw. von CO_2 u. kleinen Mengen W. reagieren, wobei das Mol-Verhältnis von **II**:**I** nicht <1,3:1 liegen soll. — tert.-Octylphenolsulfid wird mit Mineralöl u. C_{12}—C_{18}-Alkoholen verd. u. nach Zugabe von $Ba(OH)_2$ mit CO_2 u. Wasserdampf geblasen. Man erhält Prodd., die als Reinigungsmittel, Antioxydantien, Stabilisatoren für Dieselöle, Heizöle, hydraul. Fette, Antikorrosionsmittel usw. geeignet sind. (**E. P. 744 942** vom 20/8. 1953, ausg. 15/2. 1956. A. Prior. 1/10. 1952.) C. LÜTTGEN. 7913

Wyandotte Chemicals Corp., Wyandotte, Mich., V. St. A., *Nichtionogene oberflächenaktive Mittel*, bestehend aus Verbb. der Formel **I**, worin bedeuten: Y = den Rest einer einwertigen aliphat. oder aromat. organ. Verb. YH, in der H das einzige H-Atom ist, das mit einem α.β-Alkylenoxyd (**II**) reagieren kann, R_1, R_2, R_3, R_4 = H oder aliphat. oder aromat. Reste (mindestens ein R kein H), die durch Gruppen substituiert sein können, die nicht mit **II** reagieren. R_1, R_2, R_3 u. R_4 können vereint auch carbocycl. Ringe darstellen. n ≧ 6,4, wenn die Zahl der C-Atome in R_1 — R_4 je 1 u. ≧3, wenn diese 2 u. mehr beträgt, X = Polyoxyalkylen-, bes. Polyoxyäthylenkette, wobei die Zahl der Oxyäthyleneinheiten gewichtsmäßig 20—95, bes. 50—70% der Verb. beträgt. Die bevorzugte Meth. zur Herst. der Verbb. besteht darin, **II**-, bes. 1.2-Propylenoxyd, zu in einem geschlossenen Kessel befindlichem YH (bes. n-Propanol) in Ggw. alkal. Katalysatoren (NaOH) zu geben u. das entstehende Zwischenprod. mit $(CH_2)_2O$ zu kondensieren. Die Prodd. haben reinigende Eigg. selbst in extrem verd. Lsg. u. können in Stückform gebracht werden. (**E. P. 739 266** vom 22/5. 1952, ausg. 26/10. 1955. A. Priorr. 31/5. 1951 u. 26/3. 1952.) C. LÜTTGEN. 7913

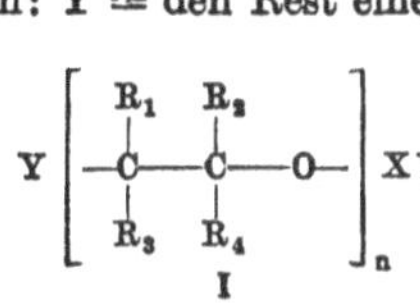

I

Zschimmer & Schwarz vormals Chemnitz, Brilon (Erfinder: **Albert Metzger**), *Herstellung von Alkylarylsulfonsäuren und deren Salzen*, dad. gek., daß man aromat. KW-stoffe, wie Naphthalin, mit Oxyverbb. (OH-Zahl 360—440),wie sie durch Red. der bei der Paraffinoxydation anfallenden Vorlauffettsäuren nach D. R. P. 764 888 erhältlich sind, gegebenenfalls in Mischung mit n. Alkoholen u./oder Isoalkoholen von weniger als 5 C-Atomen, mit den Einwirkungsprodd. von $ClSO_3H$ auf die Chloride der Alkalimetalle oder des NH_4 gleichzeitig alkyliert u. sulfoniert u. die Sulfonsäuren gegebenenfalls neutralisiert. — Aus Vorlaufalkohol, OH-Zahl 360, n. Butanol u. Naphthalin in Ggw. von $NH_4Cl + ClSO_3H$ bei 40—50° u. Neutralisation mit anorgan. oder organ. Basen → gut *netzend wirkende* braune Pasten. *Waschmittel*, bes. *Handwaschmittel*, *Papier-*, *Leder-* u. *Textilhilfsmittel.* (**D. B. P. 908 495** Kl. 12o vom 12/11. 1940, ausg. 5/4. 1954. Anmeldung bekanntgemacht 21/8. 1952.) G. KRAUSS. 7913

Kreussler & Co., Wiesbaden (Erfinder: **Egon Elöd**, Karlsruhe, und **Otto Jacobi**, Wiesbaden), *Pastenförmiges Trockenreinigungsmittel*, bestehend aus in W. quellbaren, organ. Stoffen wie Cellulosederivv., z. B. Methylcellulose (**I**) u. celluloseglykolsauren Salzen, Netzmitteln u. wenigestens 1% eines fetten Öles, Fettes oder einer fettähnlichen Substanz oder eines fettigen Mineralöls bzw. -fettes. — Beispiel: 60 (g) **I** in einer Lsg. von 30 eines Netzmittels, z. B. einem Gemisch von Fettsäurekondensaten u. Fettalkoholsulfonaten in 500 cm^3 W. quellen lassen; dann werden 2 g Olivenöl einemulgiert. (**D. B. P. 934 494** Kl. 30h vom 12/9. 1942, ausg. 27/10. 1955. Anmeldung bekanntgemacht 25/6. 1953.) E. PETERSEN. 7917

Fa. Gottlob Epple, Stuttgart (Erfinder: **Ernst Brennecke**, Neuenburg, Schweiz), *Herstellung von pulverförmigem Wachs*, dad. gek., daß man ein Wachs (**I**), das in Pulverform zum Zusammenballen neigt, durch Zerstäuben pulverisiert, wobei das **I** spätestens nach dem Pulverisieren mit einem Stoff, z. B. einem trocknenden Öl, Lack usw., behandelt wird, der um die **I**-Partikelchen eine Schutzschicht bildet. (**D. B. P. 944 212** Kl. 23a vom 26/7. 1951, ausg. 7/6. 1956. Anmeldung bekanntgemacht 17/5. 1952. Schwz. Prior. 8/4. 1947.) C. LÜTTGEN. 7925

Hertha Ilsch, Berlin-Pankow-Heinersdorf, *Farbwachspaste für Steinholz- und Anhydritfußböden*, dad. gek., daß der wachs- u. pigmenthaltigen Paste synthet. Leime aus zähfl. Harnstoff-CH_2O-Kondensationsprodd. zugesetzt werden. — Z. B. stellt man ein Bohnerwachs aus 16 (kg) Tafelparaffin (F. 50—52°), 6 raffiniertem Montanwachs, 4 Karnaubawachsrückstände, 20 raffiniertem Kienöl u. 50 Schwerbenzin her u. rührt es bei ca. 30° sämig. Dann gibt man 10 (kg) Pigmente, vorzugsweise Fe-Oxyd, u. 5 trocknen Kauritleim zu u. rührt das Ganze ca. 30 Minuten. (**D. P. [DDR] 6 875** Kl. 22g vom 12/2. 1953, ausg. 6/4. 1954 [Wirtschaftspatent].) T. OPPERMANN. 7927

XVIIIa. Holz. Cellulose. Zellstoff. Papier. Papierdruck. Celluloid. Linoleum.

A. I. Kalninsch, *Unausgenutzte Möglichkeiten der chemischen Verarbeitung von Holz.* Überblick über die in der UdSSR vorliegenden reichen Möglichkeiten zur Ausnutzung der in großen Mengen anfallenden Holzabfälle, wie auch der an Pentosanen reichen Abfallprodd. anderer Industriezweige. Bes. eingegangen wird auf das neue Hydrolysenverf. von ODINTZOW u. die dringend notwendige Erweiterung der Furfurolgewinnung. (Вестник Академии Наук СССР [Nachr. Akad. Wiss. UdSSR] **26.** Nr. 4. 41—46. April 1956.) M. ULMANN. 7952

Ss. P. Sslwochin, *Über die Reaktionsfähigkeit der Cellulose.* Durch mkr. Beobachtung wird bestätigt, daß bei Chlorierungs- u. Veredelungsprozessen das Primärhäutchen der Fasern zerstört wird, was zu einer erhöhten Reaktionsfähigkeit führt. Wie Verss. zeigen, ergibt auch die Behandlung mit direktem Wasserdampf die gleichenVeränderungen, u. zwar unter techn. Bedingungen beim Vorliegen einer Massenkonz. von 10—12% (Reaktionsfähigkeit von 99%). Beträgt die Massenkonz. nur 7%, so erhält man, wie auch beim Arbeiten unter Laboratoriumsbedingungen, weniger reaktionsfähiges Material. (Бумажная Промышленность [Papier-Ind.] **31.** Nr. 2. 6—9. Febr. 1956. Pukssinsk, Cellulosefabrik.) M. ULMANN. 7954

W. I. Scharkow und **S. N. Martyschtschenko**, *Über den Einfluß einer alkalischen Vorbehandlung der Cellulose auf ihre Hydrolysierbarkeit.* Durch Vorbehandlung von *Baumwollcellulose* bei 18 u. 50° mit Lsgg. von NaOH (1,2—18,1%) wird deren Hydrolysierbarkeit (10%ig. H_2SO_4, 30 u. 60 Min.) bei ansteigenden NaOH-Konzz. anfangs erniedrigt, dann wesentlich erhöht. Bei Einfrierenlassen der Lsgg. beobachtet man keine Erniedrigung, sondern die Menge der bei der nachfolgenden Hydrolyse gebildeten Glucose steigt schnell mit steigender NaOH-Konz. an. KOH-Vorbehandlung ergibt ähnlicheResultate, wobei die höchsten Glucoseausbeuten (10,1% vom Cellulosegewicht) mit einer 10%ig. KOH-Lsg. bei —18° erhalten werden. Die Abhängigkeit der Hydrolysierbarkeit von Alkalikonz. u. Temp. der Vorbehandlung entspricht den unter diesen Bedingungen auftretenden Quellungserscheinungen. *Hydratcellulose* (Viscosefasern) zeigt ein völlig anderes Verhalten. Ansteigende NaOH-Konz. bewirkt stets ein Abfallen der Hydrolysierbarkeit, wobei man bei vollständiger Lsg. in Alkali u. anschließender Ausfällung Präpp. erhält, die bei der Hydrolyse am schwersten angegriffen werden. Leichtere Hydrolysierbarkeit ist nach Vff. nicht an das Vorliegen „amorpher“ Cellulose gebunden, sondern ist eine Folge des Auftretens freier Makromoll., bzw. der Vergrößerung der inneren Oberfläche des Cellulosematerials. (Журнал Прикладной Химии [J. angew. Chem.] **28.** 881—85. Aug. 1955.) M. ULMANN. 7954

M. Chêne, *Über die Verwendungsmöglichkeit von Lignin.* Vf. streift die Probleme der Sulfitablaugenverwertung, wobei er die verbesserten Eindampfverff. von RAMÉN u. ROSENBLAD, sowie die Ausfrierverff. erwähnt, bei denen man bis auf einen Trockengeh. von 40% kommt. Eine praktischere Bedeutung kommt den Verff. der MARATHON PAPER MILLS CO. zu, die eine Aufarbeitung des ligninsulfosauren Kalkes zu Gerbstoffen, Kunststoffen, Vanillin usw. erreichen. Als weitere Möglichkeit wird die von FREUDENBERG entwickelte Gewinnung von cycl. Alkoholen u. ähnlichen durch Hydrierung der Ablaugen unter Druck erwähnt. (Cuoio-Pelli-Mater. concianti **28.** 221—24. April 1952.) O. ENDISCH. 7966

Jerzy Zieliński, *Eigenschaften und Verwendung des aus Tallöl gewonnenen Phytosterins.* In den beim Sulfataufschluß gewonnenen Rohharzseifen (Rohtallöl; **I**) sind nach SOŁODKIJ 1,5—3,0% Phytosterin (**II**) enthalten. Nur 1% ist techn. gewinnbar durch Lösen von **I** in 95%ig. warmem Alkohol. Nach Entfernung der Verunreinigungen u. Kühlung scheidet sich **II** krist. ab, während die Mutterlauge durch Abdestillieren des A. die gereinigten Harzseifen ergibt. Vorwiegend besteht **II** aus Sitosterin, F. 138,3 bis 138,5°, u. Dihydrositosterin, F. 138,8—139,2°, das die LIEBERMANNsche Rk. nicht zeigt. Die Stigmasterinbest. nach WINDAUS ist negativ. Das techn. **II** ist gelblich gefärbt, Mol.-Gew. ca. 370, F. ca. 120°. In Acetonlsg. u. Ggw. von Platin hydriert, erhält man höhere H_2-Anlagerung als theoret. der Doppelbindung entspricht. Die Anwendungsmöglichkeit in der Industrie für Pharmazeutica u. Riechstoffe wird diskutiert. (Przegląd Papierniczy **12.** 7—11. Jan. 1956. Politechnika Slaska.) L. SHARK. 7966

Ss. A. Glikman, O. G. Jefremowa, M. Ss. Kudrjaschowa und **A. B. Markman,** *Der Einfluß von Ionen des Natriums und Calciums auf die Hitzebeständigkeit der Äthylcellulose.* Durch Einführung geringer Mengen von Na-Ionen (0,1%), weniger erfolgreich von Ca-Ionen, läßt sich die Hitzebeständigkeit (Erhitzen im Luftstrom auf 140° u. anschließende Viscositätsbest.) von *Äthylcellulose* (I) wesentlich steigern. Während $[\eta]$ der Ausgangs-I nach 8 Std. Erhitzen von 1,74 auf ca. 0,6 abnahm, lag der entsprechende Wert bei der mit Na behandelten Probe bei 1,44. Entaschung der I durch mehrfaches Umfällen führt zu sehr empfindlichen Präpp. gegenüber höheren Tempp.: Schon nach 1 Std. Erhitzen ist $[\eta] = 0{,}2$. Die stabilisierende Wrkg. geringer Basenmengen dürfte auf die Neutralisation vorliegender COOH-Gruppen zurückzuführen sein. (Журнал Прикладной Химии [J. angew. Chem.] **28.** 877—80. Aug. 1955.) M. ULMANN. 7970

Martin Müller, *Papierveredlungsmittel auf Stärke- und CMC-Basis.* Besprochen werden die Verwendungsmöglichkeiten von nativer u. lösl. *Stärke, Quellstärke, Stärke-* u. *Celluloseäther* (bes. *Carboxymethylcellulose*) für die Oberflächenveredlung u. Masseleimung von Papier. Angegeben sind einige verfahrenstechn. Hinweise sowie die mit vorst. Prodd. erzielbaren Effekte. (Allg. Papier-Rdsch. **1956.** 440—42. 5/5. 1956. Hannover-Limmer, Sichel-Werke Akt.-Ges., Papiertechn. Abt.) B. GNAUCK. 7978

N. G. Belenkaja, M. G. Woronkow und **B. N. Dolgow,** *Hydrophobierung von Papier durch Polymethylaminosilane.* Die für die Hydrophobierung von Papier angewandte Benzinlsg. von *Polymethyltriaminosilan* (I, *Metasan*) oder *Polydimethyldiaminosilan* (II, *Dimesan*) wurden erhalten durch Zusammenmischen eines großen Überschusses von fl. NH_3 mit einer Lsg. von *Methyltrichlorsilan* (Kp. 66—67°) oder *Dimethyldichlorsilan* (Kp. 69—70°) in Bzn., Erwärmen auf Zimmertemp., Abfiltrieren vom ausfallenden NH_4Cl u. Verdünnen mit Bzn. auf 2 bzw. 3—4%. Die mit I oder II 10 Min. behandelten u. anschließend bei 105—110° getrockneten Papiere sind wasserfester. Das Äußere der Papiere wird nicht verändert; die mechan. Eigg. u. die Alterungsbeständigkeit werden verbessert. Die Bldg. der I- oder II-Haut auf dem Papier erfolgt unter Beteiligung der OH-Gruppen der Cellulose. Die Ggw. von sorbiertem W. vor der Hydrophobierung setzt die Wasserfestigkeit herab. Die Hydrophobierung kann auch zur Verfestigung u. Konservierung von Texten u. zum Schutz von Zeichnungen auf Papier dienen. (Журнал Прикладной Химии [J. angew. Chem.] **28.** 886—98. Aug. 1955.) M. ULMANN. 7986

Edward C. Haines, *Lösungsmittel für Druckfarben.* Vf. gibt in seinem Vortrag einen Übersichtsbericht über die Rohstoffe (Tungöl, Albertolharze, Polyurethane, Polyisocyanate, Polystyrole u. a.) für die Herst. von Druckfarben u. ihre technolog. Anwendung. Es werden der Druckfarbenindustrie Anregungen für die Verwendung synthet. Lösungsmittel gegeben. (Amer. Ink Maker **34.** Nr. 3. 36—38. 73—75. März 1956. Merchantville, Superior Varnish & Drier Co.) H. PATZSCH. 7990

Buffalo Elektro-Chemical Co., Inc., V. St. A. (Erfinder: **Robert R. Kindron**), *Bleichen von Cellulose.* Die Bleichung cellulosehaltiger Massen hoher D. (über 20%) bei gleichzeitiger Anwendung von H_2O_2 u. Basen erfolgt, indem der cellulosehaltigen M. nach oder vor ihrer Überführung in den verfilzten, blattförmigen Zustand zunächst die Base zugesetzt u. ihr Überschuß wieder entfernt wird, um eine möglichst gleichmäßige Verteilung der Base in der Fasermasse zu erreichen, anschließend der verfilzten Faserstoffbahn H_2O_2 zugesetzt u. das Blatt der gleichzeitigen Einw. der Base u. des H_2O_2 überlassen wird, bis die gewünschte Bleichwrkg. erreicht ist. (**F. P. 1 105 941** vom 26/5. 1954, ausg. 9/12. 1955. A. Prior. 27/5. 1953.) R. GLAFEY. 7957

S. N. I. A. Viscosa (Soc. Nazionale Industria Applicazioni Viscosa) und **Giacinto Diotti,** Italien, *Aufarbeitung von Sulfitablaugen.* Man konz. die Laugen, wobei sich die Pentosen zu Furfurol umsetzen. — Z. B. konz. man eine 160—170 (g) Trockensubstanz (20—25 g Pentosen)/Liter enthaltende Sulfitablauge bei 100—110° auf 310—330 Trockensubstanz (28—32 g Pentosen)/Liter. Dann stellt man das Konzentrat mit verd. HCl auf ein p_H 2—2,5 ein u. erhitzt es auf 130—140°, bis es 500—550 g Trockensubstanz/Liter enthält. Die sich entwickelnden Dämpfe führen das gebildete *Furfurol* mit sich fort. Das Laugenkonzentrat dient als Brennstoff. (**F. P. 1 058 819** vom 23/1. 1952, ausg. 19/3. 1954. It. Prior. 25/1. 1951.) T. OPPERMANN. 7963

Celanese Corp. of America, New York, N. Y., V. St. A., *Herstellung von Celluloseestern mit beständigem Glanz.* Frisch gefällte Celluloseacetatflocken mit 0,001—0,0004% $MgSO_4$, herrührend von der Neutralisierung des Ansatzes mit Mg- oder Na-Acetat, werden 3mal 20 Min. mit der 12fachen Menge verd. Ca-Acetat oder $CaHCO_3$-Lsg. gewaschen u. getrocknet. Der $CaSO_4$ aufweisende Celluloseester ist gegen Mattierung mit heißem W.

beständig. Herst. von Filmen u. Fäden. (**E. P. 731 387** vom 14/11. 1952, ausg. 8/6. 1955. A. Prior. 16/11. 1951.) G. SALZMANN. 7971

Union Carbide & Carbon Corp., New York, N. Y., V. St. A., übert. von: **Donald Banks Benedict** und **Aubrey Ernest Broderick**, *Herstellung von Oxalkyläthern der Cellulose oder Stärke.* Man dispergiert das Kohlenhydrat in einer Mischung organ. Fll., die einen größeren Anteil an einer oder mehreren der folgenden, über 65° sd. Fll.: Benzol-KW-stoffe, aliphat. KW-stoffe, aliphat. Monoäther oder Monoketone, sowie einen geringeren Anteil an einem Alkoxyalkanol mit 1—4 C-Atomen in der Alkoxygruppe enthält, fügt W. u. NaOH hinzu u. veräthert mit einem Alkylenoxyd mit 2—4 C-Atomen bei bis 50°. — Beispiele: Toluol oder n-Butyläther oder Isobutylketon u. Methoxyisopropanol. (**E. P. 744 276** vom 7/9. 1953, ausg. 1/2. 1956. A. Prior. 8/9. 1952.) K. FABEL. 7971

Shell Development Co., Emeryville, Calif., übert. von: **Alvin P. Andersen**, Woodcliff Lake, N. J., V. St. A., *Wachsmischung*, enthaltend ca. 1—20 (Teile) krist. Paraffinwachs (F. ca. 74—91°), 0,05 Polyolefin (Mol.-Gew. >1000) u. mindestens 60krist.Paraffin-KW-stoffwachs (F. ca. 43—66°). Herst. von *naßfesten u. selbstklebenden Papieren.* — Tabellen. (**A. P. 2 728 735** vom 29/12. 1951, ausg. 27/12. 1955.) G. VOGEL. 7985

Minnesota Mining & Mfg. Co., St. Paul, übert. von: **Reynold E. Holmen**, White Bear Township, Minn., V. St. A., *Amino- und Amidoesterpolymere.* Man setzt a) Dicarbonsäuren (I), die 80—91% **I** mit mindestens 4 C-Atomen in der Kette aufweisen, welche die COOH-Gruppen an verschied. C-Atomen tragen, jedoch keine konjugierten-Doppelbindungen enthalten, wobei 9—20% der Säuren Malein-, Fumar-, Itacon-, Citraconsäure oder Addukte von Maleinsäure mit konjugierten Dienen sind, mit b) Phenyldiäthanolamin (**II**), nichtcyclisierenden Monoalkanolaminen (**III**) mit einer prim. Aminogruppe, die am N-Atom auch durch eine KW-stoffgruppe substituiert sein können, Glykolen u. Mischungen hiervon in solcher Menge um, daß durchschnittlich wenigstens eine N-Arylgruppe auf 100 Atome in der Polymerisatkette kommt. Ist die Menge von **II** so gering, daß nicht wenigstens 1 N-Arylgruppe auf 50 Atome in der Kette kommt, muß als Verb. (b) wenigstens eine kleine Menge von **III** verwendet werden. Enthalten die **I** beträchtliche Mengen von Säuren, die leicht cycl. Amide bilden, so muß **III** im wesentlichen ausgeschlossen werden. — 6 (Mol) **II**, 1,5 dimerisierte Fettsäuren (z. B. aus Lein-, Soja- oder Baumwollsamenöl), 3,96 Diglykolsäure u. 0,54 Maleinsäureanhydrid werden 8 Std. auf 140—180°, 8 Std. auf 185—200° u. 2 Std. auf 200° in Ggw. von 525 g Xylol unter Rückfluß erhitzt. Das Reaktionsprod. wird nach Abkühlen mit Isopropanol u. Xylol auf 61% Feststoffgeh. eingestellt. Die klare Lsg. hat eine GARDNER-HOLDT-Viscosität von Z—Z 1. — Verwendung als *Imprägnierungsmittel, bes. für Papier.* (**A. P. 2 706 191** vom 19/6. 1952, ausg. 12/4. 1955.) J. MÜHLEISEN. 7987

Armstrong Cork Co., übert.von: **James E. Hazeltine jr.** und **Harriet A. Gelzenlichter**, Lancaster, Pa., V. St. A., *Herstellen von Fußbodenbelag.* Eine mit Asphalt getränkte Filzbahn wird mit einem Ölharz überzogen. Dann wird eine Klebschicht aufgebracht, die aus 20—50(%) Bindemittel (**I**) u. 80—50 Füllstoff besteht. **I** besteht aus 25—80 Klebmittel, z. B. Styrol–Butadien-Mischpolymerisat (30—60:70—40), Acrylsäurenitril–Butadien-Mischpolymerisast (45—20:55—80), Isobutylen–Isopren-Mischpolymerisat (97—99:3—1) oder Chlorbutadienpolymerisat, u. 75—20 Verstärker, z. B. Polyvinylchlorid, Vinylchlorid–Vinylacetat-Mischpolymerisat (95—80:5—20), Vinylchlorid–Vinylidenchlorid-Mischpolymerisat mit vorwiegend Vinylidenchlorid, Styrol–Butadien-Mischpolymerisat (98—80:2—20) oder Polystyrol. Im Druckverf. wird dann ein farbiges Muster aufgebracht, wozu eine Vinylharzmischung dient, die anschließend zum Schmelzen gebracht wird. Als Neuerung wird bei diesem Verf. vor dem Aufbringen der Ölharzschicht eine Grundierung aus einem Butadien–Styrol-Mischpolymerisat (40—70:60—30), bes. als wss. Dispersion, aufgebracht. (**A.P. 2705683** vom 10/4. 1952, ausg. 5/4. 1955.) W. OVERBECK. 7999

XVIIIb. Textilfasern.

G. Landells, *Anwendung und Untersuchung neuzeitlicher Harzausrüstung für Textilien.* In einer Übersicht über die Entw. zur Anwendung synthet. Harze für Textilien, werden als erste die Vinylpolymeren aufgeführt, mit ihren verschied. Anwendungsmethoden u. den damit erzielbaren Wirkungen auf die Gewebe. Es folgen die Kondensationspolymeren, Harnstoff–CH_2O, für welche zum Verständnis für die Verwendung während der verschied. Kondensationsstufen neben einer graph. Darst. der zeitabhängigen Viscositätsänderung mit $NH_4H_2PO_4$ als Katalysator eine Tabelle über die zunehmende Härte von Viscosereyon durch das Ausrüsten bei steigender Viscosität gezeigt wird; außer anderen Faktoren, welche den Ausrüsteffekt bestimmen, werden die verschied. Katalysatoren genannt u. die Konz. des Ausrüstbades, deren Wrkg. an einem Vgl. der Reißfestigkeit von Viscosereyon u. Baumwolle demonstriert wird; weitere Einzelheiten über Prodd. dieser Art betreffen das Melamin-CH_2O, welches nach der sogenannten LANASET-Meth. das Filzschrumpfen der Wolle verhindert, das Anhydrocarboxyglycin, welches für den gleichen Zweck eingesetzt wird, ebenso eine lösl. Form von Nylon (N-Methoxymethylnylon) u. die je nach dem Grad der Kondensation oder (Meth-) Oxymethylierung u. des angewendeten Katalysators in ihrer Wirkungsweise variablen Melaminprodd. (Herst. von permanenten erhabenen u. Glanzeffekten). Eine neue Meth. zum wasch- u. kochfesten Flammfestausrüsten von Cellulosematerial besteht in der Anwendung von $(HOCH_2)_4PCl$ (Tetrakisoxymethylphosphoniumchlorid; THPC) in Verbindung mit Melaminharzen. Verss., die Vinylpolymeren, welche sich bisher nur als filmbildende Substanzen auf der Faser fixieren ließen, in der Faser zu binden, zeigten nur an Wolle Anfangserfolge, u. zwar durch eine besondere Technik mit sogenannten Ankerkatalysatoren (zweiwertiges Fe-Salz); die behandelte Wolle war schrumpffester geworden. Eine nach dieser Meth. durchgeführte Knitterfestbehandlung von Viscosereyon blieb erfolglos. Nach anderen Untersuchungsergebnissen, die als Grundlage zur Klärung des Wirkungsmechanismus beim Knitterfestausrüsten dienen, werden die Möglichkeiten zum Ausrüsten mit organ. Isocyanaten aufgezeigt u. die Wrkg. an mkr. Abb. demonstriert. In einer kurzen Zusammenfassung wird die Entw. der zum Wasserfestausrüsten geeigneten Siliconverbb. dargelegt u. wie diese durch die verschied. Methoden zur maximalen Wrkg. angewendet werden können. (J. Soc. Dyers Colourists **72.** 137—46. April 1956.) I. SCHOENMANN. 8032

W. M. Fridman, *Die Wirkung von Schall- und Ultraschall auf die mechanischen Eigenschaften von Geweben.* Neben Ergebnissen deutscher u. amerikan. Forschungsstellen werden Versuchsergebnisse des Vf. mit Nesselgeweben angeführt, aus denen hervorgeht, daß Ultraschall von 1200 kHz u. 10 W/cm² beim Waschen die Festigkeit von Geweben nicht beeinträchtigt. Eine Schädigung wurde lediglich im Bereich von 10 kHz beobachtet. (Текстильная Промышленность [Textil-Ind.] **16.** Nr. 4. 45—46. April 1956.) N. STSCHERBINA. 8040

F. I. Ssadow und **M. N. Zwetkow,** *Entwicklungsperspektiven der Technologie und Technik des Bleichens von Baumwollgeweben.* Vff. setzen sich für weitgehende Einführung der kontinuierlichen Peroxydbleiche, Verwendung neuartiger Aggregate u. Mechanisierung der Arbeitsgänge ein. Neben Angaben über eine entsprechende Anlage (180 m/Min.) wird die Forderung nach wissenschaftlichen Arbeiten bes. auf dem Gebiet der automat. Kontrolle u. Steuerung des Bleichprozesses erhoben. (Текстильная Промышленность [Textil-Ind.] **16.** Nr. 3. 44—46. März 1956.) N. STSCHERBINA. 8044

S. Sasaki, M. Nakanishi und **K. Hayashi,** *Untersuchung über die Struktur und den Abbaumechanismus von Seidenfibroinen.* 1. Mitt. *Löslichmachen von Fibroinen mit verdünnten Säurelösungen.* Nach dem Ergebnis von Auflösungsverss. mit verd. Säuren besteht das *Fibroin* aus einem für die Säure leicht zugänglichen u. einem schwer zugänglichen Anteil u. einem Mittelteil. Diese Rk. wird von 5 oder mehr Faktoren beherrscht, von denen am stärksten wirksam sind: Hydrolysegeschwindigkeit der Peptidbindungen u. die Quellung oder die Diffusionsgeschwindigkeit der bei der Rk. entstehenden Peptide. Die Kurve Rückstandsmenge (R)/Std. deutet auf eine Rk. 1. Ordnung. Aus der Geraden log R/t (in Std.) werden die Geschwindigkeitskonstanten u. die Aktivierungsenergien der 3 Anteile abgeleitet, letztere betragen für den krist. 8700 cal, den semikrist. 17700 u. den amorphen 20500 cal. (J. agric. chem. Soc. Japan [Nippon Nôgeikagaku Kaishi] **28.** 657—61. Aug. 1954. Fukuoka, Kyushu Univ. [Orig.: japan.; Auszug: engl.]) L. SCHULER. 8068

K. Hayashi, K. Kobayashi und **S. Nakanishi,** *Untersuchung über die Struktur und den Abbaumechanismus von Seidenfibroinen.* 2. Mitt. *Löslichmachen von Fibroinen mit verdünnten Alkalilösungen.* (1. vgl. vorst. Ref.) In logarithm. Form erscheint die Funktion zwischen Gewichtsabnahme u. Dauer der Hydrolyse durch verd. Alkalibehandlung als in 3 Stadien ausdrückbar. Leicht für Alkali zugänglich sind ca. 10% der Gesamtfaser u. der Abbau ist eine Rk. 1. Ordnung u. verläuft langsamer als bei der Säurebehandlung. Für die 2. u. 3. Stufe ist log R/Zeit nicht genau linear u. die Umkehrpunkte (Knickpunkte) sind unscharf. Bei Benutzung der Kurve für das Gewicht des gelösten Anteils/Std. erscheinen 2 deutliche Knickpunkte u. 3 Kurven. Aus diesen Kurven ergeben sich als Aktivierungsenergien für den krist. Anteil 27600 (cal), den mittleren 29500 u. den amorphen 16300. Obwohl beide Vorgänge 2 Knickpunkte aufweisen, unterscheidet sich die saure Hydrolyse deutlich von der alkalischen. (J. agric. chem. Soc. Japan [Nippon Nôgeikagaku Kaishi] **28.** 661—64. Aug. 1954. Fukuoka, Kyushu Univ. [Orig.: japan.; Auszug: engl.]) L. SCHULER. 8068

Shuiku Sasaki, Kei Kobayashi und **Katsuya Hayashi,** *Untersuchung über die Struktur und den Abbaumechanismus von Seidenfibroinen. 3. Mitt. Verteilung der Hauptaminosäuren von mit verdünnter Säure und verdünntem Alkali abgebauten Seidenfibroinen.* (2. vgl. vorst. Ref.) Degummierte Fibroinfasern werden teilweise abgebaut u. stufenweise mit verd. HCl u. verd. NaOH fraktioniert u. die Verteilung von Gesamt-N, Glycin, Tyrosin, Serin u. Threonin in den Fraktionen u. im Ausgangsfibroin bestimmt. Die Ungleichartigkeit der Verteilung der Aminosäuren in beiden Fällen kann von etwas Fremdeiweiß, das sich bei der gewöhnlichen Aufarbeitung nicht abtrennen läßt, herrühren oder von raummäßigen Aufbaufaktoren. Die sogegannten krist. u. amorphen Bereiche genügen nicht zur Kennzeichnung des Fibroinaufbaus mit anscheinend verschied. großen Seitenketten u. Arten der Peptidverknüpfung. Der Abbau wird von komplizierteren Faktoren beeinflußt, im Gegensatz zum Celluloseabbau mit einfachen (einheitlichen) Glycosidbindungen. — 27 Literaturangaben. Tabellen (in engl.). (J. agric. chem. Soc. Japan [Nippon Nôgeikagaku Kaishi] **28.** 688—92. Sept. 1954. Fukuoka, Kyushu Univ. [Orig.: japan.; Auszug: engl.]) L. SCHULER. 8068

Arnold M. Sookne, *Die chemische Struktur und nützlichen Eigenschaften der Textilien.* Aus der durch schemat. Darst. anschaulich gemachten mol. Struktur der Fasern werden ihre physikal. u. mechan. Eigg. besprochen, die sie für einen bestimmten Endzweck geeignet machen; es werden durch graph. Darstellungen die Beziehungen zwischen Kettenlänge, Biegsamkeit u. Dehnbarkeit von Celluloseacetat gezeigt u. in schemat. Darst. der Erweichungspunkt u. das Quellvermögen mit dem von Triacetat verglichen; eine Tabelle über die mol. Kohäsion von einigen Polymeren mit ihren akt. Gruppen zeigt den Einfl. der zwischenmol. Kräfte auf die (gummiähnlichen, plast. oder faserartigen) Eigg. der Substanzen, eine weitere die Beziehungen zwischen den faserbildenden Eigg. einiger Polyester u. ihrem Kristallisationsvermögen. Welche Möglichkeiten es in der Variation der Eigg. einer Substanz gibt, wird durch eine graph. Darst. der Substitution an den Amidgruppen in Nylon demonstriert. In dem Maße wie diese (durch Alkylgruppen) fortschreitet, nehmen die H-Bindungen zwischen den Moll. ab u. das Faserprod. geht allmählich vom gummiähnlichen Zustand in einen viscosen u. schließlich in eine Fl. über (Verss. zur Herst. von elast. Nylon). Beispiele über den Einfl. des Orientierungsgrades von Polymerketten u. Kristalliten geben die Festigkeitswerte von Cellulosefasern; des weiteren wird durch schemat. Darst. der Festigkeitsbereich der Textilien illustriert, den natürliche u. synthet. Polymere zu liefern vermögen. Eine Tabelle über den hydrophilen Charakter der Fasern vermittelt gleichzeitig einen Überblick über die in diesem Zusammenhang stehenden Eigg. der Textilien. (Textile Res. J. **25.** 609—17. Juli 1955. Washington, D. C., Harris Res. Labor.) I. SCHOENMANN. 8070

W. J. Morris, *Messung der elastischen Eigenschaften von Garnen.* An Hand von Abbildungen u. Diagrammen wird der im BRITISH RESEARCH ASSOCIATION entwickelte *Strainometer* u. seine Arbeitsweise beschrieben. Das Garn läuft zwischen zwei Rollenpaaren, bei denen die Laufrolle des zuletzt durchlaufenen Paares um 5% größer ist als die des ersten. Das Garn passiert zwischen diesen Rollenpaaren eine Einrichtung, die auf elektron. Wege die jeweilige Längsspannung des Garnes aufzeichnet. (Skinner's Silk Rayon Rec. **30.** 500—05. Mai 1956. British Rayon Res. Assoc.) RUTH KÖRNER. 8096

Monsanto Chemical Co., St. Louis, Mo., V. St. A., *Befeuchten und Ausrüsten von Textilfasern.* Kurzfaserige Baumwolle, Stapelfasern oder dgl. werden mit einem Luftstrom durch eine Düse geführt, in die durch seitliche, in die Flugrichtung weisende Bohrungen das Befeuchtungs- oder Behandlungsmittel, z. B. in W. dispergiertes SiO_2-Gel, eingeführt wird. Die im Schwebezustand befindlichen Fasern werden allseitig gleichmäßig ausgerüstet sowie gegebenenfalls auch gefärbt u. aus dem Luftstrom im nichtnassen Zustand abgetrennt. — Abbildungen. (**E. P. 711 883** vom 28/7. 1952, ausg. 14/7. 1954. A. Prior. 28/7. 1951.) H. MÖLLERING. 8033

Fred'k H. Levey Co., Inc., New York, N. Y., V. St. A., *Kunstharzemulsion zum Bedrucken, Färben, Imprägnieren von Textilien und Papier,* bestehend aus einem Harnstoff-, Melamin- u./oder Alkydharz, einem heteropolymeren Harz aus Styrol u. einem nicht vollständig veresterten Butylmaleinat, das beim Emulgieren neutralisiert wird (bzw. einem Butadien–Acrylnitril-, Acrylnitril–Vinylchlorid-Mischpolymerisat, Polyvinylidenchlorid oder Polyamid), einem Emulgator, Butanol u. Wasser. (**E. P. 728 079** vom 18/8. 1952, ausg. 13/4. 1955. A. Prior. 8/9. 1951. **Zusatz zu E. P. 722 413; C. 1956. 4881.**) G. SALZMANN. 8037

Karl Wirz, Deutschland, *Imprägnieren von Gewebe.* Nichtgestrecktes Gewebe wird mit kondensierbaren oder polymerisierbaren Stoffen behandelt, wobei es ohne Änderung des Aussehens elastischer wird. — Baumwollgewebe wird mit einer Lsg. eines

Polymerisationskatalysators imprägniert u. bis zur völligen Imprägnierung eine Vinylacetat–Methylacrylat-Mischung aufgespritzt. Man hält dann bei 100°. — Man kann auch mit einem langkettigen Polyester mit Amino-, Hydroxyl- oder Carboxylgruppen u. Di- oder Polyisocyanat („Desmodur–Desmophen") imprägnieren u. bei 110° härten. (**F. P. 1 068 464** vom 20/12. 1952, ausg. 25/6. 1954. D. Prior. 22/12. 1951.) M. PANKOW. 8045

Commonwealth Scientific & Industrial Research Organisation, Australien, *Verfahren zum Schutze von Textilien aus Wolle oder einer anderen Tierfaser gegen Insektenlarven.* Man behandelt die Textilien mit oberflächenakt. Alkyl- oder Arylsulfonsäuren, deren Salzen oder mit H_2SO_4-Estern von Fettalkoholen oder deren Salzen. — Z. B. taucht man 2,8 (Gewichtsteile) eines Wollgewebes bei n. Temp. in ein Bad von der Zus.: 0,14 Na-Laurylsulfonat, 0,14 H_2SO_4 u. 50 W. u. erhitzt die Lsg. langsam zum Sieden. Nach 10 Min. Kochen nimmt man das Gewebe aus dem Bade, wäscht es mit fließendem W. u. trocknet es. Andere geeignete oberflächenakt. Verbb. sind z. B. H_2SO_4-Ester des Oleylalkohols, Na-Decylbenzol-, Na-Butylnaphthalin-, NH_4-Dibutylnaphthalinsulfonat, Na-Dioctylsulfosuccinat, Na-Salz des Oleylsulfats. (**F. P. 1 078 898** vom 18/6. 1953, ausg. 24/11. 1954. Aust. Prior. 14/7. 1952.) T. OPPERMANN. 8063

United States of America, übert. von: **Basil G. Skalkeas,** Lowell, Mass., V. St. A., *Stapelfaserlunten erhöhter Festigkeit.* Vorgarne aus Stapelfasern werden mit einer wss.-koll. SiO_2-Lsg. imprägniert u. im feuchten Zustand verzogen, jedoch so, daß das Garn nicht reißt. Anschließend wird getrocknet. Als Behandlungsprod. ist *Syton W 20* (MONSANTO CHEMICAL CO.) bes. angeführt. (**A. P. 2 724 657** vom 16/12. 1952, ausg. 22/11. 1955.) H. MÖLLERING. 8071

American Enka Corp., Enka, N. C., übert. von: **Hans Alwin Schwenk,** Arnhem, Holland, *Herstellung von hochmolekularen, faserbildenden Polyamiden* durch kontinuierliche Polymerisation von monomeren Lactamen (**I**). Man läßt geschmolzenes **I** durch eine erhitzte, spiralförmig verlängerte, horizontale Polymerisationszone von großer Länge im Verhältnis zu ihrer Höhe in kontinuierlicher Schicht fließen, wobei die Gase u. Dämpfe von W. u. **I** leicht aus der Oberfläche der Schicht, ohne deren gleichmäßigen Fluß zu beeinflussen, entweichen. Die Polymerisation erfolgt unter Ausschluß von freiem O_2, u. das Polymerisat fließt in eine Austrittszone, die zum großen Teil mit dem Polymer ausgefüllt ist, aus der die M. entnommen wird. — Zeichnung. (**A. P. 2 735 839** vom 29/11. 1951, ausg. 21/2. 1956. Holl. Prior. 27/12. 1950.) J. MÜHLEISEN. 8081

Vereinigte Glanzstoff-Fabriken Akt.-Ges., Wuppertal-Elberfeld, *Entglänzte Fäden, Borsten, Filme* oder dgl. erhält man aus linearen *Polyamiden* durch Spinnen aus der Schmelze, indem man dem monomeren Ausgangsgut 0,5—35, bes. 3—25% feinverteiltes hochmol. Polystyrol mit Mol.-Gew. $\geqq$100000 zusetzt. (**E. P. 745 182** vom 3/9. 1953, ausg. 22/2. 1956. D. Prior. 5/9. 1952.) H. MÖLLERING. 8081

— (Erfinder: **Hermann Klare,** Berlin-Karlshorst, **Hans Henzel,** Dessau, und **Otto Törl,** Landsberg), *Nachbehandlung von Fäden aus linearen Hochpolymeren,* wie Polyamiden, zwecks Entfernung schwer wasserlösl. niedrigpolymerer Anteile. Die aufgespulten Fäden werden einer Heißwasserbehandlung unterworfen u. in bekannter Weise ausgeschleudert. — Gesponnene ε-Caprolactamkunstseide (Nm $^{225}/_{16}$) wird beim Zwirnen auf übliche Hülsen aufgewickelt, 30—60 Min. mit W. von 90—95° behandelt, 5—15 Min. ausgeschleudert u. 2—4 Std. bei 95—100° getrocknet. (**D. P. [DDR] 3 453** Kl. 29b vom 9/1. 1943, ausg. 25/1. 1953 [Ausschließungspatent].) M. PANKOW. 8081

VEB Thüringisches Kunstfaserwerk „Wilhelm Pieck" Schwarza, Rudolstadt/Thür. (Erfinder: **Paul Kümmel,** Oranienburg), *Nachbehandlung von fadenförmigen Gebilden oder losem Fasergut aus Superpolyamiden oder -urethanen.* Man behandelt sie mit Sulfiten, Bisulfiten oder Gerbmitteln vor oder bei einer Kräuselung oder Mattierung. NaCl, Na_2SO_4 u. andere Salze können diesen Stoffen zugesetzt werden. — Man bringt 200 g Stapelfaser aus Polyamid aus ε-Caprolactam 3 Min. in einer Mischung von 100 g techn. Bisulfitlsg. u. 900 W. von 100°, spült u. kocht 20 Sek. in einem Kräuselbad aus 2000 (g) W., 200 NaCl u. 300 36%ig. HCl. Statt Bisulfit kann man CH_2O nehmen. Verbesserung der Festigkeitswerte. (**D. P. [DDR] 6 379** Kl. 29b vom 15/1. 1943, ausg. 30/1. 1954 [Wirtschaftspatent].) M. PANKOW. 8081

Celanese Corp. of America, New York, N. Y., V. St. A., *Schmelzspinnverfahren für Fäden.* Thermoplast. Harze, z. B. aus 1.4-Tetramethylendiamin u. 1.4-Butandiol-bischlorformiat gewonnenes *Polyurethan,* das noch nicht geschmolzen ist, wird fein gemahlen u. intermittierend in eine Vakuumkammer gegeben, wo es durch Vakuum entgast u. getrocknet wird. Eine in der Kammer angeordnete Förderschnecke transportiert das behandelte Gut in den Schmelzraum u. zur Spinndüse. — 2 Abbildungen. (**E. P. 740 585** vom 19/8. 1953, ausg. 16/11. 1955. A. Prior. 22/8. 1952.) H. MÖLLERING. 8081

Vereinigte Glanzstoff-Fabriken Akt.-Ges., Deutschland, *Verbesserung der Abriebfestigkeit von Polyacrylnitrilfäden.* Man verspinnt Lsgg. von Acrylnitrilpolymeren oder -mischpolymeren, die 2—30, bes. 5—15% (des Polyacrylnitrils) Polyvinylacetat enthalten. (**F. P. 1 100 646** vom 14/5. 1954, ausg. 22/9. 1955. D. Prior. 25/6. 1953.) M. PANKOW. 8081

E. I. du Pont de Nemours & Co., Wilmington, Del., V. St. A., *Schmelzspinnverfahren für Polyacrylnitril* oder seine Mischpolymerisate mit maximal 15% Vinylpyridin oder Methacrylsäure. Das Polymerisat wird mit 30—60% N.N-Dimethylformamid, N-Acetylmorpholin, cycl. Äthylencarbonat, cycl. Tetramethylensulfon, N.N-Dimethylacetamid, Äthylensulfit, N-Formylhexamethylenimin, m- bzw. p-Nitrophenol, Bernsteinsäurenitril, Glykolnitril, Diglykolsäureanhydrid oder N.N-Diformylpiperazin angeteigt u. nach dem Erwärmen auf 130° (Spinndüse 168°) unter 105 at u. einer Geschwindigkeit von 914 bis 6398 m/Min. versponnen. Die 1 Std. in verd. sd. Seifenlauge gewaschenen u. bei 55° getrockneten Fäden besitzen eine Festigkeit von 1,6 g/den u. eine Bruchdehnung von 28%. (**E. P. 716 829** vom 18/6. 1952, ausg. 13/10. 1954. A. Prior. 23/2. 1952.) G. SALZMANN. 8081

Totila Madlung und **Gerhard Meier**, Pirna/Elbe, *Herstellung von koch- und waschechten Färbungen auf Formgebilden, wie Fasern, Fäden, Fellen, Bändchen und dergleichen, aus Polyacrylnitril oder solches enthaltenden Mischpolymerisaten*, dad. gek., daß den *Spinnlsgg.* Farbstoffe zugesetzt werden, die sich in den zum Verspinnen von Polyacrylnitril oder seinen Mischpolymerisaten geeigneten Lösungsmitteln lösen. (**D.P. [DDR] 3695** Kl. 8m vom 29/11. 1951, ausg. 11/6. 1953 [Wirtschaftspatent].) T. OPPERMANN. 8081

E. I. du Pont de Nemours & Co., übert. von: **Melvin A. Dietrich**, Claymont, und **Henning W. Jacobsen**, Wilmington, Del., V. St. A., *Geformte Gegenstände, besonders Fasern.* Hochmol. lineare Polyharnstoffkondensationsprodd. mit einer Eigenviscosität von mindestens 0,7 in 98%ig. H_2SO_4 bei einer Konz. von 0,5 g in 100 cm^3 Lsg., welche mindestens 50 Mol-% Struktureinheiten der Formel —NHCONH— enthalten, werden in Lsg., u. zwar in einer starken O-haltigen Säure, deren Dissoziation $> 1 \cdot 10^{-4}$ ist, mit 0,2—1,0 (Mol) CH_2O (**I**) pro 1 der obigen Struktureinheit umgesetzt. Das Reaktionsgemisch wird dann verformt, z. B. in Fasern oder Filme, u. die Formkörper werden in verd. Mineralsäure, zweckmäßig bei erhöhter Temp., hydrolysiert, bis der gebundene **I** im wesentlichen entfernt ist. — Eine Lsg. von 64,5 g N.N'-Polyhexamethylenharnstoff (aus Hexamethylendiamin u. Diäthylhexamethylendiurethan) mit Eigenviscosität von 0,99 in 605 g 98%ig. HCOOH, 54,5 g H_2SO_4 (mindestens 95,5%ig) u. 29,5 g **I** (0,8 Mol pro obige Struktureinheit) wird in W. versponnen, dann durch W. bei 100° u. 2%ig. H_2SO_4 hydrolysiert. (**A. P. 2 709 694** vom 7/10. 1952, ausg. 31/5. 1955.) J. MÜHLEISEN. 8081

Hans Christoph Riedel, Voitsberg, Steiermark, Österreich, und **Walter Riedel**, Stepperg über Neuburg/Donau, zugleich Erfinder, *Gewinnung von Glasfäden.* Zur Gewinnung von Glasfäden u. Glasgespinst mit großer Oberfläche u. hoher Adsorptionsfähigkeit werden die Ausgangsfäden oder -gespinste mit W. oder Lsgg. von Säuren, Laugen oder Salzen, z. B. H_2SO_4 oder HNO_3, zweckmäßig unter erhöhtem Druck, behandelt. (**D. B. P. 941 152** Kl. 32a vom 10/9. 1941, ausg. 5/4. 1956. Anmeldung bekanntgemacht 23/4. 1953.) H. HOFFMANN. 8083

Owens-Corning Fiberglas Corp., Del., übert. von: **Robert W. Farris**, Newark, O., V. St. A., *Imprägnierte Glasfasermatten* für Boden- u. Dachbelag, Isolierungen von Rohren u. dgl. erhält man durch Behandlung mit einer 1—60%ig. wss. Asphaltemulsion, enthaltend 0,005—0,5(%) Na-Bis-(2-äthylhexyl)-phosphat u. gegebenenfalls 10 Bentonit. (**A. P. 2 712 506** vom 24/5. 1951, ausg. 5/7. 1955.) G. SALZMANN. 8083

XIX. Brennstoffe. Erdöl. Mineralöle.

I. G. C. Dryden, *Der molekulare Aufbau der Kohle. Vergleich zwischen den aus den Methoden der organischen Chemie und aus Infrarotabsorptionsspektren abgeleiteten Ergebnissen.* An Hand der neuesten Literatur gibt Vf. einen Überblick über die mit Sicherheit ermittelten chem. Gruppen der Kohlen u. der dafür angewandten Arbeitsweisen. Durch eine Kombination von Infrarotspektren u. chem. Messungen wurde die Hydroxylgruppe in niederen inkohlten bituminösen Kohlen mit Sicherheit festgestellt. Die Beweise für die Anwesenheit von Carboxygruppen, wahrscheinlich in konjugierter Form, ist noch nicht ganz erbracht., obwohl spektroskop. Beobachtungen darauf hindeuten. Das gleiche gilt für Äther, heterocycl. O u. für das Vorhandensein von aliphat. oder alicycl. Gruppen. Nach Auffassung des Vf. haben die bisher erschienenen Arbeiten gezeigt, daß chem. Unters. mit Infrarotspektren am selben Material gekoppelt werden müssen. Durch das Beobachten der Änderungen, die während der Rk. auftreten, kann aus den Infrarotspektren mehr geschlossen werden, als es der Fall wäre, wenn Kohle oder Kohlenextrakte allein untersucht werden. (Brennstoff-Chem. **37.** 42—46. 8/2. 1956. Leatherhead, England, British Coal Utilisat. Res. Assoc.) K. O. Müller. 8126

Carl Kröger, *Die Steinkohleextraktion.* 1. Mitt. *Extraktionsverfahren und Einfluß der Kohlenvorbehandlung.* Vf. bringt den Stand der Technik auf dem Gebiet der Steinkohleextraktion. An Hand von schemat. Skizzen werden die Stufenextraktion, das Soxhlet-Verf. u. die Druckextraktion besprochen. Der Einfl. der Vorbehandlung der Kohle hinsichtlich der Zerkleinerung, Trocknung, Entaschung oder Voroxydation u. Korngröße auf die Extraktion wird geschildert. (Erdöl u. Kohle **9.** 441—46. Juli 1956. Aachen, TH, Inst. für Brennstoffchem.) K. O. Müller. 8126

Kenzi Tamaru, *Der Vorgang der Kohlenstoffoxydation.* Durch langsame Oxydation von Acetylenruß knapp unterhalb der Entzündungstemp. konnte der Oxydationsvorgang von C untersucht werden. Aus den Röntgenunterss. geht hervor, daß die mittlere Höhe der Ebenenagglomerate im Verlauf der Oxydation etwas linear ansteigt, während der mittlere Durchmesser der Schichten zuerst konstant bleibt, jedoch nach dem Verbrauch des ungefähr halben Gutes stark ansteigt. Dieser Anstieg wird dadurch erklärt, daß vorzugsweise die kleineren Ebenenagglomerate verbraucht werden u. deshalb der Durchschnittswert des Parameters zunimmt. (Brennstoff-Chem. **35.** 79—81. 17/3. 1954. Yokohama, Univ., Ingenieurwissenschaftl. Fak., Abt. Chem. Ind.) H. Schöberl. 8128

W. I. Klassen und **I. N. Plakssin** (unter Mitarbeit von **N. Ss. Wlassowa, Je. N. Stepanowa, L. F. Wartanjan** und **M. Ss. Merkurowa**), *Zum Einfluß der Struktur und der Zusammensetzung von Reagentien auf die Kohlen.* An einer reichlich mit feindispersen Mineraleinschlüssen durchsetzten Donbas-Kohle von der Porosität eines mittleren Inkohlungsstadiums wird die Wirkungsweise aromat. u. gesätt. aliphat. KW-stoffe des Erdöls mit Zusätzen oberflächenakt. Stoffe untersucht. Als solche werden versuchsweise prim. substituierte Alkohole, Phenole, Fettsäuren u. Bzl. verwendet. An Hand eines Laboratoriumsgerätes für „schaumfreie" Flotation wird festgestellt, daß Alkohole mit einer bestimmten mittleren Länge der C-Kette (Hexylalkohol), in mäßigen Konzz. angewandt, eine hohe Selektivität aufweisen. Einfache Ring-KW-stoffe ohne polare Gruppen (Bzl.) sind dagegen so wenig akt., daß die Kohleflotation einen enormen Aufwand an Reagentien (25 kg/t) erfordert. Nach den Versuchsergebnissen können indessen für einige Kohlensorten Flotationsmedien von hoher Selektivität zusammengestellt werden, bei denen man mit einem sehr geringen Einsatz von 50—100 g/t zum Ziel kommt. Bes. akt. sind Verbb. vom Typ der Alkyl–Aryl-Sulfonate mit substituierten polaren Gruppen in m-Stellung. (Доклады Академии Наук СССР [Ber. Akad. Wiss. UdSSR] **103.** 879—81. 11/8. 1955. Moskau, Berginst. der Akad. der Wiss. der UdSSR.) M. Noetzel. 8134

N. Berkowitz und **W. Dammeyer**, *Pyrolyse von Kohlen bei Gegenwart von Stickoxyd.* Stickoxyd verhindert bei der Schwelung von Kohle die therm. Zers. der Kohle u. der Schwelprodd. u. verhindert sek. Polymerisationen in der Teerphase. (Fuel **35.** 19—30. Jan. 1956. Edmonton, Alberta, Can., Res. Council of Alberta.) H. Paetzold. 8140

D. Fitzgerald, *Der Mechanismus der Verkokung von Kohle im plastischen Bereich.* Aus Messungen der Fluidität bei konstanter Temp. mit dem Gieseler-Plastometer u. aus dem Durchlaufen der Drehgeschwindigkeit durch ein Maximum schließt Vf., daß das Erweichen kein gewöhnliches Schmelzen ist, sondern daß dabei die chem. Spalt-Rk. abläuft, die zeitabhängig ist. Die zeitliche Abnahme der Fluidität läßt sich in Übereinstimmung mit den gefundenen Werten berechnen. Die auftretende Aktivierungsenergie in Höhe von 50 kcal/Mol läßt auf chem. Vorgänge schließen. Da dieser Wert für alle Kohlenarten ungefähr gleich ist, vermutet Vf., daß es sich um einen von der Kohlenart unabhängigen Zersetzungsvorgang handelt. Vf. deutet den Mechanismus des Erweichens durch eine Depolymerisation der zunächst in glasähnlichem Zustand befindlichen Kohle unter Bldg. flüchtiger Spaltprodd. u. einer viscosen Fl., die sich weiter zersetzt. (Brennstoff-Chem. **37.** 199—201. 18/7. 1956. Cheltenham, Nat. Coal Board, Coal Res. Establ.) K. O. Müller. 8142

I. Bulboacă, *Über Gasgeneratoren.* Übersicht über Gasgeneratoren, bes. von solchen, die für den Betrieb von Traktoren in Forstbetrieben geeignet sind. (Ind. Lemnului Celulozei Hîrtiei [Ind. Holzes, Cellulose Papiers] **3.** 398—408. Nov. 1954.) H. Timmler. 8148

R. Delsol, *Die Verwendung der Mineralölerzeugnisse als neue Rohstoffe in der technischen Entwicklung der französischen Gasindustrie.* Die französ. Gasindustrie begegnet den ständig zunehmenden Gasverbrauchsspitzen, die durch die Heizgasverwendung auftreten, durch neue Gasspeichermethoden, durch Spitzengasanlagen mit geringer Jahresbelastung u. durch Abgehen von der klass. dezentralisierten Gaserzeugung auf der Basis Steinkohle. Auf Mineralölgrundlage stützt sich die französ. Gasindustrie auf Erdgas (Naturgas), Raffinerierestgas, Flüssiggas u. Gas- bzw. Heizöl. Für jeden dieser Rohstoffe wird der gegenwärtige Stand der Verwendungstechnik gekennzeichnet. (J. Usines Gaz **80.** 42—46. Febr. 1956. Paris.) F. SCHUSTER. 8156

P. Káš und **M. Mislk,** *Fortschritte in der Betriebsdestillation von Rohöl.* Beschreibung der Entw. von Betriebsdestillationen, Röhrenöfen u. Kolonnen einer ständig in Benutzung befindlichen Betriebseinheit, der technolog. Beherrschung von Öfen u. Kolonnen sowie der an Röhrendestillationen vorgenommenen Verbesserungen. (Paliva **35.** 326—29. Nov. 1955.) H. FREYTAG. 8166

W. N. Gussakow, M. W. Sabolotski und **W. W. Terentjewa,** *Kontinuierliche Destillation von Holzteer.* Hauptteil der auf Grund der Ergebnisse von halbtechn. Verss. projektierten Anlage ist eine Teerzerstäubungskammer, in welcher der Teer mit Hilfe von überhitztem Wasserdampf (400°) als Wärmeträger zu gleichen Teilen in Pech u. Öle zerlegt wird. Letztere fallen in guter Ausbeute an, da sowohl die Ggw. von W. u. Säuren, welche auf höhermol. Anteile hydrolysierend wirken, wie auch die Schnelligkeit des gesamten Prozesses u. die kurze Verweilzeit der Öle in der Zone höherer Temp. sich günstig auswirken. (Гидролизная и Лесохимическая Промышленность [Hydrolysen- u. holzchem. Ind.] **9.** Nr. 2. 6—9. 1956.) M. ULMANN. 8178

Takashi Kitazawa, *Eigenschaften und Gewinnung des Kohleschiefers aus dem Oyake-Flöz im südwestlichen Chikuho-Kohlengebiet.* Aus den chem., physikal. u. mineralog. Eigg. u. den örtlichen Verhältnissen wurden 2 Typen mit verschied. Aufbereitungsmöglichkeit durch Schwerkrafttrennung definiert u. als Gemische kohliger u. schiefriger Substanzen in kontinuierlichem Übergang festgestellt. (Suiyokwai-Shi [Trans. Mining metallurg. Alumni Assoc.] **13.** 23—26. Nov. 1955. [Orig.: japan., Auszug: engl.]) H. ECKHARD. 8180

J. Appert und **M. Louis,** *Mitteilung über den Angriff von Erdöl durch Mikroorganismen.* Ein rohes Erdöl (Kennwerte angegeben) wird durch aerobe Bakterien unter Bldg. von O-haltigen Verbb., die den Harzen verwandt sind, angegriffen. Dabei scheint sich die chem. Beschaffenheit im 1. Stadium dieser Umsetzung nicht viel zu verändern. — Diagramm u. Zahlentafeln. (Rev. Inst. franç. Pétrole Ann. Combustibles liquides **10.** 345—48. Mai 1955. Inst. Français du Pétrole.) W. WESLY. 8188

K. F. Shigatsch, I. B. Adel und **O. Ss. Sagarmisstr,** *Über Viscositätserniedriger für beschwerte tonhaltige Lösungen.* Verss. ergaben, daß nach Quebrachoextrakt (dem augenscheinlich günstigsten Viscositätserniedriger) der Ersatzstoff *Syntan* (Marke „PL"), mit Alkali 1:0,25 vermischt, sich am besten als Viscositätserniedriger bei Erdölbohrungen empfiehlt, während Sulfitalkoholschlempe, noch mehr Alkali-Kohle-Reagens in ihrer Wrkg. zurückstehen. Verwendung der Meßergebnisse bei direkten Bohrverss. bestätigten den Befund. (Нефтяное Хозяйство [Petroleum-Wirtsch.] **34.** Nr. 3. 23—26. März 1956.) A. v. WILPERT. 8190

Marshall Sittig, *Druckhydrierung.* Diskutiert werden die im Zusammenhang mit der Druckhydrierung auftretenden techn. u. wirtschaftlichen Fragen. Es ist anzunehmen, daß innerhalb der nächsten Jahre, im Hinblick auf die Anforderungen des Marktes, das gesamte anfallende Bzn. einer H_2-Behandlung unterworfen werden muß. Der bei der Aromatisierung anfallende H_2 dürfte auch für andere Industriezweige von Bedeutung sein. Es wird ein Überblick über Herstellungs- u. Regenerierungskosten der Pt- u. Mo-Oxyd-Katalysatoren gebracht. Gleichzeitig wird die Wirtschaftlichkeit sowie Verwendungsmöglichkeit der anfallenden Aromaten diskutiert. (Petroleum Processing **11.** Nr. 4. 67—68. April 1956.) A. HOYNNIGEN-HUENE. 8198

H. W. Wainwright, L. J. Kane, M. W. Wilson, C. C. Shale und **J. Ratway,** *Reinigung von Synthesegas; Entfernung von Staub, Kohlendioxyd und Schwefelverbindungen.* Ausgehend davon, daß Synthesegas durch Vergasung von Kohle mit O_2 u. Wasserdampf hergestellt wird, bringen Vff. Typen u. Mengen der anwesenden Verunreinigungen u. analyt. Methoden, um diese selbst in stärkster Verdünnung noch zu bestimmen. Anschließend werden techn. Verff. besprochen, um bes. Staub, O_2, Kohlenoxysulfid u. H_2S aus rohen Synthesegasen zu entfernen. Dabei wird der Einsatz der einen oder anderen schemat. abgebildeten Reinigungsanlage von der Art u. Menge der Verunreinigungen bestimmt. Diagramm über Versuchsergebnisse. (Ind. Engng. Chem. **48.** 1123—33. Juli 1956. Morgantown, W. Va., Bureau of Mines, Branch of Cool Gasification.) K. O. MÜLLER. 8200

P. Macdonald, F. Sweett und **C. C. Hall,** *Isomerenverteilung in den Kohlenwasserstoffprodukten der Fischer-Tropsch-Synthese.* Vff. führen aus, daß die Isomerenverteilung bei den C_6-KW-stoffen der Synth. stark abhängig ist von der Temp., bei der die Synth. gefahren wird. Weiterhin wird durch Verss. belegt, daß dieser Befund nicht auf eine sek. Isomerisierung der ursprünglichen Reaktionsprodd. zurückzuführen ist. Versuchsdurchführung u. tabellar. u. graph. Ergebnisse im Original. (J. appl. Chem. **5.** 536—41. Okt. 1955. London, Blackwell Lane, Greenwich, Ind. Res. Stat.) K. O. MÜLLER. 8200

P. L. Cottingham, J. C. Antweiler, L. G. Mayfield, R. E. Keller und **W. P. Coker,** *Hydroforming von thermisch gespaltenem Schieferölbenzin.* Vff. stellen durch Verss. fest, daß ein normgerechter Kraftstoff mit hoher Ausbeute erhalten wird, wenn das Hydroforming-Verf. bei 900—1050° F (480—560°) u. Drucken von 400—800 lbs./sq.in. (28 bis 56 at) durchgeführt wird. Ein höherer Druck wirkt sich neben geringer C-Abscheidung auf dem Katalysator günstiger auf die Entfernung von S u. Harzbildnern aus, hat aber keinen Einfl. auf die Erhöhung der Octanzahl, die bei höheren Tempp. erst erzielt wird. Weiter finden Vff., daß das Hydroformieren einer Schwerbenzinfraktion (260—400° F) u. das Verschneiden des Endprod. mit einer alkal. gewaschenen Leichtbenzinfraktion den H_2-Verbrauch beim Hydroformieren herabsetzt u. bessere Ausbeuten u. einen Kraftstoff mit besserer Verdampfbarkeit u. Empfindlichkeit gegenüber Blei ergibt, als wenn das gesamte Schieferölbenzin ohne vorherige Abtrennung der niedriger sd. Fraktion bis 260° F hydroformiert wird. Versuchsberichte mit Zahlentabellen. (Ind. Engng. Chem. **48.** 1146—51. Juli 1956. Caramie, Wyo., U. S. Bureau of Mines, Petroleum and Oil Shale Exp. Stat.) K. O. MÜLLER. 8200

A. R. Rescorla, J. H. Cromwell und **Daniel Milsom,** *Laboratoriumsmäßige Bestimmung der Stabilität von Heizölen.* Vff. entwickeln 2 Methoden zur schnellen Best. der Lagerfähigkeit von Heizölen. Als Maß dient dabei die abgeschiedene Menge Harz, die laut ASTM-Vorschrift 2 mg je 100 cm³ Öl nicht übersteigen darf. Bei der ersten Meth., „Ölumlauftest" (oil circulation test), wird das im Umlauf befindliche auf ca. 165°F erhitzte Öl durch ein Syst. von Düsen zerstäubt, wodurch es mit der Luft in Berührung kommt u. z. T. oxydiert wird. Von Zeit zu Zeit (meist nach je 24 Std.) werden Proben entnommen, bei ganz schwachem Unterdruck durch Filterpapier gesaugt u. das Filter mit Bzn. gewaschen u. getrocknet. Zeigt das Filter der Testprobe gegenüber einer ebenfalls filtrierten Probe Ausgangsöl eine merkliche Verfärbung, so ist nach Vff. die Grenze der Lagerfähigkeit erreicht. Bei der zweiten Meth. „Luftoxydationstest" (air oxydation test) perlt bei 180° F Luft durch eine Anzahl von Ölproben. In regelmäßigen Zeitabständen (meist nach je 24 Std.) wird eine dieser Proben aus dem gemeinsamen Bad herausgenommen u. wie oben filtriert u. mit dem Ausgangsöl verglichen. Beide Methoden sind qualitativer Art; die zweite Meth. liefert im allg. nach kürzeren Zeiträumen schon deutlich wahrnehmbare Farbunterschiede, bes. bei Oxydationstesten <24 Stunden. Beide Methoden werden verglichen mit den in über Monate durchgeführten Lagerverss. bei Raumtemp. sowie mit den in verkürzten Lagerzeiten bei 110° F erhaltenen Harzmengen. Außerdem wird die Luftoxydationsmeth. verglichen mit den beim Betrieb von Ölheizungen erhaltenen Filterrückständen. Die Luftoxydationsmeth. gestattet in relativ kurzer Zeit (nach längstens 72 Std.) eine Aussage über die zu erwartende Harzabscheidung von Heizölen bei längerer Lagerung; über den zu erwartenden Einfl.eines zu einem schon vorhandenen Heizöl zugegebenen anderen Heizöl auf die Harzbldg. sowie den Einfl. verschied. zugegebener Inhibitoren auf die voraussichtlich ausgeschiedene Harzmenge u. somit auch die Auswahl eines geeigneten Inhibitors. (Analytic. Chem. **24.** 1959—64. Dez. 1952. New York, N. Y., Cities Serv. Res. and Developm. Co.) K. H. KLASSKE. 8216

Bekir Dizioğlu, *Zur„ Theorie des Wärmeüberganges in parallelen Schmierschichten.* 2. Mitt. (1. vgl. Istanbul Univ. Fen Fak. Mecmuasi [Rev. Fac. Sci. Univ. Istanbul], Ser. A **17.** [1952.] 159.) Ableitung von mathemat. Gleichungen, die es ermöglichen, die Temperaturverteilung in den Schmierschichten zu ermitteln. (Istanbul Univ. Fen Fak. Mecmuasi [Rev. Fac. Sci. Univ. Istanbul], Ser. A **17.** 259—81. Juli 1952.) T. OPPERMANN. 8220

E. Heidebroek, *Die Beziehungen zwischen Härte, Schmierung und Verschleißfestigkeit.* Vf. behandelt das Problem der Wechselwirkungen zwischen Härte, Schmierung u. Verschleißfestigkeit u. weist auf diesem Gebiet auf die Notwendigkeit einer Koordination der physikal. Grundlagenforschung mit den techn. geschaffenen Konstruktionen hin. (Ber. Verh. sächs. Akad. Wiss. Leipzig, math.-naturwissensch. Kl. **100.** 1—40. 1952.) S. HÜTTIG. 8220

J. Groff, *Über die Zweckmäßigkeit der Bestimmung einer von der Viscositätszahl von Jean und Davis abgeleiteten Äquiviscositätszahl.* Von 2 Erdölsorten, die bei 100° gleiche Viscosität zeigen, ist die mit der höchsten Viscositätszahl der idealen Äquiviscosität am nächsten. Da diese Folgerung nicht zutrifft, wenn die genannte Bedingung nicht erfüllt wird, wird vorgeschlagen, das Verhältnis der gefundenen Viscositätszahl zu der der idealen (konstanten) Äquiviscosität entsprechenden höchsten Viscositätszahl als Wertmesser zu wählen. (Rev. Inst. franç. Pétrole Ann. Combustibles liquides **10.** 463—65. Mai 1955. Inst. Français du Pétrole.) W. WESLY. 8252

Humphreys & Glasgow Ltd., London (Erfinder: **Wilfred Hartley),** England, *Herstellung von Ölgas.* Das Vergasungsmittel wird durch eine Öffnung in den Vergasungsraum eingeführt, während das Öl als ein Kegel von feinsten Tröpfchen eingesprüht wird. Hierdurch erfolgt eine gute Durchmischung von Gas u. Öl. — Vorr., Zeichnung. (**E. P. 744 201** vom 25/8. 1953, ausg. 1/2. 1956.) E. KAHLES. 8161

Deutsche Kollergeneratoren- & Ofenbau G. m. b. H. (Erfinder: **Karl Bergfeld †),** Berlin, *Verbesserung von durch Spülgasschwelung in fraktionierter Kondensation gewonnenen Schwelteeren* mittels katalyt. Wärmebehandlung unter Dampfzusatz, dad. gek., daß die aus dem Spülgasstrom ausgeschiedenen Dickteere wieder in den Spülgasschwelofen an einer solchen Stelle eingeführt werden, an der die Spülgase eine für die Umsetzung der Teere günstige Temp. u. Feuchtigkeit aufweisen. Die Teere werden in einer Temperaturzone unter 350° in den Schwelofen eingeführt; der erforderliche Feuchtigkeitsgeh. der Spülgase wird durch entsprechend hohe Wahl ihres Taupunktes erzielt. (**D. B. P. 944 609** Kl. 12r vom 3/4. 1942, ausg. 21/6. 1956. Anmeldung bekanntgemacht 8/12. 1955.) E. DREWS. 8177

Phillips Petroleum Co., übert. von: **Karl H. Hachmuth** und **Robert L. McIntire,** Bartlesville, Okla., V. St. A., *Entwässerung von unter hohem Druck stehenden Naturgasströmen und Gewinnung kondensierbarer Kohlenwasserstoffe.* Man kühlt den Gasstrom auf eine Temp. ab, die gerade über der der Hydratbldg. liegt, u. bringt ihn mit einem KW-stoffkühlmittel in Berührung, das allein durch Expansion des Gases gekühlt wurde. Dabei bilden sich fl. Hydrate. Man behandelt diese Hydrate indirekt mit warmem Feldgas, wobei sie sich zersetzen. Das gebildete W. wird entfernt. Mindestens einen Teil der so behandelten Gase leitet man in eine Expansionszone u. kondensiert darin eine zusätzliche fl. Fraktion. Anschließend trennt man die gebildeten gasförmigen u. fl. KW-stoffströme. — Zeichnung. (**A. P. 2 689 875** vom 5/11. 1951, ausg. 21/9. 1954.) P. UNGER. 8187

Henry Arthur Silley und **George Rodham Unthank,** London, England, *Trennung von Öl und Wasser.* Die zu trennende Emulsion wird durch einen Behälter geleitet, der aus zwei becherförmigen Teilen besteht. Dabei wird die Emulsion durch dauernde Umkehr der Strömungsrichtung innerhalb des Behälters getrennt u. die Ölschicht für sich abgezogen. — Vorr., Zeichnung. (**E. P. 735 130** vom 8/1. 1953, ausg. 17/8. 1955.) E. KAHLES. 8191

Universal Oil Products Co., Chicago, übert. von: **Ralph B. Thompson,** Hinsdale, Ill., V. St. A., *Verbesserung der Lagerungsfähigkeit mercaptanfreier Kohlenwasserstoffdestillate,* die zur Verfärbung u. Sedimentbldg. neigen, durch Behandlung mit einer alkoh. Alkalilösung. (**A. P. 2 728 711** vom 30/6. 1952, ausg. 27/12. 1955.) P. UNGER. 8193

Socony Mobil Oil Co., Inc., New York, N. Y. (Erfinder: **Harold Chester Myers,** Woodbury, N. J., V. St. A.), *Entfärben von Ölen* mittels feinkörniger fester Adsorptionsmittel (I) unter Regenerierung des I mit Hilfe polarer Lösungsmittel, wie Ketone oder Alkohole, kombiniert mit einem Lösungsmittelraffinationsverf. für das Öl, derart, daß man I mit einem fl. Gemisch des Öls mit einem Lösungsm., das sich zum Herauslösen der Farbkörper aus dem verbrauchten I eignet, mischt, das Lösungsm. aus dieser Mischung in einen Abstreifer dest., das Öl mit dem unverbrauchten I aus dem Abstreifer abzieht, das entfärbte Öl von dem verbrauchten I trennt, den Farbkörper aus dem verbrauchten I mit Hilfe des Lösungsm., das wenigstens teilweise aus dem in dem Abstreifer gewonnenen Destillat besteht, herauslöst, das regenerierte I in die 1. Mischstufe zurückführt, das zum Regenerieren verwendete Lösungsm. von dem Farbkörperöl befreit u. dann ebenfalls im Kreislauf zurückführt, wogegen man das Farbkörperöl verwirft. — Zeichnung. (**D. B. P. 944 808** Kl. 23b vom 6/6. 1953, ausg. 21/6. 1956. Anmeldung bekanntgemacht 8/12. 1955. A. Prior. 6/6. 1952.) P. UNGER. 8195

Standard Oil Co., Chicago, Ill., übert. von: **Arthur P. Lien,** Highland, Ind., und **David A. McCaulay,** Chicago, Ill., V. St. A., *Extraktion von Aromaten aus Benzinen.* Man behandelt die fl. Mischung aus Aromaten (I) u. Benzinen (II), die ziemlich frei von Olefinen ist u. keine organ. S-Verbb. u. Phenole enthält, in Abwesenheit von W. bei 0 bis 160° F. mit einem fl. Agens, bestehend aus 0,8—1,5 Mol AgF/Mol I in der Mischung u. mindestens 200 Vol.-% wasserfreiem fl. HF (bezogen auf I), trennt eine Raffinatphase von einer Extraktphase u. entfernt HF u. AgF aus der Extraktphase. Man gewinnt einen Extrakt, der mindestens zu 98% aus I besteht. Arbeitstemp. zwischen 30 u. 100° F. — Zeichnung. (**A. P. 2 713 552** vom 17/10. 1951, ausg. 19/7. 1955.) P. UNGER. 8201

Esso Research & Engineering Co., Del., V. St. A., *Herstellung eines Hydroformierungskatalysators,* dad. gek., daß eine wss. Al-Sulfatlsg. mit einer wss. Na-Aluminatlsg. ausgefällt wird. (**E. P. 742 764** vom 1/10. 1953, ausg. 4/1. 1956. A. Priorr. 31/10. 1952 u. 9/3. 1953.) E. KAHLES. 8201

Esso Research & Engineering Co., Elizabeth, N. J., V. St. A., *Herstellung von Hydroformierungskatalysatoren.* Man behandelt wasserfreies Al-Alkoholat, z. B. Al-Amylat, mit CO u. hydrolysiert anschließend mit W. oder wss. Fll. bei p_H 4,0—5,5, trocknet das erhaltene Al_2O_3, aktiviert es durch Erhitzen u. imprägniert mit einem Metalloxyd aus der Pt-Gruppe des Period. Systems. Die Alkylatherst. erfolgt in Ggw. von $HgCl_2$ als Katalysator. Das als Träger verwendete Al_2O_3 hat ein Porenvol. von 0,25—0,55 cm^3/g, eine Oberfläche von 100—250 m^2/g u. einen Durchschnittsporendurchmesser von 60 bis 150 Å. (**E. P. 743 960** vom 24/11. 1953, ausg. 25/1. 1956. A. Prior. 17/12. 1952.) O. Müller-Meiningen. 8201

Socony Mobil Oil Co., Inc., New York, N. Y., übert. von: **Edward Nadro jr.**, Pitman, N. J., V. St. A., *Verbesserung des Wärmegleichgewichts bei der Entschwefelung und Reformierung* von KW-stoffmischungen. Man leitet einen akt., teilchenförmigen Reformierungskatalysator (I) bei 800—1100° F unter Reformierungsbedingungen in eine Reformierungszone (II). Der **I** enthält mehr Wärme als zur Reformierung erforderlich ist u. fließt abwärts durch die **II** in eine Kühlzone (**III**) u. weiter durch die **III** in eine Entschwefelungszone (**IV**) unter Entschwefelungsbedingungen von Druck u. Temp., wobei die Temp. niedriger ist als in der **II** (500—900° F). Aus **IV** gelangt **I** zum Katalysatorauslaß u. wird aus **IV** abgezogen. Man leitet eine 1. KW-stoffmischung (**V**) bei 500 bis 800° F in die **IV** oberhalb des **I**-Einlasses im indirekten Wärmeaustausch mit dem **I**. **V** fließt abwärts durch **IV**. Man entfernt die Reaktionsprodd. aus **IV**. Eine 2. KW-stoffmischung (**VI**) leitet man unterhalb der Reformierungstemp. in die **III** aufwärts im Gegenstrom zu den abwärtsfließenden **I** u. im Wärmeaustausch mit diesem. Man zieht Dämpfe aus **III** ab u. reguliert Menge u. Temp. der **VI** in der Weise, daß sie 20—80% der Katalysatorwärme mehr aufnimmt als für die Rk. in **IV** erforderlich ist. Dabei kühlt sich **I** auf 500—900° F u. niedriger als die Reformierungstemp. ab. Man mischt die Dämpfe mit den Reaktionsprodd. aus **IV** u. leitet die Mischung in **II**, wo sie in gleicher Richtung mit **I** abwärts fließt. Man zieht die Reaktionsprodd. aus der **II** ab u. reguliert Menge u. Temp. der Reaktionsprodd. aus **IV** u. gewinnt das Wärmegleichgewicht des **I**, welches größer ist als es für **IV** benötigt wird, u. kühlt **I** auf 500—900° F u. niedriger ab als die Reformierungstemp. vor dem Eintritt in **IV**. (**A. P. 2 724 683** vom 15/7. 1952, ausg. 22/11. 1955.) P. Unger. 8201

Universal Oil Products Co. (Erfinder: **Vladimir Haensel** und **Clarence George Gerhold**), Des Plaines, Ill., V. St. A., *Katalytisches Reformieren von Gasolin- Kohlenwasserstoffen.* Nach der Fraktionierung der naphthenhaltigen KW-stoffe vom Gasolinsiedebereich werden 2 Fraktionen, eine höher u. eine niedriger sd., erhalten. Jede Fraktion wird für sich bei 400—540° u. einem KW-stoffpartialdruck von 2—27 ata in Ggw. von H_2 u. eines Pt-haltigen Katalysators reformiert, wobei die höher sd. Fraktion bei 13 bis 82 ata u. die niedriger sd. mit einem H_2-Partialdruck von 8,5—68 ata reformiert wird. (**E. P. 742 563** vom 16/11. 1953, ausg. 30/12. 1955.) E. Kahles. 8201

Houdry Process Corp., Philadelphia, Pa., V. St. A., *Behandeln oder Umwandeln von Kohlenwasserstoffen in der Dampfphase mit Katalysatoren,* die abwechselnd unter Strom gesetzt bzw. regeneriert werden, dad. gek., daß die Menge der durch die Katalysatormasse geschickten KW-stoffe so bemessen wird, daß sie nicht mehr als ca. 100% (als Fl. gemessen) des Vol. der Katalysatormasse beträgt u. daß ein Si-haltiger Katalysator (z. B. auf Al-Silicatbasis) hoher Aktivität u. mit selektiver Absorptionsfähigkeit in solcher Menge u. Anordnung verwendet wird, daß die Länge des von den KW-stoffdämpfen zu durchströmenden Katalysatorbettes ca. 30 cm bis 4½ m u. daß die scheinbare Geschwindigkeit der Dämpfe mindestens 10 mm bis 1½ m/Sek. beträgt. Das Verf. dient bes. zur Herst. von hochwertigem *Gasolin* aus schwerer- bzw. höhersd. KW-stoffen. — Vorrichtung. (**Oe. P. 183 851** vom 12/11. 1953, ausg. 25/11. 1955. A. Prior. 3/8. 1937.) T. Oppermann. 8201

Standard Oil Development Co., V. St. A. (Erfinder: **Robert M. Love**), *Reinigung von Rohbenzol* [95 (%) Bzl., 4,5 Olefine, Rest Paraffin], das olefin. Bestandteile mit einem ähnlichen Kp. wie Bzl. enthält, durch Behandlung mit 98 %ig. H_2SO_4 u. anschließend mit NaOH (20° Bé) 30 Min. bei 130°. Das behandelte Bzl. wird unter Zugabe von 2—10 Reinigungsöl, dessen Siedebeginn nicht mehr als 40° über dem Kp. des Bzl. liegt, z. B. bei 93—120° u. dessen Siedeintervall 55° nicht übersteigt, destilliert. Man erhält 4 wasserdampfhaltigen Vorlauf, 98,8%ig. Bzl. u. einen Nachlauf höhersd. Anteile. — Vorr., Zeichnung. (**F. P. 1 091 152** vom 5/1. 1954, ausg. 7/4. 1955. A. Prior. 28/1. 1953.) O. Kayser. 8203

Standard Oil Development Co., Elizabeth, N. J., V. St. A., *Düsentreibstoff,* bestehend aus einer KW-stoffbasis (Kp. 100—600° F) mit einem Geh. von 0,01—1,0 Gew.-% Tetra-, Penta- oder Hexaäthylenglykol. (**E. P. 727 820** vom 1/10. 1952, ausg. 6/4. 1955. A. Prior. 3/3. 1952.) E. Drews. 8205

Esso Research & Engineering Co., Elizabeth, N. J., V. St. A., *Herstellung von Heizöl.* Eine über 325° F sd. Erdölfraktion mit einem S-Geh. von 0,3—0,5 Gew.-% wird bei 70—470° F mit einem Metall der II. Gruppe des Period. Syst., bes. Zn, behandelt. — Zeichnung. (**E. P. 739 286** vom 24/4. 1953, ausg. 26/10. 1955. A. Prior. 24/7. 1952.) E. KAHLES. 8217

Standard Oil Development Co., V. St. A. (Erfinder: **Peter Joseph Vermont James Agius**), *Reinigen von Kolophonium* (I). Man extrahiert I mit einer paraffin. KW-stoff-fraktion, welche vorzugsweise weniger als 5 (Gew.-%), noch besser weniger als 1 Aromaten enthält (Kp. der Fraktion 40—60 oder 60—100°). Man verwendet das gereinigte I zur Herst. von *Isolierölen*, Zus.: z. B. raffiniertes Schmieröl mit vorzugsweise 2—25 Gew.-% gereinigtem I. (**F. P. 1 079 012** vom 21/1. 1953, ausg. 25/11. 1954. E. Prior. 31/1. u. 5/12. 1952.) T. OPPERMANN. 8219

N. V. de Bataafsche Petroleum Mij., Holland (Erfinder: **Charles E. Francis**), *Schmierölkompositionen.* Sie bestehen zur Hauptsache aus einem Schmieröl u. enthalten geringe Mengen einer aliphat., in Öl lösl. Polycarbonsäure, welche ein oder mehrere Alkyl- oder Alkenylgruppen mit 3—36 C-Atomen enthält oder ein Amid oder einen Teilester einer solchen Säure, eine in Öl lösl. Verb., welche eine an einen aromat. Ring gebundene YH-Gruppe besitzt (Y = O, S, Se oder Te) u. eine Verb., die einen aromat. Ring u. eine CZZH-Gruppe aufweist (Z = O, S, Se oder Te). — Eine solche Schmierölkomposition hat z. B. die Zus.: 0,025 (Gew.-%) durch eine Alkenylgruppe mit 18 C-Atomen substituierte Bernsteinsäure, 0,5 2.6-Di-tert.-butyl-4-methylphenol, 0,003 Benzoesäure, Rest Mineralöl. Als Zusätze können noch folgende Phenole (**P**) oder Thiophenole (**T**) verwendet werden: *2.4-Dimethyl-6-tert.-butyl-***P**, *2.4.6-Trimethyl-***P**, *2.4-Dimethyl-6-tert.-octyl-***P**, *2.6-Dibutyl-4-methyl-***P**, *2.4-Dioctyl-6-methyl-***P**, *2-Äthyl-4-octyl-***P**, *2.4-Dimethyl-6-tert.-butyl-***T**, *2.4-Dimethyl-6-tert.-butylseleno-***P**, *2-Äthyl-4-octyl-***T**, *2.4-Dioctyl-6-methyl-***T**, *2.4-Dimethyl-6-tert.-octyltellur-***P**, in C_{14} alkyliertes *Cardanol*, in C_{14} alkyliertes *Thiocardanol*, *Dodecyl-***P**, *Bis-(β-naphthylaminomethyl)-p-tert.-amyl-***P**, *γ-Octylamino-***P**, *2.4-Di-tert.-butyl-6-methyl-***P**, *2.4-Di-sek.-butyl-6-tert.-butyl-***P**, *2.4-Di-n-butyl-6-tert.-octyl-***P**, *2.6-Di-tert.-butyl-4-benzyl-***P**, *2.6-Di-tert.-amyl-4-methyl-***P**, *2.4-Di-tert.-amyl-6-methyl-***P**, *2.4.6-Tri-tert.-butyl-***P**, *2.6-Di-tert.-butyl-4-methyl-***T**, *2.4-Di-tert.-butyl-6-methyl-***T**, *2.4-Dimethyl-6-tert.-butyl-***T**, *2.4-Dimethyl-6-tert.-octyl-***T**, *2.6-Di-tert.-amyl-4-methyl-***T**, *2.4.6-Tri-tert.-amyl-***T**, *2.4.6-Tri-tert.-amyl-***P**. Ferner werden genannt: *1.4-Dioxy-2-(2-octyl)-benzol*, *2.4-Dimethyl-6-tert.-butyl-*, *2.4-Dioctylnaphthol*, *o-Nitroso-m-kresol*, *Dibutylresorcin*, *2.2′-Methylen-bis-(4-methyl-6-tert.-butylphenol)*, *-bis-(4.6-di-tert.-butylphenol)*, *-bis-(4.6-di-tert.-octylphenol)*, *-bis-(4-methyl-6-tert.-amylphenol)*, *-bis-(4-methyl-6-tert.octylphenol)*, *-bis (4-methyl-6-tert.-butylthiophenol)*, *-bis-(4-octyl-6-tert.-butylthiophenol)*, *-bis-(4.6-di-tert.-butylthiophenol)*, *-bis-(4.6-di-tert.-amylthiophenol)*, *-bis-(4-methyl-6-tert.-amylthiophenol)*, *-bis-(4-methyl-6-tert.-octylthiophenol)*, *(2-Oxy-3-tert.-butyl-5-methylphenyl)-*, *(2-Oxy-5-tert. butylphenyl)-furylmethan*, *1.1-Bis-(2-oxy-3-tert.-butyl-5-methylphenyl)-iso-*, *2.2-Bis-(2-oxy-3-tert.-butyl-5-methylphenyl)-butan*, *Bis-(2-oxy-3-tert.-butyl-5-methylphenyl)-methan*, *2.2-Bis-(2-oxy-3-tert.-butyl-5-methylphenyl)-propan.* (**F. P. 1 079 283** vom 4/5. 1953, ausg. 29/11. 1954. A. Prior. 6/5. 1952.) T. OPPERMANN. 8221

Standard Oil Development Co., Del., übert. von: **Reginald K. Stratford**, Corruna und **William A. Jones**, Sarnia, Can., und **Frank A. Stuart**, Richmond, Calif., V. St.A., *Herstellung von Schmierölen.* Man leitet bei 200—400° O_2 oder O_2-haltige Gase durch ein „solvent extrahiertes" (z. B. phenolextrahiertes) Schmieröl, welches vorher zur Verminderung des S-Geh. u. der Farbaufhellung hydriert wurde, bis dasselbe eine VZ. von 20—70 aufweist u. neutralisiert, z. B. mit $Ca(OH)_2$, bis die NZ. mindestens 50% des Ausgangswertes beträgt. Vor der Neutralisation kann das Prod. 4 Std. mit 10 Vol.-% Butanol (I) erhitzt werden, bis ca. die Hälfte I abdest. ist, worauf das restliche I entfernt wird. Während der Oxydation kann ein Antioxydans zugegeben werden. Das Schmieröl ist für Verbrennungskraftmaschinen bei tiefen Tempp. geeignet. — Diagramm. (**A. P. 2 673 175** vom 21/4. 1951, ausg. 23/3. 1954.) E. DREWS. 8221

Standard Oil Development Co., Elizabeth, N. J. (Erfinder: **Roy Trevor Davies, Thomas Kenneth Hanson** und **Norman Sidney Rae**), *Schmierölzusatz* besteht aus einem Konzentrat eines Reaktionsprod. (I) eines Alkylphenolates eines 2wertigen Metalls mit elementarem S in einem inerten Lösungsm., z. B. einem Mineralöl mit einem Zusatz eines Metallsalzes (II) der 2. Gruppe des Period. Syst. oder eines NH_4-Salzes eines Mahoganysulfonates. Die Mengen betragen I:II = 1:10 bis 10:1, bes. 1:3 bis 1:1. (**E. P. 727 655** vom 31/8. 1951, ausg. 6/4. 1955.) E. DREWS. 8221

Standard Oil Development Co., übert. von: **William H. Smyers**, Westfield, und **David W. Young**, Roselle, N. J., V. St. A., *P- und/oder S-haltige Mischpolymere.* Die durch Mischpolymerisation von Styrol, α- oder p-Methylstyrol, p-Methoxystyrol, Dihydronaphthalin, 1-Vinyl-4-methoxynaphthalin, Inden, Terpen oder Cumaron mit Isobutylen, Isoamylen, Methyl-2-buten-(2), Isooctylen, Propylen, n. Butylen hergestellten Polymere, zweckmäßig mit einer inneren Viscosität >0,3, werden mit ca. 0,1 bis ca. 50 (%) $POCl_3$, $POBr_3$, P_2O_5, deren Mischungen, bzw. mit P_2S_5, P_4S_3, P_2S_3, P_4S_7, P_2Se_5, $PSCl_3$, $PSBr_3$, $PSFBr_2$, PSF_2Br, P_2S_3 oder $P_4O_6S_4$ in einem fetten Öl auf ca. 50 bis ca. 250° erhitzt. Man kann auch die Polymeren zuerst schwefeln u. anschließend phosphorylieren. — Eine Mischung aus Styrol (50%) u. Isobutylen wird bei —100° in Ggw. von $AlCl_3$ u. Methylchlorid polymerisiert bis die innere Viscosität ca. 0,9 beträgt. Eine 20%ig. Lsg. dieses Polymeren in Spermöl wird mit P_2S_5 3 Std. auf 150—180° erhitzt. Das gelartige Prod. wird mit Bzl. verd. u. enthält 3,7 S u. 2,08 P. — *Schmierölzusatzmittel.* (**A. P. 2595819** vom 14/1. 1950, ausg. 6/5. 1952.) G. KRAUSS. 8221

XXII. Leim. Klebstoffe usw.

M. T. Denschtschikow, *Gewinnung einer Klebepaste aus Schlempe.* Zur Gewinnung einer Klebepaste für Flaschenetiketten wurde Getreide-Kartoffel-Schlempe verwendet, die 7—8% (nach anderer Angabe 3,5%) Trockensubstanz enthielt (davon 4—4,5% suspendiert). Die Trockensubstanz enthielt 77,5% N-freie Extraktivstoffe, 9,0—9,5% Proteine, 6,0—6,5 Fette, 6,7% Asche. Um das Festkleben zu beschleunigen, mußte die Schlempe konz. werden. Dies geschah durch 1tägiges Absitzen, Filtrieren durch ein Sackfilter, Eindampfen im Vakuum von mindestens 650—700 mm Hg bei nicht über 60° (sonst Karamelbldg.) bis zum Geh. von 50—54% Trockensubstanz, Zusatz von NaOH zwecks Neutralisation der 9° übersteigenden Säuregrade sowie von 1,5 kg Na_2SO_4 (als wasserfrei berechnet) je 1000 kg Paste u. (zur Konservierung) 0,15—0,20% Formalin oder 0,2 bis 0,3% Borax. Die erhaltene Paste war befriedigend, schlug nicht durch, klebte in 45 bis 50 Sek. (statt 30—45 Sek. bei Dextrinklebstoff) fest. (Спиртовая Промышленность [Spirituosen-Ind.] **21.** Nr. 1. 10—12. 1955. Spirituosen-Hauptverwaltung.) A. V. WILPERT. 8384

A. Smirnow, *Eine analytische Methode zur Berechnung eines Schemas zur Entgelatinierung von Knochen.* Vf. verwendet statt einer empir. Aufstellung des Arbeitsplanes einer Anzahl von Extraktionsbatterien einige von ihm aufgestellte Formeln, in welche die Anzahl der Halbperioden (Einwirkungsdauer von Wasserdampf bzw. Zirkulationswasser auf die Knochen), des frischen W., der Diffusäure in der Batterie, die Dauer der Halbperioden u. des Leerlaufes als Variable eingehen. (Мясная Индустрия СССР [Fleisch-Ind. UdSSR] **24.** Nr. 1. 20—25. Jan./Febr. 1953.) J. V. SCHROEDER. 8384

F. K. Earp, S. Shapiro und **A. E. Wiggs,** *Synthetische Harzklebstoffe in der Chemie-Ingenieurpraxis.* (Vgl. C. **1956.** 11299.) Die Anforderungen der Praxis an Klebstoffe auf Basis synthet. Harze u. die Prüfmethoden zur Bewertung von Klebstoffen im prakt. Einsatz (Phenol-, Furan-Anilin- u. Cashew-Nußschalenharze, Polyvinylchlorid- u. Polyvinylformalkleber) werden aufgezeigt. (Chem. and Ind. **1953.** 499—504. 23/5. London, Morgan Crucible Co. Ltd.) R. SCHÄFF. 8388

V. Evans, *Einige Eigenschaften und Anwendungen von synthetischen Harzklebern.* Klebstoffe auf Basis synthet. Harze (Furan- u. Phenolharze) für korrosionsbeständige Konstruktionen, ihre Prüfung u. prakt. Anwendungsbeispiele werden erörtert. (Chem. and Ind. **1953.** 504—09. 23/5. Wednesbury, Staffs., Prodorite Ltd., Eagle Works.) R. SCHÄFF. 8388

E. Cernia und **A. Bonvicini,** *Die Vinylharze in Klebstoffen.* Zur Herst. von Klebstoffen dienen Polyvinylacetat, Polyvinylchloridacetat, Polyvinylalkohol, Polyvinylacetal u. Polyvinyläther. — 23 Literaturzitate. (Materie plast. **21.** 929—34. Nov. 1955.) B. SCHEIFELE. 8388

Zellstoffabrik Waldhof (Erfinder: **Kurt Holle,** Mannheim), *Kleb- und Bindemittel.* Hefe wird unter Zellgröße gemahlen u. mit W. verdünnt. Viscositätserhöhende Stoffe, z. B. Celluloseglykolat oder Alginat, können zugesetzt werden. (**D. B. P. 943183** Kl.22i vom 29/12. 1953, ausg. 17/5. 1956. Anmeldung bekanntgemacht 24/11. 1955.) C. LÜTTGEN. 8385

Maurice S. Dovberg und **Ike Dovberg,** Philadelphia, Pa., V. St. A., *Tapetenkleister.* Um einen Voranstrich der Wände unnötig zu machen, wird dem Tapetenkleber ein Gemisch zugesetzt, bestehend aus: 10 (g) Weizenmehl, 500 Sucrose, 10 NH_4-Aluminat, 10 gelbem Dextrin, 13 Kieselsäure, 25 Melasse, 23 Maissirup, 23 Weizensirup (**I**), 23 Invertsirup, 23 Ahornsirup, 20 Honig, 4 Methylsalicylat u. 250 cm^3 W.; **I** ist in kaltem W. dispergiertes Protein, durch Modifizieren von Gluten gewonnen. (**A. P. 2701773** vom 15/4. 1953, ausg. 8/2. 1955.) C. LÜTTGEN. 8385

Monsanto Chemical Co., St. Louis, Mo., übert. von: **Jacob R. Ash** und **Alan L. Lambuth,** Seattle, Wash., V. St. A., *Klebstoff.* 125 (Teile) des bei der Furfurolherst.

durch Säurehydrolyse von gemahlenen Haferspelzen oder Maiskolben anfallenden Rückstandes werden mit 300 50—70° F warmem W. gemischt, nach Zugabe von 25 NaOH in 25 W. u. 25 Na_2CO_3 20 Min. gerührt u. mit 500 Phenol–CH_2O-Harz (MACMICHAEL-Viscosität 15—75 am 26d-Draht bei 70° F gemessen, ca. 40% Festharzgeh.) u. 25 Terpentinöl versetzt, worauf noch 10 Min. gerührt wird. Man erhält einen gut streichbaren heißhärtbaren Leim, der als Fournierleim geeignet ist. (**A. P. 2 727 869** vom 12/6. 1953, ausg. 20/12. 1955.) C. LÜTTGEN. 8389

Imperial Chemical Industries Ltd., London, England (Erfinder: **Bernard James Balfe**), *Klebstoff*, bestehend aus einer Lsg. von nachchloriertem Polyvinylchlorid. Nach dem Trocknen des aufgetragenen Klebstoffes wird dieser mindestens bei einer der zu verklebenden Oberflächen durch Hitze aktiviert u. beide Oberflächen zusammengepreßt. (**E. P. 738 824** vom 24/7. 1952, ausg. 19/10. 1955.) C. LÜTTGEN. 8389

Masonite Corp., übert. von: **William Schoen**, Laurel, Miss., V. St. A., *Wasserlöslicher Klebstoff.* Man hydrolysiert Lignocellulose oder dieses enthaltendes Material unter erhöhter Temp. u. Druck in Ggw. von W., trennt das wasserlösl. Reaktionsprod. ab, trocknet es, dispergiert es in CH_3OH, leitet in das zum Sieden gebrachte Gemisch NH_3 u. bringt nach Filtrieren den Rückstand zur Trockne. (**A. P. 2 716 613** vom 1/6. 1951, ausg. 30/8. 1955.) C. LÜTTGEN. 8389

VEB Farbenfabrik Wolfen, Wolfen, Kr. Bitterfeld (Erfinder: **Karl Brodersen**, Wolfen, Kr. Bitterfeld, und **Matthias Quaedvlieg**, Dessau), *Herstellung von wasserlöslichen stickstoffhaltigen Kondensationsprodukten.* Man kondensiert N-Methylolacylamide mit Harnstoff (I) oder dessen Derivv. bei erhöhter Temp., auch mit Katalysatoren. Man erhält klare, farblose bis schwach bräunlich gefärbte, sirupöse bis harzartige Massen, die sich als *Klebstoffe* u. Glycerinersatz, etwa als Weichhalter in Klebstoffen, eignen. — Man erhitzt 90 (Teile) **I**, 450 N-Methylolformamid u. 30 konz. HCl langsam auf 190°, dest. 125 Teile ab u. erhält eine sirupöse Masse. Statt **I** kann man Biuret oder Thioharnstoff anwenden. (**D. P. [DDR] 3 926** Kl. 39c vom 6/3. 1941, ausg. 18/8. 1954 [Wirtschaftspatent].) M. PANKOW. 8389

Badische Anilin- & Soda-Fabrik Akt.-Ges. (Erfinder: **Hans Scheuermann**, Ludwigshafen/Rh.), *Herstellung von Leimen.* Man unterwirft noch wasserlösl. Kondensationsprodd. (**I**) von Aminoplaste bildenden Stoffen bei oder nach der Trocknung einer therm. Behandlung, gemäß Hauptpatent, bis sie in kaltem W. prakt. nicht mehr lösl. sind u. mischt sie mit noch wasserlösl. **I.** (**D. B. P. 932 267** Kl. 22i vom 11/5. 1952, ausg. 29/8. 1955. Anmeldung bekanntgemacht 9/9. 1954. **Zusatz zu D. B. P. 930 338; C. 1956. 7400.**) C. LÜTTGEN. 8389

E. I. du Pont de Nemours & Co. (Erfinder: **Ralph L. Pelley** und **Eric Barthel jr.**), V. St. A., *Herstellung von substituierten Harnstoffen* der allg. Formel **I**, worin R ein Alkyl- oder Alkoxyrest oder Cl ist, aus 2 Mol eines Diisocyanats der allg. Formel **II** u. einem Ester, Äther oder Keton. — 34,8 (Teile) Toluol-2.4-diisocyanat werden in 90 Essigsäureäthylester gelöst u. bei 20—25° werden 1,8 W. auf einmal zugegeben. Man rührt 18 Std. bei 20—25°. Es entsteht der *Di-(3-isocyanato-4-methylphenyl)-harnstoff*, F. 176—179°. — *Phenylen-1-chlor-2.4-diisocyanat* wird mit W. in äther. Lsg. bei 25—30° umgesetzt. Es bildet sich der *Di-(3-isocyanato-4-chlorphenyl)-harnstoff.* — Schnellhärtende *Klebemittel.* (**F. P. 1 103 329** vom 30/6. 1954, ausg. 2/11. 1955. A. Prior. 30/6. 1953.) M. F. MÜLLER. 8389

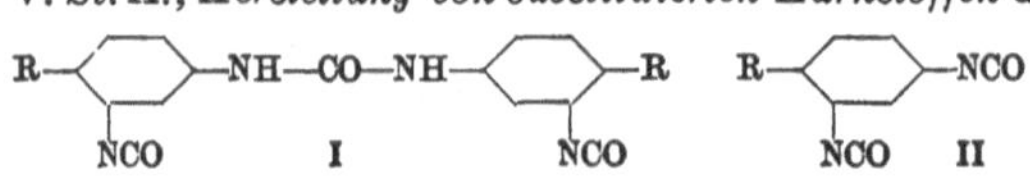

Polymer Industries, Inc., Astoria, übert. von: **Lewis Marks**, Jackson Heights, und **Allison M. Stern**, New York, V. St. A., *Verbesserung der Haftfähigkeit von Klebmitteln, Lacken und dergleichen auf Siliconen.* Zum Aufkleben von Zetteln, z. B. mit auf Siliconen überzogenen Flaschen, Papier oder Al-Folien benutzt man eine Quellung von 650 (Teilen) Tapiokadextrin, 347 W. u. 3 Phenol, die mit 500 einer 60 %ig. HF versetzt worden ist. Für mit Siliconen polierte Kraftfahrzeuge eignet sich ein Überzug von 92,3 W., 3,1 Mannogalactan, 2,3 NH_4-Bifluorid u. 2,3 (28 % ig.) NH_4OH. (**A. P. 2 716 612** vom 28/8. 1951, ausg. 30/8. 1955.) G. SALZMANN. 8389

XXIV. Photographie.

Jean Jacques Trillat, Nobuzo Terao und **Léa Tertian**, *Die Wirkung des Ionenbombardements auf dünne Bromsilberfilme.* Vff. lassen positive N- u. O-Ionen auf dünne *Bromsilber*-Schichten einwirken. Hierbei wird entsprechend der Schichtdicke verschieden schnell *AgBr* zu metall. Ag reduziert. Bei Einkristallen verläuft der Reduktionsvorgang schneller als bei polykristallinen Schichten. Wie an den Beugungsbildern nachgewiesen werden kann, wird in beiden Fällen das Ag in ungeordneter mikrokristallin. Struktur abgeschieden. Bei den Bromsilbereinkristallen ist die Umwandlung von einer sehr raschen Desorientierung des Halogensilbers begleitet. Die Versuchsergebnisse werden verglichen mit früheren Beobachtungen bei der Einw. von Elektronen auf Bromsilberschichten. Der Reduktionsvorgang wird wie folgt erklärt: $Br^- + {}^1/_2 mv^2$ (Ionen) $\rightarrow Br + e^-$ $Ag^+ + e^- \rightarrow Ag_{Metall}$. — 12 Literaturhinweise. (Sci. Ind. photogr. [2] **27.** 169—72. Mai 1956. Bellevue, Centre National de la Recherche Scientifique, Labor. des Rayons X.) W. GÜNTHER. 8590

Albert Steigmann, *Einige Analogien im Verhalten zwischen Kalomel und der Substanz des latenten Bildes. Gemeinsame Oxydoreduktionsreaktionen.* Das latente Bild verhält sich gegenüber *Gold*-Salzen, Desensibilisatoren u. Reduktionsmitteln analog *Kalomel.* Vf. hält es für möglich, daß das ähnliche Verh. analoge Ursachen haben könnte, woraus sich gewisse Folgerungen für die Natur des latenten Bildes ergeben würden. Hg_2Cl_2 red. Au- u. Pd-Salze. Hg_2Cl_2 wird durch Hydroxylionen u. andere Ionen red., die Halogenacceptoren sind, z. B. *Sulfite, Thiocyanate, Arsenite* u. *Selenite.* Desensibilisatoren, wie *Methionin* oder *Methylenblau,* werden in einer Kalomelsuspension in Ggw. eines Reduktionsmittels, z. B. NH_4CNS, entfärbt. Abschließend wird darüber diskutiert, wie das analoge Verh. von Kalomel u. vom latenten Bild zu erklären ist. — 17 Literaturhinweise. (Sci. Ind. photogr. [2] **27.** 175—78. Mai 1956. Woburn, Mass., Atlantic Gelatine Co., Labor.) W. GÜNTHER. 8594

L. M. Biberman und **I. A. Kowner,** *Zur Theorie der photographischen Wirkung von Elektronen.* Vff. erweitern die früher (C. **1951.** I. 1556) ausgesprochenen Vermutungen der Wirkungen von Elektronen auf photograph. Schichten. Die Bldg. des latenten Bildes unter Berücksichtigung von unabhängiger u. kollektiver Wrkg. von Elektronen beim Durchgang durch Ag-Halogenidkristalle wird qualitativ wahrscheinlich gemacht. Es wird die mittlere Anzahl von Elektronen berechnet, die bei der Belichtung einen Emulsionskristall treffen. Der Schwärzungsgrad ist unabhängig von der Belichtungszeit. Die beim Durchgang von prim. Elektronen erzeugten Subzentren erzeugen stabile, aber nicht entwickelbare Gebilde. Die Subzentren können bei wiederholter Belichtung zu einem latenten Bild anwachsen. Diese Subzentren können die Emulsion sensibilisieren, ihre Absorptionseigg. vergrößern u. sie daher für nachfolgende Belichtung empfindlicher machen. Die theoret. Abhängigkeit der Schwärzungsdichten von der Einw. von Elektronenbündeln bei einer konstanten Anzahl von auf die Emulsion wirkenden Elektronen stimmt quantitativ mit Versuchsergebnissen überein. (Журнал Экспериментальной и Теоретической Физики [J. exp. theoret. Physik] **26.** 234—41. Febr. 1954. Moskau, Energet. Inst.) H.-A. OEHRN. 8598

Yasushi Oh-Yama und **Kiyoshi Futaki,** *Das Kristallwachstum von Chlorsilber in Suspension einer Polyvinylalkohollösung.* Wird zur Herst. von Halogensilberemulsionen *Polyvinylalkohol* (**I**) als Schutzkoll. verwendet, so entstehen sehr feinkörnige Suspensionen. Hierbei verhindert **I** das Wachstum der Kristalle, selbst bei einer lang andauernden Reifung u. auch bei erhöhter Temperatur. *AgBr*-Körner bleiben unter einem Durchmesser von 0,1 μ, *AgCl*-Körner überschreiten kaum 0,05 μ. Das Kristallwachstum in Halogensilber-I-Emulsionen wird jedoch durch minimale Menge organ. Substanzen gefördert, die wenigstens ein Atom S oder N enthalten. Die beschleunigende Wrkg. A, definiert als Kehrwert der kleinsten Beschleunigungskonz., die eine bestimmte Trübungszunahme verursacht, ist mit dem Molgewicht durch folgende Gleichung verbunden: $\log_{10} A = (M/50) - \alpha$, wobei α eine Konstante für eine bestimmte Körperklasse bedeutet. Sind mehrere funktionelle Gruppen vorhanden, so ist die Molmasse zu ersetzen durch die wirksame Äquivalentmasse, dem Quotienten aus Molmasse u. der Anzahl der akt. funktionellen Gruppen. Die beschleunigende Wrkg. der Zusatzstoffe erreicht ein Maximum, wenn ihre Molmasse zwischen 300 u. 400 liegt. Eine AgCl-I-Emulsion wird in ihrem Kornwachstum durch äußerst geringe Mengen beschleunigt. Es genügen 0,0003 mMol entsprechend etwa einer 0,00001%ig. Lösung. Vff. schließen daraus, daß die größte Beschleunigung nur ein Teil des AgCl-Kristalles von dem Beschleuniger bedeckt ist. Die Restoberfläche muß durch adsorbierten **I** bedeckt sein. — Das Kornwachstum wurde durch Trübungsmessungen nach der von EVVA u. AMMANN beschriebenen nephelometr. Meth. verfolgt. Folgende Verbb. wurden in AgCl-I-Emulsionen auf ihre das Kristallwachstum beschleunigende Wrkg. untersucht: *Guanidin, Kreatinin, Kreatin, Arginin, Äthylendiguanidin, Hexamethylendiguanidin, Dodecylguanidin, Octadecylguanidin, N-Methylpyridon, N-n-Butylpyridon, N-Dodecylpyridon, N-Cetylpyridon, N-n-Hexylpyrrolidon, N-Dodecylpyrrolidon, N-Octadecylpyrrolidon, N-Methylchinolin, N-n-Butylchinolon, N-Cetylchinolon, Pseudothiohydantoin, 1-Imino-2-äthyl-6-methylbenzthiazolin* dgl. die analogen *2-n-Butyl-, 2-Octyl-, 2-Dodecyl-* u. *2-Octadecylbenzthiazolinderivv.*, ferner *Polyvinylpyrrolidon, Serumalbumin, Eieralbumin* u. andere. (Sci. Ind. photogr. [2] **27.** 41—46. Febr. 1956. Kyoto, Mitsubichi Paper Mills Co., Labor. de Rech.) W. GÜNTHER. 8600

Jean-Marc Landucci und **Monique Durantê**, *Über die photographische Wirkung von in Gelatinen vorkommenden Derivaten der „-osen" mit reduzierenden Eigenschaften.* Bekanntlich hängt die Brauchbarkeit von photograph. *Gelatinen* für die Herst. von *Halogensilber*-Emulsionen weitgehend von den in ihnen enthaltenen Stoffen mit reduzierenden Eigg. ab. Nach einem kurzen Überblick über die Arbeiten auf diesem Gebiet (17 Literaturhinweise) berichten Vff. über ihre Verss., die sich mit der Wrkg. der in der Gelatine vorkommenden „*Reduktone*" auf photograph. Emulsionen befassen. Sie lassen sich nachweisen durch Farb-Rkk., z. B. mit *α-Naphthol*, durch Umsetzen mit *2-Thiobarbitursäure*, mit Hilfe von Austauscherharzen u. mittels chromatograph. Verfahren. Nachgewiesen wurden *Dioxyaceton, Methylglyoxal* u. *Pyruvinsäure*. Die Reduktone entstehen aus dem *Kollagen* durch Aufspaltung der Proteinkette, sie befinden sich in einem relativ labilen Zustand. Die reduzierenden Substanzen werden in einem Gelatinegel oder einem -sol mit einer Geschwindigkeit abgespalten, die abhängig ist von der Temp., vom p_H-Wert u. der Konz. an oxydierenden Substanzen. — Die reduzierenden Substanzen der Gelatine wirken sich auf die sensitometr. Eigg. der mit ihnen hergestellten photograph. Emulsionen aus, gleich ob sie mit *Au* gereift werden oder nicht. Je stärker die reduzierende Wrkg. ist, desto größer ist die Empfindlichkeitssteigerung, die sich erreichen läßt bis zu einem Maximum, bevor der chem. Schleier wächst. Vff. können die Arbeiten von CHIBISSOV u. RATNER bestätigen, die gezeigt haben, daß Gelatine Ag-Ionen zu reduzieren vermag, u. daß die Reifkeime u. die Keime des latenten Bildes bzw. die Schleierkeime aus reduziertem Ag bestehen. Die Anschauungen von STEIGMANN über die Goldsensibilisierung können nur teilweise bestätigt werden. Vff. neigen zu der Annahme, daß zwei verschied. Typen von Empfindlichkeitszentren nebeneinander existieren. (Sci. Ind. photogr. [2] **27.** 7—13. Jan. 1956. Kadak-Pathé, Labor., Mitt. 1729-V.) W. GÜNTHER. 8602

Albert Steigmann, *Das Cadmiumion als metallischer Sensibilisator für chlorsilberreiche Emulsionen.* Während *Cd-Salze* gewöhnliche *Bromjodsilber*-Emulsionen desensibilisieren, steigern sie in erheblichem Maße die Empfindlichkeit von *Chlorbromsilber*-Emulsionen, die weniger als 33% AgBr enthalten. Die vom Vf. im Jahre 1927 im Labor. der CHEM. WERKE STOESS gemachte Beobachtung hat eine besondere Bedeutung für die Herst. feinkörniger phototechn. Emulsionen von höchstem Kontrast erlangt. Welche Rolle das Cd hierbei spielt, muß noch aufgeklärt werden. (Sci. Ind. photogr. [2] **27.** 90—91. März 1956. Woburn, Mass., Atlantic Gelatine Co., Labor.)

W. GÜNTHER. 8604

Miracol-R Ltd., übert. von: **Andre Kurt Schwerin**, Montreal, Can., *Mehrfarbige Direktpositive auf Papier.* Die Aufnahme des Objekts erfolgt mit einem (zwecks Herst. der Seitenrichtigkeit) vor die Kamera gesetzten, gegebenenfalls als Farbfilter ausgebildeten Kunststoffprisma auf ein entsprechend sensibilisiertes u. mit Farbkupplern versehenes Mehrschichtpositivmaterial. Dann wird zunächst 6 Min. bei 80°F in einer Lsg. folgender Zus. entwickelt: 25—75 g Na_2SO_3 + 10—20 g Hydrochinon + 2,5—3,5 g KCNS + 2,5—4,5 g KBr + 15—25 g NaOH + 0,65—0,85 g Benztriazol + 0,65—0,85 g Ascorbinsäure + 5—25 g Na_2SO_4 in 1 Liter Wasser. Nach Unterbrechung mit einer 3%ig. Citronensäurelsg. wird nochmals 6 Min. bei 80°F mit einem n. Entwickler für Farbpositive ausentwickelt. Dadurch soll es möglich sein, jedes beliebige Positiv-(Kopier)-Material für Farbaufnahmen mit den n. Belichtungszeiten zu verwenden. (**A. P. 2 626 215** vom 29/3. 1950, ausg. 20/1. 1953. Can. Prior. 3/3. 1950.) A. KALIX. 8631

REDAKTIONSSCHLUSS: 19. Sept. 1956.

Herausgeber u. verantwortlich für den Inhalt: Prof. Dr. Maximilian Pflücke, Berlin N 4, Schiffbauerdamm 19, Fernsprecher: 425571. Redaktion: Chefredakteure Dr. Eugen Klever und Prof. Dr. Maximilian Pflücke. Verlag: Akademie-Verlag GmbH, Berlin W 8, Mohrenstraße 39 (Fernsprecher 200386, Postscheckkonto Berlin 35021), u. Verlag Chemie, GmbH, Weinheim/Bergstraße (Fernsprecher 2017 u. 2965, Postscheckkonto Frankfurt/M. 145314 u. Berlin-West 7430). Bestell- u. Verlags-Nr.: 1007/127. Das Chemische Zentralblatt erscheint wöchentlich. Preis des Jahrgangs einschl. Autoren-, Patent-, Sach- und Formelregister: DM 680,—; einseitig bedruckte Ausgabe: DM 750,—. Abgabe der Zeitschrift nur mit sämtlichen Registern.

Satz u. Druck: VEB Leipziger Druckhaus, Leipzig, III/18/203. XI. 56.
Veröffentlicht unter der Lizenznummer 1212 des Amtes für Literatur und Verlagswesen der Deutschen Demokratischen Republik.
Printed in Germany. DDR.

REINHARD KRZIKALLA

Rechentafeln zur chemischen Elementar-Analyse

1956 · 232 Seiten · Kunststoffeinband DM 12,—

1. zur Berechnung der prozentualen Elementarzusammensetzung einer chemischen Verbindung.

   Die Tabelle erlaubt das Aufsuchen der Prozentzahlen unabhängig von der Elementarzusammensetzung.

2. zum Aufstellen einer Bruttoformel aus gefundenen Prozentzahlen.

   Die Ermittlung einer Bruttoformel aus den Analysenwerten wird hier zum erstenmal in einer allgemein anwendbaren Form geboten. Kleine Analysenfehler stören nicht.

Übersichtlich:

Leichtes Aufschlagen durch Registerleiste. Die Tabellen sind einheitlich und übersichtlich angelegt. Eine Tabelle der Atommultipla und eine Interpolationstabelle erleichtern die Berechnung der Molekulargewichte und der genauen Prozentzahlen.

Umfassend:

Sämtliche chemischen Verbindungen bis zum Molekulargewicht 1000, die die folgenden Elemente und deren Vielfache enthalten, sind erfaßt:

$C_1 - C_{50}$, $H_1 - H_{80}$, $O_1 - O_{30}$, $N_1 - N_{10}$, $S_1 - S_8$, $P_1 - P_4$, $(CH_3O)_1 - (CH_3O)_{10}$, $F_1 - F_{10}$, $Cl_1 - Cl_{12}$, $Br_1 - Br_4$, $J_1 - J_4$, $Si_1 - Si_8$, $B_1 - B_3$, $As_1 - As_2$
und die Metalle bis $(Na, K)_4$, $(Li, Mg, Fe, Co, Ni, Cu, Ag)_3$, $(Ca, Al, Ti, V, Cr, Mn, Zn, Sn, Sb, Ba, Au, Hg, Pb, Bi\ U)_2$, $(Zr, Mo, W)_1$

Genau:

Die Tabelle ist genauer als $\pm 0{,}01$ und liegt damit weit innerhalb der Fehlergrenze.

FSC
www.fsc.org
MIX
Papier | Fördert gute Waldnutzung
FSC® C083411

Zeitfracht Medien GmbH
Ferdinand-Jühlke-Straße 7
99095 Erfurt, Deutschland
produktsicherheit@kolibri360.de